Das Buch

Die Astronomie ist eine der ältesten Wissenschaften, die Beobachtung der Sterne hat die Menschen seit jeher fasziniert. Das ›Wörterbuch zur Astronomie‹ vermittelt in rund 3500 Fachbegriffen das Grundwissen der Himmelskunde. Die Stichwörter informieren von Abendstern bis Zykloide über die Astronomie, ihre Geschichte sowie neueste Methoden und Erkenntnisse der Weltraumforschung. Relevante Grundbegriffe aus den Nachbarwissenschaften Physik, Mathematik und Meteorologie werden ebenso erklärt wie solche aus der Raketentechnik und Astronautik. Die englische Übersetzung der Stichwörter erleichtert die Recherche in der internationalen Forschungsliteratur. Zahlreiche Abbildungen, Graphiken und Tabellen erschließen die kosmische Materie.

Der Autor

Joachim Herrmann, geb. 1931, studierte Astronomie, Mathematik und Physik. Seit 1962 ist er Leiter der Westfälischen Volkssternwarte, seit 1966 auch des Planetariums Recklinghausen. 1986 erhielt er den Bruno-H.-Bürgel-Preis der Astronomischen Gesellschaft. Zahlreiche Veröffentlichungen, u. a.: ›Großes Lexikon der Astronomie‹ (1980), ›Das Weltall in Zahlen‹ (1986), ›Himmelsbeobachtung durch das Jahr‹ (1992), ›dtv-Atlas zur Astronomie‹ (11. Aufl. 1993).

Joachim Herrmann:

Wörterbuch zur Astronomie

Deutscher
Taschenbuch
Verlag

Bearbeitete, aktualisierte Ausgabe
April 1996
Deutscher Taschenbuch Verlag GmbH & Co. KG, München

Titel der Originalausgabe:
›Bertelsmann Lexikon Astronomie‹
ISBN 3-570-01612-9
Umschlaggestaltung: Klaus Meyer und Jorge Schmidt
Gesamtherstellung: C. H. Beck'sche Buchdruckerei, Nördlingen
Gesetzt aus der Times 8/9˙ · Winword 6.0
Printed in Germany · ISBN 3-423-03362-2

Vorwort

In den letzten Jahrzehnten hat die Astronomie, vor allem durch den Einsatz von Raumfahrt und anderen technischen Hilfsmitteln, einen gewaltigen Sprung nach vorne gemacht. Zahlreiche Begriffe tauchten auf, mit denen der Laie nur schwer etwas anfangen kann. Andererseits wurde die Astronomie als Hobby immer beliebter, und in den Zeitungsspalten finden sich häufiger als früher Berichte über neue astronomische Entdeckungen. In diesem Wörterbuch ist der Versuch unternommen worden, dem interessierten Laien und Sternfreund eine Orientierung im Gestrüpp der astronomischen Begriffe und Fachbezeichnungen zu geben. Aus den Erfahrungen, wie sie sich aus der Arbeit an einer Volkssternwarte und einem Planetarium ergeben, ist die Auswahl der Stichwörter, der Umfang ihrer Erklärung und die Verständlichkeit der Darstellung gewählt worden.

Das Wörterbuch geht auf das 1993 erschienene ›Bertelsmann Lexikon Astronomie‹ des Verfassers zurück und wurde den Erfordernissen eines Wörterbuchs angepaßt. Eine Neuerung ist die Einfügung der englischsprachigen Entsprechung der deutschen Stichwörter. Dies mag bei der Lektüre der gerade in der Astronomie wichtigen englischen und amerikanischen Literatur eine Hilfe sein. Ferner konnten mehrere in den Jahren 1993 bis Anfang 1995 eingetretene Aktualitäten eingearbeitet werden.

Die Nachbarwissenschaften, insbesondere Physik, Meteorologie und Mathematik, sind nur insoweit berücksichtigt, als sie in einem engen Zusammenhang mit der astronomischen Forschung stehen oder traditionsgemäß auch von Amateurastronomen beachtet werden. Da es sich hier um ein astronomisches Wörterbuch handelt, sind Begriffe aus der Raketentechnik bzw. Astronautik nur insofern vertreten, als sie für die Astronomie und Weltraumforschung von Interesse sind. Es finden sich jedoch beispielsweise die Bezeichnungen wichtiger künstlicher Erdsatelliten und Raumsonden ebenso wie solche Stichwörter, die die allgemeineren Grundlagen der Astronautik und Weltraumfahrt betreffen.

Der Autor dankt den zahlreichen Fachwissenschaftlern und Instituten, die ihm bei der Erstellung des Materials und durch viele Hinweise behilflich waren. Der Dank gilt auch den Mitarbeitern des dtv-Lektorats.

Ein wichtiger Hinweis sei noch auf die Auffindung astronomischer Objektbezeichnungen gegeben. Die Sternbilder finden sich unter ihrer deutschen Bezeichnung. Objekte in den Sternbildern, die jedoch mit der lateinischen Bezeichnung verknüpft sind, finden sich unter dem Buchstaben, dem diese lateinische Bezeichnung angehört. Beispiel: Das Objekt Puppis A findet sich ebenso unter dem Buchstaben P, wie der Stern ζ Puppis.

Recklinghausen, im Herbst 1995 — Joachim Herrmann

Einführung

Die Astronomie ist eine der ältesten und zugleich modernsten Wissenschaften. Sie diente zunächst der Lösung praktischer Probleme wie der Zeit- und Kalenderrechnung und der Navigation auf hoher See, aber oft auch rein kultischen Zwecken. Heute versteht man darunter die Wissenschaft von der im Weltall vorhandenen Materie, ihren Bewegungen, ihrer Verbreitung und ihrer physikalischen Zusammensetzung, mit zahlreichen Querverbindungen zu anderen Wissenschaftsgebieten. Neue Teleskope und empfindlichere Nachweismethoden haben dabei unsere Kenntnisse vom Weltall in jüngster Zeit geradezu dramatisch ausgeweitet. Die Astronomie steht damit vor allem in einem deutlichen Gegensatz zur Astrologie, obwohl der Sternglaube und der Astralkult durchaus einen Anreiz bildeten, sich näher mit den Gestirnen zu beschäftigen. So betrachtet, kann der Astralkult als die Mutter der wissenschaftlichen Astronomie angesehen werden. Bereits in zahlreichen alten Kulturen waren einige astronomische Grundtatsachen, soweit die damaligen bescheidenen instrumentellen Hilfsmittel ausreichten, bekannt. Im wesentlichen erstreckten sich diese Kenntnisse auf die Bewegungen von Sonne, Mond und Planeten. Die wiederholte Beobachtung und Messung dieser periodischen Vorgänge führte zu erstaunlich guten Zahlenwerten, etwa der Länge des Tages und Jahres sowie der Umlaufzeiten von Mond und Planeten.

Neben der astrologischen Anwendung spielte die Astronomie schon früh auch für andere praktische Zwecke eine Rolle: dazu zählte die Einteilung der Zeit in Tage, Wochen, Monate und Jahre. Daneben wurden Beobachtungen an den Gestirnen auch zu Ortsbestimmungen herangezogen. Weitere Querverbindungen führten unter anderem zur Landvermessung (Geometrie, Trigonometrie).

Diente die Astronomie z.B. der Babylonier, Ägypter, aber auch der altamerikanischen Kulturen oder im alten China vorwiegend praktischen Zwecken, so änderte sich dies in der griechischen Wissenschaft einige Jahrhunderte vor und nach der Geburt Christi grundlegend. Deutlich klang hier das Bestreben durch, die Erscheinungen des Weltalls in allgemeinen Gesetzen auszudrücken. Wissenschaft trat als Selbstzweck auf, und die griechischen Forscher waren keine Priester mehr, wie dies meist in den genannten anderen Kulturen der Fall war. Die Griechen kannten Wissenschaftler in unserem heutigen Sinne. Erst jetzt konnte man daher von eigentlichen Astronomen, Mathematikern, Philosophen usw. sprechen. Einige griechische Wissenschaftler schritten sogar ihrer Zeit weit voran. Bereits im 6. Jahrhundert v. Chr. soll Pythagoras von Samos (etwa 580–500 v. Chr.) unsere Erde als Kugel angesehen haben. Diese Lehre von der Kugelgestalt unserer Erde hatte ihre ersten echten Beweise durch Aristoteles (384–322 v. Chr.) erhalten. Eine erste große Erdvermessung wurde von Eratosthenes (276–195 v. Chr.) unternommen.

Das besondere Anliegen der Griechen war aber eine Theorie der Planetenbewegungen. Es war sehr schwierig, diese auf einfache Kreisbahnen zurückzuführen, zeigen doch die Planeten (abgesehen von Sonne und Mond) in ihrem Lauf gelegentliche Stillstände, Rückläufigkeiten und Schleifenbahnen. Philolaos von Kroton (* etwa 480 v. Chr.) erklärte diese Besonderheiten in den Bewegungen für scheinbar und führte sie auf eine Bewegung der Erde zurück. Ein Zentralfeuer sollte von den Planeten, den

an einer großen Schale angebrachten Fixsternen und schließlich von der Erde und einer Gegenerde umkreist werden. Aristarch von Samos (etwa 320–250 v. Chr.) ließ die Lehre von der Gegenerde fallen und ersetzte das Zentralfeuer einfach durch die Sonne. Gleichzeitig wird der tägliche Umschwung aller Gestirne als scheinbar erklärt. In Wirklichkeit drehe sich die Erde in derselben Zeit um ihre Achse. Wenn auch mit einer derartigen Theorie die eigentümlichen Schleifenbahnen der Planeten durchaus zu erklären waren, so konnten sich die zeitgenössischen Wissenschaftler zu einer so radikalen Ansicht nicht durchringen.
Wie waren aber dann die Bahnen der Planeten zu erklären? Eudoxos aus Knidos (etwa 409–356 v. Chr.) führte sie auf ein Zusammenspiel zahlreicher kreisender Kristallschalen zurück, auf denen sich die Planeten befinden. Ein grundsätzlicher Wandel kam jedoch mit Hipparch aus Nicäa (etwa 190–125 v. Chr.). Er bemerkte die ungleiche Länge der Jahreszeiten und führte sie auf eine ungleichförmige Bewegung der Sonne durch den Tierkreis zurück. Eine entsprechende Beobachtung gelang ihm auch beim Mond. Nach Hipparch sollte der Mittelpunkt der Sonnen- und Mondbahn nicht genau mit dem der Erdkugel zusammenfallen. Die Theorie von der Schleifenbewegung der Planeten wurde von ihm und schießlich auch von Ptolemäus (etwa 75–160 n. Chr.) aufgestellt. Sie erklärten diese Bewegungen durch die Überlagerung zweier Kreisbewegungen. Die Planeten Merkur, Venus, Mars, Jupiter und Saturn sollten nicht direkt auf einem Kreis die Erde umlaufen, sondern auf einem zweiten, aufgesetzten Kreis (Epizykel), dessen Mittelpunkt auf einem größeren »Trägerkreis« (Deferent) die Erde umrollt.
Zusammen mit den Versuchen verschiedener anderer griechischer Wissenschaftler, die Größenverhältnisse im Weltall wenigstens grundsätzlich zu klären, wie z.B. bereits bei Anaxagoras (etwa 500–428 v. Chr.), lieferte damit die griechische Wissenschaft eine in sich geschlossene Theorie, die tatsächlich in der Lage war, die meisten damals bekannten Himmelsvorgänge zu erklären und Vorhersagen von Gestirnsbewegungen aufzustellen. Wenn auch dieses geozentrische System der Wirklichkeit nicht entsprach, so war die Genauigkeit derartiger Vorhersagen für die damalige Zeit doch recht beachtlich. Allerdings mußten in der späteren griechischen Zeit die einzelnen Epizykel in den Planetenbewegungen durch weitere Epizykel ergänzt werden, was die Einfachheit des griechischen Systems stark beeinträchtigte.
In den folgenden Jahrhunderten traten vor allem die Araber das Erbe der Griechen an. Sie wurden um 900 n. Chr. durch die Inder mit der griechischen Wissenschaft bekannt und verbesserten die ptolemäische Theorie. Von den Arabern stammen auch zahlreiche Namen einzelner Sterne, die heute noch gebräuchlich sind (z.B. Aldebaran, Wega usw.). Die Araber vermittelten die griechische Astronomie, die im 12. Jahrhundert – über Spanien hinweg – ins Abendland vordrang und auch dort befruchtend wirkte.
Im abendländischen Mittelalter wurde zunächst das geozentrische System im wesentlichen unverändert übernommen. Die Zahl der zusätzlichen Epizykel der Planetenbewegungen stieg allerdings schließlich auf 80, um die Theorie mit der Beobachtung in Einklang zu bringen. Aus dem Lehrgebäude des Ptolemäus entstand eine so verwickelte und kaum mehr glaubhafte Theorie, daß allein damit schon der Boden für neue Ideen bereitet wurde. Zunächst waren aber genauere Beobachtungen der Planetenbewegungen als Grundlage erforderlich. Dieser Aufgabe unterzog sich Johann Müller aus Königsberg in Franken, genannt Regiomontanus (1436–1476). Er errichtete in

der zweiten Hälfte des 15. Jahrhunderts in Nürnberg eine Sternwarte. Der frühe Tod von Regiomontanus verhinderte aber eine Vollendung seiner weitreichenden Pläne.
So war es Nikolaus Copernicus (1473–1543) vorbehalten, den eigentlichen Anstoß für ein neues Weltbild zu geben. Zunächst wies er wieder auf die Kugelgestalt der Erde hin, die im Gegensatz zu den seit der griechischen Zeit vorliegenden Beweisen im Mittelalter wieder als eine Scheibe betrachtet wurde. Sodann zeigte er, daß die verwickelten Planetenbewegungen besser zu erklären sind, wenn man ein heliozentrisches System annimmt, nach dem die Sonne (griech. »helios«) im Zentrum steht und von den Planeten umkreist wird. Leider zeigten sich aber auch bald offensichtliche Schwächen des copernicanischen Systems. Die Planetenörter konnten nicht besser vorausberechnet werden als nach der geozentrischen Theorie. So mußte selbst Copernicus schließlich zu zahlreichen Epizykeln Zuflucht nehmen und brachte es so ebenfalls auf insgesamt 34! Damit hatte auch sein System an Einfachheit eingebüßt.
Unter diesem Gesichtspunkt darf es nicht verwundern, wenn die copernicanische Lehre zunächst nicht allein aus philosophischen oder theologischen Gründen abgelehnt wurde, sondern auch aus rein praktischen astronomischen Gründen. Tycho Brahe (1546–1601) schlug deswegen einen Kompromiß zwischen dem alten ptolemäischen und dem neuen copernicanischen System vor, der bereits schon einmal in dem sog. »Alexandrinischen System« des Apollonios (etwa 261–190 v. Chr.) eine Rolle spielte. So standen um das Jahr 1600 eigentlich drei verschiedene Weltsysteme konkurrierend nebeneinander. Als aber im Jahre 1608 das Fernrohr erfunden wurde und bereits sehr bald danach zahlreiche Astronomen in ganz Europa diese einfachen Instrumente auf den Himmel richteten, wurden mehr und mehr Beobachtungen zusammengetragen, die sich nur mit dem copernicanischen System vereinbaren ließen.
Eine besondere Rolle in dieser Auseinandersetzung spielte Galileo Galilei (1564–1642), der nicht nur das System der von ihm entdeckten vier hellsten Jupitersatelliten als ein Analogon für das ganze Planetensystem ansah, sondern der auch darauf hinweisen konnte, daß der Ablauf der Phasengestalten der Venus mit dem ptolemäischen oder tychonischen System unvereinbar war. Andererseits konnte Johannes Kepler (1571–1630) aufgrund der Marsbeobachtungen von Tycho Brahe zeigen, daß die Planetenbewegungen nicht Kreise, sondern Ellipsen sind. Er stellte die Keplerschen Gesetze der Planetenbewegungen auf. Diese Tatsache erklärt auch, warum Copernicus mit seiner ursprünglichen Theorie Schiffbruch erleiden mußte, da er die Planetenbewegungen noch als Kreise annahm. Nach Einführung der Ellipse als Bahnform der Planeten um die Sonne konnte man auch die komplizierten zusätzlichen Epizykel fallenlassen.
Die geistigen Auseinandersetzungen, die in der ersten Hälfte des 17. Jahrhunderts um die Gültigkeit des copernicanischen Systems entbrannten, waren nicht zuletzt auch auf die Frage zurückzuführen, welche wissenschaftliche Methode als richtig anzusehen ist: Darf man den Beobachtungen und den vor allem durch Galilei geförderten Experimenten trauen, oder aber sind überlieferte Autoritäten für die Wissenschaft bindend? Es ist bekannt, daß sich nicht wenige Theologen weigerten, durch das Fernrohr von Galilei zu blicken, da sie dies für unnötig erklärten. Aber erst durch die konsequente Einführung der modernen, induktiven Methode in die Naturwissenschaft, in der allein die Beobachtung und das Experiment als direkte Fragen an die Natur verbindlich sind, konnten Fortschritte bei der Enträtselung der Natur gemacht werden.

Einführung

Nachträglich erscheint es geradezu erstaunlich, wie die Wissenschaft über viele Jahrhunderte des Mittelalters hinweg lediglich in der Kommentierung, ja gelegentlich sogar nur im Abschreiben früherer Autoritäten verharren konnte. Die Astrologie ist bis zum heutigen Tage im wesentlichen auf diesem vorwissenschaftlichen Stand stehengeblieben. Es gab deswegen auch während des gesamten Mittelalters keinerlei Fortschritte auf astronomischem Gebiet zu verzeichnen. Im Gegenteil: Manche richtigen Tatsachen, die bereits den Griechen bekannt waren, wurden wieder übersehen. Dabei wiesen einige Persönlichkeiten durchaus schon auf die Bedeutung des Experiments hin, z.B. Roger Bacon (1215–1294) oder Leonardo da Vinci (1442–1519), der selbst schon in größerem Umfang experimentierte und sagte: »Das Experiment irrt nie, sondern es irren nur eure Urteile.« Die Bewegungen der Himmelskörper wurden schließlich von Isaac Newton (1643–1727) in seinem Gravitationsgesetz auf die Massenanziehung der Körper zurückgeführt. Keplersche Gesetze und Gravitationsgesetz zusammen bildeten die Grundlage für eine in hohem Maße genaue Vorausberechenbarkeit aller Himmelserscheinungen. Unter Hinzufügung der Störungen der Himmelskörper untereinander gelang es schließlich sogar, jede nur wünschenswerte Genauigkeit zu erzielen, je nachdem, welcher Rechenaufwand im Einzelfall möglich oder notwendig ist. Deswegen wurde die Astronomie des 17. bis 19. Jahrhunderts im wesentlichen von der Himmelsmechanik beherrscht. Andererseits waren dafür auch möglichst genaue Beobachtungen der Positionen der Planeten erforderlich, was wiederum die Aufgabe der Astrometrie ist.

Erst im Laufe des 19. Jahrhunderts traten neue Bereiche in das Gesichtsfeld der Astronomen. Beschäftigte man sich zuvor im wesentlichen nur mit den Körpern des Sonnensystems und waren die Fixsterne nur das Ziel von Sternkarten und Sternkatalogen, allenfalls auch zur Orientierung im Gelände nach Gestirnen, also zur geographischen Ortsbestimmung und zur Zeitbestimmung notwendig, so öffnete sich 1838 mit der Entdeckung der Parallaxen der Fixsterne durch Friedrich Wilhelm Bessel (1784–1846) auch maßstäblich der Raum hinter unserem Planetensystem. Jetzt wurde die räumliche Anordnung der Sterne und deren Bewegungen erforscht und der Bau des Milchstraßensystems enträtselt. Dies ist das Ziel der Stellarstatistik und der Stellardynamik.

Die Entdeckung, daß die Spektralanalyse auch auf die Astronomie angewandt werden kann, führte zusammen mit anderen physikalischen Methoden zu dem großen Teilbereich der Astrophysik. Während damit die Astronomie bis zum 19. Jahrhundert eher als ein Anwendungsgebiet der Mathematik betrachtet werden konnte, geriet die Astronomie alsbald mehr und mehr in den Einfluß der sich stürmisch entwickelnden Physik. Nun ging es darum, den Aufbau der Himmelskörper zu bestimmen, wie etwa die Oberflächentemperatur der Sterne, ihre Dichte, Masse, chemische Zusammensetzung usw. Aber auch die Entstehung und Entwicklung der Sterne konnte im Laufe des 20. Jahrhunderts mit Erfolg angegangen werden. Unter Einschluß unseres eigenen oder möglicher anderer Planetensysteme ist damit die Kosmogonie aus dem Geruch des Spekulativen in ein wissenschaftliches Teilgebiet überführt worden. Die Entdekkung fremder Milchstraßensysteme oder Galaxien und deren räumliche Verteilung ließ die Frage nach der Gesamtstruktur des Universums ebenfalls einer wissenschaftlichen Untersuchung zugänglich werden. Zusammen mit den Folgerungen aus der allgemeinen Relativitätstheorie von Albert Einstein (1879–1955) wurde die moderne Kosmologie entwickelt.

Einen ganz erheblichen Anstoß erfuhr die Astronomie aber durch den Umstand, daß es im Laufe des 20. Jahrhunderts möglich war, auch solche Strahlungen aus dem Kosmos zu untersuchen, die wegen der Wirkung der Erdatmosphäre oder des irdischen Magnetfeldes die Erdoberfläche nicht erreichen und daher der klassischen Astronomie nicht zugänglich waren. Den Auftakt machte die Untersuchung von Partikelstrahlungen, die offensichtlich von der Sonne stammen und die Polarlichter und Störungen im Erdmagnetismus verursachen. Auch die kosmische Strahlung gehört dazu, obgleich deren außerirdische Herkunft erst mehrere Jahre nach ihrer eigentlichen Entdeckung gesichert werden konnte. Am bedeutendsten war in diesem Zusammenhang wohl die Entdeckung der kosmischen Radiostrahlung in den dreißiger und vierziger Jahren, die sogar größtenteils noch von der Erdoberfläche aus untersucht werden kann. Damit war die Radioastronomie geboren.
Mit Hilfe von Ballonen, Raketen und Satelliten war es schließlich möglich, sämtliche anderen Wellenstrahlungen, die physikalisch denkbar sind und auch im Kosmos erzeugt werden, zu registrieren, wie etwa die Infrarotstrahlung, die Ultraviolett- und Röntgenstrahlung, sowie die Gammastrahlung. So entstanden Begriffe wie Ultraviolett-, Röntgenastronomie usw. Das Hubble Space Telescope (Hubble-Weltraum-Teleskop) mit einem Durchmesser des Hauptspiegels von 2,4 m arbeitet seit 1990 in der Erdumlaufbahn.
Weiterhin war es erstmals möglich, direkte Untersuchungen an der Oberfläche anderer Himmelskörper vorzunehmen, und zwar durch Astronauten auf der Mondoberfläche sowie mit Hilfe unbemannter Sonden auf Mond, Venus und Mars. Andere Raumsonden flogen wenigstens an den meisten anderen Planeten und Satelliten vorüber. Messungen im interplanetaren Raum waren für die Untersuchung der dort ausgebreiteten Magnetfelder, der interplanetaren Materie oder auch der Erforschung der Sonne von hervorragender Bedeutung. Aber auch auf dem Gebiet der herkömmlichen erdgebundenen optischen Astronomie waren erhebliche Fortschritte zu erzielen – teils durch neue Fertigungsmethoden, teils durch die Aufstellung von Instrumenten in bisher unzugänglichen geographischen Gebieten, die über hervorragende Beobachtungsbedingungen verfügen. Die Entwicklung der großen Spiegelteleskope zu Beginn des 20. Jahrhunderts, bis hin zum 5 m-Spiegel auf dem Mount Palomar in Kalifornien und dem 6 m-Spiegel im Kaukasus, war damit nur ein Auftakt zu einer Entwicklung, die noch keineswegs abgeschlossen ist. Sie führte u. a. zur Zusammenfassung mehrerer Einzelspiegel in einem System als Facettenspiegel oder Mehr-Spiegel-Teleskop (z. B. das 10 m-Keck-Teleskop auf Hawaii und das noch vor Ende des Jahrhunderts fertiggestellte Very Large Telescope in Chile) und zur sog. aktiven und adaptiven Optik zur Ausschaltung störender atmosphärischer Unruhe.
Auch die Bedeutung der Photographie in der Astronomie muß erwähnt werden. Die zunehmende Sensibilisierung photographischer Schichten erlaubte schon im 19. Jahrhundert die Aufnahme immer schwächerer Sterne. Damit wurde aber auch der Radius des für uns erforschbaren Weltalls immer größer. Neuerdings tritt die Photographie zugunsten elektronischer Methoden, auch bei der Bildauswertung und -aufbereitung, immer stärker zurück. Elektronische Methoden erlauben es, auch Teleskope, die unter günstigeren Sichtbedingungen in anderen Erdteilen stehen, von astronomischen Forschungszentren in Europa oder Nordamerika aus fernzusteuern.
Wahrscheinlich stellte der Zeitraum zwischen 1960 und 1990 diejenigen Jahrzehnte dar, die für die astronomische Forschung während ihrer ganzen Geschichte am ent-

scheidendsten waren. In keiner Zeit zuvor wurden so viele neue Erkenntnisse zusammengetragen. Sicher ist der Umfang der in diesem Zeitraum gesammelten Forschungsergebnisse sogar größer als in allen vorausgehenden Jahrhunderten zusammen.
Die Bedeutung der Astronomie für die gesamte Wissenschaft ist heute weniger umstritten als noch vor einigen Jahrzehnten. Damals galt in weiten Kreisen die Astronomie als eine von den menschlichen Problemen weit abgerückte Beschäftigung. Allerdings zeigt die Geschichte der Astronomie, daß dies strenggenommen auch in früheren Zeiten niemals der Fall war. Fragen der Zeit- und Kalenderrechnung, der Orientierung auf hoher See – also in hohem Maße praktische Probleme – waren schon immer eng mit der Sternkunde verbunden. Im 20. Jahrhundert kamen indessen zahlreiche Querverbindungen zu anderen Wissenschaftsbereichen hinzu: Sehr augenfällig ist die Verquickung mit der modernen Physik, so daß oft die Astronomie bzw. Astrophysik einfach als ein Teil- oder Anwendungsgebiet der Physik betrachtet wird. Dies gilt besonders für die Hochenergiephysik und die Physik der Elementarteilchen sowie die Plasmaphysik. Bietet doch der Weltraum ein Laboratorium oder Beobachtungsfeld, wie es auf der Erde niemals nachvollzogen werden kann: Materie in extrem verdünntem Zustand, wie sie in der interstellaren Materie beobachtet werden kann, Materie in extrem dichtem Zustand (weiße Zwergsterne, Neutronensterne, Schwarze Löcher), extrem starke Magnetfelder, hohe Temperaturen (vor allem im Innern der Sterne), die Energieerzeugung in den Sternen durch die Fusion leichterer zu schwereren Atomkernen. Ein anderes Gebiet praktischer Anwendung astronomischer Forschung zeigt sich bei den solar-terrestrischen Beziehungen, wie etwa der Zusammenhang der Sonnenaktivität mit dem Erdmagnetfeld oder den Störungen in der Ionosphäre, die sich wiederum auf den Funkverkehr auswirken. Weitere Querverbindungen ergeben sich aus den zahlreichen Anwendungsbereichen in der Raketentechnik und der Raumfahrt. Die Astrobiologie schuf Zusammenhänge astronomischer Forschungselemente mit der Biologie und Chemie. Dasselbe gilt für die geologische Erforschung der Oberflächenstrukturen unserer Nachbarplaneten und deren Satelliten. Es zeigt sich immer deutlicher, daß die Erforschung des Weltalls mit allen naturwissenschaftlichen Methoden notwendig ist und andererseits alle Wissenschaftsbereiche auch wieder durch astronomische Fragestellungen befruchtet werden. Die wenigen aufgezählten Beispiele zeigen, daß der Stellenwert der Astronomie eigentlich in den kommenden Jahrzehnten nur noch weiter wachsen kann – vorausgesetzt natürlich, daß der Stellenwert der Naturwissenschaften allgemein weiter im Wachsen ist. Dies aber ist wiederum ein Problem, das eng mit der weiteren Existenz der Menschheit verknüpft ist. Denn ohne naturwissenschaftliche Forschungsmethoden und Forschungsergebnisse können auf Dauer nicht viele Milliarden Menschen auf der Erde ernährt sowie mit Energie und Rohstoffen versorgt werden.

A

Å. Abk. für Ångström-Einheit. 1 Å = 10^{-8} cm = 0,1 nm (Nanometer), amtlich nicht mehr zulässig.

Abendrot (sunset glow). Intensiv roter Farbton, in dem oft die Wolken erscheinen, wenn sich die Sonne knapp über dem Untergangshorizont oder wenig darunter befindet. Dieses Phänomen ist auf die Streuung der Sonnenstrahlen innerhalb der Erdatmosphäre zurückzuführen. Das durch sie hindurchgehende Sonnenlicht verliert auf dem direkten Wege zum Beobachter wesentlich mehr an kurzen (blauen) als an langen (roten) Wellen. Dadurch erscheint die Sonne rötlich verfärbt, und zwar um so mehr, je größer die durchstrahlte Luftmasse ist, d.h. je tiefer die Sonne am Horizont steht. Betrachten wir die beiden Wellenlängenbereiche um 4 500 Å (450 nm) und 6 500 Å (650 nm): Im unverfälschten Sonnenlicht ist die längere Wellenlänge 2,8 mal intensiver als die kürzere Wellenlänge. Steht die Sonne über 60° hoch über dem Horizont, so besteht dieses Verhältnis noch. Bei tieferem Sonnenstand erfährt aber das rötliche Licht eine zunehmende Bevorzugung. Bei 10° Sonnenhöhe ist das rötliche Licht schon 6 mal stärker als das bläuliche Licht, und bei einer Höhe von nur 1° über dem Horizont übertrifft das rote Licht das blaue um das 248 fache. Diese Zahlenwerte gelten bereits für eine reine sog. Rayleigh-Atmosphäre, benannt nach dem Physiker J. W. S. Rayleigh (1842–1919), die keine sog. Aerosole, wie Schwebeteilchen, Staub, Rauch, Wassertröpfchen und andere trübende Partikel enthält. Die Rötung der Sonne am Horizont und damit die Stärke des A. kann durch die Aerosole noch beträchtlich zunehmen.

Verhältnis der Intensität des roten zum blauen Sonnenlicht

(6500 Å [650 nm] bzw. 4500 Å [450 nm])

Höhe der Sonne über dem Horizont	Intensitäts-Verhältnis
60°	2,8
40°	3,0
20°	3,8
8°	6,1
6°	7,1
4°	11
2°	20
1°	73
	248

Das A. kann nicht nur an Wolken beobachtet werden. Oft erscheint der gesamte westliche Himmel über dem Untergangshorizont der Sonne in ein rötliches Licht getaucht. Gelegentlich kann aber auch eine, allerdings bedeutend schwächere, Verfärbung am gegenüberliegenden östlichen Himmel beobachtet werden (Gegendämmerung). Dem A. entsprechende Verfärbungen des Himmels zeigen sich auch am Morgen (Morgenrot).

Abendstern (evening star). Der Planet Venus; steht er östlich oder links der Sonne, so geht er nach der Sonne unter und kann damit als A. in der Dämmerung oder in der beginnenden Nacht beobachtet werden. Den größten Winkelabstand von der Sonne erreicht die Venus als A. zum Zeitpunkt der größten östlichen → Elongation von der Sonne.

Abendweite. Der Winkel zwischen dem Westpunkt und dem Untergangspunkt eines Gestirns am Horizont. In der Regel wird der Begriff nur bei der Sonne und nur im deutschen Sprachbereich angewandt. Die A. kann auch durch die Angabe des Azimuts ersetzt werden.

Aberration (aberration). **1.** In der Astronomie die scheinbare Ortsverschiebung eines Gestirns wegen der Erdbewegung und der endlichen Ausbreitungsgeschwindigkeit des Lichtes. Fahren wir mit einem Auto durch einen Regenschauer oder ein Schneegestöber, so scheint es uns, als ob die Regentropfen oder Schneeflocken nicht senkrecht vom Himmel zur Erdoberfläche fallen, sondern schräg von vorne auf uns zufliegen. Dieser Effekt ist um so deutlicher, je schneller wir fahren. Aber auch die Fallgeschwindigkeit der Regentropfen oder Schneeflocken spielt eine Rolle. Bei den meist langsamer fallenden großen Schneeflocken ist der Effekt deutlicher als bei den schneller fallenden Regentropfen.

Stellt man sich vor, daß unsere Erde im Laufe eines Jahres eine Ellipsenbahn um die Sonne beschreibt, so muß durch die A. der Ort eines Sterns um einen mittleren Punkt herum ebenfalls in einer Ellipse schwanken. Der maximale Betrag *a* dieser sog. jährlichen A. (oder genauer die große Halbachse der A.ellipse) ist

$$a = \frac{v_e}{c}$$

Dabei ist v_e die Erdbahngeschwindigkeit und c die Lichtgeschwindigkeit. *a* beträgt damit 20,47″ (A.konstante).

Die A. wurde 1728 von J. Bradley (1692–1762) gefunden. Er suchte damals eigentlich die Parallaxen der Sterne und stieß mehr oder weniger zufällig auf die A., deren Betrag bedeutend größer ist als die Parallaxe selbst der nächsten Sterne. Die Entdeckung der jährlichen A. war ein nachträglicher Beweis für die Erdbewegung um die Sonne. Umgekehrt konnte man aus der A.konstanten und der Umlaufgeschwindigkeit der Erde mit astronomischen Mitteln die Lichtgeschwindigkeit bestimmen.

Infolge der Rotation der Erde um ihre Achse entsteht auch eine tägliche A. Sie ist für einen Beobachter am Äquator der Erde mit 0,32″ am größten und wird zu den Erdpolen hin kleiner. An den Erdpolen selbst verschwindet sie.

Schließlich gibt es auch noch eine säkulare A., die durch die Bewegung des gesamten Planetensystems durch den Raum zustande kommt. Dadurch erfährt jeder Stern eine kontinuierliche Ortsverschiebung, die aber bei den astronomischen Ortsangaben, insbesondere den Sternkatalogen, keine Berücksichtigung findet.

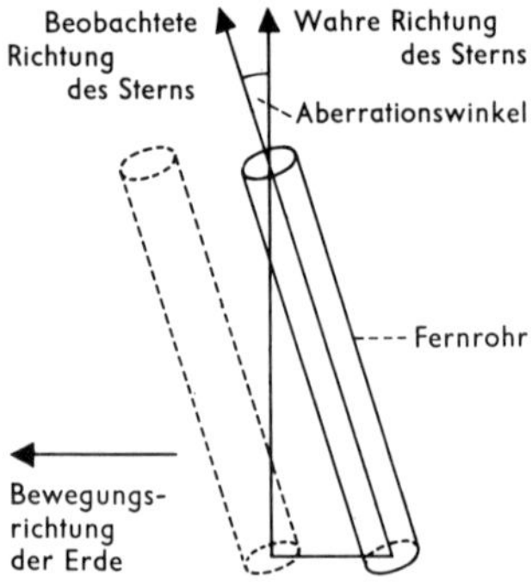

Astronomische Aberration

Prinzipiell zeigen auch die Planeten in ihren Positionen Verschiebungen (Planetena.) infolge der Erdbewegung und der endlichen Lichtgeschwindigkeit. Für genaue Bahnbestimmungen innerhalb un-

seres Sonnensystems muß auch dieser Anteil der A. berücksichtigt werden.
Unter der sog. A.zeit versteht man ferner die Zeitspanne, die ein Lichtstrahl zwischen einem Planeten oder Satelliten unseres Sonnensystems zur Erde benötigt.
2. In der Optik bezeichnet man als chromatische und sphärische A. Abbildungsfehler, die bei Fernrohren auftreten können. Die Linse eines Objektivs bricht nämlich die verschiedenen Wellenlängen des Lichtes nicht gleich stark. Dadurch ist die Brennweite eines Objektivs für langwellige (rote) Lichtstrahlen größer als für kurzwellige (blaue) Lichtstrahlen. Benutzt man daher ein Fernrohr, das nur aus einem einlinsigen Objektiv besteht, ergeben sich bei der Beobachtung astronomischer Objekte störende Farbsäume und Unschärfen. Diese chromatische A. (Farbabweichung) kann durch zwei- oder mehrlinsige Objektive, die aus verschiedenen Glassorten (z.B. Kron- und Flintglas) bestehen, weitgehend beseitigt werden. Sie bereitete in der Frühgeschichte der astronomischen Linsenfernrohre große Schwierigkeiten. Erst um das Jahr 1750 gelang es J. Dollond (1706–1761) achromatische Objektive herzustellen.

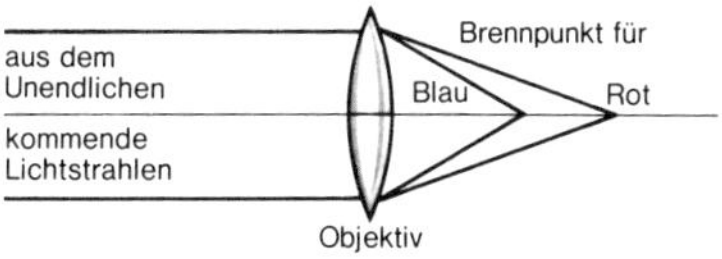

Chromatische Aberration

Die chromatische A. tritt nur bei Linsen, die sphärische A. dagegen auch bei Spiegeln auf. Sie hat ihre Ursache darin, daß die verschiedenen Zonen eines Objektivs oder Spiegels verschieden große Brennweiten aufweisen. Dadurch wird das brauchbare Gesichtsfeld eines Fernrohrs eingeengt. Auf photographischen Aufnahmen zeigt sich dieser Fehler in Gestalt von Verzerrungen der Sternpunkte in der Nähe des Bildfeldrandes. Nahe der Bildfeldmitte ist dieser Fehler vernachlässigbar klein.

Abplattung (oblateness). Die Differenz zwischen dem Äquatordurchmesser a und dem Poldurchmesser b dividiert durch den Äquatordurchmesser, es gilt:

$$\text{Abplattung A} = \frac{(a-b)}{a}$$

Die A. eines Himmelskörpers tritt infolge der Zentrifugalkraft auf, die durch die Rotation des Körpers entsteht.

absolute Helligkeit (absolute magnitude). Die in → Größenklassen ausgedrückte scheinbare Helligkeit eines Sterns, der von uns 10 parsec oder 32,6 Lichtjahre entfernt sein soll. Sie wird meist mit M bezeichnet. Die a.H. der Sonne beträgt $+\,4{,}^{m}8$. Neuerdings bezeichnet man gelegentlich auch als die a.H. eines Körpers unseres Sonnensystems (z.B. eines Asteroiden) die scheinbare Helligkeit, in der das Objekt in einer Entfernung von 1 AE (149 597 870 km) von der Sonne und der Erde beobachtet werden würde.

absolute Temperatur (absolute temperature). Die vom absoluten Nullpunkt bei –273,15°C an gemessene Temperatur. Beim absoluten Nullpunkt hören alle thermischen Bewegungen in der Materie auf, und keine Wärmestrahlung wird mehr nach außen abgegeben. Die a.T. wird in Kelvin (Einheitenzeichen K) angegeben. Es ist also 0°C = 273,15 K.

Absorption (absorption). Die Abschwächung einer Strahlung beim Durchtritt durch Materie. In der astronomischen Praxis spielt die A. z.B. von Lichtstrahlen innerhalb der Erdatmosphäre oder beim Durchdringen der interstellaren Materie eine große Rolle. Die Strahlungsenergie wird dabei zu einer Erwärmung der durchdrungenen Materie verbraucht. Der Betrag der A. hängt sehr stark von der Wellenlänge der Strahlung ab. Es gibt aber auch eine nahezu wellenlängenunabhängige A. (kontinuierliche A.). Sie tritt beispielsweise beim Durchgang durch feste Körper auf. Werden aus einem größeren Wellenlängenbereich aber nur sehr schmale Bereiche absorbiert, spricht man auch von Linienabsorption. Sie ist nur beim Durchgang von Strahlung durch ein Gas zu erwarten. Untersucht man das Spektrum eines Strahlung aussendenden Körpers, so zeigen sich in diesem Falle bei bestimmten Wellenlängen dunkle A.linien (A.spektrum). Die A. ist nicht allein auf das Licht beschränkt, sondern betrifft auch alle anderen Strahlungsarten in entsprechender Weise. Der A.koeffizient drückt die A.fähigkeit eines bestimmten Mediums aus. Er ist vor allem von der chemischen Zusammensetzung des Stoffes sowie seiner Temperatur und Dichte abhängig. Der A.koeffizient ist der Kehrwert der Strecke, längs der die Strahlung durch das Medium dringen muß, damit deren Intensität auf 1/e oder 36,8% absinkt. e ist dabei die Basis der natürlichen Logarithmen (≈ 2,72).

Die A. der Lichtstrahlen von Gestirnen beim Durchgang durch die Erdatmosphäre bezeichnet man auch häufig als Extinktion.

Accretion, Akkretion. Aus dem Englischen stammender Begriff, der wörtlich »Zuwachs« bedeutet. Er wird in der Astronomie z. B. für einen Prozeß benutzt, bei dem ein Stern beim Durchgang durch interstellare Wolken Materie aufsammelt. Aber auch das Aufnehmen von Materie durch einen Stern aus seiner Umgebung, z. B. in engen Doppelsternsystemen, wird als A. bezeichnet. Dabei bildet sich in der Äquatorebene des aufnehmenden Sterns eine Gas- oder A.scheibe aus, von der auf den Stern Materie »abregnet« (→ kataklysmische Veränderliche).

A. spielt ferner bei der Entstehung eines Planetensystems eine Rolle. Hier kommt es in einer Staubscheibe um einen jungen Stern zu Kollisionen kleiner Teilchen, die dabei in vielen Fällen verschmelzen und anwachsen. Das fortlaufende Aufsammeln von Teilchen führt schließlich zur Bildung von Planetesimalen und Planeten.

Bei mehreren Sternen zeigen sich bei dem Vorgang der A. bipolare Materiebündel (Jets), die senkrecht zur A.scheibe stehen. In ihnen strömt von dem Stern weg Materie in zwei entgegengesetzte Richtungen. Ursache sind vermutlich, jedenfalls in einigen Fällen, Wechselwirkungen zwischen dem vom Stern selbst ausgehenden Sternwind (ähnlich dem → Sonnenwind), der A.scheibe und Magnetfeldern.

Achernar. Hauptstern im Sternbild → Eridanus. Die arabische Bezeichnung bedeutet »Ende des Flusses«. Der $0{,}^{m}5$ helle Stern ist 85 Lichtjahre entfernt und hat eine absolute Leuchtkraft, die 330mal größer ist als die der Sonne. Die Oberflächentemperatur beträgt 15000 K, der Spektraltyp ist B5.

Achilles. Der erste Kleinplanet vom Typ der → Trojaner, der im Jahre 1906 entdeckt wurde. Es ist der Asteroid Nr. 588. Er hat eine Umlaufzeit von 11,98 Jahren um die Sonne, seine halbe große Bahnachse beträgt 5,2 AE (777,9 Mill. km), die Bahnexzentrizität 0,15, die Bahnneigung 10,3°.

Achondrite (achondrites). Eine Gruppe von → Meteoriten. Obwohl sie Steinmeteorite sind, bestehen sie nicht wie sonst üblich aus Chondren. Sie enthalten keinerlei Metalle. Sehr wahrscheinlich handelt es sich um Körper, die auf anderen Planeten oder dem Mond auf vulkanischem Wege entstanden. Sie wurden von ihren Mutterkörpern weggeschleudert und stießen später wie die anderen Meteoriten mit der Erde zusammen. Bisher wurden A. vor allem vom Mond (in der Antarktis gefunden) und Mars (SNC-Meteorite, benannt nach den Fundorten Shergotty, Nakhla und Cassigny) gefunden.

Adaptation, Adaption (adaptation). Die Anpassung der Augen an Änderungen der Leuchtdichteverhältnisse in der beobachteten Umgebung, wie sie z.B. beim Übergang vom Dunklen zum Hellen oder umgekehrt eintritt. Die A. spielt vor allem in der astronomischen visuellen Beobachtung eine Rolle, da das menschliche Auge eine nicht unbeträchtliche Zeitspanne benötigt, bis es sich vollständig an die Dunkelheit gewöhnt hat, um alle schwachen Sterne erkennen zu können. Eine vollständige A. kann bis zu 40 Minuten dauern.

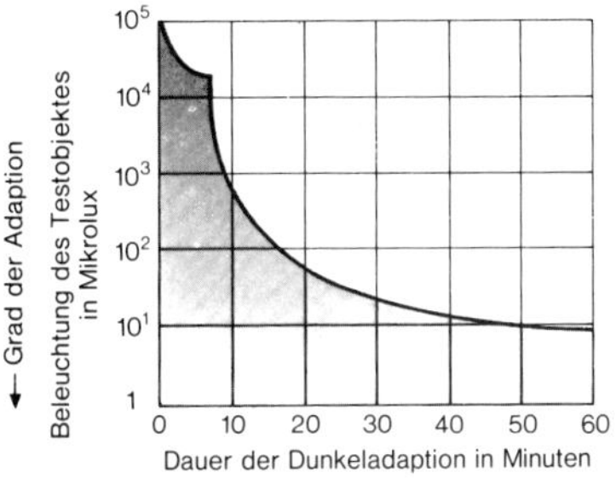

Die Dunkeladaption des menschlichen Auges (nach Kohlrausch)

adaptive Optik (adaptive optics). Optische Systeme, die nicht nur die Form- und Abbildungsfehler der Spiegel, → aktive Optik, sondern auch Störungen, die auf Luftturbulenzen in der Atmosphäre oder in der unmittelbaren Umgebung des Instruments zurückgehen, ausgleichen. Dazu bedarf es allerdings eines großen elektronischen und mechanischen Aufwands, der aber schon jetzt teilweise gelöst werden kann. Die Konsequenz wäre, daß erdgebundene Teleskope denen auf Satelliten außerhalb der Erdatmosphäre nicht mehr unterlegen sind. Im Gegenteil: Da die Teleskope auf der Erde leichter zu bedienen sind und wesentlich größer gebaut werden können, wären sie den Satelliten-Teleskopen erheblich überlegen. Dies gilt allerdings nur für optische Teleskope.

adiabatisch (adiabatic). Eine Zustandsänderung von Gasen, bei denen mit der Umgebung kein Austausch von Wärme stattfindet. In der Erdatmosphäre steigen z.B. warme Luftmassen auf, dehnen sich aus und kühlen sich dadurch ab. Beim Absinken verdichten und erwärmen sie sich. A. Vorgänge kommen auch in Sternatmosphären vor.

Adler (Eagle). Bekanntes Sternbild am Sommerhimmel (lat. Bezeichnung aquila, Abk. Aql); Hauptstern ist → Atair, der zusammen mit Wega und Deneb das sog. Sommerdreieck bildet. In der griechischen Mythologie soll dieser A. den Knaben Antinous geraubt und auf den Olymp gebracht haben, wo er Diener der Götter wurde.

Adonis. Der im Jahre 1936 entdeckte Kleinplanet Nr. 2101, der sehr nahe an der Erde vorbeiziehen kann und dessen Perihel nahe der Merkurbahn liegt. Der Perihelabstand beträgt 65,8 Mill. km.

Adrastea. Der von den → Voyager-Sonden 1979 entdeckte Jupitersatellit XV. Er ist von Jupiter im Mittel 128980 km entfernt und hat eine Umlaufzeit von 0,2983 Tagen. Die Bahnexzentrizität ist 0,015, die Bahnneigung 0,8° gegen den Jupiteräquator. Seine Abmessungen betragen 25 × 20 × 15 km.

AE (AU). Abk. für → Astronomische Einheit (astronomical unit).

Aerolith (aerolite). Ein Steinmeteorit, der vor allem aus Silikaten zusammengesetzt ist. Etwa 93% aller niedergegangenen Meteoriten sind A. Sie schließen die kohlenstoffhaltigen Chondrite, andere Chondrite sowie die Achondrite mit ein (→ Meteorit).

Aeronomie (aeronomy). Ein Teilgebiet der Meteorologie und Geophysik, das sich mit der Physik und Chemie der Erdatmosphäre beschäftigt. Dabei handelt es sich meist um die Erforschung der höheren Schichten der Atmosphäre, so daß sich die A. meist der Ballon- und Raketenaufstiege, sowie der Erdsatelliten bedient. Beispiele für die Forschungsgebiete der A. sind Polarlichter, das Nachthimmelslicht, die Ozonosphäre (»Ozonloch«!) oder die kosmische Strahlung. In Deutschland gibt es ein Max-Planck-Institut für A. in Katlenburg-Lindau (Harz).

AG. Abk. für → Astronomische Gesellschaft. Diese gab die Sternkataloge AGK 1, AGK 2 und AGK 3 heraus.

Airglow. In der englisch-amerikanischen, gelegentlich aber auch in der deutschen Literatur benutzte Bezeichnung für das → Nachthimmelslicht.

Akkretion. → Accretion.

Aktinometer (actinometer). Ein Gerät zur relativen Messung der direkten Sonnenstrahlung. Es muß mit Hilfe anderer Instrumente geeicht werden, damit Absolutmessungen möglich sind. Ein A. zieht zu den Messungen den Umfang von Veränderungen bestimmter chemischer Substanzen heran, die bei der Bestrahlung durch die Sonne erfolgen. Am bekanntesten ist das Michelsonsche A., das eine geschwärzte Lamelle aus einem Bimetall enthält, die von einem Stück Kupfer mit großer Wärmekapazität umgeben ist. Auf der Lamelle ist ein kleiner Spiegel aus Metall, der die Sonnenstrahlen auffängt, angebracht. Dieses Gerät ist später von W. Marten verbessert worden. Ein anderes A. stammt von F. Linke. Hier besteht die Lamelle aus dünnem Konstantan. Dahinter befinden sich mehrere aktive Lötstellen einer aus neun Gliedern bestehenden Manganin-Thermosäule. Ein weiteres A. ist das → Pyrheliometer. In der Meteorologie bezeichnet man als A. auch andere Strahlungsintensitätsmesser, beginnend mit einfachen Schwarz-Weißkugelthermometern bis zum A. nach Arago-Davy in seiner verbesserten Form von Robitzsch. Bei ihm befinden sich beide Thermometerkugeln in einem luftleeren Raum, um eine Abkühlung durch Wind zu verhindern. Die eine Kugel besteht aus Alabastergips, die andere ist mit Ruß verkleidet. Die Temperaturdifferenz an den beiden Thermometern ist ein Hinweis auf die Energie der Sonnen- oder Himmelsstrahlung.
Unter einem Aktinograph versteht man ein Schreibgerät, das die Intensität der einfallenden Strahlung aufzeichnet.

Aktinometrie (actinometry). Der Wissenschaftsbereich, der sich mit der Strahlungsmessung beschäftigt. In der Astronomie versteht man unter einer A. einen Katalog, der die scheinbaren Helligkeiten von Sternen verzeichnet. Am bekanntesten ist die Göttinger A. von K. Schwarzschild (1873–1916), die für 3 500 Sterne zwischen 0° und +20° Deklination photographisch bestimmte scheinbare Helligkeiten enthält. Die Yerkes-A. verzeichnet für den Deklinationsbereich 60° bis 75° die photographischen Helligkeiten von Sternen heller als $8\overset{m}{.}25$. Sie enthält 2 354 Sterne und geht auf J. A. Parkhurst zurück. Daneben gibt es noch weitere Helligkeitskataloge, die aber nicht die Bezeichnung A. tragen.

aktive Galaxien (active galaxies). Galaxien, deren Kerne eine starke Emission in einem oder mehreren Wellenlängenbereichen zeigen. Dazu gehören u. a. die Radiogalaxien und Quasare. Als Ursache werden eine Materie-Accretion um supermassive Schwarze Löcher und die Ausbildung von bipolaren Jet-Bündeln vermutet.

aktive Optik (active optics). Ein technisches Verfahren zur Verbesserung der Leistung großer Teleskope. Dabei wird der Hauptspiegel nicht starr, also in einem Stück hergestellt, sondern aus zahlreichen einzelnen Elementen zusammengesetzt. Mittels moderner Computerverfahren wird für jeden Einzelspiegel seine Abweichung von der Idealform berechnet. Darauf werden die Einzelspiegel in kürzesten Zeitabständen angepaßt. Bei dieser Technik kann auch das Gewicht der Spiegel deutlich geringer gehalten werden als bei herkömmlichen Teleskopen. Es ist damit also möglich, bei gleichzeitiger deutlicher Kostenreduzierung viel größere Spiegel herzustellen. → New Technology Telescope, → Very Large Telescope, → adaptive Optik.

Akzeleration (acceleration). Beschleunigung; unter der säkularen A. versteht man eine scheinbare Störung bzw. Beschleunigung der Mondbewegung, die in Wahrheit auf eine Verlängerung der Rotationsdauer der Erde zurückgeht. Infolge der Gezeitenreibung nimmt nämlich die Tageslänge pro Jahrhundert um 0,0016 Sekunden zu. Dadurch scheint der Mond pro Jahrhundert um 2″ in seiner Bahn vorauszueilen. Ein weiterer Beschleunigungseffekt in der Mondbahn von 6″ pro Jahrhundert geht auf eine Veränderung der Bahnexzentrizität der Erde zurück. Der Gesamtwert der säkularen A. von 8″ pro 100 Jahre wurde bereits 1693 von E. Halley (1656–1742) entdeckt. Die theoretische Erklärung gab P. S. Laplace (1749–1827).

Alamak. Der Stern γ Andromedae. Die arabische Bezeichnung bedeutet »Wüstenluchs«. Der Abstand beträgt 260 Lichtjahre. Es ist ein bekannter, mit kleinen Fernrohren auflösbarer Doppelstern. Die beiden Komponenten mit der Helligkeit $2\overset{\mathrm{m}}{,}1$ und $5\overset{\mathrm{m}}{,}1$ erscheinen orange und bläulich und stehen 10″ auseinander.

Albedo (albedo). Von dem lateinischen Begriff »albus« (weiß) abgeleitete Fachbezeichnung für die Rückstrahlfähigkeit eines Körpers. Sie wird vor allem für Planeten und Satelliten bestimmt, kann aber auch zum Vergleich für verschiedene irdische Stoffe ermittelt werden. Die A. wird im allgemeinen nicht in Prozentzahlen, sondern in Dezimalwerten mitgeteilt. So bedeutet beispielsweise eine A. von 0,43 eine Rückstrahlfähigkeit von 43%, d.h. 43% des auftreffenden Lichtes werden wieder reflektiert.

Beispiele für Albedowerte
(geometrische Albedo)
in unserem Sonnensystem

Merkur	0,12	Saturn	0,47
Venus	0,65	Uranus	0,51
Erde	0,37	Neptun	0,41
Mars	0,15	Pluto	~0,30
Jupiter	0,52		
Ceres	0 06	Erdmond	0,07
Palias	0,05	Io	0,60
Juno	0,14	Europa	0,5
Vesta	0,24	Ganymed	0,3
Eros	0,34	Kallisto	0,15

Albireo. Der Stern am Kopf des → Schwans. Die arabische Bezeichnung bedeutet »Vogel«. A. wird auch als β Cygni bezeichnet und ist 390 Lichtjahre entfernt. Er kann bereits mit einem Feldstecher als Doppelstern erkannt

Beispiele für Albedo-Werte irdischer Körper

Kreide	0,85	Granit	0,31	Quarzporphyr	0,09
Wolken im Mittel	0,70	Gips	0,29	Obsidian	0,08
Schnee	0,5–0,9	Ton	0,20	Basalt	0,05
Bimsstein	0,48	Vesuvasche	0,16	Ätnalava	0,04
Kalk	0,36	Flußsand	0,14	Ruß	0,02

werden. Der Hauptstern ist $3\overset{\mathrm{m}}{,}1$ hell und erscheint orange, der Begleiter ist bläulich und hat $5\overset{\mathrm{m}}{,}1$.

Aldebaran. Der Hauptstern im → Stier. Die aus dem Arabischen stammende Bezeichnung bedeutet »der Nachfolgende«. Damit ist gemeint, daß A. dem Sternhaufen → Plejaden bei der scheinbaren Bewegung am Himmelsgewölbe von Osten nach Westen nachfolgt. A. ist 68 Lichtjahre entfernt. Er ist ein roter Riesenstern mit einem Spektraltyp K5, so daß er orangerot erscheint. Den Sonnendurchmesser übertrifft er um das 35fache, die Sonnenleuchtkraft um das 100fache. Seine Oberflächentemperatur beträgt 3 500 K. Die scheinbare Helligkeit ist $0\overset{\mathrm{m}}{,}9$. Die Eigenbewegung von A. ist mit 0,203″ pro Jahr verhältnismäßig groß. Seine Radialgeschwindigkeit beträgt +55 km/s.

Alderamin. Der Hauptstern des → Cepheus, dessen arabische Bezeichnung »rechter Arm« bedeutet. A. hat eine Helligkeit von $2\overset{\mathrm{m}}{,}4$, ist 46 Lichtjahre entfernt und hat eine 22fache Sonnenleuchtkraft. Bei einem Spektraltyp von A7 erscheint A. weiß.

Alfonsinische Tafeln (Alphonsine Tables). Planetentafeln, die zu den bekanntesten der astronomischen Geschichte gehören. Sie wurden im Auftrag von Alfons X. von Castilien (1221–1284) in der Zeit zwischen 1248 und 1252 unter der Leitung von I. A. Said ausgearbeitet.

Alfvén-Wellen (Alfvén waves). Nach H. Alfvén (1908–1995) benannte magnetohydrodynamische Wellen, die sich durch ein Magnetfeld in einem → Plasma bewegen. Sie sind Folge von Wechselwirkungen zwischen Dichtefluktuationen und magnetischen Veränderungen.

Algenib. Die arabische Bezeichnung für zwei Sterne: α Persei und γ Pegasi. Die sprachliche Wurzel der beiden Bezeichnungen ist aber offenbar verschieden. Im Falle des Hauptsterns im Perseus heißt wohl die deutsche Übersetzung »auf der rechten Seite«, bei γ Pegasi dagegen vermutlich »Flügel des Pferdes«. α Persei ist 620 Lichtjahre entfernt und 5200mal heller als die Sonne. γ Pegasi hat einen Abstand von 470 Lichtjahren und ist ein veränderlicher Stern vom Typ β Cephei. Die Schwankung erfolgt allerdings nur um $0\overset{\mathrm{m}}{,}07$ um eine mittlere Helligkeit von $2\overset{\mathrm{m}}{,}8$ und mit einer Periode von 0,152 Tagen. Die Spektralklasse ist B2.

Algol. Der bekannteste → Bedeckungsveränderliche, der auch der Klasse der sog. A.-Veränderlichen oder A.sternen den Namen gab. Der arabische Name bedeutet »Kopf der Gul«, eines arabischen Dämons (Dämonenstern, Teufelsstern). Die Entfernung beträgt 96 Lichtjahre. Mit einer Periode von 68,8 Stunden zeigt A. Helligkeitsschwankungen zwischen $2\overset{\mathrm{m}}{,}1$ und $3\overset{\mathrm{m}}{,}4$. Die Dauer der Helligkeitsabnahme vom Maximum zum Minimum beträgt 4,9 Stunden. Nur etwa 20 Minuten verbleibt der Stern im Minimum. Darauf steigt in ebenfalls 4,9 Stunden die Helligkeit wieder zum Ausgangswert an. Im Maximum ist die Helligkeit nahezu konstant, bis auf ein sog.

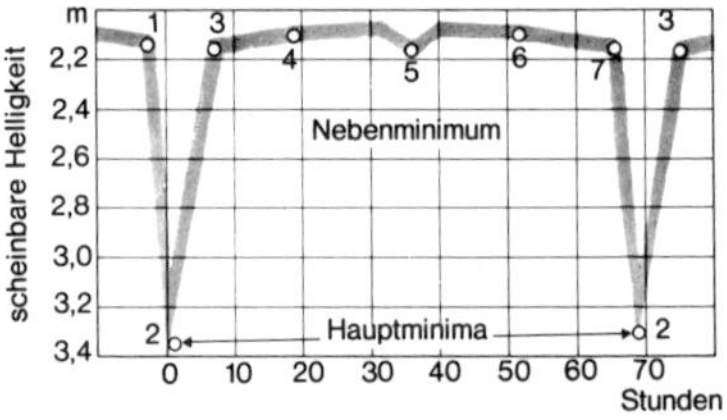

Lichtkurve von Algol

Nebenminimum, das zeitlich zwischen den beiden Hauptminima liegt und eine Tiefe von nur knapp $0\overset{\mathrm{m}}{,}1$ aufweist. Die Veränderlichkeit von A. wurde 1670 von G. Montanari (1633–1687) entdeckt.

Aber erst 1783 schlug J. Goodricke (1764–1786) zwei Erklärungsmöglichkeiten vor: Entweder sollte die Helligkeitsveränderung durch das Dazwischentreten eines großen Körpers, der A. umkreist, entstehen oder durch eine Rotation von A., bei der immer wieder ein Teil seines Körpers, der mit Flecken oder Ähnlichem bedeckt ist, der Erde zugekehrt wird. Goodricke sollte mit seiner ersten Vermutung recht behalten. Bereits 1788 konnte man die Bahn des unsichtbaren Begleiters berechnen. Dabei tritt das stärkere Hauptminimum auf, wenn ein großer Teil des kleineren, aber helleren Sterns durch den größeren, etwas schwächeren Stern bedeckt wird. Das Nebenminimum entsteht, wenn der hellere Stern einen Teil des schwächeren Sterns bedeckt. Die Bahnebene des zweiten Sterns ist um nur 8° gegen die Blicklinie Erde-A. geneigt.

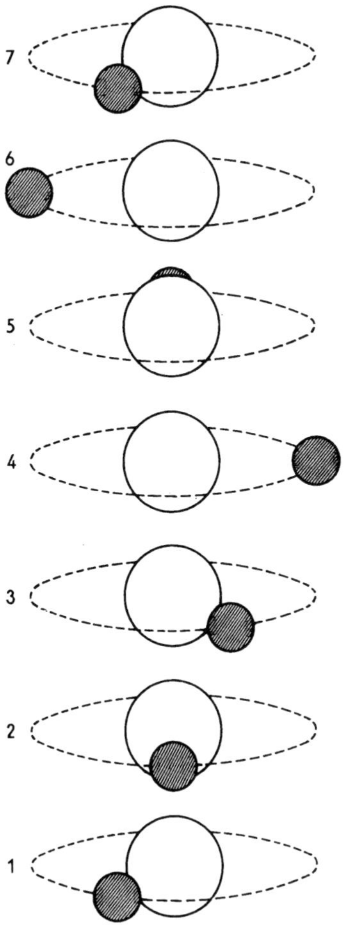

Ein Algol-Veränderlicher

Der Hauptstern des A.systems, der Stern A, hat die 3,7fache Sonnenmasse, den 2,9fachen Sonnendurchmesser und die 100fache Sonnenleuchtkraft. Es ist ein weißer Hauptreihenstern mit dem Spektraltyp B8. Seine Oberflächentemperatur beträgt 13000 K. Der Begleitstern B ist von A 10,5 Mill. km entfernt und ist ein Unterriese vom Spektraltyp K2 mit einer Temperatur von 4500 K. Er kommt auf 0,8 Sonnenmassen, den 3,5fachen Sonnendurchmesser und 3fache Sonnenleuchtkraft.

Der Stern B hat eine ausgeprägte Korona (→ Sonnenkorona), die aus seiner Röntgen- und Radiostrahlung nachgewiesen wurde. Ferner muß B zahlreiche Flecken an seiner Oberfläche haben. Von B fließt mit einer Geschwindigkeit von 520 km/s und einer Menge von 10^{-7} Sonnenmassen pro Jahr ein Gasstrom unter einem Winkel von 35° gegen die Oberfläche auf Stern A und bildet dort eine Accretionsscheibe (→ Accretion). Dabei entsteht an seiner Oberfläche ein »heißer Fleck« mit einer Temperatur von 100000 K. Der Gasstrom variiert und dürfte sich gelegentlich sogar explosiv verstärken. Dies erklärt vielleicht eine scheinbar 188jährige Periode in Veränderungen der Lichtwechsel-Periode von A. Eine 32jährige Periode könnte dagegen auf eine periodische Veränderung des Magnetfeldes von Stern B zurückgehen, die die Massenabflußrate steuert. Früher wurden diese beiden Perioden häufig zwei weiteren störenden Begleitsternen von A. zugeschrieben. Ein dritter Stern C dürfte tatsächlich zweifelsfrei vorhanden sein. Er ging ursprünglich aus einer Periode von 1,862 Jahren hervor, die sich in Änderungen der Radialgeschwindigkeit im Spektrum von A. zeigt. Inzwischen konnte er auch direkt nachgewiesen werden. Stern C hat 1,6 Sonnenmassen und ist 1,4mal größer im Durchmesser als die Sonne. Seine Oberflächentemperatur beträgt 7000 K, der Spektraltyp ist F1. Stern C ist von A/B 285 Mill. km entfernt.

Alhidade (alidade). Bei früheren astronomischen Winkelmeßinstrumenten das bewegliche Lineal, längs dem man nach dem Stern visierte. Der Begriff stammt aus dem Arabischen und bedeutet eigentlich »Zähler«.

Alignements. Aus dem Französischen stammende Bezeichnung für Verbindungslinien zwischen auffälligen Sternen, die durch Verlängerung zu einem anderen aufzusuchenden Stern führen. Die bekanntesten A. sind: die 5fache Verlängerung der Hinterachse des Großen Wagens zum Polarstern oder die Verlängerung der Gürtellinie des Orion nach rechts oben zu Aldebaran im Stier und nach links unten zu Sirius im Großen Hund.

Alioth. Arabische Bezeichnung für den Stern ε Ursae Maioris. Es ist der vom Wagenkasten aus gesehen erste Deichselstern im Großen Wagen. Die Bezeichnung bedeutet in der deutschen Übersetzung »Schwanz«. Der Abstand beträgt etwa 70 Lichtjahre. A. ist ein kurzperiodischer Veränderlicher vom Typ α^2 Canum venaticorum. Die Helligkeitsschwankung erfolgt nur zwischen $1{,}^{m}7$ und $1{,}^{m}8$ in 5 Tagen. Die absolute Helligkeit ist 85mal größer als die der Sonne. Ferner ist A. ein spektroskopischer Doppelstern mit einer Periode von 4,15 Jahren. Möglicherweise ist noch ein weiterer Begleiter vorhanden.

Alkor. Arabische Bezeichnung für den Stern g Ursae Maioris. Der nur $4{,}^{m}0$ helle Stern befindet sich gerade über dem Knick der Deichsel des Großen Wagens und wird deswegen im Volksmund oft als das »Reiterlein« bezeichnet. Da der Stern angeblich nur mit sehr scharfen Augen beobachtet werden kann, heißt er gelegentlich auch »Augenprüfer«. Die scheinbare Helligkeit des Sterns reicht aber eigentlich auch schon bei weniger guten atmosphärischen Sichtbedingungen bzw. weniger scharfen Augen aus, um ihn beobachten zu können. A. ist knapp 12 Bogenminuten von → Mizar am Himmelsgewölbe entfernt und gehört noch als ferner Begleiter in einem Abstand von mindestens 2 Bill. km zu ihm. Die Umlaufzeit von A. dürfte ebenfalls mindestens 800000 Jahre betragen.

Alkyone. Der hellste Stern in den → Plejaden. Bereits mit kleinen Fernrohren kann er als 4faches System beobachtet werden. A. heißt auch η Tauri, besitzt eine Gesamthelligkeit von $2{,}^{m}9$ und den Spektraltyp B7. Die Leuchtkraft ist über 600mal größer als die der Sonne.

Almagest. Der arabische Titel der 827 n. Chr. erfolgten Übersetzung des Hauptwerks des griechischen Astronomen C. Ptolemäus (etwa 75–160 n. Chr.). Der A. wurde 1175 erstmals auch in die lateinische Sprache übersetzt. Der Titel ist eigentlich eine Verstümmelung des Begriffs »Al-Magisti«.

Almukantarat (almucantar). Ein dem Horizont paralleler Kreis. Gestirne, die auf demselben A. liegen, besitzen die gleiche → Höhe über dem Horizont. Man bezeichnet deswegen den A. auch als den Azimutalkreis. Die Bezeichnung stammt aus dem Arabischen.

Alphard. Arabische Bezeichnung für den Hauptstern im Sternbild Wasserschlange oder Hydra. In der deutschen Übersetzung heißt diese Bezeichnung »der vereinzelt dastehende Stern«. A. ist $2\overset{m}{,}0$ hell und erscheint orangefarben (Spektraltyp K3). Die Entfernung beträgt 95 Lichtjahre. Er ist 110 mal leuchtkräftiger als die Sonne.

Alpha-Teilchen (alpha particles). Helium-Atomkerne mit 2 Protonen und 2 Neutronen. Sie kommen u. a. beim radioaktiven Zerfall vor (Alpha-Strahlen).

Alphekka. Eine nicht sehr häufig benutzte arabische Bezeichnung für den Hauptstern im Sternbild → Nördliche Krone, der auch in der lateinischen Bezeichnung → Gemma heißt. Die deutsche Bedeutung des arabischen Namens lautet »Bettlerschüssel mit zackigem Rand«.

Alpheratz. Der Hauptstern des Sternbilds → Andromeda. Die arabische Bezeichnung heißt »Schulter des Pferdes«. Dies weist darauf hin, daß dieser Stern früher oft zum benachbarten Pegasus gerechnet wurde. Eine andere Bezeichnung für diesen Stern ist Sirrah (»Nabel«). A. ist $2\overset{m}{,}1$ hell und 120 Lichtjahre entfernt. Der Spektraltyp ist B8 p. Die Leuchtkraft übertrifft die unserer Sonne um das 160 fache. A. ist ein spektroskopischer Doppelstern. Die Umlaufperiode beträgt 96,7 Tage.

Alphonsus. Ein Ringgebirge auf der Mondoberfläche, das sich etwas südlich der Mondscheibenmitte befindet. Sein Durchmesser beträgt 115 km. Er wurde benannt nach Alfons X. von Castilien (→ Alfonsinische Tafeln). Am 3. 11. 1958 beobachtete N. A. Kozyrew (1908–1983) nahe dem Zentralberg von A. ein rötliches Phänomen, das nach seiner Meinung eine vulkanische Eruption gewesen sein könnte. Wenn auch diese Deutung stark umstritten ist, so löste diese Beobachtung doch seinerzeit eine große Diskussion über mögliche vulkanische und ähnliche Prozesse auf der Mondoberfläche aus. Vielleicht hat diese Erscheinung aber auch etwas mit anderen seltsamen rötlichen Flecken zu tun, die von verschiedenen Mondbeobachtern an bestimmten Stellen der Mondoberfläche immer wieder gesehen wurden (»moonblinks«, → Mond). Es könnte sich hier um Lumineszenzerscheinungen handeln, also ein Eigenleuchten von Mineralien an der Mondoberfläche nach dem Auftreffen energiereicher Ultraviolettstrahlung der Sonne.

Altair. → Atair.

Altar. Ein kleines Sternbild südlich des Skorpion, das von Mitteleuropa aus nicht mehr beobachtet werden kann. Die lateinische Bezeichnung und die internationale Abkürzung für dieses Sternbild lautet Ara. Der hellste Stern α Arae ist $3\overset{m}{,}0$ hell und 390 Lichtjahre entfernt. Seine Leuchtkraft ist 760 mal größer als die der Sonne.

Altazimut (altazimuth instrument). Ein Winkelmeßinstrument zur Bestimmung von → Höhe und → Azimut eines Gestirns am Himmelsgewölbe. Ein kleines Fernrohr wird dabei um eine horizontale und vertikale Achse gedreht. Die Gestirnshöhe kann an einem Vertikalkreis, das Azimut an einem Horizontalkreis mit Gradeinteilung abgelesen werden.

Amalthea. Name des Jupitersatelliten V, der 1892 von E. E. Barnard (1857–1923) entdeckt wurde. Er ist einer der innersten Jupitersatelliten mit einem Durchmesser von etwa 270 × 165 × 150 km. Der rötliche Satellit ist damit nach Aufnahmen der Voyager-Sonden nicht genau kugelförmig. Seine Umlaufzeit beträgt nur 0,498 Tage. Die Bahnexzentrizität ist mit 0,0028 sehr gering, der mittlere Abstand von Jupiter beträgt 181 000 km. Auch die Bahnneigung gegenüber dem Jupiteräquator ist mit 0,4° sehr klein. A. zeigt mehrere Krater bis 90 km Durchmesser. Seine Farbe geht auf Schwefel zurück, der von dem Jupitersatelliten Io weggeschleudert und von A. aufgefangen wurde.

Amateurastronomie (amateur astronomy). Die hobbymäßige, nichtberufliche Ausübung astronomischer Tätigkeiten. In früheren Jahrhunderten haben Amateurastronomen, die hauptberuflich auf ganz anderen Gebieten tätig waren, oft Pionierarbeit in der astronomischen Forschung geleistet. Ein Beispiel ist der Bremer Arzt W. Olbers (1758–1840), der als eine der kreativsten Persönlichkeiten auf dem Gebiet der Astronomie zu Beginn des 19. Jahrhunderts bezeichnet werden kann. Mit der zunehmenden Spezialisierung der Astronomie und der Notwendigkeit, technisch immer aufwendigere und dadurch sehr kostspielige Instrumente einzusetzen, um noch weitere wissenschaftliche Fortschritte zu erzielen, sowie mit den notwendigerweise tiefgehenden physikalischen und mathematischen Voraussetzungen, trat die wissenschaftliche Bedeutung der A. mehr und mehr zurück. Heute ist die A. in einer Zeit zunehmender Freizeit aber eine Möglichkeit, sich ernsthaft mit einem hochinteressanten Gebiet auseinanderzusetzen. Daher gibt es heute mehr Amateurastronomen als früher. Wenn auch das Hauptziel der A. sein soll, sich selbst zu bereichern, so gibt es doch einige beschränkte Möglichkeiten, sich noch als eine Art Zuträger für die Fachwissenschaft zu begreifen. Das gilt besonders für alle Beobachtungen, die die Überwachung veränderlicher Vorgänge zum Ziel haben, Vorgänge, die wegen des Umfangs nicht von Fachastronomen allein zu bewältigen sind, z. B. die Überwachung bestimmter → veränderlicher Sterne oder der atmosphärischen Vorgänge auf → Jupiter. Die Amateure sollten dabei aber stets den Anschluß und die Beratung durch Fachastronomen suchen. Auch bei der Vermittlung astronomischer Kenntnisse in der Öffentlichkeit können Amateure oft mithelfen. Überörtliche Organisationen der A. sind die Vereinigung der Sternfreunde (Abk. VdS, Geschäftsstelle Steiluferallee 7, 23 669 Timmendorfer Strand), die Schweizerische Astronomische Gesellschaft (Abk. SAG, du Ch. Marais-Long 10, CH-1217 Meyrin) und der Österreichische Astronomische Verein (Abk. ÖAV, Hasenwartgasse 32, A-1238 Wien).

American Ephemeris and Nautical Almanac. → Astronomical Almanac.

Amor. Der im Jahre 1932 aufgefundene Kleinplanet mit der Nr. 1221, der gelegentlich unserer Erde auf 16 Mill. km nahe kommen kann. Seine große Halbachse beträgt 1,92 AE (287,2 Mill. km). Im Perihel ist er 1,08 AE (161,6 Mill. km) von der Sonne entfernt. Die Bahnexzentrizität beträgt 0,435, die Bahnneigung 11,9°. Zur A.-Gruppe gehören solche Kleinplaneten, deren große Halbachse über 1 AE beträgt, die Periheldistanz aber zwischen 1,017 und 1,3 AE (152,1 bzw. 194,5 Mill. km) liegt. Die Bahnen der Mitglieder der A.-Gruppe berühren also u. U. fast die Erdbahn. Ein weiteres bekanntes Beispiel ist → Eros. Die Zahl der Neuentdeckungen nahm in jüngerer Zeit stark zu.

Amphora. Eine früher gelegentlich benutzte griechische Bezeichnung für das Sternbild → Wassermann.

anagalaktisch (anagalactic). Die Bezeichnung bedeutet »außerhalb unseres eigenen Milchstraßensystems«. Die geläufigere Bezeichnung ist aber extragalaktisch oder außergalaktisch.

Analemma (analemma). Eine der Ziffer 8 ähnliche Figur, die entsteht, wenn man ein ganzes Jahr hindurch die Sonne täglich (oder wenigstens in regelmäßigen Abständen von einigen Tagen) zur gleichen mittleren Ortszeit oder Zonenzeit photographiert. Die Sonne steht dann nicht an derselben Stelle des Himmels. Dies ist eine Folge des jährlich sich verändernden Abstands der Sonne vom Himmelsäquator (→ Deklination zwischen +23½ und −23½ Grad) und der wechselnden Höhe der Sonne am Himmel im Rhythmus der Jahreszeiten, sowie der → Zeitgleichung.

Ananke. Name des 12. Jupitersatelliten. Bei einer mittleren Entfernung von 21 200 000 km von dem Planeten beträgt seine Umlaufzeit 630 Tage. Seine Bahn ist um 147° gegen die Äquatorebene des Planeten geneigt, so daß er rückläufig ist. Die Bahnexzentrizität beträgt 0,17. Die mittlere Oppositionshelligkeit beläuft sich auf $18\overset{m}{,}7$, so daß A. nur etwa 16 km Durchmesser haben dürfte. Die Entdeckung erfolgte 1951 durch S. B. Nicholson (1891–1963).

Anastigmat (anastigmate). Ein Photo- oder Fernrohrobjektiv, das den optischen Fehler des → Astigmatismus vermeidet. Kennzeichen von photographischen Aufnahmen mit Hilfe eines A. ist eine scharfe Abbildung von Sternpunkten bis zum Bildfeldrand.

Andromeda. Ein Sternbild am nördlichen Himmel, das vor allem in den Herbstmonaten abends steil bis nahe in den Zenit heraufsteigt. Der alten Sage gemäß war A. eine äthiopische Königstochter und wurde an einen Felsen geschmiedet, um dem Walfisch zum Fraß vorgeworfen zu werden. Dies sollte ein Sühneopfer an den Meeresgott Poseidon darstellen, da dieser das Land mit einer Sturmflut verwüstete, nachdem die Mutter der A., die Kassiopeia, sich rühmte, die schönste Frau aller Völker zu sein. A. wurde aber durch Perseus gerettet. Die hellsten Sterne in der A. sind → Alpheratz, → Mirach und → Alamak. Das bekannteste Objekt dieses Sternbilds ist der → Andromedanebel.

S Andromedae. Bezeichnung für eine Supernova, die im Jahre 1885 im Andromedanebel erschien.

Z Andromedae-Sterne (Z Andromedae stars). → Symbiotische Sterne.

Andromedanebel (Andromeda Nebula). Ein im Sternbild Andromeda gelegener länglicher Nebelfleck, der in sehr klaren Nächten gerade noch mit bloßem Auge beobachtet werden kann. Man findet ihn leicht, wenn man von Sirrah, dem Hauptstern der Andromeda, gleichzeitig der linke obere Stern des Pegasusquadrats, ausgeht. Von diesem Stern aus geht man zwei mittelhelle Sterne nach links und dann zwei schwächere Sternchen aufwärts. Gleich darüber liegt der A. Möglicherweise haben ihn bereits frühere Völker beobachtet. Der persische Astronom Al-Sufi (903–986) trug ihn im Jahre 964 in einen Sternatlas als kleine Wolke ein. Mit dem Fernrohr wurde er erstmals 1611 von S. Marius (1573–1624) beobachtet und beschrieben. Später erhielt er die Katalogbezeichnung M 31 bzw. NGC 224. Bis tief in das 20. Jahrhundert hinein war unklar, ob der A. zu unserer eigenen Galaxis gehört oder ein eigenes System ist. Ein erster Hinweis auf seine Selbständigkeit war 1885 das Aufleuchten einer Supernova in ihm. Sie wurde von E. Hartwig (1851–1923) entdeckt und erreichte eine Helligkeit von $5\overset{m}{,}4$. Bereits auf den ersten besseren photographischen Aufnahmen zeichnete sich eine Spiralstruktur ab. Eine wenigstens teilweise Auflösung des Nebels in einzelne Sterne gelang 1923 mit dem 2,5 m-Spiegel auf dem Mount Wilson E. P. Hubble (1889–1953). Darunter waren auch zahlreiche Veränderliche vom Typ der → Cepheiden, mit denen es erstmals möglich war, die Entfernung des A. zu bestimmen. Wenn auch der zunächst erhaltene Wert von etwa 1 Mill. Lichtjahre noch vorläufig war, so war damit doch der end-

gültige Beweis für die Selbständigkeit des A. als Sternsystem erbracht.
Der zentrale Kern des A., um den sich die Spiralarme winden, konnte erst 1944 durch W. Baade (1893–1960) ebenfalls in Einzelsterne aufgelöst werden. Neben den genannten Veränderlichen und einigen Novae sind heute im A. aber auch zahlreiche andere für eine Galaxie typische Objekte bekannt, wie z.B. helle Riesen und Überriesen, offene Sternhaufen und kugelförmige Sternhaufen. Desgleichen ist auch zwischen den Sternen im A. die Anwesenheit heller und dunkler interstellarer Materie angedeutet. In den Spiralarmen kommen vor allem junge blaue Überriesen als hellste Sterne vor. Dort gibt es auch mehr Gas- und Staubwolken als im Kern. Hier entstehen heute noch Sterne.
Baade fand im A. 7 Spiralarme. 2 Arme, die sehr viel staubförmige Materie enthalten, liegen nahe dem Kern. Die 5 äußeren Arme sind durch auffällige Sternwolken gekennzeichnet. Besonders eindrucksvoll ist eine 2900 × 1400 Lichtjahre große Sternwolke im Südwesten des Nebels. Hier sind Hunderte Sterne 10000mal heller als unsere Sonne. Zwischen den Spiralarmen lagern dunkle Staubspuren, die die Spiralstruktur des Nebels noch deutlicher hervortreten lassen. Gegenwärtig gibt man für den Abstand des A. 2,3 Mill. Lichtjahre an. Die absolute Leuchtkraft beträgt -21^{m}. In der Klassifikation von Hubble hat M 31 den Typ Sb, in der Klassifikation nach Morgan (→ Galaxien) den Typ kS5.
Der A. hat eine sehr große Ähnlichkeit mit unserer Galaxis, übertrifft aber diese ein wenig. Sein Durchmesser beträgt etwa 150000 Lichtjahre, die Gesamtmasse liegt bei 310 Mrd. Sonnenmassen. Der A. ist so gedreht, daß wir unter einem Winkel von 75° auf die Ebene des Systems blicken. Die Radialgeschwindigkeit bezüglich unserer Sonne beträgt –180 km/s. Wegen der individuellen Bewegung des A. und der Sonne innerhalb unseres eigenen Systems wird hier der Effekt der Expansion des Weltalls übertroffen, so daß sich der A. uns sogar etwas nähert.
In dem deutlich hervorragenden 12000 Lichtjahre großen Kern des A. befindet sich noch ein weiterer Kern, der erst in neuerer Zeit durch photographische Aufnahmen gefunden werden konnte. Er enthält viele rote und gelbe Sterne und hat nur einen Winkeldurchmesser von 2 bis 3 Bogensekunden und erscheint damit nahezu als ein sternartiger Punkt. Der tatsächliche Durchmesser dieses »Kerns im Kern«, der vermutlich etwa 10 Mill. Sterne enthält, beträgt etwa 50 Lichtjahre. Der gegenseitige Abstand der Sterne in diesem zentralen Kern beträgt vielleicht nur etwa 100 Mrd. km. An seinem Rand beträgt die Rotationsgeschwindigkeit 87 km/s. Etwas außerhalb des Kerns nimmt die Rotationsgeschwindigkeit ab, um bei einer Entfernung von etwa 2000 Lichtjahren vom Zentrum wieder auf etwa 100 km/s anzuwachsen. In noch etwas größerer Mittelpunktsdistanz nimmt die Rotationsgeschwindigkeit erneut stark ab, um weiter außen wieder allmählich anzuwachsen. Bei einem Abstand von etwa 42000 Lichtjahren vom Zentrum werden 300 km/s erreicht. In den äußersten Teilen des A. ist aber die Rotationsgeschwindigkeit wieder geringer. Damit ähneln die Rotationsverhältnisse im A. denen unserer Galaxis.
Schon vor längerem waren zwei Begleiter des A. bekannt, und zwar die elliptischen Nebel M 32 und NGC 205. Im Hubble-Schema gehören sie dem Typ E2 bzw. E6 an. Im Jahre 1972 wurden auch noch einige nahezu kugelförmige Zwerggalaxien entdeckt, die als Begleiter anzusehen sind: And I, II und

III. M 32 hat einen Durchmesser von 2300 Lichtjahren und eine Masse von 4 Mrd. Sonnenmassen. NGC 205 ist mit 5400 Lichtjahren etwas größer. Die sphärischen Galaxien dürften dagegen nur etwa 3000 Lichtjahre groß sein. Sie gehören zu den schwächsten Galaxien der lokalen Nebelgruppe.

Andromediden (Andromedids). Ein → Meteorstrom, der früher zwischen dem 15. November und 6. Dezember, mit einem Höhepunkt um den 23. November, auftrat. Sein Radiant lag im Sternbild Andromeda. Da es sich um Auflösungsprodukte des Bielaschen Kometen handelte, wird er gelegentlich auch als Bieliden bezeichnet. Nach der Auflösung des Kometen Biela traten vor allem in den Jahren 1872, 1885, 1892 und 1899 starke Sternschnuppenschwärme auf. In der folgenden Zeit verringerte sich die Häufigkeit der beobachteten Meteore laufend, so daß die A. heute kaum mehr aus den sporadisch auftretenden Meteoren herausragen.

Ångström-Einheit. → Å.

Anguis. Lateinische Bezeichnung (dt. »Schlange«) für eine längere sinusförmige Rille auf der Mondoberfläche.

Anisotropie (anisotropy). In der Physik und Astronomie die Richtungsabhängigkeit irgendwelcher Eigenschaften der Materie oder Strahlung. Gegensatz: Isotropie.

Annihilation (annihilation). Die Verwandlung von Elementarteilchen in Energie. Dies gilt insbesondere beim Zusammentreffen eines Elektron-Positron-Paars unter Aussendung von Gammastrahlung oder eines Proton-Antiproton-Paars zusätzlich unter der Bildung von π-Mesonen (Pionen). Die gesamte Masse der Elektronen und Positronen wird in Energie verwandelt (Vernichtungsstrahlung), im Gegensatz zur Kernverschmelzung, bei der weniger als 1% der Masse in Energie verwandelt wird. Die elektrischen Ladungen verschwinden bei diesem Vorgang ebenso.

annus fictus. Lateinische Bezeichnung für den Zeitabschnitt, der beginnt, wenn die Rektaszension der mittleren Sonne genau 280° oder 18^h40^m beträgt, was ungefähr am 1. Januar der Fall ist. Das a. f. beginnt gleichzeitig für die ganze Erde und wird auch als Besselsches Jahr bezeichnet, nach F. W. Bessel (1784–1846).

Anomalie (anomaly). Ein Himmelskörper beschreibt gemäß dem ersten Keplerschen Gesetz eine Ellipse um sein Zentralgestirn, das in einem der beiden Brennpunkte steht. Im besonderen gilt dies für die Bewegung eines Planeten um die Sonne. Setzt man nun die Linie Sonne – Perihel (sonnennächster Bahnpunkt des Planeten) als Ausgangsrichtung fest, so bezeichnet man den Winkel, den der Planet von der Sonne aus gesehen gegen diese Ausgangsrichtung zu einem bestimmten Zeitpunkt zurückgelegt hat, als die wahre A. Sie wird meist mit dem Buchstaben v bezeichnet. Die exzentrische A. E erhalten wir, wenn wir um den Ellipsenmittelpunkt M einen Kreis mit dem Radius des größten Halbmessers der Ellipse zeichnen. Fällen wir nun von der Position des Planeten auf seiner Ellipsenbahn aus eine Senkrechte auf den großen Bahndurchmesser der Ellipse. Die so erhaltene Hilfslinie verlängern wir über den Planeten hinaus. Wo sich diese mit dem früher gezeichneten Kreis schneidet, erhalten wir den Punkt P″. Die exzentrische A. E ist dann der Winkel zwischen der Linie Ellipsenmittelpunkt – Perihel und der Linie zwischen dem Ellipsenmittelpunkt und dem konstruierten Punkt P″. Um schließlich die mittlere A. M zu erhalten, läßt man in Gedanken den Planeten vom Perihel aus auf der Ellipse nicht mit ungleichförmiger Geschwindigkeit laufen, wie es tatsächlich der Fall ist, sondern mit vollkommen gleichmäßiger mittlerer Geschwindigkeit. Der Winkel vom Mittelpunkt der Ellipse aus zum Perihel und dem Ort des so gleichmäßig laufenden fiktiven Planeten nennt man die mittlere A. M. Die exzentrische A. und die mittlere A. sind rechnerisch durch die Keplersche Gleichung verbunden.

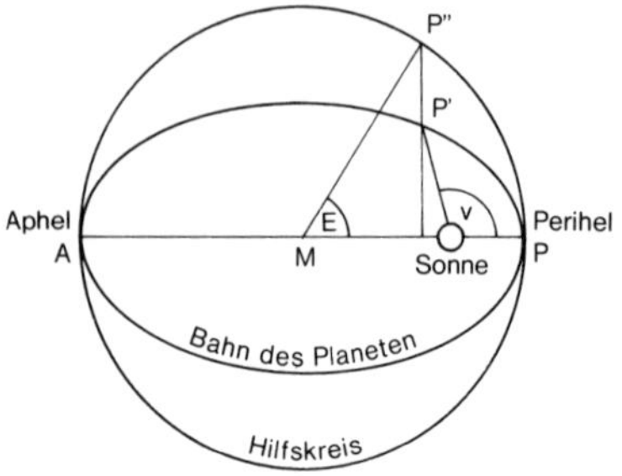

Wahre Anomalie v *und exzentrische Anomalie* E *(Schema)*

anomalistische Umlaufzeit (anomalistic period). Die Umlaufzeit eines Himmelskörpers, die auf die → Apsidenlinie bezogen ist.

Anorthosit (anorthosite). Basaltgestein, das in den Hochländern des Mondes gefunden wurde. Auch → KREEP.

Anregung (excitation). In der Physik die Übertragung von Energie auf ein Elektron, das sich um einen Atomkern bewegt, genauer gesagt, der Übergang eines Elektrons von einem niedrigeren Energieniveau auf ein höheres Energieniveau. Allgemein spricht man aber auch bei Molekülen von A.

Die A. erfolgt durch die sog. Stoßa., die beim Zusammenstoß eines Atoms mit anderen Teilchen erfolgt, oder durch die Photoanregung bei der Absorption eines Lichtquants. Fällt das Elektron von seinem Zustand höherer Energie auf das niedrigere Energieniveau zurück, was im allgemeinen nach einer sehr kurzen Zeitspanne von milliardstel Sekunden oder weniger erfolgt, wird ein Lichtquant wieder ausgesandt (A.leuchten).

Anschluß (relative determination of star positions). Allgemein: Bezeichnung für alle Messungen, die relativ zu einer anderen bekannten Größe durchgeführt werden. Meist bezieht sich aber der Begriff auf relative Positionsmessungen von Sternen. Bezieht man beispielsweise bei einer Positionsbestimmung die Position eines Sterns B auf die bekannte Position eines Sterns A, so spricht man von einer A.beobachtung. Der Gegensatz zu A.beobachtungen sind Absolutbeobachtungen oder -messungen, die sehr viel schwieriger durchzuführen sind.

Ansen (ansae). Die Teile des Saturnrings, die auf den beiden Seiten des Planeten sichtbar sind. Gelegentlich benutzt man den Ausdruck auch für die äußersten Teile einer linsenförmigen Galaxie.

Antalgol-Sterne (Antalgol stars). Heute nicht mehr gebräuchliche Bezeichnung für die → RR Lyrae-Sterne.

Antapex (antapex). Der Punkt am Himmel, von dem aus die Sonne sich in bezug auf ihre Nachbarsterne mit einer Geschwindigkeit von 19,4 km/s wegbewegt. Er liegt im Sternbild Taube. Gegensatz: Apex.

Antares. Der Hauptstern des Sternbilds Skorpion. Die griechische Bezeichnung bedeutet »Gegenmars«, was auf seine rote Farbe hinweist. Gelegentlich wurde auch die arabische Bezeichnung Calbalakrab (Herz des Skorpions) benutzt. Der rote Riesenstern mit dem Spektraltyp M0 und einer Oberflächentemperatur von 3100 K ist 520 Lichtjahre entfernt. Er ist im Durchmesser 700mal größer als die Sonne und fast 10000mal heller als die Sonne. Die scheinbare Helligkeit von A. schwankt halbregelmäßig mit einer Periode von 1733 Tagen zwischen $0\overset{m}{,}9$ und $1\overset{m}{,}8$. A. besitzt in etwa 3,0″ Distanz einen Begleiter $6\overset{m}{,}5$ mit dem

Spektraltyp B3, der den Hauptstern in 878 Jahren umläuft. Neuere Beobachtungen haben gezeigt, daß dieser Begleiter eine Radioquelle ist. Möglicherweise besitzt A. einen weiteren Begleiter. A. hat eine jährliche Eigenbewegung von immerhin 0,034″ oder 1° bzw. 2 Mondbreiten in 106 000 Jahren. Seine Radialgeschwindigkeit beträgt –3 km/s.

Antarktis (Antarctica). Das Südpolgebiet, das sich südlich des südlichen Polarkreises oder südlich der Breite –66,6° befindet.

ante meridiem. lateinische Bezeichnung für »vormittags«, Abk. a.m., also zwischen 0 und 12 Uhr.

Antenne (antenna). → Radioteleskop.

Antennengewinn (antenna gain). Ein Maß für die Richtwirkung einer Antenne bzw. eines Radioteleskops.

Antennentemperatur (antenna temperature). Ein vor allem in der Radioastronomie benutztes Maß zur Beschreibung der Signalstärke einer untersuchten Radioquelle. Sie ist eine Folge der tatsächlichen Intensität der Radioquelle und der effektiven Antennenempfindlichkeit.

Antimaterie (antimatter). Die Form von Materie, die aus den sog. Antiteilchen zusammengesetzt ist. Unter Antiteilchen versteht man solche Elementarteilchen, die dieselben Eigenschaften wie die normalen Elementarteilchen besitzen bis auf eine umgekehrte elektrische Ladung oder ein umgekehrtes magnetisches Moment. P. Dirac (1902–1984) hatte als erster für das Elektron ein Antiteilchen theoretisch vorausgesagt. Dieses sog. Positron wurde im Jahre 1932 von C. D. Anderson (* 1905) aufgefunden. In den letzten Jahrzehnten wurden aber noch zahlreiche weitere Antiteilchen auf experimentellem Wege entdeckt, z. B. das Antiproton 1955, das Antineutron 1958 usw. Der erste Antiwasserstoff mit einem Antiproton als Atomkern und einem umlaufenden Positron wurde 1970 erzeugt. Bei der Wechselwirkung von normaler Materie mit A. entsteht häufig eine vollkommene Zerstrahlung (Annihilation). Bisher wurde A. im Universum in großen Mengen, also z. B. als ganze Sterne, nicht aufgefunden. Viele theoretische Physiker und Astrophysiker halten die Existenz von A. im Kosmos in der Gegenwart für nahezu ausgeschlossen. Würde es größere Mengen an A. im Universum geben, so müßten bei den sich ständig ereignenden Wechselwirkungen mit »normaler« Materie heftige Zerstrahlungsprozesse zu beobachten sein. Dies ist aber nicht der Fall. Zwar wurden Antiteilchen vermutlich in den ersten Bruchteilen einer Sekunde nach Entstehung des Weltalls in fast genau so großer Zahl wie »normale« Teilchen gebildet. Sie zerstrahlten zusammen mit den normalen Teilchen völlig. Die normale Materie zeigte aber vermutlich einen Überschuß von 1 Teilchen auf 1 Milliarde Antiteilchen. Dieser winzige Überschuß fand zur Annihilation keine Partnerteilchen mehr unter der A. und blieb übrig. Es ist die Materie, die im wesentlichen unser heutiges Universum erfüllt.

Antinous. Ein im Sternbild Adler liegendes, von T. Brahe (1546–1601) eingeführtes Sternbild, das heute nicht mehr in Gebrauch ist.

Antipoden (antipodes). → Gegenfüßler.

Antizentrum (anticenter). Die Richtung am Himmel, die dem Zentrum des Milchstraßensystems entgegengesetzt ist. Sie liegt im Sternbild Fuhrmann.

Antlia. Lateinische Bezeichnung für das Sternbild Luftpumpe.

Antriebsbahn (boosted flight, powered flight). Der Teil einer Raketenbahn, auf dem der Raketenmotor arbeitet.

Apastron, Sternferne (apastron). Der Punkt auf der Umlaufbahn eines Doppelsternpartners, auf dem dieser am weitesten von seinem Begleiter entfernt ist.

Apertur (aperture). Eine aus dem Lateinischen kommende Bezeichnung für »Öffnung«. Sie wird gelegentlich für die Öffnung (den Durchmesser) eines optischen Instruments, z. B. eines Fernrohrobjektivs, einschließlich der lichtbündelbegrenzenden Öffnungsblenden, benutzt.

Apertursynthese (aperture synthesis). Verfahren zur Vergrößerung der → Apertur von radioastronomischen Empfängern. Kleine Antennen haben in der Radioastronomie ein geringes Auflösungsvermögen. Deshalb wurde schon seit längerem versucht, mehrere räumlich getrennte, aber elektronisch untereinander verbundene Antennen zusammenzusetzen, um damit die gesamte Öffnung (Apertur) des Systems zu vergrößern. Dabei wird eine zweite bewegliche Antenne nach und nach auf verschiedene Positionen im Verhältnis zu der ersten Antenne oder dem ersten Antennensystem gebracht. Man kann aber auch Antennen, die sehr weit voneinander entfernt und unter Umständen sogar in verschiedenen Erdteilen stehen, dadurch zusammenarbeiten lassen, daß die Aufzeichnungen zunächst zeitgleich auf Magnetband gespeichert und später zusammen bearbeitet werden. Darüber hinaus läßt sich aber auch die Erdrotation zur A. heranziehen. Dabei nutzt man die gegenseitige räumliche Lage der Radioteleskope durch die Erdrotation in Beziehung zu den zu untersuchenden kosmischen Objekten aus und erzeugt damit ebenfalls synthetisch eine größere Auffangfläche (→ Radiointerferometer).

Apex (apex). Die Richtung, in die sich die Sonne in bezug auf ihre Nachbarsterne mit einer Geschwindigkeit von 19,4 km/s bewegt (Sonnena.). Der A. liegt im Sternbild Herkules südwestlich des Sterns Wega in der Leier bei $\alpha = 18^h04^m$, $\delta = +30°$. Jährlich legt dabei unsere Sonne rund 600 Mill. km zurück.

Aphel, Sonnenferne (aphelion). Der sonnenfernste Punkt einer Planetenbahn.

aplanatisches System (aplanatic system). Ein System von drei Linsen, das die sphärische und chromatische → Aberration sowie die → Koma beseitigt.

Apoapsis (apoapsis). Der Punkt auf der elliptischen Umlaufbahn eines Himmelskörpers um einen anderen, auf dem der größte Abstand zwischen beiden Körpern erreicht wird.

Apochromat (apochromate). Ein Objektiv, das fast keine chromatische und sphärische → Aberration mehr aufweist.

Apogalaktikum (apogalacticon). Der Punkt auf der Umlaufbahn eines Sterns um das Zentrum des Milchstraßensystems, auf dem er am weitesten von diesem entfernt ist.

Apogäum, Erdferne (apogee). Der erdfernste Punkt der Mondbahn.

Apollo. 1. Ein Kleinplanet mit der Nr. 1862, der im Jahre 1932 entdeckt wurde und dessen Perihel innerhalb der Venusbahn liegt. Er kann unserer Erde auf etwa 5 Mill. km nahekommen. Seine Umlaufszeit um die Sonne beträgt 622 Tage, die halbe große Bahnachse 1,47 AE (220 Mill. km), die Bahnexzentrizität 0,56, die Bahnneigung 6,3°. Unter der A.-Gruppe der Kleinplaneten versteht man solche Objekte, deren Perihel innerhalb der Erdbahn, genauer kleiner als 1,017 AE ist und dessen große Bahnhalbachse über 1,0 AE beträgt. Weitere bekannte Beispiele von Mitgliedern der A.-Gruppe sind → Icarus, → Phaeton, → Adonis, Geographos und → Toro. Die Zahl der Neuentdeckungen hat in den letzten Jahren beträchtlich zugenommen.

2. Bezeichnung für die amerikanischen bemannten Raumfahrzeuge, die für die Mondlandung eingesetzt wurden, sowie für das gesamte amerikanische Mondlandeprogramm. Während die ersten A.-

Raumfahrzeuge für Testzwecke, Erdumkreisungen oder Umkreisungen des Mondes eingesetzt wurden, erfolgte die erste Landung auf der Mondoberfläche mit A. 11 am 20. 7. 1969 um 21^h18^m MEZ. Aus der Mondlandefähre stiegen am 21. 7. 1969 um $3^h56^m20^s$ MEZ die Astronauten N. Armstrong und etwa 20^m später E. Aldrin auf die Mondoberfläche aus. Im den Mond weiter umkreisenden Mutterschiff befand sich M. Collins. Der Landepunkt auf der Mondoberfläche lag im Südwestteil des Mare Tranquillitatis bei 0,8°N, 23,5°O. Die Astronauten brachten 22 kg Mondgestein zur Erde zurück. Die zweite Mondlandung war am 19. 11. 1969 mit C. Conrad und A. Bean im Südosten des Oceanus Procellarum in unmittelbarer Nachbarschaft der früher dort gelandeten unbemannten Mondsonde Surveyor 3 bei 3,0°S, 23,4°W. In der Umlaufbahn verblieb R. F. Gordon. A. 13 führte zu keiner Landung. Wegen einer Explosion eines Sauerstoff-Versorgungstanks in der Triebwerkseinheit mußte nach Umkreisung des Mondes im April 1970 sofort die Rückkehr zur Erde angetreten werden. Die mitfliegenden Astronauten waren J. A. Lovell, J. L. Swigert und F. W. Haise. A. 14 erreichte mit A. B. Shepard und E. D. Mitchell am 5. 2. 1971 den Mondboden im Fra Mauro-Hochland bei 3,6°S, 17,4°W. Im Mutterschiff verblieb S. A. Roosa. Es folgte A. 15. Die Landung mit D. R. Scott und J. B. Irwin erfolgte am 30. 7. 1971 nahe der Hadley-Rille und dem Gebirgszug der Apenninen bei 26,1°N, 3,7°O. Hier wurde erstmals ein »Mondauto« (moonrover) eingesetzt. Im Mutterschiff verblieb A. M. Worden. Mit A. 16 betraten am 20. 4. 1972 J. W. Young und C. M. Duke den Mondboden bei 9,0°S, 15,5°O nördlich des Kraters Descartes. T. K. Mattingly steuerte das Mutterschiff. Den Abschluß bildete A. 17. Die Landung im Taurus-Littrow-Gebiet östlich des Mare Serenitatis bei 20,2°N, 30,8°O war am 11. 12. 1971 mit E. A. Cernan und H. H. Schmitt. R. E. Evans blieb in der Mondumlaufbahn. Die zusammen mit dem Mondauto insgesamt zurückgelegte Distanz auf dem Mond betrug immerhin 35,8 km. 113 kg Mondgestein wurden zur Erde zurückgebracht.

Den Mondlandungen voraus gingen einige Probeflüge, besonders die ersten bemannten Mondumkreisungen mit A. 8 im Dezember 1968 (F. Borman, J. A. Lovell und W. Anders) und A. 10 (T. P. Stafford, J. W. Young und E. A. Cernan) im Mai 1969.

Die Mondflüge wurden mit einer → Saturn 5-Rakete unternommen. Zunächst wurde durch hintereinander erfolgtes Zünden der 1., 2. und 3. Stufe in eine Parkbahn um die Erde gestartet. Die 1. und 2. Stufe wurde abgetrennt. Dann erfolgte durch wiederholtes Zünden der 3. Stufe der Einschuß in die Flugbahn Richtung Mond. Darauf koppelte man die Kommando- und Triebwerkseinheit ab, drehte sie um 180° und dockte sie mit der Spitze der Kommandoeinheit (A.kapsel) an die Mondfähre an. Die 3. Stufe wurde abgetrennt. Nach Einschwenken in die Mondumlaufbahn kletterten zwei der drei Astronauten von der Kommandoeinheit in die Mondfähre. Nach deren Abtrennung begann die Abstiegsbahn zum Mond. Beim Rückstart diente der untere Teil der Mondfähre als Startgerüst für die Oberstufe der Fähre, die in der Mondumlaufbahn wieder an die Kommando- und Triebwerkseinheit (»Mutterschiff«) andockte. Nach Überwechseln der beiden von der Mondoberfläche zurückkehrenden Astronauten in die Kommandoeinheit wurde die Oberstufe der Mondfähre abgetrennt und blieb zurück. Dann folgte der Einschuß in die Rückkehrbahn zur Erde. Kurz vor Erreichen der Erde wurde die

Triebwerkseinheit abgetrennt, die kegelförmige Kommandoeinheit drang unter einem flachen Winkel in die Erdatmosphäre ein und landete schließlich an Fallschirmen auf dem Ozean, wo eine Bergungsflotte bereitstand. Bei A. 11 dauerte der Flug 195 Std. 19 Min.
In Ergänzung zum A.programm folgte 1973 → Skylab und am 17. 7. 1975 das erstmalige Andocken eines amerikanischen und sowjetischen bemannten Raumfahrzeugs in der Umlaufbahn um die Erde (A.-Sojus) mit Überwechseln der beiden Mannschaften.

Aposelen (apocynthion, apolune). Der mondfernste Punkt in der Bahn eines den Mond umkreisenden Körpers.

Apozentrum (apocenter). Der Punkt auf der Umlaufbahn eines Partners in einem Doppelsternsystem, auf dem dieser am weitesten von dem Schwerezentrum des Systems entfernt ist.

Apparent Places of Fundamental Stars. Titel eines seit 1960 erscheinenden Jahrbuchs des Astronomischen Rechen-Instituts Heidelberg, das die mittleren und scheinbaren Örter von 1535 Fundamentalsternen des → FK5 enthält.

Apsiden (apsides). Die Schnittpunkte der großen Bahnachse mit der Bahn eines Planeten, Kometen oder Satelliten. Die A.linie ist die Verbindungslinie dieser beiden Punkte, also die große Achse einer elliptischen Bahn. Die Hälfte der A.linie wird als die große Halbachse einer Bahn a bezeichnet. Sie gilt als eines der Bahnelemente eines Himmelskörpers.
Die A.linie beschreibt meist eine Drehung, die größtenteils auf die Störungen benachbarter Himmelskörper zurückzuführen ist (A.drehung). Ein kleinerer Betrag der A.drehung wird aber auch durch die allgemeine Relativitätstheorie erklärt (z.B. Drehung der A.linie der Merkurbahn).

Apus. Lateinische Bezeichnung für das Sternbild Paradiesvogel.

Aquariden (Aquarids). Zwei Meteorströme, deren Radiant im Sternbild Aquarius (Wassermann) liegt. Die η-A. sind Auflösungsprodukte des Halleyschen Kometen. Sie treten vom 28. April bis 21. Mai, mit einem Maximum am 4. Mai auf. Die Teilchen bewegen sich mit einer mittleren Geschwindigkeit von 64 km/s durch die Atmosphäre. Ihre stündliche Häufigkeit beträgt maximal 12. Die δ-A. treten vom 22. Juli bis 10. August, mit einem Maximum am 3. August, auf. Sie bewegen sich verhältnismäßig langsam am Himmelsgewölbe dahin. Ihre mittlere Geschwindigkeit beträgt 30 km/s. Ein Ursprungskomet ist hier unbekannt.

Aquarius. Lateinische Bezeichnung für das Sternbild → Wassermann.

Äquator (equator). Der Großkreis auf der Oberfläche eines Himmelskörpers, dessen Ebene durch den Mittelpunkt des Körpers geht und senkrecht zur Rotationsachse steht. Unter dem Himmelsäquator versteht man die Verlängerung des Erdäquators an die Himmelssphäre.

Äquatorial (equatorial mounting). Heute kaum mehr gebräuchliche Bezeichnung für ein äquatorial (d.h. parallaktisch) aufgestelltes Fernrohr. Gelegentlich wurde die Bezeichnung auch für ein Meßinstrument benutzt, das später durch den Meridiankreis ersetzt wurde. Auch → Montierung.

Äquatorialhorizontalparallaxe, Horizontalparallaxe (equatorial horizontal parallax). Der Winkel, unter dem der Äquatorhalbmesser der Erde von einem Himmelskörper aus erscheint. Sie beträgt für den Mond 57′, für die Sonne 8,79″ (Sonnenparallaxe).

Äquatorsystem (equator system). Ein Koordinatensystem, bei dem die Ebene des Äquators als Fundamentalebene gilt.

In der Astronomie wird bei dem gebräuchlichen Ä. der Ort eines Himmelskörpers durch → Rektaszension oder → Stundenwinkel und → Deklination angegeben.

Aquila. Lateinische Bezeichnung für das Sternbild → Adler.

Äquinoktium (equinox). Aus dem Lateinischen stammende Bezeichnung für die Tagundnachtgleiche; sie tritt ein, wenn die Sonne den Himmelsäquator von Süden nach Norden oder von Norden nach Süden überkreuzt (etwa am 21. 3. und 23. 9.). Entsprechend bezeichnet man auch die beiden Schnittpunkte zwischen Himmelsäquator und Ekliptik als Äquinoktialpunkte. Da die Sonne vor etwa 2000 Jahren zum Zeitpunkt der Äquinoktien in das Sternbild Widder bzw. das Sternbild Waage eintrat, wurden die Äquinoktialpunkte auch als Widderpunkt bzw. Waagepunkt bezeichnet. Heute liegen sie wegen der Präzession der Erdachse in den Sternbildern Fische bzw. Jungfrau. Bei dem Ä. am 21. 3. beginnt für die Nordhalbkugel der Erde der astronomische Frühling (Frühlingsä.), für die Südhalbkugel der Herbst, am 23. 9. ist es umgekehrt (Herbstä.).

Unter dem Äquinoktialkreis versteht man den Himmelsäquator, unter Äquinoktialstunden die gleichmäßig über den Tag und die Nacht verteilten 24 Stunden, im Gegensatz zu den ungleich langen → Temporalstunden.

Äquivalenz (equivalence). **1.** Die Gleichwertigkeit verschiedener Formen der Energie.

2. In der speziellen Relativitätstheorie die Gleichwertigkeit von Energie E und Masse m nach der Formel $E = m \cdot c^2$, wobei c die Lichtgeschwindigkeit bedeutet.

3. In der allgemeinen Relativitätstheorie bedeutet das Ä.prinzip die Vorstellung, daß man Schwerkraft und Beschleunigung in ihrer Wirkung nicht unterscheiden kann.

AR. Lateinische Abk. für ascensio recta → Rektaszension.

Ara. Lateinische Bezeichnung für das Sternbild → Altar.

Arago-Punkt (Arago point). Ein neutraler Punkt am Himmelsgewölbe, der ungefähr 20° oberhalb des Gegenpunkts der Sonne liegt. Dort erreicht die → Polarisation des Himmelslichts ein Minimum. Weitere neutrale Punkte sind der Babinet-Punkt, der etwa 15° oberhalb der Sonne liegt, und der Brewster-Punkt etwa 15° unterhalb der Sonne.

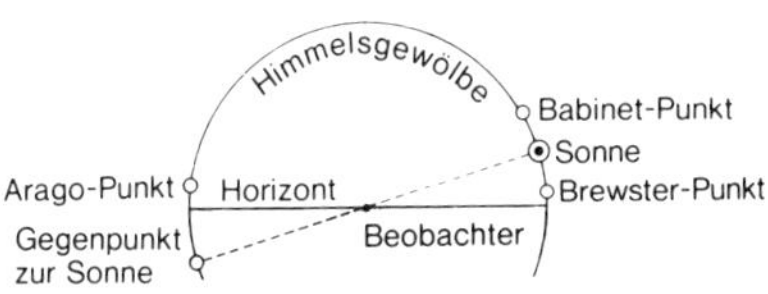

Die neutralen Punkte am Himmelsgewölbe

Arbeit (work). In der Physik das Produkt Kraft F mal Weg s in der Kraftrichtung ($W = F \cdot s$). Die SI-Einheit der A. ist das Joule; Kurzzeichen J (auch → Kraft).

Arcturus. → Arktur.

Archäoastronomie (archaeoastronomy). Die Erforschung der Vor- und Frühgeschichte der Astronomie, vor allem in der Steinzeit (z. B. → Stonehenge). Untersuchungen zeigten, daß Grab- und Kultstätten vielfach nach den Himmelsrichtungen oder Auf- und Untergangsstellen der Sonne zu bestimmten Tagen des Jahres (Sommer- und Wintersonnenwende) ausgerichtet wurden. Auch weitergehende Kenntnisse, etwa des Mondlaufs, werden vermutet. Wegen der oft vorkommenden Mehrdeutigkeit der Funde sind die Untersuchungen auf diesem Gebiet oft schwierig. Nicht selten wurden die astronomischen Kenntnisse der frühen Menschheitskulturen auch stark überschätzt und führten zu übersteigerten Interpretationen.

Arecibo Radioobservatory. In der Nähe von Arecibo auf Puerto Rico liegendes Radioobservatorium mit dem größten zusammenhängenden einzelnen Radiospiegel der Erde. Der Durchmesser beträgt 305 m. Der Spiegel ist zum Zenit ausgerichtet und wurde in eine natürliche Bergmulde gebaut. Er wurde 1963 errichtet und diente seither vor allem zur Erforschung der Körper des Sonnensystems, wobei er auch als Radarteleskop eingesetzt wurde. So konnten z.B. Entfernungen im Planetensystem, aber auch die Rotationszeit von Merkur und Venus bestimmt werden. Weitere Anwendungsgebiete waren die Entdeckung und Erforschung von Pulsaren, die (vergebliche) Suche nach möglichen künstlichen Signalen anderer hypothetischer Zivilisationen und die Aussendung einer codierten Bildbotschaft in Richtung zu dem Kugelsternhaufen M 13 im Herkules.

Arend-Roland. Name eines bemerkenswerten Kometen im 20. Jahrhundert. Er wurde von S. Arend und P. Roland in der Nacht vom 8./9. 11. 1956 in Uccle/Belgien entdeckt. Der Komet erreichte am 8. 4. 1957 das Perihel seiner Bahn und kam am 20. 4. 1957 der Erde auf 85 Mill. km nahe. Er erreichte eine Helligkeit von 1^m und entwickelte Ende April 1957 einen Gegenschweif zusätzlich zu dem normalen, von der Sonne abgewandten Schweif. Der Hauptschweif hatte eine Länge von ungefähr 40°, der Gegenschweif war etwa halb so lang. Von Mitteleuropa aus konnte der Komet am besten in den letzten Apriltagen des Jahres 1957 abends im Nordwesten beobachtet werden.

Areographie (areography). Sinngemäße Bezeichnung zu Geographie: die kartographische Erforschung der Marsoberfläche.

Argo. Lateinische Bezeichnung für das Sternbild → Schiff.

Argument (argument). Der Wert, von dem ein anderer periodischer Vorgang abhängt. So wird beispielsweise unter dem A. der Breite der Bogen auf der Bahn zwischen dem Ort eines Planeten und seinem aufsteigenden Knoten bezeichnet. Tatsächlich hängt von der Größe dieses Bogens auch die ekliptikale Breite des Planeten ab. Man zählt diesen Bogen vom aufsteigenden Knoten an nach Osten. Das A. der Breite erhält man, wenn man von der Länge des Planeten in seiner Bahn die Länge des aufsteigenden Knotens abzieht. Unter dem A. des Perihels (Symbol ω) versteht man auch die Winkeldistanz vom aufsteigenden Knoten bis zum Perihel, gemessen in der Planetenbahnebene und in der Bewegungsrichtung.

Ariane. Ab 1973 entwickelte dreistufige europäische Trägerraketen. Die letzte Version, A. 5, kann Nutzlasten bis 15t in eine tiefere und 5,2t in eine höhere Erdumlaufbahn befördern. Mit der A. wurden zahlreiche Nutz- und Forschungssatelliten erfolgreich gestartet. Der Startplatz liegt im französischen Raumfahrtzentrum Kourou in Französisch-Guayana.

Ariel. 1. Der zweite Satellit des Uranus mit einem Durchmesser von 1174 km, der in einer Distanz von 191 020 km in 2,52 Tagen Uranus umläuft. Er wurde 1851 von W. Lassell (1799–1880) entdeckt. Voyager 2 fand 1986 auf A. zahlreiche Krater. Auffaltungen und Gräben weisen auf eine frühere tektonische Aktivität hin. Auch Spuren von Eislaven sind vorhanden. Die mittlere Dichte von nur 1,3 g/cm³ weist auch auf einen hohen Eisanteil des Inneren hin. Die Albedo beträgt 0,40.

2. Eine Serie britischer Erdsatelliten, die von 1962 bis 1979 mit amerikanischen Trägerraketen gestartet wurde. Sie diente vor allem der Erforschung der Ionosphäre, zur Radio- und Röntgenastronomie.

Aries. Lateinische Bezeichnung für das Sternbild → Widder.

Arietiden (Arietids). Ein → Meteorstrom, der zwischen dem 29. Mai und 17. Juni, mit einem Maximum am 8. Juni, tätig ist und nur mit modernen radartechnischen Mitteln während der Tagesstunden festgestellt werden kann. Sein Radiant liegt im Sternbild Widder (Aries). Die mittlere Geschwindigkeit der Teilchen durch die Erdatmosphäre beträgt 39 km/s. Die stündliche Häufigkeit erreicht 40.

Arizona-Krater (Arizona meteorite crater). Ein Krater in Arizona östlich Flagstaff, der als erster Krater auf der Erde zu Beginn des 20. Jahrhunderts eindeutig auf einen Meteoritenfall zurückgeführt werden konnte. Der Durchmesser beträgt maximal 1295 m, die Tiefe 184 m. Der Wall liegt 35 bis 40 m über der umgebenden Wüste. Der Krater ist leicht zugänglich. An seinem Rand befindet sich ein Museum. Größere Mengen meteoritischen Materials vor allem aus Eisen (über 30 t) wurden im Laufe der Jahre im Innern und in der Umgebung gefunden, von kleinen mikroskopischen Staubteilchen bis zu größeren Klumpen. In den Jahren 1905 und 1920 wollte man durch Bohrungen an die unter dem Krater vermutete Hauptmasse des Meteoriten herankommen, jedoch vergeblich. Das Alter des A.-K. und damit der Zeitpunkt des Einschlags des Meteoriten wird auf 20000 bis 50000 Jahre geschätzt. Noch etwas weiter gehen die Schätzungen der Größe und Masse des Meteoriten auseinander. Die Zahlen liegen zwischen 30 und 150 m bzw. 150000 und 10 Mill. t. Andere Bezeichnungen des A.-K. sind auch Cañon-Diablo-Krater und nach D. Barringer (1860–1929) auch Barringer-Krater.

Arktur, Arcturus. Der Hauptstern des Sternbilds Bootes (oder → Bärenhüter). Die aus dem Griechischen stammende Bezeichnung bedeutet etwa »Jäger, der die Bärin im Auge behält«. Mit einer scheinbaren Helligkeit von $0\overset{m}{,}0$ zählt er zu den hellsten Sternen am Himmel. Sein Spektraltyp ist K2, so daß er orangerot erscheint. Seine Oberflächentemperatur beträgt 4200 K, die absolute Leuchtkraft ist 90 mal größer als die unserer Sonne. Desgleichen übertrifft er den Sonnendurchmesser um das 22 fache. Von den helleren Sternen am Himmel zeigt er mit 2,282″ pro Jahr oder 1° in 1570 Jahren eine schnelle Eigenbewegung. Seine Radialgeschwindigkeit beträgt –5 km/s, sein Abstand 36 Lichtjahre.

Armillarsphäre (armillary sphere). Ein vor allem im Mittelalter und der beginnenden Neuzeit gebrauchtes Instrument, das den Himmelsäquator, die Ekliptik und die auf diesen beiden Großkreisen senkrecht stehenden Kreise u. a. darstellt. In früherer Zeit wurde dieses Instrument zur Bestimmung der Örter von Gestirnen an der Himmelssphäre verwendet. Noch T. Brahe (1546–1601) benutzte es zu Zeitbestimmungen. Andererseits ist die A. (oder abgekürzt Armille) schon im griechischen Altertum von Hipparch von Nicäa (etwa 190–125 v. Chr.) und C. Ptolemäus (etwa 75–160 n. Chr.) benutzt worden.

Arsia Mons. Ein Schildvulkan auf Mars im Gebiet des → Tharsis. Sein Durchmesser beträgt 350 km, seine Höhe 17 km über der Umgebung bzw. 26 km über dem mittleren Marsniveau.

ascensio recta. Lateinische Bezeichnung für → Rektaszension, die soviel wie »gerade Aufsteigung« bedeutet. Die häufig benutzte Abkürzung lautet auch A. R. oder AR.

aschgraues Licht (ashen light). Ein schwaches Licht, in dem die Nachtseite des Mondes wenige Tage nach oder vor Neumond erscheint. Dabei handelt es sich um Sonnenlicht, das von der Erde reflektiert wiederum auf die Mondoberfläche gelangt. Deswegen spricht man auch vom »Erdlicht auf dem Monde«. Es ist deshalb gelegentlich so auffällig, da für einen Beobachter auf der Mondoberfläche in dem genannten Zeitraum die Erde fast als »Vollerde« erscheint. Wegen der größeren Fläche der Erdscheibe und der höheren Albedo der Erde ist diese zu diesem Zeitpunkt etwa 100mal heller als der Vollmond für einen Beobachter auf der Erdoberfläche. Eine ähnliche Erscheinung, die man gleichfalls oft als a. L. bezeichnet, kann man seltener auf der Nachtseite der Venus beobachten. Dieses Phänomen ist vorläufig noch nicht ganz geklärt. Es könnte sich allerdings um eine Art Nachthimmelsleuchten handeln, wie es auch in der Erdatmosphäre auftritt. Auch Erscheinungen vergleichbar mit den Polarlichtern auf der Erde könnten dafür verantwortlich gemacht werden.

Ascraeus Mons. Ein Schildvulkan auf Mars im Gebiet des → Tharsis. Sein Durchmesser beträgt 250 km, seine Höhe 17 km über der Umgebung bzw. 26 km über dem mittleren Marsniveau.

Aselli. Zwei Sterne im Sternbild Krebs, die sich nahe dem Sternhaufen Präsepe befinden. Die aus dem Lateinischen stammende Bezeichnung heißt »Eselchen«.

Aspekte (aspects). Besondere Winkelstellungen zwischen Planeten, der Sonne oder dem Mond, von der Erde aus gesehen. In der Astronomie spielt dabei vor allem die Konjunktion und die Opposition eine Rolle. In der Astrologie und der Ausdeutung eines Horoskops kommen auch noch folgende A. in Betracht: Trigon (die beiden Gestirne haben einen Winkelabstand von 120° voneinander), Quadratur (Winkelabstand 90°) und Sextil (Winkelabstand 60°).

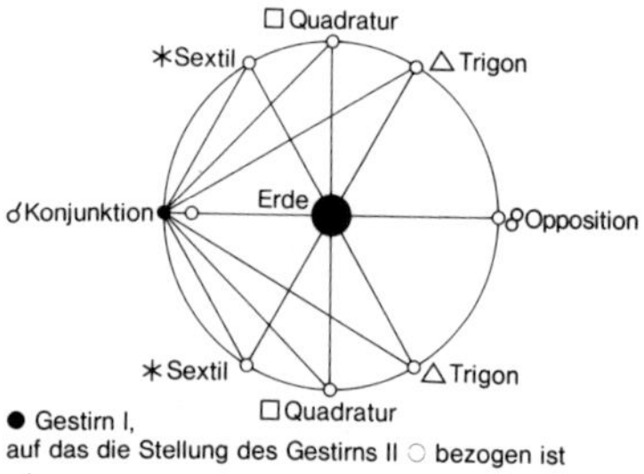

Aspekte

asphärisch (aspheric). »Nicht kugelförmig« oder »von der Kugelgestalt abweichend«. Die Bezeichnung wird vor allem in der Optik für die Oberflächencharakteristik von Objektiven und Spiegeln angewandt. A. Flächen benutzt man vor allem zur Verminderung der sphärischen Aberration, besonders beim Schmidt-Spiegel.

Assoziation, Sternassoziation (association, star association). Eine zerstreute Gruppe von sehr jungen und oft massereichen Sternen, die etwa auf einem Spiralarm des Milchstraßensystems liegt. Die Spektraltypen und Bewegungsverhältnisse zeigen eine gemeinsame Entstehung an. Die A. haben meist eine Gesamtmasse von etwa 100 bis 1 000 Sonnenmassen. Die Sterndichte in einer A. ist so gering, daß die Gravitation nicht in der Lage ist, die Gruppe über eine längere Zeit zusammenzuhalten. Auch die differentielle Rotation in unserem Milchstraßensystem führt zu einer Auflösung der A. im Verlaufe einiger Millionen Jahre. Man unterscheidet verschiedene A.: Die O- und OB-A. enthalten Sterne der Spektraltypen O bis B2. Die T-A. bestehen aus jungen masseärmeren T Tauri-Sternen. R-A. sind in Reflexionsnebel eingebettet. Nach einer internationalen Gepflogenheit erhalten die A. den lateinischen Namen des Sternbilds, in dem sie liegen, auf den eine arabische Ziffer folgt. Die Durchmesser der A. liegen zwischen etwa 100 und 600 Lichtjahren und sind damit zerstreuter als die offenen Sternhaufen. Wahrscheinlich enthält unser Milchstraßensystem etwa 100 bis 1 000 A. Bisher wurden aber nur knapp 100 aufgefunden, da eine größere Zahl der A. durch die interstellare Materie verdeckt ist. Berühmte O-A. befinden sich im Sternbild Monoceros (Einhorn) in Verbindung mit dem Rosetten-Nebel sowie im Sternbild Perseus. Aber auch die Gürtelsterne des Orion gehören einer solchen A. an. Die T-A. sind seltener. Die absolute Leuchtkraft ihrer Sterne ist bedeutend kleiner, so daß sie in größeren Entfernungen von uns nicht mehr aufgefunden werden können.

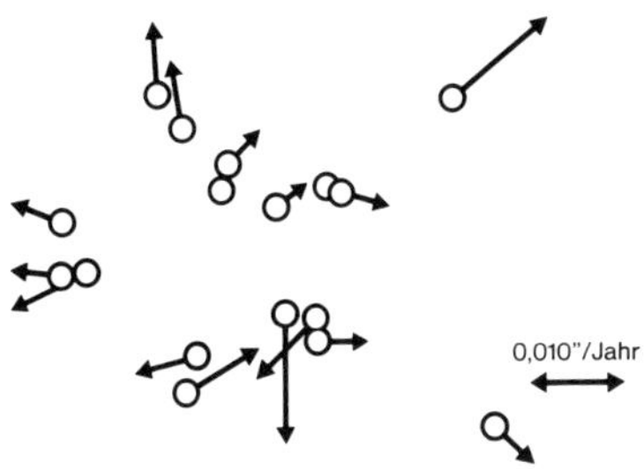

Expansion der Sterne in der O-Assoziation im Perseus

Aster. Griechische Bezeichnung für »Stern«; kommt in verschiedenen Zusammensetzungen vor.

Asteroid (asteroid). Eine andere Bezeichnung für Planetoid (→ Kleinplaneten).

Asterope. Ein meist mit bloßem Auge nicht mehr beobachtbarer Stern in den Plejaden. In seiner unmittelbaren Nähe steht ein noch etwas schwächeres Sternchen. Beide Sterne werden deswegen gelegentlich auch als A. I bzw. II bezeichnet.

Astigmatismus (astigmatism). Ein in einem optischen System auftretender Fehler, der meist dann entsteht, wenn das abzubildende Objekt von der optischen Achse weit entfernt ist und sich die Lichtstrahlen nicht in demselben Bildpunkt vereinigen. Ein optisches System, das diesen Fehler vermeidet, bezeichnet man als → Anastigmat.

Asträa. Der Kleinplanet mit der Nr. 5, der am 8. 12. 1845 von K. L. Hencke (1793–1866) entdeckt wurde. Seine große Bahnhalbachse beträgt 2,578 AE (386 Mill. km), die Bahnexzentrizität 0,187, die Umlaufzeit 4,14 Jahre, die Bahnneigung 5,4° und der Durchmesser 117 km. Die Rotationszeit liegt bei 16h 48 min.

Astralkult, Gestirnkult (astral cult). Die in alten Kulturen sehr häufig verbreitete religiöse Verehrung von Sonne, Mond, Planeten und heiligen Sternen (Sternkult, Sterndienst). Aus dem A. entstand im Laufe der Entwicklung der frühen Kulturen die Astrologie.

Astralmythologie (astral mythology). Die mit den Sternen, der Sonne, dem Mond und den Planeten verbundenen Mythen und Sagen, bei denen oft Götter und Dämonen auftreten.

Astro. Sammelbezeichnung für japanische Forschungssatelliten. A. B war ein Röntgensatellit und wurde am 20.2.1983 gestartet. Er wurde später in Tenma (»Pegasus«) umbenannt. A. C war der bekanntere Satellit → Ginga. Ferner wurden mit A. 1 und 2 Teleskopsätze bezeichnet, die der Ultraviolett- und Röntgenastronomie dienten und an Bord des Space Shuttle im Dezember 1990 und März 1995 mitgeführt wurden.

Astrobiologie (astrobiology). Ein besonders in den letzten Jahren sich verbreitender Wissenschaftszweig, der das Problem des organischen Lebens auf anderen Himmelskörpern erforscht und damit eine Querverbindung zwischen mehreren klassischen Wissenschaften zieht (vor allem der Astronomie, Biologie und Chemie). Der Begriff geht historisch vor allem auf G. A. Tichow zurück, der bereits 1953 die Bezeichnung »Astrobotanik« einführte. Die Ergebnisse seiner Untersuchungen waren damals zwar umstritten, die Bezeichnung A. sollte sich aber im Laufe der folgenden Jahre durchsetzen (gelegentlich wird auch der Ausdruck Exobiologie benutzt). Neben allgemeinen astronomischen Untersuchungen sowie experimentellen Arbeiten im Rahmen der Biologie auf der Erdoberfläche waren es vor allem die Erfolge der Raumfahrt, die in neuerer Zeit die A. förderten. In diesem Zusammenhang sei das Absetzen eines ersten extraterrestrischen Biolabors auf der Marsoberfläche im Jahre 1976 im Rahmen des Projekts Viking erwähnt. Zur A. rechnet man aber auch die Untersuchung der Bedingungen, denen der menschliche Organismus bei der bemannten Raumfahrt ausgesetzt ist. Die A. berührt damit auch das Gebiet der sog. Raumflugmedizin.

Astroblem (astrobleme). Eine nur selten benutzte Kunstbezeichnung für die Aufschlagstelle von Meteoriten auf der Erde.

Astrodynamik (astrodynamics). Ein praktisches Anwendungsgebiet der Himmelsmechanik auf Probleme der Raumfahrt.

Astrognosie (astrognosy). Die Beschäftigung mit den Sternbildern und den in ihnen enthaltenen Sternen, so wie diese von der Erde aus erscheinen. Zur A. gehört also nicht die Erforschung der physikalischen Eigenschaften der Sterne selbst bzw. deren Bewegungen. Dagegen benötigt man zur A. Sternkarten oder die Projektion des Sternenhimmels in einem Planetarium.

Astrograph (astrograph). Ein zu photographischen Zwecken benutzter Refraktor, dessen Objektiv aus mehreren Einzellinsen zusammengesetzt ist. Das Öffnungsverhältnis eines A. übertrifft meist das eines visuellen Refraktors und beträgt mindestens 1:8.

Astrolab (astrolabe). Ein aus der → Armillarsphäre vor allem von den Arabern weiterentwickeltes Instrument, das nicht nur die Positionen von Gestirnen am Himmelsgewölbe zu messen erlaubt, sondern auch verschiedene Probleme der sphärischen Astronomie zu lösen hilft. Heute wird zu bestimmten Zwecken nur noch das → Prismen-Astrolab benutzt.

Astrologie (astrology). Der Aberglaube an den Einfluß der Gestirnpositionen auf den Menschen (Sterndeutung). Im Altertum und in noch weiter zurückliegender Zeit betrachtete man die Gestirne als Götter oder Dämonen, die kraft ihres Willens in das irdische Geschehen und in das Schicksal eines Königs, Herrschers, später auch jedes anderen Menschen eingreifen sollten. Daraus entstand zunächst ein Sternglaube oder Astralkult, von dessen Bedeutung heute noch zahlreiche Tempel, Pyramiden usw. in Mittelamerika, Ägypten, dem alten Zweistromland zwischen Euphrat und Tigris, aber auch an anderen Stellen der Erde zeugen. Aus den Regeln des Astralkults entwickelte sich auch die Meinung, daß bestimmte Gestirnsstellungen mit bestimmten Vorgängen auf unserer Erde zusammenhängen würden. Tatsächlich existieren z. B. aus frühbabylonischer Zeit Keilschrifttafeln, die bestimmte Himmelsvorgänge (zu denen damals auch auffällige meteorologische Ereignisse zählten) mit gleichzeitig stattfindenden irdischen Ereignissen zusammenstellten. Sie wurden bei gleichartigen Naturvorgängen später wieder zu Vorhersagen benutzt. Eine im modernen Sinne wissenschaftlich ernstzunehmende statistische Analyse wurde aber nie durchgeführt. Vielmehr wurden später etwa die Bedeutung der Planeten, der Tierkreissternbilder usw. in ziemlich naiver, teilweise auch schematischer Form festgelegt. So wurde z.B. die Bedeutung der Planeten an ihrer Helligkeit, Farbe und ihrem Bewegungsverhalten abgelesen. Der rote Planet Mars sollte ein tatkräftiger, aber auch zerstörerischer Gott sein, während die helleuchtende Venus als Planetengottheit der Liebe und der Künste galt. Unter den Tierkreissternbildern galt der Widder als jähzornig, die Waage als ausgleichend, der Löwe als aufbrausend usw.

Bereits zur Zeit des Hellenismus, also im alten Griechenland zur Zeit der Geburt Christi, verkrustete das astrologische System zu einem Schema, das kaum mehr etwas mit der Wirklichkeit, ja sogar selbst mit der alten Götterwelt, zu tun hatte. Während die A. zuvor meist nur recht allgemein gehaltene Vorhersagen für ein ganzes Land oder sein Königshaus aufstellte, entstand nun auch das Bedürfnis, Einzelhoroskope für Menschen aufzustellen. Dabei sollte der Stand der Gestirne zum Zeitpunkt der Geburt eines Menschen maßgebend sein. Dazu werden zunächst Horoskope aufgestellt, was bis dahin noch eine nahezu rein astronomische Arbeit ist. Die eigentliche A. beginnt erst mit der Ausdeutung eines Horoskops und der darin enthaltenen Gestirnsstellungen. Weitere wichtige Elemente bei der Ausdeutung eines Horoskops ist der Aszendent, seine Lage im Tierkreis und bezüglich der Planeten sowie das System der Häuser. Dazu wird das gesamte Himmelsgewölbe in 12 Abschnitte eingeteilt, die verschiedenen Lebensbereichen zugeordnet werden. So drückt sich im Haus Nummer 1, das vom Osthorizont bzw. dem Aszendent an nach unten gerechnet wird, der Grundcharakter eines Menschen aus. Das nahe der höchsten Stelle des Tierkreises über dem Horizont gelegene 9. Haus soll die geistige Entwicklung, die religiösen und weltanschaulichen Bestrebungen des Neugeborenen ausdrükken, während die Erbmasse in dem tief im Norden liegenden 4. Haus verankert sein soll. Unschwer läßt sich erkennen, daß die Bedeutung der einzelnen Häuser nach recht einfachen Analogiebildungen festgelegt wurden.

Dasselbe gilt auch für die astrologische Bedeutung der Aspekte der Planeten. Eine Opposition bedeutet einen »Kampfaspekt«. Auch die Quadratur, bei der die beiden Planeten 90° auseinanderstehen, ist eine disharmonische Stellung, während Sextil und Trigon harmonische Aspekte sind, da die beiden beteiligten Gestirne zusammen mit der Erde (jedenfalls im Schema eines Horoskops) einfache Dreiecke mit Winkeln von jeweils 60° oder 120° bilden. Ähnlich ist es mit allen anderen Ausdeutungsmöglichkeiten, die der A. zur Verfügung stehen.

Aus historischen Untersuchungen wissen wir heute genau, daß es keine Epoche in der Entwicklung der frühen Kulturen oder der späteren Wissenschaft gab, in der diese astrologischen Beziehungen und Regeln wirklich der Natur abgelesen oder gar einer statistischen Überprüfung unterzogen worden wären. Da andererseits der A. durch das moderne heliozentrische Weltsystem und durch alle weiteren astronomischen Entdeckungen der Boden unter den Füßen weggezogen wurde, spielte sie bereits seit dem 17. Jahrhundert in der Naturwissenschaft keine Rolle mehr. Sie war auch im Hinblick auf irgendwelche allgemeinere Grundlagen nicht mehr wissenschaftlich ernstzunehmen und mußte deswegen als Aberglaube bezeichnet werden.

Die A. spielte fortan nur noch ein Schattendasein und konnte auch keine Lehrstühle an den Universitäten mehr erringen. Die Versuche einiger moderner Astrologen, das System der Sterndeutung zu retten, scheiterten schon allein deswegen, weil fast nie die eigentlichen Grundlagen der A. (sozusagen als Dogma) angezweifelt oder angetastet wurden. Erst in der letzten Zeit wurden zahlreiche ernstzunehmende umfangreiche statistische Untersuchungen durchgeführt, teils von Psychologen und psychologischen Instituten, teils auch von anderer Seite. Bekannt wurde z.B. ein von S. Carlson von der Universität Berkeley 1985 veröffentlichter Test, bei dem mehrere Astrologen, die bis auf zwei von diesen selbst ausgewählt werden konnten, in Dreiergruppen zusammengelegte Persönlichkeitsprofile und Horoskope von insgesamt 2×128 Testpersonen (die 2. Gruppe diente als Kontrollgruppe) richtig zusammenbringen sollten. Dies gelang den Astrologen nur in etwa einem Drittel der Fälle, d.h. die Persönlichkeitsprofile und Horoskope konnten nicht häufiger zusammengebracht werden als es dem reinen Zufall entsprochen hätte. In anderen Fällen wurden Körpermerkmale, Ehescheidungen usw. untersucht oder es wurde die Häufigkeit von Treffern politischer oder anderer allgemein überprüfbarer Prognosen statistisch untersucht, ebenfalls ohne positives Ergebnis für die A. Dabei ist, was oft übersehen wird, nicht nur zu überprüfen, ob die Prognosen eintrafen, sondern auch, ob wichtige Weltereignisse überhaupt nicht vorhergesagt wurden. Das trifft z.B. weitgehend auf den Ausbruch des 2. Weltkrieges oder den völligen Zusammenbruch der politischen Systeme in Osteuropa 1989 zu.

Astrometrie (astrometry). Ein Teilgebiet der klassischen Astronomie, das sich vor allem mit der Bestimmung der Positionen von Gestirnen am Himmelsgewölbe sowie mit den Bewegungen der Himmelskörper befaßt. Gelegentlich spricht man deswegen in diesem Zusammenhang auch von Positionsastronomie oder sphärischer Astronomie. Die A. ist gleichzeitig ein Teil der praktischen Astronomie. Die Astronomie liefert somit die Grundlagen beispielsweise für die Bahnbestimmung von Planeten, die Eigenbewegungen der Sterne, die Aufstellung eines Systems von Fundamentalsternen oder für die Frage, wie unser Milchstraßensystem aufgebaut ist. Wenn auch ihre Methoden mehr klassischer Art sind, so ist die A. auch aus der modernen Forschung als wesentliche Grundlage nicht wegzudenken.

Astronautik (astronautics). Die Lehre von der Raumfahrt (auch Kosmonautik). Im engeren Sinn des Begriffes versteht man darunter nicht die technischen Grundlagen der Weltraumfahrt (z.B. die Raketentechnik), sondern mehr die astronomischen und himmelsmechanischen Bedingungen, die bei einem Raumflug beachtet werden müssen. Im weiteren Sinne des Wortes versteht man aber unter Astronautik auch diese technischen sowie die physiologischen und medizinischen Grundlagen.

Astronavigation (astronavigation). Modernes Navigationsverfahren für die Raumfahrt, bei dem zur Eigenortung des Flugkörpers Anpeilungen von meist zwei oder drei Sternen oder auch der Sonne und des Mondes zugrundeliegen. Sie ist häufig mit der automatischen Kurssteuerung eines Raumfahrzeugs gekoppelt.

Astronomer Royal. → Royal Greenwich Observatory.

Astronomical Almanac (The). Internationales Jahrbuch, das die Positionen von Sonne, Mond und Planeten sowie viele andere wichtige Himmelsereignisse, wie z.B. Finsternisse, enthält. Es ist 1981 aus den Jahrbüchern »The American Ephemeris and Nautical Almanac« und »The Astronomical Ephemeris« hervorgegangen, die von 1960 bis 1980 nahezu mit gleichem Inhalt erschienen und vom US Naval Observatory, Washington, USA, und Royal Greenwich Observatory, Herstmonceux Castle, Hailsham, East Sussex, England, herausgegeben wurden. Bis 1959 erschienen diese Jahrbücher noch völlig getrennt und konnten auf eine Geschichte bis 1855 bzw. 1767 zurückblicken. Bis 1959 erschien auch noch das →Berliner Astronomische Jahrbuch.

Astronomie (astronomy). Die aus dem Griechischen stammende Bezeichnung für die Sternkunde und heute für die wissenschaftliche Erforschung aller Vorgänge im Weltall. Die Entwicklung der A. und ihrer Teilgebiete ist ausführlich in der Einführung ab S. 7 beschrieben.

Astronomische Einheit (astronomical unit). Die mittlere Entfernung der Erde von der Sonne (Abk. AE, engl. AU oder a.u.), was fast exakt der halben großen Achse der Erdbahn entspricht. Sie wurde früher mittels trigonometrischer Methoden bestimmt. Dabei wurden von verschiedenen Orten der Erde aus Kleinplaneten, die nahe an der Erde vorüberflogen (z.B. Eros) oder die Venus bei ihren gelegentlichen Vorübergängen vor der Sonne angepeilt. Eine andere, etwas weniger genaue Methode ergab sich aus der Bestimmung der Umlaufgeschwindigkeit der Erde auf ihrer jährlichen Bahn um die Sonne. Beobachtet man nämlich das Spektrum von Sternen, die sich etwa in der Richtung der Erdbahnebene befinden, so zeigen die Spektrallinien eine jahresperiodische Verschiebung infolge des Dopplereffekts. Aus der Länge des Jahres und der mittleren Umlaufgeschwindigkeit der Erde kann damit der Umfang der Erdbahn und schließlich wieder der Abstand Erde-Sonne bestimmt werden. Eine weitere, nicht sehr genaue Möglichkeit, die Sonnenentfernung zu bestimmen, ist die Störungswirkung der Sonne auf die Mondbewegung. Der wichtigste Einfluß der Sonne besteht darin, daß der Mond zur Zeit des Ersten und Letzten Viertels um etwa 2 Bogenminuten verschoben ist. Der Betrag dieser Abweichung ist umso kleiner, je größer die Sonnenentfernung ist und umgekehrt.

Seit 1958 gibt es aber eine wesentlich exaktere Methode zur Bestimmung der AE mit Hilfe des Radarprinzips. Man schickt einen Radarstrahl zu einem Nachbarplaneten, vor allem der Venus, und empfängt einige Minuten später ein »Radar-Echo«. Aus der Laufzeit des Signals auf seinem Weg zum Planeten und zur Erde zurück kann man die Distanz des Planeten sehr genau bestimmen, da die Ausbreitungsgeschwindigkeit der Radar- oder Funkwellen gleich der Lichtgeschwindigkeit ist. Kennt man aber in unserem Planetensystem eine bestimmte Strecke linear in Kilometern, so lassen sich alle anderen Entfernungsangaben mit Hilfe des dritten Keplerschen Gesetzes berechnen, also auch die mittlere Entfernung Erde-Sonne. Nachdem die Radar-Methode in den letzten Jahren noch erheblich verbessert werden konnte, wurde von der Internationalen Astronomischen Union auf ihrer Tagung 1976 die AE, die auch als eine astronomische Konstante gilt, mit dem neuen, genaueren Wert von 149597870 km angenommen.

Die AE wird zumindest innerhalb des Planetensystems sehr häufig als Entfernungseinheit herangezogen.

Astronomische Gesellschaft. Wissenschaftliche Vereinigung von mitteleuropäischen Astronomen (Abk. AG). Im Jahre 1861 trafen sich in Dresden die nord- und westdeutschen Astronomen F. W. Argelander, C. C. Bruhns, E. Schönfeld und W. Foerster, um über einen engen Zusammenschluß der Astronomen

zu beraten. Am 28. 8. 1863 wurden dann in Heidelberg von 26 Astronomen die Statuten der AG festgelegt. Ihr erster Vorsitzender war J. Zech. Bereits wenige Jahre später schlossen sich zahlreiche weitere Astronomen an, die etwa zur Hälfte aus dem Ausland stammten. Das ursprüngliche Ziel der AG war das sog. »Zonenunternehmen der AG«. Darunter verstand man die Bestimmung der Positionen aller Sterne der → Bonner Durchmusterung. An diesem Unternehmen waren 17 Sternwarten der verschiedensten Länder beteiligt. Dieses Unternehmen wurde von 1928 bis 1932 und von 1956 bis 1967 auf photographischem Wege wiederholt.
Bis etwa 1918 stellte die AG nahezu die einzige größere internationale Organisation der Astronomen dar. Durch den verlorenen ersten Weltkrieg fiel aber das Ansehen der deutschen Wissenschaft so stark zurück, daß auch die AG ihre internationale Bedeutung verlor. Etwa gleichzeitig wurde die → Internationale Astronomische Union gegründet, die nunmehr die übernationalen Aufgaben dieser Wissenschaft übernehmen sollte. Die AG existierte aber im deutschsprachigen Raum weiter. Sie hat heute ihren Sitz in Hamburg und setzt sich aus rund 800 Mitgliedern zusammen. Das Organ der Gesellschaft sind die »Mitteilungen der Astronomischen Gesellschaft«, die neben den Jahresberichten der im deutschsprachigen Raum befindlichen Sternwarten und astronomischen Institute auch Tagungsberichte enthalten, sowie die ›Reviews in Modern Astronomy‹. Die AG vergibt zwei Preise: den Bruno H.-Bürgel-Preis für eine hervorragende populärwissenschaftliche Darstellung in deutscher Sprache aus dem Gesamtgebiet der Astronomie sowie für erfolgreiche Tätigkeit in der Popularisierung der Astronomie, und den Ludwig-Biermann-Preis als eine Patenschaft für Forschungsaufenthalte an externen Instituten an einen hervorragenden jüngeren Astronomen. Eine besondere Einrichtung ist auch die Karl-Schwarzschild-Vorlesung, zu der international bekannte Forscherpersönlichkeiten eingeladen werden.

Astrophysik (astrophysics). Der Zweig der Astronomie, der sich mit den physikalischen Eigenschaften und der Zusammensetzung der Himmelskörper beschäftigt. Historisch betrachtet entwikkelte sich die A. im 19. Jahrhundert vor allem aus der Anwendung der Spektralanalyse in der Astronomie. Aber auch die Untersuchung von Sternhelligkeiten (Photometrie) gehört zur A. Daneben beschäftigt sich die theoretische A. unter Anwendung der Mathematik und der physikalischen Gesetze z. B. mit dem inneren Aufbau der Sterne, der Herkunft ihrer Strahlung und der Entstehung und Entwicklung der Sterne. Auch Fragen der Kosmologie gehören zur theoretischen A.

Aszendent (ascendant). In der Astrologie der Schnittpunkt zwischen der Ekliptik (Tierkreis) und dem Ost-Horizont. Vom A. an nach unten liegt das erste Haus.

Atair. Der Hauptstern des Sternbilds → Adler. Zusammen mit Wega in der Leier und Deneb im Schwan bildet er das Sommerdreieck. Die aus dem Arabischen stammende Bezeichnung bedeutet »der auffliegende Adler«. Gelegentlich wird der Stern auch Altair bezeichnet. Der $0\overset{m}{,}8$ helle Stern ist 16 Lichtjahre entfernt. Sein Spektraltyp A7 bedeutet eine gelblichweiße Farbe. Seine Oberflächentemperatur beträgt 8600 K. Seine Leuchtkraft ist 9 mal, sein Durchmesser 2 mal größer als bei unserer Sonne. Die Eigenbewegung ist mit 0,658 Bogensekunden pro Jahr verhältnismäßig groß. Bereits in 5470 Jahren legt A. damit am Himmel 1 Grad zurück. Die Radialgeschwindigkeit beträgt –26 km/s.

Ataxit (ataxite). → Meteorit.

Aten. Der Kleinplanet mit der Nr. 2062, dessen große Bahnhalbachse 0,97 AE (145,1 Mill. km) beträgt. Die Bahnexzentrizität ist 0,182, so daß A. im Perihel 118,2 Mill. km von der Sonne entfernt ist. Die Bahnneigung beträgt 18,9°. Unter der A.-Gruppe versteht man solche Kleinplaneten, deren große Halbachse kleiner als 1,0 AE und deren Apheldistanz größer als 0,983 AE ist. In letzter Zeit wurden bereits mehrere Mitglieder der A.-Gruppe entdeckt, z. B. Ra-Shalom und Hathor.

Atlas. 1. Ein Stern in den Plejaden. Er gehört zu den 6 hellsten Sternen dieses Sternhaufens, die bereits ohne Fernrohre beobachtet werden können.

2. Der 1980 mit den Voyagersonden entdeckte Satellit XV des Saturn. Die große Bahnhalbachse beträgt nur 137 670 km, so daß A. den Saturn knapp außerhalb des A-Rings in 0,60 Tagen umläuft. Seine Größe wird auf 40 × 20 km geschätzt.

Atmosphäre (atmosphere). Allgemein die gasförmige Hülle um einen Himmelskörper, gleich ob es sich um einen Planeten, die Sonne oder die Sterne handelt. 1 A. ist auch eine physikalische Einheit für den Druck (Abk. 1 atm), die allerdings amtlich nicht mehr zulässig ist. An der Erdoberfläche herrscht im Mittel ein Druck von 1 A., was 1,013 bar bzw. 1013 mbar (Millibar), 1013 hPa (Hektopascal) oder 760 mm Hg (Quecksilbersäule der Dichte 13,5951 g/cm^3 bei einer Normalfallbeschleunigung) entspricht. Die Einheit der physikalischen A. ist nicht zu verwechseln mit der sog. technischen A. (Abk. at). Es entspricht 1 at = 1 kp/cm^2 = 0,967 841 atm = 735,559 Hg; auch diese Einheiten sind amtlich nicht mehr zulässig (→ Pascal). Auch → Erdatmosphäre.

Atmosphärilien (atmospheric phenomena). Allgemein die Erscheinungen in der Atmosphäre, wie z. B. Gewitter, Halos usw. Darüber hinaus versteht man gelegentlich darunter aber auch die chemisch und physikalisch wirksamen Bestandteile unserer Lufthülle, wie z. B. Kohlendioxid, Sauerstoff, Schwefeldioxid.

atmosphärische Fenster (atmospheric windows). Die Wellenlängenbereiche aus dem gesamten elektromagnetischen Spektrum, die für Strahlung durchlässig sind. Unsere Atmosphäre absorbiert praktisch alle Strahlungen, die wir aus dem Weltraum erhalten, mit Ausnahme des sichtbaren Lichts zwischen den Wellenlängen 0,0004 bis 0,0008 mm. Dieses sog. optische Fenster reicht damit auch von etwa 4000 bis 8000 Å (400 bis 800 nm). Strahlung mit einer kürzeren Wellenlänge wird durch das Ozon in der Hochatmosphäre absorbiert, während Strahlung längerer Wellenlänge durch andere Moleküle in der Erdatmosphäre wie Wasserdampf, Kohlendioxid usw. größtenteils nicht bis zur Erdoberfläche hindurchgelassen wird. Das sog. Radiofenster liegt dagegen in dem Wellenlängenbereich zwischen einigen mm und etwa 15 m.

Atom (atom). Das kleinste, mit chemischen Mitteln nicht weiter spaltbare Teilchen eines chemischen Elements. Die Idee, daß es kleinste, unteilbare Bausteine in der Natur gibt, geht auf den griechischen Philosophen Demokrit (*um 460 v. Chr.) zurück. Doch konnte er damals keine physikalischen Beweise für seine Annahme liefern. Aus diesen, aber auch aus allgemeinen philosophischen und theologischen Erwägungen wurde die Idee des »A.« in den folgenden 2000 Jahren nicht mehr aufgegriffen. Erst J. Dalton (1766–1844) schuf eine neue Theorie, die eine große Ähnlichkeit mit den Auffassungen Demokrits hatte. Dalton formulierte 1803 sein Gesetz der multiplen Proportionen. Danach können sich z.B. Kohlenstoff und Sauerstoff nur mit einem Gewichtsverhältnis von 3:8 mischen und Kohlendioxid bilden. Bei der Bildung von Methan können sich Kohlenstoff und Wasserstoff nur im Verhältnis 3:1 zusammenfinden.

So mußte Dalton annehmen, daß alle chemischen Elemente aus kleinen, unteilbaren Grundbausteinen, eben den A. zusammengesetzt sind. Im Gegensatz zu Demokrit vermochte Dalton für diese Theorie experimentelle Beweise zu liefern. Inzwischen wissen wir, daß die A. selbst wieder in einen A.kern und eine A.hülle aufgegliedert werden müssen. Und auch diese beiden Bereiche sind wiederum in einzelne Elementarteilchen aufgliederbar.

Der Radius eines A. beträgt 10^{-8} cm, der Radius des Kerns ist dagegen 10^{-5}mal oder 10^{-6}mal kleiner. Der A.kern ist aus zwei verschiedenen Sorten von Kernbausteinen (Nukleonen) zusammengesetzt, den Protonen und den Neutronen. Die Protonen mit ihrer positiven elektrischen Ladung bestimmen die Art des chemischen Elements. Der Wasserstoff besitzt in seinem A.kern nur ein Proton. Das zweitleichteste Element Helium besitzt zwei Protonen und zwei Neutronen, das Lithium drei Protonen und drei

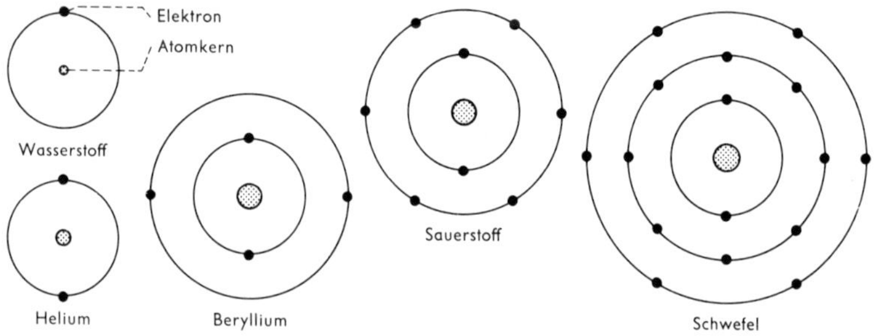

Elektronenbahnen um den Atomkern für Wasserstoff, Helium, Beryllium, Sauerstoff und Schwefel

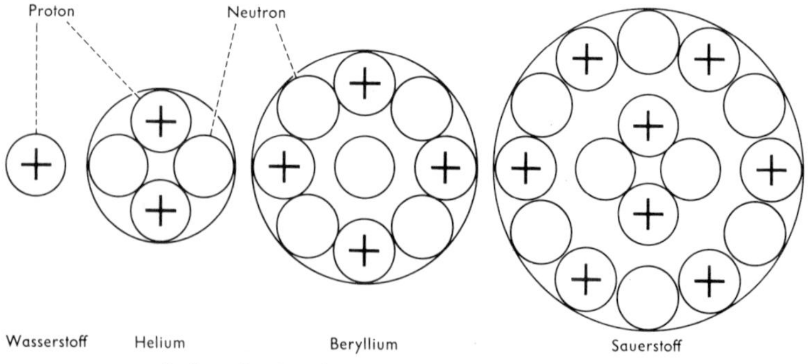

Aufbau der Atomkerne aus Protonen und Neutronen

Neutronen, das Beryllium vier Protonen und fünf Neutronen usw. Von hier an geht es weiter bis zum Uran mit 92 Protonen und 146 Neutronen. Darüber hinaus gibt es aber auch noch die in den letzten Jahrzehnten entdeckten Transurane. Die sog. Ordnungszahl eines Elements entspricht der Zahl der Protonen im A.kern.
Diese Zahlen für die Zusammensetzung der Kerne entsprechen aber nur dem Normalfall. Die Zahl der Protonen bleibt bei den einzelnen chemischen Elementen konstant, die Zahl der Neutronen kann aber Unterschiede aufweisen. Es handelt sich dann um sog. Isotope. So besteht z. B. der A.kern des sog. schweren Wasserstoffs (Deuterium) aus einem Proton plus einem Neutron. Der überschwere Wasserstoff (Tritium) enthält sogar zwei Neutronen im Kern.
Um den A.kern befinden sich in der Hülle negativ elektrisch geladene Elektronen. Ist ein A. nach außen hin elektrisch neutral, so enthält es in der Hülle genau so viele Elektronen, wie der Kern über Protonen verfügt. Ein neutrales Wasserstoffatom besitzt also ein Elektron, das Heliumatom zwei, das Lithiumatom drei Elektronen usw. Die Elektronen sind dabei in sog. Schalen um den Kern herum angeordnet. Die einzelnen Schalen können nur eine bestimmte Anzahl von Elektronen aufnehmen. Sie werden oft auch mit Buchstaben bezeichnet (K-, L-, M-, N-, O-, P-Schale).
Zunächst ähnelt der Aufbau eines A. dem eines Planetensystems. Es gibt aber doch wesentliche Unterschiede. So können die Elektronen beispielsweise nur in bestimmten Abständen den A.kern umkreisen, während Planeten prinzipiell beliebige Distanzen von der Sonne haben könnten. Wird der A.hülle von außen Energie zugeführt, so kann ein Elektron auf einen höheren Energiezustand, d. h. auf eine weiter außen gelegene Bahn, gehoben werden. Diese Energiezufuhr (Anregung) geschieht etwa durch die Absorption von Wellenstrahlung, wie etwa Licht, aber auch durch Zusammenstöße mit anderen A. Fällt das Elektron von seinem höheren Energieniveau wieder auf ein tieferes Niveau zurück, wird eine Strahlung bestimmter Energie oder Wellenlänge ausgesandt.
Aber auch den Aufbau der A.kerne darf man sich heute in Schalen vorstellen. So wie ein A., dessen äußere Elektronenschale vollständig mit Elektronen besetzt ist, nur sehr schwer oder überhaupt keine chemische Reaktionen eingehen kann (Edelgase, Edelmetalle), so ist auch ein A.kern, dessen äußere Nukleonenschale vollbesetzt ist, besonders stabil. Dies ist vor allem dann der Fall, wenn die Zahl der Protonen oder der Neutronen einen Wert 2, 8, 20, 28, 50, 82 oder 126 annimmt (sog. magische Zahlen). In vielen anderen Fällen kann ein leichterer A.kern weitere A.bausteine bzw. -kerne aufnehmen oder ein schwererer Kern eigene Teilchen abgeben. Im ersteren Falle spricht man von Kernfusion, im letzteren Falle von Kernzerfall (Radioaktivität). Diese Ereignisse können sowohl natürlich ablaufen, wie auch künstlich hervorgerufen werden. Über den Aufbau von Protonen und Neutronen → Elementarteilchen.
Gemäß einer internationalen Übereinkunft aus dem Jahre 1961 gilt als die Einheit der A.masse der 12. Teil der mittleren Masse desjenigen Kohlenstoffisotops, das über 6 Protonen und 6 Neutronen verfügt, einschließlich der Masse der das A. umkreisenden Elektronen. Wegen des sog. Massendefekts ist dieser Betrag etwas kleiner als die Masse eines Wasserstoffatoms. So hat ein normales Wasserstoff-Isotop die A.masse 1,007 825. Eine A.masseneinheit entspricht $1{,}66 \cdot 10^{-24}$ g. Das Energieäquiva-

lent der A.masseneinheit beträgt 931 MeV.
Unter der Massezahl A eines A. versteht man die Summe von Protonen Z und Neutronen N, also A = Z + N. Z ist damit auch die Ladungszahl des A.kerns, Z und N gibt man für ein bestimmtes A. oft auch in Ziffern neben dem chemischen Symbol an, z.B. bedeutet $^{13}_{6}C$, daß dieser Kohlenstoffkern, der natürlich wie alle Kohlenstoffisotope die Ordnungszahl 6 hat, 13 Kernteilchen aufweist, also 6 Protonen und 7 Neutronen. Der normale, häufigere Kohlenstoff ist $^{12}_{6}C$. Da die Ordnungszahl für alle chemischen Elemente ohnedies feststeht, läßt man bei vielen derartigen Angaben diese Zahl weg und gibt lediglich die Zahl der Kernteilchen (Nukleonen) an. Daraus ergibt sich sofort, welches Isotop des betreffenden Elements gemeint ist.
Handelt es sich um ein A., das ein oder mehrere Elektronen seiner Hülle verloren hat, so spricht man von → Ionisation.
Atomenergie. → Kernenergie.
Atomgewicht (atomic weight). Die mittlere Atommasse eines bestimmten chemischen Elements, unter Berücksichtigung aller beteiligten Isotope, ausgedrückt in Einheiten der Atommasse (→ Atom).
Atomnummer. → Ordnungszahl.
Atomuhr (atomic clock). Eine moderne Uhr, in der charakteristische Frequenzen bestimmter Atome und Moleküle (wie z.B. Ammoniak, Rubidium, Wasserstoff, Thallium und Cäsium) für eine genaue Zeitmessung herangezogen werden. Im allgemeinen werden diese hochfrequenten Schwingungen dazu benutzt, um die noch restlichen Ungenauigkeiten einer Quarzuhr auszugleichen. Während Quarzuhren bereits eine Genauigkeit von etwa $1:10^9$ aufweisen, erreichen A. eine Genauigkeit von $1:10^{13}$ und besser. Die → Ephemeridensekunde konnte so zu 9192631770 ± 20 Perioden der Cäsiumschwingung (bei ungestörtem Atomzustand) bestimmt werden. Eine Atomsekunde ist dagegen das zeitliche Intervall, in das exakt 9192631770 Perioden des Cäsiumatoms hineinpassen (SI-Sekunde). Genauer handelt es sich um den Übergang zwischen den beiden → Hyperfeinstrukturniveaus des Grundzustandes der Atome von Cäsium 133.
Atomzeit, Internationale (International Atomic Time). Die Zeit, die mittels Atomuhren bestimmt wird (Abk. TAI). Sie ist die am genauesten zu bestimmende Zeitskala für den Gebrauch in der Astronomie und resultiert aus Analysen des Bureau International des Poids et Mesures (Internationales Büro für Maße und Gewichte) in Paris von A.-Standards in mehreren Ländern, darunter auch der Physikalisch-Technischen Bundesanstalt in Braunschweig. Fundamentale Einheit der TAI ist die SI-Sekunde (→ Atomuhr). Der Nullpunkt der Zählweise der TAI wurde willkürlich festgelegt: 1. 1. 1958, 0h UT2. Offiziell eingeführt wurde die TAI zum 1. 1. 1972, kann aber bis 1958 zurückgerechnet werden. Es ergibt sich folgende Umrechnung: TAI – UTC = N (sec). So war N ab 1. 1. 1990 +25 sec, ab 1. 1. 1991 +26 sec, ab 1. 7. 1992 +27 sec und ab 1. 7. 1993 +28 sec usw. An den genannten Terminen wurde jeweils eine Schaltsekunde zugefügt. Ferner gilt TDT = TAI + 32,184 sec.
UT2 ist eine wegen der Polbewegung und der jahresperiodischen Schwankung der Erdrotation korrigierte Weltzeit. UTC ist die koordinierte Weltzeit, die durch Zeitzeichensender verbreitet wird. TDT ist die terrestrische dynamische Weltzeit (→ Dynamical Time).
Attraktor (Great Attractor). Mutmaßlicher Komplex von Zehntausenden Galaxien, der in einigen hundert Mill. Lichtjahren Entfernung hinter dem Hydra-Centaurus-Superhaufen liegen könnte. Seine Gravitation wird gele-

gentlich für die Bewegung der lokalen Gruppe und anderer Galaxien in ihrer Umgebung in Richtung auf das Sternbild Kreuz des Südens mit über 500 km/s verantwortlich gemacht.

AU, a.u. In der englischsprachigen Literatur Abk. für die → Astronomische Einheit (astronomical unit).

Aufgang (rising). Das Heraufziehen eines Gestirns über den Osthorizont als Folge der Erdrotation von Westen nach Osten. In den astronomischen Jahrbüchern wird der A. auf den mathematischen Horizont bezogen, jedoch unter Berücksichtigung der → Refraktion, die eine scheinbare Hebung eines Gestirns über den Horizont bewirkt. Somit unterscheidet man auch einen wahren und einen scheinbaren A. Bei dem A. von Sonne und Mond wird der Zeitpunkt der Berührung des oberen Randes der Sonnen- und Mondscheibe mit dem mathematischen Horizont angegeben. Die Sonnenscheibe hat von kleinen Schwankungen abgesehen einen Halbmesser von 16′. Setzt man die Refraktion am Horizont mit 34′ an, so wird der Sonnenaufgang offiziell in den astronomischen Jahrbüchern für den Zeitpunkt berechnet, für den die Sonnenscheibenmitte eine Zenitdistanz von 90°50′ hat. Beim Mond, dessen Scheibenhalbmesser s stärker schwankt, werden auch diese Änderungen berücksichtigt, desgleichen die Horizontalparallaxe p. So gilt für die Berechnung des Mondaufgangs, daß die Zenitdistanz der Mondscheibenmitte $90°34' + s - p$ betragen soll. Bei der Sonne wird die Parallaxe wegen der Kleinheit vernachlässigt. Der tatsächliche Zeitpunkt des A. hängt aber noch von der Wetterlage (Luftdruck, Temperatur) ab, da mit ihr der exakte Betrag der Refraktion schwankt.

Speziellere Definitionen des A.:

Der heliakische A. ist das erste Hervortreten eines Gestirns in der östlichen Morgendämmerung aus dem Bereich der Sonnenstrahlen und damit nach der Zeit seiner Unsichtbarkeit. Bei der Bestimmung des heliakischen A. kommt es auf die Helligkeit des betreffenden Gestirns an, da sich beispielsweise ein sehr heller Planet wie Venus oder Jupiter gegenüber der Morgendämmerung wesentlich stärker durchsetzen kann als ein schwacher Stern 3. oder 6. Größe. Nehmen wir beispielsweise an, daß ein Stern der Helligkeit 1^m dann sichtbar wird, wenn die Sonne etwa 10° unter dem Horizont steht, so kann der Zeitpunkt des heliakischen A. bestimmt werden, indem man den Punkt der Ekliptik berechnet, der nach A. des betreffenden Sterns 10° unter dem östlichen Horizont liegt. Der Tag, an dem die Sonne an diesen Stellen der Ekliptik steht, ist das früheste Datum des heliakischen A.

Der akronyktische A. eines Gestirns erfolgt dann, wenn dieses gleichzeitig mit dem Sonnenuntergang aufgeht.

Der kosmische A. ist dann, wenn das Gestirn seinen A. gleichzeitig mit der Sonne hat. Sowohl der akronyktische wie der kosmische A. eines Gestirns ist wegen des hellen Himmelsuntergrunds zumindest mit bloßem Auge nicht beobachtbar.

Auflösungsvermögen (resolving power). Der kleinste Abstand zweier Punkte, die bei einer optischen Abbildung gerade noch getrennt beobachtet oder photographisch wiedergegeben werden können. Für ein kleineres astronomisches Fernrohr, wie es bei Amateuren Verwendung findet, beträgt das A. in Bogensekunden bei der praktischen Beobachtung von Doppelsternen, die etwa gleiche Helligkeit von 5^m bis 6^m zeigen, 115:D. Dabei ist D die Öffnung des Instruments in mm (Dawes-Formel, nach W. R. Dawes, 1799–1868, benannt). So hat also ein Fernrohr von 60 mm Objektivöffnung ein A. von etwa 2 Bogensekunden. Dies

gilt aber nur für optimale atmosphärische Verhältnisse (extreme Luftruhe). Haben die beiden zu trennenden Sterne einen beachtlichen Helligkeitsunterschied, so ist die Trennung eines Doppelsterns entsprechend schwieriger.
Bei einem Spektroskop oder Beugungsgitter versteht man unter dem A. das Verhältnis der Wellenlänge λ zur Wellenlängendifferenz $\Delta\lambda$, die bei der betreffenden Wellenlänge gerade noch zu beobachten ist. Mit Hilfe der besten Spektralgeräte, die heute in der Astronomie verwendet werden, beträgt das A. bei einer Wellenlänge von 4000 Å (400 nm) noch etwa $4 \cdot 10^6$.

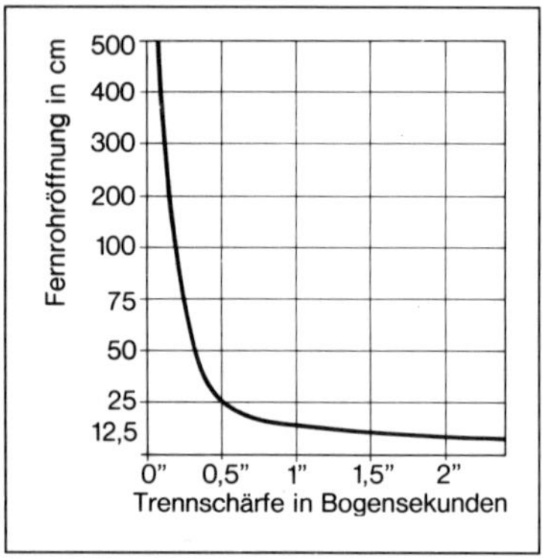

Auflösungsvermögen (Trennschärfe) eines optischen Fernrohrs bei verschiedener Öffnung

Aufstellung (mounting). → Montierung eines Fernrohrs.

Aufstellungsfehler (mounting errors). Systematische → Fehler, die durch eine ungenaue Aufstellung eines Fernrohres oder Winkelmeßinstruments entstehen können.

Auge (eye). Bei allen visuellen astronomischen Beobachtungen spielt das menschliche A. eine entscheidende Rolle als Teil des gesamten optischen Systems. Die Lichtempfindlichkeit des menschlichen A. reicht vom violetten bis zum roten Spektralbereich, genauer von etwa 350 bis etwa 750 nm. Bei der praktischen astronomischen Beobachtung ist zunächst die Adaption des menschlichen A. an die Dunkelheit wesentlich. Bei starkem Lichteinfall schließt sich die Pupille auf einen Durchmesser von 1,5 mm, während sie bei vollständiger Adaption 8,0 mm Durchmesser aufweisen kann. Mit zunehmendem Alter erlahmt allerdings die Adaptionsfähigkeit des A.
Aber auch unabhängig vom Alter gibt es im Hinblick auf die Empfindlichkeit des menschlichen A. beachtliche Unterschiede. Dabei spielt neben dem physiologischen Zustand des A. jahrelanges Training im Nachtsehen und astronomischen Beobachten eine Rolle. Während viele Menschen selbst unter günstigen atmosphärischen Sichtbedingungen nur Sterne bis etwa 5^{m} oder $5{,}^{m}5$ sehen, berichteten schon mehrere geübte Beobachter, daß sie noch Sterne mit einer Helligkeit von $6{,}^{m}5$ oder sogar darunter erkennen konnten. Bei der astronomischen Beobachtung spielt ferner die Farbempfindlichkeit des menschlichen A. eine Rolle. Bei den geringen Lichtstärken, die hier im Spiele sind, lassen sich meist nur dann Farben erkennen, wenn es sich um einigermaßen helle Gestirne handelt (z.B. helle Planeten, helle Fixsterne). Im übrigen erscheinen uns alle anderen Gestirne als »grau«. Dies gilt insbesondere für die kosmischen hellen Nebel und Galaxien, obwohl wir heute durch Spektraluntersuchungen und Farbaufnahmen wissen, daß sie gleichfalls unterschiedliche Farbbereiche enthalten. Bei Beobachtungen mit bloßem A. wird man nur bei Sternen mit einer Helligkeit über 3^{m} noch Farben wahrnehmen können.

Augenlinse. → Okular.

Augenprüfer. → Alkor.
AURA. → Cerro-Tololo-Observatorium.
Aureole (aureole). Ein kleiner Hof um Sonne und Mond, wenn diese Gestirne hinter dünnen Nebel- oder Wolkenschichten stehen. Die A., die oft einen Durchmesser von etwa 2° hat und weißlich oder auch farbig (meist rötlich) erscheint, entsteht durch die Beugung der Lichtstrahlen an Wassertröpfchen.
In neuerer Zeit bezeichnet man auch als A. gelegentlich das System von Kugelhaufen und einzelnen Sternen um unser eigenes Milchstraßensystem. Ein geläufigerer Ausdruck hierfür ist aber Halo.
Auriga. Lateinische Bezeichnung für das Sternbild → Fuhrmann.
AE Aurigae. Ein von der Orion-Assoziation mit einer Geschwindigkeit von 128 km/s weglaufender Stern im Sternbild Fuhrmann. Seine Spektralklasse ist O9. Seine Entweichgeschwindigkeit von der Assoziation weist darauf hin, daß diese ein Alter von etwa 3 Millionen Jahren haben könnte.
ε Aurigae. Ein Bedeckungsveränderlicher im Sternbild Fuhrmann. Die Veränderlichkeit wurde 1821 von J. Fritsch entdeckt. Die Helligkeit schwankt mit einer Periode von 9885 Tagen (rd. 27 Jahren) zwischen $3\overset{m}{.}0$ und $3\overset{m}{.}8$. Es ist die längste bisher bei einem Bedeckungsveränderlichen gefundene Periode. Das nächste Minimum beginnt im Jahre 2010. Die totale Phase dauert dabei 400 Tage, die Gesamtverfinsterung 700 Tage. Der Hauptstern ist ein Überriese vom Spektraltyp F2ep, seine Oberflächentemperatur beträgt 7650 K, die Entfernung etwa 1900 Lichtjahre. Der Durchmesser ist 100mal, die Masse etwa 15mal größer als bei unserer Sonne. Er zeigt als Folge leichter Pulsationen winzige Helligkeitsschwankungen mit einer Periode von 100 Tagen.
Der Begleiter ist etwa 300 bis 450 Mill. km vom Hauptstern entfernt. Seine Natur ist nach wie vor umstritten. Ursprünglich konnte er auch nicht spektroskopisch nachgewiesen werden. Die klassischen Modelle gingen von einem fast dunklen Riesenstern mit dem etwa 3000fachen Sonnendurchmesser und einer Oberflächentemperatur von 1000 K oder darunter aus. Erst bei dem Minimum 1982–84 konnte das Begleitobjekt infrarottechnisch nachgewiesen werden. Die Temperatur beträgt nur 480 K. Dabei handelt es sich aber wohl nicht um einen Stern, sondern um eine flache scheibenförmige, von der Seite zigarrenförmig erscheinende Gas- und Staubwolke. Der Durchmesser beträgt 1350 Mill. km, die Dicke 150 Mill. km. In ihrem Innern könnte sich ein Doppelstern mit Komponenten von je etwa 6 Sonnenmassen befinden.
RW Aurigae-Sterne (RW Aurigae stars). Eine nach dem Stern RW Aurigae benannte Gruppe Veränderlicher, die in unregelmäßigen Abständen Eruptionen von 1 bis 4 Größenklassen zeigen. Sie stehen den T Tauri-Sternen und T Orionis-Sternen nahe. Es sind Hauptreihensterne mit dem Spektraltyp G oder Unterriesen.
ζ Aurigae-Sterne (ζ Aurigae stars). Eine Gruppe von → Bedeckungsveränderlichen mit einem kühlen Überriesen vom Spektraltyp K als Hauptstern und einem heißen Hauptreihenstern als Begleiter. Merkmal ist der Umstand, daß das Licht des hinten vorbeilaufenden Begleiters vor und nach der eigentlichen Bedeckung durch die ausgedehnte Atmosphäre des im Vordergrund befindlichen Hauptsterns laufen muß. Dadurch sind Dauer und Amplitude der Bedeckungen bei größeren Wellenlängen kleiner als bei kürzeren Wellenlängen. Man kann damit die Bedeckungen dieser Sterne zum eingehenden Studium der Atmosphäre des Hauptsterns ausnutzen. Der Hauptvertreter der Gruppe, ζ Aurigae, besteht aus

zwei Komponenten in 900 Mill. km Abstand. Der Hauptstern hat einen 250fachen Durchmesser und die 16fache Masse im Vergleich zur Sonne. Der Begleiter zeigt 5 Sonnendurchmesser und 9 Sonnenmassen. Die Periode beträgt 972,16 Tage. Die Helligkeit schwankt zwischen $3\overset{m}{,}7$ und $4\overset{m}{,}0$. Die totale Verfinsterung dauert 37 Tage, die partielle Phase und damit der Durchlauf der Lichtstrahlen durch die Atmosphäre des Hauptsterns je 32 Stunden. Die Entfernung von der Erde beträgt etwa 1200 Lichtjahre. Weitere wichtige Vertreter dieser Gruppe sind 31 und 32 Cygni sowie VV Cephei.

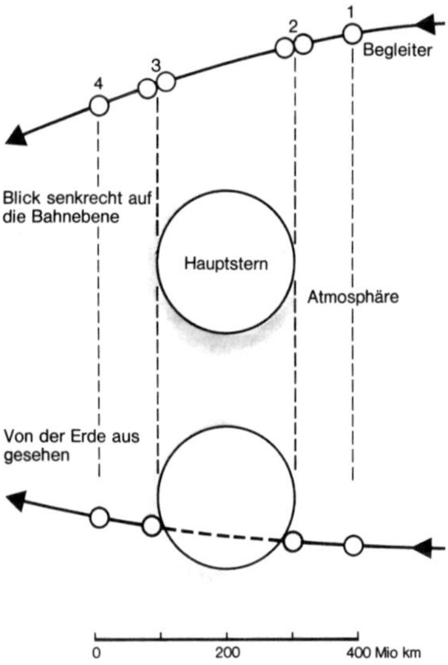

Bedeckungsveränderlicher vom Typ ζ Aurigae

Aurora. Eine meist in der englisch-amerikanischen, gelegentlich aber auch in der deutschen Literatur benutzte Bezeichnung für das Polarlicht. Im engeren Sinne unterschied Lord J. W. S. Rayleigh (1842–1919) die »polar aurora« von der »nonpolar aurora«. Bei der letzteren Erscheinung handelt es sich um das → Nachthimmelslicht.

Ausdehnung des Weltalls (expansion of the universe). → Expansion → Hubble-Effekt.

Außenstation (space station). → Raumstation.

außergalaktisch (extragalactic). Außerhalb unseres eigenen Milchstraßensystems oder galaktischen Systems gelegen.

Aussichtsweite (range of sight). Sichtweite, die aus der Höhe des Beobachters über der Erdoberfläche und der Krümmung der Erdkugel geometrisch ermittelt werden kann. Die tatsächliche A. ist aber wegen der Refraktion in der Erdatmosphäre ein wenig größer. Die Tabelle unten gibt einige Beispiele.

Für 5000 m Höhe ist die geometrische A. 252 km, für 7500 m Höhe 308 km. Natürlich gelten diese Verhältnisse für eine glatte kugelförmige Erde ohne Unebenheiten an der Oberfläche, sie entsprechen also den Bedingungen auf der See.

Australite (australite). In Australien gefundene Form von → Tektiten. Dazu gehören auch die Darwin-Gläser, die vermutlich im Zusammenhang mit der Entstehung des Darwin-Kraters südlich des Mount Darwin in Tasmanien gefunden wurden. Ihr Alter wird auf etwa 830000 Jahre geschätzt.

Geometrische und tatsächliche Aussichtsweiten

Augenhöhe	1 m	10 m	100 m	1000 m
geometrische Aussichtsweite	3,5 km	11 km	36 km	113 km
tatsächliche Aussichtsweite	4 km	12 km	38 km	122 km

Austritt (emersion, reappearance). In der Astronomie der Augenblick des Wiedererscheinens eines Gestirns, das vorübergehend von einem anderen Himmelskörper bedeckt wurde oder im Schatten eines anderen Himmelskörpers stand. Der Gegensatz dazu ist der Eintritt. Bei den Sonnen- und Mondfinsternissen bezeichnet man als Anfang des Eintritts den Moment, in dem der Neumond den Sonnenrand berührt und die Sonne zu bedecken beginnt oder der Vollmond in den Erdschatten eintritt. Das Ende des Eintritts ist der Augenblick, in dem Sonne oder Mond ganz verdeckt oder verfinstert sind. Der Anfang des A. erfolgt, wenn ein Teil der Sonne oder des Mondes wieder sichtbar wird.
Bei den Sternbedeckungen durch den Mond erfolgt der Eintritt, wenn der Stern hinter die Mondscheibe tritt, der A., wenn er wieder am gegenüberliegenden Mondrand auftaucht. Auch bei den Vorübergängen von Merkur oder Venus vor der Sonnenscheibe spricht man von einem Eintritt oder A. Da es sich hier aber um Scheiben handelt, die eine gewisse Zeitspanne brauchen, bis sie vollständig in die Sonnenscheibe ein- oder ausgetreten sind, unterscheidet man hier auch noch eine äußere und innere Berührung.
Schließlich gibt es Eintritte und A. auch z. B. bei den Erscheinungen der Jupitersatelliten, wenn sie in den Schatten des Planeten ein- oder austreten. Auch hier dauert wegen der Scheibenausdehnung der größeren Jupitersatelliten der Eintritt und A. einige Sekunden.

Austrittspupille (exit pupil). Das vom Okular eines Fernrohrs entworfene Bild der → Eintrittspupille. Es entsteht wenige mm oder cm hinter dem Okular und ist die helle, kleine Kreisscheibe, die man erkennt, wenn man aus einer Entfernung von etwa 30 cm gegen das Okular eines Fernrohrs blickt, das auf den hellen Taghimmel oder eine andere helle Fläche eingestellt ist. Man kann die A. auf einem hinter dem Okular gehaltenen durchsichtigen Papier scharf abbilden und ihren Durchmesser bestimmen. Sie berechnet sich auch aus dem Objektiv- oder Spiegeldurchmesser (also der Eintrittspupille) dividiert durch die Vergrößerung. Ein Fernrohr von 100 mm Öffnung und 50facher Vergrößerung liefert also eine A. von 2 mm. Andererseits kann man aber auch die Vergrößerung aus Eintrittspupille dividiert durch A. berechnen. Bei der visuellen Beobachtung sollte sich die Pupille des Auges an der Stelle der A. befinden. Um die Leistung eines Instruments voll auszunutzen, darf der Durchmesser der Augenpupille nicht kleiner als die A. des Fernrohrs sein (→ Auge). Dadurch ergibt sich u. U. eine bestimmte Mindestvergrößerung, da die A. mit abnehmender Vergrößerung zunimmt und schließlich den Durchmesser der Augenpupille übersteigen kann. Das Quadrat der A. ist auch ein Maß für die Lichtstärke eines Fernrohrs.

Ausweichung (elongation). In der Regel der Winkelabstand eines Planeten von der Sonne (→ Elongation).

Autokollimation (autocollimation). Eine optische Methode, bei der ein Bild oder eine Markierung beobachtbar auf sich selbst abgebildet wird. Das Verfahren ist außerordentlich empfindlich, so daß auch kleine Richtungs- oder Neigungsänderungen festgestellt werden können.

Autokorrelations-Spektrograph (autocorrelation spectrograph). Ein in der Radioastronomie benutztes Gerät, bei dem die Korrelation der Strahlung des gesamten empfangenen Wellenlängenbereiches über mehrere, unterschiedlich lange Zeitintervalle gemessen wird. Mit Hilfe der Informations- und Signal-Theorie wird hieraus die Intensitätsverteilung im gesamten empfangenen Wellenlängenbereich ermittelt. Dazu werden sog. Fourier-Transformationen mit Computern berechnet.

AXAF. Abk. für Advanced X-ray Astrophysics Facility, ein geplanter amerikanischer Satellit mit einem Röntgenteleskop vom Typ Wolter mit 1,2 m Durchmesser. Vielleicht wird die Planung jedoch auf zwei kleinere Satelliten verteilt, von denen der erste 1998, der zweite einige Jahre später starten soll.

Azimut (azimuth). Die aus dem Arabischen stammende Bezeichnung bedeutet den Bogen am Horizont zwischen dem Südpunkt und dem durch den Zenit des Beobachters gehenden Vertikalkreis eines Gestirns. Man zählt das A. von Süden über Westen, Norden, Osten bis Süden, von 0° bis 360°. In früherer Zeit wurde das A. aber auch oft vom Süden aus entweder nach Osten oder nach Westen bis zum Nordpunkt von 0° bis 180° gezählt. In der Geophysik und Geodäsie wird neuerdings das A. auch vom Nordpunkt aus über Osten, Süden, Westen

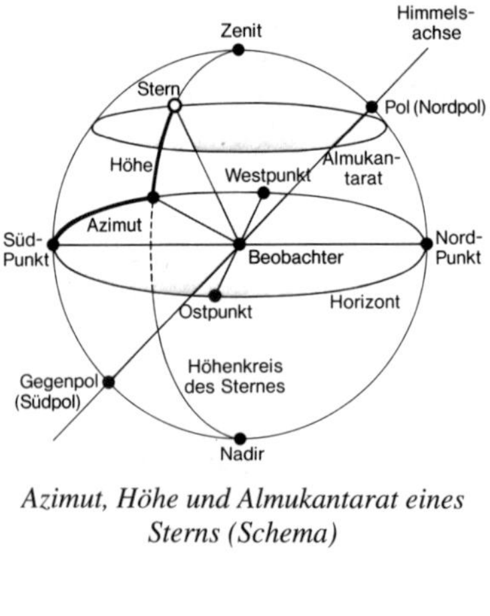

Azimut, Höhe und Almukantarat eines Sterns (Schema)

nach Norden gezählt. Es ist daher auf die unterschiedliche Definition des A. besonders zu achten.

Mit A. und Höhe ist der Ort eines Gestirns am Himmelsgewölbe für eine angegebene Zeit völlig bestimmt. Da sich aber diese Koordinaten wegen der Erdrotation laufend ändern, kann mit diesem sog. A. der Ort eines Sterns am Himmelsgewölbe nur dann angegeben werden, wenn sich dieser auf eine bestimmte Zeit beziehen soll.

Azimutalkreis (parallel of altitude). → Almukantarat.

Azimutalquadrant (azimuthal quadrant). Ein in früheren Jahrhunderten benutzter Quadrant, der so drehbar aufgestellt war, daß man auch das Azimut eines Gestirns bestimmen konnte.

Azimutalrefraktion (azimuthal refraction). Eine bestimmte Art der → Refraktion.

Azimutfehler (azimuthal error). Ein Fehler, der bei einem Passageinstrument auftreten kann, wenn die Horizontalachse des Instruments nicht genau in der Ost-West-Richtung ausgerichtet ist.

azur (azure). Eine Bezeichnung für die tiefblaue Farbe des wolkenfreien Himmels.

Azur (azure). Bezeichnung für den ersten in der Bundesrepublik Deutschland entwickelten und gebauten Meßsatelliten. Er wurde mit Hilfe einer amerikanischen Scout-Rakete am 8. 11. 1969 in eine Umlaufbahn zwischen 381 und 3 200 km Höhe und einer Bahnneigung von 101,35° eingeschossen. Der Satellit, dessen Meßprogramm 1970 beendet war, untersuchte vor allem die von der Sonne stammenden Protonenströme sowie die Polarlichter.

B

Baades Fenster (Baade's Window). Ein 1951 von W. Baade (1893–1960) gefundenes, fast absorptionsfreies, etwa ein Viertel Quadratgrad großes »galaktisches Fenster« bei den galaktischen Koordinaten l = 0,9° und b = –3,9°. Hier passiert der Sehstrahl das Zentrum der Galaxis in nur 3200 Lichtjahren Abstand. In ihm liegt auch in etwa 21 000 Lichtjahren Entfernung der Kugelhaufen NGC 6522.

Baade-Wesselink-Methode (Baade-Wesselink's method). Eine von W. Baade und A. Wesselink entwickelte Methode zur Bestimmung von Durchmesser, Leuchtkraft und Entfernung von Cepheiden und anderen Pulsationsveränderlichen. Die Pulsationen dieser Sterne sind in periodischen Änderungen ihrer Radialgeschwindigkeit erkennbar. Aus einer Integration der Radialgeschwindigkeitskurve ergibt sich die Durchmesseränderung in linearem Maß, also in km. Dem Spektrum entnimmt man ferner die Temperaturänderung während der Pulsation. Daraus ergibt sich mit Hilfe des Stefan-Boltzmann-Gesetzes (→ Strahlungsgesetze) die Änderung der Flächenhelligkeit des Sterns. Sodann kann man unter Einbeziehung der Änderung der scheinbaren Helligkeit eine Kurve der Durchmesserschwankung in der Form D/D_{min} und damit den Betrag des Durchmessers zu jeder Phase der Pulsation ableiten. Das Stefan-Boltzmann-Gesetz liefert aus Temperatur und Durchmesser die Leuchtkraft des Sterns. Diese ergibt schließlich mit der scheinbaren Helligkeit und bei bekannter interstellarer Absorption die Entfernung.

Babinet-Punkt (Babinet point). → Arago-Punkt.

Bahn (orbit). In der Astronomie diejenige Kurve, die der Schwerpunkt eines Himmelskörpers, eines Satelliten oder einer Raumsonde antriebslos im Weltraum beschreibt. Strenggenommen handelt es sich dabei um die »wahre B.«, während die »scheinbare B.« die Projektion der tatsächlichen B. auf die Himmelssphäre darstellt, also beispielsweise die Bewegung eines Planeten vor dem Hintergrund der Tierkreissternbilder mit Stillstand, Rückläufigkeit usw. Die frühe Geschichte der Astronomie war durch das Bemühen gekennzeichnet, aus der scheinbaren B. die wahre B. abzuleiten. Erst so war es möglich, eine zutreffende Vorstellung vom Bau des Planetensystems zu erhalten. Das berühmteste Beispiel dieser Art ist die Bestimmung der Marsbahn durch J. Kepler (1571–1630) auf der Grundlage der Beobachtungen der scheinbaren B. des Mars durch T. Brahe (1546–1601). Diese Berechnungen führten Kepler 1609 zur Erkenntnis, daß die Marsbahn eine Ellipse ist.

Schließlich unterscheidet man auch noch zwischen einer relativen und absoluten B. Im ersteren Falle beziehen wir die B. auf einen anderen Himmelskörper, z. B. die Ellipsenbewegung der Erde relativ zur Sonne. Die absolute B. der Erde im Raum wäre eine schraubenförmige Bewegung, wie sie sich für einen Beobachter außerhalb des Planetensystems ergibt. Da aber auch im letzteren Falle eigentlich die Bewegung der Erde auf einen bestimmten Beobachtungspunkt bezogen ist, handelt es sich auch hier um eine relative B. Eine absolute Bahnbestimmung ist damit letztlich unmöglich.

Bahnbestimmung (determination of an orbit). Die Ableitung der wahren Bahn eines Himmelskörpers aus seiner scheinbaren Bahn. Die B. nimmt den größten Teil der Himmelsmechanik ein und stellt damit ein sehr wichtiges Gebiet der klassischen Astronomie dar, das auch heute noch von großer Bedeutung ist, da auch in der Gegenwart immer noch neue Himmelskörper, z. B. Satelliten, Kometen usw. entdeckt werden. Ziel der B. ist die Ableitung der 6 → Bahnelemente.

Die Gesetze der Himmelsmechanik besagen, daß sich Himmelskörper immer nur in Kegelschnitten umeinander bewegen können, also in Kreisen, Ellipsen, Parabeln oder Hyperbeln. Im allgemeinen haben wir es aber in der Astronomie mit Ellipsen zu tun. Denn obwohl der Kreis nach der Ansicht der alten Astronomen die vollkommenste geometrische Figur darstellt, kommt sie in der Praxis niemals vor. Selbst die kleinsten Bahnstörungen genügen bereits, um aus einer Kreisbahn eine Ellipse werden zu lassen. Auch die Parabel ist eine geometrische Grenzfigur, die in der Praxis nicht verwirklicht ist. Trotzdem wird bei der B. von Kometen meist aus Gründen der Einfachheit zunächst eine Parabelbahn bestimmt. Dies hängt damit zusammen, daß wir von der Erde aus nur den innersten Teil einer Kometenbahn, in der Nähe der Sonne und Erde, beobachten können. In diesem kleinen Bahnstück stimmen Parabel und Ellipsenbahnen nahezu überein. Erst bei über längere Zeiträume hinweg beobachteten Kometen wird man von der Bestimmung einer Parabelbahn abzuweichen versuchen und die tatsächliche Ellipsenbahn bestimmen. Hyperbelbahnen sind zwar theoretisch denkbar, kommen aber ebenfalls in der Praxis verhältnismäßig selten vor, z. B. bei der Verwandlung einer ehemals elliptischen Kometenbahn in eine hyperbolische Bahn durch die Störungen der großen Planeten.

Die Methode zur B., wie sie noch im 17. und 18. Jahrhundert angewandt wurde, ging im wesentlichen auf J. Kepler (1571–1630) zurück. Diese Methode ist aber nur dann anwendbar, wenn neben den Beobachtungen der scheinbaren Bahn über ein größeres Bahnstück hinweg auch die Umlaufzeit des Körpers bekannt ist. Da aber bei einer Neuentdeckung eines Kleinplaneten oder Kometen die Umlaufzeit in der Regel unbekannt ist und diese Körper oft nur über ein kleines Bahnstück hinweg verfolgt werden können, erhob sich die Frage, ob man auch in diesen Fällen eine B. durchführen kann. Dieses Problem wurde vor allem nach der Entdeckung des ersten Kleinplaneten Ceres im Jahre 1801 akut, da damals nur so wenige Beobachtungen vorlagen, daß die seitherigen Methoden zur B. nicht in der Lage waren, die Bahn des neuentdeckten Körpers zu sichern. Ceres wäre damals mit Sicherheit wieder verloren gegangen, wenn nicht C. F. Gauß (1777–1855) in der Lage gewesen wäre, mit Hilfe einer von ihm gefundenen Methode, die nur drei genügend genaue Beobachtungen erfordert, die Bahn dieses Himmelskörpers zu bestimmen. Die Gaußsche Methode wird auch heute noch zur Bestimmung elliptischer Bahnen verwendet.

Parabelbahnen sind dagegen etwas leichter zu bestimmen. Erstmals hatte I. Newton (1643–1727) die Bahn des Kometen 1680 auf diese Weise bestimmt.

1682 folgte indessen E. Halley (1656–1742) mit der Bestimmung einer Ellipsenbahn für den damals erschienenen und später nach ihm benannten Kometen. 1797 gab W. Olbers (1758–1840) die bequemste Methode an, um Parabelbahnen zu bestimmen.

Bahnelemente (orbital elements, elements of the orbit). Die sechs Bestimmungsstücke für die elliptische Bahn eines Himmelskörpers:

1. Die Bahnneigung gegenüber irgendeiner Bezugsebene, z. B. die Ebene der Ekliptik, die Äquatorebene der Erde oder eines Planeten usw. (Abk. i).
2. Die Länge des aufsteigenden Knotens oder die Knotenlänge (Abk. Ω). Der aufsteigende Knoten ist derjenige Schnittpunkt zweier Bahnen oder einer Bahn gegen eine Bezugsebene, an der der Körper über die Bahnebene des anderen Körpers oder die Bezugsebene nach Norden hin aufsteigt. Bei Mond oder Planeten handelt es sich bei der Knotenlänge um den in der Ekliptik gemessenen Winkel zwischen dem Frühlingspunkt und dem aufsteigenden Knoten der Bahn.
3. Der Abstand des Perihels vom aufsteigenden Knoten. Dieser Winkel wird in der Bahnebene gemessen und meist mit ω bezeichnet. Gelegentlich wird auch die Perihellänge oder Länge des Perihels angegeben. Hier handelt es sich um die Summe des Winkelabstands des aufsteigenden Knotens vom Frühlingspunkt und des Winkelabstands des Perihels vom aufsteigenden Knoten (Abk. π).
4. Die große Halbachse der Bahn (Abk. a).
5. Die numerische Exzentrizität. Darunter versteht man den Abstand des Mittelpunkts der Bahn zu einem der beiden Brennpunkte dividiert durch die große Halbachse (Abk. e).
6. Die Perihelzeit. Dies ist ein beliebig zu wählender Zeitpunkt, zu dem sich der betreffende Körper durch das Perihel seiner Bahn bewegt (Abk. T).

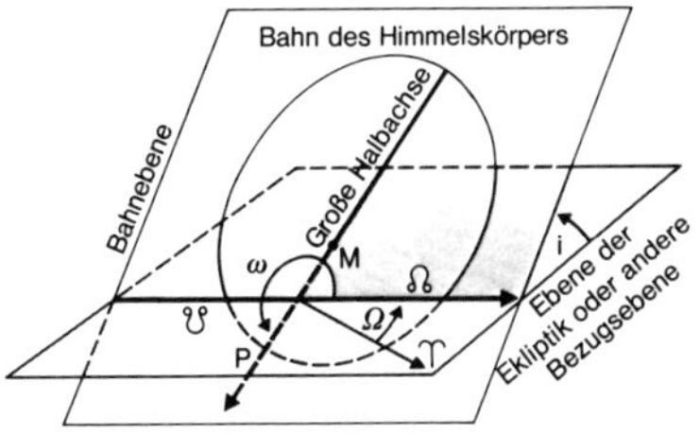

Zahnelemente

Sinngemäß können natürlich die oben angegebenen Formulierungen, die mehr auf die Bahn eines Planeten bezogen sind, auch auf andere Himmelskörper übertragen werden, z. B. eine Satelliten- oder Doppelsternbahn.

Die B. eines Körpers stehen nicht für alle Zeiten fest. Vielmehr ändern sich diese im Laufe der Zeit vor allem durch die Störungen benachbarter Himmelskörper. Mit Hilfe der B. können auch Vorausberechnungen (Ephemeriden) der Bewegungen von Himmelskörpern durchgeführt werden.

Eine Kreisbahn ist bereits durch vier B. bestimmt. Es entfallen die Perihellänge und die numerische Exzentrizität. Eine Parabelbahn kann durch fünf Elemente eindeutig bestimmt werden. Hier entfällt die numerische Exzentrizität. Sie ist dort immer 1.

Bahnneigung (inclination of an orbit). → Bahnelemente.

Bailyscher Tropfen (Baily's drop). → Schwarzer Tropfen.

Bailys Perlen (Baily's beads). Das nach F. Baily (1774–1844) benannte → Perlschnurphänomen.

Baker-Schmidt-Kamera (Baker-Schmidt camera). Eine sehr lichtstarke Kamera für die Aufnahme von Meteoren und Satelliten. Das Grundprinzip geht auf den → Schmidt-Spiegel zurück (auch Baker-Nunn-Kamera).

Balkenspirale (barred spiral galaxy). Eine bestimmte Form von → Galaxien.

Ballonastronomie (balloon astronomy). Zweig der Astronomie, der mit Hilfe von Ballons astronomische Beobachtungen durchführt. Bekanntlich absorbiert die Erdatmosphäre einen größeren Teil der aus dem Weltraum kommenden Strahlungen. Für die Untersuchung der meisten dieser Strahlungen, wie z.B. der Röntgenstrahlung, ist bereits eine so große Höhe über der Erdoberfläche erforderlich, daß diese Arbeiten nur mit Hilfe von Satelliten und Raumsonden durchgeführt werden können. Die Infrarotstrahlung jedoch wird in den untersten Schichten der Erdatmosphäre bis auf einige Fenster absorbiert, so daß sie bereits in Höhen von etwa 30 bis 40 km über der Erdoberfläche untersucht werden kann (→ Infrarotastronomie).

Aber auch das nahe Ultraviolett bis zu einer Wellenlänge von etwa 2000 Å (200 nm) herunter kann in diesem Höhenbereich bereits erforscht werden, so daß hier bereits Stratosphärenballone eingesetzt werden können. Die B. spielt neuerdings aber auch aus anderen Gründen eine zunehmende Rolle: In den genannten Höhenbereichen ist die atmosphärische Unruhe bereits so stark verringert, daß es mit Hilfe von Teleskopen möglich ist, wesentlich schärfere Aufnahmen von Sonne, Planeten und anderen Himmelskörpern zu erhalten, als dies von der Erdoberfläche aus möglich ist. Auch die Verringerung der atmosphärischen Extinktion ist bei derartigen Untersuchungen von Bedeutung. Der Vorteil der B. gegenüber den von Satelliten und Raumsonden aus betriebenen Untersuchungen besteht aber auch in den wesentlich geringeren Kosten. Deswegen haben sich in den letzten Jahrzehnten vor allem kleinere Staaten, anfänglich auch z.B. Deutschland, der B. zugewandt.

Ballonteleskop (balloon telescope). Ein von der Erde aus mit einem Stratosphärenballon aufgelassenes Teleskop. Wegen der bei einem Ballonaufstieg auftretenden starken Temperaturschwankungen und der Schwingungen durch Windströmungen usw. entstehen besondere Probleme bei der Auswahl der Werkstoffe und der automatischen Nachführung und Justierung der Geräte, die heute aber weitgehend beherrschbar sind. Von Vorläufern im 19. Jahrhundert abgesehen, bei denen allerdings noch keine speziellen B. eingesetzt wurden, sondern lediglich bei schlechtem Wetter Finsternisse, Meteorströme und dgl. mit herkömmlichen Instrumenten oberhalb der Wolkendecke beobachtet wurden, erfolgte der erste Einsatz eines B. durch Audouin Dollfus vom Observatorium Paris-Meudon aus im Jahre 1954. Der Ballon mit einem 30 cm-Teleskop erreichte eine Höhe von 7000 m und untersuchte den Wasserdampfanteil der Marsatmosphäre. In der folgenden Zeit nahm Dollfus auch die Granulation der Sonne auf. Später erreichten die Flüge schließlich die Stratosphäre. 1959 wurde von Dollfus ein 50 cm-Teleskop mit einem Gespann von 104 Einzelballonen aufgelassen.

Von besonderer Bedeutung war das von M. Schwarzschild (*1912) entwickelte Projekt Stratoscope. 1957/1959 wurden 24 000 m Höhe erreicht und die Sonne erforscht. Ein 30 cm-Quarz-Spiegel konnte vom Erdboden aus gesteuert werden und richtete sich automatisch auf die Sonne ein. Stratoscope II führte 1963 sogar ein 91 cm-Cassegrain-Teleskop mit, das größte bisher gestartete B. Hierbei standen auch Jupiter, Mars und Uranus auf dem Beobachtungsprogramm. Weitere wichtige bemannte Ballonflüge

wurden 1959 unter der Bezeichnung Stratolab mit einem 41 cm-Teleskop zur Erforschung der Venusatmosphäre durch J. Strong unternommen. Auch bei diesem Projekt wurde 1964 der Weg zum unbemannten Flug beschritten.
THISBE (Telescope of Heidelberg for Infrared Studies by Balloonborne Experiments) war zwischen 1969 und 1978 ein deutsches B. des Max-Planck-Instituts für Astronomie in Heidelberg. Die Aufstiege wurden größtenteils von Texas aus unternommen. Die hier zum Einsatz gekommenen Teleskope zur Erforschung der Infrarotstrahlung hatten 6 bis 20 cm Öffnung. Es wurde eine Maximalhöhe von 41 000 m erreicht. Der deutsche Sonnenforscher K.-O. Kiepenheuer (1910–1975) führte 1975 das Projekt Spectrostratoscope zur spektroskopischen Erforschung der Sonne durch.

Balmer-Serie (Balmer series). Eine Serie von Spektrallinien des Wasserstoffs, die bei Sprüngen von Elektronen von einer äußeren auf die zweite Bahn um den Atomkern entstehen. Die Linien liegen im sichtbaren Teil des Spektrums. Beim Übergang von der dritten auf die zweite Bahn entsteht die rote Hα-Emissionslinie bei einer Wellenlänge von 6563 Å (656,3 nm), die Hβ-Linie liegt bei 4861 Å (486,1 nm), Hγ bei 4342 Å (434,2 nm), Hδ bei 4101 Å (410,1 nm) und Hε bei 3970 Å (397,0 nm).
Die sog. Balmer-Grenze ist die Grenze der B.-S. bei 3646 Å (364,6 nm). Zu kürzeren Wellenlängen hin befindet sich das Balmer-Kontinuum. Es entsteht aus den Sprüngen freier Elektronen unterschiedlicher Energie auf die zweite Bahn des Wasserstoffatoms. Der bei 3646 Å (364,6 nm) liegende Balmer-Sprung im Intensitätsverlauf eines Sternspektrums ist bei den einzelnen Spektralklassen der Sterne verschieden. Die B.-S. erhielt ihren Namen nach J. J. Balmer (1825–1898), der diese Linien 1885 als zusammengehörige Serie erkannte.

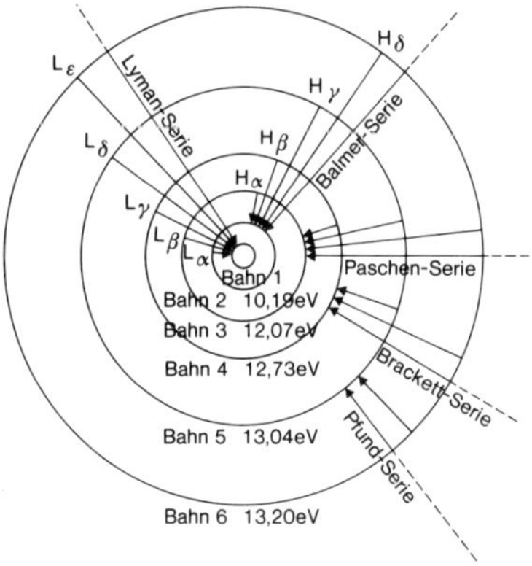

Die Spektralserien des Wasserstoffatoms

Bamberga. Der Kleinplanet mit der Nr. 324, der 1892 von J. Palisa (1848–1925) entdeckt wurde. Er gehört zu den Kleinplaneten, deren Albedo mit etwa 0,05 zu den niedrigsten gehört, die Körper unseres Sonnensystems aufweisen. Er zählt damit zum Typ C der Kleinplaneten, die mit den kohlenstoffhaltigen Chondriten verwandt sind. Sein Durchmesser beträgt etwa 243 km, die Rotationszeit wird auf etwa 8 Std. geschätzt. B. hat eine große Bahnhalbachse von 2,685 AE (402 Mill. km). Die Bahnexzentrizität beträgt 0,337, die Bahnneigung 11,2°, die Umlaufzeit 4,40 Jahre. Im Perihel ist B. 1,78 AE (266 Mill. km), im Aphel 3,59 AE (537 Mill. km) von der Sonne entfernt.

Bandbreite (band width). Ein Ausschnitt aus dem elektromagnetischen Spektrum oder ein Wellenlängenbereich, der mit einer elektronischen Einrichtung (z. B. einem Radioteleskop) aufgenommen werden kann. Sie wird in der Regel in Kilohertz oder Megahertz angegeben.

Bandenspektrum (band spectrum). Ein Spektrum, das von Molekülen erzeugt wird und aus breiten Banden besteht, die in Wirklichkeit aus einer Serie sehr nahe beieinanderliegender Linien zusammengesetzt sind. In den Sternspektren werden Banden nur bei Sternen niedriger Oberflächentemperatur gefunden, wie vor allem Titanoxid, Zirkon- und Kohlenstoffverbindungen. Aber auch in den Spektren von Planeten zeigen sich gelegentlich Banden, z.B. von Kohlendioxid, Methan oder Ammoniak. Sie sind auf die Planetenatmosphären zurückzuführen.

Bar (bar). Kurzzeichen bar. Nicht mehr zulässige Einheit des Druckes. 1 Bar (1 bar) ist der Druck, der entsteht, wenn eine Kraft von 10 Newton (N) senkrecht auf eine Fläche von 1 cm^2 wirkt: $1\ bar = 10\ N \cdot cm^{-2} = 10^5 N \cdot m^{-2} = 10^5$ Pa. Daraus abgeleitet das Millibar (1/1000 bar) und das Mikrobar (1/1000000 bar). Ferner ist 1 bar = 0,986923 atm = 1,019716 at = 750,062 Torr. Auch → Pascal.

Bär, Großer (Great Bear). Das wohl bekannteste Sternbild des nördlichen Himmels (lateinische Bezeichnung Ursa Maior, Abk. UMa). Die sieben hellsten Sterne bilden den Großen Wagen oder Himmelswagen. Mythologisch geht das Sternbild auf die Sage von der Prinzessin Kallisto zurück, die ein Liebesverhältnis mit Zeus gehabt haben soll. Hera, die Gemahlin des Zeus, verwandelte Kallisto in diese Bärin und versetzte sie an den Himmel. Bei den alten Römern galten die sieben Sterne des Großen Wagens auch als sieben Dreschochsen, die um den nördlichen Himmelspol laufen, bei den nordamerikanischen Indianern als Schöpfkelle (Big Dipper). Bei den Arabern wurden die vier Kastensterne als ein Sarg angesehen, hinter dem drei Klageweiber liefen.

Durch 5fache Verlängerung der Hinterachse des Großen Wagens erreichen wir den Polarstern. Der G. B. gehört zu den Zirkumpolarsternen und kann daher von Mitteleuropa aus ganzjährig gesehen werden. Seinen tiefsten Stand über dem Nordhorizont erreicht er am 1. Oktober um etwa 0 Uhr, am 1. November um 22 Uhr, am 1. Dezember um 20 Uhr, am 1. Januar um 18 Uhr usw. Seinen höchsten Stand unweit des Zenits durchläuft er am 1. April ungefähr um 0 Uhr, am 1. Mai um 22 Uhr usw.

Die wichtigsten Eigenschaften der Hauptsterne des Großen Bären

Stern	scheinb. Helligkeit	Entfern. in Lichtjahren	Spektraltyp
α Dubhe	$1{,}^m8$	75	K0
β Merak	$2{,}^m4$	62	A1
γ Phekda	$2{,}^m5$	75	A0
δ Megrez	$3{,}^m3$	65	A3
ε Alioth	$1{,}^m7$	59	A0p
ζ Mizar	$2{,}^m1$	74	A2
η Benetnasch	$1{,}^m9$	108	B3

Bär, Kleiner (Little Bear). Sternbild des nördlichen Himmels (lateinische Bezeichnung Ursa Minor, Abk. UMi). Das Sternbild wird auch als Kleiner Wagen bezeichnet und enthält den Polarstern (α Ursae Minoris). Weitere einigermaßen helle Sterne sind β Ursae Minoris (Kochab) mit $2{,}^m1$ Helligkeit und 100 Lichtjahren Abstand, sowie γ Ursae Minoris oder Pherkad mit $3{,}^m1$ Helligkeit und 270 Lichtjahren Entfernung. Das Sternbild geht offenbar bereits bis in die ägyptische Astronomie zurück.

Bärenhüter (Bear Driver, Ploughman, Herdsman). Sternbild des nördlichen Himmels (lateinische Bezeichnung Bootes, Abk. Boo). Der Name Bootes stammt aus der griechischen Mythologie und bedeutet eigentlich Ochsentreiber. Da sich aber in der Nachbarschaft des Bootes der Große Bär befindet, ist die Bezeichnung B. geläufiger. Hauptstern ist Arktur, der zusammen mit Regulus im Löwen und Spika in der Jungfrau das sog. Frühlingsdreieck bildet. Damit kann der B. vor allem an Frühlingsabenden beobachtet werden. Seine nördlichen Teile, die in der Nachbarschaft der Deichsel des Großen Wagens liegen, können aber auch ganzjährig als Zirkumpolarsterne beobachtet werden.

Bärenstrom, Ursa Maior-Haufen (Ursa major moving cluster). Ein → Bewegungssternhaufen, zu dem die fünf hellsten Sterne im Großen Wagen (β, γ, δ, ε, ζ Ursae Maioris) gehören. Insgesamt umfaßt er mindestens 40 Sterne, die teilweise an ganz anderen Stellen des Himmelsgewölbes liegen. So zählt beispielsweise auch Sirius dazu. Man muß daher annehmen, daß unsere Sonne inmitten des B. liegt, aber an dessen Bewegung keinen Anteil hat. Die Mitglieder des B. bewegen sich in bezug auf die Sonne mit einer Geschwindigkeit von 28 km/s in Richtung auf einen Punkt, der sich im östlichen Teil des Sternbilds Schütze befindet (genaue Lage des Konvergenzpunktes: $\alpha = 20^h20^m$, $\delta = -37°$).

Barium-Sterne (barium stars). Sterne, die in ihren Atmosphären übernormal Barium enthalten. Sie zählen zu den gelben und orangefarbenen Riesensternen der Spektralklassen G und K.

Barlow-Linse (Barlow lens). Eine plankonkave Linse, die in einem Fernrohr zwischen dem Objektiv und Okular zur Verlängerung der Brennweite und damit der Vergrößerung eingesetzt wird.

Barnard-Ring (Barnard's Loop). Bezeichnung für einen 20° großen hellen, nicht ganz vollständigen Nebelring um die mittleren Teile des Sternbilds Orion, der sich auf photographischen Aufnahmen zeigt. Es ist vermutlich eine Gasblase, die bei der Sternentstehung im Gebiet des Orionnebels abgestoßen wurde.

Barnards Pfeilstern (Barnard's Star). Ein nur $9{,}^m54$ heller Stern im Sternbild Schlangenträger, der nach 1916 angestellten Untersuchungen von E. E. Barnard (1857–1923) mit jährlich 10,31 Bogensekunden die schnellste Eigenbewegung zeigt. Bei einem Spektraltyp von M5 gehört er zu den roten Zwergsternen und ist nur 5,9 Lichtjahre entfernt. Die absolute Leuchtkraft beträgt $13{,}^m25$. Periodische Störungen in der Eigenbewegung, die P. van de Kamp (*1901) fand, wiesen auf einen Begleiter mit 0,0016 Sonnenmassen hin, der den Hauptstern in 25 Jahren umlaufen soll. Spätere Analysen van de Kamps zeigten, daß unter Umständen aber auch mehrere Planeten B. P. umkreisen könnten. Andere Autoren sind allerdings der Ansicht, daß die Störungen in der Eigenbewegung durch instrumentelle Fehler vorgetäuscht wurden. Die Existenz eines fremden Planetensystems um B. P. ist damit im Augenblick nicht gesichert. B. P. ist der nächste Stern nach dem System α Centauri.

Barringer-Krater. → Arizona-Krater.

barycentric dynamical time. Abk. TDB, → dynamical time.

Baryonen (baryons). Sammelbezeichnung für schwere Elementarteilchen, zu denen die Protonen, Neutronen (Nukleonen) und Hyperonen sowie deren Antiteilchen zählen.

Baryzentrum (barycenter). Das Schwerezentrum einer Masse oder eines Systems verschiedener Himmelskörper (z.B. bei Doppelsternen).

Basis (base, baseline, groundline). In der Geodäsie oder Astronomie eine gerade Strecke, die mit Maßstäben oder anderen Methoden exakt vermessen wird und deren beide Endpunkte den Ausgang von Winkelmessungen bilden (Grundlinie).

Baten Kaitos. Der Stern ζ Ceti, dessen arabische Bezeichnung »Bauch des Walfischs« bedeutet. Der $3{,}^m7$ helle Stern ist 150 Lichtjahre entfernt. Der Spektraltyp ist K2.

BD. → Bonner Durchmusterung.

Becher (Cup). Sternbild des südlichen Himmels (lateinische Bezeichnung Crater, Abk. Crt). Gemäß der altgriechischen Sage soll Apollo einen Raben gebeten haben, mit diesem goldenen B. frisches Wasser zu holen. Der Rabe ist knapp östlich des B. ebenfalls als Sternbild vertreten. Das kleine Sternbild, das aus einigen schwächeren, halbkreisförmig angeordneten Sternen besteht, befindet sich südlich des Löwen und kann vor allem im Frühjahr beobachtet werden. Der Hauptstern α Crateris ist nur $4\overset{m}{.}1$ hell, ist 120 Lichtjahre entfernt und besitzt auch die arabische Bezeichnung Alkres, was »der Krug« bedeutet.

Becklin-Neugebauer-Objekt (Becklin-Neugebauer Object). Eine unaufgelöste infrarote Punktquelle im Orionnebel mit einer Farbtemperatur von etwa 600 K (Abk. BN Objekt). Es ist das hellste Infrarot-Objekt, das bei einer Wellenlänge unter 10 μm bekannt ist, steht aber mit keiner optischen oder radioastronomischen Quelle in Zusammenhang. Das Objekt wurde 1969 entdeckt und galt zunächst als ein kollabierender Protostern. Heute nimmt man an, daß es ein junger blauweißer Stern vom Spektraltyp B mit einer Oberflächentemperatur von 20000 K ist, der sich aber hinter einer interstellaren Staubwolke versteckt.

Becquerel. Einheit für die Aktivität einer radioaktiven Substanz (Zeichen Bq). Es ist 1 Bq = 1 Zerfallsakt pro Sekunde.

Bedeckung (occultation). Bezeichnung für eine Erscheinung, bei der ein Gestirn durch das Davortreten eines anderen unseren Blicken zeitweise vollständig oder teilweise entschwindet. So können Fixsterne und Planeten durch den Mond bedeckt werden, aber auch Planeten können sich untereinander bedecken. Selbst eine → Sonnenfinsternis ist nur eine B. der Sonne durch den Mond. Bei den B. veränderlichen treten gleichfalls derartige Ereignisse ein. Alle genannten Erscheinungen werden in der Regel in den astronomischen Jahrbüchern oder in speziellen Tabellen vorausberechnet. Beginn und Ende solcher Ereignisse werden auch als Eintritt (Immersion) und Austritt (Emersion) bezeichnet. Am bemerkenswertesten für den Beobachter mit kleinen Instrumenten oder dem bloßen Auge sind Sternb. durch den Mond. Wegen des Fehlens einer Mondatmosphäre verschwindet dabei der punktförmige Stern schlagartig am einen Rand des Mondes und taucht wieder auf. Zeitliche Messungen von Sternb. von verschiedenen Erdorten aus erlauben eine genaue Festlegung der Mondbewegung. An diesen Beobachtungen beteiligen sich auch viele Amateurastronomen. Auch das Mondrandprofil ergibt sich aus Beobachtungen von Sternb. Ferner wiesen einige Fälle, wo Sterne doch nicht schlagartig am Mondrand verschwanden, auf den Doppelsterncharakter dieser Sterne hin. Schließlich spielte bei der frühen Erforschung der Quasare im Jahre 1963 eine B. des Quasars 3C 273 durch den Mond eine wichtige Rolle. Bei der Messung der Radiostrahlung dieses Objekts während der B. konnte dessen Struktur genauer erforscht werden.

B. von Planeten erfolgen wegen der Scheibengestalt langsamer. Beobachtungen der B. von Kleinplaneten durch den Mond dienen auch zur Rekonstruktion der meist unregelmäßigen Gestalt dieser Körper und zu ihrer Durchmesserbestimmung. Auch Sternb. durch Planeten kommen vor, wenn auch bedeutend seltener. Besitzt der betreffende Planet eine Atmosphäre, so muß das Licht des Sterns diese erst streifend durchqueren, ehe der Stern vom Planeten völlig abgedeckt wird. Dabei wird die Helligkeit des Sterns allmählich abgeschwächt, der Stern verschwindet also nicht plötzlich wie bei einer B. durch den Mond. Solche Vorgänge dienen zum Studium der Planetenatmosphären. Bei Pluto konnte auf diese Weise sogar überhaupt erst einmal eine Atmosphäre nachgewiesen werden. Ähnliches gilt beim Vorübergang eines Planetenrings vor einem Stern. Hier zeigt der Stern unregelmäßige Helligkeitsschwankungen, je nachdem, ob ein dicker oder dünner Ringteil oder eine Ringlücke über den Stern hinwegzieht. Auf diesem Wege konnten die Ringe von Uranus und Neptun bereits von der Erde aus indirekt nachgewiesen werden, ohne daß diese Ringe überhaupt direkt im Fernrohr zu sehen waren und ehe die Raumsonde Voyager 2 die endgültige Bestätigung brachte.

Bedeckungsveränderliche (eclipsing variables, eclipsing binaries). Doppelsterne, bei denen eine Komponente die andere regelmäßig bei ihrem Umlauf bedeckt. Daraus folgen ebenso periodische Helligkeitsschwankungen, weswegen man diese Klasse Veränderlicher häufig auch als photometrische Doppelsterne bezeichnet. Da die Helligkeitsveränderungen nicht auf echte, physische Veränderungen der Sterne selbst zurückzuführen sind, spricht man auch von optischen Veränderlichen. Aus der genannten Bedingung für das Zustandekommen der gegenseitigen Bedeckungen oder Verfinsterungen muß die Bahnneigung bei einem engen Doppelsternsystem nahe 90° betragen. Die Bahnebenen der beiden Komponenten liegen also so im Raum, daß man von der Erde aus nahezu genau in deren Richtung sieht. In einzelnen Fällen kann aber die Bahnneigung auch nur 60 bis 70° betragen.

Im einzelnen können folgende Untertypen von B. unterschieden werden:

1. Algol-Sterne: Von den heute über 5000 bekannt gewordenen B. zählen etwa 65% zu dieser Gruppe. Der Hauptvertreter ist Algol im Sternbild Perseus. Die Algol-Sterne bestehen aus zwei fast kugelförmigen Sternen. Die Lichtwechselperiode liegt in der Regel zwischen etwa 2 und 8 Tagen. Fast immer tritt neben dem kräftigen Hauptminimum auch ein Nebenminimum auf. Es ist dann zu erwarten, wenn die schwächere Komponente von der helleren bedeckt wird. Umgekehrt findet das Hauptminimum statt, wenn die hellere Komponente durch die schwächere bedeckt wird. Je nach dem Helligkeitsverhältnis und dem Bedeckungsgrad der beiden Komponenten untereinander können Haupt- und Nebenminimum ganz unterschiedlich tief sein. Je unterschiedlicher die beiden Komponenten sind, desto verschiedener ist auch die Tiefe der Haupt- und Nebenminima. Bei manchen B. fehlt das Nebenminimum sogar praktisch völlig, so als ob der zweite Stern nichts zum Gesamtlicht des Systems beitragen würde. Daneben zeigen sich aber auch außerhalb der Haupt- und Nebenminima schwache Helligkeitsveränderungen in der Form des An- oder Abstiegs der Lichtkurve. Diese außerhalb des eigentlichen Bedeckungsvorgangs festzustellenden Änderungen sind darauf zurückzuführen, daß ein sehr viel schwächerer Partner noch durch den helleren beleuchtet wird und dieses Licht reflektiert. Es kommen auch Fälle vor, wo die beiden Komponenten sich überhaupt nicht gegenseitig bedecken und trotzdem Helligkeitsänderungen auftreten. Der Grund ist die durch den kleinen gegenseitigen Abstand und die damit einhergehende große Anziehungskraft bewirkte ellipsoidische Deformation der Komponenten. So sind uns einmal die Breitseiten der beiden Sterne (Helligkeitsmaximum), dann wieder die spitzen Seiten zugekehrt (Minimum). Die Amplituden liegen aber stets unter $0\overset{m}{.}2$. Ein Beispiel für diese ellipsoidischen Veränderlichen ist Spika im Sternbild Jungfrau mit einer Amplitude von $0\overset{m}{,}07$ und einer Periode von 4,014 Tagen. Hier könnte vielleicht aber auch noch eine ganz leichte partielle Bedeckung mitwirken.

2. β Lyrae-Sterne: Hier bewegen sich zwei ellipsoidische Sterne mit verschiedenem Durchmesser umeinander. Der Hauptvertreter dieser Gruppe ist β Lyrae. Die Periode liegt meist über einem Tag. Die β Lyrae-Sterne zeigen auf dem gesamten Verlauf ihrer Lichtkurve Helligkeitsveränderungen.

3. W Ursae Maioris-Sterne: Hier bewegen sich zwei ellipsoidische Sterne gleichen Durchmessers umeinander. Hauptvertreter ist W Ursae Maioris. Die Periode liegt unter einem Tag. Haupt- und Nebenminima sind gleich tief. Die Massen sind meist etwas unterschiedlich (im Mittel 2 : 1).

Die Abstände der Komponenten in einem System von B. können ganz verschieden sein. Bei den Algol-Sternen handelt es sich meist um noch vollkommen getrennte Doppelsterne, deren atmosphärische Hüllen also nicht zusammenhängen. Die β Lyrae-Sterne sind dagegen immer halbgetrennte Systeme, bei denen die eine Komponente bereits die gesamte ihr zustehende Äquipotentialfläche ausfüllt. Es kann in diesem Fall von dieser Komponente in Richtung zu dem anderen System Materie abfließen. Die W Ursae Maioris-Sterne sind Kontaktsysteme. Hier ist ein gegenseitiger Massenaustausch zu erwarten.

Die kürzeste Periode eines B. hat AM Canum Venaticorum (im Sternbild Jagdhunde) mit 18 Minuten. Die längste Periode besitzt ε Aurigae mit 9883 Tagen. Darauf folgen VV Cephei mit 7430 Tagen und ζ Aurigae mit 972 Tagen.

Die B. spielen in der Astronomie deswegen eine so große Rolle, weil man durch ein genaues Studium von Lichtkurven und spektralen Eigenschaften ihre Durchmesser, Rotationsgeschwindigkeiten und Massen bestimmen kann. Auch für die Untersuchung der Sternatmosphären sind einige B. interessant, da die Lichtstrahlen einer hinter einem Stern vorbeiziehenden Komponente zeitweise durch dessen Atmosphäre verläuft. Dabei prägen sich im Spektrum der Komponente bestimmte zusätzliche Absorptionslinien auf, die der Atmosphäre des durchstrahlten Sterns entsprechen. Auf diese Weise läßt sich der vertikale Aufbau der Atmosphäre dieses Sterns nach und nach »abtasten«. Bei vielen B., die als halbgetrennte oder Kontaktsysteme gelten, spielen auch Phänomene des Massenaustauschs eine große Rolle. Dies kann wiederum die Entwicklung der Sternkomponenten stark beeinflussen.

Begleiter (companion, secondary component, secondary). Die meist lichtschwächere oder masseärmere Komponente in einem Doppelsternsystem.

Belinda. Der Satellit XIV des Uranus, der 1986 mit Hilfe von Voyager 2 entdeckt wurde. Der 66 km große, dunkle Körper (Albedo 0,05 bis 0,07) ist im Mittel 75 260 km von Uranus entfernt. Die Umlaufzeit beträgt 14 Stunden 58 Minuten, die Bahnneigung 0°, die Bahnexzentrizität ist kleiner als 0,001.

Bellatrix. Der rechte, westliche Schulterstern im Sternbild Orion (γ Orionis). Die lateinische Bezeichnung bedeutet »die Kriegerin«. Seine Helligkeit ist $1\overset{m}{,}6$, sein Abstand 360 Lichtjahre, der Spektraltyp B2.

Benetnasch. Der letzte Deichselstern im Großen Wagen, der einen Teilbereich des Sternbilds Großer Bär darstellt. Die arabische Bezeichnung bedeutet »Klageweib«.

Bennett. Der von J. Bennett entdeckte Komet 1970 II, der im Frühjahr 1970 leicht mit bloßem Auge beobachtet werden konnte. Er erreichte eine Schweiflänge von rund 30°. Sein Perihel durchlief er am 20. 3. 1970 mit 80,4 Mill. km Sonnenabstand. Die große Halbachse beträgt (sehr unsicher) etwa 143 AE (rd. 21,390 Mrd. km), die Bahnexzentrizität 0,996, die Bahnneigung 90,0°.

Berenike. → Haar der Berenike.

Berliner Astronomisches Jahrbuch. Ein 1774 von J. E. Bode (1747–1826) gegründetes Jahrbuch, das vor allem Ephemeriden enthielt. Es erschien letztmals im 184. Jahrgang für 1959 und wurde darauf durch andere, internationale Jahrbücher abgelöst. → Astronomical Almanac.

Beschleunigung (acceleration). Die Änderung einer Geschwindigkeit pro Zeiteinheit. Sie ist beim freien Fall im luftleeren Raum, wie auch bei anderen gleichförmig beschleunigten Bewegungen, konstant. Die Größe der Erd-B. beträgt etwa 9,81 m/s^2. Positive Werte der B. bedeuten eine Vergrößerung der Geschwindigkeit, negative Werte eine Verzögerung der Bewegung.

Besselsches Jahr (Besselian year). → annus fictus.

Beta-Zerfall (beta decay). Die Aussendung eines Elektrons (β-Teilchens) und eines Antineutrinos (oder eines Positrons und eines Neutrinos) durch einen radioaktiven Atomkern. Wichtig ist auch der spontane B.-Z. eines freien Neutrons in ein Proton, Elektron und Antineutrino.

Beteigeuze. Der Hauptstern des Sternbilds Orion. Die aus dem Arabischen stammende Bezeichnung bedeutet »Schulter«. Man findet für ihn gelegentlich auch andere Schreibweisen, insbesondere Betelgeuse. Der 310 Lichtjahre entfernte rote Riesenstern mit dem Spektraltyp M2 und einer Oberflächentemperatur von 3200 K ist etwa 500- bis 800mal größer im Durchmesser als unsere Sonne. Seine scheinbare Helligkeit schwankt zwischen etwa $0,^{m}4$ und $1,^{m}3$ halbregelmäßig in 2070 Tagen. Im Mittel ist seine Leuchtkraft 13000mal größer als die der Sonne. B. ist bei einer Wellenlänge von 2 μm die stärkste Infrarotquelle am Himmel. Vermutlich wird B. von einer dünnen Materiewolke mit dem 300fachen Durchmesser des Sterns umgeben. Dies ist einer der Gründe für die etwas unterschiedlichen Angaben für den Durchmesser von B., obwohl sein Durchmesser mittels Interferometer zu 0,047″ bestimmt werden konnte. Die Eigenbewegung von B. beträgt 0,032 Bogensekunden pro Jahr, die Radialgeschwindigkeit +21 km/s.

Beugung (diffraction). Eine Abweichung von der geradlinigen Ausbreitung einer Wellenbewegung, also beispielsweise von Lichtstrahlen, die nicht auf Brechung (Refraktion), Spiegelung (Reflexion) oder Streuung zurückzuführen ist. Ursache ist vor allem der Vorbeitritt der Wellen an irgendwelchen Hindernissen, Kanten von Objekten und Öffnungen. Voraussetzung ist, daß deren Dimensionen meist mit der Wellenlänge der Strahlung vergleichbar oder sogar geringer sind.

Beugungsgitter, Gitter (diffraction grating, grating). Eine Glasplatte, in die zahlreiche Linien in gleichem Abstand eingeritzt sind (bis zu einer gegenseitigen Distanz von etwa 1/2000 mm bei optischen B., bei Röntgenstrahlen noch kleinere Distanzen). Beim Durchtritt von Lichtstrahlen durch ein B. entsteht ein Beugungsspektrum. In der Astronomie finden B. nur bei sehr hellen Gestirnen, vor allem bei der Sonne Verwendung.

Beugungsscheibchen (diffraction disk). Eine Beugungserscheinung, die beim Durchtritt von Lichtstrahlen durch die Öffnung eines Objektivs entsteht. Die Beugung führt dazu, daß selbst eine punktförmige Lichtquelle (beispielsweise ein Fixstern) im Brennpunkt des Objektivs nicht mehr punktförmig abgebildet werden kann. Vielmehr wird dieser zu einem B. verzerrt, das aus einer Aufeinanderfolge von hellen und dunklen Ringen (Beugungsringen) besteht. Die gute Sichtbarkeit von Beugungsringen um einen Stern ist übrigens ein Zeichen für große Luftruhe. Bei stärkerer Luftunruhe sind die Beugungsringe so verschmiert, daß nur noch ein flackernder Lichtfleck zu beobachten ist.

Beugungsspektrum (diffraction spectrum, grating spectrum). Ein mit Hilfe eines Beugungsgitters erhaltenes Spektrum.

Bewegung (motion). In der Physik die zeitliche Ortsveränderung eines Körpers relativ zu einem anderen Beobachtungsort. Da ein absolutes Koordinatensystem gemäß der Relativitätstheorie nicht geschaffen werden kann, ist auch eine absolute B. nicht feststellbar. In der Astronomie spielt der Begriff B. eine große Rolle, da sich ja alle Himmelskörper durch den Raum bewegen. Gerade deswegen bedarf aber der Begriff hier im Einzelfalle einer besonderen Definition. So spricht man beispielsweise von der täglichen scheinbaren B. der Gestirne von Osten nach Westen als Spiegelbild der Erdrotation oder aber auch von der scheinbaren B. der Sonne durch die Ekliptik als Folge der jährlichen Erdwanderung um die Sonne. Auch die B. der Planeten durch die Tierkreiszone ist, sofern sie von der Erde aus beobachtet wird, eine scheinbare B.

Eine scheinbare B. ist auch die jährliche Parallaxe der Sterne, die wiederum durch den Umlauf der Erde um die Sonne hervorgerufen wird. Bei den Sternen können ferner die Eigenbewegung und die Radialgeschwindigkeit (Radialbewegung) von der Erde aus festgestellt werden. Auch hier beziehen wir die B. auf unsere Erde.

Im Gegensatz zu den Verhältnissen in der idealen Physik kommen in der Natur, insbesondere in der Astronomie, mit Ausnahme der Rotationsbewegungen (aber auch da nur angenähert) nur ungleichförmige B. vor. So bewegen sich beispielsweise die Planeten nicht gleich schnell. Auch die B. des Mondes ist sehr ungleichförmig usw.

Bewegungsgröße. → Impuls.

Bewegungssternhaufen, Sternstrom (moving cluster, star stream). Eine Gruppe von Sternen, meist Mitglieder eines offenen Sternhaufens, die nicht nur räumlich zusammengehören, sondern auch eine gemeinschaftliche Bewegungsrichtung im Raum einschlagen. Die bekanntesten und gesichertsten B. sind der Bärenstrom, die Plejaden, die Präsepe, die Hyaden und vielleicht auch noch die Scorpius-Centaurus-Assoziation. Die B. erkennt man an den gleichgerichteten Eigenbewegungen ihrer Mitglieder. Sie weisen auf einen bestimmten Punkt am Himmelsgewölbe hin, der auch als Vertex oder Konvergenzpunkt bezeichnet wird. B. sind etwa 50 bis 1000 Lichtjahre im Durchmesser groß. Ihre Raumgeschwindigkeiten liegen zwischen rund 15 und 50 km/s. B. sind fast durchweg junge Sternansammlungen mit einem Alter von höchstens einigen hundert Millionen Jahren. Sie lösen sich im Laufe der Zeit auf, ihre Mitglieder zerstreuen sich.

Bianca. Der Satellit VIII des Uranus, der 1986 mit Hilfe von Voyager 2 entdeckt wurde. Der verhältnismäßig dunkle Körper mit der Albedo 0,07 hat einen Durchmesser von 42 km und ist im Mittel 59 170 km von Uranus entfernt. Die Umlaufzeit beträgt 10h 26 min., die Bahnneigung 0,2°, die Bahnexzentrizität liegt unter 0,001.

Bielascher Komet (Biela's Comet). Ein am 17. 2. 1826 von W. von Biela (1782–1856) im Sternbild Widder entdeckter Komet, der am 9. 3. 1826 unabhängig auch von Gambart in Marseille aufgefunden wurde. Es ist einer der bemerkenswertesten der bisher beobachteten

Kometen. Seine Umlaufzeit betrug 6,6 Jahre. Bahnbestimmungen, die alsbald von Clausen durchgeführt wurden, zeigten, daß auch die Kometen der Jahre 1772 und 1805 mit dem B.K. identisch sein mußten. Bei der Wiederkehr 1832 sollte der Komet unserer Erdbahn auf 32 000 km nahe kommen. Obwohl dieser Umstand praktisch keine Bedeutung hatte, wurde ein nicht kleiner Teil der Bevölkerung damals in Schrecken versetzt. Viele sprachen sogar von einer Zerstörung der Erde. Tatsächlich ging der Komet, wie es die Berechnungen auch zeigten, am 29. 10. 1832 durch den Punkt, der der Erdbahn am nächsten war. Die Erde dagegen erreichte diese Stelle erst am 30. 11. Im Jahre 1839 wurde der Komet bei seinem folgenden Periheldurchgang nicht beobachtet, da er etwa in Sonnenrichtung stand. Erst 1845 konnte er wieder aufgefunden werden. Am 19. 12. stellte der englische Astronom Hind eine Verzerrung, am 29. 12. Maury in Washington eine Zweiteilung des Kometen fest. Die Distanz der beiden Kometenteile vergrößerte sich und betrug z.B. am 14. 1. 1846 schon 288 000 km und bei der folgenden Wiederkehr 1852 sogar schon 2,5 Mill. km. In der folgenden Zeit blieb der Komet verschollen. Statt dessen trat am 27. 11. 1872 ein bemerkenswerter Meteorstrom auf, der auf die Bruchstücke des Kometen zurückgeführt werden konnte (Bieliden oder → Andromediden).

Bieliden (Bielids). Ein → Meteorstrom. → Bielascher Komet, → Andromediden.

Big Bang. Aus dem Englischen stammender Begriff für die Vorstellung, daß das Universum vor einer bestimmten Zeit aus einer anfänglichen → Singularität hervorging (»Urknall«), insbesondere einem überdichten und heißen Zustand, der zur anschließenden → Expansion des Universums überleitete.

Big Bounce. Aus dem Englischen stammender Begriff für eine neuere kosmologische Theorie von H.-J. Blome und W. Priester. Nach ihr gab es keinen Big Bang. Vielmehr soll ein materiefreies Universum zu einem Minimaldurchmesser geschrumpft sein, um dann wieder zu expandieren (»Großer Rückprall«). In der Umkehr sei durch Quantenfluktuationen auch die Materie entstanden. Die Theorie erfordert einen positiven Wert für die → kosmologische Konstante und ein Weltalter von rd. 32 Mrd. Jahren. Die Hubble-Konstante (→ Hubble-Effekt) müßte bei fast 100 km/s pro Mpc liegen.

Big Crunch. Das mögliche Zermalmen unseres → Universums für den Fall, daß die → Expansion des Universums in späterer Zeit zum Stillstand kommen und in eine Kontraktion umschlagen sollte. Nach den bisher vorliegenden Daten reicht allerdings die Materiedichte im Universum wohl nicht aus, die Expansion so stark zu bremsen, daß dies auch in sehr langen Zeiträumen zu erwarten ist.

Bildfeldwölbung (curvature of field). Ein optischer Fehler, der darin besteht, daß die Fläche der scharfen Abbildung eines Objektivs gekrümmt ist. Er kann durch einen → Anastigmaten größtenteils beseitigt werden.

Bildhauer (Sculptor). Ein Sternbild am südlichen Himmel, das von N. L. de Lacaille (1713–1762) im Jahre 1752 eingeführt wurde (lateinische Bezeichnung Sculptor, Abk. Scl). Das Sternbild steht von Mitteleuropa aus an einem Herbstabend nur knapp über dem Südhorizont. Der Hauptstern α Sculptoris ist nur $4\overset{m}{.}4$ hell und 425 Lichtjahre entfernt.

Bildwandler, Bildverstärker, Lallemandsche Kamera (image converter, image intensifier, Lallemand camera). Eine Kathodenstrahlröhre, die eine lichtempfindliche Schicht als Kathode aufweist. Auf dieser Schicht entsteht mit Hilfe eines Linsensystems eine Abbildung eines Gegenstands, der sich außerhalb der Röhre befindet. Die Aussendung von Elektronen auf der Photokathode ist der Stärke der auftreffenden Lichtstrahlen proportional, und es kann eine wesentliche Intensitätssteigerung erzielt werden. Dieses Verfahren ist in der Astronomie besonders für die Untersuchung von Infrarot-, Ultraviolett- und Röntgenstrahlung von Bedeutung, da es möglich ist, auch für diese Wellenlängenbereiche entsprechend empfindliche Schichten bereitzustellen. Die Bildverstärkung gegenüber einer photographischen Aufnahme belief sich bereits in den vergangenen Jahren auf das 200fache. Jedoch ist die technische Entwicklung auf diesem Gebiet keineswegs abgeschlossen. Auch → Chargecoupleddevice.

Billitonit (billitonite). → Tektite, die auf der indonesischen Insel Billiton (heute Belitung) gefunden wurden.

Binär-Pulsar (binary pulsar). Ein im Sternbild Pfeil gelegener 1975 entdeckter 6000 Lichtjahre entfernter Pulsar mit der Bezeichnung PSR 1913 + 16. Es ist das erste Pulsar-Doppelsternsystem. Die Verkleinerung der Umlaufperiode von 7h 45 min. mit einem Betrag von 1/10000 s pro Jahr kann offenbar mit dem auf Gravitationswellen beruhenden Energieverlust erklärt werden. Damit dient das Objekt auch als Test für verschiedene Voraussagen der allgemeinen Relativitätstheorie. Die Pulsrate beträgt nur 0,059 s. Beide Sterne sind im Periastron nur 750000 km voneinander entfernt. Wir erhalten nur von dem einen Stern Strahlung, da der gebündelte Lichtstrahl des zweiten Sterns offenbar unsere Erde verfehlt.

Binär-Quasar (binary quasar). Zwei am Himmelsgewölbe scheinbar nahe beieinander stehende Quasare. Diese Doppelbilder entstehen aber in Wirklichkeit durch → Gravitationslinsen. Die Lichtstrahlen des fernen Quasars werden dabei aufgespalten und gelangen auf zwei verschiedenen Wegen zu uns. Da die Laufzeit in diesen Fällen verschieden sein kann und die Quasare sich zeitlich oft sehr rasch verändern, müssen die beiden Einzelbilder nicht völlig identisch sein, da sie Bilder von verschiedenen Zeitpunkten darstellen.

Binokular (binocular). Soviel wie »beidäugig«. In der Regel beobachten wir mit einem astronomischen Fernrohr nur monokular, d.h. wir beobachten nur mit einem Auge durch ein Okular. Lediglich bei der Beobachtung mit einem Feldstecher oder Opernglas haben wir binokulare Beobachtungsbedingungen. Bei einem größeren Instrument ist ein binokulares Sehen meist nicht möglich, da Kosten und Eigengewicht des Instruments zu groß werden würden. Ein binokulares Sehen würde nämlich bedeuten, daß zwei gleichartige Instrumente zueinander ausgerichtet werden. Ein Ausweg besteht darin, daß mittels eines Prismensystems der durch ein einziges Fernrohr gehende Lichtstrahl auf zwei Okulare geteilt wird. Derartige B. haben aber den Nachteil einer Verringerung der Lichtstärke.

Bioastronautik (bioastronautics). Ein anderer Begriff für die Raumflugmedizin, die sich mit den Bedingungen des menschlichen Organismus während des Raumflugs (z.B. größere Schwerebeschleunigung, Gewichtslosigkeit, Strahlenbelastung usw.) beschäftigt. Im engeren Sinne beschäftigt sich die B. mit den gesamten technologischen Bedingungen, die die Erhaltung des menschlichen Lebens während eines Raumflugs voraussetzt.

Biosatellit (biosatellite). Unbemannter Satellit, der zur Erforschung bioastronautischer Fragen dient. Der erste B. in diesem Sinne war Sputnik 2, der am 2. 11. 1957 gestartet wurde und die Hündin Laika an Bord mit sich führte. Später folgten jedoch zahlreiche weitere B., z. B. die Serie der OFO-Satelliten (Abk. für die englische Bezeichnung Orbiting Frog Otolith). Hier wurde vor allem die Anpassungsfähigkeit des Otolithensystems (Gleichgewichtsorgan) von Ochsenfröschen im Zustand der Gewichtslosigkeit untersucht, da das Otolithensystem dieser Tiere dem des Menschen ähnlich ist. OFO 1 wurde am 9. 11. 1970 gestartet. Wichtig waren auch die Satelliten vom Typ Biosat, an deren Bord Affen, Pflanzen, Insekten und Kleinstlebewesen mitgeführt wurden. Biosat 1 wurde am 14. 12. 1966 gestartet.

bipolar (bipolar). Soviel wie »zweipolig«. Die Bezeichnung wird z. B. bei Sonnenfleckengruppen benutzt, die in magnetischer Hinsicht häufig bipolar strukturiert sind.

bipolarer Nebel (bipolar nebula). In zwei diametral gegenüberstehende Richtungen abströmende Gasmassen. Sie werden vor allem von älteren roten Riesensternen abgestoßen, in deren Umgebung sich später die planetarischen Nebel (Ringnebel) bilden, kommen aber auch bei jungen Sternen vor (→ bipolare Ströme). Die b. N. sind stark symmetrisch aufgebaut.

bipolarer Strom (bipolar flow). Materiestrom, der sich in zwei entgegengesetzte Richtungen von einem Stern weg mit Geschwindigkeiten bis zu etwa 300 km/s ausdehnt und zur Bildung eines → bipolaren Nebels führt. Gelegentlich kommen regelrechte Bündel in Form von Jets vor, vor allem in der Umgebung sehr junger Sterne, z. B. der T Tauri-Sterne. Wahrscheinlich bilden sich die Jets in diesem Falle in der Verlängerung der Rotationsachse des Sterns aus. In Richtung Äquatorebene ist ein Abströmen nicht möglich, da sich gerade bei jungen Sternen dort eine Staubscheibe befindet, die auch zur Entstehung von Planetensystemen führen kann. Auch Magnetfelder könnten eine Rolle spielen.

Bishopscher Ring (Bishop's ring). Ein meist braunroter Ring mit 10° Innen- bis 22° Außendurchmesser um die Sonne, der durch Beugung des Sonnenlichts an Staubteilchen entsteht. Er wurde erstmals von dem Bankier Bishop nach dem Ausbruch des Krakatau im Jahre 1883 von Hawaii aus gesehen.

bissextil (bisextil). Eine aus dem Lateinischen stammende Bezeichnung dafür, daß ein Jahr einen Schalttag enthält.

Bissextus. Ein aus dem Lateinischen stammender Begriff für den alle vier Jahre im Februar eingefügten Schalttag, wie er nach der Kalenderreform von Julius Cäsar verordnet wurde.

bit. Zähleinheit zur Angabe der Zahl von Zweierschritten (0 oder 1) in der Nachrichten- und Computertechnik.

Blaauw-Mechanismus (Blaauw mechanism). Die Spaltung eines Doppelsterns durch Verringerung der gravitativen Bindungskraft nach dem Abstoßen einer Gashülle durch eine der beiden Komponenten.

Black hole. Englische, oft auch in der deutschen Literatur benutzte Bezeichnung für → Schwarzes Loch.

Blasenstruktur des Universums (bubble structure of the universe). Eine erst in den letzten Jahren deutlicher gewordene großräumige Struktur in der Anordnung der Galaxien, Galaxienhaufen und Superhaufen im Universum. Dabei scheinen die meisten Galaxien auf der gedachten Oberfläche von Blasen oder Zellen zu liegen, deren Inneres nahezu leer ist. Auch → Hubble-Bubbles.

Blashko-Effekt (Blashko effect). Ein nach S. N. Blashko benannter Effekt, der in den Lichtkurven der RR Lyrae-Sterne beobachtet werden kann. Er zeigt sich darin, daß die Kurvenform und die Höhe der Maxima etwas variabel ist. Der Grundperiode, die die eigentliche Pulsation des Sterns darstellt, ist also u. U. eine weitere Schwingung überlagert. Manchmal sind es sogar mehrere Schwingungen. Bei RR Lyrae (Grundperiode 0,567 Tage) beträgt die Blashko-Periode 40,8 Tage. Als Musterbeispiel dient auch der Stern RW Draconis, dessen Hauptperiode 0,443 Tage beträgt. Hier laufen die sekundären Änderungen mit zwei Perioden von 41,6 und 121,4 Tagen Dauer ab. Der Zeitpunkt des Maximums kann sich dadurch um fast zwei Stunden verschieben und die Amplitude um 0,3 Größenklassen verändern.

blauer Schleier (blue haze). Ein in der Atmosphäre des Mars gelegentlich auftretender Schleier, der auf Blauaufnahmen die Oberfläche verschwinden läßt.

Blaufärbung des Himmels (blue colour of the sky). Die mehr oder weniger tiefe blaue Farbe des Himmels bei wolkenfreiem Wetter. Sie ist auf die Streuung des Sonnenlichts in der Erdatmosphäre zurückzuführen. Danach wird weit mehr kurzwelliges, also blaues, als langwelliges, rotes, Sonnenlicht in der Atmosphäre gestreut. Entsprechend ist die Extinktion des direkt durch die Atmosphäre zum Beobachter laufenden Sonnenlichts bei kurzen Wellenlängen stärker, bei langen Wellenlängen geringer. Deswegen erscheint uns die Sonne nahe dem Horizont in roter Farbe. Eigentlich müßte zu erwarten sein, daß der Himmel bei niedrigem Stand der Sonne über dem Horizont grün ist. Dies wird jedoch durch die Wirkung der Ozonschicht verhindert, die eine zusätzliche Absorption der Sonnenstrahlen zwischen 4400 und 7500 Å (440 nm und 750 nm), mit einem Maximum bei 6000 Å (600 nm) aufweist.

Die B. d. H. ist am tiefsten nach Kaltlufteinbrüchen. Außerdem wurde ein eindeutiger Zusammenhang der B. d. H. mit der Trübung der Atmosphäre festgestellt. Daraus folgt auch ein täglicher und jährlicher Gang der B. d. H. Auch die geographische Lage spielt eine Rolle. Eine starke Abnahme der B. d. H. ist bei Herannahen eines Tiefdruckgebietes zu beobachten.

Blauverschiebung (blueshift). Die Verschiebung von Spektrallinien zu kürzeren (blauen) Wellenlängen infolge des Doppler-Effekts. Sie bedeutet eine Abstandsverringerung der Lichtquelle bzw. des Gestirns.

Blazar (blazar). Abkürzung für Objekte nach dem Typ von → BL Lacertae (Lacertiden).

Blei-Blei-Methode (lead-lead method). Eine Möglichkeit zur Altersbestimmung an irdischen Gesteinen. Es wird hierzu der radioaktive Zerfall von Uran 238 zu Blei 206 bzw. Uran 235 zu Blei 207 herangezogen. Die Halbwertszeiten betragen 4,5 bzw. 0,7 Milliarden Jahre.

Blinkkomparator (blink comparator). → Komparator.

Blue stragglers. Aus dem Englischen stammender Begriff für »blaue Nachzügler« unter den Sternen in Kugelsternhaufen, die sich im Hertzsprung-Russell-Diagramm auf der Hauptreihe oberhalb des durch die Sternentwicklung bedingten Knies der Hauptreihe befinden. Es sind offenbar ursprünglich massearme und im unteren Teil der Hauptreihe liegende Komponenten in einem engen Doppelstern. Sie erhielten sodann von der anderen, massereicheren, entwickelteren Komponente einen Massenzuwachs und rutschten damit auf der Hauptreihe im Hertzsprung-Russell-Diagramm nach oben.

BN-Objekt. Abk. für → Becklin-Neugebauer-Objekt.

Bogenminute (arc minute). Der 60. Teil eines Bogengrades (→ Grad). Zeichen: ′. Also $60' = 1°$.

Bogensekunde (arc second). Der 60. Teil einer → Bogenminute und damit der 3600. Teil eines Bogengrades (→ Grad). Zeichen: ″. Also 60″ = 1′ bzw. 3600″ = 1°.

Bok-Globulen (Bok globule). Nach B. J. Bok (1906–1983) benannte kompakte, sphärische Dunkelnebel (→ Globule).

Bolid (bolide). Bezeichnung für einen sehr hellen Meteor, der wenigstens die Helligkeit des Vollmondes erreicht oder übertrifft.

Bolometer (bolometer). Ein Instrument zur Messung der Infrarotstrahlung von Himmelskörpern. Dabei wird die Temperaturabhängigkeit des elektrischen Widerstands von Metallen zur Messung von Temperaturschwankungen benutzt. Als Empfänger dienen dabei zwei geschwärzte Metallstreifen.

bolometrische absolute Helligkeit (bolometric magnitude). Ein Maß für die Gesamtausstrahlung eines Sterns über den gesamten Wellenbereich (Abk. m_{bol}). Für die Sonne ist $m_{bol} = 4^{m}{,}62$. Bei einem sehr roten oder extrem blauen Stern kann der Bruchteil der Strahlung, die im sichtbaren Bereich ausgesandt wird, so stark von der b. a. H. abweichen, daß sich Abweichungen in der absoluten Leuchtkraft bis zu 4^{m} oder 5^{m} ergeben. Das bedeutet, daß nur wenige Prozent der Gesamtausstrahlung im sichtbaren Bereich liegen. Die b. a. H. kann nur für wenige helle Sterne mit Hilfe von Radiometern und ähnlichen Geräten bestimmt werden. Dabei muß auch die atmosphärische Absorption berücksichtigt werden. Auf theoretischem Wege können Werte aber auch mit Hilfe der spektroskopisch bestimmten Oberflächentemperatur und der visuellen Helligkeit errechnet werden. Bolometrische Helligkeitsangaben sind für die Theorie des Sternaufbaus erforderlich.

bolometrische Korrektion (bolometric correction). Die Differenz zwischen der visuellen (oder photographischen) und bolometrischen Helligkeit eines Himmelskörpers. Der Nullpunkt gilt für Sterne vom Spektraltyp F5V.

Bonner Durchmusterung. Ein von F. W. Argelander (1799–1875) erstellter Sternkatalog (Abk. BD), der alle Sterne bis zur scheinbaren Helligkeit $9^{m}{,}5$, teilweise sogar noch bis etwa 10^{m} enthält. Der erste Teil enthält 324 189 Sterne zwischen der Deklination −1° und +90°. Später wurde von G. Schönfeld dieser Katalog von −1° bis −23° Deklination fortgesetzt. Dieser Teil enthält 133 659 Sterne. Die südliche Ergänzung stammt von J. M. Thome bis −52° Deklination, die er von Cordoba (Argentinien) aus erstellte (daher auch die Bezeichnung Cordoba-Durchmusterung). Die Deklinationszone von −52° bis −61° war nur teilweise untersucht, als Thome 1908 verstarb. Spätere Beobachter haben die Cordoba-Durchmusterung bis zum südlichen Himmelspol ergänzt. In den ursprünglichen Teilen der BD wird ein Stern nach der Deklinationszone und darin durchlaufend numeriert. So bedeutet z. B. BD −16° 1591 ein Stern in der Deklinationszone von −16° bis −17° und darin die Nummer 1591. In diesem Falle handelt es sich um Sirius.

Bootes. Lateinische Bezeichnung für das Sternbild »Ochsentreiber« oder → Bärenhüter.

λ Bootis-Sterne (λ Bootis stars). Junge Sterne, meist vom Spektraltyp A, die in ihrem Spektrum nur schwache Linien enthalten, metallarm sind und nur geringe Doppler-Verbreiterungen zeigen. Sie gehören nicht der Population II an, wie es sonst bei metallarmen Sternen der Fall ist. Es handelt sich dabei auch nicht um eine echte Metallarmut. Sie wird nur durch verringerte Sink- und Steigbewegungen in der Atmosphäre vorgetäuscht. Schwere Elemente zeigen dadurch in den oberen Atmosphärenschichten ein

Defizit, so daß sie sich im Spektrum nicht so stark bemerkbar machen können. Die kleinen Doppler-Verbreiterungen weisen außerdem auf eine bei A-Sternen unüblich langsame Rotation hin, die ebenfalls einer Durchmischung der Elemente entgegenwirkt.

Bordzeit (deck time). Die Zeit in einem Flugzeug oder Schiff, die der momentanen geographischen Länge entspricht.

Boss'scher Katalog (Boss General Catalogue). Ein von L. Boss begonnener und von seinem Sohn Benjamin Boss vollendeter und 1937 in Washington herausgegebener Katalog, der die Eigenbewegungen von 33 342 Sternen enthält.

Boxhole-Krater (Boxhole crater). Ein in N-Australien bei der Boxhole-Station gelegener Meteoritenkrater. Er wurde 1937 entdeckt und hat einen Durchmesser von 175 m, eine Tiefe von 16 m. Rund 500 kg meteoritisches Material (Eisen) wurde gefunden. Sein Alter wird auf etwa 5000 Jahre geschätzt.

Brachistochrone. Ein aus dem Griechischen stammender Begriff für die Flugbahn einer Raumsonde, die so angelegt ist, daß das vorgegebene Ziel in der kürzestmöglichen Zeit erreicht werden kann.

Brachyt. → Schiefspiegler.

Brans-Dicke-Theorie, Skalar-Tensor-Theorie (Brans-Dicke theory, scalar tensor theory). Eine von C. H. Brans und R. H. Dicke aufgestellte kosmologische Theorie, die eine Evolution des Weltalls annimmt, darüber hinaus aber auch eine Veränderlichkeit der Gravitationskonstanten postuliert. Sie sollte im Lauf der Zeit immer kleiner werden. Dies steht aber im Widerspruch zu allen Erfahrungen über die langfristige Entwicklung der Sterne oder Sonne. Die Theorie erfordert auch in Abänderung der allgemeinen Relativitätstheorie eine um 10% kleinere Drehung der Apsidenlinie des Merkur, die ebenfalls nicht nachzuweisen ist.

braune Zwerge (brown dwarfs). Schwach leuchtende Sterne mit einer Masse unter 0,07 bis 0,09 Sonnenmassen (je nach chemischer Zusammensetzung). Sterne, die nach ihrer Entstehung diese Masse nicht erreichen, haben mit unter 10 Mill. K so niedrige Zentraltemperaturen, daß sie keine Energie mit Hilfe atomarer Kernverschmelzung freisetzen können. Sie sind lediglich in der Lage, Energie aus einer Kontraktion zu beziehen. Ihre Oberflächentemperatur liegt noch unter der eines roten Zwergsterns, also zwischen einigen hundert und etwa 2500 K. Solche Objekte sind wegen ihrer geringen absoluten Leuchtkraft selbst in der Nachbarschaft unseres Sonnensystems nur schwer nachzuweisen. So war es bisher nicht möglich, völlig zweifelsfrei b. Z. aufzufinden. Ein möglicher Kandidat ist z. B. ein Begleiter des weißen Zwergsterns Giclas 29–38. In einigen Fällen mußte die Entdeckung eines b. Z. später wieder zurückgezogen werden. Trotzdem ist die relativ häufige Existenz b. Z. eigentlich sehr wahrscheinlich. Sie stellen der Masse nach ein Bindeglied zwischen Planeten und echten Sternen dar.

Breccie, Brekzie (breccia). Unregelmäßig geformte Bruchstücke eines Gesteins oder Minerals. Der Begriff spielt neuerdings bei der Untersuchung von Mondgesteinen eine Rolle.

Brechung, Strahlenbrechung (refraction). Änderung der Richtung, die ein Lichtstrahl erfährt, der aus einem durchsichtigen Medium in ein anderes von größerer oder geringerer Dichte eintritt, auch als Refraktion bezeichnet. Ein berühmtes Beispiel bietet ein schief in ein Wasserbecken gehaltener Bleistift, dessen unter der Wasseroberfläche befindlicher Teil geknickt erscheint. Die B. ist letztlich auf die unterschiedliche Ge-

schwindigkeit des Lichtes in den beiden Stoffen zurückzuführen. Die Vakuum-Lichtgeschwindigkeit c_0 ist nämlich größer als die Lichtgeschwindigkeit c in einem Medium. Als die sog. Brechzahl n bezeichnet man das Verhältnis c_0/c. Sie ist für die einzelnen Stoffe verschieden.
Die Richtungsänderung des Lichtstrahls wird durch das B.gesetz angegeben: Ist α der Winkel zwischen dem einfallenden Lichtstrahl und dem Lot auf der Grenzfläche, β der Winkel zwischen diesem Lot und dem gebrochenen Strahl, so ist:

$$\frac{\sin\alpha}{\sin\beta} = \frac{c_1}{c_2} = \frac{n_2}{n_1} = n$$

Dabei bedeuten c_1 und c_2 die Geschwindigkeiten des Lichtes im Medium A bzw. B, n_1 und n_2 der B.index im dünneren (A) bzw. dichteren Medium (B). Unter der Brechzahl n versteht man den Quotienten aus sin α und sin β. Die Tabelle gibt einige Beispiele.

Brechung

Für den Übergang von Licht m. d. Wellenlänge 650 nm aus Luft in	ist die Brechzahl n
Wasser	1,33
Quarzglas	1,46
leichtes Kronglas	1,51
leichtes Flintglas	1,60
schweres Flintglas	1,74
Diamant	2,40

Ein Ergebnis der B. des Lichts in den verschieden dichten atmosphärischen Schichten ist die eigentliche astronomische → Refraktion, die zur Folge hat, daß ein Beobachter an der Erdoberfläche die Gestirne höher über dem Horizont erblickt als sie tatsächlich stehen.
Neben der B. wird ein Lichtstrahl aber auch teilweise reflektiert. Je schräger der einfallende Strahl die Grenzfläche trifft, um so weniger Licht wird gebrochen und umso mehr wird reflektiert, bis schließlich von einer gewissen Grenze ab der Lichtstrahl überhaupt nicht mehr gebrochen, sondern vollständig reflektiert wird (Totalreflexion). Ein Strahl, der z. B. aus Wasser unter einem Winkel von 49° auftrifft, kann nicht über die Oberfläche treten, da er diese schon bei 48,5° streifen würde. Er wird vielmehr vollkommen reflektiert. Für Glas beträgt der Einfallswinkel, bei dem der reflektierte Strahl die Oberfläche streift, 42°. B. und Reflexion der Lichtstrahlen an der Oberfläche verschieden dichter Luftschichten verursachen auch Luftspiegelungen. Einige Körper spalten den hindurchgehenden Lichtstrahl in zwei Lichtstrahlen (Doppelbrechung). Die B. spielt in der astronomischen Optik eine große Rolle, da man sie beim Durchtritt von Lichtstrahlen durch Linsen zur Erzeugung von Abbildungen usw. benutzt. Da das Licht verschiedener Wellenlängen unterschiedlich stark gebrochen wird (Dispersion), kommt es unter Umständen in optischen Systemen zur störenden Erscheinung der chromatischen Aberration.

Breite (latitude). Der Winkelabstand eines Himmelskörpers von einer Fundamentalebene. Die ekliptikale B. β ist der Winkelabstand des Gestirns von der → Ekliptik. Die galaktische B. b ist der Winkelabstand von der Äquatorebene der Milchstraße (→ Galaxis). Die geographische B. φ ist der Winkelabstand eines Beobachtungspunktes auf der Erdoberfläche zwischen der Ebene des Erdäquators und dem Zenit des Beobachters, während die geozentrische B. φ' ein Winkel am Erdmittelpunkt ist zwischen der Position des Beobachters und der Ebene des Erdäquators. Da die Erde nicht genau kugelförmig ist, sind die Winkel φ und φ' nicht identisch. Die heliographische B. ist der Winkelabstand eines Objekts auf der Sonnenoberfläche zum Sonnenäquator. Die B. wird positiv für einen Abstand nördlich von der Bezugsebene (Ekliptik, Äquator) und negativ für einen südlichen Abstand angegeben.

Breitendienst (latitude service). Wegen der Verlagerung des Nordpols und Südpols gegenüber der Erdoberfläche ergeben sich teils periodische, teils irreguläre Schwankungen der geographischen Breite und damit auch der Polhöhe eines Beobachtungsortes. Zur Überwachung dieser Vorgänge wurde 1899 der internationale B. eingerichtet, dem fünf Observatorien in genau 39°8′ nördlicher Breite angeschlossen sind. Seit 1963 wird dieses Unternehmen »internationaler Polschwankungsdienst« (International Polar Motion Service, Abk. IPMS) genannt.

Breiteneffekt (latitude effect). → Poleffekt.

Breitenkreis, Parallelkreis (parallel). In der Astronomie jeder Kreis an der Himmelssphäre, der parallel zu einem Großkreis liegt, also z. B. zur Ekliptik, dem galaktischen Äquator, auf der Erde aber auch parallel zum Erdäquator.

Breitenschwankung (variation of latitude). Die Veränderung der geographischen Breite, die durch die Veränderung der Polhöhe bestimmt werden kann.

Brekzie. → Breccie.

Bremsstrahlung (bremsstrahlung). Eine elektromagnetische Strahlung (meist Röntgenstrahlung), die bei der Abbremsung von Elektronen im elektrischen Feld von Atomkernen entsteht.

Brennpunkt, Fokus (focus, focal point). Der Punkt (meist von dem lateinischen Wort focus mit F abgekürzt), in dem achsenparallele Lichtstrahlen nach Durchgang durch Linsen (Objektive) oder nach der Reflexion an Hohlspiegeln sich treffen. Der Abstand des B. vom Linsenmittelpunkt oder dem Mittelpunkt des Spiegels heißt Brennweite. Da die Bildentstehung sich über eine Fläche verteilt, spricht man auch gelegentlich von einer Brennfläche oder Brennebene.

Brewsterscher Punkt (Brewster's point). → Arago-Punkt.

Bright Points. Aus dem Englischen übernommener Begriff für helle Gebiete, vor allem im Röntgen- und Ultraviolett-Bereich, die erstmals während der Flüge des Weltraumlaboratoriums Skylab auf der Sonne beobachtet und photographiert wurden. Sie sind verhältnismäßig gleichförmig über die Sonnenscheibe verteilt und haben einen Durchmesser von etwa 20000 km und eine mittlere Lebensdauer von etwa 8 Stunden. Die Elektronentemperatur in ihnen beläuft sich auf etwa 1 bis 2 Mill. K.

Brownlee-Teilchen (Brownlee particles). Winzige Mikrometeorite, die so langsam in die Erdatmosphäre einsickern, daß sie von Ballonen und hochfliegenden Flugzeugen aus eingesammelt werden können.

BSO. Abk. für Blaustrahlende Objekte (→ Quasar).

Bugschock (bow shock). Stoßfront, die beim Aufprall des Sonnenwinds auf die einen Planeten in seiner Magnetosphäre umgebende Hülle aus Plasma entsteht. Sie hat Ähnlichkeit mit Bugwellen, wie sie beim Fahren von Schiffen gebildet werden.

bulge. Aus dem Englischen übernommene Bezeichnung für die Aufwölbung der Kerne vieler Galaxien.

Buran. Russische Raumfähre, die erstmals am 15. 11. 1988 unbemannt gestartet wurde. Die russische Bezeichnung bedeutet »Schneesturm«. Die Länge beträgt 36 m, die Spannweite 24 m. Der Start erfolgt mit der Rakete Energija. B. ist u. a. für das Andocken an der Raumstation Mir vorgesehen.

bürgerliche Zeit (civil time). → Zonenzeit.

Burst, Radioburst (burst, radio burst). Englische, aber auch in der deutschen

Literatur verbreitete Bezeichnung für einen kurzen Ausbruch im Radiostrahlungsbereich der Sonne, der häufig in Verbindung mit einer Eruption oder einem → flare steht. Ein B. entsteht in der oberen Sonnenkorona durch energiereiche Elektronen, die im Magnetfeld der Korona eingefangen wurden. Die B. werden je nach ihrem zeitlichen und frequenzmäßigen Verlauf in verschiedene Typen eingeteilt. Der Typ I besteht aus einzelnen Stößen von 0,1 bis 0,5 s Dauer. Typ II dauert einige Minuten. Diese B. werden zunächst nur in eng begrenzten Frequenzbereichen empfangen. Darauf verschiebt sich die Strahlung allmählich zu größeren Wellenlängen (niedrigeren Frequenzen). Als Ursache kommen Plasmaschwingungen in der Korona in Betracht. Die Geschwindigkeit, mit der die Störherde in der Sonnenatmosphäre aufsteigen, beträgt 400 bis 1000 km/s. Typ III dauert nur wenige Sekunden und ist in einem sehr engen Frequenzbereich aufzunehmen. Hier dürfte die Aufstiegsgeschwindigkeit bis zu 120000 km/s betragen. Dabei handelt es sich vermutlich um Synchrotronstrahlung. Bei Typ IV wird eine Strahlung in einem sehr breiten Frequenzbereich aufgenommen. Auch hier verschiebt sich der Empfangsbereich im Laufe von Minuten zu längeren Wellenlängen hin, wenn auch wesentlich langsamer. Typ V ist Typ IV ähnlich, kann aber nur im Meterwellen-Bereich aufgefunden werden. Am häufigsten sind die Ausbrüche vom Typ III. Die B. werden gemäß ihrer mehr oder weniger starken Ausprägung in einer Skala klassifiziert, die sich von –1 (schwach) bis +3 (stark) erstreckt.

Burster (burster). 1975 erstmals entdeckte Röntgenquellen, die in unregelmäßiger Folge plötzliche Strahlungsstöße zeigen, in denen sie binnen einer Sekunde eine Maximalleuchtkraft von etwa 10^{32} J erreichen und nach etwa einer Minute wieder abfallen (Röntgenb.). Sie wurden vor allem im Zentrum der Gala-

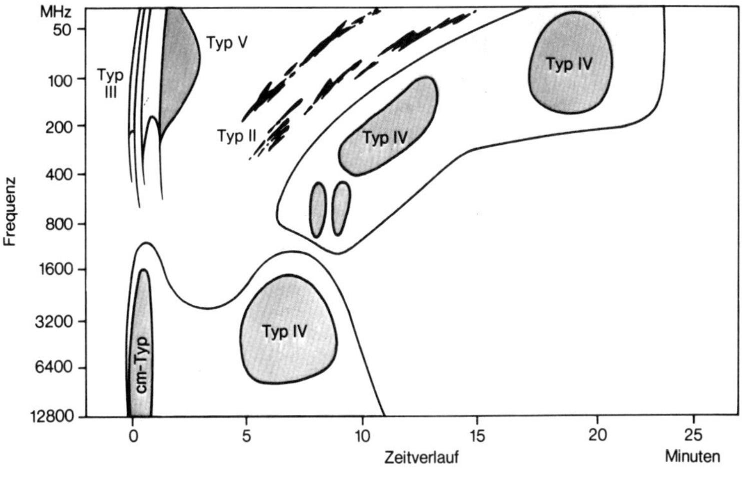

Klassifikation der bursts (Radiostrahlungsausbrüche) auf der Sonne

xis und in Kugelsternhaufen gefunden. Damit gehören sie der Population II an. Vermutlich handelt es sich um sog. Röntgen-Doppelsterne. Eine der Komponenten ist ein sehr alter Neutronenstern, der kein Magnetfeld mehr besitzt und daher nicht mehr als Pulsar in Erscheinung treten kann. Der andere Stern könnte ein alter Stern geringer Masse sein. Von ihm aus fließt Materie auf eine Accretionsscheibe um den Neutronenstern über und löst dort Kernexplosionen aus. Der 1976 entdeckte sog. Rapid B. (schneller B.) geht ausnahmsweise vermutlich auf magnetisch verursachte Instabilitäten bei der Accretion von Materie des Nachbarsterns zurück. Daneben gibt es auch → Gamma-Burster.

Bussole. Ein Kompaß, der zur Richtungsbestimmung eine Visiereinrichtung besitzt.

C

Caelum. Lateinische Bezeichnung für das Sternbild Grabstichel.

Calar Alto-Observatorium. Eine Groß-Sternwarte auf dem 2168 m hohen Calar Alto in Südspanien nördlich Almeria. Es ist ein Deutsch-Spanisches Astronomisches Zentrum, in dem der 3,5 m-Spiegel des Max-Planck-Instituts für Astronomie in Heidelberg herausragt. Er wurde 1984 in Betrieb genommen. Weitere größere Instrumente sind ein 2,2 m-, ein 1,5 m- und ein 1,23 m-Spiegel sowie der von Hamburg verlegte Schmidt-Spiegel mit 80 cm freier Öffnung.

Calbalakrab. Arabische Bezeichnung für den Stern Antares.

Calendae. Lateinische Bezeichnung für den ersten Tag eines jeden Monats im Julianischen Kalender.

California-Nebel (California Nebula). Ein heller Nebel (NGC 1499), der sich in der Nähe des Sterns ξ Persei befindet und von diesem zum Leuchten angeregt wird. Er ist $145 \times 40'$ groß.

Caloris Planitia, Caloris-Becken (Caloris Basin). Eine auf Merkur gelegene auffällige Struktur, die aus mehreren Ringen besteht und rund 1300 km Durchmesser besitzt. Sie ist in der Frühgeschichte des Planetensystems durch den Aufschlag eines Kleinplaneten entstanden. Dabei umkreisten seismische Wellen den Planeten. Bei ihrem Zusammentreffen an den Antipoden wurde eine Landschaft völlig zerrüttet (»Geisterlandschaft«).

Calypso. Der von Voyager-Sonden 1981 entdeckte Saturnsatellit XIV. Er ist im Mittel 294 660 km von Saturn entfernt und benötigt zu einem Umlauf 1,888 Tage. Bahnexzentrizität und Bahnneigung sind fast 0, der Durchmesser beträgt $30 \times 26 \times 16$ km.

Camelopardalis. Lateinische Bezeichnung für das Sternbild Giraffe.

Z Camelopardalis-Sterne (Z Camelopardalis stars). Eine Gruppe Veränderlicher, die zu den Zwergnovae zählen. Ihre Helligkeitsänderungen und Spektren haben häufig Ähnlichkeiten mit den U Geminorum-Sternen. Zeitweise unterbrechen sie ihre Helligkeitsveränderungen und verharren ungefähr auf mittlerer Helligkeit. Die mittleren Perioden liegen zwischen 9 und 40 Tagen, die Amplitude zwischen 2 und 5 Größenklassen. Ursache ist ein Überfließen von Materie aus dem roten Zwergstern heraus in eine Accretionsscheibe um den weißen Zwerg. Dabei strömt die Materie offenbar in einem »heißen Fleck« auf dessen Oberfläche. Dort entstehen auch die Helligkeitsausbrüche. Vielleicht schüttelt der weiße Zwerg aber auch in einzelnen Schüben Materie wieder ab und erreicht deswegen nicht die Schönberg-Chandrasekhar-Grenze, jenseits der er weiter zu einem Neutronenstern kollabieren würde.

Der Hauptvertreter dieser Gruppe, Z Camelopardalis, ist ein halbgetrennter Doppelstern mit einer Umlaufzeit von 6^h 56^m. Die erste Komponente ist ein Stern vom Spektraltyp K7 und 0,86 Sonnenmassen, die zweite Komponente ein weißer Zwergstern mit 1,17 Sonnenmassen. Die Periode des Lichtwechsels beträgt ungefähr 22 Tage. Dabei schwankt die Helligkeit etwa zwischen der 10. und 14. Größe.

Cancer. Lateinische Bezeichnung für das Sternbild Krebs.

Candela. Zeichen cd, international gültige Basiseinheit der Lichtstärke. 1 Candela ist die in einer bestimmten Richtung abgegebene Lichtstärke einer Strahlungsquelle, die eine monochromatische Strahlung der Frequenz $540 \cdot 10^{12}$ Hz aussendet und deren Strahlstärke in dieser Richtung 1/683 Watt pro Steradiant beträgt.

Canes Venatici. Lateinische Bezeichnung für das Sternbild Jagdhunde.

Canicula. Ältere lateinische Bezeichnung für den Stern Sirius.

Canis Maior. Lateinische Bezeichnung für das Sternbild Großer Hund.

***β* Canis Maioris-Sterne** (*β* Canis Maioris stars). → *β* Cephei-Sterne.

VY Canis Maioris. Ein bemerkenswerter, unregelmäßiger Veränderlicher mit einem extremen Infrarot-Überschuß, der vor allem durch einen Staubkokon, der diesen Stern umgibt, verursacht ist. Die Spektralklasse ist M3. In seinem Spektrum wurde auch Hydroxyl, Kohlenmonoxid und Wasserdampf festgestellt. Es handelt sich um einen mehrfachen Stern von vielleicht mindestens 6 Komponenten, die von einem kleinen Reflexionsnebel umgeben sind. Die Entfernung beträgt etwa 5000 Lichtjahre. Die entwicklungsmäßige Stellung des Hauptsterns ist noch unklar. Es könnte sich um einen Stern handeln, der als junger Stern ursprünglich 50 bis 60 Sonnenmassen hatte. Bei seinem Überwechseln zum Überriesen verlor er einen erheblichen Teil seiner Materie und besitzt heute nur noch 25 bis 30 Sonnenmassen.

Canis Minor. Lateinische Bezeichnung für das Sternbild Kleiner Hund.

Cañon-Diablo-Krater. → Arizona-Krater.

Canopus, Kanopus. Der Hauptstern im Sternbild Schiffskiel. C. ist nach Sirius der zweithellste Stern am Himmel ($-0\overset{m}{,}7$). Mythologisch galt er als der Steuermann des Menelaus auf der Rückfahrt von Troja. Gelegentlich wird für ihn auch die arabische Bezeichnung Suhel (»Hengst«) verwendet. Wegen seiner großen Helligkeit wird er in der Astronautik oft als Navigationsstern benutzt. Der Abstand von der Erde beträgt etwa 120 Lichtjahre. Als ein Überriese ist er rund 1500mal heller als die Sonne. Sein Spektraltyp ist F0, seine Oberflächentemperatur 7500 K. Pro Jahr legt er infolge seiner Eigenbewegung 0,022 Bogensekunden am Himmel zurück. Seine Radialgeschwindigkeit beträgt +20 km/s.

AM Canum Venaticorum. Ein besondersartiger Veränderlicher im Sternbild Jagdhunde mit der Bezeichnung HZ 29. Vermutlich handelt es sich um ein enges System aus weißen Zwergsternen mit einer Periode von etwa 18 Minuten. Neben den durch den gegenseitigen Umlauf verursachten Helligkeitsschwankungen gibt es ein unregelmäßiges Flackern, möglicherweise auch einen Pulsationslichtwechsel. Das Flackern ist die Folge eines Materieaustauschs und ist so stark, daß der Bedeckungslichtwechsel sehr schwer nachzuweisen war. Die Gruppe der AM C. V.-Sterne umfaßt vor allem noch den Stern GP Comae mit einer Periode von 46 Minuten.

α^2 Canum Venaticorum-Sterne (α^2 Canum venaticorum stars). Eine Gruppe Veränderlicher, die nur sehr geringfügige Helligkeitsänderungen von etwa $^1/_{10}$ Größenklasse zeigen. Im wesentlichen sind diese kleinen Helligkeitsschwankungen auf Veränderungen in der Stärke bestimmter Spektrallinien zurückzuführen (→ Spektrumveränderliche). Der Spektraltyp ist Ap. Die Periode der Helligkeitsänderungen liegt meist zwischen etwa 1 und 25 Tagen. Kleinere Schwankungen der Radialgeschwindigkeit weisen auch auf geringfügige Pulsationen dieser Sterne hin. Besonders bemerkenswert ist aber der Umstand, daß viele Sterne dieser Gruppe auch magnetische Veränderungen zeigen (→ magnetische Sterne). Der Hauptvertreter dieser Gruppe, α^2 Canum Venaticorum, ist Hauptstern des Sternbilds Jagdhunde und trägt auch den lateinischen Namen Cor Caroli. Bei ihm beträgt die Periode 5,469 Tage. Das Magnetfeld verändert sich in derselben Zeitspanne zwischen –1400 und +1600 Gauß (–1400 und $+1600 \cdot 10^{-4}$ Tesla).

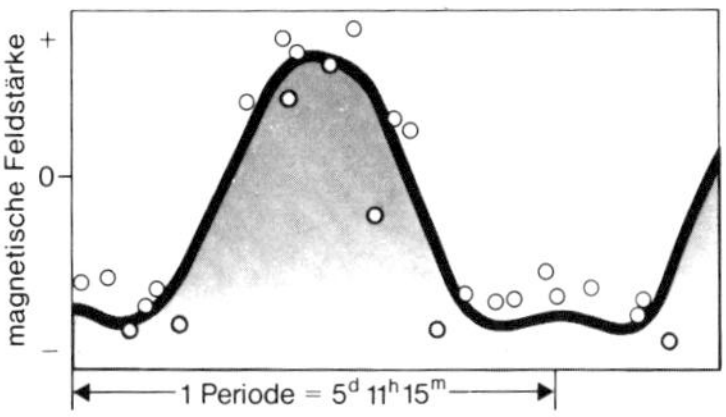

Lichtkurve von α^2 Canum venaticorum

Cape Canaveral. Zwischen den Jahren 1965 und 1972 als »Cape Kennedy« bezeichneter, an der Ostküste von Florida gelegener Raketenversuchsplatz, von dem aus in den letzten Jahren die meisten amerikanischen zivilen unbemannten Satelliten, aber auch die bemannten Raumfahrzeuge wie Space shuttle und die Apollo-Raumschiffe zum Mond starteten.

Capella, Kapella. Der Hauptstern des Sternbilds Fuhrmann. Der lateinische Name bedeutet »Ziegenböckchen«. Er weist auf eine Sage hin, nach der auf der Insel Kreta die Ziege Amalthea die Nährmutter von Zeus gewesen sein soll. Daraus leitet sich auch die gelegentlich benutzte arabische Bezeichnung Alhajot (»Ziege«) ab. C. ist etwa 45 Lichtjahre entfernt und hat eine Helligkeit von $0^m_.1$. Der Spektraltyp ist G5, die Oberflächentemperatur 5600 K. Die absolute Leuchtkraft übertrifft die unserer Sonne um das 90fache, der Durchmesser ist 13mal größer als der unserer Sonne. Es ist ein spektroskopischer Doppelstern mit einer Periode von 104,023 Tagen.

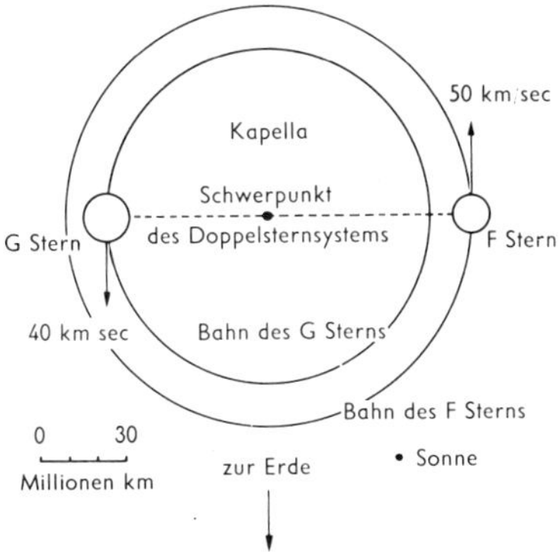

Capella als spektroskopischer Doppelstern

Die Umlaufbahn ist nahezu kreisförmig. Die Hauptkomponente besitzt 3,0 Sonnenmassen, die zweite Komponente 2,8 Sonnenmassen. Sie ist ferner 7mal größer als die Sonne, hat den Spektraltyp F6 und ist 70mal heller als die Sonne. Beide Komponenten sind etwa 130 Mill. km voneinander entfernt. Spektraluntersuchungen zeigen einen relativ hohen Lithium-Gehalt an. In einer südöstlichen Distanz von 12′ befindet sich ein enges Sternpaar mit den Helligkeiten $10^m_.2$ und $13^m_.7$ in 2,7″ gegenseitiger Distanz. Die Spektraltypen sind M1 und M5. Das Paar hat dieselbe Eigenbewegung wie C. und dürfte damit physisch zu ihr gehören. Die räumliche Entfernung zu C. wäre mindestens 0,17 Lichtjahre. Möglicherweise ist C. auch eine Röntgenquelle.

Caph. Arabische Bezeichnung für den Stern *β* Cassiopeiae (»die gefärbte Hand«). Der $2{,}^m3$ helle Stern ist 42 Lichtjahre entfernt und 13 mal heller als die Sonne.

Capricornus. Lateinische Bezeichnung für das Sternbild Steinbock.

Carina. Lateinische Bezeichnung für das Sternbild Schiffskiel.

***η* Carinae.** Ein novaähnlicher veränderlicher Stern in etwa 8000 Lichtjahren Abstand. E. Halley (1656–1742) entdeckte ihn 1677 als ein Stern 4. Größe. Darauf erreichte er unter unregelmäßigen Schwankungen bis etwa 1700 die 2. Größe, fiel dann bis 1782 wieder auf die 4. Größe ab, stieg ab 1801 wieder an, um 1811 nochmals auf die 4. Größe zu fallen. Ab 1820 erfolgte ein fast stetiger Anstieg, der 1843 in einer Maximalhelligkeit von $-0{,}^m8$ gipfelte. Über viele Jahre hinweg war dieser Stern nach Sirius der zweithellste Stern am Himmel. Dann erfolgte wieder ein Abfall. In den letzten Jahrzehnten schwankte der Stern zwischen 6^m und 8^m. Allerdings ist er bei einer Wellenlänge von 20 μm die hellste Infrarotquelle am Himmel. Die Ursachen des seltsamen Lichtwechsels sind noch nicht ganz klar. Vielleicht handelt es sich um einen extrem massereichen Stern (100 Sonnenmassen oder mehr), der instabil ist und immer wieder Massen abströmt. Tatsächlich betrug der Massenverlust beim Maximum 1843 vermutlich 2 bis 3 Sonnenmassen. Heute sind es nur noch 1/1000 Sonnenmasse pro Jahr. Er könnte sich auch in der Gegenwart von der Hauptreihe des Hertzsprung-Russell-Diagramms zu einem Überriesen aufblähen. Andere Autoren vermuten, daß bei diesem Stern in nicht allzuferner Zukunft eine Supernova-Explosion möglich ist. Neuerdings stellte man fest, daß er eigentlich aus 4 Sternen besteht, einem sehr massereichen Hauptstern mit drei Begleitern zu je etwa 60 Sonnenmassen, die stabil sind. In der Umgebung liegt der ausgedehnte Nebel NGC 3372, der »Homunculus-Nebel«. In ihm liegt eine markante Dunkelwolke, der sog. Keyhole- oder Schlüsselloch-Nebel.

Carina OB 2. Eine sternreiche Assoziation, die aus Sternen vom Spektraltyp O und B besteht und sich nahe *η* Carinae befindet.

Carme. Der 11. Satellit des Jupiter. Seine Umlaufzeit beträgt 692 Tage, seine Bahnexzentrizität 0,21, seine Bahnneigung 163°. Damit gehört er zu den rückläufigen Jupitersatelliten. Seine mittlere Entfernung vom Planeten beträgt 22600000 km. In einer mittleren Opposition erscheint er mit einer Helligkeit von $+18{,}^m6$. Sein Durchmesser dürfte etwa 30–40 km betragen. C. wurde 1938 von S. B. Nicholson (1891–1963) entdeckt.

Carringtonscher Zentralmeridian (Carrington's central meridian). Eine Zählweise für die heliographische Länge von Objekten auf der Sonnenscheibe. Zum Zeitpunkt des 1. 1. 1854, 12 Uhr Weltzeit, soll der Carringtonsche Nullmeridian gerade mit dem Zentralmeridian der Sonne zusammengefallen sein.

Cassegrain-Coudé-Teleskop (Cassegrain-Coudé telescope). Ein Cassegrain-Spiegel, dessen Strahlengang durch die Polachse des Instruments hindurch geleitet wird. Dadurch kann das Okular ortsfest angebracht werden.

Cassegrain-Spiegel (Cassegrain telescope). Ein Typ eines Reflektors, bei dem das vom Hauptspiegel reflektierte Lichtbündel von einem kleinen konvex-hyperbolisch geschliffenen Fangspiegel wieder in Richtung auf den Hauptspiegel reflektiert wird. Dadurch wird einmal die Brennweite des Systems vergrößert. Andererseits kann der Lichtstrahl durch eine Durchbohrung des Hauptspiegels so zurückgelenkt werden, daß das Okular am hinteren Ende des Teleskops angebracht werden kann.

Cassini. Eine Raumsonde, die für den Flug zum Saturn vorgesehen ist und gemeinsam von NASA und ESA entwikkelt wird. Sie wird voraussichtlich im Oktober 1997 starten und Saturn nach etwa 6 Jahren erreichen. Eine Orbiter-Stufe wird den Ringplaneten umkreisen, eine andere Stufe in die Atmosphäre von Titan eindringen und auf der Oberfläche dieses Saturnsatelliten landen.

Cassini-Teilung (Cassini division). Eine ungefähr 1 Bogensekunde breite Teilungslinie auf dem Saturnring, die gerade noch mit einem Fernrohr von 8 bis 10 cm Öffnung und 150–200facher Vergrößerung beobachtet werden kann. Die Voyager-Sonden entdeckten in ihr jedoch mehrere sehr schmale Ringe.

Cassiopeia, Kassiopeia. Ein nördliches Zirkumpolarsternbild, das von Mitteleuropa aus ganzjährig beobachtet werden kann. Die fünf Hauptsterne bilden ein lateinisches W. Die Abk. für das Sternbild lautet Cas. Mythologisch ist C. die Königin von Äthiopien, die sich rühmte, schöner als alle anderen Frauen zu sein. Der Hauptstern ist Schedir. Durch die C. verläuft auch die Milchstraße.

AO Cassiopeiae. Ein Doppelstern, in dem der größere, jedoch massenärmere und heiße Hauptstern stark verformt ist. In dem System muß ein schneller Massenaustausch stattfinden. Beide Sterne haben den Spektraltyp O9 und gehören zu den leuchtmächtigsten Sternen.

γ Cassiopeiae. Ein etwa 750 Lichtjahre entfernter Stern in der Mitte des W, das das Sternbild Cassiopeia bildet. Er hat den Spektraltyp B0,5 und ist ein Unterriese mit einer umgebenden Nebelhülle. Er dreht sich so schnell um seine Achse, daß in seiner Äquatorzone wegen der hohen Zentrifugalkraft in unregelmäßiger Folge Massen abströmen (→ Hüllensterne). Dadurch kommt es langfristig zu Helligkeitsveränderungen zwischen etwa $1\overset{m}{,}6$ und $3\overset{m}{,}3$. Der Stern beleuchtet in seiner Umgebung einen kleinen Reflexionsnebel und ist auch eine schwache Röntgenquelle.

WZ Cassiopeiae. Der kohlenstoffreichste Stern am Himmel, der bisher entdeckt wurde und gleichzeitig im Spektrum eine große Häufigkeit an Lithium anzeigt. Seine effektive Oberflächentemperatur beträgt nur 2420 K.

Cassiopeia A. Die stärkste Radioquelle außerhalb unseres eigenen Sonnensystems, die etwa 10000 Lichtjahre entfernt ist und im Sternbild Cassiopeia liegt. Es dürfte sich um den Überrest einer Supernova vom Typ II handeln, die etwa im Jahre 1667 aufleuchtete. Mit optischen Mitteln entdeckte man an dieser Stelle einen schwachen Nebel mit einer Expansionsgeschwindigkeit von etwa 800 km/s und einer Masse von einigen Sonnenmassen. Dem → Very Large Array gelang eine Feinauflösung bis 0,4″, die Bugschockwellen und andere Strukturen erkennen lassen. Das Objekt, das auch gelegentlich mit der Katalogbezeichnung 3C 461 versehen ist, stellt außerdem eine ausgedehnte Quelle weicher Röntgenstrahlung dar (3U 2321 +58).

Cassiopeia B. Überrest der unter anderem 1572 von T. Brahe (1546–1601) beobachteten Supernova vom Typ I. Die Entfernung beträgt etwa 15000 Lichtjahre. Heute beobachten wir an dieser Stelle eine Radioquelle mit der genannten Bezeichnung. Außerdem fällt dieses Objekt mit der Röntgenquelle 2U 0022 +63 zusammen.

Castor, Kastor. Der Hauptstern im Sternbild Zwillinge mit einer Gesamthelligkeit von $1\overset{m}{,}5$. Die Entfernung beträgt 46 Lichtjahre. Tatsächlich handelt es sich um ein Dreifachsystem, das bereits mit Hilfe kleinerer Fernrohre aufgelöst werden kann. Deutlich sehen wir zwei hellere Sterne mit $2\overset{m}{,}0$ und $2\overset{m}{,}9$ Helligkeit, die sich in etwa 420 Jahren einmal umkreisen. Die Komponente A mit dem Spektraltyp A1 ist 12 mal heller als die Sonne und zeigt eine Oberflächentemperatur von 10600 K. Sie ist in Wirklichkeit jedoch wieder ein spektroskopischer Doppelstern mit 9,22 Tagen Umlaufperiode. Der Begleiter ähnelt jedoch stark der ersten Komponente. Jeder Stern hat etwa 1,6 Sonnenmassen und den doppelten Sonnendurchmesser. Ihr gegenseitiger Abstand beträgt 6 Mill. km. Die Komponente B ist ebenfalls spektroskopisch doppelt. Die Umlaufzeit beträgt 2,93 Tage, der gegenseitige Abstand 5 Mill. km. Beide Sterne haben den Spektraltyp A5, den 1,5fachen Sonnendurchmesser, die 6fache Sonnenleuchtkraft und eine Masse knapp über der Sonnenmasse. Ferner steht in 73″ Distanz C. C, der wiederum ein spektroskopischer Doppelstern und ein Bedekkungsveränderlicher ist (Bezeichnung YY Geminorum). Die Umlaufperiode beträgt 19,5 Std. Dabei schwankt die Helligkeit zwischen $9\overset{m}{,}1$ und $9\overset{m}{,}6$. Die gegenseitige Entfernung ist 2,7 Mill. km. Die Massen liegen nahe 0,6 Sonnenmassen, der Durchmesser ist etwa 0,7 mal, die Leuchtkraft 0,025 mal so groß wie bei der Sonne. Der Spektraltyp ist K6. Die Unterschiede der Komponenten sind also recht gering. Ferner zeigen die Sterne Helligkeitsveränderungen nach Art der Flackersterne. Auch »Sternflecken« nach dem Beispiel der Sonnenflecken, jedoch im großen Ausmaß, können zu Helligkeitsveränderungen beitragen. Insgesamt ist also C. ein 6faches System.

Catena. Lateinische Bezeichnung für eine Kraterkette auf der Mondoberfläche, die vermutlich vulkanischen Ursprungs ist.

CCD. Abk. für → Charge-coupled device.

Celaeno. Ein in den Plejaden befindlicher Stern, der allerdings nur unter günstigen Bedingungen mit bloßem Auge beobachtet werden kann.

Celbalrai. Arabische Bezeichnung für den $2\overset{m}{,}8$ hellen und 125 Lichtjahre entfernten Stern β Ophiuchi (»Schäferhund«).

Cenoten-Ring (Ring of cenotes). → Chicxulub-Struktur.

Centaur, Kentaur, Zentaur (Centaur). **1.** Ein Sternbild am südlichen Himmel, das von Mitteleuropa aus nicht mehr beobachtet werden kann (lateinische Bezeichnung Centaurus, Abk. Cen). Nach der griechischen Mythologie waren die C. in der Regel wilde Zwitterwesen, halb Mensch, halb Pferd. Chiron jedoch, der ein sehr weiser C. und in verschiedenen künstlerischen und wissenschaftlichen Bereichen bewandert war und der Lehrer des Achill und des Äsculap gewesen sein soll, wurde an den Himmel versetzt. Infolge der Präzession der Erdachse konnte das Sternbild vor 2000 bis 3000 Jahren vom südlichen Mittelmeer sowie von Nordafrika aus noch vollständig über dem Horizont gesehen werden. Hauptstern ist α Centauri, der auch die arabische Bezeichnung Toliman oder Rigil Kentaurus (»Fuß des C.«) besitzt. Er ist mit 4,3 Lichtjahren der nächste Stern. Allerdings besteht er aus drei Komponenten. Zunächst umkreisen sich in 80,1 Jahren zwei Sterne der Helligkeit $0\overset{m}{,}0$ bzw. $1\overset{m}{,}2$ und einem Spektraltyp von G2 bzw. K1. Der Stern α Centauri A ist 1,5 mal leuchtmächtiger als die Sonne und besitzt 1,1 Sonnenmassen. α Centauri B hat 0,9 Sonnenmassen und 0,44fache Sonnenleuchtkraft. Im Mittel sind die Sterne 23,4 AE oder 3,5 Mrd. km voneinander entfernt. Die Eigenbewegung beträgt 3,676 Bogensekunden pro Jahr, die Radialgeschwindigkeit

–25 km/s. In 2°11′ Distanz oder in Wirklichkeit etwas über 10 000 AE Abstand steht ein weiterer, sehr schwacher Stern, *α* Centauri C, dessen tatsächliche Leuchtkraft nur 1/25 000 der Sonnenleuchtkraft ist. Es ist ein roter Zwergstern mit 0,1 Sonnenmassen und dem Spektraltyp M5. Sein Durchmesser beträgt nur 260 000 km. Er ist außerdem ein Flackerstern, dessen Helligkeit zwischen $10\overset{m}{,}7$ und $9\overset{m}{,}7$ schwankt, und nach einigen Autoren ein physischer Begleiter von *α* Centauri, obwohl die Umlaufzeit um das andere Sternpaar rund 1 Mill. Jahre betragen dürfte. Nach anderen Berechnungen bewegt sich aber C in der Gegenwart an den beiden anderen Sternen vorbei und gehört nicht physisch zu dem Paar A/B. C steht uns ein klein wenig näher als A/B, die eine Parallaxe von 0,751″ besitzen. So nennt man diesen Stern oft Proxima Centauri (lateinisch proxima stella = der nächste Stern). *β* Centauri, der gelegentlich auch Agena oder Hadar genannt wird, ist $0\overset{m}{,}6$ hell. Sein Spektraltyp ist B1.

2. Ein Komet, der sehr wahrscheinlich aus dem Kuiper-Ring am Rande des Planetensystems stammt und durch Bahnstörungen von seiten der großen Planeten auf eine stark exzentrische Bahn in den Bereich zwischen Jupiter und Neptun getrieben wurde. Der erstentdeckte C. war → Chiron. Es folgten → Pholus, 1993 HA2 und 1994 TA. Die C. wurden zunächst meist fälschlich als Kleinplaneten eingestuft.

***ω* Centauri.** Ein bekannter Kugelsternhaufen, der über 3 Millionen Sonnenmassen enthalten dürfte. Es ist der hellste und einer der nächsten Kugelhaufen in 16 400 Lichtjahren Abstand. Wegen seiner verhältnismäßig großen Gesamthelligkeit von $3\overset{m}{,}7$ kann er als ein schwacher Nebelfleck sogar bereits unter günstigen Verhältnissen mit bloßem Auge beobachtet werden.

Centaurus A. Eine starke Radioquelle im Sternbild Centaur, die optisch mit der Galaxis NGC 5128 zusammenfällt, die vor allem dadurch auffällig ist, daß sich quer über sie ein dunkles absorbierendes Band erstreckt. Sie ist eine der nächsten bekannten starken Radiogalaxien in vermutlich etwa 8 Mill. Lichtjahren Abstand und ist außerdem auch eine Röntgenquelle (3U 1322–42). Tatsächlich handelt es sich um eine elliptische Riesengalaxie, die vielleicht vor einiger Zeit einen Spiralnebel einfing. 1986 leuchtete in ihr eine Supernova vom Typ I auf, die eine Helligkeit von $11\overset{m}{,}5$ erreichte.

Centaurus-Haufen (Centaurus cluster). Ein Galaxienhaufen in ungefähr 650 Mill. Lichtjahren Abstand, der gleichzeitig eine ausgedehnte Röntgenstrahlungsquelle ist (3U 1247–41). Im Innern des Haufens befindet sich eine Radioquelle, die offenbar mit dem Nebel NGC 4696 verknüpft ist.

Centaurus X-3. Eine Röntgenquelle, die Mitglied eines Bedeckungsveränderlichen ist, dessen Periode 2,087 Tage beträgt. Die Bezeichnung für die Röntgenquelle lautet auch 3U 1118–60. Die empfangene Röntgenstrahlung zeigt während des Umlaufs des Systems eine Ausfallzeit von 0,488 Tagen, die vermutlich in den Zeitraum des Verschwindens des Röntgenpartners hinter dem optischen Stern fällt. Ferner führt die Röntgenquelle rasche Pulsationen mit einer Periode von 4,8 Sekunden aus. Die optisch feststellbare Komponente ist ein Riese oder Überriese mit dem Spektraltyp O6-O8 in einer Entfernung von etwa 26 000 Lichtjahren. Seine Masse beträgt 17 Sonnenmassen, die Helligkeit $13\overset{m}{,}4$. Die andere Komponente, die für die Aussendung der Röntgenstrahlung verantwortlich ist, dürfte ein Neutronenstern und Pulsar mit 1,8 Sonnenmassen sein. Seine Umlaufbewegung beschleunigt sich offenbar dermaßen, daß er bei

Fortsetzung dieses Vorgangs in etwa 1000 Jahren in die andere Komponente stürzen müßte. Centaurus X-2 und Centaurus X-4 sind andere sporadische Röntgenquellen.

Cepheiden (Cepheid variables). Eine Gruppe veränderlicher Sterne, die eine sehr hohe Leuchtkraft haben, zu den Überriesen zählen und pulsieren. Der Hauptvertreter dieser Gruppe ist der Stern *δ* Cephei, dessen Helligkeit mit einer Periode von 5,3663 Tagen zwischen $3{,}^{m}6$ und $4{,}^{m}4$ schwankt. Desgleichen ändert sich der Spektraltyp des Sterns von F5 nach G2. *δ* Cephei ist knapp über 1000 Lichtjahre entfernt. Sein mittlerer Durchmesser ist 25 bis 30mal, seine Masse 9mal größer als die der Sonne. Die mittlere Leuchtkraft übertrifft die der Sonne im Maximum um das 3300fache. Die Periode der C. oder *δ* Cephei-Sterne liegt zwischen 1 und 50 Tagen. Doch liegen die Perioden von über einem Drittel der C. zwischen etwa 3 und 6 Tagen. Die Lichtkurve der C. verläuft meist so, daß der Anstieg vom Minimum zum Maximum steiler als der Abfall ist. Gelegentlich zeigen sich auch vor allem auf dem Abstieg der Lichtkurve kleine »Buckel«. Bei einigen C. kann aber auch die Zeitdauer des Lichtanstiegs der des Lichtabfalls entsprechen und damit die Lichtkurve nahezu eine Sinusform erreichen. Die Amplitude der Helligkeitsschwankungen kann nur einige Zehntel Größenklassen, gelegentlich aber auch 1 bis 2 Größenklassen betragen. Plötzliche Änderungen der Periodenlängen kommen selten vor. Im ganzen ist die Amplitude der Helligkeitsschwankungen bei den C. mit längerer Periode entsprechend auch größer.

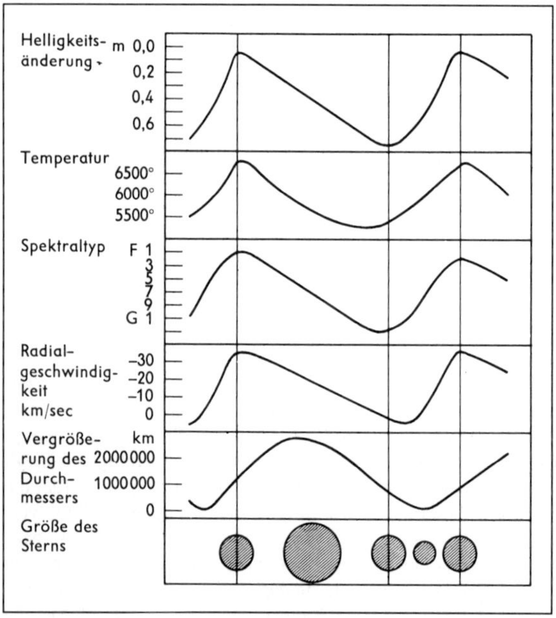

Veränderungen eines Delta-Cephei-Veränderlichen

Das Ausmaß der Pulsationen ist nicht allzu stark. Meist schwankt der Durchmesser nur um etwa 5 bis 15% um einen mittleren Wert. Bei δ Cephei vergrößert sich beispielsweise der Radius um etwa 6%. Die Massen der C. liegen zwischen 5 und 15 Sonnenmassen.

Neuerdings müssen verschiedene Typen von C. unterschieden werden. Der Typ I (klassische C.) gehört zur extremen Population I. Ihre absolute Leuchtkraft ist mit Werten zwischen $-0\overset{m}{,}5$ bis -6^{m} etwa 4 mal größer als bei den C. vom Typ II, die wahrscheinlich einen höheren Metallanteil aufweisen. Außerdem sind ihre Massen mit 0,4–0,6 Sonnenmassen kleiner. Die C. vom Typ II werden auch als W Virginis-Sterne bezeichnet. Sie gehören zur Population II. Ihre absolute Helligkeit liegt zwischen 0^{m} und -3^{m}. Diese Sterne wurden vor allem in Kugelsternhaufen gefunden. Insgesamt haben die C. vom Typ I kürzere Perioden als die vom Typ II. Die Perioden dieser Sterne haben ein Häufigkeitsmaximum bei etwa 18 Tagen. Im allgemeinen kann für beide Typen gesagt werden: Je länger die Periode ist, desto später ist der Spektraltyp, umso größer sind Durchmesser, Leuchtkraft und Masse, aber umso geringer sind die Oberflächentemperatur und die mittlere Dichte.

H. S. Leavitt (1868–1921) entdeckte 1912 an den C. der kleinen Magellanschen Wolke eine wichtige Beziehung zwischen der Periode und der Helligkeit dieser Veränderlichen: Je größer die mittlere Helligkeit dieser Sterne ist, desto länger ist ihre Periode. Diese sog. Perioden-Helligkeits-Beziehung wurde später zu einer der wichtigsten Entfernungsbestimmungsmethoden im stellaren Bereich. Wenn nämlich die Periode eines C. bekannt ist, kann aus dieser Beziehung seine absolute Leuchtkraft abgeleitet werden. Die scheinbare Helligkeit des Sterns ist von der Erde aus beobachtbar. Die Entfernung kann schließlich aus der Differenz zwischen der absoluten Helligkeit und der scheinbaren Helligkeit berechnet werden. Allerdings muß die Perioden-Helligkeits-Beziehung, wenn sie auf die absoluten Leuchtkräfte der C. übertragen werden soll, zunächst an näheren C. geeicht werden. Leider gibt es keinen einzigen C., der uns so nahe steht, daß dessen Entfernung bisher mit trigonometrischen Methoden bestimmbar wäre. Der nächste C. ist der Polarstern in etwa 360 Lichtjahren Abstand. Es mußten daher etwas ungenauere Methoden zur Eichung der Perioden-Leuchtkraft-Beziehung herangezogen werden. Außerdem ist die Beziehung für die klassischen C. und die W Virginis-Sterne unterschiedlich. Allerdings ist diese Unterteilung nicht sehr scharf. Trotzdem dienen C. auch heute noch zu Entfernungsbestimmungen bis zu einigen 10 Millionen Lichtjahren Entfernung. Eine weitere Gruppe pulsierender Sterne sind die RR Lyrae-Sterne mit Perioden unter einem Tag.

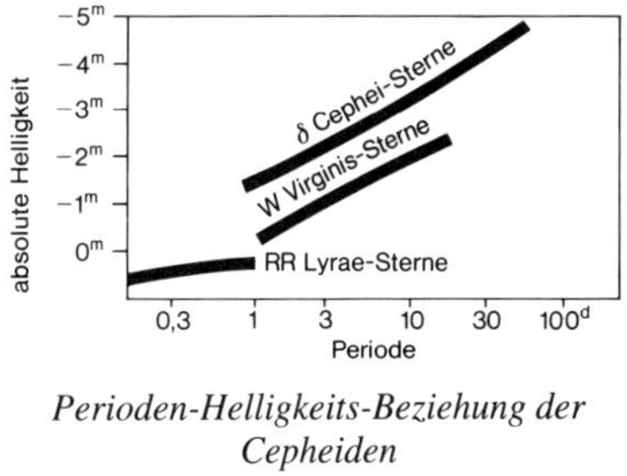

Perioden-Helligkeits-Beziehung der Cepheiden

Der Stern RU Camelopardalis, der zu den W Virginis-Sternen zählen dürfte und früher eine Periode von 22 Tagen und eine Amplitude von etwas weniger als 1^{m} zeigte, stellte seinen Lichtwechsel ab 1965 ein. In den letzten Jahren zeigte auch der Polarstern eine Tendenz, seine Helligkeitsschwankungen deutlich zu verringern und schließlich praktisch ganz einzustellen. Dies führt zu der Frage, welche Ursachen für die Pulsationen der C. verantwortlich zu machen sind. In jedem Falle handelt es sich bei diesen Sternen um entwicklungsmäßig fortgeschrittene Sterne. In der Nähe ihres Zentrums ist praktisch aller Wasserstoff durch Kernfusionsprozesse verbraucht, während die Heliumfusion zu schwereren Elementen noch stattfindet. Im Idealfall befinden sich die Sterne in einem mechanischen Gleichgewichtszustand, d.h. die Gravitation, die den Stern zusammenfallen lassen möchte, wird durch den inneren Gasdruck und den Strahlungsdruck ausgeglichen. Bei den C. treten jedoch um diese Gleichgewichtslage herum Schwingungen auf. Offensichtlich können ältere Sterne das Stadium der C. mehrmals durchlaufen. Die Zeitdauer, während der der Stern schwingt, kann daher einige 10000 bis 100000 Jahre betragen.

β Cephei-Sterne. (β Cephei stars). Eine Gruppe veränderlicher Sterne, oft auch als β Canis Maioris-Sterne bezeichnet. Die Lichtwechselperiode liegt zwischen etwa 3 und 7 Stunden. Die kürzeste Periode hat der Stern HD 68324 mit 2^h36^m. β Cephei hat eine Periode von 4^h34^m, β Canis Maioris von 6^h02^m. Es handelt sich um rasch pulsierende Sterne. Die Helligkeitsamplitude ist außerordentlich klein und übersteigt niemals $0\overset{m}{.}2$. Es sind Unterriesen und Riesen mit Spektraltypen zwischen B0 und B3 und einer Masse um 10 Sonnenmassen. Ihr Durchmesser ist etwa 10mal größer als bei unserer Sonne. Die Lichtkurven sind sinusähnlich. Die Pulsationen erfolgen offenbar nicht radial. Vielmehr kommen auf diesen Sternen eher transversal über die Oberfläche laufende Wellen vor.

VV Cephei-Sterne (VV Cephei stars). Eine Gruppe von Bedeckungsveränderlichen, die im weiteren Sinne zu den ζ Aurigae-Sternen gehören, bei denen der Hauptstern ein Überriese mit dem Spektraltyp M ist, während der Begleiter einen blauen Überriesen, meist vom Spektraltyp B, oder einen anderen Riesenstern darstellt. Das Spektrum zeigt zahlreiche Emissionslinien. Der Hauptvertreter dieser Gruppe, VV Cephei, verfügt über einen Überriesen vom Spektraltyp M2 als Hauptstern, der 1600mal im Durchmesser größer sein dürfte als unsere Sonne. Seine absolute visuelle Leuchtkraft beträgt $-4\overset{m}{.}0$. Die Komponente dieses Systems, die den Hauptstern in 7430 Tagen umläuft, gehört dem Spektraltyp B9 an. Er hat etwa den 13fachen Sonnendurchmesser und eine absolute Leuchtkraft von $-2\overset{m}{.}3$. Der Hauptstern hat möglicherweise 18 Sonnenmassen, der Begleiter 20 Sonnenmassen. Die Bedeckung dauert 1,3 Jahre.

Cepheus, Kepheus. Ein Sternbild am nördlichen Himmel, das zu den Zirkumpolarsternen Mitteleuropas zählt. Der griechischen Sage nach war C. der König von Äthiopien und der Gemahl der Cassiopeia. Hauptstern ist Alderamin. Neben dem Stern δ Cephei, dem Hauptvertreter der → Cepheiden, ist auch noch der Stern μ Cephei bemerkenswert. Es handelt sich hier um einen unregelmäßig Veränderlichen mit einer tiefroten Farbe, weswegen er gelegentlich als »Granat-Stern« bezeichnet wird. Seine Helligkeit schwankt zwischen etwa $3\overset{m}{.}6$ und $5\overset{m}{.}1$. Mit seinem Spektraltyp von M2 zählt er zu den roten Überriesen. Sein Durchmesser ist 70mal größer als der der Sonne, die Entfernung beträgt etwa 1600 Lichtjahre. Der C. liegt inmitten der Milchstraße.

Cerenkov-Strahlung (Cerenkov radiation). Eine oft im sichtbaren Bereich liegende Strahlung, die durch elektromagnetische Schockwellen beim Eindringen elektrisch geladener Teilchen in ein Medium hervorgerufen wird, in dem sich diese mit einer Geschwindigkeit bewegen, die größer ist als die Lichtgeschwindigkeit in dem betreffenden Stoff. Es handelt sich dabei um das elektromagnetische Gegenstück zu einer akustischen Schockwelle oder einem Überschallknall. Die eindringenden Teilchen verlieren dabei fortlaufend durch Strahlung an Energie, bis ihre Geschwindigkeit unter die Lichtgeschwindigkeit in dem betreffenden Medium abgesunken ist.

Ceres. Der erste Kleinplanet, der am 1. 1. 1801 von G. Piazzi (1746–1826) entdeckt wurde, als dieser einen Fehler in einem Sternverzeichnis durch eigene Beobachtungen verbessern wollte. Piazzi hielt das neuentdeckte Objekt zunächst für einen Kometen. Seine weiteren Beobachtungen bis zum 11. 2. 1801 wurden durch eine Erkrankung unterbrochen. C. F. Gauß (1777–1855) berechnete darauf mit einer von ihm entwickelten Methode die Bahn des Objekts. Es zeigte sich, daß es sich um einen Planeten zwischen Mars und Jupiter handeln mußte. Aufgrund dieser Berechnungen gelang es am 7. 12. 1801 F. X. Zach (1754–1832), den Planeten wieder aufzufinden. C. ist der größte Kleinplanet. Sein Durchmesser beträgt 1020 km, seine mittlere Entfernung von der Sonne 2,7673 AE oder 414 Mill. km. Die Bahnexzentrizität ist 0,079, die Bahnneigung 10,6°. C. rotiert in $9^{h}7^{m}$ um seine Achse. Die Umlaufzeit um die Sonne beträgt 1682 Tage, die mittlere Umlaufgeschwindigkeit 17,9 km/s. Die Masse liegt bei etwa 10^{24} g, die Dichte bei 3 g/cm^3, die Albedo (photographisch gemessen) bei 0,06. Das Spektrum legt nahe, daß C. mit einem kohlenstoffhaltigen Chondriten vergleichbar ist.

Cerro-Tololo-Observatory, Cerro Tololo Inter-American Observatory. Ein interamerikanisches Observatorium auf dem 2200 m hohen Cerro Tololo südöstlich La Serena in Chile. Es wird von mehreren amerikanischen Instituten, die für dieses Observatorium auf der Südhalbkugel unter der Bezeichnung National Optical Astronomy Observatories (NOAO, früher AURA) zusammengeschlossen sind, betrieben. Nachdem 1976 die ersten Teleskope eingesetzt wurden, sind heute u. a. ein 4 m-Teleskop als Schwesterinstrument des gleich großen Spiegels des Kitt Peak National Observatoriums in Arizona, ein 1,5 m-, 1,0 m- und ein 92 cm-Teleskop verfügbar.

CETI. Abk. für »Communication with extraterrestrial intelligence«; → SETI.

***o* Ceti.** → Mira.

***τ* Ceti.** Ein Stern in 11,7 Lichtjahren Abstand und dem Spektraltyp G8. Er wurde im Rahmen des Projekts Ozma und auch später wiederholt auf künstliche Radiosignale hin erfolglos untersucht.

UV Ceti. Hauptvertreter der → Flackersterne. UV C. ist die lichtschwächere Komponente des Doppelsterns Luyten 726–8 in 8,8 Lichtjahren Entfernung mit einer Umlaufzeit von 26,5 Jahren. Die beiden Sterne haben eine Helligkeit von $12\overset{m}{,}5$ bzw. $13\overset{m}{,}0$, den Spektraltyp M6 und eine Leuchtkraft vom 0,00006 bzw. 0,00003fachen der Sonnenleuchtkraft. Sie haben je 0,15 Sonnenmassen. UV C. zeigt gelegentlich starke Helligkeitsausbrüche. Der spektakulärste Flare war am 25. 9. 1952, bei dem die Helligkeit innerhalb von 31 Sekunden um über 6 Größenklassen auf $6\overset{m}{,}8$, etwa um das 400fache anstieg. In einem Fall betrug der Anstieg $2\overset{m}{,}8$ pro Sekunde. Die Flares konnten auch im Radiowellengebiet festgestellt werden.

UV Ceti-Sterne. → Flackersterne.

ZZ Ceti-Sterne (ZZ Ceti stars). Weiße Zwergsterne mit kurzperiodischen Helligkeitsschwankungen zwischen 3 und 20 Minuten und einer Amplitude zwischen $0^m_,01$ und $0^m_,3$. Die Ursache sind vermutlich nichtradiale Pulsationen.

Cetus. Lateinische Bezeichnung für das Sternbild Walfisch.

Cetus-Bogen (Cetus arc). Ein gasförmiger Nebelbogen, der wahrscheinlich etwa 330 Lichtjahre entfernt ist. Sein Mittelpunkt liegt nahe dem Stern β Pegasi. Möglicherweise handelt es sich um den Überrest einer Supernova.

chaldäische Periode. → Saroszyklus.

Challenger. Name eines amerikanischen Space Shuttle. Beim 10. Start am 28. 1. 1986 erfolgte eine Explosion, bei der die Astronauten F. Scobee, M. Smith, C. McAuliffe, G. Jarris, R. McNair, E. Onizuka und J. Resnik ums Leben kamen. Mit ihren Namen wurden in obiger Reihenfolge die Kleinplaneten 3350 bis 3356 benannt.

Chamäleon (Chameleon). Ein kleines Sternbild am Südhimmel, das von Mitteleuropa aus nicht beobachtet werden kann. Die lateinische Bezeichnung ist Chamaeleon, die Abk. Cha. Das Sternbild wurde erst von J. Bayer (1572–1625) in die Sternbilderkunde eingeführt. Der Hauptstern α Chamaeleonis ist nur $4^m_,1$ hell und 78 Lichtjahre entfernt.

Chandlersche Periode (Chandler's period). Nach S. C. Chandler (1846–1913) benannte periodische Schwankung der Erdpole mit einer Periode zwischen 416 und 433 Tagen und einem Mittelwert von 428 Tagen. Die Pole wandern dabei maximal 15 m um eine mittlere Position.

Chandrasekhar-Grenze (Chandrasekhar limit). Eine von S. Chandrasekhar (1910–1995) berechnete obere Grenze für die Masse von weißen Zwergsternen, die bei 1,44 Sonnenmassen liegt. Sterne, die eine höhere Masse aufweisen, degenerieren am Ende ihrer Entwicklung zu einem Neutronenstern oder einem Schwarzen Loch.

Chandrasekhar-Schönberg-Grenze (Chandrasekhar-Schoenberg limit). Ein Grenzwert, der in der Sternentwicklung eine Rolle spielt. Bei einem Stern, der sich auf der Hauptreihe des → Hertzsprung-Russell-Diagramms befindet, verwandelt sich im Innern Wasserstoff zu Helium. Wenn der Heliumkern einen Betrag von 12% der Gesamtmasse des Sterns überschreitet, kann der Stern nicht mehr länger durch kleinere Veränderungen sein Gleichgewichtsstadium aufrechterhalten. Vielmehr wird er sich in der Folge ausdehnen und von der Hauptreihe in Richtung zum roten Riesen-Ast des Hertzsprung-Russell-Diagramms wegwandern.

Chaos-Ära (Chaos era). Ein nur bis 10^{-43} s nach dem Urknall (Big Bang) andauernder Zeitraum, der physikalisch vorläufig nicht zu beschreiben ist. Vielleicht spielten hier Phänomene der Quantengravitation eine beherrschende Rolle. Aus einem »schaumigen«, gequantelten Gravitationsfeld könnten gegen Ende dieses Zeitraums die ersten materiellen Teilchen entstanden sein. Außerdem vermutet man, daß zu dieser Zeit alle vier heute vorkommenden Naturkräfte (Wechselwirkungen), also Gravitation, elektromagnetische, schwache Wechselwirkung und starke Kernkraft, damals in einer »Superkraft« vereinheitlicht waren (→ Universum). Am Ende dieses frühen Entwicklungsabschnittes betrug die Temperatur des Universums 10^{33} K und die Dichte 10^{94} g/cm^3. Sie wurde von der → Quark-Ära abgelöst.

Chaos-Theorie (Chaos theory). Eine moderne mathematische und physikalische Theorie, die besagt, daß viele mechanische Vorgänge nicht für alle Zeiträume exakt vorausberechenbar sind. Schon kleinste Unterschiede in den Anfangsbedingungen können zu völlig unterschiedlichen Resultaten führen. In

chaotischen Systemen ist das starke Kausalitätsprinzip (»Ähnliche Ursachen haben ähnliche Wirkungen«) aufgehoben. Das schwache Kausalitätsprinzip (»Gleiche Ursachen haben gleiche Wirkungen«) bleibt dagegen erhalten. Als Beispiel gelten die Wettervorgänge in der Erdatmosphäre. Auf die Himmelsmechanik angewandt, bedeutet dies, daß man die Bewegungen der Himmelskörper, etwa der Planeten um die Sonne, auf viele Millionen oder Milliarden Jahre im voraus nicht genau bestimmen kann. Selbst die schnellsten und exaktesten Rechner wären dazu nicht imstande.
Als »chaotisch« bezeichnet man in Abwandlung von der engeren Formulierung aber auch gelegentlich Bahnen von Kleinplaneten oder anderer Körper, die instabil sind, d. h. wo in absehbarer Zeit Kollisionen mit anderen Himmelskörpern oder zumindest völlig andere Bahnen zu erwarten sind. J. Wisdom fand z. B. bei 300 Kleinplaneten, die sich nahe der 1 : 3 Kommensurabilität zur Jupiterbahn befinden, daß sich 89 Kleinplaneten chaotisch verhalten. Eine chaotische Bahn beschreibt auch z. B. → Chiron.

Charge-coupled device. Ein kompliziert aufgebauter Halbleiterphotodetektor, der seit Jahren auch z. B. in der Technik der Videokameras (»Camcorder«) benutzt wird (Abk. CCD). Er besteht aus etwa 1000 × 1000 und mehr rasterförmig angeordneten lichtempfindlichen Elementen (Pixel) mit einem Durchmesser von unter 10 bis 30 mm auf einem etwa 1 cm^2 großen Siliciumchip. Heute lassen sich auf einem einzigen Chip einige Millionen Pixel unterbringen. In ihnen werden bei Lichteinfall elektrische Ladungen aufgebaut, die mittels einer ausgeklügelten Schaltung Zeile für Zeile an den Bildrand geschoben und dort ausgelesen werden. CCD's finden in der astronomischen Praxis vielfältige Anwendungen. Tatsächlich kann man CCD's als eine elektronische Weiterentwicklung der Photographie ansehen. Dabei steigt die Lichtempfindlichkeit gewaltig: Eine Aufnahme, für die bei der Photographie Stunden erforderlich sind, bewältigt ein CCD in wenigen Minuten. Ein verhältnismäßig kleines Teleskop kann damit Sterne und andere kosmische Objekte erfassen, für die mit der herkömmlichen Photographie die größten Instrumente erforderlich wären. CCD's können auch viel größere Helligkeitsunterschiede verarbeiten. Die heutigen CCD's besitzen einen Dynamikbereich von über 100000 : 1. Die Datenflut ist bei Anwendung von CCD's so groß, daß diese nur in Verbindung mit leistungsfähigen Computern eingesetzt werden können. Ferner bedarf es einer umfassenden Software-Bibliothek, die kosmische Objekte automatisch nach ihrer Helligkeit, Farbe oder anderen Faktoren klassifiziert und untersucht. Ein großer Vorteil der CCD-Technik gegenüber der Photographie ist auch der Umstand, daß sie auf einen viel breiteren Spektralbereich und viel gleichmäßiger ansprechen. Außerdem können die Ergebnisse leicht auf Magnetband gespeichert werden. Dagegen ist allerdings die Photographie bei der Wiedergabe großer Himmelsfelder noch überlegen. Auch für Amateurastronomen bietet die CCD-Technik schöne Anwendungsmöglichkeiten.

Charon. Bezeichnung des Satelliten von Pluto. Er wurde 1978 von W. Christy entdeckt und ist im Mittel 19100 km von Pluto entfernt. Seine Umlaufzeit beträgt 6,387 Tage. Die Bahnexzentrizität ist fast 0. Sein Durchmesser dürfte bei etwa 1190 km, seine Masse bei etwa 1/10 der Plutomasse liegen. Die Dichte des Satelliten liegt bei etwa 1 g/cm^3, so daß C. fast nur aus Eis bestehen dürfte.

Chemischer Ofen (Furnace). → Ofen.

Chicxulub-Struktur, Chicxulub-Krater (Chicxulub Crater). Ein verschütteter Riesenkrater mit etwa 180 km Durchmesser auf der Halbinsel Yukatan (Mexiko), der 65 Mill. Jahre alt sein soll und möglicherweise auf den Einschlag eines etwa 10 km großen Kleinplaneten zurückgeht. Dieser impact könnte Ursache (oder Teilursache) des an der Grenze von der Kreide- zur Tertiär-Zeit (K-T-Grenze) eingetretenen gewaltigen Artensterbens sein (verkürzt oft unter dem Schlagwort »Sauriersterben« bekannt). Die einzige sichtbare Spur des Kraters scheint der sog. Cenoten-Ring zu sein. Dabei handelt es sich um kreisförmig um einen Punkt 17 km östlich der Küstenstadt Progreso angeordnete, 50 bis 150 m große häufig als Brunnen benutzte Wasserlöcher (»sink holes«). Der Cenoten-Ring könnte den Rand des im übrigen zum Teil auch im Meer versunkenen Riesenkraters darstellen (→ Dinosaurier-Sterben).

Chiron. Ein von C. T. Kowal 1977 entdecktes Objekt (ursprüngliche Bezeichnung 1977 UB), das er auf Platten des 48″-Schmidt-Spiegels auf dem Mt. Palomar fand. Zur Zeit der Entdeckung war es 18^{m} hell und erschien punktförmig. Spätere Berechnungen zeigten, daß die Bahn dieses Körpers größtenteils zwischen Saturn und Uranus liegt. Ein Teil der Bahn ragt jedoch noch in die Saturnbahn hinein. Die halbe große Bahnachse von C. beläuft sich auf 2050 Mill. km. Die Bahnexzentrizität beträgt 0,38. Damit schwankt die Entfernung C.-Sonne zwischen etwa 1272 Mill. km und 2830 Mill. km. Die Umlaufzeit beträgt 50,7 Jahre, die Bahnneigung 6,9°. C. durchläuft am 14. 2. 1996 das Perihel seiner Bahn und wird dann voraussichtlich eine Helligkeit von 15^{m} (visuell) erreichen. Der Durchmesser von C. dürfte etwa 200 km betragen. C. zeigt seit 1988 eine Koma. Damit ist er nicht wie zunächst angenommen ein Kleinplanet, sondern ein Komet. Er trägt jetzt die Bezeichnung 95P/Chiron. Neuerdings entdeckte man noch andere Objekte mit ähnlichen Bahnen (→ Centaur).

Chondren, Chondrulen (chondrules). Kleine, kugelförmige Körner von mikroskopischer Größe oder aber auch von der Größe etwa eines Kirschkerns, die im allgemeinen aus Verbindungen von Silicium mit Eisen, Aluminium und Magnesium zusammengesetzt sind. Die C. weisen auf die Frühgeschichte des Sonnensystems zurück und wurden in irdischen Gesteinen bisher niemals gefunden. Vermutlich entstanden sie in dem die Sonne umgebenden Nebel durch Zusammenstöße zwischen Körnern hoher Geschwindigkeit, die sich rasch abkühlten (→ Chondrite).

Chondrite (chondrite). Eine Gruppe der Meteoriten, die steinförmig sind, aber wegen einer vermutlich raschen Abkühlung aus kleinen einzelnen Kügelchen (Chondren) zusammengesetzt sind. Die kohlenstoffhaltigen C. enthalten keine Chondren.

christliche Ära (Christian era). Die Gepflogenheit, die Jahre von der Geburt Christi an zu zählen. Der römische Mönch Dionysius Exiguus hatte im Jahre 525 entsprechende, allerdings unrichtige Berechnungen des Geburtszeitpunkts Christi durchgeführt. Heute wissen wir, daß Christus vermutlich etwa 7 Jahre vor der Zeitrechnung geboren sein muß.

chromatische Aberration (chromatic aberration). → Aberration.

Chromosphäre (chromosphere). Eine Schicht der Sonnenatmosphäre, die zwischen der Photosphäre und der Sonnenkorona liegt. Sie besteht tatsächlich aus zwei Zonen: Die untere C. ist noch verhältnismäßig kühl und verfügt über eine Temperatur von etwa 7500 K. Die Höhe beträgt 4000 km. Innerhalb dieser

Schicht geht die Gasdichte von 10^{-8} auf 10^{-13} g/cm^3 zurück. Sie besteht im wesentlichen aus neutralem Wasserstoff. Die obere C. erstreckt sich bis auf eine Höhe von 12000 km. Dort ist die Dichte auf 10^{-16} g/cm^3 abgefallen. Sie enthält im wesentlichen ionisierten Wasserstoff bei einer Temperatur von bis zu 1 Million Kelvin. Sie zeigt ein Emissionsspektrum. Der Name C. (dt. »Farbschicht«) rührt daher, daß diese Schicht bei einer totalen Sonnenfinsternis wenige Sekunden vor oder nach der Totalität als ein rötlicher Saum erscheint.

chromosphärische Eruption. → Eruption.

Chronograph (chronograph). Ein Instrument zur Registrierung der Zeit. Es besteht aus einem sich weiterbewegenden Papierstreifen, auf dem in gleichmäßigen Abständen, meist Sekundenabständen, Markierungen aufgetragen werden. Bei der Beobachtung bestimmter astronomischer Ereignisse, wie z. B. den Meridiandurchgängen von Sternen, kann der Beobachter auf den C.streifen zusätzliche Markierungen geben. Bei einer nachträglichen Auswertung der C.streifen ist dann der Zeitpunkt des betreffenden astronomischen Ereignisses mit großer Genauigkeit feststellbar. Früher drückte der Beobachter beim Eintritt des Ereignisses direkt auf einen Schreibstift oder eine Morsetaste, die am oder in der Nähe des C. angeordnet waren. Heute werden diese Kontakte oft auf automatischem Wege übermittelt.

Chronologie (chronology). Die Wissenschaft von der Einteilung der Zeit, der Zeitrechnung und des Kalenderwesens. Zur astronomischen C. gehört aber auch die Aufgabe, bestimmte historische Ereignisse, die mit astronomischen Vorgängen verknüpft sind, zu datieren. Die historische C. beschäftigt sich mit den verschiedenen Systemen der Zeitrechnung bei früheren Völkern und Kulturen.

Chronometer (chronometer). Ein Zeitmesser, der aus einer tragbaren Uhr besteht. Meist werden diese Geräte zu Navigationszwecken benutzt. 1761 stellte Harrison für die britische Admiralität das erste genaue C. her. Die meisten C. befinden sich in einem Holzkasten, in denen sie mit zwei Ringen, ähnlich wie bei Kompassen, so aufgehängt sind, daß sie bei Schwankungen des Schiffes möglichst unbewegt bleiben.

Chronoskop (chronoscope). Ein Zeitmeßgerät, wie z. B. eine Stoppuhr oder ein → Chronograph.

Chubb-Krater (Chubb Crater). Ein 1950 anhand von Luftaufnahmen entdeckter Meteoritenkrater auf der Ungava-Halbinsel in Kanada. Sein Durchmesser beträgt 3600 m, seine Tiefe maximal 400 m.

Circinus. Lateinische Bezeichnung für das Sternbild Zirkel.

Circinus X-1. Eine Röntgenquelle im Sternbild Zirkel, die rasch veränderlich ist. Viele ihrer Eigentümlichkeiten ähneln der Röntgenquelle → Cygnus X-1.

Cirrus-Nebel, Zirrus-Nebel, Cygnus-Nebel (Cirrus Nebula, Veil Nebula, Filamentary Nebula). Ein nur noch teilweise erhaltener ringförmiger Nebel im Sternbild Schwan, der wahrscheinlich der Überrest einer etwa 30000 Jahre alten Supernova vom Typ II ist. Er ist auch eine Radio- und Röntgenquelle (Cygnus X-5). Die Expansionsgeschwindigkeit beträgt rund 100 km/s. Die Entfernung ist etwa 2500 Lichtjahre. Eigentlich versteht man unter dem C.-N. nur den einen Teil des Rings, der etwa die Gestalt einer federförmigen Cirruswolke hat. Der andere Teil wird gelegentlich als Sturmvogel-Nebel bezeichnet.

cislunar. Aus dem Lateinischen stammende Bezeichnung, die »zwischen Erde und Mond gelegen« bedeutet.

Clementine. Eine 1994 gestartete amerikanische Raumsonde zur Erforschung des Mondes. Ziel war u.a. eine mineralogische Karte des Mondes mit 200 m Auflösung. Der Vorüberflug an zwei Kleinplaneten mußte aber aufgegeben werden. Jedoch ist eine Wiederaufnahme des Unternehmens vorgesehen.

Clepshydra. Eine Wasseruhr.

C-N-O-Zyklus (CNO cycle). Ein atomarer Kernprozeß im Innern der Sterne (→ Energieerzeugung).

COBE. Abk. für → Cosmic Background Explorer.

Coelostat, Zoelostat (coelostat). Ein astronomisches Instrument, dessen deutsche Übersetzung etwa »Himmel steh still!« lauten müßte; dient dazu, die Lichtstrahlen eines Gestirns (besonders der Sonne) in ein Laboratorium zu lenken, damit sie von einem ortsfesten Gerät, z.B. einem Spektrographen, untersucht werden können. Dazu werden meist zwei Spiegel benötigt, von denen der eine beweglich, der andere feststehend ist. Ein C. steht fast immer in Verbindung mit einem Turmteleskop.

Coesit (coesite). Eine Kristallisationsform der Kieselsäure, die nur unter extrem hohem Druck entstehen kann. Auf der Erde kann C. daher vor allem in der Nähe von Meteoritenkratern oder den Aufschlagstellen größerer Meteoriten gefunden werden. Jedoch ist C. auch auf synthetischem Wege herstellbar.

Columba. Lateinische Bezeichnung für das Sternbild Taube.

Columbus. Ein europäisches Projekt von Bauelementen für die für Ende der 90er Jahre geplante, aber immer noch umstrittene amerikanisch-europäische Raumstation → Freedom mit bemanntem Labor für wissenschaftliche Experimente unter den Bedingungen der Mikrogravitation, frei fliegendem Labor für Materialforschung und Herstellung von Kristallen und unbemannter polarer Plattform zur Erderkundung. Trotz finanzieller Schwierigkeiten wurde im November 1992 zunächst beschlossen, das Projekt bei einigen Kürzungen und einer zeitlichen Streckung fortzuführen. Die endgültige Entscheidung steht aber noch aus.

Coma Berenices. Lateinische Bezeichnung für das Sternbild Haar der Berenike.

Coma-Galaxienhaufen (Coma cluster of galaxies). Ein symmetrisch aufgebauter Nebelhaufen (Galaxienhaufen), der etwa 800 Einzelobjekte enthält, vor allem vom Typ E und SO. Die Entfernung beträgt etwa 368 Lichtjahre. Die Masse dürfte etwa 400 Bill. Sonnenmassen oder $8 \cdot 10^{47}$ g betragen. Der Durchmesser des gesamten Haufens beläuft sich auf etwa 10 Mill. Lichtjahre.

Coma-Haufen (Coma galactic cluster). Ein offener Sternhaufen von etwa 100 Sternen in etwa 260 Lichtjahren Entfernung. Viele dieser Sterne können bereits mit bloßem Auge beobachtet werden.

Coma X-1. Eine ausgedehnte Röntgenquelle innerhalb des → Coma-Galaxienhaufens mit der Bezeichnung 2U 1257 +28.

Compton-Effekt (Compton effect). Die Abnahme der Frequenz (oder Zunahme der Wellenlänge) einer Strahlung hoher Energie, wie z.B. einer Röntgenstrahlung, die hervorgerufen wird, wenn die Photonen dieser Strahlung einen Teil ihrer Energie beim Zusammenstoß mit freien Elektronen verlieren.

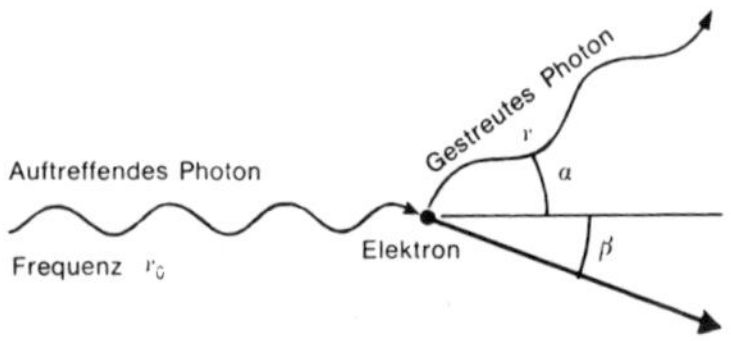

Compton-Effekt

Computer. C. finden in der Astronomie eine nicht mehr wegzudenkende Anwendung. Dies gilt zunächst für die Erstellung von Ephemeriden, Jahrbüchern u.ä., darüber hinaus auch für die Entwicklung theoretischer Modelle, etwa des Sternaufbaus oder der Sternentwicklung, von Bewegungen in Sternsystemen usw. Eine wichtige Anwendung ergibt sich ferner bei der Dokumentation und Auswertung der von astronomischen Instrumenten, aber auch von Satelliten und Raumsonden anfallenden Datenflut, sowie von Bildern. Auch herkömmliche Photographien können digitalisiert und bearbeitet werden (»C.bild«). C. können auch Teleskope und Raumsonden steuern.

Personal C. (PCs) leisten auch für den Amateurastronom wertvolle Dienste, etwa bei der Speicherung ganzer Sternkataloge und -atlanten, bei der Berechnung und Darstellung von Himmelsereignissen für verschiedene Orte und Zeitpunkte, Simulationen astronomischer Vorgänge usw. Eine Ergänzung sind hierzu CD-ROMs (»Compact Disc Read Only Memory«), eine Weiterentwicklung der von der Audio- und Videotechnik her bekannten CD-Platten. Eine einzige CD-ROM kann 685 Megabyte speichern. Das entspricht etwa 6000 Grafiken oder 300 000 Textseiten.

Connaissance des Temps. Ein seit 1679 in Frankreich herausgegebenes astronomisches Jahrbuch.

Copernicus. 1. Einer der auffälligsten Mondkrater, der am Rande des Oceanus Procellarum liegt. Sein Durchmesser beträgt 90 km, sein Wall erhebt sich auf ungefähr 5600 km über die Mondoberfläche. In seinem Innern liegen mehrere Zentralberge. Außerdem ist der Krater Ausgangspunkt eines auffälligen Strahlensystems.

2. Ein amerikanischer Forschungssatellit, der auch die Bezeichnung OAO-3 trägt (OAO = Orbiting Astronomical Observatory, d.h. kreisendes astronomisches Observatorium). C. wurde am 21. 8. 1972 gestartet und enthielt vor allem Einrichtungen zur Erforschung der Ultraviolettstrahlung, der Röntgenstrahlung und Gammastrahlung des Weltalls. Seine mittlere Umlaufhöhe betrug anfänglich 745 km, seine Bahnneigung zum Äquator 35°.

coplanar. Die aus dem Lateinischen stammende Bezeichnung bedeutet »in derselben Bahnebene liegend«, d.h. die Bahnebenen zweier oder mehrerer Himmelskörper fallen zusammen.

Cor Caroli. Der Hauptstern des Sternbilds Jagdhunde. Der Name bedeutet »Herz Karls«. Damit sollte der englische König Karl II. (1630–1685, Regierungszeit ab 1660) geehrt werden. Bei seiner Rückkehr nach London am 29. 5. 1660 soll der Stern angeblich besonders hell geleuchtet haben. Außerdem fiel in seine Regentschaft die Gründung der Sternwarte Greenwich. C.C. oder α Canum venaticorum ist 118 Lichtjahre entfernt und 80mal heller als die Sonne. Es handelt sich um einen Doppelstern $2\overset{m}{.}9$ und $5\overset{m}{.}4$, der bei einer Distanz von knapp 20″ bereits in kleinen Fernrohren getrennt werden kann. Der Hauptstern ist Hauptvertreter der → α^2 Canum venaticorum-Sterne. Seine Lichtwechselperiode beträgt 5,469 Tage. Im Spektrum zeigen sich besonders auffällige Linien seltener Erden sowie von Eisen und Silicium. Auch → magnetische Sterne.

Cordelia. Der 1986 von Voyager 2 entdeckte innerste Uranussatellit VI. Sein mittlerer Abstand von Uranus beträgt 49 770 km, seine Umlaufzeit 0,335 Tage. Bahnexzentrizität und Bahnneigung sind fast 0. Der Durchmesser liegt zwischen 25 und 50 km. Zusammen mit Ophelia spielt C. die Rolle eines Hirtenmondes für den Epsilon-Ring von Uranus.

Cordoba-Durchmusterung. Der in Cordoba erstellte südliche Teil der → Bonner Durchmusterung.

Coriolis-Effekt (Coriolis effect). Ein von C. G. Coriolis (1792–1843) entdeckter Effekt, der auf das Trägheitsprinzip zurückzuführen ist. Ein Geschoß, das beispielsweise auf der Nordhalbkugel der Erde in nördlicher Richtung abgeschossen wird, nimmt die Rotationsgeschwindigkeit seines Abschußortes bei seinem Flug nach Norden mit. Da in höheren nördlichen Breiten die Rotationsgeschwindigkeit der Erde aber kleiner ist, muß das Geschoß in östlicher Richtung vorauseilen. Der umgekehrte Fall tritt bei einem Abschuß von Norden nach Süden in Richtung Erdäquator ein. Der C.-E. muß vor allem beim Abschuß von künstlichen Erdsatelliten berücksichtigt werden. Aber auch in der Natur spielt er bei Wind- und Meeresströmungen eine Rolle, z. B. beim Passat.

Corona Australis. Lateinische Bezeichnung für das Sternbild südliche Krone.

Corona Borealis. Lateinische Bezeichnung für das Sternbild nördliche Krone.

R Coronae Borealis-Sterne (R Coronae Borealis stars). Eine Klasse von Veränderlichen, die aus Überriesen hoher Leuchtkraft bestehen. Ihre Spektren zeigen einen hohen Reichtum an Helium, Kohlenstoff, jedoch eine relative Wasserstoffarmut an. Es handelt sich um eruptive Veränderliche, deren Hauptvertreter der Stern R Coronae Borealis ist.

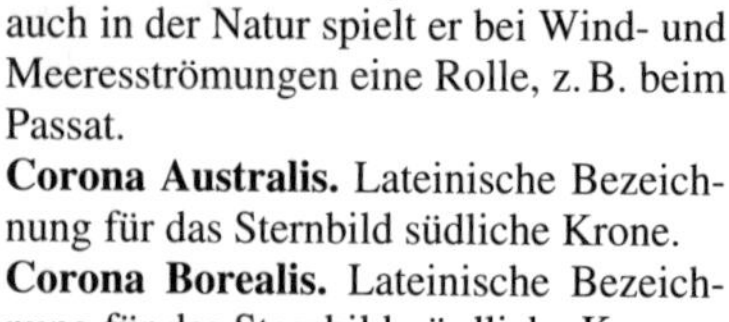

Lichtkurve von R Coronae Borealis

Er ist etwa 5000 Lichtjahre entfernt. Sein Spektraltyp liegt bei etwa F8 bis G0 und zeigt einen starken Infrarot-Überschuß und eine besonders hohe Lithium-Häufigkeit. Seine Helligkeit schwankt zwischen der 6. und 14. Größenklasse. Über längere Zeit hinweg zeigen diese Veränderlichen eine konstante Helligkeit, fallen dann aber plötzlich um mehrere Größenklassen ab. Eine wirklich befriedigende Erklärung für das Verhalten dieser Sterne gibt es noch nicht. Die Theorien reichen von der Auskondensierung fester Kohlenstoffteilchen, also regelrechter Rußwolken, in der Photosphäre dieser Sterne, bis zu Verfinsterungen durch höher schwebende oder sogar die Sterne umgebende Wolken (ähnlich der Entstehung von planetarischen Nebeln?), um nur die wichtigsten Vorschläge zu erwähnen. In der Umgebung von R Coronae Borealis selbst konnte der Infrarotsatellit IRAS tatsächlich eine 25 bis 30 K kalte Staubwolke mit einem Durchmesser von rund 30 Lichtjahren nachweisen.

Corvus. Lateinische Bezeichnung für das Sternbild Rabe.

COS B. Ein am 9. 8. 1975 gestarteter Gammastrahlen-Satellit der ESA.

Cosmic Background Explorer. Ein am 18. 11. 1989 gestarteter Satellit der NASA, der die kosmische Hintergrundstrahlung und eine diffuse Infrarot-Hintergrundstrahlung gemessen hatte, um Aufschluß über die frühen Phasen in der Entwicklung des Universums zu erhalten (Abk. COBE). Es konnten noch Temperaturdifferenzen von einem Zehntel eines Millionstel K erfaßt werden. COBE führte 1992 zu dem für die Kosmologie wichtigen Resultat, daß es in der kosmischen Hintergrundstrahlung tatsächlich Unregelmäßigkeiten in der Form eines chaotischen Musters kühlerer und wärmerer Bereiche mit Differenzen von $3 \cdot 10^{-5}$ K gibt. Dabei zeichnen sich zwar nicht Protogalaxien oder -haufen ab, aber vermutlich deren Vorläufer.

Coudé-System (Coudé system). Ein optisches System, bei dem der Lichtstrahl von dem Hauptspiegel eines Reflektors oder dem Objektiv eines Refraktors mit Hilfsspiegeln oder Prismen in die Polachse des Instruments gespiegelt wird. Dadurch ist eine feste Position des Beobachters oder bestimmter Zusatzgeräte möglich.

Coulomb. Die nach C. A. de Coulomb (1736–1806) benannte Einheit für die elektrische Ladung (Elektrizitätsmenge). Die Abk. ist C. Es ist 1 C die Elektrizitätsmenge, die bei einem Strom der Stärke 1 Ampere in 1 s durch den Leiterquerschnitt fließt.

Crab-Nebel (Crab Nebula). Der gasförmige Überrest einer Supernova im Sternbild Stier (Katalogbezeichnung M 1). Während der letzten Jahrzehnte war der C.-N. eines der meisterforschten astronomischen Objekte. Der expandierende Nebel ist 6300 Lichtjahre entfernt. Der Ausbruch der Supernova vom Typ II ereignete sich am 4. 7. 1054. Der Stern erreichte damals eine scheinbare Helligkeit von mindestens -6^{m} und war nach chinesischen Berichten über etwa 23 Tage hinweg mit freiem Auge am Taghimmel und etwa noch weitere 7 Monate bei allmählich abnehmender Helligkeit am Nachthimmel zu beobachten. Seltsamerweise wurde die Supernova außerhalb Chinas offenbar nur noch in Japan beobachtet. Von Europa liegen keine Beobachtungen vor, was nur unterstreicht, daß es im Mittelalter kaum einigermaßen systematische astronomische Beobachter gab. Dagegen vermuten einige Autoren, daß die Supernova auf indianischen Felszeichnungen aus dem Südwesten der USA wiedergegeben ist. Sie zeigen ein helles Gestirn neben der Mondsichel. Tatsächlich leuchtete die Supernova auf, als die abnehmende Mondsichel in ihrer Nähe stand. Doch können die Felszeichnungen nicht genau datiert werden und zeigen vielleicht auch nur die helle Venus neben dem Mond. Die Entdeckung des C.-N. gelang erst nach Erfindung des Fernrohrs. Die englische Bezeichnung geht auf W. Parsons (Earl of Rosse, 1800–1867) zurück, der im vergangenen Jahrhundert Zeichnungen des Nebels anfertigte, auf denen das Objekt die Gestalt eines Krebses oder einer Krabbe zeigte. In der deutschen Literatur wird der C.-N. deswegen auch oft als Krebs- oder Krabben-Nebel bezeichnet. Die Nebelfasern breiten sich auch heute noch mit einer Geschwindigkeit von etwa 1100 km/s oder etwa 100 Mill. km pro Tag aus. Der C.-N. ist seit langem als eine starke Radioquelle (Taurus A) bekannt. Sein sichtbares Licht ist stark polarisiert. Daraus kann auf ein im Nebel ausgebreitetes Magnetfeld geschlossen werden.

Die Strahlung des Nebels ist eine Synchrotronstrahlung. Spektraluntersuchungen ergaben sowohl ein kontinuierliches Spektrum wie auch einzelne Emissionslinien. Das Kontinuum entsteht in dem diffusen und zentralen Teil des Nebels, der vor allem auf Blauaufnahmen hervortritt. Die hellen Emissionslinien dagegen werden mehr in der Filament-Struktur der äußeren Teile hervorgerufen, wie sie auf Rotaufnahmen besonders gut zu erkennen sind. Das Kontinuum ist gleichfalls eine Synchrotron-Strahlung. Im Innern des C.-N. befindet sich der Crab-Pulsar (NP 0532). Mit 0,0331 Sekunden hat er eine der kürzesten Perioden unter allen bisher bekannten Pulsaren. Auf alle Fälle ist er aber der bisher jüngste Pulsar, solange sich bei der Supernova 1987 A nicht ebenfalls ein Pulsar zeigt. Der Crab-Pulsar ist der kollabierte Überrest des Sterns und ist gleichzeitig ein Neutronenstern. Der Pulsar konnte aber auch im sichtbaren Bereich mit derselben Pulsperiode aufgefunden werden. Dasselbe gilt auch für den Röntgenstrahlen- und Gammastrahlen-Bereich. Die Röntgenquelle im C.-N.

führt auch die Bezeichnung 2U 0531 +22. Die Gesamtausstrahlung des C.-N. beträgt 10^{37} bis 10^{38} erg/s (10^{30} bis 10^{31} J/s). Da der C.-N. nahe der Ekliptik liegt, wird er gelegentlich vom Mond und in jedem Juni auch von der Sonnenkorona bedeckt. Diese Ereignisse können zur genaueren Untersuchung des Nebels und Pulsars herangezogen werden.

CRAF. Abk. für »Comet Rendezvous Asteroid Flyby«, eine zu Kleinplaneten und einem Kometen geplante Raumsonde der NASA. Das Unternehmen wurde 1992 zunächst aus finanziellen Gründen gestrichen.

Crater. Die lateinische Bezeichnung für das Sternbild Becher.

Cressida. Der 1986 von Voyager 2 entdeckte Satellit IX des Uranus. Er ist im Mittel 61 780 km von Uranus entfernt und hat eine Umlaufzeit von 0,464 Tagen. Bahnexzentrizität und Bahnneigung sind fast 0. Der Durchmesser wird auf 60 bis 65 km geschätzt.

Crommelin. Ein zunächst 1818 von J.-L. Pons (1761–1831) entdeckter Komet, der bei späteren Beobachtungen von Crommelin neu identifiziert und nach seinem Namen benannt wurde. Er benötigt 27,9 Jahre zu einem Umlauf um die Sonne und nähert sich dieser im Perihel auf 111 Mill. km. Im Aphel ist er von ihr 2640 Mill. km entfernt. Die Bahnneigung beträgt 28,9°.

Crossley-Reflektor (Crossley Telescope). Ein von G. Calver hergestellter und 1895 von E. Crossley dem Lick-Observatorium auf dem Mount Hamilton gestifteter 91 cm-Reflektor. Seine Brennweite beträgt 5,33 m, sein Öffnungsverhältnis 1 : 5,8.

Crux. Lateinische Bezeichnung für das Sternbild Kreuz.

C-Sterne. → Kohlenstoffsterne.

Curie. Veraltete Einheit für die Radioaktivität. 1 Curie ist die Aktivität eines radioaktiven Kerns mit $3{,}7 \cdot 10^{10}$ Zerfallsprozessen pro Sekunde. → Becquerel.

Cyanometer (cyanometer). Ein Gerät zur Messung oder Schätzung der Blaufärbung des Himmels. Dabei wird eine 17teilige Skala nach Ostwald-Linke benutzt. Es bedeutet: 0 = reinweiß, 16 = ultramarinblau (mit einem Zusatz von schwarz). Die Stufen entsprechen einer logarithmischen Reihe der Weißgehalte. Die höchsten Werte können natürlich nur in höheren atmosphärischen Schichten beobachtet werden.

Cybele. Der Kleinplanet mit der Nr. 65. Er hat einen Durchmesser von 309 km. Im Perihel ist er 450 Mill. km, im Aphel 573 Mill. km von der Sonne entfernt. Die Umlaufzeit beträgt 6,33 Jahre, die Bahnexzentrizität 0,121 und die Bahnneigung 3,5°. C. gehört zu den dunkelsten Kleinplaneten (Albedo vielleicht nur 0,03).

61 Cygni. Ein Doppelsternsystem in 11,1 Lichtjahren Abstand, das aus zwei roten Zwergsternen der Spektraltypen K5 und K7 besteht. Die Umlaufperiode beträgt 720 Jahre. An diesem Stern hatte F. W. Bessel (1784–1846) erstmals eine trigonometrische Parallaxe festgestellt. Eine der Komponenten des Doppelsternsystems verfügt vielleicht über einen unsichtbaren Begleiter, der ihn in 5 Jahren umläuft. Die Masse dürfte etwa 0,008 Sonnenmassen betragen. Neuerdings wird seine Existenz aber wieder bezweifelt.

V 1016 Cygni. Ein bemerkenswertes Objekt, das sowohl im optischen wie auch im Radiowellen- und Infrarot-Bereich untersucht werden kann. Die Entfernung beträgt möglicherweise etwa 6500 Lichtjahre. Vielleicht handelt es sich um einen symbiotischen Stern. Vor 1964 wurde das Objekt als ein Stern mit dem Spektraltyp M eingestuft. Von 1964 bis 1965 stieg die Helligkeit des Sterns um 4 Größenklassen an. Die Radialgeschwindigkeit zeigt eine Periode von 450 Tagen. Seine Infrarot-Veränderlichkeit ähnelt sehr stark denen der Veränderlichen vom Typ Mira. Möglicherweise wurde 1964/65 eine Gashülle abgeworfen und bildet im Laufe der folgenden Zeit einen planetarischen Nebel.

V 1057 Cygni. Ein früherer T Tauri-Stern mit dem Spektraltyp K, der im Jahre 1969 innerhalb 300 Tage um mehr als 5 Größenklassen heller wurde. Nach diesem Ausbruch nahm der Stern die Spektralklasse A1 ein, um 1972 wieder auf den Spektraltyp F zurückzugehen. Innerhalb von 10 Jahren fiel die Helligkeit um 2,5 Größenklassen. Das Objekt hat viele Ähnlichkeiten mit dem Stern FU Orionis. Sehr wahrscheinlich handelt es sich um einen Stern mit über zwei Sonnenmassen, der sich im Frühstadium seiner Entwicklung befindet und noch nicht endgültig die Hauptreihe des → Hertzsprung-Russell-Diagramms erreicht hat. Er sendet außerdem Strahlung im infraroten Wellenlängenbereich aus.

P Cygni-Sterne (P Cygni stars). Eine Sternklasse, die nach dem Stern P Cygni benannt wurde, der fast 6000 Lichtjahre entfernt ist, den Spektraltyp B1 hat und eine scheinbare Helligkeit von 5^m aufweist. Die Leuchtkraft ist über 700000mal größer, der Durchmesser 75mal und die Masse 50mal größer als bei der Sonne. Die Oberflächentemperatur beträgt 19000 K. In der Umgebung wurde ein Radiobogen als möglicher Überrest einer früheren Gashülle entdeckt. Das Spektrum zeigt starke Emissionslinien, ähnlich denen, die bei Wolf-Rayet-Sternen beobachtet werden können. Auf der kurzwelligen Seite dieser Linien befinden sich Absorptionskomponenten, die offenbar auf expandierende, dünne Gasschalen zurückzuführen sind. Diese Sterne verlieren pro Jahr immerhin 1/10000 Sonnenmasse. Schon dies zeigt, daß es sich hier nur um ein vorübergehendes Entwicklungsstadium handeln kann. Neuerdings wird diese Sternklasse auch S Doradus-Sterne genannt, da das P Cygni-Phänomen einen rein spektroskopischen Befund darstellt, der auch bei vielen anderen Sternen vorkommt.

SS Cygni-Sterne (SS Cygni stars). Eine Unterklasse der Zwergnovae. SS Cygni selbst ist ein spektroskopischer Doppelstern, dessen Komponenten mit 1,33 bzw. 0,80 Sonnenmassen die Spektralklassen B und K5 zeigen. Die Umlaufzeit beträgt 6^h38^m. Die mittlere Zeit, die zwischen zwei Eruptionen liegt, ist 54 Tage. Möglicherweise handelt es sich auch um sporadische Röntgenquellen.

Cygnus. Lateinische Bezeichnung für das Sternbild Schwan.

NML Cygnus. Ein Infrarotstern im Schwan, dessen Name sich daher ableitet, daß er von Neugebauer, Martz und Leighton entdeckt wurde. Sein Spektraltyp ist M6, seine Oberflächentemperatur nur etwa 700 K. Vielleicht ist er etwa 650 Lichtjahre entfernt, seine Radialgeschwindigkeit beträgt –43 km/s. In seinem Spektrum konnten Kohlendioxid und das OH-Molekül entdeckt werden.

Cygnus A. Die nach der Sonne und Cassiopeia A drittstärkste Radioquelle am gesamten Himmel. Die Entfernung beträgt etwa 650 Mill. Lichtjahre. Früher hielt man sie fälschlich für den Zusammenstoß zweier Galaxien. Später wurde sie als eine bemerkenswerte doppelte Radiogalaxis mit einem Jet erkannt, die gleichzeitig eine Röntgenquelle ist (2U 1957 +40).

Cygnus-Nebel. → Cirrus-Nebel.

Cygnus X-1. Eine Röntgenquelle in etwa 8150 Lichtjahren Entfernung. Die Röntgenstrahlung erfolgt vor allem im 1–10 KeV-Bereich, aber auch harte Röntgenstrahlen von 50–300 KeV sowie Gammastrahlen werden ausgesandt. Es handelt sich um ein Doppelsystem, dessen sichtbare Komponente ein Überriese mit der scheinbaren Helligkeit 9^m und dem Spektraltyp O9 ist. Die Masse dürfte etwa 30 Sonnenmassen betragen. Im Spektrum zeigen sich rasche Veränderungen, die sich bereits innerhalb weniger Stunden abspielen. Der Begleiter dürfte ein kollabierter Stern von wenigstens 6 Sonnenmassen sein. Er umläuft den Hauptstern in 5,5998 Tagen, die Bahnexzentrizität beträgt etwa 0,6, die Bahnneigung etwa 27°. Es könnte sich um ein Schwarzes Loch handeln.

Weitere bemerkenswerte Röntgenquellen im selben Sternbild sind Cygnus X-2, die optisch mit einem unregelmäßig veränderlichen Stern identifiziert werden konnte; Cygnus X-3, ein Doppelsternsystem mit einer Periode von 4,8 Stunden, das 1966 entdeckt wurde und auch eine Quelle von Infrarotstrahlung, kosmischer Strahlung und einer stark veränderlichen Radiostrahlung ist (wegen der starken interstellaren Absorption ist eine optische Beobachtung offenbar unmöglich). Die Entfernung beträgt etwa 33000 Lichtjahre. Modellmäßig könnte man sich am besten einen Neutronenstern vorstellen, um den in 4,8 Stunden ein Begleitstern läuft und von dem Materie auf den Neutronenstern abfließt. Es ist auch die erstentdeckte Quelle hochenergetischer Gammastrahlung. Die Röntgenquelle Cygnus X-5 fällt mit dem → Cirrus-Nebel zusammen.

cynthisch (cyntic). Den Mond betreffend. Die Bezeichnung leitet sich daher, daß Diana, die römische Göttin, die für den Mond stand, gelegentlich nach ihrem Geburtsort auf dem Berg Cynthus in Delos auch Cynthia genannt wurde.

cytherisch (cytheric). Den Planeten Venus betreffend. Cythera ist eine ionische Insel, auf der die Göttin Venus sich aus Schaum gebildet haben soll.

D

Dabih. Arabische Bezeichnung für den Stern α Capricorni (»Glücksgestirn des Schlachtenden«). Es ist ein optischer Doppelstern von Sternen mit $4\overset{m}{.}2$ und $3\overset{m}{.}6$ in 376″ Distanz. α_1 Capricorni ist der schwächere Stern und 1600 Lichtjahre, α_2 Capricorni der hellere Stern und 117 Lichtjahre entfernt.

Dactyl. Der von der Raumsonde Galileo 1993 entdeckte Satellit des Kleinplaneten Ida mit einem Durchmesser von 1,2 × 1,4 × 1,6 km. Der Abstand von Ida beträgt 82–95 km, der retrograde Umlauf dauert 27 h. Auch die Rotation von D. erfolgt retrograd. Auf D. gibt es mehr als ein Dutzend Krater über 80 m Durchmesser, der größte mißt 300 m.

Dämmerung (twilight). Die Zeitspanne zwischen Sonnenuntergang und dem Erreichen eines bestimmten Grades von Dunkelheit (Abend-D., engl. dusk) oder umgekehrt die Zeit bis zum Sonnenaufgang (Morgen-D., engl. dawn). Die Ursache liegt in der Streuung des Sonnenlichts von den oberen Luftschichten, die noch direkt von den Sonnenstrahlen getroffen werden, in die unteren Atmosphärenbereiche. Auf einem Planeten oder Satelliten, der über keine Atmosphäre verfügt (z. B. Merkur, Mond) gibt es daher keine D.

Für praktische Zwecke unterscheidet man meist drei verschiedene D.zeiten: Unter der bürgerlichen D. versteht man den Zeitraum, in dem die Sonne 0° bis 6° tief unter dem Horizont steht. Hat die Sonne am Abend 6° Tiefe unter dem Horizont erreicht, so ist es an der Erdoberfläche bereits relativ dunkel geworden. Das Himmelsgewölbe erscheint aber immer noch so hell, daß mit bloßem Auge allenfalls die hellsten Planeten und Sterne aufgefunden werden können. Das Ende der mittleren oder nautischen D. wird erreicht, wenn die Sonne 12° unter dem Horizont steht. Zu diesem Zeitpunkt sind bereits mittelhelle Sterne bis etwa zur 3. Größenklasse zu erkennen. Damit lassen sich bereits mit bloßem Auge die Umrisse der wichtigsten Sternbilder ausmachen. Vollständige Dunkelheit herrscht dagegen erst, wenn die Sonne 18° unter dem Horizont steht. Den Zeitraum bis zu diesem Ereignis nennt man die astronomische D.

Die Länge der D., oder anders ausgedrückt, die Geschwindigkeit, mit der die Sonne unter den Horizont herabsteigt oder wieder heraufsteigt, ist von der Jahreszeit und der geographischen Breite abhängig. Um die Zeit der Sommersonnenwende steigt die Sonne für den nördlichen Teil Mitteleuropas nicht mehr genügend tief unter den Horizont, so daß die astronomische Abenddämmerung gleitend in die astronomische Morgendämmerung übergeht. Wir haben die Zeit der »hellen Nächte«. So erreicht die Sonne für +50° nördl. Breite am 21. 6. selbst um Mitternacht nur noch eine Tiefe von 16½°. Erst in den südlicheren Teilen Deutschlands, Österreichs und

Länge der Dämmerung für 50° nördliche Breite

Datum	Dauer der bürgerlichen Dämmerung in min	Dauer der nautischen Dämmerung in min	Dauer der astronomischen Dämmerung in min
21. März/23. Sept.	35	70	110
21. Juni	50	110	–
22. Dezember	45	80	120

der Schweiz usw. wird die Mindesttiefe der Sonne unter dem Horizont für das Ende der astronomischen D. erreicht.
Die Tabelle gibt die Länge der D. für 50° nördl. Breite an. Man erkennt, daß die D. etwa zur Zeit der Frühlings- und Herbsttagundnachtgleiche am kürzesten dauert.

DARA. Abk. für Deutsche Agentur für Raumfahrtangelegenheiten. Diese der NASA vergleichbare Organisation wurde am 26. 4. 1989 von der Bundesregierung gegründet. Sie plant und koordiniert alle deutschen Raumfahrtprojekte.

Darwinglas (Darwin glass). Eine Gruppe der Tektite, die in einem ursächlichen Zusammenhang mit dem Darwin-Krater stehen, der sich auf der Insel Tasmanien, südlich des Mount Darwin, befindet. Das Alter dieser Tektite wird auf etwa 730000 Jahre beziffert.

Datum (date). Eine Zeitangabe nach Jahr, Monat und Tag. Vor dem Jahre 1925 wich die astronomische Datierung noch von der bürgerlichen insofern ab, als der Tag nicht um Mitternacht, sondern um 12^h (Mittag) begann. Diese Abweichung sollte während der nächtlichen astronomischen Beobachtungen einen D.wechsel vermeiden. Dagegen ist bei der Angabe des Julianischen D. auch heute noch der D.wechsel um 12^h.

Datumsgrenze (date line). Eine Linie vom Nord- zum Südpol der Erde, die ungefähr mit dem 180. Meridian zusammenfällt. Beim Überschreiten der D. von West nach Ost muß dasselbe Datum zweimal gezählt werden. Bei einer Überschreitung von Ost nach West dagegen wird ein Tag übersprungen.

Davida. Der Kleinplanet mit der Nr. 511. Er hat einen Durchmesser von 323 km. Im Perihel ist er 398 Mill. km, im Aphel 557 Mill. km von der Sonne entfernt. Die Umlaufzeit beträgt 5,70 Jahre, die Bahnexzentrizität 0,166, die Bahnneigung 15,7°.

Dawes-Formel (Dawes Formula). → Auflösungsvermögen.

De Chésaux. Name eines sehr hellen, nach C. de Loys, Herr von Chésaux und Lavoui (1730–1789), benannten Kometen, der 1744 einen auffälligen mehrfachen Schweif zeigte.

Deferent (deferent). → Epizykeltheorie.

Deimos. Der äußere der beiden Satelliten des Mars. Im Gegensatz zu Phobos ist D. nicht so unregelmäßig geformt und hat äußere Abmessungen von 15 × 12 × 11 km. Er bewegt sich in 23500 km Abstand in 1,26 Tagen auf einer Bahn, die 1,6° gegen den Planetenäquator geneigt ist, um Mars. Die Bahnexzentrizität beträgt 0,0005. Seine Albedo von 0,07 ähnelt der des Mondes. D. wurde 1877 von A. Hall (1829–1907) entdeckt. Die amerikanische Raumsonde Mariner 9 sowie die Orbiter-Stufen der Sonden Viking 1 und 2 hatten 1972 bzw. 1976 die ersten Nahaufnahmen von D. erhalten. Es zeigte sich auf seiner Oberfläche eine ähnliche Struktur wie bei Phobos. Es fehlen aber sehr große Krater und die auf Phobos auffälligen Furchen.

Die Rotationszeit von D. fällt offensichtlich mit seiner Umlaufzeit um Mars zusammen.

Dekade (decade). Ein Zeitraum von 10 Tagen.

Dekane (deans). Eine in der Astronomie des alten Ägyptens gebräuchliche Einteilung des Tierkreises in 36 Abschnitte, die von Dekangottheiten (Schutzgötter) beherrscht wurden.

Deklination (declination). Der Winkelabstand eines Gestirns vom Himmelsäquator. Die D. wird positiv für einen nördlich des Äquators gelegenen Himmelskörper, negativ für einen südlich gelegenen Himmelskörper angegeben. Die Abk. ist δ.

Deklinationsachse (declination axis). Bei einem astronomischen Fernrohr diejenige Achse, die zur Polachse senkrecht steht. Wird das Instrument um die D. gedreht, folgt das Instrument einem Deklinationskreis längs des Himmelsgewölbes. Dabei kann das Instrument auf die Deklination eines Gestirns eingestellt werden.

Deklinationskreis (declination circle). Ein Großkreis am Himmelsgewölbe, der durch die beiden Himmelspole geht und senkrecht zum Himmelsäquator steht (Stundenkreis). An einem astronomischen Fernrohr versteht man darunter auch einen auf die Deklinationsachse eines Teleskops montierten Teilkreis, der es erlaubt, die Deklination eines Gestirns einzustellen.

Delphin (Dolphin). Sternbild des nördlichen Himmels, das vor allem im Sommer und Herbst beobachtet werden kann. Nach der griechischen Mythologie rettete dieser D. Arion vor dem Ertrinken. Die lateinische Bezeichnung lautet Delphinus, die Abk. Del. Der Hauptstern α Delphini hat nur eine Helligkeit von $3\overset{m}{,}8$ und ist 180 Lichtjahre entfernt. Der D. ist insgesamt ein kleines Sternbild am Ostrande des Adlers.

Deneb. Bezeichnung des Hauptsterns im Sternbild Schwan. Die arabische Bezeichnung bedeutet »Schwanz« (des Schwans). Der $1\overset{m}{,}2$ helle Stern hat die 75000fache Sonnenleuchtkraft und ist 1825 Lichtjahre entfernt. Der Spektraltyp ist A2. Dadurch erscheint der Stern gelblich-weiß. Die Oberflächentemperatur beträgt 11400 K. Die Radialgeschwindigkeit ist –4 km/s, die Eigenbewegung 0,004″ pro Jahr.

Deneb Kaitos. Der Stern β Ceti (arab. »Schwanz des Walfischs«), gelegentlich auch Diphda (»Frosch«) benannt. Er ist $2\overset{m}{,}1$ hell, 68 Lichtjahre entfernt, besitzt die 60fache Sonnenleuchtkraft, den Spektraltyp K0 und eine Oberflächentemperatur von 4200 K. Die Eigenbewegung beläuft sich auf 0,233″ pro Jahr und die Radialgeschwindigkeit auf +13 km/s.

Denebola. Der Stern β Leonis (im Sternbild Löwe). Die arabische Bezeichnung bedeutet »Schwanz des Löwen«. Der Stern $2\overset{m}{,}2$ ist 16mal heller als die Sonne und steht in 39 Lichtjahren Entfernung. Der Spektraltyp ist A3. D. ist ein leicht zu trennender optischer Doppelstern. Der Begleiter 6^{m} steht in 1134″ Distanz. In 264″ Distanz steht ein weiterer Begleiter mit der Helligkeit $8\overset{m}{,}5$. Die Eigenbewegung ist 0,51″ pro Jahr, die Radialgeschwindigkeit 0 km/s.

Densitometer (densitometer). Ein Photometer mit einer Irisblende zur Bestimmung der Schwärzung auf einer belichteten und entwickelten Photoplatte und damit der Helligkeiten von Sternen usw. Mikrodensitometer arbeiten mit sehr feinen Lichtbündeln oder Laserstrahlen.

Depression (depression). Der Winkel zwischen einer vom Auge des Beobachters nach einem Punkte des Horizonts gezogenen Linie und der waagerechten Linie. Es ist also der Unterschied zwischen dem sichtbaren und dem astronomischen Horizont, die Kimmtiefe. Als eine Folge der Erdkrümmung kann ein Beobachter, dessen Augen über der Erdoberfläche liegen, ein wenig unter den wahren Horizont blicken. Der Betrag der D. hängt von der Höhe des Beobachters ab.

Desdemona. Der von den Voyager-Sonden entdeckte Satellit X des Uranus. Er ist 62680 km von Uranus entfernt und hat eine Umlaufzeit von 0,474 Tagen. Bahnexzentrizität und Bahnneigung sind praktisch 0. Der Durchmesser beträgt 55–60 km.

Despina. Ein mit Voyager 2 im Jahre 1989 entdeckter Satellit des Neptun. Seine mittlere Entfernung von Neptun beträgt 52500 km, seine Umlaufzeit 0,333 Tage, die Bahnexzentrizität und Bahnneigung etwa 0 und sein Durchmesser etwa 180 km.

Deuterium (deuterium). Ein Isotop des Wasserstoffs mit der Masse 2,0141 (»schwerer Wasserstoff«). Im interstellaren Raum wurde es 1965 entdeckt. Der Anteil des D. im Verhältnis zum normalen Wasserstoff beträgt $1{,}4 \cdot 10^{-5}$, bei der Sonne 10^{-6}, in den Ozeanen der Erde $1{,}6 \cdot 10^{-4}$. Den Kern eines D.-Atoms bezeichnet man als Deuteron (Massenzahl 2,01355).

Deutsche Agentur für Raumfahrtangelegenheiten. → DARA.

Deutsche Gesellschaft für Luft- und Raumfahrt. → DGLR.

Deutsche Montierung (German mounting). Eine bei einem Refraktor häufig benutzte parallaktische Montierung. Der Tubus des Fernrohrs ist an dem einen Ende der Deklinationsachse angebracht. Auf der anderen Seite befindet sich ein Gegengewicht. Dabei ist die Deklinationsachse an der Spitze der Pol- oder Stundenachse befestigt.

Deutsches Groß-Teleskop. Ein von der Deutschen Forschungsgemeinschaft 1987 vorgeschlagenes Großteleskop (Abk. DGT), das im nationalen Rahmen um das Jahr 2000 mit einem geschätzten Kostenaufwand von etwa 200 Mill. DM erstellt werden soll. Vorgeschlagen wurde u.a. ein Spiegel mit 8 m Durchmesser, der von einem je 2 m breiten Kranz einzelner Spiegelsegmente umgeben ist. Der Gesamtdurchmesser würde damit 12 m betragen. Das azimutal montierte Teleskop soll unter Einsatz aktiver Optik voll von Computern gesteuert werden. Trägerschaft und Aufstellungsort sind noch offen. Auch → Hexapod-Teleskop.

Dezennium (decennium). Ein Zeitraum von 10 Jahren.

DGLR. Abk. für »Deutsche Gesellschaft für Luft- und Raumfahrt«. Wurde durch Zusammenlegen der zuvor bestandenen »Deutschen Gesellschaft für Raketentechnik und Raumfahrt« und der »Wissenschaftlichen Gesellschaft für Luft- und Raumfahrt« am 9. 12. 1967 in Bad Godesberg gegründet. Sie umfaßt heute über 3000 persönliche oder korporative Mitglieder. Sie fördert die wissenschaftliche und technologische Arbeit auf dem gesamten Gebiet der Raumfahrt und der Grenzgebiete zur Luftfahrt in der Bundesrepublik und gibt mehrere eigenständige Publikationen heraus. Die DGLR unterhält mehrere Bezirks- und Fachgruppen, z.B. für Systemtechnik und Systemerprobung, Flugmedizin und Biologie, Flugkörper und Raumfahrt, Luftraum- und Weltraumkunde, Luftrecht- und Weltraumrecht, Geschichte der Luft- und Raumfahrt usw.

Diamantring (diamond ring). Eine kurz vor und nach einer totalen Sonnenfinsternis auftretende Erscheinung: Die Sonne blitzt gerade noch einigemal durch ein Mondtal, das sich am Mondrand abzeichnet, diamanten hindurch (auch → Perlschnurphänomen).

Diaphanometer (diaphanometer). Ein von H. B. de Saussure (1740–1799) erfundenes Gerät zur Bestimmung des

Transparenzkoeffizienten der Luft (also der Absorption). Die Methode ist allerdings nicht fehlerfrei.

Diaphragma (diaphragm). Eine Einrichtung, die die Öffnung eines optischen Instruments vermindern soll. In der lichtelektrischen Photometrie soll ein D., das in der Brennebene angebracht ist, das Streulicht ausschalten und den Lichtstrahl des Sterns, dessen Helligkeit gemessen werden soll, allein untersuchbar machen.

Dichotomie (dichotomy). Die Halbphase eines Gestirns, insbesondere der beiden unteren Planeten Merkur und Venus.

Dichte (density). Die Masse pro Volumeneinheit. Wird meist in g/cm^3 angegeben. In Tabellen der physikalischen Eigenschaften der Himmelskörper wird meist die mittlere D. angegeben, unabhängig davon, welche D. in oberflächennäheren oder zentrumsnäheren Bereichen vorliegt.

Gelegentlich wird auch der Begriff »Teilchendichte« verwendet. Damit meint man die Zahl bestimmter kleiner atomarer Teilchen, Mikrometeoriten usw. pro Raumeinheit. Die »Sterndichte« bedeutet die Zahl von Sternen pro Raumeinheit.

Die mittlere D. (Abk. ϱ) eines kugelförmigen Körpers hängt von der Masse M und seinem Radius R ab und wird nach der Formel

$$\varrho = \frac{M}{\frac{4}{3}\pi R^3}$$

berechnet. Es ist $\pi = 3{,}14\,159$.

Die D. der Himmelskörper ist außerordentlich verschieden. Sieht man von der extrem geringen D. in der interstellaren Materie ab, so haben die roten Überriesen die geringste mittlere D. mit einem Wert von 10^{-7} g/cm^3. Die dichtesten Sterne sind die Endstadien der Sternentwicklung mit den weißen Zwergsternen, Neutronensternen und bei den massearmeren Schwarzen Löchern bis zu 10^{17} g/cm^3 und mehr. Die mittlere D. des ganzen Universums wird zur Zeit auf 10^{-31} g/cm^3 geschätzt.

Dichtewellen-Theorie (density wave theory). Eine 1925 von B. Lindblad (1895–1965) aufgestellte Theorie zur Erklärung der Spiralstruktur der Galaxien. Unter Dichtewellen versteht man Schallwellen oder irgendwelche anderen materiellen Wellen, die eine Serie von Verdichtungen oder Verdünnungen in dem Medium hervorrufen, durch das sie laufen. 1969 wurde die D.-T. von Lin und Shu weiter fortentwickelt. Das große Problem ist, warum die Spiralstruktur in einer Galaxie offenbar über viele Milliarden Jahre hinweg erhalten bleibt, obwohl die differentielle Rotation in den Galaxien die Spiralarme eigentlich schon nach wenigen Rotationen aufwickeln und schließlich ganz auflösen müßte. Die (vermutlich vom Kern einer Galaxie ausgehenden) Dichtewellen können dies wenigstens prinzipiell erklären: Die Spiralarme stellen dabei Gebiete maximaler Dichte dar. Die interstellare Materie wird durch Schockwellen so stark komprimiert, daß gerade dort junge Sterne entstehen. Gleichzeitig wird auch Staub mitgerissen. Tatsächlich ist der interstellare Staub besonders in den Spiralarmen der Galaxien anzutreffen. Gelegentlich beobachtet man dort ausgesprochene Staubstreifen.

Ein sehr anschaulicher Vergleich, allerdings nur im Eindimensionalen, ist ein Autobahnstau: Der Stau soll den Spiralarm, d.h. die Dichtewelle, veranschaulichen. Die einzelnen Fahrzeuge stellen die Sterne dar. Dann laufen die Fahrzeuge von hinten in den Stau, durch ihn hindurch und vorne wieder heraus. Der Stau selbst wandert entgegengesetzt zur Fahrtrichtung der Autos. Innerhalb des Staus, besonders aber an seiner

Hinterseite, kann es zu besonders extremen Verdichtungen, d.h. zu Kollisionen einzelner Fahrzeuge kommen. So ist auch die hohe Entstehungsrate von Sternen an den Rändern der Dichtewellen (Spiralarme) zu verstehen. Die Periode der Spiralarm-Durchgänge der Sterne beträgt für unsere eigene Galaxis ungefähr 270 Mill. Jahre.

Im einzelnen kann die D.-T. aber nicht alle auftretenden Fragen und Probleme lösen. Man vermutet, daß die Theorie noch durch andere Faktoren ergänzt werden muß. Eine Weiterentwicklung der D.-T. stammt von 1970 von W. W. Roberts, die Spiral-Schockwellen-Theorie.

dies. Eine aus dem Lateinischen stammende Bezeichnung für Tag, Termin (Abk. d).

Differentiation (differentiation). Ein Prozeß, der bei der Frühgeschichte eines noch nicht verfestigten Planeten eine Rolle spielt. Dabei wird die Ursubstanz, aus der sich der Körper gebildet hat, getrennt: Die schwereren Elemente sinken zum Zentrum, während die leichteren an die Oberfläche steigen.

differentielle Rotation (differential rotation). Eine bei einigen rotierenden Himmelskörpern auftretende Erscheinung, die darin besteht, daß die Rotationszeit vom Abstand eines Punktes vom Äquator abhängt. Am bekanntesten ist diese Erscheinung bei der Sonne, die am Äquator eine (siderische) Rotationsdauer von etwa 25,2 Tagen hat und nach höheren nördlichen und südlichen heliographischen Breiten hin zunimmt. Bei 50° Breite beträgt die Rotationsdauer schon 29,7 Tage, bei 80° Breite 33,7 Tage. Eine ähnliche Erscheinung beobachten wir vor allem bei den Planeten Jupiter und Saturn. Alle diese Körper rotieren damit nicht wie ein starrer Körper.

Man spricht auch von d.R. bei einem sich drehenden Sternsystem. In diesem Fall hängt die Rotationsgeschwindigkeit von der Distanz vom Zentrum des Systems ab.

Diffraktion (diffraction). Eine seltener benutzte Bezeichnung für die Beugung von elektromagnetischen oder akustischen Wellen.

diffuse Reflexion (diffuse reflexion). Ungleichmäßiges Zurückwerfen eines Strahls (Welle); wird ein unregelmäßig geformter Körper an seiner Oberfläche von Licht getroffen, so wirft dieser das Licht nach allen Richtungen zurück. Die Erscheinung tritt dann auf, wenn die an der Oberfläche des Körpers befindlichen Unregelmäßigkeiten größer sind als die Wellenlänge des Lichts.

diffuser Nebel (diffuse nebula). Eine unregelmäßig geformte, helle Wolke aus interstellarer Materie (Gas oder Staub), deren Spektrum Emissionslinien zeigt (Emissions-Nebel) oder die Absorptionslinien enthält, die charakteristisch sind für das Spektrum nahe gelegener Sterne, die den Nebel beleuchten (Reflexionsnebel).

Digistar. Eine neue Entwicklung eines → Planetariums, die 1983 von der Evans and Sutherland Computer Corp. in den USA vorgestellt wurde. Der Sternhimmel wird hier zunächst mit Mitteln der Computergrafik auf dem Bildschirm einer lichtstarken Kathodenstrahlröhre, die im Zentrum der Planetariumskuppel steht, wiedergegeben. Ein schneller Rechner erzeugt den Bildinhalt nach einem vorher erstellten Programm oder live vom Schaltpult aus. Der Bildinhalt wird dann über eine Fischaugenoptik an die Kuppel projiziert. Den Vorzügen wie vielfältige Variationsmöglichkeiten in der Darstellung steht allerdings (jedenfalls vorläufig) vor allem die geringe Intensität der projizierten Kuppelbilder gegenüber. Eine Abwandlung des D.-Verfahrens ist die Videoprojektion. Diese kann allerdings nur für eine Teilprojektion an die Kuppel für Zusatzeffekte herangezogen werden. Eine Gesamtprojektion mittels mehrerer Videoprojektoren war wegen der Überlappungszonen der einzelnen Bildfelder bisher nicht befriedigend möglich.

Digression (digression). Der Winkel zwischen dem durch ein Gestirn (meist in der Nähe des Himmelspols gelegenen) gehenden Vertikalkreis und dem Meridian.

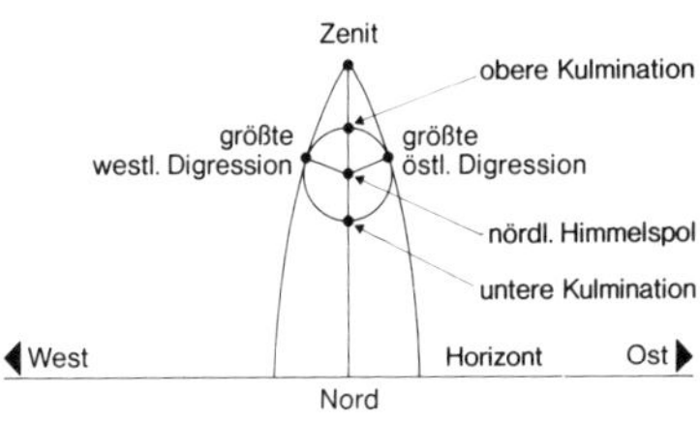

Digression (Schema)

Dinosaurier-Sterben (Saurian extinct). Ein Schlagwort für das nahezu plötzliche Aussterben der Dinosaurier an der Grenze zwischen Kreide und Tertiär (K-T-Grenze) vor 65 Mill. Jahren. Tatsächlich dürften aber damals oder zumindest in einer Zeitzone von einigen wenigen Millionen Jahren vorher oder nachher auch sehr viele andere Tierarten verschwunden sein, z.B. die Ammoniten. Manche Autoren vermuten, daß sogar bis zu 70% oder 80% aller Arten, die die Erde damals bevölkerten, ausgestorben sein sollen. Dieses Ereignis wurde lange Zeit und oft auch heute noch von der Geologie und Paläontologie auf eine Vielzahl heftiger Vulkanausbrüche zurückgeführt. Dabei sollen so große Mengen an Asche und Staub in die Atmosphäre verfrachtet worden sein, daß die Sonnenstrahlung merklich absorbiert wurde. Die Temperaturen an der Erdoberfläche fielen über längere Zeit ab und führten zu dem Massensterben. 1980 schlugen L. und W. Alvarez, sowie F. Asaro vor, daß hierfür auch der Zusammenstoß der Erde mit einem etwa 10 km großen Kleinplaneten verantwortlich gemacht werden kann. Dabei sollen ebenfalls gewaltige Staubmengen in die Atmosphäre gelangt sein. Als Beweis sahen sie u. a. eine übernormale Iridium-Häufigkeit an der K-T-Grenze an. Solche Anreicherungen kommen auch in Meteoriten vor. Allerdings findet man Iridium auch in vulkanischem Material. Andererseits zeigen Quarz- und Feldspaltkristalle, die in den Schichten mit Iridiumanreicherung vorkommen, so starke Deformationen, wie sie von Vulkanausbrüchen her nicht zu erwarten sind. Neuerdings wird die → Chicxulub-Struktur in Mexiko als der Krater angesehen, der vor 65 Mill. Jahren gebildet wurde. Altersbestimmungen haben sehr exakt auch dieses Alter ergeben. Ferner zeigen Abschätzungen, daß unsere Erde statistisch gesehen in zeitlichen Abständen von 10 bis 100 Mill. Jahren von einem Kleinplaneten von mehreren Kilometern Durchmesser getroffen werden muß – mit den entsprechenden Folgen. Man hat inzwischen auch versucht, noch frühere Faunenschnitte in der Erdgeschichte in ähnlicher Weise zu erklären. Noch ist das Problem nicht voll zu lösen. Doch liegt möglicherweise die Lösung darin, daß sowohl Vulkanausbrüche als auch Kollisionen für das mehrfach in der Erdgeschichte aufgetretene massenhafte Artensterben verantwortlich sind und daß vor allem dann gravierende Folgen auftraten, wenn beide Ereignisse zeitlich etwa zusammentrafen.

Dione. Ein Satellit des Saturn, der 1684 von G. D. Cassini (1625–1712) entdeckt wurde. Sein Durchmesser beträgt 1120 km, seine Umlaufzeit 2,73 Tage. Der Abstand von Saturn beträgt 377 500 km. Die Bahnexzentrizität ist 0,002, die Bahnneigung 0,02°. Die Albedo ist sehr unterschiedlich: Sie beträgt auf der in Flugrichtung gesehen vorderen Seite 0,6, auf der Rückseite dagegen nur 0,3. Die mittlere Dichte mit 1,4 g/cm^3 zeigt an, daß ein großer Teil von D., vor allem die Kruste, aus Eis bestehen muß. Auf D. wurden zahlreiche Krater entdeckt. Der größte Krater ist Amanda mit 240 km Durchmesser. Die Krater zeigen teilweise auch Strahlen. Nahe dem Südpol befindet sich ein 500 km langes Tal.

Diopter (diopter). Eine Visierlinie, die aus zwei mit einem senkrechten Einschnitt versehenen Blättchen hergestellt wird und bei verschiedenen Winkelmeßinstrumenten angebracht ist.

Dioptrie (dioptre). Einheit für die Brechkraft, wird als reziproker Wert der in Metern gemessenen Brennweite eines optischen Systems angegeben.

Dioptrik (dioptrics). Der Teil der Optik, der sich mit den Erscheinungen und Gesetzen des Durchgangs des Lichtes durch Linsen und andere durchsichtige Körper beschäftigt. Erst Johannes Kepler (1571–1630) gelang es, die D. auf die Stufe einer Wissenschaft zu heben. Sein 1611 verfaßtes gleichnamiges Buch führte diesen Begriff auch erstmals ein. Vor Kepler bezeichnete man die D. auch als »Anaklastik«.

Diphda. → Deneb Kaitos.

Dipol (dipole). Ein System, das aus zwei gleich großen, entgegengesetzten elektrischen Ladungen, die sich im Abstand d zueinander befinden, oder magnetischen Polen besteht. So ist beispielsweise ein gewöhnlicher Stabmagnet ein D. oder eine stromdurchflossene Leiterschleife. D. spielen auch in der Astronomie eine große Rolle, z. B. beim Aufbau der Sonnenflecken und der magnetischen Sterne.

Dipol-Antenne (dipole antenna). Ein häufig bei dem Empfang von UKW- und Fernsehsendungen, aber auch in der anfänglichen Radioastronomie benutzter Antennentyp. Er besteht aus einer metallenen Schleife, deren Länge meist die Hälfte der zu empfangenden Wellenlänge ausmacht. Beim Empfang einer Wellenlänge von 3 m hat also die D.-A. eine Länge von 1,5 m. Es gibt aber auch Dipole, deren Ausmaß einem Viertel oder Achtel der Wellenlänge des empfangenen Signals entspricht. Der Dipol wird dabei so gedreht, daß die von einem Sender oder kosmischen Radioobjekt ausgesandten Wellen die Drahtschleife senkrecht erreichen. Dabei ist die Empfangsfeldstärke am größten. Fallen die Radiowellen dagegen in Richtung der Drahtschleife auf diese, so ist die Empfangsfeldstärke praktisch Null. Eine D.-A. hat damit eine gewisse Richtwirkung. Sie kann verstärkt werden durch vorgesetzte Stäbe (sog. Direktoren) und einen hinter dem Dipol angebrachten Stab (Reflektor). In der Radioastronomie werden mehrere D.-A. zu einem System zusammengeschlossen (Yagi-Antenne).

Dipsektor (dipsector). Ein Instrument, das die Neigung des Meereshorizontes (→ Depression) messen kann. Der Name leitet sich von der englischen Bezeichnung »dip« (Tiefe des Horizonts) und einem Winkelmeßinstrument mit der Bezeichnung »sector« ab.

Dispersion (dispersion). Allgemein die spektrale Zerlegung einer Wellenstrahlung, insbesondere der Farbzerlegung des Lichtes im optischen Bereich beim Durchgang durch ein Prisma. Sie ist eine Folge des Umstands, daß der Brechungsindex eines durchsichtigen Stoffes wellenlängenabhängig ist (Brechungsdispersion). Auch durch die Beugung an einem Beugungsgitter entsteht eine spektrale Zerlegung (Beugungsdispersion). Die D. ist ein Maß dafür, in welchem Umfang Licht oder andere Wellenstrahlung von einem Spektroskop oder Spektrograph bzw. einer anderen Einrichtung in die einzelnen Wellenlängenbereiche getrennt wird.

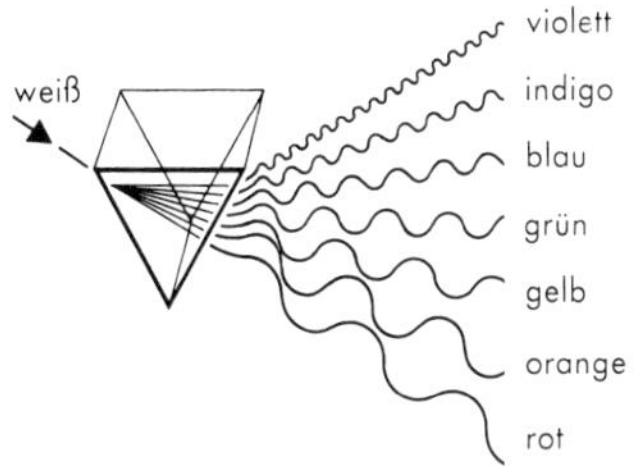

Dispersion

In der Radioastronomie spricht man von D., wenn Radiowellen beim Durchgang durch ein ionisiertes Gas eine wellenlängenabhängige Verzögerung erfahren. Die Ausbreitungsgeschwindigkeit hängt von der Frequenz bzw. Wellenlänge ab. Je niedriger die Frequenz, desto größer die zeitliche Verzögerung. Diese Erscheinung macht sich beispielsweise bei der Messung von Pulsaren bemerkbar. Sendet ein Pulsar einen zeitlich sehr eng begrenzten Puls auf einem breiten Frequenzband aus, so muß dieses Strahlenbündel erst das interstellare Medium durchlaufen, das teilweise aus elektrisch geladenen Partikeln besteht. Dabei werden die niedrigeren Frequenzen stärker verzögert und gelangen später als die höheren Frequenzen zur Erde. Das D.maß ist damit eine in der Radioastronomie benutzte Bezeichnung, um den Betrag der D. in einem Radiosignal zu beschreiben. Es ist proportional zu dem Produkt aus der Zahl der im interstellaren Raum befindlichen Elektronen pro cm^3 und der Distanz der Radioquelle in parsec.

Dissipationssphäre (dissipation sphere). Die oberhalb etwa 500 km einsetzende äußerste Schicht der Erdatmosphäre (Exosphäre).

Distanz (distance). Der in Bogensekunden angegebene Winkelabstand zwischen zwei Sternen, besonders von Doppelsternen.

Distorsion (distortion). Die Verzeichnung einer Abbildung durch ein optisches System. Sie tritt vor allem bei unsymmetrischer Blendenlage auf. Eine D. macht sich z.B. bemerkbar, wenn ein kreisförmiges Objekt, wie die Mondscheibe, oval abgebildet wird oder ein Quadrat mit kissenförmig verzeichneten Seiten erscheint.

Dobson. Einheit für die Dicke der Ozonschicht in der Erdatmosphäre. Eine D.-Einheit entspricht einer Dicke von 0,01 mm, bezogen auf Druck und Temperatur in Meereshöhe. Der normale Jahresmittelwert z.B. für Europa betrug früher etwa 300 D. (im Winter etwas mehr, im Sommer etwas weniger). Doch nahm der Wert neuerdings wegen der Auswirkungen durch Fluorchlorkohlenwasserstoffe (FCKW) ab.

Dobson-Montierung (Dobsonian mounting). Eine einfache, aber sehr stabile Montierung eines Fernrohrs, vor allem bei selbstgebauten Amateurinstrumenten. Es ist eine Art azimutaler Gabelmontierung, wobei der Tubus meist in Kistenform aus Sperrholz hergestellt wird. Die Achslager sind teflonbeschichtet. Die D.-M. benötigt keine Gegengewichte und wird besonders bei kurzbrennweitigen Newton-Spiegeln mit großer Öffnung verwendet.

Dom (dome). Blasenartige Aufwölbung auf der Oberfläche des Mondes. Die aus dem Englischen stammende Bezeichnung bedeutet eigentlich »Kuppel«. Die D. haben meist maximal einige km Durchmesser und eine Höhe von etwa 100 m. Häufig befindet sich an ihrer Spitze ein winziger Krater. Während früher die D. als Hinweis dafür galten, daß der Mond noch über vulkanische Tätigkeit verfügte, hält man die an der Spitze der D. sichtbaren Krater heute gleichfalls für Aufschlagkrater. Durch einen Auswahleffekt bedingt, wäre nämlich ein Krater auf der Spitze im

Laufe der Zeit nicht abgetragen worden, während kleine Aufschlagkrater an den Flanken der D. durch herabrollendes Gestein allmählich zugeschüttet wurden. Allerdings ist diese Erklärung der D. heute noch nicht endgültig.

Donatischer Komet (Donati's Comet). Ein ungewöhnlich heller Komet, der am 2. 6. 1858 von G. B. Donati (1826–1873) in Florenz entdeckt wurde. Zusätzlich zu einem mehr als 30 Grad langen, gekrümmten und breiten Schweif, zeigte der Komet auch einen schmaleren geradlinigen Schweif, der genau von der Sonnenposition abgekehrt war. Am 5. 10. 1858 stand er dicht an dem Stern Arktur. Die Bahnelemente sind wenig gesichert. Doch könnte seine Umlaufzeit um die Sonne etwa 1950 Jahre betragen.

Doppelgalaxis (double galaxy). Zwei Galaxien, die verhältnismäßig eng am Himmelsgewölbe beieinanderstehen und auch physisch miteinander verbunden sind. Es handelt sich dabei um eine Erscheinung, die unter den Galaxien verhältnismäßig häufig vorkommt.

Doppelradioquelle (double radio source). Eine Radiogalaxis, deren Radiostrahlung von zwei Quellen herrührt, die auf entgegengesetzten Seiten der optisch sichtbaren Galaxis liegen. Die Radiostrahlung ist sehr wahrscheinlich das Ergebnis einer Explosion im Kern der Muttergalaxis. Diese schleuderte vor entsprechend langer Zeit in alle Richtungen Materie in Form hochenergetischer Teilchen aus. Längs der Äquatorebene der Galaxis, in der viel interstellare Materie ausgebreitet ist, konnte dieser Materiestrom sich jedoch nicht so schnell ausbreiten wie in den beiden senkrecht zur Ebene des Systems stehenden Richtungen. Etwa ein Drittel aller bekannten Radiogalaxien sind Doppelquellen.

Doppelstern (double star, binary star). Ein Sternpaar, das am Himmelsgewölbe verhältnismäßig eng beieinandersteht, so daß es meist nur mit optischen Hilfsmitteln zu trennen ist. Die ersten Fernrohrbeobachter, die sich mit D. beschäftigten, gingen von der Annahme aus, daß die Komponenten von D. nur scheinbar, also zufällig so nahe beieinanderstehen, in Wirklichkeit aber weit hintereinander angeordnet sind. Schließlich wurde auch der Umstand bemerkt, daß es neben D. auch Mehrfachsysteme mit drei, vier oder noch mehr Komponenten gibt. Die scheinbaren Sternpaare, die es natürlich ohne Zweifel auch gibt, bezeichnete man als optische D. Die wirklich zusammengehörenden Sternpaare heißen physische D. Beide Kategorien bilden die Gruppe der visuellen D., da diese auf visuellem Wege zu trennen sind. In der Regel lassen sich D. auch heute nur dann visuell trennen, wenn ihr gegenseitiger Winkelabstand größer ist als etwa 0,1″. Im Augenblick sind über 70000 visuelle D. bekannt. Am bekanntesten ist der große Katalog von Aitken, der 17118 D. verzeichnet. Oft werden D. mit besonderen Katalogbezeichnungen versehen. Die Benennung weist zunächst auf den Namen des Katalogherstellers hin, z. B. H Wilhelm Herschel, h John Herschel, A Aitken, R Rabe, Σ Wilhelm Struve usw. Die darauffolgende Zahl gibt die laufende Nummer in dem betreffenden Katalog an.

Die Entscheidung, ob es sich bei einem System um ein optisches oder physisches Paar handelt, fällt nicht immer leicht, es sei denn, man beobachtet eine Umlaufbewegung. Es kann aber sein, daß bei weiten D. der Umlauf so langsam erfolgt, daß er selbst nach Jahrhunderten noch nicht nachweisbar ist. Zeigen die beiden Komponenten des Systems aber eine nach Betrag und Richtung gleichartige Eigenbewegung, so ist es sehr wahrscheinlich, daß die beiden Sterne ein physisches Paar bilden.

Bei D. nennt man meist den helleren Stern den Hauptstern oder die Hauptkomponente, den lichtschwächeren Stern den Begleiter. Häufig spricht man aber auch von der Komponente A bzw. B oder fügt diese lateinischen Buchstaben dem allgemeinen Sternnamen bei, also z. B. Sirius A und B. Zur Kennzeichnung der Position des Begleiters bezüglich des Hauptsterns wird die Distanz ϱ in Bogensekunden und der Positionswinkel PW, d. h. der Winkel, den die Verbindungslinie zwischen den beiden Komponenten zur Nordrichtung (vom Hauptstern an gezogen) bildet, angegeben. PW wird von N über O, S, W nach N von 0° bis 360° gezählt. Werden Distanz und Positionswinkel über längere Zeit hinweg bestimmt, so ergibt sich die scheinbare Bahn des Begleiters bezüglich seines Hauptsterns. Mittels einer geometrischen oder rechnerischen Methode kann von dieser Relativbewegung im Falle, daß es sich um einen physischen D. handelt, auf die Absolutbewegung der Komponente, d. h. die wahre räumliche Bahn geschlossen werden. Es ist eine Ellipse, in deren einem Brennpunkt der Hauptstern steht. So können auch die Bahnelemente bestimmt werden. Während bei einer Planetenbahn 6 Bahnelemente ausreichen, kommt hier als 7. Bahnelement die Umlaufzeit U hinzu. Bei D. sind nämlich zunächst die Sternmassen unbekannt, und man kann nicht auf dem Umweg über die große Halbachse der Bahn und das 3. Keplersche Gesetz auf die Umlaufzeit schließen. Bahnelemente liegen aber nur bei weniger als 1000 Sternpaaren vor.

Sind Umlaufzeit und große Halbachse bekannt, so kann mit Hilfe des 3. Keplerschen Gesetzes die Massensumme des Systems berechnet werden. Die Massensumme der beiden Massen M_1 und M_2 berechnet sich aus der Formel

$$\mathrm{M}_1 + \mathrm{M}_2 = \frac{a^3}{\pi^3 \mathrm{U}^2}.$$

Dabei ist a die große Bahnhalbachse, π die → Parallaxe in Bogensekunden und U die Umlaufzeit in Jahren. Ist das Material so umfangreich, daß die Bewegung jeder einzelnen Komponente um den gemeinsamen Schwerpunkt des Systems bestimmt werden kann, so läßt sich auch die Einzelmasse jeder Komponente bestimmen. Denn das Verhältnis der beiden Massen entspricht umgekehrt dem Verhältnis der Bahnhalbachsen der beiden Komponenten um den gemeinsamen Schwerpunkt, also

$$\frac{\mathrm{M}_1}{\mathrm{M}_2} = \frac{a_2}{a_1}.$$

Die D. sind die wichtigsten Objekte zu einer genaueren Bestimmung der Sternmassen. Aber nur wenn die große Halbachse der Bahn direkt in linearem Maß, also in km oder Astronomischen Einheiten angegeben werden kann, ist in der Regel eine Bestimmung der Massen möglich. Die Umlaufzeiten bei den visuellen D. zeigen eine große Spannweite und liegen zwischen 2,7 Jahren (bei dem Stern ADS 12906) und 10850 Jahren (bei σ_2 Ursae Maioris). Die gegenseitigen mittleren Entfernungen betragen hier 180 Mill. km bzw. 75 Mrd. km. Längere Umlaufzeiten bzw. größere Abstände sind jedoch in einigen Fällen angedeutet. So dürfte z. B. Proxima Centauri eine sehr weite, jedoch physische Sternkomponente von α Centauri sein. Ein Maximum für die Häufigkeit der Distanzen von D.systemen liegt bei etwa 10 bis 20 AE oder 1500 bis 3000 Mill. km. Daß kleinere Umlaufzeiten bei den visuellen D. nicht bekannt sind, erklärt sich daraus, daß solche D. eine so kleine Winkeldistanz haben, daß auch große Instrumente sie nicht auflösen. Eine spektroskopische Methode führt aber auch zur Entdeckung enger D. (→ Doppel-

stern, spektroskopischer). Ferner kann auch die Veränderlichkeit von Sternen in vielen Fällen eine Doppelnatur verraten (→ Bedeckungsveränderliche). Periodische Schwankungen in der Eigenbewegung von Sternen führen u. U. zur Auffindung unsichtbarer Begleiter (→ Doppelstern, astrometrischer).
Die Zahl der D. ist wesentlich größer, als man ursprünglich annahm. Über ihre tatsächliche Häufigkeit kann man nur dann eine zutreffende Vorstellung gewinnen, wenn man sich lediglich auf die Sonnenumgebung beschränkt, von der man annehmen kann, daß sie schon vollständig auf D. hin untersucht werden konnte. Bis zu einem Abstand von 10 parsec (32,6 Lichtjahre) kennen wir immerhin 50 D., davon 35 visuelle, 7 astrometrische, 7 spektroskopische Paare und 1 Paar, das aus der gemeinsamen Eigenbewegung als solches erkannt wurde. Dazu kommen 14 Dreifach- und 3 Vierfachsysteme. Wie schnell aber die Entdeckungswahrscheinlichkeit von D. mit zunehmender Entfernung abnimmt, zeigt der Umstand, daß bis 5 parsec (16,3 Lichtjahre) Abstand schon 21 Systeme mit zusammen 46 Komponenten gefunden wurden. Bei insgesamt 69 individuellen Sternen bis zu dieser Entfernung zeigt dies unter Berücksichtigung, daß selbst bis zu diesem verhältnismäßig kleinen Abstand vielleicht noch gar nicht alle D. entdeckt wurden: Mindestens die Hälfte aller Sterne gehört einem D. oder Mehrfachsystem an.
Über die Entstehung von D. gingen die Meinungen früher weit auseinander. Wiete Systeme erklärte man sich durch den Einfang eines kleineren Sterns durch einen größeren. Enge Systeme sollten durch zu rasche Rotation eines früheren Einzelsterns entstanden sein. Heute wissen wir jedoch, daß die Sternentstehung nicht in einzelnen Schüben, sondern meist in großen Gruppen vor sich geht. So können bereits von vorneherein viele Sterne in unmittelbarer Nachbarschaft zueinander entstanden und damit zu einem gegenseitigen Umlauf gezwungen worden sein. Ebenfalls erscheint es heute plausibel, daß die überwiegende Mehrzahl der D. auf diesem Wege entstanden ist.

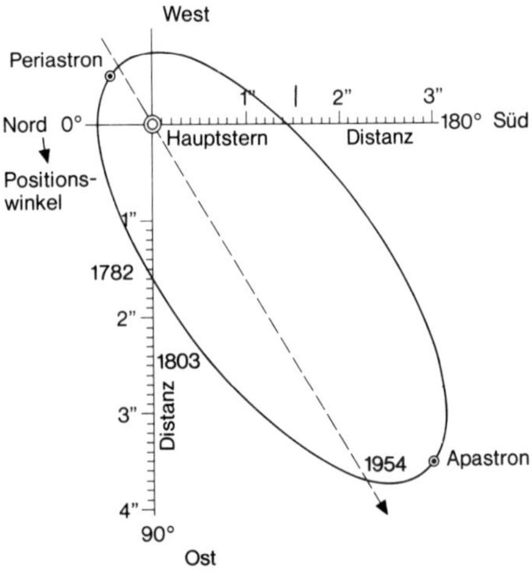

Bewegung des Doppelsterns Gamma im Tierkreissternbild Löwe. Das auch als Algieba bezeichnete System gehört zu den schönsten Doppelsternen. Die Umlaufzeit der beiden Komponenten beträgt 407 Jahre.

Relative Häufigkeiten der großen Halbachsen bei visuellen Doppelsternen mit einem Maximum im Bereich von 10–20 Astronomischen Einheiten. Von heute mehr als 70 000 bekannten visuellen Doppelsternsystemen sind nur in etwa 700 Fällen Bahnen bekannt.

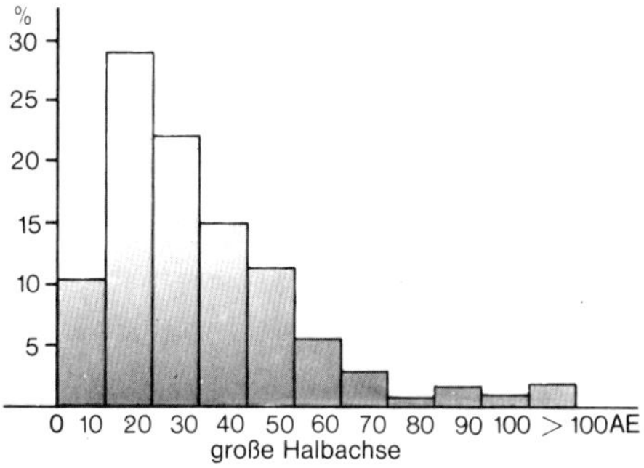

Beispiel eines optischen Doppelsterns: Delta Herculis. Beide Sterne bewegen sich – auf das Himmelsgewölbe projiziert – von der Erde aus gesehen aneinander vorbei und bilden nur zeitweise ein scheinbares Sternpaar.

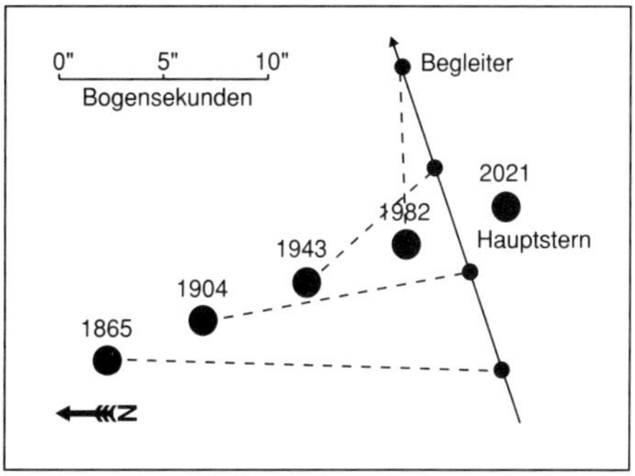

Doppelstern, astrometrischer (astrometric binary). Ein auf Grund von Bahnstörungen nachgewiesener → Doppelstern. Zeigen sich in der Umlaufbewegung einer Komponente in einem Doppelsternsystem oder bei der Eigenbewegung irgendeines Einzelsterns periodische Schwingungen, so weisen diese auf einen unsichtbaren Begleiter hin, der so lichtschwach ist, daß er auf optischem Wege nicht nachgewiesen werden kann. Hier handelt es sich zumeist um Körper verhältnismäßig kleiner Masse. Die Tabelle gibt alle in der letzten Zeit vermuteten »unsichtbaren Begleiter« an. Übersteigt die Masse des Begleiters etwa 0,07 bis 0,09 Sonnenmassen, wird es sich noch um echte Sterne handeln. Bei einer Masse zwischen etwa 0,01 und 0,08 Sonnenmassen handelt es sich um → braune Zwerge, was darunter liegt, sind vermutlich Planeten. In den letzten

Astrometrische Doppelsterne

Name	Umlaufperiode in Jahren	Masse des Begleiters in Sonnenmassen
Barnards Pfeilstern	24,0	0,0015
Lalande 21185	8,0	0,01
61 Cygni	4,8	0,008
BD +20° 2465	26,5	0,032
Ci 2354	10,8	0,02
δ Aquilae	3,4	0,5 bis 0,8
ξ Aquarii	25	0,6
ζ Cancri C	17,5	0,9
μ Draconis	3,2	0,6
ξ Bootis	2,2	0,1
70 Ophiuchi	17,0	0,01

Jahren wurden allerdings mehrere Fälle angeblicher Entdeckungen stark angezweifelt.

Doppelstern, optischer (optical double star). Ein → Doppelstern, dessen Komponenten räumlich nicht zueinander gehören. Die beiden Sterne sind weit hintereinander angeordnet und stehen von der Erde aus gesehen nur zufällig zusammen.

Doppelstern, photometrischer (photometric binary). Ein auf Grund von Helligkeitsänderungen nachgewiesener → Doppelstern. Dazu gehören vor allem die → Bedeckungsveränderlichen.

Doppelstern, physischer (binary, physical double star). Zwei Sterne, die räumlich zueinander gehören und sich gegenseitig umkreisen (→ Doppelstern).

Doppelstern, spektroskopischer (spectroscopic binary). Ein enger → Doppelstern, der nur auf spektroskopischem Wege nachgewiesen und nicht direkt im Fernrohr aufgelöst werden kann. Untersucht man den Lichtstrahl mit Spektralapparaten, so überlagern sich in diesen Fällen zwei Spektren von Sternen, die unter Umständen ganz verschiedenen Spektralklassen angehören. Aber selbst in dem Fall, daß es sich um zwei Sterne handelt, die derselben Spektralklasse angehören, kann die Doppelstruktur entdeckt werden: Bewegen sich nämlich die beiden Komponenten um ihren gemeinsamen Schwerpunkt, so müssen diese sich der Erde einmal nähern, einmal von ihr entfernen. Dies führt wiederum zu periodischen Verschiebungen der Spektrallinien infolge des Dopplereffekts. Aus der Beobachtung der Linienverschiebungen kann man direkt die Umlaufperiode und die Umlaufgeschwindigkeiten ableiten. Ist allerdings die eine Komponente bedeutend lichtschwächer als die andere, so kann sich oft das Spektrum des schwächeren Begleiters gegenüber dem Hauptstern nicht mehr durchsetzen. Aber auch dann noch zeigen die Spektrallinien des Hauptsterns periodische Verschiebungen, die auf die Anwesenheit einer weiteren Komponente hinweisen. Die Beobachtung der Radialgeschwindigkeiten versetzt uns auch in die Lage, die gegenseitigen Distanzen der Komponenten in km zu bestimmen – auch in den Fällen, wo direkte Entfernungsbestimmungen nicht mehr oder nur sehr ungenau möglich sind. So lassen sich also auch für s. D. Massenbestimmungen ausführen. Bisher sind etwa 5000 Sterne mit veränderlichen Radialgeschwindigkeiten aufgefunden und damit als s. D. bekannt oder verdächtig. Die Zahl der genauer untersuchten Fälle beläuft sich aber auf nur etwa 700. Die häufigsten beobachteten Umlaufzeiten liegen bei etwa 2 bis 50 Tagen. Das System mit der bisher kürzesten sicher bestimmten Periode ist der Stern WZ Sagittae mit 1^h22^m. Auf anderem Wege konnten noch kürzere Umlaufzeiten bestimmt werden: Bei G 61–29, einem novaähnlichen Veränderlichen, sind es 47 Minuten, bei AM Canum Venaticorum 18 Minuten, sowie bei einem Röntgen-Doppelstern (4U 1820–30) in dem Kugelsternhaufen NGC 6624 im Sternbild Schütze sogar nur 11^m25^s. Viele s. D. sind gleichzeitig auch → Bedeckungsveränderliche. Andererseits sind alle Be-

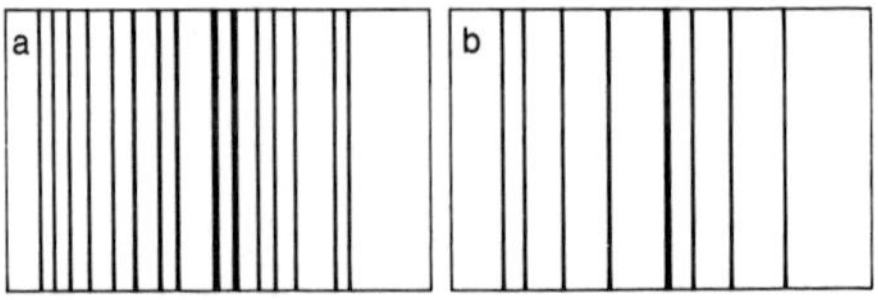

Linienverschiebungen und -verdoppelungen in einem spektroskopischen Doppelsternsystem, bei dem sich beide Komponenten im Spektrum zeigen

deckungsveränderlichen Doppelsysteme, die man oft auch als photometrische Doppelsterne bezeichnet. In den Fällen, wo wir fast genau in Richtung der Bahnebene der beiden Komponenten blicken, ist übrigens auch der Effekt der Dopplerverschiebung am stärksten. Blicken wir dagegen senkrecht auf die Bahnebene der Komponenten, so würde sich die Doppelnatur weder spektroskopisch noch photometrisch bemerkbar machen.

Doppelsternhaufen im Perseus, h und χ Persei (Double Cluster in Perseus). Zwei offene → Sternhaufen, die nur 0,8° am Himmelsgewölbe voneinander entfernt sind und im Sternbild Perseus, fast an der Grenze zur Cassiopeia liegen. Sie sind von der Erde rund 7000 Lichtjahre entfernt und erscheinen für das bloße Auge als ein blasser Nebelfleck. Bereits in einem Feldstecher oder kleinen Fernrohr gelingt aber die Auflösung in einzelne Sterne. Insgesamt enthalten sie je 300 bis 350 Sterne und haben einen Durchmesser von je etwa 80 Lichtjahren. Beide Haufen besitzen viele junge Sterne vom Spektraltyp O und B sowie Überriesen vom Spektraltyp M.

Doppler-Effekt (Doppler shift). Die nach C. J. Doppler (1803–1853) benannte scheinbare Veränderung der Wellenlänge oder Frequenz einer elektromagnetischen Schwingung oder einer anderen Wellenerscheinung (z. B. Schallwellen), wenn die Quelle der Wellen sich dem Beobachter nähert oder sich von ihm entfernt. Nähert sich die Quelle dem Beobachter, so steigt die Zahl der empfangenen Wellenberge und Wellentäler pro Sekunde (also die Frequenz) an, entsprechend wird die Wellenlänge kleiner. Bei einer Entfernungsbewegung der Quelle sinkt die Frequenz bzw. steigt die Wellenlänge. Im Hinblick auf das Licht, das in der astronomischen Forschung vor allem eine Rolle spielte, zeigte sich der D.-E. in einer Verschiebung der Linien im Spektrum. Die Verschiebung erfolgt zum violetten (kurzwelligen) Ende hin (Violettverschiebung), wenn sich ein Himmelskörper, vor allem ein Stern, uns nähert. Bei einer Entfernungsbewegung der Lichtquelle erfolgt die Verschiebung der Spektrallinien zum roten, langwelligen Ende des Spektrums. Aus dem Betrag der Verschiebung kann die relative Geschwindigkeit zwischen der Erde und dem Himmelskörper in km/s bestimmt werden (Radialgeschwindigkeit). Bei einer Geschwindigkeit von 100 km/s beträgt beispielsweise die Verschiebung 1,7 Å (0,17 nm) bei einer Wellenlänge von 5000 Å (500 nm). Mit Hilfe des D.-E. kann aber nicht nur die Radialgeschwindigkeit von Himmelskörpern bestimmt werden, sondern auch deren Rotation. In der modernen Kosmologie spielte die Feststellung von D.-E. in den Spektren weit entfernter Galaxien eine besondere Rolle im Hinblick auf die Expansion des Weltalls.

Die klassische Doppler-Formel lautet

$$v = \frac{\Delta\lambda \cdot c}{\lambda}$$

Dabei bedeutet v die Radialgeschwindigkeit, λ die Wellenlänge, $\Delta\lambda$ die Wellenlängenänderung und c die Lichtgeschwindigkeit.

Diese Formel gilt allerdings nur für Geschwindigkeiten, die deutlich unterhalb der Lichtgeschwindigkeit liegen. Bei sehr großen Geschwindigkeiten muß relativistisch gerechnet werden.

Doppler-Verbreiterung (Doppler broadening). Eine Verbreiterung der Linien in einem Spektrum, die dadurch entsteht, daß die Atome und Moleküle innerhalb einer Lichtquelle infolge der dort herrschenden Temperatur eine mehr oder weniger starke thermische Bewegung zeigen. Dadurch ergeben sich Radialgeschwindigkeiten der einzelnen Teilchen auf den Beobachter zu oder von ihm weg, die zur D.-V. führen. Die D.-V. ist also umso stärker, je höher die Temperatur ist. In der Astrophysik ist die D.-V. bedeutsam bei der Ermittlung thermischer Geschwindigkeiten oder turbulenter Strömungen in Sternatmosphären. Eine D.-V. ergibt sich aber auch durch die Rotation von Himmelskörpern.

Dorado. Lateinische Bezeichnung für das Sternbild Schwertfisch.

S Doradus-Sterne (S Doradus stars). Eine nach dem Stern S Doradus benannte Klasse eruptiver, novaähnlicher Veränderlicher. Es handelt sich um Überriesen der Spektralklassen B und A mit 50 bis 100 Sonnenmassen und einem langsamen, unregelmäßigen Lichtwechsel, der sich in Zeiträumen von Jahren oder sogar Jahrzehnten abspielt. Schon im Ruhezustand haben sie eine absolute Leuchtkraft von -8^{m} mit einer Abweichung von 1^{m} nach oben oder unten. Das ist mehr als das 100000fache der Sonnenleuchtkraft. Diese Sterne liegen daher im → Hertzsprung-Russell-Diagramm in der äußersten linken oberen Ecke. Sie erleiden wegen ihrer heftigen atomaren Umwandlungen in Energie einen erheblichen Massenverlust. Ferner zeigen sie einen starken Sternwind. Der Prototyp der Klasse, S Doradus, liegt in der Großen Magellanschen Wolke. Seine absolute Leuchtkraft ist 400000mal größer als die der Sonne. Die scheinbare Helligkeit schwankt zwischen $11\overset{m}{.}7$ und $8\overset{m}{.}6$. Der Massenverlust beträgt 10^{20} t oder 1/60 Erdmasse oder $5 \cdot 10^{-8}$ Sonnenmassen pro Jahr. Neuerdings werden oft auch die P Cygni-Sterne zu dieser Sternklasse gerechnet. Auch η Carinae kann wohl, wenn auch als Sonderfall, dazugerechnet werden.

Drache (Dragon). Ein Zirkumpolarstern am Nordhimmel (lateinische Bezeichnung Draco, Abk. Dra). Das Sternbild erstreckt sich etwa in dem Bereich zwischen dem Großen und Kleinen Bären. Der alten Mythologie nach handelte es sich um den Hüter der goldenen Äpfel, der nur durch Herkules besiegt werden konnte. Der Hauptstern Thuban (»Drache«) ist $3\overset{m}{.}6$ hell, 220 Lichtjahre entfernt, wird aber noch von dem $2\overset{m}{.}2$ hellen Stern γ Draconis oder Ettanin (»Drachenkopf«)übertroffen. Innerhalb dieses Sternbilds befindet sich auch der Nordpol der Ekliptik.

Drachenmonat (draconic month). Drakonitischer → Monat.

Drachenpunkte (draconic points). Die → Knoten der Mondbahn.

Draco. Lateinische Bezeichnung für das Sternbild Drache.

Draconiden, Giacobiniden (Draconids, Giacobinids). Ein periodisch auftretender Meteorstrom, dessen Höhepunkt auf den 9. Oktober fällt. Es handelt sich um Auflösungsprodukte des Kometen Giacobini-Zinner (1900 III), der eine Umlaufzeit von 6,6 Jahren hat. Im Perihel ist der Komet 153,7 Mill. km von der Sonne entfernt. Die Bahnexzentrizität beträgt 0,708, die Bahnneigung 31,9°. In den letzten Jahren 1933 und 1946 traten große Schauer auf. 1933 traten bis zu 345 Meteore pro Minute auf. Der letztere konnte auch erstmals mit radartechnischen Mitteln erfaßt werden. Ein nicht ganz so spektakulärer Schwarm wurde 1985 erfaßt. Damals war die Erde etwa 5 Mill. km von der Kometenbahn entfernt. Die D. bewegen sich verhältnismäßig langsam am Himmelsgewölbe dahin. Ihre mittlere Geschwindigkeit durch die Erdatmosphäre beträgt 22 km/s.

BY Draconis-Sterne (BY Draconis stars). Rote Zwergsterne der Spektralklassen K und M, die gleichzeitig veränderliche Sterne mit Emissionslinien und quasiperiodischen Helligkeitsschwankungen zwischen $0\overset{m}{.}1$ und $0\overset{m}{.}5$ bei veränderlicher Amplitude sind. Die Perioden liegen zwischen 1 und 120 Tagen. Die Helligkeitsänderungen sind Folge von Flecken auf ihrer Oberfläche. Sie entsprechen den Sonnenflecken, sind aber erheblich umfangreicher, so daß sie sich auf die Gesamthelligkeit der Sterne auswirken. Die Periodizität des Lichtwechsels hängt mit der Rotationsdauer bzw. dem Umlauf in einem engen Doppelsternsystem zusammen: Einmal ist uns eine hellere, dann wieder eine dunklere Seite zugekehrt. Auch Eruptionen kommen gelegentlich vor. Es besteht eine Verwandtschaft zu den Flackersternen. Tatsächlich wurde diese Sterngruppe erst 1971 von den Flackersternen getrennt.

Draco-System (Draco system). Eine im Sternbild Draco (Drache) gelegene elliptische Zwerggalaxie, die etwa 195 000 Lichtjahre entfernt ist und mit einer absoluten Leuchtkraft von $-8{,}^{m}5$ zu den schwächsten Mitgliedern der lokalen Gruppe gehört. Ihr Durchmesser beträgt etwa 1000 Lichtjahre.

drakonitisch (draconic). Auf die Knoten (Drachenpunkte) der Mondbahn bezogen.

Draper-Klassifikation (Draper system). Eine Klassifikation der Spektren der Sterne, die von A. J. Cannon (1863–1941) am Harvard-Observatorium entwickelt wurde (→ Henry-Draper-Katalog).

Drehimpuls (angular momentum). Das Produkt aus dem Trägheitsmoment (der Drehmasse) und der Winkelgeschwindigkeit eines rotierenden Körpers. Der D. (auch Drall genannt) ist unveränderlich, wenn auf den rotierenden Körper kein Drehmoment wirkt. Das Trägheitsmoment kann berechnet werden, wenn man sich die Masse eines drehenden Körpers in eine größere Zahl von Teilmassen aufgegliedert denkt. Für jede einzelne Teilmasse m_i, die von der Rotationsachse des Körpers den Abstand r_i hat, rechnet man $m_i \cdot r_i^2$ aus. Dann ist die Summe aller Werte $m_i \cdot r_i^2$ für sämtliche Teilmassen das Trägheitsmoment.

Drehmoment (rotational momentum, torque). Das Produkt »Kraft mal Hebelarm« in bezug auf die Rotationsachse eines Körpers.

Drei-Alpha-Prozeß (triple alpha reaction). → Heliumbrennen.

Dreieck, nördliches (Triangle). Ein Sternbild am Nordhimmel (lateinische Bezeichnung Triangulum, Abk. Tri). Das kleine, südlich der Andromeda gelegene Sternbild galt als ein Sinnbild des Nildeltas und ist vor allem im Herbst zu beobachten. Es enthält den Hauptstern α Trianguli, der auch die arabische Bezeichnung Elmuthalleth (»Spitze des Dreiecks«) trägt. Er ist $3{,}^{m}4$ hell und 59 Lichtjahre entfernt. In diesem Sternbild befindet sich auch der »Dreiecksnebel«, ein Spiralnebel mit der Katalogbezeichnung M 33 in 2,35 Mill. Lichtjahren Abstand. Obwohl seine Gesamthelligkeit mit $6{,}^{m}8$ verhältnismäßig groß ist, hebt er sich wegen seiner geringen Flächenhelligkeit nur schwer gegen den Himmelsuntergrund ab. Der Typus des Nebels ist Sc.

Dreieck, südliches (Southern Triangle). Ein am südlichen Himmel, von Mitteleuropa aus nicht beobachtbares Sternbild mit der lateinischen Bezeichnung Triangulum Australe (Abk. TrA). Das Sternbild wurde erst 1603 von J. Bayer (1572–1625) eingeführt. Der $1{,}^{m}9$ helle Hauptstern α Trianguli Australis ist etwa 55 Lichtjahre entfernt und erscheint bei einem Spektraltyp K2 orangerot.

Dreifarbenphotometrie (three-colour photometry). Die Messung der Helligkeiten von Sternen in drei verschiedenen Farbbereichen (Spektralbereichen). Die einzelnen Werte geben Auskunft über die unterschiedliche Energieverteilung im Spektrum eines Sterns. Am bekanntesten ist das UBV-System. Hier werden die Helligkeiten im ultravioletten, blauen und visuellen (gelben) Spektralbereich gemessen.

Drei Kelvin-Strahlung (3 K background radiation). → Kosmische Hintergrundstrahlung.

Drei Kiloparsec-Arm, 3 kpc-Arm (3 kiloparsec arm). Ein etwa 3 Kiloparsec (kpc) oder rund 10000 Lichtjahre vom Zentrum der Galaxis entfernter Spiralarm, der mit 50 km/s nach außen expandiert und auf Grund der 21-cm-Strahlung des interstellaren Wasserstoffs radioastronomisch nachgewiesen wurde.

Dreikörperproblem (three-body problem). Ein klassisches Problem der Himmelsmechanik, das die Bewegungen von drei Körpern, die sich gegenseitig anziehen, zu lösen versucht. Im Gegensatz zu dem mathematisch verhältnismäßig einfach zu lösenden Zweikörperproblem gibt es jedoch für das D. keine geschlossene algebraische Lösung. Mit anderen Worten: Es ist nicht von vornherein möglich, Ort und Geschwindigkeit der drei Körper für jeden beliebigen Zeitpunkt zu bestimmen. Genau wie beim Mehrkörperproblem gibt es jedoch in der Praxis verschiedene Näherungsverfahren, um die Bewegungen der drei Körper zu ermitteln. Dazu dient insbesondere das Verfahren der numerischen Integration. Trotz der Unmöglichkeit, eine geschlossene Lösung für das D. anzubieten, gibt es drei Sätze, die für dieses Problem eine allgemeine Gültigkeit haben:

1. Der Flächensatz: Bildet man eine Summe der Produkte aus den Massen der beteiligten Körper und den Projektionen ihrer Flächengeschwindigkeiten, so ist diese konstant.

2. Der Energiesatz: Auch die Summe der potentiellen und kinetischen Energie aller drei Körper ist eine Konstante.

3. Der Schwerpunktsatz: In einem Dreikörpersystem verbleibt der gemeinsame Schwerpunkt an einem Ort oder bewegt sich mit konstanter Geschwindigkeit geradlinig weiter.

J. L. Lagrange (1736–1812) konnte 1772 zeigen, daß das D. für einige wenige spezielle Fälle doch lösbar ist. Dies trifft dann zu, wenn sich einer der drei Körper in einem Gleichgewichtspunkt (Librationspunkt) gegenüber den anderen beiden Körpern befindet. Diese Punkte werden allgemein mit L_1 bis L_5 bezeichnet. Sind m_1 und m_2 die beiden anderen Massen, so liegen die Librationspunkte L_1, L_2 und L_3 auf der Verbindungsgeraden der beiden anderen Massen. Ihre genaue Lage auf ihr hängt vom Massenverhältnis m_1/m_2 ab. Die Librationspunkte L_4 und L_5 stellen schließlich mit den beiden anderen Massen zwei gleichseitige Dreiecke dar. Für den letzteren Fall gibt es in der Natur das Beispiel der auf der Jupiterbahn umlaufenden Trojaner. Befindet sich der dritte Körper nicht genau in einem der genannten Librationspunkte, aber in seiner Nähe, so führt dieser periodische Schwingungen um den Librationspunkt aus.

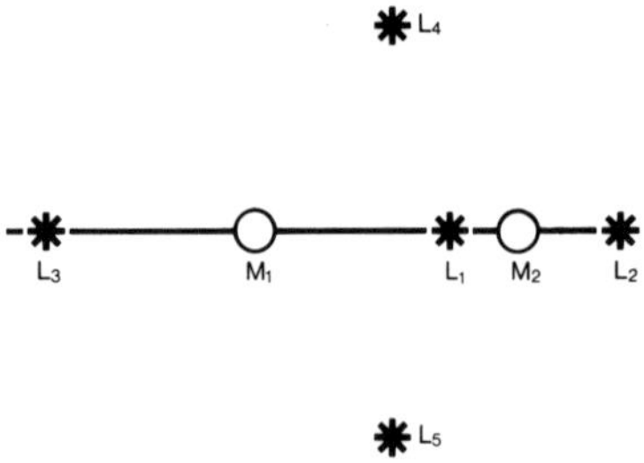

Spezielle Fälle des Dreikörperproblems

Ein anderer spezieller Fall ist das sog. »eingeschränkte D.« (problème restreint). In diesem Fall hat der dritte Körper eine extrem kleine Masse gegenüber den beiden anderen Körpern. Außerdem muß er sich in der gleichen Ebene wie die beiden anderen Massen bewegen. Im allgemeinen sind zwar auch hier die Bahnen nicht in einer geschlossenen Lösung angebbar. Trotzdem sind in mehreren Fällen periodische Lösungen möglich. Derartige Untersuchungen wurden vor allem von H. Poincaré (1854–1912) und von E. Strömgren (1870–1947) durchgeführt.

Dreyerscher Katalog (Dreyer catalog). Ein von J. Dreyer (1852–1926) im Jahre 1888 erstellter Katalog von Sternhaufen und Nebeln mit der Bezeichnung »New General Catalogue of Nebulae« (Abk. NGC).

Druck (pressure). Die senkrecht auf eine Flächeneinheit wirkende Kraft. Geläufige in der Astronomie und Meteorologie benutzte Einheiten sind bar (veraltet), Torr, Atmosphäre und Pascal.

Druckverbreiterung (pressure broadening). Eine Verbreiterung der Spektrallinien, die auf den Gasdruck in einer Sternatmosphäre zurückzuführen ist.

D-Schicht (D layer). Die unterste Schicht der Ionosphäre der Erde.

Dubhe. Arabische Bezeichnung für einen Stern im Sternbild Großer Bär.

Dublett (doublet). Ein Paar benachbarter Spektrallinien. Die Aufspaltung in zwei Linien kann z. B. im Zusammenhang mit dem Zeeman-Effekt entstehen.

Dumbbell-Nebel (Dumbbell Nebula). → Hantel-Nebel.

Dunkellinie (dark line). Die Verbindungslinie der Helligkeitsminima am Taghimmel. Die D. trennt damit die sog. »Sonnenregion« von der »Gegenregion«.

Dunkelstrom (dark current). Der Strom, der in einem Photomultiplier (→ Photometrie) auch fließt, wenn die lichtempfindliche Schicht von keinem Sternlicht usw. getroffen wird.

Dunkelwolke, Dunkelnebel (dark cloud, dark nebula). Eine verhältnismäßig dichte Wolke interstellarer Materie. Die darin befindlichen Staubteilchen schwächen das Licht der dahinterstehenden Sterne ab. Die D. zeigen sich vor allem im Verlauf der Milchstraße als dunkle, gelegentlich sogar vollkommen sternleere Gebiete. Bekannte D. sind der nördliche und südliche Kohlensack im Schwan und Südlichen Kreuz, sowie die »dunkle Höhle« nahe dem Stern γ Aquilae.

Dunkelzentrum (dark center). Der dunkelste Punkt am Taghimmel. Steht die Sonne im Horizont, so befindet sich dieser im Zenit. Steht die Sonne dagegen höher am Himmel, hat das D. etwa 55° bis 70° Winkelabstand von dieser. Die Helligkeit im D. beläuft sich auf etwa ein Millionstel der Sonnenhelligkeit.

Dunst (haze). Eine atmosphärische Trübung, die vor allem durch Wassertröpfchen und Staubteilchen hervorgerufen wird. In der Regel ist der D. in der Nähe des Horizonts wesentlich stärker als in der Nähe des Zenits. Vor allem in Industriegebieten kann der D. so stark sein, daß astronomische Beobachtungen dadurch sehr beeinträchtigt werden. Daneben gibt es aber auch den sog. »Staudunst«, der im Luv an steileren Küsten auftritt, sowie den »Küstendunst«, der über Land zu einer schlechteren Sicht als über der See führt, da auf Land eine stärkere Thermik auftritt.

Durchgang, Passage (transit, passage). **1.** Der D. eines Gestirns durch den Meridian, hervorgerufen durch die Rotation der Erde. Der Meridiandurchgang ist gleichzeitig mit der oberen oder unteren Kulmination eines Gestirns verbunden.

2. Der Vorübergang eines unteren Planeten (Merkur oder Venus) vor der Sonnenscheibe. Dabei zeigen sich diese als kleine schwarze Scheiben. Ein Venusd. kann mit Dämpfgläsern bereits mit einem Feldstecher, ein D. des Merkur dagegen erst mit einem Fernrohr verfolgt werden. Diese Ereignisse treten bei einer

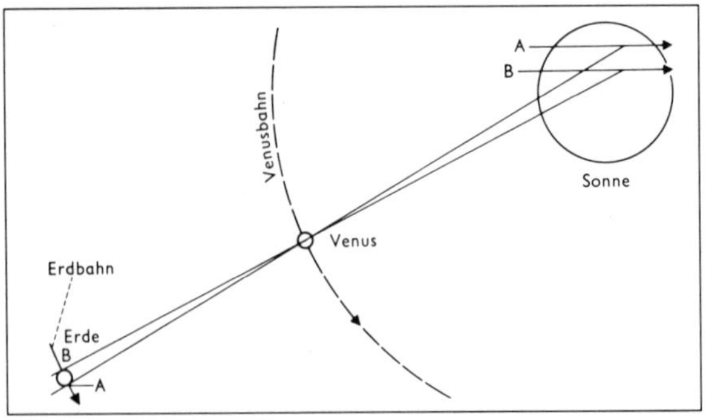

Venusdurchgang vor der Sonne (Schema)

unteren Konjunktion dieser Planeten zur Sonne auf. Gleichzeitig müssen sich aber diese extrem nahe an einem der beiden Knotenpunkte ihrer Bahnen mit der Erdbahnebene befinden, d. h. ihre ekliptikale Breite muß nahezu null sein.

Für Merkur tritt ein D. vor der Sonne am 15. 11. 1999, 7. 5. 2003 und 8. 11. 2006 ein. Ein D. der Venus ist am 8. 6. 2004 und 6. 6. 2012. Im 20. Jahrhundert tritt kein einziger D. der Venus auf. Die früheren Fälle, die seit Erfindung des Fernrohrs stattfanden, waren am 6. 12. 1631, 4. 12. 1639, 6. 6. 1761, 3. 6. 1769, 9. 12. 1874 und 6. 12. 1882. Damit treten Venusdurchgänge viermal in einem Zeitraum von 243 Jahren auf, und zwar jeweils nach 8, 121½, 8 und 105½ Jahren. Der erste D. des Merkur wurde von Gassendi 1631, der erste D. der Venus von Horrocks und Crabtree 1639 beobachtet. Ein D. der Venus war in früherer Zeit besonders wichtig für die Bestimmung der Parallaxe der Sonne. Vor allem wegen des Phänomens des → schwarzen Tropfens blieb aber damals die Genauigkeit der Messungen hinter den Erwartungen zurück. Man hatte den D. jeweils von verschiedenen Erdorten aus beobachtet. Aus der Verschiebung der Sehne, die die Venus vor der Sonnenscheibe beschrieb, konnte man die Entfernung von Sonne und Venus bestimmen.

Durchgangsinstrument (transit instrument, transit circle). → Passageinstrument.

Durchmesser (diameter). Unter dem scheinbaren D. eines Himmelskörpers versteht man zunächst den Winkeldurchmesser, der von der Erdoberfläche aus mit entsprechenden Winkelmeßinstrumenten direkt bestimmt werden kann. Wegen der großen Entfernungen der meisten Himmelskörper können direkte Winkelmessungen aber nur an der Sonne, den großen Planeten und einigen größeren bzw. näheren Kleinplaneten und Satelliten durchgeführt werden. Die Sterne selbst erscheinen uns auch in den größten Fernrohren nur als Punkte. Dagegen kann der scheinbare D. auch bei-

Die größten interferometrisch gemessenen Winkeldurchmesser von Sternen

Stern	Winkeldurchmesser in ″
R Leonis (variabel)	0,060
Beteigeuze	0,049
Mira (variabel)	0,044
Antares	0,0425
Aldebaran	0,0246
Arktur	0,0231
Scheat	0,018

spielsweise für Nebel oder Sternhaufen angegeben werden.
In anderen Fällen, wo scheinbare D. bestimmbar und die Entfernungen der betreffenden Himmelskörper bekannt sind, läßt sich auch der wahre (lineare) D. der Himmelskörper in Kilometern, Lichtjahren oder dgl. berechnen. In allen anderen Fällen muß auf den wahren D. indirekt geschlossen werden. Dazu gibt es eine Reihe verschiedener Methoden: Die D. punktförmig erscheinender Satelliten oder Kleinplaneten kann man unter der Annahme eines vernünftigen Wertes für die Albedo aus der scheinbaren Helligkeit und Entfernung ableiten. Aber auch für die Sterne ergeben sich einige Methoden zur D.bestimmung. So kann beispielsweise der D. der Komponenten eines Bedeckungsveränderlichen aus der Lichtkurve abgeleitet werden. Das D.verhältnis der beiden Komponenten wirkt sich nämlich auf die Zeitdifferenz aus, die der kleinere Stern benötigt, um vollständig hinter dem größeren Stern zu verschwinden oder wieder aufzutauchen. Aus entsprechenden Beobachtungen läßt sich das D.verhältnis der beiden Komponenten im Verhältnis zur Umlaufbahnlänge des Begleiters ermitteln. Da bei vielen Bedeckungsveränderlichen auch aus spektroskopischen Beobachtungen die Radialgeschwindigkeit bestimmt werden kann, ist es auch möglich, die Länge der Umlaufbahn des Begleiters in km und damit aber auch die D. der beiden Komponenten in linearem Maß zu berechnen. Die Genauigkeit der Ergebnisse kann allerdings in bestimmten Fällen beeinträchtigt werden, z.B. für den Fall, daß die Komponenten stark abgeplattet sind, eine große Randverdunklung zeigen, stark elliptische Bahnen aufweisen oder über eine nicht sehr gleichförmige Flächenhelligkeit verfügen. Trotzdem konnten mit dieser Methode bisher für mehr als 50 Bedeckungsveränderliche verhältnismäßig brauchbare D.angaben gewonnen werden.
Mit Hilfe von Interferometern können bei einigen nahen und sehr großen Sternen auch die Winkeldurchmesser auf indirektem Wege bestimmt werden. In Verbindung mit der Entfernung läßt sich daraus der wahre D. in km angeben.
Eine andere Möglichkeit, den scheinbaren Winkeldurchmesser zu ermitteln, sind Sternbedeckungen durch den Mond. Wegen der Punktförmigkeit der Sterne geht die Helligkeit bei einem solchen Vorgang schlagartig auf Null zurück. In einigen wenigen Fällen, wo der Winkeldurchmesser eines Sterns einen nennenswerten Betrag erreicht, fällt aber die Helligkeit doch in meßbarem Umfang allmählich ab. Aus der bekannten Winkelgeschwindigkeit des Mondes am Himmelsgewölbe ergibt sich dann wieder der Winkeldurchmesser und zusammen mit der Entfernung auch der wahre D. des Sterns. Allerdings kann diese Methode auf nur sehr wenige Sterne angewandt werden, da für solche Untersuchungen ohnedies nur Sterne im Bereich Ekliptik in Betracht kommen. Auf eine größere Zahl von Sternen kann die strahlungstheoretische Methode angewandt werden. Sie liefert allerdings etwas weniger genaue Angaben. Dabei wird mit Hilfe des Stefan-Boltzmann-Gesetzes (→ Strahlungsgesetz) zusammen mit der in vielen Fällen bestimmbaren absoluten Leuchtkraft und Oberflächentemperatur auf die Größe der strahlenden Oberfläche und damit auch auf den D. geschlossen. Die D. der Sterne schwanken in einem breiten Rahmen. Am kleinsten sind die weißen Zwergsterne, die nur die Größe des Mondes oder der Erde haben, die Neutronensterne mit 10 km Radius und die Schwarzen Löcher, deren sog. Schwarzschild-Radius bei 1 Sonnenmasse nur 2,5 km

beträgt. Am größten sind die roten Riesensterne und einige andere Riesen und Überriesen. Nach unseren bisherigen Erkenntnissen ragen dabei vor allem VV Cephei mit etwa 1600 Sonnendurchmesser sowie z. B. Antares, Beteigeuze und Mira heraus.

Durchmusterung. Ein Sternkatalog, der bestimmte Angaben der Sterne, wie z. B. Koordinaten, Helligkeiten usw., nicht mit höchster Genauigkeit enthält, dafür aber für eine sehr große Zahl von Sternen.

Dwingeloo. Bekanntes Radioobservatorium in den Niederlanden mit einem Radiospiegel von 25 m Durchmesser und einem großen Radiointerferometer.

dyn. Amtlich nicht mehr zulässige Einheit für die Kraft. Es ist 1 dyn = 1 $g{\cdot}cm/s^2$.

dynamical time. Eine Zeitskala, die 1984 die zuvor verwendete Ephemeridenzeit ablöste (Abk. TD). Es gibt zwei dynamische Zeitskalen: Die terrestrial d.t. (Abk. TDT) bezieht sich auf den Beobachter auf der Erde, die barycentric d.t. (Abk. TDB) auf den Schwerpunkt (das Baryzentrum) des Sonnensystems. Die Differenz zur Weltzeit (UT) ist erst einige Zeit später aus Beobachtungen von Gestirnen bestimmbar. Für 1996 gilt z. B. als extrapolierte Differenz TDT – UT = +62 s. Die dynamische Zeit TDT eilt also der Weltzeit um über eine Minute voraus.

Dynamik (dynamics). Der Teil der Physik, der sich mit den Kräften und den durch sie hervorgebrachten Bewegungen beschäftigt. In der Astronomie gibt es auch den Begriff der Stellardynamik.

dynamische Parallaxe (dynamical parallax). → Parallaxe, dynamische.

dynamisches Jahr (dynamical year). Eine in der Meteorologie gelegentlich benutzte Einteilung des Jahres, die mit einem Minimum der atmosphärischen Aktivität im Nachsommer etwa am 29. September beginnt.

Dynamotheorie (dynamo theory). Eine Theorie, die auf dem physikalischen Umstand beruht, daß durch das Fließen elektrisch geladener Teilchen (Ionen) Magnetfelder erzeugt werden (Dynamo-Effekt). So soll nach der D. das Magnetfeld der Erde und dessen langfristige Veränderungen durch das Fließen elektrischer Ströme im Erdinnern entstehen. Ferner sollen bestimmte erdmagnetische Variationen auf die Bewegungen von Ionen in der Ionosphäre der Erde zurückzuführen sein.

E

Ebbe und Flut (low and high tide, ebb and flow). → Gezeiten.

Echo. Zwei passive Nachrichtensatelliten der USA, die aus 30 bzw. 43 m großen Ballonen bestanden, die einen dünnen Aluminiumbelag aufwiesen. E. 1 wurde am 12. 8. 1960, E. 2 am 25. 1. 1964 gestartet. Beide Satelliten sind bereits am 24. 5. 1968 bzw. 7. 6. 1969 in der Erdatmosphäre verglüht. Die E.-Satelliten konnten mit bloßem Auge sehr gut beobachtet werden.

Eddingtonsches Standard-Modell (Eddington's standard model). Ein auf A. S. Eddington (1882–1944) zurückgehendes Sternmodell, in dem die Energie im Innern bis zur Oberfläche eines Sterns durch Strahlung transportiert wird. Das Verhältnis des Strahlungsdrucks zum Gasdruck im Innern eines Sterns wird als konstant angenommen.

effektive Temperatur (effective temperature). → Temperatur.

effektive Wellenlänge (effective wavelength). Die Wellenlänge, welche die Intensitätskurve über das gesamte Spektrum so aufteilt, daß die gesamte Energie in dem Wellenlängenbereich, der über der e. W. liegt, gleich der Gesamtenergie ist, die wir von dem Bereich aus kleineren Wellenlängen erhalten. Da die Empfindlichkeit der einzelnen Empfängeranordnungen (z. B. Auge und Photoemulsion) unterschiedlich ist, hängt die e. W. auch von der Art des Empfängers ab.

Effelsberg-Observatorium. Ein nahe dem Dorf Effelsberg in der Eifel gelegenes Radioobservatorium (Max-Planck-Institut für Radioastronomie, Sitz Bonn). Es verfügt über das größte nach allen Richtungen frei bewegliche Radioteleskop der Erde mit einem Spiegeldurchmesser von 100 m und wurde 1972 in Betrieb genommen. Die Konstruktion erfolgte so, daß es in jeder Lage, also ob mehr vertikal oder horizontal ausgerichtet, die Form eines Paraboloids beibehält. Dabei ändert sich allerdings ein wenig die Brennweite, was aber durch Verschieben der Empfängeranordnung in den jeweiligen Brennpunkt des Spiegels ausgeglichen werden kann. Es wird der Wellenlängenbereich von 7 mm bis 75 cm untersucht. Bei 2 cm Wellenlänge beträgt das Auflösungsvermögen fast genau 1′. Das Effelsberger Radioteleskop wird zusammen mit anderen Radioteleskopen, die oft sogar auf anderen Kontinenten liegen, auch als Radiointerferometer eingesetzt. Damit erreicht man ein Auflösungsvermögen von 0,0001″.

Egeria. Der Kleinplanet mit der Nr. 23. Er ist im Perihel 353,1 Mill. km, im Aphel 418,9 Mill. km von der Sonne entfernt. Die Bahnexzentrizität ist mit 0,085 für einen Kleinplaneten sehr klein. Die Bahnneigung beträgt 16,5°, die Umlaufzeit 4,14 Jahre. Der Durchmesser beläuft sich auf etwa 225 km. Mit 0,04 ist die Albedo gering. E. gehört damit zur Klasse C der Kleinplaneten.

Eichfelder (selected areas). Kleine Felder am Himmelsgewölbe (75′ × 75′), die gleichmäßig zum galaktischen Äquator verteilt sind und eine Grundlage für die Stellarstatistik darstellen. Die E. wurden von J. C. Kapteyn (1851–1922) vorgeschlagen und werden oft auch mit »Kapteyn's selected areas« bezeichnet. Insgesamt gibt es 206 E., zuzüglich 46 Felder innerhalb der Galaxis. Die Sterne in den E. werden nach zahlreichen physikalischen Gesichtspunkten untersucht. Auch die Eigenbewegungen der darin befindlichen Sterne werden so genau wie möglich bestimmt.

Eidechse (Lizard). Ein Sternbild des nördlichen Himmels, das für Mitteleuropa nahezu vollständig zirkumpolar ist (lateinische Bezeichnung Lacerta, Abk. Lac). Es wurde erst 1650 von J. Hevelius (1611–1687) eingeführt. Das kleine Sternbild enthält nur schwächere Sterne und liegt zwischen den größeren Sternbildern Andromeda, Pegasus, Schwan und Cepheus eingebettet.

Eigenbewegung (proper motion). Die scheinbare Bewegung eines Sterns am Himmelsgewölbe. Sie wurde erstmals 1718 von E. Halley (1656–1742) an einigen wenigen Sternen durch Vergleich mit antiken Beobachtungen gefunden. Heute kennt man die E. von mehr als 300 000 Sternen. Jedoch nur etwa 300 Sterne besitzen eine E. von mehr als 1″ pro Jahr. In den Sternkatalogen oder den speziellen E.katalogen wird die E. pro Jahr entweder in Rektaszension und Deklination angegeben. Oder aber man gibt die E. des Sterns direkt an und fügt den Positionswinkel hinzu. Lediglich Barnards Pfeilstern im Sternbild Schlangenträger (Ophiuchus) hat eine E. von 10,31″ pro Jahr. Das bedeutet, daß dieser Stern in etwa 180 Jahren eine Strecke am Himmelsgewölbe zurücklegt, die dem Durchmesser der Vollmondscheibe entspricht.

Die E. ist allerdings nur die Projektion der wahren Raumbewegung eines Sterns an das Himmelsgewölbe. Im extremen Falle, daß sich ein Stern genau auf uns zubewegt oder von uns wegbewegt, ist überhaupt keine E. feststellbar. Den vollen Betrag der Raumbewegung sehen wir nur, wenn sich der Stern rechtwinklig zu unserer Blickrichtung bewegen sollte. Zusammen mit der Entfernung des Sterns wäre in diesem Falle auch die tatsächliche Sternbewegung in km/s anzugeben. Mit Hilfe der Radialgeschwindigkeit eines Sterns, also dem Anteil der Raumbewegung eines Sterns längs der Sehlinie, läßt sich die wahre Raumbewegung aber auch in anderen Fällen feststellen. Allerdings sind die Radialgeschwindigkeiten nur von einem Bruchteil der Sterne bekannt, die bisher E. gezeigt haben.

Die größten gemessenen Eigenbewegungen

Stern	scheinbare Helligkeit	Eigenbewegung pro Jahr	Positionswinkel
Barnards Pfeilstern	$9{,}^{m}5$	10,34″	356°
Kapteyns Stern	$8{,}^{m}8$	8,72″	131°
Groombridge 1830	$6{,}^{m}5$	7,04″	145°
Lacaille 9352	$7{,}^{m}4$	6,90″	79°
Chin 3161	$8{,}^{m}6$	6,11″	112°
Ross 619	$12{,}^{m}5$	5,40″	167°
61 Cygni	$5{,}^{m}2$	5,20″	52°
Lalande 21 258	$7{,}^{m}5$	4,78″	187°
Wolf 359	$13{,}^{m}5$	4,72″	235°
ε Indi	$4{,}^{m}7$	4,69″	123°

Die E. der Sterne führen zu einer allmählichen Veränderung der Sternbilder. Dies macht sich allerdings in einigen wenigen hundert oder tausend Jahren noch nicht bemerkbar, so daß die Sternbilder beispielsweise in der alten griechischen oder sogar babylonischen Zeit praktisch für das bloße Auge genauso aussahen wie in der Gegenwart. In etwa 50 000 oder 100 000 Jahren würden sich aber die Sternbilderfiguren nicht selten merklich verändert haben. Wegen der kleinen Zeitspanne, seit der uns genauere Meßmethoden zur Verfügung stehen, sind bisher E., die den Betrag von 0,01″ pro Jahr merklich unterschreiten, kaum feststellbar. Erst in einigen weiteren Jahrzehnten, wenn genügend neue und genaue Messungen vorliegen, wird es möglich sein, für einen beträchtlichen größeren Teil der Sterne E. zu finden.

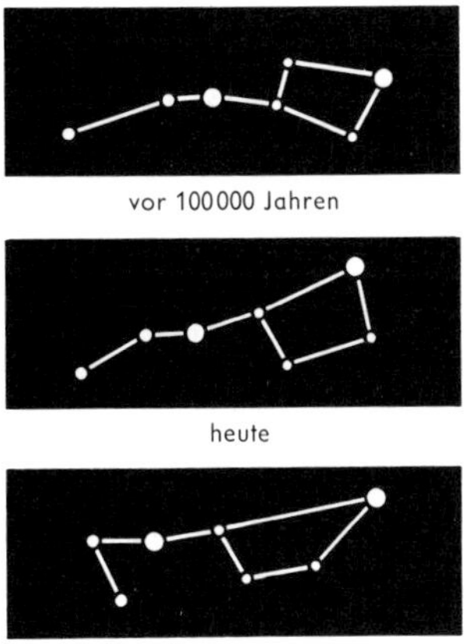

Eigenbewegung der Sterne im Großen Wagen

Eigenleuchten der Erdatmosphäre (airglow). Optische Erscheinungen in der Erdatmosphäre wie das Nachthimmelslicht und das Polarlicht.

Eindeutigkeitssatz (Vogt-Russell theorem). → Vogtscher Eindeutigkeitssatz.

Einfallslot (perpendicular). Die Senkrechte, die man sich auf einer brechenden oder reflektierenden Ebene an der Stelle errichtet denkt, an der der einfallende Lichtstrahl diese Ebene trifft.

Einfallspunkt (point of incidence). Der Punkt, in dem ein Lichtstrahl eine brechende oder reflektierende Fläche trifft.

Einfallswinkel (angle of incidence). Bei Lichtstrahlen, die auf eine Fläche auftreffen, der Winkel, den der Strahl mit dem Einfallslot bildet.

Einheitszeit. → Veraltet für Zonenzeit.

Einhorn (Unicorn). Ein Sternbild in der Nähe des Himmelsäquators, das vor allem im Winter beobachtet werden kann (lateinische Bezeichnung Monoceros, Abk. Mon). Das Sternbild wurde von J. Bartsch (1600–1633) eingeführt. Es liegt im Verlauf der Milchstraße und enthält nur wenige hellere Sterne. Der Hauptstern *α* Monocerotis hat nur eine Helligkeit von $3{,}^{m}9$ und ist 180 Lichtjahre entfernt. Ein herausragendes Objekt ist der berühmte Rosetten-Nebel.

Einschattige. Die Bewohner der Erde, die am Mittag stets (auf sich selbst bezogen) den Schatten nach derselben Seite werfen. Es sind die Bewohner außerhalb der Tropen, die (außer am frühen Morgen und Abend des Sommerhalbjahres) auf der nördlichen Halbkugel ihren Schatten stets etwa nach Norden bzw. auf der südlichen Halbkugel stets nach Süden fallen lassen.

Einstein. Bezeichnung für den Satelliten → HEAO 2.

Einstein-de Sitter-Modell (Einstein-de Sitter model). Das einfachste Weltmodell, das relativistisch aufgebaut ist. Das Weltall soll homogen und euklidisch aufgebaut sein, eine endliche Dichte und eine Expansion aufweisen. Die kosmologische Konstante ist von Null verschieden. Der Weltradius steigt zunächst von Null sehr schnell an, um später langsamer zuzunehmen.

Einstein-Effekte (Einstein effects). → Relativitätstheorie.

Einstein-Ring (Einstein ring). Ringförmiges, scheinbares Bild einer weit entfernten Galaxie oder eines Quasars, hervorgerufen durch den Gravitationslinsen-Effekt einer im Vordergrund liegenden großen Masse, also vor allem einer anderen Galaxie, erstmals entdeckt 1988 bei der Radiogalaxie MG 1131 +0456 im Löwen. Die Erscheinung wurde prinzipiell bereits 1936 von A. Einstein (1879–1955) vorhergesagt.

Einstein-Universum (Einstein universe). Das anfänglich 1916 von A. Einstein (1879–1955) im Zusammenhang mit seiner allgemeinen Relativitätstheorie vorgeschlagene Weltmodell eines statischen Universums mit positiver kosmologischer Konstante. Radius und Krümmung des Universums bleiben über alle Zeiten gleich. Durch die Entdeckung der Expansion des Weltalls mußte diese Vorstellung später aufgegeben werden.

Einsteinturm. Ein Turmteleskop auf dem Gelände des astrophysikalischen Observatoriums Potsdam, das 1925 von E. Mendelsohn erbaut und in den folgenden Jahrzehnten vor allem in der Sonnenforschung eingesetzt wurde.

Einsturztheorie, Impakttheorie (impact theory). Eine Theorie, nach der die Krater, Wallebenen und Maria auf dem Mond durch den Einsturz von Meteoriten oder anderen Kleinkörpern entstanden sind. Nach den neueren Ergebnissen der Mondforschung scheint diese Theorie im wesentlichen richtig zu sein. Im Gegensatz dazu ist die Vulkan-Theorie für den Mond offenbar nur in begrenztem Umfang annehmbar.

Eintritt. Das Gegenteil von → Austritt.

Eintrittspupille (entrance pupil). Die Blende, die ein in ein Fernrohr eintretendes Strahlenbündel begrenzt.

Einundzwanzig-Zentimeter-Linie, 21 cm-Strahlung (twenty-one-centimeter radiation, 21-centimeter line). Die Spektrallinie bei einer Wellenlänge von etwa 21 cm und einer Frequenz von 1420 MHz, die von den neutralen Wasserstoffatomen im interstellaren Gas ausgesandt (oder im Falle einer Absorptionslinie absorbiert) wird. Die Aussendung geschieht dadurch, daß die Richtung der Eigenrotation (genauer: der Spin) der den Atomkern umkreisenden Elektronen umkippt. Sind die Spins von Elektron und Proton gleichgerichtet, befindet sich das Wasserstoffatom in einem angeregten Zustand. Beim Zurückkehren in den Grundzustand (Hyperfeinstruktur-Übergang) wird die Strahlung ausgesandt. Dieses Umkippen ereignet sich allerdings bei einem bestimmten Elektron im Durchschnitt nur alle 11 Millionen Jahre. Wegen der riesigen Zahl von Wasserstoffatomen im interstellaren Raum findet es aber zu jedem beliebigen Zeitpunkt in genügender Häufigkeit statt, so daß wir vom interstellaren Wasserstoff auf 21 cm Wellenlänge diese Strahlung empfangen. Sie wurde 1944 von van de Hulst (*1918) vorausgesagt und erstmals 1951 in den USA, Holland und Australien entdeckt.

EISCAT. Abk. für »European Incoherent Scatter Association«, eine 1975 gegründete Organisation (Sitz Kiruna/Schweden), die das Polarlicht und die Magnetosphäre der Erde mit einem Verfahren inkohärenter Streuung von Radarwellen untersucht.

Eisenbahnzeit. Die innerhalb einer bestimmten Eisenbahngesellschaft geltende einheitliche Zeit. Galt vor allem im 19. Jahrhundert vor Einführung der Zonenzeit.

Eisenmeteorit (iron meteorite). → Meteorit.

Eisennadel-Theorie (iron needles theory). Eine vor allem von F. Hoyle (*1915) aufgestellte Theorie zu einer unkonventionellen Erklärung der kosmischen Hintergrundstrahlung durch zahllose winzige Eisennadeln, die bei Explosionen von Supernovae ausgeschleudert worden seien. Sie wurde aber durch die Entdeckung der Ungleichförmigkeit der Hintergrundstrahlung durch den Satelliten Cosmic Background Explorer 1992 stark in Frage gestellt.

Eisenspitze (iron peak). Ein Maximum in der Häufigkeitskurve der chemischen Elemente bei Eisen.

Eisenstern (iron star). Ein Stern, der in seinem Spektrum auffallend starke Eisenlinien zeigt.

Eiszeit, Glazialzeit (ice-age, glacial epoch). Kälteperiode auf der Erde mit starker Vergletscherung, auch z. B. vieler Gebiete von Mitteleuropa. Die letzte große E. endete vor ungefähr 10000 Jahren. E. können teilweise durch die Plattentektonik der Erde erklärt werden. Dadurch gerieten bestimmte Gebiete zeitweise näher an die Erdpole heran. Die meisten, vor allem erdgeschichtlich näher liegenden E. sind so aber nicht zu verstehen. Hier können Veränderungen in der Bahnexzentrizität der Erde, der Schiefe der Erdachse, des Zeitpunktes, zu dem die Erde während ihres Umlaufs in Sonnennähe steht, der chemischen Zusammensetzung der Atmosphäre (mehr oder weniger Gase, die einen Treibhauseffekt hervorrufen, wie z. B. Kohlendioxid) oder vielleicht sogar der Sonnenstrahlung einzeln oder noch besser in Kombination und gegenseitiger Verstärkung eine Rolle spielen. Aber auch bei Vulkanausbrüchen werden oft gewaltige Staub- und Aschemengen in die Atmosphäre verfrachtet, die wegen der Absorption der Sonnenstrahlen eine Abkühlung bewirken können.

Unter der »Kleinen E.« versteht man eine deutliche Abkühlungsperiode, die sich zumindest in Europa zwischen etwa 1645 und 1715 mit einem Höhepunkt Ende des 17. Jahrhunderts zeigte. So war z. B. zwischen 1683 und 1689 regelmäßig im Winter die Themse zugefroren, so daß auf ihr »Frost-Jahrmärkte« stattfinden konnten. Einige Forscher vermuten einen Zusammenhang zwischen dem sog. Maunder-Minimum der Sonnenaktivität und dieser Kälteperiode. Auch zwischen 1450 und 1550 fand eine entsprechende Periode statt (Spörer-Minimum), nachdem im Spätmittelalter zunächst eine Wärmeperiode eintrat, die eine bequeme Besiedlung Nordeuropas bis Island und Grönland ermöglichte.

Ejektion (ejection). Ein Sonderfall im → Dreikörperproblem. Dabei wird die Bahn eines Satelliten mit der Masse m_3 betrachtet, der einen Körper mit der Masse m_2 (Planet) rückläufig umkreist. Der Körper mit der Masse m_1 entspräche zum Beispiel der Sonne. Bei kleineren Entfernungen des dritten Körpers m_3 von m_2 ergeben sich nahezu kreisförmige Bahnen. Bei größeren Abständen des Satelliten entstehen bohnenförmige Bahnen. Schließlich, bei noch etwas größerem Abstand von m_3 zu m_2 ergibt sich als mathematischer Grenzfall eine E.bahn. Sie besteht darin, daß der Satellit aus dem Körper mit der Masse m_1 herausgeschleudert werden müßte und nach einem Umlauf wieder in diesen hineinstürzt. Bei noch größerer Entfernung des Satelliten von m_2 ergeben sich kompliziertere Bahnen, die schleifenförmig auch um den Körper m_1 führen.

Eklipsen (eclipses). → Finsternisse.

Ekliptik (ecliptic). Ein Großkreis am Himmel, der die Erweiterung der Erdbahnebene (Ekliptikalebene) in den Raum hinaus darstellt. Genauer gesagt wird die Ekliptikalebene durch die Verbindungslinie Sonnenmittelpunkt-Schwerpunkt des Systems Erde – Mond innerhalb eines Jahres gebildet. Da in

den astronomischen Jahrbüchern die ekliptikalen Koordinaten eines Gestirns auf den Erdmittelpunkt bezogen werden, pendelt die Sonne innerhalb eines Monats um geringfügige Beträge um die Ekliptikalebene hin und her. Der Maximalbetrag der ekliptikalen Breite der Sonne beträgt aber nur 0,8″.
Die E. ist gegenüber dem Himmelsäquator zur Zeit um 23° 26′ geneigt. Diese sog. Schiefe der E. ist aber veränderlich. Sie nimmt augenblicklich pro Jahrhundert um ungefähr 47 Bogensekunden ab. Sie beträgt für das Jahr 2000.0 genau 23°26′21,448″ – 0,46815″·t. Dabei ist t die Zahl der julianischen Jahre mit je 365,25 Tagen von 2000.0 aus gerechnet. Die zu erwartenden Extremwerte liegen bei 28°18′ und 21°55′. Die Periode beträgt etwa 40000 Jahre. Eine kleinere Schwankung der Schiefe der E. mit maximal 9,21″ und einer Periode von 18,6 Jahren bewirkt die Nutation, die der Präzession der Erdachse überlagert ist.
Mit der Veränderung der Schiefe der E. verschieben sich auch die Wende- und Polarkreise auf der Erde. Die geographische Breite der Wendekreise entspricht direkt der Schiefe der E. (der südliche Wendekreis natürlich mit Minuszeichen versehen). Die geographische Breite der Polarkreise beträgt 90° minus Schiefe der E. Durch die E. sind auch die Pole der E. definiert. Der nördliche E.pol befindet sich im Sternbild Drache, der südliche E.pol im Schwertfisch.
Etwa am 21. März und 23. September befindet sich die Sonne in einem der beiden Schnittpunkte zwischen E. und Himmelsäquator. Während dieser Zeit haben wir das Äquinoktium. Die Punkte der E., die am weitesten vom Himmelsäquator entfernt sind, nennt man Solstitialpunkte (Sonnenwendpunkte). E. ist eine aus dem Griechischen stammende Bezeichnung und bedeutet eigentlich »Finsternis-Linie«. Tatsächlich können Sonnen- und Mondfinsternisse nur entstehen, wenn sich der Neumond bzw. Vollmond in unmittelbarer Nachbarschaft der E. befindet. Meint man nur allgemein die Zone beiderseits der genauer definierten E., so spricht man auch gelegentlich vom Tierkreis (Zodiakus).

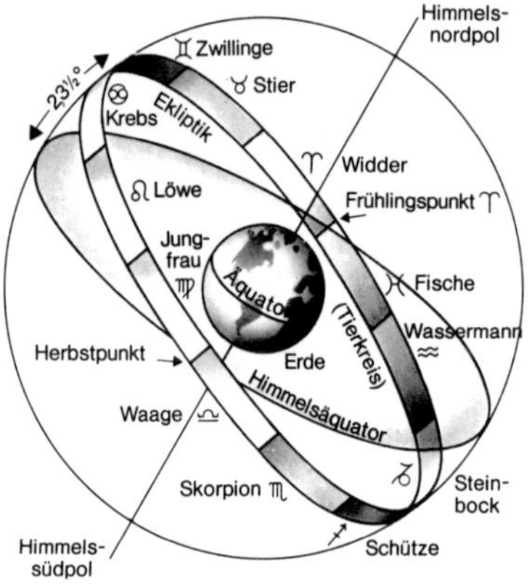

Ekliptik, Himmelsäquator und Tierkreiszeichen

Ekliptikalkarte (ecliptical map). Eine Sternkarte, die nur die Zone beiderseits der Ekliptik enthält und vor allem zur Aufsuchung von Kleinplaneten benutzt wird.

Ekliptikalstrom (ecliptical stream). Ein Meteorstrom, dessen Bahn nur wenig gegenüber der Ekliptik geneigt ist.

Ekliptikalsystem (ecliptical system). Ein astronomisches Koordinatensystem, das als Grundebene die Ekliptik heranzieht.

Ektropen. Die Gebiete außerhalb der Tropen zwischen dem nördlichen Wendekreis und Nordpol bzw. dem südlichen Wendekreis und Südpol der Erde. Da sich die Schiefe der Ekliptik gegenwärtig verringert, wird das Gebiet der E. zur Zeit ständig größer. Ebenso werden die Polarzonen kleiner, da sich der nördliche bzw. südliche Polarkreis zu den Polen hin ein wenig zurückzieht.

Elara. Der 7. Satellit des Jupiter. Seine Umlaufzeit beträgt 259,65 Tage, seine Bahnexzentrizität 0,21, seine Bahnneigung 24,7°. Die mittlere Entfernung vom Planeten beträgt 11 737 000 km. Bei einem Durchmesser von vermutlich nur etwa 80 km erscheint er bei einer mittleren Opposition mit einer Helligkeit von $+17^m$. Die Albedo ist vermutlich nur 0,03. E. wurde 1905 von Perrine entdeckt.

Elarneb. Aus dem Arabischen stammende Bezeichnung für den Hauptstern im Sternbild Hase.

ELDO. Abk. für European Launcher Development Organization. Eine europäische Organisation zur Entwicklung von Trägerraketen, die 1962 von mehreren europäischen Staaten gegründet wurde.

Elefantenrüssel (elephant trunks). Eine nach der Form eines Elefantenrüssels in eine helle ionisierte Wasserstoffwolke (H II-Region) hereinragende Dunkelwolke, die aus kühlerem, neutralem Wasserstoff (H I) besteht. E. zeigen sich beispielsweise häufig innerhalb des → Rosetten-Nebels oder ähnlicher Objekte.

Elektra. Ein Stern in den → Plejaden.

elektromagnetische Strahlung (electromagnetic radiation). Eine Wellenstrahlung, bei der sich magnetische und elektrische Felder ausbreiten, die sich in Raum und Zeit periodisch verändern. Sie steht im Gegensatz zur Korpuskular- oder Teilchenstrahlung, wenn auch die moderne Physik durch den Dualismus Welle – Korpuskel zeigen konnte, daß einer Wellenstrahlung bei bestimmten Experimenten Teilchencharakter zukommt und umgekehrt. Für die Wellenstrahlung gibt man die Wellenlänge oder auch die Frequenz an. Beides hängt durch die Beziehung

$$\text{Wellenlänge } \lambda = \frac{\text{Lichtgeschwindigkeit } c}{\text{Frequenz } \nu}$$

zusammen. Das elektromagnetische Spektrum reicht von einer Wellenlänge von vielen tausend Kilometern bis herunter zu den Gammastrahlen mit einer Wellenlänge von 10^{-14} cm (s. Tabelle S. 126). Die Forschungen der letzten Jahrzehnte zeigten, daß im Kosmos sämtliche Formen e. S. erzeugt werden. Aber nur ein Teil gelangt durch die Atmosphäre bis zum Erdboden und kann damit von hier aus untersucht werden. Im wesentlichen gibt es nur zwei »Fenster«, durch die die bodengebundene Astronomie in den Raum »sehen« kann: das optische und das Radio-Fenster.

Elektron (electron). Ein stabiles, negativ geladenes Elementarteilchen, das die kleinste Masse unter den bekannteren Teilchen besitzt. Der Radius des E. beträgt weniger als 10^{-18}m, seine Masse ist gleich $9{,}1095 \cdot 10^{-31}$ kg. Das E. kommt in der Natur frei beweglich vor oder auch in gebundener Form innerhalb der E.hüllen der Atome. Die Ladung beträgt $1{,}60219 \cdot 10^{-19}$ Coulomb.

Elektronenentartung (electron degeneracy). Nicht dem normalen Zustand der Elektronen entsprechendes Verhalten; tritt bei einer hohen Dichte der Materie auf, beispielsweise in Neutronensternen oder weißen Zwergsternen. → Entartung.

Elektronenfernrohr (electron telescope). Ein Fernrohr, das in Verbindung mit einem → Bildwandler eingesetzt wird.

Elektronenhülle (electron shell). Die Gesamtheit der Elektronen, die einen Atomkern umkreisen. Die Elektronen sind dabei in mehreren sog. Elektronenschalen angeordnet.

Elektronenleitung (electron conduction). Ein Prozeß, der sich in sehr dichten und hochionisierten Gasen abspielt, wie man sie im Innern vieler Sterne vorfindet. Die Energie wird dort zu einem hohen Anteil durch »heiße« Elektronen, die sich in die eine Richtung bewegen, weitergeleitet, während die »kühleren« Elektronen sich in der anderen Richtung bewegen. Im Falle entarteter Materie ist die E. und nicht die Strahlung für den Energietransport verantwortlich.

Elektronentemperatur (electron temperature). Die nach der kinetischen Gastheorie berechnete Temperatur eines Gases, sofern sich diese nur auf die Elektronen bezieht.

Elektronenvolt (electron volt). Die Energie, die ein Elektron bei einer Beschleunigung durch eine Spannung von 1 Volt gewinnt (Abk. eV). Die Einheit wird vor allem in der Atom- und Kernphysik benutzt. Es ist 1 eV = $1{,}6 \cdot 10^{-12}$ erg = $1{,}6 \cdot 10^{-19}$ J. Ein Elektron mit einer Energie von 1 eV besitzt eine Geschwindigkeit von etwa 580 km/s. Eine Wellenstrahlung mit der Energie von 1 eV besitzt eine Wellenlänge von 12398 Å (1239,8 nm). Weitere Einheiten sind 10^3 eV = 1 keV (Kiloelektronenvolt), 10^6 eV = 1 MeV (Megaelektronenvolt) und 10^9 eV = 1 GeV (Gigaelektronenvolt).

elektroschwache Wechselwirkung (electroweak force). → Elementarteilchen, → Große Vereinheitlichte Theorie.

Elementarteilchen (elementary particles). Die kleinsten in der Physik nachweisbaren Bausteine der Materie. Während noch vor wenigen Jahrzehnten fast nur die beiden Kernbausteine Proton und Neutron, sowie die den Atomkern umkreisenden Elektronen bekannt waren, kamen im Laufe der Zeit weitere Neuentdeckungen hinzu. Heute ist die Zahl der in der Natur vorkommenden oder künstlich erzeugbaren E. nahezu unüberschaubar groß. Ferner konnte man einige E., die früher als unteilbar galten, auf eine Kombination noch elementare-

Tabelle der wichtigsten Wellenlängenbereiche der elektromagnetischen Strahlung
(elektromagnetisches Spektrum)

Radiowellen			über 30 cm
	Darin	Langwellen	rd. 1000 bis viele 1000 m
		Mittelwellen	rd. 100 bis 1000 m
		Kurzwellen	rd. 10 bis 100 m
		Ultrakurzwellen	rd. 1 bis 10 m
Mikrowellen			1 mm bis 30 cm
	Darin	Millimeterwellen	rd. 1 mm bis 10 mm
		Submillimeterwellen	rd. 0,3 bis 1 mm
Infrarot			700 nm bis 1 mm
	Darin	fernes Infrarot	rd. 10 µm bis 1 mm
		mittleres Infrarot	rd. 4 µm bis 10 µm
		nahes Infrarot	rd. 1 µm bis 4 µm
Sichtbares Licht			400 nm bis 700 nm
Ultraviolett			10 nm bis 400 nm
	Darin	extremes Ultraviolett	10 nm bis 120 nm
Röntgenstrahlen			0,01 nm bis 10 nm
	Darin	weiche Röntgenstrahlung	0,1 nm bis 10 nm
		harte Röntgenstrahlung	0,01 nm bis 0,1 nm
Gammastrahlen			unter 0,01 nm

Teilchen im Standardmodell

Leptonen

Name	Symbol	Ruhemasse (MeV)	elektrische Ladung
Elektron-Neutrino	ν_e	etwa 0	0
Elektron	e^-	0,511	−1
Myon-Neutrino	ν_μ	etwa 0	0
Myon	μ^-	105,7	−1
Tau-Neutrino	ν_τ	weniger als 35	0
Tau	τ^-	1784	−1

Quarks

Name	Symbol	Ruhemasse (MeV)	elektrische Ladung
up	u	etwa 336	+2/3
down	d	etwa 336	−1/3
charm	c	1500	+2/3
strange	s	etwa 510	−1/3
top	t	> 41 000	+2/3
bottom	b	etwa 5000	−1/3

rer Teilchen zurückführen, insbesondere Protonen und Neutronen.

Die Eigenschaften der E. sind

1. die Masse, meist als Ruheenergie ($E = mc^2$) in Elektronenvolt angegeben;
2. der Spin, grob als Drehimpuls aufzufassen, wird in $h/2\pi$ angegeben, h = Plancksches Wirkungsquantum;
3. die elektrische Ladung, wird in Einheiten der elektrischen Elementarladung angegeben;
4. das magnetische Moment;
5. die Lebensdauer und die Zerfallsprodukte.

Die wichtigsten Gruppen der E. sind:

1. Leptonen. Sie unterliegen nicht der starken Kraft oder Wechselwirkung (s. u.). Ihr Spin ist ½. Jedes Lepton besitzt auch ein Antiteilchen.
2. Quarks. Sie unterliegen der starken Kraft oder Wechselwirkung. Ihr Spin ist ½. Ihre elektrischen Ladungen sind entweder +⅔ oder −⅓. Sie kommen in 6 verschiedenen Arten vor. Jedem Teilchen entspricht ein Antiquark. Ferner besitzen Quarks auch eine Eigenschaft, die mit Farbe oder Farbladung bezeichnet wird, aber nichts mit echten Farben zu tun hat. Sie hat eine Ähnlichkeit mit der elektrischen Ladung. Dort ist jedoch nur ein Austauschteilchen erforderlich, bei der Farbladung sind es acht sog. Gluonen, die selbst ebenfalls eine Farbladung besitzen.

Aus Quarks zusammengesetzte Teilchen sind die Hadronen. Auch sie unterliegen der starken Kraft oder Wechselwirkung. Sie werden wieder in Baryonen und Mesonen untergliedert.

Neben diesen E. im engeren Sinne gibt es noch Teilchen, die die Kräfte zwischen den anderen Teilchen vermitteln: Austauschteilchen. Gemäß den vier heute im Universum vorkommenden Kräften oder Wechselwirkungen gibt es für jede Kraft ganz unterschiedliche Austauschteilchen. Bei den anfänglichen extremen Zuständen des Universums dürften weniger als vier Wechselwirkungen vorgelegen haben. Elektromagnetismus und schwache Kraft (Wechselwirkung) dürften etwa bis zum Zeitpunkt 10^{-12} Sekunden nach dem »Urknall« noch in Gestalt der »elektroschwachen Kraft« vereinigt gewesen sein (»Unified Theory«). Bis etwa 10^{-33}

Die Kräfte (Wechselwirkungen) im Standardmodell

Kraft	Reichweite	Stärke im Abstand 10^{-15} m im Vergleich zur starken Kraft	Austausch-Teilchen	Ruhemasse (GeV)	Spin	elektrische Ladung	Bemerkungen
Gravitation	unendlich	10^{-38}	Gravitation	0	2	0	vermutet
Elektromagnetismus	unendlich	10^{-2}	Photon γ	0	1	0	direkt beobachtet
schwache Kraft	weniger als 10^{-18} m	10^{-13}	intermediäre Bosonen				
			W^+	81	1	+1	direkt beobachtet
			W^-	81	1	−1	direkt beobachtet
			Z^0	93	1	0	direkt beobachtet
starke Kraft	etwa 10^{-15} m	1	Gluonen g	0	1	0	indirekt beobachtet

Zusammensetzung der wichtigsten Baryonen und Mesonen

Teilchen	Quarkzusammensetzung	Ladung
Baryonen (qqq)		
p Proton	uud	+2/3+2/3−1/3 = +1
n Neutron	udd	+2/3−1/3−1/3 = 0
Λ Lambda	uds	+2/3−1/3−1/3 = 0
Λ_c Lambda-c	udc	+2/3−1/3+2/3 = +1
Ω^- Omega-minus	sss	−1/3−1/3−1/3 = −1
Mesonen ($q\bar{q}$)		
π^+ Pion	$u\bar{d}$	+2/3+1/3 = +1
π^-	$\bar{u}d$	−2/3 −1/3 = −1
π^0	$(u\bar{u}+d\bar{d})$	(+2/3−2/3)+(−1/3+1/3) = 0
K^+ Kaon	$u\bar{s}$	+2/3+1/3 = +1
K^-	$\bar{u}s$	−2/3 −1/3 = −1

Sekunden war die elektroschwache Kraft vielleicht auch noch mit der starken Kraft vereinigt (»Grand Unified Theory«, GUT, → Große Vereinheitlichte Theorie). Bis 10^{-42} Sekunden, während der sog. Planck-Ära waren vielleicht sogar alle vier Kräfte vereinigt. Eine Voraussage der GUT-Theorien ist, daß die früher stets als stabil betrachteten Protonen nach etwa 10^{33} Jahren zerfallen müßten. Dies konnte bisher noch nicht experimentell bestätigt werden.

Die eigentlichen E. zeigen weitgehend einen Zerfall. Ausnahmen bilden das Elektron, die Neutrinos, sowie das up- und down-Quark. Diese dürften stabil sein. Zerfallserscheinungen zeigen auch praktisch alle zusammengesetzten Teilchen, also die Mesonen und Baryonen. Das Neutron zerfällt in durchschnittlich 10,25 Minuten in ein Proton, Elektron und Antineutrino. Die Hyperonen zerfallen größenordnungsmäßig nach 1/10 Milliardstel Sekunden, die Mesonen nach 10^{-8} bis 10^{-13} Sekunden.

Elemente (elements). **1.** Chemisch einheitliche Stoffe. Sie lassen sich mit chemischen Mitteln nicht weiter zerlegen. Physikalisch unterscheiden sich die E. durch ihren unterschiedlichen Atomkernaufbau. In der Natur treten ca. 90 chemische E. auf. Sie beginnen mit dem

leichtesten E. Wasserstoff mit der Ordnungszahl 1 bis zum Uran mit der Ordnungszahl 92 und weiter bis zu den Transuranen Nielsbohrium, Hassium und Meitnerium mit den Ordnungszahlen 107 bis 109. Einige E. sind nur künstlich durch E.umwandlung herstellbar.
2. → Bahnelemente.
Elementenentstehung (origin of elements). → Nukleosynthese.
Elementenhäufigkeit (abundance of elements). Die relative Häufigkeit der chemischen Elemente beispielsweise in der Erdrinde, in Mondgesteinen, Meteoriten oder auch in größeren kosmischen Raumbereichen. Direkte Untersuchungen an nichtirdischen Ansammlungen von Materie waren bis vor wenigen Jahren nur bei den Meteoriten möglich. Nach dem Beginn der Raumfahrt konnten auch Untersuchungen an Mondgesteinen, Marsgesteinen, Venusbodenproben, aber auch hinsichtlich der Zusammensetzung der interplanetaren Materie durchgeführt werden. Die anderen Untersuchungen beruhen im wesentlichen auf spektroskopischen oder radioastronomischen Untersuchungen, d.h. also einer Untersuchung der Strahlung, die von den betreffenden Himmelskörpern ausgeht.
Für allgemeinere kosmologische und kosmogonische Fragen ist die mittlere kosmische E. von Bedeutung. Dabei zeigt sich, daß der Wasserstoff im Hinblick auf die Masse mit 73% das weitaus häufigste, Helium mit 25% das zweithäufigste chemische Element im Kosmos darstellt. Alle anderen, schwereren chemischen Elemente steuern nur etwa 2% zur Gesamtmasse des kosmischen Materials bei. In der Astrophysik bezeichnet man übrigens deswegen in Abweichung von der Gepflogenheit in der Chemie nicht selten alle Elemente, die schwerer sind als Helium, einfach als »Metalle«. Die Häufigkeit der wichtigsten Elemente ist in der Tabelle dargestellt. Dabei ist die Häufigkeit von Wasserstoff H mit 100 angesetzt.

Häufigkeit der wichtigsten Elemente
(H = 100)

Elementengruppe	Zahl der Atome	Masse
H	100	100
He	8,5	34
C, N, O, Ne	0,116	1,75
Metalle usw.	0,014	0,50
insgesamt	108,63	136,25

In einer weiteren Tabelle (S. 130 f) ist die mittlere kosmische Häufigkeit der einzelnen Elemente, soweit sie überhaupt bisher im Kosmos an verschiedenen Stellen nachweisbar waren, zusammengestellt. Dabei wurde die Häufigkeit von Wasserstoff mit 10^{12} festgesetzt.
In dieser Tabelle gehen zwar die gemessenen Häufigkeiten innerhalb unseres Sonnensystems besonders ein, vor allem Messungen der E. in der Sonnenatmosphäre, den Meteoriten und der Erdkruste. Die Werte können aber auch auf die allgemeine kosmische Häufigkeit übertragen werden.
Trägt man die E. nach ihrer Ordnungszahl in einer Kurve auf, so fällt neben der großen Häufigkeit von Wasserstoff und Helium eine allmähliche Abnahme zu den schwereren Elementen hin auf. Sie erfolgt aber bei den leichteren Elementen schneller, bei den schwereren Elementen langsamer. Einige Elemente erscheinen stark unterrepräsentiert, vor allem Lithium, Beryllium und Bor. Wieder andere Elemente oder Elementgruppen zeigen eine auffallende Häufigkeitsspitze gegenüber ihren Nachbarelementen, insbesondere bei Eisen. Fast allgemein gilt weiterhin die sog. Harkinssche Regel, nach der die Elemente mit gerader Ordnungszahl häufiger sind als die mit ungerader Ordnungszahl.

Elementenhäufigkeit

Die mittlere kosmische Häufigkeit der Elemente ($H = 10^{12}$)

Element	Symbol	Ordn.-zahl	Atom-gewicht	Häufigkeit Atomzahl	Häufigkeit Masse
Wasserstoff	H	1	1,0080	10^{12}	10^{12}
Helium	He	2	4,0026	$8{,}51 \cdot 10^{10}$	$3{,}39 \cdot 10^{11}$
Lithium	Li	3	6,941	5,02	39,81
Beryllium	Be	4	9,0122	12,59	100
Bor	B	5	10,811	<1 000	<10 000
Kohlenstoff	C	6	12,0111	$3{,}31 \cdot 10^{8}$	$3{,}98 \cdot 10^{9}$
Stickstoff	N	7	14,0067	$9{,}12 \cdot 10^{7}$	$1{,}29 \cdot 10^{9}$
Sauerstoff	O	8	15,9994	$6{,}60 \cdot 10^{8}$	$1{,}05 \cdot 10^{10}$
Fluor	F	9	18,9984	39 811	794 328
Neon	Ne	10	20,179	$8{,}31 \cdot 10^{7}$	$1{,}66 \cdot 10^{9}$
Natrium	Na	11	12,9898	$1{,}78 \cdot 10^{6}$	$4{,}07 \cdot 10^{7}$
Magnesium	Mg	12	24,305	$2{,}63 \cdot 10^{7}$	$6{,}46 \cdot 10^{8}$
Aluminium	Al	13	26,9815	$2{,}45 \cdot 10^{6}$	$6{,}03 \cdot 10^{7}$
Silicum	Si	14	28,086	$3{,}31 \cdot 10^{7}$	$9{,}33 \cdot 10^{8}$
Phosphor	P	15	30,9738	331131	$1{,}02 \cdot 10^{7}$
Schwefel	S	16	32,06	$1{,}58 \cdot 10^{7}$	$5{,}13 \cdot 10^{8}$
Chlor	Cl	17	35,453	398 107	$1{,}58 \cdot 10^{7}$
Argon	Ar	18	39,948	$6{,}31 \cdot 10^{6}$	$2{,}51 \cdot 10^{8}$
Kalium	K	19	39,102	89 125	$3{,}47 \cdot 10^{6}$
Calcium	Ca	20	40,08	$1{,}99 \cdot 10^{6}$	$7{,}94 \cdot 10^{7}$
Scandium	Sc	21	44,956	1 660	74 131
Titan	Ti	22	47,90	134 896	$6{,}46 \cdot 10^{6}$
Vanadium	V	23	50,9414	25 119	$1{,}29 \cdot 10^{6}$
Chrom	Cr	24	51,996	707 946	$3{,}72 \cdot 10^{7}$
Mangan	Mn	25	54,9380	251 189	$1{,}38 \cdot 10^{7}$
Eisen	Fe	26	55,847	$3{,}98 \cdot 10^{7}$	$2{,}24 \cdot 10^{9}$
Kobalt	Co	27	58,9332	125 893	$7{,}94 \cdot 10^{6}$
Nickel	Ni	28	58,71	$2{,}00 \cdot 10^{6}$	$1{,}17 \cdot 10^{8}$
Kupfer	Cu	29	63,546	31 623	$2{,}00 \cdot 10^{6}$
Zink	Zn	30	65,37	15 849	10^{6}
Gallium	Ga	31	69,72	251	15 849
Germanium	Ge	32	72,59	794	63 096
Arsen	As	33	74,9216	200	15 849
Selen	Se	34	78,96	1 585	125 893
Brom	Br	35	79,904	398	31 623
Krypton	Kr	36	83,80	1 585	125 893
Rubidium	Rb	37	85,4678	251	19 953
Strontium	Sr	38	87,62	708	61 660
Yttrium	Y	39	88,9059	63	6 310
Zirkonium	Zr	40	91,22	316	31 623
Niobium	Nb	41	92,906	100	10 000
Molybdän	Mo	42	95,94	83	7 943
Technetium	Tc	43	98,906	–	–
Ruthenium	Ru	44	101,07	40	7 943
Rhodium	Rh	45	102,905	16	1 585
Palladium	Pd	46	106,4	28	3 020
Silber	Ag	47	107,868	6	676
Cadmium	Cd	48	112,40	63	6 310
Indium	In	49	114,82	25	3 162
Zinn	Sn	50	118,69	32	3 981
Antimon	Sb	51	121,75	10	1 259
Tellur	Te	52	127,60	100	12 589

Element	Symbol	Ordn.-zahl	Atom-gewicht	Häufigkeit Atomzahl	Masse
Jod	I	53	126,9045	25	3 162
Xenon	Xe	54	131,30	100	12 589
Cäsium	Cs	55	132,905	12	1 585
Barium	Ba	56	137,34	89	12 589
Lanthan	La	57	138,906	40	5 012
Cer	Ce	58	140,12	63	8 913
Praseodym	Pr	59	140,908	25	3 548
Neodym	Nd	60	144,24	60	8 710
Promethium	Pm	61	146	–	–
Samarium	Sm	62	150,4	28	4 266
Europium	Eu	63	151,96	6	851
Gadolinium	Gd	64	157,25	12	1 905
Terbium	Tb	65	158,925	2	316
Dysprosium	Dy	66	162,50	12	1 950
Holmium	Ho	67	164,930	3	501
Erbium	Er	68	167,26	6,6	1 096
Thulium	Tm	69	168,934	2	316
Ytterbium	Yb	70	170,04	16	2 512
Lutetium	Lu	71	174,97	4	631
Hafnium	Hf	72	178,49	6	1 000
Tantal	Ta	73	180,948	2	398
Wolfram	W	74	183,85	10	1 995
Rhenium	Re	75	186,2	1	196
Osmium	Os	76	190,2	8	1 585
Iridium	Ir	77	192,2	6	1 259
Platin	Pt	78	195,09	79	15 849
Gold	Au	79	196,967	4	776
Quecksilber	Hg	80	200,59	8	1 585
Thallium	Tl	81	204,37	2	316
Blei	Pb	82	207,19	60	12 589
Wismut	Bi	83	208,981	5	1 000
Polonium	Po	84	210	–	–
Astatin	At	85	211	–	–
Radon	Rn	86	222	–	–
Francium	Fr	87	223	–	–
Radium	Ra	88	226,025	–	–
Actinium	Ac	89	227	–	–
Thorium	Th	90	232,038	5	1 259
Protactinium	Pa	91	231,0359	–	–
Uran	U	92	238,029	1	251

Elevation (elevation). Eine gelegentlich benutzte Bezeichnung für die → Höhe eines Gestirns über dem Horizont.

Elgomaisa. Arabische Bezeichnung für → Procyon.

Ellipse (ellipse). Eine Kurve, die gleichzeitig einen Kegelschnitt darstellt und die Eigenschaft hat, daß die Summe der Entfernungen jedes Punktes ihres Umfangs von 2 von ihr umschlossenen Punkten, die Brennpunkte genannt werden, stets gleich groß ist und dem größten Durchmesser oder der doppelten großen Halbachse der E. entspricht. Nennt man a die große Halbachse, F_1 und F_2 die beiden Brennpunkte und P einen Punkt auf der E., so ist stets $PF_1 + PF_2 = 2a$. Aus dieser Regel geht hervor, daß man eine E. dadurch konstruieren kann, daß man an die Stelle der beiden

Brennpunkte je eine Nadel steckt und um diese einen geschlossenen Faden legt. Ein Zeichenstift soll nun das lose Ende des Fadens stramm anziehen. Danach führt man den Stift auf der Zeichenebene herum. Die kleine Halbachse einer E. bezeichnet man meist mit b. In der Astronomie spielt bei den Planeten- oder Gestirnsbewegungen nur der eine der beiden Brennpunkte eine Rolle, da sich der Zentralkörper in diesem befindet. Die Verbindungslinie des umlaufenden Körpers zum Zentralkörper bezeichnet man als Fahrstrahl oder Radiusvektor. Der Abstand des Mittelpunkts M von einem der Brennpunkte heißt lineare Exzentrizität. Je geringer diese ist, desto mehr nähert sich eine E. dem Kreis. Unter der numerischen Exzentrizität versteht man die lineare Exzentrizität dividiert durch die halbe große Achse a. Es gilt ferner

$e^2 = a^2 - b^2$.

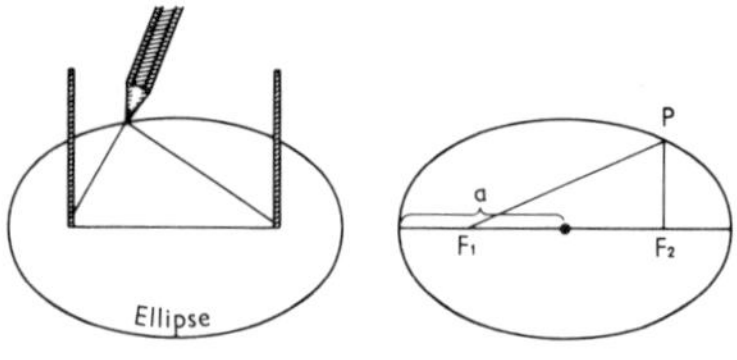

Konstruktion einer Ellipse und die wichtigsten geometrischen Eigenschaften einer Ellipse

ellipsoidische Theorie (ellipsoidal theory). Die Geschwindigkeiten der Sterne im Raum sind nicht beliebig. Trägt man diese in Abhängigkeit von der Raumrichtung in einem Diagramm auf, so ergibt sich für die Geschwindigkeitsverteilung der Sterne eine ellipsoidische Form. Die e. T. wurde vor allem von K. Schwarzschild (1873–1916) und C. W. L. Charlier (1862–1934) entwickelt und hat besonders für die Untersuchung der Sternbewegungen Bedeutung.

ellipsoidische Veränderliche (ellipsoidal variable). Ein Stern, der eine ellipsoidische Form hat und sich um seine eigene Achse dreht, wird unserer Erde im Ablauf der Rotationsperiode meist einmal eine größere, einmal eine kleinere Fläche zuwenden und dadurch eine Helligkeitsschwankung zeigen müssen. In der Praxis treten diese e. V. aber nur in Verbindung mit engen Doppelsternen auf. Die Gezeitenwirkung zwischen den beiden Komponenten bewirkt meist deren starke ellipsoidische Form (→ auch Bedeckungsveränderliche).

elliptische Galaxie, elliptischer Nebel (elliptical galaxy). Eine → Galaxie, die über keine Spiralarme verfügt, sondern mehr oder weniger elliptisch ist.

Elliptizität (ellipticity). Eine andere Bezeichnung für die → Abplattung eines Himmelskörpers.

Elmutalleth. Arabische Bezeichnung für den Hauptstern im Sternbild Nördliches Dreieck (α Trianguli).

Elnath. Arabische Bezeichnung für den Hauptstern im Sternbild Widder (α Arietis).

Elongation (elongation). Der Unterschied in der ekliptikalen Länge zwischen der Sonne und einem Planeten oder dem Mond. Steht ein Planet in östlicher E., so geht er nach der Sonne unter und kann, beispielsweise im Falle von Merkur und Venus, prinzipiell am Abendhimmel beobachtet werden. Befindet sich ein Planet in westlicher E., so geht er vor der Sonne auf. In den astronomischen Jahrbüchern werden die Termine der größten östlichen bzw. westlichen E. der beiden unteren Planeten Merkur und Venus wiedergegeben. Das sind die Termine des maximalen Winkelabstands von der Sonne. Sie betragen unter den günstigsten Verhältnissen bei Merkur 28°, bei Venus 48°.

Elscheratain. Arabische Bezeichnung für den Stern β Arietis im Sternbild Widder. Sie bedeutet »Die beiden Zeichen«.

Embolismus. Die Einfügung eines Schalttages, -monats oder -jahres in einen Kalender.

Emissionsgebiet (emission area). Ein besonders heller Bereich im interstellaren Gas, der selbst leuchtet und ein Emissionsspektrum aussendet.

Emissionsspektrum (emission spectrum). Ein Spektrum mit Emissionslinien, charakteristisch für ein leuchtendes Gas.

Enceladus. Ein Satellit des Saturn. Sein Durchmesser beträgt etwa 510 km, seine Umlaufzeit 1,37 Tage, die mittlere Entfernung 238 000 km. Die Bahnexzentrizität beläuft sich auf 0,0045, die Bahnneigung ist 0. E. besteht weitgehend aus Eis. Die Albedo beträgt fast 1,00. E. ist der Körper mit der höchsten Reflexionseigenschaft im ganzen Planetensystem. An der Oberfläche erkennt man neben vielen Aufsturzkratern bis zu 30 km Durchmesser auch erstarrte Fließstrukturen. Sie mögen weniger durch Aufheizung nach einem Aufprall anderer Körper, sondern vor allem durch Gezeitenwirkungen von seiten der Nachbarsatelliten, besonders Dione, entstanden sein. Die Oberfläche von E. erfuhr dadurch bis weit zur Gegenwart hin und vielleicht sogar heute noch ständige Umformungen. E. wurde 1789 von W. Herschel (1738–1822) entdeckt.

Enckescher Komet (Encke's Comet). Ein im Jahre 1786 von P. F. A. Méchain (1744–1804) entdeckter und damals nur zweimal beobachteter Komet, der in den folgenden Jahren zunächst verlorenging und erst am 26. 11. 1818 von J. L. Pons wiederentdeckt wurde. J. F. Encke (1791–1865) stellte die Identität dieses Kometen fest und berechnete dessen Bahn. Daher leitet sich auch der Name dieses Kometen ab. Der E. K. besitzt die kürzeste bekannte Umlaufperiode um die Sonne mit 3,30 Jahren. Seine große Halbbachse beträgt 2,21 AE ($3{,}3 \cdot 10^8$ km), die Bahnexzentrizität ist 0,847, die Bahnneigung 12,4°. Er wurde seit seiner Wiederentdeckung praktisch bei jedem Durchlauf durch sein Perihel beobachtet und gilt damit als der am längsten und regelmäßigsten beobachtete Komet. Bereits Encke fand, daß die Periode pro Umlauf eine Verkürzung von etwa 2,5 Stunden aufweist. Später konnte man nachweisen, daß die Verkürzung jedoch nicht gleichmäßig erfolgt. Außerdem nahm sie in den vergangenen Jahrzehnten stark ab. Die Ursache dieser Erscheinung ist zwar noch nicht restlos geklärt, doch dürften Auflösungsprozesse des Kometen dafür verantwortlich gemacht werden. Durch den Ausstoß gasförmiger oder fester Teilchen könnten nämlich dem Kometenkern zusätzliche Bewegungskräfte zugeführt werden, die zu den entsprechenden Bahnveränderungen führen.

Enckesche Teilung (Encke's Division). Eine schwache, von J. F. Encke 1837 entdeckte Teilungslinie im äußersten Ring des Saturn, auch »Bleistiftlinie« genannt.

Energie (energy). Einer der wichtigsten Begriffe der Physik. E. bedeutet soviel wie Arbeitsvermögen. Ein physikalisches System, das E. besitzt, kann Arbeit leisten bzw. E. abgeben.

Unter der kinetischen E. (Bewegungsenergie) versteht man die Arbeit, die eine beschleunigende Kraft während der Beschleunigung einer Masse m aus dem Zustand der Ruhe bis zur Endgeschwindigkeit v geleistet hat. Es ist

$$\mathrm{E}_{\mathrm{kin}} = \frac{1}{2}\,\mathrm{m} \cdot v^2 .$$

Die potentielle E. (äußere E., Lage-E.) ist die E., die von der Lage eines bestimmten materiellen Systems im Raum abhängig ist. Geht dieses in eine Lage mit geringerer potentieller E. über, so wird dabei E. nach außen abgegeben und Arbeit geleistet. Umgekehrt wird E. zugeführt, wenn das System in eine Lage mit höherer potentieller E. überführt wird. Nach dem Heben eines Körpers in die Höhe h über die Erdoberfläche besitzt dieser die potentielle E.

$$E_{pot} = m \cdot g \cdot h = G \cdot h.$$

Dabei ist g die Schwerebeschleunigung, G das Gewicht des Körpers. Unter der Anregungsenergie versteht man die E., die einem Elektron zugeführt wird, wenn dieses von einem niederen auf ein höheres E.niveau in der Elektronenschale eines Atoms gehoben werden soll.

Wärmeenergie ist die kinetische E., die in den ungeordneten Bewegungen der Atome bzw. Moleküle eines Körpers steckt. Sie steigt mit höherer Temperatur an. Ionisationsenergie ist die E., die erforderlich ist, um ein Elektron von dem betreffenden Atomkern zu lösen (Ionisation).

Unter Strahlungsenergie versteht man die E., die bei der Aussendung von Licht (Lichtquanten) freigesetzt wird. Dabei ist die E. eines einzelnen Lichtquants von der Frequenz ν bzw. Wellenlänge λ abhängig. Es ist nach dem Planckschen Strahlungsgesetz

$$E = h \cdot \nu = h \cdot c/\lambda.$$

Dabei ist h das Plancksche Wirkungsquantum, c die Lichtgeschwindigkeit. Aus der Formel ergibt sich, daß kurzwellige Strahlung energiereicher als langwellige Strahlung ist.

Nach der speziellen Relativitätstheorie sind Masse und E. einander äquivalent. Bei der vollständigen Verwandlung von Masse in E. wird der Energiebetrag $E = m \cdot c^2$ freigesetzt.

Als Maßeinheit der E. benutzt man die verschiedenen Einheiten der Arbeit, in der Atomphysik oft auch das Elektronenvolt.

Energiedichte (energy density). Die Energie eines Körpers oder eines Strahlungsfeldes, bezogen auf ein bestimmtes Volumen.

Energieerzeugung, Energiefreisetzung (energy production, energy generation). Das Problem, wie die Sterne, einschließlich unserer Sonne, Energie produzieren, wurde erst gelöst, als die Physik die Atomkernreaktionen seit etwa 1930/50 theoretisch oder auch in bestimmten Fällen experimentell verstand. Vorher war man der Meinung, die Sterne würden ihre Energie aus einer fortwährenden Kontraktion beziehen. Für unsere Sonne errechnet sich aber daraus bestenfalls ein Maximalalter von 50 Mill. Jahren, während wir aus geologischen Untersuchungen wissen, daß das Erdalter und damit auch das Alter unserer Sonne 4,6 Mrd. Jahre beträgt. Chemische Prozesse kommen ebenfalls nicht in Betracht. Aber auch der radioaktive Zerfall schwerer in leichtere Atomkerne, der Energie liefert, scheidet aus, weil diese Elemente, wie z. B. Uran, in den Sternen nur in sehr geringen Mengen vorhanden sind. Dagegen sind die leichtesten chemischen Elemente, insbesondere Wasserstoff, in den Sternen am häufigsten vertreten. Es lag daher nahe anzunehmen, daß die Sterne durch die Verschmelzung leichterer zu schwereren Elementen ihre Energie beziehen. Bei dieser Fusion ist die Masse des neuentstandenen Kerns meist etwas kleiner als die Summe der Atombausteine, die zuvor miteinander reagiert haben (Massendefekt). Der scheinbar verlustig gegangene Massebetrag wird dabei in Energie verwandelt.

Im Innern der meisten Sterne wird Wasserstoff in Helium verwandelt (»Wasserstoffbrennen«). Dazu sind allerdings Temperaturen von mindestens etwa 10 Mill. K erforderlich. Dabei lagern sich jeweils 4 Wasserstoffkerne zu einem Heliumkern zusammen. Bei diesem Aufbau gehen 0,7% der beteiligten Massen in Energie über. Die Sonne verwandelt pro Sekunde ungefähr 4,2 Mill. Tonnen Masse in Energie.

Die Verwandlung von Wasserstoff in Helium ist stark temperaturabhängig. Bei etwas niedrigeren Temperaturen zwischen etwa 10 Mill. bis etwa 15 Mill. K überwiegt die Energieausbeute des sog. Proton-Proton-Zyklus. Oberhalb 15 Mill. K. ist der Bethe-Weizsäcker-Zyklus (Kohlenstoff-Stickstoff-Zyklus) ergiebiger. Nachstehend die Umwandlungen in der in der Kernphysik üblichen Schreibweise:

Proton-Proton-Zyklus

$H^1 + H^1$	$\rightarrow D^2 + e^+ + \nu$	+ 1,44 MeV
$D^2 + H^1$	$\rightarrow He^3 + \gamma$	+ 5,49 MeV
$He^3 + He^3$	$\rightarrow He^4 + H^1 + H^1$	+ 12,85 MeV

Dabei bedeutet H Wasserstoff, He Helium, D Deuterium (schwerer Wasserstoff) usw. Die hochgestellten Ziffern geben das (gerundete) Atomgewicht an. Wegen der anderen Symbole → Elementarteilchen. Rechts außen steht die jeweils freigesetzte Energie. Für den letzten Schritt gibt es übrigens noch einige weitere Möglichkeiten. Der angegebene ist jedoch der häufigste. Um die gesamte Energiebilanz zu erhalten, muß berücksichtigt werden, daß um den dritten Schritt zu ermöglichen, die beiden ersten Schritte doppelt ablaufen müssen. Ferner führen die Neutrinos 0,50 MeV ab. Insgesamt werden also 26,21 MeV frei.

Bethe-Weizsäcker-Zyklus

$C^{12} + H^1$	$\rightarrow N^{13} + \gamma$	+ 1,95 MeV
N^{13}	$\rightarrow C^{13} + e^+ + \nu$	+ 2,22 MeV
$C^{13} + H^1$	$\rightarrow N^{14} + \gamma$	+ 7,54 MeV
$N^{14} + H^1$	$\rightarrow O^{15} + \gamma$	+ 7,35 MeV
O^{15}	$\rightarrow N^{15} + e^+ + \nu$	+ 2,71 MeV
$N^{15} + H^1$	$\rightarrow C^{12} + He^4$	+ 4,96 MeV

C ist Kohlenstoff, N Stickstoff, O Sauerstoff. Hier werden 26,73 MeV freigesetzt, abzüglich ein Neutrinoverlust von 1,69 MeV macht 25,04 MeV. Auch hier gibt es noch einen Nebenzyklus, der über Fluor 17 verläuft. Er ist 2200 mal seltener, ergibt aber mit 24,74 MeV fast denselben Energiegewinn.

Die einzelnen Schritte in den genannten Zyklen können außerordentlich verschieden lang dauern. Beim Bethe-Weizsäcker-Zyklus ist am schnellsten der Zerfall der instabilen Stickstoff- und Sauerstoffisotope mit 7 Minuten bzw. 82 Sekunden. Am trägsten sind die Prozesse, bei denen Protonen eingefangen werden. Der Einfang des 3. Protons dauert 320 Mill. Jahre. Der ganze Zyklus nimmt 336 Mill. Jahre in Anspruch. So lange dauert es im Mittel, bis sich jeweils ein Heliumkern aus 4 Wasserstoffkernen gebildet hat. Lediglich die riesige Zahl der stets in Umwandlung begriffenen Kerne führt zu der erwarteten E. Beim Proton-Proton-Zyklus ist der erste Schritt, die Entstehung des schweren Wasserstoffs (Deuterium), mit im Mittel 14 Mrd. Jahren am langsamsten.

Bei einer Mittelpunktstemperatur der Sonne von 15 Mill. K ergibt sich die stärkste Ausbeute mit Hilfe des Proton-Proton-Zyklus. Sterne größerer Masse, die höhere Zentraltemperaturen haben, beziehen ihre Energie aber mehr aus dem Bethe-Weizsäcker-Zyklus. Im Innern der Sterne wird die Energie vor allem in Gestalt von Gammastrahlung frei. Einen sehr viel kleineren Energiebetrag führen auch die freigesetzten Neutrinos ab. Die starke Temperaturabhängigkeit vor allem des Bethe-Weizsäcker-Zyklus führt dazu, daß die E. in Sternen, die nur geringfügig höhere Mittelpunktstemperaturen haben als die Sonne, bedeutend größer ist, was sich auf die Entwicklung der Sterne merklich auswirkt.

In späteren Entwicklungsphasen der Sterne können Zentraltemperaturen von weit über 100 Mill. K erreicht werden. Hier kommt es auch zu Reaktionen von Heliumkernen untereinander und damit zu einem Aufbau von noch schwereren Atomkernen. Am wichtigsten ist dabei zunächst das »Heliumbrennen«, die Verwandlung von Helium zu Kohlenstoff, die über Beryllium Be führt:

$$He^4 + He^4 \rightarrow Be^8 + \gamma - 0{,}095\ \text{MeV}$$
$$Be^8 + He^4 \rightarrow C^{12} + \gamma + 7{,}4\ \text{MeV}$$

Bei der ersten Reaktion wird also zunächst ein kleiner Energiebetrag verbraucht. Da das Beryllium 8 instabil ist und schnell wieder in die beiden Heliumkerne zerfällt, verwandelt sich allerdings nur ein Zehnmilliardstel aller Be^8-Kerne in C^{12}. Man nennt diesen Prozeß auch 3 α-Prozeß.

Der Verschmelzungsprozeß mit Heliumkernen oder α-Teilchen geht aber noch weiter zu Sauerstoff 16, Neon 20, Magnesium 24 usw. bis Calcium 40. Bei sehr hohen Temperaturen, wie sie in alten roten Riesensternen vorkommen, nämlich von 1 bis 3 Milliarden K, reagieren auch zwei Kohlenstoff 12-Kerne miteinander:

$$C^{12} + C^{12} \rightarrow Na^{23} + H^1 \text{ oder}$$
$$C^{12} + C^{12} \rightarrow Ne^{20} + He^4$$

Die Erzeugung von Energie im Innern der Sterne durch Fusion leichterer zu schwereren Atomkernen erfolgt aber nur bis zum Eisen. Der Aufbau noch schwererer Elemente ist in der Regel nur durch Energiezufuhr möglich. Er vollzieht sich im Universum fast ausschließlich im Innern von Supernovae.

Die eingangs erwähnte Feststellung, daß die E. der Sterne nicht durch Kontraktion erklärt werden kann, schließt jedoch nicht aus, daß in bestimmten Entwicklungsphasen der Sterne eine Kontraktion zur E. trotzdem eine Rolle spielt (→ Sternentwicklung). Die braunen Zwerge beziehen sogar ihre Energie ausschließlich aus der Kontraktion.

Energiekurve (energy curve). Ein Diagramm, das die Intensität in einem kontinuierlichen Spektrum in Abhängigkeit von der Wellenlänge oder Frequenz darstellt.

Energieniveau (energy level). Nach dem Bohrschen Atommodell der Abstand eines Elektrons vom Atomkern. Ein Elektron kann nur in einem bestimmten Abstand oder, genauer gesagt, auf einem bestimmten E. einen Atomkern umkreisen. Bei der Anregung eines Elektrons oder der Emission von Strahlung wird ein Elektron von einem niedrigeren auf ein höheres E. bzw. umgekehrt überführt.

Energiespektrum (energy spectrum). Ein Diagramm, das die Teilchenzahl in der kosmischen Strahlung in Abhängigkeit von der Energie wiedergibt.

Energieverteilung (energy distribution). Der Energiebetrag, der von einer Strahlungsquelle in jedem Wellenlängenbereich ausgesandt wird (→ Energiekurve).

Energija. Russische Trägerrakete, die erstmals 1987 gestartet wurde. Sie hat eine Höhe von 60 m und ein Gewicht von 2000 t. Sie kann Nutzlasten bis 100 t in eine Erdumlaufbahn von 400 km Höhe transportieren.

englische Montierung (English mounting). Die Montierung eines Fernrohrs, bei der die Stundenachse des Instruments in einem ungefähr L-förmigen Rahmen gelagert wird.

Enif. Arabischer Name des Sterns ε Pegasi (»Nase des Pferdes«). Er hat eine Helligkeit von $2{,}^{m}4$ und ist ein dreifacher Stern. Die Entfernung von der Erde beträgt 520 Lichtjahre. Der Hauptstern ist 4400mal heller als die Sonne. Der Spektraltyp ist K2.

Enstatit (enstatit). Eine Gruppe der Chondrite.

Entartung (degeneracy). Ein Materiezustand, der besonders in weißen Zwergsternen und anderen extrem dichten Objekten mit nicht zu hoher Temperatur gefunden wurde. Im Normalzustand ist der Gasdruck proportional der Temperatur und der Dichte. Wie bereits 1936 E. Fermi (1901–1954) und P. A. M. Dirac (1902–1984) nachweisen konnten, sind bei hoher Dichte andere Bedingungen zu erwarten. Der Druck des Elektronengases ist dabei allein von der Dichte, nicht mehr von der Temperatur abhängig. Ist dieser Zustand erreicht, spricht man von entartetem Gas (Fermi-Dirac-E.). Bei Drucken deutlich über $10^{6,3}$ g/cm^3 entsteht relativistische E.

Beim nichtrelativistisch entarteten Gas kann der Stern bei gegebener Masse stets durch entsprechende Änderung des Durchmessers einen Gleichgewichtszustand erreichen: Er dehnt sich bei Zunahme des Drucks aus bzw. zieht sich zusammen bei stärker werdender Gravitation. Beim relativistisch entarteten Gas kann der Stern Druck und Gravitation durch eine Durchmesseränderung nicht mehr ins Gleichgewicht bringen. So existiert hier eine kritische maximale Masse, wo gerade noch Gleichgewicht erreicht wird. Sie beträgt 1,44 Sonnenmassen (Chandrasekhar-Grenze).

Entfernungseinheiten (distance units). In der Astronomie werden neben E., wie z. B. das Meter, vor allem die Astronomische Einheit (AE), das Lichtjahr (Lj), das parsec (pc) und die jeweiligen Vielfachen davon, wie z. B. Kiloparsec, Megaparsec usw. benutzt.

Entfernungsgesetz (distance law). Das aus der Photometrie bekannte Gesetz, nach dem die Beleuchtungsstärke mit dem Quadrat der Entfernung einer punktförmigen Lichtquelle abnimmt. Ein leuchtendes Objekt erscheint uns in der doppelten Entfernung nur noch ein Viertel, in der dreifachen Entfernung ein Neuntel so hell usw.

Entfernungsmessungen (measurements of distances). Die Bestimmung der Abstände der Himmelskörper von der Erde ist eine der wichtigsten Aufgaben der Astronomie. Welche Methode im einzelnen angewandt werden muß, hängt von dem Entfernungsbereich und der Art der Himmelskörper ab. Im Nahbereich um unsere Erde gelingen direkte E. mit Hilfe der Radartechnik und im Falle des Mondes auch mit Laser. Die klassische Methode der E. ist jedoch trigonometrischer Art: Man bestimmt die Positionen eines Gestirns (Mond, nahe Planeten) von verschiedenen Punkten der Erdoberfläche aus. Aus der Distanz der Beobachtungsorte auf der Erde (Basis, Grundlinie) und der beobachteten Verschiebung (Parallaxe) in den Positionen des Gestirns ergibt sich mit Hilfe der elementaren trigonometrischen Formeln die Entfernung, z. B. die Astronomische Einheit. Um die Parallaxen der Sterne zu bestimmen, genügt allerdings eine Basislänge auf unserer Erde nicht. Vielmehr benutzt man hier den Durchmesser der Erdbahn mit 299 Mill. km. Die erste Sternparallaxe wurde 1838 von F. W. Bessel (1784–1846) an dem Stern 61 Cygni gefunden. Bei Entfernungen über etwa 100 Lichtjahren versagte allerdings bisher die Methode der trigonometrischen Parallaxen. Eine Besserung ist mit Hilfe des Satelliten Hipparcos zu erwarten. In bestimmten Fällen können auch dynamische, statistische Parallaxen und Sternstromparallaxen herangezogen werden.

Eine gänzlich andere Methode der E. ist photometrischer Art: Ist es auf irgendeinem Wege möglich, die absolute Leuchtkraft eines Himmelskörpers zu bestimmen, so kann aus seiner beobachteten scheinbaren Helligkeit die Entfernung berechnet werden. Dazu dienen folgende Formeln:

$M = m + 5 - 5 \cdot \log r$ oder
$M = m + 5 - 5 \cdot \log \pi$

Dabei ist r die Entfernung in parsec, m die scheinbare, M die absolute Helligkeit und π die Parallaxe in Bogensekunden.
Die absolute Helligkeit eines Sterns kann beispielsweise aus dem Spektrum (spektroskopische Parallaxen) ermittelt werden. Bei einigen veränderlichen Sternen, zumal vom Typ der Cepheiden, läßt sich aus der Periode die absolute Leuchtkraft bestimmen. Desgleichen weisen die scheinbaren Maximalhelligkeiten der Novae und Supernovae auf die mittlere absolute Leuchtkraft hin.
Die Entfernungen der Galaxien bestimmt man meist nach den genannten photometrischen Methoden. Oft wird auch die mittlere absolute Helligkeit von Kugelsternhaufen oder anderer in den Galaxien erkennbarer Objekte herangezogen. Dasselbe gilt auch für die mittlere absolute Gesamthelligkeit der Galaxien oder ihrer einzelnen Typen. Auch die auf die Expansion des Weltalls zurückzuführende Rotverschiebung der Spektrallinien in den Spektren der Galaxien gibt deren Abstand.
Entfernungsmodul (distance modulus). Ein Entfernungsmaß, das vor allem bei besonders weit entfernten astronomischen Objekten, insbesondere bei Galaxien, benutzt wird. Es ist die Differenz zwischen der scheinbaren und absoluten Helligkeit, also m – M. Es ist

$$m - M = -5 + 5 \cdot \log r.$$

Dabei bedeutet r die Entfernung in parsec. Der Entfernungsmodul ist 0, wenn ein Objekt 10 parsec entfernt ist, +10 bei einem Abstand von 1000 parsec usw.
Enthalpie, Gibbssche Wärmefunktion (enthalpy). Eine energetische Zustandsgröße. Die E. ist gleichbedeutend mit dem Wärmeinhalt eines Systems bei konstantem Druck. Die E. H ist

$$H = u + p \cdot V.$$

Dabei bedeutet u die innere Energie, p den Druck und V das Volumen.
Entropie (entropy). Eine von R. J. E. Clausius (1822–1888) eingeführte Rechengröße der Wärmelehre, die den Zustand eines gasförmigen oder flüssigen Systems darstellt. Sie ist gleichzeitig ein Maß für den Betrag der Unordnung in einem System. Nach dem zweiten Hauptsatz der Wärmelehre kann die E. bei Zustandsänderungen in einem abgeschlossenen System nicht abnehmen. So kann beispielsweise der Verteilungszustand von Molekülen in einem Raum nur immer mehr in Unordnung, nicht aber umgekehrt in einen geordneteren Zustand übergehen. Sind die Luftmoleküle anfangs in einer Ecke eines Zimmers angeordnet, so verteilen sie sich gleichmäßig in diesem Raum, d.h. die E. nimmt zu. Umgekehrt ist es ausgeschlossen, daß die inzwischen gleichmäßig verteilten Moleküle sich wieder einmal in der ursprünglichen Zimmerecke versammeln. Der E.satz, der diesen Erscheinungen zugrunde liegt, zeigt auch, daß mechanische Arbeit zwar vollständig in Wärme, umgekehrt aber niemals Wärme vollständig in mechanische Arbeit umgewandelt werden kann.
Entstehung der Himmelskörper (origin of the celestial bodies). → Kosmogonie.
Entweichgeschwindigkeit, Fluchtgeschwindigkeit, parabolische Entweichgeschwindigkeit (escape velocity, parabolic velocity). Die Geschwindigkeit, die ein Körper benötigt, um eine beliebig große Entfernung von einem anderen Körper zu erreichen. Dabei bewegt sich der Körper auf einer Parabelbahn weg. Oberhalb der E. treten hyperbolische Bahnen auf. Die E. v_p ist dann

$$v_p = \sqrt{\frac{2\,G\,m}{r}}$$

Dabei bedeutet G die Gravitationskonstante, m die Masse des Planeten oder anderen Körpers und r dessen Radius. Die Tabelle gibt die E. für einige Himmelskörper an.

Entweichgeschwindigkeiten

Himmelskörper	parabolische Entweichgeschwindigkeit am Äquator in km/s
Sonne	617,7
Merkur	4,25
Venus	10,36
Erde	11,19
Mars	5,02
Jupiter	59,54
Saturn	35,49
Uranus	21,29
Neptun	23,71
Pluto	1,3 (?)
Mond	2,37
Ganymed	2,75
Io	2,56
Titan	2,45
Triton	1,5 (?)
Phobos	0,015
Deimos	0,010

Eötvös-Experiment (Eötvös experiment). Ein von R. v. Eötvös (1848–1919) im Jahre 1909 durchgeführtes Experiment, das zeigte, daß die Schwerebeschleunigung eines Körpers nicht von seiner chemischen Zusammensetzung abhängt, d. h. daß die träge und schwere Masse eines Körpers gleich sind.

Epagomenen. Name der Schalttage, die man in einem reinen Mondkalender den zwölf 29tägigen oder 30tägigen Mondmonaten hinzufügen muß, um ein Sonnenjahr von 365 Tagen zu erhalten.

Epakte (epact). Das Mondalter zum Beginn eines Kalenderjahres.

Ephemeriden (ephemerides). Tabellen, meist in Jahrbüchern veröffentlicht, die nach Möglichkeit von Tag zu Tag die Örter der Gestirne, insbesondere von Sonne, Mond und Planeten verzeichnen. Darüber hinaus gibt es auch physische E., die z. B. für die Planeten die Lage der Rotationsachse, den scheinbaren Scheibendurchmesser usw. verzeichnen. Meist sind die E. auf die Erde bezogen.

Ephemeridensekunde (ephemeris second). Die Länge einer tropischen Sekunde (1/31 556 925,97 474 eines tropischen Jahres) zum Termin 1900 Januar 0,5 Ephemeridenzeit. → Ephemeridenzeit.

Ephemeridenzeit (ephemeris time). Eine Zeit, die auf die Ephemeridensekunde zurückgeht. Die E. wird vor allem aus Beobachtungen des Mondes gegenüber dem Hintergrund der Sterne (Sternbedeckungen durch den Mond) sowie mit Atomuhren ermittelt, während die Weltzeit aus Sterndurchgängen durch den Meridian abgeleitet wird und von den Unregelmäßigkeiten der Erdrotation beeinflußt ist. Die E. wurde 1960 von der Internationalen Astronomischen Union zur Berechnung der Ephemeriden eingeführt. Es ist ein nahezu exakt gleichförmiges Zeitmaß. Ab 1984 wird in den astronomischen Jahrbüchern die → Dynamical Time benutzt, die die E. ablöste.

Epikontinental-Maria (epicontinental maria). Unregelmäßig geformte Maria auf dem Mond, aus denen viele Berge und Krater herausragen. Die Randgebirge fehlen fast vollständig.

Epimetheus. Der Satellit XI des Saturn. Er wurde 1978 entdeckt und hat einen mittleren Saturnabstand von nur 151 422 km. Die Umlaufzeit beträgt 0,6942 Tage, die Bahnexzentrizität 0,009, die Bahnneigung 0,34°. E., dessen Größe etwa 140 × 120 × 100 km ausmacht, bewegt sich praktisch auf derselben Bahn wie Janus.

Epizykeltheorie (epicycle theory). Eine von verschiedenen altgriechischen Gelehrten (insbesondere C. Ptolemäus) vertretene Auffassung, wonach ein Planet die Erde nicht direkt auf einem Kreis umlaufen, sondern auf einem zweiten Kreis (Epizykel), dessen Mittelpunkt auf einem großen Trägerkreis (Deferent) liegt, die Erde umrunden soll. Dadurch konnten die Rückläufigkeiten und Schleifenbewegungen der Planeten qualitativ erklärt werden.

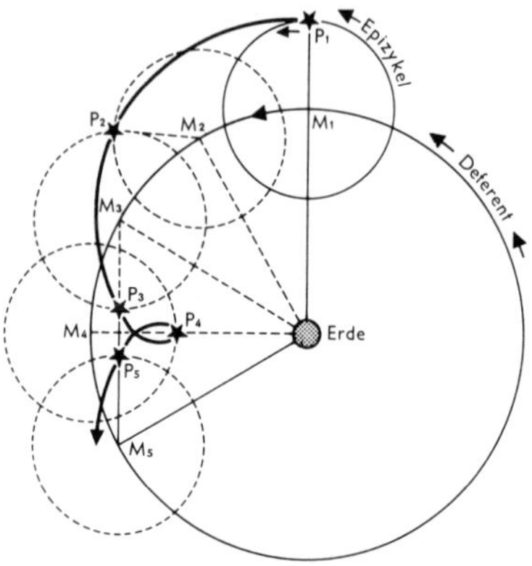

Epizykeltheorie im Ptolemäischen System

Epoche (epoch). Der Zeitpunkt, auf den sich die Koordinaten, Bahnelemente oder dgl. eines Himmelskörpers beziehen. In einem Sternkatalog bedeutet die E. das Jahr, auf das sich die Koordinaten infolge der Präzession der Erdachse beziehen. Handelt es sich um die Angabe der Rektaszension α bzw. Deklination δ, so wird dies z. B. für das Jahr 2000.0 mit $\alpha_{2000.0}$ und $\delta_{2000.0}$ angegeben. Bei veränderlichen Sternen bedeutet die E. das Datum des Lichtmaximums oder -minimums.

e-Prozeß (e-process). Eine Nuklearreaktion, bei der die Elemente der Eisengruppe aufgebaut werden könnten. Bei Temperaturen um 4 Mrd. K und Dichten über 3 Mill. g/cm^3 sind zahlreiche Zusammenstöße zwischen hochenergetischen Photonen und Kernbausteinen zu erwarten. Dabei zerfallen die Atomkerne in α-Teilchen, Protonen und Neutronen. Die Bruchstücke werden sich anschließend wieder mit stabilen Kernen vereinigen. Dabei wird insgesamt keine Energie mehr freigesetzt. Schließlich stellt sich ein Gleichgewicht (equili-brium, daher die Bezeichnung!) heraus, bei dem diejenigen Atomkerne am wahrscheinlichsten übrig bleiben, die die größte Bindungsenergie haben. Gerade dies ist bei der Eisengruppe der Fall. Am ehesten könnten diese Prozesse bei den Explosionen der Supernovae eine Rolle spielen.

Equuleus. Lateinische Bezeichnung für das Sternbild Füllen.

Erdachse (Earth's axis). Die gerade Linie, die die beiden Rotationspole oder geographischen Pole der Erde untereinander verbindet. Sie ist gegenwärtig um etwa 66½° gegenüber der Erdbahnebene (Ekliptik) oder um 23½° gegenüber der Senkrechten auf der Erdbahnebene geneigt.

Erdalter (age of the Earth). Das E. beträgt 4,6 Mrd. Jahre, wie sich aus der Untersuchung radioaktiver Elemente und ihrer Zerfallsprodukte ergibt. Das Alter der ältesten Gesteine auf der Erde beträgt 3,8 Mrd., das Alter der bisher gefundenen ältesten Fossilien 3,2 Mrd. Jahre.

Erdatmosphäre (Earth's atmosphere). Die den festen Erdkörper umgebende Gashülle. Ihre chemische Zusammensetzung zeigt die Tabelle (S. 141).
Die Gesamtmasse der E. wird auf $5 \cdot 10^{15}$ Tonnen geschätzt. Auf 1 cm^2 der Erdoberfläche lastet eine Luftsäule, deren Masse 1035 g beträgt. In 1 cm^3 der über dem Erdboden befindlichen Luft sind $2{,}547 \cdot 10^{19}$ Moleküle enthalten.
Die E. kann in einzelne Schichten untergliedert werden. Die unterste Schicht

Die wichtigsten Epochen der Erdgeschichte

Periode bzw. Epoche	Zeitraum in Mill. Jahren	Bemerkungen
Känozoikum		
Quartär	0–1,5	Entstehung des Menschen
Tertiär		
Pliozän	2–10	Entstehung der höheren Säugetiere, z. B. Menschenaffen
Miozän	10–25	Entstehung des Golfs von Aden; Kalifornien, rotes Meer
Oligozän	25–39	
Eozän	39–57	Polarmeere entstehen
Paleozän	57–65	Nordatlantik entsteht
Mesozoikum		
Kreide	65–135	die heutige Vegetation entsteht, der Südatlantik bildet sich
Jura	135–183	große Reptilien, Amerika trennt sich von Afrika, dgl. Trennung zwischen Antarktis und Afrika
Trias	183–225	die ersten Säugetiere entstehen
Paläozoikum		
Perm	225–275	Entstehung der Nadelbäume
Karbon	275–348	Entstehung der Reptilien und Steinkohlenwälder
Devon	348–400	die ersten Landtiere, Bäume
Silur	400–435	die ersten Landpflanzen
Ordovizium	435–500	Wirbelfische
Kambrium	500–590	wirbellose Meerestiere, rasche Entwicklung des Lebens beginnt.
Präkambrium		
spätes Präkambrium	600–1000	
oberes Präkambrium	1000–2000	erste Grünalgen
mittleres Präkambrium	2000–3000	einzellige blaugrüne Algen
unteres Präkambrium	3000–4600	die chemische Evolution beginnt, erste Bakterien

ist die Troposphäre, die sich von der Erdoberfläche bis in etwa 12 km Höhe erstreckt. In ihr spielen sich die eigentlichen Wettererscheinungen ab. Sämtliche Wolken, mit Ausnahme der leuchtenden Nachtwolken, befinden sich in ihr. Im Mittel nimmt die Temperatur innerhalb der Troposphäre pro 100 m Höhenunterschied um 0,65°C nach oben hin ab. Die Obergrenze der Troposphäre ist die Tropopause. Ihre Höhe ist nicht nur von den Wetterbedingungen, sondern auch von der geographischen Breite abhängig. In der Nähe des Äquators steigt sie auf 17 km Höhe, während sie in der Nähe der Pole nur etwa 8 km Höhe aufweist. In der Tropopause wird eine Temperatur von –50°C bis –55°C erreicht. In der darüberliegenden Stratosphäre, die von etwa 12 bis 50 km Höhe reicht, verbleibt die Temperatur zunächst etwa auf diesem Wert, um oberhalb etwa 30 km bis 50 km Höhe auf etwa 0°C wieder anzusteigen.

Die Grenze der Stratosphäre nach oben ist die Stratopause bei 50 km Höhe. Daran schließt sich die Mesosphäre zwischen 50 und 80 km Höhe an. In ihr nimmt die Temperatur von etwa 0°C auf fast –90°C ab. Bei etwa 85 km Höhe liegt die Mesopause. In diesem Bereich

Die chemische Zusammensetzung der Erdatmosphäre

Gas	Volumenprozent
Stickstoff	78,084
Sauerstoff	20,946
Argon 40	0,934
Kohlendioxid	0,033
Neon	0,000018
Helium	0,000005
Methan	0,000002
Krypton	0,000001
Wasserstoff	0,0000005
Stickoxide	0,0000005
Xenon	0,00000009

Weitere Spuren: Ozon, Kohlenmonoxid, Argon 36, Radon usw. Ein weiterer Anteil an Wasserdampf in den untersten Schichten der Atmosphäre ist wetterabhängig.

befinden sich auch die leuchtenden Nachtwolken. Oberhalb 85 km Höhe folgt die Thermosphäre mit allmählich wieder ansteigenden Temperaturen. Bereits in etwa 115 km Höhe wird wieder 0°C überschritten, bei etwa 180 km Höhe sogar 500°C. Bei allerdings stets abnehmender Dichte der Atmosphäre werden schließlich in Abständen oberhalb 1000 km über der Erdoberfläche etwa 1000 K erreicht.

Die Thermosphäre enthält aber noch andere Bereiche, die besondere Benennungen erfahren haben. Zwischen etwa 70 und 500 km Höhe befindet sich die Ionosphäre. In ihr befinden sich mehrere ionisierte Schichten. Die Ionisation wird dabei durch die Ultraviolettstrahlung und weiche Röntgenstrahlung der Sonne hervorgerufen. Darin eingebettet liegen vor allem die D-Schicht bei im Mittel etwa 80 km Höhe, die E-Schicht bei 115 km, die F_1-Schicht bei 170 km und die F_2-Schicht bei 300 km Höhe. Die unteren Schichten sind weniger dick als die oberen. Außerdem schwankt auch die Höhe wie auch der Ionisationsgrad innerhalb der Schichten im Zusammenhang mit dem Tagesablauf, den Jahreszeiten, aber auch der Aktivität der Sonne. Der Zustand der Ionosphäre reagiert dabei sehr empfindlich auf die Vorgänge der Sonne. Da die Ionosphäre für die Ausbreitung der Funkwellen, insbesondere der Kurzwellen, verantwortlich ist, werden Funkstörungen auch von Störungen der Ionosphäre durch besondere Vorgänge auf der Sonne ausgelöst (solar-terrestrische Beziehungen). Die Exosphäre ist die äußerste Atmosphäre unserer Erde oberhalb etwa 1000 km Höhe. In ihr können im wesentlichen keine Kollisionen zwischen den Molekülen mehr stattfinden. Die hier geschilderte Einteilung unserer E. wird in der Literatur nicht überall übernommen. So wird der Begriff Mesosphäre gelegentlich nicht benutzt und die Stratosphäre mit etwa 12 bis 80 km Höhe angegeben. Die Tabelle gibt einige wichtige Werte für verschiedene Höhen über der Erdoberfläche an. Dabei handelt es sich um Mittelwerte, die in gewissen Grenzen schwanken.

Höhenabhängigkeit wichtiger physikalischer Größen der Erdatmosphäre

Höhe km	Temperatur K	Druck hPa	Teilchenzahl pro cm^3
0	288	$1{,}013 \cdot 10^{3}$	$2{,}547 \cdot 10^{19}$
5	265	$5{,}405 \cdot 10^{2}$	$1{,}531 \cdot 10^{19}$
10	223	$2{,}650 \cdot 10^{2}$	$8{,}598 \cdot 10^{18}$
20	217	$5{,}529 \cdot 10^{1}$	$1{,}849 \cdot 10^{18}$
30	227	$1{,}197 \cdot 10^{1}$	$3{,}828 \cdot 10^{17}$
40	250	$2{,}871 \cdot 10^{0}$	$8{,}308 \cdot 10^{16}$
50	271	$7{,}978 \cdot 10^{-1}$	$2{,}135 \cdot 10^{16}$
60	247	$2{,}196 \cdot 10^{-1}$	$6{,}439 \cdot 10^{15}$
70	220	$5{,}221 \cdot 10^{-2}$	$1{,}722 \cdot 10^{15}$
80	198	$1{,}052 \cdot 10^{-2}$	$3{,}838 \cdot 10^{14}$
90	187	$1{,}836 \cdot 10^{-3}$	$7{,}120 \cdot 10^{13}$
100	195	$3{,}201 \cdot 10^{-4}$	$1{,}190 \cdot 10^{13}$
120	360	$2{,}538 \cdot 10^{-5}$	$2{,}140 \cdot 10^{12}$
140	560	$5{,}403 \cdot 10^{-6}$	$9{,}320 \cdot 10^{10}$
160	696	$3{,}040 \cdot 10^{-6}$	$3{,}160 \cdot 10^{10}$
180	790	$1{,}527 \cdot 10^{-6}$	$1{,}400 \cdot 10^{10}$
200	855	$8{,}474 \cdot 10^{-7}$	$7{,}190 \cdot 10^{9}$
300	976	$8{,}770 \cdot 10^{-8}$	$6{,}520 \cdot 10^{8}$
500	999	$3{,}024 \cdot 10^{-9}$	$2{,}200 \cdot 10^{7}$
1000	1000	$7{,}514 \cdot 10^{-11}$	$5{,}450 \cdot 10^{5}$

Eine besondere Schicht in der E. stellt noch die Ozonosphäre oder Ozonschicht in etwa 12 bis 50 km Höhe mit einem Maximum bei etwa 25 km Höhe dar. Sie enthält 10 Teile Ozon (dreiatomiger Sauerstoff) auf 1 Million andere Teile und absorbiert die Ultraviolettstrahlung der Sonne zwischen den Wellenlängen 210 und 310 nm. Fluor-Kohlenwasserstoffe (»Treibgase«) haben in den letzten Jahrzehnten die Ozonkonzentration zunächst über den Polen, vor allem dem Südpol, später auch über anderen Gebieten verringert (»Ozonloch«), was schwerwiegende Folgen für die Lebewesen auf der Erdoberfläche haben könnte.

In der Astronomie ist die E. deswegen von großer Bedeutung, da sie die direkte Beobachtung und Messung von Himmelskörpern erschwert oder gänzlich unmöglich macht. So läßt sie zunächst nur einen bestimmten Teil aller elektromagnetischen Wellen durch, die uns aus dem Weltall erreichen (atmosphärische Fenster). Zusätzliche Störungen ergeben sich einmal durch die Bewölkung, die sich vor allem bei astronomischen Beobachtungen in den gemäßigten Breiten und in den Polarzonen bemerkbar macht. Deswegen werden moderne astronomische Sternwarten gerne in den Subtropen aufgestellt. Daneben spielt aber auch die Luftunruhe oder Szintillation sowie der Dunst und Staubgehalt der E. eine Rolle.

Erde (Earth). Die E. ist der dritte Planet von der Sonne aus gerechnet. Ihr Äquatorradius beträgt im IAU-(1976)-System 6378,140 km, ihr Polarradius 6356,755 km. Im Geodätischen System (IUGG) sind es 6378,137 km bzw. 6356,752 km. Die Abplattung ist 1 : 298,257. Der mittlere Radius ist 6371,0 km. Die Oberfläche beläuft sich auf $5{,}1007 \cdot 10^{18}$ cm^2, das Volumen auf $1{,}0832 \cdot 10^{27}$ cm^3. Die Masse beträgt $5{,}9742 \cdot 10^{27}$ g, die mittlere Dichte 5,515 g/cm^3. Weitere Daten sind: Eismasse 25 bis $30 \cdot 10^{21}$ g, Masse der Ozeane $1{,}4 \cdot 10^{24}$ g, der Kruste $2{,}5 \cdot 10^{25}$ g, des Mantels $4{,}05 \cdot 10^{27}$ g, des Kerns $1{,}90 \cdot 10^{27}$ g. Die Biomasse beläuft sich über Land auf etwa $8{,}7 \cdot 10^{17}$ g, in den Ozeanen auf etwa $1{,}8 \cdot 10^{15}$ g.

Die Länge eines Grades am Äquator beträgt 111,319 km, der Äquatorumfang 40075 km. Die Länge eines Grades auf einem Meridian beträgt im Mittel 111,133 km, der Polumfang erreicht 40030 km. Die Schwerebeschleunigung beträgt am Äquator 9,780 m/s^2, am Pol 9,832 m/s^2.

Die E. ist im Mittel 149597870 km von der Sonne entfernt (1 Astronomische Einheit). Bei einer Exzentrizität von 0,016722 erreicht aber unsere E. im Aphel Anfang Juli eine Entfernung von 152,1 Mill. km, im Perihel Anfang Januar einen Abstand von 147,1 Mill. km von der Sonne. Die mittlere Umlaufgeschwindigkeit beträgt 29,78 km/s. Die Umlaufzeit um die Sonne bezeichnet man als 1 Jahr, für das es verschiedene Definitionen gibt.

Die Rotationszeit der E., bezogen auf die Sterne, d.h. die siderische Rotationsperiode, beläuft sich auf $23^h\ 56^m\ 4^s$ (Sterntag). Die Rotationsgeschwindigkeit der E. ist leicht veränderlich. Die Rotationsachse der E. ist zur Zeit um 66° 34′, die Äquatorebene der E. ist um 23° 26′ gegen die E.bahnebene (Ekliptikebene) geneigt. Die Neigung der E.achse bedingt auch die Jahreszeiten.

Die Oberfläche unserer E. verteilt sich zu rund 70% auf Ozeane, zu 30% auf Landmassen. Die Fläche der Kontinente macht $1{,}49 \cdot 10^{18}$ cm^2, die der Ozeane $3{,}61 \cdot 10^{18}$ cm^2 aus. Die mittlere Erhebung der Landmassen beträgt 860 m, die mittlere Tiefe der Ozeane 3900 m unter Meeresniveau. Der innere Aufbau unserer E. ist noch nicht vollständig gesichert. Dies trifft insbesondere auf die theoretisch ermittelten Temperaturverhältnisse zu. Die in der Tabelle (S. 145) angegebenen Zahlen müssen in diesem Falle mit besonderer Vorsicht bewertet werden. Teils werden höhere, teils tiefere Temperaturen für den inneren Teil unserer E. angegeben. Die im obersten Teil der Erdkruste festgestellte sog. geothermische Tiefenstufe, nach der die Temperatur um jeweils 1°C bei einer Tiefenzunahme von 30 bis 35 m ansteigt, wird sich in jedem Falle nach innen hin verlangsamen.

Erdellipsoid (internationales) (international ellipsoid). Das auf internationaler Vereinbarung beruhende Rotationsellipsoid unserer Erde. Moderne Messungen, insbesondere mit Hilfe von Satelliten, erlauben eine immer genauere Bestimmung des Erdellipsoids. Dabei zeigen sich auch leichte Abweichungen derart, daß z. B. der Südpol etwa 30 m der Äquatorebene näher steht als der Nordpol.

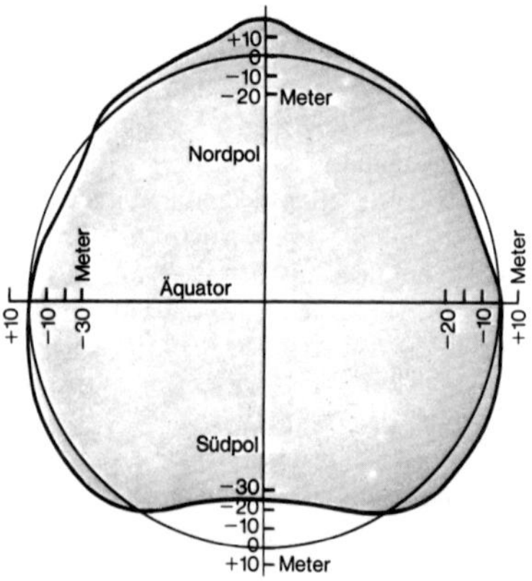

Die »Birnenform« unserer Erde (nach Satellitenmessungen)

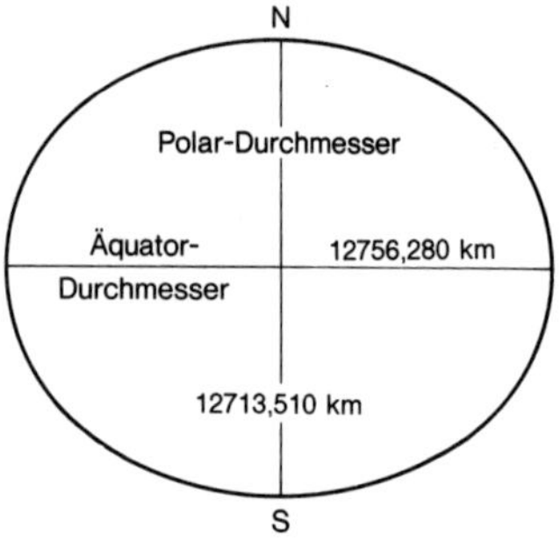

Abplattung unserer Erde

Erderkundungssatellit (Earth observation satellite). Ein Erdsatellit, der zur Erkundung der Erde in den Gebieten der Kartographie, Meteorologie, Geologie, Geophysik, Ozeanographie, Umweltforschung und vielen anderen Forschungsbereichen eingesetzt wird. Die Auflösung erreicht auch bei kommerziellen E., wie sie ab 1996 vorgesehen sind, bis zu 1 m.

Erdferne (apogee). → Apogäum.

Erdinneres (Earth's interior). Die Erde wird im Innern in einzelne Schichten eingeteilt. Diese Unterscheidung ergibt sich besonders aus dem Studium der Ausbreitung von Erdbebenwellen. Die äußerste Schicht unserer Erdkruste besteht vor allem aus Silicium-Aluminium-Verbindungen und wird deswegen gelegentlich auch als Sial-Schicht bezeichnet. Darunter gibt es Schichten, die vor allem Basalt, aber auch Silicium-Magnesium-Verbindungen enthalten (Sima-Schicht). Die Dicke der Erdkruste ist unterschiedlich. Im ozeanischen Bereich beträgt sie nur etwa 8 km, unter den Kontinenten bis zu 40 km. Die Erdkruste besteht aus 6 großen und einigen kleineren Platten, die sich gegeneinander verschieben und daher auch die Drift der Kontinente bewirken (Platten-Tektonik). An den Grenzen der einzelnen Platten

Einige physikalische Daten für das Erdinnere

Tiefe km	Temperatur K	Dichte g/cm³	Druck 10^9 Pascal
100	1780	3,38	3,1
200	1850	3,47	6,5
400	1980	3,63	13,6
600	2100	4,13	21,3
800	2300	4,49	30
1000	2500	4,68	39
1400	2900	4,91	58
1800	3400	5,13	78
2200	4000	5,34	99
2600	4700	5,54	120
2900 (E)	5000	9,8	137
4200	5500	11,6	257
5120 (G)	6300	12,8	324
6371	7000	13,1	358

Die Schichten im Innern der Erde

Schicht	Name	Tiefenbereich
A	Erdkruste	0–40 km (etwas unterschiedlich)
B	oberer	40–410 km
C	Erdmantel	410–900 km
D_1	unterer	900–2700 km
D_2	Erdmantel	2700–2900 km
E	äußerer Erdkern	2900–4980 km
F	Übergangs-zone	4980–5100 km
G	innerer Erdkern	5100–6370 km

herrscht Vulkanismus und eine hohe seismische Aktivität. Auch bilden sich dort langfristig junge Gebirge. Ein Beispiel sind die mittelozeanischen Rücken, wo die Platten um etwa 1 bis 10 cm pro Jahr auseinanderweichen. Der Meeresboden wird also zunächst gespreizt (»Sea-Floor-Spreading«). In den Trennfugen steigt aber aus dem Erdmantel vulkanisches Material (basaltische Lava) auf und ergänzt dort die ozeanische Kruste. An den anderen Rändern der Platten erfolgt, da die Gesamtoberfläche der Erde nicht wächst, dagegen ein Abtauchen des Materials (Subduktionszonen). Unter der Kruste folgt bis in eine Tiefe von etwa 2900 km der immer noch feste Erdmantel, während der Kern unserer Erde im flüssigen Zustand vorliegen dürfte. Möglicherweise liegen hier Eisen (Fe) und Nickel (Ni) vor, so daß man auch gelegentlich von dem Nife-Kern spricht.

Erdkoma (Earth's coma). Gelegentlich benutzte Bezeichnung für eine Hülle unserer Erde, die sich an die äußersten Bereiche der → Erdatmosphäre anschließt. Sie besteht im wesentlichen aus Wasserstoff mit einer Dichte von etwa 5 Atomen pro cm³. Der → Sonnenwind führt dazu, daß die E. auf der sonnenabgewandten Seite tiefer in den Raum hinaus ragt als auf der sonnenzugewandten Seite. Dadurch ist die E. nicht kugelförmig um unseren Planeten angeordnet, sondern zeigt einen von der Sonne abgewandten Schweif. Auch → Magnetosphäre, → Geokorona.

Erdkrümmung (curvature of the Earth). Die Krümmung der Erdoberfläche; sie beträgt auf 1 km Abstand etwa 8 cm.

Erdlicht (earthshine, earthlight). → Aschgraues Licht.

Erdmagnetfeld (Earth's magnetic field, geomagnetism). Die Erde verfügt auch über ein Magnetfeld. Die magnetische Achse fällt jedoch nicht mit der Rotationsachse zusammen. Die Lage der magnetischen Pole verändert sich im Laufe der Zeit. Im Jahre 1970 lag der magnetische Nordpol (Dipol) bei 78,6° nördl. Breite und 70,1° westl. Länge. Zur Zeit verlagert sich der magnetische Nordpol pro Jahr im Durchschnitt um 0,004° nach Norden und 0,007° nach Westen. Gelegentlich wird der auf der Nordhalbkugel gelegene magnetische Pol auch als magnetischer Südpol bezeichnet, da durch ihn der Nordpol einer Kompaßnadel angezogen wird. In der neueren Literatur wird jedoch häufig, um Verwechslungen zu vermeiden, auch dieser Pol als

Nordpol bezeichnet. Regionale Anomalien des E. bewirken aber, daß an diesen Polen nicht, wie es im Idealfall sein sollte, die erdmagnetische Kraft senkrecht steht. Die Punkte, wo die Kraft exakt senkrecht beobachtet wurde, liegen an ganz anderen Stellen: Der Nordpol lag 1970 bei 76° N, 101° W. Die Magnetachse der Erde verläuft exzentrisch: Sie geht 462 km am Erdmittelpunkt oder 0,0725 Erdradien in Richtung 18,3° N und 147,8° O vorbei (1970).

Die horizontale magnetische Feldstärke am geomagnetischen Äquator beträgt im Mittel 0,31 Gauß ($0{,}31 \cdot 10^{-4}$ Tesla), die vertikale magnetische Feldstärke am geomagnetischen Nordpol 0,62 Gauß ($0{,}62 \cdot 10^{-4}$ Tesla).

Eine Magnetnadel, die frei in der horizontalen und vertikalen Ebene schwingen kann, stellt sich parallel zu den magnetischen Feldlinien am Aufstellungsort ein. Die Abweichung von der geographischen Nordrichtung wird dabei als Deklination (magnetische Mißweisung) bezeichnet, die Neigung zur Erdoberfläche als Inklination. An den Magnetpolen beträgt die Inklination 90°. Die Magnetnadel würde sich also dort genau senkrecht einstellen, da die magnetischen Feldlinien hier senkrecht zur Erdoberfläche stehen.

Im wesentlichen hat das E. seine Ursache in elektrischen Strömen, die im Erdinnern verlaufen. Aber auch Ströme in der Ionosphäre spielen eine Rolle. Erdmagnetische Störungen und Stürme werden durch besondere Ereignisse auf der Sonne ausgelöst, bei denen elektrisch geladene Teilchen ausgeschleudert werden und das Magnetfeld der Erde beeinflussen. Der Einfang solcher elektrisch geladener Partikel erzeugt in der Magnetosphäre die Strahlungsgürtel unserer Erde.

Erdmond (Moon). → Mond.

Erdnähe. → Perigäum.

Erdpole (Earth's poles, poles of the Earth). Die Punkte der Erdoberfläche, an denen die Rotationsachse der Erde die Oberfläche unseres Planeten erreicht. Sinngemäß kann dieser Begriff auch auf die magnetische Achse unserer Erde übertragen werden.

Erdsatellit (Earth satellite). Der einzige natürliche Satellit unserer Erde ist der Mond. Als künstliche E. bezeichnet man die mit Raketen in eine Umlaufbahn um unsere Erde geschossenen Körper. Damit ein E. eine stabile Bahn erhält, muß er etwa die sog. Kreisbahn- oder Zirkulargeschwindigkeit haben. Bei ihr wird die Anziehungskraft unserer Erde durch die Zentrifugalkraft aufgehoben. Für einen Körper an der Erdoberfläche beträgt die Kreisbahngeschwindigkeit 7,912 km/s. Wegen des Luftwiderstands unserer Erdatmosphäre kann aber ein E. nicht unmittelbar über der Erdoberfläche in den Umlauf gebracht werden. Erst oberhalb etwa 160 bis 180 km Höhe ist die Atmosphärendichte so gering, daß ein E. zumindest einige Umläufe ausführen kann, bis er schließlich in den dichteren Schichten der Erdatmosphäre wieder verglüht oder abstürzt. Deshalb wird ein E. mittels einer Trägerrakete zunächst vertikal durch die dichtesten Schichten der Erdatmosphäre transportiert. Erst später neigt sich die Flugbahn der Trägerrakete, um endlich etwa in die Horizontale einzumünden. Die Tabelle (S. 147) gibt die Kreisbahngeschwindigkeit und die siderische Umlaufzeit für verschiedene Flughöhen an.

Exakt kreisförmige Umlaufbahnen können in der Praxis nie erzielt werden. Kleinste Abweichungen von der erforderlichen Kreisbahngeschwindigkeit in der vorgegebenen Einschußhöhe und Abweichungen vom genau horizontalen Einschuß in die Umlaufbahn führen zu einer Ellipse. Wird beispielsweise bei einem Einschuß in 500 km Höhe über der Erdoberfläche die erforderliche Kreisbahngeschwindigkeit von 7,6 km/s überschritten, so entsteht eine Ellipse, die in ihrem Apogäum entsprechend weit über die Einschußhöhe hinausragt. Bei Überschreiten der Entweichgeschwindigkeit (hyperbolische Geschwindigkeit) kann ein Flugkörper sogar vollständig dem Anziehungsbereich der Erde entkommen. Sie beträgt für die Verhältnisse nahe der Erdoberfläche 11,189 km/s. Aber auch die Entweichgeschwindigkeit nimmt mit zunehmendem Abstand von der Erdoberfläche ab. In etwa 2 Erdradien Abstand vom Erdmittelpunkt sinkt sie bereits auf 7,912 km/s, bei 10 Erdradien Abstand auf 3,538 km/s. Allgemein ist die Fluchtgeschwindigkeit das $\sqrt{2}$-fache der Kreisbahngeschwindigkeit.

Kreisbahngeschwindigkeiten und siderische Umlaufzeiten eines Erdsatelliten

Flughöhe in km	Kreisbahngeschwindigkeit in km/s	siderische Umlaufzeit
0	7,912	$1^h24^m25^s$
200	7,791	$1^h28^m25^s$
500	7,619	$1^h34^m32^s$
1 000	7,356	$1^h45^m02^s$
2 000	6,903	$2^h07^m09^s$
5 000	5,924	$3^h21^m12^s$
7 000	5,463	$4^h16^m31^s$
35 790	3,07	$23^h56^m04^s$ *
384 000	1,02	$27^d07^h43^m$ **

* Dieser Satellit bewegt sich in derselben Zeit um die Erde, in der sich diese um ihre eigene Achse dreht. Er verbleibt also immer (von kleinen Störungen abgesehen) über demselben Punkt der Erdoberfläche (»geostationärer Satellit« oder »synchroner Satellit«).

** Auf dieser Bahn bewegt sich unser Mond (abgesehen von der Bahnexzentrizität).

Die näheren E., die sich noch in den äußeren Schichten der Erdatmosphäre bewegen, werden in einer mehr oder weniger langen Zeit wieder abstürzen. E., die vollständig außerhalb der Erdatmosphäre kreisen, können über eine nahezu unbegrenzte Zeitspanne ihren Umlauf fortsetzen. Langgestreckte Ellipsenbahnen sind für bestimmte Forschungsprogramme sogar vorteilhaft, da die E. dann verschiedene Entfernungsbereiche zur Erde durchlaufen. Dagegen sind die geostationären E. mit ihrer 24stündigen Umlaufbahn vor allem für Nachrichtenzwecke von Vorteil. Sie können über bestimmten Punkten der Erdoberfläche »stationiert« werden und eine Funk-, Telefon- oder Fernsehbrücke von einem Kontinent zu einem anderen herstellen. Auch zur Erderkundung ist diese Bahn oft vorteilhaft.

Allerdings erfahren die Bahnen der E. auch Störungen durch Schwereanomalien, das Erdmagnetfeld, die Abplattung der Erde und u. U. auch durch die Gravitationswirkung benachbarter Himmelskörper, insbesondere von Mond und Sonne. Die Anwendung der E. reicht von der Erderkundung, der Herstellung von Funkbrücken und strategischen oder militärischen Aufgaben bis hin zu sehr speziellen Anwendungsbereichen der Geophysik und Astronomie außerhalb der Erdatmosphäre. Mit Hilfe von E. war es in den vergangenen Jahren möglich, Weltraumstrahlungen zu messen, die die Erdoberfläche nicht erreichen. Dazu gehören beispielsweise die Röntgenstrahlung, Ultraviolettstrahlung, Gammastrahlung usw. Die große praktische Bedeutung der E. für Wissenschaft und Technik ist heute eigentlich kaum mehr umstritten.

Erdstrahlen (Earth's radiation). Angeblich über bestimmten Bereichen der Erdoberfläche auftretende besondersartige Strahlen, die Krankheiten usw. verursachen sollen. Mit naturwissenschaftlichen Methoden waren E. bisher nicht nachweisbar.

Ereignishorizont (event horizon). Die »Oberfläche« eines Schwarzen Lochs. Es handelt sich um die Grenze einer Region im Raum, von der aus keine Materie oder Strahlung nach außen hin entweichen kann.

erg. Amtlich nicht mehr zulässige Einheit für die Arbeit, Energie und Wärmemenge. 1 erg = 10^{-7} Joule = 1 g cm^2/s^2, 1 Kilowattstunde entspricht $3{,}6 \cdot 10^{13}$ erg.

Erhaltungssatz (conservation law). In der Physik ein Satz, der besagt, daß in abgeschlossenen physikalischen Systemen bestimmte Größen zeitlich konstant bleiben. Am wichtigsten ist der E. von der Energie sowie der Masse. Allerdings sind nach der speziellen Relativitätstheorie Masse und Energie nur verschiedene Erscheinungsformen desselben Phänomens. Beide können ineinander übergeführt werden. Auch in der Physik der Elementarteilchen spielen die E. eine große Rolle. So bleibt beispielsweise bei atomaren Umwandlungen die Differenz der positiven und negativen Ladungen konstant.

40 Eridani. Ein 16,3 Lichtjahre entferntes dreifaches Sternsystem. Der Hauptstern ist ein roter Zwerg mit dem Spektraltyp K0, die erste Komponente ein weißer Zwerg, die zweite Komponente ein roter Zwergstern mit dem Spektraltyp M5e, der den weißen Zwerg in etwa 248 Jahren umläuft.

ε Eridani. Ein $3{,}^m7$ heller Stern mit dem Spektraltyp K2, der damit orangerot erscheint. Er ist 10,8 Lichtjahre von uns entfernt. Im Jahre 1973 äußerte P. van de Kamp (*1901) die Vermutung, daß dieser Stern einen Begleiter hat, der den Hauptstern in einer Entfernung von 1200 Mill. km und mit einer Periode von etwa 25 Jahren umläuft. Infrarotmessungen deuten auf ein Proto-Sonnensystem hin. 1960 wurde der Stern im Rahmen des Projekts Ozma nach künstlichen Radiosignalen abgesucht.

Eridanus, Fluß Eridanus (River Eridanus). Ein Sternbild, das sich etwa vom Himmelsäquator weit auf die südliche Himmelshemisphäre erstreckt (lateinische Bezeichnung ebenfalls Eridanus, Abk. Eri). In der griechischen Mythologie ist der E. der Fluß der Unterwelt. Hauptstern ist Achernar. Im übrigen enthält aber das Sternbild nur mittelhelle oder schwächere Sterne.

Eros. Ein Kleinplanet, der 1898 von G. Witt entdeckt wurde. E. war der erstentdeckte Kleinplanet, dessen Bahn in das Innere der Marsbahn reicht und unserer Erde näher kommen kann als irgendeiner der großen Planeten. E. trägt die Nr. 433 und ist ein unregelmäßig geformter Körper mit $35 \times 16 \times 17$ km Größe. Er bewegt sich in 642 Tagen um die Sonne. Seine große Halbachse beträgt 1,48 AE (221 Mill. km), die Bahnexzentrizität 0,223, die Bahnneigung 10,8°. Im Perihel ist er 169 Mill. km von der Sonne und bei der größten Erdannäherung etwa 22 Mill. km von der Erde entfernt. Im Aphel beträgt sein Sonnenabstand 266 Mill. km. Seine Rotationsperiode beträgt $5^h\ 16^m\ 13^s$. E. wurde häufig zur Bestimmung der Sonnenparallaxe und damit der Astronomischen Einheit herangezogen und spielte in der Geschichte der Astronomie eine große Rolle.

Eruption, chromosphärische Eruption, Sonneneruption (eruption, flare, solar flare). Meist nur wenige Minuten bis maximal 1 bis 2 Stunden andauernde Strahlungsausbrüche auf der Sonne, die meist nur mit einem Spektrohelioskop oder H_α-Filter feststellbar sind und sich in der Chromosphäre der Sonne abspielen. Die Strahlung verläuft von der harten Röntgenstrahlung oder sogar Gammastrahlung über das Ultraviolett bis zur Radiostrahlung. Ein Maximum liegt im weichen Röntgenbereich und im kurzwelligsten Ultraviolett. Sehr selten kann eine E. auch einmal im sichtbaren Licht gesehen werden (»Weißlicht-Flare«). Eine E. im Radiobereich nennt man burst. Gleichzeitig werden aber auch Teilchen, hauptsächlich Elektronen und Protonen, ausgeschleudert, seltener schwerere Atomkerne und Neutronen. Die Geschwindigkeiten betragen rund 1500 km/s. Die energiereichsten Teilchen erreichen sogar fast Lichtgeschwindigkeit. Die gesamte abgestrahlte Energie beträgt bei einer E. bis zu maximal 10^{25} Joule. Die E. verdanken ihre Entstehung vermutlich der plötzlichen Umsetzung magnetischer Energie in die beobachteten Energieformen. Die chromosphärischen E. verursachen kurzzeitige Störungen der Ionosphäre und damit einen Ausfall der Kurzwellenverbindungen vor allem auf der sonnenbeschienenen Seite unserer Erde (Mögel-Dellinger-Effekt).

ESA. Abk. für European Space Agency, eine am 31. Mai 1975 zunächst von den europäischen Staaten Frankreich, Bundesrepublik Deutschland, Großbritannien, Italien, Belgien, Schweden, Niederlande, Schweiz, Spanien und Dänemark begründete Organisation zur friedlichen Weltraumforschung und Weltraumtechnologie. Später wurden auch Irland, Norwegen und Österreich Mitglieder. Finnland ist assoziiertes Mitglied. Auch Kanada arbeitet teilweise mit. In der Praxis arbeitet die ESA bereits etwa seit Anfang 1974, als die → ELDO mit der → ESRO vereinigt wurde. Die ESA wird von den Mitgliedstaaten finanziert. Auch → ESOC, → ESRIN, → ESTEC.

E-Schicht (E layer). → Erdatmosphäre.

ESO. Abk. für »European Southern Observatory«. Ein astronomisches Gemeinschaftsunternehmen der europäischen Staaten Belgien, Frankreich, Niederlande, Schweden, Dänemark, Schweiz, Italien und der Bundesrepublik. In diesem Rahmen wurde ab 1962 in Chile bei La Silla in den Anden, etwa 600 km nördl. Santiago, ein großes Observatorium errichtet, das in 2400 m Höhe unter günstigsten atmosphärischen Sichtbedingungen arbeitet. Dort kann an etwa 300 klaren Nächten pro Jahr beobachtet werden. Das Observatorium verfügt u. a. über ein 3,6 m-Teleskop, ein 2,2 m-Teleskop sowie mehrere weitere Teleskope über 1 m Spiegeldurchmesser. 1989 wurde auch das New Technology Telescope (NTT) mit 3,5 m Durchmesser in Betrieb genommen. Neben den optischen Teleskopen gibt es auf La Silla auch ein Radioteleskop mit 15 m Durchmesser für Untersuchungen im Submillimeterbereich. Ende der 90er Jahre soll das → Very Large Telescope (VLT) fertiggestellt werden. Dazu wurde ein neuer Beobachtungsplatz ausgewählt, der 2664 m hohe Cerro Paranal, der sich in der Atacama-Wüste 130 km südlich Antofagasta und 12 km von der Pazifikküste entfernt befindet. Dort entsteht um die Jahrhundertwende ein weiteres großes astronomisches Zentrum.
Das Hauptquartier der ESO liegt in Garching bei München. Es beherbergt nicht nur die Verwaltung und das Auswertezentrum, sondern es können von hier aus auch einige der Teleskope auf La Silla über Satellit ferngesteuert werden.

ESOC. Abk. für »European Space Operation Centre«. Ein der → ESA angeschlossenes Weltraumoperationszentrum in Darmstadt, das zahlreiche Erdsatelliten verfolgt sowie deren Daten verarbeitet.

ESRIN. Abk. für European Space Research Institute. Eine der → ESA angeschlossene Datenbank zur Verteilung von Informationen verschiedener Erdsatelliten, besonders von Aufnahmen der Erderkundungssatelliten. Sitz ist Frascati in Italien.

ESRO. Abk. für European Space Research Organization. Eine von mehreren europäischen Staaten begründete Gemeinschaftseinrichtung für die Weltraumforschung, die 1964 gegründet und 1970 erweitert wurde. Von ihr wurden mehrere Höhenforschungsprogramme durchgeführt und Forschungssatelliten entwickelt und mit amerikanischen Trägerraketen in eine Umlaufbahn gebracht (→ ESA).

ESTEC. Abk. für European Space Research and Technology Centre. Ein der → ESA angeschlossenes Institut für die technische Entwicklung und Abnahme von Erdsatelliten. Sitz ist Noordwijk in den Niederlanden.

Ettanin. Arabische Bezeichnung für den Stern γ Draconis. Er ist 112 Lichtjahre entfernt und 135mal heller als die Sonne.

Eukrit (eucrite). Calciumreicher Steinmeteorit aus der Gruppe der → Achondrite.

Eulennebel (Owl Nebula). Ein planetarischer Nebel (M 97, NGC 3587), der einem Eulenkopf ähnelt. Er liegt im Sternbild Großer Bär und ist etwa 3000 Lichtjahre entfernt.

Eunomia. Ein Kleinplanet mit der Nr. 15. Er hat eine mittlere Sonnenentfernung von 396 Mill. km, eine Bahnexzentrizität von 0,187, eine Bahnneigung von 11,7° und eine Umlaufzeit von 4,30 Jahren. Im Perihel ist er 322 Mill. km, im Aphel 470 Mill. km von der Sonne entfernt. Der Durchmesser beträgt etwa 272 km, die Albedo 0,16, die Rotationszeit 6h 5 min.

Euphrosyne. Der Kleinplanet mit der Nr. 31. Er hat eine mittlere Sonnenentfernung von 472 Mill. km, eine Bahnexzentrizität von 0,228, eine Bahnneigung von 26,3° und eine Umlaufzeit von 5,61 Jahren. Im Perihel ist er 367 Mill. km, im Aphel 578 Mill. km von der Sonne entfernt. Der Durchmesser beträgt etwa 370 km, die Albedo 0,03.

Eureca. Abk. für European retrievable carrier. Ein von der → ESA entwickeltes unbemanntes rückhol- und wiederverwendbares Raumfahrzeug zur Verwendung mit dem Space Shuttle. Es hat ein Gewicht von 4,49 t (davon 1 t Nutzlast) und ist 4,5 × 2,5 m groß. E. wurde am 2. 8. 1992 erstmals von der Raumfähre Atlantis ausgesetzt und erreichte am 7. 8. die vorgesehene Fast-Kreisbahn in 508 km Höhe. Die erste Bergung fand am 26. 6. 1993 statt.

Europa. 1. Der zweite Satellit des Jupiter. Sein Durchmesser beträgt 3138 km, sein mittlerer Abstand 671 400 km, seine Umlaufzeit 3,55 Tage, seine Bahnexzentrizität 0,009, seine Bahnneigung 0,47°. Die mittlere Dichte beträgt 2,97 g/cm^3. E. gehört zu den 4 größten Galileischen Satelliten, die bereits mit kleinsten Instrumenten beobachtbar sind. Seine Oberfläche ist von gewaltigen Eisschichten und -spalten überzogen. Es gibt nur wenige höhere Unebenheiten und nur drei mit Sicherheit identifizierte Krater mit 18 bis 25 km Durchmesser. Wahrscheinlich stieg aus noch unbekannten Gründen (innere Erwärmung durch Gezeiteneinwirkung von seiten der Nachbarsatelliten?) in einer verhältnismäßig späten Zeit der E.-Entwicklung Wasser an die Oberfläche. Dort erstarrte es und bildete den vielleicht 10 bis 100 km dikken Eispanzer, der die frühere Oberfläche bedeckte. Vielleicht befindet sich aber unter der Eisschicht auch eine matschige Wasserschicht mit einer Dicke von etwa 100 km. Darunter liegt ein Gesteinskern. Für E. wurden neue Bezeichnungen von Oberflächengebilden eingeführt: Macula sind dunkle, unregelmäßige Flecken, Linea dunkle oder helle längliche Gebilde und Flexus ein niedriger, gekrümmter Grat.

2. Der Kleinplanet mit der Nr. 52. Er hat eine mittlere Sonnenentfernung von 464 Mill. km, eine Bahnexzentrizität von 0,100, eine Bahnneigung von 7,5° und eine Umlaufzeit von 5,45 Jahren. Im Perihel ist er 411 Mill. km, im Aphel 513 Mill. km von der Sonne entfernt. Sein Durchmesser beträgt etwa 289 km, die Albedo 0,04.

Europium-Sterne (europium stars). Sterne, in deren Spektren die Linien von Europium besonders hervortreten. Die Linienstärke schwankt mit der des verhältnismäßig starken Magnetfelds dieser Sterne.

eV. Abk. für → Elektronenvolt.

Evektion, Große Ungleichheit (evection). Eine Veränderung in der Bahn des Mondes, deren Ursache in der Verschiebung der Apsiden und der Bahnexzentrizität liegt. Durch die E. kann sich die ekliptikale Länge des Mondes um 1° 16′ vergrößern oder verkleinern. Die E. geht auf Störungen der Sonne und der Planeten zurück. Ihre Periode beträgt 32 Tage. Von C. Ptolemäus (etwa 75–160 n. Chr.) entdeckt, erhielt diese Störung der Mondbahn von T. Brahe (1546–1601) ihren Namen.

Evershed-Effekt (Evershed effect). Radiale Bewegung von Gasen aus dem Kern (Umbra) eines Sonnenflecks nach außen durch die Penumbra. Diese Bewegung kann durch spektroskopische Messungen nachgewiesen werden. Benannt nach J. Evershed (1864–1956).

Evolutionstheorien (evolution theories). In der Kosmologie die Gesamtheit aller Theorien, die für das Weltall am Anfang einen überdichten Zustand und eine in der Gegenwart allmähliche Verdünnung der Materie annehmen. Sie standen im Gegensatz zur → Steady state-Theorie.

Exnova (exnova). Der Endzustand einer Nova nach ihrem Ausbruch.

Exobiologie (exobiology). Eine andere Bezeichnung für → Astrobiologie.

EXOSAT. Abk. für European X-ray Observatory Satellite, ein am 26. 5. 1983 gestarteter Satellit der ESA zur Erforschung der Röntgenstrahlung aus dem Weltall. Er verfügte über zwei Röntgenteleskope vom Typ Wolter mit 28 cm Durchmesser. Die Untersuchungen dauerten bis 1986 an.

Exosphäre (exosphere). → Erdatmosphäre.

exotische Teilchen (exotic particles). Elementarteilchen und andere Teilchen, die gelegentlich in der theoretischen Diskussion auftauchen, die aber weitgehend hypothetisch sind. Sie werden teilweise auch für die »fehlende Masse« (Missing mass-Problem) des Weltalls verantwortlich gemacht: Galaxien und Galaxienhaufen zeigen eine im Vergleich zu der sichtbaren Masse viel zu rasche Rotation. Man vermutet oft zusätzliche und unsichtbare Massen, die dieses Phänomen erklären könnten. E. T. wären z. B. Axion, Photino, Gravitino, Axino, Higgsino, Quark Nuggets, Gluino, magnetische Monopole usw. Einige Sorten könnten eine beachtliche Masse haben oder würden durch ihre Vielzahl in der Summe einen großen Massebeitrag liefern.

expandierender Arm (expanding arm). Ein Spiralarm unseres galaktischen Systems. → Drei Kiloparsec-Arm.

Expansion (expansion). Der Begriff bedeutet »Ausdehnung«, z. B. von Sternen, aber auch des gesamten Weltalls. E.bewegungen können in der Regel mit Hilfe des Doppler-Effekts in den Spektren nachgewiesen werden. Eine Beobachtung der Spektren weit entfernter Galaxien zeigt, daß sich das gesamte Weltall ausdehnt (E. des Universums). Dieser Befund kann zahlenmäßig auch in Gestalt des Hubble-Effekts dargestellt werden.

Explorer. Bezeichnung für den ersten am 1. 2. 1958 (Mitteleuropäische Zeit) erfolgreich mit einer Jupiter C-Rakete gestarteten amerikanischen Satelliten. Sein Gewicht betrug 14 kg, seine anfängliche Umlaufzeit 114,7 Minuten. Seine Bahnhöhe schwankte zwischen

359 und 2549 km. Mit Hilfe der Meßgeräte dieses Satelliten wurden die Strahlungsgürtel der Erde nachgewiesen. Im Laufe der folgenden Monate und Jahre wurden weitere E. gestartet.

explosive Kernsynthese (explosive nucleosynthesis). Die atomaren Kernprozesse, die sich in einer Supernova abspielen. Bei Temperaturen zwischen etwa 2 und 5 Milliarden Kelvin werden dabei die schwersten chemischen Elemente aufgebaut. Auch → Nukleosynthese.

explosive Veränderliche (explosive variables). → Kataklysmische Veränderliche.

Extinktion, selektive Absorption (extinction, selective absorption). Die Verringerung der Helligkeit der Gestirne infolge der Absorption und Streuung des Lichts in der Erdatmosphäre oder durch den interstellaren Staub. Je länger der Weg des Lichtstrahls durch die Atmosphäre ist, desto stärker ist die E. Beim Durchgang durch den interstellaren Staub erfolgt auch eine rötliche Verfärbung (Rötung). Die Lichtabschwächung durch den interstellaren Staub beträgt im Durchschnitt $0\overset{m}{,}8$ auf 1 Kiloparsec Wegstrecke. Die gesamte visuelle E. in Richtung zum Zentrum des galaktischen Systems beträgt immerhin 25^{m}, so daß man diesen Bereich unseres Milchstraßensystems mit normalen optischen Mitteln nicht mehr erreichen kann. Die mittlere E. im Flachland durch die Erdatmosphäre gibt die Tabelle an.

Mittlere Extinktion durch die Erdatmosphäre auf Meeresniveau

Zenitdistanz	Höhe über dem Horizont	Extinktion
0°	90°	$0\overset{m}{,}00$
20°	70°	$0\overset{m}{,}01$
30°	60°	$0\overset{m}{,}03$
40°	50°	$0\overset{m}{,}06$
50°	40°	$0\overset{m}{,}12$
60°	30°	$0\overset{m}{,}23$
70°	20°	$0\overset{m}{,}45$
74°	16°	$0\overset{m}{,}60$
76°	14°	$0\overset{m}{,}71$
77°	13°	$0\overset{m}{,}77$
78°	12°	$0\overset{m}{,}83$
80°	10°	$0\overset{m}{,}99$
85°	5°	$1\overset{m}{,}77$

extrafokal (extrafocal). Eine Beobachtung außerhalb der Brennebene eines Fernrohrs, das also unscharf eingestellt ist.

extrafoveal (extrafoveal). Eine indirekte Beobachtung mit dem menschlichen Auge, bei der das interessierende Objekt nicht direkt fixiert wird, so daß dessen Lichtstrahlen schräg auf die Netzhaut des Auges fallen. Man blickt also bewußt etwas »daneben«. Die größte Lichtempfindlichkeit der Netzhaut ist nämlich nicht in deren Mitte, sondern eher zum Rand hin, da die lichtempfindlichen Stäbchen dort zahlreicher vorkommen. Mit e. Sehen kann man schwächere Sterne besser erkennen.

extragalaktisch (extragalactic). Außerhalb unserer eigenen Galaxis gelegen.

extragalaktischer Nebel (extragalactic nebula). Eine Galaxie, die sich außerhalb unserer eigenen Galaxis befindet.

extraterrestrisch (extraterrestrial). Außerhalb der Erde gelegen. Die Bezeichnung wird heute vor allem im Zusammenhang mit der e. Physik benutzt.

Exzentrizität (eccentricity). Ein Maß für die Abweichung einer Ellipse von der Kreisform. Die lineare E. ist der Abstand eines Brennpunkts der Ellipse von ihrem Mittelpunkt. Die numerische E. ist die lineare E. dividiert durch die halbe große Achse der Ellipse. Sie liegt zwischen 0 und 1. Eine E. von 0 bedeutet einen Kreis, eine E. von 1 eine Parabel. Die E. gehört zu den Bahnelementen der Himmelskörper.

F

Faber-Jackson-Beziehung (Faber-Jackson relation). Eine auf S. M. Faber und R. E. Jackson zurückgehende neue Methode zur Entfernungsbestimmung von Galaxien. Sie benutzt die Zufallsbewegungen von Sternen in einer Galaxie, wie sie aus spektroskopischen Messungen zu bestimmen sind. Die Geschwindigkeiten der Sterne stehen in Beziehung zur Masse und damit auch zur absoluten Leuchtkraft der Galaxie. Aus dieser kann dann in Verbindung mit der scheinbaren Helligkeit der Abstand berechnet werden.

Fabrylinse (Fabry lens). Eine Linse oder ein Linsensystem, das bei lichtelektrischen Photometern benutzt wird, um das Bild auf die lichtempfindliche Oberfläche der photoelektrischen Schicht zu fokussieren.

Facettenspiegel (segmented mirror, mosaic mirror). Ein Spiegel, der aus mehreren facettenähnlichen Einzelteilen zusammengesetzt ist. Ein Beispiel ist das 10m-Keck-Teleskop am Mauna Kea-Observatorium.

Fackeln (faculae). Gebiete in der Photosphäre oder in der Chromosphäre der Sonne, die heißer sind als die umgebenden Bereiche. → Sonnenfackeln.

Fadenkreuz (cross-wire, spider lines). Ein im gemeinschaftlichen Brennpunkt eines Objektivs (oder Spiegels) und Okulars befindliches senkrecht aufeinanderstehendes System aus dünnen Fäden. Dabei fällt der Schnittpunkt der beiden Fäden mit dem Mittelpunkt des Gesichtsfeldes zusammen. In der Regel werden F. auch bei Sucherfernrohren benutzt, die ein großes Gesichtsfeld aufweisen. Sie erleichtern mit Hilfe des F. die Einstellung eines Objektes.

Fadenmikrometer (filar micrometer). → Mikrometer.

fading. Englische Bezeichnung für den zeitweiligen Rückgang der Empfangsfeldstärke von Rundfunksendern, insbesondere auf Kurzwelle. Die f. gehen zum Teil auf Veränderungen in der Ionosphäre zurück. Ein längerer totaler Ausfall im Kurzwellenbereich wird auch als Mögel-Dellinger-Effekt bezeichnet und steht im Zusammenhang mit besonderen aktiven Erscheinungen auf der Sonne.

Fall, freier Fall (fall). Die infolge der Gravitation der Erde entstehende senkrechte Bewegung aller Gegenstände in Richtung auf den Erdboden bzw. Erdmittelpunkt hin, sofern diese nicht unterstützt werden. Die Geschwindigkeit v beim F. ist $v = g \cdot t$. Dabei ist g die Erdbeschleunigung und t die F.zeit. Ferner ist die durchfallene Wegstrecke $s = \frac{1}{2} \cdot g \cdot t^2$. Dabei ist die Erdbeschleunigung g = 9,81 m/s^2. Ohne Berücksichtigung des Luftwiderstands fällt also ein Körper in 1 s etwa 5 m, in 2 s etwa 20 m, nach 3 s hat er 45 m zurückgelegt usw. Die Gesetze des freien F. wurden von G. Galilei (1564–1642) entdeckt.

Falsches Kreuz (False Cross). Eine aus den Sternen ι und ε Carinae sowie $\varkappa$ und

δ Velorum bestehende kreuzartige Figur, die ausgedehnter ist als das echte Sternbild Kreuz des Südens. Es enthält aber weniger helle Sterne.

Falschfarbenaufnahme (false-colour photography). Eine Aufnahme zur Herausarbeitung bestimmter Einzelheiten, die mit einem Farbfilm gewonnen wurde, der nicht für den normalen sichtbaren Bereich, sondern für andere Wellenlängenbereiche sensibilisiert ist, vor allem Infrarot. Derartige Methoden spielen bei Erderkundungssatelliten, aber auch z. B. in der Infrarotastronomie und ähnlichen astronomischen Anwendungen eine große Rolle.

Faraday-Effekt (Faraday effect). Die Drehung der Polarisationsebene einer linear polarisierten elektromagnetischen Welle (besonders des Lichtes) im Magnetfeld. Im Weltall tritt dieser Effekt häufig in Bereichen ionisierten Wasserstoffs (H II-Regionen) auf.

Faraday-Rotation (Faraday rotation). Die Drehung der Polarisationsebene einer linear polarisierten Strahlung, wenn diese durch ein mit einem Magnetfeld verknüpftes Plasma hindurchtritt.

Farben-Helligkeits-Diagramm (colour-magnitude diagram). → Hertzsprung-Russell-Diagramm.

Farbenindex (colour index). Die Differenz zwischen der photographischen und visuellen Helligkeit eines Sterns, oder allgemeiner ausgedrückt, die Helligkeitsdifferenz eines Sterns in zwei verschiedenen Spektralbereichen. Die Definition des F. ist derart, daß stets die Helligkeit im kürzeren Wellenlängenbereich minus der Helligkeit im längeren Wellenlängenbereich angegeben wird. In dem UBV-System von Johnson-Morgan ist der F. für einen Stern vom Spektraltyp A0 = Null. Oder genauer gesagt: Es ist $B-V = 0$ und $U-B = 0$. Dabei ist U die Ultraviolett-, B die Blau- und V die visuelle (Gelb)-Helligkeit. Der F. ist negativ bei heißeren, positiv bei kühleren Sternen. Der F. steht damit im engen Zusammenhang mit der Oberflächentemperatur der Sterne und deren Spektraltyp.

Farbexzeß (colour excess). Die Differenz zwischen dem beobachteten Farbenindex eines Sterns minus dem mittleren Farbenindex für die Spektralklasse des betreffenden Sterns. Der F. ist meist ein Maß für die durch den interstellaren Staub bedingte Verfärbung (Rötung).

Farbgleichung (colour equation). Eine Korrektur, die bei Helligkeitsbestimmungen von Sternen dann anzubringen ist, wenn zwei Sterne unterschiedlicher Farbe miteinander verglichen wurden. Die F. berücksichtigt dabei die unterschiedliche Farbempfindlichkeit des menschlichen Auges.

Farbtemperatur (colour temperature). Die Temperatur eines Sterns, die sich daraus ergibt, daß man die Intensitätsverteilung im Spektrum dieses Sterns mit der eines schwarzen Körpers vergleicht.

Fechners psychophysisches Grundgesetz (Fechner's law). Nach dem Naturforscher G. T. Fechner (1801–1887) benanntes Gesetz, das besagt, daß die Stärke der Empfindung unserer menschlichen Sinnesorgane, vor allem des Auges, nicht mit der Stärke der Reize, sondern mit dem Logarithmus der Reizgrößen anwächst.

fehlende Masse (missing mass). → Missing mass-Problem.

Fehler (error). In der Meßtechnik die Abweichung des gemessenen vom wahren Wert. Im einzelnen unterscheidet man folgende F.definitionen: Ein zufälliger F. ist unregelmäßig nach Richtung und Betrag. Er ist auf zufällige Störungen während der Messung, z. B. atmosphärische Unruhe, zurückzuführen. Ein systematischer F. entsteht, wenn z. B. die Meßinstrumente ungenau aufgestellt sind. Hier kommt es zu systematischen gleichsinnigen Abweichungen.

Das Aufsuchen von F.quellen und die zahlenmäßige Bestimmung von Meßfehlern stellt eine wichtige Aufgabe der astronomischen und allgemein naturwissenschaftlichen Praxis dar. Aus einem größeren Meß- oder Beobachtungsmaterial lassen sich nicht nur arithmetische Mittelwerte der Einzelergebnisse, sondern auch deren mittlere oder wahrscheinliche F. bestimmen, die meist den Meßergebnissen zugefügt werden.

Fehlertheorie (error theory). Die Bestimmung der zufälligen, systematischen oder auch mittleren bzw. wahrscheinlichen Fehler von Einzelmessungen oder Meßreihen im Rahmen der Fehlerrechnung. Die F. geht vor allem auf C. F. Gauß (1777–1855) zurück.

Feinbewegung (slow motion, fine motion). Eine manuelle oder motorische Korrekturmöglichkeit der Rektaszension und Deklination, in die ein Fernrohr eingestellt ist.

Feinstruktur (fine structure). Die Aufspaltung einer Spektrallinie in mehrere, sehr nahe beieinanderliegende Einzellinien. Sie kommt durch die Kopplung der Energie eines Elektrons auf seiner Bahn um den Atomkern und seinem Spin zustande. Dadurch ergeben sich Aufspaltungen der Energieniveaus in der Elektronenhülle eines Atoms.

Feldlinse (field lens). Eine Linse im Okular eines Fernrohrs oder anderer optischer Geräte, die zur Vergrößerung des Gesichtsfeldes dient und dem Objektiv oder Spiegel zugekehrt ist.

Feldnebel (field nebula). Eine Galaxie, die nicht zu einem Nebelhaufen oder Galaxienhaufen gehört. Das Verhältnis zwischen Galaxien in einem Haufen und den Feldgalaxien beträgt etwa 23 : 1.

Feldpopulation (field population). Die Gesamtheit aller astronomischen Objekte, die zur Population I zählt.

Feldstärke (field strength). Die Kraft, die in einem elektrischen, magnetischen Feld oder im Schwerefeld (Gravitationsfeld) auf eine Einheitsladung, einen Einheitspol bzw. eine Einheitsmasse wirkt.

Feldstecher (field-glass, binocular). Ein kleines Doppelfernrohr, das vor allem zu terrestrischen Erkundungen hergestellt, aber auch für astronomische Beobachtungen geeignet ist, insbesondere für die Durchmusterung größerer Sternfelder (Milchstraße, offene Sternhaufen usw.). Im allgemeinen handelt es sich dabei um Prismenf. (Prismengläser), die zur Aufrichtung des Bildes in jedem einzelnen System zwei Prismen benützen. Das Öffnungsverhältnis der F. ist mit etwa 1 : 4 verhältnismäßig groß. Die Leistung der F. wird meist durch die Angabe der Vergrößerung und des Durchmessers des Objektivs gekennzeichnet. Ein F. 10×50 bedeutet, daß das Instrument über eine 10fache Vergrößerung und einen Objektivdurchmesser von 50 mm verfügt. F. mit einer stärkeren Vergrößerung als 10fach können nicht mehr ohne Schwierigkeiten in der freien Hand gehalten werden. Man sollte diese Geräte auf einem Stativ fest aufstellen. In den letzten Jahrzehnten wurden Doppelfernrohre hergestellt, die eine Öffnung bis zu etwa 80 mm und darüber haben.

Feldstern (field star). Ein einzelner Stern, der keinem Sternhaufen zugehört.

Feldtheorie, einheitliche (field equations of Einstein). Eine Erweiterung der allgemeinen Relativitätstheorie von A. Einstein (1879–1955), die versucht, Gravitationsfelder, Magnetfelder und elektrische Felder in einer einheitlichen Theorie zu beschreiben. Sie soll eine Folge der Weltgeometrie sein. E. Schrödinger (1887–1961) versuchte darüber hinaus, auch die atomaren Kernfelder zu berücksichtigen. → Große Vereinheitlichte Theorie.

Fenster, atmosphärische (atmospheric windows). → Atmosphärische Fenster.

Ferialbuchstaben (ferial letters). Grundlagen, mit deren Hilfe man die → Sonntagsbuchstaben und damit die Wochentage ermitteln kann.

Fermi (fermi). Eine vor allem in der Kernphysik benutzte Längeneinheit, die 10^{-15} m entspricht; amtlich nicht mehr zulässig.

Fermionen (fermions). Sammelbezeichnung für eine Gruppe von Elementarteilchen; sie umfaßt Quarks, Leptonen und deren Antiteilchen. Ihr Spin ist $\frac{1}{2}$.

Fernmeldesatellit. → Nachrichtensatellit.

Fernrohr. 1. (Telescope). Ein Sternbild am südlichen Himmel, das von Mitteleuropa aus nicht beobachtet werden kann (lateinische Bezeichnung Telescopium, Abk. Tel). Das 1752 von N. L. de Lacaille (1713–1762) eingeführte kleine Sternbild enthält nur schwächere Sterne. Der Hauptstern α Telescopii ist $3{,}^{m}5$ hell und 650 Lichtjahre entfernt.

2. (telescope). Optisches Gerät, das bei astronomischen Beobachtungen angewandt wird. Der Hauptzweck eines F. besteht darin, von fernen kosmischen Objekten mehr Licht einzusammeln, als es dem menschlichen Auge möglich ist, sowie das Auflösungsvermögen zu steigern. Der Gedanke, daß man mit Hilfe von Linsen weit entfernte Gegenstände nahe heranholen könnte, tauchte offenbar zuerst bei R. Grosseteste (1175–1253) in einer Abhandlung über den Regenbogen auf. Als Erfinder des F. gilt H. Lipperhey (etwa 1570–1619), doch werden gelegentlich auch andere Namen genannt, besonders J. Metius und Z. Jansen.

G. Galilei (1564–1642) baute in Italien ein F. nach. Das holländische oder Galileische F. beruht jedoch auf einem anderen Prinzip als das in der Astronomie später gebräuchlich gewordene sog. Keplersche F. Nach diesem Prinzip können nur sehr kleine F. gebaut werden (Operngläs). Die Theorie des astronomischen F. wurde 1611 von J. Kepler (1571–1630) veröffentlicht. Eine als Objektiv (Gegenstandslinse) benutzte Sammellinse bricht die auftreffenden Lichtstrahlen derart, daß in einer bestimmten Entfernung hinter dem Objektiv von einem unendlich weit entfernten Objekt ein umgekehrtes, reelles Bild entsteht. Diesen Bereich bezeichnet man auch als Brennpunkt *F* oder, da viele astronomische Objekte flächenhaft ausgedehnt sind, als Brennebene. Der Abstand zwischen Objektiv und Brennpunkt wird Brennweite *f* genannt. Eine kleinere Sammellinse, das Okular (Augenlinse), dient für den Beobachter als eine Art Lupe, um das Brennpunktbild entsprechend vergrößert zu betrachten. Das beobachtete Bild ist ein virtuelles, also scheinbares Bild, das gleichfalls auf dem Kopf steht. Mittels weiterer Linsen oder Prismen-Systeme kann man zwar dieses Bild wieder aufrichten, was aber eine starke Bildverschlechterung und einen Lichtverlust bedeutet, so daß man diese zusätzliche Einrichtung bei astronomischen Beobachtungen wegfallen läßt. Lediglich für terrestrische F., die also zur Erdbeobachtung dienen, wird ein terrestrischer Umkehrsatz benutzt.

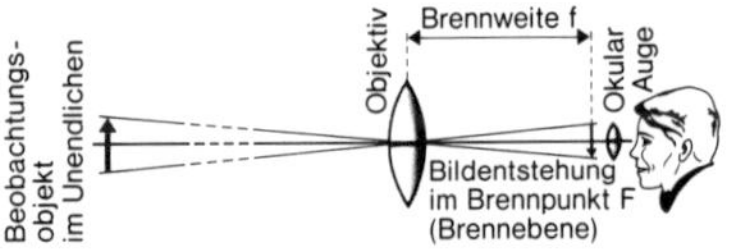

Strahlengang im Keplerschen (astronomischen) Fernrohr

Das Galileische F. liefert aufrechte Bilder. Hier wird als Okular eine Zerstreuungslinse verwendet. Es liegt verhältnismäßig nahe am Objektiv, so daß die durch das Objektiv durchtretenden Lichtstrahlen sich noch nicht im Brenn-

punkt vereinigt haben, wenn sie das Okular durchlaufen. Das Okular richtet die Lichtstrahlen parallel aus.
Wird ein F. nur zur Photographie benutzt, entfällt das Okular und die photographische Platte, oder der Film wird (mit Ausnahme der Okularprojektion bei Aufnahmen großflächiger, heller Objekte wie Sonne, Mond und Planeten) in der Brennebene des Instruments angebracht. Der Bildmaßstab hängt dabei von der Brennweite des Objektivs ab. Ein Himmelsobjekt mit einem Durchmesser von 1 Winkelgrad bildet sich bei einer Brennweite von 100 cm in der Brennebene mit einem Durchmesser von 1,75 cm ab. Bei 10 m Brennweite sind es bereits 17,5 cm usw.
Die Vergrößerung eines F. berechnet sich aus der Objektivbrennweite dividiert durch die Okularbrennweite. Beispiel: Das Objektiv hat eine Brennweite von 1500 mm, das Okular eine solche von 10 mm. Dann ist die Vergrößerung 150fach.
Das wichtigste Kennzeichen für die Leistungsfähigkeit eines F. ist jedoch der Objektivdurchmesser, der aus historischen Gründen gelegentlich nicht im metrischen System, d.h. in cm oder m angegeben wird, sondern auch in englischen Zoll oder 1 US-inch (1″) = 25,4 mm. Das berühmte 200″-Teleskop auf dem Mt. Palomar hat also einen Durchmesser von etwa 5 m. Früher rechnete man gelegentlich auch nach französischen Zoll. Dabei ist 1 französischer Zoll = 27,1 mm.
Bei der Beobachtung von Sternen, Sternhaufen, Nebeln, Galaxien usw. spielen hohe Vergrößerungen fast gar keine Rolle. Man wird in diesen Fällen sogar schwächere Vergrößerungen bevorzugen, um klarere und lichtstärkere Bilder zu erhalten. Auch die Unruhe der irdischen Luft setzt der Vergrößerungsmöglichkeit Grenzen. Lediglich bei Mond- oder Planetenbeobachtungen oder bei der Auflösung enger Doppelsterne zieht man stärkere Vergrößerungen heran. Die maximal nutzbare stärkste Vergrößerung liegt bei kleineren F. etwa beim Doppelten des Objektivdurchmessers in mm. Ein kleines Amateur-F. mit einem Objektivdurchmesser von 60 mm wird eine sinnvolle Maximalvergrößerung bis 120fach zulassen. Theoretisch könnte man zwar mit einem Okular entsprechend geringerer Brennweite auch bei einem solchen F. noch stärkere Vergrößerungen erzielen. Es handelt sich aber um »leere« Vergrößerungen, da der Informationsgewinn bei so hohen Vergrößerungen nicht mehr zunimmt. Bei Instrumenten noch größerer Öffnungen nimmt die Vergrößerungsfähigkeit langsamer zu. Selbst bei den größten F. wird man selten mit Vergrößerungen über 1000fach arbeiten können. Oft gibt man für F. auch das Öffnungsverhältnis an. Dabei handelt es sich um den Objektiv- oder Hauptspiegeldurchmesser dividiert durch die Brennweite. Kleine Öffnungsverhältnisse zwischen 1 : 10 und 1 : 20 sind bei Linsen-F. die Regel, mit Ausnahme der Kometensucher und Feldstecher. Ein großes Öffnungsverhältnis über 1 : 10 finden wir fast nur bei Spiegelteleskopen. Extrem große Öffnungsverhältnisse über 1 : 5, zum Teil sogar um 1 : 1, sind vor allem eine Domäne der Schmidt-Spiegel, der Baker-Schmidt-Kameras und ähnlicher Instrumente.
Die Lichtstärke eines F. richtet sich nach dem Durchmesser des Objektivs, dem atmosphärischen Zustand und nach der Art des Objekts. So kann man schwache punktförmige Sterne besser erkennen als flächenhafte Nebel mit derselben Gesamthelligkeit.
Die Tabelle (S. 158) gibt die theoretischen und praktischen Grenzen bei der visuellen Beobachtung schwächster Ster-

ne an. In der Photographie sind die Grenzhelligkeiten je nach Belichtungszeit und Empfindlichkeit der Filmschichten meist wesentlich tiefer. Die schwächsten Sterne, die mit den größten F. photographisch gerade noch erfaßbar sind, liegen zwischen der 24. und 25. Größenklasse. Mit dem CCD (Charge-coupled device) kommt man noch 3 bis 4 Größenklassen tiefer. Dasselbe gilt für das außerhalb der Erdatmosphäre arbeitende Hubble-Space-Telescope.

Grenzhelligkeiten

Durchmesser des Objektivs in cm	theoretische Grenz-helligkeit	praktische Grenz-helligkeit
5	$10\overset{m}{,}6$	$9\overset{m}{,}1$
10	$12\overset{m}{,}1$	$10\overset{m}{,}7$
15	$12\overset{m}{,}9$	$11\overset{m}{,}6$
20	$13\overset{m}{,}6$	$12\overset{m}{,}3$
30	$14\overset{m}{,}4$	$13\overset{m}{,}2$

Jedes optische System weist Abbildungsfehler auf. Beim Objektiv sind am bekanntesten die chromatische und sphärische Aberration, der Astigmatismus und die Bildfeldwölbung. Diese Fehler können zwar weitgehend, aber nicht vollständig beseitigt werden.
Wegen der in den Linsen erfolgten Lichtbrechung (Refraktion) bezeichnet man die Linsen-F. als Refraktoren. Bald nach ihrer Erfindung versuchte man aber auch mit Hohlspiegeln zu arbeiten. Ein (meist parabolförmig geschliffener) Hohlspiegel entwirft genau wie ein Objekt von einem unendlich weit entfernten Gegenstand ein umgekehrtes, reelles Bild in seiner Brennebene, das wiederum durch ein Okular betrachtet werden kann. Leider liegt jedoch das vom Spiegel erzeugte Brennpunktsbild inmitten des F.tubus. Schon Mitte des 17. Jahrhunderts wurde indessen ein Ausweg vorgeschlagen, der schließlich 1671 von I. Newton (1643–1727) in die Praxis umgesetzt wurde: Im F.tubus wird ein kleiner, ebener Fangspiegel so angebracht, daß seine ebene Fläche um 45° gegen die optische Achse des F. geneigt ist. So reflektiert er die vom Hauptspiegel herkommenden Strahlen, noch ehe diese sich im Brennpunkt vereinigen, rechtwinklig zur Seite. Bei diesem sog. Newtonschen Spiegelteleskop befindet sich also das Okular vorne seitlich am F.tubus. Spiegelteleskope bezeichnet man auch als Reflektoren, da an den Spiegeloberflächen die Lichtstrahlen reflektiert werden.
Für den praktischen Einsatz eines F. muß der gesamte Tubus des Instruments noch aufmontiert und drehbar angebracht werden (→ Montierung).

Ferro, Hierro. Name einer der Kanarischen Inseln. Bevor die Sternwarte Greenwich als Ausgang für die Zählung der Meridiane auf der Erdoberfläche herangezogen wurde, zog man häufig den Nullmeridian durch diese westlichste der Kanarischen Inseln. Sie galt früher als die äußerste westliche Begrenzung der Alten Welt. Sie liegt auf 17° 40′ westlicher Länge von Greenwich.

Feuerkugel (fireball, bolide). Ein extrem heller Meteor, der mindestens eine Helligkeit von -4^{m} aufweist.

F-Fleck (F spot). Der in Richtung der Sonnenrotation nachfolgende (östliche) Hauptfleck einer Sonnenfleckengruppe.

FHD. Abk. für Farben-Helligkeits-Diagramm oder → Hertzsprung-Russell-Diagramm.

Fibrillen (fibrilles). Streifenförmige Gebilde, die sich in der Chromosphäre der Sonne zu wirbelartigen Strukturen zusammenfügen.

Filament (filament). Fadenförmiges Gebilde in astronomischen Objekten, z. B. in hellen Gasnebeln, wie dem Crab-Nebel. Die Bezeichnung kommt aber besonders den auf Spektroheliogrammen der Sonne sichtbaren dunklen fadenförmigen Objekten zu, die Protuberanzen darstellen, die sich auf die Sonnenscheibe projizieren.

Filter (filter). Gefärbte Glasplatten, die nur einen bestimmten Farbbereich des auftreffenden Lichts durchlassen. Spezielle F. benutzen Interferenzerscheinungen des Lichtes (Interferenz-F., Lyot-F.) und erlauben astronomische Objekte in einem sehr schmalen Spektralbereich zu beobachten oder zu photographieren (monochromatische F.).

Finlay. Ein von W. H. Finlay 1866 entdeckter Komet, der 1893 wiederentdeckt wurde. Er gehört zur Jupiterfamilie und läuft in 6,95 Jahren um die Sonne. Im Perihel ist er von ihr 164 Mill. km, im Aphel 926 Mill. km entfernt. Die Bahnexzentrizität beträgt 0,699, die Bahnneigung 3,6°.

Finsternisse, Eklipsen (eclipses). Himmelserscheinungen, bei denen sich der Mond zwischen die Sonne und den Beobachter auf der Erdoberfläche stellt und die Sonne ganz (total) oder teilweise (partiell) bedeckt, oder bei denen der Mond ganz oder teilweise in den Schatten der Erde eintritt. Diese Ereignisse nennen wir eine → Sonnenfinsternis bzw. → Mondfinsternis. Daneben gibt es aber auch Verfinsterungen der Satelliten, besonders des Jupiter. Im weiteren Sinne kann man auch bei den Bedeckungsveränderlichen von Finsterniserereignissen sprechen. Pro Jahr entstehen im Durchschnitt 2 bis 3 Sonnen- und 1 bis 2 Mondfinsternisse. Jedoch können in einem einzigen Jahr höchstens 7 F., aber auch niemals weniger als 2 F., die dann immer Sonnenfinsternisse sind, auftreten. Da Sonnenfinsternisse nur in einem sehr begrenzten Gebiet der Erde auftreten, sind trotz ihrer größeren Zahl von einem bestimmten Erdort aus mehr Mondfinsternisse sichtbar. Sonnenfinsternisse können gerade noch erwartet werden, wenn unser Mond bei Neumond maximal eine (auf den Erdmittelpunkt bezogen) ekliptikale Breite von 1,5° hat. Bei einer Mondfinsternis darf die Abweichung des Vollmonds höchstens 1° ausmachen.
Bereits in der babylonischen Astronomie war eine periodische Folge der F. bekannt, der sog. Saroszyklus. Nach jeweils 6585½ Tagen entstehen ähnliche Sonnen- oder Mondfinsternisse. Dieser Zeitraum umfaßt 223 synodische Monate zu 6585,32 Tagen und 242 drakonitische Monate zu 6585,35 Tagen.

FIRST. Abk. für Far Infra-Red and Submillimeter Space Telescope. Ein für Ende der neunziger Jahre geplanter Satellit der ESA zur Kartierung des ganzen Himmels im Submillimeterbereich.

Fisch, Fliegender (Flying Fish). Ein kleines Sternbild am südlichen Himmel (lateinische Bez. Volans, Abk. Vol). Das 1603 von J. Bayer (1572–1625) eingeführte Sternbild enthält nur schwächere Sterne. Der Hauptstern α Volantis ist 78 Lichtjahre entfernt und $4\overset{m}{.}0$ hell.

Fisch, Südlicher (Southern Fish). Ein am südlichen Himmel befindliches Sternbild, das von Mitteleuropa aus in den Herbstmonaten knapp über dem Südhorizont beobachtet werden kann (lateinische Bezeichnung Piscis austrinus, Abk. PsA). Der griechischen Mythologie nach soll dieser Fisch die ägyptische Königin Isis vor dem Ertrinken errettet haben. Das kleine Sternbild fällt vor allem durch seinen hellen Hauptstern → Fomalhaut auf.

Fische (Fishes). Ein Tierkreissternbild (lateinische Bezeichnung Pisces, Abk. Psc), das der griechischen Sage nach Venus und Amor darstellen soll. Bei einer drohenden Gefahr sollen diese in F. verwandelt worden sein. Das Sternbild kann vor allem in Herbstmonaten am Abendhimmel beobachtet werden, enthält aber nicht sehr helle Sterne. Bildlich sind es zwei F., die mit einer Laichschnur untereinander verbunden sein sollen. Auch der Hauptstern α Piscium, der gelegentlich die arabische Bezeichnung Alrescha (»der Strick«) trägt, ist nur $4{,}^{m}3$ hell. In 1,9″ Distanz befindet sich ein $5{,}^{m}2$ heller Begleiter, der den Hauptstern in 933 Jahren umläuft. Die Entfernung von der Erde beträgt 130 Lichtjahre.

Fissionstheorie (fission theory). Eine Theorie der Entstehung der Doppelsterne, nach der ein einzelner Stern durch zu rasche Rotation und starke am Äquator auftretende Fliehkräfte in zwei Komponenten gespalten wird. Die F. geht in ihren Grundzügen auf G. H. Darwin (1845–1912) zurück, kann aber heute nur zum Teil aufrechterhalten werden.

Fixstern (fixed star). Bezeichnung, die sich von dem lateinischen Begriff fixus = festgeheftet herleitet. Sie geht auf eine Zeit zurück, in der man annahm, die Sterne hätten stets dieselbe Position am Himmelsgewölbe und würden sich nicht bewegen. Seit E. Halley (1656–1742) kennen wir aber die → Eigenbewegung der Sterne, so daß der Begriff F. heute nur noch in dem Sinne eine Berechtigung hat, daß während kürzerer Zeitabstände die Verschiebungen der Sterne so gering sind, daß sie praktisch als feststehend angesehen werden können. Der Begriff wird deswegen auch nur noch in populären Darstellungen benutzt. In der wissenschaftlichen Literatur spricht man einfach von einem Stern.

FK. Abk. für → Fundamentalkatalog.

F-Korona (F corona). Die äußere Sonnenkorona, die im wesentlichen ein kontinuierliches Spektrum mit Fraunhofer-Linien zeigt (daher die Abkürzung).

Flächenhelligkeit (surface brightness). Die Helligkeit einer flächenhaften, d.h. nicht punktförmigen Lichtquelle, z.B. eines Nebels oder Kometen.

Flächensatz (law of equal areas, area law). Gelegentliche Bezeichnung für das 2. Keplersche Gesetz.

flaches Universum (flat universe). Ein Weltmodell, bei dem der Raum euklidisch betrachtet wird (Friedmann-Universum).

Flackersterne, UV Ceti-Sterne (flare stars, UV Ceti stars). Bezeichnung für eine Klasse Veränderlicher, deren Hauptvertreter → UV Ceti ist. Es handelt sich dabei um rote Zwergsterne mit der Spektralklasse K und M. Sie zeigen unvermittelt auftretende, plötzliche und mitunter intensive Lichtausbrüche. Während die mittlere Amplitude der Helligkeitsschwankungen etwa 1/2 Größenklasse ausmacht, sind in einigen Fällen auch Ausbrüche von mehreren Größenklassen beobachtet worden. Die Ausbrüche dauern meist nur wenige Minuten bis einige Stunden. Aus diesem Grund ist die Gruppe der F. erst verhältnismäßig spät bekannt geworden. Im Spektrum zeigen sich Emissionslinien von neutralem Wasserstoff, Helium und einfach ionisiertem Calcium. Die Ausbrüche haben eine gewisse Ähnlichkeit mit einer chromosphärischen Eruption auf der Sonne, sind aber rund 1000mal heftiger.

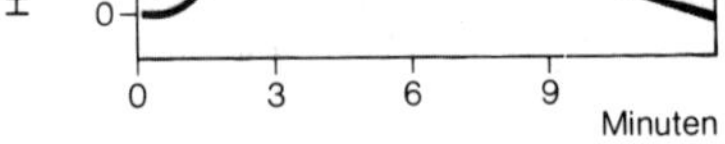

Ausbruch des Flackersterns AD Leonis

Da F. eine viel geringere absolute Leuchtkraft als die Sonne besitzen, machen sich die Eruptionen vergleichsweise viel stärker bemerkbar als bei der Sonne, wo derartige Eruptionen im Gesamtlicht gar nicht auffallen. In einigen Fällen konnten während einer optischen

Eruption auch Radiostrahlungsausbrüche (bursts) festgestellt werden. Auch im Röntgenbereich machen sich die F. bemerkbar. Als Flash-Sterne bezeichnet man F. in offenen Sternhaufen in Verbindung mit Gasnebeln. Bisher sind über 30 F. bekannt. Der nächste ist Proxima Centauri. Vermutlich bilden die F. ein frühes Entwicklungsstadium der Sterne und sind mit den T Tauri-Sternen und RW Aurigae-Sternen verwandt. Auch die BY Draconis-Sterne zeigen gelegentlich Ausbrüche. Offenbar haben die F. noch nicht ganz den Zustand eines gleichförmigen Wasserstoffbrennens in ihrem Innern erreicht.

Flare. Englische, aber auch international gebräuchliche Bezeichnung für die chromosphärischen Eruptionen auf der Sonne.

Flash-Spektrum (flash spectrum). Das Emissionsspektrum der Chromosphäre der Sonne, das kurz vor und nach der Totalität einer Sonnenfinsternis für wenige Augenblicke aufleuchtet. Es wird meist mit einem Objektivprisma aufgenommen. Über 3000 Spektrallinien sind im F.-S. bekannt geworden. Es erlaubt eine Untersuchung der Verteilung der chemischen Elemente in den verschiedenen Schichten der Sonnenatmosphäre. Viele Emissionslinien im F.-S. können mit den dunklen Linien im normalen Sonnenspektrum (Fraunhofer-Spektrum) in Beziehung gesetzt werden.

Flash-Sterne (flash stars). → Flackersterne.

Flat-Field-Kamera (flat-field telescope). Ein Schmidt-Spiegel, jedoch nicht mit einem sonst üblichen gekrümmten, sondern ebenem Bildfeld.

Fleckenkomponente (sunspot radiation). Der Anteil der Radiostrahlung der Sonne, der sich langsam mit der Sonnenfleckentätigkeit verändert.

Fleckenprotuberanz (sunspot prominence). Eine pilzförmige Protuberanz, die in der Nachbarschaft von Sonnenflecken auftritt.

Fleckenrelativzahl (sunspot number, Wolf number). Ein Maß für die Aktivität der Sonnenflecken.

Fleckensterne (spotting stars). Veränderliche Sterne, deren Helligkeitsschwankungen Folge von beachtlichen Sternflecken auf ihrer Oberfläche in Verbindung mit ihrer Rotation sind. Dazu gehören vor allem die BY Draconis-Sterne.

Fleckenzonen (spot zones). Die Breitenzonen auf der Sonne, in denen Sonnenflecken vorkommen.

Fliege (Fly). Ein Sternbild am südlichen Himmel, südlich des Kreuzes, das 1603 von J. Bayer (1572–1625) eingeführt wurde (lateinische Bezeichnung Musca, Abk. Mus). Der Hauptstern α Muscae ist $2\overset{m}{.}7$ hell und 365 Lichtjahre entfernt.

Fliegender Fisch (Flying Fish). → Fisch, fliegender.

fliegende Schatten (shadow bands). → Sonnenfinsternis.

Fliehkraft (centrifugal force). → Zentrifugalkraft.

Flintglas (flint glass). Eine Glassorte, die nach der englischen Bezeichnung für »Feuerstein« benannt wurde. Sie wird seit J. Dollond (1706–1761) für die Konkavlinsen zusammengesetzter achromatischer Objekte benutzt. Jedoch erst J. v. Fraunhofer (1787–1826) gelang es, 1811 größere Mengen von F. in hervorragender Qualität herzustellen.

Flocculi (flocculi). Bezeichnung für die flockige Struktur der Chromosphäre der Sonne, wie sie auf Spektroheliogrammen erscheint. Calcium-F. sind im allgemeinen hell, Wasserstoff-F. dunkel.

Flora. Der Kleinplanet mit der Nr. 8. Er ist im Mittel 357 Mill. km von der Sonne entfernt. Im Perihel ist sein Sonnenabstand 278 Mill. km, im Aphel 382 Mill. km. Die Bahnexzentrizität beträgt 0,156, die Bahnneigung 5,9°. Die Umlaufzeit macht 3,27 Jahre aus. Der Durchmesser ist etwa 150 km, die Albedo 0,14.

Florring (Crepe Ring). Ein schwacher innerer Bereich des Saturnrings (auch Kreppring genannt).

Fluchtbewegung (recession). Die systematische Fortbewegung ferner Galaxien, die mit der Expansion des Weltalls und dem Hubble-Effekt zusammenhängt.

Fluchtgeschwindigkeit (escape velocity). → Entweichgeschwindigkeit.

Fluchtpunkt (vertex, convergent point). In der Geometrie der Punkt, in dem sich parallele Geraden in der Ferne treffen. In der Astronomie wird im deutschen Sprachgebrauch auch der Apex oder Vertex als F. bezeichnet.

Fluoreszenz (fluorescence). Die Eigenschaft einiger chemischer Elemente, nach Belichtung eine Strahlung längerer Wellenlänge als die des auftreffenden Lichts wieder auszusenden. Auf diese Weise kann beispielsweise Röntgen- und Ultraviolettstrahlung auf einem F.schirm indirekt sichtbar gemacht werden. Allgemein versteht man unter F. die Absorption eines Photons bestimmter Wellenlänge und die Wiederaussendung eines oder mehrerer Photonen längerer Wellenlänge.

Fluß Eridanus (River Eridanus). → Eridanus.

Flut (high tide, flood tide). → Gezeiten.

Flyby-Technik. → Swingby-Technik.

Fokus (focus). → Brennpunkt.

Fomalhaut. Der Hauptstern im Sternbild Südlicher Fisch. Die arabische Bezeichnung bedeutet »Maul des Fisches«. Gelegentlich wird der Stern α Piscis austrini auch Diphda (»Frosch«) bezeichnet. Der Stern ist $1\overset{m}{,}2$ hell und erscheint bei einem Spektraltyp von A 3 weiß. Seine Entfernung beträgt 23 Lichtjahre, seine Leuchtkraft ist 14 mal, sein Durchmesser 1,6 mal größer als der der Sonne. Die Oberflächentemperatur beträgt 9400 K.

Forbush-Effekt (Forbush decrease). Eine von S. F. Forbush 1937 entdeckte Abnahme in der Intensität der kosmischen Strahlung bei einer Zunahme der Sonnenaktivität und umgekehrt. Der allerdings nicht sehr starke F.-E. erklärt sich daraus, daß elektrisch geladene Teilchen, die von der Sonne während einer Aktivitätszeit verstärkt abströmen, eine Abbremsung oder Ablenkung von Teilchen der kosmischen Strahlung in der Nachbarschaft der Erde hervorrufen.

Fornax. Lateinische Bezeichnung für das Sternbild Chemischer Ofen.

Fornax A. Eine 10^{m} helle Galaxis vom Typ S0, die gleichzeitig eine starke Radioquelle ist. Das Objekt ist identisch mit NGC 1316.

Fornax-System (Fornax system). Eine elliptische Galaxie, die nahezu kugelförmig ist, in etwa 750000 Lichtjahren Entfernung. Sie gehört zur lokalen Nebelgruppe und enthält 20 Mill. Sonnenmassen. Der Durchmesser beträgt 5200 Lichtjahre.

Fossa. Eine in der neueren Nomenklatur des Mondes eingeführte lateinische Bezeichnung für geradlinige Graben.

Foucaultscher Pendelversuch (Foucault's pendulum experiment). Ein von J. B. L. Foucault (1819–1868) vorgeschlagener Pendelversuch, der von ihm in der endgültigen Form 1851 im Pantheon von Paris durchgeführt wurde. Dabei hing an einem 60 m langen Stahldraht ein Pendel, das aus einer Eisenkugel von 50 cm Durchmesser bestand. Ein unter der Kugel befindlicher Stift zeichnete auf einer Sandschicht eine Spur der Pendelschwingungen. Da die Schwingungsebene eines Pendels im Raume infolge der Trägheit unveränderlich ist, andererseits aber die Erde sich unter dem Pendel wegen ihrer Rotation wegdreht, muß die Schwingungsebene in bezug auf den Erdboden sich im Laufe der Zeit drehen. Bei dem Originalversuch in Paris erfolgte eine volle Umdrehung der Schwingungsebene in $31^h\ 47^m$, was den Vorausberechnungen entsprach. An den Erdpolen beträgt die Drehung in einem Sterntag 360°, während am Erdäquator keine Drehung stattfinden kann. Auf einer anderen geographischen Breite beträgt die stündliche Drehung 15° sin φ, wobei φ die geographische Breite des Aufstellungsortes des Pendels ist.

Foucaultsches Schneidenverfahren (Foucault knife-edge test). Eine Methode zur Prüfung des Objektivs oder Parabolspiegels, die von J. B. L. Foucault entwickelt wurde. Dabei wird ein künstlicher Stern im Krümmungsmittelpunkt eines Konkavspiegels aufgestellt und getestet. Durch Heranführen einer Messerschneide in den Lichtstrahl zeigen sich Schatten auf dem Spiegel, die die Oberflächenqualität des Spiegels anzeigen. Die Methode kann selbst von Amateurschleifern bei der Herstellung von Teleskopspiegeln benutzt werden.

Fourier-Analyse (Fourier analysis). In der Mathematik die Zerlegung einer periodischen Funktion in ihre einfachen harmonischen Komponenten.

Fragmentation (fragmentation). Der Zerfall einer sich verdichtenden Gaswolke bei der Sternentstehung in mehrere Teile (Fragmente), die sich in der Folge in Einzelsterne weiterentwickeln.

Franklin-Adams-Karten (Franklin-Adams charts). Ein photographischer Sternatlas, der auf 206 Karten den gesamten Sternhimmel wiedergibt und alle Sterne heller als 16^m enthält.

Fraunhofer-Institut. → Kiepenheuer-Institut.

Fraunhofersche Linien (Fraunhofer lines). Die von W. H. Wollaston erstmals gesehenen, genauer aber von J. v. Fraunhofer (1787–1826) beschriebenen und mit ihren Wellenlängen gemessenen dunklen Absorptionslinien im Spektrum der Sonne (und anderer Sterne). Die neun auffälligsten Linien im Sonnenspektrum bezeichnete v. Fraunhofer vom langwelligen (roten) zum kurzwelligen (blauen) Ende des Spektrums mit den Buchstaben A bis K. Die Linien A und B bei 7000 Å (700 nm) Wellenlänge sind, wie wir heute wissen, Sauerstoffbanden, die erst beim Durchgang des Sonnenlichts durch die Erdatmosphäre entstehen. Die Linien C und F sind die Wasserstofflinien H_α und H_β.
Die F. L. entstehen beim Durchtritt einer über praktisch alle Wellenlängen verteilten kontinuierlichen Strahlung durch ein kühleres Gas. Die in diesem Gas enthaltenen Atome absorbieren von dieser Strahlung gerade die Wellenlängen, in denen sie als selbständig leuchtendes Gas emittieren würden. Tatsächlich senden diese Atome jedoch wieder Strahlung derselben Wellenlänge aus. Da sich diese aber nach allen Richtungen ausbreitet, erhält der Beobachter nur einen Bruchteil der einfallenden Strahlung, so daß bei der betreffenden Wellenlänge des Spektrums eine starke Intensitätsverminderung auftritt.

Freedom. Die von den USA für Ende der neunziger Jahre geplante Raumstation, an der sich im Rahmen des Projekts → Columbus auch Europa beteiligen soll. Das Projekt erfuhr in den letzten Jahren allerdings beachtliche Budgetkürzungen und eine erhebliche zeitliche Streckung.

freier Fall. → Fall.

freies Radikal. → Radikal.

Frei-Frei-Strahlung (free-free emission). Strahlung, die bei der Ablenkung von freien Elektronen im elektrischen Feld von Atomkernen oder Ionen entsteht; sie wird bei der Entstehung von Röntgenstrahlung als Bremsstrahlung bezeichnet.

Frequenz (frequency). Bei einer Wellenstrahlung oder einem anderen Wellenvorgang die Zahl der Schwingungen pro Sekunde. In der Regel dient hierfür das Zeichen ν. Einheit für die F. ist das Hertz (Abk. Hz). Ferner bedeutet 1 kHz = 1 Kilohertz = 1000 Schwingungen pro Sekunde, 1 MHz = 1 Megahertz = 1 Million Schwingungen pro Sekunde, 1 GHz = 1 Gigahertz = 1 Milliarde Schwingungen pro Sekunde. Für die Umrechnung in die Wellenlänge gilt die Gleichung $\lambda = c/\nu$. Dabei bedeutet λ die Wellenlänge, c die Lichtgeschwindigkeit.

Frequenzwandler (frequency changer). Eine elektronische Einrichtung, die die Frequenz des Wechselstroms (50 Hz) erhöht oder erniedrigt. Wird beim Antrieb von Fernrohren benutzt, um die Nachführgeschwindigkeit zu verändern. Man kann damit diese der unterschiedlichen Geschwindigkeit von Sternen, Sonne, Mond und Planeten anpassen.

Friedmann-Universum (Friedmann universe). Ein von A. Friedmann (1888–1925) im Jahre 1922 berechnetes homogenes, isotropes und euklidisches (flaches) Weltmodell mit einer Expansion oder Kontraktion des Universums.

Frühaufgang (heliacal rising). Der heliakische → Aufgang eines Gestirns.

frühe Spektralklassen (early spectral types). Die Spektralklassen W, O, B und A mit Sternen hoher Oberflächentemperatur.

Frühling, Frühjahr (spring). Eine Jahreszeit, die für die Nordhalbkugel der Erde beginnt, wenn die Sonne den Frühlingspunkt von Süd nach Nord überschreitet.

Frühlingsäquinoktium (vernal equinox). Die Frühlings-Tagundnachtgleiche (→ Äquinoktium).

Frühlingsdreieck (vernal triangle). Ein aus den drei hellen Sternen Regulus im Löwen, Spika in der Jungfrau und Arktur im Bootes bestehendes Dreieck, das im Frühling die ganze Nacht, vor allem aber abends beobachtet werden kann.

Frühlingspunkt, Widderpunkt (first point of Aries, vernal point). Der Schnittpunkt zwischen Ekliptik und dem Himmelsäquator, den die Sonne zur Zeit des Frühlingsäquinoktiums von Süden nach Norden überschreitet. Die Bezeichnung Widderpunkt geht darauf zurück, daß vor etwa 2000 Jahren die Sonne wegen der → Präzession zur Zeit der Frühlings-Tagundnachtgleiche vom Sternbild Fische her kommend in den Widder lief. Heute ist am Beginn des Abschnitts der → Ekliptik, an dem der Frühlingspunkt liegt, das Tierkreiszeichen Widder (→ Tierkreis).

F-Schicht (F layer). → Erdatmosphäre.

Fuchs, Füchschen (Fox). Ein Sternbild am nördlichen Himmel (lateinische Bezeichnung Vulpecula, Abk. Vul), das sich etwa zwischen Schwan und Adler befindet und besonders im Sommer und Herbst beobachtet werden kann. Das Sternbild wurde wahrscheinlich erst im 17. Jahrhundert von J. Bartsch (1600–1633) eingeführt. Der Hauptstern α oder 6 Vulpeculae ist nur $4\overset{m}{.}4$ hell, 85 Lichtjahre entfernt und absolut 80mal heller als die Sonne.

Fuhrmann (Charioteer). Ein Sternbild des nördlichen Himmels, das für Mitteleuropa sogar teilweise zirkumpolar ist (lateinische Bezeichnung Auriga, Abk. Aur). Der griechischen Mythologie gemäß soll es sich hier um den Erfinder des Wagens gehandelt haben. Der Hauptstern ist → Capella. Das Sternbild liegt inmitten eines weniger auffälligen Teils der Milchstraße. Eine größere Zahl offener Sternhaufen können in ihm bereits mit kleinen Fernrohren beobachtet werden.

Füllen (Foal, Little Horse). Ein kleines Sternbild knapp nördlich des Himmelsäquators (lateinische Bezeichnung Equuleus, Abk. Equ), das vor allem im Spätsommer und Herbst beobachtet werden kann und etwa zwischen Pegasus und Adler steht. Der griechischen Sage nach soll das F. ein Geschenk Merkurs (oder Hermes') an Kastor gewesen sein. Der Hauptstern α Equulei trägt auch die arabische Bezeichnung Kitalphar (»vorderer Abschnitt des Pferdes«, nämlich des benachbarten Pegasus). Er ist nur $3^{m}_{,}9$ hell und ist 150 Lichtjahre entfernt.

Fundamentalkatalog (fundamental catalogue). → Fundamentalsterne.

Fundamentalsterne (fundamental stars). Eine begrenzte Anzahl von Sternen, deren Positionen am Himmelsgewölbe mit höchstmöglicher Genauigkeit bestimmt worden sind. Die Ermittlungen dieser Positionen, in Rektaszension und Deklination, erfolgt in der Regel mit einem Meridiankreis. Dabei müssen alle Instrumentalfehler und atmosphärischen Einflüsse, vor allem die Refraktion, genauestens berücksichtigt werden. Die F. werden einigermaßen gleichmäßig am gesamten Himmelsgewölbe ausgesucht und zu einem Fundamentalsystem zusammengefaßt. Die Koordinatenangaben finden sich in einem Fundamentalkatalog. Am bekanntesten ist der Fundamentalkatalog, der erstmals 1879 und 1883 von A. Auwers (1839–1915) veröffentlicht wurde. Er ist inzwischen immer wieder in Neufassungen erschienen: Der FK3 1938, der FK4 1963 und der FK5 1988. Die Koordinaten anderer Sterne können dann durch Anschluß an die Positionen der F. ermittelt werden.

Funkeln der Sterne (twinkling of the stars). → Szintillation.

Funkuhr (radio clock). Eine Uhr, die mit einem Funkempfänger ausgestattet ist, der die Zeitsignale der Physikalisch-Technischen Bundesanstalt Braunschweig auf der Frequenz 77,5 kHz (Senderstandort Mainflingen) empfängt. Die Signale korrigieren im Stundenabstand ständig automatisch den momentanen Stand einer normalen Quarzuhr, die auch das Datum anzeigt. Das Umstellen auf Sommerzeit geschieht ebenfalls automatisch. Eine F. bietet auf einfachstem Wege den besten Zeitstandard und wird als kleinere Stand-, Wand- oder Weckuhr, aber auch als Armbanduhr schon sehr preiswert angeboten. Die Reichweite des Senders beträgt maximal 1000 bis 2000 km je nach den örtlichen Empfangsbedingungen. Jenseits dieser Grenze läuft die F. ohne Funkkontrolle als normale Quarzuhr.

Fuore, FUORS (fuors). Ein Kürzel für die FU Orionis-Sterne. Ihr Spektraltyp liegt bei A, F und G mit Emissionslinien und hoher Lithiumhäufigkeit. Es sind junge Überriesen, die zu den eruptiven veränderlichen Sternen zählen. Der Hauptvertreter → FU Orionis zeigte z. B. 1936 binnen 4 Monaten einen Helligkeitsanstieg von 6 Größenklassen.

Fusion (fusion). → Kernverschmelzung.

Fußpunkt (nadir). → Nadir.

G

Gabelmontierung (fork mounting). → Montierung.

Gal. Eine in der Geophysik verwendete Einheit der Beschleunigung. Es ist 1 Gal = 1 cm/s^2. Amtlich nicht mehr zulässig.

galaktisch (galactic). Zur Milchstraße (Galaxis) oder zum Milchstraßensystem gehörend. Gegensatz: extragalaktisch.

galaktische Fenster (galactic windows). Bereiche im Verlauf der Galaxis, in denen die interstellare Absorption durch Staubwolken so gering ist, daß dort weit entfernte Galaxien beobachtet werden können.

galaktische Haufen (galactic cluster). Alle Sternhaufen, die zu unserem eigenen Milchstraßensystem (galaktischen System) gehören. Dazu zählen insbesondere die offenen Sternhaufen, im weiteren Sinne auch die Bewegungssternhaufen und die Assoziationen. Die Kugelsternhaufen zählt man im allgemeinen nicht dazu, da sie im Halo unserer Galaxis liegen.

galaktische Koordinaten (galactic coordinates). Koordinaten, die sich auf die Ebene der Milchstraße (Galaxis) als Äquator beziehen. Sie werden in galaktischer Länge und Breite angegeben. Der Nullpunkt für die Zählung der Länge ist die Richtung zum galaktischen Zentrum im Sternbild Schütze bei α = 17^{h}42^{m}4, δ = – 28°55′ (1950.0). Von dort aus wird sie weiter Richtung N von 0° bis 360° gezählt. Das sog. alte System hatte seinen Nullpunkt beim Schnittpunkt des galaktischen Äquators mit dem Himmelsäquator (l = 33°).

galaktische Pole (galactic poles). Die beiden durch die Ebene der Milchstraße (Galaxis) definierten Pole des galaktischen Koordinatensystems. Der galaktische Nordpol liegt im Sternbild Haar der Berenike bei α= 12^{h}49^m und δ = 27,4° (1950.0).

galaktischer Nebel (galactic nebula). Eine ausgedehnte Staub- und Gaswolke, die sich in den Spiralarmen unserer Galaxis, aber auch in einer anderen Galaxie befinden kann. Es handelt sich um eine örtliche Verdichtung der interstellaren Materie, die sich in der Nachbarschaft heller Sterne (meist vom Spektraltyp O und B) befindet und als heller Nebel erscheint.

galaktischer Wind (galactic wind). Ein dünner Gas- oder Plasmastrom, der möglicherweise von Galaxien nach außen fließt, ähnlich dem Sonnenwind in unserem Planetensystem.

galaktisches Magnetfeld (galactic magnetic field). Ein quer durch das Milchstraßensystem (Galaxis), vor allem aber längs der Spiralarme verlaufendes Magnetfeld mit einer mittleren Stärke von nur 10^{-9} bis 10^{-10} Tesla, entsprechend etwa 1/100000 der Stärke des Erdmagnetfelds. Dies geht aus der interstellaren Polarisation des Sternlichts, sowie der Energiedichte und Isotropie der kosmischen Strahlung hervor. Auch die allgemeine galaktische Radiostrahlung hat hier ihre Ursache: Elektronen erzeugen in ihm eine Synchrotronstrahlung.

galaktisches Rauschen (galactic noise). Eine frühere Bezeichnung für die Radiostrahlung, die wir von der Galaxis empfangen.

galaktisches Zentrum (galactic centre). Der Kern unseres Milchstraßensystems (Galaxis), der wegen der interstellaren Absorption auf optischem Wege nicht beobachtet werden kann. Neuerdings gelingt es aber mit radioastronomischen Mitteln sowie mit Hilfe der Infrarot- und Röntgenstrahlung, den Kernbereich unseres Milchstraßensystems zu erforschen. Das g.Z. wird vor allem gebildet durch die Radioquelle Sagittarius A. Sie ist etwa 28000 Lichtjahre von uns entfernt.

Galatea. Ein mit Voyager 2 im Jahre 1989 entdeckter Satellit des Neptun. Seine mittlere Entfernung von Neptun beträgt 62000 km, seine Umlaufzeit 0,428 Tage, die Bahnexzentrizität und Bahnneigung etwa 0 und sein Durchmesser etwa 150 km.

Galaxien (galaxies). Unserer eigenen → Galaxis ähnliche Sternsysteme (auch extragalaktische Nebel oder Systeme genannt). Sie enthalten Sterne und interstellare Materie in den verschiedensten Formen. Das Gebiet längs der Ebene unserer Galaxis ist nahezu vollständig frei von anderen G., da in dieser Richtung die Absorption durch den interstellaren Staub die Sicht in größere Entfernungen verwehrt (nebelfreie Zone). Außerhalb dieser Zone können bereits bis zu einer scheinbaren Helligkeit von 21^m pro Quadratgrad Hunderte von G., in der Nähe der galaktischen Pole sogar bis zu 1780 G. beobachtet werden. Bis zu dieser Grenzhelligkeit stehen damit am gesamten Himmelsgewölbe fast 100 Mill. G. Die Gesamtzahl aller G. in dem von uns überschaubaren Bereich des Kosmos ist jedoch bedeutend größer: Einmal können heute in begrenzten Gebieten des Himmels mit elektronischen Verfahren G. bis etwa zur 27. Größenklasse herab in einem Abstand bis zu 10–15 Mrd. Lichtjahren erfaßt werden. Zum anderen sind kleinere G. (Zwerg-G.) selbst in der unmittelbaren Nähe unseres eigenen Milchstraßensystems außerordentlich schwer zu entdecken, so daß sich unsere G.statistik heute im wesentlichen immer noch auf die größeren Objekte beschränkt. Damit dürfte die Gesamtzahl aller G. im zur Zeit überblickbaren Bereich des Kosmos einige hundert Mrd., wahrscheinlich aber viel mehr betragen. Die auffälligeren G. haben meist eine Spiralstruktur. Daher hat sich auch der Begriff Spiralnebel in der populären Literatur als Synonym für G. eingebürgert, obwohl diese Gleichsetzung falsch ist. Die spiralförmigen G. zählen nämlich zu den größten und hellsten Systemen und werden daher in jeder Statistik bevorzugt. Es gibt daneben auch elliptische und unregelmäßige G. sowie einige Sonderformen. Die Auflösung der G. in einzelne Sterne gelang – mit Ausnahme der Magellanschen Wolken, in denen schon früher einzelne Sterne photographiert werden konnten – erstmals beim Andromedanebel. Grundsätzlich gelingt eine Auflösung nur bei G., die nicht wesentlich mehr als etwa 60 bis 80 Mill. Lichtjahre entfernt sind, und zwar nur in die hellsten Sterne, meist blauweiße Übergiganten oder rote Riesensterne. Sterne mit der absoluten Leuchtkraft unserer Sonne sind in anderen G. vorläufig nicht nachweisbar. Dagegen konnten in den benachbarten G. außer Einzelsternen zahlreiche andere Objekte gefunden werden, die auch unsere eigene Galaxis enthält. Dazu zählen z.B. Sternhaufen, veränderliche Sterne, helle und dunkle Nebel, planetarische Nebel sowie Novae und Supernovae. Mit Hilfe der Cephei-

den war es ab 1923 erstmals möglich, die Entfernung nahegelegener G., in denen derartige Sterne gefunden werden können, zu bestimmen.
Daneben können noch andere Objekte zu Entfernungsbestimmungen herangezogen werden, sofern für sie mittlere absolute Helligkeiten bekannt sind. Dies trifft beispielsweise für die hellsten Sterne (absolute Helligkeit etwa -9^m), die Kugelhaufen (-3^m bis -10^m), planetarischen Nebel (-1^m), Supernovae (-15^m bis -20^m) oder Novae (-6^m bis -9^m) zu. Auch helle Wasserstoffwolken (H II-Regionen) können zur Ermittlung der Entfernungen dienen. Hierzu wird ihr Durchmesser herangezogen. Die größten Wolken kommen auf 800 Lichtjahre. In den Fällen, in denen die G. nicht mehr in Einzelobjekte aufgelöst werden können, dient die absolute Helligkeit des Gesamtsystems als Hilfsmittel zur Entfernungsbestimmung. Dabei können die absoluten Helligkeiten für den einzelnen G.-Typ getrennt bestimmt werden. Natürlich sind derartige Angaben im Einzelfall nicht mehr so verläßlich. Für → G.haufen, in denen zahlreiche Einzelobjekte getrennt untersucht werden können, ergeben sich aber auf diesem Wege doch einigermaßen verläßliche Entfernungsangaben. Die absolute Leuchtkraft der größeren G., wie der normalen Spiralen oder auch der elliptischen Riesen-G. liegen bei -20^m oder sogar noch darüber. Für den Andromedanebel ergibt sich ein Wert von $-21\overset{m}{.}1$, für den elliptischen Nebel M87 sogar $-21\overset{m}{.}7$. Dagegen gibt es zahlreiche kleinere G. (Zwerg-G.), die unter Umständen unter -10^m kommen. Auch der Hubble-Effekt kann zu Entfernungsbestimmungen besonders weit entfernter G. benutzt werden. Leider sind aber gerade diese Angaben wegen der immer noch bestehenden Unsicherheit in der Hubble-Konstante ebenfalls mit einem Unsicherheitsfaktor von 1,5 bis 2 behaftet.
Das Spektrum der G. stellt im wesentlichen eine Überlagerung der Spektren aller in den Systemen enthaltenen Sterne dar. Die normalen Spiralen vom Typ Sc und die irregulären Systeme enthalten als hellste Objekte, vor allem in den Spiralarmen, blaue Überriesen. Daher ist das mittlere Spektrum dieser Systeme einer frühen Spektralklasse, etwa F, zuzuordnen. Die Spiralsysteme vom Typ Sa, aber auch die elliptischen Systeme enthalten als hellste Sterne rote Riesen, so daß das Spektrum eher dem späten Typ K zuzuordnen ist. Bei den nahegelegenen G. können Spektren auch von unterschiedlichen Teilen der Systeme erhalten werden. Dabei zeigt sich für die Kerne der Spiralsysteme ein Spektrum späteren Typus als für die Spiralarme (auch → Galaxien, Klassifikation der).
Mit Hilfe des Doppler-Effekts der Spektrallinien in den einzelnen Teilen nicht allzuweit entfernter G. kann auch deren Rotationsgeschwindigkeit nachgewiesen werden. Aus den Rotationsverhältnissen in den G. läßt sich auch deren Gesamtmasse bestimmen. Die größeren Systeme haben einige hundert Mrd. bis über tausend Mrd. Sonnenmassen, während die kleinen unter 1 Mrd. Sonnenmassen kommen. Die Durchmesser schwanken zwischen etwa 1000 und über 150000 Lichtjahren.
Vor allem die größeren Spiralnebel besitzen oft außerordentlich scharf sich abzeichnende Kerne von nur 10 bis 50 Lichtjahren Größe. Hier könnten die Sterne so dicht beieinander stehen, daß ihr gegenseitiger Abstand nur noch etwa 300 Mrd. km beträgt. Trotzdem dürften sich Sternkollisionen nur in Mill. Jahren einmal ereignen. Die Kerne haben eine Gesamtmasse von 10 Mill. Sonnenmassen und mehr. Häufig wird auch vermutet, daß sich in den Kernen ein super-

massives Schwarzes Loch befindet. Dies gilt besonders für die sog. aktiven G., z. B. die Radio-G., die Seyfert-G., sowie die Quasare als besonders aktive Kerne von G. Aber selbst in den normaleren G., wie dem Andromedanebel oder unserem eigenen galaktischen System wird ein Schwarzes Loch angenommen.

Nicht selten sind unter den G. auch Doppel- und Mehrfachsysteme zu finden. Ähnlich wie bei den Doppelsternen wächst die Zahl solcher Systeme mit zunehmender Verbesserung der Beobachtungsmöglichkeiten ebenfalls stark an. Nach Schätzungen gehören rund 50% aller G. Mehrfachsystemen an. Neben weiten gibt es auch sehr enge Paare, bei denen sich wechselseitig Gezeitenstörungen bemerkbar machen. Die Grenze liegt hierfür bei etwa 30000 Lichtjahren Abstand und darüber. Sie machen sich durch Deformationen und Materiebrükken in Gestalt hantelförmiger Verbindungen oder großer Bögen bemerkbar. Dabei zeigen sich der eigentlichen Brükke gegenüber manchmal auch »Gegenarme«. Ein schönes Beispiel für Gezeiteneinflüsse ist der Whirlpool-Nebel M 51 im Sternbild Jagdhunde. Im Sternbild Fische gibt es den »Wilsons Doppelnebel« in rund 300 Mill. Lichtjahren Entfernung. Beide Systeme sind etwa 700000 Lichtjahre voneinander entfernt und zeigen eine große Brücke, eines der beiden Systeme auch einen Gegenarm. Auch unsere eigene Galaxis besitzt offenbar eine Brücke zur Großen Magellanschen Wolke in 165000 Lichtjahren Abstand. Übrigens können Brücken und Deformationen auch über eine gewisse Zeitspanne erhalten bleiben, wenn die Begegnung zwischen zwei G. schon wieder beendet ist und die beiden miteinander agierenden Systeme bereits wieder weit voneinander entfernt sind.

Schließlich gibt es auch kollidierende G. Bei dem gegenseitigen Durchdringen kommt es aber kaum zu häufigeren Sternzusammenstößen. Dagegen können z. B. zusätzliche Schockwellen im interstellaren Gas entstehen, was die Sternentstehung anregt. Bei Kollisionen sind Vereinigungen zweier G. möglich (»G.-Kannibalismus«). Setzt sich dieser Vorgang fort, so wächst eine Riesengalaxie auf Kosten kleinerer weiter an. Auch Doppelkerne in G. können so erklärt werden.

Galaxien, Klassifikation (classification of the galaxies). Für die K. d. G. ist die von E. P. Hubble (1889–1953) eingeführte auch heute noch am bekanntesten. Hier gibt es zunächst die normalen Spiralnebel mit dem Buchstabensymbol S. Ein angehängter Buchstabe a, b oder c weist darauf hin, in welcher Weise die Spiralarme und der Kern des Systems ausgebildet sind. Bei Sa sind der Kern außerordentlich kräftig, die Spiralarme dagegen zarter entwickelt, während es bei Sc genau umgekehrt ist. Hier stehen einem kleinen, unscheinbaren Kern kräftige Spiralarme gegenüber. Neben den normalen Spiralen gibt es die balkenförmigen Systeme (Balkenspiralen) mit dem Symbol SB. Hier ist der Kern balkenartig verbreitert. Am Ende dieses Balkens setzen zwei Spiralarme an, die unter fast genau einem rechten Winkel von diesem Balken auslaufen und sich erst später krümmen. Wie bei den normalen Spiralen gibt es auch hier die drei Untergruppen SBa, SBb und SBc.

Die elliptischen Galaxien oder Nebel erhalten das Symbol E. Sie sind in ihrem Zentrum verhältnismäßig hell. Nach außen hin nimmt die Flächenhelligkeit allmählich ab. Ist keine Abplattung festzustellen, so erhält der Nebel das Symbol E0. Die Ziffern 1 bis 7 weisen auf eine mehr oder weniger starke Abplattung hin. Dabei bedeutet E1 ein elliptischer Nebel, bei dem gerade noch eine geringfügige Abplattung festgestellt

werden kann, E7 ein extrem stark abgeplatteter Nebel. Ist *a* die große und *b* die kleine Achse des Nebels, errechnet sich der Zahlenindex aus 10 $(a-b)/a$.
Ein besonderer Typ sind die Galaxien der Klasse S0. Sie stehen etwa zwischen den elliptischen und spiralförmigen Galaxien. Man beobachtet hier einen Kern, der von einer scheibenförmigen Struktur ohne erkennbare Spiralarme umgeben ist. Lassen sich bei Galaxien überhaupt keine Strukturen erkennen, so bezeichnet man diese Systeme als irregulär oder unregelmäßig mit dem Symbol Ir.
Die Galaxien-Statistik ergibt folgende Häufigkeit der einzelnen Klassen:

elliptische Nebel	E	18%
normale Spiralen	Sa	15%
	Sb	20%
	Sc	28%
Balkenspiralen	SBa	4%
	SBb	5%
	SBc	6%
irreguläre Nebel	Ir	4%

Wie oben bereits ausgeführt, sind jedoch dieser Statistik gegenüber einige Vorbehalte anzumelden.
In der neueren Literatur sind noch andere Einteilungen für die Galaxien zu finden. Bei dem Schema von Morgan spielt das Spektrum des Gesamtlichtes der Galaxis eine Rolle. Je nachdem, welche Spektralklasse vorherrscht, unterscheidet man den Typ a, af, f, fg, g, gk oder k. Diesen Buchstaben kann also entnommen werden, welche Spektralklassen in den betreffenden Galaxien besonders vorherrschen und damit das Gesamtspektrum des Systems beeinflussen. Der zweite Buchstabe gibt wieder die Form des Systems an, wobei S für eine normale Spirale, B für eine Balkenspirale, E für ein elliptisches und I für ein irreguläres System steht. Dazu kommen noch die Typen Ep für ein elliptisches System mit starker Absorption durch staubförmige Materie, D für ein rotationssymmetrisches System ohne hervortretende Strukturen von Spiralen oder Elliptizität, L für ein System mit geringer Flächenhelligkeit und N für ein System mit einem kleinen, aber hellen Kern. Die weiteren Ziffern, die von 1 bis 7 laufen, zeigen an, ob das System mehr von oben (1) oder von der Seite (7) erscheint. Im letzteren Falle beobachtet man schmale, spindelförmige Gebilde.
Eine weitere Einteilung von de Vaucouleurs-Sandage betrifft allein die spiralförmigen Galaxien. SA bezeichnet wieder die normalen Spiralen, SB die Balkenspiralen. In Klammern dahinter bedeutet ein s ein spiralförmiges System mit S-Form, ein r ein mehr ringförmiges Spiralsystem. Schließlich geben weitere Buchstaben Übergangsstufen zwischen normalen Spiralen und Balkenspiralen sowie irregulären Systemen, nach Art der Magellanschen Wolken (Im) an.
Auch van den Bergh entwickelte eine K. d. G. Sie berücksichtigt zwei Eigenschaften: den Typ der Galaxis, wie Sa, Sb, Sc, Ir, und weiter die Leuchtkraftklasse mit den römischen Ziffern I bis V, ähnlich dem MKK-System der Leuchtkraftklassen. Die Angaben S^- und S^+ werden benutzt, um eine kleine oder große Auflösung der Systeme zu kennzeichnen. Ein S (B) weist auf ein System zwischen den normalen und balkenförmigen Systemen hin.

Galaxienhaufen, Nebelhaufen (galaxy clusters, cluster of nebulae). Ansammlungen von wenigstens 10, meistens aber 100 bis 10000 Galaxien. Daneben gibt es auch kleinere Ansammlungen, die als Doppel- oder Mehrfachsysteme bezeichnet werden. Man entdeckt also bei den Galaxien eine ähnliche Vergesellschaftung wie bei den einzelnen Sternen innerhalb der Galaxien. Neuerdings teilt man die G. in verschiedene Typen ein. Diese Klassifikationen haben sich aber noch nicht allgemein eingebürgert. Nach

Bautz und Morgan ist dabei die Morphologie der Haufen maßgebend, bei Rood und Sastry die Zahl der in dem Haufen enthaltenen Galaxien und deren durchschnittliche gegenseitige Entfernung. Oemler schließlich baut seine Klassifikation nach dem Anteil an Galaxien verschiedener Hubble-Typen auf.

Die wichtigsten Galaxienhaufen

Haufen	Zahl der Galaxien	Entfernung in Mill. Lichtjahren	Radialgeschw. in km/s
Virgo	2 500	62	+ 1 180
Pegasus I	100	212	+ 3 700
Pisces	100	215	+ 5 000
Cancer	150	261	+ 4 800
Perseus	500	316	+ 5 400
Coma	800	368	+ 6 700
Hercules	300	570	+ 10 300
Leo	300	1 010	+ 19 500
Corona borealis	400	1 140	+ 21 600
Bootes	150	2 120	+ 39 400
Hydra		3 260	+ 60 600

Die Zahl der Galaxien pro Raumeinheit ist in den G. etwa 9000mal größer als bei den Feldgalaxien. Insgesamt ist auch die Zahl der Galaxien, die einem Haufen zugehören, größer als die der Feldgalaxien. Innerhalb der G. kann es durchschnittlich alle etwa 100 Mill. bis 1 Mrd. Jahre zu einem Zusammenstoß zweier Haufengalaxien kommen. Von einigen Autoren wird dies als Grund dafür herangezogen, daß man in den G. mehr elliptische Systeme gefunden hat und die Spiralsysteme dort unterrepräsentiert sind gegenüber den Verhältnissen bei den Feldgalaxien. Bei Kollisionen zweier Galaxien könnte nämlich für die Entstehung der Spiralarme notwendige interstellare Materie herausgefegt werden, so daß die sich wieder lösenden Systeme später nicht mehr in der Lage sind, Spiralarme zu bilden. Der mittlere Durchmesser eines G. beträgt 10 bis 30 Mill. Lichtjahre.

Röntgenmessungen an G. zeigen, daß sich in ihnen sehr viel intergalaktisches Gas befinden muß. Ihre Masse entspricht etwa der aller beobachtbaren Galaxien in einem Haufen. Daneben gibt es aber auch direkt erkennbare leuchtende Materie um einzelne Galaxien herum. Untersucht man die Bewegungen in einem G., so kann man daraus wenigstens ungefähr deren Gesamtmasse ableiten. Setzt man diese Ergebnisse den Werten entgegen, die aus der Zahl der beobachtbaren Galaxien und deren Einzelmassen folgt, so ergibt sich eine Diskrepanz: Aus den kinematischen Untersuchungen ergibt sich eine erheblich größere Masse. Rund 80% der Gesamtmasse von etwa 1000 Bill. Sonnenmassen ist »unsichtbar« (Missing mass-Problem).

Bekannte G. liegen im Sternbild Jungfrau (Virgo-Haufen) sowie im Sternbild Haar der Berenike (Coma-Haufen). In sehr großen Entfernungen von einigen Mill. bis einigen Mrd. Lichtjahren wird die Zahl der G. der Zahl einzelner nahestehender und in Einzelheiten auflösbarer Galaxien vergleichbar. Auch unsere eigene Galaxis gehört zu einem kleineren G., der sog. lokalen Nebelgruppe. G. schließen sich wieder zu Superhaufen zusammen. Ferner zeigt die großräumige Anordnung der Galaxien und G. eine Blasenstruktur im Weltall.

Galaxis (Galaxy). Die aus dem Griechischen stammende Bezeichnung für »Milchstraße«. Die G. ist zunächst das diffuse, neblige Band, das sich rings über das gesamte Himmelsgewölbe nahezu in der Form eines Großkreises spannt. Im weiteren Sinne wird der Begriff aber auch auf das ganze Milchstraßensystem (galaktisches System) übertragen. Die G. kann in einer klaren Nacht außerhalb der Städte sehr gut mit bloßem Auge beobachtet werden. Ihre größte Helligkeit zeigt sie im Bereich der Sommersternbilder, insbesondere im

Sternbild Schütze, während sie im Feld der Wintersternbilder, besonders im Fuhrmann, am schwächsten ist. Eine durch die G. gelegte zentrale Linie bezeichnet man als galaktischen Äquator. Er ist um etwa 62° gegen den Himmelsäquator geneigt (→ galaktische Koordinaten). Die Breite des Milchstraßenbandes schwankt zwischen etwa 5° und fast 50°. An einigen Stellen ist die G. von dunklen Gebieten, verursacht durch interstellaren Staub in Form sog. Dunkelwolken, unterbrochen. Zwischen Schwan und Skorpion zeigt die G. sogar eine Zweiteilung.

Die G. besteht aus einer Vielzahl weit entfernter und schwacher Sterne, was erstmals von Demokrit (etwa 200 v. Chr.) vermutet, aber erst nach Erfindung des Fernrohrs bewiesen werden konnte.

Die Zahl der Sterne pro Quadratgrad bis zur 18. Größenklasse beträgt im Verlauf der G. etwa 5000 bis 52000, je nachdem, um welchen Bereich der G. es sich handelt. Zu den beiden galaktischen Polen hin nimmt die Zahl der Sterne allmählich ab. Bereits in 40° Distanz von der G., also in 40° nördl. oder südl. galaktischer Breite, beträgt die Zahl der Sterne pro Quadratgrad etwa 800 bis 2200. In 80° galaktischer Breite schrumpft die Zahl der Sterne auf 550 bis 690 zusammen. Diese Zahlen zeigen auch, daß in der Nähe des galaktischen Äquators die Schwankungsbreite der Sternzahlen größer ist als in der Nähe der galaktischen Pole. Dies ist einmal eine Folge der exzentrischen Lage der Sonne im galaktischen System, aber auch eine Wirkung der interstellaren Absorption. Alle Sterne, die wir innerhalb oder außerhalb der Milchstraße am Himmel beobachten, einschließlich der Sonne, gehören dem Milchstraßensystem oder unserer G. an. Die wichtigsten Daten zeigt die Tabelle.

Galaxis, Rotation (galactic rotation). Im zentrumsnahen Bereich rotiert unsere Galaxis wie ein starrer Körper, also nahe dem Kern mit kleinerer, weiter außen mit größerer Umlaufgeschwindigkeit. Am äußeren Rand dieser Wolken erreicht die Rotationsgeschwindigkeit einen Wert von etwa 200 km/s. Neben

Die wichtigsten Zahlen für das galaktische System

Durchmesser	mindestens 100 000 Lichtjahre ($9{,}5 \cdot 10^{17}$ km)
Gesamtmasse	mindestens 200 Milliarden Sonnenmassen
mittlere Dichte	0,1 Sonnenmassen pro Kubikparsec
Dicke des Systems im Kernbereich	16 000 Lichtjahre ($150 \cdot 10^{15}$ km)
Dicke des Systems in den äußeren Bereichen der Scheibe	3000 Lichtjahre ($28 \cdot 10^{15}$ km)
Durchmesser des Halos	160 000 Lichtjahre ($150 \cdot 10^{16}$ km)
Distanz der Sonne vom Zentrum des Systems	28 000 Lichtjahre ($26 \cdot 10^{16}$ km)
Distanz der Sonne von der Ebene des galaktischen Systems	45 Lichtjahre ($425 \cdot 10^{12}$ km) nördlich
mittlere Distanz zwischen den Spiralarmen	4000 Lichtjahre ($38 \cdot 10^{15}$ km)
absolute Helligkeit des Systems (visuell)	$-20\overset{m}{,}5$
Gesamtleuchtkraft (im Vergleich zur Sonne)	$4 \cdot 10^{10}$
Rotationsgeschwindigkeit der Sonne	225 km/s
Rotationszeit der Sonne	237 Mill. Jahre
Stärke des galaktischen Magnetfeldes	$3 \cdot 10^{-6}$ Gauß ($3 \cdot 10^{-10}$ Tesla)
geschätzte Zahl der Kugelhaufen	300
geschätzte Zahl der offenen Sternhaufen	15 000
geschätzte Zahl der Assoziationen	700
Alter des galaktischen Systems	etwa 14 Milliarden Jahre

neutralem Wasserstoff befinden sich dort aber auch Wolken ionisierten Wasserstoffs und viele Wolken aus Staub. In etwas größerem Abstand vom Zentrum nimmt die Umlaufgeschwindigkeit der Sterne von kleinen Schwankungen abgesehen weiter langsam zu und erreicht in etwa 20000 Lichtjahren Abstand vom Zentrum ein Maximum mit etwa 225 km/h. Weiter außen nehmen aber die Umlaufgeschwindigkeiten nur sehr zögernd ab. Diese Verhältnisse stehen scheinbar im Widerspruch zu den Keplerschen Gesetzen, nach denen die Umlaufgeschwindigkeit stetig vom Zentrum nach außen abnehmen müßte. Tatsächlich haben wir es aber in einem Sternsystem nicht mit so übersichtlichen Verhältnissen zu tun wie in unserem Sonnensystem, da hier die Gesamtheit aller Sterne und anderer Massen statistische Wirkungen hat, die dazu führen, daß sich die Keplerschen Gesetze selbst in den äußersten Teilen eines Sternsystems nur langsam durchsetzen können.

In der Umgebung unserer Sonne lassen sich die Rotationsverhältnisse durch systematische Effekte in den Eigenbewegungen und Radialgeschwindigkeiten der Sterne untersuchen. Sterne, die sich näher zum Zentrum hin befinden, eilen uns im Mittel voraus, Sterne in größeren Entfernungen vom galaktischen Zentrum hinken hinter uns her. Daher müssen die Sterne, die in der Richtung zum galaktischen Zentrum stehen, entsprechende statistische Effekte in ihren Eigenbewegungen zeigen. Bei den Sternen, die 90° zur Richtung zum galaktischen Zentrum hin entfernt sind, wird man dagegen diese Effekte nicht finden. Sie bewegen sich im statistischen Durchschnitt mit derselben Geschwindigkeit uns nach oder laufen uns voraus. Dagegen müßten wiederum die Sterne, die um 45° zur Richtung zum galaktischen Zentrum oder um 45° zum Antizentrum hin versetzt sind, statistische Effekte in ihren Radialgeschwindigkeiten zeigen. Insgesamt ergibt sich für Eigenbewegung *EB* und Radialgeschwindigkeit *RG* in Abhängigkeit von der galaktischen Länge eine Doppelwelle, die von den Oort-

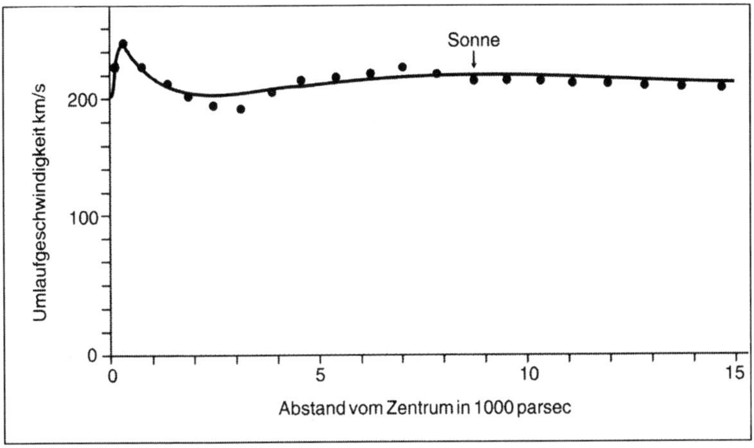

Die Rotationsverhältnisse in der Galaxis

schen Rotationsformeln wiedergegeben wird. Sie lauten:

$RG = A \cdot r \cdot \sin 2\,l$
$EB = A \cdot r \cdot \cos 2\,l + B \cdot r$

Dabei bedeutet *r* die Entfernung in parsec, *l* die galaktische Länge. A und B sind die Oortschen Konstanten. Es ist:

$A = 16{,}9 \pm 0{,}9\ \text{km/s} \cdot \text{kiloparsec}^{-1}$
$B = -9{,}0 \pm 1{,}5\ \text{km/s} \cdot \text{kiloparsec}^{-1}$

Aus der R. d. G. kann auch deren Masse bestimmt werden. Die bisherigen Werte lagen meist bei 200 Mrd. Sonnenmassen. Jedoch war damals noch nicht die nur sehr langsame Abnahme der Umlaufgeschwindigkeiten zum äußeren Rand des Systems hin bekannt. Dies zeigt aber, daß sich vor allem in den Randbereichen noch unsichtbare Massen befinden müssen (Missing mass-Problem). Die Gesamtmasse des galaktischen Systems könnte sich dadurch leicht auf 800 bis 1200 Mrd. Sonnenmassen und mehr erhöhen. Der Anteil der interstellaren Materie ist dabei nur schwer abzuschätzen. Er mag bei etwa 5% liegen.

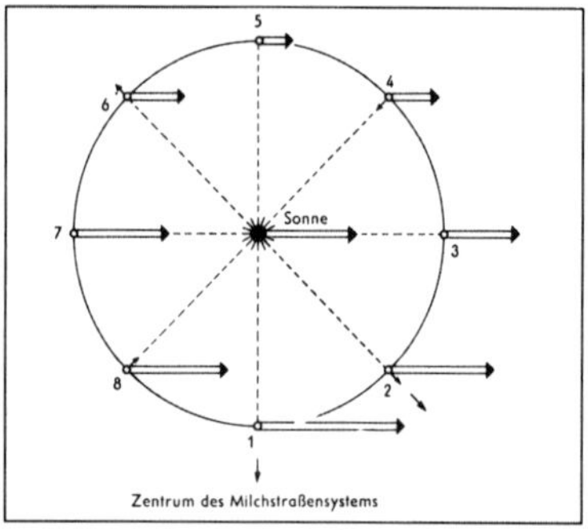

Die Bewegungsverhältnisse der Sterne in der Sonnenumgebung, bedingt durch die Rotation der Galaxis. Doppelpfeile: Umlaufgeschwindigkeit der Sterne. Dünne Pfeile: Radialbewegung der Sterne in bezug auf die Sonne

Galaxis, Struktur (galactic structure). Die S. d. G. ist die einer flachen Scheibe oder, anders ausgedrückt, zahlreicher in einer Ebene ausgebreiteter Spiralarme, die um einen dickeren Kern angeordnet sind. Da wir uns inmitten des Systems befinden, ist die Erforschung seiner Struktur außerordentlich schwierig, zumal uns die Absorption der interstellaren Materie, die vor allem in der Ebene des Systems ausgebreitet ist, die Sicht in viele Bereiche des galaktischen Systems verwehrt. Insgesamt können wir von unserem Sonnensystem aus nur etwa 15% unseres Systems auf optischem Wege überblicken. Mit Hilfe der Röntgen-, Infrarot- und Radioastronomie war es allerdings in den letzten Jahrzehnten möglich, die anderen Bereiche des Systems wenigstens teilweise zu erforschen. Dies bezieht sich insbesondere auf den galaktischen Kern, den wir gleichfalls auf optischem Wege nicht erkennen. Das Zentrum befindet sich in der Richtung zum Sternbild Schütze und ist identisch mit der Radioquelle Sagittarius A. Sie liegt bei $\alpha = 17^h\ 42^m$, $\delta = -28°\ 55'$ (1950.0) und zählt zu den stärksten Radioquellen, die wir am Himmel beobachten. An derselben Stelle befindet sich auch eine intensive Infrarotquelle. Die Infrarotstrahlung stammt aus einem Bereich von etwa 5 Lichtjahren, der aus ionisiertem Gas besteht. Darin sind einige kleinere Infrarotquellen eingebettet. Besonders ragt hier ein Gebiet heraus, das mit der Radioquelle Sgr A West zusammenfällt. Ein Viertel aller Strahlung stammt aus einem Raum mit weniger als 1,5 Mrd. km Durchmesser! Möglicherweise befindet sich hier ein Schwarzes Loch, dessen Masse von einigen Autoren auf einige Millionen Sonnenmassen, von anderen aber deutlich darunter angenommen wird. Bis zu einer Entfernung von 1 Lichtjahr vom Zentrum scheint eine Gesamtmasse von 5 Mill., bis zu

5000 Lichtjahren von 1 Mrd. Sonnenmassen vorzuliegen.
Die Spiralstruktur der Galaxis konnte bisher nur teilweise, vor allem in der Nachbarschaft unserer Sonne einigermaßen vollständig enträtselt werden. Dies war einmal auf radioastronomischem Wege mit Hilfe der 21 cm-Strahlung des neutralen Wasserstoffs möglich. Die Elektronen des Wasserstoffs zeigen einen Spin, der gelegentlich umkippen kann. Bei diesem Vorgang wird die 21 cm-Strahlung ausgesandt. Die Gebiete neutralen Wasserstoffs fallen wiederum mit den Spiralarmen zusammen. Die radioastronomischen Untersuchungen liefern einmal die Richtung, aus denen wir eine 21 cm-Strahlung empfangen. Aus dem Doppler-Effekt, den diese Strahlung zeigt, kann zusammen mit der Theorie der Rotation der Galaxis auch die Entfernung der neutralen Wasserstoffwolken bestimmt werden. Eine andere Möglichkeit, die Spiralarme in unserem System festzulegen, besteht in einer Untersuchung der offenen Sternhaufen, junger Sterne vom Spektraltyp O und B sowie der diffusen Gasnebel. Alle diese Objekte sind so jung, daß sie noch am Ort ihrer Entstehung aufzufinden sind. Dieser ist aber mit den Spiralarmen verknüpft, da sich nur dort frische Materie befindet, aus der Sterne entstehen können. Im wesentlichen sind folgende drei Spiralarme gesichert: der Sagittariusarm, der in der Richtung zum Sternbild Schütze (Sagittarius) und damit zum Zentrum des galaktischen Systems hin angeordnet ist, der Orionarm, an dessen Innenseite – zum galaktischen Zentrum hin – die Sonne liegt, sowie der Perseusarm, der zum Antizentrum hin angeordnet ist und von uns etwa 6000 bis 7000 Lichtjahre entfernt ist. Ferner ist ein Spiralarm bekannt, der zwischen uns und dem Zentrum der Galaxis liegt und von letzterem etwa 10000 Lichtjahre (entsprechend etwa 3 kpc) entfernt ist. Er wird auch als 3 Kiloparsec-Arm bezeichnet. In ihm befindet sich interstellarer Wasserstoff, der mit einer Geschwindigkeit von etwa 50 km/s nach außen expandiert. Die Entstehung der Spiralstruktur ist schwer erklärbar. Versuche, die Stabilität über mehrere Rotationsperioden hinweg zu erklären, gründeten sich gelegentlich auf die Wirkung des galaktischen Magnetfelds. Diese Auffassung mußte aber inzwischen im wesentlichen aufgegeben werden, da das Feld mit 10^{-6} bis 10^{-5} Gauß (10^{-10} bis 10^{-9} Tesla) zu schwach ist. Heute ist am ehesten die → Dichtewellentheorie geeignet, diese Probleme wenigstens im Grundsatz zu lösen. Um die eigentliche Galaxis herum befindet sich der sog. Halo, in dem sich vor allem die Kugelsternhaufen befinden. Sowohl im Halo als auch in der Scheibe gibt es verschiedene → Populationen von Sternen und anderen Objekten, die offensichtlich mit dem Alter dieser Bereiche unserer Galaxis zu tun haben. Der Halo wird wiederum von einem Gebiet umgeben, in dem sich vielleicht die »Missing mass« (→ Galaxis, Rotation der) befindet. Es wird auch als Korona der Galaxis bezeichnet. Sie könnte bis über 250000 Lichtjahre Durchmesser haben.

Galileische Monde (Galilean satellites). Die 1610 von G. Galilei (1564–1642) entdeckten vier größten und hellsten Jupitersatelliten.

Galileisches Fernrohr (Galilean telescope). → Fernrohr.

Galileisches Trägheitsgesetz (Galilean law of inertia). Gesetz, wonach jeder Körper, auf den keine zusätzliche Kraft einwirkt, in seinem Bewegungszustand verharrt; wurde von I. Newton (1643–1727) weiterentwickelt.

Galileitransformation (Galilean transformation). Die Transformation (Umrechnung) der räumlichen Koordinaten zweier gleichförmig gegeneinander bewegter Bezugssysteme. Dabei bleibt die Newtonsche Mechanik unverändert. Die G. setzt eine absolute, d.h. vom Bezugssystem unabhängige Zeit voraus.

Galileo. Eine amerikanische Raumsonde, die am 18. 10. 1989 mit der Raumfähre Atlantis gestartet wurde und vor allem Jupiter erforscht. Die 2,7 t schwere Sonde flog zunächst am 10. 2. 1990 an Venus vorüber und nutzte deren Schwerefeld aus, um weiter nach außen im Planetensystem zu gelangen. Zwei weitere derartige Swing by-Manöver erfolgten an der Erde am 8. 12. 1990 und 8. 12. 1992. Am 29. 10. 1991 flog G. in einem Abstand von 1600 km an dem Kleinplaneten Gaspra und am 28. 8. 1993 an Ida vorbei. Am 7. 12. 1995 ist Jupiter erreicht. Eine bereits zuvor abgetrennte Eintauchsonde soll in die Jupiteratmosphäre eindringen, während eine Orbiterstufe Jupiter umkreist und dessen Satelliten untersucht.

Gallex. Ein von Deutschland, Italien, Frankreich und Israel im Gran-Sasso-Massiv/Abruzzen unter einem 1200 m Gesteinsmassiv durchgeführtes Experiment zum Nachweis der aus der Energieerzeugung der Sonne stammenden Neutrinos. Dazu diente die Reaktion Neutrino + Gallium 71 $\rightarrow$ Germanium 71 + Elektron. Wegen der Seltenheit der Reaktion mußten 60 t Gallium beschafft werden. Es war in 100 t Galliumchlorid enthalten. Das entstandene Germaniumchlorid wurde mit Hilfe von Stickstoff aus dem Galliumchlorid herausgespült und in German, eine Verbindung aus Germanium und Wasserstoff, verwandelt und nachgewiesen. Die 1992 veröffentlichten Ergebnisse ergaben 83 SNU (1 SNU = 10^{-36} Neutrinoeinfänge pro Targetatom pro Sekunde). Mit einem statistischen Fehler von ±38 und einem systematischen Fehler von ±19 SNU weicht dieser Wert vom Standard-Sonnenmodell ab, das 132 SNU mit einer möglichen Abweichung von ±20 SNU fordert. Die Messungen sollen fortgesetzt werden, um deren Fehlerbreite weiter zu verringern. Sollte sich aber definitiv zeigen, daß der Neutrinofluß zu klein ist, so müßten Neutrinos eine Ruhemasse besitzen und es käme zu Oszillationen zwischen den Eigenzuständen der drei Neutrinotypen Elektron-, Myon- und Tau-Neutrino.

GAMMA. Ein am 11. 7. 1990 mit einer Sojus-Rakete gestarteter russischer Satellit unter Mitwirkung von Frankreich und Polen zum Einsatz in der Gammastrahlenastronomie. Die Winkelauflösung beträgt bei 300 MeV bis zu 0,33°.

Gamma-Burster (gamma ray burster). Intensive Gammastrahlenquellen, die nur kurzzeitig nachgewiesen werden können. Dabei handelt es sich um Gammastrahlenblitze mit größenordnungsmäßig 0,01 und 100 s Dauer, teilweise auch länger. Die G.-B. zeigen keine Konzentration zur galaktischen Ebene. Herkunft und Ursache sind noch unklar.

Die G.-B., die längerwellige (weiche) Gammastrahlung aussenden (»soft gamma burster«), zeigen teilweise eine Wiederholungstendenz der Ausbrüche (gamma ray repeater). 1995 entdeckte man bei dem Repeater SGR 1806 -20, der seit 20 Jahren 100 mal aufblitzte, erstmals ein optisches Gegenstück: Der blaue Überriese mit der 100000fachen Sonnenleuchtkraft in einer Entfernung von 20000 bis 30000 Lichtjahren dürfte einen Neutronenstern als Begleiter haben, auf den schubweise Materie einströmt und die Blitze erzeugt. Doch ist fraglich, ob diese Identifikation auf alle G.-B. übertragen werden kann.

Gamma Ray Observatory. Ein am 5. 4. 1991 mit der Raumfähre Atlantis gestarteter 15,88 t schwerer amerikanischer Satellit mit Gammastrahlen-Empfängern (Abk. GRO). 4 Instrumente erlauben eine vollständige Registrierung des Himmels zwischen 20 KeV und 30 GeV. Der Nachweis erfolgt ausschließlich durch Beobachtungen der Wechselwirkung der Gammastrahlung mit Materie: Szintillation, Blitze sichtbaren Lichts bei Treffern der Gammaquanten auf Flüssigkeiten und Kristallen durch Photoeffekt, durch Compton-Streuung oder bei der Paarerzeugung. Der Satellit wurde später in Arthur Holly Compton Gamma Ray Observatory (kurz Compton Observatory) umbenannt.

Gammastrahlen (gamma rays). Eine Wellenstrahlung mit der kürzestmöglichen Wellenlänge zwischen etwa 10^{-9} und 10^{-14} cm im Labor. Sie sind noch energiereicher und durchdringender als Röntgenstrahlen und entstehen meist bei radioaktiven Zerfallsprozessen und anderen Kernreaktionen. Die im Weltall erzeugten G. reichen zu noch wesentlich kleineren Wellenlängen und damit höheren Energien. Die Energien umspannen insgesamt den Bereich zwischen etwa 10^4 und 10^{16} eV. Die extrem energiereichen G. teilt man auch in die VHE-G. (Very High Energies) mit 10^{11} bis 10^{13} eV und in die UHE-G. (Ultra High Energies) mit Energien zwischen 10^{14} und 10^{16} eV ein.

Gammastrahlenastronomie (gamma-ray astronomy). Die Erforschung der Gammastrahlen des Kosmos mit Hilfe von Gammastrahlenteleskopen an Bord von Ballonen, Raketen und Erdsatelliten. Daraus hat sich ein neues Teilgebiet der Astronomie entwickelt. Die empfangene Gammastrahlung stammt im wesentlichen aus dem galaktischen und extragalaktischen Raum. Der Satellit Vela konnte 1967 erstmals kurze, etwa 0,1 bis 4 s anhaltende, aber intensive Ausbrüche im Gammastrahlenbereich nachweisen. Weitere Satelliten zur Erforschung der Gammastrahlen waren vor allem OSO 3, SAS II, COS B, GAMMA und das Gamma Ray Observatory. Der Nachweis der Gammastrahlen erfolgt für niederenergetische Gammaquanten über den Photoeffekt und Compton-Effekt. Für hochenergetische Gammaquanten benutzt man Funkenkammern (Paarbildung von Elektronen und Positronen, deren Bahnen in der Kammer sichtbar werden). Ferner werden in der Hochatmosphäre Elektronen ausgelöst, die schneller sind als die Lichtgeschwindigkeit in Luft. Dabei entsteht eine → Cerenkov-Strahlung. Diese Methode wird bei der VHE-Strahlung herangezogen. Zum Nachweis der UHE-Strahlung dienen Sekundärteilchen der kosmischen Strahlung vom Erdboden aus. Folgende Ursachen kommen für die Gammastrahlen u. a. in Betracht:

1. Synchrotronstrahlung.

2. kosmische Strahlung und deren Wechselwirkung mit der interstellaren Materie innerhalb der Galaxis. Eine Konzentration der Gammastrahlung zum galaktischen Zentrum hin ist nachweisbar.

3. Annihilation von Elektron-Positron-Paaren, ebenfalls verstärkt aus dem galaktischen Zentrum nachweisbar.

4. Eruptionen auf der Sonne.

5. Neutronensterne bzw. Pulsare und Schwarze Löcher.

Identifiziert wurden u. a. der Pulsar im Crab-Nebel und der Vela-Pulsar. Daneben sind auch Quasare Gammaquellen. Nachgewiesen wurde z. B. 3C 273. Bemerkenswert sind auch die → Gamma-Burster, deren Ursachen noch unklar sind.

Ganymed (Ganymede). Der größte Satellit des Jupiter mit einem Durchmesser von 5262 km. Damit ist er noch etwas größer als der Planet Merkur. Seine Masse beträgt etwa $7{,}8 \cdot 10^{-5}$ Jupitermassen oder $1{,}48 \cdot 10^{26}$ g, seine Umlaufzeit 7,155 Tage, der mittlere Abstand 1 070 000 km, die Bahnexzentrizität 0,0015, die Bahnneigung 0,21°. Auf der

Oberfläche existieren Krater, die auf den Aufsturz von Kleinkörpern zurückzuführen sind. Viele zeigen helle Strahlensysteme, andere sind stark verwittert. Ihre Flächendichte ist kleiner als auf unserem Mond. Daneben gibt es Rinnen und Falten. Die mittlere Dichte beträgt 1,93 g/cm^3. Nur der allerdings relativ mächtige Kern enthält Gesteinsmaterial. Der 400 bis 800 km dicke Mantel könnte aus Wasser und/oder weichem Eis bestehen. Aus Eis besteht dagegen mit Sicherheit die 100 km dicke Kruste und die Oberfläche. Aus diesem Grund sind auch die Höhenunterschiede auf G. lange nicht so ausgeprägt wie auf dem Mond. Die Albedo beträgt 0,42.

Gasdruck (gas pressure). Der durch die Atombewegung entstehende Druck innerhalb eines Gases.

Gasgesetze (gas laws). Die Zustandsgleichung idealer Gase, die einen Zusammenhang zwischen dem Druck p, der absoluten Temperatur T und dem Volumen V je Mol eines Gases darstellt. Es gilt:

$$p \cdot V = R \cdot T,$$

dabei ist R die allgemeine Gaskonstante (R = 8,314 J·mol^{-1}·grd^{-1} = 8,314 · 10^7 erg·mol^{-1}·grd^{-1}). Bleibt der Druck in einem Gas konstant, dann erfolgt pro 1° Temperaturänderung eine Volumenänderung von 1/273 des Volumens bei 0°C (Gesetz von Gay-Lussac). Bleibt dagegen die Temperatur konstant, so ist das Produkt aus Druck und Volumen immer konstant (Gesetz von Boyle-Mariotte). Wird das Volumen konstant gehalten, dann erfolgt pro 1° Temperaturänderung eine Druckänderung von 1/273 (Gesetz von Amontons). Ein ideales Gas existiert allerdings in der Wirklichkeit nicht. Das reale Gas weicht vom idealen Gas umso mehr ab, je niedriger die Temperatur und je höher der Druck ist. Das Verhalten realer Gase wird durch kompliziertere Zustandsgleichungen wiedergegeben, z. B. durch die van der Waalssche Zustandsgleichung:

$$(p + a/V^2) \cdot (V - b) = R \cdot T.$$

Dabei sind a und b Korrekturgrößen, die auch den Kohäsionsdruck und das Eigenvolumen der Moleküle berücksichtigen. Für die Verhältnisse der Sternmaterie kann allerdings die Zustandsgleichung für das ideale Gas meist ohne Korrektur benutzt werden, da wir es hier mit hohen Temperaturen und – in den äußeren Sternschichten – niedrigen Drücken zu tun haben.

Gasnebel (gaseous nebula). → Interstellare Materie.

Gaspra. Der Kleinplanet mit der Nr. 951. Die mittlere Entfernung zur Sonne beträgt 330,6 Mill. km, die Bahnneigung 4,1°. Sein Sonnenabstand schwankt zwischen 274 und 389 Mill. km. Die Raumsonde Galileo flog am 29. 10. 1991 in 1600 km Abstand an G. vorüber und gewann u. a. Nahaufnahmen, die einen 20 × 10 × 11 km großen Körper mit zahlreichen Einschlagkratern zeigten. G. scheint ferner von einer Staubschicht (Regolith) bedeckt zu sein. Wahrscheinlich ist er aus einer Kollision zweier größerer Mutterkörper entstanden.

Gauß (gauss). Veraltete Einheit für die magnetische Flußdichte (Kurzzeichen G). Es ist 1 G = 10^{-4} Tesla.

Gaußsches Fehlerverteilungsgesetz (Gaussian distribution). Die Verteilung der zufällig entstehenden Fehler bei Messungen oder Beobachtungen; sie zeigen um den tatsächlichen Zahlenwert eine charakteristische Streuung derart, daß Fehler in der unmittelbaren Umgebung des tatsächlichen Wertes häufiger, in größerem Abstand von diesem seltener auftreten. Die Häufigkeitsverteilung der zufälligen Fehler gibt die Gaußsche Fehlerkurve an.

G-Band (G-band). Eine Häufung von Spektrallinien zwischen den Wellenlängen 4300 Å (430 nm) und 4315 Å (431,5 nm) in den Sternspektren, die auf Eisen, Titan und Calcium zurückzuführen sind.

GCVS. Abk. für General Catalogue of Variable Stars. Der in Moskau in Abständen von etwa 10 Jahren erscheinende Katalog enthielt in seiner Ausgabe 1985 insgesamt 28457 Veränderliche.

gebundene Rotation (coupled rotation). Das Verhalten eines Himmelskörpers, dessen Rotationsdauer und Umlaufdauer um ein Zentralgestirn übereinstimmen. Das bekannteste Beispiel dafür ist unser Mond.

gebundenes Mondjahr. → Lunisolarjahr.

Geburtshoroskop. → Nativität.

Gegendämmerung (antitwilight, counterglow). Ein dunkles, bleigraues bis bläulich erscheinendes, auf den Erdschatten zurückzuführendes Segment, das nach Sonnenuntergang oder vor Sonnenaufgang am westlichen bzw. östlichen Himmel zu beobachten ist.

Gegenfüßler, Antipoden (antipodes). Die Bewohner der Punkte der Erdoberfläche, die einander diametral gegenüberstehen. Sie befinden sich unter derselben, aber entgegengesetzten geographischen Breite, während ihre geographische Länge um 180° voneinander verschieden ist.

Gegengewicht (counterweight, counterpoise). Ein Gewicht, das vor allem bei der parallaktischen Montierung eines Fernrohrs zur Ausbalancierung verwendet wird.

Gegenschein 1. (opposition). → Opposition.

2. (gegenschein, counterglow). Ein sehr schwacher, etwa 10° großer Lichtschein, der unter extrem günstigen atmosphärischen Sichtbedingungen um die der Sonne entgegengesetzte Stelle des Himmels beobachtet werden kann. Der G. ist Teil des Zodiakallichts.

Gegensonne (antihelion). → Halo.

Gegenstandslinse. → Objektiv.

Gegenstandsweite (distance of the object). Der Abstand zwischen einem zu beobachtenden oder zu photographierenden Objekt und dem vorderen Hauptpunkt eines Linsensystems.

Gegenstrahlung (counter radiation). Die langwellige Strahlung des Himmels, die der von der Erdoberfläche aus nach oben gehenden Strahlung entgegenwirkt. Sie besteht im wesentlichen aus der Himmels- oder Wolkenstrahlung, die bei der Absorption durch Kohlendioxid und Wasserdampf entsteht.

Geigerzähler, Geiger-Müller-Zählrohr (Geiger counter, Geiger-Müller counter). Ein nach H. Geiger (1882–1945) benanntes Gerät zum Nachweis und zur Zählung sehr energiereicher elektrisch geladener Teilchen. Der G. wird z. B. bei der Untersuchung der kosmischen Strahlung benutzt.

Gemeinjahr (common year, calendar year). Das normale Kalenderjahr.

Geminga. Eine starke Gammastrahlenquelle im Sternbild Zwillinge. Es handelt sich um einen Neutronenstern bzw. einen Pulsar, der aber im Radiobereich ruhig ist. Dagegen konnte der Röntgensatellit ROSAT eine Röntgenstrahlung nachweisen. Die Pulsperiode beträgt 0,237 s. Sie konnte später auch im Gammabereich bestätigt werden. Aus der Zunahme der Pulsperiode von etwas über 10^{-15} s pro Sekunde schloß man auf ein Alter von rund 340000 Jahren. Die Entfernung wird auf nur etwa 300 Lichtjahre geschätzt. Damit dürfte G. einer der nächsten Neutronensterne sein. G. zeigt eine Eigenbewegung von etwa 0,2″ pro Jahr. Beim Aufleuchten der Supernova müßte das Objekt im nördlichen Teil des Orion gestanden haben und vielleicht nur etwa 100 Lichtjahre entfernt gewesen sein. Damit könnte die Supernova damals mindestens Vollmondhelligkeit gehabt haben.

Gemini. 1. Lateinische Bezeichnung für das Sternbild Zwillinge.
2. Bezeichnung amerikanischer bemannter Erdsatelliten. Der erste bemannte Flug war G. 3 am 23. 3. 1965, der letzte Flug G. 12 am 11. 11. 1966. Die G.-Kapseln boten Platz für 2 Astronauten.

Geminiden (Geminids). Ein Meteorstrom, der etwa vom 7. bis 16. 12. jeden Jahres auftritt und dessen Radiant im Sternbild Gemini (Zwillinge) etwa 1° südwestlich Kastor liegt. Er gehört zu den auffälligeren Sternschnuppenschwärmen eines Jahres. Im Maximum, das etwa am 13./14. 12. erfolgt, treten bis zu etwa 60 Meteore pro Stunde auf. Es handelt sich um schnelle, kurze Sternschnuppen mit einer mittleren Geschwindigkeit von 40 km/s. Ein Ursprungskomet ist nicht bekannt. Doch bewegt sich der Kleinplanet Phaethon fast genau auf der Bahn der G. Vielleicht handelt es sich bei ihm aber auch um einen entgasten, alten Kometenkern. Die G. sind seit 1838 bekannt. Zuvor verfehlte die Erde noch den Staubstrom. Allmählich durchquerte die Erde auch dessen dichtere Teile. In den nächsten Jahren wird aber voraussichtlich die Aktivität der G. wieder abnehmen.

U Geminorum-Sterne (U Geminorum stars). Ein besonderer Typ der Zwergnovae. Alle U G.-S. sind Doppelsterne, die einen weißen Zwergstern und einen roten Zwergstern mit einer Gesamtmasse von etwa 1 bis 2 Sonnenmassen enthalten. Die Umlaufperioden liegen unter 12 Stunden. Bei U Geminorum selbst beträgt die Periode $4^h\ 15^m$. Der mittlere Abstand zweier Ausbrüche beträgt 102,9 Tage. Normal ist U Geminorum 14^m hell. Die Ausbrüche bringen ihn auf etwa 9^m. Die Masse des weißen Zwergs beträgt 1,18, die des roten Zwergs 0,56 Sonnenmassen.

Gemma. Der Hauptstern im Sternbild Nördliche Krone. Die lateinische Bezeichnung bedeutet »Edelstein«. Der 78 Lichtjahre entfernte Stern ist scheinbar $2{,}^m3$ hell und zeigt den Spektraltyp A0. Seine absolute Leuchtkraft ist 44mal größer als die der Sonne. G. ist ein spektroskopischer Doppelstern mit einer Umlaufzeit von 17,36 Tagen. Außerdem ist er ein Bedeckungsveränderlicher vom Typ Algol. Die Helligkeitsschwankung ist aber mit etwa $0{,}^m1$ sehr gering.

Geodäsie (geodesy). Das Studium und die Methoden zur Erforschung der Erdgröße und Erdgestalt.

geodätische Präzession (geodetic precession). Eine kleine, durch die allgemeine Relativitätstheorie erklärbare Verschiebung des Frühlingspunkts auf der Ekliptik. Sie beträgt pro Jahrhundert +1,915″.

geodätische Satelliten (geodetic satellites). → Geographische Ortsbestimmung.

geographische Ortsbestimmung (determination of geographical positions). Die Ermittlung der geographischen Länge und Breite eines Beobachtungsortes, auf der Erdoberfläche aus astronomischen Messungen. Die Bestimmung des Ortes erfolgt in Breite auf 0,02″ oder 60 cm, in Länge auf 0,008 sec oder 2 m genau. Moderne geodätische und Navigations-Satelliten erlauben dagegen eine Standortbestimmung mit einer Genauigkeit von größenordnungsmäßig 1 cm. Die geographische Breite φ ergibt sich aus dem Satz, daß die Polhöhe, also der Winkelabstand des nördlichen bzw. südlichen Himmelspols vom Horizont, stets gleich der geographischen Breite ist. Da der Himmelspol nicht durch einen Stern genau gekennzeichnet ist, werden Messungen an anderen Sternen durchgeführt. Bestimmt man beispielsweise die Höhe eines Zirkumpolarsterns bei seiner oberen und unteren Kulmination, so ergibt sich die Polhöhe als das arithmetische Mittel der beiden gemessenen Werte. Andererseits ist aber auch die geographische Breite gleich der Deklination δ des Zenits. Dieses Umstands bedient man sich bei der Messung von Sternen, die täglich in unmittelbarer Nachbarschaft des Zenits kulminieren. Es werden dabei z. B. mit einem Zenitteleskop die Zenitdistanzen dieser Sterne bei ihrem Meridiandurchgang ermittelt. Aber auch das nautische Dreieck erlaubt es, mit Hilfe eines Sterns, der sich außerhalb des Meridians befindet, die geographische Breite zu bestimmen. Allerdings ist dazu außer der einem Sternkatalog zu entnehmenden Deklination des Sterns auch noch die momentane Sternzeit erforderlich.

Die geographische Länge λ ist der Winkel zwischen dem Meridian des Beobachters und dem Meridian von Greenwich. Dadurch ergeben sich für den Meridian des Beobachters Zeitunterschiede bei den Durchgängen von Gestirnen durch den Meridian, die zur Bestimmung der geographischen Länge herangezogen werden können. Eine Differenz von 15° Länge bedeutet einen Zeitunterschied von 1^h. Dabei erfolgen die Meridiandurchgänge westlich des Meridians von Greenwich später, östlich dieses Meridians früher. Beobachtet man beispielsweise einen Meridiandurchgang 5^h später, als er für den Greenwicher Meridian zu erwarten ist, so bedeutet dies, daß man sich auf $5 \cdot 15° = 75°$ westl. Länge befindet. Die Bestimmung der geographischen Länge ist also ohne eine genau gehende Uhr nicht möglich. Heute dienen Zeitzeichen dazu, an jedem Punkt der Erde eine wünschenswerte Zeitgenauigkeit zur Verfügung zu haben.

Geoid (geoid). Mathematisch abgeleitete Erdfigur, die infolge der Erhebungen und Vertiefungen der Erdoberfläche von einem Rotationsellipsoid abweicht. Im Meeresniveau verläuft das G. senkrecht zur Lotrichtung.

Geokorona (geocorona). Die äußersten Teile der Erdatmosphäre, die vor allem aus Wasserstoff bestehen und bis zu etwa 15 Erdradien in den Raum hinausreichen. Unter der Einwirkung der Sonnenstrahlung emittieren die Wasserstoffatome eine Lyman α-Strahlung bei 1215,67 Å (121,567 nm). Auch → Erdkoma.

geomagnetische Kennziffern. → Magnetische Kennziffern.

Geometrodynamik (geometrodynamics). Eine Theorie, die alle physikalischen Erscheinungen auf die Eigenschaften des Raum-Zeit-Kontinuums zurückzuführen versucht. Die Bezeichnung wurde von J. Wheeler vorgeschlagen.

Geophysik (geophysics). Die Wissenschaft von der Physik der Erde, einschließlich der Ozeane, der Atmosphäre und des erdnahen Bereichs, wie z. B. der Magnetosphäre. Seit mehreren Jahrzehnten sind Beziehungen zwischen der Sonne und dem irdischen Magnetfeld sowie der Hochatmosphäre bekannt. Deswegen ergaben sich enge Wechselbeziehungen zwischen der Astronomie und G. (→ solar-terrestrische Beziehungen).

geozentrischer Ort (geocentric position). Der auf den Erdmittelpunkt bezogene Ort eines Himmelskörpers. Im allgemeinen werden die Ephemeriden stets geozentrisch berechnet. Bei Beobachtungen an einem Ort auf der Erdoberfläche ergeben sich mehr oder weniger große Abweichungen. Vor allem beim Mond stellen sich wegen seiner verhältnismäßig kleinen Distanz und dadurch großen Parallaxe erhebliche Differenzen ein.

geozentrisches System (geocentric system). Ein frühes Weltsystem, nach dem die Erde im Zentrum des Weltalls liegt.

gerade Aufsteigung. → Rektaszension.
Geräuschsturm (noise storm, radio storm). Ein starker Radiostrahlungsausbruch der Sonne.
Geschichte des Fixsternhimmels. Bezeichnung eines Sternkatalogs, der die Positionen von etwa 170000 Sternen enthält. In ihm sind die Meridianbeobachtungen von Fixsternen, die zwischen 1750 und 1900 erhalten wurden, gesammelt. Das Unternehmen wurde von der Berliner Akademie der Wissenschaften auf Anregung von Ristenpart hin ausgeführt.
geschlossenes Universum (closed universe). Ein Weltmodell mit einem Friedmann-Universum, das ein endliches Volumen besitzt und nur bis zu einem maximalen Radius expandiert, um darauf wieder zu kontrahieren und in einem Big Crunch zusammenzufallen. Auch als elliptisches Universum bezeichnet.
Geschwindigkeit (velocity). Der pro Zeiteinheit von einem gleichmäßig sich bewegenden Körper zurückgelegte Weg. Die Geschwindigkeit wird oft mit v abgekürzt. Die oberste Geschwindigkeit für einen materiellen Körper ist die Lichtgeschwindigkeit c. Bei Drehbewegungen wird die Winkelgeschwindigkeit angegeben, also die Winkelveränderung pro Zeiteinheit.
Geschwindigkeitsellipsoid (velocity ellipsoid). Die graphische Darstellung der Geschwindigkeitsverhältnisse der Sterne in unserer Galaxis und in der Umgebung der Sonne. Dabei wird die Häufigkeit des Vorkommens der Richtungen der Sternbewegungen aufgetragen. Je länger der Pfeil, desto häufiger bewegen sich Sterne in die betreffende Richtung. Würden sich die Sterne in alle Richtungen mit gleicher Häufigkeit bewegen, so würde die erhaltene Figur eine Kugel sein. In Wirklichkeit ergibt sich ein Ellipsoid, dessen größte Achse in die Richtung zum galaktischen Zentrum sowie in die Gegenrichtung zeigt. Das bedeutet, daß sich in diese Richtungen etwa im Verhältnis 2 : 1 mehr Sterne bewegen als senkrecht dazu. Die meisten Sterne bewegen sich außerdem in der Ebene des galaktischen Systems.
gesetzliche Zeit (legal time). Die für einen größeren Bereich einheitlich festgelegte Zeit, meist identisch mit der Zonenzeit. Doch kann die g. Z. auch durch staatliche Verordnungen davon abweichen, insbesondere die Sommerzeit oder sogar die doppelte Sommerzeit.
Gesichtsfeld (field of view, field). Der mit einem Fernrohr überblickbare Teil des Himmelsgewölbes. Dieses sog. wahre G. ist selbst bei kleineren Fernrohren meist nicht größer als 0,5° bis 1°, bei größeren Fernrohren und entsprechend hohen Vergrößerungen kann das wahre G. auf wenige Bogenminuten zusammenschrumpfen. Davon zu unterscheiden ist das sog. scheinbare G. eines Okulars. Es ist der Winkel, unter dem der Durchmesser der G.blende von der Mitte der Austrittspupille erscheint. Während es bei den meisten Okularen nur etwa 25° bis 40° beträgt, kann es bei Weitwinkelokularen 60° bis 90° erreichen.
Gesichtskreis. → Horizont.
Gesichtslinie, Sichtlinie, Visionsradius (line of sight). Die Linie vom Beobachter zu einem Gestirn.
Gesichtswinkel. → Sehwinkel.
Gestirne. Sammelbezeichnung für alle Himmelskörper, besonders die Sonne, den Mond, die Planeten und deren Satelliten sowie die Sterne.
Gestirnkult. → Astralkult.
getrennte Systeme (detached systems). Doppelsterne, bei denen beide Komponenten so weit voneinander entfernt bzw. so klein sind, daß es zu keinem Materieaustausch kommt. Beide Sterne füllen das sog. kritische Volumen nicht aus und verhalten sich fast immer wie normale

Einzelsterne. → Bedeckungsveränderliche, → symbiotische Sterne.

Gezeiten, Tiden (tides). Das gesetzmäßige Heben und Senken der Wassermassen in den Ozeanen, aber auch der Gase in der Atmosphäre und des festen Erdkörpers. Die G. gehen auf das Wechselspiel zwischen der Anziehungskraft des Mondes und der Fliehkraft, die beim Umlauf der Erde um das gemeinsame Schwerezentrum des Systems Erde – Mond entsteht, zurück. Dasselbe gilt auch für die Beziehung zwischen Erde und Sonne. Doch sind die G. von seiten des Mondes etwa 2½mal stärker als die G. der Sonne. Die Anziehungskraft des Mondes und die Fliehkraft bei dem erwähnten Umlauf der Erde heben sich nur für den Erdmittelpunkt gerade auf. Auf der dem Mond zugewandten Seite überwiegt die Mondanziehungskraft, so daß dort ein Flutberg entsteht. Auf der dem Mond abgewandten Seite ist die Mondanziehungskraft kleiner als die Fliehkraft, so daß die Letztere dort ebenfalls zur Entstehung eines Flutbergs führt. In den um 90° dazwischenliegenden Bereichen herrscht Ebbe. Bei der Rotation der Erde laufen die beiden Flutberge innerhalb eines Tages um unseren Planeten. Wegen des Mondumlaufs um die Erde folgen die Flutzeiten aber nicht in 12 Stunden, sondern in durchschnittlich $12^h\ 25^m$ aufeinander. Dabei wird zunächst nur auf die Flutberge, die durch den Mond hervorgerufen werden, geachtet. Fallen aber Mondflut und Sonnenflut zusammen, so verstärken sich die Fluten zur sog. Springflut. Sie tritt dann ein, wenn Sonne, Mond und Erde etwa auf einer Linie hintereinanderstehen, also bei Neumond und Vollmond. Fallen jedoch Mondflut und Sonnenebbe aufeinander, dann reduziert sich die Höhe der Flut und es entsteht Nippflut. Diese ist beim ersten und letzten Viertel des Mondes zu erwarten. Auf dem freien Ozean beträgt die Fluthöhe im Durchschnitt nur etwa 35 cm. Die G. machen sich daher in den offenen Weltmeeren überhaupt nicht bemerkbar. Anders ist es dagegen an den Meeresküsten, wo durch Stau der Wassermassen wesentlich größere Fluthöhen entstehen. Der Zeitpunkt, zu dem die Flut oder Ebbe an einem bestimmten Ort zu erwarten ist, fällt aus demselben Grund auch meist nicht mit der oberen oder unteren Kulmination des Mondes zusammen. Vielmehr hat jeder Ort seine eigene sog. Hafenzeit (Mondflutintervall). Es ist der Zeitunterschied zwischen dem Meridiandurchgang des Mondes und dem Eintritt des Hochwassers.

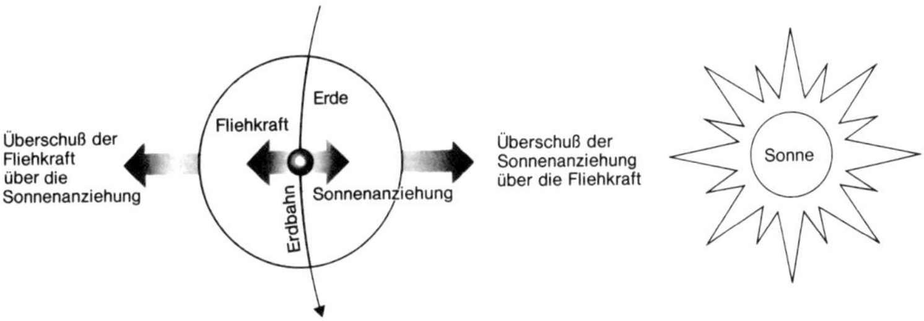

Entstehung der Gezeiten durch das Wechselspiel zwischen der Fliehkraft und der Anziehungskraft der Sonne

Bewegung des Erdmittelpunkts im Laufe eines Monats um den gemeinsamen Schwerpunkt des Systems Erde – Mond

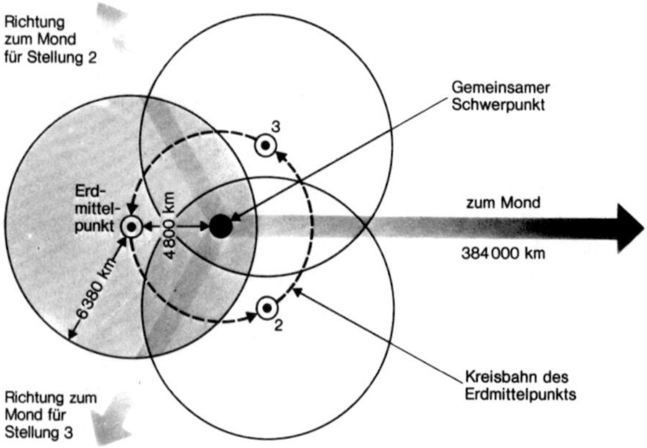

Der Unterschied zwischen dem mittleren Wasserstand bei Flut und Ebbe ist der sog. Tidenhub. Er kann sogar in einigermaßen ausgedehnten Binnenseen festgestellt werden, ist dann aber außerordentlich gering.
Die zeitliche Berechnung der G. ist Aufgabe der hydrographischen Institute. Wegen der zusätzlichen meteorologischen Faktoren, etwa starker Winde, können sich die Berechnungen aber nicht allein auf astronomische und topographische Grundlagen berufen.
Auch in der Erdatmosphäre können die G. nachgewiesen werden. Wegen der geringen Masse der Lufthülle betragen die Luftdruckschwankungen aber nur maximal 0,1 Hektopascal. Sie wirken sich also höchstens im Grenzfall wetterbestimmend aus. Auch der feste Erdkörper hebt und senkt sich um insgesamt etwa 50 cm. Da die gesamte Umgebung an dieser Bewegung teilnimmt und keine Bezugspunkte vorhanden sind, läßt sich aber diese Veränderung nicht direkt wahrnehmen.
Die sich durch die G. ständig bewegenden Wassermassen verursachen vor allem in Rand- und Flachmeeren eine G.reibung. Sie führt zu einer allmählichen Verlangsamung der Rotationsgeschwindigkeit der Erde. Dadurch wird die Länge des Tages pro Jahrhundert um 0,0016 s länger.
Die G.reibung hat bei anderen Gestirnen schon zu einer weitgehenden Reduzierung ihrer Rotationsgeschwindigkeit geführt. Am auffälligsten ist diese Erscheinung bei unserem Mond, der durch die Wirkung der G.reibung seine Rotationsgeschwindigkeit soweit abbremste, daß seine Rotationszeit seit langem gleich seiner Umlaufzeit um die Erde ist. Dadurch weist der Mond unserer Erde stets dieselbe Seite zu. Entsprechendes gilt für die Satelliten anderer Planeten. Auch bei engen Doppelsternen können G. dazu führen, daß sich die beiden Komponenten eines solchen Systems stets dieselbe Seite zukehren. Darüber hinaus bewirken G. auch eine Deformation eng beieinanderstehender Doppelsternkomponenten (G.deformation).

Giacobini-Zinner. Name eines Kometen, der zur Jupiterfamilie zählt. Er hat eine Umlaufzeit von 6,61 Jahren, eine Bahnexzentrizität von 0,707 und eine Bahnneigung von 31,8°. Im Perihel ist er 154,7 Mill. km von der Sonne entfernt.

Ein Periheldurchgang war am 13. 4. 1992.

Giacobiniden (Giacobinids). → Draconiden.

Giant Metre Wavelength Radio Telescope. Ein indisches Radioteleskop, das aus 34 verstellbaren Einzelspiegeln zu je 45 m Durchmesser auf einer 25 km^2 großen Fläche in Y-Anordnung besteht.

Gibbssche Wärmefunktion. → Enthalpie.

Giga-. Vorsatz für 10^9, das Milliardenfache (Kurzzeichen G), z. B. Gigahertz: 1 GHz = 10^9 Hz.

Ginga. Ein am 5. 2. 1987 mit einer Nissan Motors MV-3S-2-Rakete gestarteter japanischer Röntgensatellit (ursprüngliche Bezeichnung Astro C). Seine Erfolge lagen vor allem bei der Erforschung der Supernova 1987 A und der im Umkreis von Gamma-Burstern ausgesandten Röntgenstrahlung.

Giotto. Eine europäische Raumsonde, die nach dem italienischen Maler G. di Bondone benannt wurde, der auf einer Krippendarstellung einen Kometen wiedergegeben hatte. G. wurde am 2. 7. 1985 gestartet und flog am 14. 3. 1986 in einem Abstand von 596 km am Halleyschen Kometen vorüber. Der beim Start 960 kg schwere und 1,86 × 2,85 m große Flugkörper führte 10 Experimente aus. Dazu dienten u. a. eine Kamera, Detektoren zur Messung der Treffer durch Staubteilchen, Polarimeter zur Messung der Kometenhelligkeit und Instrumente zur Untersuchung der Wechselwirkungen zwischen dem Sonnenwind und dem Kometen. Trotz einiger Beschädigungen konnte die Sonde wieder so weit hergerichtet werden, daß sie am 10. 7. 1992 in einem Abstand von etwa 200 km auch an dem Kometen Grigg-Skjellerup vorüberflog und diesen untersuchte. Am 1. 7. 1999 wird G. in 220000 km an der Erde vorüberfliegen. Möglicherweise wird die Sonde noch weitere Missionen erfüllen.

Giraffe (Giraffe). Ein Sternbild des nördlichen Himmels, das für Mitteleuropa zirkumpolar ist (lateinische Bezeichnung Camelopardalis, Abk. Cam). Das erst von J. Bartsch (1600–1633) eingeführte Sternbild enthält nur sehr schwache Sterne.

Gitter (grating). → Beugungsgitter.

Gitterspektrograph (grating spectrograph). Ein Instrument, das mit Hilfe eines Beugungsgitters ein Spektrum aufnimmt.

Glashauswirkung, Treibhauseffekt (greenhouse effect). Die Eigenschaft einer Atmosphäre, die langwelligen Wärmestrahlen der Sonne zur Erdoberfläche durchzulassen, die von der Erde reflektierte Wärmestrahlung aber zu absorbieren oder wieder als Gegenstrahlung der Erde zuzuleiten, ähnlich wie es in einem Glas- oder Treibhaus der Fall ist. Die G. einer Atmosphäre führt zu verhältnismäßig ausgeglichenen Temperaturen zwischen Tag und Nacht, gleichzeitig aber auch zu einer Temperaturerhöhung. Dies gilt besonders für Planeten, die über eine an Kohlendioxid reiche Atmosphäre verfügen, wie z. B. Venus.

Glaskeramik (glass ceramics). Bei modernen Spiegelteleskopen oft benutztes Material zur Herstellung von Spiegeln, die eine sehr geringe Wärmeausdehnung zeigen.

Glasmeteorit (glassy meteorite). → Tektite.

Glazialkosmogonie (glacial cosmogony). → Welteislehre.

Gleichschein. → Konjunktion.

Gleichung des Mondes, jährliche Gleichung des Mondes, jährliche Ungleichheit (annual equation). Eine Störung in der Bewegung des Mondes mit einer Periode von einem anomalistischen Jahr. Die Länge des Monats kann dabei bis maximal 10 Min. nach beiden Seiten des mittleren Wertes und die Differenz im Ort des Mondes 11′10″ betragen. Die G. d. M. ist auf den Umstand zurückzuführen, daß Anfang Januar, wenn die Erde der Sonne am nächsten steht, die Anziehungskraft der Sonne auf den Mond stärker ist als Anfang Juli, wenn die Sonne weiter von Erde und Mond entfernt ist und damit die Anziehungskraft unserer Erde sich auf den Mond verhältnismäßig stärker auswirkt.

Glitch. Ein aus dem Hebräischen stammender Begriff für eine plötzliche Frequenzänderung, z. B. eines Pulsars. Messungen an Glitches erlauben Rückschlüsse auf die innere Struktur der Neutronensterne.

Globalstrahlung (global radiation). Die gesamte Sonneneinstrahlung auf der Erdoberfläche, die sowohl die direkte Sonnenstrahlung als auch die indirekte durch Streuung und Reflexion bedingte Strahlung mit einschließt.

Globule (globule). Eine kleine, rundliche Dunkelwolke. Solche Objekte zeigen sich oft als schwarze Flecke vor hellen Gasnebeln. Der Durchmesser der G. beträgt meist zwischen 0,01 und 5 Lichtjahren. Ihre Masse liegt zwischen rund 0,1 und 1000 Sonnenmassen. Ihr Anteil an interstellarem Staub gegenüber dem Gas dürfte größer sein als in anderen interstellaren Bereichen. Daher ist auch ihre Absorption mit insgesamt etwa 5 Größenklassen außerordentlich stark. Die Staubdichte dürfte bei etwa 10^{-21} bis 10^{-23} g/cm^3 liegen. Trotzdem ist der Gasanteil insgesamt sicher größer. Die Temperaturen liegen bei nur 10 K, so daß die Gase in Molekülform vorkommen. Oft werden die G. als Vorstufen in der Entstehung von Sternen angesehen. Dies trifft allerdings nur auf die größeren massereicheren G. zu, da nur bei ihnen die Gravitation so stark ist, daß sie kontrahieren können.

Gluckhenne (hen and her chicks, clucking hen). → Plejaden.

Gluonen (gluons). Austauschteilchen der starken Wechselwirkung. → Elementarteilchen.

GMT. Abk. für Greenwich Mean Time (Greenwicher Zeit).

Gnomon (gnomon). Ein schattenwerfender Stab (Schattenanzeiger), der in früheren Zeiten vor allem zur Bestimmung von Zeit und Sonnenhöhen herangezogen wurde.

Gnomonik (gnomics, dialling). Die Berechnungstechnik für eine Sonnenuhr.

Goldene Zahl (golden number). Die Zahl, die angibt, das wievielte Jahr ein bestimmtes Jahr im Metonischen Mondzyklus ist. Sie ist besonders für die Festrechnung und Chronologie wichtig. Addiert man zur Jahreszahl eine 1 und dividiert die so erhaltene Zahl durch 19, gilt der Rest als G. Z. Ein Rest von 0 gilt als G. Z. 19. Der Hintergrund der Bezeichnung ist unklar. Einige Forscher nahmen an, die Zahl sei früher an öffentlichen Gebäuden und Plätzen mit goldenen Buchstaben angeschrieben worden, nach anderer Ansicht aber haben die älteren Kalendermacher diese Zahl mit goldener Tinte geschrieben. Im Gregorianischen Kalender wird die G. Z. durch die Epakte ersetzt.

Goldfisch (Goldfish). Eine andere Bezeichnung für das Sternbild Schwertfisch.

Göttinger Aktinometrie. Ein von K. Schwarzschild (1873–1916) aufgestellter Helligkeitskatalog mit etwa 3500 Sternen heller als $7\overset{m}{.}5$ innerhalb der Deklinationszone zwischen 0° und +20°. Er wurde an der Göttinger Sternwarte erstellt und ist 1910 erschienen.

Gouldscher Gürtel (Gould's Belt). Ein lokales System von Sternen und interstellarem Gas bis zu einer Maximalentfernung von etwa 1000 Lichtjahren von der Sonne. Der G. G. ist etwa 10° bis

20° gegen die Ebene der Galaxis geneigt. In ihm zeigt sich eine starke Konzentration von mit bloßem Auge sichtbaren Sternen mit den Spektralklassen O und B.

Grabstichel (Chisel, Graving tool, Spade). Ein Sternbild am südlichen Himmel (lateinische Bezeichnung Caelum, Abk. Cae). Das kleine Sternbild wurde 1752 von N. L. de Lacaille (1713–1762) eingeführt. Für Mitteleuropa gelangt es im Spätherbst nur teilweise über den Südhorizont. Der Hauptstern α Caeli ist nur $4{,}^{\mathrm{m}}5$ hell und 65 Lichtjahre entfernt.

Grad (degree). Bezeichnung für eine Einteilung, die bei verschiedenen Instrumenten und physikalischen Systemen eine unterschiedliche Bedeutung haben kann. Unter einem Winkelgrad versteht man den 360. Teil des Kreisumfanges. Dieses sog. Altgrad wird auch in der heutigen Astronomie praktisch durchweg verwendet. Das sog. Neugrad, nach dem der Kreisumfang in 400 Teile eingeteilt wird, hat sich fast nur im Vermessungsdienst, nicht dagegen in der Astronomie durchgesetzt. Auch die Temperaturskala wird in G. eingeteilt, entweder nach Celsius, Fahrenheit oder (früher auch) Kelvin. Die Réaumur-Skala ist heute in keinem Land mehr gebräuchlich.

Gradation (gradation). Die Neigung des geradlinigen Teils der Schwärzungskurve einer photographischen Schicht.

Gradationstemperatur (gradation temperature, characteristic temperature). Die auf einen engen Spektralbereich bezogene Farbtemperatur eines Sterns. Dabei wird die Steigung (Gradation) der Energiekurve eines schwarzen Körpers bestimmter Temperatur mit der Steigung der Energiekurve im Spektrum eines Sterns verglichen.

Gradbogen (degree of arc). → Limbus.

Gradmessung (measurement of a degree). Bezeichnung für alle Messungen auf der Oberfläche unserer Erde, die die Ermittlung von Größe und Gestalt der Erde zum Ziel haben. Dabei wird ein bestimmtes Bogenstück auf einem Meridian (Längen-G.) oder auf einem Breiten- oder Parallelkreis (Breiten-G.) vermessen. Die beiden Endpunkte der Bogenstücke müssen mit ihren geographischen Koordinaten genau bekannt sein. Geodätische Streckenmessungen geben dann die tatsächliche Länge dieses Bogenstücks auf der Erdoberfläche in linearem Maße, also etwa in cm, an.

Gradnetz (grid). Eine graphisch ausgeführte Darstellung eines Koordinatensystems, z.B. die auf einer Landkarte verzeichneten Längen- und Breitenkreise der Erde. Im übertragenen Sinne spricht man auch von G. auf anderen Himmelskörpern, z.B. der Sonne, des Mondes und der Planeten, aber auch an der Himmelssphäre.

Gradstock. → Jakobsstab.

GRANAT. Ein am 1. 12. 1989 gestartetes 5 t schweres russisches Röntgen- und Gammastrahlen-Observatorium, an dem auch Frankreich, Bulgarien und Dänemark beteiligt war. Die Positionen von Gammastrahlenquellen konnten mit einer Genauigkeit von 2′ bestimmt werden.

Granatstern (Garnet Star). Ein tiefroter Stern im Sternbild Cepheus.

Granulation (granulation). Die körnige Struktur der Photosphäre der Sonne (Sonneng.). Die helleren Gebilde haben einen Durchmesser von etwa 1000 km und werden Granulen genannt. Jede Granule hat im Durchschnitt nur eine Lebensdauer von 5–10 Minuten und ist um etwa 300 Kelvin heißer als die umgebenden dunkleren Gebiete. Die Granulen bedecken zu jedem Zeitpunkt etwa $1/3$ der gesamten Photosphäre der Sonne. Die G. entsteht durch eine Art »Brodeln« der oberflächennahen Schichten der Sonne und hat ihre Ursache in der etwas tiefer liegenden Wasserstoff-Konvektionszone. Heißere Gasbezirke, die leichter sind, steigen mit einer Geschwindigkeit von etwa 0,9 km/s in die Höhe. Dort kühlen sie sich unter geringerem Druck ab und fallen wieder zur Sonnenoberfläche zurück. Trotz der erschwerenden Beobachtungsbedingungen durch die Erdatmosphäre kann die G. zumindest bei ruhiger Luft bereits mit verhältnismäßig kleinen Instrumenten vom Erdboden aus beobachtet werden. Bessere Aufnahmen konnte man allerdings in den vergangenen Jahren mit Hilfe von Ballonteleskopen aus der Stratosphäre erhalten.

grauer Strahler (gray body). Ein strahlender Körper, dessen Ausstrahlungsintensität über das gesamte Spektrum hinweg um einen konstanten Faktor geringer ist als die eines schwarzen Körpers.

Gravisphäre (graphisphere). Ein Bereich um einen Himmelskörper, in dem dessen Schwerkraft (Gravitation) einen stärkeren Einfluß auf einen anderen Himmelskörper, z.B. einen Satelliten, hat als ein benachbarter Körper, z.B. die Sonne oder andere Planeten.

Gravitation, Schwerkraft (gravitation). Die universelle Eigenschaft aller materiellen Objekte, sich gegenseitig anzuziehen. Die Kraft, mit der sich zwei Massen anziehen, beschreibt das von I. Newton (1643–1727) gefundene G.gesetz. Es lautet

$$F = G \cdot \frac{m_1 \cdot m_2}{r^2}$$

Dabei bedeutet F die gegenseitige Anziehungskraft der beiden Massen m_1 und m_2, r ihre gegenseitige Entfernung, G die G.konstante. Es ist

$$G = 6{,}672 \cdot 10^{-11}\ m^3/kg\ s^2.$$

Dabei werden die Massen der beiden Körper in kg und die Entfernung in m gemessen. In Worten bedeutet das G.gesetz: Zwei Körper ziehen sich mit einer dem Produkt ihrer Massen proportionalen Kraft und dem Quadrat ihres Abstandes umgekehrt proportionalen Kraft an.

Das Newtonsche G.gesetz ist die Grundlage der Himmelsmechanik. Streng gilt das Gesetz nur für Massenpunkte. In der Praxis können aber auch ausgedehnte Himmelskörper, wie Sterne oder Planeten, mit diesem Gesetz erfaßt werden. Abweichungen ergeben sich in unmittelbarer Nähe dieser Himmelskörper, besonders bei einer deutlichen Abweichung von der Kugelgestalt. So muß für die Berechnung der Bahn eines Erdsatelliten beispielsweise auch die Abplattung der Erde berücksichtigt werden.

Gravitationskollaps (gravitational collapse). Der am Ende der Entwicklung besonders massereicher Sterne zu erwartende Kollaps. Er tritt dann ein, wenn die inneren Energiereserven nahezu vollständig aufgebraucht sind und der Gas- und Strahlungsdruck im Innern nicht mehr ausreicht, um die Schwerkraft (Gravitation) auszugleichen. Der G. führt schließlich zu einem Neutronenstern oder Schwarzen Loch.

Gravitationskonstante (gravitational constant). Der Proportionalitätsfaktor im Newtonschen Gravitationsgesetz. Möglicherweise ist sie in kosmisch langen Zeiträumen nicht konstant. Indessen kann diese Vermutung im Augenblick experimentell oder auf anderem Wege nicht definitiv untermauert werden.

Gravitationslinsen (gravitational lenses). Durch eine große Masse (z.B. eine Galaxie) hervorgerufene Ablenkung der Lichtstrahlen eines dahinter liegenden Objekts (z.B. Quasar). Dadurch ergeben sich Doppel- und Mehrfachbilder oder auch ringförmige Strukturen (Einstein-

Ring). Erstmals wurde ein solcher Effekt 1979 bei dem Doppelquasar QSO 0957 +561 im Großen Bären entdeckt. Hier wird das Licht eines 10 Mrd. Lichtjahre entfernten Quasars durch das Gravitationsfeld einer 4 Mrd. Lichtjahre entfernten elliptischen Riesengalaxie beeinflußt. Inzwischen wurden zahlreiche weitere G. gefunden.

Gravitationsrotverschiebung (gravitational redshift). Die relativistische Rotverschiebung.

Gravitationswellen (gravitational waves). Durch Änderungen eines Gravitationsfeldes sich ausbreitende Wellen, die nach der allgemeinen Relativitätstheorie zu erwarten sind und sich mit Lichtgeschwindigkeit ausbreiten müssen. Während J. Weber 1969 durch Experimente glaubte, G. nachgewiesen zu haben, wurden von anderen diese Ergebnisse bisher nicht bestätigt. Als Quelle der vermuteten G. könnte das Zentrum der Galaxis in Betracht kommen. 1975 wurde aber die Existenz von G. durch die Entdeckung des Binär-Pulsars PSR 1913 +16 und dessen Bahnänderungen wahrscheinlich gemacht.

Graviton (graviton). Ein hypothetisches Elementarteilchen, das als Quant des Gravitationsfeldes und Austauschteilchen der gravitativen Wechselwirkung gilt.

Gravity-Assist-Technik. → Swing by-Technik.

Gray. Einheit der Energiedosis einer ionisierenden Strahlung, die der Masse 1 kg eines bestrahlten Stoffes die Energie 1 J (Joule) zuführt (Kurzzeichen Gy). Sie ersetzt die gesetzlich nicht mehr zulässige Einheit Rad. Es ist 1 Gy = 1 J/kg = 100 rd.

Great Attractor. → Attraktor.

Green Bank. Ein Radioobservatorium (National Radio Observatory) bei Green Bank, West Virginia (USA), mit einem 26 m- und einem 43 m-Radiospiegel. Ferner besitzt das Observatorium ein Radiointerferometer mit drei 26 m-Antennen. Ein nur in der N-S-Richtung drehbarer 91 m-Radiospiegel stürzte 1988 wegen Materialfehler zusammen, soll aber in verbesserter Form wieder aufgebaut werden.

Green Bank-Formel (Green Bank Formula). Eine am Observatorium → Green Bank 1962 von F. Drake aufgestellte Formel für die Häufigkeit höherer technischer Zivilisationen im Weltall. Sie lautet:

$$N = R \cdot f_p \cdot n_ö \cdot f_L \cdot f_J \cdot f_K \cdot n_D$$

Darin bedeuten:

N die Zahl der höheren technischen Zivilisationen, die wenigstens über die Grundlagen der Funk-, Raketen- und Atomtechnik verfügen und prinzipiell in der Lage wären, mit anderen Zivilisationen in Kontakt zu treten.

R die Entstehungsrate neuer sonnenähnlicher Sterne in unserer Galaxis pro Jahr.

f_p den Anteil der Sterne mit Planetensystemen.

$n_ö$ die Anzahl der Planeten, die innerhalb einer Ökosphäre, d.h. einer Zone kreisen, in der die Oberflächentemperaturen der Planeten zwischen etwa 0° und +100° C liegen.

f_L das Verhältnis der wirklich mit organischem Leben ausgestatteten Planeten zu den lediglich bewohnbaren Planeten.

f_J das Verhältnis der mit menschenähnlichen, hochintelligenten Wesen bewohnten Planeten zu den überhaupt mit organischem Leben ausgestatteten Planeten.

f_K das Verhältnis der höheren technischen Zivilisationen zu menschlichen Lebewesen überhaupt.

n_D die mittlere Lebensdauer einer technischen Zivilisation.

Welche Zahlenwerte aber einzusetzen sind, ist stark umstritten. Dies gilt z.B. besonders für n_D. Gerade heute sind wir nicht unbedingt geneigt, eine besonders hohe Lebensdauer einer technischen Intelligenz, zumindest im Durchschnitt, zu akzeptieren (atomarer Selbstmord, biologische Degeneration, globale Umweltverschmutzung und Zerstörung der Lebensgrundlagen usw.). Aber selbst bei einem Einsatz eines optimistischen Wertes für n_D kommt man nur zu einer so geringen Anzahl der in der Gegenwart mit höheren Intelligenzen bewohnten Planeten, daß ihre gegenseitigen mittleren Distanzen allermindestens 100 Lichtjahre betragen dürften. Bei einer pessimistischeren Betrachtungsweise könnten es sogar viele tausend Lichtjahre oder noch mehr sein.

Greenwicher Zeit (Greenwich Mean Time). Die westeuropäische Zeit, die als mittlere Sonnenzeit für den Meridian von Greenwich gilt. Seit 1925 wird die Greenwicher Zeit auch als Weltzeit bezeichnet und verwendet. Dabei sind allerdings die neueren unterschiedlichen Definitionen der Weltzeit zu beachten.

Greenwich-Observatorium. → Royal Greenwich Observatory.

Gregorianischer Kalender (Gregorian calendar). Der 1582 von Papst Gregor XIII. eingeführte Kalender. Er war mit einem neuen Schaltzyklus verbunden. Danach sollte nicht durchweg in jedem 4. Jahr ein Schalttag eingefügt werden. Die vollen Jahrhunderte sind nur dann Schaltjahre, wenn die Division durch 400 ohne Rest aufgeht, also z.B. 1600, 2000. Dagegen sind die Jahre 1700, 1800, 1900, 2100 usw. Gemeinjahre mit 365 Tagen. Die mittlere Länge des Gregorianischen Jahres ist 365,2425 Tage. Damit ergibt sich erst nach 3300 Jahren wieder ein Fehler von einem vollen Tag gegenüber der tatsächlichen Länge des tropischen Jahres von 365,2422 Tagen. Bei Einführung des G. K. folgte auf den 4. 10. 1582 unmittelbar der 15. 10. 1582. Allerdings wurde der Kalender nicht sofort im gesamten Abendland angenommen. Mehrere Länder folgten erst sehr viel später, z. B. Rußland nach der Oktoberrevolution, Türkei 1927.

Gregory-Spiegel (Gregorian telescope). Ein Typ eines Reflektors, der dem Cassegrain-Spiegel ähnelt. Statt dem konvexen Fangspiegel wird hier jedoch ein konkaver Fangspiegel benutzt. Das Teleskop dieser Art wurde von J. Gregory (1638–1675) entwickelt.

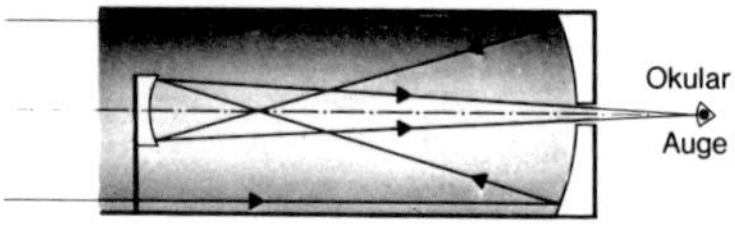

Aufbau eines Gregory-Spiegels

Grenzfrequenz, kritische Frequenz (critical frequency). Die höchste Frequenz einer Radiostrahlung, die von einem auf der Erdoberfläche befindlichen Sender bei senkrechtem Auftreffen von einer bestimmten Ionosphären-Schicht gerade noch reflektiert wird. Die G. ist ein Maß für die Elektronendichte in der Ionosphäre und hängt mit der Aktivität der Sonne, dem Tag-Nacht-Wechsel und den Jahreszeiten zusammen.

Grenzgröße (limiting magnitude). Die schwächste Helligkeit (Größenklasse), die unter besten Beobachtungsbedingungen von einem Fernrohr bei visuellen Beobachtungen oder photographischen Aufnahmen erreichbar ist.

griechisches Alphabet (Greek alphabet). Die Buchstaben des g. A. werden oft als Symbole in physikalischen und astronomischen Gleichungen, besonders aber für die Bezeichnung von Sternen innerhalb der Sternbilder, benutzt.

Grigg-Skjellerup. Name eines Kometen, der eine Umlaufzeit von nur 5,10 Jahre um die Sonne hat. Im Perihel ist er 148,8 Mill. km von der Sonne entfernt. Die Bahnexzentrizität beträgt

Das griechische Alphabet mit kleinen und großen Buchstaben

Name	Zeichen klein	Zeichen groß
Alpha	α	A
Beta	β	B
Gamma	γ	Γ
Delta	δ	Δ
Epsilon	ε	E
Zeta	ζ	Z
Eta	η	H
Theta	θ	Θ
Jota	ι	I
Kappa	$\varkappa$	K
Lambda	λ	Λ
My	μ	M
Ny	ν	N
Xi	ξ	Ξ
Omikron	o	O
Pi	π	Π
Rho	ϱ	P
Sigma	σ	Σ
Tau	τ	T
Ypsilon	υ	Y
Phi	φ	Φ
Chi	χ	X
Psi	ψ	Ψ
Omega	ω	Ω

0,6643, die Bahnneigung 21,1°. Am 22. 7. 1992 erfolgte ein Periheldurchgang. Am 10. 7. 1992 flog die Raumsonde Giotto in einem Abstand von etwa 200 km an dem Kometen vorüber. Der Durchmesser des Kometen beträgt höchstens 3 km.

Größe (magnitude). → Helligkeit.

Große Galaxienmauer (Great Wall). Eine von M. J. Geller und J. P. Huchra 1989 entdeckte 500 Mill. Lichtjahre lange, 200 Mill. Lichtjahre breite und 15 Mill. Lichtjahre dicke Ansammlung von mindestens 2000 Galaxien in 470 bis 600 Mill. Lichtjahren Entfernung. Von der Erde aus gesehen erstreckt sie sich vom Sternbild Krebs aus über den Bootes bis zum Herkules. Es könnte sich um einen überdimensionalen Superhaufen oder die vereinigten Ränder mehrerer Hubble-Bubbles handeln. Möglicherweise sind hier aber auch mehrere Galaxienhaufen hintereinander angeordnet, so daß die G. G. räumlich nicht zusammenhängt.

Große Halbachse (semi-major axis). Ein → Bahnelement, entsprechend der halben großen Achse einer Bahnellipse (Abk. meist *a*).

Größenklasse (magnitude). Maßeinheit für die → Helligkeit eines Gestirns.

Großer Bär. → Bär, Großer.

Großer Hund. → Hund, Großer.

Großer Roter Fleck (Great Red Spot). Ein roter, ovaler Fleck mit einer Ausdehnung von maximal 40000 × 15000 km auf der Südhalbkugel des Jupiter (Abk. GRF). Seine Größe, Farbe und Intensität wechselt mit der Zeit. Gelegentlich zeigt er sich auch in gelber oder weißer Farbe. Zeitweise war er vollständig verschwunden. Der GRF wurde 1878 von O. Lohse in Potsdam entdeckt, konnte aber auf früheren Zeichnungen bis 1831 zurückverfolgt werden. Er wurde sogar schon im 17. Jahrhundert auf Zeichnungen von G. D. Cassini festgehalten. Der GRF liegt bei −21° Breite. Der atmosphärische, antizyklonale Wirbel kann zwar in seiner Entstehungsweise noch nicht endgültig erklärt werden. Computersimulationen legen aber nahe, daß sich derartige Wirbel in einer jupiterähnlichen Atmosphäre von allein bilden können. Ihre lange Lebensdauer ist vielleicht eine Folge des geringen Temperaturunterschieds zwischen äußerer Jupiteratmosphäre und umgebendem Weltraum, wodurch die Energieabstrahlung gering bleibt. Aber auch das Fehlen von Reibung an einer festen Oberfläche kommt hinzu.

Großer Wagen. Teilbereich des Sternbilds Großer Bär (→ Bär, Großer).

Große Ungleichheit. → Evektion.

Große Vereinheitlichte Theorie (Grand Unified Theory, Abk. GUT). Der theoretische Versuch, drei der vier Naturkräf-

te (Wechselwirkungen) als unterschiedliche Ausprägungen einer einzigen Kraft zu erklären. Von der stärksten zur schwächsten sind dies:
1. Die starke Kernkraft (Wechselwirkung). Sie ist die stärkste Kraft, besitzt aber nur eine Reichweite von etwa 10^{-13} cm, entsprechend etwa dem Durchmesser eines Atomkerns. Sie bindet Atomkerne und hindert die Protonen im Kern trotz ihrer gleichen elektrischen Ladung am Auseinanderfliegen.
2. Der Elektromagnetismus. Diese Kraft ist für die Bindung der Elektronen eines Atoms an den Kern verantwortlich. Auch die elektromagnetischen Strahlungen gehören dazu. Diese Kraft wirkt bis ins Unendliche, hat aber nur eine Stärke von 10^{-2} relativ zur starken Kernkraft.
3. Die schwache Kraft (Wechselwirkung). Sie kontrolliert den radioaktiven Zerfall einiger Atomkerne, sowie der Neutronen in Protonen, Elektronen und Neutrinos. Die Stärke ist nur 10^{-5} der starken Kernkraft. Die Reichweite beträgt etwa 10^{-16} cm, rund 1/1000 eines Atomkerndurchmessers.
4. Die Gravitation. Sie ist die einzige Kraft, die nicht in die GUT eingebaut werden kann, und ist für die Anziehung zwischen allen Materieteilchen verantwortlich. Sie reicht bis ins Unendliche. Ihre Stärke ist aber nur 10^{-38} der starken Kernkraft. Damit ist sie mit die schwächste Kraft. Für die Gravitation gilt die allgemeine Relativitätstheorie.

Alle Wechselwirkungen sind mit sog. Quantenfeldtheorien zu beschreiben: Für die starke Kernkraft die Quantenchromodynamik, für die schwache und die elektromagnetische Wechselwirkung die Glashow-Weinberg-Salam-Theorie. Die GUT gehen davon aus, daß es (die Gravitation ausgenommen) im Grunde nur eine einzige Wechselwirkung gibt. Dies würde in einem Energiebereich von mindestens 10^{14} GeV bzw. bei einer Temperatur von 10^{27} K deutlich werden. (Bei niedrigeren Energien erscheinen drei getrennte Wechselwirkungen.) Energien dieser Größenordnung können nicht experimentell erreicht werden. Das Maximum liegt bisher bei einigen tausend GeV. Doch dürfte diese vereinheitlichte Wechselwirkung bis 10^{-35} s nach dem Urknall bestanden haben. Dann teilte sich die ursprüngliche Kraft in die starke und elektroschwache Wechselwirkung auf. 10^{-12} s nach dem Urknall, bei 100 GeV bzw. 10^{15} K, spaltete sich die elektroschwache Wechselwirkung nochmals in die elektromagnetische und schwache Wechselwirkung.

Aus den GUT ergeben sich einige prinzipiell überprüfbare Konsequenzen. So müßte das Proton mit einer Halbwertszeit von etwa 10^{33} Jahre zerfallen. Dies wird in verschiedenen Experimenten zur Zeit überprüft, jedoch bisher ohne Ergebnis.

Weitergehende Theorien (Theories of Everything) versuchen auch die Gravitation mit einzubeziehen. Sie gelten für Energien über 10^{19} GeV bzw. 10^{32} K. Dieser Zustand könnte bis zu 10^{-43} s nach dem Urknall in der sog. Planck-Ära bestanden haben. Hier waren vermutlich alle Kräfte vereinigt.

Großkreis (great circle). Ein Kreis auf einer Kugeloberfläche, dessen Mittelpunkt mit dem Kugelmittelpunkt zusammenfällt. Gleichzeitig stellt ein G. die kürzeste Verbindungslinie zwischen zwei Punkten auf einer Kugeloberfläche dar (Orthodrome). Auf der Erdkugel sind beispielsweise die Meridiane und der Äquator, nicht dagegen die Breitenkreise, G.

Grundzustand (ground state). Die tiefste Energiestufe, auf der ein Elektron in der Hülle eines Atoms den Atomkern umkreisen kann.

grüner Strahl (green flash). Ein gelegentlich bei Sonnenauf- oder untergang am oberen Sonnenrand für etwa 2 bis 3 Sekunden intensiv aufleuchtender grüner oder bläulicher Strahl, der vor allem auf dem Meer gut zu beobachten ist. Er geht auf die Dispersion des flach einfallenden Lichtbündels in der Erdatmosphäre zurück.

Grus. Lateinische Bezeichnung für das Sternbild Kranich.

Gum-Nebel (Gum Nebula). Ein nach C. Gum (1924–1960) benannter heller Nebel mit einem Durchmesser von 30° bis 40° im Sternbild Segel (lat. vela). Offenbar handelt es sich um den Überrest einer Supernova. Inmitten des G.-N. wurde auch der Vela-Pulsar sowie ein gasförmiger Nebel und eine Radio-, Gammastrahlen- und Röntgenquelle (Vela X) entdeckt.

Gürtelsterne, Jakobsstab (Belt of Orion). Die drei etwa gleich hellen, die Gürtellinie des Sternbilds Orion bildenden Sterne δ, ε, ζ Orionis.

GUT. → Große Vereinheitlichte Theorie.

Gyrofrequenz (gyro frequency). Die Frequenz, mit der ein Elektron oder ein anderes elektrisch geladenes Elementarteilchen spiralförmige Schwingungen bei seiner Bewegung durch ein Magnetfeld ausführt.

H

h. Abk. für das → Plancksche Wirkungsquantum.

Haar der Berenike (Berenice's Hair). Ein Sternbild am nördlichen Himmel (lateinische Bezeichnung Coma Berenices, Abk. Com). Das Sternbild geht auf die ägyptische Mythologie zurück. Danach soll die Prinzessin Berenike ihr angeblich goldenes Haar den Göttern geopfert haben, um den Sieg ihres Heeres zu erflehen. Die goldenen Haare sollen sich in Sterne verwandelt haben. Das Sternbild ist am besten im Frühling zu beobachten, besteht aber nur aus schwächeren Sternen. Einige Sterne bilden einen offenen Sternhaufen in etwa 260 Lichtjahren Abstand.

Haarstern. → Poetische Bezeichnung für Kometen.

Hadar. Der Stern β Centauri. Er ist 490 Lichtjahre entfernt und 10000mal heller als die Sonne.

Hades. Frühere inoffizielle Bezeichnung für den 14. Satelliten des Jupiter. Heute offiziell → Thebe.

Hadronen (hadrons). Sammelbezeichnung für Elementarteilchen, die der starken Wechselwirkung unterliegen. Dazu gehören die Baryonen und Mesonen.

Hadronen-Ära (hadron era). Der Zeitraum von 10^{-7} bis etwa 10^{-4} Sekunden nach dem Big Bang, in dem das Universum fast ausschließlich von Hadronen, also Protonen und Neutronen, beherrscht ist. Sie wird gefolgt von der Leptonen-Ära.

Hagedornsche Zustandsgleichung (Hagedorn equation of state). Eine Zustandsgleichung für extrem entartete Materie mit einer Dichte über 10^{15} g/cm^3.

Hagensche Wolken (Hagen's cosmic clouds). Schwache, diffuse Wolken, die an mehreren Stellen des Himmels beobachtet werden können. Sie wurden erstmals 1811 von W. Herschel (1738–1822) beobachtet und später vor allem von J. G. Hagen (1847–1930) systematisch erforscht. Nach Hagen sollen die Wolken besonders in der Nähe der Pole der Galaxis liegen. Wegen der Lichtschwäche dieser Erscheinung konnte sie bisher nicht photographiert werden. Mehrere Autoren sind heute der Ansicht, daß die H. W. nicht reell sind. Nach einer weiteren Ansicht soll es sich um elektrische Phänomene im Zusammenhang mit den Polarlichtern handeln. Hagen selbst war der Meinung, die Wolken seien eine Auswirkung der interstellaren Materie.

halbgetrennte Systeme (semidetached systems). Doppelsterne, bei denen eine Komponente ihr kritisches Volumen ausfüllt. Bei einer Ausdehnung dieser Sterne darüber hinaus schieben sie Masse vor allem auf den Begleiter ab. Ein typisches Beispiel hierfür ist Algol. Auch → Bedeckungsveränderliche, → symbiotische Sterne.

Halbleiterphotoeffekt (semiconductor photoeffect). Die Beeinflussung des elektrischen Gleichstromwiderstands in einem Halbleiter durch Photonen. Die meistbenutzten Halbleiter sind vor allem Germanium, Silicium, Cadmiumsulfid, Bleisulfid und Kupferoxid. Nach dem Prinzip des Halbleiterphotoelements arbeiten auch die in Erdsatelliten und Raumsonden zur Stromerzeugung angebrachten Sonnenbatterien. Auch → Solarzellen.

Halbmond (half-moon). Eine Phase des → Mondes.

halbregelmäßige Veränderliche (semiregular variables). Eine Klasse von roten Riesensternen und Überriesen der Spektralklassen M, K, N, R oder S, die mit einer nicht über längere Zeit streng eingehaltenen Periode Helligkeitsschwankungen ausführen. Ursache sind Pulsationen. Damit stehen diese Sterne den Veränderlichen vom Typ Mira und den unregelmäßigen Veränderlichen nahe. Auch die Amplitude der Helligkeitsschwankungen ist nicht konstant. Sie liegt zwischen einigen Hundertstel und mehreren Größenklassen. Die Perioden betragen etwa 20 Tage bis zu einigen Jahren. Typische Beispiele sind Antares und Beteigeuze. Auch μ Cephei (»Granatstern«) gehört dazu.

Halbschatten (penumbra). Die Zone, von der aus eine Lichtquelle teilweise (partiell) bedeckt erscheint. Im H. des Mondes entsteht eine partielle oder ringförmige Sonnenfinsternis, im H. der Erde nur eine mit bloßem Auge kaum bemerkbare H.finsternis des Mondes.

Halbwertsbreite (half width). Die Breite einer glockenförmigen Kurve, z.B. der Intensitätskurve einer Linie im Spektrum, in der halben Maximalhöhe der Kurve.

Hale-Observatorien (Hale Observatories). Seit 1970 offizielle Bezeichnung für die beiden Observatorien auf dem Mt. Wilson und dem Mt. Palomar.

Hale-Teleskop (Hale Telescope). Bezeichnung für den 5 m-Spiegel auf dem Mt. Palomar, dessen Bau auf die Initiative von G. E. Hale (1868–1938) zurückgeht. Bereits 1929 wurde mit der Arbeit an diesem Spiegel mit Unterstützung durch die »Rockefeller Foundation« begonnen. Die offizielle Einweihung erfolgte 1948.

Halleyscher Komet (Halley's Comet). Einer der bekanntesten periodischen Kometen, die mit bloßem Auge beobachtet werden können. E. Halley (1656–1742) wies erstmals auf die Periodizität in der Wiederkehr dieses Kometen hin und konnte damit erstmals auch die elliptische Form der Bahn eines Kometen nachweisen. Die Umlaufzeit des H. K. beträgt 76,0 Jahre. Die halbe große Bahnachse ist 17,8 AE, die Bahnexzentrizität 0,967, die Bahnneigung 162,2°. Im Perihel seiner Bahn ist er 0,587 AE oder 87,8 Mill. km, im Aphel 35,3 AE oder 5281 Mill. km, knapp hinter der Neptunbahn, von der Sonne entfernt. Die letzten Periheldurchgänge fanden 1531, 1607, 1682, 1759, 1835, 1910 und am 9. 2. 1986 statt. Der nächste Durchgang ist am 29. 7. 2061. Die Wiederkehr von 1986 war zumindest für die Nordhalbkugel der Erde nicht eindrucksvoll, da von der Erde aus gesehen der Komet zur Zeit seines Periheldurchgangs, und damit größter Helligkeit und Schweifentfaltung, fast genau hinter der Sonne stand. Dafür flogen im März 1986 fünf Raumsonden an dem Kometen vorüber. Die sowjetischen Sonden Vega 1 und 2 kamen dem Kometenkern auf 8888 bzw. 8030 km nahe, die japanischen Sonden Suisei und Sakigake auf 151000 bzw. 4,4 Mill. km. Am erfolgreichsten war die europäische Sonde Giotto. Sie erreichte am 14. 3. 1986 einen kleinsten Abstand von knapp 600 km. Obwohl die Sonde kurz zuvor wegen eines Treffers durch einen Mikrometeoriten vorübergehend ausfiel, war es ein voller Erfolg. Der Kometenkern zeigte sich als ein unre-

gelmäßig geformter Körper von 15 × 8 × 8 km Größe. Die Albedo erreicht nur 0,02 bis 0,04. Der Kern ist also sehr dunkel. Noch 100 m große Einzelheiten konnten festgestellt werden, darunter Krater, Hügelketten und Berge. 90% der isolierenden dunklen Kruste waren inaktiv. An einigen Stellen traten aber Jet-Bündel aus Gas und Staub aus. Die Gesamtmasse beträgt 500 Mrd. Tonnen, die Dichte 0,1 bis 0,3 g/cm^3. Schätzungen ergaben, daß der Kern bei seiner letzten Wiederkehr 150 Mill. t Masse verlor. Bei gleicher Verlustrate könnte er also rechnerisch noch 3300 weitere Erscheinungen in 250 000 Jahren überstehen. Wahrscheinlich wird der Komet aber schon nach 10 000 bis 100 000 Jahren inaktiv und danach als dunkler Kleinplanet erscheinen.
Ältere Aufzeichnungen des H.K. reichen bis mindestens 240 v. Chr. zurück. Vielleicht wurde der Komet aber schon sehr viel früher von chinesischen Astronomen beobachtet. Berühmt ist die Erscheinung von 1066, die auf dem Bayeux-Teppich (mit einer Darstellung der Eroberung Englands durch die Normannen) wiedergegeben wurde. Die hellste Erscheinung des H.K. überhaupt war im Jahre 837. Damals kam der Kometenkern der Erde auf 6 Mill. km nahe. Der Schweif zeigte eine Länge von 90°, die Helligkeit glich der der Venus. Auch die vorletzte Wiederkehr 1910 war eindrucksvoll. Möglicherweise lief die Erde damals durch den Schweif. Wegen seiner extrem geringen Dichte wurde aber nichts Außergewöhnliches registriert.

Halo (halo). Aus dem Griechischen stammende Bezeichnung für »Hof«.

1. Eine atmosphärische optische Erscheinung um Sonne oder Mond, die durch Brechung und Spiegelung der Lichtstrahlen an hochschwebenden Eiskristallen (vor allem in Cirrus- oder Cirrostratuswolken) entsteht. Am häufigsten ist der sog. kleine Ring mit einem Halbmesser von 22° um Sonne oder Mond. Gelegentlich zeigt sich der Ring auch nur bruchstückhaft. Oft sind in ihm Spektralfarben zu erkennen. Der große Ring mit einem Halbmesser von 46° ist seltener. Weitere H.-Erscheinungen sind die oberen und unteren Berührungsbögen am kleinen und großen Ring, der Horizontalring, der durch die Sonne verläuft und rings um das ganze Himmelsgewölbe in gleicher Höhe über dem Horizont zu beobachten ist, sowie die Nebensonnen, die an den Schnittpunkten zwischen dem kleinen und großen Ring bzw. dem Horizontalring als helle Lichtflecke, gleichfalls oft mit Spektralfarben versehen, auftauchen. Der Sonne gegenüber tauchen gelegentlich auch die Gegensonne und die Nebengegensonnen auf. Sonnenhalos (Sonnenringe) sind bedeutend häufiger als Mondhalos. Bei den Mondhalos treten meist nur die kleinen Ringe auf. Jährlich treten an etwa 40 bis 70 Tagen H. auf.

2. Der sphärisch geformte Raum um unsere scheibenförmige Galaxis. In diesem H. befinden sich u. a. die Kugelsternhaufen und RR Lyrae-Sterne. Die in diesem Bereich befindlichen astronomischen Objekte gehören zur sog. H.-Population. Auch andere Galaxien besitzen einen H. Heißes Gas, das in diesem Bereich angeordnet ist, strahlt eine Röntgenstrahlung aus. Ferner werden im Magnetfeld des H. Elektronen allmählich bis nahe Lichtgeschwindigkeit beschleunigt und erzeugen eine Synchrotronstrahlung, vor allem im Radiowellengebiet. Der H. unserer eigenen Galaxis hat einen Durchmesser von über 100 000 Lichtjahren und wird noch von der sog. Korona der Galaxis umgeben.

3. Gelegentlich benutzte Bezeichnung für eine ring- oder scheibenförmige Aufhellung um einen Kometen.

Haltestern (guide star). → Leitstern.

Hamal. Arabische Bezeichnung für den Hauptstern des Sternbilds Widder mit derselben Bedeutung. Er ist $2\overset{m}{,}0$ hell, stellt einen roten Riesenstern vom Spektraltyp K0 dar und ist 80mal heller als die Sonne. Die Entfernung beträgt 75 Lichtjahre.

Hantel-Nebel, Dumbbell-Nebel (Dumbbell Nebula). Der planetarische Nebel M 27 im Sternbild Fuchs (lat. vulpecula). Das Objekt hat zwar einen großen scheinbaren Durchmesser von 5,5′, zeigt aber nur eine geringe Flächenhelligkeit. Die Entfernung von unserer Erde beträgt etwa 900 Lichtjahre.

Harkinssche Regel (Harkin's rule). Die auf W. D. Harkins (1873–1951) zurückgehende Erkenntnis, daß die Elemente mit gerader Ordnungszahl häufiger als die mit ungerader Ordnungszahl im Kosmos auftreten.

Haro-Galaxien (Haro galxies). Blaue Objekte, deren Spektren scharfe Emissionslinien zeigen.

Harvard-Klassifikation (Harvard classification). Ein Klassifikationsschema der Spektren der Sterne, das auf der Harvard-Sternwarte, USA, erstellt wurde (→ Spektralklassen).

Harvard-Sternwarte (Harvard College Observatory). Das durch die Klassifikation der Sternspektren historisch bekannt gewordene Observatorium in Cambridge, Mass., USA.

Hase (Hare). Ein Sternbild am südlichen Himmel (lateinische Bezeichnung lepus, Abk. Lep). Der griechischen Mythologie zufolge soll Hermes diesen Hasen an den Himmel versetzt haben. Das Sternbild kann südlich des Orion besonders im Winter beobachtet werden. Der Hauptstern Elarneb oder Arneb ist $2\overset{m}{,}6$ hell und 900 Lichtjahre entfernt. Spektraltyp F0.

Hathor. Der Kleinplanet mit der Nr. 2340. Der erst 1976 entdeckte Körper fällt durch seine geringe große Bahnhalbachse von 126 Mill. km und seine kurze Umlaufperiode von 0,76 Jahren auf. Er zählt damit zu der Gruppe der Kleinplaneten vom Typ Aten. Die Bahnexzentrizität ist 0,429, im Perihel ist er 70 Mill. km, im Aphel 183 Mill. km von der Sonne entfernt. Die Bahnneigung beträgt 5,9°. H. dürfte nur einige hundert Meter groß sein. Am 20. 10. 1976 näherte er sich der Erde auf 1,5 Mill. km.

Haufenstern (cluster star). Ein Stern, der zu einem Sternhaufen gehört. Gegensatz: Feldstern.

Haufenveränderliche (cluster variables). → RR Lyrae-Sterne.

Haupthaar der Berenike. → Haar der Berenike.

Hauptlicht (zodiacal light). Der hellere, der Sonne benachbarte Teil des Zodiakallichts.

Hauptreihe (main sequence). Ein Bereich im → Hertzsprung-Russell-Diagramm, in dem die meisten Sterne liegen.

Hauptstern (primary). Die massereichere oder hellere Komponente in einem Doppelsternsystem.

Häuser (houses). Eine in der Astrologie übliche Einteilung des Himmelsgewölbes in 12 Abschnitte, die verschiedenen Lebensbereichen zugeordnet wurden. Das erste Haus liegt im Osten und beginnt vom Aszendenten an horizontabwärts. Von dort aus werden die H. weiter über N, W, S und zurück zum Aszendenten gezählt (Abb. S. 198).

Haute Provence-Observatorium (Haute Provence Observatory). → Saint Michel-Observatorium.

Hawking-Strahlung (Hawking radiation). Eine von S. W. Hawking (*1942) theoretisch abgeleitete Strahlung, die zu einer allmählichen Auflösung Schwarzer Löcher führt. Sie entsteht durch einen Effekt der Quantentheorie. Ein Schwarzes Loch zerstrahlt um so schneller, je

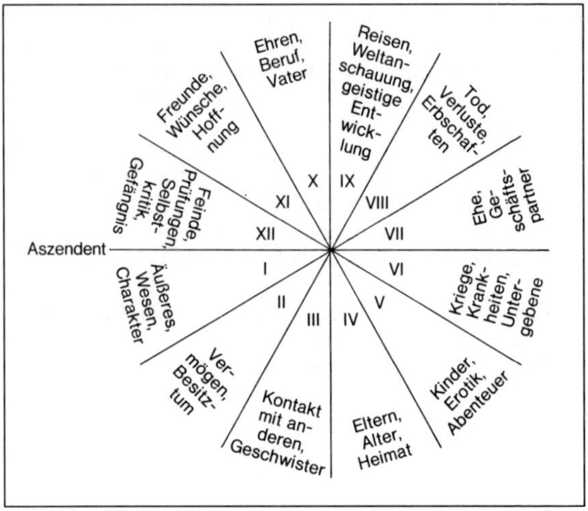

Das Häusersystem der Astrologen

geringer seine Masse ist. Deswegen ist die H.-S. vor allem bei den vermuteten primordialen Schwarzen Löchern von Bedeutung. Diese müßten in der kosmologischen Gegenwart in einem Gammastrahlen-Blitz zerstrahlen, ein Effekt, der bisher aber nicht gefunden wurde. Größere Schwarze Löcher mit Mill. Sonnenmassen, wie sie in Galaxienkernen vermutet werden, zerstrahlen erst in 10^{100} Jahren und darüber.

Hawkings Theorem (Hawking's theorem). Das Ergebnis theoretischer Berechnungen, nach dem bei Wechselwirkungen, in die Schwarze Löcher verwikkelt sind, der Flächeninhalt des Ereignishorizonts niemals abnehmen kann.

Hayashi-Linie (Hayashi track). Eine nach C. Hayashi benannte nahezu vertikale Grenzlinie im Hertzsprung-Russell-Diagramm. Sie trennt die im hydrostatischen Gleichgewicht befindlichen Sterne von den Objekten, die sich in einer frühen Entwicklungsphase (Protosterne) noch in Kontraktion befinden.

HD. Abk. für → Henry Draper-Katalog.

HEAO. Abk. für »High Energy Astronomical Observatory«. Es handelt sich um zwei Röntgensatelliten: Nach HEAO 1 (Start 12. 8. 1977) wurde vor allem HEAO 2 (»Einstein-Satellit«), der am 13. 11. 1978 gestartet wurde, bedeutsam.

Heaviside-Schicht (Heaviside layer). Die Ionosphäre in der Erdatmosphäre.

Hebe. Der Kleinplanet mit der Nr. 6, der 1847 von K. L. Hencke (1793–1866) entdeckt wurde. Der etwa 195 km große Körper hat eine große Bahnhalbachse von 362,8 Mill. km und kommt im Perihel der Sonne auf 288,7 Mill. km nahe. Im Aphel ist er 436,8 Mill. km von ihr entfernt. Die Bahnexzentrizität beträgt 0,203, die Bahnneigung 14,8°, die Umlaufzeit 3,78 Jahre, die Albedo 0,16, die Rotationszeit 7^h16^m.

Hebräischer Kalender (Hebrew calendar). Der Kalender der Juden, der mit dem Zeitpunkt der »Weltschöpfung« beginnt, der nach Ansicht hebräischer Theologen im Jahr 3761 v. Chr. war. Das hebräische Jahr wird in 12 Monate mit jeweils 29 oder 30 Tagen eingeteilt. Die Monate sind damit synodische Monate und beginnen mit dem Tag, an dem der Mond nach Neumond erstmals beobachtet werden kann. Da das hebräische Jahr nur 354 Tage aufweist, muß durchschnittlich in jedem 3. Jahr ein Schaltmonat eingefügt werden, um den Mondlauf mit dem Sonnenlauf in Einklang zu bringen.

Hecuba. Ein Kleinplanet, in dessen Nachbarschaft sich in der Häufigkeitsverteilung der Kleinplaneten eine Lücke befindet, die H.lücke.

Hedschra, Hidschra. Die Flucht Mohammeds von Mekka nach Medina im Jahre 622 nach Christi. Der 15. 7. 622 gilt als Nullpunkt des mohammedanischen Kalenders.

Hefnerkerze (Hefner candle). Die bis 1942 in Deutschland gesetzlich eingeführte photometrische Einheit für die Lichtstärke. Sie wurde später durch die Candela ersetzt. Dabei ist 1 Hefnerkerze = 0,903 Candela.

HEGRA. Abk. für High Energy Gamma Ray Array, eine auf den Kanarischen Inseln gelegene deutsche Anlage zur Untersuchung der Gammastrahlung aus dem Weltall mit einer Energie über 10^{14} eV.

Hektor. Der Kleinplanet mit der Nr. 624. Er ist mit etwa 180 km Durchmesser der größte unter den Trojanern. Seine visuelle Helligkeit erreicht in einer mittleren Opposition etwa $14\overset{m}{,}5$. Er ist damit auch der hellste Trojaner. Seine große Bahnhalbachse beträgt 776,0 Mill. km, die Bahnexzentrizität 0,083, die Bahnneigung 18,2°. Die Umlaufzeit ist 11,6 Jahre. Seine Albedo wird zu 0,04 angenommen. Die Rotationszeit beträgt 6,9225 Stunden. Vermutlich ist H. hantelförmig.

Helene. Der Saturnsatellit XII, der von den Voyager-Sonden entdeckt wurde. Er bewegt sich koorbital auf der Bahn von Dione in einem mittleren Abstand von 377 400 km um Saturn. Die Bahnexzentrizität beträgt 0,005, die Bahnneigung 0,0°. Die Umlaufzeit kommt auf 2,737 Tage. Der unregelmäßig geformte Körper hat Abmessungen von 36 × 32 × 30 km.

heliakisch (heliacal). Zur Sonne gehörend.

heliakischer Aufgang (Untergang) (heliacal rising, setting). → Aufgang.

helio... (helio...). In zusammengesetzten Wörtern: Sonnen...

Heliograph (heliograph). **1.** Ein Registriergerät zur Aufzeichnung der Sonnenscheindauer (Sonnenscheinschreiber, Sonnenscheinautograph). Es besteht meist aus einer Glaskugel, die als Brennglas wirkt. Fallen die Sonnenstrahlen auf die Glaskugel, so entsteht hinter dieser auf einem Papierstreifen ein Brennfleck, dessen Lage sich beim Weiterbewegen der Sonne am Himmelsgewölbe verschiebt. Aus der Länge des Brennstreifens kann die Sonnenscheindauer ermittelt werden.

2. Gelegentlich benutzte Bezeichnung für ein Fernrohr, das zu Sonnenaufnahmen dient.

heliographische Länge (Breite) (heliographic longitude, latitude). Ein Koordinatensystem auf der Sonne, das die Bestimmung eines Punktes auf der Sonnenoberfläche ähnlich den geographischen Koordinaten auf der Erde anzugeben erlaubt. Die h. B. b wird vom Sonnenäquator aus nach Norden und Süden gerechnet. Zur Bestimmung der h. L. l kann man entweder vom Zentralmeridian aus nach O oder W bis zum Sonnenrand rechnen, oder man rechnet von einem international vereinbarten Nullmeridian aus, dem Carringtonschen Zentralmeridian, der am 1. 1. 1854, 12^h WZ mit dem Zentralmeridian zusammenfiel. Die synodische Sonnenrotationsperiode wird dabei zu 27,2753 Tagen angenommen. Zu geophysikalischen Zwecken hat sich der Einfachheit halber auch eine Zählweise der Sonnenrotationen eingebürgert, die von einer genau 27,0 tägigen Periode ausgeht.

Heliometer (heliometer). Ein astronomischer Refraktor mit einem aus zwei gegeneinander verschiebbaren Hälften bestehenden Objektiv. Die beiden Teile des Objektivs erzeugen von jedem Stern jeweils Doppelbilder. Werden nun die Bilder zweier Sterne gegenseitig zur Deckung gebracht, so kann nach Eichung des Instruments aus dem Betrag der Verschiebung der beiden Objektivhälften die Winkeldistanz der beiden Sterne sehr genau bestimmt werden. Das H. wurde von F. W. Bessel (1784–1846) erfunden und ist heute allerdings in der Astronomie nicht mehr üblich.

Heliopause (heliopause). Die Grenze zwischen der → Heliosphäre und dem interstellaren Raum.

Helios. Bezeichnung für zwei am 10. 12. 1974 und 15. 1. 1976 gestartete deutsch-amerikanische Raumsonden zur Erforschung des interplanetaren Raums und der Sonne. H. A kam der Sonne auf 45 und B auf 43 Mill. km nahe. Beide Raumsonden sind seit 1981 bzw. 1986 nicht mehr funktionsfähig.

Helio-Seismologie (helioseismology). Die Erforschung der → solaren Oszillationen.

Helioskop (helioscope). Ein Fernrohr, das zur Sonnenbeobachtung dient. Mit Hilfe von Spiegeln oder Prismen, von denen nur ein kleiner Bruchteil der eintreffenden Sonnenstrahlung reflektiert wird, ist es möglich, die Sonne ohne Gefahr für das Auge in angenehmer Helligkeit zu beobachten. Häufig wird dazu ein Pentagonprisma (fünfseitiges Prisma) benutzt, das die Sonnenhelligkeit auf etwa ein Millionstel reduziert. Eine andere Möglichkeit zur Verminderung der Intensität der Sonnenstrahlung beruht auf der Polarisation. Dabei wird Sonnenlicht von einer Glasplatte unter einem Winkel von 57° reflektiert und vollständig polarisiert.

Heliosphäre (heliosphere). Der Bereich um die Sonne, in dem das solare Magnetfeld ausgebreitet ist und der Sonnenwind wirksam ist. Er ist birnenförmig aufgebaut und reicht bis zu einer Entfernung von etwa 6 bis 15 Mrd. km.

Heliostat (heliostat). Ein Instrument zur bequemen Beobachtung der Sonne (→ Coelostat).

Heliotechnik (heliotechnology). Die Ausnutzung der Sonnenenergie für technische Zwecke.

heliozentrisch (heliocentric). Auf die Sonne bezogen.

heliozentrisches System (heliocentric system). Das moderne Weltsystem, in dem die Sonne (griechisch helios) im Mittelpunkt des Planetensystems steht.

Heliumblitz (heliumflash). Das Einsetzen des Heliumbrennens im Innern eines Sterns unter der Bedingung der Entartung eines Gases. Der H. ereignet sich in einem Sternkern im Entwicklungsstadium eines roten Riesen. Nach Einsetzen des Heliumbrennens steigt die Temperatur sehr schnell an. Die Energiefreisetzung durch die Verwandlung von Helium in schwerere Elemente wird dadurch ebenfalls stark beschleunigt. Schließlich ist ein Punkt erreicht, an dem der Gasdruck so stark geworden ist, daß der Kern des Sterns expandiert. Damit wird aber das entartete Gas im Sternkern wieder in ein normales Gas zurückverwandelt, und der H. hört auf. Der H. kann nur im Kern eines Sterns mit einer Masse unter 1,4 Sonnenmassen (Chandrasekhar-Grenze) eintreten und ist damit auf Sterne kleinerer Masse beschränkt.

Heliumbrennen (helium burning). Die bei Temperaturen über 100 Mill. Grad im Innern der Sterne einsetzende Fusion von Heliumkernen zu schweren Atomkernen, bei der Energie freigesetzt wird. Am wichtigsten ist dabei der sog. Tripel-α-Prozeß (Drei-Alpha-Prozeß), bei dem drei Heliumkerne (α-Teilchen) in einen Kohlenstoffkern unter Aussendung von Gammastrahlung verwandelt werden:

$$^{4}He + {}^{4}He + 95\,keV \rightarrow {}^{8}Be + \gamma$$
$$^{8}Be + {}^{4}He \rightarrow {}^{12}C + \gamma + 7{,}4\,MeV$$

Wenn im Kern eines Sterns der Wasserstoffvorrat im wesentlichen verbraucht ist und die Temperatur auf 100 bis 200 Mill. Grad und die Dichte auf 100000 g/cm^3 angewachsen ist, beginnt das H. Die zusätzliche Aufnahme von Heliumkernen durch einen Kohlenstoffkern führt weiter zu Sauerstoff- und Neonkernen mit der Massenzahl 16 bzw. 20. Diese Prozesse wurden vor allem von E. E. Salpeter und F. Hoyle berechnet (Salpeter-Prozesse).

Heliumstern (helium star). Ein Stern mit ungewöhnlich hohem Gehalt an Helium.

Helixnebel (Helix Nebula). Ein planetarischer Nebel mit der Katalogbezeichnung NGC 7293 im Sternbild Wassermann. Mit 800″ zeigt er den größten scheinbaren Durchmesser unter allen planetarischen Nebeln und zählt mit etwa 450 Lichtjahren zu den nächsten Objekten dieser Art. Seine scheinbare Helligkeit beträgt etwa $6\overset{m}{,}5$, so daß er bereits mit kleinen Fernrohren beobachtet werden kann. Gelegentlich wird der H. auch Sonnenblumennebel genannt.

Hellas. Ein kreisförmiges Einschlagbekken auf Mars, auch Hellas Planitia genannt, mit einem Durchmesser von 1800 km. Die tiefste Stelle liegt 4000 m unter dem mittleren Marsniveau. H. kann als gelblicher heller Fleck schon von der Erde aus mit einem guten Fernrohr gesehen werden. Es ähnelt dem Mare Imbrium auf dem Mond.

Helligkeit (magnitude, brightness). Ein in der Astronomie übliches Maß für die Strahlung eines Himmelskörpers. Seit Hipparch (etwa 190–125 v. Chr.) teilt man die H. der Sterne in 6 sog. Größenklassen (später mit lateinisch magnitudo = m = Größe abgekürzt) ein. Die Sterne 1. Größe (Abk. 1^m) sollen am hellsten, die Sterne 6. Größe (6^m) gerade noch mit bloßem Auge unter günstigsten atmosphärischen Sichtbedingungen erkennbar sein. Diese grobe Einteilung wurde später physikalisch genauer festgelegt. Der Intensitätsunterschied zwischen zwei Größenklassen beträgt 1 : 2,512. Ein Stern 1^m ist also etwa 2,5 mal heller als ein Stern 2^m. Ein Stern 3^m ist $2{,}5 \times 2{,}5 =$ 6,25 mal schwächer als ein Stern 1^m usw. Genauer ist die Größenklassenskala durch folgende Gleichung bestimmt:

$$m_1\text{-}m_2 = -2{,}5\cdot\log\,(I_1/I_2)$$
$$= 2{,}5\cdot\log\,(I_2/I_1)$$

Dabei bedeutet I die Intensität, d.h. die Strahlungsenergie, die in jeder Sekunde auf 1 cm^2 auftrifft.

Um auch hellere und schwächere Objekte in der Größenklassenskala unterzubringen, wurde diese über 1^m hinaus nach 0^m, -1^m, -2^m usw. erweitert. Desgleichen erfuhr die Skala zu schwächeren Objekten auf 7^m, 8^m usw. eine Ergänzung. Um auch feinere Unterschiede festzuhalten, werden die Größenklassen in Dezimalbruchteile aufgeteilt. Mit bloßem Auge können gerade noch H.unterschiede von etwa $0\overset{m}{,}1$ erfaßt werden. Mit photometrischen Methoden, wie etwa der lichtelektrischen Photometrie, sind bei Sternen Unterschiede von etwa $0\overset{m}{,}01$ bis $0\overset{m}{,}001$ erfaßbar. Wegen der Luftunruhe kann oft nicht an die tatsächliche Grenze der Leistungsfähigkeit derartiger Geräte herangegangen werden. Das hellste Objekt ist unsere Sonne, die im visuellen Bereich auf $-27\overset{m}{,}86$ kommt. Der Vollmond hat $-12\overset{m}{,}55$, die Venus zur Zeit ihres »größten Glanzes« $-4\overset{m}{,}5$. Die schwächsten mit lichtstarken, erdge-

bundenen Instrumenten noch photographierbaren bzw. mit elektronischen Einrichtungen erfaßbaren Sterne haben eine H. von etwa 28^m. Ein Stern der 28. Größenklasse entspricht der H. von 1 Hefnerkerze, die aus einer Entfernung von 275 000 km beobachtet wird. Befindet sich eine Hefnerkerze in einer Entfernung von 1 m, dann erscheint sie unter einer H. von $-14{,}^m2$ und ist damit etwas heller als der Vollmond.
Solange die H. der Sterne nur mit dem bloßen Auge mit oder ohne Fernrohr festgestellt werden konnten, brauchte die (scheinbare) H. bzw. Größe eines Sterns nicht weiter definiert zu werden. Aber schon mit Einführung der Photoplatte als Strahlungsempfänger traten Schwierigkeiten auf, da diese eine andere Empfindlichkeit für die einzelnen Wellenlängenbereiche des Lichtes aufweist als das menschliche Auge. Die meisten photographischen Schichten sind nämlich im blauen, kurzwelligen Farbbereich empfindlicher und im langwelligen, roten Farbbereich unempfindlicher als das menschliche Auge. So muß seit Einführung der Photographie zwischen der visuellen H. (Abk. m_v oder m_{vis}) und der photographischen H. (Abk. m_{pg} oder m_{ph}) unterschieden werden. Natürlich kann mittels Farbfilter eine photographische Aufnahme dem H.eindruck des menschlichen Auges angepaßt werden. Auf diese Weise gewonnene Sternhelligkeiten bezeichnet man als photovisuelle oder Gelbhelligkeiten (Abk. m_{pv}). Darüber hinaus ist es durch Sensibilisierung der Photoschichten oder weitere Zuschaltung von Filtern jederzeit möglich, noch andere H.werte zu erhalten. Bei einer Aufstellung photometrischer Werte oder eines H.katalogs von Sternen ist es also stets notwendig, das genaue Verfahren, mit dessen Hilfe die Sternhelligkeiten gemessen wurden, anzugeben. Gelegentlich wird die H. der Sterne in verschiedenen Wellenlängen- oder Farbbereichen gemessen, wie es z. B. beim UBV-System der Fall ist. Die Differenz der in verschiedenen Farbbereichen erhaltenen H.werte bezeichnet man auch als Farbenindex. Elektronische Empfänger reagieren meist gleichmäßiger auf die verschiedenen Farbbereiche (→ Charge-coupled device).
In der Radioastronomie wird die Intensität einer Radioquelle gelegentlich durch die sog. Radiohelligkeit m_R angegeben:

$$m_R = -53{,}4-2{,}5\cdot\log S.$$

Dabei ist S der Strahlungsstrom in $Watt/m^2$ bei einer Frequenz von 158 MHz und einer Bandbreite von 1 Hz.
Unter der absoluten H. (meist mit M bezeichnet) eines Sterns versteht man die H., die ein Stern in einer Entfernung von 10 parsec haben würde. Kennt man die Entfernung r eines Sterns, so kann seine absolute H. oder umgekehrt aus der bekannten absoluten H. die Entfernung berechnet werden. Dabei ist die Differenz zwischen der absoluten und scheinbaren H.

$$M-m = 2{,}5\cdot\log 100/r^2$$
oder
$$M = m+5-5\cdot\log r.$$

Die Größe m–M wird auch als Entfernungsmodul bezeichnet. Eine weitere Definition für die H. ist die bolometrische absolute H. mbol. Sie bezieht sich auf die Gesamtausstrahlung über den gesamten Wellenbereich.

Helligkeitskatalog (magnitude catalogue). Ein Katalog, in dem die Helligkeit zahlreicher Sterne mit großer Genauigkeit zusammengestellt ist.

Henbury-Krater (Henbury Crater). Ein in Australien bei Alice Springs gelegener 4700 Jahre alter Meteoritenkrater mit einem Durchmesser von 198 × 108 m. Da der Meteorit vor dem Aufprall in mehrere Stücke zerplatzte, entstanden in der Nachbarschaft noch einige weitere, kleinere Krater.

Henry-Draper-Katalog (Henry Draper Catalogue). Ein Katalog, der die Spektralklassen von 225 000 Sternen enthält, die an der Harvard-Sternwarte von 1918–1924 bestimmt wurden. Der Katalog entspricht den Bänden 91 bis 100 der »Harvard Annals«. Eine Erweiterung mit 47 000 Sternen ist die zwischen 1925 und 1936 erstellte Henry-Draper-Extension.

Henyey-Linie (Henyey track). Eine nahezu horizontale Linie, die zwischen der Hayashi-Linie und der Hauptreihe im Hertzsprung-Russell-Diagramm verläuft. Bewegt sich ein junger Stern längs dieser Linie, steigen Oberflächentemperatur und Leuchtkraft zunächst an. Kurz vor Erreichen der Hauptreihe sinkt die Leuchtkraft geringfügig, da sich der Stern wegen des Einsetzens der atomaren Kernreaktionen ausdehnt.

HEOS. Bezeichnung für 2 Erdsatelliten der ESA zur Erforschung des interplanetaren magnetischen Feldes und der Magnetosphäre der Erde. Die Starts erfolgten am 5. 12. 1968 bzw. 31. 1. 1972 in stark exzentrische Bahnen zwischen etwa 400 und 225 000 bzw. 245 000 km Höhe. Der Name der inzwischen verglühten Satelliten ist eine Abk. für »Highly Eccentric Orbit Satellite«.

Hera. Eine früher benutzte inoffizielle Bezeichnung für den Jupitersatelliten Elara.

Herbig-Haro-Objekte (Herbig-Haro objects). Nebelartige, knotenförmige und schwach leuchtende Bereiche, die nach ihren Entdeckern G. Herbig und G. Haro benannt wurden. Sie liegen ausschließlich in Gebieten mit viel interstellarer Materie. Man hielt sie daher anfänglich für extrem junge Sterne, die gerade aus der interstellaren Materie kondensieren und kontrahieren. Neuere Untersuchungen zeigten aber, daß diese Vermutung unrichtig ist. Heute hält man die Objekte für Auswürfe sehr junger Sterne, z.B. der T Tauri-Sterne. Tatsächlich zeigen diese einen Masseverlust von 10^{-9} bis 10^{-4} Sonnenmassen pro Jahr. Dieser Sternwind strömt mit Geschwindigkeiten von 100 bis 1000 km/s aus und wird bei seinem Auftreffen auf die interstellare Materie abgebremst, wobei Schockwellen entstehen. Aus in der Äquatorebene junger Sterne ausgebreiteten Staubscheiben (die sich vielleicht später zu Planetensystemen weiterentwickeln) strömt gelegentlich auch senkrecht dazu Materie weg und bildet längliche Jets, die in einigen Fällen tatsächlich beobachtet wurden. Sie erstrecken sich dann oft von dem jungen Stern bipolar nach zwei Seiten hin.

Herbst (autumn). Eine Jahreszeit, die für die Nordhalbkugel der Erde beginnt, wenn die Sonne den Herbstpunkt von Norden nach Süden überschreitet.

Herbstäquinoktium (autumnal equinox). Die Herbst-Tagundnachtgleiche.

Herbstpunkt (First Point of Libra). Der Schnittpunkt zwischen der Ekliptik und dem Himmelsäquator, den die Sonne zur Zeit des Herbstäquinoktiums von Norden nach Süden überschreitet.

Hercules. Lateinische Bezeichnung für das Sternbild Herkules.

Hercules A. Eine starke Radiogalaxie mit zwei Jets im Sternbild Herkules (3C 348), die mit einer elliptischen Galaxie zusammenfällt.

Hercules-Haufen (Hercules cluster). Ein Galaxienhaufen, der etwa 75 helle Galaxien enthält. Die Entfernung beträgt etwa 570 Mill. Lichtjahre, die Radialgeschwindigkeit 10 300 km/s. Etwa die Hälfte der im H.-H. enthaltenen Galaxien sind spiralförmig oder irregulär, die andere Hälfte elliptisch oder dem Typ SO zugehörig.

Hercules X-1. Ein Pulsar, der im Röntgenbereich entdeckt wurde, zugleich eine gepulste Gammastrahlenquelle ist und wahrscheinlich einen Abstand von etwa 16000 Lichtjahren hat. Sein Ort hat eine Rektaszension von 16^h53^m, seine Deklination beträgt +35° (1950.0). Es handelt sich um ein Mitglied eines Bedeckungsveränderlichen mit einer Umlaufzeit von 1,7 Tagen. Die sichtbare Komponente ist identisch mit dem blauen veränderlichen Stern HZ Herculis, dessen Spektrum zwischen B und A oder sogar F schwankt. Die Röntgenquelle dürfte mit einem Neutronenstern identisch sein, der den sichtbaren Stern in einer verhältnismäßig kreisnahen Ellipse umläuft. Seine Masse beträgt 1–2 Sonnenmassen. Er besitzt auch ein Magnetfeld mit einer Stärke von $4{,}6 \cdot 10^8$ Tesla. Bei einem Umlauf wird der Neutronenstern und damit die Röntgenquelle während 0,24 Tagen bedeckt. In dieser Zeit kann von der Erde aus fast keine Röntgenstrahlung mehr empfangen werden. Die Pulsperiode und damit Rotationszeit des Neutronensterns beträgt 1,2378 s. Von der normalen Komponente strömt Materie auf den Neutronenstern über. Durch diesen Massenzuwachs von etwa 100 Mrd. t pro Sekunde wird die Rotation des Neutronensterns um 1/100000 pro Jahr beschleunigt. Ehe die hereinströmende Materie aber auf den Neutronenstern stürzt, sammelt sie sich in einer Accretionsscheibe und erhitzt sich auf viele Millionen K. Ihre Präzession verursacht eine periodische Änderung der Röntgenstrahlung in 35 Tagen. In dieser Scheibe wird die Röntgenstrahlung erzeugt (Röntgen-Doppelstern).

Herculina. Der Kleinplanet mit der Nr. 532, dessen mittlere Entfernung von der Sonne 414,6 Mill. km beträgt. Die Bahnexzentrizität ist 0,179, die Bahnneigung 16,3°. Im Jahre 1978 wurde von E. Bowell und M. A. Hearn bei einer Sternbedeckung durch diesen Kleinplaneten vielleicht ein Satellit entdeckt. Damit wäre H. der erste Kleinplanet, bei dem ein Trabant bekannt wurde. H. selbst hat einen Durchmesser von etwa 243 km, der Satellit von etwa 46 km. Er ist von dem Hauptkörper 1000 km entfernt.

AM Herculis-Sterne (AM Herculis stars). Nach ihrem Hauptvertreter AM Herculis benannte Gruppe von Röntgen-Doppelsternen. Die eine Komponente besteht aus einem gelben bis roten Zwergstern der Spektralklasse G bis M, von dem aus ein Gasstrom auf einen weißen Zwergstern überfließt. Beide Sterne sind nur einige hunderttausend km voneinander entfernt, so daß die Umlaufzeiten nur wenige Stunden betragen. Das Überströmen geschieht in einem durch ein starkes Magnetfeld bedingten engen Schlauch in Richtung auf einen der magnetischen Pole des weißen Zwergs und bewirkt eine Abbremsung seiner Rotationsgeschwindigkeit. Es kommt im Laufe der Zeit zu einer gebundenen Rotation: Der weiße Zwerg zeigt dem roten Zwerg stets dieselbe Seite. Beim Aufströmen des Gasstroms entsteht bei hohen Temperaturen eine Röntgenstrahlung. Es kommt aber nicht, wie in vielen anderen ähnlichen Fällen, zur Ausbildung einer Accretionsscheibe. Die Sterne werden auch Polare (engl. polars) genannt und gehören auch zu den kataklysmischen Veränderlichen.

DQ Herculis. Eine langsame Nova im Sternbild Herkules (Nova Herculis 1934). Es handelt sich um einen Bedekkungsveränderlichen mit einer Umlaufzeit von 4^h39^m. Als Komponenten kommen ein roter und ein weißer Zwergstern, letzter mit einer scheibenförmigen Gashülle, in Betracht. Die Nova zeigt einen regelmäßigen Helligkeitswechsel von nur 71 Sekunden. Dabei handelt es sich um die schnellste Helligkeitsschwankung, die bisher mit Ausnahme der Pulsare und kompakten

Röntgenstrahlenquellen bekannt wurde. Die Periode ist vermutlich mit der Rotationszeit des weißen Zwergs identisch.

Herkules (Hercules). Ein Sternbild des nördlichen Himmels (lateinische Bezeichnung Hercules, Abk. Her). Nach der griechischen Sage soll H. unter anderem den Nemeischen Löwen besiegt und mit der Wasserschlange Hydra gekämpft haben. Das Sternbild ist am günstigsten im Sommer zu beobachten. Hauptstern ist Ras Algethi. Im H. befinden sich auch die beiden berühmten Kugelhaufen M 13 in 23000 Lichtjahren und M 92 in 25000 Lichtjahren Abstand.

Hermes. 1. Ein Kleinplanet, dessen Durchmesser nur etwa 1 km betragen dürfte. Die große Halbachse seiner Bahn beträgt 193 Mill. km, seine Umlaufzeit 1,47 Jahre, die Bahnexzentrizität 0,474, die Bahnneigung 4,7°. H. wurde 1937 von K. W. Reinmuth (1892–1979) entdeckt; er zog damals in einem Abstand von nur 600000 km an der Erde vorüber. **2.** Projektierte, ursprünglich 21 t schwere und 16 m lange europäische Weltraumfähre der ESA, die Ende der 90er Jahre mit der Ariane 5 mit 3 Astronauten und 3 t Material gestartet werden sollte. Ihre Aufgabe wäre u. a. der Pendelverkehr zu der ebenfalls geplanten internationalen Raumstation Freedom gewesen. Das Projekt wurde zunächst wegen der schwierigen Finanzlage zurückgestellt.

Hertz. Einheit der → Frequenz (Abk. Hz).

Hertzsprung-Lücke (Hertzsprung gap). Ein Bereich im → Hertzsprung-Russell-Diagramm zwischen der Hauptreihe und dem Riesenast, der nur von sehr wenigen Sternen besetzt ist.

Hertzsprung-Russell-Diagramm, Farben-Helligkeits-Diagramm (Hertzsprung-Russell diagram, colour-magnitude diagram). Ein von E. Hertzsprung (1873–1967) und H. N. Russell (1877–1957) entwickeltes Diagramm, in dem die Spektralklasse (oder Farbe bzw. Oberflächentemperatur) und die absolute Helligkeit gegeneinander aufgetragen sind (Abk. HRD bzw. FHD). Der Grundgedanke wurde von Hertzsprung bereits 1905 gefunden und von Russell 1913 zu einem vollständigen Diagramm weiterentwickelt.

Das HRD zeigt auf seiner Senkrechten die absolute Helligkeit oder die Leuchtkraft, bezogen auf die Sonne = 1. In anderen Fällen kann aber auch die absolute (gelegentlich auch die scheinbare) Helligkeit in Größenklassen aufgetragen werden. Die hellen Sterne stehen oben, die schwächeren Sterne unten. Auf der Waagerechten sind die Spektralklassen aufgetragen und zwar derart, daß links die sog. frühen Typen O und B, in der Mitte die Spektralklassen F und G, rechts die späten Typen K und M stehen. Da der Spektraltyp eine Folge der Oberflächentemperatur ist, befinden sich also im linken Teil des HRD Sterne hoher und im rechten Teil Sterne niedrigerer Oberflächentemperatur. Außerdem finden sich links die blauweißen, in der Mitte die gelben, rechts die roten Sterne. Werden nun alle Sterne, für die die erwähnten Zustandsgrößen bekannt sind, in das HRD eingetragen, so ergibt sich ein überraschendes Bild: Das HRD ist nicht zufällig oder gleichmäßig besetzt. Vielmehr ordnen sich die meisten Sterne in einem Streifen an, der von links oben nach rechts unten verläuft, also von heißen, blauweißen, leuchtmächtigen Sternen zu kühlen, roten, leuchtschwachen Sternen. Diesen Bereich nennt man die Hauptreihe oder den Zwergast. Im oberen mittleren und rechten Teil des HRD ist ein weiterer stärker gefüllter Bereich zu finden. Hier handelt es sich um gelbe und rote leuchtmächtige Sterne, die sog. roten Riesensterne. Diesen Bereich nennt man daher den Riesenast. Unten links finden sich weitere vereinzelte

Punkte, die auf die weißen Zwergsterne zurückgehen. Die Lücke zwischen dem Riesenast und der Hauptreihe bezeichnet man als die Hertzsprung-Lücke. Sie liegt vor allem im Bereich gelbweißer bis gelber Sterne der Spektralklassen A 5 bis G 0.

Füllt man das HRD mit Punkten, die von allen möglichen Sternen stammen, so ergibt sich daraus noch nicht die tatsächliche Häufigkeit der Sterne innerhalb des HRD, da die leuchtmächtigen Sterne bevorzugt werden. Kann man sie doch bis in große Entfernungen hinaus beobachten und auf ihre Zustandsgrößen hin untersuchen, während lichtschwächere Sterne selbst in der unmittelbaren Sonnenumgebung möglicherweise gar nicht berücksichtigt werden. Um die wahre relative Häufigkeit der Sterne im HRD bestimmen zu können, beschränkt man sich auf die Sterne, die bis zu einer bestimmten Maximalentfernung stehen, z. B. 10 parsec oder 32,6 Lichtjahre. Hier kann man sicher sein, fast alle Sterne erfaßt zu haben. Dabei ergibt sich überraschenderweise ein etwas anderes Bild. Bis zu der genannten Entfernung gibt es noch keinen einzigen roten Riesenstern. Der Riesenast fehlt vollständig. Rote Riesen sind also keinesfalls so häufig im Weltall vertreten, wie es zunächst den Anschein hatte. Der nächste rote Riese ist Arktur in 36 Lichtjahren Abstand. Innerhalb der Hauptreihe zeigt sich im linken oberen Teil eine Entvölkerung, während der rechte untere Teil stärker besetzt ist. Die dort vorhandenen sog. roten Zwergsterne stellen den häufigsten Sterntyp überhaupt dar. Auch die weißen Zwergsterne sind immerhin häufiger vertreten als die roten Riesensterne. Bis etwa 10 parsec Entfernung sind schon mehrere Objekte dieser Art anzunehmen. Sterne, die in dieser Statistik wegen ihrer Lichtschwäche noch nicht enthalten sind, werden das eben gezeichnete Bild eher noch verschärfen. Von den Sternen größerer absoluter Helligkeit kann man jedenfalls sicher sein, daß sie vollständig berücksichtigt wurden (auch → Leuchtkraftfunktion).

Die seltsame Besetzung des HRD wurde im Rahmen der Theorien der Sternentwicklung früher so gedeutet, daß ein Stern als roter Riesenstern seine Entwicklung beginnt, zum linken Teil des Hauptastes läuft und darauf die Hauptreihe entlang nach rechts unten zum roten Zwergstern zusammenschrumpft. Inzwischen weiß man, daß diese Auffassung falsch war. Trotzdem ist das HRD ein Ausdruck der Sternentwicklung. Die Entwicklungswege der Sterne im HRD sind allerdings wesentlich verwickelter.

Hesperos. Griechische Bezeichnung für den Abendstern, d. h. den Planeten Venus.

Hess-Diagramm (Hess diagram). Ein Diagramm, das die Häufigkeit aufzeigt, in der die Sterne die einzelnen Bereiche des Hertzsprung-Russell-Diagramms besetzen.

Hestia. Früher gelegentlich benutzte inoffizielle Bezeichnung für den 6. Jupitersatelliten Himalia.

Hestia-Lücke (Hestia gap). Eine in der Nähe der Bahn des Kleinplaneten Hestia mit der Nr. 46 gelegene auffällige Lücke in der Häufigkeitsverteilung der Kleinplaneten. Hestia selbst ist im Mittel 378,0 Mill. km von der Sonne entfernt. Die Bahnexzentrizität beträgt 0,171, die Bahnneigung 2,3°.

Hexapod-Teleskop (hexapode telescope). Ein vom Astronomischen Institut der Ruhr-Universität Bochum und der Fa. Krupp entwickeltes Teleskop, dessen Leichtbauspiegel ähnlich des New Technology Telescope der ESA extrem dünn ist. Der zunächst gebaute Prototyp im Maßstab 1 : 10 als möglicher Vorläufer des sog. Deutschen Groß-Teleskops besitzt einen von der Fa. Carl Zeiss, Jena, hergestellten Spiegel von 1,5 m Durchmesser und nur 5,5 cm Dicke. Das H.-T. wird von 6 in der Länge variablen Beinen in Kardangelenken getragen. Der Tubus ist eine kohlefaserverstärkte Gitterkonstruktion. Spätere H.-T. könnten einen Durchmesser bis zu etwa 16 m erreichen.

H I-, H II-Gebiet (H I region, H II region). Ein Bereich des interstellaren Wasserstoffs, der neutralen Wasserstoff (H I) bzw. ionisierten Wasserstoff (H II) enthält. Die Temperatur der neutralen Wasserstoffgebiete beträgt etwa 100 K. Bei diesen tiefen Temperaturen ist ein H I-G. dunkel und sendet lediglich beim Umkippen des Spins seiner Elektronen eine Radiostrahlung mit einer Wellenlänge von 21 cm aus. Etwa 90% des interstellaren Wasserstoffs besteht aus H I-G. Die Dichte beträgt durchschnittlich 1 bis 10 Atome pro cm^3. H II-G. befinden sich in der Nachbarschaft von leuchtmächtigen Sternen. Ihre kinetische Temperatur beträgt etwa 6000 bis 10000 K, ihre Dichte ebenfalls etwa 1 bis 10 Atome pro cm^3. Freie Elektronen werden gelegentlich vorübergehend von Wasserstoffatomkernen eingefangen, bis die so gebildeten neutralen Wasserstoffatome wieder sehr schnell durch die Energiezufuhr benachbarter Sterne ionisiert werden. Beim Einfang der Elektronen durch die Wasserstoffkerne wird eine Strahlung frei, die auch im optischen Bereich liegt. Daher erscheinen die H II-G. als helle Nebel.

H-H-Reaktion, Proton-Proton-Reaktion (H-H reaction, proton-proton reaction). Ein Kernprozeß, bei dem Helium aus Wasserstoff aufgebaut wird und der weitgehend die → Energieerzeugung in den Sternen bestreitet.

Hidalgo. Der Kleinplanet mit der Nr. 944. Er wurde 1920 von W. Baade (1893–1960) entdeckt und zeigt eine ungewöhnliche Bahnform. Seine große Halbachse beträgt 868 Mill. km, die Bahnneigung 42,5°, die Bahnexzentrizität 0,66 und die Umlaufzeit um die Sonne 14,04 Jahre. Das Aphel seiner Bahn reicht bis nahe an die Bahn des Saturn, während das Perihel zwischen Mars und Jupiter liegt. Sein Durchmesser dürfte etwa 15 km betragen.

Hidschra. → Hedschra.

Hierarchie des Universums (hierarchy of the universe). Die Idee eines stufenförmigen Aufbaus des Weltalls, bei dem sich kleinere Einheiten stets zu immer größeren Einheiten zusammenschließen, z.B. die Planeten und die Sonne zu einem Sonnensystem, viele Sterne zu einem Sternhaufen oder einer Galaxie, viele Galaxien zu einem Galaxienhaufen usw. Ein solches Modell wurde erstmals von J. H. Lambert (1728–1777) vorgeschlagen und später von C.W.L. Charlier (1862–1934) weiter ausgebaut. Ein hierarchisch aufgebautes Weltall wäre unendlich. Die modernen Beobachtungen und theoretischen Überlegungen sprechen jedoch gegen ein derartiges Modell. Die H.d.U. scheint spätestens bei den Superhaufen und Hubble-Bubbles beendet zu sein.

Hierro. → Ferro.

Higgs-Teilchen (Higgs particles). Hypothetische Teilchen auf der subatomaren Ebene, die in der Theorie erforderlich sind, um die Elementarteilchen mit Masse zu versehen. Auch für den »Schub«, der seit einiger Zeit vermuteten Inflation des frühen Universums, könnte das Higgs-Feld verantwortlich sein. Aus der Theorie folgt für die Energiedichte des Higgs-Feldes eine Äquivalentdichte von etwa 10^{76} g/cm^3. Unterschritt die Dichte der Energie des frühen Universums diesen Betrag, bestimmte die Energie des Higgs-Feldes die Dynamik des Universums und entsprach einem vorübergehenden konstanten, aber extrem hohen Hubble-Effekt.

Hilda-Gruppe (Hilda group). Eine Gruppe von Kleinplaneten, die nach dem Kleinplaneten 153 Hilda benannt wurde. Die Umlaufzeit dieser Kleinplaneten beträgt etwa 2/3 der Umlaufzeit des Jupiter.

Himalia. Der Satellit VI des Jupiter. Er wurde 1904 von C. Perrine (1867–1951) entdeckt. Seine Umlaufzeit beträgt 250,57 Tage, sein mittlerer Abstand von Jupiter 11476000 km, seine Bahnneigung 28°, die Bahnexzentrizität 0,158. Bei einer scheinbaren Helligkeit von $+14^{m}_{.}2$ in mittlerer Opposition dürfte er nur einen Durchmesser von etwa 180 km haben.

Himmel, Himmelsgewölbe, Himmelskugel (sky). Die bei wolkenfreier Wetterlage sich über uns ausspannende Sphäre, die uns allseitig wie eine große Halbkugel zu umgeben scheint. Infolge einer optischen Täuschung zeigt sich der H. allerdings nicht als eine Halbkugel, sondern erscheint flach gedrückt. Die Distanz zwischen dem Beobachter und einem Punkt des H. am Horizont erscheint größer als die Distanz zwischen dem Beobachter und dem Zenit.

Himmelsachse, Weltachse (axis of the celestial sphere). Die Verlängerung der Erdachse zum Himmelsgewölbe. Die H. schneidet dieses am Himmelsnordpol und -südpol.

Himmelsatlas (star atlas, celestial atlas). Eine Zusammenstellung mehrerer Sternkarten, u. U. in Verbindung mit anderen astronomischen Karten, z. B. der Oberfläche des Mondes und der Planeten usw.

Himmelsglobus, Sternglobus (celestial globe, star globe). Eine Kugel, auf deren Oberfläche die gesamte Himmelskugel mit Sternen, Sternbildern und evtl. besonderen Objekten wie Sternhaufen, Nebel, Milchstraße usw. dargestellt ist. Meist ist auf einem derartigen Globus auch ein Koordinatensystem eingetragen. Ein H. kann so konstruiert sein, daß man die Sternbilder von einem außerhalb befindlichen Beobachter seitenrichtig betrachtet. Viele H. sind aber auch so konstruiert, daß sie eigentlich von einem Beobachter im Mittelpunkt des Globus aus betrachtet werden müßten. Bei diesen Globen erscheinen die Sternbilder von außen betrachtet seitenverkehrt.

Himmelskarte (star map). Eine kartenmäßige Wiedergabe einzelner Felder des Himmelsgewölbes mit Sternen und anderen Objekten (→ Sternkarte).

Himmelskugel (celestial sphere). → Himmel.

Himmelskunde (astronomy). Volkstümliche Bezeichnung für die Astronomie.

Himmelslicht (day glow). Die Aufhellung des Himmels, die tagsüber dadurch entsteht, daß das Sonnenlicht an den Molekülen unserer Erdatmosphäre, aber auch an einzelnen Staubteilchen, gestreut und teilweise polarisiert wird. Da das kurzwellige, blaue Sonnenlicht stärker gestreut wird als das langwellige, rote Licht, erscheint der wolkenfreie Taghimmel blau. Enthält dagegen die Atmosphäre Wassertröpfchen oder andere größere Partikel (Dunst), so erscheint der Himmel weißlich. Auch während der Nacht zeigt der Himmel eine gewisse Aufhellung (→ Nachthimmelslicht).

Himmelsmechanik (celestial mechanics). Das Teilgebiet der Astronomie, das sich mit den Bewegungen der Himmelskörper beschäftigt. Die H. ist eine konsequente Anwendung des Gravitationsgesetzes und deckt sich im wesentlichen mit der klassischen Astronomie, wie sie bis in das 19. Jahrhundert hinein fast ausschließlich betrieben wurde.

Himmelsphotographie (celestial photography). Die Anwendung der → Photographie auf die Astronomie. (Astrophotographie).

Himmelspole (celestial poles). Die Schnittpunkte der → Himmelsachse mit dem → Himmelsgewölbe. In unmittelbarer Nachbarschaft des nördlichen Himmelspols befindet sich der Polarstern. In der Nachbarschaft des südlichen Himmelspols steht der allerdings nur $5{,}^{m}5$ helle Stern σ Octantis. Wegen der → Präzession verschieben sich die H. gegenüber dem Sternhimmel.

Himmelsrichtungen (cardinal points). Die Richtungen Nord, Ost, Süd und West. Es handelt sich dabei um die Schnittpunkte des → Meridians (N, S) bzw. des ersten Vertikals → (Vertikalkreis) (O, W) mit dem Horizont. Zu diesen vier Hauptrichtungen kommen noch eine Reihe von Nebenrichtungen, wie z. B. NNO (Nordnordost), NO (Nordost), ONO (Ostnordost) usw. Um in verschiedenen Sprachen die Richtung Ost eindeutiger zu kennzeichnen, wird hierfür auch häufiger die Bezeichnung bzw. die Abkürzung E gegeben.

Himmelssphäre (celestial sphere). → Himmelsgewölbe.

Himmelsüberwachung (sky patrol). Die an verschiedenen Sternwarten systematisch durchgeführte, heute meist photographische Überwachung des gesamten Himmels oder Teile desselben zur Auffindung von Novae, Kometen, Kleinplaneten oder auch zur Neuentdeckung bzw. Überwachung veränderlicher Sterne.

Himmelswagen. Eine vor allem in Deutschland gebräuchliche Ausdeutung der sieben hellsten Sterne des Sternbilds Großer Bär, die im englisch-amerikanischen Bereich als »Big Dipper« (große Schöpfkelle) gedeutet und bezeichnet werden.

Hindscher Nebel (Hind's Nebula). Der Reflexionsnebel NGC 1554–1555, der 1852 von J. R. Hind entdeckt wurde. Der Nebel wird durch den Stern → T Tauri beleuchtet und zeigt auffällige Helligkeitsschwankungen.

Hinterdeck. Ein Sternbild des südlichen Himmels (lateinische Bezeichnung Puppis, Abk. Pup). Das Sternbild, das einen Teil des großen Schiffs Argo (→ Segel) bildet, kann nur mit seinem nördlichen Teil während des Winters von Mitteleuropa aus beobachtet werden. Der hellste Stern ist ϱ Puppis. Er ist 2400 Lichtjahre entfernt und 60000mal heller als unsere Sonne. Seine Spektralklasse ist O5. Seine scheinbare Helligkeit beträgt $2{,}^{m}3$. Ein weiterer wichtiger Stern ist φ Puppis, der in der arabischen Bez. Tureis (»Schild«) heißt. Das Sternbild verläuft durch die Milchstraße. Zahlreiche offene Sternhaufen können in ihm beobachtet werden.

Hintergrundstrahlung (cosmic background radiation). → Kosmische Hintergrundstrahlung.

Hipparcos. Ein am 9. 8. 1989 mit einer Ariane 4 gestarteter Astrometrie-Satellit der ESA. Seine Aufgabe war die Bestimmung exakter Örter, Eigenbewegungen und Parallaxen von 120000 Sternen. Der mittlere Fehler sollte bei etwa 0,002″ liegen. Wegen Versagens des Apogäumsmotors erreichte der Satellit nicht seine vorgesehene Umlaufbahn im geostationären Orbit, sondern verblieb in einer stark exzentrischen Bahn zwischen etwa 200 und 36000 km Abstand. Durch Umstellung des Programms konnte aber doch ein großer Teil des ursprünglichen Ziels erreicht werden.

Hirayama-Familien (Hirayama families). Gruppen von Kleinplaneten, die ähnliche Bahnelemente zeigen. Vermutlich sind die Mitglieder einer solchen Gruppe aus Zusammenstößen größerer Körper hervorgegangen.

Hirtenmonde, Schäferhundmonde, Wächtermonde (guardian satellites, shepherd satellites). Kleinere Satelliten, die knapp außerhalb oder innerhalb eines Planetenrings laufen. Sie halten durch ihre Beschleunigungs- (Satellit bewegt sich innerhalb) oder Bremswirkung (Satellit bewegt sich außerhalb des

Rings) die Ringteilchen in einem engen Bereich zusammen. Bekanntestes Beispiel sind die Satelliten Prometheus und Pandora des Saturn, die den F-Ring dieses Planeten zusammenschließen.

Hoba-Meteorit (Hoba meteorite). Ein 1920 auf der Hoba-Farm bei Grootfontein in Namibia gefundener 60 t schwerer und dort teilweise unter dem Erdboden liegender Meteorit, der inzwischen unter Naturschutz gestellt wurde. Es ist der größte in einem Stück bisher auf der Erde gefundene Meteorit.

Hof. 1. Gelegentlich benutzte deutsche Übersetzung für die Bezeichnung → Halo.

2. (corona). Korrekte meteorologische Bezeichnung für einen Lichtsaum um Sonne oder Mond, der im Gegensatz zum Halo eng an diesen Gestirnen anliegt und auf Beugung der Lichtstrahlen an Wassertröpfchen zurückzuführen ist. Die dabei vorherrschende Bewölkung ist vor allem Altocumulus. Im H. zeigen sich die Spektralfarben derart, daß rot außen, violett innen zu beobachten ist.

Höhe (altitude). Der Winkelabstand eines Gestirns vom Horizont. Zusammen mit dem → Azimut bildet die H. die zweite Koordinate im Horizontkoordinatensystem. Unter der absoluten H. versteht man den vertikalen Abstand eines Punktes auf der Erdoberfläche vom Meeresniveau. Die relative H. ist die Erhebung eines Punktes über einen anderen Ort. So gibt man häufig die H. von Bergen auf der Mond- oder einer Planetenoberfläche in bezug auf die Umgebung an. Die Bezeichnung »auf der H. von Tokio« bedeutet im allgemeinen Sprachgebrauch, aber auch in der Nautik, daß man sich auf derselben geographischen Breite wie Tokio befindet.

Höhenkreis (vertical circle, altitude circle). Ein Großkreis, der durch → Zenit und → Nadir geht und senkrecht auf dem Horizont steht.

Höhenstrahlung. → Kosmische Strahlung.

Höhenwinkel (vertical angle). Der Winkel zwischen der durch das Auge eines Beobachters gehenden Horizontalebene und einem anderen Punkt, der sich oberhalb oder unterhalb dieser Ebene befindet. Im ersten Falle spricht man auch vom »Erhebungswinkel«, im anderen vom »Tiefenwinkel«.

Hohlleiter (wave guide). Ein Metallrohr, das zur Weiterleitung von sehr kurzwelliger Radiostrahlung (Mikrowellen) dient.

Hohlraumstrahler. → Schwarzer Körper.

Hohlraumstrahlung (black-body radiation). Eine von einem geschlossenen Hohlraum nach allen Richtungen ausgesandte Strahlung, deren Energieverteilung in Abhängigkeit von der Wellenlänge nur von der Temperatur der Wand abhängt (→ schwarzer Körper).

Hohlspiegel (concave mirror). Ein parabolförmiger oder sphärisch geschliffener Konkavspiegel. Er erzeugt von Objekten, die sich außerhalb des Brennpunkts befinden, reelle, umgekehrte Bilder. Von Objekten, die zwischen dem Brennpunkt und der Spiegeloberfläche liegen, erzeugt ein H. scheinbare (virtuelle), aufrechte Bilder. H. werden bei einem Spiegelteleskop verwendet.

Hohlwelttheorie. Eine von K. Neupert und J. Lang zu Beginn dieses Jahrhunderts aufgestellte »Theorie«, nach der wir auf der Innenfläche einer Hohlkugel vom Erddurchmesser leben sollen. Die Erdoberfläche sei also konkav gewölbt und das gesamte Weltall würde sich innerhalb dieser Hohlkugel befinden. Diese Auffassung war schon zur Zeit ihrer Entstehung völlig unwissenschaftlich und konnte nicht mit den Realitäten in Einklang gebracht werden.

holländisches Fernrohr (Galilean telescope). Das Galileische → Fernrohr.

Holmes. Name eines Kometen, der eine Umlaufzeit von 7,05 Jahren besitzt. Er ist im Perihel 322 Mill. km, im Aphel 788 Mill. km von der Sonne entfernt. Die Bahnexzentrizität beträgt 0,414, die Bahnneigung 19,2°. Der Komet H. zählt zur → Jupiterfamilie.

Hologramm (hologram). → Holographie.

Holographie (holography). Ein nach 1948 von D. Gabor (1900–1979) entwickeltes Verfahren, für das er 1971 den Nobelpreis für Physik erhielt. Mit Hilfe von kohärentem Laserlicht, d.h. mit Licht, dessen Wellen streng im Gleichtakt schwingen, so daß sie untereinander interferieren können, werden von Objekten dreidimensionale Bilder erzeugt und gespeichert. Die so erhaltenen Hologramme können auch im Bereich der astronomischen Forschung vor allem bei der Datenspeicherung und -verarbeitung eingesetzt werden. Die H. erstreckt sich nicht nur auf den Lichtwellenbereich, sondern kann auf praktisch alle anderen elektromagnetischen Schwingungen sowie auf Schallwellen angewandt werden.

Homestake. Name einer Gold-Mine in S-Dakota, USA, in der sich wegen der Abschirmung der kosmischen Strahlung in 1500 m Tiefe seit 1965 ein astronomisches Laboratorium des Brookhaven National Laboratory befindet. Ziel war vor allem der Nachweis der von der Sonne stammenden → Neutrinos. Der Neutrino-Detektor bestand aus einem Tank mit 390000 Liter Perchloräthylen (das auch zur chemischen Reinigung dient). Durch Zählen der Argonatome, die die Neutrinos beim Einfang durch die Chloratome erzeugen, konnte die Zahl der Sonnen-Neutrinos, die die Erde erreichen, bestimmt werden. Das Ergebnis war eine um den Faktor 3 zu geringe Zahl gegenüber der theoretischen Voraussage. Allerdings konnten nur hochenergetische Neutrinos, die aus dem Betazerfall von Bor 8 in Beryllium 8 anfallen, registriert werden. Diese Reaktion spielt in der Sonne gegenüber der Proton-Proton-Reaktion nur eine untergeordnete Rolle (→ Energieerzeugung). Daher war das Ergebnis unsicher. 1992 konnte das Problem wenigstens zum Teil durch die Messungen von → Gallex gelöst werden.

Homogenitätspostulat (homogeneity). Eine in der modernen Kosmologie eingeführte Forderung, nach der es im Weltall im Mittel keinen durch irgendeine Eigenschaft ausgezeichneten Punkt gibt. Insbesondere existiert kein Mittelpunkt im Weltall.

Hooker-Teleskop (Hooker telescope). Der 2,5 m-Spiegel auf dem Mt. Wilson in Kalifornien, benannt nach J. D. Hooker, der den Bau dieses Teleskops durch eine Stiftung ermöglichte. Das H.-T. war von 1917 bis 1948 das größte Teleskop der Erde.

Horizont, Gesichtskreis (horizon). Die Kreislinie, in der scheinbar das Himmelsgewölbe und die Erdoberfläche aufeinandertreffen. Unter dem scheinbaren H. versteht man den größten Kreis, der durch die Tangentialebene durch die Augen des Beobachters geht. Der wahre H. ist parallel zum scheinbaren H. und verläuft durch den Erdmittelpunkt. Der natürliche H. stellt die durch Bergrükken, Gebäude usw. veränderte Grenzlinie zwischen Himmelsgewölbe und Erdoberfläche dar. In der Instrumententechnik schließlich spielt der künstliche H. eine Rolle. Hier wird eine zum Lot senkrechte Ebene (z.B. Quecksilberoberfläche) herangezogen. Damit kann die exakte Richtung zum Zenit oder Nadir ermittelt werden.

Horizontalkreis (horizontal circle). Ein Teilkreis an geodätischen Meßinstrumenten, der zur Bestimmung von Horizontalwinkeln dient.

Horizontalparallaxe (horizontal parallax). → Äquatorialhorizontalparallaxe.
Horizontalrefraktion (horizontal refraction). Die → Refraktion eines Gestirns, wenn dieses am Horizont steht. Sie beträgt bei einem Luftdruck von 1013 hPa und einer Temperatur von 10°C 35′23″. Sie ist damit etwas größer als der Durchmesser der Sonnen- oder Mondscheibe, so daß die Sonne durch die H. bereits über den Horizont gerückt erscheint, wenn sie tatsächlich gerade noch unter dem Horizont steht.
Horizontalsystem (horizontal system). Ein in der Astronomie und Geodäsie benutztes Koordinatensystem, nach dem die Position eines Himmelskörpers durch die → Höhe und das → Azimut angegeben wird.
Hornantenne (horn antenna). Ein hornartig gestalteter Hohlleiter, der als Antenne für Radiowellen, insbesondere im Mikrowellenbereich, dient.
Hörnerspitzen (cusps). Die Spitzen der hellen Sichel eines Planeten oder Satelliten. Die Bezeichnung wird insbesondere auf den Mond, die Venus und Merkur angewandt.
Horologium. Lateinische Bezeichnung für das Sternbild Pendeluhr.
Horoskop, Kosmogramm (horoscope, cosmogram). Eine in der → Astrologie übliche Darstellung des Standes von Sonne, Mond und Planeten sowie der Tierkreiszeichen zum Zeitpunkt der Geburt. Die wörtliche Übersetzung bedeutet eigentlich »Stundenschau«.
Horrebow-Talcott-Methode (Horrebow-Talcott method). Eine Methode zur Bestimmung der geographischen Breite. Mit Hilfe eines → Zenitteleskops werden zwei Sterne beobachtet, die nahezu dieselbe Zenitdistanz haben. Der eine Stern kulminiert nördlich, der andere Stern südlich des Zenits. Nach Beobachten ihres Meridiandurchgangs kann die geographische Breite eines Beobachtungsortes aus der → Deklination der Sterne und dem Unterschied zwischen ihren Zenitdistanzen berechnet werden.
HOTOL. Abk. für Horizontal Take Off and Landing, ein britisches Projekt für eine Raumfähre, die wie ein Flugzeug horizontal starten und landen soll. Die Verwirklichung ist umstritten.
HRD. Abk. für das → Hertzsprung-Russell-Diagramm.
Hubble-Bubbles. Die Einheiten der in letzter Zeit wahrscheinlich gewordenen → Blasenstruktur des Universums und in der räumlichen Verteilung der Galaxien. Die »Blasen« sind in ihrem Innern fast leer, während sich die Galaxien bevorzugt an deren »Oberfläche« befinden.
Hubble-Effekt (Hubble law). Die vor allem von E. P. Hubble (1889–1953) erforschte systematische Rotverschiebung der Spektrallinien der Galaxien in Abhängigkeit von ihrer Entfernung. Da diese Rotverschiebung heute fast allgemein als eine Auswirkung des → Dopplereffekts gedeutet wird, handelt es sich hier um einen beobachtungsmäßigen Hinweis auf die Expansion des Weltalls. Versuche, den H.-E. auf andere Ursachen zurückzuführen, etwa eine Art »Ermüdung« des Lichtes, scheitern allein schon daran, daß derartige Annahmen durch das Experiment oder andere Beobachtungen keine Bestätigung finden. Auf der anderen Seite läßt sich aber die Annahme einer Expansion des Weltalls gut in unsere heutigen Theorien vom Aufbau des Weltalls einfügen.
Die Fluchtgeschwindigkeit der Galaxien pro 1 Megaparsec Entfernung bezeichnet man auch als Hubble-Konstante H. In den vergangenen Jahrzehnten wurden viele Untersuchungen zu ihrer zahlenmäßigen Ermittlung durchgeführt. Nach verschiedenen Korrekturen scheint heute der richtige Wert der Konstante zwischen etwa 50 km/s und 100 km/s pro Mpc Entfernung zu liegen. Die Schwie-

rigkeiten in der Bestimmung der Konstante liegen darin, daß von einer genügenden Anzahl von Galaxien verläßliche Entfernungsangaben vorliegen müssen. Die mittlere Fluchtgeschwindigkeit der Galaxien beträgt v = H·*r*, wobei die Entfernung *r* in Mpc einzusetzen ist. Die größte bei Quasaren bisher ermittelte Fluchtgeschwindigkeit beträgt weit über 270 000 km/s. Bei sehr hohen Geschwindigkeiten müssen allerdings die Formeln der speziellen Relativitätstheorie angewandt werden. Die Linienverschiebung im Spektrum beträgt dann

$$\frac{\Delta\lambda}{\lambda} = \frac{\sqrt{1 + v/c}}{\sqrt{1 - v/c}} - 1$$

Hierbei bedeutet v die Fluchtgeschwindigkeit, *c* die Lichtgeschwindigkeit. Der Begriff »Konstante« ist irreführend. Tatsächlich ist dieser Wert ziemlich sicher mit zunehmendem Weltalter veränderlich und nimmt in der gegenwärtigen Entwicklung des Universums mit der Zeit mehr oder weniger stark ab.

Hubble-Nebel (Hubble Variable Nebula). Der in Helligkeit und Form veränderliche → Reflexionsnebel NGC 2261 um den Stern R Monocerotis.

Hubble-Radius (Hubble radius). Der Radius des durch Beobachtungen grundsätzlich erforschbaren Universums. Er beträgt c/H, wobei c die Lichtgeschwindigkeit und H die Hubble-Konstante ist. Diese gelegentlich auch als Weltradius bezeichnete Zahl beträgt z. B. bei einer Hubble-Konstanten von 50 km/s pro Mpc 19,5 Milliarden Lichtjahre.

Hubble Space Telescope, Large Space Telescope, Space Telescope. Das nach E. P. Hubble (1889–1953) benannte Weltraumteleskop der NASA, das am 24. 4. 1990 mit dem Space Shuttle gestartet wurde (Abk. HST). Es besitzt eine Länge von 13,1 m und einen Durchmesser von 4,27 m. Der Hauptspiegel aus Glaskeramik hat 2,4 m Durchmesser. Dazu kommt eine Kamera der ESA zur Aufnahme von Objekten bis zur 28. Größenklasse herab, ein lichtstarker Spektrograph zur Untersuchung schwacher Objekte sowie ein hochauflösender Spektrograph für etwas hellere Objekte, ein Photometer zur Erfassung schneller Helligkeitsänderungen punktförmiger Quellen sowie eine Weitwinkel/Planetenkamera. Leider zeigte der Hauptspiegel nach dem Start eine sphärische → Aberration, die auf eine Bearbeitungspanne zurückzuführen war. Dieser Fehler wurde Ende 1993 durch eine Korrekturoptik behoben.

Hubble-Zeit (Hubble time). Der Kehrwert der Hubble-Konstante (→ Hubble-Effekt, -Radius), der gelegentlich auch als »Weltalter« bezeichnet wird. Unter Annahme einer konstanten Expansion des Weltalls (die allerdings nicht zu erwarten ist) beträgt die Hubble-Zeit 19,5 Milliarden Jahre.

Hufeisenmontierung (horseshoe mounting). → Montierung.

Hüllenstern (shell star). Ein Stern mit einer weit ausgedehnten Gashülle, die sich durch Emissionslinien, in deren Mitte scharfe Absorptionslinien liegen, nachweisen läßt. Vermutlich entstehen die Hüllen durch schnelle Rotation des Sterns. Infolge der Fliehkraft werden dabei am Äquator des Sterns Gasmassen abgeworfen.

Hulse-Taylor-Pulsar. Ein im Jahre 1975 entdeckter Pulsar in einem Doppelsternsystem. Das Objekt besteht vermutlich aus zwei Neutronensternen, die sich in einer stark exzentrischen Bahn in 0,3230 Tagen umkreisen. Die Pulsationsperiode der einen Komponente beträgt 59 Millisekunden. Das Objekt steht im Sternbild Pfeil und wird gelegentlich auch als → Binär-Pulsar bezeichnet.

Hund, Großer (Big Dog). Ein Sternbild am südlichen Himmel (lateinische Bezeichnung Canis Maior, Abk. CMa). In der griechischen Mythologie gilt der G. H. als der Jagdbegleiter des Himmelsjägers Orion. Das Sternbild kann von Mitteleuropa aus in Winternächten über dem Südhorizont beobachtet werden. Hauptstern ist Sirius, der hellste Stern des Himmels. Der zweithellste Stern β Canis Maioris trägt auch die arabische Bezeichnung Mirzam (»der Vorausgehende«). Er ist $2\overset{m}{,}0$ hell und 650 Lichtjahre entfernt. Im G. H. befinden sich einige bekannte offene Sternhaufen.

Hund, Kleiner (Little Dog). Ein Sternbild in der Nähe des Himmelsäquators (lateinische Bezeichnung Canis Minor, Abk. CMi). Das Sternbild gilt als Jagdbegleiter des Orion. Hauptstern ist Procyon. Im übrigen enthält das Sternbild, das vor allem in Winternächten beobachtet werden kann, nur wenige Sterne.

Hundsstern (Dog Star). Volkstümliche Bezeichnung für den Stern → Sirius.

Hundssternperiode (Dog Star period). → Sothisperiode.

Hundstage (dog days, canicular days). Volkstümliche Bezeichnung für die heißesten Tage des Jahres etwa zwischen dem 23. Juli und 23. August. In den USA werden sie meist schon vom 12. Juli an gezählt. In früherer Zeit fiel der Beginn dieser heißesten Zeit mit dem Frühaufgang (→ Aufgang) des Sirius, des sog. Hundssterns, zusammen. Infolge der → Präzession erfolgt der Frühaufgang von Sirius heute aber erst Ende August.

Huygenssche Region (Huygens region). Der hellste Teil des → Orionnebels.

Huygenssches Prinzip (Huygens principle). Ein Prinzip in der Wellenlehre, nach dem jeder Punkt eines gleichförmigen Mediums, das von einer Welle erreicht wird, als Ausgangspunkt einer neuen sich sphärisch ausbreitenden Welle angesehen werden kann. Mit diesem Prinzip kann die Brechung, Beugung und Interferenz von Wellen erklärt werden.

Hyaden (Hyades). Eine aus dem Griechischen stammende Bezeichnung (deutsch: Regengestirn) eines offenen Sternhaufens im Sternbild Stier. Er ist gleichzeitig ein → Bewegungssternhaufen. Die H. enthalten über 150 Sterne der Spektraltypen A 1 bis K mit dem verhältnismäßig jungen Alter von rund 500 Mill. Jahren. Die Radialgeschwindigkeit beträgt +36 km/s. Der Konvergenzpunkt des Sternhaufens liegt nordöstlich des Sterns Beteigeuze im Orion bei einer Rektaszension von $6^{h}08^{m}$ und einer Deklination von +9° (1950.0). Die Entfernung von der Erde beträgt etwa 150 Lichtjahre. Der Hauptstern des Stiers, Aldebaran, gehört nicht zu den H., obwohl er dicht neben ihnen erscheint. Es ist ein Vordergrundstern.

Hydra. Lateinische Bezeichnung für das Sternbild (weibliche) Wasserschlange.

Hydraiden (Hydraids). Ein schwacher Meteorstrom, der zwischen dem 12. März und 5. April tätig ist. Der → Radiant liegt im Sternbild Hydra (Wasserschlange).

Hydromagnetik (hydromagnetics). → Magnetohydrodynamik.

hydrostatisches Gleichgewicht (hydrostatic equilibrium). → mechanisches Gleichgewicht.

Hydrus. Lateinische Bezeichnung für das Sternbild (männliche) Wasserschlange.

Hygeia. Der Kleinplanet mit der Nr. 10, der 1849 von de Gasparis aufgefunden wurde. Seine große Bahnhalbachse beträgt 469,0 Mill. km. Im Perihel ist er 424,9 Mill. km, im Aphel 517,6 Mill. km von der Sonne entfernt. Die Bahnexzentrizität beträgt 0,121, die Bahnneigung 3,8°. H. hat einen Durchmesser von 410 km. Bei einer Albedo von 0,03 gehört er zu den Kleinplaneten vom Typ C.

Hyperbel (hyperbola). Ein → Kegelschnitt. Die H. stellt den geometrischen Ort für alle diejenigen Punkte dar, für die die Differenz ihrer Abstände von den beiden Brennpunkten konstant ist. Die Exzentrizität einer H. ist stets größer als 1. Auf einer H. bewegt sich ein Körper von einem anderen weg, wenn dieser die Fluchtgeschwindigkeit überschreitet.

hyperbolische Geschwindigkeit (hyperbolic velocity). → Erdsatellit.

Hyperbolspiegel (hyperbolic mirror). Ein an der Oberfläche hyperbelförmig geschliffener Spiegel (→ Cassegrain-Spiegel).

Hyperfeinstruktur (hyperfine structure). Die nur mit hochgezüchteter Technik aufzulösende (meßbare) Aufspaltung eng benachbarter Spektrallinien, die auf den → Spin des Atomkerns und der in der Atomhülle befindlichen Elektronen zurückzuführen ist.

Hypergalaxis (hypergalaxy). → Metagalaxis.

Hyperion. Der Satellit VII des Saturn, der 1848 von W. C. Bond entdeckt wurde. Seine Helligkeit in mittlerer Opposition beträgt $+14^m$. Seine mittlere Entfernung von Saturn ist 1481000 km, seine Umlaufzeit 21,277 Tage. Seine Bahn ist um 0,4° gegen den Saturnäquator geneigt. Die Bahnexzentrizität beträgt 0,104, der Durchmesser 410 × 220 × 260 km. Die Albedo liegt bei 0,3. Trotz der Kleinheit von H. gibt es einige sehr große Krater. Einer hat 120 km Durchmesser und 10 km Tiefe. Ferner wurde ein riesiges Böschungssystem von fast 300 km Länge gefunden. H. hat eine taumelnde Rotation mit einer Periode von etwa 14 Tagen.

Hyperonen (hyperons). → Elementarteilchen, die zu den Baryonen zählen. Sie bestehen aus 3 Quarks. Mindestens ein Quark ist ein strange-Quark. H. besitzen eine Lebensdauer von höchstens 10^{-10} s.

Hz. Abk. für → Hertz.

HZ-Sterne (HZ stars). Blaue Sterne, die sich im → Hertzsprung-Russell-Diagramm im oberen horizontalen Bereich der blauen Überriesen befinden. Die Bezeichnung rührt daher, daß der erste Katalog derartiger Sterne von M. L. S. Humason (1891–1972) und F. Zwicky (1898–1974) zusammengestellt wurde.

I

IAF. Abk. für → Internationale Astronautische Föderation.

Iapetus. Der Satellit VIII des Saturn. 1671 von G. D. Cassini (1625–1712) entdeckt, umkreist er Saturn in $79^{d}7^{h}55^{m}$ auf einer Bahn, deren Exzentrizität 0,028 beträgt. Seine mittlere Entfernung von Saturn beträgt 3 561 000 km. Seine Bahn ist um 14,7° gegen die Äquatorebene des Saturn geneigt. In einer mittleren Opposition ist I. etwa 11^{m} hell. Allerdings zeigt er deutliche Helligkeitsschwankungen, die bereits Cassini entdeckte. In einer westlichen Elongation erreicht er etwa $10\overset{m}{,}1$, in einer östlichen Elongation nur etwa $11\overset{m}{,}9$. Diese Änderung ist auf eine gebundene Rotation im Zusammenhang mit einer sehr unterschiedlichen Albedo des Satelliten zurückzuführen. Die im Umlauf vorausgehende Seite ist sehr dunkel (Albedo 0,04 bis 0,05), die Rückseite heller (Albedo 0,5). Bei einer Dichte von 1,2 g/cm^3 besteht I. fast nur aus Eis. Der Durchmesser beträgt 1460 km. Voyager 1 und 2 entdeckten auf ihm zahlreiche Krater.

IAU. Abk. für → Internationale Astronomische Union.

IC. Abk. für → Index Catalogue.

Icarus. Ein 1948 von W. Baade (1893–1960) entdeckter Kleinplanet mit der Nr. 1566. I. besitzt unter den Kleinplaneten eine Bahn, die ihn sehr nahe an die Sonne heranführt. Seine mittlere Entfernung von der Sonne beträgt 161,3 Mill. km, die Bahnexzentrizität 0,827, die Bahnneigung 23° und die Umlaufzeit 408 Tage. Im Perihel kommt er der Sonne auf 28 Mill. km nahe und steht in diesem Bereich seiner Bahn der Sonne noch näher als Merkur. Im Aphel ist er 295 Mill. km von der Sonne entfernt. Infolge seiner Kleinheit konnte I. nur gelegentlich in Erdnähe photographiert werden. Sein Durchmesser beträgt vermutlich nur etwa 1 km, seine Rotationsperiode $2^{h}16^{m}$.

ICE. Abk. für International Cometary Explorer. Eine amerikanische Raumsonde, die 1985 aus 7900 km Abstand den Kometen Giacobini-Zinner (erste Annäherung einer Raumsonde an einen Kometen) und 1986 den Halleyschen Kometen aus 28 Mill. km Entfernung untersuchte.

Ida. Der Kleinplanet mit der Nr. 243, an dem am 28. 8. 1993 die Raumsonde Galileo in einem Abstand von 2400 km vorüberflog. Die große Bahnhalbachse beträgt 428,1 Mill. km, die Bahnexzentrizität 0,042 und die Bahnneigung 1,1°. I. ist $56 \times 24 \times 21$ km groß und zeigt Hunderte kleiner Krater von 30 bis 150 m Durchmesser, sowie viele Rillen (»grooves«). Aus der Bahn seines ebenfalls 1993 entdeckten Satelliten → Dactyl konnte die Dichte von I. zu 2,2 bis 2,8 g/cm^3 bestimmt werden. Die retrograde Rotation erfolgt in $4^{h}38^{m}$. I. gehört offenbar zur S-Gruppe der Kleinplaneten.

Ikeya-Seki. Der Komet 1965 VIII, der im Jahre 1965 sehr hell beobachtet werden konnte. Er durchlief das Perihel am 21. 10. 1965 in einer Distanz von nur 469000 km über der Sonnenoberfläche, so daß er durch die Sonnenkorona flog. Die Bahnexzentrizität beträgt 0,999915, die Umlaufzeit 880 Jahre (beide Werte unsicher). Die Bahnneigung kommt auf 141,9°.

Immersion (immersion). Das Verschwinden eines Himmelskörpers hinter einem anderen, z.B. bei der Bedeckung eines Sterns durch den Mond.

immerwährender Kalender (eternal calendar). Eine Tabelle, der man die Wochentage für jeden einzelnen Tag innerhalb eines sehr großen Zeitraums entnehmen kann. Dabei spielt unter anderem der 28jährige sog. Sonnenzyklus eine Rolle, nach dem in Abständen von 28 Jahren alle Tage des Jahres wieder denselben Wochentag aufweisen.

Impakttheorie (impact theory). → Einsturztheorie.

Impuls, Bewegungsgröße (momentum). Das Produkt aus Masse und Geschwindigkeit eines Körpers. Bei Rotationsbewegungen spricht man auch vom → Drehimpuls.

Impulssatz (law of momentum). Ein Erhaltungssatz der Physik, der besagt, daß der Impuls konstant ist, wenn es sich um ein abgeschlossenes System handelt und äußere Kräfte nicht einwirken.

Index (index). Eine Markierung an einer mit einer Teilung versehenen Skala.

Index Catalogue. Eine Ergänzung des »New General Catalogue of Nebulae and Clusters of Stars«. Die Abkürzung von Objekten im I.C. ist IC.

Indexfehler (index error). Ein Fehler, der durch die unkorrekte Einstellung eines Nonius gegenüber einer eingeteilten Meßskala zustande kommt. Der I. ist ein systematischer → Fehler, der sorgfältig ermittelt werden muß.

Indianer (Indian). Ein Sternbild des südlichen Himmels (lateinische Bezeichnung Indus, Abk. Ind). Das 1603 von J. Bayer (1572–1625) eingeführte Sternbild enthält nur wenige und meist schwächere Sterne. Der Hauptstern α Indi ist $3^{m}_{,}2$ hell und 100 Lichtjahre entfernt. Gelegentlich wird die lateinische Bezeichnung auch mit »Inder« übersetzt, was aber nach der Entstehungsgeschichte dieses Sternbilds unrichtig ist.

Indus. Lateinische Bezeichnung für das Sternbild Indianer.

Inertialsystem (inertial system). Ein Koordinatensystem, in dem das → Galileische Trägheitsgesetz gültig ist. In der astronomischen Praxis stellt das System der → Fundamentalsterne eine Annäherung an ein I. dar. In der Zukunft wird versucht, mit Hilfe der Galaxien dem idealen I. noch etwas näher zu kommen. Wegen des nebligen Aussehens der Galaxien lassen sich hier aber Positionen mit weniger großer Genauigkeit angeben als bei Einzelsternen. Andererseits ließe sich jedoch auf diesem Wege der Einfluß der Rotation unserer eigenen Galaxis, die sich auf das System der Fundamentalsterne auswirkt, ausschließen.

Inertialzeit (inertial time). Ein gleichförmig ablaufendes Zeitmaß, das durch astronomische Beobachtungen nur mit einer größtmöglichen Annäherung dargestellt werden kann. So ist beispielsweise die siderische Rotationsperiode der Erde wegen jahresperiodischer und langfristiger Unregelmäßigkeiten kein eigentliches Inertialsystem. Durch Hinzufügung von Korrektionen läßt sich dies aber mit großer Annäherung an die tatsächlichen Verhältnisse erreichen.

infinite Kosmologie (infinite cosmology). → Steady-state-Theorie.

Inflation des Universums (inflationary universe). Eine vor allem von A. Guth und A. Linde zu Beginn der 80er Jahre entwickelte Theorie, nach der sich der Radius des Universums etwa zwischen 10^{-36} bis 10^{-33} s nach dem Urknall um den Faktor 10^{50} abrupt (inflationär) ausdehnte. Dieser Vorgang hängt eng mit den Vorgängen zusammen, die die → Große Vereinheitlichte Theorie für Temperaturen über 10^{27} K in der Zeit zwischen 10^{-43} und 10^{-36} s nach dem Urknall nahelegt. Es herrschten damals nur zwei Kräfte (Wechselwirkungen): Die Gravitation und die vereinigte Kraft (gelegentlich X-Kraft genannt) aus elektromagnetischer, starker und schwacher Kernkraft. Dieser Zustand war bei Unterschreiten von 10^{27} K bei 10^{-36} s nach dem Urknall nicht mehr aufrechtzuerhalten. Es kam zu einer Symmetrierechnung. Fortan existierten drei Kräfte: Gravitation, starke Kernkraft und elektroschwache Kraft. Quarks und Leptonen begannen jetzt auszufrieren. Man kann auch von einer Phasenumwandlung sprechen. Es kam zu einer vorübergehenden Unterkühlung auf 1/10000 des Wertes, der normalerweise um diese Zeit zu erwarten gewesen wäre. Das Ausfrieren von Quarks und Leptonen verzögerte sich, setzte dann aber mit großer Wucht ein. Die bei der Unterkühlung gespeicherte potentielle Energie wurde frei. Das Universum heizte sich auf und expandierte mit riesiger Geschwindigkeit. 10^{-33} s nach dem Urknall war die I. beendet. Die Theorie von der I.d.U. hilft verschiedene Probleme des früheren Standardmodells zur Entstehung des Weltalls auszuräumen:

1. Das Fehlen von magnetischen Monopolen, die bei Dichten von 10^{81} g/cm^3 in der Anfangsphase des Universums entstanden sein müßten. Diese wurden bei der I.d.U. in riesige Entfernungen »weggedrückt«.
2. die fast gleichförmige kosmische Hintergrundstrahlung.
3. die »Flachheit« des Universums.

Infrarot (infrared). Eine elektromagnetische Strahlung mit einer Wellenlänge, die größer als die des sichtbaren Lichts ist und zwischen etwa 8000 Å (800 nm) und 0,1 mm liegt. Zu noch längeren Wellenlängen hin schließt sich das Gebiet der Submillimeter- und Millimeterwellen sowie das der Radiowellen an. Da feste glühende Körper hauptsächlich diese Strahlung aussenden, spricht man auch von Wärmestrahlung. Die gelegentlich benutzte Bezeichnung »ultrarot« ist inkorrekt und sollte vermieden werden.

Infrarotastronomie (infrared astronomy). Ein moderner Teilbereich der Astronomie, der sich die Erforschung der aus dem Weltall eintreffenden Strahlung im Infrarot zur Aufgabe macht. Die Erdatmosphäre ist in diesem Wellenlängenbereich weitgehend undurchlässig. Vor allem der Wasserdampf- und Kohlendioxidgehalt unserer Atmosphäre verursacht eine starke Absorption dieser Strahlung. Jedoch gibt es in diesem Bereich einige »Fenster«, die es erlauben, wenigstens von hochgelegenen Bergobservatorien aus bereits I. in kleinem Umfang zu betreiben. Sie liegen zwischen 1,0 und 2,5 μm, 3,0 und 5,0 μm, 7,5 und 14,5 μm, 17 und 24 μm, 320 und 370 μm, 420 und 500 μm, sowie 600 und 1000 μm. Im übrigen ist man auf Flugzeug- und Ballonaufstiege in die Stratosphäre (→ Kuiper Airborne Observatory), noch besser auf Infrarotsatelliten angewiesen. Als Aufnahmegeräte kommen vor allem Photozellen (z.B. Cäsiumzellen), Halbleiterphotokathoden, Photoleiter (z.B. Bleisulfid-Zellen), Photodioden (z.B. Indiumantimonid-Detektor) in Betracht, neuerdings auch Charge-coupled devices. Sie müssen zur Verringerung von Störstrahlungen gekühlt werden.

Erstmals wurde der Himmel nach Infrarotquellen um das Jahr 1965 am Mt. Wilson-Observatorium bei einer Wellenlänge von etwa 2,2 μm untersucht. Schon damals konnten etwa 20000 Objekte, die besonders stark im Infraroten strahlen, aufgefunden werden. Meist handelte es sich um Sterne mit Oberflächentemperaturen zwischen 1000 und 2000 K. Teilweise sind es aber auch sehr heiße Sterne, die eigentlich mehr im kurzwelligen Bereich strahlen, infolge der interstellaren Absorption aber eine so starke Rötung erfahren, daß sie praktisch nur noch im infraroten Bereich entdeckt werden können. Solche Objekte liegen häufig etwa in der Richtung zum Zentrum unserer Galaxis. Das galaktische Zentrum selbst kann ebenfalls nur mit Hilfe der Radio- und Röntgenastronomie, sowie der I. untersucht werden. Aber auch die Kerne anderer Galaxien und sogar die Quasare sind starke Infrarotquellen. Eine Reihe von Galaxien senden sogar bevorzugt im Infraroten aus. Man nennt sie Infrarot-Galaxien. Ein Beispiel ist M 82 im Großen Bären. Die Gesamtausstrahlung ist mit dem Mehrbillionenfachen der Sonnenleuchtkraft oft höher als bei »normalen« Galaxien. Die Ursache könnte rund 50 K »warmer« Staub sein als Folge einer verstärkten Sternentstehung.

In neuerer Zeit sind einige Infrarotsterne und -nebel besonders interessant geworden, da sie als Vorstufen in der Entstehung von Sternen angesprochen werden dürfen (Protosterne). Solche Objekte konnten beispielsweise im Orionnebel aufgefunden werden. Auch interstellare Molekülwolken verdanken ihre Auffindung und Erforschung weitgehend der I. Aber selbst innerhalb des Planetensystems spielt die I. eine Rolle, z.B. bei der Untersuchung von Planetenoberflächen und -atmosphären oder der Auffindung noch unbekannter Kleinplaneten.

Infrarot-Cirrus (infrared cirrus). Cirruswolkenähnliche Gebiete mit Strahlung im fernen Infrarot. Sie bestehen vermutlich aus interstellaren Staubteilchen (Graphit oder dgl.) mit einer Temperatur von 30 bis 40 K.

Infrarotquelle, Infrarotstern (infrared source, infrared star). Kosmische Quelle, die Infrarotstrahlung aussendet; → Infrarotastronomie.

Inklination, Neigung (inclination). Der Winkel zwischen der Bahnebene eines Planeten oder Satelliten und der Ebene der Ekliptik oder auch der Winkel zwischen einer Satellitenbahn und der Äquatorebene des betreffenden Planeten (→ Bahnelemente).

Insolation (insolation). Der Strahlungsbetrag, der eine bestimmte Flächeneinheit auf der Erde in einer bestimmten Zeitspanne erreicht (→ Solarkonstante). Gelegentlich wird der Begriff auch einfach für die Dauer der Sonneneinstrahlung benutzt.

Instabilitätsstreifen (instability strip). Ein Streifen im → Hertzsprung-Russell-Diagramm, in dem mehrere Typen pulsierender Sterne wie Cepheiden, RR Lyrae-Sterne, ZZ Ceti-Sterne, δ Scuti-Sterne und pulsierende weiße Zwergsterne liegen.

Instrument (instrument). In der Astronomie werden I. zur Beobachtung des Himmels herangezogen. Schon vor Einführung des Fernrohrs gab es einfache Visier- und Winkelmeß-I. In der Gegenwart zählt man zu den astronomischen I. auch die Radioteleskope oder die Geräte zur Registrierung der Gammastrahlung, Röntgenstrahlung usw. Aber auch bestimmte Zusatzgeräte, wie sie etwa zur Photometrie oder Spektroskopie benutzt werden, gehören zu den astronomischen I. Alle wichtigen I. werden unter den betreffenden Stichwörtern abgehandelt.

Instrumentalkorrektion, Instrumentalfehler (instrumental error). Die an einen Meßwert anzubringende Korrektion, die durch bestimmte Ungenauigkeiten der Instrumente bedingt ist.

Integralphotometrie (integral photometry). Eine über einen größeren Wellenlängenbereich (Spektralbereich) durchgeführte → Photometrie.

Interamerikanisches Observatorium (Inter-American Observatory). → Cerro Tololo-Observatorium.

Interamnia. Der Kleinplanet mit der Nr. 704. Seine große Bahnhalbachse ist 458,3 Mill. km, die Umlaufzeit 5,35 Jahre. Die Bahnexzentrizität beträgt 0,147, die Bahnneigung 17,3°. Im Perihel ist I. 386 Mill. km, im Aphel 528 Mill. km von der Sonne entfernt. Der Durchmesser kommt auf 340 km. Möglicherweise hat I. eine staubfreie Oberfläche.

Interferenz (interference). Die Überlagerung zweier oder mehrerer Wellen (in der Astronomie vor allem elektromagnetischer Wellen, wie das Licht) an einer bestimmten Stelle. Beim Zusammentreffen von Berg und Tal zweier Wellen tritt Auslöschung ein. Treffen dagegen die beiden Wellen synchron aufeinander, d.h. fallen Berg auf Berg und Tal auf Tal der beiden Wellen, so verstärken sie sich gegenseitig.

Interferenzfilter (interference filter). Aus verschiedenen dünnen, nur teilweise reflektierenden Schichten aufgebautes Filter, das bestimmte Wellenlängenbereiche absorbiert.

Interferenzsystem (interference system). Ein → Radiointerferometer.

Interferometer (interferometer). Eine Einrichtung, mit deren Hilfe es möglich ist, kleine Winkel unter Ausnutzung der → Interferenz zu messen. In der optischen Astronomie versuchte erstmals A. A. Michelson (1852–1931), die Distanz nahe beieinanderstehender Sterne bis zu etwa 0,01″ herunter und den Winkeldurchmesser von Riesensternen mit einem I. zu bestimmen. Hierzu blendet man ein Objekt oder einen Spiegel auf zwei schmale Spalte ab. Um die Distanz dieser beiden Spalte zu vergrößern, wird vor das Objektiv oder den Spiegel ein Träger mit kleinen Hilfsspiegeln aufgesetzt, deren gegenseitiger Abstand verändert werden kann. Der wirksame Spaltabstand kann in solchen Fällen auf mehrere Meter vergrößert werden. Mit diesem Verfahren erblickt man im Okular des Fernrohrs statt eines punktförmigen Sterns eine Reihe sehr schmaler heller und dunkler Interferenzstreifen. Der Abstand der hellen oder dunklen Streifen voneinander fällt bei einem Einzelstern anders aus als bei einem engen und mit demselben Instrument direkt nicht mehr trennbaren Doppelstern oder bei einer kleinen Scheibe, die gleichfalls nicht mehr als solche wahrgenommen werden kann. Verändert man nun das System der beiden Spalte, so wird auch das Streifensystem entsprechend verändert, bis z.B. bei einem Doppelsternsystem die hellen Streifen des einen Sterns mit den dunklen Streifen des zweiten Sterns zur Deckung gelangen. Aus dem Abstand der beiden Spalte in dieser Situation läßt sich die Distanz enger Doppelsterne oder der Durchmesser winziger Sternscheiben bestimmen.

In der Radioastronomie spielen I. eine besonders große Rolle, da man auf diesem Wege das Auflösungsvermögen beträchtlich steigern kann (→ Radiointerferometer). Eine weitere Fortentwicklung der optischen I. ist die → Speckle-Interferometrie.

intergalaktisch (intergalactic). Zwischen den Galaxien befindlich.

intergalaktische Materie (intergalactic medium). Gas- und staubförmige Materie zwischen den Galaxien. Man darf mit einer ziemlich hohen Wahrscheinlichkeit davon ausgehen, daß der Raum zwischen den einzelnen Galaxien nicht vollständig leer ist. Mitunter gibt es helle Lichtbrükken zwischen nahe beieinander befindlichen Galaxien oder Jets, die mit Materieausbrüchen bestimmter Galaxien zusammenhängen. Gelegentlich erkennt man auch eine allgemeine Emission von Gas, vor allem in Galaxienhaufen, die von einer herausragenden Riesengalaxie beherrscht werden. Auch Röntgenmessungen weisen auf eine Menge intergalaktischen Gases mit einer Temperatur von 10^8 K hin. Ähnliches gilt für Radiobeobachtungen. In einigen Fällen absorbiert die i. M. auch den Hintergrund. So findet man z. B. hinter dem Coma-Galaxienhaufen in einem Feld von etwa 40 Quadratgrad nur 8 andere Galaxienhaufen, während in einem Nachbarfeld gleicher Größe 80 Haufen gezählt wurden. Die Absorption beträgt hier immerhin 0,6 Größenklassen. Die Herkunft der i. M. sind Kollisionen von Galaxien mit Herausschleudern interstellarer Materie, sowie Jetphänomene bei aktiven Galaxien. Insgesamt kann man davon ausgehen, daß die i. M. in einem Galaxienhaufen mindestens dieselbe Masse besitzt wie die Masse der sichtbaren Galaxien. Durch vermutlich vorhandene unsichtbare Massen kommt aber mit hoher Wahrscheinlichkeit ein noch viel höherer Betrag heraus (→ Missing mass-Problem).

Interlunium. Lateinische Bezeichnung für den Zeitpunkt des Neumonds.

International Astronautical Federation. Ein Zusammenschluß mehrerer nationaler wissenschaftlicher astronautischer Organisationen (Abk. IAF). 1950 wurde in Paris ein vorbereitender Kongreß, 1951 in London die Gründung der IAF durchgeführt. Der IAF gehören nur solche Staaten an, die sich auf dem Gebiet der Astronautik betätigen. Jährlich werden Kongresse durchgeführt. Außerdem richtet die IAF die Veröffentlichung verschiedener Publikationen aus.

International Astronomical Union. Eine im Jahre 1919 gegründete internationale Organisation, die die Zusammenarbeit der Astronomen fördert und der die meisten Länder der Erde angehören (Abk. IAU). Die IAU hält in Abständen von drei Jahren Kongresse ab, die immer wieder in einem anderen Land stattfinden. Der erste Kongreß wurde 1922 in Rom abgehalten. Die IAU gibt auch zahlreiche Publikationen heraus. Die wissenschaftliche Tätigkeit wird in zahlreichen Kommissionen durchgeführt, die teilweise auch eigene Tagungen abhalten. Besonders wichtig ist der Nachrichtendienst der IAU, der in den Händen des Smithsonian Astrophysical Observatory, Cambridge, Mass. (USA) liegt. Die dort herausgegebenen Circulare, Telegramme usw. enthalten wichtige Nachrichten über Neuentdeckungen, wie Kometen, Kleinplaneten, Novae, Pulsare, Röntgenstrahlungsquellen usw., aber auch die Ephemeriden wichtiger Objekte, die aus terminlichen Gründen nicht in den astronomischen Jahrbüchern enthalten sind. Die IAU ist auch zuständig für die definitive Namensgebung neuentdeckter Kometen, Kleinplaneten, Oberflächengebilde auf Planeten usw.

International Atomic Time. → Atomzeit, Internationale.

Internationale Polsequenz. → Polsequenz.

Internationales Einheitensystem (International System of Units, SI units). Ein System von Maßeinheiten, das 1960 auf der 11. und 1971 auf der 14. Generalkonferenz für Maße und Gewichte beschlossen wurde. Die 7 Grundeinheiten sind: Meter, Kilogramm, Sekunde, Ampere, Kelvin, Mol und Candela.

International Polar Motion Service. Ab 1963 Name für die Fortsetzung des → Breitendienstes.

interplanetar (interplanetary). Zwischen den Planeten liegend.

interplanetare Materie (interplanetary medium). Die in unserem Sonnensystem zwischen den Planeten ausgebreitete Materie, die aus kleinen festen Teilchen

(Staub) und Gas besteht. Über die Existenz der i. M. weiß man bereits seit längerem durch Beobachtungen des → Zodiakallichts und der → Sonnenkorona. In neuerer Zeit konnten auch direkte Messungen mit Hilfe von Raumsonden im interplanetaren Raum durchgeführt werden. Die interplanetaren Staubteilchen haben nur einen Durchmesser zwischen 0,1 und 100 μm und eine Masse zwischen 10^{-15} und 10^{-6} g. Nach oben hin gehen diese Teilchen sogar allmählich über in die Meteoroiden und Kleinplaneten.
Die interplanetare Staubwolke ist im wesentlichen in der Ebene der Planetenbahnen ausgebreitet. Die Gesamtmasse des Staubs beträgt etwa 10^{17} bis 10^{21} g. Die Dichte der Staubwolke in der Nähe unserer Erde liegt bei 10^{-19} bis 10^{-23} g/cm^3. Das interplanetare Gas besteht aus Wasserstoffatomkernen (Protonen), Heliumkernen, einigen wenigen Kernen schwererer Atome sowie aus Elektronen. Dabei handelt es sich im wesentlichen um den Sonnenwind, also die Materie, die von der Sonne dauernd abströmt. In Erdnähe beträgt die Dichte der Protonen 3 bis 15 Teilchen/cm^3. Die Geschwindigkeiten betragen im allgemeinen rund 470 km/s, was einem Teilchenfluß von 400 Millionen pro cm^2 und Sekunde entspricht. Das interplanetare Gas erfüllt insgesamt die sog. Heliosphäre. Je nach Sonnenaktivität kann die Teilchendichte aber auch auf das 100fache ansteigen. Dasselbe gilt für die Geschwindigkeiten, die über 1500 km/s erreichen können. Ein kleiner Betrag des interplanetaren Gases stammt auch von der Diffusion aus Planetenatmosphären und der Koma von Kometen, sowie aus dem interstellaren Gas.

interplanetarer Staub (interplanetary dust). → Interplanetare Materie.

interplanetares Gas (interplanetary gas). → Interplanetare Materie.

interplanetare Szintillation (interplanetary scintillation). → Radioszintillation.

interstellar (interstellar). Zwischen den Sternen befindlich.

interstellare Absorption (interstellar absorption). Eine Absorption des Sternlichts infolge seines Durchgangs durch die interstellare Materie. Dabei ruft der interstellare Staub eine kontinuierliche i. A., d. h. Abschwächung des Sternlichts, aber auch eine Verfärbung (Rötung) hervor. Die i. A. beträgt im Durchschnitt $0\overset{\mathrm{m}}{,}3$, in der galaktischen Ebene aber rund 2^{m} pro Kiloparsec, also 3260 Lichtjahre. Das interstellare Gas prägt aber darüber hinaus auch dem Spektrum der Sterne dunkle Absorptionslinien auf (interstellare Linienabsorption). Auch → Dunkelwolken, → Wolf-Diagramm.

interstellare Materie (interstellar medium). Staub- und gasförmige Materie zwischen den Sternen. Die i. M. fällt bereits bei einfachen optischen Beobachtungen auf. Sie ist keineswegs gleichmäßig im Raum verteilt und findet sich im wesentlichen innerhalb der Galaxien. Aber auch der Raum zwischen den Sternsystemen ist offenbar von dünner Materie durchsetzt. Die i. M. ist in den großen, flachen spiralförmigen Galaxien vor allem in der Äquatorebene ausgebreitet, wobei sie sich auch hier wieder eher in den Spiralarmen als zum Kern einer Galaxie hin findet. Häufig ist sie in wolkenartigen Komplexen konzentriert. Die einzelnen Wolken zeigen dabei einen Durchmesser zwischen etwa 10 und 30 Lichtjahren. Die Masse beträgt 10 bis 10000 Sonnenmassen. Die mittlere Dichte der i. M. in der Nachbarschaft unseres Sonnensystems beträgt etwa 0,1 Wasserstoffatome pro cm^3. Zwischen den Spiralarmen der Galaxis sinkt die Dichte auf 0,01, um in den Zentren heller galaktischer Nebel auf 1000 bis 10000 Wasserstoffkerne pro cm^3, in einigen Wolken sogar bis 100 Millio-

nen Wasserstoffatome pro cm^3 anzusteigen.
Das interstellare Gas besteht im wesentlichen aus neutralen Wasserstoffatomen (H I-Gebiete), in den hellen Nebeln auch aus ionisiertem Wasserstoff (H II-Gebiete). Rund 20% des interstellaren Gases besteht aber aus Helium. Die schwereren Elemente sind dagegen nur zu insgesamt etwa 1 bis 2% vorhanden, obwohl man durch die interstellare Linienabsorption zahlreiche Elemente feststellen konnte (z. B. Absorptionslinien von Calcium, Natrium, Kalium, Eisen, Titan). Es gibt auch → interstellare Moleküle.
Das H I-Gas sendet eine Strahlung auf einer Wellenlänge von 21 cm aus (→ Einundzwanzig-Zentimeter-Linie). Untersuchungen mit dieser Strahlung führten in den letzten Jahrzehnten zu einer teilweisen Enträtselung der Spiralstruktur unserer Galaxis.
Liegen Gasnebel in der Nachbarschaft heißer Sterne oder liegen Sterne sogar in ihnen, so erscheinen sie als helle Nebel. Haben die Sterne Oberflächentemperaturen über etwa 30000 K und senden damit eine intensive UV-Strahlung aus, so wird das Gas zum Eigenleuchten angeregt (Emissionsnebel, z. B. Orionnebel). Auch eine Radiostrahlung wird in diesen rund 10 000 K heißen Nebeln erzeugt. Liegt die Temperatur der Sterne unter 30000 K, so können nur die einliegenden Staubwolken das Licht reflektieren (Reflexionsnebel, z. B. in den Plejaden). Die Farbe des Nebels entspricht dann fast der der hellsten beleuchteten Sterne mit nur einer leichten Verfärbung.
Der interstellare Staub besteht aus kleinen Teilchen, die in das interstellare Gas eingebettet liegen. Es sind vermutlich Teilchen aus Wassereis, Graphit, Silikate, Magnetit oder Silikon-Carbit. Der Durchmesser dieser Teilchen beträgt wenig über 1/10000 mm, befindet sich also etwa im Bereich der Wellenlänge des sichtbaren Lichts. So kommt es auch zur → interstellaren Absorption. → Dunkelwolken aus Staub versperren die Sicht in die dahinter liegenden Gebiete. Diese Erscheinung ist besonders wichtig beim Blick längs der galaktischen Ebene, vor allem in Richtung zum galaktischen Zentrum. Zur Bestimmung der Absorption, Entfernung und Ausdehnung einer Dunkelwolke dient das → Wolf-Diagramm. Kleine, rundliche Dunkelwolken sind auch die → Globulen. Der Beitrag des interstellaren Staubs zur Gesamtmasse der interstellaren Materie dürfte nur bei etwa 1% liegen. In einem Würfel von 100 m Kantenlänge ist im Mittel nur 1 Staubteilchen zu erwarten. Die mittlere Dichte beträgt etwa 10^{-26} g/cm^3. Die Temperatur der Teilchen liegt zwischen etwa 5 und 20 K. Da das Sternlicht, das interstellare Staubwolken durchquert, eine Polarisation zeigt, muß angenommen werden, daß die Staubteilchen eine nadelförmige Struktur aufweisen und in ein Magnetfeld eingebettet liegen, dessen Stärke in der Größenordnung von 10^{-6} Gauß (10^{-10} Tesla) liegt.
Die i. M. (Gas und Staub) stellt zur Gesamtmasse unserer Galaxis zwar nur etwa 5%; trotzdem ist sie für die Neuentstehung von Sternen bedeutsam, da sie das Rohmaterial zur Verdichtung von Materie liefert. Andererseits erhält die i. M. aber auch Nachschub von Sternen während deren späten Entwicklungsphasen sowie bei den Ausbrüchen von Novae und Supernovae. Auch die planetarischen Nebel sind Beispiele dafür, wie von Sternen Materie abgestoßen werden kann. Wegen der Entstehung schwererer chemischer Elemente im Laufe der Entwicklung der Sterne reichert sich die i. M. im Laufe der Geschichte einer Galaxis mit schwereren zu Ungunsten der leichteren Elemente an. Die heute in der

i. M. feststellbaren Elemente, die schwerer sind als Helium, entstanden also im Inneren früherer Sterngenerationen. Sterne, die sich heute aus der i. M. entwickeln, erhalten also von vornherein mehr schwerere Elemente als solche Sterne, die vor mehreren Milliarden Jahren entstanden.

interstellare Moleküle (interstellar molecules). Moleküle im interstellaren Raum. Während einige sehr einfache Moleküle, wie das zweiatomige Radikal CH und das Cyan CN, bereits 1937 bzw. 1940 im optischen Bereich entdeckt werden konnten, gelang 1963 erstmals die Entdeckung des i. M. Hydroxyl OH auf radioastronomischem Weg. In den folgenden Jahren wurden weitere i. M. entdeckt, ab 1969 auch zunächst einfache, später aber immer kompliziertere organische Moleküle. Bis jetzt wurden, einschließlich des zweiatomigen Wasserstoffmoleküls (H_2), fast 100 meist organische Moleküle gefunden. Das komplizierteste ist Cyanpentacetylen ($HC_{11}N$), das 13 Atome enthält. Weitere wichtige Moleküle neben den erwähnten sind Wasserdampf, Kohlenmonoxid, Schwefelwasserstoff, Schwefeldioxid, Blausäure, Ammoniak, Azetylen, Formaldehyd, Ameisensäure, Methylalkohol, Formamid, Methylamin, Vinylcyanid. Bemerkenswert ist, daß dabei aber nur sehr wenige Elemente beteiligt sind: Wasserstoff, Kohlenstoff, Stickstoff, Sauerstoff, Silicium und Schwefel mit einigen ihrer Isotope. Die Häufigkeit von i. M. im Verhältnis zum Wasserstoff beträgt z. B. für Kohlenmonoxid 1/10000, für komplexe Moleküle nur 10^{-7} bis 10^{-10}. Es kommen jedoch starke Streuungen, auch innerhalb einer einzelnen Wolke vor. Einige Moleküle sind gleichzeitig auch → Maser. Maser-Quellen sind mit 150 bis 1500 Mill. km Durchmesser sehr klein. Trotzdem senden sie pro Sekunde Energien von 10^{20} bis 10^{26} J aus. Möglicherweise entstehen die i. M. an der Oberfläche des interstellaren Staubs. Ihre Existenz ist auch nur in verhältnismäßig dichten interstellaren Staubwolken möglich, da sie hier vor der zerstörenden Wirkung der Ultraviolett- und Röntgenstrahlung nahegelegener Sterne geschützt sind.

interstellare Polarisation (interstellar polarization). Die Polarisation des Sternlichts in der → interstellaren Materie.

interstellarer Staub (interstellar dust). → Interstellare Materie.

interstellares Gas (interstellar gas). → Interstellare Materie.

Intervall (interval). Der Zeitraum zwischen zwei Ereignissen. Speziell in der Kosmologie: die Distanz zwischen zwei Ereignissen im vierdimensionalen Raum-Zeit-Kontinuum.

intramerkurieller Planet (intramercury planet). Ein vor allem im 19. Jahrhundert lange Zeit vermuteter und gesuchter Planet, der sich innerhalb der Merkurbahn um die Sonne bewegen sollte und der häufig mit der Bezeichnung Vulkan versehen wurde. Die Drehung der → Apsiden der Merkurbahn war damals nicht allein aufgrund des Newtonschen Gravitationsgesetzes, wohl aber auf die zusätzliche störende Wirkung eines Planeten innerhalb der Merkurbahn zurückzuführen. Verschiedene Suchaktionen nach einem i. P. blieben aber erfolglos. Der Überschuß in der Drehung der Apsidenlinie des Merkur und anderer sonnennaher Planeten kann aber heute endgültig durch die allgemeine Relativitätstheorie erklärt werden.

Invar (invar). Eine Eisen-Nickel-Legierung, die nur einen sehr geringen Ausdehnungskoeffizienten aufweist. Die Pendel besserer astronomischer Uhren bestehen aus I. Aber auch einige Teile astronomischer Teleskope werden aus I. hergestellt, um z. B. die Distanz zwischen der photographischen Platte und einem Spiegel auch bei stärkeren Temperaturschwankungen nahezu konstant zu halten.

invariable Ebene (invariable plane). Die Ebene in unserem Sonnensystem, die durch das gesamte Drehmoment in ihm bestimmt wird. Sie weicht von der Ekliptik maximal nur um etwa 1,5° ab.

Invarianz der Naturgesetze (principle of invariance). Die Forderung, daß die Naturgesetze von bestimmten Änderungen, die lediglich der Willkür des Physikers oder Astronomen unterliegen, unabhängig sind. In der Astronomie und Kosmologie bezieht sich dies insbesondere auf beliebige Koordinatentransformationen. Die Invarianzforderung erfüllt insbesondere auch die allgemeine Relativitätstheorie.

inverse Bremsstrahlung (inverse bremsstrahlung). Die Absorption eines Photons durch ein Elektron im Feld eines Atomkerns.

inverser Compton-Effekt (inverse Compton effect). Der Zusammenstoß zwischen einem Photon und einem energiereichen Elektron der kosmischen Strahlung, bei dem ein bestimmter Energiebetrag des Elektrons auf das Photon übergeht.

Inversion (inversion). Eine Schicht in der Troposphäre der Erdatmosphäre, in der die in der Regel vorhandene vertikale Temperaturabnahme vom Erdboden nach oben eine vorübergehende Umkehrung erfährt. Am geläufigsten ist die sog. Front-I., wie sie an Warmfronten der Tiefdruckgebiete zu beobachten ist. Daneben gibt es die sog. Boden-I., die vor allem während der Nachtstunden auftritt. Die sog. Schrumpfungs-I. in Höhen von 6000 bis 12000 m über dem Erdboden verdankt ihre Entstehung einer dynamischen Erwärmung absteigender Luftmassen vor allem in der kälteren Jahreszeit und in Hochdruckgebieten.

Io. Der erste Satellit des Jupiter. Sein Durchmesser beträgt 3630 km, seine mittlere Dichte 3,57 g/cm^3. Seine Albedo beträgt 0,60. Seine Umlaufzeit um Jupiter beträgt 1,77 Tage, seine Bahnexzentrizität 0,004, seine Bahnneigung 0,04°. Die Umlaufbewegung beeinflußt offenbar stark die Radiostrahlung des Jupiter im Meterwellengebiet. An der Oberfläche von I. wurden zahlreiche aktive Vulkane entdeckt, deren Auswurffontänen bis in eine Höhe von 200 km reichen. Dabei fächert das Material gelegentlich auf und erzeugt eine Wolke, die wie ein großer Schirm aussieht. Die Auswurfgeschwindigkeiten erreichen dabei bis zu 1000 m/s. Mehr als 300 vulkanische Calderen mit Durchmessern bis zu 200 km wurden entdeckt. Der größte Vulkan ist der herzförmig erscheinende Pele mit 1200 km Durchmesser. Offenbar ändert sich das Bild der Oberfläche, die stark orangerot erscheint, innerhalb kürzester Zeit erheblich. Der Vulkanismus wird auf starke Gezeitenwirkungen des nahen Jupiter zurückgeführt. Sie sind immerhin 300mal größer als die Gezeitenwirkungen der Erde auf den Mond. Ferner stehen die Umlaufzeiten von I., Europa und Ganymed im ganzzahligen Verhältnis 1 : 2 : 4. I. erfährt dadurch starke Bahnstörungen. Er »schwingt« periodisch um eine mittlere Bahn. Dadurch verändern sich die Gezeiten durch Jupiter sehr stark. Das Innere wird regelrecht gequetscht, erwärmt sich und schmilzt auf. Eine Natriumwolke längs der Bahn scheint ebenfalls in Zusammenhang mit dem Vulkanismus zu stehen. Ferner verfügt I. über eine extrem dünne Atmosphäre vor allem aus Schwefeldioxid mit einem Bodendruck von höchstens 0,001 hPa und über eine Ionosphäre. Am Boden dürfte es auch Schwefel und gefrorenes Schwefeldioxid geben.

Ion (ion). Atome, Moleküle, Molekülteile oder Elementarteilchen, die eine elektrische negative oder positive Ladung tragen.

Ionisation, Ionisierung (ionization). Die Entstehung von Ionen aus zunächst neutralen Atomen oder Molekülen. Hierzu muß dem Atom eine bestimmte I.-Energie zugeführt werden, sei es durch Stoß mit schnelleren Teilchen (Stoß-I.), durch hohe Temperaturen (Temperatur-I.) oder durch eine energiereiche Strahlung (Photo-I.). Am geläufigsten ist der Vorgang der I. eines ursprünglich neutralen Atoms, das danach eine positive Ladung zeigt. Die abgetrennten Elektronen sind dagegen negativ geladen. Bei Atomen, die über mehrere Elektronen verfügen, also bei allen Atomen, die eine höhere Ordnungszahl haben als Wasserstoff, kann mehrfache I. auftreten. So bezeichnet man beispielsweise neutrales Eisen mit Fe I. Einfach ionisiertes Eisen, bei dem die Atome jeweils 1 Elektron verloren haben, bezeichnet man mit Fe II, zweifach ionisiertes Eisen mit Fe III usw. Der umgekehrte Vorgang zur I. ist die → Rekombination.

Ionisationsgrad (degree of ionization). Der Prozentsatz der ionisierten Teilchen in bezug auf alle vorhandenen Teilchen. Er wird bestimmt durch die → Saha-Gleichung.

Ionisations-Spannung (ionization potential). Die Mindestenergie, die erforderlich ist, um ein Elektron von einem Atom zu entfernen. Für Wasserstoff beträgt die I.-S. 13,596 eV, was einer Wellenlänge von 912 Å (91,2 nm) entspricht. Zur Entfernung eines zweiten Elektrons von einem einfach ionisierten Atom ist stets eine höhere Energie erforderlich als zur Entfernung des ersten Elektrons usw.

Ionosphäre (ionosphere). → Erdatmosphäre.

IRAS. Abk. für »Infrared Astronomical Satellite«. Ein am 26. 1. 1983 in den USA gestarteter britisch-niederländischer Satellit mit einem 60 cm-Teleskop und 64 Halbleitersensoren. Ziel war eine vollständige Infrarot-Durchmusterung des Himmels bei den Wellenlängen 12, 25, 60 und 100 μm. Insgesamt wurde bis August 1983 fast der ganze Himmel zweimal abgetastet. Praktisch bedeutete dies mit dem angewandten Rasterverfahren, daß alle festen Infrarotquellen 8 mal erfaßt wurden. Anschließend folgte bis zum November 1983 nochmals eine Durchmusterung. Dann war das Helium für die Kühlung der Empfänger verbraucht. 1983 wurde ein Verzeichnis von 245 000 Infrarot-Punktquellen herausgegeben. Weitere spezielle Daten enthielten spätere Veröffentlichungen. Als Nebenprodukt wurden von I. auch mehrere neue Kometen, Kleinplaneten, Staubhüllen um Sterne u. a. entdeckt.

Iris. Der Kleinplanet mit der Nr. 7, der 1847 von J. R. Hind entdeckt wurde. Seine große Bahnhalbachse beträgt 357,0 Mill. km, die Bahnexzentrizität 0,2289, die Bahnneigung 5,5° und die Umlaufzeit 3,69 Jahre. Im Perihel ist er 275,3 Mill. km, im Aphel 439,8 Mill. km von der Sonne entfernt. Sein Durchmesser ist 209 km. Die Albedo liegt bei 0,15. Die Rotationszeit kommt auf 7^h08^m.

Irisblende (iris diaphragm). Eine Lochblende, die aus einzelnen Lamellen zusammengesetzt ist und deren freie Öffnung verändert werden kann.

Irisblendenphotometer (iris diaphragm photometer). Ein → Photometer, das eine → Irisblende zur Bestimmung des Durchmessers des auf einer Photoplatte abgebildeten Sternscheibchens benutzt. Auf diesem Wege ist es möglich, Sternhelligkeiten zu messen.

irisierende Wolken (iridescent clouds). In perlmutterartigen Farbtönen erscheinende Wolken, die vor allem tagsüber bei Cirrus- oder Altocumulusbewölkung beobachtet werden können. Am meisten tritt das Irisieren bei Altocumulus lenticularis auf. Am häufigsten sind grüne und rote Färbungen. Meist sind die i. W. in der Nachbarschaft der Sonne, gelegentlich aber bis zu Distanzen von über 20° zu beobachten. Sie treten in der Troposphäre auf.

Irradiation (irradiation). Eine optische Täuschung, die helle Objekte auf dunklem Hintergrund größer erscheinen läßt. Bei der Himmelsbeobachtung spielt die Irradiation z. B. bei der Beobachtung der Mondsichel eine Rolle. Die Sichelenden scheinen den unbeleuchteten, dunklen Teil des Mondes zu überlappen.

ISEE. Abk. für International Sun-Earth-Explorer, drei europäisch-amerikanische Satelliten, die 1977/78 zur Erforschung → solar-terrestrischer Beziehungen gestartet wurden. ISEE-3 wurde später in → ICE umbenannt.

Ishtar Terra. Das höchste Hochland auf Venus. Die an seiner Ostseite gelegenen Maxwell Montes steigen bis 10800 m über dem mittleren Venusniveau an.

ISO. Abk. für Infrared Space Observatory, ein europäischer Infrarot-Satellit der ESA, der am 17. 11. 1995 gestartet wurde. Er enthält ein 60 cm-Teleskop mit Kameras, Spektrometer, Polarimeter und Photometer.

Isobaren (isobars). Linien, die Punkte gleichen Luftdrucks miteinander verbinden.

Isophoten (isophotes). Linien, die Punkte gleicher Helligkeit oder Strahlungsintensität miteinander verbinden.

isophote Wellenlänge (isophotal wavelength). Die Wellenlänge, bei der der Energieschwerpunkt einer gemessenen Strahlung liegt.

Isostasie (isostasy). Die Unveränderlichkeit des Druckes ab etwa 100 km Tiefe unter der Oberfläche der Erde, die trotz der unterschiedlichen Belastung durch darüber lagernde Gebirge, Meere usw. durch den Ausgleich verschieden dichter Massen der dazwischenliegenden Schichten erreicht wird.

isotherm (isothermal). Bei gleichbleibender Temperatur verlaufend.

Isotherme (isotherm). Eine Kurve, die Punkte gleicher Temperatur untereinander verbindet.

Isotope (isotopes). Atomkerne mit derselben Ordnungszahl, aber unterschiedlicher Massenzahl bzw. Zahl der Kernteilchen. Die chemischen Eigenschaften der I. desselben Elements sind gleich. Sie stehen auch an derselben Stelle des Periodensystems der Elemente. Die einzelnen I. eines Elements können stabil oder instabil, d. h. radioaktiv, sein. Man unterscheidet weiterhin natürliche radioaktive und künstliche radioaktive I. Fast alle in der Natur auftretenden Substanzen stellen eine Mischung aus verschiedenen I. dar. So besteht beispielsweise der Wasserstoff zu 99,98% aus Atomkernen, die nur aus einem Proton bestehen. 0,02% entfallen aber auf den schweren Wasserstoff (Deuterium) mit 1 Proton und 1 Neutron als Kernteilchen. Hinzu kommt noch der überschwere Wasserstoff (Tritium), der allerdings in der freien Natur nicht existiert. Es handelt sich um ein künstliches radioaktives I. mit der Halbwertszeit von 12 Jahren.

Isotopenhäufigkeit (isotope frequency). Die relative Häufigkeit der einzelnen → Isotope desselben chemischen Elements.

Isotropie (isotropy). Der Umstand, daß in bestimmten Befunden der Physik und Astronomie keinerlei Richtungsabhängigkeit bestimmter Eigenschaften vorliegt.

IUE. Abk. für International Ultraviolett Explorer, ein am 26. 1. 1978 gestarteter

IUE

Ultraviolett-Satellit der NASA, ESA und eines britischen Konsortiums mit einem 45 cm-Teleskop, das vor allem für die Aufnahme von UV-Spektren eingesetzt wurde.

J

Jacobi-Ellipsoid (Jacobi ellipsoid). Ein von dem Mathematiker K.G. J. Jacobi (1804–1851) berechnetes dreiachsiges Ellipsoid. Ein gleichmäßig aufgebauter Himmelskörper, der mit gleichbleibender und genügend hoher Geschwindigkeit rotiert, nimmt diese Form an.

Jacobisches Integral (Jacobi integral). Die einzig mögliche algebraische Gleichung, die im eingeschränkten → Dreikörperproblem einen Zusammenhang zwischen den Orts- und Geschwindigkeitskoordinaten eines dritten Körpers, dessen Masse verschwindend klein ist, liefert.

Jagdhunde (Hunting Dogs). Ein Sternbild des nördlichen Himmels (lateinische Bezeichnung Canes Venatici, Abk. CVn oder CVen). Das Sternbild wurde von J. Hevel (1611–1687) eingeführt. Der Hauptstern trägt auch die lateinische Bezeichnung Cor Caroli. Das kleine Sternbild enthält außer seinem Hauptstern meist nur schwächere Sterne. In ihm liegt auch der Spiralnebel M 51 in 35 Mill. Lichtjahren Entfernung und einer Helligkeit von $8\overset{m}{,}4$. Er gehört zu den näheren Spiralnebeln, die man fast genau von oben beobachten kann. Eindrucksvoll ist auch der kugelförmige Sternhaufen M 3 in 35000 Lichtjahren Abstand und einer Gesamthelligkeit von $6\overset{m}{,}6$.

Jahr (year). Die Zeitdauer eines Umlaufs (einer Revolution) der Erde um die Sonne. Je nach Wahl des Bezugspunkts unterscheidet man verschiedene Definitionen:

1. Das tropische J. ist der Zeitraum zwischen zwei aufeinanderfolgenden Durchgängen der Sonne auf ihrer scheinbaren Bahn an der Himmelsphäre durch den mittleren → Frühlingspunkt. Es dauert (in mittlerer Sonnenzeit) $365^d5^h48^m46^s$. In der Regel wird das tropische J. aber zu dem Zeitpunkt begonnen, zu dem der Mittelpunkt der mittleren Sonne die Rektaszension 280° hat (→ annus fictus).

2. Das siderische J. ist die Zeit zwischen zwei aufeinanderfolgenden gleichartigen Stellungen der Sonne in Bezug auf die Sterne. Infolge der → Präzession der Erdachse und der damit erfolgenden allmählichen Verschiebung des Frühlingspunktes ist das siderische J. länger als das tropische J. Es dauert $365^d6^h9^m9^s$ (in mittlerer Sonnenzeit).

3.Das anomalistische J. stellt den Zeitraum zwischen zwei aufeinanderfolgenden Durchgängen der Erde durch das → Perihel ihrer Bahn dar. Es dauert $365^d6^h13^m53^s$ (mittlere Sonnenzeit). Es ist wegen der Störungen der anderen Planeten auf die Erdbewegung etwas länger als das siderische J.

Im Kalenderwesen unterscheidet man häufig noch zwischen dem Gregorianischen und dem Julianischen J. (auch → Gregorianischer Kalender, → Julianischer Kalender und → Kalender).

Unter dem Platonischen J. versteht man als Folge der → Präzession einen vollen Umlauf des Frühlingspunktes auf der Ekliptik bzw. einen Umschwung der Erdachse um die Senkrechte auf der Erdbahnebene. Es dauert etwa 25 700 J.

Jahrbücher (almanacs). Astronomische Tabellenwerke, die jeweils für einen Zeitraum von einem Jahr die → Ephemeriden sowie Zusammenstellungen anderer wichtiger astronomischer Daten enthalten. Zu den ältesten J. zählt das → Berliner Astronomische Jahrbuch, die → Connaissance des Temps und der → Nautical Almanac. Für den Fachastronomen und Amateurastronomen, die höhere Ansprüche stellen, kommt zur Zeit der → Astronomical Almanac in Betracht. Die scheinbaren Örter der → Fundamentalsterne werden in den »Apparent Places of Fundamental Stars« (Astronomisches Recheninstitut Heidelberg) veröffentlicht. Für den Sternfreund, der lediglich einfachere Amateurarbeiten verrichten möchte oder auch nur einen allgemeinen Überblick über bestimmte Himmelsereignisse sucht, sei »Das Himmelsjahr« (Franckhsche Verlagshandlung Stuttgart), »Der Sternhimmel« (Verlag Birkhäuser, Basel) und der »Kalender für Sternfreunde« (Verlag Johann Ambrosius Barth, Leipzig/Heidelberg) empfohlen.

Jahresregent (regent of the year, annual regent). In der Astrologie der Planet, der einem bestimmten Jahr seinen Charakter aufprägen soll.

Jahreszeiten (seasons). Die durch die Stellung der Sonne bedingten Unterabteilungen des Jahres. Genau genommen ist es der Zeitraum zwischen dem Durchgang der Sonne durch ein → Äquinoktium und dem nächsten → Solstitium oder umgekehrt. Die Ursache der J. ist in der Neigung der Erdachse zu suchen. Die Erdachse ist zur Zeit um 23°26′ gegen die Senkrechte auf der Erdbahnebene geneigt. Oder aber: Der Erdäquator ist um denselben Winkelbetrag gegen die Erdbahnebene geneigt. Da man die Erdbahnebene auch als Ekliptik bezeichnet, spricht man auch oft von der »Schiefe der Ekliptik«. Am 21./22. 6. ist die Nordhalbkugel unserer Erde etwas auf die Sonne zugeneigt, die Südhalbkugel etwas von ihr abgewandt. Dadurch wird die Nordhalbkugel steiler, die Südhalbkugel ungünstiger von den Sonnenstrahlen getroffen. Auf einen Punkt in 23°26′ nördl. Breite treffen die Sonnenstrahlen mittags senkrecht auf (nördlicher Wendekreis, Wendekreis des Krebses). Im nördlichen Polargebiet der Erde herrscht Polartag, und es kann die Mitternachtssonne beobachtet werden. Dieser Bereich erstreckt sich aber nur vom Nordpol an gerechnet bis 66°34′ nördl. Breite (nördlicher Polarkreis). Für den Nordpol selbst dauert der Polartag vom 21. 3. bis 23. 9. Das Südpolargebiet hat gleichzeitig Polarnacht. Auch der Bereich dieser Erscheinung erstreckt sich nur vom Südpol an gerechnet bis 66°34′ südl. Breite (südlicher Polarkreis). Befindet sich die Erde ½ Jahr später, also am 22. 12., auf der anderen Seite ihrer Bahn, so ist die Nordhalbkugel der Erde etwas von der Sonne abgekehrt, die Südhalbkugel dagegen ein wenig auf sie zugeneigt. Nun wird die Nordhalbkugel ungünstiger, die Südhalbkugel steiler von den Sonnenstrahlen erreicht. Auf einen Punkt in 23°26′ südl. Breite (südlicher Wendekreis, Wendekreis des Steinbocks) treffen die Sonnenstrahlen mittags senkrecht auf. Im Nordpolargebiet herrscht Polarnacht, im Südpolargebiet Polartag. Am 21. 3. geht die Tag-Nacht-Grenze auf der Erde über den Nordpol und Südpol hinweg. Für den Nordpol beginnt darauf der Polartag, für den Südpol die Polarnacht. Auf allen Punkten der Erde ist Tagundnachtgleiche (Äquinoktium), jedoch beginnt für die Nordhalbkugel der Frühling, für die Südhalbkugel der Herbst. Am 23. 9. ist es umgekehrt.

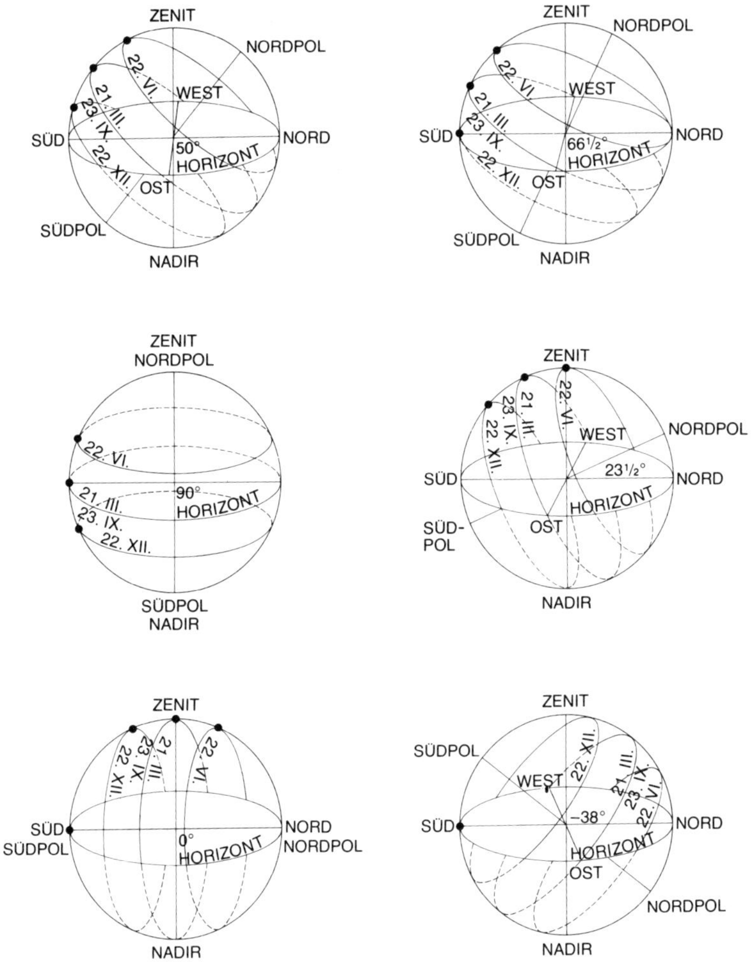

Der jährliche scheinbare Sonnenlauf von verschiedenen geographischen Breiten aus gesehen, und zwar von +50° nördl. Breite, +66,5° nördl. Breite, am Nordpol, in 23,5° nördl. Breite, am Äquator und in 38° südl. Breite

Wegen der ungleichförmigen Geschwindigkeit der Erde auf ihrer Bahn um die Sonne, bedingt durch den unterschiedlichen Abstand Erde-Sonne, sind die J. nicht gleich lang. Die Tabelle (S. 232) gibt die Verhältnisse wieder.

Da der Erdboden und die Erdatmosphäre nur verzögert auf die Sonneneinstrahlung reagieren, ist im Mittel der wärmste Tag z.B. auf der Nordhalbkugel nicht am 21./22. 6. und der kälteste Tag am 22. 12., sondern einige Wochen später zu erwarten.

Länge der Jahreszeiten

Jahreszeit	Nord-halbkugel	Süd-halbkugel
Frühling	92^d19^h	89^d20^h
Sommer	93^d15^h	$89^d\ 0^h$
Herbst	89^d20^h	92^d19^h
Winter	$89^d\ 0^h$	93^d15^h

In der Meteorologie hat sich eine andere Einteilung der J. eingebürgert. Hier umfaßt der Winter (auf die Nordhalbkugel bezogen) die Monate Dezember, Januar und Februar, der Frühling die Monate März, April und Mai, der Sommer die Monate Juni, Juli und August, der Herbst die Monate September, Oktober und November.

Jahrhundert (century). Ein Zeitraum von 100 Jahren (lateinische Bezeichnung saeculum). Da es das Jahr Null in unserer Zeitrechnung nicht gibt, umfaßte das 1. J. n. Chr. die Jahre 1 bis 100 n. Chr. Das 20. J. wird also beispielsweise erst mit dem 31. 12. 2000 schließen und das 21. J. mit dem 1. 1. 2001 beginnen.

jährliche Gleichung des Mondes (annual equation). → Gleichung des Mondes.

jährliche Ungleichheit. → Gleichung des Mondes.

Jakobsstab. Gradstock, Kreuzstab (Jacob's staff, Golden Yardarm). **1.** Ein im Mittelalter in der Astronomie und Nautik benutztes einfaches Winkelmeßinstrument, das vor allem zur Höhenmessung der Gestirne benutzt wurde. Es bestand aus einem mit Teilstrichen versehenen Stab, auf dem zwei andere dazu senkrecht stehende Stäbe verschoben werden konnten. Der Beobachter mußte nun die Stäbe so lange verschieben, bis der Horizont und das zu messende Gestirn von ihren beiden Enden scheinbar bedeckt wurden. Später wurde der J. durch den → Sextanten ersetzt.
2. Die drei nahezu gleich hellen Gürtelsterne, δ, ε, ζ Orionis (im Sternbild Orion).

Jansky. Einheit für die Intensität der kosmischen Radiostrahlung (Abk. Jy). Es ist 1 Jy = 10^{-26} Watt/m^2 Hz. Auf 1 m^2 der Erdoberfläche und in einer Bandbreite von 1 Hertz fällt also bei einer Radiointensität von 1 Jy eine Strahlung von 10^{-26} Watt.

Janus. Der Satellit X des Saturn. Er wurde 1966 von A. Dollfus entdeckt und 1980 mit Aufnahmen von Voyager 1 und 2 wiederaufgefunden. J. bewegt sich nur knapp außerhalb des Saturnrings. Seine mittlere Entfernung vom Saturnmittelpunkt beträgt 151 472 km, seine Umlaufzeit 0,6945 Tage. Bahnneigung und Bahnexzentrizität betragen 0,007 bzw. 0,1°. Sein Durchmesser liegt bei 220 × 200 × 160 km. Auf derselben Bahn wie J. läuft auch (koorbital) der Satellit Epimetheus.

JD. → Julianische Periode.

Jet-Nebel (Jet Nebula). Eine elliptische Galaxie (M 87) mit einem vom Zentrum ausgehenden optisch und radioastronomisch feststellbaren Materiepfeil. Sie fällt mit der Radioquelle → Virgo A zusammen.

Jet Propulsion Laboratory. Eine Abteilung der NASA in Pasadena, Kalifornien (Abk. JPL). Die Einrichtung wurde eigentlich bereits vor Gründung der NASA im November 1944 zur Entwicklung von Raketen ins Leben gerufen und erst Ende 1958 Teil der NASA. Vom JPL wird vor allem das sog. »Deep Space Network« betrieben, das den Kontakt mit den in größeren Entfernungen befindlichen Raumsonden aufrechterhält. Dazu gehört z.B. eine 70 m-Antenne in Goldstone, Kalifornien. Zum JPL gehören aber auch die Kontrollzentren zur Überwachung unbemannter Mond- und Raumsonden. Ferner verfügt das JPL über ein astronomisches Observatorium bei Table Mountain, Kalifornien. Auch den ersten amerikanischen Satelliten, Explorer 1, entwickelten Wissenschaftler des JPL.

Jets. Strahlenbündel, die vor allem von aktiven Galaxien, also (→ Radiogalaxien und → Quasaren) ausgehen und sich über Hunderttausende bis Mill. Lichtjahre hinweg erstrecken. Bei 3C 236 zeigt die J.struktur sogar eine Länge von 18 Mill. Lichtjahren. J. beobachtet man fast nur im Radio-, seltener auch im sichtbaren Bereich. Sie senden eine → Synchrotronstrahlung aus. In einigen Fällen beobachtet man doppelte, in anderen nur einseitige J. Doch sind vielleicht manchmal die von der Erde abgewandten J. nicht zu erkennen. Mehrere J. zeigen auch bogenförmige Strukturen. Sie entstehen, wenn sich die Galaxie mit großer Geschwindigkeit durch das intergalaktische Gas bewegt und die J. fahnenartig zurückbleiben. Als Quelle für die J. kommt u. U. ein → Schwarzes Loch in Betracht. Aus einer Accretionsscheibe (→ Accretion) heraus werden senkrecht dazu Materieströme ausgeschleudert. Doch gibt es auch andere Vorschläge. J. gehen aber auch von einigen jungen Sternen aus. Ihre Länge beträgt dann etwa 1 bis 2 Lichtjahre. Auch → bipolare Ströme, → bipolare Nebel.

Jodrell Bank. Ein englisches Radioobservatorium in der Nähe von Macclesfield, Cheshire, das von der Universität Manchester betrieben wird. Bereits nach dem 2. Weltkrieg begründet, wurde 1957 der 76 m-Radiospiegel (Mark I) errichtet, der über viele Jahre hinweg der größte, nach allen Seiten drehbare Radiospiegel der Erde war. 1964 wurde ein weiterer elliptischer Radiospiegel mit 38 × 25 m Ausmaß installiert. Seit 1980 arbeitet J. auch zusammen mit einigen ferngesteuerten 25 m-Radiospiegeln in 11 bis 127 km Abstand als → Radiointerferometer (Multi Element Radio Linked Interferometer). Auch eine Zusammenschaltung mit ausländischen Radioteleskopen wird durchgeführt.

Johnson-Morgan-System. → UBV-System.

Johnson Space Center. Eine Einrichtung der NASA südöstlich Houston, Texas. Ursprünglich hieß die Einrichtung »Manned Spacecraft Center«. 1973 wurde sie zu Ehren des früheren amerikanischen Präsidenten Lyndon Johnson umbenannt. Zu ihrer wichtigsten Aufgabe gehört die Überwachung bemannter Raumfahrtunternehmungen nach dem Start. Die erste Mission, die von Houston aus kontrolliert wurde, war Gemini 4 im Jahre 1965. Daneben war das Institut aber auch für Entwicklungsarbeiten, die Auswahl der Astronauten und die Auswertung der Apollo-Mondflüge verantwortlich (Lunar Receiving Laboratory).

Joule. Nach J. P. Joule (1818–1889) benannte Einheit der Energie, Arbeit und Wärmemenge (Abk. J). 1 J ist die Arbeit, die verrichtet wird, wenn die Kraft 1 Newton (1 N) längs eines Weges von 1 m wirkt. Es ist 1 J = 1 Nm = 10^7 erg = 0,2388 cal.

Jovilabium. Lateinische Bezeichnung für ein Modell zur Darstellung der Erscheinungen der vier größten Jupitersatelliten. Es besteht aus einer größeren Kugel, die den Planeten Jupiter darstellt, um die sich auf Stangen kleinere Kugeln, die die Satelliten bedeuten, in entsprechenden Abständen und Umlaufzeiten bewegen.

Julianische Periode (Julian period). Eine 1582 von J. J. Scaliger (1540–1609) vorgeschlagene laufende Numerierung der Tage. Der Anfangspunkt dieser Zählweise ist der 1. Januar 4713 v. Chr. (sog. Julianische Epoche). Die Bezeich-

nung rührt daher, daß der Vater von Scaliger den Vornamen Julius trug. Zu Ehren seines Vaters hatte Scaliger seine Tageszählweise entsprechend benannt. Die J. P. ermöglicht eine einfache Berechnung von Zeitintervallen und wird daher bei langfristigen Beobachtungsreihen in der Astronomie häufig benutzt. Die Abkürzung für ein bestimmtes Julianisches Datum ist J. D. oder einfach JD. Zu beachten ist, daß der Tageswechsel um 12^h WZ = 13^h MEZ erfolgt. Beispiel: Der 1. 1. 1996 0^h WZ hat die Julianische Tagesnummer (J. D.) 2450083,5. Unter der J. P. selbst versteht man die Jahreszahl seit Beginn der Zählweise des J. D. Das Jahr 1996 entspricht dem Jahr 6709 der Julianischen Periode.
Vor allem in der Astronautik benutzt man auch das 1957 eingeführte sog. Modifizierte Julianische Datum (Abk. M. J. D.). Es beginnt am 17. 11. 1858 0^h WZ. Hier ist der Tagesbeginn um 0^h WZ, nicht um 12^h WZ. Zur Umrechung: 2400000,5 J. D. = 00000,0 M. J. D.

Julianischer Kalender (Julian calendar). Der von Julius Cäsar 46 v. Chr. eingeführte Kalender, der später nach seinem Vornamen benannt wurde. Nach ihm wird in jedem 4. Jahr ein Schalttag eingefügt. Die mittlere Jahreslänge beträgt damit 365,25 Tage. Tatsächlich ist aber ein tropisches Jahr 365,2422 Tage lang. Dadurch entsteht innerhalb von 1000 Jahren ein Fehler von ungefähr 8 Tagen. Diese Abweichung wurde erst durch den → Gregorianischen Kalender ausgemerzt. In der römischen Zeit fiel das Frühlingsäquinoktium noch auf den 25. März. Die Jahre wurden nach der Gründung der Stadt Rom (vermutlich 753 v. Chr.) gerechnet. Der große Gewinn der Kalenderreform unter Cäsar, an der auch der Mathematiker und Astronom Sosigenes aus Alexandria mitwirkte, bestand aber vor allem darin, daß er sich vom → Lunisolarjahr trennte und sich ausschließlich auf die Darstellung des Sonnenlaufs beschränkte.

Juliet. Der Satellit XI des Uranus, der mit Voyager 2 im Jahre 1986 entdeckt wurde. Seine mittlere Entfernung von Uranus beträgt 64350 km, die Umlaufzeit 0,493 Tage, die Bahnexzentrizität 0 und die Bahnneigung 0,1°. Der Durchmesser beläuft sich auf 84 km. Die Albedo liegt vermutlich bei etwa 0,07.

Jungfrau (Virgin). Ein Sternbild in der Nähe des Himmelsäquators, größtenteils jedoch auf der südlichen Himmelssphäre (lateinische Bezeichnung Virgo, Abk. Vir). Es ist von der Nordhalbkugel unserer Erde aus vor allem in Frühlingsnächten zu beobachten. Hauptstern ist Spika (oder Spica geschrieben). In diesem Sternbild befindet sich auch der → Herbstpunkt. Das Sternbild gehört damit zum → Tierkreis und wird von der Sonne von etwa Mitte September bis Anfang November durchlaufen. Im nördlichen Bereich des Sternbilds liegen einige Galaxienhaufen. Bekannt ist der Doppelstern γ Virginis. Er ist 32 Lichtjahre entfernt. Die Umlaufzeit beträgt 172 Jahre. Auch einzelne Spiralnebel, die schon mit kleineren Instrumenten beobachtet werden können, stehen in diesem Sternbild, z. B. M 104, der sog. »Sombrero-Nebel«, der 37 Mill. Lichtjahre entfernt ist. In den letzten Jahren ist auch die Radioquelle → Virgo A und der → Quasar 3C 273 bekannt geworden.

Juni-Draconiden (June Draconids). Ein verhältnismäßig schwacher Meteorstrom, dessen Maximum etwa am 28. 6. auftritt. Sein → Radiant liegt im Sternbild Drache (lateinische Bezeichnung draco). Vermutlich handelt es sich um Auflösungsprodukte des Kometen Pons-Winnecke. Der Meteorstrom darf nicht mit den eigentlichen → Draconiden verwechselt werden, die im Oktober auftreten.

Juno. Der am 1. 9. 1804 von K. L. Harding (1765–1834) entdeckte dritte Kleinplanet. Seine mittlere Entfernung von der Sonne beträgt 399,4 Mill. km. Die Bahnexzentrizität ist mit 0,258 unter den vier erstentdeckten Kleinplaneten am größten. Damit ist J. im Perihel nur 296,2 Mill. km, im Aphel jedoch 501,2 Mill. km von der Sonne entfernt. Ihre Bahnneigung beträgt 13,0°. Ihre Umlaufzeit um die Sonne beläuft sich auf 4,36 Jahre. Der Durchmesser von J., die verhältnismäßig unregelmäßig geformt sein dürfte, beträgt etwa 288 km. Die Masse wird auf $3 \cdot 10^{16}$ Tonnen geschätzt. In $7^h 13^m$ dreht sie sich einmal um seine Achse. J. erscheint in einem Fernrohr etwas rötlich. Die Albedo beläuft sich auf 0,15. Das Spektrum weist darauf hin, daß die Oberfläche aus Silikaten und eisenhaltigen Gesteinen bestehen dürfte.

Jupiter. Der größte Planet unseres Sonnensystems. Seine mittlere Entfernung von der Sonne beträgt 778,7 Mill. km, seine siderische Umlaufzeit 11,87 Jahre, die synodische Umlaufzeit 398,9 Tage. Die Bahnexzentrizität beläuft sich auf 0,048, die Bahnneigung auf 1°18,3′, die mittlere Bahngeschwindigkeit auf 13,1 km/s.

Der Äquatordurchmesser ist mit 142800 km über 11mal größer als der der Erde. Der Polardurchmesser ist 8800 km kürzer. Die Abplattung beträgt 1 : 16. J. rotiert am Äquator mit $9^h 50^m 30^s$ (System I), in mittleren und höheren Breiten mit $9^h 55^m 40^s$ (System II). Das Volumen ist 1335mal und die Masse 318mal größer als bei der Erde. Die Gesamtmasse beträgt $1{,}9 \cdot 10^{24}$ Tonnen. Die Dichte ist mit 1,33 g/cm^3 nach Saturn die kleinste unter allen Planeten unseres Systems. Der J.äquator ist nur um 3°7′ gegen die Bahnebene geneigt.

J. ist der Hauptvertreter der sog. Riesenplaneten oder jupiterähnlichen Planeten. Seinem Aufbau ähneln auch die anderen großen Planeten Saturn, Uranus und Neptun. Bereits mit kleineren Instrumenten erkennt man auf J. dunkle Bänder und helle Zonen. Ferner kommen die verschiedensten Einzelheiten und Variationen vor: helle Flecke, stäbchenartige Gebilde, Brücken und Girlanden zwischen den einzelnen Bändern, rötliche, oft granatfarbene Flecke usw. Da es sich um Wolkenformationen handelt, sind sie oft schnell veränderlich. Besonders bemerkenswert ist der sog. → »Große Rote Fleck« (Abk. GRF). Es gibt aber an anderen Stellen des J. ähnliche Flecke wie den GRF, wenn auch kleiner und nicht so beständig. Die Windgeschwindigkeiten können 150 m/s (5fache Orkangeschwindigkeit auf der Erde) übersteigen. Die charakteristischen Farben in den Wolken sind vermutlich auf eine Kombination von Ammoniak und Schwefelwasserstoff zurückzuführen. Auch Phosphor bzw. Phosphorverbindungen könnten eine Rolle spielen. Die Atmosphäre besteht zu über 98% aus molekularem Wasserstoff, zu 1% aus Helium und zu 1% aus Methan, Ammoniak und anderen Bestandteilen. Die Temperatur an der Obergrenze der Wolken beträgt etwa –120°C bis –150°C. Die hohe Rückstrahlfähigkeit der Wolken bedingt auch die hohe Albedo von 0,51.

Der innere Aufbau des J. kann durch Modellrechnungen ermittelt werden. Danach gehen der Wasserstoff und das Helium in bestimmten Tiefenbereichen allmählich in den flüssigen bzw. festen Zustand über. Lediglich im innersten Kern könnten auch Gesteine oder Metalle vorhanden sein. Die Tiefe der Atmosphäre beträgt etwa 1000 km. Die Mittelpunktstemperatur dürfte zwischen 30000 und 50000 K, der Druck 40 bis 100 Mill. bar und die Dichte über 4 g/cm^3 betragen. Der Übergang in den

»metallischen Zustand« des Wasserstoffs erfolgt bei etwa 20000 bis 25000 km Tiefe (→ metallischer Wasserstoff). J. zeigt einen gewissen Wärmeüberschuß. Seine Temperaturwerte sind nicht allein daraus zu erklären, daß er von der Sonne bestrahlt wird. Vermutlich ist dies auf eine langsame Kontraktion des Planetenkerns, bei der ein wenig Energie frei wird, sowie auch auf radioaktive Zerfallsprozesse zurückzuführen. Das Verhältnis ausgestrahlter zu eingestrahlter Energie beträgt 1,67 : 1.
J. besitzt ein starkes Magnetfeld und Strahlungsgürtel, die bis zu 90 J.radien in den Raum hinausragen. Das Magnetfeld ist etwa 6- bis 30mal stärker als das irdische. Wegen seiner riesigen Ausdehnung ist seine Energie aber 20000mal größer. Die Polarität des Magnetfelds ist dem der Erde entgegengesetzt. Die Magnetachse des Planeten ist um 11° gegen die Rotationsachse geneigt und verläuft etwa 7000 km seitlich am Mittelpunkt des Planeten vorbei. Die Strahlungsgürtel enthalten Protonen und Elektronen, die etwa 10000mal energiereicher sind als die in den Strahlungsgürteln der Erde. Die höchsten Intensitäten wurden erstmals von der Raumsonde Pionier 10 innerhalb von etwa 20 J.radien gefunden. Die Strahlung ist dort 500mal stärker als die tödliche Dosis für einen Menschen. Auch die empfindlichen Geräte an Bord der Raumsonden können dadurch erheblich gestört oder außer Betrieb gesetzt werden. Bei der Bewegung der Elektronen im Magnetfeld des J. wird eine → Synchrotronstrahlung erzeugt, die mit Radioteleskopen von der Erde aus vor allem im Dezimeter-, aber auch im Meterwellengebiet aufgenommen werden kann. Es zeigen sich dabei heftige Ausbrüche (»bursts«), die auch durch den Umlauf des Satelliten Io beeinflußt werden. Neben dieser Radiostrahlung empfangen wir aber auch im Meterwellengebiet etwa zwischen 15 und 20 MHz eine Radiostrahlung, die von bestimmten Aktivitätszonen auf J. selbst stammt. Hier könnte es sich um elektrische Entladungen in der J.atmosphäre (Plasmaschwingungen) handeln, die diese ebenfalls rasch veränderliche Radiostrahlung erzeugen. Die Zentimeterstrahlung ist dagegen eine thermische Radiostrahlung und auf die Temperatur der oberen Atmosphärenschicht zurückzuführen. Man fand auf der Nachtseite von J. auch Polarlichter. 1979 konnte durch die Voyager-Sonden ein Ringsystem entdeckt werden, das maximal 30 km dick ist. Tatsächlich besteht es aus mehreren, mindestens jedoch drei Einzelringen. Ein ziemlich heller, aber sehr schmaler Ring hat einen äußeren Halbmesser von 126380 km. Ein etwa 800 km breiter Ring liegt bei 125580 km. Doch scheint das Ringsystem in einem feinen »Dunst« bis zur Obergrenze der J.atmosphäre herabzureichen. Der Durchmesser der größten Ringteilchen beträgt etwa 4 bis 10 m. Im Gegensatz zu den Teilchen im Saturnring bestehen sie aber aus Gesteinsstaub. Ihre Dichte dürfte bei 3,5 g/cm^3 liegen. 1994 wurde J. von den Trümmern des Kometen → Shoemaker-Levy 9 getroffen.

Jupiterfamilie (Jupiter family). Eine → Kometenfamilie, die durch die Störung des massereichen Jupiter auf nahe an ihm vorbeiziehende Kometen entstanden ist. Das Aphel der Bahnen dieser Kometen liegt durchweg ungefähr auf der Jupiterbahn oder knapp dahinter. Die Umlaufzeiten um die Sonne liegen zwischen 6 und 7 Jahren. Die Jupiterfamilie besitzt vermutlich etwa 70 Mitglieder, vielleicht sogar mehr.

Jupitergruppe (Jupiter group). Eine Gruppe von Kleinplaneten, deren halbe große Bahnachse etwa der des Jupiter entspricht. Hierzu zählen vor allem die → Trojaner.

Jupitersatelliten (satellites of Jupiter). Die den Planeten Jupiter umkreisenden Satelliten. Bereits im Jahre 1610 wurden von G. Galilei (1564–1642), aber gleichzeitig auch von S. Marius (1573–1624) in Ansbach und von T. Harriot (1560–1621) in England die vier hellsten und größten Satelliten entdeckt, die später die Bezeichnungen Io, Europa, Ganymed und Kallisto erhielten. Sie wurden oft auch einfach als Jupiter I, II, III oder IV bezeichnet.
Erst 1892 entdeckte E. E. Barnard (1857–1923) den 5. J. Amalthea. Die weiteren Satelliten, die bisher aufgefunden wurden, erhielten die Bezifferung VI bis XVI und die Bezeichnungen VI Himalia, VII Elara, VIII Pasiphae, IX Sinope, X Lysithea, XI Carme, XII Ananke, XIII Leda, XIV Thebe, XV Adrastea und XVI Metis. Die letzten drei wurden von Voyager 1 und 2 entdeckt, die anderen noch mit lichtstarken Teleskopen von der Erde aus. Diese bewegen sich in großer Entfernung von Jupiter auf stark exzentrischen Bahnen. Dabei sind die mittleren Entfernungen von J. VI, VII, X und XIII mit 11,09 bis 11,74 Mill. km fast gleich. Auch die Bahnneigungen ähneln sich: 24,8° bis 29,0°. J. VIII, IX, XI und XII sind sogar rückläufig. Ihre Bahnneigungen liegen zwischen 145° und 164°. Ihre mittleren Abstände von Jupiter betragen 21,20 bis 23,7 Mill. km und ähneln sich ebenfalls sehr. Möglicherweise sind diese beiden Gruppen der J. aus je einem einzigen Körper durch Auseinanderbrechen hervorgegangen.
Die vier »klassischen« J. können bereits mit einem Feldstecher beobachtet werden. Bei ihrem Umlauf um Jupiter zeigen sie verschiedene Erscheinungen, die in den astronomischen Jahrbüchern regelmäßig veröffentlicht werden, vor allem Verfinsterungen (Ein- und Austritt der Satelliten in den Jupiterschatten), Bedeckungen durch die Jupiterscheibe, Vorübergänge der Satelliten vor der Jupiterscheibe usw. Aus der zeitlichen Verfolgung der Verfinsterungen der vier »klassischen« J. konnte 1676 erstmals O. Römer (1644–1710) die Lichtgeschwindigkeit bestimmen.

Jy. Abk. für → Jansky.

Tabelle der Jupitersatelliten

Name	Durchmesser in km	mittlerer Abstand in km	Umlaufzeit in Tagen
XVI Metis	40 × 40	127 960	0,2948
XV Adrastea	25 × 20 × 15	128 980	0,2983
V Amalthea	270 × 164 × 150	181 300	0,4981
XIV Thebe	110 × 90	221 900	0,6745
I Io	3630	421 600	1,769
II Europa	3138	670 900	3,551
III Ganymed	5262	1 070 000	7,155
IV Kallisto	4800	1 883 000	16,689
XIII Leda	16 ?	11 094 000	238,72
VI Himalia	180	11 480 000	250,57
X Lysithea	40 ?	11 720 000	259,22
VII Elara	80	11 737 000	259,65
XII Ananke	30 ?	21 200 000	631 R
XI Carme	44 ?	22 600 000	692 R
VIII Pasiphae	70 ?	23 500 000	735 R
IX Sinope	40 ?	23 700 000	758 R

R bedeutet eine rückläufige Bahn.

K

K. Abk. für die Temperatur in → Kelvin.

Kabeleced. Arabische Bezeichnung (»Herz des Löwen«) für den Stern → Regulus.

Kalender (calendar). Die Einteilung der Zeit nach Jahren, Monaten, Wochen, Tagen oder anderen Einheiten. Schon in sehr früher Zeit bestand das Bedürfnis, die Zeit in Abschnitte aufzugliedern. Die astronomischen Vorgänge boten sich dazu am besten an, insbesondere der scheinbare tägliche und jährliche Lauf der Sonne, hervorgerufen durch die Rotation der Erde bzw. den Umlauf der Erde um die Sonne. Hinzu kam der Umlauf des Mondes um unsere Erde, wie er sich am auffälligsten in dem Wechsel der Phasen des Mondes (synodischer Monat) zeigt. Da Sonne und Mond allgemein auch im Gestirnskult der früheren Kulturen eine hervorragende Rolle spielten, versuchte man häufig, den Mond- und Sonnenlauf in Einklang zu bringen. Hierbei ergeben sich aber Schwierigkeiten. Ein Vielfaches eines synodischen Monats von 29,5306 Tagen geht nämlich nicht in einem tropischen Jahr von 365,2422 Tagen auf. Legt man die Länge eines Monats abwechselnd zu 29 oder 30 Tagen fest, so ergeben sich 12 Monate von zusammen nur 354 Tagen. Es bleiben also etwa 11 Tage übrig, um ein volles Sonnenjahr zu erhalten. In frühbabylonischer Zeit, aber auch in anderen Kulturen, wurde dieses Problem dadurch beseitigt, daß man in Abständen von etwa 3 Jahren einen 13. Schaltmonat einfügte, um Mond- und Sonnen-K. wieder einigermaßen in Einklang zu bringen. Dies führte übrigens auch dazu, daß die Zahl 13 später als Unglückszahl galt. Noch genauer kann das Einfügen des 13. Schaltmonats dadurch erreicht werden, daß 12 Gemeinjahre mit je 12 echten Mondmonaten und 7 Schaltjahre mit je 13 Mondmonaten zu einem Zyklus von 19 Jahren zusammengefügt werden. Da in diesem Falle Mond- und Sonnenlauf gleichermaßen berücksichtigt werden, spricht man auch von einem Lunisolarjahr. Zweifelsohne ist ein derartiger K. verhältnismäßig unübersichtlich und schlecht zu handhaben, vor allem, wenn keine genauen Schaltregeln vorliegen. Unter Julius Cäsar (100–44 v. Chr.) wurde deswegen der → Julianische K. eingeführt, der ein reines Sonnenjahr zur Grundlage hat. Da der Schaltzyklus dieses K. aber immer noch nicht ausreicht, um die Länge des tropischen Jahres bis auf mehrere Stellen hinter dem Komma genau zu berücksichtigen, wurde 1582 der → Gregorianische K. eingeführt.

Daneben gibt es aber auch heute noch K., die praktisch ausschließlich den Mondlauf berücksichtigen. Dazu gehört der → Hebräische K. und der → Mohammedanische K.

Der K. im alten Ägypten bestand aus einem Sonnenjahr mit 12 Monaten zu jeweils 30 Tagen, also insgesamt 360 Tagen. Diesem folgten 5 Schalttage. Vom Jahre 238 v. Chr. ab wurde jeweils alle vier Jahre ein weiterer Schalttag eingefügt, um die genauere Länge des tropischen Jahres zu erreichen. Vor dieser Zeit verschob sich der Beginn des Jahres innerhalb von 1460 julianischen Jahren durch alle Jahreszeiten hindurch. Der heliakische → Aufgang des Sirius verschob sich während dieser Zeitspanne ebenfalls durch das ganze Jahr, so daß diese auch als Sothisperiode oder Hundssternperiode bezeichnet wurde (Sothis war die altägyptische Bezeichnung für Sirius).

Die Griechen hatten in ihrer früheren Zeit ein reines Mondjahr mit unterschiedlicher Schaltweise. Später wurde unter Berücksichtigung des → Metonischen Zyklus ein Lunisolarjahr eingeführt. Im alten römischen Reich bestand vor der Einführung des Julianischen K. ein Mondjahr zu 355 Tagen und 12 Mondmonaten. Die Mayas in Mexiko rechneten nach einem Sonnenjahr zu 360 Tagen, die in jeweils 18 Monate zu je 20 Tagen eingeteilt wurden. Hinzugefügt wurden 5 Schalttage. Daneben gab es einen 260tägigen Zyklus und als übergeordnete K.einheit einen Zeitraum von 18980 Tagen (52 Jahren).

Im alten China und in Japan wurde nach einem Lunisolarjahr gerechnet. Es gab einen 60jährigen, gelegentlich auch 28jährigen Zyklus, der noch einige Schaltmonate enthielt. Ein Kuriosum war der Revolutions-K., der in der französischen Revolution 1793 eingeführt wurde und bis 1806 galt. Es handelte sich um ein Sonnenjahr mit 12 Monaten zu je 30 Tagen. Hinzu kamen 5 Schalttage sowie alle 4 Jahre ein weiterer Schalttag. Das Jahr wurde am 22. September begonnen. (Über die Einteilung des K. in Wochen siehe dort.)

Kalenderjahr (calendar year). Der Zeitraum vom 1. Januar bis 31. Dezember eines jeden Jahres.

Kalenderreform (calendar reform). Die Bemühung, unseren gegenwärtig gültigen → Gregorianischen Kalender zu verbessern. Sein Nachteil besteht vor allem darin, daß ein bestimmter Kalendertag nicht immer auf den gleichen Wochentag fällt. Ferner sind die Monate ungleich lang, und die an Ostern gebundenen Festtage verschieben sich innerhalb des Kalenders von Jahr zu Jahr. Im Laufe der letzten Jahrzehnte sind mehrere Verbesserungsvorschläge gemacht worden, die beispielsweise jedes Quartal mit einem Sonntag beginnen und den Ostersonntag auf den 1. April fallen lassen. Ein verhältnismäßig ausgereifter Vorschlag wurde auch den Vereinten Nationen vorgetragen, seine internationale Einführung scheiterte aber am Widerstand einiger Länder, aber auch der Kirchen.

Kalibrationsfehler (calibration error). Ein systematischer → Fehler, der auf einer geteilten Skala eines Instruments auftritt.

Kalium-Argon-Methode, Kalium-Calcium-Methode (potassium-argon method, protassium-calcium method). Eine Methode zur Altersbestimmung von Meteoriten und Gesteinen. Sie beruht auf dem radioaktiven Zerfall von Kalium 40 in Argon 40 und Calcium 40. Die Halbwertszeit von Kalium 40 beträgt 1,3 Milliarden Jahre. Bei dem Zerfall gehen 90% der Kaliumatomkerne in Calcium, 10% in Argon über.

Kalium-Calcium-Methode (potassium-calcium method). → Kalium-Argon-Methode.

Kallisto (Callisto). Der 4. Satellit des Jupiter. Der Durchmesser beträgt 4800 km. Seine Umlaufzeit um Jupiter beträgt 16,689 Tage, die Bahnexzentrizität 0,0075, die Bahnneigung zum Jupiteräquator 0,5°. Die mittlere Entfernung des Satelliten von Jupiter ist 1 882 600 km. Die Masse von K. ist etwa 1,5 mal größer als die unseres Mondes. Seine Dichte ist dagegen mit 1,86 g/cm^3 unter allen großen Jupitersatelliten vermutlich die kleinste. Auch die Albedo ist mit 0,20 unter den großen Jupitersatelliten am niedrigsten. Die Oberfläche von K. zeigt eine sehr große Zahl von Einschlagskratern, deren Durchmesser allerdings meist nicht so groß ist wie bei den größeren Mondkratern. Vielleicht war K. früher von einer weichen Eiskruste überzogen, die damals die Entstehung größerer Krater verhinderte. Trotzdem gibt es auf K. auch einige auffälligere Kraterstrukturen. Am mächtigsten ist Walhalla, ein Einschlagbecken, das mit seinen konzentrischen Ringen dem Mare Orientale auf dem Mond ähnelt. Der innere Teil des Beckens hat 600 km, der äußerste Ring sogar 3000 km Durchmesser. Es ist durch Aufschmelzen und Stoßwellen nach dem Auftreffen des Einschlagkörpers entstanden. Oberfläche und Kruste bestehen weitgehend aus Eis mit Einschlüssen von Gestein und Staub. Unter der etwa 200 bis 300 km dicken Kruste folgt ein Mantel aus weichem Eis und vielleicht sogar Wasser. Der Gesteinskern hat 2400 km Durchmesser.

Kalypso (Calypso). Der von den Voyager-Sonden entdeckte Satellit XIV des Saturn. Seine mittlere Entfernung von Saturn beträgt 294 660 km, seine Umlaufzeit 1,888 Tage, die Bahnexzentrizität fast 0 und die Bahnneigung ebenfalls fast 0°. Seine Größe ist 34 × 22 × 22 km. K. ist → koorbital mit Tethys und Telesto.

Kamiokande-Detektoren (Kamiokande detectors). In Kamioka/Japan gelegene Neutrino-Detektoren der Universität Tokio. Mit Kamiokande I wurden Neutrinos der Supernova 1987 A nachgewiesen.

Kannibalismus (cannibalism). Die Vereinigung einer kleineren mit einer größeren Galaxie.

Kanopus (Canopus). → Canopus.

Kant-Laplacesche Theorie (Kant-Laplace theory). Eine etwas unkorrekte, aber früher oft benutzte Bezeichnung für eine kosmogonische Theorie oder besser Hypothese, die die Entstehung unseres Planetensystems erklären soll. Tatsächlich sind die Theorien von J. Kant (1724–1804) und P. S. Laplace (1749–1827) aber in einigen wesentlichen Punkten völlig verschieden. Laplace nahm eine rasch rotierende Ursonne an, die infolge der Zentrifugalkraft Gasringe abschleuderte, in denen sich durch die Wirkung der Gravitation die Planeten verdichten sollten (auch Nebularhypothese genannt). Kant ging von einer Meteoritenwolke aus (Meteoritenhypothese). Durch Kollisionen sollte ein Teil der Meteoriten zum Zentrum fallen und dort die Sonne, ein anderer Teil in den Außenbereichen die Planeten bilden (→ Planetensystem).

Kapella (Capella). → Capella.

Kapteynsches Schema (Kapteyn's scheme). Eine numerische Methode zur Ableitung der räumlichen Verteilung der Sterne, die von J. C. Kapteyn (1851–1922) vorgeschlagen wurde. Dabei wird der Raum um unsere Sonne in konzentrische Schalen eingeteilt. Die Dicke jeder Schale wird so bestimmt, daß die Sterne mit derselben absoluten Helligkeit in der jeweils darauffolgenden Schale von der Sonne aus um 1 Größenklasse schwächer erscheinen.

Kapteynsche Sternströme (Kapteyn's star streams). Die von J. C. Kapteyn entdeckte Neigung der Sterne, sich in bezug auf unsere Sonne in zwei entgegengesetzte Richtungen zu bewegen, und zwar entweder in Richtung auf das Zentrum der Galaxis hin oder von ihm weg. Diese Erscheinung ist eine Folge der

Ellipsenbahnen der Sterne in unserer Galaxis.

Kapteyns Eichfelder (Kapteyn's selected areas). → Eichfelder.

Kapteyns Stern (Kapteyn's Star). Ein von J. C. Kapteyn entdeckter Stern mit der zweitgrößten Eigenbewegung. Es handelt sich um einen $8\overset{m}{,}8$ hellen Stern im Sternbild Maler. Die Eigenbewegung pro Jahr beträgt 8,72″. Auch die Radialgeschwindigkeit ist mit +242 km/s verhältnismäßig groß. Der Stern ist ein Unterzwerg vom Spektraltyp M0 in 13 Lichtjahren Entfernung.

Kapustin Yar. Ein Raketenversuchsgelände, das 100 km südöstlich Wolgograd und nordwestlich des Kaspischen Meeres liegt. Gegenüber → Tyuratam oder → Plesetsk tritt aber dieser Raketenplatz zurück, obwohl hier z.B. Kosmos 1 im Jahre 1962 sowie weitere wissenschaftliche Kosmos-Satelliten gestartet wurden.

Kapwolken (Cape Clouds). → Magellansche Wolken.

Kassiopeia (Cassiopeia). → Cassiopeia.

Kastor (Castor). → Castor.

katadioptrisches Fernrohr (catadioptric telescope). Ein Fernrohr, das Linsen und Spiegel zur Erzeugung eines Bildes benutzt. Dazu zählt z.B. das → Medial. Im weiteren Sinne gehört dazu aber auch der → Schmidt-Spiegel und der → Maksutov-Spiegel. Frühe Versuche, ein k.F. herzustellen, gehen bereits auf E. Schaer (1862–1931) zurück. Er benutzte zwischen 1913 und 1922 in der Nähe des Brennpunktes seines 100 cm-Spiegels Linsen, die die Bildqualität über das ganze aufzunehmende Feld bei photographischen Aufnahmen verbessern sollten. Auch der amerikanische Astronom F. E. Ross schlug Linsen vor, um die großen amerikanischen Spiegel von dem optischen Fehler der → Koma weitgehend zu befreien. K. F. werden in letzter Zeit zunehmend bei Amateurfernrohren eingesetzt, und zwar meist als Schmidt-Cassegrain-Teleskop mit Öffnungen zwischen 90 mm und 35 cm. Besonders beliebt ist die 15 cm-Öffnung. Diese Fernrohre vereinen hohe Lichtstärke mit kurzer und leichter Bauweise und eignen sich daher als leistungsfähigere transportable Instrumente.

Katakaustik (focal surface, focal plane). Eine aus dem Lateinischen stammende Bezeichnung für die meist gekrümmte Brennfläche bzw. -ebene eines optischen Instruments (→ Brennpunkt, → Fernrohr).

kataklysmische Veränderliche, explosive Veränderliche (cataclysmic variables, explosive variables). Ein Typ veränderlicher Sterne, dem vor allem die → Novae und → novaähnlichen Veränderlichen angehören. Alle diese Sterne haben die Eigenschaft, Komponenten eines Doppelsterns zu sein. Vermutlich fließt hier wasserstoffreiche Materie von einem roten Riesenstern oder Zwergstern auf einen weißen Zwergstern oder noch kompakteren Begleiter (→ Neutronenstern, → Schwarzes Loch) über. Dabei handelt es sich um ein → halbgetrenntes System. Von der roten Komponente fließt Materie auf den heißeren Begleiter ab. Dort steigen dadurch Temperatur und Dichte an, bis es zu einer Explosion kommt. Der aus dem Griechischen stammende Ausdruck Kataklysmus bedeutet »Zerstörung«, »Katastrophe«.

Katoptrik (catoptric). Bezeichnung für den Teil der Optik, der die Reflexion des Lichtes, vor allem an Spiegeln, behandelt.

Keck-Teleskope (Keck Telescopes). Zwei nach dem Mäzen W. M. Keck benannte Teleskope am → Mauna Kea-Observatory auf Hawaii mit einem Durchmesser von 10 m. Es sind aus 36 kleineren hexagonalen Spiegeln zusammengesetzte Facettenspiegel. Die Einzelspiegel können mit Computern ständig in der richtigen Lage gehalten werden.

Kegelblende (cone-shaped diaphragm). Eine in einem → Koronographen benutzte kegelförmige Blende, die die Sonnenscheibe abdeckt. Wegen des unterschiedlichen scheinbaren Sonnendurchmessers innerhalb eines Jahres müssen K. verschiedener Größe verwendet werden.

Kegelschnitte (conic sections). Die Schnittkurven eines geraden Kreiskegels mit einer Ebene. Man unterscheidet vier verschiedene K.:

1. ein Kreis entsteht, wenn die Schnittebene auf der Kegelachse senkrecht steht (im Bild 1 und 2).

2. eine Ellipse entsteht, wenn die Schnittebene die Kegelachse so schneidet, daß der Winkel zwischen Kegelachse und dieser Ebene kleiner als 90°, aber größer als der halbe Öffnungswinkel des Kegels ist. Dabei ist der Öffnungswinkel des Kegels der Winkel an der Spitze des Kegels oder genauer der Winkel zwischen zwei Mantellinien des Kegels, die in einer Ebene liegen (im Bild 5).

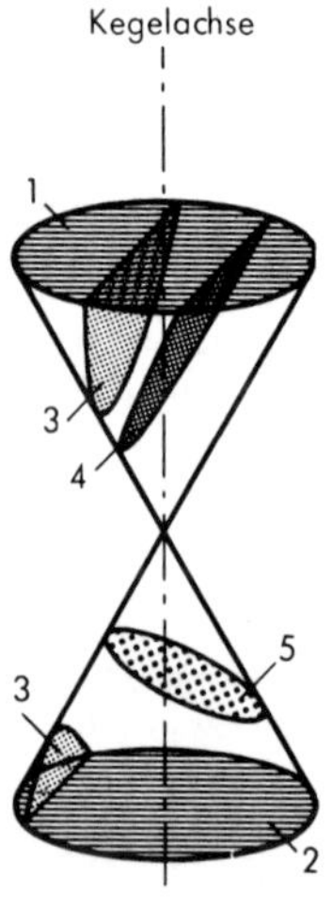

Die verschiedenen Kegelschnitte

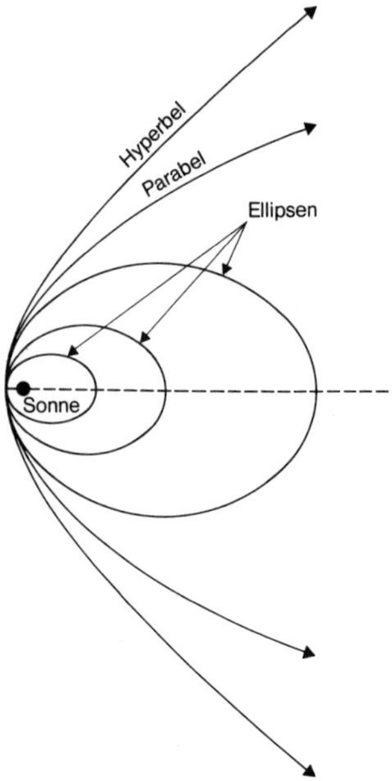

Die verschiedenen möglichen Bahnformen um unsere Sonne: Ellipse, Parabel und Hyperbel

3. eine Parabel entsteht, wenn die Schnittebene parallel zu einer Mantellinie verläuft (im Bild 4).

4. eine Hyperbel entsteht als Schnittfigur, wenn der Winkel, den die Achse des Kegels mit der Schnittebene bildet, kleiner ist als der halbe Öffnungswinkel des Kegels (im Bild 3).

In der Astronomie spielen die K. deshalb eine besondere Rolle, weil mathematisch nachzuweisen ist, daß infolge des Gravitationsgesetzes die Bahnen aller einen anderen Himmelskörper umlaufenden Körper K. sein müssen.

Kelvin (kelvin). Eine nach W. T. Thomson (1824–1907, seit 1892 Lord Kelvin of Largs) benannte Temperaturskala (Abk. K), die dieselbe Einteilung aufweist, wie die Celsius-Skala, aber vom absoluten Nullpunkt bei –273,15°C an gerechnet wird. Es ist also 0°C = 273,15 K. In der physikalischen und astronomischen Literatur wird die K.-Skala heute fast durchweg benutzt.

Kelvin-Kontraktion (Kelvin contraction). Die Kontraktion eines Sterns, die erstmals von Lord Kelvin (1824–1907) und H. L. F. Helmholtz (1821–1894) als wesentlicher Bestandteil der Entwicklung eines Sterns betrachtet wurde. Man hoffte in früherer Zeit, daß die K.-K. auch die Energieerzeugung der Sterne erklären könnte. Heute ist man sich sicher, daß sie nur in bestimmten kürzeren Entwicklungsphasen eines Sterns eine Rolle spielt, wie beispielsweise in dem Stadium vor Erreichen der Hauptreihe des → Hertzsprung-Russell-Diagramms (→ Sternentwicklung). Dies gilt auch für die → braunen Zwergsterne während ihres ganzen Lebenswegs.

Kelvinsche Zeitskala (Kelvin timescale). Die Zeitspanne, die ein Stern benötigt, um von einem unbegrenzten Radius aus zu seinem gegenwärtigen Radius zu kontrahieren. Für die Sonne wäre diese Zeitspanne 20 bis 30 Mill. Jahre (→ Kelvin-Kontraktion und → Sternentwicklung).

Kennedy Space Center. Eine Einrichtung der NASA am → Cape Canaveral auf der Halbinsel Florida, die für die Durchführung der Starts vieler bemannter und unbemannter Raumsonden und Satelliten verantwortlich ist.

Kentaur (Centaur). → Centaur.

Kepheus (Cepheus). → Cepheus.

Keplerbahn (Keplerian orbit). Die Bahn eines Himmelskörpers um einen anderen Körper als Folge der Gravitationswirkung zwischen den beiden Körpern.

Keplerproblem (Kepler's problem). Das → Zweikörperproblem.

Keplersche Gesetze (Kepler's laws). Die von J. Kepler (1571–1630) aufgestellten drei Gesetze der Planetenbewegung, die auch aus dem Newtonschen Gravitationsgesetz abgeleitet werden können:

1. Gesetz: Die Planeten bewegen sich in Ellipsen, in deren einem Brennpunkt sich die Sonne befindet.

2. Gesetz: Der Radiusvektor (Verbindungslinie Planet – Sonne) überstreicht in gleichen Zeiträumen gleiche Flächen. Dieser sog. Flächensatz bedeutet, daß ein Planet sich am schnellsten im sonnennächsten Punkt (Perihel), am langsamsten im sonnenfernsten Punkt (Aphel) seiner Bahn bewegt.

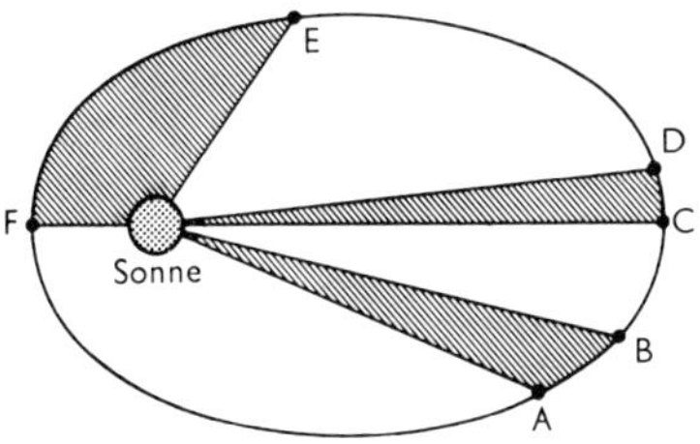

Zweites Keplersches Gesetz (Schema)

3. Gesetz: Die Quadrate der Umlaufzeiten der Planeten verhalten sich wie die Kuben (3. Potenzen) ihrer mittleren Entfernungen von der Sonne. Die Umlaufzeiten und mittleren Entfernungen werden dabei auf die betreffenden Werte der Erde = 1 bezogen. Die Tabelle (S. 244) gibt alle Werte für die Kepler bekannten Planeten an.

Keplersche Gleichung (Kepler's equation). Die mathematische Verknüpfung der mittleren mit der exzentrischen → Anomalie. Sie lautet:

$E - e \cdot \sin E = M.$

Dabei ist E die exzentrische, M die mittlere Anomalie und e die numerische Exzentrizität der Bahn. Die K. G. stellt eine wichtige Funktion für die Bahnbestimmung von Himmelskörpern dar.

Kepler bekannte Daten der Planeten

Planet	mittlere Entfernung von der Sonne	Umlaufzeit	Quadrat der Umlaufzeit	Kubus der mittleren Entfernung
Merkur	0,387	0,241	0,058	0,058
Venus	0,723	0,615	0,378	0,378
Erde	1,000	1,000	1,000	1,000
Mars	1,524	1,881	3,538	3,540
Jupiter	5,205	11,860	140,700	140,800
Saturn	9,539	29,460	867,900	868,000

Keplersches Fernrohr (Keplerian telescope). Das von J. Kepler berechnete astronomische → Fernrohr.

Keplersche Supernova (Kepler's Star, Kepler's Supernova). Eine im Oktober 1604 im Sternbild Schlangenträger (Ophiuchus) aufgeleuchtete Supernova, die besonders von J. Kepler beobachtet wurde. Es handelte sich um eine Supernova vom Typ I. Die maximale Helligkeit erreichte $-2{,}^{\mathrm{m}}6$. Die K. S. war mit bloßem Auge bis März 1606 zu beobachten. Ihre Entfernung betrug etwa 40000 Lichtjahre. Sie leuchtete etwa 4500 Lichtjahre nördlich der galaktischen Ebene auf und lag damit im galaktischen → Halo. An der Stelle der K. S. liegt heute auch die Radioquelle 3C 358 und ein schwacher Nebel.

Kern (nucleus). **1.** Atomkern, der massereichste Teil eines → Atoms, der eine positive elektrische Ladung trägt und vor allem aus Protonen und Neutronen zusammengesetzt ist (mit Ausnahme des Wasserstoffatomkerns, der nur aus einem Proton besteht). Um den Atomkern kreisen die Elektronen. Der Radius eines Atomkerns liegt zwischen 10^{-12} und 10^{-13} cm, die Dichte beträgt etwa 10^{14} g/cm^3.
2. Kern eines → Kometen.

Kernenergie, Atomenergie (nuclear energy). Die bei Kernreaktionen frei werdende Energie (→ Kernspaltung, → Kernverschmelzung).

Kernfission (nuclear fission). → Kernspaltung.

Kernfusion (nuclear fusion). → Kernverschmelzung.

Kernkraft (strong nuclear force). Die Kraft, die den Zusammenhalt der in einem Atomkern vorhandenen Protonen und Neutronen bewirkt. Es handelt sich dabei weder um Gravitationskräfte noch um elektrische Wirkungen. Die sog. starke Kernkraft oder Wechselwirkung hat nur eine geringe Reichweite, die etwa mit der Größe des Atomkerns identisch ist. → Elementarteilchen.

Kernladungszahl (nuclear charge number). → Ordnungszahl.

Kernpopulation (population of the center or nucleus of the Galaxy). Die im Kern der → Galaxis vorherrschende → Population II.

Kernprozeß, Kernreaktion, Nuklearreaktion (nuclear reaction). Reaktion zwischen Atomkernen untereinander oder zwischen Atomkernen und einzelnen Teilchen oder Strahlungsquanten. Die K. lassen sich in verschiedene Gruppen zusammenfassen. Zu den wichtigsten zählen:
1. Umwandlungen durch α-Teilchen (Heliumatomkerne). Dabei werden Protonen oder Neutronen freigesetzt.
2. Umwandlungen durch Deuteronen (schwere Wasserstoffatomkerne). Auch hier können Protonen und Neutronen, aber auch α-Teilchen freigesetzt werden.

3. Umwandlungen durch Protonen. Hier werden α-Teilchen, Neutronen oder eine γ-Strahlung frei.
4. Umwandlungen durch Neutronen. Hierbei werden gleichfalls α-Teilchen, Protonen oder γ-Strahlung frei.
5. Umwandlungen durch Photonen. Hier werden Protonen und Neutronen frei.
Bei vielen K. können auch mehrere Teilchen aus dem beschossenen Atomkern herausfliegen. So entstehen bei dem Beschuß von Uran 238 durch ein α-Teilchen insgesamt 20 Protonen und 35 Neutronen, während sich der ursprüngliche Atomkern zunächst in Wolfram 187 verwandelt.
K. spielen bei der → Energieerzeugung in Sternen eine Rolle.

Kernschatten (umbra). → Schatten.

Kernspaltung, Kernfission (nuclear fission). Ein → Kernprozeß, der beim Beschuß eines schweren Atomkerns durch ein Neutron oder Strahlungsquanten entsprechend hoher Energie entsteht. Es gehen daraus zwei etwa gleich große Atomkerne und zwei oder drei weitere Neutronen hervor. Die Ordnungszahl der beschossenen Atomkerne muß über 77 liegen. Extrem schwere Atomkerne mit Ordnungszahlen über 90 zeigen auch eine spontane K. Die austretenden zwei oder drei Neutronen können weitere Atomkerne zur Spaltung bringen (Kettenreaktion).

Kernumwandlung (nuclear transformation). Die beim radioaktiven Zerfall oder auch durch äußere Einwirkungen erfolgende Umwandlung eines Atomkerns.

Kernverschmelzung, Kernfusion (nuclear fusion). Die Verschmelzung leichter zu schwereren Atomkernen. Zu diesem Vorgang sind Temperaturen von vielen Mill. K erforderlich. Bei diesen Vorgängen wird Energie frei, häufig in Form extrem kurzwelliger Strahlung (Röntgen- oder Gammastrahlung). Die freigesetzte Energie ist mit dem → Massendefekt der miteinander reagierenden Atomkerne einerseits und dem aus der Reaktion hervorgehenden Atomkern identisch. K. spielt bei der → Energieerzeugung der Sterne eine große Rolle.

Kettengebirge (mountain chains). Langgestreckte Gebirgsketten auf dem Mond, die sich vor allem am Rande der Mondmaria befinden, z.B. dem Mare Imbrium, das von den Alpen, den Apenninen, dem Kaukasus, den Karpathen und dem Jura umgeben ist.

Kettenreaktion (chain reaction). → Kernspaltung.

Keyholescher Nebel (Keyhole Nebula). Bezeichnung für den Nebel NGC 3372 bei → η Carinae.

Kiel des Schiffes (Keel). Das Sternbild Schiffskiel.

Kiepenheuer-Institut. Früher »Fraunhofer-Institut« benanntes, während des 2. Weltkriegs gegründetes Institut zur Sonnenforschung mit dem Sitz in Freiburg i.B. und einem Sonnenobservatorium auf dem Schauinsland. Weitere Observatorien befanden sich zunächst auf dem Wendelstein in den Bayerischen Alpen, auf der Kanzelhöhe in Kärnten, der Zugspitze und auf Sizilien. Die beiden letztgenannten Institute wurden bereits während des Krieges geschlossen. Die beiden anderen Observatorien wurden von dem Freiburger Institut getrennt. Das K.-I. verfügt heute über ein weiteres Sonnenobservatorium auf Teneriffa.

Kilo- (kilo-). Vorsatz, bedeutet 10^3 = 1000.

Kimm. Der → Horizont in der Seemannssprache.

Kimmabstand (natural altitude). Die → Höhe eines Gestirns über dem natürlichen → Horizont.

Kimmtiefe (dip of the horizon). Der Winkel zwischen der Ebene des scheinbaren und natürlichen → Horizonts. Sie ist abhängig von der Höhe des Beobachters. Die Tabelle (S. 246) gibt einige

Beispiele. Die Sichtweite ist unter Berücksichtigung der mittleren → Refraktion angegeben.

Kimmtiefe

Höhe über dem Meeresniveau in m	Sichtweite in km	Kimmtiefe in Winkelgrad
10	12,2	0,1
100	38,5	0,3
1000	122	1,0
5000	243	2,0
8840 (Mount Everest)	362	3,0

Kimura-Effekt (Kimura effect). Eine nach dem japanischen Astronomen H. Kimura benannte scheinbare Änderung der geographischen Breite (→ Polhöhe) um etwa 0,1″ mit einer Periode von 1 Jahr. Sie ist vermutlich auf periodische Änderungen der atmosphärischen → Refraktion zurückzuführen.

Kinematik (kinematics). Die Lehre von der Bewegung der Körper. Sie gilt als ein Teilgebiet der Mechanik. Im Gegensatz zur → Dynamik beschäftigt sich die K. nicht mit den die Bewegung verursachenden Kräften, sondern stellt die Bewegungen der Körper lediglich in Abhängigkeit von der Zeit dar.

kinetische Energie (kinetic energy). → Energie.

kinetische Temperatur (kinetic temperature). Ein Maß für die durchschnittliche Bewegung der Teilchen in einem Gas. Sie ist abhängig von der kinetischen → Energie der im Gas enthaltenen Teilchen. Es ist die kinetische Temperatur:

$$T_k = \frac{1}{3} \cdot \frac{m\,v^2}{k}$$

Dabei bedeutet m die Masse und v die mittlere Geschwindigkeit der Teilchen. k ist die Boltzmann-Konstante ($k = 1{,}38 \cdot 10^{-23}$ J/K $= 1{,}38 \cdot 10^{-16}$ erg/K).

Kirchhoffsches Gesetz (Kirchhoff's law). Ein nach G. R. Kirchhoff (1824–1887) benanntes Gesetz, nach dem alle chemischen Elemente in der Lage sind, dieselbe Wellenlänge einer Strahlung zu absorbieren, die sie aussenden. (→ Spektralanalyse).

Kirkwoodsche Lücken (Kirkwood gaps). Bereiche im System der Kleinplaneten, die infolge der Störungen des Planeten Jupiter von Kleinplaneten frei sind. Sie wurden nach D. Kirkwood (1814–1895) benannt und befinden sich vor allem in den Zonen, in denen die Umlaufzeiten um die Sonne in einem einfachen Zahlenverhältnis zur Umlaufszeit des Jupiter stehen, z.B. 1 : 2, 1 : 3, 2 : 5 (→ Kommensurabilität).

Kitt Peak National Observatory. Ein 90 km südwestlich Tucson in Arizona gelegenes Observatorium in 2064 m Höhe. Neben zahlreichen anderen Instrumenten besitzt das Observatorium einen 4 m-Reflektor, der 1973 eingeweiht wurde, sowie das Mc Math-Sonnenteleskop, das mit 150 cm Durchmesser des Hauptspiegels und 91,4 m Brennweite das größte Sonnenteleskop der Erde ist.

K-Komponente (K-component, K-corona). Der Teil des Spektrums der → Sonnenkorona, der ein vollständig kontinuierliches Spektrum ohne Fraunhoferlinien zeigt.

K-Korrektion (K-correction, K-term). Ein Korrektionswert, der an die gemessenen photographischen Helligkeiten weit entfernter Galaxien angebracht werden muß, um die Helligkeitswerte vom Einfluß der → Rotverschiebung des Spektrums und der Absorption durch interstellaren und intergalaktischen Staub zu berücksichtigen.

Klein-Alfvénsche Kosmologie (Klein-Alfvén cosmology). Eine nach O. Klein und H. Alfvén (*1908) benannte, heute überholte kosmologische Theorie, nach der die → Expansion des Weltalls die

Folge eines ursprünglichen Zusammenstoßes zwischen Wolken aus Materie und → Antimaterie ist.

Kleiner Bär (Little Bear). → Bär, Kleiner.

Kleiner Hund (Little Dog). → Hund, Kleiner.

Kleiner Wagen. Im deutschen Sprachgebrauch eine andere Ausdeutung des Sternbilds Kleiner Bär.

Kleines Pferd (Foal). Das Sternbild → Füllen.

Kleinkreis. → Nebenkreis.

Kleinmann-Low-Nebel (Kleinmann-Low Nebula, KL Nebula). Eine Infrarotquelle im → Orionnebel. Ihre Position ist etwa 1′ nordwestlich der vier hellen Sterne, die das sog. »Trapez im Orionnebel« bilden, und 12″ südlich des → Becklin-Neugebauer-Objekts. Die Temperatur der 1967 entdeckten Infrarotquelle liegt unter 600 K, ihre Strahlung liegt vor allem oberhalb 20 mm Wellenlänge. Vermutlich handelt es sich um eine kontrahierende Gaswolke mit 100 bis 1000 Sonnenmassen, in der eine Kohlenmonoxid-Wolke, aber auch ein Protostern, also ein Stern in einem sehr frühen Entwicklungsstadium, eingebettet ist.

Kleinplaneten (asteroids, minor planets). Kleine Körper, die neben den großen Planeten die Sonne umlaufen und die auch Asteroiden oder Planetoiden genannt werden. Bereits Ende des 18. Jahrhunderts wurde man auf eine Lücke in unserem Sonnensystem zwischen Mars und Jupiter aufmerksam (→ Titius-Bodesche Reihe). Der erste K. Ceres wurde von G. Piazzi (1746–1826) am 1. 1. 1801 gefunden. Doch bereits in den folgenden Jahren wurden weitere K. zwischen Mars und Jupiter entdeckt: Pallas, Juno und Vesta. Bis 1995 wurden über 6000 K. aufgefunden. Die endgültigen Namen der K. wurden zunächst der antiken Mythologie entnommen, später waren es auch weibliche Vornamen, Städtenamen, bekannte Astronomen, Physiker und Naturforscher. Zur vorläufigen Nomenklatur → Kometen, Bezeichnung.

Von 1891 an wurde die photographische Methode zur Neuauffindung von K. eingeführt. Dabei zeigen sich die K. auf einer lang belichteten photographischen Aufnahme, die der täglichen Bewegung der Sterne nachgeführt wurde, nicht als Punkte, sondern als Strichspuren. So stieg die Zahl der Neuentdeckungen schnell an. Die größten K. haben Durchmesser zwischen 100 und 1000 km. Ihre scheinbare Helligkeit ist teilweise so groß, daß sie mit kleinen Instrumenten aufgefunden werden können. Die Mehrzahl der K. hat aber Durchmesser weit unter 100 km. Einige kommen sogar nur auf etwa 1 km. Es gibt aber noch wesentlich kleinere Körper mit Durchmessern von einigen hundert Metern oder sogar nur einigen Metern, die dann bereits in die Größenordnung der Meteoriten übergehen. Die Gesamtzahl der K. kann schwer abgeschätzt werden, da es auf die willkürlich gewählte untere Grenze für ihren Durchmesser ankommt. K. mit einem Durchmesser über 1 km dürfte es 50000 bis vielleicht sogar 1 Million geben. Setzt man den Mindestdurchmesser auf 100 m herab, so sind es unter Umständen 5 bis 100 Millionen. Die Gesamtmasse dieser K. liegt bei etwa 1/10000 der Erdmasse oder nicht deutlich darüber.

Nicht alle K. bewegen sich in der oben erwähnten Zone zwischen Mars und Jupiter. Bereits 1898 wurde mit Eros ein Objekt entdeckt, der die Marsbahn nach innen überkreuzt. Derartige erdnahe K. wurden sodann in immer größerer Zahl aufgefunden. Je nach ihrer Bahnform teilt man die erdnahen K. in verschiedene Typen ein. So spricht man vom Typ → Amor, → Apollo und → Aten. Einige

K. überqueren im Perihel sogar die Merkurbahn. Der Sonne am nächsten kommt mit 0,116 AE oder 17,3 Mill. km der Kleinplanet 1995 CR. Einen anderen Rekord bieten einige nur wenige Meter große Körper, die man in den letzten Jahren bei ihrem Vorüberflug an der Erde in einem Abstand von weniger als der halben Mondentfernung aufgefunden hat. Wegen ihrer Kleinheit können diese eher als größere Meteoroide bezeichnet werden.

Infolge der Störung des Jupiter gibt es innerhalb der eigentlichen K.zone bestimmte Bereiche, in denen diese fast überhaupt nicht vorkommen (→ Kirkwoodsche Lücken, → Kommensurabilität). Mehrere andere K. bewegen sich praktisch auf der Jupiterbahn (→ Trojaner). Einen Sonderfall stellt Hidalgo dar, dessen Bahn noch weit über die Jupiterbahn hinausragt. Gleichfalls einmalig war zunächst der 1976 entdeckte → Chiron. Doch gibt es im äußeren Planetensystem noch weitere K. Der K. 1991 DA hat eine große Bahnhalbachse von 1775 Mill. km, eine Bahnexzentrizität von 0,867 und eine Bahnneigung von 61,9°. Im Perihel kommt er der Sonne auf 236 Mill. km nahe. Im Aphel ist er 3291 Mill. km von ihr entfernt. Die Umlaufzeit beträgt 40,9 Jahre. Aufsehen erregte der K. 1992 QB1 mit einer großen Bahnhalbachse von 6642 Mill. km. Er ist im Mittel weiter von der Sonne entfernt als Pluto. Die Umlaufzeit dürfte etwa 296 Jahre betragen. Das Perihel durchläuft 1992 QB1 voraussichtlich im Jahre 2023 mit einem Abstand von rund 6 Mrd. km. Die Helligkeit betrug bei der Entdeckung nur etwa 23^m bis 24^m. Falls die Albedo etwa 0,04 ist, wäre sein Durchmesser etwa 200 km. In den letzten Jahren entdeckte man noch mehrere weitere K. im Bereich Neptun-Pluto. Das hat eine schon früher geäußerte Vermutung bestätigt, es gebe am Rande des Planetensystems einen weiteren Gürtel von K. Vielleicht ist selbst Pluto nur der größte Vertreter dieser Gruppe. Es bestehen allerdings auch deutliche Querverbindungen zum sog. → Kuiper-Ring der Kometen, wie überhaupt vielleicht eine nicht geringe Zahl von bisher als K. eingestufte Körper in Wirklichkeit entgaste, »tote« Kometenkerne sind. Die neuentdeckten Körper am Rande des Planetensystems sind mit großer Wahrscheinlichkeit »Eisplaneten« oder Kerne von Kometen.

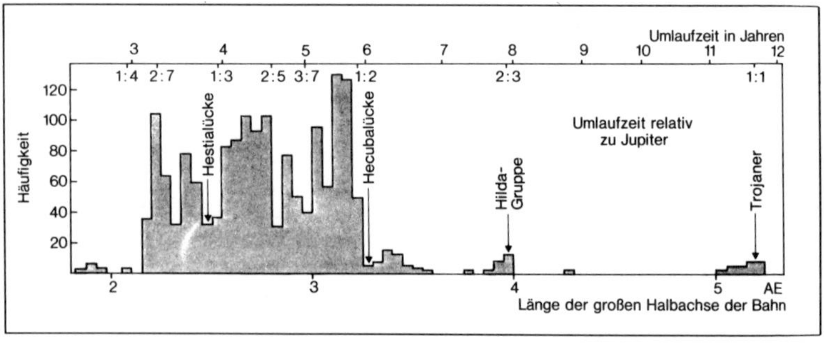

Die Häufigkeitsverteilung der Kleinplaneten in Abhängigkeit von ihrem Sonnenabstand

Die meisten K. haben gegenüber den großen Planeten deutlich größere Bahnexzentrizitäten. Trotzdem sind sie mit 0,15 im Durchschnitt nicht extrem. Auch die Bahnneigungen sind zwar deutlich größer als bei den übrigen Planeten, doch betragen sie im Mittel nur knapp 10°. In den letzten Jahren wurden die spektroskopischen und radiometrischen Untersuchungen an K. verstärkt. Es zeigte sich, daß die Albedo zwar in der Regel zwischen etwa 0,07 und 0,18 liegt, in Grenzfällen aber auch wesentlich geringer oder größer ausfallen kann. Demgemäß ist auch der Aufbau der K. unterschiedlich. Die dunkelsten K. können etwa mit den kohlenstoffhaltigen → Chondriten verglichen werden (Typ C). Die K. mit mittlerer Albedo bestehen im wesentlichen, zumindest an ihrer Oberfläche, aus Silikaten (Typ S). Vesta könnte dagegen mehr den Achondriten unter den Meteoriten entsprechen. Daneben gibt es offenbar noch eine Gruppe, die vielleicht aus Eisen und Nickel besteht (Typ M). Dazu gehört beispielsweise 16 Psyche. Seltener ist der Typ E (E für → Enstatit). Hier liegt die Albedo u. U. über 0,40. Die kohlenstoffhaltigen K. kommen häufig in etwas größeren Entfernungen von der Sonne vor.
Sehr viele K. zeigen periodische Helligkeitsschwankungen, die auf einen Rotationslichtwechsel zurückzuführen sind. Die Rotationszeiten betragen oft nur wenige Stunden. Wegen der unregelmäßigen Gestalt der K. wird dem Beobachter auf der Erde während einer Rotationsperiode zweimal eine schmale bzw. eine breite Seite zugekehrt. Die Entstehung der K. wurde früher gerne auf den Zerfall eines größeren Planeten, der sich zwischen Mars und Jupiter um die Sonne bewegt haben soll, zurückgeführt. Die neueren Theorien gehen jedoch von anderen Vorstellungen aus (→ Planetensystem). 1991 flog erstmals eine Raumsonde (Galileo) an einem K. vorüber: Gaspra. Ein Jahr später folgte Ida, bei dem sogar ein Satellit gefunden wurde.
Neuerdings wird vermutet, daß Kollisionen der Erde mit etwa 10 km großen K., die in Abständen zwischen 10 und 100 Mill. Jahren zu erwarten sind, ein Artensterben auf der Erde verursachen könnten (→ Dinosaurier-Sterben).

Klima (climate). Bezeichnung für die Gesamtheit aller meteorologischen Zustände eines bestimmten Ortes auf der Erdoberfläche, ausgedrückt in monatlichen oder jährlichen Mittelwerten, die aus langen Beobachtungsreihen bestimmt wurden.

Klystron (klystron). Eine Elektronen-Laufzeitröhre, die elektromagnetische Schwingungen oberhalb 300 MHz erzeugen, verstärken und modulieren kann.

Kniemontierung (knee mounting). Eine Fernrohrmontierung, bei der die Säule des Instruments so geknickt ist, daß ihr oberer Teil mit der Stundenachse (Polachse) zusammenfällt.

Knoten (node). Der Schnittpunkt der Bahn irgendeines Himmelskörpers mit einer Grundebene oder einer Bahn eines anderen Himmelskörpers (→ Bahnelemente).

Kochab. Der zweithellste Stern im Sternbild Kleiner Bär.

kohärent (coherent). Die Eigenschaft zweier oder mehrerer Wellenzüge, untereinander interferieren (→ Interferenz) zu können.

Kohlensack (Coalsack). Bezeichnung für eine besonders auffällige Dunkelwolke. Am bekanntesten ist der südliche K. im Sternbild Südliches Kreuz, der bereits mit bloßem Auge sehr gut beobachtet werden kann und etwa 550 Lichtjahre entfernt ist. Sein scheinbarer Durchmesser am Himmelsgewölbe beträgt etwa 4°, sein wahrer Durchmesser rund 50 Lichtjahre. Auch der nördliche K. ist verhältnismäßig auffällig. Er befindet sich im Sternbild Schwan.

Kohlenstoffbrennen (carbon burning). Die Fusion von Kohlenstoffatomen zu schwereren Atomkernen, die Energie freisetzt. Dieser Prozeß spielt sich in den späteren Phasen der → Sternentwicklung bei Temperaturen über 500 Mill. K ab. Dabei entsteht aus zwei Kohlenstoffkernen ein Magnesiumkern. Aber auch die Bildung von Sauerstoff und Neon aus Kohlenstoff ist möglich.

kohlenstoffhaltige Chondrite (carbonaceous chondrites). → Chondrite.

Kohlenstoffsterne, C-Sterne (carbon stars). Sterne, in deren Spektrum Linien von Kohlenstoffverbindungen (z.B. Cyan, Kohlenmonoxid und das Kohlenstoffmolekül C_2) besonders vorherrschen. Sie gehören den Spektral-Klassen R und N an. Es handelt sich um alte Sterne, die sich zu einem roten Riesenstern aufgebläht haben (→ Sternentwicklung). Dadurch kühlen sich die äußeren Schichten so stark ab, daß diese einfachen molekularen Verbindungen entstehen können.

Kohlenstoff-Stickstoff-Zyklus (carbon-nitrogen cycle). → Energieerzeugung.

Kohoutek. Name des von L. Kohoutek entdeckten Kometen 1973 XII, der nach den ersten Vorausberechnungen Anfang 1974 sehr hell werden sollte. Vielleicht weil er weniger aus gefrorenen Gasen, die hätten verdampft und zum Leuchten gebracht werden können, sondern eher aus Staub bestand, enttäuschte er aber. Er könnte eine Umlaufzeit von etwa 75000 Jahren haben.

Kollapsar (collapsar). Gelegentlich benutzte Bezeichnung für ein → Schwarzes Loch.

Kollimator (collimator). Eine Einrichtung, die in optischen Geräten paralleles Licht herstellt.

Kolorimetrie (colorimetry). Verfahren zur Bestimmung von Farben, beispielsweise der Sterne, in der Astronomie.

Koluren (colures). Die beiden Großkreise am Himmelsgewölbe, die durch den nördlichen und südlichen Himmelspol und gleichzeitig entweder durch die beiden Äquinoktialpunkte, also den Frühlings- und Herbstpunkt, oder die Solstitialpunkte, also durch den Sommer- und Winterpunkt, verlaufen. Die beiden K. bezeichnet man auch als Äquinoktialkolur bzw. Solstitialkolur.

Koma (coma). **1.** Ein optischer Fehler. Er besteht darin, daß Sterne am Rande eines abzubildenden Himmelsfeldes nicht punktförmig, sondern verzerrt, meist strich- oder kometenförmig, erscheinen. Dieser Fehler tritt vor allem bei kurzbrennweitigen Spiegelteleskopen auf. So kann beispielsweise bei dem 5 m-Spiegel auf dem Mount Palomar nur ein Gesichtsfeld von 10′ Durchmesser ausgenutzt werden. Die K. wird beseitigt durch den → Schmidt-Spiegel und das → Ritchey-Chrétien-Teleskop.

2. Die gas- und staubförmige Hülle um den Kern eines → Kometen.

komafreie Spiegel (telescopes without a coma). → Schmidt-Spiegel, → Ritchey-Chrétien-Teleskop.

kometarische Nebel (cometary nebulae). Eine gelegentlich für eine bestimmte Gruppe von → Reflexionsnebel, die kometenhaftes Aussehen zeigen, benutzte Bezeichnung. Sie finden sich häufig um Sterne, die den Veränderlichen vom Typ → T Tauri zugehören. Die Helligkeit dieser Nebel schwankt im Laufe der Zeit. Bekannt ist auch der Nebel um den Veränderlichen → R Monocerotis. Gelegentlich sind die Nebel auch durch heiße Zentralsterne ionisiert. Die → bipolaren Nebel rechnet man heute ebenfalls zu den k.N. Auch → bipolare Ströme.

Kometen (comets). Himmelskörper, die aus Gasen und festen Teilchen bestehen und meist um unsere Sonne laufen. Früher wurden sie oft als Schweif- oder Haarsterne bezeichnet, da ihre Schweife ein besonderes Merkmal zu sein schienen. Heute wissen wir, daß die Schweifentwicklung nur dann auftritt, wenn sich ein K. im innersten Teil unseres Planetensystems befindet. Eigentlich besteht ein K. aus Eis- und Staubteilchen, die den sog. Kern des K. bilden, der einen Durchmesser von etwa 1 bis 100 km besitzt. Man hat daher den Kern gelegentlich modellmäßig mit einem »schmutzigen Schneeball« verglichen. Seine Masse liegt zwischen etwa 10^{10} und 10^{15} Tonnen. Die Eispartikel bestehen aus gefrorenem Kohlenmonoxid, Kohlendioxid, Methan, Wassereis usw. Vermutlich gibt es rund 100 Milliarden K.kerne in einer sog. zirkumsolaren K.wolke (→ Oortsche Wolke), die sich um unser eigentliches Planetensystem herum befindet und bis in Entfernungen von 40000 oder sogar 150000 AE hinausreicht. Ferner besteht knapp hinter der Neptun- und Plutobahn eine weitere K.wolke, der sog. → Kuiper-Ring. Vermutlich handelt es sich bei den K. um Reste der Urwolke, aus der unser Planetensystem entstand. Die K.kerne bewegen sich meist in langgestreckten Ellipsen und mit Umlaufzeiten von Hunderten bis Millionen Jahren um unsere Sonne. Läuft ein K. im mittleren Bereich unseres Planetensystems, so verdampft ein Teil der Eispartikel des K.kerns unter der Einwirkung der Sonnenstrahlung und bildet eine Hülle aus Wasserdampf, Kohlenmonoxid, Hydroxyl (eine Wasserstoff-Sauerstoff-Verbindung) und anderen Molekülen. Sie enthalten vor allem Kohlenstoff, Sauerstoff, Wasserstoff und Stickstoff. Diese sog. Koma besitzt einen Durchmesser von 50000 bis 150000 km, gelegentlich auch über 1000000 km. Kern und Koma zusammen bilden den K.kopf.

Befindet sich ein K. im inneren Planetensystem, so werden durch die Wirkung des → Sonnenwinds Gasteilchen aus der Koma von der Sonne weggerissen und bilden den K.schweif. Sowohl die Koma als auch der Schweif enthalten aber auch Staubteilchen. Andererseits können auch die Moleküle in elektrisch geladene Teilchen zerfallen. Das so entstehende Plasma enthält vor allem ionisierte Moleküle von Kohlenstoffmonoxid, Kohlenstoffdioxid und Stickstoff. Sie bewegen sich mit hohen Geschwindigkeiten von über 500 km/s vom K.kopf weg und bilden einen verhältnismäßig geradlinigen Schweif (Typ I), der genau von der Sonnenposition abgewandt ist. Die von der Koma abströmenden Staubteilchen bewegen sich dagegen langsamer weg und bilden einen meist gekrümmten Schweif (Typ II). Gelegentlich treten auch Gegenschweife auf. Sie sind immer dann sichtbar, wenn wir von der Erde aus gerade auf die Kante der stauberfüllten K.bahnebene blicken. Die Schweife haben meist eine Länge von einigen Mill. km, in Grenzfällen bis über 100 Mill. km. Einen Rekord bildete der K. des Jahres 1680 mit einer Schweiflänge von 300 Mill. km. Auch der K. 1843 hatte einen ähnlich langen Schweif. Bei der Struktur der K.schweife, die häufig eine korkenzieherartige Verdrillung zeigen, ist auch das interplanetare Magnetfeld beteiligt. Durch Plasmaschwingungen in den Schweifen kann eine Radiostrahlung erzeugt werden. Erstmals war es bei dem K. Arend-Roland im Jahre 1957 möglich, die Radiostrahlung eines K. zu entdecken.

Die Gasdichte in der Koma beträgt immerhin noch etwa 10000 bis 1000000 Moleküle pro cm^3. Dies entspricht etwa 1/1000 der Gasdichte in einem extremen Hochvakuum, das gerade noch technisch herstellbar ist. Deswegen besteht auch keine Gefahr für unsere Erde, wenn diese in einen K.schweif oder selbst in die Koma eines K. geraten sollte. Der Zusammenstoß mit einem K.kern ist dagegen extrem selten. Die K. sind häufig von einer umfangreichen Wasserstoffwolke umgeben.

Läuft ein K. bei seinem Eindringen aus der Oortschen Wolke oder dem Kuiper-Ring in unser Planetensystem verhältnismäßig nahe an einem der großen Planeten, wie z. B. Jupiter, vorbei, so kann seine Bahn derart gestört werden, daß er künftig in einer kurzperiodischen Ellipse die Sonne umläuft. So entsteht eine → Kometenfamilie. Die meisten periodischen K. gehören einer derartigen Familie an. Die Wiederkehr periodischer K. kann daher auch berechnet werden. Wir kennen augenblicklich über 100 derartige periodische K. mit einer Umlaufzeit von weniger als 200 Jahren. Die Umlaufzeit von K. mit noch exzentrischeren Bahnellipsen ist dagegen sehr schwer zu berechnen. So dürfte beispielsweise der K. → Bennett (1970 II) seinen sonnenfernsten Bahnpunkt in einem Abstand von 43 Mrd. km haben. Er dürfte erst nach mehr als 1000 Jahren wiederkehren. Der K. → Kohoutek (1973 XII) hat sogar eine Umlaufzeit von etwa 75 000 Jahren. Die kürzeste Umlaufzeit weist dagegen der → Enckesche K. (1786 I) auf. Er benötigt nur 3,3 Jahre zu einem Umlauf. Einige K. kamen unserer Sonne besonders nahe und liefen sogar durch die → Sonnenkorona. Solche K. nennt man auch → Sungrazers. Ihr Perihelabstand ist kleiner als 1,5 Mill. km.

Ein K. kann nicht unbegrenzte Zeit die Sonne auf einer kurzperiodischen Bahn umlaufen. Im Durchschnitt dürfte die Lebenserwartung nur etwa 100 Periheldurchgänge ausmachen. Der Enckesche K. kann also nur wenige Jahrhunderte existieren, da er sich dann vollständig aufgelöst haben muß. In der Tat läßt sich bei vielen K., die bereits Jahrzehnte oder Jahrhunderte bekannt sind, eine allmähliche Helligkeitsabnahme feststellen. Unter der absoluten Helligkeit eines K. versteht man die scheinbare Helligkeit in einer angenommenen Entfernung von 1 AE von Erde und Sonne. Sie beträgt für den Enckeschen K. $11^{\mathrm{m}}{,}4$, für den Halleyschen K. $4^{\mathrm{m}}{,}6$. Beim Enckeschen K. betrug die Helligkeitsabnahme innerhalb von 50 Jahren $0^{\mathrm{m}}{,}5$, für den K. Finlay (1886 VII), der augenblicklich eine absolute Helligkeit von $13^{\mathrm{m}}{,}5$ hat, sogar $4^{\mathrm{m}}{,}4$. Auch der → Halleysche K. hat offenbar an Helligkeit im Laufe der letzten zwei bis drei Jahrtausende eingebüßt. Neben K., die sehr schnell zerfallen, gibt es K., die eine längere Lebensdauer erwarten lassen. Das berühmteste Beispiel eines K.zerfalls ist immer noch der → Bielasche K. Die Auflösung von K. steht im Zusammenhang mit → Meteorströmen. K.kerne, die ihren Eisvorrat durch Entgasung weitgehend oder vollständig verloren haben, können als »tote«, entgaste Körper leicht mit dunklen Kleinplaneten verwechselt werden.

Kometen, Bezeichnung (comets, nomenclature). Mit der Verbesserung der astronomischen Instrumente und der Intensivierung der Himmelsüberwachung stieg die Zahl der Neuentdeckungen von K. laufend an. Sie betrug um das Jahr 1800 noch etwa 2 pro Jahr, heute liegt die jährliche Entdeckungszahl von K. bei über 20 bis 30, einige Wiederentdeckungen bereits bekannter periodischer K. mit einbezogen. Neuentdeckte K. erhielten den Namen ihres Entdeckers. Gingen bei der Internationalen Astronomischen Union (IAU) etwa gleichzeitig Entdekkungsmeldungen von zwei oder drei Beobachtern ein, so wurden auch Doppel- oder Dreifach-Bezeichnungen zugelassen. Ferner erhielt jeder K. eine vorläufige Bezeichnung, die zunächst das Entdeckungsjahr und durch einen kleinen

lateinischen Buchstaben die Entdekkungsfolge des betreffenden Jahres angibt. So bedeutete K. 1993 a, daß es sich hier um den ersten im Jahre 1993 entdeckten K. handelte. K. 1993 f war der 6. neuentdeckte K. des Jahres 1993. Reichte das einfache Alphabet nicht aus, ging die Zählung weiter mit a_1, b_1 usw. Lagen die Bahnbestimmungen aller in einem Jahr aufgetauchten K. vollständig vor, erfolgte eine definitive Bezeichnung, die sich nach dem Datum des Periheldurchgangs richtete. Der erste K., der 1993 durch das Perihel seiner Bahn lief, erhielt nun die Bezeichnung K. 1993 I, der zweite K., der das Perihel durchlief, 1993 II usw.
Am 24. 8. 1994 beschloß die IAU auf ihrer Generalversammlung für die Zeit ab 1. 1. 1995 eine völlige Umgestaltung der B.d.K. Sie lehnt sich an die schon früher übliche Nomenklatur der Kleinplaneten an und wird mit dieser verbunden. Dies war insofern sinnvoll, als es in zunehmendem Maße unmöglich war, schon kurz nach der Entdeckung eines neuen Objekts zwischen Kleinplaneten und K. zu unterscheiden. Die neuen Objekte erhalten eine Jahreszahl und einen Buchstaben, der den Halbmonat ihrer Entdekkung angibt. Innerhalb der Halbmonate wird dann durchnumeriert. Beispiel: Das erstentdeckte Objekt im ersten Halbmonat Januar 1997 erhält die Bezeichnung 1997A1, das drittentdeckte Objekt im zweiten Halbmonat März 1997F3. Ferner wird vor diese Nummer ein Buchstabe mit Schrägstrich gesetzt, um das Objekt, falls möglich, näher zu kennzeichnen. Es bedeutet P/ einen periodischen K. mit weniger als 200 Jahren Umlaufzeit, C/ einen nichtperiodischen K. und X/ einen K. ohne bekannte Bahn. D/ ist ein K., der verschwunden ist oder nicht (mehr) existiert, A/ ein Kleinplanet. Eindeutig periodische K. erhalten auch vor das P/ oder D/ eine fortlaufende Nummer (Trümmerstücke werden mit angehängtem -A, -B usw. gekennzeichnet). Beispiele: 1P/1682Q1 ist der Halleysche K., aber 1P/1982U1 bezeichnet die 1982 erfolgte letzte Wiederentdeckung dieses K., der damals zunächst mit 1982 i und dann mit 1986 III bezeichnet wurde. Der K. Swift-Tuttle erhält ein vorausgestelltes 109P/ und der früher als Kleinplanet eingestufte K. Chiron 95P/. Bei der Namensnennung der K. wird außerdem stärker darauf geachtet, daß Mehrfachnennungen dann vermieden werden, wenn Personen nur einen geringen Anteil an der Entdeckung hatten.

Kometenfamilie (comet family). Kometen, deren Entfernung von der Sonne im Aphel ihrer Bahn etwa dieselbe ist und fast mit der Bahn eines der großen Planeten zusammenfällt. Sie sind durch Störungen der großen Planeten entstanden. Am bekanntesten ist die Jupiterfamilie. Ihre Mitglieder haben Umlaufzeiten zwischen etwa 5 und 8 Jahren. Möglicherweise gehören rund 70 Kometen, vielleicht sogar mehr, zu dieser K. Die bekanntesten Mitglieder sind die Kometen Tempel-Swift mit 5,7 Jahren Umlaufzeit. Pons-Winnecke mit 6,3 Jahren Periode, Giacobini-Zinner mit 6,6 und Biela mit ebenfalls 6,6 Jahren Umlaufzeit. Saturn dürfte über eine K. mit 5 oder 6 Mitgliedern verfügen, die Uranus-K. besitzt 3, die Neptun-K. 9 Mitglieder. Die letzteren K. sind allerdings nicht ganz so gesichert wie die Jupiterfamilie. Dies gilt besonders für die gelegentlich vermutete Pluto-K. und erst recht für eine K., die früher dem hypothetischen Planeten → Transpluto zugeschrieben wurde.

Kometengruppe (cometary group). Kometen, die nahezu dieselben → Bahnelemente haben. Eine bekannte K. ist die sog. Kreutzgruppe (→ Sungrazer). Sie dürfte aus dem Zerfall eines größeren Kometen entstanden sein.

Kometensucher (comet seeker). Ein Fernrohr (meist Refraktor) mit großem Öffnungsverhältnis und daher hoher Lichtstärke und großem Gesichtsfeld. Er wurde früher zum Aufsuchen lichtschwacher Kometen benutzt und wird heute meist durch lichtstarke Feldstecher oder Doppelgläser ersetzt.

Kommensurabilität (commensurability). Ein einfaches ganzzahliges Verhältnis zwischen den Umlaufzeiten von zwei oder drei Himmelskörpern. So sind die Umlaufzeiten z.B. dann kommensurabel, wenn ihr Verhältnis 1 : 2, 1 : 3 oder 2 : 5 usw. beträgt. Liegt eine K. bei den Umläufen von zwei Planeten um die Sonne vor, so kehren sie bereits nach zwei oder drei Umläufen wieder an dieselbe relative Position ihrer Bahn zurück. Dies hat eine verstärkte Störungswirkung der beiden Körper untereinander zur Folge, die sich vor allem auf den kleineren der beiden Körper auswirkt. Er wird im Laufe der Zeit aus seiner ursprünglichen Bahn solange herausgedrängt, bis die K. aufgehört hat zu bestehen. Auf diese Weise erklärt man sich die seltsamen Lücken im System der Kleinplaneten (→ Kirkwoodsche Lükken). Auch viele Lücken in den Planetenringen sind auf K. zwischen den Satelliten und den in den Ringen befindlichen Teilchen zurückzuführen.

Kommunikationssatellit (communications satellite). → Nachrichtensatellit.

Kommutation (commutation). Der von der Sonne aus bestimmte Winkel zwischen der Richtung zur Erde und einem anderen Planeten.

kompakte H II-Region (compact H II region). Ein → H II-Gebiet, das mit einem Durchmesser von weniger als 1 parsec klein, aber mit mehr als 100 Protonen pro cm^3 verhältnismäßig dicht ist.

kompakte Radioquelle (compact radio source). Eine kosmische Radioquelle, die am Himmelsgewölbe eine kleine Winkelausdehnung zeigt, gleichzeitig aber vor allem bei kürzeren Wellenlängen sehr intensiv strahlt.

Kompaktgalaxien (compact galaxies). Eine Gruppe von Galaxien, die als sehr helle und kleine Scheibchen erscheinen. Sie haben Ähnlichkeiten mit einer Galaxis vom Typ N, zeigen aber keinen nebligen Hintergrund. Im allgemeinen zeigen die K. eine große Rotverschiebung im Spektrum, die vermutlich auf innere Aktivitäten zurückzuführen ist. Die nächste K. ist M 32, ein Begleiter des → Andromedanebels.

Komparator (comparator). Ein astronomisches Auswertegerät, mit dem zwei photographische Aufnahmen desselben Sternfelds, die zu zwei verschiedenen Zeitpunkten gewonnen wurden, untereinander verglichen werden können. Das Ziel ist vor allem die Aufsuchung von veränderlichen Sternen oder Himmelskörpern, die eine Ortsveränderung zeigen. Der Blinkk. führt dem Beobachter die beiden photographischen Aufnahmen rasch wechselnd hintereinander vor, so daß das betreffende Objekt durch ein Blinken auffällt. Der Stereok. erlaubt eine stereoskopische Betrachtung der beiden Platten. Hier scheint das betreffende Objekt aus dem Hintergrund der üblichen Sterne räumlich hervorzutreten.

Kompaß (compass). **1.** Ein Gerät zur Ermittlung der Himmelsrichtungen. Am bekanntesten ist der Magnet-K., bei dem sich eine magnetisierte Nadel unter der Einwirkung des irdischen Magnetfelds in die magnetische Nord-Süd-Richtung einstellt. Wegen der magnetischen Deklination (Mißweisung), die örtlich und zeitlich verschieden ist, zeigt aber die Magnetnadel nicht unbedingt die geographische Nord-Süd-Richtung an. Für Deutschland ist in den letzten Jahrzehnten des 20. Jahrhunderts die magnetische Deklination allerdings nahe 0°. Lediglich in den westlichsten Teilen der Bundesrepublik Deutschland weicht die Magnetnadel mit ihrer angezeigten Nordrichtung wenige Grade nach Westen ab. In der neueren Zeit werden auch Kreisel-K., Radio-K. und Elektronen-K. benutzt. (Compass).

2. Ein Sternbild des südlichen Himmels (lat. Bezeichnung Pyxis, Abk. Pyx). Von der geographischen Breite Mitteleuropas aus kann das Sternbild im Spätwinter abends gerade noch über dem Südhorizont beobachtet werden. Es wurde 1752 von N. L. Lacaille (1713–1762) eingeführt und besteht fast nur aus mittelhellen oder schwächeren Sternen. Der hellste Stern ist α Pyxidis. Seine Helligkeit beträgt $3\overset{m}{,}7$, sein Abstand von der Erde 1300 Lichtjahre.

Komponente (component). Eine vor allem bei der Beschreibung der → Doppelsterne benutzte Bezeichnung für die beiden nahe beieinander stehenden Sterne.

Komposit-Verfahren (composite method). Die deckungsgleiche Zusammensetzung mehrerer Einzelaufnahmen, die z.B. mit Farbfiltern in verschiedenen Farbbereichen (Blau, Grün, Rot) erhalten wurden, zu einer Aufnahme zwecks verbesserter Wiedergabe der Bildinhalte.

Kondensation (condensation). Der Übergang von Dampf oder Gas in eine Flüssigkeit. In der Astronomie versteht man unter K. oft die Vereinigung kleinerer zu größeren Teilchen, wie sie z.B. bei der Entstehung der Planeten vorkommt.

Konjunktion, Gleichschein (conjunction). Eine Winkelstellung zwischen zwei Planeten oder auch zu Sonne und Mond, bei der der Unterschied der ekliptikalen → Länge 0° beträgt. Beide Gestirne haben in diesem Falle praktisch dieselben Beobachtungsbedingungen. Steht ein Planet in K. zur Sonne, so ist er unsichtbar, da er mit der Sonne über den hellen Taghimmel läuft. Bei den unteren Planeten Merkur und Venus ist noch zwischen der oberen K., bei der der Planet hinter der Sonne steht, und der unteren K., bei der der Planet zwischen der Sonne und der Erde steht, zu unterscheiden. Bei diesen Planeten ist in der oberen K. die volle Tagseite unserer Erde zugekehrt, bei der unteren K. die Nachtseite. Gelegentlich entsteht bei einer unteren K. von Merkur und Venus ein Vorübergang dieser Planeten vor der Sonne als schwarzes Scheibchen. Das astronomische Zeichen für die K. ist ☌.

konkav (concave). Nach innen gekrümmt.

Konstellation (constellation). **1.** Gelegentlich benutzte Bezeichnung für ein → Sternbild.

2. Die astronomischen → Aspekte.

Kontaktsystem (contact system). Enger → Doppelstern, in dem ein wechselseitiger Materieaustausch stattfindet. Der überwiegende Teil der Doppelsterne zeigt so große gegenseitige Distanzen ihrer Komponenten, daß sie als sog. getrennte Systeme betrachtet werden können. Man kann solche Systeme auch so darstellen: Man verfolge in Gedanken die Bewegung eines Probekörpers, der sich in der Nachbarschaft dieses Systems aufhält. In bestimmten Entfernungen von beiden Komponenten heben sich die gegenseitigen Anziehungskräfte und die Zentrifugalkraft auf den Probekörper auf. Alle diese Punkte sind durch eine Fläche verbunden, die sog. kritische Äquipotentialfläche. Sie berühren sich untereinander zwischen den beiden Komponenten in dem Librationspunkt L_1 (→ Dreikörperproblem). Ist nun die eine der beiden Komponenten besonders groß, so kann es sein, daß deren Masse die gesamte Äquipotentialfläche ausfüllt. Dies nennt man ein halbgetrenntes System. Füllt auch die andere Komponente die sie umgebende Äquipotentialfläche voll aus, handelt es sich um ein K. Bei den halbgetrennten Systemen kann von dem einen Stern Materie auf den anderen fließen, bei den K. ist ein wechselseitiger Materieaustausch möglich.

Kontinuum (continuum). Abk. für das kontinuierliche → Spektrum.

Kontraktion (contraction). Die Zusammenziehung oder Schrumpfung von Körpern, vor allem infolge der Gravitation.

Kontraktionshypothese (contraction hypothesis). Eine inzwischen überholte Auffassung von der → Sternentwicklung, nach der die → Energieerzeugung in den Sternen durch fortlaufende Kontraktion gedeckt werden kann. Danach sollte ein Stern als roter Riese entstehen, sich weiter zu einem blauweißen Übergiganten auf dem linken oberen Teil des Hauptastes des → Hertzsprung-Russell-Diagramms weiterentwickeln und sodann der Hauptreihe entlanglaufend als roter Zwergstern enden.

Auch von der Erde wurde gelegentlich angenommen, daß sie sich im Laufe ihrer Geschichte zusammenziehen würde. Bei dieser Schrumpfung hätten sich die Gebirge aufgefaltet. Aber auch diese Auffassung ist nicht unbedingt aufrechtzuerhalten. Sie steht übrigens im Gegensatz zu einer neueren ebenfalls umstrittenen Auffassung, nach der die Erde wegen einer zeitlichen Änderung der Gravitationskonstante expandieren soll.

Konvektion (convection). Strömungsprozesse von Gasen oder Flüssigkeiten, die durch Temperaturunterschiede hervorgerufen werden. K. spielt beispielsweise in der Erdatmosphäre, aber auch in den äußeren oder inneren Schichten der Erde eine Rolle.

konvektiver Kern (convective core). Eine kleine Zone im innersten Teil eines Sterns, in der die Energie durch Kernfusion erzeugt wird und der Energietransport durch → Konvektion stattfindet.

konvex (convex). Nach außen gewölbt.

koorbital (coorbital). Auf derselben Umlaufbahn laufend.

Koordinaten (coordinates). Bestimmungsstücke für die Festlegung eines Punktes in einem Raum oder auf einer Fläche. Je nach den praktischen Gegebenheiten stellt man verschiedene → Koordinatensysteme auf.

Koordinatenmeßgerät (coordinates measuring instrument). Ein Gerät zur Bestimmung relativer Sternörter auf Himmelsaufnahmen. Im wesentlichen handelt es sich um Mikroskope, die mit Fadenkreuzen ausgestattet sind. Sie erlauben die genaue Distanzmessung zwischen zwei Sternpunkten auf einer photographischen Platte. Die Meßgenauigkeit beträgt bei den besten Geräten etwa 0,001 mm. Die tatsächliche Meßgenauigkeit in Winkelmaß hängt von dem gesondert zu bestimmenden Maßstab der einzelnen Platten, aber auch von atmosphärischen Störungen usw. ab.

Koordinatensystem (coordinate system). Ein System mit verschiedenen Großkreisen, das durch einen Grundkreis und die beiden Pole bestimmt ist. Die in der Astronomie üblichen K. dienen zur Festlegung der Position eines Gestirns, wobei die einzelnen Systeme nach Zweckmäßigkeitsgründen festgelegt sind:

1. Horizontalsystem (Azimutsystem): Grundkreis ist der Horizont. Die Position eines Gestirns wird durch → Azimut und → Höhe angegeben. Wegen der Rotation der Erde und der damit verbundenen scheinbaren Drehung des Himmelsgewölbes um den Beobachter sind die im Horizontalsystem angegebenen Koordinaten eines Gestirns zeitlich laufend veränderlich.

2. Äquatorialsystem: Grundkreis ist der Himmelsäquator. Die Position eines Gestirns wird durch → Rektaszension oder → Stundenwinkel sowie → Deklination angegeben. Hier ist nur noch der

Stundenwinkel von der Zeit abhängig. Er kann aber durch die Rektaszension ersetzt werden. Die äquatorialen Koordinaten eines Gestirns sind nur noch von dessen → Eigenbewegung, aber auch von der → Präzession und → Nutation abhängig. Deswegen muß den äquatorialen Koordinaten für einen Stern noch der Zeitpunkt für das jeweilige → Äquinoktium zugefügt werden.

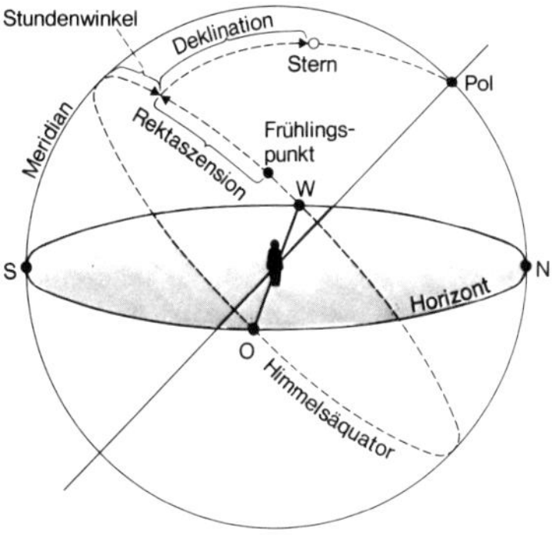

Äquator-Koordinatensystem

3. Ekliptikalsystem: Als Grundebene gilt die Ekliptik. Die Gestirnsörter werden in ekliptikaler → Länge und → Breite angegeben. Das Ekliptikalsystem wird praktisch ausschließlich (neben dem Äquatorialsystem) für Sonne, Mond und Planeten herangezogen.

4. Galaktisches System: Als Grundkreis gilt der galaktische Äquator, der durch die nahezu einen Großkreis bildende Milchstraße (Galaxis) verläuft. Dieses K. wird vor allem für Untersuchungen in unserem galaktischen System herangezogen. Die Position eines Objekts wird in galaktischer → Länge und galaktischer → Breite angegeben. Der galaktische Nordpol liegt bei Rektaszension $\alpha = 12^h 49^m$ und Deklination $\delta = 27{,}4°$ (für das Äquinoktium 1950.0).

Mittels trigonometrischer Formeln, PC-Programmen, aber auch speziell berechneter Nomogramme, lassen sich die Koordinatenangaben des einen Systems auf die eines anderen Systems umrechnen. Zur Umrechnung des Horizontalsystems in das Äquatorialsystem dienen folgende Formeln, in denen a das Azimut, h die Höhe, δ die Deklination, τ der Stundenwinkel, φ die Polhöhe bzw. die geographische Breite des Beobachtungsortes bedeutet:

$$\sin a \cos h = \cos \delta \sin \tau$$
$$\sin h = \sin \delta \sin \varphi + \cos \delta \cos \tau \cos \varphi$$
$$-\cos a \cos h = \sin \delta \cos \varphi - \cos \delta \cos \tau \sin \varphi$$

koplanar (coplanar). In einer Ebene liegend.

Korona (corona). → Sonnenkorona.

Koronalinien (coronal lines). Helle Emissionslinien im Spektrum der → Sonnenkorona, die früher einem unbekannten chemischen Element, dem sog. Koronium, zugeordnet wurden. Seit etwa 1941 weiß man jedoch, daß es sich hier um Linien handelt, die von hochionisierten Elementen, z. B. Eisen, Calcium und Nickel stammen.

Koronium (coronium). → Koronalinien.

Koronograph (coronograph). Ein Instrument zur Beobachtung und Photographie der → Sonnenkorona. Wegen der geringen Flächenhelligkeit der Korona ist diese von der Erdoberfläche aus wegen des hellen Streulichts innerhalb der Atmosphäre unbeobachtbar. Der 1930 von B. Lyot (1897–1952) erfundene K. wird auf hochgelegenen Bergobservatorien (oberhalb etwa 1500 m Seehöhe) eingesetzt. Die Optik des Instruments wird zunächst so sorgfältig hergestellt, daß kaum ein instrumentelles Streulicht entsteht. Ferner befindet sich im Strahlengang des Gerätes eine kegelförmige Blende, die genau dem scheinbaren Sonnenscheibendurchmesser, der sich im Laufe eines Jahres leicht verändert, angepaßt wird. Die Kegelblende spielt gewissermaßen die Rolle des verfinsternden Neumonds bei einer echten Sonnenfinsternis. Der erste K. wurde auf dem Observatorium Pic du Midi in den Pyrenäen aufgestellt. In Deutschland befindet sich ein K. auf dem Wendelstein in den Bayerischen Alpen. Mit dem K. kann nur die innere Korona der Sonne bis zu einem Abstand von einigen Bogenminuten vom Sonnenrand beobachtet werden. Die äußeren, noch wesentlich schwächeren Bereiche der Korona sind dagegen nur während einer totalen Sonnenfinsternis oder von Erdsatelliten bzw. Raumstationen außerhalb der Erdatmosphäre erforschbar. Ein K. erlaubt darüber hinaus aber auch die Beobachtung der → Protuberanzen.

Korpuskularstrahlung, Partikelstrahlung, Teilchenstrahlung (corpuscular radiation, particle radiation). Eine aus elektrisch geladenen oder ungeladenen Teilchen bestehende Strahlung. In der Astronomie ist der → Sonnenwind ebenso eine K. wie die → kosmische Strahlung.

Korrektionsjahr (correction year). Das Jahr 1582, in dem der → Gregorianische Kalender eingeführt wurde.

Korrektionsplatte (correcting plate). Eine im → Schmidt-Spiegel und ähnlichen optischen Systemen benutzte Glasplatte, die auf der einen Seite eben, auf der anderen asphärisch ist.

kosmisch (cosmic). Den → Kosmos betreffend.

kosmische Geschwindigkeiten (cosmic velocities). Die drei Geschwindigkeiten, die für Raumflugkörper maßgebend sind: 1. die Kreisbahngeschwindigkeit für den Umlauf eines Satelliten um einen Himmelskörper, 2. die hyperbolische → Entweichgeschwindigkeit für einen Flugkörper, der einen bestimmten Himmelskörper verlassen möchte, und 3. die Geschwindigkeit, die ein Raumflugkörper benötigt, um nicht nur das Schwerefeld eines Planeten, sondern auch das Sonnensystem zu verlassen. Im Falle unserer Erde beträgt der letztere Wert 16,7 km/s (→ Erdsatellit).

kosmische Hintergrundstrahlung, Hintergrundstrahlung (cosmic background radiation). Eine im extrem kurzwelligen Radiowellenbereich (Mikrowellenbereich) im Jahre 1965 von A. A. Penzias (*1933) und R. W. Wilson (*1936) aufgefundene Strahlung, für die sie 1978 den Nobelpreis für Physik erhielten, und die von den meisten Autoren als die Reststrahlung des Urknalls unseres Universums aufgefaßt wird. Sie wurde bereits 1948 von G. Gamow (1904–1968) und 1964 von R. H. Dicke theoretisch vorausgesagt. Sie entspricht der Strahlung eines schwarzen Körpers mit einer Temperatur von 2,7 K, der gegenwärtigen Temperatur des gesamten Weltalls. Ursprünglich strahlte das Weltall natürlich mit einer wesentlich höheren Intensität, und die k.H. war in früheren Epochen der Geschichte des Weltalls intensiver, d.h. sie entsprach einer höheren Temperatur. Mit der allmählichen Verdünnung des Weltalls wurde sie schwächer. Die k.H. wurde rund 300000 Jahre nach dem »Urknall« entlassen, als das Weltall nach Absinken der Temperatur auf etwa 3000 K durchsichtig wurde. Zuvor war die Temperatur so hoch, daß sich die Atomkerne und Elektronen nicht zu neutralen Atomen vereinigen konnten. Dieses ionisierte Gas (Plasma) war undurchsichtig.

Die Entdeckung der k.H. wurde weitgehend als eine Bestätigung für die Theorie vom Urknall angesehen. Die k.H. wurde zunächst bei einer Wellenlänge von 7,35 cm nachgewiesen. Inzwischen wurde sie in dem gesamten Bereich zwischen 1 mm und 21 cm aufgefunden. Im kurzwelligen Teil dieses Bereiches ist ihr Nachweis wegen der Absorption innerhalb unserer Erdatmosphäre schwierig. Es waren hierzu Ballonaufstiege und ähnliche Untersuchungen nötig. Schließlich wurde 1989 der kosmologische Satellit Cosmic Background Explorer (COBE) gestartet. Anfänglich zeigte sich wie bei den früheren Untersuchungen eine völlige Isotropie der Strahlung. Eine Ausnahme bestand darin, daß sich die Bewegung unserer Galaxis in bezug auf die anderen Galaxien mit einer Geschwindigkeit von 600 km/s bemerkbar macht: In der Richtung zum Sternbild Jungfrau zeigte sich ein Maximum, in der Gegenrichtung ein Minimum. Der Unterschied beträgt aber nur 0,2%. Dies war insofern überraschend, da man annahm, daß es 300000 Jahre nach dem Urknall bereits erste Inhomogenitäten in der Materieverteilung als Vorstufen in der Bildung von Galaxien und Galaxienhaufen gegeben haben müßte. 1992 veröffentlichte, sorgfältig überarbeitete Ergebnisse von COBE enthüllten aber doch eine inhomogene Struktur mit Differenzen in der Größenordnung von $3 \cdot 10^{-5}$ K.

kosmische Physik (cosmic physics). Ältere, heute kaum mehr gebräuchliche Bezeichnung für die Astrophysik.

kosmischer Staub (cosmic dust). Der staubförmige Anteil der → interstellaren Materie.

kosmische Strahlung, Ultrastrahlung, Höhenstrahlung, Drei Kelvin-Strahlung (cosmic rays, 3 K background radiation). Eine besonders energiereiche Korpuskularstrahlung, teilweise auch Wellenstrahlung, die unsere Erde aus den verschiedensten Teilen des Weltalls erreicht. Sie wurde 1913 von V. F. Hess (1883–1964) und W. Kolhörster (1887–1946) bei Ballonaufstiegen entdeckt. Die hierbei gefundene Strahlung ist aber nicht mit der außerhalb der Erdatmosphäre nachweisbaren sog. Primärstrahlung identisch, da die Teilchen der k.S. beim Durchgang durch die Erdatmosphäre verschiedenartige Umwandlungsprozesse durchlaufen. Die Strahlung, die die Erdoberfläche erreicht, bezeichnet man daher als Sekundärstrahlung.

Die astronomisch interessante Primärstrahlung kann nur mit Hilfe von Raketen und Satelliten bestimmt werden. Sie besteht im wesentlichen aus Wasserstoffatomkernen (Protonen). Nur 23% sind Heliumkerne (α-Teilchen) und 2% Atomkerne schwererer Elemente. Dazu kommen Elektronen. Dabei entfällt auf 100 schwere Teilchen 1 Elektron, auf etwa 10 Elektronen auch 1 Positron. Die Häufigkeit der schweren Teilchen entspricht ziemlich genau der Häufigkeit der chemischen Elemente in den Sternen der → Population I. Im Mittel durchläuft in Erdnähe pro Sekunde 1 Teilchen eine Fläche von 1 cm^2, gemessen bis zu einer Energie von 10^{20} Elektronenvolt (»Auger-Schauer«). Die Energien der Primärteilchen können 10^7 bis maximal 10^{20} Elektronenvolt betragen. Sie sind damit noch wesentlich energiereicher als die schnellsten Teilchen, die heute in physikalischen Laboratorien erzeugt werden können.

Ein Teil der Primärteilchen, vor allem solche mit geringerer Energie, stammen von unserer Sonne und werden dort verstärkt bei Eruptionen und ähnlichen Ereignissen erzeugt (bis 10^{10} eV). Diese Strahlungskomponente zeigt deswegen auch wie die Sonnenaktivität eine durchschnittlich elfjährige Periode. Die energiereicheren kosmischen Primärteilchen stammen aber aus den Tiefen des Raums, vor allem von Supernovae und deren Überresten. Hier liegt wahrscheinlich die wichtigste Quelle für die galaktische k.S. Weitere Quellen sind Veränderliche vom Typ der Flackersterne, extrem heiße und junge Sterne vom Spektraltyp O und B, sowie der Kern unserer Galaxis. Insgesamt kann davon ausgegangen werden, daß die Quellen der k. S. meist mit denen der nichtthermischen galaktischen Radiostrahlung zusammenfallen. Möglicherweise werden die Teilchen durch das Magnetfeld unserer Galaxis allmählich weiter beschleunigt. Andere Primärteilchen stammen aber auch aus dem Bereich außerhalb unserer Galaxis, z. B. von aktiven Galaxienkernen, vor allem aber den Quasaren.

Bei Annäherung der k. S.teilchen an das Magnetfeld unserer Erde werden die elektrisch geladenen Teilchen geringerer Energie so abgelenkt, daß sie bevorzugt in den Polargebieten in unsere Erdatmosphäre eindringen. Am geomagnetischen Äquator sind also derartige Teilchen mit etwas geringerer Häufigkeit festzustellen als in der Nähe der geomagnetischen Pole (Breiteneffekt). Die Teilchen höherer Energie werden aber durch das Magnetfeld unserer Erde kaum mehr beeinflußt. Sie können also auch am geomagnetischen Äquator festgestellt werden. Eine Häufung der k. S.teilchen ergibt sich aber ebenso innerhalb der Strahlungsgürtel unserer Erde, in denen sie durch das irdische Magnetfeld gespeichert werden und zwischen dem magnetischen Nord- und Südpol hin- und herlaufen.

Beim Durchgang der kosmischen Primärstrahlung durch die Erdatmosphäre entstehen oft zahlreiche Elementarteilchen, die man früher auf andere Weise zunächst nicht experimentell erzeugen konnte. Dazu gehören beispielsweise Mesonen, die so energiereich sind, daß sie nicht nur an der Erdoberfläche, sondern sogar noch in Bergwerken und tief unter der Meeresoberfläche festgestellt werden können. Die Hauptbestandteile der Sekundärstrahlung sind: 1. Eine weichere Komponente aus Protonen, Elektronen und Gammastrahlung, 2. Eine härtere Komponente aus Pi-Mesonen, die sodann in Myonen zerfallen, 3. Eine nukleare Komponente aus Protonen und Neutronen, 4. Neutrinos.

kosmische Strings (cosmic strings). → Strings.

Kosmobiologie (cosmobiology). Eine Bezeichnung, die von jüngeren Astrologen oft für die Astrologie benutzt wird. Der Ausdruck wird aber auch gelegentlich für die wissenschaftliche Erforschung kosmisch-irdischer Zusammenhänge, vor allem auf biologischem Gebiet, verstanden. So wurden beispielsweise Zusammenhänge zwischen den Mondphasen und biologischen Vorgängen vermutet und sogar nachgewiesen (→ Mondeinfluß). Ebenso sind verschiedene → solar-terrestrische Erscheinungen erforscht worden. Teile der so verstandenen K. sind aber heute noch zu einem großen Teil heftig umstritten. Sie haben außerdem mit der klassischen Astrologie keinerlei Gemeinsamkeit.

Kosmodrom (cosmodrome). Eine in Rußland übliche Bezeichnung für Raketenabschußanlagen.

Kosmoglobus (cosmoglobe). Ein im Jahre 1827 von Garthe entwickeltes Modell, das die Himmelserscheinungen auf mechanischem Wege darstellt. Dabei wurde ein durchsichtiger Himmels- und Sternglobus sowie ein Erdglobus mit einem mechanischen Planetarium verbunden. Der K. war damit eine Art Vorläufer des modernen → Planetariums.

Kosmogonie (cosmogony). Der Bereich der Astronomie, der sich mit der Entstehung der Himmelskörper und anderer astronomischer Objekte beschäftigt. Die Entstehung des gesamten Universums ist dagegen mehr Aufgabe der Kosmologie. In der neueren Literatur bleibt die Bezeichnung K. allerdings mehr den Theorien über die Entstehung der Planeten vorbehalten.

Kosmogramm (cosmogram). → Horoskop.
Kosmographie (cosmography). Frühere Bezeichnung für die beschreibende Astronomie und Geographie (»Weltbeschreibung«).
Kosmologie (cosmology). Der Teil der Astronomie, der sich mit dem räumlichen und zeitlichen Aufbau des gesamten Universums beschäftigt. Das schließt auch die Entstehungsformen und -ursachen des Weltalls mit ein.
kosmologische Entfernungen (cosmological distances). Entfernungsangaben, die unter der Annahme berechnet wurden, daß die Rotverschiebung in den Spektren extragalaktischer Objekte auf den → Hubble-Effekt zurückgeführt werden darf.
kosmologische Konstante (cosmological constant). Ein von A. Einstein (1879–1955) in seine Feldgleichungen eingeführtes mathematisches Glied, das meist mit Λ (großer griech. Buchstabe Lambda, daher auch die Bezeichnung Lambda-Glied) abgekürzt ist. Es erlaubt ein statisches homogenes und isotropes Weltmodell. Ein positives Λ bedeutet eine Repulsivkraft (Abstoßungskraft) im Weltall, die direkt proportional zur Entfernung ist. Einstein führte das Λ-Glied in seine Gleichungen ein, als die Expansion des Universums und der Hubble-Effekt noch nicht bekannt waren. Statische Lösungen der Feldgleichungen sind nämlich ohne das zusätzliche Λ-Glied undenkbar. Nachdem sich auch nichtstatische Lösungen als wahrscheinlich erwiesen, blieb es fraglich, ob das Λ-Glied überhaupt noch eine reale Bedeutung besitzt. Neuere kosmologische Theorien fügen jedoch wieder das Lambda-Glied ein, meist mit einem sehr kleinen positiven Wert.
kosmologische Rotverschiebung (cosmological redshift). Die Rotverschiebung weit entfernter Galaxien infolge der Expansion des Weltalls (→ Hubble-Effekt).
kosmologisches Modell (cosmological model). → Weltmodell.
kosmologisches Prinzip (cosmological principle). → Homogenitätspostulat.
Kosmonaut (cosmonaut). In der früheren Sowjetunion bzw. in Rußland benutzte Bezeichnung für einen Astronauten.
Kosmos (cosmos). **1.** Eine aus dem Altgriechischen stammende Bezeichnung für das Weltall, die aber auch noch die Nebenbedeutung »Schmuck, Ordnung« hatte.
2. Bezeichnung für eine Serie sowjetischer Erdsatelliten. Kosmos 1 startete am 16. 3. 1962. Insgesamt wurden rund 2000 K.-Satelliten gestartet. Diese Satelliten umfassen viele Aufgabenbereiche, die von der astronomischen, geophysikalischen, meteorologischen Forschung bis zu militärischen Anwendungs- und Aufklärungssatelliten reichen.
Kosmozoentheorie. → Panspermie.
kpc. Abk. für Kiloparsec (→ parsec).
Kraft (force). Die Ursache der zeitlichen Änderung eines → Impulses. Die K. ist damit die zeitliche Änderung der Bewegungsgröße eines Körpers, also Masse × Beschleunigung. Die K. ist durch Betrag und Richtung, in die sie wirkt, bestimmt. Einheit der K. ist das → Newton.
Kranich (Crane). Ein Sternbild am südlichen Himmel (lateinische Bezeichnung Grus, Abk. Gru). Das 1603 von J. Bayer (1572–1625) eingeführte Sternbild kann im Herbst allenfalls von Südeuropa aus beobachtet werden. Hauptstern ist Alnair. Die aus dem Arabischen stammende Bezeichnung bedeutet »der Helle«. Alnair ist $1\overset{m}{,}8$ hell und 70mal leuchtmächtiger als die Sonne. Seine Entfernung beträgt 65 Lichtjahre. β Gruis hat eine Helligkeit von $2\overset{m}{,}2$. Seine Entfer-

nung beträgt 270 Lichtjahre. Die absolute Leuchtkraft ist 700mal größer als die der Sonne. α Gruis oder Alnair ist ein weißer Stern mit dem Spektraltyp B5, β Gruis ist tiefrot. Sein Spektraltyp ist M3.

Krater (crater). Trichter- oder grubenartige Vertiefungen. Es gibt

1. Aufsturz- oder Meteoriten-K. Sie sind in einer kleinen Zahl auf der Erde gefunden worden. Besonders häufig sind sie aber auf der Oberfläche fast aller Körper des Planetensystems gefunden worden, mit Ausnahme der großen Gasplaneten Jupiter bis Neptun, sowie einiger Satelliten wie dem Jupitermond Io oder (bisher) dem Saturnsatelliten Titan. Daneben gibt es

2. vulkanisch entstandene K., wie wir sie in großer Zahl von unserer Erde her kennen. Auf den übrigen Körpern unseres Sonnensystems sind ausschließlich vulkanisch entstandene K. bisher auf Venus, Mars, Triton und Io aufgefunden worden. Es gibt aber auch Mischformen. So wurden beispielsweise die großen K. und Mariabecken auf dem Mond später teilweise von aus dem Inneren aufsteigenden Lavamassen überflutet.

Krebs (Crab). Ein Sternbild des nördlichen Himmels, das gleichzeitig zum Tierkreis gehört (lateinische Bezeichnung Cancer, Abk. Cnc). Nach der griechischen Mythologie soll dieser von Zeus bestellte K. eine Nymphe beim Bade festgehalten haben, bis Zeus diese erreichte. Das Sternbild enthält nur schwächere Sterne und ist vor allem im Winter zu beobachten. Die Sonne bewegt sich von etwa Ende Juli bis Ende August durch dieses Sternbild, so daß der K. während, sowie kurz vor und nach dieser Zeitspanne am Nachthimmel nicht gesehen werden kann. Der Hauptstern α Cancri mit seiner arabischen Bezeichnung Acubens (»Schere«) ist nur $4\overset{m}{,}3$ hell und 100 Lichtjahre entfernt. Etwas heller ist allerdings β Cancri oder Al Tarf (»der Blick«). Seine Helligkeit beträgt $3\overset{m}{,}5$, sein Abstand 170 Lichtjahre. Im K. liegt der offene Sternhaufen → Praesepe.

Krebsnebel (Crab Nebula). → Crab-Nebel.

Krebsnebel, Südlicher (Southern Crab Nebula). Ein im Sternbild Centaur liegender krebsähnlicher Nebel, in dessen Zentrum vermutlich ein Doppelstern steht, dessen Komponenten ein roter Riesenstern und ein weißer Zwergstern sind. Der weiße Zwerg ist von einer Gashülle umgeben, die wahrscheinlich von dem Begleitstern herüberströmte.

KREEP. Abk. für Kalium, rare-earth elements (engl. seltene Erden) and Phosphor. In der neueren Mondforschung eingeführte Kunstbezeichnung für einen Basalttyp, der auf dem Mond gefunden wurde und der die oben genannten chemischen Elemente besonders häufig enthält. Er besitzt einen Feldspatanteil von 60 bis 70%, den man auf der Erde als Norit bezeichnen würde.

Kreis (circle). Ein → Kegelschnitt. Es ist diejenige krumme Linie, deren sämtliche Punkte von einem von ihr umschlossenen Punkt, dem Zentrum, gleich weit entfernt sind. Dieser Abstand wird auch als Radius oder Halbmesser bezeichnet. Die begrenzende Linie heißt K.umfang. Der K.umfang ist $2\pi r$. Dabei ist r der K.radius, $\pi = 3{,}141\,59265...$ Man teilt den K.umfang in 360 Grad (360°) ein. Jedes Grad wird wieder in 60 Bogenminuten (60′) und jede Bogenminute in 60 Bogensekunden (60″) eingeteilt. Der K.umfang hat also $360° = 21\,600' = 1\,296\,000''$.

K. und Parabel sind Bahnformen, die in der Himmelsmechanik praktisch nicht vorkommen. Alle Himmelskörper bewegen sich auf Ellipsen- oder Hyperbelbahnen.

Kreisbahngeschwindigkeit (circular velocity). → Erdsatellit.

Kreisfrequenz. → Winkelgeschwindigkeit.

Kreismikrometer, Ringmikrometer (ring micrometer). Eine in der Brennebene eines Fernrohrs angebrachte Meßvorrichtung, um die Position von Gestirnen durch einen Vergleich mit bekannten Positionen von Nachbarsternen zu bestimmen. Es besteht meist aus einer kreisförmigen Blende oder einem Metallring (daher auch die Bezeichnung Ringmikrometer). Der Beobachter bestimmt nun die Zeitpunkte, zu denen die betreffenden Sterne infolge ihrer täglichen Bewegung von Ost nach West durch den Ring bedeckt werden. Daraus lassen sich relative Koordinaten zwischen den Gestirnen bestimmen.

Kreppring (Crepe Ring). Der zweitinnerste Ring des Saturn (Ring C) mit einer Breite von etwa 17000 km. Er wurde im Jahre 1850 von G. P. Bond (1825–1865) und W. R. Dawes (1799–1868) aufgefunden.

Kreutzgruppe (Kreutz group). → Sungrazer.

Kreuz (Cross). Bekanntes Sternbild des südlichen Himmels (lateinische Bezeichnung Crux, Abk. Cru), oft »Südliches K.« genannt. Das Sternbild ist flächenmäßig nicht sehr ausgedehnt und enthält nur vier hellere bis mittelhelle Sterne. Die Längsachse des K. (γ-α Crucis) etwa 4½mal über α Crucis hinaus verlängert, zeigt ungefähr die Position des südlichen Himmelspols an, an dem sich kein hellerer Stern befindet. α Crucis heißt auch Acrux. Er ist $0\overset{m}{,}8$ hell und 370 Lichtjahre entfernt. Bereits in kleinen Fernrohren kann er als Doppelstern beobachtet werden. Die beiden Komponenten sind 4,3″ voneinander entfernt. Die Helligkeiten der beiden Sterne betragen $1\overset{m}{,}4$ und $1\overset{m}{,}9$. Die absolute Helligkeit des einen Sterns ist 3000mal, die des anderen 1900mal größer als die der Sonne. Beide Komponenten sind ihrerseits wieder spektroskopisch doppelt. β Crucis hat eine Helligkeit von $1\overset{m}{,}3$ und einen Abstand von 500 Lichtjahren. Er ist 6000mal heller als die Sonne. γ Crucis ist $1\overset{m}{,}6$ hell und 88 Lichtjahre entfernt. Die Leuchtkraft ist 120mal größer als die unserer Sonne. δ Crucis hat dagegen nur eine Helligkeit von $2\overset{m}{,}8$. Der Abstand beträgt 260 Lichtjahre. Durch das K. verläuft auch die Milchstraße. Zahlreiche offene Sternhaufen sind in ihm zu beobachten. Am bekanntesten ist NGC 4755 oder κ Crucis. Dieser Sternhaufen enthält 50 Sterne in 7600 Lichtjahren Entfernung. Von J. Herschel (1792–1871) wurde er auch als the jewel box (das Schmuckkästchen) bezeichnet. Zwischen diesem Sternhaufen und α Crucis befindet sich der südliche → Kohlensack.

Am Nordhimmel gibt es das sog. Nördliche K., eine inoffizielle Bezeichnung für das Sternbild Schwan. Auch → Falsches Kreuz.

Kreuzstab. → Jakobsstab.

Krippe (Beehive). → Praesepe.

kritische Frequenz (critical frequency). → Grenzfrequenz.

kritisches Volumen (critical volume). → Roche-Volumen.

Krone, Nördliche (Northern Crown). Sternbild am nördlichen Himmel (lateinische Bezeichnung Corona Borealis, Abk. CrB). Nach der griechischen Sage soll es sich hier um das Brautgeschenk der Venus an Ariadne gehandelt haben. Das verhältnismäßig kleine Sternbild kann vor allem im Frühling und Sommer beobachtet werden. Hauptstern ist → Gemma.

Krone, Südliche (Southern Crown). Ein Sternbild, das für Mitteleuropa im Spätsommer nur teilweise über den Südhorizont gelangt (lateinische Bezeichnung Corona Australis, Abk. CrA). Im wesentlichen ist es frühestens ab Südeuropa vollständig sichtbar. Es enthält nur schwächere Sterne. Hauptstern ist α Coronae Australis mit einer Helligkeit von $4\overset{m}{,}1$ und einem Abstand von 100 Lichtjahren.

Kronglas (crown glass). Eine Glassorte mit schwacher Brechung und kleiner Dispersion. Der Name leitet sich daher, daß bei den früheren Herstellungsverfahren das flüssige Glas über eine aufgeblasene Kugel als Zwischenstufe die Gestalt einer Krone (engl. crown) zeigte. Linsen aus K. werden zusammen mit solchen aus → Flintglas zu einem achromatischen Objektiv zusammengestellt.

Krüger 60. Ein nahegelegener bekannter Doppelstern im Sternbild Cepheus in 13 Lichtjahren Entfernung. Die beiden Sterne sind rote Zwergsterne mit einer scheinbaren Helligkeit von $9\overset{m}{,}9$ und $11\overset{m}{,}4$ und einer Umlaufzeit von 44,5 Jahren. Die große Bahnhalbachse beträgt 1406 Mill. km.

Kugel (globe). Der Körper, bei dem sämtliche Punkte seiner Oberfläche von einem Punkt im Innern, dem Zentrum, gleich weit entfernt sind. Der Durchschnitt einer K. mit einer Ebene ist immer ein Kreis. Geht diese Ebene jedoch gleichzeitig durch den Mittelpunkt der K., so entsteht ein sog. größter K.kreis, der die K.oberfläche in zwei gleich große Halbkugeln aufteilt. Die K.oberfläche ist $4\pi \cdot r^2$, wobei r den K.radius und π = 3,141 59265... bedeutet. Das K.volumen ist 4/3 $\pi \cdot r^3$. Die K.oberfläche enthält 41 254 Quadratgrad.

Kugeldreieck. → Sphärisches Dreieck.

Kugelspiegel, sphärischer Spiegel (spherical mirror). Ein kugelförmig geschliffener Spiegel, der stark mit sphärischer Aberration behaftet ist. Zusammen mit einer → Korrektionsplatte wird er aber u. a. beim → Schmidt-Spiegel benutzt.

Kugelsternhaufen (globular cluster). Eine besondere Gruppe von Sternhaufen, die einen nahezu kugelsymmetrischen Aufbau zeigen. Gelegentlich zeigt sich aber auch eine geringfügige Abplattung. Mit freiem Auge können nur wenige K. beobachtet werden, insbesondere ω Centauri am Südhimmel, während am Nordhimmel der hellste K. M 13 im Herkules ist. Er kann mit einem Opernglas gerade noch als verwaschener Nebelfleck beobachtet werden. Die Auflösung in einzelne Sterne gelingt meist erst mit mittelgroßen Instrumenten. Die Durchmesser betragen 15 bis 350 Lichtjahre, die Masse liegt etwa zwischen 10 000 und 1 000 000 Sonnenmassen. Es handelt sich dabei meist um verhältnismäßig alte Sterne der → Population II. Die K. besitzen damit auch ein hohes Alter bis zu 13 Milliarden Jahre. Sie entstanden gleich am Beginn der Entwicklung unserer Galaxis bzw. anderer Galaxien, ehe es zu einer Abflachung dieser Systeme kam. Im Zentrum ist ein K. so dicht, daß er dort auch mit größeren optischen Hilfsmitteln nicht mehr aufgelöst werden kann. Fast ganz ist dies jedoch neuerdings bei einigen K. mit Hilfe des Hubble-Space-Telescopes gelungen. Die gegenseitige Entfernung der Sterne ist dort bedeutend geringer als in der Nachbarschaft unserer Sonne. Während man für die Randbezirke eines K. bereits eine Sterndichte annehmen darf, die 10mal größer ist als die in unserer Nachbarschaft, dürfte die Sterndichte im Zentrum bis zu maximal 1000mal größer sein als bei uns.

Die Abstände der K. konnten mit Hilfe der → Perioden-Helligkeits-Beziehung der → RR-Lyrae-Sterne ermittelt werden. Diese Klasse veränderlicher Sterne ist für die K. besonders typisch. Daneben gibt es aber auch einige Cepheiden, langperiodische, halbregelmäßige und unregelmäßige Veränderliche. Die K. haben meist Entfernungen von 10 000 bis 100 000 Lichtjahren und mehr. Sie bilden eine Art Vorhof (Halo) um unsere

Galaxis im engeren Sinn, zeigen aber eine deutliche Konzentration zum galaktischen Zentrum. Dies zeigt sich daran, daß 50% aller K. in dem galaktischen Längenbereich zwischen 345° und 15° (also etwa Richtung Sternbild Schütze/Skorpion) vorkommen. Diese Asymmetrie ist eine Folge der seitlichen Stellung der Sonne im galaktischen System. K. beschreiben sehr exzentrische Bahnen um das Zentrum unseres Milchstraßensystems. Auch im Innern der K. ergibt sich eine Rotationsbewegung, die in Einzelfällen mittels des → Dopplereffekts nachgewiesen werden konnte. Die Rotationsperioden dürften mehrere Millionen Jahre betragen. Spektraluntersuchungen zeigen, daß die Sterne in den K. verhältnismäßig wenig schwere Elemente enthalten, wie es gerade für sehr alte Objekte angenommen werden darf. Überhaupt gehören die K. zu den ältesten Objekten des Kosmos, mindestens aber unserer Galaxis. Gelegentlich wird je nach dem Grad der Konzentration eines K. auch noch eine weitere Unterteilung durchgeführt. Sie geht im wesentlichen auf H. Shapley (1885–1972) zurück. Die Klassen reichen von I (sehr hohe Konzentration zum Zentrum hin) bis XII (sehr geringe Konzentration). Auch hinsichtlich ihrer chemischen Zusammensetzung gibt es eine Unterscheidung: Nahe dem galaktischen Zentrum und der galaktischen Scheibe kommt eine metallreichere Gruppe, im Halo der Galaxis eine zahlenmäßig stärkere metallärmere Gruppe vor.

In unserem eigenen galaktischen System konnten über 120 K. aufgefunden werden. Die Gesamtzahl wird auf 200 bis 2000 geschätzt, je nachdem ob man eine schwächere oder stärkere Konzentration zum galaktischen Zentrum voraussetzt. Auch andere Galaxien besitzen zahlreiche K. Zumindest bei den näheren Objekten dieser Art (z.B. dem Andromedanebel) konnten viele K. entdeckt werden. Einige wenige K. dürften auch im intergalaktischen Feld vorhanden sein, also keiner Galaxis zugehören.

Kuiper Airborne Observatory. Ein nach G. P. Kuiper (1905–1973) benanntes Flugzeug-Observatorium in einer Lockheed C 141 mit einem 92 cm-Spiegelteleskop. Es wird vor allem zum Einsatz in der → Infrarotastronomie in Höhen um 13500 m eingesetzt.

Kuiper-Ring (Kuiper belt). Eine knapp hinter der Plutobahn liegende Zone, auch »Kuiper-Gürtel« genannt, die neben der noch ferneren → Oortschen Wolke zahlreiche Kometenkerne enthält und aus der durch Einfang von seiten der massereichen Planeten die kurzperiodischen Kometen entstehen dürften. Der K.-R. wurde in den letzten Jahren durch die Entdeckung mehrerer derartiger Objekte, beginnend mit 1992 QB1, praktisch bestätigt (→ Kleinplaneten). Bei einer Stichproben-Untersuchung des Hubble-Space-Telescopes in einer eng umgrenzten Himmelsfläche zeigten sich unter Abzug der Zahl der Sterne und Galaxien so viel überschüssige Objekte, daß auf rund 100 Millionen Kuiper-Objekte bis herab zur 28. Größenklasse und damit einem Durchmesser von größenordnungsmäßig 10 km im Bereich der Neptun- und Plutobahn hochgerechnet werden kann.

Kulmination (culmination). Der Durchgang eines Gestirns durch den → Meridian. Man unterscheidet die obere K., bei der das Gestirn seine größte → Höhe über dem Horizont erreicht, und die untere K., die nur bei den → Zirkumpolarsternen zwischen dem nördlichen (bzw. südlichen) Himmelspol und dem Horizont beobachtet werden kann.

künstlicher Erdsatellit (artificial satellite). → Erdsatellit.

Kuppel (dome). Schutzbau für die Unterbringung eines astronomischen Fernrohrs. In die K. wird ein zu öffnender Spalt eingebaut. Außerdem kann die K. um eine vertikale Achse gedreht werden, so daß das astronomische Gerät in alle Himmelsrichtungen und in alle Höhenbereiche über dem Horizont eingestellt werden kann (→ Sternwarte).

kW. Abk. für Kilowatt, die Einheit der Leistung. 1 kW = 1000 Watt (→ Watt).

kWh. Abk. für Kilowattstunde, Maßeinheit der Arbeit und Energie. 1 kWh = $3{,}6 \cdot 10^6$ W·s.

Kynosura. Seltene Bezeichnung für den → Polarstern.

L

Lacerta. Lateinische Bezeichnung für das Sternbild → Eidechse.

BL Lacertae-Objekte, Lacertiden (BL Lacertae objects). Eine nach BL Lacertae (im Sternbild → Eidechse) benannte seltene und eigentümliche Objektgruppe. BL Lacertae selbst wurde als unregelmäßig veränderlicher »Stern« bereits 1929 von C. Hoffmeister (1892–1968) entdeckt. Die wahre Natur enthüllte sich aber erst in den letzten Jahren. Es ist eine in allen Spektralbereichen stark und rasch veränderliche Quelle. Die größte Energieabstrahlung erfolgt im Infraroten. 1974 wurde aus der Rotverschiebung im Spektrum und mit Hilfe des → Hubble-Effekts auf einen Abstand von 980 Millionen Lichtjahren geschlossen. Bis jetzt sind schon über 100 Objekte entdeckt worden, die BL Lacertae ähneln, so daß sie zu einer besonderen Klasse zusammengefaßt wurden. Die fernsten sind mehrere Milliarden Lichtjahre entfernt. Inzwischen stuft man sie als eine Sonderform der → Quasare ein, also als aktive Kerne von Galaxien. Als treibender Motor kommt hier ebenfalls vermutlich ein → Schwarzes Loch in Betracht. Ihre Masse ist mit dem Hundertmillionenfachen der Sonnenmasse deutlich größer als bei den Quasaren. Die Schwarzen Löcher können hier also vielleicht ganze Sterne »verschlucken«. Es bildet sich keine Gasscheibe um das Schwarze Loch aus, und es entstehen im Spektrum keine Emissionslinien. Bei den etwas masseärmeren Schwarzen Löchern der Quasare sind dagegen Gasscheiben zu erwarten, und es können Emissionslinien beobachtet werden.

Lagekreisel (attitude gyro). Ein Kreisel, der die räumliche Orientierung der Achsen (z.B. eines Satelliten oder einer Raumsonde) bestimmen kann.

LAGEOS. Abk. für Laser Geodynamics Satellite, erster am 4. 5. 1976 gestarteter, → geodätischer Satellit zur geodätischen Ortsbestimmung der NASA, der mit einem Laser ausgerüstet war.

Lagrangesche Punkte (Lagrangian points). → Dreikörperproblem.

Lagunennebel (Lagoon Nebula). Ein Emissionsnebel im Sternbild Schütze, der etwa 5000 Lichtjahre entfernt ist und rund drei Sonnenmassen enthält. Mit einer Gesamthelligkeit von $5\overset{m}{,}9$ zählt er zu den hellsten Nebeln dieser Art. Er ist identisch mit M 8 bzw. NGC 6523. Der offene Sternhaufen NGC 6530 liegt in ihn eingebettet.

Laika. Name der Polarhündin, die als erstes Lebewesen an Bord von → Sputnik 2 ab 3. 11. 1957 in einem Satelliten unseren Himmelskörper umkreiste.

Lallemandsche Kamera (Lallemand camera). → Bildwandler.

Lambda-Glied (lambda parameter). → Kosmologische Konstante.

Lambertsches Gesetz (Lambert's law, cosine law). Die Lichtstärke einer vollkommen diffus strahlenden Fläche ist proportional zum Kosinus des Winkels zwischen der Flächennormalen und dem ausgesandten Lichtstrahl. Eine strahlende Fläche, die diesem Gesetz genügt, bezeichnet man auch als einen Lambertschen Strahler. Er ist nur bei einem idealen → schwarzen Körper verwirklicht. Im übrigen treten mehr oder weniger starke Abweichungen auf.

Landsat. Sammelbezeichnung für einen Typ von Erdsatelliten, die zur Erforschung der Erdoberfläche dienen. Die Flughöhe der ersten L. betrug 899/912 km. L. 1 wurde am 23. 7. 1972 gestartet.

Länge (longitude). Eine Koordinate. Unter der ekliptikalen L. versteht man den Winkel zwischen dem → Frühlingspunkt und dem L.kreis, auf dem sich ein Gestirn befindet. Die galaktische L. war ursprünglich der Winkel zwischen dem Schnittpunkt des galaktischen Äquators mit dem Himmelsäquator (im Sternbild Adler) und dem L.kreis durch das betreffende Gestirn (altes System oder System I). Von 1959 an wird als Ausgangspunkt für die Zählung der galaktischen L. die Richtung zum galaktischen Zentrum herangezogen (System II). Im alten System sind die Koordinaten des galaktischen Zentrums l_I = 327°41′, b_I = –1°24′. Für das Äquinoktium 1950 befindet sich das galaktische Zentrum bei Rekt. = $17^h42{,}4^m$, Dekl. = –28°55′.

Die geographische L. ist der Winkel zwischen dem L.kreis, auf dem sich ein Punkt befindet, und dem durch Greenwich verlaufenden Nullmeridian. Er kann entweder vom Greenwicher Meridian aus nach Westen oder Osten von 0° bis 180°, oder aber auch in östlicher Richtung von 0° bis 360° gezählt werden. Einem L.unterschied von 1° entspricht ein Zeitunterschied von 4^m. Mit anderen Worten: Der Meridiandurchgang eines Gestirns erfolgt bei einem L.unterschied von 1° um 4^m früher, wenn sich der betreffende Punkt weiter östlich, oder später, wenn sich der betreffende Punkt weiter westlich befindet.

Längenkreis (circle of longitude). Ein auf dem Äquator senkrecht stehender → Großkreis.

langperiodische Veränderliche (long-period variables). Eine Gruppe veränderlicher Sterne, die zu den roten Riesen oder Überriesen zählen. Ihre Perioden liegen zwischen etwa 80 und 1000 Tagen. Sie sind durch eine eigentümliche Lücke von 50 bis 80 Tagen Periodendauer von den → Cepheiden getrennt. L. V. kommen im wesentlichen in der Scheibe unseres galaktischen Systems vor. Dabei zeigen die Veränderlichen der → Population I Perioden oberhalb 200 Tagen, die der Population II Perioden unterhalb 200 Tagen. Ihre Spektren sind vor allem M, R oder N, meist mit Emissionslinien. Hauptvertreter dieser Gruppe ist der Stern Mira im Walfisch mit einer mittleren Periode von 331 Tagen. Man spricht daher auch von Mirasternen. Die Periodenlänge ist nicht konstant, sondern kann über viele Jahre und Jahrzehnte hinweg entweder langsam zunehmen oder abnehmen. Die Amplitude zeigt im visuellen Bereich einen Wert von mehreren Größenklassen (gelegentlich bis zu etwa 10^m). Doch auch hier kommen bei demselben l. V. Unterschiede vor. Insbesondere die Maximalhelligkeiten werden nicht immer streng eingehalten. Im Gesamtspektrum, also unter Hinzuziehung vor allem des infraroten Teils, sind die Intensitätsschwankungen dagegen lange nicht so stark wie im optischen Bereich. Wie bei den meisten Cepheiden ist auch bei den l. V. der Helligkeitsanstieg vom Minimum zum Maximum schneller als der Abfall zum Minimum. Die l. V. stellen allein etwa 25% aller Veränderlichen. Die Ursachen sind vor allem auf Pulsationen, möglicherweise aber zusätzlich auch auf andere Effekte zurückzuführen.

Laplacesche Theorie (Laplace theory). → Kant-Laplacesche Theorie.

Large Space Telescope. → Hubble-Space-Telescope.

Larissa. Ein mit Voyager 2 im Jahre 1989 entdeckter Neptunsatellit. Seine mittlere Entfernung von Neptun beträgt 73 600 km, seine Umlaufzeit 0,554 Tage, die Bahnexzentrizität und Bahnneigung etwa 0 und sein Durchmesser etwa 190 km.

Larmorfrequenz (Larmor frequency). Die Frequenz der → Präzession eines geladenen atomaren Teilchens, das sich in einem gleichförmigen magnetischen Feld bewegt.

Larmorradius (Larmor radius). Der Radius der Kreisbahn eines geladenen Teilchens beim Durchgang durch ein Magnetfeld.

Las Campanas Observatory. Ein von der Carnegie-Stiftung betriebenes Observatorium auf dem 2280 m hohen Cerro Las Campanas in den chilenischen Anden. Hauptinstrument ist ein 2,56 m-Teleskop.

Laser (laser). Ein → Maser, der im optischen Wellenlängenbereich eine kohärente monochromatische Strahlung aussendet. Die Bezeichnung ist eine Abkürzung für »light amplification by stimulated emission of radiation« (d. h. Lichtverstärkung durch angeregte Emission von Strahlung). Hauptteil des L. als verstärkendes Medium sind Kristalle (z. B. Rubin), Glasstäbe aus Neodym, aber auch Halbleiter, Flüssigkeiten und Gase. Dieses Medium wird durch eine äußere Energiequelle (z. B. Blitzlicht, L.licht, elektrische Entladung) in Zustände höherer Energie angeregt. Eine Strahlung ganz bestimmter Frequenz regt nun die Elektronen eines Atoms durch eine sog. induzierte Emission zum Übergang aus einem angeregten Niveau in den Grundzustand an. Die entstehenden Lichtwellen werden an Spiegeln bei vielfacher Reflexion verstärkt und treten schließlich aus dem Gerät aus. Neben vielfältigen Anwendungen des L. in der Nachrichten- und Werkstofftechnik, aber auch in der Medizin, wurden in den letzten Jahren auch L.strahlenversuche in der Astronomie zu Entfernungsmessungen durchgeführt. Der Abstand zwischen einem L. und einem Punkt der Mondoberfläche konnte so auf mindestens 20 cm genau bestimmt werden. Weitere Anwendungsbereiche sind in der Astronautik zur Abstandsbestimmung bei Kopplungsmanövern, aber auch für geodätische Untersuchungen gegeben.

La Silla Observatory. → ESO.

Laurentiustränen (tears of St. Lawrence). → Perseiden.

Leben auf Gestirnen (life on other worlds). Ausgehend von den Erfahrungen auf unserer Erde wissen wir, daß organisches Leben auf der Grundlage hochmolekularer Strukturen aufgebaut ist (Proteine, Nukleinsäuren usw.). Diese sind nur in einem verhältnismäßig engen Temperaturbereich zwischen etwa 0°C und +100°C existenzfähig. Untersuchungen über die Entstehung des Lebens auf der Erde zeigen, daß die einfacheren organischen Verbindungen, wie z. B. die als Bausteine der Proteine geltenden Aminosäuren, in der Uratmosphäre der Erde vor etwa 4 Milliarden Jahren gebildet worden sein könnten. Damals bestand die Atmosphäre noch aus Kohlendioxid, Methan, Ammoniak und Wasserdampf. Elektrische Entladungen, sowie die Ultraviolettstrahlung der Sonne fügten diese Bausteine zu Aminosäuren oder anderen organischen Verbindungen zusammen. Von hier aus dürfte der Weg über noch komplexere organische Verbindungen bis zu ersten einfachsten Lebewesen vor etwa 3 Milliarden Jahren gegangen sein. Aber auch der interstellare Raum bietet vielleicht Ausgangsstoffe für die organische Entwicklung; → interstellare Moleküle.

Innerhalb unseres Planetensystems wurde kein aktives organisches Leben gefunden. Die Mondgesteine enthalten nicht einmal organische Moleküle. Wegen des ständigen Bombardements durch tödliche Weltraumstrahlungen ist der Mond völlig steril. Ähnliches gilt für Merkur sowie für die Oberflächen der meisten Satelliten. Aber auch Venus verfügt über kein Leben, da die Raumsonden eine Oberflächentemperatur von +480°C ergeben haben. Die Biolabors von → Viking 1 und 2 untersuchten 1976 den Marsboden nach Lebewesen, ebenfalls ohne Erfolg. Die Riesenplaneten Jupiter bis Neptun besitzen zwar mächtige Atmosphären. Doch diese sind völlig anders aufgebaut als die Erdatmosphäre. Der innere Aufbau dieser Planeten läßt außerdem gar keine Oberfläche in unserem Sinne zu. Auch hier ist selbst primitives Leben ausgeschlossen. Mit Sicherheit ergibt sich jedenfalls, daß höhere Lebewesen, vor allem Menschen, in unserem Planetensystem außerhalb der Erde nicht existieren.

Dagegen könnten fremde Planetensysteme über organisches Leben verfügen. Eine Formel für die Häufigkeit bewohnbarer Planeten oder aber auch für die höherer technischer Zivilisationen ist die → Green Bank-Formel.

In jüngster Zeit hat sich zu der Frage nach höherem Leben im Universum teilweise ein größerer Pessimismus breit gemacht. Selbst die Möglichkeit, daß die Erde den einzigen bewohnten Planeten darstellt (vielleicht nur in unserer Galaxis, vielleicht aber auch weit darüber hinaus), wird in Betracht gezogen. Dies gilt besonders für einige Paläontologen und Evolutionsforscher. Es wird argumentiert, die Zahl der Entwicklungsverzweigungen des Lebens auf der Erde sei so überwältigend, daß es nahezu ausgeschlossen erscheint, daß auch nur ein näherungsweise ähnlicher Entwicklungsgang auf einem anderen Planeten stattfand.

Um die Frage zu klären, könnte man an interstellare Weltraumflüge denken. Es ist aber zu bezweifeln, ob Distanzen von Tausenden Lichtjahren mit raketentechnischen Hilfsmitteln zu überwinden sind. Neben der Schwierigkeit, entsprechend große Geschwindigkeiten zu erzielen, tritt noch das Problem eines ständigen Bombardements der Raumfahrzeuge durch Staubpartikel der interstellaren Materie auf. Diskutiert wurden daher langsamere, vielleicht mit 1/100 bis 1/10 Lichtgeschwindigkeit fliegende autarke Weltraumsiedlungen für Hunderttausende oder Millionen von Menschen (O'Neill-Kolonien, nach dem amerikanischen Astrophysiker G. K. Mc O'Neill), die erst nach vielen Generationen andere bewohnbare Planeten erreichen würden. Damit könnte theoretisch bereits innerhalb von 1 bis 100 Mill. Jahren das ganze Milchstraßensystem besiedelt werden.

Eher ist denkbar, daß in der Zukunft mit funktechnischen Mitteln fremde, künstliche Radiosignale aufgefangen werden. Der erste, allerdings negative Versuch dieser Art war 1960 das Projekt → Ozma. In den folgenden Jahren wurden noch weitere Suchprojekte, auch an anderen Radioobservatorien, durchgeführt, gleichfalls ohne Erfolg. Gelegentlich sind auch Radiosignale oder Fernsehbilder in den Raum ausgesandt worden. Dasselbe gilt für Plaketten oder Schallplatten, die von Raumfahrzeugen, die unser Sonnensystem verlassen, mitgeführt wurden für den – allerdings sehr unwahrscheinlichen – Fall, daß nach vielen Millionen Jahren diese Raumsonden vielleicht von fremden Lebewesen aufgefunden werden. Ab 1983 führte die amerikanische Planetary Society auf privater Basis eine Suchaktion nach fremden Radiosignalen durch (Projekt META). Dabei bediente sie sich eines 26 m-Radioteleskops der Harvard-Universität, ab 1990 auch eines 30 m-Radiospiegels in Argentinien (META II). 1992 begann ein sehr ehrgeiziges Unternehmen der NASA, das auf 10 Jahre angelegt war: High Resolution Microwave Survey (HRMS), ein Teil des Programms »Toward Other Planetary Systems« (TOPS). Damit können Dutzende Millionen Frequenzen gleichzeitig untersucht werden. Eine »Target Search« sollte rund 1000 ausgewählte Sterne bis 100 Lichtjahre Abstand auf den Frequenzen 1 bis 6 GHz mit den größten Radioteleskopen der Erde untersuchen. Eine »Sky Survey« auf 1 bis 10 GHz sollte den ganzen Himmel mit den Antennen des Deep Space Networks der NASA absuchen. Bereits in den ersten Minuten wurde mit diesen Programmen mehr Material gewonnen als von allen früheren Untersuchungen dieser Art zusammengenommen. Leider wurden aber bereits 1993 die Mittel für dieses Unternehmen gesperrt. Trotzdem wird es wenigstens zum Teil mit privater Hilfe fortgeführt.

Die Internationale Astronomische Union begründete bereits 1982 die Kommission 51 »Search for Extraterrestrial Life« (SETI), später in »Bioastronomy« umbenannt. An ihr wirken über 300 Forscher mit.

Leda. Der Satellit XIII des Jupiter. Er wurde 1974 von C. Kowal aufgefunden. Seine mittlere Entfernung von Jupiter beträgt 11,1 Mill. km, seine Umlaufzeit 239 Tage. Die Bahnexzentrizität ist 0,1476, die Bahnneigung 26,1°. Sein Durchmesser wird nur auf 15 km geschätzt.

Leier (Lyre). Sternbild am nördlichen Himmel (lateinische Bezeichnung Lyra, Abk. Lyr). Von Mitteleuropa aus kann es vor allem im Sommer beobachtet werden. Die von Hermes erfundene L. kam nach der griechischen Sage in den Besitz des Sängers Orpheus. Hauptstern der Leier ist → Wega. In dem verhältnismäßig kleinen Sternbild befinden sich die eine besondere Gruppe bildenden veränderlichen Sterne → β Lyrae und → RR Lyrae. Ein bekannter vierfacher Stern ist ε Lyrae, der bereits in kleinen Fernrohren aufgelöst werden kann. Das 125 Lichtjahre entfernte System besteht aus zwei engen Paaren, deren gegenseitige Umlaufzeit 1166 bzw. 585 Jahre beträgt. Der Abstand der Paare untereinander beläuft sich auf 0,15 Lichtjahre. Bekannt ist auch der → Ringnebel in der L.

Leistung (power). Die pro Zeiteinheit geleistete → Arbeit. Einheit der L. ist das Watt (Abk. W) oder Joule pro Sekunde (Abk. J/s). Es ist 1 W = 1 J/s.

Leitrohr (guide telescope). Ein parallel zu einem größeren photographischen Instrument angebrachter Refraktor, der zur Kontrolle der Nachführung des Hauptinstruments dient.

Leitstern, Haltestern (guide star). Der Stern, der bei Himmelsphotographien mit langer Belichtungszeit bei der Nachführung mit einem → Leitrohr im Fadenkreuz des Okulars gehalten wird.

Leo. Lateinische Bezeichnung für das Sternbild → Löwe.

Leo Minor. Lateinische Bezeichnung für das Sternbild Kleiner → Löwe.

Leoniden (Leonids). Bezeichnung eines Meteorstroms, der alljährlich etwa zwischen dem 14. und 20. 11. auftritt. Das Maximum erfolgt etwa am 17. 11. Die Ergiebigkeit der L. ist in den einzelnen Jahren sehr verschieden. In der Regel sind sie nicht allzu auffällig. Ihr Ausstrahlungspunkt (Radiant) liegt im Sternbild Leo (Löwe). Die L. gehen auf den Kometen Tempel-Tuttle (1866 I) zurück. Seine Umlaufzeit um die Sonne beträgt zur Zeit 32,9 Jahre. Da sich die Auflösungsprodukte dieses Kometen noch nicht gleichmäßig über seine gesamte Bahn verteilt haben, sondern sich noch in der unmittelbaren Nachbarschaft des Kometen selbst befinden, trat häufig in Abständen von 33 oder 34 Jahren ein stärkeres Maximum in der Aktivität der L. ein. Dies war besonders in den Jahren 1799, 1833 und 1866 der Fall. Der dichtere Teil des Stroms wurde dann aber in den folgenden Jahren durch Bahnstörungen der großen Planeten Jupiter und Saturn aus der ursprünglichen Bahn herausgezogen, so daß es 1899 nicht wieder zu einem Höhepunkt der L. kam. Erst später – nach einer erneuten Bahnstörung – geriet unsere Erde abermals in einen dichteren Teil des L.schwarms. Am 17. 11. 1966 wurden von den USA aus im Maximum über 2000 Objekte pro Minute abgeschätzt. Das nächste verstärkte Auftreten des L.schwarms dürfte Ende des 20. Jahrhunderts zu erwarten sein. Die L. zeigen am Himmel sehr rasch bewegliche Objekte. Ihre mittlere Geschwindigkeit, mit der sie in die Erdatmosphäre eindringen, beträgt 72 km/s. Im Mittel leuchten sie in 133 km auf und verlöschen in 89 km. Ihre mittlere Weglänge durch die Atmosphäre beträgt 87 km. Der Schwarm ist seit dem Jahre 902 n. Chr. bekannt.

R Leonis. Ein 1782 entdeckter bekannter → langperiodischer Veränderlicher vom Typ → Mira mit tiefroter Farbe. Er erreicht im Maximum eine Helligkeit von etwa 4^m bis 5^m. Im Minimum sinkt er auf 11^m ab. Die Periode beträgt 313 Tage. Seine Entfernung beträgt 600 Lichtjahre.

Leo-Systeme (Leo systems). Zwei elliptische Zwerggalaxien in etwa 750 000 Lichtjahren Distanz. Damit gehören sie zur lokalen Nebelgruppe. Leo I ist ein elliptischer Nebel vom Typ E4 und hat 2000 Lichtjahre Durchmesser. Leo II ist nur 1000 Lichtjahre groß und ist eine E1-Galaxie. Als Leo III-System wird eine irreguläre Galaxie in 3,6 Mill. Lichtjahren Abstand bezeichnet.

17 Leporis. Ein Doppelstern, dessen Komponenten eng benachbart sind. Der eine Stern zeigt den Spektraltyp A0 und ist ein Hauptreihenstern, der zweite Stern gehört dem Spektraltyp M1 an und zählt zu den normalen Riesen. Spektraluntersuchungen deuten an, daß vom Riesenstern zu dem A0-Stern hin ein Massenaustausch stattfindet. Er beträgt immerhin 1 Millionstel seiner Masse pro Jahr. Die Umlaufzeit der beiden Komponenten ist 260 Tage.

R Leporis. Ein → langperiodischer Veränderlicher vom Typ → Mira. Mit einer Periode von 432 Tagen schwankt er zwischen 5^m oder 6^m und fast 11^m. Wegen seiner Farbe wurde er auch Karmin-Stern genannt.

Leptonen (leptons). Eine Klasse der → Elementarteilchen.

Leptonen-Ära (lepton era). Eine auf die → Hadronen-Ära folgende Zeitspanne, in der die Temperatur des Universums auf etwa 10^{10} K abgesunken ist. Sie dauert zwischen 10^{-4} Sekunden bis etwa 20 Sekunden nach dem Big Bang und wird von der → Strahlungs-Ära gefolgt. Während der L.-Ä. besteht das Weltall vor allem aus Photonen, Leptonen und Hadronen (→ Elementarteilchen).

Lepus. Lateinische Bezeichnung für das Sternbild → Hase.

LEST. Abk. für Large Earth-based Solar Telescope. Europäisch-amerikanisch-chilenische Planung eines Sonnenteleskops mit 2,4 m Durchmesser und adaptiver Optik (→ aktive Optik). Damit soll ein Auflösungsvermögen von 0,1″ erreicht werden. Als Standort kommen die Kanarischen Inseln oder Hawaii in Betracht.

Leuchtdichte (luminance). Das Verhältnis zwischen der Lichtstärke und der Leuchtfläche. Als Einheit gilt Candela/m^2 oder auch noch das → Stilb (veraltet).

leuchtende Nachtwolken (noctilucent clouds). Silbrig bis perlmuttartig erscheinende Wolken, die bereits in der fortgeschrittenen Dämmerung gegen den Nachthimmel beobachtet werden können. Es handelt sich vermutlich um Staubteilchen, wahrscheinlicher aber um Eispartikel, die an der Grenze zwischen der Mesosphäre und Ionosphäre in etwa 80–90 km Höhe die Sonnenstrahlen noch reflektieren können, wenn am Erdboden bereits Dunkelheit herrscht. Wegen der nur geringen Sonnentiefe unter dem Horizont während der Sommernächte in mittleren geographischen Breiten sind die l. N. dort vor allem im Juni und Juli zu beobachten.

Leuchtkraft (luminosity). Die tatsächlich von einem Gestirn ausgestrahlte Energie pro Zeiteinheit. Sie wird in Watt (veraltet auch in erg/s) gemessen. In der praktischen Astronomie gibt man die (absolute) L. bzw. Helligkeit aber in dem System der Größenklassen an (→ Helligkeit) oder bezieht sie z. B. auf die L. der Sonne als Einheit.

Ein Stern mit der bolometrischen absoluten Helligkeit 0^m zeigt eine Energieausstrahlung von $2{,}72 \cdot 10^{25}$ kW ($2{,}72 \cdot 10^{35}$ erg/s). Die L. eines Sterns kann in der Regel nur aus seiner Entfernung und der beobachtbaren scheinbaren Helligkeit abgeleitet werden. Darüber hinaus gibt es aber noch einige weitere Kriterien, um die L. gewisser astronomischer Objekte zu bestimmen. So kann z. B. die Linienstärke in den Spektren der Sterne ein Hinweis auf die L. eines Sterns sein. Allerdings muß dieses Verfahren mit einer Anzahl von Sternen, deren L. aus trigonometrischen Entfernungsmethoden abgeleitet wurden, geeicht werden.

Die L. der Sterne ist sehr unterschiedlich. Die absolut hellsten Sterne erreichen mehr als das 100 000fache der L. der Sonne. Die schwächsten Sterne haben wenig mehr als 1/100 000 der L. der Sonne. Die untere Grenze kann aber wegen der schwierigen Beobachtbarkeit extrem lichtschwacher Objekte nicht genau angegeben werden. Unsere Sonne selbst hat eine L. von $3{,}90 \cdot 10^{23}$ kW = $3{,}90 \cdot 10^{33}$ erg/s.

Leuchtkraftfunktion (luminosity function). Eine Beziehung der Häufigkeit der Sterne in Abhängigkeit von ihrer → Leuchtkraft. Wegen der schwierigen Beobachtbarkeit extrem lichtschwacher Sterne kann die L. nicht mit völliger Zufriedenheit bestimmt werden. Die vorliegenden Ergebnisse, die vor allem in der Umgebung der Sonne durchgeführt wurden, zeigen, daß extrem leuchtmächtige Sterne sehr selten sind. Die Häufigkeitskurve der Sterne steigt etwa bis zu den Sternen der absoluten Helligkeit 15^m (bei anderen Autoren bis 13^m) an, fällt dann aber wieder zu schwächeren absoluten Helligkeiten ab. Aber gerade der Abfall zu schwächeren Sternen hin ist aus den erwähnten Gründen unsi-

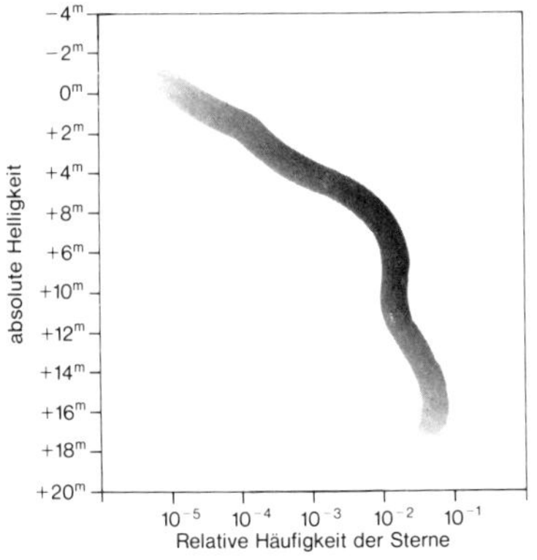

Leuchtkraftfunktion der Sterne

cher. Leuchtschwache Sterne sind in der Sonnenumgebung, vermutlich auch in der ganzen Galaxis, bedeutend häufiger als leuchtmächtige Sterne.

Leuchtkraftklassen (luminosity classes). Eine von den Astronomen Morgan, Keenan und Kellmann aufgestellte Klassifikation der → Leuchtkraft der Sterne (MKK-System). Neben dem Spektraltyp der Sterne wird mit einem römischen Buchstaben noch die L. angegeben. Sie ist gleichzeitig ein Hinweis auf die Schwerebeschleunigung an der Oberfläche des Sterns und zeigt an, ob es sich bei dem betreffenden Objekt um einen Zwergstern, einen Riesen oder Überriesen usw. handelt. Folgende L. werden unterschieden: 0: hellste Überriesen, Super-Überriesen. Ia: Überriesen von hoher Leuchtkraft. Ib: Überriesen von etwas geringerer Leuchtkraft. II: helle Riesen. III: normale Riesen. IV: Unterriesen. V: Zwergsterne, Hauptreihensterne. VI: Unterzwerge. Beispiele für die Angabe der L. in Verbindung mit den Spektraltypen: Arktur K2 III oder Wega A0 V.

Leuchtstreifen (luminous bands). Streifenförmige Erhellung des Nachthimmels, ähnlich den → leuchtenden Nachtwolken. Ihre Höhe beträgt etwa 120 km. Damit liegen sie in der Ionosphäre. Möglicherweise handelt es sich um Staubteilchen, die beim Eindringen kosmischer Materie in die Atmosphäre gelangen. Jedoch handelt es sich vermutlich nicht um von diesen Teilchen reflektiertes Sonnenlicht, sondern um ein verstärktes Eigenleuchten der Atmosphäre.

Lexells Komet (Lexell's Comet). Ein von Ch. Messier im Jahre 1770 entdeckter Komet, dessen Bahn später von A. J. Lexell (1740–1784) bestimmt wurde. Er besaß eine Umlaufzeit von 5,5 Jahren und wurde 1767 von Jupiter in diese Bahn eingefangen (→ Kometenfamilie). In den folgenden Jahren veränderte L. K. seine Bahn durch Planetenstörungen erneut und dürfte dann eine Umlaufzeit von 16 Jahren gehabt haben. Heute ist der Komet nicht mehr auffindbar und vielleicht vollständig zerfallen.

Libra. Lateinische Bezeichnung für das Sternbild → Waage.

Libration (libration). Pendelbewegung des Mondes, die zu einem periodischen Sichtbarwerden und Verschwinden der am Rand der Mondscheibe gelegenen Teile führt. Obwohl der Mond unserer Erde prinzipiell stets dieselbe Seite zukehrt, können wir durch die L. immerhin etwa 59% der gesamten Oberfläche des Mondes nach und nach von der Erde aus einsehen. Man unterscheidet:

1. Die L. in Länge, die durch die Ungleichförmigkeit der Bewegung des Mondes in seiner Bahn im Gegensatz zu seiner gleichförmigen Rotationsgeschwindigkeit zurückzuführen ist. Sie kann 7°53′ nach Ost oder West ausmachen.
2. Die L. in Breite, die auf die Neigung der Rotationsachse des Mondes um 6°47′ gegenüber der Senkrechten auf der Mondbahnebene zurückgeht. Dadurch ist dem Beobachter auf der Erde einmal der Nordpol, einmal der Südpol des Mondes ein wenig zugeneigt.
3. Die parallaktische oder tägliche L., die ihre Ursache schließlich darin hat, daß wir im Laufe eines Tages den Mond von verschiedenen Blickwinkeln aus beobachten. Dies macht allerdings nur einen Betrag von etwa 1° aus. Die drei genannten Formen der L. bezeichnet man auch als geometrische L. Schließlich kommt noch 4. die physikalische L. hinzu. Sie ist auf eine geringfügige Unregelmäßigkeit in der Rotationsgeschwindigkeit des Mondes zurückzuführen, die wiederum ihre Ursache in der Anziehung der Erde auf den Äquatorwulst des Mondes hat.

Librationspunkte (points of libration). → Dreikörperproblem.
Librationswolken (libration clouds). Zwei von dem polnischen Astronomen K. Kordylewsky vermutete Ansammlungen kosmischen Staubs, die sich in den beiden Librationspunkten L_4 und L_5 im System Erde-Mond befinden. Die beiden Wolken würden also zusammen mit Erde und Mond je zwei gleichseitige Dreiecke ergeben. Die Wolken sind außerordentlich schwach und können nur unter günstigsten atmosphärischen Sichtbedingungen erkannt werden. Ihr Durchmesser dürfte etwa 5 bis 7° betragen. Die Wolken wurden von anderen Autoren meist nicht bestätigt.
Licht (light). Elektromagnetische Wellenstrahlung, die von unserem menschlichen Auge aufgenommen werden kann. Seine Wellenlänge liegt zwischen etwa 3800 Å (380 nm) und 7800 Å (780 nm). Im erweiterten Sinne gilt auch der ultraviolette und infrarote Teil der elektromagnetischen Wellenstrahlung als L. (infrarotes oder ultraviolettes L.).
Eine große Zahl der Eigenschaften des L. kann durch seinen Wellencharakter erklärt werden, vor allem die → Polarisation, → Interferenz und → Refraktion. Eine Reihe anderer Eigenschaften ist allerdings nur verständlich, wenn man annimmt, daß das L. wie auch andere elektromagnetische Schwingungen aus Teilchen (Photonen) besteht. Zu diesen nur auf dieser Grundlage verständlichen Erscheinungen zählt vor allem der → Photoeffekt. In der neueren Physik kann der Wellen- und Teilchencharakter des L. durchaus nebeneinander verstanden werden. Gelöst werden diese Schwierigkeiten durch die Quantentheorie, die 1900 von M. Planck (1858–1947) aufgestellt und durch spätere Physiker weiterentwickelt wurde. Man spricht in diesem Zusammenhang auch von dem Dualismus Welle-Korpuskel.

Licht

Strahlenart/ Farbe	Wellenlänge in Nanometer	Frequenz in Billionen Schwingungen/s
Infrarot		
Rot	790-630	380-475
Orange	630-580	475-515
Gelb	580-560	515-535
Grün	560-480	535-625
Blau	480-420	625-715
Violett	420-380	715-790
Ultraviolett		

Die Tabelle gibt das Band der sichtbaren L.wellen mit den Wellenlängen, der Frequenz und der Farbe an.
Lichtablenkung (deflection of light). Die unter dem Einfluß eines Gravitationsfeldes im Rahmen der allgemeinen Relativitätstheorie entstehende Ablenkung des Lichts. Sie kann besonders bei totalen Sonnenfinsternissen durch Positionsverschiebungen der Sterne, die sich in der Nachbarschaft der verfinsterten Sonne befinden, nachgewiesen werden. Die relativistische L. beträgt in diesem Falle für einen Stern, dessen Lichtstrahl streifend am Sonnenrand vorbeiführt, 1,75″. Je weiter der Stern vom Sonnenrand entfernt ist, desto kleiner ist die L. Während die früheren Messungen bei totalen Sonnenfinsternissen einen geringfügig höheren Ablenkungsbetrag ergaben, wurde der theoretisch geforderte Wert neuerdings kurz vor und nach der Bedeckung eines Quasars durch die Sonne auf radioastronomischem Wege innerhalb der Fehlergrenzen exakt bestätigt.
Lichtbögen (light arcs). Gekrümmte helle Bögen, die in der Umgebung einiger Galaxien in fernen Galaxienhaufen gefunden wurden. Sie werden als Effekt durch → Gravitationslinsen gedeutet.
Lichtbrücke (zodiacal band). → Zodiakallicht.

Lichtdruck (light pressure). → Strahlungsdruck.

lichtelektrischer Effekt (photoelectric effect). → Photoeffekt.

Lichtgeschwindigkeit (velocity of light). Eine der wichtigsten Naturkonstanten (Kurzzeichen c); sie konnte erstmals 1675 von O. Römer (1644–1710) mit Hilfe der Verfinsterungen einiger Jupitersatelliten bestimmt werden. Je nach der Entfernung Jupiter-Erde ergaben sich nämlich zeitliche Verzögerungen dieser Verfinsterungen. 1728 konnte J. Bradley (1692–1762) aus der → Aberration des Sternlichts gleichfalls die L. aus astronomischen Beobachtungen ermitteln. Die moderneren Werte der L. beruhen jedoch auf Laboratoriumsuntersuchungen. Ein erstes Experiment dieser Art wurde 1848 von D. F. Arago (1786–1853) vorgeschlagen, das aber dann von A. H. L. Fizeau (1819–1896) ausgeführt wurde. Hier wurde ein Zahnrad benutzt, dessen Rotationsgeschwindigkeit genau bekannt war. Bei einer Geschwindigkeit von z. B. 10 Umdrehungen pro Sekunde und der Voraussetzung, daß jeder einzelne Zahn 1/2000 des Radumfangs ausmacht, vergeht zwischen dem Vorübergang eines Zahns oder auch der gleich breiten Lücken zwischen zwei Zähnen für einen Beobachter, der ein kleines Fernrohr auf den Rand des Rades eingestellt hat, 1/20 000 Sekunde. Sendet man nun einen Lichtstrahl durch eine derartige Lücke zu einem etwa 2 km entfernten Spiegel, der den Lichtstrahl wieder zu dem Zahnrad reflektiert, so trifft dieser bereits auf den nächsten Zahn, und der Beobachter kann den reflektierten Strahl nicht mehr sehen. Weitere Versuche mit einer etwas anderen Einrichtung wurden von J. B. L. Foucault (1819–1868) durchgeführt.

Darüber hinaus kann die L. aber auch aus einer unabhängigen Bestimmung der Wellenlänge λ und der Frequenz ν einer bestimmten Spektrallinie bestimmt werden. Die L. ergibt sich dann aus der Gleichung $c = \lambda \cdot \nu$. Der moderne Wert für die L. im Vakuum beträgt 299 792,458 km/s. Die L. ist nicht nur für alle Wellenlängen des Lichtes gleich, sondern auch für alle anderen elektromagnetischen Schwingungen, also z. B. Röntgenstrahlen, Radiowellen usw. Nach der speziellen Relativitätstheorie ist die L. die größtmögliche Geschwindigkeit für irgendeine Strahlung oder einen Energietransport. Masseteilchen können nur näherungsweise L. erreichen, da der Energiebetrag, der zu einer Beschleunigung auf L. erforderlich ist, unendlich groß wäre. Außerdem müßte auch die Masse des betreffenden Teilchens bei Erreichen der L. den Wert unendlich annehmen. Beim Durchtritt von Licht durch Materie (z. B. Glas, Wasser) ist die Geschwindigkeit um den Brechungsindex kleiner als im Vakuum. Außerdem ist nach der Relativitätstheorie die L. unabhängig von der Bewegung eines Beobachters in Richtung auf eine Lichtquelle zu oder von dieser weg. In diesen Fällen ändert sich nur die Frequenz des Lichts (→ Dopplereffekt).

Lichtgewinn (light-gathering power, light grasp). Die Zunahme der → Helligkeit eines Sterns bei Verwendung entsprechend größerer optischer Hilfsmittel. So ist beispielsweise der L. des 5 m-Spiegels auf dem Mt. Palomar etwa 1 Million mal größer als der des menschlichen Auges.

Lichtgleichung (equation of light). Korrektur einer Beobachtungszeit, die darauf zurückzuführen ist, daß sich die Entfernung Erde-Stern während eines Jahres infolge des Umlaufs der Erde um die Sonne verändert. Die L. korrigiert den beobachteten Zeitpunkt derart, als ob man das Ereignis vom Mittelpunkt der Sonne aus beobachtet habe.

Lichtjahr (light year). Die Strecke, die das Licht (unter Annahme der Vakuum-Lichtgeschwindigkeit) in 1 Jahr zurücklegt. Es ist 1 L. (Abk. 1 Lj) = 9,4605 Billionen km. Gelegentlich wird auch der Begriff Lichtminute für die Strecke benutzt, die das Licht in 1 Minute zurücklegt. Dies sind etwa 19,5 Mill. km. Das L. ist heute eine meist nur noch in der populären Literatur zu findende astronomische Entfernungseinheit. In der Regel wird in der wissenschaftlichen Literatur heute das → parsec benutzt. Es ist 1 Lj = 0,307 parsec.

Lichtkurve (light curve). Die graphische Darstellung der Helligkeitsveränderungen eines Gestirns im Laufe der Zeit, z. B. eines → Veränderlichen.

Lichtmessung (photometry). → Photometrie.

Lichtquant (light quantum). → Photon.

Lichtsäule (sun pillar, light pillar). Senkrechte diffuse Lichtstreifen, die vor allem oberhalb oder unterhalb der Sonne, besonders kurz vor oder nach Sonnenauf- bzw. Sonnenuntergang bei bestimmter Wetterlage beobachtet werden können. L. sind eine besondere Form eines → Halos.

Lichtverschmutzung (light pollution). Die Aufhellung des Nachthimmels durch künstliche Lichtquellen. Sie ist in den letzten Jahrzehnten örtlich so stark geworden, daß sie die optische astronomische Forschung, aber auch bereits viele Amateurbeobachtungen ernsthaft behindert. Eine kleine Hilfe sind z. B. Nebelfilter (»Deep Sky-Filter«). Ein besserer (vorläufiger) Ausweg ist die Verlegung astronomischer Observatorien in einsamere Gegenden der Erde. Daneben gibt es aber auch eine Beeinträchtigung von z. B. photographischen Aufnahmen durch Spuren von Flugzeugen und Satelliten. Auch die Radioastronomie wird durch zahllose künstliche Radiosignale zunehmend gestört (»Radioverschmutzung«). Hier wäre langfristig ein Ausweg ein Radioobservatorium auf der erdabgewandten Seite des Mondes.

Lichtwechsel (light variation). Die Helligkeitsänderung eines Himmelskörpers im Laufe der Zeit.

Lichtzeit (light-time). Die Zeitspanne, die das Licht benötigt, um eine bestimmte Strecke zu durchlaufen, besonders die mittlere Entfernung Sonne–Erde (oder 1 Astronomische Einheit) zurückzulegen. Sie beträgt in diesem Falle 8^{m} $18{,}7^{s}$.

Lichtzylinder (light cylinder). Der Zylinder, dessen Radius so groß ist, daß an seiner Oberfläche die Rotationsgeschwindigkeit in der Umgebung eines Neutronensterns die Lichtgeschwindigkeit erreicht. Der Radius des L. ist $c\ T/2\pi$. Darin bedeutet T die Rotationsperiode des Neutronensterns.

Lick Observatory. Ein auf dem 1283 m hohen Mount Hamilton 21 km östlich von San José, Kalifornien, gelegenes Observatorium. Das erste Hauptinstrument mit einem 91 cm-Refraktor wurde 1888 errichtet und war über einige Jahre hinweg das größte Linsenfernrohr der Erde. Es wurde von J. Lick (1796–1876) gestiftet. Nach Fertigstellung des Instruments wurde der Sarg seines Stifters in dessen Fundament verbracht. Heute ist das L.-O. eines der bedeutendsten der Erde und besitzt seit 1959 auch einen Spiegel mit 304 cm-Öffnung. Seit 1968 verfügt das L.-O. auch über eine Zweigstelle auf dem Junipero Serra Peak/ Monterey County in 1787 m Höhe.

Light pollution. → Lichtverschmutzung.

Limbus, Gradbogen (graduated circle, divided circle, degree of arc). Der eingeteilte Rand eines astronomischen Winkelmeßinstruments.

Lineal (Rule). Ein Sternbild am südlichen Himmel, dessen lateinische Bezeichnung Norma in der Regel aber mit → Winkelmaß übersetzt wird.

Linien (lines). Die in einem → Spektrum auftretenden hellen oder dunklen Linien, die auf bestimmte chemische Elemente zurückgeführt werden können. Moleküle erzeugen ein Bandenspektrum.

Linienspektrum (line spectrum). Ein → Spektrum, das aus einzelnen Spektrallinien besteht.

Linienverschiebung (line shift). Die Wellenlängen- oder Frequenzänderung einer Spektrallinie infolge des → Doppler-Effekts. Darüber hinaus können L. aber auch durch relativistische Effekte auftreten (relativistische → Rotverschiebung). Auch infolge des → Zeeman-Effekts treten L. bzw. Verdopplungen auf.

Linné. Ein im Mare Serenitatis gelegener Mondkrater, der im 19. Jahrhundert im Verdacht stand, verschwunden zu sein. Jedenfalls lagen seit 1843 keine Beobachtungen des Objekts mehr vor. 1866 wurde an der Stelle des Kraters dagegen ein weißer Fleck aufgefunden. Früher wurde meist angenommen, daß vielleicht ein Mondbeben den Krater zwischen 1843 und 1866 verschlang. Heute neigt man eher zu der Ansicht, daß fehlerhafte frühere Beobachtungen für das scheinbare Verschwinden des Kraters verantwortlich zu machen sind. Aufnahmen der Apollo-Raumfahrzeuge zeigen heute einen kleinen, tiefen Krater, der von einem hellen Hof umgeben ist.

Linse (lens). Ein in der Regel aus Glas, gelegentlich aber auch aus Kunststoff oder Kristallen bestehender durchsichtiger Körper, der in optischen Systemen das Licht brechen soll. Eine L. ist in der Regel von zwei lichtbrechenden Flächen begrenzt. Eine Konvex-L. (Sammel-L.) ist in der Mitte dicker als an ihrem Rand. Sie vereinigt Strahlen, die parallel auf sie treffen, im Brennpunkt. Eine Konkav-L. (Zerstreuungslinse) ist dagegen in der Mitte dünner als an ihrem Rand. Sie zerstreut parallel einfallendes Licht so, als ob es von einem Punkt vor der Konkav-L. herstammte. Auch dieser Punkt wird als Brennpunkt bezeichnet. Je nach der Krümmung der L.flächen unterscheidet man verschiedene L., z.B. bikonvexe, konkavkonvexe, plankonvexe, bikonkave, plankonkave oder konvexkonkave L.

Linsenfehler (faults of lenses). Fehler, die bei der Abbildung eines Objekts durch eine → Linse entstehen. Die wichtigsten L. sind die chromatische und sphärische → Aberration, der → Astigmatismus, die → Bildfeldwölbung und die → Koma.

Linsenfernrohr, Refraktor (refractor). Ein aus Linsen bestehendes → Fernrohr.

Lithium-Sterne (lithium stars). Sterne, die in größerer Häufigkeit Lithium enthalten. Es handelt sich um Riesensterne, die vor allem dem Spektraltyp S zugehören. Daneben konnte Lithium in größerer Häufigkeit auch in den → T Tauri-Sternen aufgefunden werden. Selbst normale Riesen zeigen gelegentlich verstärkte Lithium-Linien. Da Lithium bei den im Innern der Sterne vorkommenden hohen Temperaturen in etwa 7500 Jahren zerfällt, kann die große Lithiumhäufigkeit nur durch Kernspaltungsprozesse erklärt werden. Darüber hinaus ist aber auch ein Transport von Beryllium 7 vom Innern des Sterns in die äußeren Schichten und einer nachfolgenden Umwandlung in Lithium durch Elektroneneinfang möglich.

Lithosiderit (lithosiderit). Besonderer Typ eines Meteoriten, der zwar noch zu den Eisenmeteoriten zählt, aber auch Silikate enthält.

Lithosphäre (lithosphere). Bezeichnung für die Erdkruste.

Little Bangs. Hypothetische Explosionen besonders massereicher Sterne kurz nach dem Big Bang. Nach einer Hypothese von Wagoner könnten diese Explosionen dazu führen, daß chemische Elemente schwerer als Wasserstoff in das umgebende interstellare Gas geschleudert werden. Dies könnte wiederum die besonders große Häufigkeit von Helium im Universum, aber auch die Existenz einiger Metalle selbst in den ältesten Sternen erklären. Das Helium ist allerdings ziemlich sicher bereits in den ersten Minuten nach Entstehung des Universums in ausreichender Menge entstanden.

Lj. Abk. für → Lichtjahr.

L-Komponente. Der Teil des Spektrums der → Sonnenkorona, der aus Emissionslinien bestellt.

lokale Gruppe (Local Group). Ein kleiner Galaxienhaufen, zu dem auch unsere eigene Galaxis gehört. Sie enthält über 25 Galaxien, zu denen auch einige Zwerggalaxien gehören, die erst in den vergangenen Jahren in der unmittelbaren Nachbarschaft unserer eigenen Galaxis, z.T. mit Hilfe der Infrarotastronomie aufgefunden wurden. Die bisher gesicherten Galaxien der l.G. stellt die Ta-

Gesicherte Mitglieder der lokalen Nebelgruppe

Name des Systems	Typ	∅ in Lj.	Entf. in Lj.	RG in km/s	Masse in ⊙ Massen
Milchstraßensystem	Sb	100 000	–	–	$2{,}0 \cdot 10^{11}$
Gr. Magellansche Wolke	Ir od. SBc	21 000	165 000	+ 280	$1{,}4 \cdot 10^{10}$
Kl. Magellansche Wolke	Ir	9 500	165 000	+ 167	$2 \cdot 10^{9}$
Draco-System	E	1 000	195 000	–	$1{,}2 \cdot 10^{5}$
Ursa Minor-System	E	1 000	260 000	–	10^{5}
Sculptor-System	E	2 300	360 000	–	$3 \cdot 10^{6}$
Ursa Maior-System	E	–	390 000	–	–
Sextans C	E	–	460 000	–	–
Pegasus-System	E	–	550 000	–	–
Fornax-System	E	5 200	750 000	+ 40	$2 \cdot 10^{7}$
Leo II-System	E1	1 000	750 000	–	10^{6}
Leo I-System	E4	2 000	750 000	–	$4 \cdot 10^{6}$
NGC 6822	Ir	6 800	1 600 000	– 40	10^{9}
IC 1613	Ir	6 500	2 150 000	– 240	$4 \cdot 10^{8}$
Andromedanebel (M 31)	Sb	150 000	2 250 000	– 270	$3{,}7 \cdot 10^{11}$
M 32 (Begl. d. Andromedanebels)	E2	2 000	2 250 000	– 210	$4 \cdot 10^{9}$
NGC 205 (Begl. d. Andromedanebels)	E5	4 900	2 250 000	– 240	$9 \cdot 10^{9}$
NGC 185	E3	3 300	2 250 000	– 340	10^{9}
NGC 147	E5	3 300	2 250 000	–	10^{9}
Dreiecksnebel (M 33)	Sc	45 000	2 350 000	– 190	$1{,}4 \cdot 10^{10}$
Wolf-Lundmark-System	Ir	4 200	2 800 000	– 80	–
Sextans A	Ir	4 900	3 260 000	–	–
Leo III-System	Ir	–	3 600 000	–	–
IC 10	SB	4 200	4 100 000	–	–

Weitere vermutete Mitglieder sind: And I, II und III als weitere Begleiter vom Typ E3, E2 bzw. E5 des Andromedanebels in 2 250 000 Lichtjahren Abstand und einem Durchmesser von 2000 bis 3000 Lichtjahren. Das Pisces-System in 3 000 000 Lichtjahren Abstand, Typ Ir, Durchmesser 500 Lichtjahre. Das Carina-System, Typ E4, Abstand 300 000 Lichtjahre, Durchmesser 500 Lichtjahre. Das System GR8, Typ Ir, Abstand 4 000 000 Lichtjahre, Durchmesser 200 Lichtjahre. Das System Sag DIG, Typ Ir, Abstand 4 000 000 Lichtjahre, Durchmesser 5000 Lichtjahre. Das System DDO 210, Typ Ir, Abstand 3 000 000 Lichtjahre, Durchmesser 4000 Lichtjahre. Ferner IC 5152, Typ Ir, Abstand 2 000 000 Lichtjahre, Durchmesser 5000 Lichtjahre.

RG = Radialgeschwindigkeit

belle zusammen. Es werden immer wieder Neuentdeckungen gemeldet. Die wichtigsten Mitglieder sind unter den betreffenden Stichwörtern ausführlicher beschrieben.

lokaler Arm (local arm). Der Spiralarm unserer Galaxis, dem auch unsere Sonne zugehört (→ Orion-Arm).

lokaler Superhaufen (local supercluster). Der Superhaufen, zu dem auch unsere eigene Galaxis gehört (→ Virgo-Superhaufen).

lokales Sternsystem (local cluster). Die Gesamtheit aller Sterne, die sich in der Nachbarschaft unserer Sonne befinden.

longitudinale Welle (longitudinal wave). Eine Welle, die längs ihrer Ausbreitungsrichtung schwingt (z.B. Schallwelle).

Loop I. Ein wahrscheinlicher Überrest einer Supernova, die in etwa 500 Lichtjahren Abstand vor etwa 300000 Jahren aufleuchtete. Inzwischen hat diese Schale bereits einen Durchmesser von rund 400 Lichtjahren erreicht und füllt damit einen großen Teil des nördlichen Himmels aus. Sie macht sich radioastronomisch als großer Bogen bemerkbar, der zum galaktischen Nordpol weist (Nordpol-Sporn, North Polar Spur). L. I ist nur der auffälligste Bogen dieser Art. Es wurden noch weitere L. entdeckt, die ebenfalls Supernova-Überreste sein dürften.

Loop-Nebel (Loop Nebula). → Tarantel-Nebel.

Lorentz-Fitzgerald-Kontraktion (Lorentz-Fitzgerald contraction). Eine zwischen 1893 und 1895 erstmals von G. Fitzgerald (1851–1901) und H. A. Lorentz (1853–1928) aufgestellte Hypothese, nach der die Länge eines mit hoher Geschwindigkeit fliegenden Körpers in Richtung der Bewegung schrumpft. Der Effekt ist erst nahe der Lichtgeschwindigkeit erheblich. Dieses Phänomen ist auch Bestandteil der speziellen Relativitätstheorie.

Lorentz-Transformation (Lorentz transformation). Ein Gleichungssystem zur Umrechnung von Orts- und Zeitkoordinaten in ein anderes Bezugssystem, das sich zum ersten gleichförmig bewegt. → Relativitätstheorie.

Löwe (Lion). Ein Tierkreissternbild (lateinische Bezeichnung Leo). Gemäß der griechischen Sage handelte es sich hier um den Löwen, der von Herkules besiegt wurde. Das Sternbild ist vor allem im Spätwinter und Frühling zu beobachten. Die Sonne wandert durch den L. etwa von Ende August bis Ende September. Hauptstern ist → Regulus. Der zweithellste Stern ist → Denebola. Im L. gibt es auch einige bekannte Galaxien, die bereits mit kleineren Fernrohren beobachtet werden können. Dazu zählen M 65 und M 66 in 34 bzw. 27 Mill. Lichtjahren Abstand.

Löwe, Kleiner (Little Lion). Ein Sternbild am nördlichen Himmel (lateinische Bezeichnung Leo Minor, Abk. LMi). Das erst von J. Hevel (1611–1687) in die Sternbilderkunde eingeführte Sternbild befindet sich nördlich des (großen) Löwen und enthält nur schwächere Sterne.

Luchs (Lynx). Sternbild am nördlichen Himmel (lateinische Bezeichnung Lynx, Abk. Lyn). Das von J. Hevel (1611–1687) eingeführte Sternbild ist für Mitteleuropa zirkumpolar, enthält aber meist nur schwächere Sterne. α Lyncis (oder 40 Lyncis) ist mit $3\overset{m}{.}1$ der hellste Stern. Er ist 170 Lichtjahre entfernt. Seine Leuchtkraft ist 100mal heller als die unserer Sonne. Der Spektraltyp ist M0.

Luftpumpe (Air Pump). Ein Sternbild am südlichen Himmel (lateinische Bezeichnung Antlia, Abk. Ant). Das erst von N. L. Lacaille (1713–1762) eingeführte Sternbild gelangt für Mitteleuropa im Spätwinter und Vorfrühling nur knapp über den südlichen Horizont. Im wesentlichen ist es erst von südlicheren

Breiten aus sichtbar, enthält aber nur schwächere Sterne. Der Hauptstern α Antliae ist nur $4\overset{m}{.}3$ hell und 280 Lichtjahre entfernt.

Luftunruhe (twinkling). → Szintillation.

Lumineszenz (luminescence). Ein Leuchten von Stoffen, das seine Ursache nicht allein in der Temperatur des betreffenden Körpers, sondern auch in einer äußeren Anregung durch Licht, Elektronen, chemische Reaktionen, elektrische Felder usw. hat.

Luna.

1. Lateinische Bezeichnung für unseren Mond.

2. Bezeichnung für sowjetische unbemannte Mondsonden. Die drei ersten Sonden dieser Art wurden allerdings »Lunik« genannt. Lunik 1 startete am 2. 1. 1959 und flog nach 34 Stunden in einem Abstand von 6000 km an unserem Mond vorüber. Lunik 2 wurde am 12. 9. 1959 gestartet und schlug am 13. 9. 1959 als erster von Menschenhand geschaffener Flugkörper hart auf dem Mondboden auf. Die Niedergangsstelle liegt in der Nähe des Kraters Autolycus. Lunik 3 startete am 4. 10. 1959 und sandte wenige Tage später die ersten Photographien der Rückseite des Mondes zu unserer Erde. Von den folgenden Sonden sei vor allem L. 9 genannt, die am 31. 1. 1966 startete und zur ersten weichen Landung eines Meßgerätebehälters auf der Mondoberfläche am 3. 2. 1966 westlich der Krater Reiner und Marius führte. L. 10 startete am 31. 3. 1966. Dieser Flugkörper wurde zum ersten künstlichen Satelliten des Mondes, da er am 3. 4. 1966 in eine elliptische Bahn um unseren Erdtrabanten einschwenkte. Mit L. 17 (Start am 10. 11. 1970) wurde erstmals ein fernsteuerbares Fahrzeug (Lunochod) auf der Mondoberfläche abgesetzt. L. 20 (Start am 14. 2. 1972) brachte nach seiner Landung auf der Mondoberfläche am 26. 2. in einem Behälter Mondbodenproben zur Erde.

lunar. Zum Mond gehörig, auf den Mond bezogen.

Lunar and Planetary Laboratory. Ein von G. Kuiper (1905–1973) gegründetes Institut der Universität von Arizona zur Erforschung der Planeten und Satelliten. An drei Außenstationen, darunter auf dem 2800 m hohen Mount Lemmon und am 2515 m hohen Catalina-Observatorium befinden sich u. a. drei Spiegel-Teleskope mit 1,5 m Durchmesser. Das Institut wertet aber auch Daten und Aufnahmen der Mond- und Raumsonden aus.

Lunarkalender (lunar calendar). Ein → Kalender, der auf die Mondphasen bezogen ist.

Lunar Orbiter. Amerikanische unbemannte Mondsonden, die den Mond umkreisten und von dieser Umlaufbahn aus photographische Aufnahmen der Mondoberfläche machten, die zur Erde übertragen wurden. Dazu diente eine Weitwinkel- und eine Telekamera. Aus einer Analyse der Umlaufbahnen der L. O. wurden die → Mascons auf der Mondoberfläche entdeckt. L. O. 1 wurde am 10. 8. 1966 gestartet und trat 4 Tage später in eine Umlaufbahn um den Mond ein. Der letzte Flugkörper dieser Art war L. O. 5. Sein Start war am 1. 8. 1967. Alle L. O. stürzten inzwischen auf die Mondoberfläche, zuletzt L. O. 5 am 31. 1. 1968.

Lunarperiodizität (lunar periodicity). Zusammenhänge bestimmter biologischer Rhythmen mit den Mondphasen. Während zahlreiche derartige Zusammenhänge noch umstritten sind, ist ein Zusammenhang mit dem Palolowurm (Eunice viridis) bereits seit mehreren Jahren erwiesen. In der Gegend der Samoa-Inseln erscheinen im Oktober und November jeden Jahres jeweils um die Zeit des letzten Mondviertels in gewaltigen Schwärmen die abgetrennten Hinterenden dieses Wurms, die mit reifen Geschlechtsprodukten gefüllt sind. Der japanische Palolo schwärmt dagegen unmittelbar nach Neumond und Vollmond. Ähnliche Zusammenhänge sind bei einem nahen Verwandten der Palowürmer, Platynereis Dumerilii, gefunden worden. Andere »Mondpünktlichkeiten« zeigen sich auch im Verhalten des Grunion (Leurestes tenuis), einem Angehörigen der Familie der Ährenfische an der südkalifornischen Küste. In diesem Falle ist der Zusammenhang mit den Mondphasen allerdings auf die bei Neumond oder Vollmond auftretende Springflut zurückzuführen. Andere Mondperiodizitäten zeigen sich bei Hohltieren, Strudelwürmern, Stachelhäutern, der Kammuschel, dem Seeigel und den Zuckmücken. Ebenfalls mehr auf die direkte Wirkung der Gezeiten ist der vermutete Zusammenhang zwischen der Geburtenhäufigkeit und dem Mondlauf in küstennahen Gebieten zurückzuführen. Das krankhaft auftretende Schlafwandeln oder der Somnambulismus (»Mondsüchtigkeit«) hat dagegen mit dem Mond nur soviel zu tun, als diese Phänomene nachts auftreten und im Mondschein auf den Außenstehenden besonders eindrucksvoll wirken. Ein Zusammenhang mit dem Mondlauf ergibt sich dabei allenfalls dadurch, daß das fahle Mondlicht auf einen hinter nicht verdunkelten Fenstern Schlafenden fällt und durch diesen Reiz den somnambulen Zustand auslöst.

Lunar Transient Phenomena, Moonblinks. → Mondbeben.

Lunation (lunation). Der Zeitraum, den der Mond benötigt, um alle Phasen zu durchlaufen, also die Zeitspanne zwischen einem und dem folgenden Neumond. Eine L. ist also gleich einem synodischen → Monat. Die L. werden nach einem Vorschlag von E. W. Brown vom 16. 1. 1923 an gezählt.

Lunik. → Luna.

Lunisolarjahr, gebundenes Mondjahr (lunisolar year). Ein → Kalender, bei dem sowohl der Mondlauf wie auch der scheinbare Lauf der Sonne berücksichtigt wird.

Lunisolarpräzession (lunisolar precession). Die durch die Anziehung des Mondes und der Sonne auf den Äquatorwulst der Erde entstehende → Präzession.

Lunochod. Ein sowjetisches, unbemanntes Bodenfahrzeug für die Mondoberfläche. L. 1 wurde mit Luna 17 zum Mond gebracht und landete am 17. 11. 1970. Die Steuerung erfolgte von der Erde aus. L. 1 legte von seinem Landepunkt aus bis zum 4. 10. 1971, dem Ende dieser Mission, eine Gesamtstrecke von 10,5 km zurück. L. 2 wurde mit Luna 21 zum Mond gebracht. Die Landung auf dem Mond erfolgte am 15. 1. 1973. Innerhalb des Kraters Lemonnier legte dieses Fahrzeug insgesamt bis zum 4. 6. 1973 etwa 37 km zurück.

Lupus. Lateinische Bezeichnung für das Sternbild → Wolf.

Lupus-Loop. Eine im Sternbild Lupus (Wolf) gelegene Radioquelle mit einem Durchmesser von 4,5°. Sie ist der Überrest einer prähistorischen Supernova.

Luyten 726-8. Ein Doppelstern im Sternbild Walfisch. Beide Komponenten sind rote Zwergsterne mit dem Spektraltyp M5 oder M6. Die Gesamtmasse des Systems beträgt nur 0,3 Sonnenmassen. Die Entfernung von unserer Erde ist 8,8 Lichtjahre. Die Komponente B ist mit dem veränderlichen Stern UV Ceti identisch (→ UV Ceti-Sterne).

Luzifer (Lucifer). Bezeichnung für den Abendstern, der wiederum mit Venus identisch ist.

LYMAN. Ein geplanter Satellit der ESA zum Einsatz in der Ultraviolett-Astronomie im Wellenlängenbereich zwischen 10 und 200 nm.

Lyman-Serie (Lyman series). Eine Serie von Spektrallinien, die dem Wasserstoff zuzuschreiben ist und im ultravioletten Teil des Spektrums liegt. Lyman α hat eine Wellenlänge von 1216 Å (121,6 nm), Lyman β 1026 Å (102,6 nm), Lyman γ 972 Å (97,2 nm) usw.

Lynx. Lateinische Bezeichnung für das Sternbild → Luchs.

Lyot-Filter (Lyot filter, birefringent filter). Ein Interferenzfilter, mit dessen Hilfe es möglich ist, die Sonne im Licht einer einzigen Spektrallinie (besonders der Wasserstofflinie Hα) zu beobachten oder zu photographieren. Mit dem L.-F. sind ähnliche Studien der Sonne möglich wie mit einem → Spektrohelioskop bzw. Spektroheliograph.

Lyot-Teilung (Lyot division). Eine nach B. Lyot (1897–1952), oft auch nach J. C. Maxwell (1831–1879) benannte Lükke zwischen den Saturnringen B und C.

Lyra. Lateinische Bezeichnung für das Sternbild → Leier.

b Lyrae-Sterne (β Lyrae stars). Eine Gruppe Veränderlicher, die zu den → Bedeckungsveränderlichen zählen. Der 1784 von J. Goodricke (1764–1786) entdeckte Hauptvertreter dieser Gruppe β Lyrae ist etwa 1000 Lichtjahre entfernt und zeigt Helligkeitsschwankungen zwischen $3\overset{m}{,}3$ und $4\overset{m}{,}1$ mit einer Periode von 12,908 Tagen. Dabei ist das Nebenminimum mit $3\overset{m}{,}7$ immerhin halb so tief wie das Hauptminimum. Der Hauptstern hat die Spektralklasse B8II. Eigentümlicherweise besitzt der Begleiter die 4- bis 5fache Masse des Hauptsterns, obwohl er deutlich weniger hell als dieser ist. 1963 entdeckte aber Su-Shu Huang, daß der Begleiter in eine rotierende Gasscheibe eingebettet ist, die von dem Hauptstern durch Überfließen von Materie in der Größenordnung von 1/100000 Sonnenmassen pro Jahr versorgt wird. Die Gasscheibe absorbiert einen beträchtlichen Teil des Lichtes des Begleiters, so daß dessen geringe Helligkeit erklärlich ist. Außerdem ist β Lyrae eine schwache Radioquelle.
Die β L.-S. bestehen durchweg aus zwei ellipsoidalen Sternen unterschiedlicher Größe. Die Lichtkurven setzen dadurch nicht, wie bei dem Bedeckungsveränderlichen → Algol, scharf ein, sondern zeigen einen eher kontinuierlichen Verlauf.

RR Lyrae-Sterne (RR Lyrae stars, cluster variables). Eine Gruppe Veränderlicher, die eine große Ähnlichkeit mit den → Cepheiden besitzen. Im Gegensatz zu diesen liegen ihre Perioden jedoch unter 1 Tag mit einem Maximum bei 13 Stunden. Es handelt sich meist um blaue und weiße Riesen mit dem Spektraltyp B8 bis F2. Die Amplitude der Helligkeitsschwankungen beträgt etwa 1 Größenklasse. Ihre durchschnittliche absolute Helligkeit beträgt $+0\overset{m}{,}5$. Die RR L.-S. gehören zur → Population II und kommen besonders häufig in Kugelsternhaufen vor, weshalb man sie oft auch als »Haufenveränderliche« bezeichnet. Ihre Durchmesser sind im Mittel 4- bis 5mal größer als bei der Sonne, ihre Masse ist dagegen mit 0,6 Sonnenmassen kleiner. Der Hauptvertreter RR Lyrae schwankt mit einer Periode von 0,6 Tagen zwischen $7\overset{m}{,}1$ und $8\overset{m}{,}1$, hat 1 Sonnenmasse und im Maximum den 8,3fachen Sonnendurchmesser. Den RR L.-S. verwandt sind die → Zwerg-Cepheiden mit extrem kurzen Perioden.

Lyriden (Lyrids). Ein Meteorstrom, der alljährlich zwischen dem 12. und 24. April auftaucht. Der Höhepunkt tritt etwa am 22. April ein. Dabei können etwa 10 bis 20 Meteore pro Stunde auftreten. Der → Radiant der L. liegt im Sternbild Lyra (Leier) 8° südwestlich Wega. Die L. waren offenbar in früheren Jahrhunderten ergiebiger als in der Gegenwart. Es sind Auflösungsprodukte des Kometen Thatcher (1861 I).

Lysithea. Der Satellit X des Jupiter. Er ist durchschnittlich 11720000 km von Jupiter entfernt. Seine Umlaufzeit beträgt 259,2 Tage, die Bahnneigung 29,0°, die Bahnexzentrizität 0,11. Der nur etwa 36 km große Satellit wurde 1938 von S. B. Nicholson (1891–1963) entdeckt.

M

m. Abk. für die scheinbare → Helligkeit eines Gestirns.

M. Abk. für die absolute → Helligkeit eines Gestirns.

MACHO's. Abk. für Massive Compact Halo Objects (massive kompakte Halo-Objekte). Im Halo unserer Galaxis liegende Objekte, vermutlich vor allem braune Zwerge, die für das Missing mass-Problem verantwortlich gemacht werden könnten. Die bisherigen Suchaktionen deuten jedoch an, daß die Zahl der M. geringer ist als vermutet.

Machsches Prinzip (Mach's principle). Die von E. Mach (1838–1916) formulierte Behauptung, die auch Inhalt der allgemeinen → Relativitätstheorie ist, nach der die Verteilung der Massen im Kosmos dessen räumliche Struktur bestimmt.

Maffei 1 und 2. Zwei Galaxien, die auf Infrarotaufnahmen 1968 entdeckt wurden. M. 1 ist eine Galaxie vom Typ S0 und liegt am Rande der → lokalen Gruppe in etwa 4 Mill. Lichtjahren Entfernung. M. 2 liegt dagegen außerhalb der lokalen Gruppe. Seine Entfernung ist vorläufig nur unsicher bestimmbar und liegt zwischen etwa 10 und 23 Mill. Lichtjahren. Es ist vermutlich ein Spiralnebel vom Typ Sb oder Sc mit durchschnittlicher Leuchtkraft und Größe. Beide Objekte liegen im Sternbild Perseus.

Magellan. Eine am 4. 5. 1989 mit dem Space Shuttle Atlantis gestartete amerikanische Raumsonde zur Erforschung der Venus. M. trat am 10. 8. 1990 in eine elliptische 3,26stündige Umlaufbahn um Venus zwischen 294 und 8450 km Höhe und mit einer Neigung von 85,5° gegen den Venusäquator ein. Hauptaufgabe war die Radarkartierung der Venusoberfläche mit einer Auflösung von 120 m. M. tastete bei jedem Umlauf während 37 Minuten die Oberfläche in 20 bis 25 km breiten Streifen von 15 000 km Länge ab. Nach einem Venustag von 243 irdischen Tagen war jeweils ein Zyklus fertig. Ein zweites Radar vermaß die Distanz zur Oberfläche auf 10 m genau. Ferner wurde über die Mikrowellenstrahlung der Venus deren Oberflächentemperatur gemessen. Nach drei Venustagen und 5300 Umläufen wurde am 14. 9. 1992 die Radarkartierung beendet. Rund 99% der Venusoberfläche waren erfaßt. Es folgten nach einer Absenkung der Umlaufbahn auf 182 bzw. 258 km Höhe gravimetrische Untersuchungen. Im Oktober 1993 erfolgte gezielt ein Absturz in der Venusatmosphäre. M. war die bisher erfolgreichste Venussonde.

Magellanscher Strom (Magellanic Stream). Ein aus neutralem Wasserstoffgas bestehendes Filament, das von dem Bereich der → Magellanschen Wolken sich in Richtung auf unser galaktisches System erstreckt und insgesamt einen Bogen von etwa 150° am Himmelsgewölbe beschreibt. Die Existenz dieses Gebildes wurde durch die 21 cm-Strahlung des neutralen Wasserstoffs nahegelegt. Der Strom geht vermutlich auf Gezeitenwirkungen zwischen den Systemen zurück.

Magellansches System (Magellanic System). Bezeichnung für die Hülle neutralen Wasserstoffs, die die beiden → Magellanschen Wolken umgibt.

Magellansche Wolken, Kapwolken (Magellanic Clouds, Cape Clouds). Zwei Galaxien, die in der Nähe des südlichen Himmelspols liegen und bereits mit bloßem Auge zu beobachten sind. Es handelt sich um Begleiter unserer eigenen Galaxis, die daher gleichzeitig Mitglieder der → lokalen Gruppe sind. Im allgemeinen werden sie als irreguläre Galaxien eingestuft, doch deutet sich vor allem bei der Großen M. W. auch die Form einer Balkenspirale an. Beide Objekte sind 165000 Lichtjahre entfernt. Die Große M. W. liegt im Sternbild Schwertfisch, die Kleine M. W. im Tukan. In der wissenschaftlichen Literatur werden sie oft auch mit LMC (Large Magellanic Cloud) bzw. SMC (Small Magellanic Cloud) abgekürzt. Die Bezeichnung der beiden Objekte geht auf den Umstand zurück, daß sie erstmals von F. Magellan (1480–1521) während seiner Weltumseglung 1521 beschrieben wurden. Die Große M. W. zeigt einen Durchmesser von fast 12°, die Kleine M. W. über 4°. Vermutlich besteht die Kleine M. W. in Wirklichkeit aus zwei Galaxien, die von uns aus gesehen fast exakt hintereinander angeordnet sind. Dies geht jedenfalls aus unterschiedlichen Radialgeschwindigkeiten des neutralen Wasserstoffs hervor. Die hintere Wolke ist etwa 20000 Lichtjahre weiter entfernt. Die M. W. enthalten vor allem Sterne der → Population I. In der Großen M. W. sind zahlreiche Sterne vom Spektraltyp O und B festzustellen. Darunter sind mindestens 10 Sterne, die eine absolute Helligkeit haben, die -9^{m} überschreitet, womit sie heller sind als die Überriesen unserer eigenen Galaxis. Eigentümlicherweise enthalten sie ebenso wie die H II-Regionen weniger »Metalle« (Elemente schwerer als Helium) als die Objekte in der Sonnenumgebung. Das Defizit ist in der Kleinen M. W. stärker als in der Großen M. W. ausgeprägt. Ferner enthalten die beiden Wolken sehr viel interstellare Materie. Durch Radiobeobachtungen konnte nachgewiesen werden, daß beide Wolken mit unserer Galaxis durch eine Brücke aus Wasserstoffgas verbunden sind (→ Magellanscher Strom). Bekannt ist auch der in der Großen M. W. gelegene → Tarantel-Nebel (30 Doradus). An den zahlreichen → Cepheiden der Kleinen M. W. bestimmte die Astronomin H. S. Leavitt (1868–1921) auch die Perioden-Helligkeits-Beziehung dieser Klasse veränderlicher Sterne. In der Großen M. W. leuchtete 1987 die besonders eingehend untersuchte → Supernova 1987 A auf.

Magnetfeld (magnetic field). Ein Kraftfeld, das durch elektrische Ströme oder zeitlich veränderliche elektrische Felder erzeugt wird. Zahlreiche Himmelskörper verfügen über ein allgemeines oder lokal an ihrer Oberfläche, im Innern oder in ihrer Umgebung auftretendes M. Dazu gehört auch unsere Erde. In unserem Planetensystem konnte ein starkes M. vor allem bei Jupiter, ein schwaches Feld aber auch bei einigen anderen Planeten nachgewiesen werden. Auch die Sonne verfügt über ein allgemeines schwächeres M. und über lokale, sehr starke M. Desgleichen ist im interplanetaren Raum ein M. ausgebreitet. Darüber hinaus konnten bei zahlreichen Sternen M. nachgewiesen werden (magnetische Sterne). Der Nachweis von M. auf anderen, selbständig leuchtenden Himmelskörpern ist mit Hilfe des → Zeeman-Effekts möglich, in anderen Fällen, wie

z. B. bei Jupiter, indirekt durch radioastronomische Messungen und Raumsonden. Auch die Existenz eines interstellaren bzw. innerhalb unserer Galaxis ausgebreiteten M. kann durch radioastronomische Beobachtungen nachgewiesen werden. Dies bezieht sich beispielsweise auf einen Zeeman-Effekt, den man in der Strahlung des interstellaren Wasserstoffs auf der Wellenlänge 21 cm nachweisen kann. Darüber hinaus macht sich aber die Anwesenheit eines interstellaren M. auch durch die → Polarisation des Sternlichts bemerkbar. Die Feldstärken des interstellaren M. dürften etwa zwischen 10^{-5} und 10^{-6} Gauß (19^{-9} und 10^{-10} Tesla) liegen.

magnetische Kennziffern, geomagnetische Kennziffern (K-index of geomagnetic activity). Ziffern, die die erdmagnetische Unruhe kennzeichnen (Abk. K oder Kp). Die m. K. werden, gerechnet ab 0 Uhr Weltzeit, jeweils für einen Zeitraum von 3 Stunden angegeben, so daß innerhalb eines Tages 8 Kennziffern anfallen. Die Skala reicht von 0 (Ruhe) bis 9 (stärkster Magnetsturm). Gelegentlich erfolgen auch noch feinere Unterteilungen durch Zusätze von Minus- oder Plus-Zeichen. Die durch die m. K. angegebene erdmagnetische Unruhe steht in einem engen Zusammenhang mit der Sonnenaktivität (→ solar-terrestrische Beziehungen).

magnetische Monopole (magnetic monopoles). Hypothetische Teilchen, auf deren mögliche Existenz erstmals 1931 P. A. M. Dirac (1902–1984) hinwies. Sie hätten die 10^{15}fache Masse eines Protons und bestünden nur aus einem einzigen magnetischen Pol, oder anders ausgedrückt, sie besitzen eine »magnetische Ladung«. M. M. können auch als ein Defekt in der Raum-Zeit angesehen werden und werden von den neueren Theorien der Elementarteilchen sowie der → Großen Vereinheitlichten Theorie gefordert, konnten aber bisher nicht nachgewiesen werden. Bei der → Inflation des Weltalls könnten allerdings die zuvor entstandenen m. M. in so große Entfernungen weggedrückt worden sein, daß sie jetzt in kleinen Raumbereichen nicht mehr zu finden sind.

magnetischer Druck (magnetic pressure). Der Druck, der durch ein Magnetfeld auf die umgebende Materie ausgeübt wird. In Gauß-Einheiten ist der m. D. $H^2/8\pi$. Dabei bedeutet H die magnetische Feldstärke. Im Gegensatz zum Gasdruck wirkt aber der m. D. nur senkrecht zur Richtung des Magnetfeldes. Parallel zu ihm ist er Null.

magnetische Sterne (magnetic stars). Sterne, die über ein starkes Magnetfeld, meist zwischen etwa 0,01 und 1 Tesla verfügen. Während das Magnetfeld unserer Sonne, unserem nächsten Stern, bereits seit Beginn unseres Jahrhunderts bekannt ist, konnten bei einigen Sternen Magnetfelder erst 1946 durch H. D. Babcock (1882–1968) gefunden werden. Heute sind bereits bei über hundert Sternen Magnetfelder nachgewiesen worden. In der Regel handelt es sich um Sterne vom Spektraltyp A. Viele m. S. zeigen in ihren äußeren atmosphärischen Schichten eine anomale Häufigkeit bestimmter Metalle, die vielleicht durch bestimmte Kernreaktionen in gewaltigen → Flares erzeugt werden. Mehrere m. S. zeigen auch periodische oder unperiodische Schwankungen ihrer Feldstärke. Daher auch die Bezeichnung magnetische Veränderliche. Auch Umpolungen kommen vor. Diese Erscheinungen kann man sich am besten durch Rotationseffekte erklären: Entweder gelangen durch die Rotation des Sterns bestimmte Aktivitätszentren immer wieder auf die der Erde zugewandte Seite oder aber die magnetische Achse des Sterns fällt nicht mit der Rotationsachse zusammen, so daß uns dadurch abwechselnd ein magnetischer

Südpol oder Nordpol im Rhythmus der Rotationsperiode zugewandt ist. Es sind aber auch echte Umpolungen, ähnlich der alle etwa 11 Jahre erfolgenden Umkehrung des Magnetfeldes der Sonne, denkbar. Ein herausragendes Beispiel ist 53 Camelopardalis, der mit einer Periode von etwa 8 Tagen sein Magnetfeld zwischen etwa +3750 und –5390 Gauß (+0,375 und –0,539 Tesla) verändert (→ auch α^2 Canum venaticorum-Sterne).

Magnetofluidodynamik. → Magnetohydrodynamik.

Magnetogramm (magnetogram). Graphische Darstellung der augenblicklichen magnetischen Situation oder der zeitlichen Änderungen des Erd- oder Sonnenmagnetismus.

Magnetograph (magnetograph). Ein Gerät, das mit Hilfe des → Zeeman-Effekts Magnetfelder auf der Sonne (insbesondere in Sonnenflecken) oder von Sternen nachweist.

Magnetohydrodynamik, Magnetofluidodynamik, Hydromagnetik (magnetohydrodynamics). Teilbereich der Physik, der sich mit den Bewegungen elektrisch geladener Teilchen in einem Magnetfeld beschäftigt. In der Astrophysik spielt die M. besonders zur Erklärung der → Sonnenflecken, aber auch anderer Phänomene eine Rolle.

Magnetopause (magnetopause). Die Grenze zwischen der → Magnetosphäre eines Planeten und dem interplanetaren Bereich, in dem der → Sonnenwind vorherrscht.

Magnetosphäre (magnetosphere). Äußerer Bereich um die Erde oder einen anderen Planeten mit Magnetfeld. Die M. erstreckt sich bei der Erde bis in einen Entfernungsbereich, der von der Richtung zur Sonne abhängt. Während nämlich unter der Wirkung des → Sonnenwinds die M. auf der der Sonne zugewandten Seite nur bis etwa 10 oder 12 Erdradien in den Raum hinausreicht, zeigt die Erde auf der sonnenabgewandten Seite eine Art »geomagnetischen Schweif«, dessen Länge über 1000 Erdradien beträgt. Die M. ist dadurch gekennzeichnet, daß sich in ihr praktisch ausschließlich elektrisch geladene Partikel befinden, die sich unter der Wirkung des Erdmagnetfelds bewegen. Innerhalb der Grenzen der M. liegen die → Strahlungsgürtel (van Allen-Gürtel). Auf der der Sonne zugewandten Seite befindet sich knapp außerhalb der M. ein Bereich mit turbulenter Struktur des interplanetaren Magnetfelds und noch etwas dahinter eine Stoßfront (Bugschock). Bei höherer Sonnenaktivität wird die M. tiefer zusammengedrückt als bei geringerer Aktivität. Die geladenen Teilchen des Sonnenwindes werden abgelenkt und gelangen nur zum kleineren Teil in den geomagnetischen Schweif.

Praktisch alle Planeten verfügen über eine M. Lediglich Venus dürfte kein oder nur ein extrem schwaches Magnetfeld besitzen. Die M. des Jupiter ist am ausgeprägtesten. Sein Magnetfeld und seine Strahlungsgürtel sind insgesamt 10000mal stärker als bei der Erde, und der magnetische Schweif erstreckt sich noch bis zur Saturnbahn. An zweiter Stelle steht Saturn, dessen Feld eine Gesamtstärke hat, die 1000mal größer als das irdische ist. Das Feld von Uranus ist etwa 50mal stärker. Das Feld von Merkur kommt dagegen nur auf weniger als 1/1000. Andere Zahlen ergeben sich für das Feld in der Nähe der Oberfläche oder Wolkenobergrenze der Planeten, bezogen auf den Äquator. Hier bietet die Erde $3{,}1 \cdot 10^{-5}$ Tesla, Merkur $3{,}5 \cdot 10^{-7}$, Venus $3 \cdot 10^{-8}$ (Obergrenze), Mars $6{,}5 \cdot 10^{-8}$, Jupiter $4{,}1 \cdot 10^{-4}$, Saturn $4 \cdot 10^{-5}$, Uranus $2{,}3 \cdot 10^{-5}$ und Neptun $1{,}3 \cdot 10^{-5}$ Tesla. Die Magnetachsen sind im allgemeinen nur wenig gegen die Rotationsachse geneigt. Bei der Erde sind dies (zur Zeit) 11,5°, bei Merkur und Jupiter 10°, bei Saturn unter 1°, bei Uranus 60° und bei Neptun 50°.

magnitudo. Lateinische Bezeichnung für »Größe«. In der Astronomie versteht man darunter die Größenklassen der Gestirne, die eigentlich nichts mit deren wahren oder scheinbaren Durchmesser zu tun haben, sondern ihre → Helligkeit kennzeichnen. Sie wird entweder mit mag. oder durch ein hochgestelltes m (z. B. $4,^{m}5$) abgekürzt.

Maja. Einer der hellsten Sterne in den → Plejaden.

Maksutov-Teleskop (Maksutov telescope). Ein → Spiegelteleskop, dessen Hauptspiegel sphärisch geschliffen ist. Das eintretende Licht durchquert zunächst einen großen → Meniskus, der die sphärische→ Aberration beseitigen soll. Das → katadioptrische Fernrohr wurde erstmals von D. D. Maksutov (1896–1964) im Jahre 1944 entwickelt. Unabhängig davon hatte auch A. Bouwers (1894–1972) ein entsprechendes System vorgeschlagen. Bis auf die Anwendung einer Konkavlinse statt der schwieriger zu konstruierenden Korrektionsplatte ähnelt das M.-T. dem → Schmidt-Spiegel. Auch die Baulänge eines derartigen Teleskops ist nur etwa 75% so lang wie ein Schmidt-System. Während die Abbildungsebene bei einem normalen M.-T. ähnlich wie beim Schmidt-Spiegel inmitten des Tubus liegt, kann der mittlere Teil der Konkavlinse aber auch noch zusätzlich mit Aluminium beschichtet werden. An diesem reflektierenden Feld werden die Lichtstrahlen wieder in Richtung zum Hauptspiegel geworfen und durch eine zentrale Durchbohrung (wie beim → Cassegrain-Spiegel) einer Photoplatte oder bei visueller Beobachtung einem Okular zugeleitet. Derartige Maksutov-Cassegrain-Systeme fanden in den letzten Jahren für leicht transportierfähige Kompakt-Teleskope besonders zu Amateurzwecken große Bedeutung. M.-T. dienen häufig als Weitwinkelkameras, nicht nur im astronomischen, sondern auch im allgemeinen photographischen Bereich. Da größere Konkavlinsen für M.-T. wegen des zunehmenden Gewichts und der zunehmenden Dicke schwer herstellbar sind und nicht ohne Verspannungen eingesetzt werden können, wurden sehr große M.-T. bisher jedoch nicht gebaut. Die größten M.-T. haben 65 bis 70 cm Durchmesser.

Maler (Painter, Painter's Easel). Sternbild am südlichen Himmel, das 1752 von N. L. Lacaille (1713–1762) eingeführt wurde und ursprünglich »Malerstaffelei« hieß, ab 1877 von B. A. Gould (1824–1896) jedoch abgekürzt wurde. Die lateinische Bezeichnung ist Pictor (Abk. Pic). Das Sternbild enthält nur wenige, meist nur mittelhelle oder schwächere Sterne. Hauptstern ist α Pictoris mit einer Helligkeit von $3,^{m}3$.

Malin. Eine 1987 hinter dem → Virgo-Haufen entdeckte Riesengalaxie in 715 Mill. Lichtjahren Entfernung. Ihr Durchmesser dürfte etwa 330000 Lichtjahre betragen.

Mare. Lateinische Bezeichnung für große dunkle Gebiete auf der Oberfläche des Mondes oder des Mars (Mehrzahl: Maria).

Marfak, Marfik. Gelegentlich benutzte arabische Bezeichnung für den hellsten Stern im Perseus, der jedoch meist → Algenib genannt wird.

Mariner. Sammelbezeichnung für amerikanische Raumsonden, die zur Erforschung anderer Planeten sowie des interplanetaren Raums dienten. Von den erfolgreich gestarteten Sonden sind hervorzuheben: M. 2 (Start 26. 8. 1962), flog am 14. 12. 1962 in einem Abstand von 34750 km an Venus vorüber. M. 4 (Start 28. 11. 1964) flog am 14. 7. 1965 in 9850 km Abstand an Mars vorüber und machte die ersten Nahaufnahmen der Oberfläche dieses Planeten. M. 5 (Start 14. 6. 1967) flog am 19. 10. 1967 in 3990 km Distanz an Venus vorüber. M. 6 (Start 25. 2. 1969) flog am 31. 7. 1969 in 3410 km an Mars vorüber. Zusammen mit M. 7 (Start 27. 3. 1969), der am 5. 8. 1969 in 3534 km Distanz an Mars vorüberflog, wurden etwa 10% der Marsoberfläche photographiert. M. 9 (Start 30. 5. 1971) schwenkte am 13. 11. 1971 in eine elliptische Umlaufbahn um Mars ein. Bis Oktober 1972 wurden mehrere Tausend photographischer Aufnahmen der gesamten Marsoberfläche erhalten. M. 10 (Start 3. 11. 1973) flog zunächst am 5. 2. 1974 in 5770 km an Venus und am 29. 3. 1974 in 694 km Distanz an Merkur vorüber und machte in beiden Fällen Nahaufnahmen. M. 10 kam Merkur noch zwei weitere Male nahe. Er machte die ersten Oberflächenaufnahmen von Merkur.

Markab. Arabische Bezeichnung für den hellsten Stern im Pegasus. Sie bedeutet fälschlich »Sattel«. Der $2\overset{m}{.}5$ helle Stern ist 100 Lichtjahre entfernt und besitzt eine Leuchtkraft, die 65 mal die unserer Sonne übertrifft. Die Oberflächentemperatur beträgt 11 000 K. Der Spektraltyp ist B9.

Markarian-Galaxien (Markarian galaxies). Galaxien in einem von B. E. Markarian in der Zeit zwischen 1970 und 1980 aufgestellten Verzeichnis von Galaxien mit einem abnorm starken Kontinuum im ultravioletten Teil des Spektrums. Ferner zeigen sich breite Emissionslinien, die ihre Ursache in einem nahezu sternförmig erscheinenden, hellen Kern der Galaxis haben. Am bekanntesten ist das Objekt Markarian 231, das vermutlich die absolut leuchtmächtigste Galaxie überhaupt ist, die bisher bekannt wurde.

Mars. 1. Der 4. Planet unseres Sonnensystems. Seine mittlere Entfernung von der Sonne beträgt 227,9 Mill. km, die Bahnexzentrizität 0,0934, die Bahnneigung 1,85°, die siderische Umlaufzeit 687,0 Tage, die synodische Umlaufzeit 779,9 Tage, der Äquatordurchmesser 6794 km, die Masse $6{,}45 \cdot 10^{26}$ g, die Abplattung 0,0092, die mittlere Dichte 3,93 g/cm^3, die Albedo 0,16, die Rotationszeit (siderisch) $24^h\ 37^m\ 22{,}6^s$ und die Neigung des Äquators gegen die Bahnebene 25°12′. Der Nullmeridian des M., der bereits im vergangenen Jahrhundert durch die sog. Meridiani Sinus (Meridianbucht) gelegt wurde, konnte neuerdings noch etwas genauer festgelegt werden. Dazu diente ein kleiner 1 km großer Krater mit der Bezeichnung Airy 0. Die Schwerebeschleunigung an der Oberfläche ist 0,38 mal so stark wie auf der Erde. Die parabolische Fluchtgeschwindigkeit beträgt 5,1 km/s. Die Jahreszeiten sind wegen der Bahnexzentrizität unterschiedlich lang. Für die Nordhalbkugel dauert der Frühling 199,6 Tage, der Sommer 181,7 Tage, der Herbst 145,6 Tage und der Winter 160,1 Tage. Auf der Südhalbkugel sind die Verhältnisse umgekehrt.

2. Bezeichnung für sowjetische bzw. russische Raumsonden, die den M. erforschen. M. 1 startete am 1. 11. 1962. Allerdings ging der Funkkontakt mit dieser Raumsonde bald verloren. Die beiden Sonden M. 2 und M. 3, die am 19. bzw. 28. 5. 1971 gestartet wurden, schwenkten am 27. 11. bzw. 2. 12. 1971 in eine elliptische Umlaufbahn um M. ein. Von beiden Sonden wurde eine Landekapsel abgeworfen, die auf M. niederging. Doch riß in beiden Fällen der Funkkontakt schnell ab, so daß das weitere Schicksal der beiden Sonden unklar blieb. Auch in den darauffolgenden Jahren wurden weitere M.sonden gestartet, die entweder an M. vorüberflogen oder in eine Umlaufbahn einschwenkten. Teilweise wurde abermals der Versuch unternommen, weiche Landungen vorzunehmen, was aber mißlang. Dagegen sind von einigen Sonden photographische Aufnahmen der Oberfläche übermittelt worden. Für die nächsten Jahre sind weitere M.sonden, M.96 und vielleicht M.98, geplant. Dabei sind u. a. ein Roboter-Fahrzeug für Erkundungen am Boden und ein Ballon für die Erforschung der Atmosphäre vorgesehen. Inwieweit diese Pläne voll umgesetzt werden können, ist ungewiß.

Marsatmosphäre (atmosphere of Mars). Am Marsboden beträgt der mittlere Druck der M. weniger als 1/100 des irdischen Luftdrucks oder genauer 6,5 Hektopascal. Die Viking-Sonden konnten regelrechte Wettervorgänge an ihren Landestellen wahrnehmen, zu denen auch Luftdruckschwankungen, bedingt durch das Vorüberziehen von zyklonenartigen Gebilden, gehörten. Hauptbestandteil der M. ist mit 95,3% Kohlendioxid. 2,7% entfallen auf Stickstoff, 1,6% auf Argon, 0,13% auf Sauerstoff, 0,07% auf Kohlenmonoxid und 0,03% (leicht schwankend) auf Wasserdampf. Die Temperaturen erreichen am Äquator während der Mittagsstunden maximal +20°C, sinken aber wegen der dünnen Atmosphäre während der Nachmittagsstunden bereits stark ab, erreichen bei Sonnenuntergang schon –70°C und dürften während der Nachtstunden noch weiter abfallen. Die tiefsten Temperaturen treten natürlich an den Polen während der Polarnacht auf. Sie dürften zwischen –120°C und –150°C liegen. Die unterschiedlichen Einstrahlungsbedingungen auf Mars führen auch zu Winden und Stürmen, die den dünnen Sand bzw. Staub auf der Marsoberfläche, der weit verbreitet zu sein scheint, aufwirbeln und regelrechte Sandstürme hervorrufen. Diese können sogar bereits mit Fernrohren von der Erde aus als gelbliche Eintrübungen beobachtet werden. Die Folge ist auch häufig die Ausbildung von Sanddünen. Weiße und bläuliche Wolken dürften dagegen Kohlendioxid-Eiskristalle sein. Möglicherweise sind sie aber auch den → leuchtenden Nachtwolken vergleichbar, die wir von unserer Erde her kennen. Die tiefen Temperaturen in den Polargebieten führen dort zu Niederschlägen, die aus Kohlendioxidschnee und Wasserschnee bestehen. Die weißen Polkappen des Mars zeigen im Rhythmus der Jahreszeiten dieses Planeten ein deutliches Anwachsen und Abschmelzen. Auch diese Erscheinung ist bereits von der Erde aus beobachtbar. Die sommerliche Restkappe am Nordpol besteht wohl aus Wassereis, die dauerhafte südliche Kappe aus Kohlendioxideis und höchstens einer kleinen Beimengung von Wasserschnee.

Marshall Space Flight Center. Eine Einrichtung der → NASA bei Huntsville, Alabama, für die Entwicklung von Trägerraketen, Raumsonden oder anderen raketentechnischen Bauelementen.

Marskanäle (canals of Mars). Schnurgerade Linien auf Mars, die 1877 von G. V. Schiaparelli (1835–1910) entdeckt wurden. Um die Jahrhundertwende glaubte man auch in einigen wissenschaftlichen Kreisen ernsthaft daran, daß diese viele Dunkelzonen untereinander verbindenden Linien technische Anlagen einer menschlichen Marszivilisation seien. Der Verdacht, daß es sich um optische Täuschungen handelt (»Kontrastlinienphänomen«), wurde allerdings schon vor über 50 Jahren geäußert und verdichtete sich in den letzten Jahrzehnten mehr und mehr, bis die photographischen Aufnahmen der neueren Marssonden den endgültigen Beweis dafür erbrachten.

Marsoberfläche (surface of Mars). Die wichtigsten dunklen und hellen Zonen auf der M. erhielten schon im vergangenen Jahrhundert Bezeichnungen, die auch heute noch benutzt werden. Allerdings war unser Wissen über die M. unvollständig. Teilweise unterlag man auch Täuschungen. Dies galt insbesondere für die sog. → Marskanäle. Die wichtigsten Beiträge für die moderne Forschung lieferten die Raumsonden vom Typ Mariner, Viking und Mars (2). Der Grundtypus der M. ist der einer sehr rauhen, trockenen und kalten Wüstenlandschaft. Weite Bereiche zeigen Aufsturzkrater. Im Gegensatz zum Mond sind aber die Marskrater nicht so häufig pro Flächeneinheit anzutreffen und zeigen einen stärkeren Verwitterungsgrad. Ihr Alter entspricht mit 3,5 Mrd. Jahren aber genau dem der Mondkrater. Die größten ähneln den Maria auf dem Mond, z.B. → Hellas. Weitere große Krater sind u.a. Schiaparelli, Antoniadi, Cassini, Huygens. Es sind auf der M. Astronomen verewigt worden, die sich in der Marsforschung verdient gemacht haben. Immerhin 16 Krater haben einen Durchmesser über 250 km. Daneben gibt es stark gewundene Täler mit feinen Verästelungen. Ihre Struktur erinnert an die Wirkung von Erosion durch Wasser. Tatsächlich dürfte es sich um trockene Flußbetten handeln. Ihr Alter ist sehr unterschiedlich. Es tauchte daher der Verdacht auf, daß in der Geschichte der M. mehrmals wärmere und kältere Epochen einander ablösten. In den wärmeren Epochen taute das im Boden enthaltene Wassereis (»Permafrost«) teilweise auf und bildete Seen und Flüsse. Es ist sogar denkbar, daß es zeitweise einen 130 bis 500 m tiefen Ozean gab. Wegen der geringen Anziehungskraft konnte allerdings der Wasserdampf schnell in den Weltraum entweichen. Eine andere Quelle für Zufuhr von Wasser bildeten auch die heute allerdings erloschenen → Marsvulkane, die unseren Schildvulkanen ähneln, oft aber bedeutend größer sind. Heute ist die M. im wesentlichen ausgetrocknet, doch gibt es noch jahreszeitlich veränderliche Polkappen.

Die Marskruste ist zwar wahrscheinlich nicht aus einzelnen Platten zusammengesetzt wie die Erdkruste. Trotzdem gibt es eindrucksvolle Verwerfungen, besonders → Valles Marineris. Viking 1 und 2 konnten 1976/77 erstmals auch direkte chemische Untersuchungen der Gesteine vornehmen. Sie dürften aus einer Verwitterung von Basalt entstanden sein. Jedenfalls sind sie rein vulkanisch. Etwa 20 Gewichtsprozent sind Silicium, 13% Eisen, 5% Magnesium, 4% Calcium, je 3% Schwefel und Aluminium. Die Landestufen von Viking 1 und 2 führten auch Biolabors mit, die mittels dreier verschiedener Experimente auf mögliche Stoffwechselvorgänge usw. niederen Lebens in den Bodenproben hätten Rückschlüsse ziehen können. Die Ergebnisse waren aber negativ. Man fand auch keine organischen Moleküle.

Die photographischen Aufnahmen der Marssonden erlaubten in den vergangenen Jahren eine detailreiche Topographie und Kartographie. Einzelne Aufnahmen zeigten auf der M. noch Einzelheiten bis unter 100 m herab.

Mars Observer. Mars-Sonde der NASA, die den Planeten in 360 km Höhe über beide Pole hinweg umrunden und dabei u.a. die Oberfläche kartieren und die Atmosphäre untersuchen sollte. 1992 gestartet, ging die Sonde im August 1993, kurz vor Erreichen des Marsorbits, durch Aussetzen des Funkkontakts verloren.

Marsoppositionen (Mars oppositions). Gemäß der synodischen Umlaufperiode des Mars ereignen sich in Abständen von im Mittel 2 Jahren 50 Tagen die für die Beobachtung dieses Planeten wichtigen M., bei denen die Erde zwischen Mars und Sonne steht bzw. den langsamer laufenden Mars überholt. Etwa zu diesem Zeitpunkt (mit einer Abweichung von

u. U. einigen Tagen) ereignet sich auch der kleinste Abstand Mars-Erde. Wegen der starken Exzentrizität der Marsbahn ist es aber nicht gleichgültig, an welchen Stellen der beiden Planetenbahnen eine M. stattfindet. Die besten M. finden im August/September statt. Dabei kann der gegenseitige Abstand auf 55 Mill. km absinken. Da bei dieser Gelegenheit Mars nahe des Perihels seiner Bahn steht, bezeichnet man dies auch als eine Perihel-Opposition. Im Februar/März treten dagegen die ungünstigen Aphel-Oppositionen auf, bei denen sich Mars nahe des Aphels seiner Bahn aufhält. Dabei sinkt der Abstand zwischen den beiden Planeten u. U. nur auf 101 Mill. km. Maximal kann allerdings die Entfernung Erde-Mars auf sogar 400 Mill. km anwachsen, nämlich dann, wenn sich Mars in Konjunktion zur Sonne befindet und dieses Ereignis etwa mit dem Aphel-Durchgang des Mars zusammenfällt. Dementsprechend schwankt auch der scheinbare Durchmesser des Mars zwischen etwa 3″ und immerhin 25″. Auch die Helligkeitsschwankungen sind stark. Bei einer Perihel-Opposition ist Mars -3^m hell, bei einer Aphel-Konjunktion sinkt seine Helligkeit auf unter $+2^m$. Die nächste Perihel-Opposition ist am 28. 8. 2003 mit einem kleinsten Erdabstand von 55,8 Mill. km.

Marsvulkane (volcanoes on Mars). Die M. finden sich in einem verhältnismäßig eng umschriebenen Bereich zwischen etwa 90° und 140° Länge bzw. +10° bis –30° Breite. Dabei ragt Nix Olympica heraus, heute auch → Olympus Mons bezeichnet. In der südöstlichen Nachbarschaft von Olympus Mons liegt ein auffälliger Wulst (→ Tharsis). Die drei wichtigsten Schildvulkane sind dort → Arsia Mons, → Pavonis Mons und → Ascraeus Mons mit Durchmessern von 350 bis 450 km und Höhen bis zu 15 km. Nördlich davon liegt mit Alba Patera eine weitere vulkanisch geprägte Landschaft. Auch etwa 5000 km westlich des Tharsis-Wulstes gibt es in Elysium Planitia einige kleinere Vulkane. Alle Schildvulkane sind bereits seit längerer Zeit inaktiv.

Mascons (mascons). Gebiete auf der Mondoberfläche mit einer Erhöhung des Gravitationsfeldes. Die Bezeichnung geht auf eine Abkürzung der beiden Begriffe »Masse« und »Konzentration« zurück. Die M. sind auf eine Anhäufung dichterer Gesteine unterhalb bestimmter Bereiche der Mondoberfläche zurückzuführen. Geschmolzene Lava könnte sich dort angesammelt und später verfestigt haben. Ein größeres M. befindet sich unterhalb des Mare Imbrium. Die M. wurden erstmals 1968 durch eine genaue Bahnverfolgung der → Lunar Orbiter festgestellt.

Maser (maser). Abk. für die engl. Bezeichnung »Microwave amplification by stimulated emission of radiation« (Mikrowellenverstärkung durch angeregte Strahlungsemission), ein Gerät, das die natürlichen Schwingungen von Atomen oder Molekülen zur Verstärkung einer elektromagnetischen Strahlung heranzieht. Der M. entspricht dem → Laser im Mikrowellen-Bereich. Der erste M. wurde 1953 von C. H. Townes (*1915) entwickelt. Er benutzte angeregte Ammoniak-Moleküle (Frequenz 23 870,4 MHz). Inzwischen wurden andere M. entwickelt. Sie werden in Radioteleskopen und in der Satelliten-Empfangstechnik als extrem rauscharme Verstärker benutzt.

Im Jahre 1963 gelang es, auch im Weltall Vorgänge zu entdecken, die denen in einem M. entsprechen. In der Nachbarschaft unseres galaktischen Zentrums fand man eine Radioquelle auf der Wellenlänge 6 cm, die mit Staub- und Gaswolken verknüpft ist. Sie geht auf eine Hydroxyl-Quelle (also eine

Quelle, die das aus einem Wasserstoff- und einem Sauerstoff-Atom bestehende OH enthält) zurück. Die Strahlungstemperatur war unerwartet hoch. Inzwischen wurden noch andere → interstellare Moleküle entdeckt, deren Strahlung ebenfalls auf einen M.-Vorgang zurückzuführen ist. So strahlt der auf Wasser zurückgehende M. (H_2O-M.) bei einer Wellenlänge von 1,35 cm. Aber es gibt auch komplexere Molekül-M., z.B. von Methylalkohol. Die M. haben einen Durchmesser, der etwa mit der Größe des Planetensystems vergleichbar ist, und stehen im Zusammenhang mit der Frühentwicklung von Sternen und evtl. auch Planetensystemen. Aber auch die roten → Riesensterne zeigen eine M.-Aktivität. Sie kommt vermutlich in Gaswolken zustande, die von diesen Sternen abgestoßen werden.

Masse (mass). Allgemein der materielle Inhalt eines Körpers. Unter der trägen M. versteht man den Widerstand eines Körpers gegen Beschleunigung, unter der schweren M. das Gewicht eines Körpers in einem Schwerefeld. Da nach dem Newtonschen Gravitationsgesetz die Anziehung eines Körpers auf einen anderen eine Folge ihrer M. ist, kann die Größe der M. aus dem Betrag der gravitativen Anziehung bestimmt werden. So ist es beispielsweise möglich, die M. eines Planeten aus dessen Störungseinfluß auf die Bewegung eines anderen Planeten zu bestimmen. Besitzt ein Planet Satelliten, so kann dessen M. auch aus der Umlaufperiode und der Entfernung eines Satelliten bestimmt werden. Entsprechend erhält man auch die M. der Sterne zahlenmäßig direkt aus den Umlaufverhältnissen der → Doppelsterne.

Ein Hauptaxiom der allgemeinen → Relativitätstheorie ist das Äquivalenzprinzip. Es besagt, daß die träge M. eines Körpers seiner schweren M. proportional ist. Nachdem schon I. Newton (1643–1727) durch Pendelversuche die Gleichheit prüfte, konnte 1909 R. v. Eötvös (1848–1919) mit einer Drehwaage einen exakten experimentellen Beweis dafür liefern. Die spezielle Relativitätstheorie führte eine Äquivalenz zwischen M. und → Energie ein. Es ist die Energie $E = m \cdot c^2$. Dabei ist m die M. und c die Lichtgeschwindigkeit. Auch dies konnte inzwischen durch zahlreiche Experimente bestätigt werden. Dasselbe gilt auch für die Abhängigkeit der M. von der Geschwindigkeit des materiellen Körpers. Dieser Effekt macht sich zwar bei kleinen Geschwindigkeiten kaum bemerkbar. Bei großen Geschwindigkeiten, nahe der Lichtgeschwindigkeit, kann die dabei eintretende Zunahme der M. jedoch beachtliche Werte erreichen. Im Falle des theoretischen Erreichens der Lichtgeschwindigkeit selbst würde die M. unendlich werden. Tatsächlich kann aber gerade aus diesen Gründen kein materieller Körper auf Lichtgeschwindigkeit beschleunigt werden. Die relativistische Gleichung für die Zunahme der M. lautet

$$m = \frac{m_0}{\sqrt{1 - \frac{v^2}{c^2}}}$$

Dabei bedeuten m_0 die Ruhemasse und v die Geschwindigkeit des Körpers.

Masse-Leuchtkraft-Beziehung (mass-luminosity relation). Ein von A. S. Eddington (1882–1944) aufgestelltes Diagramm, das auf der Senkrechten in einer logarithmischen Skala die bolometrische absolute → Helligkeit und auf der Waagerechten die Masse der Sterne aufträgt. Das 1924 erstmals aufgestellte Diagramm enthielt zunächst im wesentlichen die Sterne der Hauptreihe des → Hertzsprung-Russell-Diagramms. Dabei zeigt sich ein ziemlich strenger Zusammenhang zwischen den beiden Größen dergestalt, daß die Leuchtkraft *L* proportional etwa der 3,5 ten Potenz der Masse *M* ist. Die M.-L.-B. kann nur für solche Sterne aufgestellt werden, deren absolute Helligkeit in Verbindung mit genaueren Entfernungsbestimmungen und deren Massen beispielsweise aus dem Umlauf von → Doppelsternen abgeleitet werden.

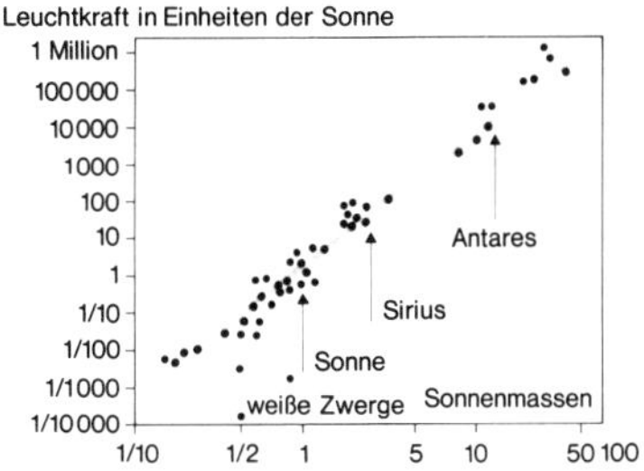

Masse-Leuchtkraft-Beziehung der Sterne

Für die roten → Riesensterne ergeben sich ebenso wie für die weißen → Zwergsterne starke Abweichungen.

Massendefekt (mass defect). Der Massebetrag, um den die Gesamtmasse eines Atomkerns kleiner ist als die Summe der Einzelmassen der Kernbausteine (Nukleonen). Gleichzeitig ist der M. ein Maß für die Bindungsenergie im Atomkern. Bei der Fusion eines schwereren Kerns aus leichteren Kernen wird diese Energie freigesetzt und meist als Strahlung ausgesandt. So verliert beispielsweise unsere Sonne bei dem Aufbau von Helium aus Wasserstoff in jeder Sekunde mehr als 4 Millionen Tonnen Masse bzw. setzt diesen Massebetrag in Energie um.

Massenzahl (mass number, nucleon number). Die Anzahl der Nukleonen (Kernteilchen), also der Protonen und Neutronen, in einem Atomkern. Verschiedene M. desselben chemischen Elements weisen auf verschiedene → Isotope hin.

Masse-Radius-Beziehung (mass-radius relation). Ein Zusammenhang zwischen den betreffenden zwei Daten der Sterne der Hauptreihe des → Hertzsprung-Russell-Diagramms. Mit größerer Masse wächst auch der Radius eines Sterns.

Materie-Ära, Rekombinationsepoche (matter era, recombination epoch). Der Zeitraum, der auf die → Strahlungs-Ära in der frühen Entwicklungsgeschichte des Universums folgt. Er beginnt, wenn die Temperatur des Universums nach dem Big Bang auf 3000 K abgefallen ist. Zu diesem Zeitpunkt ist die Bildung von neutralen Wasserstoffatomen möglich. Während das Weltall zuvor wegen der Ionisierung der Materie undurchsichtig war, wurde es jetzt durchsichtig (Entkopplung von Strahlung und Materie). Die → kosmische Hintergrundstrahlung wurde frei. Noch heute leben wir in dieser Ära. Sie wird gelegentlich auch Sternära bezeichnet, da sich erst in ihr allmählich Galaxien und Sterne bilden konnten.

Mauerquadrant (mural quadrant). Ein großer → Quadrant, der an einer Mauer befestigt wurde. Auf den → Meridian eingestellt, war er Vorläufer des späteren → Meridiankreises.

Mauna Kea-Observatory. Das höchstgelegene astronomische Observatorium der Erde auf dem Mauna Kea/Hawaii, in einer Höhe von 4205 m. Es wurde 1970 eröffnet und besaß zunächst als Hauptinstrumente zwei Spiegelteleskope von 3,23 m bzw. 2,24 m Durchmesser, die der Universität von Hawaii gehören. Großbritannien errichtete gleichfalls einen 3,86 m-Spiegel, während Frankreich und Kanada gemeinsam einen 3,66 m-Spiegel betreiben. Ferner gibt es ein englisch-holländisches Submillimeter-Radioteleskop mit 15 m Durchmesser. Die größten optischen Instrumente sind aber jetzt die beiden → Keck-Teleskope mit 10 m Öffnung. Damit ist das M. K.-

O. eines der größten astronomischen Beobachtungszentren der Erde. Die große Höhe erlaubt auch bereits Infrarotbeobachtungen.

Maunder-Minimum (Maunder minimum). Ein 1890 von E. W. Maunder (1851–1928) in der Sonnenfleckenstatistik entdeckter Zeitraum von etwa 1645 bis 1715, in dem die Sonnenaktivität selbst während der Sonnenfleckenmaxima extrem gering war. Dies spiegelt sich vielleicht auch in einer geringen Polarlichthäufigkeit wider. Verschiedene Autoren bringen die sog. kleine Eiszeit während desselben Zeitraums damit in Zusammenhang (→ Eiszeiten).

Maximumskorona (maximum corona). Die während der Zeit eines Sonnenfleckenmaximums auftretende Form der → Sonnenkorona. Sie erscheint dann nahezu kreissymmetrisch.

Max Planck-Institute. Nach M. Planck (1858–1947) benannte naturwissenschaftliche Institute (Abk. MPI) in der Bundesrepublik Deutschland. Im Bereich der Astronomie sind in den vergangenen Jahren folgende Institute gegründet worden: 1. MPI für Astronomie, Sitz Heidelberg, Königstuhl, zu dem auch das Calar-Alto-Observatorium in Südspanien gehört, das u. a. über Teleskope von 2,2 m und 3,5 m Durchmesser verfügt. 2. MPI für Radioastronomie, Sitz Bonn, mit dem 100 m-Radioteleskop in Effelsberg/Eifel und dem 25 m-Radiospiegel auf dem Stockert bei Münstereifel sowie einem 30 m-Teleskop für den Millimeter-Wellenbereich, das in Südspanien aufgebaut werden soll. 3. MPI für Physik und Astrophysik, Sitz München, mit den Unterabteilungen »Institut für Astrophysik« und »Institut für extraterrestrische Physik«. In den genannten Instituten wird vor allem die Großforschung auf dem Gebiet der Astronomie, Astrophysik und Radioastronomie in der Bundesrepublik betrieben.

Maxwell. Eine nach J. C. Maxwell (1831–1879) benannte veraltete Einheit für den magnetischen Fluß. Es ist 1 M = 10^{-8} Wb (→ Weber).

Maxwell Montes. Das nach J. C. Maxwell benannte, am Ostrand von Ishtar Terra gelegene höchste Gebirge auf Venus mit einer Höhe von 10800 m über dem mittleren Venusniveau.

Maxwell-Teilung (Maxwell division). → Lyot-Teilung.

McDonald-Observatory. Ein bei Fort Davis in 2081 m Höhe in Texas/USA gelegenes Observatorium mit einem 2,70 m- und einem 2,08 m-Teleskop als Hauptinstrumente.

mechanisches Gleichgewicht, hydrostatisches Gleichgewicht (mechanical equilibrium, hydrostatic equilibrium). Der für die Theorie des Sternaufbaus für die meisten Sterne gültige Satz, daß sich an jeder Stelle im Innern eines Sterns alle auftretenden Kräfte gerade aufheben. Man sieht von der Rotation eines Sterns, möglicher Magnetfelder oder naher Doppelsternbegleiter ab. Dann bleibt vor allem die Gravitation als Kraft übrig, die den Stern zusammenfallen lassen möchte. Ihr steht aber der Gasdruck und (vor allem bei massereichen Sternen) der Strahlungsdruck entgegen, die den Stern zum Aufblähen bringen wollen. In besonderen Entwicklungsphasen eines Sterns (→ Sternentwicklung) ist allerdings das m. G. gestört, und der Sternaufbau ändert sich.

Medial (medial). Ein heute kaum mehr gebräuchlicher Typ eines → Fernrohrs, der gewissermaßen einen Kompromiß zwischen einem Linsenfernrohr und einem Spiegelfernrohr darstellt. Am bekanntesten ist das M. von L. Schupmann. Es besteht aus einer einfachen Linse als Objektiv und einem Spiegelkompensationssystem hinter dessen

Brennpunkt. Das Kompensationssystem besteht aus einem Spiegel, der auf seiner Rückseite belegt ist, oder aber aus einem Oberflächenspiegel mit ein oder zwei vorgeschalteten Linsen. Etwa an der Stelle, wo sich der Brennpunkt des Objektivs befindet, wird der Strahlengang um 90° umgelenkt. Obwohl das M. eine sehr gute Abbildung liefert, ist es doch wegen der sorgfältigen Justierung empfindlich.

Megaparsec. Abk. Mpc., 1 Mpc = 1 Million → parsec.

Megrez. Arabische Bezeichnung für den Stern δ Ursae Maioris (→ Bär, Großer).

Mehrfachsterne (multiple stars). Mehrere Sterne, die eine physisch zusammengehörige Gruppe darstellen. Sie bilden damit eine Erweiterung der → Doppelsterne. M. mit zahlreichen Komponenten gehen phänomenologisch oft schon in kleinere offene → Sternhaufen über.

Mehrfarbenphotometrie (multicolor photometry). Die Messung der → Helligkeit eines Sterns in mehreren Farb- bzw. Spektralbereichen. In der Regel werden diese Messungen mit Farbfiltern auf photographischem oder photoelektrischem Wege durchgeführt. Die Auswahl des Spektralbereichs hängt von den gegebenen Umständen ab. Jeder einzelne Bereich wird durch die → isophote Wellenlänge angegeben. Am bekanntesten ist das sog. → UBV-System.

Mehrkörperproblem (multiple-body problem). Das Problem, die Bewegung von mehr als 3 Körpern (n Körpern, n-Körperproblem) unter Berücksichtigung der gegenseitigen Massenanziehung zu ermitteln. Wie das → Dreikörperproblem kann es nur näherungsweise gelöst werden. Das M. spielt heute im Zeitalter der Raumfahrt eine große Rolle, wo es beispielsweise gilt, die Flugbahn einer Raumsonde unter dem Einfluß zahlreicher anderer Körper (Sonne, Planeten, Satelliten) zu bestimmen. Mit Hilfe elektronischer Rechenverfahren können die Näherungslösungen hinsichtlich ihrer Genauigkeit allerdings sehr weit getrieben werden.

Mehr-Spiegel-Teleskop. → Multi-Mirror-Telescope.

Melpomene. Der 1852 von J. R. Hind entdeckte Kleinplanet Nr. 18. Seine große Bahnhalbachse beträgt 343,4 Mill. km, die Bahnexzentrizität 0,218, die Bahnneigung 10,1°. Im Perihel ist er 269 Mill. km, im Aphel 418 Mill. km von der Sonne entfernt. Die Umlaufzeit beträgt 3,48 Jahre. Es wurde teilweise vermutet, daß M. über einen oder mehrere Satelliten verfügt.

Meniskus (meniscus). Linsen bestimmter Form. Als sammelnden M. bezeichnet man eine konkav-konvexe Linse, als streuenden M. eine konvex-konkave Linse.

Meniskus-Teleskop (meniscus telescope). Ein Spiegelteleskop, das einen → Meniskus benutzt. Dazu gehört besonders das → Maksutov-Teleskop.

Menkar. Arabische Bezeichnung für den Hauptstern im Sternbild → Walfisch (auch Menkab oder »Nase«). Er ist $2\overset{m}{,}5$ hell, 130 Lichtjahre entfernt und 120 mal heller als die Sonne. Der Spektraltyp ist M2.

Mensa. Lateinische Bezeichnung für das Sternbild → Tafelberg.

Merak. Arabische Bezeichnung für den Stern β Ursae Maioris (→ Bär, Großer).

Mercury. Sammelbezeichnung für die ersten amerikanischen bemannten Raumfahrzeuge, die zunächst nur für einen Astronauten Platz boten. Die ersten Parabelflüge in die Atmosphäre unserer Erde mit einer Maximalhöhe von 489 km bzw. 188 km wurden am 5. 5. 1961 von Virgil Grissom durchgeführt. Es folgte John Glenn am 20. 2. 1962 mit den ersten 3 Umkreisungen der Erde. Weitere M.-Flüge fanden am 24. 5. 1962 mit Scott Carpenter, am 3. 10. 1962 mit Walter Schirra und am 15. 5. 1963 mit Gordon Cooper statt. Beim letzten Flug wurden bereits 32 Erdumkreisungen erzielt.

Meridian (meridian). In der Astronomie der Großkreis, der durch den → Zenit, den Nordpunkt am Horizont, den → Nadir, den Südpunkt am Horizont und wieder zurück zum Zenit verläuft. Ferner geht der M. durch den nördlichen und südlichen Himmelspol. Im M. erreichen alle Gestirne ihre größte Höhe (obere Kulmination) und niedrigste Höhe oder Tiefe unter dem Horizont (untere Kulmination). In der Geographie versteht man unter einem M. einen Großkreis, der durch die beiden Erdpole verläuft und senkrecht auf dem Erdäquator steht. Der Null-M. geht durch die Sternwarte London-Greenwich. Er ist der Ausgangs-M. für die Zählung der geographischen → Länge.

Meridiankreis (meridian circle). Ein astronomisches Fernrohr, das nur in der Meridianebene frei drehbar ist. Es dient dazu, den Meridiandurchgang eines Gestirns zu bestimmen, und zwar hinsichtlich seines genauen Zeitpunkts wie auch der Höhe des Gestirns über dem Horizont. Damit ist der M. ein wichtiges Instrument für die Zeitbestimmung und die Positionsbestimmung von Gestirnen. Der Durchgang der Sterne durch den Meridian wird durch ein System beweglicher Fäden, das sich im Okular des Fernrohrs befindet, verfolgt. Dabei werden in bestimmten Abständen elektrische Kontakte auf einen → Chronographen übertragen. Aus dem Zeitpunkt des M.durchgangs kann sehr genau die → Rektaszension eines Sterns bestimmt werden. Voraussetzung ist die genaue Kenntnis der jeweiligen → Sternzeit. Aus der Meridianhöhe der Gestirne ist andererseits die → Deklination des Gestirns berechenbar. Die Genauigkeit, mit der ein Meridiandurchgang bestimmt werden kann, liegt unter 0,05 Sekunden. Noch bessere Messungen des zeitlichen Verlaufs von Meridiandurchgängen erhält man mit Hilfe des → Prismenastrolabs.

Meridianzeichen (azimuth mark, meridian mark). Eine Beobachtungsmarke (auch Mire genannt), die meist viele Kilometer von einem Meridiankreis oder einem ähnlichen Instrument entfernt aufgestellt wird und zu dessen Eichung dient.

Merkur (Mercury). Der innerste Planet unseres Sonnensystems. Sein Äquatordurchmesser beträgt 4878 km, seine mittlere Entfernung von der Sonne 57,895 Mill. km oder 0,387 AE, die Bahnexzentrizität 0,206, die Bahnneigung 7,0°, die siderische Umlaufzeit 87,97 Tage, die synodische Umlaufzeit 115,88 Tage, die Masse $3{,}15 \cdot 10^{26}$ g oder 0,055 Erdmassen, die mittlere Dichte 5,44 g/cm^3, die parabolische Entweichgeschwindigkeit 4,2 km/s, und die Abplattung liegt unter 0,001. Im Perihel ist M. 46 Mill. km, im Aphel 70 Mill. km von der Sonne entfernt.

Wegen seiner sonnennahen Bahn kann M. von der Erde aus nur nahe seiner größten östlichen oder westlichen → Elongation beobachtet werden. Sie erreicht maximal 28°, beträgt aber wegen der stark exzentrischen Bahn oft auch nur etwa 18°. In der Regel ist M. von mittleren geographischen Breiten der Nordhalbkugel der Erde aus aber in einer östlichen Elongation nur im Spätwinter und Frühling kurz nach Sonnenuntergang etwa über dem Westhorizont zu beobachten. Desgleichen führt eine westliche Elongation in der Regel nur im Spätsommer oder Herbst zu einer Morgensichtbarkeit kurz vor Sonnenaufgang etwa über dem Ost-Horizont. Dabei geht M. höchstens etwa 2 Stunden nach der Sonne unter oder vor der Sonne auf, so daß er sich fast nur gegen den Dämmerungshimmel abzeichnet. Radarmessungen aus dem Jahr 1965 ergaben für die siderische Rotationszeit 58,646 Tage oder ziemlich genau ⅔ der Umlaufzeit. Die synodische Rotationsperiode, d.h. also 1 Sonnentag auf M., dauert damit 176 Tage. 1 Sonnentag entspricht 2 Jahre auf M.

Die Albedo beträgt nur 0,11. Somit ist M. der dunkelste unter den großen Planeten. Bereits in Amateurfernrohren läßt sich die Phase des M. gut beobachten. Oberflächeneinzelheiten zeigen sich dagegen nur in etwas größeren Instrumenten. Die wenigen Details, die von einigen Beobachtern in früheren Jahrzehnten gesehen wurden, konnten schon zu einfachen Karten zusammengestellt werden. M. verfügt über keine nennenswerte Atmosphäre, obwohl hin und wieder von Eintrübungen oder wolkenartigen Erscheinungen bei visuellen oder photographischen Beobachtungen gesprochen wurde. Trotzdem legen Messungen von Mariner 10 die Existenz einer außerordentlich dünnen Atmosphäre aus Helium und Argon nahe. Der atmosphärische Bodendruck dürfte jedoch unter $2 \cdot 10^{-9}$ Hektopascal liegen. Die Oberflächentemperaturen auf M. sind sehr starken Schwankungen unterworfen, einmal wegen des unterschiedlichen Abstands zur Sonne, aber auch wegen der langen Dauer der Tage und Nächte. Ein Punkt, der im Perihel senkrecht von den Sonnenstrahlen getroffen wird, erreicht eine Temperatur von +430°C. Im Aphel steigt dort aber die Temperatur nur auf +285°C. Auf der Nachtseite fallen die Temperaturen auf etwa –180°C.

Die ersten Nahaufnahmen an M. wurden 1974/75 von Mariner 10 gemacht. Die besten Aufnahmen hatten eine Auflösung von rund 100 m. Allerdings konnte bisher noch nicht einmal die Hälfte der Oberfläche kartographiert werden. Trotzdem geht aus dem vorliegenden Material hervor, daß M. verschiedene Grundstrukturen an seiner Oberfläche zeigt. So gibt es alte kraterreiche Gebiete, ähnlich den Hochländern auf dem Mond. Daneben kommen Gebiete mit jungen Kratern, glatte Ebenen, Zwischenkrater-Ebenen sowie ein auffallendes Mare-Becken vor. Die Krater haben eine sehr große Formenähnlichkeit mit den Mondkratern, scheinen insgesamt aber ein wenig flacher zu sein. Mehrere zeigen helle Strahlen, andere wurden wegen ihres größeren Alters durch spätere Lavaströme überflutet. Zentralberge innerhalb der Krater scheinen häufiger vorzukommen als auf dem Mond. Es wurden Krater bis zu weit über 100 km Durchmesser ebenso festgestellt wie kleine Krater bis an die Auflösungsgrenze der Aufnahmen. Sie erhielten meist Namen bekannter Komponisten, Dichter, Schriftsteller und bildender Künstler (z.B. Bach, Beethoven, Chopin, Händel, Mozart, Schönberg, Schubert und Stravinsky, Dickens, Goethe, Homer, Mark Twain, Ovid und Rilke, Giotto, Matisse, Raphael, Renoir, Tintoretto, Tizian und van Gogh). Der größte Krater ist Beethoven mit 625 km Durchmesser.

Eine besondere Eigenheit sind bis zu etwa 3 km hohe Böschungen (engl. scarps), die mehrere hundert Kilometer lang sein können. Sie verlaufen ungestört über alle anderen Oberflächeneinzelheiten hinweg. Möglicherweise hängen sie mit einem Schrumpfungsprozeß des M. zusammen. Das auffälligste Gebilde ist aber ein riesiges Becken mit einem geschätzten Durchmesser von 1300 km. Es hat eine gewisse Ähnlichkeit mit dem Mare Imbrium oder auch dem Mare Orientale auf dem Mond. Konzentrisch um das Becken herum liegen auffallende Gebirge (Caloris Montes), die 2000 bis 3000 m über die Umgebung herausragen. Noch weiter außen befinden sich zusätzliche konzentrisch angeordnete Gebirge und Bodenfalten. Ohne Zweifel geht das Caloris-Becken auf eine gewaltige Kollision mit einem größeren Körper zurück. Schockwellen liefen rings um den Planeten, stießen an den Antipoden zusammen und zerrütteten die dortige Landschaft in der Gegend des Kraters Petrarch (»Geisterlandschaft«).

Auf M. gibt es vermutlich eine Sand- und Staubschicht, sowie ein Geröll- und Schuttfeld (Regolith) von etwa 15 bis 30 m Tiefe. Die verhältnismäßig große mittlere Dichte des M. weist auf einen beachtlichen, vermutlich auch flüssigen Eisen-Nickel-Kern hin. Er ist wohl auch Ursache seines Magnetfelds. Seine Stärke beträgt nur etwa 1/100 des irdischen Magnetfelds am Äquator. Die Magnetachse von M. dürfte etwa 10° gegenüber der Rotationsachse geneigt sein. Der Nullmeridian auf M. verläuft vereinbarungsgemäß durch den → subsolaren Punkt für den Zeitpunkt des ersten Periheldurchgangs des M. im Jahre 1950 (11. 1., 4 h MEZ). Er liegt allerdings außerhalb der von Mariner 10 erfaßten Zone. Ein konkreter Punkt ist der Krater Hun Kal. Er liegt auf 20° W.

Merkurdurchgang (Mercury transit). → Durchgang.

Merkurperiheldrehung (rotation of the Mercury perihelion). Eine Drehung der → Apsiden der Merkurbahn und damit auch des Perihels, die pro Jahrhundert 1°33′20″ ausmacht. Der Hauptteil dieser Verschiebung geht auf Störungswirkungen der benachbarten Planeten zurück und kann damit im Sinne der Newtonschen Gravitationstheorie erklärt werden. Ein überschießender Betrag von etwa 42,6″ pro Jahrhundert blieb allerdings zunächst ungeklärt. Im 19. Jahrhundert versuchte man diesen Effekt auf die Störung eines noch unbekannten Planeten innerhalb der Merkurbahn zurückzuführen (intramerkurieller Planet). Ein solcher Körper wurde aber niemals gefunden. Auch eine mögliche Abplattung der Sonne käme zur Erklärung in Betracht. Aber auch hier zeigte sich kein nennenswerter Betrag, der die M. erklären konnte. Heute kann sie durch die allgemeine → Relativitätstheorie, d. h. eine stärkere Raumkrümmung in der Nachbarschaft der Sonne, erklärt werden. Ein ähnlicher, zahlenmäßig allerdings geringerer Effekt zeigt sich auch in der Bewegung von Venus, Erde und Mars.

Merope. Ein Stern in den → Plejaden.

Mesonen (mesons). Eine Gruppe instabiler → Elementarteilchen mittlerer Masse.

Mesosphäre (mesosphere). Ein Teil der → Erdatmosphäre, der unmittelbar oberhalb der Stratosphäre liegt.

Messiasstern. → Weihnachtsstern.

Messier-Katalog (Messier Catalogue). Ein von Ch. Messier (1730–1817) aufgestellter Katalog von Nebeln und Sternhaufen, der zunächst 45 Objekte enthielt, später aber auf 103 Objekte erweitert wurde. Einige sind jedoch irrigerweise aufgenommen worden. Das erste Objekt mit der Abkürzung M 1 ist der berühmte → Crab-Nebel. Zwei weitere bekannte Objekte sind M 31, der → Andromedanebel, und M 42, der → Orionnebel. Der M.-K. wird für die Kennzeichnung der hellsten Nebel und Sternhaufen auch heute noch verwendet.

Metagalaxis (metagalaxy). Die Gesamtheit aller Galaxien (gelegentlich auch als »Hypergalaxis« bezeichnet). Der Begriff ist damit gleichzeitig ein Synonym für das gesamte Universum.

Metalle (metals). In der Astrophysik und Sternspektroskopie gelegentlich benutzte (im Gegensatz zur Definition in der Chemie stehende!) Bezeichnung für irgendein Element, das schwerer ist als Helium.

Metallinien-Sterne (metal-line stars). Sterne, die in ihrem Spektrum verhältnismäßig starke Metallinien zeigen.

metallischer Wasserstoff (metallic hydrogen). Eine Form von Wasserstoff, in der die Moleküle infolge hohen Druckes die für Metalle typische Gitterstruktur annehmen. Ein derartiger, elektrisch leitender Materiezustand wird für einen großen Teil des Innern von Jupiter und Saturn angenommen.

metastabil (metastable). Ein Energiezustand eines Elektrons in einem Atom, bei dem dieses über längere Zeit hinweg keine Strahlung aussendet.

Meteor (meteor, shooting star). Die Leuchterscheinung, die sich am Himmel zeigt, wenn ein → Meteorit (oder sprachlich heute besser ein → Meteoroid) in die Atmosphäre unserer Erde eindringt. Im Volksmund wird ein normaler M. etwas irreführend »Sternschnuppe« genannt. Für sehr helle M., die wenigstens die maximale Helligkeit der Venus (-4^m) erreichen, wird oft auch die Bezeichnung »Feuerkugel« und für noch hellere M. die Bezeichnung »Bolid« benutzt. Die Anfangshöhe der Leuchterscheinung liegt zwischen etwa 10 und 330 km, die Endhöhe zwischen wenigen Kilometern und 130 km über der Erdoberfläche. Die am häufigsten vorkommenden Höhen für die Leuchterscheinung liegen aber zwischen etwa 90 und 110 km. In der Regel zeigen sich die M. als sternartige Punkte auf schneller, nahezu geradliniger Bahn. Gelegentlich kommen aber auch Schweife, Unregelmäßigkeiten in der Flugrichtung, Zerplatzungsphänomene usw. vor. Seltener können M. auch am hellen Taghimmel beobachtet werden. Ihre Geschwindigkeit durch die Erdatmosphäre beträgt viele km/s, maximal etwa 72 km/s. Neben einfachen visuellen Beobachtungen, die heute nur noch selten ausgeführt werden, stehen für die systematische M.forschung photographische Verfahren im Vordergrund (→ Meteorkamera). Da mit einem M. auch ionisierte Luftschichten verbunden sind, an denen Radiowellen reflektiert werden, ist in den letzten Jahrzehnten auch die Radarecho-Methode bei der Erforschung der M. wichtig geworden. Auf diesem Wege können auch M. durch Wolken hindurch, sowie am Tage erfaßt werden. Mit den genannten Verfahren lassen sich M. bis zu einer Helligkeit von $+10^m$ herab erfassen.

Für das Leuchten der M. ist die Umsetzung der kinetischen Energie (Bewegungsenergie) der eindringenden Teilchen in eine Aufheizung der umgebenden Luftschichten maßgebend. Ein Teil der kinetischen Energie führt zur Ionisation und Anregung der Atome und einer anschließenden Ausstrahlung von Licht. Die Rekombination der freigesetzten Elektronen mit den Atomen kann sich gelegentlich so verzögern, daß es zu einem schwachen Nachleuchten kommt. So entstehen die M.schweife. Sie können gelegentlich über mehrere Sekunden, manchmal sogar Minuten hinweg, verfolgt werden. Die dabei auftretenden Bewegungen und Einbuchtungen der M.schweife weisen auf Winde in der Hochatmosphäre unserer Erde hin.

Die kleineren Teilchen, die in die Erdatmosphäre eindringen, verdampfen auf ihrem Weg praktisch vollständig. Doch schon ein Teilchen mit einem Durchmesser von mehr als 1 cm oder mehr als etwa 2 g Masse führt zu hellen Feuerkugeln. Die gewöhnlich mit freiem Auge am Nachthimmel sichtbaren Sternschnuppen mit einer Helligkeit zwischen 1^m und 6^m haben einen Durchmesser von 10 bis 1 mm und eine Masse zwischen 2 g und 2 mg. Gelegentlich in Fernrohren sichtbare sog. teleskopische M. haben sogar nur einen Durchmesser zwischen etwa 0,1 und 1 mm und eine Masse zwi-

schen 0,002 mg und 2 mg. Noch kleinere M., die als optische Erscheinung praktisch nicht mehr wahrnehmbar sind, haben einen Durchmesser unter 0,1 mm.
Die Häufigkeit der M. zeigt einen täglichen Gang. So können in der Zeit kurz vor Sonnenaufgang zwei- bis dreimal so viel M. beobachtet werden wie in den Abendstunden kurz nach Sonnenuntergang. Die Ursache liegt darin, daß wir uns um etwa 6 Uhr Ortszeit in bezug auf die Umlaufrichtung der Erde um die Sonne auf der Vorderseite unseres Planeten befinden, während wir uns um 18 Uhr Ortszeit auf der Rückseite aufhalten. Es handelt sich also um einen ähnlichen Effekt wie bei einer Autofahrt durch ein Schneegestöber oder einen Regenschauer. Auch hier wird die Vorderseite des fahrenden Wagens häufiger von Schneeflocken oder Regentropfen getroffen als die Rückseite. Eine jahresperiodische Schwankung konnte ebenfalls festgestellt werden mit einem Maximum etwa um die Zeit der Herbst-Tagundnachtgleiche der Nordhalbkugel (also um den 23. September). In diesem Falle befindet sich der Zielpunkt (Apex) der Erdbewegung morgens verhältnismäßig hoch über dem Horizont.
Neben den bisher beschriebenen einzeln auftretenden M. (sporadische M.) gibt es aber auch zu bestimmten Zeiten des Jahres → Meteorströme.
Die weiter oben erwähnte Maximalgeschwindigkeit der M. von etwa 72 km/s (von wenigen, nicht ganz gesicherten Einzelfällen abgesehen) geht auf den Umstand zurück, daß praktisch alle Teilchen, die mit unserer Erde zusammenstoßen, zum festen Bestand unseres Sonnensystems gehören, d.h. unsere Sonne umlaufen. Würde ein Teilchen mit einer Geschwindigkeit über 72 km/s in die Atmosphäre unserer Erde eindringen, so würde dies bedeuten, daß das Teilchen vor dem Zusammentreffen mit unserem Planeten eine so hohe Geschwindigkeit gehabt haben müßte, daß es das Schwerefeld der Sonne hätte verlassen können. Die Kreisbahngeschwindigkeit eines Körpers im Abstand Erde-Sonne beträgt rund 30 km/s. Die parabolische Entweichgeschwindigkeit (Fluchtgeschwindigkeit) für einen solchen Körper würde aber das $\sqrt{2}$-fache der Kreisbahngeschwindigkeit, also etwa 42 km/s betragen. Würde nun ein solches Teilchen entgegengesetzt zur Umlaufrichtung der Erde um die Sonne mit uns zusammenstoßen, würde sich die Bahngeschwindigkeit der Erde und des betreffenden Teilchens auf 72 km/s addieren.

Meteorit (meteorite). Aus dem Weltraum stammender Körper, der die Erdoberfläche erreicht. M.fälle wurden bereits in früheren Jahrhunderten beobachtet und beschrieben. Es blieb allerdings die wahre Natur dieser Erscheinungen unklar. Erstmals wies auf den kosmischen Ursprung dieser Körper E. L. F. Chladni (1756–1827) hin. Unsere Erde erreichen täglich schätzungsweise rund 40 Tonnen M.material. Der größere Teil dieser Masse entfällt allerdings auf die unter 0,1 mm großen Mikrometeoriten, die vermutlich einfach durch die Atmosphäre »sinken« und keine sichtbaren → Meteore abgeben.
Die meisten M.fälle werden, im Gegensatz zu dem Tagesgang der Meteore, nachmittags registriert. In dieser Zeit befinden wir uns auf der Rückseite der Erde, bezogen auf deren Bewegungsrichtung um die Sonne. In diesem Falle ist die Relativgeschwindigkeit eines M. durch die Atmosphäre verhältnismäßig langsam, so daß dieser der Zerstörung am ehesten entgehen und auf die Erdoberfläche fallen kann.
Es gibt folgende wichtige Typen von M.:
1. Stein-M. (Aerolite). Zu ihnen zählen die Chondrite (bestehen aus kleinen etwa 1 mm großen Silikatkügelchen oder

Chondren) und die Achondrite (Chondren fehlen).
2. Eisen-M. (Siderite). Dazu gehören die Hexaedrite (mit hexaederförmiger Spaltbarkeit und Neumannschen Linien), die Oktaedrite (mit oktaederförmiger Spaltbarkeit und Widmannstättenschen Figuren) und die Ataxite (ohne ersichtliche Strukturen).
3. Siderolite (Übergang von den Stein- zu den Eisen-M., Silikate überwiegen).
4. Lithosiderite (Übergang von den Eisen-M. zu den Stein-M., Eisen überwiegt).
Wegen der geringeren Verwitterung werden Eisen-M. sehr viel häufiger als Stein-M. aufgefunden, es sei denn, es wäre der Fall des M. direkt beobachtet worden. Unter den M.-Funden ohne vorher beobachtete Fallerscheinungen stellten daher die Eisen-M. immerhin 77%, die Stein-M. nur 23%. Wurden aber die M.fälle zuvor beobachtet, so entfielen auf die Stein-M. 94,7%, auf die Eisen-M. nur 5,3%. Die Zahl der Eisen-M., die die Erdoberfläche erreichen, ist also bedeutend geringer. Eine neuere Einteilung nach J. Wasson geht von der inneren Struktur aus: Es gibt danach 1. differenzierte M. ohne Chondren. Zu ihnen zählen die metallreichen M. (Eisen-M., Siderolite und Lithosiderite) und die silikatreichen Achondrite. 2. Die undifferenzierten M. Dies sind die Chondrite und als Untergruppe die kohlenstoffhaltigen Chondrite.
Typische M. zeigen an ihrer Oberfläche nach dem Durchdringen der Erdatmosphäre eine auffällige dunkle Schmelzrinde sowie gruben- oder napfartige Vertiefungen. Werden Eisen-M. angeschliffen und mit einer stark verdünnten alkoholischen Salpetersäure geätzt, so entstehen Scharen von Linien, die bei irdischem Eisen nicht auftreten. Dabei zeigen die Hexaedrite die Neumannschen Linien. Sie bestehen aus Parallelscharen feiner, sich oftmals durchkreuzender Linien. Bei den Oktaedriten treten die Widmannstättenschen Figuren auf. Hierbei handelt es sich um breitere Linien oder bandartige Strukturen von 0,2 bis über 2 mm Breite.
Die neuerdings durchgeführten Altersbestimmungen an M. zeigen, daß sie bereits in die Anfänge unseres Sonnensystems vor 4,6 Milliarden Jahren zurückreichen. Zu einem großen Teil dürften die M. Überbleibsel aus der Entstehungszeit des Planetensystems und Bruchstücke zerfallener Kleinplaneten sein, ein anderer Teil könnte aber auch auf die Kerne von Kometen zurückgehen. Die chemische Zusammensetzung der M. ergibt sich aus der Tabelle.

Die chemische Zusammensetzung der Meteoriten

Steinmeteoriten		Eisenmeteoriten	
Sauerstoff	35,71%	Eisen	89,70%
Eisen	23,31%	Nickel	9,10%
Silicium	18,07%	Kobalt	0,62%
Magnesium	13,67%	Phosphor	0,18%
Schwefel	1,80%	Kohlenstoff	0,12%
Calcium	1,73%	Schwefel	0,08%
Nickel	1,53%	Kupfer	0,04%
Aluminium	1,52%		
Natrium	0,65%		
Chrom	0,32%		
Kalium	0,17%		
Kohlenstoff	0,15%		
Kobalt	0,12%		
Phosphor	0,11%		
Titan	0,11%		

Der größte Stein-M., der auf der Erde gefunden wurde, wiegt über 1 Tonne und stellte einen Teil eines M.falls dar, der sich am 18. Februar 1948 in Kansas, USA, ereignete. Eisen-M. können dagegen wesentlich größer sein. Der größte in einem Exemplar erhaltene Eisen-M. (es handelt sich um einen Ataxiten) befindet sich auf der Hoba-Farm in der Nähe von Grootfontein in Namibia/SW-Afrika. Er wurde dort 1920 gefunden und inzwischen unter Denkmalschutz gestellt. Seine Abmessungen betragen 2,05 × 2,84 × 1,25 m, sein Gewicht 60 t. Beim Durchgang durch die Erdatmosphäre erfahren die großen M. durch den Luftwiderstand eine sehr starke Bremswirkung. In einer Höhe von etwa 20 km über dem Erdboden ist die kosmische Geschwindigkeit auf nahezu null abgesunken. In der folgenden Zeit fällt der M. nur noch unter der Einwirkung der Erdanziehung und des Luftwiderstands herab. Beim Auftreffen auf der Erdoberfläche können örtliche Verwüstungen, in seltenen Fällen auch → Meteoritenkrater erzeugt werden. In der Regel fallen die M. in die Ozeane oder in unbesiedelte Gebiete. Doch wurden auch schon geringfügigere Schäden an Gebäuden und Verletzungen von Menschen bekannt.

Meteoritengefahr (meteoritic danger). Die Gefahr eines Zusammenstoßes zwischen einem Meteoriten (besser: Meteoroiden) und einem künstlichen Raumflugkörper. Wegen der großen Geschwindigkeit der Meteoroiden ist die kinetische Energie, die beim Auftreffen eines solchen Körpers auf die Wand eines Raumfahrzeuges freigesetzt wird, auch dann sehr groß, wenn es sich um einen kleinen Körper handelt. Allerdings werden die am meisten auftretenden Mikrometeoroiden mit einem Durchmesser unter 0,1 mm bereits schon durch genügend dicke einschichtige Wände der Raumfahrzeuge vernichtet. Doppelwandkonstruktionen bieten darüber hinaus einen Schutz gegen Teilchen bis zu etwa 1 mm Größe. Die Wahrscheinlichkeit, daß ein Raumfahrzeug von einem noch wesentlich größeren Meteoroiden getroffen wird, ist wegen ihrer verhältnismäßig kleinen Dichte im interplanetaren Raum nicht so groß wie früher angenommen wurde. Nennenswerte Gefahren, die vor allem bei der bemannten Raumfahrt von Bedeutung wären, würden sich erst bei sehr langdauernden Raumflügen von sehr vielen Jahrzehnten oder gar Jahrhunderten einstellen oder aber beim direkten Durchfliegen eines dichten → Meteorstroms.

Meteoritenhypothese (meteoritic hypothesis). Eine auf I. Kant (1724–1804) zurückgehende Theorie der Entstehung des Planetensystems, nach der sich die Planeten aus einzelnen kleinen, festen Teilchen durch Verdichtung gebildet haben sollen.

Meteoritenkrater (meteorite crater). Ein Krater, der durch das Auftreffen eines → Meteoriten entstanden ist. Der wohl am eingehendsten erforschte M. mit einem Durchmesser von 1260 m und einer Tiefe von 175 m ist der → Arizona-Krater. Sein Alter muß auf etwa 25 000 Jahre geschätzt werden. In seiner Umgebung wurden zahlreiche einzelne Bruchstücke von Eisenmeteoriten und mikroskopisch kleine Staubteilchen aufgefunden. Durch Luftbild- und Satellitenaufnahmen wurden in den vergangenen Jahren mehrere Formationen auf der Erdoberfläche aufgefunden, die sehr wahrscheinlich sehr alte, »fossile« M. darstellen. Wegen der geologischen Umschichtung der Erdkruste und der Verwitterungsprozesse können aber auf der Erdoberfläche allenfalls M. noch andeutungsweise festgestellt werden, die einige hundert Millionen Jahre alt sind. Krater, die bereits vor einigen Milliarden Jahren entstanden sind, wie z. B. auf dem Mond oder dem Merkur, sind heute nicht mehr feststellbar, obwohl die Erde zweifelsohne seinerzeit ebenfalls von solchen Körpern unseres Sonnensystems getroffen wurde. Einige der »fossilen« Krater besitzen einen Durchmesser von 10 bis 50 km und darüber. Selbst der »Golf von Mexiko« wurde bereits als ein solcher Krater vermutet. Etwas eindeutiger ist dagegen beispielsweise der Krater des Nördlinger → Ries mit einem Durchmesser von 25 km und einem Alter von 14,8 Millionen Jahren. Ein Hinweis auf den meteoritischen Charakter dieses Kraters ist u.a. das dort gefundene Coesit. Hierbei handelt es sich um Quarzsand, der bei hohen Drücken und Temperaturen umgewandelt wurde. Weitere sehr bekannte und besser erforschte M. sind der → Chubb-Krater in Nordwest-Quebec, Kanada, mit einem Durchmesser von 3600 m. Er wurde 1950 auf Luftbildaufnahmen entdeckt. In Zentral- und Westaustralien gibt es eine Reihe bekannter M. wie z.B. die → Henbury-Krater. Hier wurden insgesamt mehrere Krater gefunden. Der größte ist elliptisch geformt und hat ein Ausmaß von 108 × 198 m. Etwa 175 m groß ist ein Krater nahe der Boxhole-Station im Plenty-River-Gebiet (→ Boxhole-Krater). 854 m groß ist der → Wolf Creek-Krater. Er wurde 1947 gefunden. Andere M. befinden sich u.a. in der Nähe von Odessa in Texas (162 m Durchmesser), in der Wüste »Rub al Khali« in Arabien mit 100 m Durchmesser, auf der Insel Ösel in der Ostsee mit 110 m Durchmesser, in Talemzane in der Sahara etwa 400 km südöstlich von Algier mit 1750 m Durchmesser und bei Aouelloul in der Sahara mit 250 m Durchmesser. Kein M. wurde aber in der Nähe der steinigen Tunguska (→ Tunguska-Ereignis) in der sibirischen Taiga gefunden, obwohl sich dort am 30. Juni 1908 ein spektakulärer Fall ereignete.

Meteorkamera (meteor camera). Zur Meteorforschung dienen lichtstarke Super-Schmidt-Kameras, die ein großes Himmelsfeld gleichzeitig zu photographieren in der Lage sind. Ihr Öffnungsverhältnis liegt bei 1:0,65 und mehr. Sektorenblenden, die mit einer bestimmten Geschwindigkeit vor dem Objektiv rotieren, unterbrechen die auf der Photographie entstehenden Strichspuren der M. in regelmäßiger Folge. Auf diese Weise läßt sich die Winkelgeschwindigkeit eines M. am Himmelsgewölbe bestimmen. Auch Kameras, die mittels Spiegel das ganze Himmelsgewölbe erfassen (All Sky-Kameras, Kugelspiegelkameras) werden eingesetzt.

Meteoroid (meteoroid). Ein vor allem im angelsächsischen Sprachraum eingeführter Begriff, der einen kleinen festen Körper bedeutet, der sich auf einer Ellipsenbahn um die Sonne bewegt, größer ist als ein einzelnes Molekül, aber kleiner als ein Kleinplanet. Dringt ein M. in die Atmosphäre unserer Erde ein, entstehen die Leuchterscheinungen und die anderen im Zusammenhang damit stehenden Vorgänge eines → Meteors. Fällt der betreffende Körper auf die Erdoberfläche, spricht man von einem → Meteorit.

Meteorstrom (meteor stream). Eine Häufung von → Meteoren innerhalb eines begrenzten Zeitraums (Sternschnuppenschwarm). Die Bahnen der einzelnen Meteore, die zu einem M. gehören, weisen rückwärts verlängert auf ein- und denselben Punkt (Ausstrahlungspunkt, Radiant, Radiationspunkt). Sie scheinen also vom Radianten wegzuströmen. Sie treten dann auf, wenn die Erde einen um die Sonne sich bewegenden Staubstrom durchquert. Die Lage des Radianten ergibt sich dabei aus der Bewegungsrichtung der Erde und der dem Meteorstrom zugehörenden Teilchen sowie den beiderseitigen Geschwindigkeiten. Ein großer Teil der M. geht auf Auflösungsprodukte von → Kometen zurück. Bei anderen M. ergibt sich ein Zusammenhang mit dem System der → Kleinplaneten, während der Ursprung einiger anderer M. bisher noch nicht geklärt werden konnte. Mehrere M. erscheinen pünktlich jedes Jahr zum gleichen Zeitpunkt oder Zeitraum, wobei auch die Ergiebigkeit in den einzelnen Jahren keinen sehr starken Schwankungen unterworfen ist. Andere M. zeigen dagegen nur gelegentlich einen Höhepunkt, während sie in anderen Jahren ganz ausfallen oder nur sehr schwach auftreten. Dies ist offensichtlich bei solchen kometarischen M. der Fall, bei denen sich die Auflösungsprodukte noch nicht einigermaßen gleichmäßig über die gesamte Länge der Kometenbahn verbreitet haben. Steht nun der Ursprungskomet im inneren Teil unseres Planetensystems, so ist auch die Ergiebigkeit des M. größer als im Falle, daß der Erzeugerkomet sich im äußeren Bereich unseres Systems aufhält. So treten z.B. die →Leoniden und die →Draconiden nur gelegentlich verstärkt auf. Die Namen der M. gehen meist auf die Sternbilder zurück, in denen sich der Radiant befindet.

Die stündliche maximale Anzahl der Objekte (siehe Tabelle) bezieht sich auf das ganze Himmelsgewölbe. Der Radiant soll dabei im Zenit liegen. Die tat-

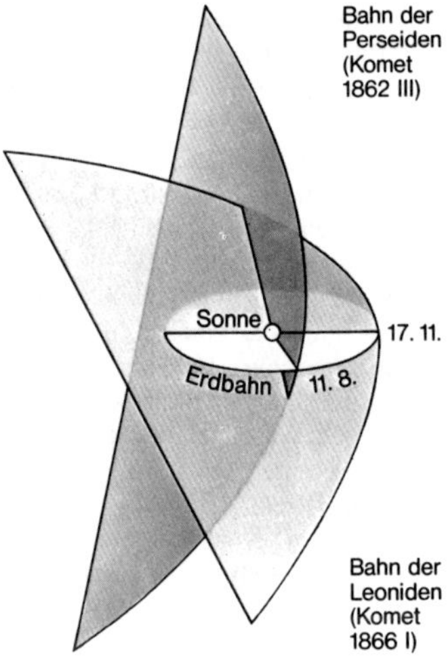

Lage der Perseiden- und Leonidenbahn und die Kreuzungspunkte mit der Erdbahn

Die wichtigsten Meteorströme

Bezeichnung	Lage des Radianten	Zeitraum	Maximum	stündl. Anzahl	mittlere geozentr. Geschw. km/s	Herkunft
Quadrantiden	Bootes	01. 01.–04. 01.	03. 01.	145	42,7	planetarisch
Hydraiden	Wasserschlange	12. 03.–05. 04.	25. 03.	15		ekliptikal
Virginiden	Jungfrau	01. 03.–10. 05.	03. 04.	20	30,8	ekliptikal
Lyriden	Leier	12. 04.–24. 04.	22. 04.	40	48,4	Komet 1861 I
η Aquariden	Wassermann	29. 04.–21. 05.	05. 05.	120	64	Komet Halley
Scorpius – Sagittariiden	Skorpion – Schütze	20. 04.–30. 07.	14. 06.	20		ekliptikal
δ Aquariden	Wassermann	25. 07.–10. 08.	03. 08.	40	30	ekliptikal
Perseiden	Perseus	20. 07.–19. 08.	11. 08.	300	60,4	Komet 1862 III (Swift-Tuttle)
Cygniden	Schwan	25. 07.–08. 09.	16. 08.	15	26,6	planetarisch
Cepheiden	Cepheus	18. 08.	18. 08.	10		planetarisch
Pisciden	Fische	16. 08.–08. 10.	12. 09.	15		ekliptikal
Draconiden	Drache	08. 10.–10. 10.	09. 10.	var.	23,1	Komet Giacobini-Zinner
Orioniden	Orion	11. 10.–30. 10.	19. 10.	50	66,5	Komet Halley
Tauriden	Stier	24. 09.–10. 12.	13. 11.	25	31	Komet Encke
Leoniden	Löwe	14. 11.–20. 11.	17. 11.	var.	72,0	Komet 1866 I (Tempel)
Geminiden	Zwillinge	05. 12.–19. 12.	12. 12.	50	36,5	Phaethon?
Ursiden	Kleiner Bär	17. 12.–24. 12.	22. 12.	10	35,2	Komet Tuttle
Velaiden	Segel	05. 12.–07. 01.	29. 12.	12		planetarisch

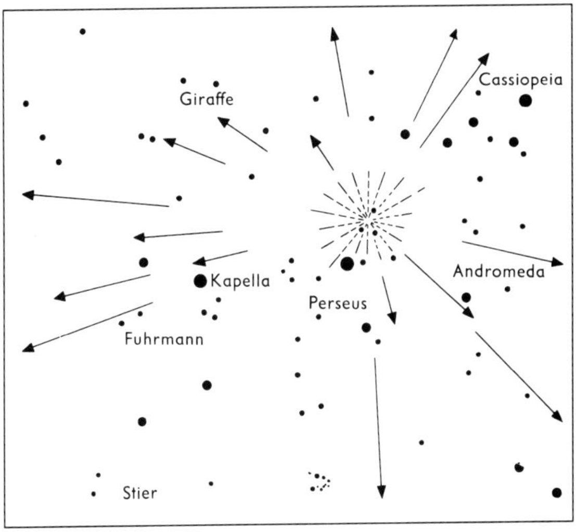

Der Radiant des Perseidenstroms

sächliche Zahl, die in der Regel beobachtet werden kann, beträgt nur etwa 30% der genannten Häufigkeit multipliziert mit dem Cosinus des Zenitabstandes des Radianten.

Meteosat. Eine Gruppe von → Wettersatelliten der ESA, die von einer geostationären Umlaufbahn aus arbeiten. M. 1 wurde am 23. 11. 1977 mit einer Delta-Rakete von Cape Canaveral aus gestartet. Aber schon M. 2 wurde am 19. 6. 1981 mit der → Ariane in eine Erdumlaufbahn gebracht.

Meter (metre, meter). Zeichen m, Längeneinheit. 1 m galt ursprünglich als der 40 millionste Teil eines vollständigen Erdmeridians. Danach wurde 1 »Urmeter«, der sich in Paris befindet, aus einer Platin-Iridium-Legierung hergestellt. In der neueren Zeit wurde 1 m genauer festgelegt. Auf der 11. Generalkonferenz der internationalen Konvention für Maße und Gewichte wurde festgelegt: 1 m = 1650763,73 λ_{Kr}. Dabei bedeutet λ_{Kr} die Wellenlänge einer bestimmten Strahlung von Krypton 86, die im orangeroten Bereich liegt. Sie beträgt 605,780 nm.

Metis. 1. Der Kleinplanet mit der Nr. 9 mit einer mittleren Sonnenentfernung von 356,9 Mill. km, einer Periheldistanz von 312,9 km, einer Apheldistanz von 400,9 Mill. km und einer Umlaufzeit von 3,68 Jahren. Die Bahnexzentrizität beträgt 0,123, die Bahnneigung 5,6°. Der Durchmesser wird auf 150 km geschätzt. **2.** Der Satellit XVI des Jupiter. Er wurde mit Hilfe der Voyager-Sonden entdeckt und hat eine mittlere Entfernung von 128000 km von Jupiter. Die Umlaufzeit beträgt 0,295 Tage. Der Durchmesser dürfte etwa 40 km betragen.

Metonischer Zyklus, Mondzirkel (Metonic cycle, lunar cycle). Ein von dem griechischen Astronomen Meton (* etwa 460 v. Chr.) im Jahre 432 v. Chr. gefundener und eingeführter Mondzyklus. Danach entsprechen 235 synodische Monate fast genau 19 tropischen Jahren. Daraus konnte ein → Kalender erstellt werden, der Mond- und Sonnenlauf in Übereinstimmung bringt und aus

12 Jahren zu 12 echten synodischen Mondmonaten und 7 Jahren zu 13 Mondmonaten besteht. Möglicherweise war der M.Z. aber schon den Babyloniern bekannt.

MEZ. Abk. für → Mitteleuropäische Zeit.

M-Gebiet (M region). Aktives Zentrum auf der Sonne, das eine Korpuskularstrahlung aussendet (→ Sonnenwind).

MHz (Mc/s). Abk. für Megahertz. 1 MHz bedeutet 1 Million Schwingungen pro Sekunde.

Michelson-Versuch (Michelson experiment). Ein 1881 von A. A. Michelson (1852–1931) durchgeführtes Experiment. Danach ist die Lichtgeschwindigkeit unabhängig von der Erdbewegung.

Microscopium. Lateinische Bezeichnung für das Sternbild → Mikroskop.

Mikro- (micro-). Vorsatz, bedeutet 1 Millionstel einer Einheit.

Mikrodensitometer (microdensitometer). Gerät zur genauen Messung der Schwärzung (Dichte) an jedem Punkt einer Photoplatte, z.B. durch Sterne und Nebel. Die Einsatzmöglichkeiten des M. sind aber in letzter Zeit durch die Verwendung von → Charge-coupled devices (CCD) wieder rückläufig, da diese empfindlicher sind, über einen weiteren Spektralbereich hinweg linear arbeiten und computergerechter sind.

Mikrogravitation (microgravity). Die in einem frei fliegenden Raumfahrzeug oder einem die Erde umkreisenden Satelliten auftretende Fast-Schwerelosigkeit. Wegen der auch dann noch auftretenden geringen Beschleunigungs- und Verzögerungseffekte und wegen der Anziehung der Masse des Raumfahrzeuges selbst ist allerdings die Schwerkraft dort nie ganz exakt Null.

Mikrokosmos (microcosmos). Als Gegensatz zum Makrokosmos die Welt des Kleinen, insbesondere in der Physik die Struktur von Atomen und Molekülen, in der Biologie der Aufbau der Lebewesen aus Zellen usw.

Mikrometeorit (micrometeorite). Ein kleiner → Meteorit mit einem Durchmesser unter 0,1 mm.

Mikrometer. 1. (micrometer). Eine Meßeinrichtung zur Bestimmung kleiner Winkeldistanzen am Himmel. In der einfachsten Form befinden sich im Okular bewegliche Fäden, deren Verschiebung an einer geteilten und geeichten Skala abgelesen werden kann (Fadenm.). Kann das Fadensystem um die optische Achse des Fernrohrs gedreht werden, so läßt sich z.B. bei Doppelsternen auch der Positionswinkel des Begleiters gegenüber dem Hauptstern bestimmen (Positionsfadenm.). Beim Ringm. schließlich ist in der Brennebene des Fernrohrs ein Kreisring angebracht. Bestimmt man nun die Zeitpunkte der Ein- und Austritte nicht allzuweit voneinander entfernter Sterne an dem Kreisring, so kann daraus der Positionsunterschied der Sterne bestimmt werden.

2. (micrometre). Eine Längeneinheit. 1 Mikrometer = 1 μm (früher auch μ) = 10^{-6} m.

Mikrophotometer (microphotometer). Eine Einrichtung zur Messung der Schwärzungen auf einer photographischen Platte. Die modernen Geräte beruhen auf dem photoelektrischen Prinzip. → Mikrodensitometer.

Mikroskop (Microscope). Ein Sternbild am südlichen Himmel, das von Mitteleuropa aus praktisch nicht beobachtet werden kann (lateinische Bezeichnung Microscopium, Abk. Mic). Das Sternbild wurde erstmals 1752 von N. L. Lacaille (1713–1762) eingeführt. Der Hauptstern α Microscopii ist nur $5\overset{m}{.}0$ hell und 240 Lichtjahre entfernt. Das kleine Sternbild enthält nur schwächere Sterne.

Mikrowellen (microwaves). Eine elektromagnetische Wellenstrahlung, die der Infrarotstrahlung benachbart ist. Die

Wellenlänge liegt zwischen etwa 1 mm und 30 cm, die Frequenz zwischen 10^9 und 10^{11} Hz. Vor allem die kurzwelligen M. konnten erst in den vergangenen Jahren mit neuen meßtechnischen Methoden erforscht werden. Die kosmische M.strahlung in diesem kurzwelligen Bereich wird durch die Atmosphäre unserer Erde absorbiert, so daß sie nur mit Hilfe von Ballonen, Satelliten und Raumsonden erforschbar ist.

Milchstraße (Milky Way). → Galaxis.

Mills Cross. Eine zu radioastronomischen Zwecken benutzte Antennenanordnung, die aus zwei rechtwinklig zueinander orientierten Antennen besteht. Die Einrichtung wurde erstmals von B. Y. Mills (*1920) im Jahre 1953 in Australien verwendet. Sie stellte einen wichtigen Vorläufer der → Apertursynthese dar.

Mimas. Einer der innersten Satelliten des Saturn mit der Bezeichnung Saturn I. Er wurde bereits 1789 von W. Herschel (1738–1822) entdeckt. Seine Umlaufzeit beträgt $22^h\ 37^m$, seine mittlere Entfernung von Saturn 185 520 km, sein Durchmesser etwa 390 km. Die Bahn ist um 1,5° gegenüber dem Saturnäquator geneigt, die Bahnexzentrizität beträgt 0,020. Die mittlere Oppositionshelligkeit ist $+12\overset{m}{,}2$. M. ist von Aufschlagkratern übersät. Der größte Krater ist Herschel mit einem Durchmesser von 130 km, einer Tiefe von 10 km und einem Zentralberg mit 6 km Höhe. Das ist genau ein Drittel des Durchmessers von M. und stellt das Maximum für einen Aufschlagkrater dar. Größere Krater gibt es nirgends im Planetensystem, da der Aufprall eines dazu erforderlichen Objekts zur völligen Zerstörung der kollidierenden Körper führen müßte. Mit einer mittleren Dichte von nur 1,2 g/cm^3 besteht M. weitgehend aus Eis.

Minimumskorona (minimum corona). Die während der Zeit eines Sonnenfleckenminimums auftretende Form der → Sonnenkorona. Sie erscheint um diese Zeit an den Polen stark abgeplattet, während sie in der Äquatorzone weit nach außen greifende bandartige Strukturen aufweist.

Mini-Quasar (mini-quasar). Eine von A. R. Sandage (*1926) eingeführte Bezeichnung für den blauen Kern einer Galaxis vom Typ N (→ Galaxien). Möglicherweise handelt es sich bei den N-Galaxien um besonders große elliptische Galaxien, die in ihrem Innern einen → Quasar im Miniformat enthalten.

Minute (minute). Der 60. Teil einer Stunde. Oft spricht man auch von einer M. als Abkürzung für Bogenminute (engl. minute of arc), dem 60. Teil eines Bogengrades.

Mir. Russische Raumstation, die am 19. 2. 1986 gestartet wurde und die Erde in etwa 350 km Höhe umkreist. Sie besteht aus drei Modulen von 2 bis 4 m Durchmesser bei einer Gesamtlänge von 13,5 m und einem Gewicht von 21 t. An M. können weitere Baukomponenten angekoppelt werden. Dazu zählte auch das deutsche Röntgenteleskop HEXE innerhalb des Röntgenlabors Quant.

Einen historischen ersten Langzeitflug mit einer Dauer von über 1 Jahr leisteten W. G. Titow und M. C. Manarow ab. Einschließlich des Auf- und Abstiegs mit → Sojus verbrachten sie zwischen dem 21. 12. 1987 und dem 21. 12. 1988 genau $365^d\ 22^h\ 39^m\ 47^s$ im Raum. Davon entfielen auf den Aufenthalt in M. 364 Tage. Sie vollbrachten 5768 Erdumkreisungen und legten dabei 245,9 Mill. km zurück. M. wurde in den letzten Jahren auch von westeuropäischen Astronauten und Wissenschaftlern benutzt.

Mira, Mira Ceti, o Ceti. Der erstentdeckte → Veränderliche. D. Fabricius (1564–1617) fand seine Veränderlichkeit im Jahre 1596. Die Bezeichnung M. (deutsch: »der Wunderbare«) geht auf J.

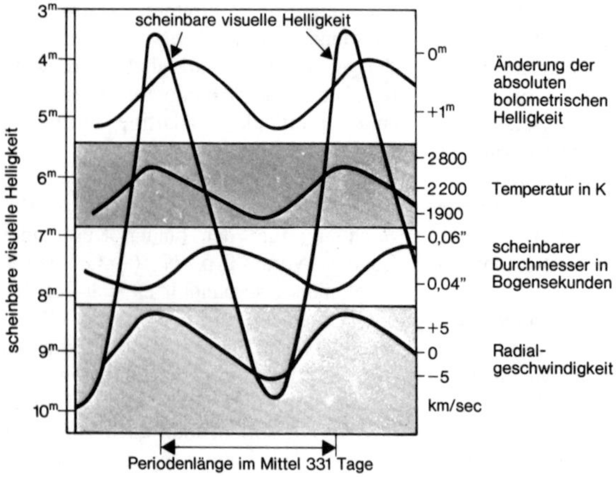

Die Veränderlichkeit von Mira Ceti

Hevel (1611–1687) zurück. Der im Sternbild Walfisch gelegene Stern hat im Maximum eine Helligkeit zwischen etwa 2^m und 5^m, während er im Minimum nur 10^m hell ist. Die Periode des Lichtwechsels beträgt im Mittel 331 Tage, die Entfernung etwa 230 Lichtjahre. Der Spektraltyp schwankt zwischen M6e und M9e. Die Leuchtkraftklasse ist III. Damit ist M. ein roter Riesenstern, dessen Durchmesser zwischen dem 220- und 320fachen des Sonnendurchmessers schwankt. Die Oberflächentemperatur beträgt durchschnittlich 2400 K. In einer Distanz von 0,5″ bis 0,9″ steht ein bläulichweißer Zwergstern, der den Hauptstern in vielleicht etwa 100 bis 260 Jahren umläuft. Im Rhythmus der Pulsationen von M. fließt Materie auf diesen Begleiter über, der deswegen gleichfalls Helligkeitsschwankungen ausführt. M. gilt als der Hauptvertreter der sog. M.sterne und gleichzeitig der → langperiodischen Veränderlichen.

Mirach. Der Stern β Andromedae im Sternbild Andromeda. Seine Helligkeit beträgt $2{,}^{m}1$. Mit einem Spektraltyp von M0 und der Leuchtkraftklasse III ist er ein roter Riesenstern in etwa 87 Lichtjahren Abstand. M. ist 100mal heller als unsere Sonne. Die Bezeichnung ist arabisch und bedeutet »Schurz«.

Miranda. Ein Satellit des Uranus (Uranus V). Er wurde 1948 von G. Kuiper (1905–1973) entdeckt. Seine Umlaufzeit um Uranus beträgt $33^h\ 55\frac{1}{2}^m$, seine mittlere Entfernung 129390 km. Sein Durchmesser beläuft sich auf etwa 480 km. Die Bahn ist 4,2° gegen den Planetenäquator geneigt. Die Bahnexzentrizität ist 0,003. Die Helligkeit erreicht in einer mittleren Opposition nur etwa $16{,}^{m}8$, so daß M. nur mit größeren Instrumenten photographisch aufgefunden werden kann. M. zeigt auf den Aufnahmen von Voyager 2 eine stark zerklüftete Oberfläche. Es gibt zahlreiche Krater, aber auch Ebenen, die wie zerpflügt aussehen. Besonders auffallend ist ein rund 20 km hohes Kliff. Der bei einer mittleren Dichte von 1,3 g/cm^3 hauptsächlich aus Eis bestehende Satellit wurde vielleicht einmal von einem anderen großen Objekt getroffen, schmolz an der Oberfläche auf und zerbarst in mehrere Teile, die sich später wieder wenigstens teilweise miteinander vereinigten.

Mirasterne (Mira stars). → langperiodische Veränderliche, → Mira.

Mire. → Meridianzeichen.

Missing mass-Problem (missing mass-problem). Die Diskrepanz zwischen der beobachteten und berechneten Masse von Galaxien und Galaxienhaufen. Summiert man die Masse der sichtbaren Massen (Sterne, interstellare Materie) z. B. für unsere Galaxis auf, so ergeben sich 220 Mrd. Sonnenmassen. Bestimmt man aber die Umlaufgeschwindigkeiten der Sterne innerhalb der Galaxis, vor allem in ihren äußeren Bereichen, so sind die nachweisbaren hohen Geschwindigkeiten nur durch die Annahme zu erklären, daß die Masse der Galaxis deutlich größer ist, u. U. über 1000 Mrd. Sonnenmassen. Ähnliche Unterschiede ergeben sich bei anderen Galaxien und Galaxienhaufen. Bei den letzteren ergibt sich der dynamisch abgeleitete Massenwert aus den mit Hilfe des Doppler-Effekts erhaltenen Umlaufgeschwindigkeiten der einzelnen Galaxien um die Mitte der Haufen. Die Diskrepanzen können den Faktor 10 erreichen. Dies ist das Problem der »fehlenden Masse«, engl. missing mass. Es ist bis heute offen, wie die fehlende Masse zu erklären ist. Folgende Möglichkeiten kommen in Betracht:

1. Riesige Mengen individuell nicht beobachtbarer schwacher → brauner Zwergsterne. Jedoch sind in der Sonnenumgebung braune Zwerge bisher kaum nachgewiesen worden. Auch viele planetenartige Körper könnten in Betracht kommen.

2. Schwarze Löcher. Es bleibt aber unklar, wie die dafür benötigte Zahl entstanden sein könnte.

3. Dunkle, sehr fein verteilte Materie. Diese hätte sich aber bei den erforderlichen Mengen doch schon auf anderem Wege bemerkbar machen müssen.

4. Exotische Elementarteilchen. Die Neutrinos standen z. B. lange im Verdacht, daß sie eine winzige Masse aufweisen könnten. Die Zahl der Neutrinos ist außerdem im Weltall sehr groß. Doch konnte bisher die Masse der Neutrinos nicht exakt bestimmt werden. Der obere noch mögliche Grenzwert ist aber offenbar so gering, daß es kaum noch möglich erscheint, Neutrinos allein für das Problem verantwortlich zu machen. Aber auch andere noch nicht entdeckte (hypothetische) Teilchen stehen in der Diskussion.

5. Eine Abweichung des Gravitationsgesetzes von der klassischen (oder auch relativistischen) Form im Bereich großer Räume. In diesem Falle wäre das M. m.-P. ein Scheinproblem.

Mittag (noon). Der Zeitpunkt der oberen → Kulmination der Sonne. Man spricht vom mittleren M., wenn die → mittlere Sonne den Meridian überschreitet, vom wahren M., wenn die tatsächliche Sonne im Meridian steht.

Mittagshöhe (meridian altitude). Die → Höhe der Sonne zur Zeit des Meridiandurchgangs bzw. der oberen Kulmination. Die M. der Sonne beträgt für 50° nördl. Breite zur Zeit der Wintersonnenwende 16,5°, zur Zeit des Frühlings- und Herbstanfangs 40° und zur Zeit der Sommersonnenwende 63,5°.

Mittagslinie (meridian line). Die Verbindungslinie zwischen dem Nord- und Südpunkt innerhalb der Ebene des Horizonts.

Mitteleuropäische Zeit (Central-European time, CET). Abk. MEZ, die → Zonenzeit, die für 15° östliche Länge von Greenwich gilt. Dieser Zonenzeit gehören vor allem die mitteleuropäischen, aber auch die nord- und südeuropäischen Länder an. Ein Teil der westeuropäischen Länder hat sich gleichfalls der MEZ angeschlossen.

Mittelpunktsgleichung (equation of the centre). **1.** Der Unterschied zwischen der wahren und mittleren → Anomalie.

2. Eine Ungleichmäßigkeit in der Bewegung des Mondes um unsere Erde (auch »große Ungleichung« oder »große Ungleichheit«). Sie entsteht daraus, daß der Mond sich auf einer Ellipsenbahn um unsere Erde bewegt. In Erdferne (Apogäum) bewegt sich der Mond am langsamsten, in Erdnähe (Perigäum) am schnellsten. Damit zeigt der Mond von der Erde aus gesehen keine gleichmäßige Winkelgeschwindigkeit. Die Abweichung von dieser beträgt maximal etwa 6°.

Mitte-Rand-Variation (centre limb variation). → Randverdunklung.

Mitternacht (midnight). Der Zeitpunkt der unteren Kulmination der Sonne auf dem Meridian. Man unterscheidet ähnlich wie beim → Mittag zwischen der wahren M. und der mittleren M. Der Tag beginnt mit der M. Vor dem 1. 1. 1925 wurde aber in astronomischen Beobachtungsbüchern oder Jahrbüchern der Tag noch mit dem Mittag begonnen.

Mitternachtsdämmerung (midnight twilight). Die um die Zeit der Sommersonnenwende auftretende Erscheinung, daß die Abenddämmerung nahtlos in die Morgendämmerung übergeht und auch um Mitternacht noch eine Restdämmerung vorliegt (Zeit der »hellen Nächte«). Setzt man das Ende der astronomischen → Dämmerung als Zeitpunkt für den Eintritt vollkommener Dunkelheit ein, so gilt dies auch für Mitteleuropa auf +50° nördl. Breite in der Zeit um den 21. Juni. Die Sonne sinkt zu diesem Termin um Mitternacht nur 16,5° tief unter den Horizont. Auf 54,5° nördl. Breite (entsprechend etwa Schleswig) sinkt die Sonne zu diesem Zeitpunkt nur 12° unter den Horizont. Es wird also dort nur das Ende der nautischen bzw. mittleren Dämmerung erreicht.

Mitternachtssonne (midnight sun). Die in den Polargebieten beobachtbare Erscheinung, daß die Sonne während des gesamten Tages nicht unter den Horizont sinkt und damit auch während der unteren Kulmination, also der Mitternacht, über dem Horizont steht und beobachtet werden kann. Die Erscheinung ist in einer geographischen Breite von mindestens 66,5° (nördlicher bzw. südlicher Polarkreis) beobachtbar. Unmittelbar am Polarkreis sinkt die Sonne zur Mitternacht an den wenigen Tagen um die Sommersonnenwende gerade noch bis zum mathematischen Horizont (ohne Berücksichtigung der → Refraktion, die eine leichte Anhebung der Sonne bewirkt). Näher zu den Polen hin sinkt die Sonne nicht mehr ganz so tief, und die Dauer der Erscheinung der M. bzw. des Polartags ist länger. An den Polen selbst ist je ½ Jahr Polartag und Polarnacht. Die → Dämmerung wird dabei allerdings der Nacht zugerechnet.

mittlere Greenwicher Zeit (Greenwich mean time, GMT). Abk. MGZ, die für den Meridian von Greenwich geltende → mittlere Ortszeit, gleichbedeutend mit der → Westeuropäischen Zeit und der → Weltzeit.

mittlere Ortszeit (mean local time). Die Zeit, die für einen bestimmten Meridian gültig ist (→ mittlere Sonnenzeit).

mittlerer Ort (mean position). Der → Ort eines Gestirns, der von der → Refraktion, → Aberration, → Präzession und → Nutation befreit ist.

mittlerer Planet (mean planet). Ein gedachter Planet, der sich mit gleichförmiger Geschwindigkeit durch seine Bahn bewegt. M.P. und wahrer Planet durchlaufen gleichzeitig die beiden Endpunkte der großen Bahnachse (→ Anomalie).

mittlere Sonne (mean Sun). Eine fiktive Sonne, die sich innerhalb eines Jahres gleichmäßig durch den Himmelsäquator bewegt. Die tatsächliche, wahre Sonne wandert wegen der Exzentrizität der Erdbahn ungleichförmig durch die → Ekliptik. Sie kann daher für ein gleichmäßiges

Zeitmaß nicht herangezogen werden. Dies gewährleistet nur die m. S. Ihre Einführung bewirkt aber einen Unterschied zwischen der sog. wahren und mittleren Sonnenzeit (→ Zeitgleichung).

mittlere Sonnenzeit (mean solar time): Die Zeit, die durch die → mittlere Sonne bestimmt wird. Ausgangspunkt der Zählung ist die untere → Kulmination der mittleren Sonne.

mittlere Spektralklassen (mean spectral classes). Die → Spektralklassen F und G.

Mizar. Der Stern ζ Ursae Maioris im Sternbild Großer → Bär. Die Bezeichnung ist arabischen Ursprungs und wurde wahrscheinlich fälschlich aus Merak = Lende abgeleitet. M. ist der erste Doppelstern, der 1650 von G. B. Riccioli (1598–1671) aufgefunden und 1857 von G. P. Bond (1825–1865) photographiert wurde. Der Hauptstern ist $2{,}^{\mathrm{m}}3$, der Begleiter $4{,}^{\mathrm{m}}0$ hell. Bei einer Distanz von nur 14,5″ kann das Sternpaar bereits in sehr kleinen Fernrohren getrennt werden. Obwohl bisher eine Umlaufbewegung nicht festgestellt werden konnte, muß es sich um einen physischen Doppelstern handeln, dessen Umlaufzeit ungefähr 20000 Jahre betragen dürfte. Der Hauptstern ist außerdem der erste spektroskopische Doppelstern. Er wurde 1889 von E. C. Pickering (1846–1919) aufgefunden. Seine Umlaufzeit beträgt 20,5 Tage. Auch der schwächere Begleiter ist ein später aufgefundener spektroskopischer Doppelstern mit 182,3 Tagen Umlaufzeit. In etwas größerer Distanz steht noch der Stern → Alkor, der bereits mit bloßem Auge beobachtet werden kann. M. ist 59 Lichtjahre entfernt.

MKK-System (MKK system). Ein von den Astronomen Morgan, Keenan und Kellman aufgestelltes System der → Leuchtkraftklassen der Sterne.

Mögel-Dellinger-Effekt (sudden short wave fade-out, SSWF). → Eruption.

Mohammedanischer Kalender (Muslim calendar). Ein → Kalender, dessen Beginn auf den Zeitpunkt der Flucht Mohammeds aus Mekka, 16. Juli 622 n. Chr. gelegt wurde. Die Jahreszählung wird mit »nach der Hedschra« bezeichnet. Es handelt sich um ein reines Mondjahr von 354 Tagen, das 12 Monate mit 29 oder 30 Tagen Länge enthält. Der M.K. verfügt über einen dreißigjährigen Schaltzyklus. Neben Jahr und Monat gibt es eine siebentägige Woche. Die Tage werden indessen mit dem Sonnenuntergang begonnen. Die Monate beginnen nicht exakt mit dem astronomischen Neumond, sondern mit dem »Neulicht«, etwa 1 bis 3 Tage nach Neumond, dem eigentlichen ersten Sichtbarwerden der zunehmenden Mondsichel in der Abenddämmerung.

Moldavit (moldavite). Ein → Tektit, der im Raum der Moldau/Böhmen aufgefunden wurde. Vermutlich hängen die M. mit der Entstehung des → Ries zusammen.

Molekül (molecule). Ein aus zwei oder mehreren → Atomen zusammengesetztes Gebilde. Es ist die kleinste Einheit eines bestimmten chemischen Stoffes. In der Astronomie spielen M. zunächst in kälteren Himmelskörpern (Planeten, Satelliten) eine Rolle. Auf den Sternen kommen wegen der höheren Temperaturen entweder überhaupt keine M. oder nur sehr einfache, meist lediglich aus zwei Atomen zusammengesetzte M. vor, insbesondere die freien Radikale, wie z. B. CH, CN, OH. Neuerdings konnten auch → interstellare M. aufgefunden werden.

Molekulargewicht, Molekülmasse (molecular weight). Die Summen der Atomgewichte (→ Atom) der ein Molekül bildenden Atome.

Molekülwolke (molecular cloud). Eine Wolke → interstellarer Materie, die vornehmlich aus Molekülen besteht. Die kleineren M. haben einige Lichtjahre Durchmesser und enthalten 1000 bis

10000 Moleküle pro cm^3. Ihre Temperatur beträgt nur 10 bis 20 K. Sie können in ihrem Innern aber noch kälter und dichter sein und bestehen vor allem aus Wasserstoff-Molekülen. Die großen M. haben Durchmesser bis zu einigen hundert Lichtjahren und enthalten neben Wasserstoff- und Kohlenmonoxidmolekülen auch kompliziertere → interstellare Moleküle. Ihre Masse erreicht 100 000 bis über eine Million Sonnenmassen, die Dichte Millionen Moleküle pro cm^3. Man nimmt an, daß die großen M. das Rohmaterial für die → Sternentstehung darstellen. Vermutlich existieren in unserer Galaxis bis zu 4000 große M.

Molnija. Eine Serie russischer → Nachrichtensatelliten. M. 1 wurde am 23. 4. 1965 gestartet.

Monat (month). Die Dauer eines Umlaufs des Mondes um die Erde. Der M. kann verschieden definiert werden, und man unterscheidet deswegen den

1. siderischen M. Er entspricht der Zeitspanne zwischen zwei aufeinanderfolgenden Durchgängen des Mondes durch den Stundenkreis eines bestimmten Fixsterns. Er dauert $27^d7^h43^m 11{,}5^s$.

2. tropischen M. Er entspricht dem Zeitraum zwischen zwei aufeinanderfolgenden Durchgängen des Mondes durch den Stundenkreis des Frühlingspunktes. Er dauert $27^d7^h43^m4{,}7^s$.

3. synodischen M. Es ist der Zeitraum zwischen zwei aufeinanderfolgenden gleichen Mondphasen. Er dauert $29^d12^h44^m2{,}9^s$.

4. drakonitischen M. Er entspricht dem Zeitraum zwischen zwei Durchgängen durch den aufsteigenden Knoten der Mondbahn. Er dauert $27^d5^h5^m35{,}8^s$.

5. anomalistischen M. Er entspricht zwei aufeinanderfolgenden Durchgängen des Mondes durch die Erdnähe (Perigäum). Er dauert $27^d13^h18^m33{,}2^s$.

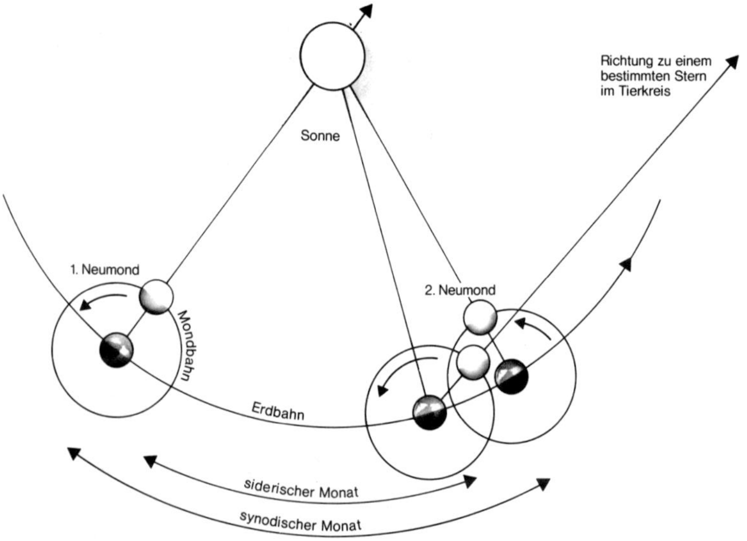

Der Unterschied zwischen dem siderischen und synodischen Mond (Schema)

Die obigen Zeiträume sind in mittlerer Sonnenzeit angegeben. Außerdem handelt es sich um mittlere M.längen. Wegen verschiedener Störungen, denen die Mondbewegung ausgesetzt ist, kann die tatsächliche M.länge teilweise um einige Stunden vom mittleren Wert abweichen. Der im Kalender benutzte M. kann natürlich nur mit einer ganzen Tagesanzahl rechnen. Er kann zwischen 28 und 31 Tagen dauern, je nach dem System des → Kalenders. Unter dem »Sonnen-M.« versteht man gelegentlich die Zeit, die die Sonne in jedem der 12 Tierkreiszeichen verweilt (hier aber Unterschied zwischen Tierkreissternbild und Tierkreiszeichen beachten!). Diese Zeitdauer entspricht im Mittel genau einem Zwölftel der gesamten Jahresdauer, also $30^d10^h29^m37^s$.

Mond (Moon). Der einzige natürliche Satellit oder Trabant der Erde. Im strengen wissenschaftlichen Sprachgebrauch ist M. der Name unseres Satelliten. In einem etwas weniger präzisen Sinne bezeichnet man gelegentlich aber auch einen Satelliten oder Trabanten eines anderen Planeten als M. Hinsichtlich seiner beachtlichen Größe im Vergleich zu seinem Heimatplaneten ist unser M. innerhalb des Planetensystems nahezu einmalig, was vermutlich auch ein Hinweis auf seine etwas andersartige Entstehung ist. Die Tabelle (S. 316) gibt die wichtigsten Daten des M. an.

Nach Erfindung des Fernrohrs entdeckte man Berge und Krater auf dem M. Bald entstanden die ersten M.karten. Die 1651 von G. B. Riccioli (1598–1671) erstellte Karte führte die heute noch geläufige Nomenklatur für die Einzelheiten auf der Oberfläche ein. Die → M.krater wurden nach bedeutenden Naturforschern, Philosophen, vor allem aber Astronomen benannt. Die dunklen Flächen nannte man »Maria« (→ Mondmaria, Einzahl: »Mare«, aus dem Lateinischen: Meer). Daneben sind weitere wichtige Oberflächengebilde die → Mondrillen.

Die Nomenklatur wurde nach Einsatz der M.sonden auch auf die von der Erde abgewandte Seite des M. übertragen. Wegen der Übereinstimmung der Rotationszeit des M. mit der Umlaufzeit um die Erde weist nämlich der M. unserer Erde, von kleinen Schwankungen abgesehen (→ Libration), stets dieselbe Seite zu (»gebundene Rotation«). Insgesamt können von der Erde einschließlich der Auswirkung der Libration nur 59% der M.oberfläche eingesehen werden. Die restlichen 41% waren erst mit Hilfe der M.sonden (z.B. → Lunar Orbiter) erforschbar.

Mondalter (Moon's age). Die Zeitspanne, die seit dem jeweils letzten → Neumond verflossen ist.

Mondatmosphäre (lunar atmosphere). Bereits seit langem war bekannt, daß der Mond über keine Atmosphäre verfügen kann. Dies geht beispielsweise daraus hervor, daß bei der → Bedeckung eines Sterns durch den Mond der Stern plötzlich am Mondrand verschwindet und am gegenüberliegenden Rand ebenso plötzlich wieder auftaucht. Hätte der Mond eine Atmosphäre, so müßten die Lichtstrahlen der Sterne diese Atmosphäre streifend durchqueren und damit allmählich abgeschwächt werden. Damit verfügt der Mond aber auch über kein freies Wasser an seiner Oberfläche. Neuere Untersuchungen zeigen, daß der Mond allerdings doch noch über eine minimale Restatmosphäre verfügt, deren Dichte nur etwa 10^{-14} der Erdatmosphäre entspricht. Diese Gase werden bei dem radioaktiven Zerfall bestimmter Elemente in den Mondgesteinen sowie möglichen schwachen vulkanischen Erscheinungen freigesetzt.

Mondbahn (Moon's orbit). Die ellipsenförmige Bahn des Mondes um die Erde (Zahlenangaben → Mond, → Monat).

Die wichtigsten Daten des Mondes

mittlere Entfernung von der Erde	384 403 km = 0,00257 AE = 60,3 Erdradien = 1,28 Lichtsekunden
Entfernung im Perigäum	356 410 km
Entfernung im Apogäum	406 740 km
mittlere Äquatorialhorizontalparallaxe	3422,60″
Bahnexzentrizität	0,0549
Bahnneigung gegen die Ekliptik	5° 8′ 43″ (schwankend um 9′ mit einer Periode von 173^{d})
siderische Umlaufzeit	$27^{d}\ 7^{h}\ 43^{m}\ 11{,}5^{s}$
weitere Definition der Umlaufzeit siehe → Monat	
mittlere tägliche siderische Bewegung	13,176358°
mittlere Zeitspanne zwischen zwei oberen Kulminationen	$24^{h}\ 50{,}47^{m}$
Umlaufzeit der Bahnknoten des Mondes (retrograd)	18,61 tropische Jahre
Umlaufzeit des Perigäums des Mondes (direkt)	8,85 Jahre
mittlere Bahngeschwindigkeit	1,02 km/s
mittlerer Radius (b+c)/2	1738,2 km = 0,27252 Äquatorradien der Erde a − c = 1,09 km a − b = 0,31 km
Der Mondradius ist hier folgendermaßen definiert: a in der Verbindungslinie Mond Erde, b längs der Mondlaufbahn, c von Pol zu Pol des Mondes.	b − c = 0,78 km
Mondmasse	$7{,}350 \cdot 10^{25}$ g = 0,0123 Erdmassen
scheinbarer Halbmesser des Mondes in mittlerer Entfernung (geozentrisch)	15′ 32,6″
Volumen	$2{,}200 \cdot 10^{25}$ cm^3
mittlere Dichte	3,341 g/cm^3
Schwerebeschleunigung an der Oberfläche	161,9 cm/s^2 = 16,5% des irdischen Wertes
Fluchtgeschwindigkeit an der Oberfläche	2,38 km/s
Neigung des Mondäquators gegen die Ekliptik	1° 32,5′
Neigung des Mondäquators gegen die Bahnebene	6° 41′
Helligkeit des Vollmonds (visuell)	$-12{,}^{m}5$
mittlere Albedo	0,07
Oberflächentemperatur	+130 °C Tagseite −150 °C Nachtseite

Zeichnet man die Bahnen von Erde und Mond um die Sonne maßstäblich auf, so zeigt sich, daß die M. zur Sonne hin überall konkav gekrümmt ist, auch in dem Bahnbereich, der innerhalb der Erdbahn verläuft.

Auf die M. machen sich die Störungen von Sonne und Planeten verhältnismäßig stark bemerkbar. Die Theorie der M. ist daher verwickelter als die der Planetenbewegungen. Man unterscheidet folgende wichtige Störungen der M.:

1. Eine rückläufige (retrograde) Verschiebung der Knotenlinie. Ein voller Umlauf dauert 18,6 Jahre.
2. Eine direkte (rechtläufige) Verschiebung der Apsidenlinie. Hier beträgt ein voller Umlauf 8,85 Jahre.
3. Die → Evektion.
4. Die → Variation.
5. Die → Gleichung des Mondes.
6. Die → parallaktische Ungleichheit.
7. Die → säkulare Akzeleration.

Mondbeben (moonquakes). Mit Seismometern konnten zahlreiche M. festgestellt werden, im Mittel weniger als 3000 Beben pro Jahr, die allerdings nur im Durchschnitt 1/1000 so stark sind wie Erdbeben. Wegen der geringen Dämpfung (fehlender Wassergehalt) der Mondkruste halten die M. sehr lange an, z.T. bis zu über 1 Stunde, während gleichartige Erdbeben bereits nach wenigen Sekunden verschwinden. Inzwischen konnten fast 50 M.herde ausgemacht werden, meist in einer Tiefe zwischen 600 und 1000 km unter der Oberfläche. Eine Auswertung der Statistik zeigte eine Häufung der Beben, wenn der Mond nahe seinem Perigäum steht. Offenbar spielen also auch Gezeitenwirkungen bei der Auflösung der M. eine Rolle. Ein kleinerer Teil der registrierten Beben ging auch auf Meteoriteneinstürze zurück.

Eine alte Streitfrage ist, ob es im Zusammenhang mit M. und ähnlichen Ereignissen noch heute nennenswerte Veränderungen auf dem Mond gibt, die unter Umständen auch mit Fernrohren von der Erde aus beobachtbar sind. Veränderungen, die von früheren Beobachtern vor allem im 18. und 19. Jahrhundert berichtet wurden, werden vermutlich eher auf unvollständige und ungenaue Beobachtungen zurückzuführen sein. Dagegen hat am 3. 11. 1958 N. A. Kozyrew (1908–1983) im Krater Alphonsus einen angeblichen Vulkanausbruch beobachtet, der von ihm auch auf einem Spektrum festgehalten worden sei. Die Deutung der Beobachtung blieb allerdings nicht unwidersprochen. Wieder andere Beobachter stellten in den vergangenen Jahren häufig sog. Moonblinks (flares) fest, die sich in Gestalt rötlicher Flecke innerhalb weniger Sekunden oder Minuten bemerkbar gemacht haben. Diese Leuchterscheinungen (Lunar Transient Phenomena bzw. Transient Lunar Phenomena) kommen bevorzugt an bestimmten Stellen vor, wie z.B. in der Umgebung der Krater Kepler oder Aristarch. Vielleicht handelt es sich aber hier um eine Art Lumineszenzerscheinung, die durch eine anläßlich einer Eruption auf der Sonne verstärkt auftretende Ultraviolettstrahlung ausgelöst wird.

Monddämmerung (lunar twilight). Eine schwache Aufhellung des Horizonts in der Nachbarschaft der Stelle, an der der Mond auf- oder untergeht.

Mondeinfluß (lunar influence). Der tatsächliche oder angebliche M. auf irdische Vorgänge. Unumstritten ist der Zusammenhang mit Ebbe und Flut (→ Gezeiten). Daneben gibt es eine Gruppe unbewiesener Zusammenhänge. Statistische Untersuchungen zeigten beispielsweise, daß die im Volksglauben verbreitete Regel, um Vollmond würde das Wetter umschlagen, zumindest für Mitteleuropa unrichtig ist. Auch die Regel, bei zunehmendem Mond sei das Wetter meistens schöner als bei abnehmendem Mond, läßt sich statistisch nicht aufrechterhalten. Aber auch → Lunarperiodizität.

Mondentstehung (origin of the Moon). Der Mond ist (fast) ebenso alt wie die Planeten und die Erde, nämlich 4,6 Milliarden Jahre. In der Gegenwart entfernt sich der Mond von unserer Erde, so daß er in seiner frühen Geschichte unserem Heimatplaneten sehr nahe gestanden haben muß. Ob allerdings der Mond damals von der Erde ausgeschleudert wurde, kann daraus allein noch nicht bewiesen werden. Möglicherweise ist der Mond unabhängig von unserer Erde entstanden und von dieser später eingefangen worden. Oft wird auch angenommen, daß Erde und Mond zusammen eine Art »Doppelplanet« darstellen. Neuerdings zieht man aber wieder die Möglichkeit in Betracht, daß der Mond nach dem Zusammenstoß eines anderen jungen Planeten mit der Erde gebildet wurde. Dies geschah zu einer Zeit, in der sich im Innern dieser Planeten bereits eine Differentiation vollzog: Das schwerere Material sank zum Zentrum ab, das leichtere Material stieg auf. Die Kollision riß nun die äußeren, leichteren Schichten, den Mantel und die Kruste, beider Planeten auf. Ein Teil des weggerissenen Materials sammelte sich darauf in Gestalt unseres Mondes. Das schwerere Material des fremden Planeten sank dagegen zum Erdkern und vereinigte sich mit diesem. Computersimulationen unterstützen diese Theorie. Dieses Ereignis müßte höchstens hundert Millionen Jahre nach der Entstehung der Erde stattgefunden haben. Es erklärt gut, warum der Mond fast nur aus Gesteinen besteht und eine im Verhältnis zur Erde so geringe Dichte besitzt.

Altersbestimmungen an den Mondgesteinen und andere Untersuchungen führten zu folgendem Bild von der Entstehung der Mondlandschaften: Vor etwa 4,5 bis 3,85 Milliarden Jahren bildeten sich die großen Maria, aber auch zahlreiche Ringgebirge und Krater. Die Differenzierung in Hochländer und Maria vollzog sich. Die Maria Foecunditatis und Tranquillitatis sind etwa 4,5, das Mare Serenitatis 4,0 und die Maria Orientale und Imbrium 3,9 Milliarden Jahre alt. Zwischen 3,9 und 3,2 Milliarden Jahren wurden die Maria durch basaltische Lava überflutet. Die Basaltdecken erreichten stellenweise eine Dicke von 10 km. Sie bildeten Massenkonzentrationen, die noch heute als sog. Mascons durch Bahnveränderungen überfliegender Mondsonden zu erkennen sind. Gebiete mit ungewöhnlich hoher Dichte (positive Schwereanomalien) liegen vor allem unter mehreren Maria und der Wallebene Grimaldi. Hier wurde vermutlich Basalt am Rande dieser Formation in dichtes Gestein gepreßt. Weitere zahlreiche Einstürze von Kleinplaneten und Meteoriten folgten. Ab 3,2 Milliarden Jahre nahm die Zahl der Einstürze jedoch merklich ab. Trotzdem gibt es auch jüngere Krater. Copernicus ist 850 Millionen, Kepler 790 Millionen, Aristarch 150 Millionen und der helle Strahlenkrater Tycho 96 Millionen Jahre alt. Kleinere Krater können auch heute noch entstehen. Wegen der fehlenden geologischen Aktivität des Mondes und des Fehlens einer Atmosphäre haben sich die Urstrukturen des Mondes bis zum heutigen Tage nahezu unverändert erhalten.

Mondfinsternis (lunar eclipse). Eine M. entsteht, wenn der Vollmond in den Erdschatten tritt. Dabei spielt fast nur der Kernschatten eine Rolle. Der Durchgang des Mondes durch den Halbschatten ist ziemlich unbedeutend. Nur in den dem Kernschatten benachbarten Teilen des Halbschattens zeigt sich eine rauchartige

Verdüsterung. Da der Durchmesser des Erdkernschattens in der mittleren Entfernung Erde – Mond etwa 3 mal größer ist als der Mondscheibendurchmesser, ist die Dauer einer M. verhältnismäßig lang, vor allem, wenn der Mond zentral durch den Erdschatten läuft. Die Totalität kann maximal 1 Std. 40 Min. betragen. Zählt man noch die partielle Phase der M. hinzu, so dauert diese bis etwa 3 1/2 Std., wenn noch der Halbschatten der Erde mit eingerechnet wird, sogar rund 6 Std. Eine M. ist von allen Punkten der Erde aus zu beobachten, die den Mond gerade über dem Horizont haben. Unter Berücksichtigung der zeitlichen Dauer einer M. kann also diese von mehr als der Hälfte der Erde aus gesehen werden. So sind M. für einen bestimmten Erdort häufiger als Sonnenfinsternisse.

Selbst bei einer totalen M. verschwindet unser Erdtrabant nicht vollständig, sondern erscheint meist in einer rötlichen Verfärbung. Der Grad der Verfärbung und die Helligkeit des verfinsterten Mondes ist allerdings verschieden. In seltenen Fällen kann der Mond bei einer totalen Finsternis auch vollständig verschwinden, in anderen Fällen aber noch hellrosa erscheinen. Die Aufhellung des Erdschattens ist auf die irdische Atmosphäre zurückzuführen. In ihr werden Sonnenstrahlen in den Erdschatten gebrochen. Auf dem langen, streifenden Weg durch die Erdatmosphäre gelangt dabei vor allem das langwellige, rote Sonnenlicht hindurch, während die anderen Farbanteile in der Atmosphäre gestreut werden. Sehr dunkle M. hat man häufig nach heftigen Vulkanausbrüchen beobachtet, bei denen große Mengen Asche und Staub in die Atmosphäre verfrachtet wurden. Als Folge konnte in der Atmosphäre nicht so viel Sonnenlicht in den Erdschatten gebrochen werden.

Mondfinsternisse

25. 05. 1994	partiell	+
15. 04. 1995	partiell	–
04. 04. 1996	total	++
27. 09. 1996	total	++
24. 03. 1997	partiell	(+)
16. 09. 1997	total	++
28. 07. 1999	partiell	–
21. 01. 2000	total	++
16. 07. 2000	total	–
09. 01. 2001	total	++
05. 07. 2001	partiell	–
16. 05. 2003	total	(++)
09. 11. 2003	total	++
04. 05. 2004	total	++
28. 10. 2004	total	++
17. 10. 2005	partiell	–
07. 09. 2006	partiell	(+)
03. 03. 2007	total	++
28. 08. 2007	total	–

Es bedeuten:

– in Mitteleuropa überhaupt nicht sichtbar
\+ in Mitteleuropa als partielle Finsternis sichtbar
++ in Mitteleuropa als totale Finsternis sichtbar
( ) Grenzfälle in Klammern

Mondgesteine (lunar rocks). Die Mondoberfläche ist von gewaltigen Schuttmassen überzogen (Regolith). Sie reichen bis in eine Tiefe von 10 bis 18 m. Es gibt darin größere eckige und kantige Bruchstücke (Brekzien), feine und mittelkörnige blasig-kristalline und magmatische Brocken sowie feinen Staub. Der Staub überzieht große Teile der Oberfläche, selbst die Bergabhänge, so daß deren Konturen verhältnismäßig weich, wie »überpudert« erscheinen. Die Ursachen sind in dem ständigen Bombardement des Mondes durch Meteoriten zu suchen. Etwa 1 bis 2% der M. bestehen sogar direkt aus meteoritischem Material. Gelegentlich sind darin auch glasartige Partikel eingebettet. Sie entstanden durch den Aufprall von Meteoriten, bei dem ein Teil der Mondmaterie verdampfte. Nach Abkühlung dieser

Dämpfe kondensierten diese zu Glaskügelchen.
Die M., die in irdischen Laboratorien untersucht wurden, sind häufig dem Basalt ähnlich. Jedoch gibt es auf der Mondoberfläche einen größeren Reichtum verschiedener Basalte als auf der Erde. Auch die chemische Zusammensetzung der M. unterscheidet sich ein wenig von irdischem Material. So sind z. B. Aluminium, Calcium und Titan reicher, dagegen Alkalimetalle seltener vertreten. Ferner konnten verschiedene Mineralien gefunden werden, z. B. Pyroxen, Plagioklas, Ilmenit, Olivin usw. Unterhalb der Regolith-Schicht folgt eine festere Schicht, die bis in etwa 16 km Tiefe reichen dürfte. Die eigentliche Mondkruste erstreckt sich bis in eine Tiefe von 65 km. In ihr beträgt die Dichte etwa 3 g/cm^3. Darunter liegt ein Mantel, der bis in eine Tiefe von 1000 km reicht, und schließlich der Kern. Die Zentraltemperatur des Mondes dürfte etwa 1500 K betragen, so daß der Mond in seinem innersten Teil vielleicht schmelzflüssig ist. Allerdings besteht der Kern nicht aus Eisen und Nickel wie vermutlich der Erdkern. Zumindest dürften diese Metalle im Innern keine sehr große Rolle spielen. Der innere Aufbau des Mondes ist aber noch nicht sicher bekannt. Ein inneres Magnetfeld besitzt der Mond nicht. Auch → Mondentstehung.

Mondgleichung (lunar equation). Eine Korrektion, die an die → Epakte anzubringen ist, um die Differenz zwischen dem mit dem Gregorianischen Kalender zyklisch berechneten Neumond und dem tatsächlichen Neumondtermin zu berücksichtigen. Die Differenz erreicht jeweils in 316 Jahren 1 Tag.

Mondhalo (lunar halo). → Halo.

Mondjahr (lunar year). Ein → Kalender, der nur auf den synodischen → Monat bzw. die → Mondphasen Rücksicht nimmt.

Mondkarte (lunar map). Kartenmäßige Darstellung der Oberfläche des Mondes. Nach Erforschung der Rückseite des Mondes mit unbemannten Mondsonden und im Rahmen des Projekts → Apollo war es in den letzten Jahren möglich, die gesamte Mondoberfläche kartographisch zu erfassen. Die »klassischen« M., die mit Hilfe von Fernrohrbeobachtungen erhalten wurden, zeigten Süden oben, Osten links, Westen rechts und Norden unten, entsprechend dem Anblick im umkehrenden astronomischen Fernrohr. Die neueren M., die mit Hilfe der Weltraumforschung erhalten wurden, stellen Norden oben, Osten rechts usw. dar. Die umfangreichste M. stammt von der NASA. Sie umfaßt 2300 Blätter im Maßstab 1 : 250 000.

Mondkrater (lunar crater). Die größeren M. werden auch als Ringgebirge oder Wallebenen bezeichnet. Doch gibt es keine exakte Definition für diese Benennungen. Die größten Wallebenen haben einen Durchmesser von 200 bis 300 km. Alle M. sind Aufschlagkrater (Impakt-Krater). Sie sind verhältnismäßig flach. Steht man im Zentrum der größeren Gebilde, so kann man wegen der Mondkrümmung die Wälle meist nicht mehr erkennen. Das Verhältnis zwischen Wallhöhe und Durchmesser beträgt im Mittel etwa 1 : 15 bis 1 : 20. Bei den größten Wallebenen beträgt das Verhältnis 1 : 50 bis 1 : 100, bei den kleinsten 1 : 5 bis 1 : 7. Die Neigungswinkel der Wälle liegen im Mittel zwischen 10° und 12°.
Die M. kommen besonders häufig in den sog. Terrae-Gebieten (Hochländer) vor, wie wir sie vor allem auf der Südhalbkugel der erdzugewandten Seite des Mondes, aber auch auf der Rückseite vorfinden. Die Nordhalbkugel der erdzugewandten Seite zeigt dagegen besonders viele Maria, die in ihrem Innern über wenige M. verfügen. In den Terrae-

Gebieten kommen die M. 15- bis 20mal so häufig vor wie in den Maria. Teilweise sind die älteren M. von jüngeren überlagert, so daß man die Entstehungsfolge oft sehr deutlich erkennen kann. Es zeigt sich dabei auch, daß in der Regel die kleineren M. später als die größeren entstanden sein müssen. Viele M. haben in ihrem Innern einen oder mehrere Zentralberge. Die Wälle fallen gelegentlich stufen- oder terrassenartig ins Innere ab. Meist liegt auch das Innere etwas tiefer als die äußere Umgebung. Sehr junge M. sind auch von hellen Strahlensystemen und/oder hellen Höfen umgeben. Am auffälligsten ist das Strahlensystem von Tycho, das sich bis 1800 km Entfernung erstreckt. Aber auch die Strahlen von Copernicus, Kepler, Aristarch und Proclus sind auffällig.

Liste der Maria auf der Mondoberfläche

Sinus Aestuum	Bucht der Fluten
Mare Australe	Südliches Meer
Mare Cognitum	Bekanntes Meer
Mare Crisium	Meer der Gefahren
Palus Epidemiarum	Sumpf der Krankheiten
Mare Foecunditatis	Meer der Fruchtbarkeit
Mare Frigoris	Meer der Kälte
Mare Humboldtianum	Humboldt-Meer
Mare Humorum	Meer der Feuchtigkeit
Mare Ingenii	Meer der Begabung
Sinus Iridium	Regenbogenbucht
Mare Imbrium	Regenmeer
Mare Marginis	Randmeer
Mare Moscoviense	Moskau-Meer
Sinus Medii	Bucht der Mitte
Lacus Mortis	See des Todes
Mare Nectaris	Honigmeer
Mare Nubium	Wolkenmeer
Mare Orientale	Östliches Meer
Oceanus Procellarum	Ozean der Stürme
Palus Putredinis	Sumpf der Fäulnis
Sinus Roris	Taubucht
Mare Serenitatis	Meer der Heiterkeit
Mare Smythii	Smyth-Meer
Lacus Somniorum	See der Träume
Mare Spumans	Schäumendes Meer
Mare Tranquillitatis	Meer der Ruhe
Mare Undarum	Wellenmeer
Mare Vaporum	Meer der Dünste

Mondmaria (lunar maria). Die M. haben z.T. einen beachtlichen Durchmesser. Am größten ist das Mare Imbrium mit einem Durchmesser von 960 km. Es dürfte durch den Aufsturz eines Kleinplaneten mit einem Durchmesser von etwa 130 km entstanden sein. Später füllte sich das Innere der M. durch Lavaströme auf, die an die Oberfläche emporstiegen, als das Mondinnere sich durch radioaktive Prozesse aufheizte. Teilweise sind die M. von beachtlichen Gebirgszügen umgeben, beim Mare Imbrium sind es die Karpaten, Apenninen, Kaukasus, Alpen und Jura. Diese sog. Kettengebirge haben eine Höhe bis zu etwa 6000 oder 10000 m. Die Tabelle stellt die M. mit ihren lateinischen Bezeichnungen und der deutschen Übersetzung zusammen.
Gelegentlich taucht auch die Bezeichnung »Oceanus« auf, während »Sinus« zu deutsch »Bucht«, »Lacus« »See« und »Palus« »Sumpf« bedeutet.

Mondmeteorite (lunar meteorites). In der Antarktis gefundene → Meteorite, die dieselbe Zusammensetzung wie Mondgesteine haben und daher vom Mond stammen müssen.

Mondphasen (phases of the Moon). Die verschiedenen, von der Erde aus gesehenen Lichtgestalten des Mondes. Befindet sich der Mond etwa zwischen Erde und Sonne, ist uns die dunkle Nachtseite unseres Trabanten zugekehrt. Diese M. bezeichnet man heute als Neumond. Zu dieser Zeit ist der Mond unsichtbar. Früher wurde als »Neumond« der Zeitpunkt bezeichnet, zu dem die schmale, zunehmende Mondsichel erstmals wieder in der westlichen Abenddämmerung beobachtet werden kann. Daraus leitete sich auch ursprünglich die Bezeichnung »Neumond« ab. Streng genommen ist der Neumond so definiert, daß die ekliptikale → Länge des Mondes gleich der der Sonne ist. In der Regel vergehen 2 bis 3 Tage nach Neumond, bis die zunehmende Sichel wieder sichtbar wird (»Neulicht«); in den Subtropen und Tropen u.U. auch nur 1 Tag. Die Sichtbarkeitsdauer des Mondes wächst in den Abendstunden mehr und mehr an. Der Untergang verzögert sich im Durchschnitt um etwa 50 Minuten. Etwa 1 Woche später ist Erstes Viertel (zunehmender Halbmond). Von der Nordhalbkugel unserer Erde beobachtet ist nun die rechte Hälfte des Mondes hell, die linke Hälfte dunkel. Für einen Beobachter auf der Südhalbkugel der Erde ergeben sich umgekehrte Verhältnisse. Im Ersten Viertel steht der Mond abends bei Sonnenuntergang ungefähr im Süden und geht etwa um Mitternacht unter. Wieder etwa 1 Woche später ist Vollmond. Der Unterschied der ekliptikalen Länge des Mondes gegenüber der Sonne beträgt 180°. Die vollbeleuchtete Seite des Mondes ist nun unserer Erde zugekehrt. Da der Vollmond in Opposition zur Sonne steht, ist dieser die ganze Nacht hindurch beobachtbar. Er geht also bei Sonnenuntergang etwa im Osten auf, kulminiert um Mitternacht im Süden und geht erst wieder bei Sonnenaufgang etwa im Westen unter. In den Tagen nach Vollmond verschwindet unser Trabant allmählich von den frühen Abendstunden. Sein Aufgang verzögert sich im Durchschnitt weiter um etwa 50 Minuten pro Tag. Beim letzten Viertel (abnehmender Halbmond) ist für den Bewohner der Nordhalbkugel die linke Seite des Mondes noch hell, die rechte Seite bereits dunkel. Der Mond geht jetzt etwa um Mitternacht ungefähr im Osten auf und steht bei Sonnenaufgang etwa im Süden. 2 bis 3 Tage vor dem nächsten Neumond kann die schmale abnehmende Mondsichel gerade noch kurz vor Sonnenaufgang in der östlichen Morgendämmerung gesehen werden.

Mondrillen (lunar rilles, lunar channels). Gewundene talartige Strukturen auf dem Mond. Sie gehen vielleicht auf unterirdische Lavaströme zurück, deren Decke später einbrach. Einige M. sind Hunderte Kilometer lang. Am bekanntesten ist das Schröter-Tal in der Nähe des Kraters Herodot sowie die Hyginus-Rille. In der Regel sind die M. nur wenige Kilometer breit und maximal 100 m tief. Von anderer Art ist dagegen z.B. das über den Gebirgszug der Alpen sich erstreckende sog. Alpental, das etwa 10 km Breite und 130 km Länge aufweist. Innerhalb dieses Tales zeigt sich dagegen eine echte M. Ferner können an einigen Stellen des Mondes Verwerfungen beobachtet werden. Am bekanntesten ist die sog. Lange Wand (engl. »straight wall«) am Rande des Mare Nubium mit einer Länge von 160 km und einer Höhe von 365 m.

Mondtafeln (tables of the Moon). Die aus der Theorie der → Mondbahn unter Berücksichtigung der Störungen der Sonne und der Planeten durchgeführten Berechnungen.

Mondzeiger (lunar pointer). Das → Mondalter am 1. Januar.

Mondzirkel, Mondzyklus (lunar cycle). → Metonischer Zyklus.

Monoceros. Lateinische Bezeichnung für das Sternbild → Einhorn.

Monoceros-Ring (Monoceros Loop). Ein ausgedehnter Gasring in etwa 3300 Lichtjahren Entfernung im Sternbild Monoceros (→ Einhorn). Vermutlich handelt es sich um den Überrest einer → Supernova, die ihren Ausbruch vor etwa 300000 Jahren hatte.

R Monocerotis. Ein Veränderlicher mit dem Spektraltyp A bis F, der den → kometarischen Nebel NGC 2261 (Hubble-Nebel) beleuchtet und diesen ebenfalls zu Helligkeitsschwankungen anregt. Der vermutlich sehr junge Stern selbst ist eine starke Infrarotquelle und wird von einer zirkumstellaren Gas- und Staubscheibe umgeben. Die Temperatur des Nebels beträgt nur etwa 810 K. In ihm wurden auch Kohlenmonoxid-Moleküle nachgewiesen.

Monochromator (monochromator). Eine optische Einrichtung, die es erlaubt, aus Licht einen sehr eng begrenzten Wellenlängenbereich auszufiltern. Meist wird hierzu ein Polarisations- oder Interferenzfilter mit einem Durchlässigkeitsbereich von weniger als 1 Å (0,1 nm) benutzt. Ein M. dient vor allem zur Erforschung der Sonne im Lichte bestimmter Spektrallinien, um damit z. B. Protuberanzen, Filamente, Eruptionen zu beobachten.

Montierung (mounting). Der Teil eines astronomischen → Fernrohrs, der dieses auf dem Boden aufstellt und erlaubt, auf möglichst alle Teile des Himmelsgewölbes einzustellen sowie die durch die Erdrotation bedingte tägliche Bewegung der Gestirne nachzuführen.

Am einfachsten ist die azimutale M., bei der das Fernrohr um eine vertikale und horizontale Achse zu drehen ist. Da (mit Ausnahme eines Beobachtungspunkts an den Erdpolen und am Erdäquator) alle Gestirne schräge Bewegungen gegen den Horizont ausführen, muß ein Fernrohr mit einer derartigen M. um beide Achsen gedreht werden. Daher dienen azimutale M. meist nur sehr kleinen Amateurfernrohren. Neuerdings ist es allerdings mit elektronischen Steuereinrichtungen möglich, auch größere azimutal montierte Fernrohre automatisch den Gestirnen nachzuführen. Auch bei vielen Radioteleskopen sind azimutale M. üblich.

In der Regel verfügt ein astronomisches Fernrohr aber über eine parallaktische M. In diesem Falle ist die eine Achse unserer Erdachse parallel und weist

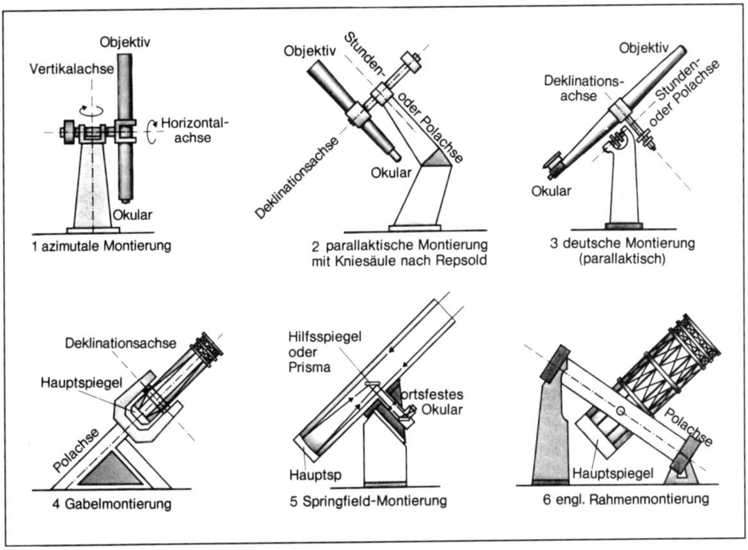

Verschiedene Fernrohrmontierungen

damit auf die beiden Himmelspole. Diese Achse wird auch als Stunden- oder Polachse bezeichnet. Dazu senkrecht steht die Deklinationsachse des Fernrohrs. Wird nun das Instrument innerhalb von 24 Stunden (genauer 1 Sterntag) um die Stundenachse einmal gedreht, so kann es dem Lauf der Sterne nachgeführt werden. Gegebenenfalls müßten Eigenbewegungen von Planeten, Mond und Sonne noch berücksichtigt werden. Auch → Teilkreise.

Die Nachführung geschah ursprünglich mit einem einfachen mechanischen Uhrwerk, heute mit elektrischen Motoren. Bei Amateurfernrohren werden oft Synchronmotoren benutzt, an die zur Erreichung etwas größerer oder kleinerer Nachführgeschwindigkeiten ein Frequenzwandler vorgeschaltet ist. Bei photographischen Aufnahmen mit längeren Belichtungszeiten ist in der Regel eine visuelle Kontrolle mit einem parallel zum Hauptinstrument angebrachten → Leitrohr erforderlich. Hierzu beobachtet man einen im Fadenkreuz des Leitrohres befindlichen Stern und korrigiert geringfügige Abweichungen nach der einen oder anderen Seite. Restliche Abweichungen können aber auch mit Hilfe photoelektrischer Methoden ausgeglichen werden.

In neuerer Zeit erfolgt die Nachführung, vor allem von Großteleskopen, über Computer (»Rechnersteuerung«). Dabei kann auch die atmosphärische → Refraktion berücksichtigt werden. Die Abweichungen übersteigen selbst nach einer Stunde ohne weiteres Eingreifen nur wenige Zehntel Bogensekunden. Auch die Fernbedienung von Teleskopen per Funk über Satellit ist möglich. Die parallaktische Aufstellung eines Fernrohrs ist in mechanischer Hinsicht unterschiedlich. Man spricht z.B. von einer deutschen M., englischen Achsenm., Kniem., Gabelm., Hufeisenm. usw.

Das Hauptproblem einer parallaktischen M. ist die genaue Ausrichtung der Stundenachse auf den Himmelspol. Bei transportablen Instrumenten genügt bereits eine grobe Einstellung auf den Polarstern. Bei festaufgestellten Instrumenten, vor allem aber zu photographischen Zwecken, ist eine genauere Einstellung erforderlich. Hierzu empfiehlt sich vorzugsweise für Liebhaberinstrumente die Methode von J. Scheiner (1858–1913). Zunächst geht man davon aus, daß die Stundenachse in die Meridianebene zu bringen ist. Eine grobe Einstellung kann anfänglich mit Hilfe des Polarsterns oder eines Kompasses erzielt werden. Auch die Polhöhe kann auf diesem Wege zuvor grob eingestellt werden. Nun wird ein Stern ausgewählt, der nicht zu weit vom Himmelsäquator und vom Meridian entfernt ist. Nach Einstellen des Sterns in die Mitte des Gesichtsfeldes des Okulars wird die Deklinationsachse des Fernrohrs festgeklemmt. In den folgenden Minuten wird nun durch Drehen der Stundenachse dem Lauf des Sterns nachgefolgt. Weicht der Stern nach Süden ab, so weicht die Meridianebene des Fernrohrs nach Westen ab, sofern man nach Süden blickt. In diesem Falle muß die Stundenachse des Fernrohrs etwa nach Osten, also in linker Richtung gedreht werden. Bewegt sich der Stern dagegen zum unteren, nördlichen Teil des Gesichtsfeldes, so muß die Meridianebene des Fernrohrs etwas nach rechts, also nach Westen gedreht werden. Die Beobachtungen werden so lange wiederholt, bis keine Abweichung nach Süden oder Norden mehr festzustellen ist. Zur Einstellung der Polhöhe wählt man einen Stern aus, der sehr weit östlich des Meridians, aber wiederum in der Nähe des Himmelsäquators steht. Abermals verfolgt man bei festgeklemmter Deklinationsachse die Sternbewegung. Weicht er nach Norden, also unten, ab, so ist die

Polhöhe des Instruments zu groß eingestellt. Weicht er nach oben, Süden, ab, so ist die Polhöhe zu klein.

Moonblinks. → Mondbeben.

Morgenrot (sunrise glow). → Abendrot.

Morgenstern (Morning star). Der Planet Venus, wenn dieser westlich oder rechts der Sonne steht und damit vor der Sonne aufgeht. Den größten Winkelabstand von der Sonne erreicht die Venus als Morgenstern zum Zeitpunkt der größten westlichen → Elongation von der Sonne.

Morgenweite. Der Winkel zwischen dem Ostpunkt und dem Aufgangspunkt eines Gestirns am Horizont. In der Regel wird der Begriff nur bei der Sonne angewandt.

Mößbauer-Effekt. Die Emission oder Absorption von Spektrallinien der Gammastrahlung durch Atomkerne, die bei sehr tiefen Temperaturen in ein Kristallgitter eingebaut sind. Der Effekt wurde nach R. Mößbauer (*1929) benannt. Im Gegensatz zu anderen Emissions- oder Absorptionsvorgängen der Gammastrahlung erfolgt hier kein Rückstoßeffekt, so daß die Frequenz der Strahlung unverändert ist. Besonders klein ist die Breite der Spektrallinien (im Verhältnis zur Wellenlänge) beim Eisen mit $5 \cdot 10^{-13}$ und Zinn mit $5 \cdot 10^{-16}$. Die Eisen-Gammalinie ist daher zu besonders exakten Experimenten herangezogen worden. So war es z. B. möglich, die relativistische Rotverschiebung im Schwerefeld der Erde, die relativistische Zeitdehnung und die relativistische Massenzunahme bei hohen Geschwindigkeiten mit besonders großer Genauigkeit zu bestimmen (→ Relativitätstheorie). In diesem Zusammenhang hat der M.-E. Bedeutung für die Kosmologie.

motus parallacticus. → Parallaktische Bewegung.

Mount Graham International Astrophysical Observatory. Ein auf dem 3200 m hohen Mount Graham etwa 150 km nordöstlich Tucson in Arizona/USA gelegenes großes Astronomie-Zentrum. Es wird im Endzustand sowohl mehrere optische Teleskope, darunter ein 2 × 8,4 m-»Binokular«-Teleskop, sowie Instrumente zur Radioastronomie und Infrarotastronomie besitzen. Das Max-Planck-Institut für Radioastronomie Bonn betreibt zusammen mit dem Steward-Observatory, Arizona, ein 10 m-Submillimeterteleskop.

Mount Hamilton Observatory. → Lick-Observatory.

Mount Hopkins Observatory. → Multi-Mirror-Telescope.

Mount Palomar Observatory. Ein 80 km nordöstlich von San Diego, Kalifornien, gelegenes Observatorium auf dem 1706 m hohen Mount Palomar. Auf ihm wurde 1948 der 508 cm-Spiegel unter einer Kuppel von 41 m Höhe aufgestellt (→ Hale-Teleskop). Ferner besitzt das Observatorium den »Big Schmidt«, ein → Schmidt-Spiegel mit 183 cm Öffnung bzw. 122 cm Durchmesser der Korrektionsplatte. Mit ihm wurde die bekannte photographische »Sky Survey« durchgeführt. Ein weiteres photometrisches Teleskop wurde 1970 mit 152 cm Öffnung installiert.

Mount Palomar Sky Atlas. → Palomar Sky Atlas.

Mount Stromlo Observatory. Ein auf dem Mount Stromlo 11 km westlich von Canberra in Australien mit einer Höhe von 768 m seit 1930 gelegenes Observatorium. Sein Hauptteleskop ist heute ein 188 cm-Spiegel, der 1955 fertiggestellt wurde. Ferner befindet sich dort ein 127 cm- und ein 76 cm-Spiegel, sowie ein 66 cm-Refraktor. Eine Außenstelle ist das → Siding Spring-Observatory in der Nähe von Coonabarabran in New South Wales.

Mount Wilson Observatory. Ein auf dem Mount Wilson 32 km nördlich von Los Angeles in einer Höhe von 1742 m gelegenes Observatorium. Dort stellte 1908 G. E. Hale (1868–1938) zunächst einen 152 cm-Spiegel auf. Am bekanntesten wurde das Observatorium durch den 254 cm-Hooker-Spiegel, der 1917 in Betrieb genommen wurde. Sein Name geht auf J. D. Hooker zurück, der durch eine Stiftung die Errichtung des Spiegelteleskops ermöglichte. Ferner befinden sich hier verschiedene Turmteleskope zur Sonnenbeobachtung mit einer Höhe von 18,3 m und 45,7 m. Von 1970 bis 1985 gehörte das Observatorium zu den → Hale-Observatorien. 1985 gab die Carnegie-Institution den Betrieb des Observatoriums wegen der starken Aufhellung des Nachthimmels und der Luftverschmutzung von seiten des Großraums Los Angeles auf. 1988 wurde die jetzt »Mount Wilson Institute« benannte Einrichtung einer privaten Trägerschaft übergeben, und der Beobachtungsbetrieb konnte wieder auf bestimmten Teilgebieten aufgenommen werden.

Mpc. Abk. für → Megaparsec.

Mullard Radio Astronomy Observatory. Ein Radioobservatorium der Universität Cambridge, England, mit mehreren kleineren Radiospiegeln, die mit Hilfe der → Apertursynthese zusammengeschaltet sind. Diese Technik wurde dort erstmals entwickelt. An dem Observatorium wurden umfangreiche Kataloge von Radioquellen erstellt. Viele Bezeichnungen von Radioquellen erinnern daran, z. B. 3C 243. Das 3C steht z. B. für den dritten Katalog, der in Cambridge entstand. Ferner wurde hier 1967 der erste → Pulsar entdeckt.

Multi-Mirror-Telescope. Ein aus mehreren Spiegeln zusammengesetztes Spiegelteleskop (Abk. MMT). Es befindet sich am Fred Lawrence Whipple Observatory auf dem 2600 m hohen Mount Hopkins in Arizona und wird von dem Smithsonian Institution Astrophysical Observatory und der Universität von Arizona betrieben. Es besteht aus sechs 1,8 m-Spiegeln und hat die Leistung eines 4,5 m-Spiegels bei deutlich verringerten Kosten. Der Bau eines solchen Teleskops war erst mit der neueren Entwicklung der Computertechnik möglich, denn die Einzelspiegel müssen stets exakt in dieselbe Himmelsrichtung eingestellt sein. Die genaue Ausrichtung geschieht mit Hilfe eines im Mittelteil des Tubus angebrachten 76 cm-Cassegrain-Teleskops. Das MMT stellte den Prototyp für weitere aus Einzelspiegeln zusammengesetzte Großteleskope dar, z. B. für das → Keck-Teleskop und das → Very Large Telescope. Auch → aktive Optik.

Multiplier. → Photometer.

Multiplikationskreis, Repetitionskreis (repetition circle). Ein Instrument, mit dessen Hilfe man in der Geodäsie und Astronomie die → Höhe eines Gestirns über dem Horizont messen kann. Der Kerngedanke des M. besteht darin, daß man durch Vervielfältigung der Winkel die Teilungsfehler wesentlich verringern kann. Das Gerät besteht in der Hauptsache aus einem Fernrohr mit zwei konzentrischen Kreisen und Nonien zur Ablesung der Winkel. Es wurde erstmals von J. T. Mayer (1723–1762) vorgeschlagen. Doch bereits im 19. Jahrhundert verlor der M. seine Bedeutung, da man erkannte, daß die unstabile Aufstellung des Instruments andere Fehler verursachen kann.

Murchison-Meteorit (Murchison meteorite). Ein bekannter kohlenstoffhaltiger → Chondrit, der 1969 in der Nähe von Murchison, Australien, niederging. In ihm wurden mindestens 17 Aminosäuren gefunden, die nicht terrestrischen Ursprungs sein können, da bei ihnen sowohl links- wie rechtsdrehende Molekülstrukturen auftreten. Auf der Erde kommt nur eine dieser beiden Möglichkeiten vor.

Musca. Lateinische Bezeichnung für das Sternbild → Fliege.
Mutterkomet (parent comet). Ein Komet, aus dem vermutlich durch Aufspaltung mehrere Kometen entstanden sind, die z. B. eine → Kometengruppe erzeugten.
Muttermolekül (parent molecule). Ein Molekül in einem → Kometen, das durch die Ultraviolettstrahlung der Sonne bei Annäherung des Kometen an diese in einfachere sog. Tochtermoleküle zerfällt, die spektroskopisch nachweisbar sind.
Myon (muon). → Elementarteilchen.

N

Nachführung (guiding). Die Drehung eines Fernrohrs um seine Polachse, um die tägliche Bewegung der Sterne auszugleichen (→ Montierung).

Nachrichtensatellit, Fernmeldesatellit, Kommunikationssatellit (communications satellite). Unbemannter künstlicher Satellit, der zur Übertragung von Telephongesprächen, Funk- und Fernsehsendungen usw. dient. Passive N. reflektieren nur ankommende Funksignale. Dazu gehörten vor allem die → Echo-Satelliten. Aktive N., wie sie heute praktisch ausschließlich in Betrieb sind, verstärken die ankommenden Signale, bevor sie wieder ausgesandt werden. Die meisten N. befinden sich auf einer → Synchronbahn.

Nacht (night). Der Zeitraum zwischen Sonnenuntergang und Sonnenaufgang. Die → Dämmerung wird der N. zugerechnet. Die Länge der N. ist abhängig von der geographischen Breite und der Jahreszeit. Lediglich am Erdäquator ist das ganze Jahr hindurch Tagundnachtgleiche, d.h. Tag und N. dauern je 12 Stunden (allerdings ohne Berücksichtigung der → Refraktion). Am Nord- und Südpol der Erde ist je ein halbes Jahr Polartag und → Polarnacht. Auf 50° nördl. Breite tritt die längste N. zur Zeit der Wintersonnenwende mit $15^h\ 56^m$ Dauer, die kürzeste N. zur Zeit der Sommersonnenwende mit $7^h\ 37^m$ Dauer ein.

Nachtbogen (nocturnal arc). Der unterhalb des Horizonts liegende Teil des Kreisbogens, den ein Himmelskörper infolge der täglichen scheinbaren Bewegung beschreibt.

Nachthimmelslicht (night sky light). Eine dauernd vorhandene schwache Erhellung des Nachthimmels, die auch weit außerhalb von Großstädten und unabhängig von der Aufhellung durch den Mond beobachtet werden kann. Es hat verschiedene Ursachen:

1. Ein Leuchten, das durch den Zusammenstoß von Atomen und Molekülen mit elektrisch geladenen Teilchen sowie der Ultraviolettstrahlung der Sonne in den äußersten Schichten der Erdatmosphäre entsteht. Hierbei sind vor allem Sauerstoff, Stickstoff, Neon und OH-Moleküle beteiligt. Diese Erscheinung wird oft auch mit der englischen Bezeichnung »airglow«, bezeichnet. Sie kann auch von Erdsatelliten aus photographiert werden und erscheint dabei als heller Saum in 90 bis 500 km Höhe.
2. Eine diffuse Aufhellung, die durch die Milchstraße entsteht.
3. Leuchterscheinungen, die durch das → Zodiakallicht und dessen Ausläufer zustande kommen.
4. Ein Streulicht, das innerhalb der Troposphäre durch die unter 1 bis 3 genannten Lichtquellen entsteht. Das N. ist zeitlichen Schwankungen unterworfen und hängt vor allem vom Zeitpunkt innerhalb der Nacht, der geographischen Breite, der Jahreszeit sowie der Sonnenaktivität ab. Aber auch das Eindringen

interplanetaren Staubs führt zu Aufhellungen des Nachthimmels (→ Leuchtstreifen). Ferner ist das N., vor allem das »airglow« im Zenit am schwächsten, in einer Höhe von etwa 10° über dem Horizont am stärksten.

Nachtwolken. → Leuchtende Nachtwolken.

Nadir (nadir). Der dem → Zenit an der Himmelskugel gegenüberliegende »Fußpunkt«. Er bildet gleichzeitig Schnittpunkt des unter die Erdoberfläche verlängerten Lotes eines Beobachtungsorts mit der Himmelssphäre. Die Bezeichnung stammt aus der arabischen Sprache und bedeutet eigentlich »gegenüberliegend«.

Naiad. Ein 1989 von Voyager 2 entdeckter Satellit des Neptun. Seine mittlere Entfernung von Neptun beträgt 48 000 km, seine Umlaufzeit 0,296 Tage. Die Bahnexzentrizität ist 0, die Bahnneigung 4,7°, der Durchmesser etwa 50 km.

nano-. Abk. n, Vorsatzsilbe, bedeutet in Zusammensetzungen 10^{-9}.

Nanometer (nanometre). Abk. nm, ein Längenmaß, das vor allem in der Optik und Spektroskopie benutzt wird. 1 nm = 10^{-9} m = 10 Å.

Naos. Der Stern ζ Puppis. Er ist trotz des späteren Buchstabens im griechischen Alphabet der hellste Stern im Sternbild → Hinterdeck.

NASA. Abk. für National Aeronautics and Space Administration, eine am 1. 10. 1958 gegründete Einrichtung in den USA für alle nichtmilitärischen aeronautischen und astronautischen Forschungsprogramme. Das Hauptquartier befindet sich in Washington, DC. Die NASA ist Nachfolgeorganisation des »National Advisory Committee for Aeronautics« (NACA). Wichtige Zentren der NASA sind das Goddard Space Flight Center, das → Jet Propulsion Laboratory, das → Kennedy Space Center und das → Johnson Space Center. Ferner verfügt die NASA über mehrere Stationen zur Bahnverfolgung und Überwachung von Satelliten und Raumsonden rings um die Erde, darunter das Deep Space Network mit drei 70 Meter-Antennen bei Goldstone/Kalifornien, Madrid/Spanien und Canberra/Australien.

Nasmyth-Spiegel (nasmyth telescope). Ein dem → Cassegrain-Spiegel ähnlicher → Reflektor, bei dem allerdings das Strahlenbündel kurz vor dem zweiten Erreichen des Hauptspiegels rechtwinklig aus dem Fernrohr-Tubus abgelenkt wird.

National Radio Astronomy Observatory. Großes radioastronomisches Observatorium, das 1957 bei Green Bank, West-Virginia, USA, gegründet wurde (Abk. NRAO). Der größte Radiospiegel besaß einen Durchmesser von 90,4 m und wurde 1962 errichtet. Das Gerät war allerdings nur in der Meridianebene drehbar. Dieses Radioteleskop stürzte aus mechanischen Gründen 1988 ein und wird durch ein neues Radioteleskop ersetzt. Neben mehreren kleineren Radioteleskopen und Radiointerferometern verfügt das NRAO in der Nähe von Socorro, New Mexico, auch seit 1981 über das sog. Very Large Array (VLA). Die Einrichtung besteht aus über 27 beweglichen Antennen zu je 25 m Durchmesser, die in der Form des Buchstabens Y angeordnet sind. Die einzelnen Arme des Y sind jeweils 21 km lang. Mit Hilfe der → Apertursynthese hat diese Einrichtung ein Auflösungsvermögen, das dem eines einzelnen Radiospiegels von 27 km Durchmesser entspricht. Bei einer Wellenlänge von 1,3 cm wird das maximale Auflösungsvermögen von 0,05″ erreicht. Die meisten Messungen werden allerdings bei 6 cm Wellenlänge vorgenommen. Hier ist die Auflösung 1″. Am → Kitt Peak National Observatory befindet sich auch ein Millimeterwellen-Teleskop des NRAO.

Nativität, Geburtshoroskop (nativity). Die Stellung von Sonne, Mond und Planeten zum Zeitpunkt der Geburt (→ Horoskop).

Nautical Almanac. Ein in England seit 1767 herausgegebenes nautisches Jahrbuch, das auch für astronomische Zwekke benutzt werden kann. → Jahrbücher.

nautisches Dreieck (astronomical triangle). Ein sphärisches Dreieck an der Himmelskugel, das durch den → Zenit, den nördlichen Himmelspol und ein Gestirn gebildet wird. Es wird vor allem bei der geographischen Ortsbestimmung benutzt.

Navigationssatellit (navigational satellite). Unbemannter künstlicher Satellit, der zur Navigation in der See- und Luftfahrt dient. Der erste erfolgreiche N. war Transit 1B, der am 13. 4. 1960 gestartet wurde. Er diente der Marine. Zu weiteren N. dieses Typs zählten die ab 22. 2. 1978 gestarteten Navstar-Satelliten. Heute sind verbesserte N. im kommerziellen Einsatz.

Nebel (nebulae, nebulas). Allgemeine und nicht näher definierte Bezeichnung für diffuse helle oder dunkle schwache Objekte am Himmel. Sie wurde bereits im 17. Jahrhundert eingeführt, bevor man die einzelnen Typen der N. genauer erforschen konnte. Heute muß vor allem zwischen den galaktischen und extragalaktischen (außergalaktischen) N. unterschieden werden. Die galaktischen N. gehen durchweg auf die → interstellare Materie zurück (Emissionsnebel, → Reflexionsnebel). Aber auch die → Dunkelwolken (Dunkelnebel) gehören dazu. Weitere N. sind die → planetarischen Nebel und die Überreste von → Supernovae. Die extragalaktischen N. sind mit den → Galaxien identisch.

Nebelfilter (nebular filters). Spezielle → Interferenzfilter, die die für die Stadtbeleuchtung typischen Wellenlängenbereiche herausfiltern oder nur die Wellenlängen durchlassen, in denen helle Emissionsnebel strahlen. Mit diesen auch »Deep Sky-Filter« genannten N. kann man Nebel und Galaxien auch bei erhelltem Stadthimmel besser beobachten oder photographieren.

nebelfreie Zone (zone of avoidance). Ein Bereich am Himmel, in dem keine oder nur sehr wenige Galaxien beobachtet bzw. photographiert werden können. Er befindet sich in der unmittelbaren Nachbarschaft des galaktischen Äquators und hat seine Ursache darin, daß in der Ebene unseres galaktischen Systems so viel staubförmige → interstellare Materie angesammelt ist, daß das Licht von Galaxien, die in dieser Richtung liegen, praktisch vollständig absorbiert wird und uns auf der Erde nicht mehr erreicht. An die n. Z. schließt sich die nebelarme Zone an, in der nur eine begrenzte Anzahl von Galaxien festgestellt werden kann. Die Begrenzung der beiden Zonen ist verhältnismäßig unregelmäßig. Doch zeigt sich eine besonders starke Verbreiterung der n. Z. etwa zum Zentrum unseres galaktischen Systems, aber auch in der Richtung zu den Sternbildern Cepheus, Stier und Orion.

Nebelhaufen (cluster of nebulae). → Galaxienhaufen.

Nebelkatalog (catalogue of nebulae). Ein Verzeichnis, das die kosmischen → Nebel enthält. Streng genommen enthielten die ersten im 18. und 19. Jahrhundert erstellten N. die verschiedensten Formen der Nebel, aber zusätzlich auch zahlreiche Sternhaufen. Am bekanntesten ist der → Messier-Katalog, sowie der → New General Catalogue.

Nebellinien (nebular lines). Starke Emissionslinien, die im Spektrum der Emissionsnebel auftreten. Es handelt sich dabei vor allem um → verbotene

Linien des ionisierten Sauerstoffs und Stickstoffs. Früher wurden die N. irrtümlich einem hypothetischen chemischen Element zugeschrieben, das Nebulium bezeichnet wurde.

Nebelveränderliche (nebular variables). → T Tauri-Sterne.

Nebengegensonne (paranthelion). → Halo.

Nebenkreis, Kleinkreis (minor circle). Ein um eine Kugel führender Kreis, dessen Mittelpunkt nicht mit dem Kugelmittelpunkt zusammenfällt.

Nebenminimum (secondary minimum). Bei den periodischen → Veränderlichen, z. B. bei → Algol auftretende kleinere Helligkeitsabschwächung, im Gegensatz zum Hauptminimum.

Nebensonnen (parhelion, mock sun). → Halo.

Nebensonnenring (circumhorizontal arc). Der Horizontalring bei einem → Halo.

Nebularhypothese (nebular hypothesis). Die auf P. S. de Laplace (1749–1827) zurückgehende Annahme, unser Planetensystem sei aus der Zusammenballung zunächst dünner Gasringe, die von der Sonne ausgeschleudert wurden, entstanden (→ Planetensystem).

Nebulium. → Nebellinien.

Neigung. → Inklination.

Neptun (Neptune). Der zweitäußerste Planet unseres Planetensystems. Seine mittlere Entfernung von der Sonne beträgt 4496,7 Mill. km, die Umlaufzeit 164,79 Jahre, die Bahnexzentrizität 0,0097, die Bahnneigung 1°46′, die Umlaufgeschwindigkeit im Mittel 5,43 km/s, der Äquatordurchmesser 49 528 km, die Masse $1{,}02 \cdot 10^{29}$ g bzw. 17,1 Erdmassen, die mittlere Dichte 1,64 g/cm^3, die Rotationszeit 16^h07^m, die Achsenneigung 29,6° zur Senkrechten auf der Bahnebene und die Abplattung 1 : 59.

Bereits zu Beginn des 19. Jahrhunderts zeigten sich in der Bewegung des Uranus starke Bahnstörungen, die nicht allein auf das Newtonsche Gravitationsgesetz zurückzuführen waren. Aufgrund dieser Störungen und der Annahme, daß sie durch einen weiteren, außerhalb der Uranusbahn befindlichen Planeten verursacht sind, berechneten 1845 und 1846 J. C. Adams (1819–1892) und U. J. J. Leverrier (1811–1877) die Bahn dieses unbekannten Himmelskörpers. Aufgrund der Berechnungen von Leverrier konnte dann schließlich J. G. Galle (1812–1910) den N. am 23. 9. 1846 auffinden.

Von der Erde aus gesehen erscheint N. in einer mittleren Opposition nur etwa $+7\overset{m}{,}5$ hell und zeigt einen Scheibchendurchmesser von 2″. Damit können nur mit größeren Instrumenten unter besten atmosphärischen Sichtbedingungen gerade noch schwache Einzelheiten wahrgenommen werden, die aber zweifelsohne seiner Atmosphäre zugehören. Am 25. 8. 1989 flog Voyager 2 in einem Abstand von nur 4905 km über der Wolkenobergrenze des N. vorüber. Spektroskopische Untersuchungen zeigten bereits früher, daß die Atmosphäre vor allem aus Wasserstoff, Helium und Methan besteht. Der Methananteil ist auch der Grund für das grünlichbläuliche Aussehen des N. Methan absorbiert das langwellige, rote Licht. Beim Vorüberflug von Voyager 2 erschien N. sogar fast rein blau. In etwa 2000 km Höhe über dem mittleren Radius beträgt die Temperatur +480°C. Dort treten auch Polarlichter auf. Sonst herrschen in der oberen Atmosphäre –218°C. Die UV-Strahlung der Sonne knackt hier vielleicht das Methan auf und verwandelt es in Äthan, Acetylen und Diacetylen. Diese Stoffe sinken zunächst in die noch etwas kältere Stratosphäre und bilden Eispartikel. Noch schwerer geworden sinken sie in die mit –127°C wärmere Troposphäre und verdunsten in

Methan. Dieses steigt wieder nach oben, der Kreislauf beginnt von neuem.
Die Voyager-Aufnahmen zeigten einige helle und dunkle Wolkenkomplexe. Besonders auffallend war der inzwischen wieder verschwundene Große Dunkle Fleck (Great Dark Spot, Abk. GDF bzw. GDS) auf 21° südl. Breite. Seine Länge betrug 12000 km, seine Breite 8000 km. Er war im Verhältnis zu N. genau so groß wie der → Große Rote Fleck auf Jupiter und könnte ähnliche Ursachen haben. Die Rotation erfolgte entgegengesetzt zum Uhrzeiger (Antizyklone). 1 Rotation erfolgte in 16 Erdtagen. Direkt daneben lag der Südliche Helle Fleck (S1). Hier handelte es sich wohl um orographische Wolken, wie sie auf der Erde durch Auftrieb an Bergen, auf N. jedoch durch Druckunterschiede entstehen. Auf 41° S lag der bläulich-weiße Scooter und auf 51° S ein weiterer dunkler Fleck mit einem weißen Zentrum. Ferner zeigten sich helle cirrusartige Wolken, die Schatten auf tiefer gelegene Wolkenschichten warfen. Daraus ergab sich eine Höhe von 50 bis 150 km über diesem Niveau. Auch schwache, zum Äquator parallele Wolkenbänder waren angedeutet. Das Hubble-Space-Telescope entdeckte Ende 1994 als »Ersatz« für den GDF im Norden einen neuen dunklen Fleck. Die Windgeschwindigkeiten in der Atmosphäre betragen bis zu 2200 km/h. Die Wolken rotieren meist etwas langsamer als das Innere.
Der Kern des N. besteht vor allem aus Gesteinen. Die Temperatur dürfte bei fast 7000°C liegen. Darüber liegt ein Mantel aus Wasser, Methan und Ammoniak im flüssigen oder gefrorenen Zustand. N. besitzt ein Magnetfeld, das knapp halb so stark ist wie das der Erde. Seine Achse ist um 47° gegen die Rotationsachse geneigt und außerdem um 10000 km aus dem N.-Zentrum versetzt. Voyager 2 kreuzte in 625000 km Entfernung die Stoßfront, wo der Sonnenwind auf die Magnetosphäre trifft. N. gibt 2,7 mal so viel Energie ab als er von der Sonne erhält. Dies hängt vielleicht mit einer Kontraktion des Planeten zusammen. Bereits von der Erde aus war bei Bedekkungen von Sternen durch N. die Existenz eines Ringsystems wahrscheinlich geworden. Voyager 2 hat es bestätigt. Der äußere, sehr schmale Ring 1989 N1R (Adams-Ring) liegt 38000 km über der Wolkenobergrenze. Er zeigt einige hellere Ringsegmente und Dutzende heller Punkte, die einzelne Minimonde (Moonlets) mit einem Durchmesser von 10 bis 15 km sein könnten. Im übrigen besteht der Ring aus Teilchen mit einer Größe von Millimeter bis Meter sowie 30 bis 60% Staub. Die Breite beträgt maximal 50 km, im Mittel aber 17 km. 32000 km hoch liegt ein zweiter diffuser Ring mit 2500 km Breite. Es folgt nach innen der Ring 1989 N2R (Leverrier-Ring) in 27000 km Höhe und in 17000 km Höhe der Ring 1989 N3R (Galle-Ring) als diffuse Scheibe, die fast bis zur Wolkenobergrenze reichen dürfte. Auch außerhalb N1R gibt es Staub.

Neptunsatelliten (satellites of Neptune). Die den Planeten Neptun umkreisenden Satelliten. Die einzelnen Körper werden unter den betreffenden Stichwörtern gesondert beschrieben.

Neptunsatelliten

Name	∅ in km	mittlerer Abstand in km	Umlaufzeit in Tagen
Naiad	50	48 000	0,296
Thalassa	80	50 000	0,313
Despina	180	52 500	0,333
Galatea	150	62 000	0,428
Larissa	190	73 600	0,554
Proteus	436	117 600	1,121
Triton	2704	354 800	5,877 R
Nereid	340	5 513 400	360,16

R bedeutet rückläufiger Umlauf

Nereid(e). Der 2. Satellit des Neptun. Er wurde 1949 von G. Kuiper (1905–1973) aufgefunden. Seine Helligkeit beträgt in der mittleren Opposition nur etwa 19^m, so daß er lediglich mit sehr lichtstarken Instrumenten photographiert werden kann. Seine mittlere Entfernung von Neptun beträgt 5,513 Mill. km, seine Umlaufzeit 360,16 Tage. Seine Bahnexzentrizität ist mit 0,76 die größte unter allen bisher bekannten Satelliten unseres Planetensystems. Sie bedeutet, daß der Abstand zwischen N. und Neptun zwischen 1,330 und 9,760 Mill. km schwankt. Der Durchmesser beträgt etwa 340 km.

Netz (Net). Ein Sternbild am südlichen Himmel (lateinische Bezeichnung Reticulum, Abk. Ret). Das 1624 von J. Bartsch (1600–1633) unter der Bezeichnung Rhombus notierte und 1752 von N. L. Lacaille (1713–1762) rhombisches Netz getaufte Sternbild kann von Mitteleuropa aus nicht beobachtet werden. Es enthält nur schwächere Sterne und ist nicht besonders ausgedehnt. Der Hauptstern α Reticuli ist $3\overset{m}{.}4$ hell und 365 Lichtjahre entfernt.

neuer Stern (new star). → Nova.

Neuer Stil (New Style). Angabe eines Datums gemäß dem → Gregorianischen Kalender.

Neulicht. Das erste Erscheinen der schmalen zunehmenden Mondsichel in der Abenddämmerung etwa 1 bis 3 Tage nach der Neumondphase (→ Mondphasen). Der selten benutzte Begriff N. gilt vor allem beim → Mohammedanischen Kalender als Beginn des neuen Monats. Der Mond wird dabei meist direkt beobachtet.

Neumannsche Linien (Neumann lines). Parallele Linien, die sich in eisenhaltigen → Meteoriten zeigen können.

Neumond (new moon). Eine Mondphase, bei der der Mond in Konjunktion zur Sonne steht bzw. dieselbe ekliptikale Länge wie die Sonne hat (→ Mondphasen).

neutrale Punkte (neutral points). Punkte am Himmelsgewölbe, an denen das Himmelslicht keine → Polarisation zeigt (→ Arago-Punkt).

Neutrino (neutrino). Ein stabiles → Elementarteilchen ohne elektrische Ladung. Die N. zählen zu den Leptonen und unterliegen nur der schwachen Wechselwirkung. Jedes elektrisch geladene Lepton, also das Elektron, Myon und Tau-Teilchen, entspricht einem N. bzw. dessen Antiteilchen. Im Verlaufe vieler atomarer Kernprozesse führen N. nicht unbeträchtliche Energiebeträge ab. Ein besonders hoher Energieverlust tritt durch die Bildung von N.-Antineutrino-Paaren bei Temperaturen über 100 Mill. Grad K (Photo-N.) oder die Paar-Annihilation von Elektronen und Positronen ein. In weit entwickelten Sternen ist der N.-Energieverlust u. U. wichtig, da er zu einer Abkühlung des Sternkerns führt. Das wichtigste Merkmal der N. ist ihre außerordentlich geringe Wechselwirkung mit allen anderen Elementarteilchen. Die Wahrscheinlichkeit, daß ein N. mit anderen Teilchen in Wechselwirkung tritt, ist nur 10^{-19}mal so groß wie die bei einem → Photon.

Oder anders ausgedrückt: Die mittlere freie Weglänge der N. in einem gedachten Eisenblock beträgt 1000 Lichtjahre! Der menschliche Körper wird pro Sekunde von 100 Billionen N. durchquert. Aber nur einmal innerhalb von rund 100 Jahren würde ein einziges N. mit einem Atom des Körpers wechselwirken. Die N. stammen größtenteils aus der Zeit kurz nach der Entstehung des Universums (kosmologische N., bisher nicht nachgewiesen), von der Sonne bei der Fusion von Wasserstoff zu Helium und dem Kollaps alter Sterne, der zu einer Supernova führt.

Umstritten ist noch der Umstand, ob die Ruhemasse der N. Null oder doch wenigstens sehr klein ist. Nach den bisher vorliegenden Messungen muß aber z.B. die Ruhemasse des Elektron-N. kleiner als etwa 7,2 eV sein. Möglicherweise verwandeln sich die N. der einzelnen Arten auch unter bestimmten Umständen ineinander um (N.-Oszillation).

Neutrino-Astronomie (neutrino astronomy) . Ein noch sehr junger Teilbereich der Astronomie, der sich zur Aufgabe gestellt hat, → Neutrinos aus dem Kosmos zu registrieren. Besonders bei der Energieerzeugung in den Sternen, vor allem unserer Sonne, werden laufend Neutrinos freigesetzt, die ungehindert das Stern- bzw. Sonneninnere durchqueren und später auch unsere Erde erreichen. Ihr Nachweis ist allerdings praktisch außerordentlich schwierig. In den letzten Jahren wurden mehrere ausgeklügelte Experimente durchgeführt. Am wichtigsten waren zur Bestimmung der solaren Neutrinos die Untersuchungen in der Mine bei → Homestake und das Experiment → Gallex. Weitere Experimente wurden u.a. mit den → Kamiokande-Detektoren unternommen. Bisher wurden neben der solaren Neutrino-Strahlung lediglich Neutrinos registriert, die bei dem Ausbruch der → Supernova 1987 A in der Großen Magellanschen Wolke eintrafen. Die N.-A. steht noch in ihren Anfängen, könnte aber in absehbarer Zeit zu einem noch wichtigeren Forschungsgebiet werden. Besonders bedeutsam ist dabei der Umstand, daß es mit Hilfe der Neutrinos gelingt, direkte Informationen aus dem Inneren der Sonne und vielleicht auch anderer Sterne und kosmischer Objekte zu erhalten.

Neutron (neutron). Ein → Elementarteilchen, dessen Masse geringfügig größer ist als die eines → Protons und $1{,}6749 \cdot 10^{-24}$ g oder 1,008 665 atomare Masseneinheiten beträgt. Ferner ist die Masse des N. 1838,65 mal größer als die eines → Elektrons. Das N. ist elektrisch neutral. Ein freies N. zerfällt mit einer Halbwertszeit von etwa 10,25 Minuten in ein Proton und Elektron sowie ein Antineutrino.

Neutronenmaterie (neutron matter). Entartete Materie, in der das Verhältnis der Elektronen zu den Protonen und Neutronen etwa 1 : 1 : 8, vielleicht auch 1 : 1 : 10 oder 1 : 1 : 12 beträgt.

Neutronenstern (neutron star). Ein kompakter, im wesentlichen aus → Neutronen bestehender Stern, der am Ende der → Sternentwicklung steht. Auf die Existenzmöglichkeit solcher Sterne hatten 1932/33 L. D. Landau (1908–1968), W. Baade (1893–1960) und F. Zwicky (1898–1974) hingewiesen. Auch J. R. Oppenheimer (1904–1967) berechnete im Jahre 1939 ein theoretisches Modell eines N. Die tatsächliche Entdeckung gelang allerdings erst 1967 und in den folgenden Jahren im Zusammenhang mit den → Pulsaren. N. haben einen Durchmesser von nur etwa 20 bis 24 km (fast unabhängig von der Masse) und eine Dichte von 10^{13} bis 10^{14} g/cm^3. Ihre Dichte ist damit etwa vergleichbar mit der in den Atomkernen üblichen Dichte. Elektronen und Protonen kommen unter diesen extremen Zuständen nicht nebeneinander vor. Vielmehr verwandeln sie sich in einem inversen Betazerfall in Neutronen. Es ist ein fast rein entartetes Neutronengas, ein superfluider Neutronensee. Dies bedeutet: keine Viskosität (innere Reibung) und keinen Widerstand beim Fließen, etwa vergleichbar mit unterkühltem, superfluidem Helium, das selbst durch kleinste Öffnungen ungehindert fließt. Außen bestehen N. aus einer Schale von einigen hundert Metern Dicke aus Eisen, das in dem starken Magnetfeld Polymere in einem festen Gitter bildet. Das Eisen hat hier eine 10^4fache Dichte gegenüber den Zuständen auf der

Erde und eine rund 1 Million mal größere Festigkeit als Stahl. Der innerste Kern eines N. ist allerdings physikalisch noch sehr wenig verstanden. Man weiß auch nicht, ob er flüssig oder fest ist. Vielleicht besteht er aus Hyperonen, Pionen oder freien Quarks. Die Dichte erreicht im Zentrum über $4 \cdot 10^{14}$ g/cm^3.

N. entstehen bei dem Ausbruch einer → Supernova vom Typ II, es sind also Endprodukte von Sternen über 1,44 Sonnenmassen (→ Chandrasekhar-Grenze). Eine obere Grenze liegt bei etwa 2 bis 3 Sonnenmassen. Massereichere Sterne kollabieren bei einem Supernovaausbruch vermutlich weiter zu einem → Schwarzen Loch.

Eine große Zahl von N. zeigt sich als → Pulsare im Radio- und/oder Röntgenwellenbereich. Alle Pulsare sind N. Aber nicht alle N. zeigen sich als Pulsare.

Das Magnetfeld eines N. erreicht eine Stärke von rund 100 Millionen Tesla. Die Zentraltemperatur beträgt bei seiner Entstehung rund 100 Milliarden K. In der Folge kühlt der N. aber durch seine Neutrinostrahlung rasch ab. Schon nach 1 Million Jahren sind es nur noch 10 Millionen K. N. sind optisch wesentlich lichtschwächer als z.B. die → weißen Zwergsterne. Ein bekannter N. befindet sich inmitten des → Crab-Nebels. Andere Objekte dieser Art sind aber auch Komponenten von engen Doppelsternen. In diesen Fällen fließt die Materie des »normalen« Sterns auf den kompakten N. über. Dabei wird die Materie auf einige 100 Millionen K aufgeheizt, und es wird eine Röntgenstrahlung ausgesandt. Da die N. aus einem schnellen Kollaps eines viel ausgedehnteren Sterns hervorgehen, rotieren sie schließlich wesentlich schneller um ihre Achse. Dies kann an der Periode der Pulsare festgestellt werden, die von einigen Millisekunden bis maximal 4 Sekunden reicht.

New General Catalogue of Nebulae and Clusters of Stars. Ein 1888 von J. Dreyer (1852–1926) erstellter Katalog von Sternhaufen und Nebeln (Abk. NGC). Der Katalog wurde später durch den sog. »Index Catalogue« erweitert (Abk. IC).

New Technology Telescope. Ein die → aktive Optik ausnutzendes 3,58 m-Teleskop der ESA auf La Silla, Chile, mit einem Öffnungsverhältnis von 1 : 2,2. (Abk. NTT). Die Dicke des aus Zerodur bestehenden Spiegels beträgt nur 24 cm, das Gewicht 11 Tonnen. Die computerisierte, azimutale Montierung kann von der ESO-Zentrale in Garching bei München aus ferngesteuert werden. Der Betrieb an dem Instrument wurde 1989 aufgenommen.

Newton. Einheit der → Kraft, Abk. N. 1 N. ist die Kraft, die einem Körper mit der Masse 1 kg eine Beschleunigung von 1 m/s^2 erteilt. Es ist damit 1 N = 1 kg m/s^2.

Newtonsches Gravitationsgesetz (Newton's law of gravitation). Von I. Newton (1643–1727) entwickeltes Gesetz der → Gravitation.

Newton-Spiegel (Newton telescope). Ein → Spiegelteleskop, das erstmals von I. Newton (1643–1727) vorgeschlagen wurde. Der von dem parabolförmig geschliffenen Hauptspiegel reflektierte Lichtstrahl wird kurz vor Vereinigung im Brennpunkt durch einen um 45° gegen die optische Achse geneigten Planspiegel rechtwinklig aus dem Tubus des Fernrohrs reflektiert. Der Brennpunkt, in dem das reelle Bild entsteht, befindet sich beim N.-S. also am oberen seitlichen Ende des Fernrohrtubus. An dieser Stelle kann man auch durch das Okular das Brennpunktsbild stark vergrößert beobachten.

Ney-Allen-Nebel (Ney-Allen Nebula). Eine ausgedehnte Infrarotquelle im sog. Trapez des → Orionnebels. Sie kann vor allem bei einer Wellenlänge von 10 μm festgestellt werden und steht offenbar im Zusammenhang mit einer zirkumstellaren Hülle, die silikathaltige Staubkörner enthält.

N-Galaxien (N galaxies). Galaxien, die über einen kleinen, hellen blauen Kern verfügen. Er enthält fast die gesamte Leuchtkraft der Galaxie, die nur noch als eine schwache nebelartige Hülle um diesen Kern herum angedeutet ist. N-G. sind sehr häufig auch Radioquellen. Sie gehören zu den aktiven Galaxien und ähneln den → Quasaren und → Seyfert-Galaxien. Die letzteren sind allerdings keine Radiostrahler. Bei den Quasaren ist der Rest der Galaxie, in der sie stehen, wegen ihrer großen Leuchtkraft oder ihrer großen Entfernung gar nicht oder schwieriger zu erkennen.

NGC. Abk. für → New General Catalogue of Nebulae and Clusters of Stars.

Nicäa. Stadt in Phrygien, in der 325 n. Chr. das erste ökumenische Konzil stattfand. Auf ihm wurde u.a. beschlossen, daß → Ostern an demjenigen Sonntag zu feiern ist, der auf den ersten Frühlingsvollmond folgt.

nichteuklidische Geometrie (noneuclidean geometry). Eine Geometrie, die nicht auf sämtlichen Axiomen und Postulaten der Geometrie von Euklid (um 300 v. Chr.), sondern teilweise auf anderen Grundlagen in sich widerspruchsfrei aufgebaut ist. N.G. wurden vor allem im 19. Jahrhundert von J. Bolyai (1802–1860), N. I. Lobatschewski (1793–1856) und B. Riemann (1826–1866) entwickelt. Sie spielen in der modernen Physik, aber auch in der Kosmologie eine Rolle.

nichtthermische Strahlung (nonthermal radiation) . Eine Strahlung, die von elektrischen Teilchen nicht aufgrund ihrer hohen Temperatur ausgesandt wird. Ursachen für die Entstehung einer n.S. sind vielmehr die Bewegung und Beschleunigung von Elektronen in einem Magnetfeld (→ Synchrotronstrahlung) oder → Plasmaschwingungen. Das Spektrum der n.S. ist deutlich verschieden von dem der thermischen Strahlung, die dem → Planckschen Strahlungsgesetz folgt. Im allgemeinen ist das Spektrum einer n.S. so beschaffen, daß ihre Intensität mit zunehmender Wellenlänge ansteigt.

Nicolsches Prisma (Nicol prism). Ein nach W. Nicol (1768–1851) benanntes Polarisationsprisma. Es besteht aus zwei Teilprismen geeignet geschliffenen, optisch einachsigen Kalkspats. Mit seiner Hilfe kann linear polarisiertes Licht hergestellt werden (→ Polarisation).

niedersteigender Knoten (descending node). Der absteigende → Knoten (→ Bahnelemente).

Nimbus. Eine Reihe meteorologischer Erdsatelliten. N. 1 wurde am 28. 8. 1964, der letzte N.-Satellit (N. 7) im Oktober 1978 gestartet. Eine Weiterentwicklung sind die Satelliten vom Typ → Landsat und → NOAA.

Nippflut, Nipptiden (neap tides). → Gezeiten.

Niveauschema (energy level diagram). Eine schematische Darstellung der Energiezustände in einem → Atom. Die Energieniveaus werden dabei durch waagerechte Linien dargestellt. Ihr Abstand von der untersten Linie (Nullinie) bezeichnet den jeweiligen Energiezustand. In ein N. werden häufig auch die möglichen Übergänge zwischen den Energiezuständen eingezeichnet, die praktisch mit den Sprüngen der Elektronen innerhalb der Elektronenschale eines Atoms identisch sind.

Nix Olympica. → Olympus mons.

n-Körperproblem (n-body problem). → Mehrkörperproblem.

N-Linien (N lines). Zwei grüne → verbotene Linien, die dem doppelt ionisierten Sauerstoff angehören. Die Wellen-

längen der Linien betragen 5007 Å (500,7 nm) und 4959 Å (495,9 nm).
nm. Abk. für → Nanometer.
NOAA. Abk. für National Oceanic and Atmospheric Administration, eine Serie von → Erdsatelliten für die meteorologische und ozeanographische Forschung. NOAA 1 wurde am 11. 12. 1970 gestartet.
NOAO. → Cerro-Tololo-Observatory.
Nomenklatur (nomenclature). Die Art der Bezeichnung bestimmter Objekte.
Nomogramm (nomogram). Ein Diagramm (Schaubild), das den Zusammenhang bestimmter mathematischer, physikalischer oder astronomischer Größen darstellt und insbesondere die Umrechnung verschiedener Größen erlaubt. In der Astronomie wurden N. z. B. für die Umrechnung von Koordinatensystemen entwickelt. Die Bedeutung der N. nahm aber mit der Entwicklung der → Computer in letzter Zeit ab.
Nonius (vernier). Eine Linie oder Skala, die in gleiche Teile geteilt wurde und die sich längs eines Maßstabs verschieben läßt, um damit noch sehr kleine Abstände genauer messen zu können. Der Erfinder dieser Einrichtung war P. Vernier 1631.
Nordamerikanebel (North America Nebula). Ein Emissionsnebel im Sternbild Schwan, dessen Umrisse an den nordamerikanischen Kontinent erinnern. Die Katalogbezeichnung ist NGC 7000. Der etwa 2300 Lichtjahre entfernte N. kann visuell höchstens in sehr lichtstarken Instrumenten mit kleinem Öffnungsverhältnis und unter günstigsten Sichtverhältnissen beobachtet werden. Die Photographie des Objekts gelingt bereits mit kleineren Instrumenten. Westlich schließt sich der sog. Pelikannebel (IC 5067–5070) an.
Norden (north). → Himmelsrichtungen.
Nördliche Krone (Northern Crown). → Krone.
Nördliches Kreuz (Northern Cross). → Kreuz.
Nordlicht (northern lights). → Polarlicht.
Nördlinger Ries. → Ries.
Nordpol (north pole). In der Astronomie der nördliche der beiden → Himmelspole. In der Geographie der nördliche Schnittpunkt der Erdachse mit der Erdoberfläche. Davon unterscheidet man ferner den nördlichen magnetischen Pol irgendeines mit einem Magnetfeld versehenen Himmelskörpers.
Nordpolarsequenz (North Polar Sequence). → Polsequenz.
Nordpol-Sporn (North Polar Spur). → Loop I.
Nordpunkt (north point). Der Schnittpunkt des → Meridians mit der Horizontebene im Norden.
Nordstern (North Star). → Polarstern.
Norma. Lateinische Bezeichnung für das Sternbild Lineal oder → Winkelmaß.
Normalastrograph (standard astrographic telescope). Ein → Astrograph, der einen Winkel von einer Bogenminute am Himmelsgewölbe in der Brennebene in einer Größe von 1 mm abbildet. Die Brennweite eines derartigen Instruments beträgt 344 cm.
Normalbeobachter (standard observer). Ein Beobachter, dessen Augen mittlere, durchschnittliche Eigenschaften aufweisen.
Normaluhr (standard clock). Eine heute weniger gebräuchliche Bezeichnung für eine öffentliche Uhr, die mit großer Genauigkeit die jeweilige → Zonenzeit (Normalzeit) anzeigt.
Normalzeit (standard time) . Die für einen bestimmten Ort gültige → Zonenzeit.
Nova, neuer Stern (nova, new star). Ein → Veränderlicher, der sich durch eine sehr starke und plötzliche Helligkeitszunahme auszeichnet. Die Bezeichnung »neuer Stern« ist nur historisch ver-

ständlich, da es früher schien, es handele sich tatsächlich um die Neuentstehung eines Sterns. Am Ort einer Nova war zuvor kein Stern bekannt. Heute weiß man, daß sich an der Position einer N. auch schon früher ein schwacher Stern befand, eine sog. Praenova. Die Helligkeitszunahme liegt zwischen 7 und 16 Größenklassen mit einem Extremwert von 19 Größenklassen. Der Anstieg erfolgt meist in nur einem Tag bis einigen wenigen Tagen, in seltenen Fällen bis zu etwa 100 Tagen. Häufig verlangsamt sich der Anstieg kurz vor Erreichen des Maximums, das sehr schnell durchlaufen wird. Darauf setzt ein langsamerer Abfall der Helligkeit ein, der sich später meist nochmals verzögert. Dem Abstieg sind häufig wellenförmige kleinere Helligkeitsschwankungen überlagert. In der Regel dauert es einige Jahre, gelegentlich sogar Jahrzehnte, bis etwa die ursprüngliche Helligkeit der Praenova wieder erreicht wird. Den auf den Ausbruch folgenden ruhigeren Endzustand nennt man Exnova oder Postnova. Gemäß der Lichtkurve unterscheidet man folgende N.-Typen:

1. Rasche N. mit einer Helligkeitsabnahme über 3 Größenklassen innerhalb von 100 Tagen.
2. Langsame N. mit einer Helligkeitsabnahme unter 3 Größenklassen innerhalb von 100 Tagen. Wellenförmige Helligkeitsschwankungen bzw. sekundäre Einsenkungen auf dem absteigenden Ast der Lichtkurve bleiben dabei unberücksichtigt.
3. Sehr langsame N. mit einer über längere Zeit nahezu konstanten Maximalhelligkeit und einem nur sehr langsamen Abfall.
4. Rekurrierende N. (wiederkehrende N.) mit zwei oder sogar mehreren Helligkeitsausbrüchen in einem Jahrhundert.

Innerhalb einer Galaxis nach Art unseres Milchstraßensystems oder des Andromedanebels dürften etwa 25 bis 50 N. pro Jahr auftreten. Allerdings kann hiervon wegen der Absorption der → interstellaren Materie (Dunkelwolken) von der Erde aus nur ein kleiner Teil beobachtet werden. N., die die Helligkeitsgrenze für das bloße Auge überschreiten, treten pro Jahr höchstens einmal auf.

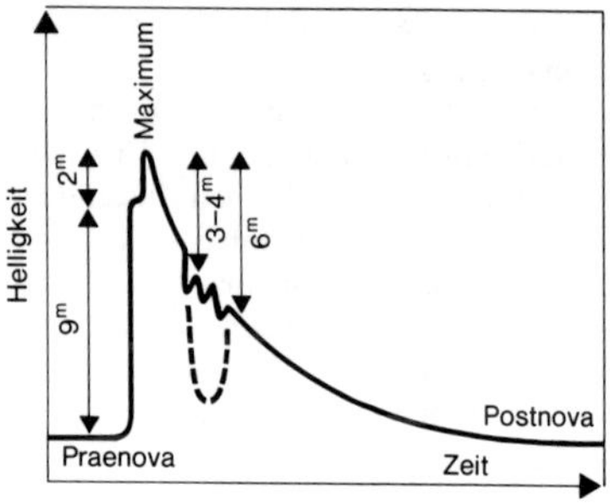

Typischer Verlauf einer Nova-Lichtkurve

Sowohl die Praenova als auch die Exnova entsprechen etwa den physikalischen Merkmalen → weißer Zwergsterne vom Spektraltyp O, B oder A. Ihre mittlere absolute Helligkeit liegt bei etwa $+4^m$.

Kurz vor Erreichen des Maximums zeigen sich im Spektrum der N. stark violett verschobene Absorptionslinien, die einer Geschwindigkeit bis zu etwa 1000 km/s entsprechen. Vermutlich ist dies auf die rasche Expansion einer oberflächennahen Schicht zurückzuführen. Im Maximum entspricht das Spektrum der N. meist dem eines Überriesen mit dem Spektraltyp F8. Die expandierende Hülle kühlt sich allmählich ab. Auf dem ersten Teil des absteigenden Astes der Lichtkurve treten Absorptionslinien des Wasserstoffs und ionisierter Metalle sowie einige Emissionslinien im Spektrum auf. Neuentstehende Absorptionslinien zeigen Dopplerverschiebungen, die auf eine Geschwindigkeit bis zu 3000 km/s hinweisen. In diesem Stadium wird eine

zweite Gasschale mit höherer Geschwindigkeit abgestoßen. Gelegentlich können noch weitere Hüllen abgestoßen werden. Später zeigt sich ein Spektrum mit Emissionslinien, insbesondere von Wasserstoff, Eisen, Kohlenstoff, Sauerstoff und Stickstoff. Daneben treten die → verbotenen Linien des zweifach ionisierten Sauerstoffs im grünen Spektralbereich bei 4959 Å (495,9 nm) und 5007 Å (500,7 nm) auf (»Nebellinien«). Der Stern ist jetzt von einer sehr ausgedehnten Hülle niedriger Gasdichte umgeben. Schließlich erreicht die expandierende Hülle einen Radius von über 0,1 Lichtjahren. In der sich ausdehnenden Hülle entstehen gemäß neuerer Infrarotmessungen vermutlich auch feste Staubpartikel. So zeigte sich kurz nach dem Maximum der N. 1970 im Sternbild Schlange ein starker Anstieg der Infrarotstrahlung. Etwa 100 Tage nach dem Maximum war die N. die stärkste Infrarotquelle am gesamten Himmel. Die Temperatur der Partikel dürfte etwa 900 K betragen.
Die Gesamtmasse der abgestoßenen Hüllen ist trotz des auffallenden Vorgangs mit etwa 1/10000 der Sternmasse verhältnismäßig klein. Bereits seit längerem wird allerdings vermutet, daß auch die N., die nicht zu den eigentlichen rekurrierenden N. zählen, vielleicht in Jahrhunderten oder Jahrtausenden ihre Ausbrüche wiederholen.
In einigen wenigen Fällen konnten die expandierenden Gashüllen direkt beobachtet werden. So war z.B. bei der N. Aquilae 1918, die mit $-1{,}^{\mathrm{m}}4$ zu den hellsten N. zählte, bereits 120 Tage nach dem Maximum ein nebelförmiges Scheibchen von etwa 1″ Durchmesser festzustellen, das sich im Laufe der folgenden 8 Jahre auf einen Durchmesser von 16″ vergrößerte. Zusammen mit der beobachteten Dopplerverschiebung im Spektrum, die einer Expansionsgeschwindigkeit von 1500 km/s entsprach, ließ sich auch der Abstand zu etwa 1000 Lichtjahren berechnen. In jüngster Zeit ragte vor allem die N. Cygni 1975 heraus. Sie erreichte am 31. 8. eine scheinbare Maximalhelligkeit von $1{,}^{\mathrm{m}}8$. Es war auch die mit $-10{,}^{\mathrm{m}}1$ bisher absolut hellste und die bisher schnellste beobachtete N.: Die Helligkeit fiel bereits in 3 Tagen 15 Stunden um 3 Größenklassen ab.
Schon vor einigen Jahrzehnten fiel auf, daß sehr viele N. in Doppelsternen auftreten. Heute darf angenommen werden, daß dies praktisch die Regel ist. Dabei ist die eine Komponente des Systems ein kühlerer roter Riese oder häufig ein roter Zwerg, die andere ein sehr alter, degenerierter weißer Zwergstern. Jedenfalls füllt der erste Stern sein → Roche-Volumen voll aus, so daß ein Gasstrom auf den nahen weißen Zwerg überfließen kann. Auf ihm verursacht dieser Materiezuwachs ein starkes Anwachsen von Temperatur und Dichte. Schließlich kommt es bei einer kritischen Temperatur zu einer Nuklearexplosion, ähnlich der bei einer Wasserstoffbombe. Die Energieabgabe bei einer N. erreicht insgesamt rund 10^{38} Joule. Das ist der thermische Energieinhalt einer 5 Millionen K heißen Gasschale von 1/1000 der Sonnenmasse. Was eine durchschnittliche N. an Energie freisetzt, entspricht fast dem $4 \cdot 10^{17}$fachen des jährlichen Energieverbrauchs der ganzen Menschheit. Auch→ Röntgennova.

novaähnliche Veränderliche (nova-like variables). Eine Gruppe veränderlicher Sterne, die hinsichtlich ihrer Helligkeitsschwankungen und Spektren gewisse Ähnlichkeiten mit einer → Nova haben. Allerdings liegen die Helligkeitsamplituden unter 4 Größenklassen. Die Ausbrüche erfolgen in Abständen von Monaten oder wenigen Jahren. Es handelt sich um eine sehr heterogene Gruppe von Veränderlichen. Es zählen zu ihnen z.B.

die → S Doradus-Sterne, die → symbiotischen Sterne und die Sterne vom Typ → γ Cassiopeiae, → ZZ Ceti und AM Herculis.

Novemberschwarm (november swarm). Gelegentlich benutzte Bezeichnung für den → Meteorstrom der Bieliden bzw. → Andromediden oder aber auch der → Leoniden, die beide im November ihren Höhepunkt haben.

Novula. Eine rekurrierende (wiederkehrende) → Nova.

Nubecula Maior, Minor. Lateinische Bezeichnungen für die große bzw. kleine → Magellansche Wolke.

Nuffield Radio Astronomy Laboratories. Das Radioobservatorium in → Jodrell Bank, England.

Nuklearreaktion (nuclear reaction). → Kernprozeß.

Nukleochronometer (nucleochronometer). Die Möglichkeit einer Altersbestimmung kosmischer Objekte durch den radioaktiven Zerfall bestimmter chemischer Elemente, besonders Thorium 232, Uran 235 und 238 sowie Plutonium 244. Ausgangspunkt der Untersuchungen sind die Häufigkeiten der einzelnen chemischen Elemente (bzw. ihrer Isotope) und der jeweiligen Zerfallsprodukte.

Nukleokosmochronologie (nucleocosmochronology). Das wissenschaftliche Teilgebiet, das sich mit Altersbestimmungen im Weltall beschäftigt. Grundlage sind dabei meist radioaktive Zerfallsprozesse einzelner chemischer Elemente und ihrer Isotope. Aus der relativen Häufigkeit von Plutonium 244 konnte z.B. ermittelt werden, daß die → Nukleosynthese in unserer Galaxis vor etwa 12 Milliarden Jahren (mit einer Unsicherheit von 2 Milliarden Jahren) begann.

Nukleonen (nucleons). Die Bausteine der Atomkerne, also → Protonen und → Neutronen.

Nukleosynthese, Nukleogenesis (nucleosynthesis). Die Entstehung der chemischen → Elemente im Weltall. Im wesentlichen stehen sich zwei Theorien gegenüber:

1. Praktisch alle chemischen Elemente sind bereits bei der Bildung des Universums entstanden.
2. Die Entstehung der Elemente vollzieht sich laufend im Innern der Sterne im Zusammenhang mit deren Entwicklung und Energieerzeugung.

Die neueren Untersuchungen weisen darauf hin, daß die zweite Theorie im wesentlichen richtig ist, mit Ausnahme der Entstehung der leichtesten Elemente (vor allem Wasserstoff und seine Isotope, sowie Helium), die bereits in den Anfängen des → Universums gebildet wurden.

Die extremen Zustände in den Anfängen des Weltalls und wenige Minuten danach führten zur Bildung von Deuterium (schwerem Wasserstoff), Tritium (überschwerem Wasserstoff) sowie einem großen Teil des heute im Weltall vorhandenen Helium. Die schwereren Elemente haben sich im Innern der Sterne gebildet. Aber auch schon Helium wird im Zusammenhang mit der → Energieerzeugung der Sterne, die ihr stabiles Stadium auf der Hauptreihe des → Hertzsprung-Russell-Diagramms erreichten, bei Zentraltemperaturen von über 10 Millionen K gebildet. In den folgenden Stadien der → Sternentwicklung können bei höheren Zentraltemperaturen von 10^8 bis über 10^9 K auch nach und nach schwerere Elemente bis etwa zur Eisengruppe (Eisen, Kobalt, Nickel) unter Energiefreisetzung gebildet werden. Noch schwerere Elemente können dagegen nur unter Energiezuführung gebildet werden. Man nimmt deshalb heute an, daß diese Elemente, die ohnedies nur sehr selten im Kosmos vorhanden sind, bei den kurzzeitigen, extremen Zuständen aufgebaut werden, wie sie bei dem Kollaps eines alternden Sterns auftreten.

Alternde Sterne geben einen Teil ihrer Materie in den interstellaren Raum ab, besonders bei einem → planetarischen Nebel, einer → Nova und besonders bei einer → Supernova. Das interstellare Medium wird also im Laufe der Geschichte des Kosmos mit schwereren Elementen angereichert. Da sich auch heute noch Sterne aus dem interstellaren Medium bilden, erhalten diese damit von vornherein einen größeren Prozentsatz schwererer Elemente mit als Sterne, die vor längerer Zeit gebildet wurden. So unterscheiden sich in chemischer Hinsicht auch die Sterne der → Population I und II.

Nullmeridian (prime meridian, zero meridian). Der → Meridian, der als Ausgangsmeridian für die Zählung der → Länge dient. Auf der Erde geht der Nullmeridian durch die alte Sternwarte Greenwich. Auf dem Mars verläuft der Nullmeridian durch den Krater Airy 0.

numerus aureus. Lateinische Bezeichnung für die → Goldene Zahl.

Nunki. Der zweithellste Stern im Sternbild Schütze (σ Sagittarii). Er ist $2{,}^{m}0$ hell, zeigt den Spektraltyp B3 und ist 200 Lichtjahre entfernt.

Nutation (nutation). Eine kurzperiodische Schwankung in der → Präzession der Erdachse. Die Präzession, die auf die Wirkung des Mondes zurückgeht, ist dann am stärksten, wenn der Mond seinen größten Winkelabstand von der Äquatorebene der Erde erreicht. Dies ist dann der Fall, wenn der aufsteigende Knoten der Mondbahn mit dem Frühlingspunkt zusammenfällt. In diesem Falle erreicht der Mond eine maximale Deklination von etwa ±28,5°. Wegen der Drehung der Knotenlinie der Mondbahn tritt dieser Fall aber nur in Abständen von etwa 18,6 Jahren ein. Dieser Teil der N. hat also eine Periode von 18,6 Jahren. Die wahre Lage des Frühlingspunkts von einem angenommenen mittleren Frühlingspunkt, der sich gleichmäßig verschieben soll, ist dadurch maximal 17,24″ entfernt. Auch die Schiefe der → Ekliptik zeigt im gleichen Rhythmus eine Änderung mit einem Maximalbetrag von 9,21″ (N.konstante). Diese Schwankungen sind die beste Möglichkeit, die Masse des Mondes zu bestimmen. Bereits S. Newcomb (1835–1909) konnte daraus das Masseverhältnis Erde : Mond zu 80,6 : 1 bestimmen. Tatsächlich sind es 81,3: 1. Die N. selbst erfuhr ihre theoretische Erklärung erstmals durch J. le R. d'Alembert (1717–1783).

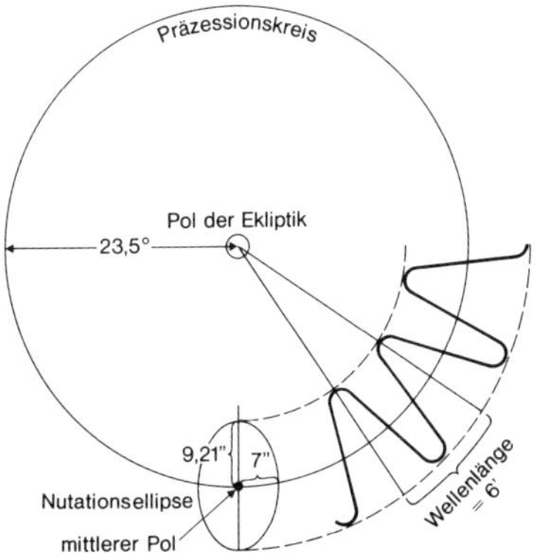

Auflagerung der Nutation auf die Präzession und die damit verbundenen Änderungen in der Schiefe der Ekliptik

Neben den erwähnten Ursachen gibt es noch andere, vor allem die unterschiedlichen Stellungen von Sonne und Mond bezüglich der Erde, die kleinere Effekte der N. hervorrufen.

Nutationsellipse (nutational ellipse). Die Kurve, die durch die Erdachse als eine Folge der → Nutation beschrieben wird. Die beiden Himmelspole schwanken um einen mittleren Pol, der infolge der → Präzession gleichmäßig weiterwandert, dergestalt, daß eine Ellipse mit einer großen Halbachse von 9,21″ entsteht.

Nysa. Der Kleinplanet mit der Nr. 44. Seine große Bahnhalbachse beträgt 362,6 Mill. km, die Bahnneigung 3,7°, die Bahnexzentrizität 0,151. Damit ist N. im Perihel 307 Mill. km, im Aphel 417 Mill. km von der Sonne entfernt. Die Umlaufzeit beträgt 3,77 Jahre. Der Durchmesser beläuft sich auf 82 km, die Albedo auf 0,38.

O

OAO. Abk. für → Orbiting Astronomical Observatory.

O-Assoziation, OB-Assoziation (O association, OB association). Eine → Assoziation von Sternen mit dem Spektraltyp O und B.

obere Planeten (superior planets). Die Planeten, die sich außerhalb der Erdbahn um die Sonne bewegen.

Oberon. Der äußerste Satellit des Uranus. Sein mittlerer Abstand von Uranus beträgt 583 520 km, seine siderische Umlaufzeit 13,463 Tage. Die Bahn liegt mit einer Neigung von 0,1° fast genau in der Ebene des Uranusäquators und zeigt eine Exzentrizität von 0,001. O. wurde 1787 von W. Herschel (1738–1822) entdeckt und erreicht in mittlerer Opposition eine Helligkeit von $14{,}^{m}1$. Sein Durchmesser beträgt 1524 km. Die Albedo ist 0,24. Mit einer Dichte von nur 1,5 g/cm^3 besteht O. weitgehend aus Eis. An seiner Oberfläche wurden zahlreiche Krater und in seinem Innern teilweise dunkles Material entdeckt, das vielleicht aus der Tiefe aufgestiegen ist. Ferner wurde ein Berg mit rund 6 km Höhe gefunden.

Objektiv, Gegenstandslinse (objective). Die dem zu beobachtenden oder zu photographierenden Objekt zugekehrte Linse eines optischen Systems, insbesondere eines → Fernrohrs oder → Feldstechers. Gelegentlich wird auch der Hauptspiegel eines → Spiegelteleskops mit der Bezeichnung O. versehen. Im deutschen Sprachgebrauch ist letzteres allerdings zumindest bei astronomischen Instrumenten ungebräuchlich.

Objektivgitter (objective grating). → Objektivprisma.

Objektivprisma (objective prism). Ein vor das → Objektiv eines Fernrohrs gesetztes Glasprisma (in einigen Fällen auch ein hier angebrachtes → Beugungsgitter oder Objektivgitter). Dabei wird das Licht jedes einzelnen Sterns in ein kurzes → Spektrum zerlegt. Auf photographischen Aufnahmen, die mit einem O. erhalten wurden, zeigen sich also die Sterne nicht als Punkte, sondern als Spektren von einigen Millimetern Länge. Damit ist zwar das Auflösungsvermögen der Spektren klein, so daß Detailuntersuchungen unmöglich sind. Trotzdem genügen O.-Aufnahmen zu einer groben Klassifizierung der Sternspektren. Außerdem erhält man die Spektren verhältnismäßig lichtschwacher Sterne.

Observatorio del Teide. Ein auf Teneriffa in der Nähe des Teide in 2400 m Höhe gelegenes Sonnenobservatorium, an dem auch das → Kiepenheuer-Institut und die Universitätssternwarte Göttingen beteiligt sind.

Observatorium (observatory). Ein Institut zur Beobachtung und Messung bestimmter astronomischer oder auch anderer wissenschaftlicher Erscheinungen. Man spricht somit nicht nur von astronomischen O., sondern z. B. auch von meteorologischen, geophysikalischen, seismographischen O. usw. Ein astronomisches O. bezeichnet man im deutschen Sprachgebrauch oft auch als → Sternwarte.

Ochsentreiber (Drover). → Bärenhüter.

Octans. Lateinische Bezeichnung für das Sternbild → Oktant.

Oersted. Nach H. C. Oersted (1777–1851) benannte Einheit der magnetischen Feldstärke (Abk. Oe), die allerdings heute amtlich unzulässig ist. In einem Punkt herrscht eine Feldstärke von 1 Oe, wenn auf einen sich dort befindlichen Einheitsmagnetpol die → Kraft 1 dyn ausgeübt wird.

OEZ. Abk. für → Osteuropäische Zeit.

Ofen, Chemischer Ofen (Furnace). Ein Sternbild am südlichen Himmel (lateinische Bezeichnung Fornax, Abk. For), das im 18. Jahrhundert von N. L. Lacaille (1713–1762) eingeführt wurde. Südöstlich des Sternbilds Walfisch gelegen, gelangt es für Mitteleuropa im Spätherbst und Frühwinter abends gerade noch knapp über den Südhorizont. Der Hauptstern α Fornacis hat nur eine Helligkeit von $3^{m}_{.}9$ und ist 45 Lichtjahre entfernt. Es ist ein Doppelstern mit einem Begleiter der Helligkeit $7^{m}_{.}0$, der sich in 154,5 Jahren um den Hauptstern bewegt. In dem Sternbild befindet sich auch die starke Radiogalaxie → Fornax A und das → Fornax-System.

Off-axis-Nachführung (off-axis guiding). Eine Methode zur → Nachführung eines Instrumentes bei Astroaufnahmen. Dazu wird mittels Prismen das Bild eines im Aufnahmefeld stehenden Sterns in ein Fadenkreuzokular geführt, mit dessen Hilfe Nachführfehler korrigiert werden können.

offene Sternhaufen (open star clusters, galactic clusters). Verhältnismäßig lokker aufgebaute → Sternhaufen, die vor allem im Gegensatz zu den → Kugelsternhaufen stehen. Da sie in den Spiralarmen unserer Galaxis liegen und deswegen fast ausnahmslos in verhältnismäßig niedrigen galaktischen Breiten, also in der unmittelbaren Nachbarschaft des Milchstraßenbandes, auftreten, bezeichnet man sie auch oft als galaktische Haufen. Unsere Galaxis dürfte etwa 15000 o. S. enthalten, von denen allerdings nur etwa 1000 von der Erde aus beobachtbar sind. Die Masse eines o. S. liegt zwischen etwa 100 und 1000 Sonnenmassen, doch gibt es auch etwas kleinere oder größere Haufen. Nach unten hin ist oft schwer der Übergang zu den → Mehrfachsternen zu ziehen. Die Durchmesser der o. S. liegen zwischen einigen wenigen Lichtjahren bis zu etwa 60 Lichtjahren. In den dichteren o. S. stehen die Sterne durchschnittlich über 500mal enger aufeinander als in der Nachbarschaft unserer Sonne. Bei den meisten o. S. liegt aber die Sterndichte nur 2- bis 100mal über der der Sonnenumgebung.

Im allgemeinen unterscheidet man 3 Klassen o. S., die nach der Zahl der enthaltenen Sterne beurteilt werden: p (engl. poor) bedeutet, daß der o. S. weniger als 50 Sterne enthält, m (engl. moderately) weist auf einen o. S. mit 50 bis 100 Mitgliedern hin, r (engl. rich) ist ein o. S. mit über 100 Einzelsternen. Römische Ziffern bezeichnen die Konzentration der Haufensterne: I bedeutet eine starke, IV eine so schwache Konzentration, daß der Eindruck einer fast zufälligen Anhäufung von Sternen erweckt wird. Mit arabischen Ziffern wird auch noch die unterschiedliche scheinbare Helligkeit der Sterne beurteilt: 1 bedeutet, daß alle Sterne etwa dieselbe scheinbare Helligkeit aufweisen, 2 weist darauf hin, daß eine ziemlich gleichmäßige Streuung der Sternhelligkeiten über einen großen Bereich vorliegt, 3 bedeutet, daß neben einigen besonders hellen Sternen eine große Zahl sehr viel schwächerer Sterne, die sich gleichmäßig über

einen größeren Helligkeitsbereich erstreckt, vorhanden ist.
Mehrere o.S. sind bereits mit bloßem Auge oder zumindest mit kleinen Instrumenten zu beobachten. Am bekanntesten sind die → Hyaden (Klassifizierung: II 3 m), die → Plejaden (II 3 r) und die → Praesepe (I 2 r). Man findet in o.S. zahlreiche Doppelsterne. Veränderliche sind etwas seltener. Junge o.S. besitzen zahlreiche → T Tauri-Sterne und viel interstellaren Wasserstoff, auch Staub. Bei den nicht zu jungen o.S. kommen auch → rote Riesensterne und → weiße Zwergsterne vor.
O. S. sind junge kosmische Objekte. Ihr → Hertzsprung-Russell-Diagramm zeigt eine Hauptreihe, die bis weit zu den blauweißen Übergiganten (also in die linke obere Ecke des Diagramms hinein) reicht. Dort befinden sich nach der Theorie der → Sternentwicklung besonders junge Sterne. So kann beispielsweise für den → Doppelsternhaufen im Perseus ein Alter von etwa 4,4 Mill. Jahren angegeben werden. Die Plejaden dürften mindestens 50, Praesepe 300 und die Hyaden 870 Mill. Jahre alt sein. Da das Gravitationsfeld innerhalb eines o.S. verhältnismäßig gering ist, bestehen im Laufe längerer Zeit Auflösungstendenzen, die wesentlich stärker sind als bei einem Kugelsternhaufen. Die lockersten o.S. kommen nur auf ein Alter von einigen hundert Millionen Jahren. Nur dichtere o.S. werden etwas über 1 Milliarde Jahre alt. Zu den ältesten o.S. zählen NGC 188 im Cepheus und M 67 im Krebs. Sie dürften einige Milliarden Jahre alt sein. Das Hertzsprung-Russell-Diagramm eines älteren o.S. zeigt eine Hauptreihe, die bereits in den mittleren Bereichen (etwa beim Spektraltyp F oder G) in Richtung zum Riesenast abbiegt. Das bedeutet, daß alle Sterne, die ursprünglich links oberhalb dieser Knickstelle lagen, bereits wegen ihrer geringen Lebenserwartung zum roten Riesenast abgewandert sind. Dabei ist immer davon auszugehen, daß die Mitglieder eines o.S. gleichzeitig entstanden. Eine große Zahl o.S. sind gleichzeitig → Bewegungssternhaufen.

offenes Universum (open universe). Ein → Weltmodell mit einem → Friedmann-Universum, das in seiner zwar verzögerten, aber ständigen Expansion gegen unendlich strebt. Auch als hyperbolisches Universum bezeichnet.

Öffnungsfehler (spherical aberration). Abbildungsfehler optischer Systeme, die vor allem bei völliger Öffnung eines → Objektivs merklich werden. Dazu gehören insbesondere die → Koma und die sphärische → Aberration. Meist versteht man unter dem Ö. nur die sphärische Aberration.

Öffnungsverhältnis, relative Öffnung (aperture ratio). Das Verhältnis des Eintrittspupillendurchmessers (praktisch meist mit dem Durchmesser des Objektivs oder Hauptspiegels identisch) zur Brennweite eines → Fernrohrs.

OGO. Abk. für → Orbiting Geophysical Observatory.

OH-Linien (OH lines). Spektrallinien des OH-Ions (Hydroxyl-Ions) in den Atmosphären der Sterne oder im gasförmigen Anteil der interstellaren Materie. Sie wurden 1963 erstmals radioastronomisch bei einer Wellenlänge von etwa 18 cm entdeckt. Tatsächlich können heute die OH-Linien bei etwa 600 Wellenlängen aufgefunden werden. Sie gruppieren sich um folgende Frequenzen: 1612 MHz, 1665 MHz und 1720 MHz. Auch → Maser.

Okkultation (occultation). Aus dem Lateinischen stammende Bezeichnung für die gegenseitigen → Bedeckungen von Gestirnen.

Oktaedrit (octahedrite). → Meteorit.

Oktant (Octant). Sternbild am südlichen Himmel (lateinische Bezeichnung

Octans, Abk. Oct). Das 1752 von N. L. Lacaille (1713–1762) eingeführte Sternbild liegt um den südlichen Himmelspol. Hauptstern ist α Octantis. Der Stern ist nur $5\overset{m}{.}2$ hell und 230 Lichtjahre entfernt. Trotz seiner Bezeichnung ist allerdings der hellste Stern dieses Sternbilds ν Octantis mit $3\overset{m}{.}7$ Helligkeit und 104 Lichtjahren Abstand. Der südliche Himmelspol ist durch keinen helleren Stern gekennzeichnet. Ihm am nächsten kommt der 120 Lichtjahre entfernte Stern σ Octantis mit einer Helligkeit von $5\overset{m}{.}5$. Er kann damit mit freiem Auge unter günstigen Voraussetzungen gerade noch beobachtet werden. Seinen kleinsten Winkelabstand vom südlichen Himmelspol hatte er infolge der → Präzession im Jahre 1863 mit 43′. In der Gegenwart vergrößert sich wieder sein Winkelabstand vom Himmelssüdpol. Dabei wird etwa im Jahre 2000 der Betrag von 1° überschritten.

Okular, Augenlinse (ocular). Die Linse oder das Linsensystem, durch das bei einer visuellen Beobachtung durch ein → Fernrohr das Auge blickt. In der Regel besteht das O. aus einer dem Objektiv oder Hauptspiegel zugekehrten Feldlinse, einer Gesichtsfeldblende und einer dem Auge zugekehrten Augenlinse. Gelegentlich liegt aber auch die Gesichtsfeldblende noch jenseits der Feldlinse in Richtung zum Objektiv oder dem Hauptspiegel hin verschoben. Feld- und Augenlinsen können zum Teil auch aus mehreren Einzellinsen zusammengesetzt sein. Entsprechend gibt es verschiedene O.typen, die für verschiedene Beobachtungszwecke eingesetzt werden können. Die wichtigsten Typen sind das

1. Huygens-O. Da bei ihm das Brennpunktsbild zwischen den beiden Linsen liegt, kann dort zu Meßzwecken auch ein Fadenkreuz usw. angebracht werden. Das scheinbare → Gesichtsfeld liegt zwischen etwa 25° und 40°.

2. Ramsden-O. In diesem Falle entsteht das Brennpunktsbild bereits vor der Feldlinse.

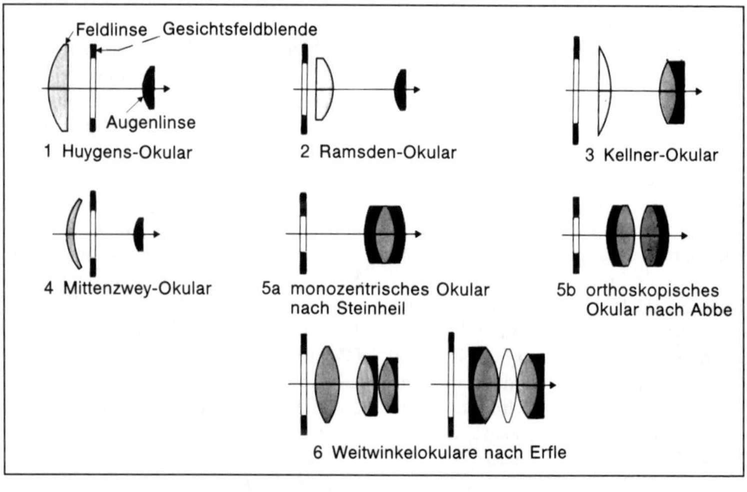

Verschiedene Okular-Typen

3. Kellner-O. Die Augenlinse besteht aus zwei Einzellinsen und ist daher achromatisch. Das Brennpunktsbild entsteht ähnlich wie beim Ramsden-O. vor der Feldlinse.
4. Mittenzwey-O. Ähnlicher Aufbau wie beim Huygens-O., jedoch mit veränderter Feldlinse, die ein scheinbares Gesichtsfeld bis zu etwa 50° erlaubt.
5. Achromatische O. Hier gibt es verschiedene Entwicklungen. Sie zeichnen sich alle durch große Farbreinheit aus. Nachteil ist das verhältnismäßig enge scheinbare Gesichtsfeld.
6. Weitwinkel-O. (z.B. nach Erfle). Das aus mehreren Einzellinsen zusammengesetzte O. wird häufig bei einem Feldstecher benutzt, findet aber auch bei Fernrohrbeobachtungen Eingang. Das scheinbare Gesichtsfeld kann etwa 70° erreichen.
Die Brennweite des O. bestimmt bei gegebener Brennweite des Objektivs oder Hauptspiegels des Fernrohrs die Vergrößerung (→ Fernrohr).

Okularspektroskop (ocular spectroscope). Ein kleines → Spektroskop, das im Brennpunkt eines → Fernrohrs anstelle eines → Okulars angebracht wird. Mit Hilfe eines O. kann visuell das → Spektrum eines helleren Sterns beobachtet werden.

ö. L. Abk. für östliche → Länge von Greenwich.

Olberssches Paradoxon (Olbers' Paradox). Der 1823 von H. W. M. Olbers (1758–1840) veröffentlichte Widerspruch, daß der Nachthimmel trotz der damals gültigen Annahme eines unendlichen Weltalls praktisch schwarz erscheint. Eine mathematische Reihe ergibt nämlich nach Olbers, daß bei der Annahme einer unendlichen Zahl von Sternen in einem unendlichen Universum der Nachthimmel auch unendlich hell sein müßte. Lediglich die gegenseitige Verdeckung eines Teils der Sterne würde die Flächenhelligkeit des Nachthimmels ungefähr auf die der Sonnenscheibe vermindern. Olbers, der von einem unendlichen Universum ausging, glaubte noch, man könne das Paradoxon dadurch lösen, daß ein zwischen den Sternen ausgebreitetes lichtverschlukkendes Medium (→ interstellare Materie) das Licht der praktisch unendlich weit entfernten Sterne so weit vermindern könne, daß es nicht zu einem hellen Nachthimmel kommen könnte. Tatsächlich ist aber auf diesem Wege das O. P. nicht zu beseitigen, da die interstellare Materie dadurch stark aufgeheizt werden müßte. Eine entsprechend hohe Temperatur des interstellaren Mediums kann aber nicht festgestellt werden. Dadurch war das O. P. einer der ersten wichtigen Hinweise darauf, daß das Universum anders aufgebaut sein muß. Heute läßt sich das O. P. leicht dadurch lösen, daß wir wegen des endlichen Alters des Universums nicht beliebig weit entfernte Sterne oder Sternsysteme sehen können. Jüngere historische Untersuchungen ergaben, daß das O. P. bereits von C. de Loys, Herr von Chésaux et Lavoui (1730–1789) vorweggenommen wurde. Möglicherweise war Olbers im Besitz der Veröffentlichung von Loys.

Olympiade (olympiad). Eine im alten Griechenland nach den olympischen Spielen bezeichnete Kalenderepoche von jeweils 4 Jahren. Ihr Anfang liegt im Juli 776 v. Chr. Möchte man ein Jahr der christlichen Zeitrechnung in O. ausdrükken, so subtrahiert man für alle Jahre vor Christi Geburt die Jahreszahl von 776 und dividiert den Rest durch 4. Für die Jahre nach Christi Geburt addiert man die Jahreszahl zu 776 und dividiert durch 4. Der um 1 erhöhte Quotient ergibt dann die O. und der um 1 erhöhte Rest das Jahr derselben.

Olympus Mons. Der höchste Berg und gleichzeitig ein alter, erloschener Schildvulkan auf Mars, der zwar erst mit Hilfe von Mariner 9 entdeckt wurde, als kleiner Fleck aber schon mit Fernrohren von der Erde aus zu sehen ist. Er wurde damals als Nix Olympica bezeichnet. Es ist gleichzeitig der bisher höchste Berg außerhalb der Erde. Seine Höhe beträgt rund 27 km über dem mittleren Marsniveau, sein Basisdurchmesser über 600 km. Seine Gipfel-Caldera hat 80 km Durchmesser. Ferner gibt es mehrere Sekundärkrater. Aus Anzahl und Größe der auf den Flanken von O. M. gefundenen Aufsturzkrater muß auf ein Alter zwischen 1 und 3 Mrd. Jahren geschlossen werden. O. M. könnte etwa mit Mauna Loa/Mauna Kea auf Hawaii verglichen werden. Dieser Vulkan hat an der Basis 200 km Durchmesser und eine Höhe von 10 km, gemessen vom Meeresboden an.

Omega-Minus-Teilchen (omega minus particle). Zu den → Hyperonen zählendes negativ geladenes → Elementarteilchen.

Omega-Nebel (Omega Nebula). Ein heller Nebel im Sternbild Schütze, der gleichzeitig eine doppelte Radioquelle darstellt. Das gelegentlich auch als »Schwan-Nebel« bezeichnete Objekt trägt die Bezeichnung M 17 bzw. NGC 6618. Hart an der Grenze zu den Sternbildern Schild und Schlange gelegen, ist er $7\overset{\mathrm{m}}{,}7$ hell und kann damit bereits mit kleineren Instrumenten beobachtet werden. Seine Entfernung beträgt etwa 5700 Lichtjahre.

Omnimax-System (Omnimax system). → Planetarium.

Onogo-System (onogo system). Ein → Zeitzeichen, das sich aus den Morsebuchstaben o-n-o-g–o zusammensetzt. Es wurde früher von Rundfunkstationen zur vollen Stunde ausgestrahlt.

Oortsche Konstanten (Oort's constants). Die Konstanten A und B in den Oortschen Rotationsformeln der → Galaxis.

Oortsche Rotationsformeln (Oort's rotation formulae). Formeln, die auf J. H. Oort (1900–1992) zurückgehen und die → Eigenbewegung und → Radialgeschwindigkeit der Sterne innerhalb unserer → Galaxis miteinander verknüpfen.

Oortsche Wolke (Oort cloud). Eine erstmals von J. H. Oort (1900–1992) vorgeschlagene Zone in rund 40000 bis 150000 AE Entfernung (also der 1000- bis 3750fachen Plutoentfernung) von der Sonne, in der die Mehrzahl der Kometen ihre Bahn um die Sonne ziehen soll. Es könnten dort vielleicht Milliarden Kometen vorkommen. Es gibt nur indirekte Beweise für die Existenz der O.W., doch vermutet man, daß diese Theorie im wesentlichen richtig ist. Durch Störungen gelegentlich vorüberziehender Sterne wird ein kleiner Teil der Kometen auf eine Bahn gelenkt, die sie in das Innere unseres Planetensystems führt. Erst dann können sie von der Erde aus beobachtet werden. Nach ihrer Sonnennähe kehren sie meist wieder zur O.W. zurück. Einige werden jedoch von massereichen Planeten eingefangen und verwandeln sich in langperiodische Kometen. Neuerdings wird von der äußeren, sphärisch angeordneten O.W. die innere, eher flache, an die Planetenbahnebene sich orientierende O.W. unterschieden. Knapp hinter der Plutobahn liegt ferner der → Kuiper-Ring.

Opazität (opacity). Ein Maß für die Fähigkeit eines Gases, Strahlung zu absorbieren. Bei einer gegebenen Temperatur ist die O. von der Zahl der Teilchen pro Raumeinheit abhängig. Ferner besitzen schwerere chemische Elemente mehr Elektronen als leichtere Elemente. Da das Innere eines Sterns mehr schwerere Elemente (z.B. der Kohlenstoffgruppe oder der Metalle) enthält als die äußeren Schichten, nimmt die O. der Sterne von außen nach innen zu.

In der Meteorologie bezeichnet man als O. auch die Blautönung der Luft bzw. der Landschaft.

Operngłas (opera-glass). Ein einfaches doppeltes → Fernrohr, das nach dem Prinzip eines holländischen (Galileischen) Fernrohrs aufgebaut ist und im Gegensatz zum Keplerschen (astronomischen) Fernrohr ohne weitere Zusatzlinsen aufrechte Bilder liefert. Es erlaubt meist nur eine geringe Lichtstärke und eine maximal 3- bis 4fache Vergrößerung. Das O. kann aber auch für einfache astronomische Beobachtungen herangezogen werden, insbesondere von Objekten hart an der Sichtbarkeitsgrenze für das bloße Auge.

Ophelia. Der Satellit VII des Uranus, der 1986 mit Voyager 2 entdeckt wurde. Er ist 53 790 km von Uranus entfernt, die Bahnneigung beträgt 0,1° und die Bahnexzentrizität 0,01. Die Umlaufzeit kommt auf 0,376 Tage, der Durchmesser auf 30 km. O. gilt zusammen mit → Cordelia als → Hirtenmond des Uranusrings ε.

70 Ophiuchi. Ein visueller Doppelstern, dessen Komponenten rote Zwergsterne mit den Spektraltypen K0 bzw. K5 sind. Die Umlaufzeit beträgt 88 Jahre, die Entfernung von unserer Erde 16,4 Lichtjahre. Der Hauptstern ist ein spektroskopischer Doppelstern mit 18,1 Jahren Umlaufzeit.

ζ Ophiuchi. Ein im Sternbild Schlangenträger (Ophiuchus) gelegener Stern mit dem Spektraltyp O9, der wegen der starken interstellaren Absorption durch → Dunkelwolken eine sehr starke Rötung aufweist. Der Stern ist ferner Mitglied der Scorpius-Centaurus-Assoziation (→ Assoziation) und ist von uns etwa 600 Lichtjahre entfernt. Er zeigt ferner eine hohe Rotationsgeschwindigkeit von etwa 400 km/s.

Ophiuchus. Lateinische Bezeichnung für das Sternbild → Schlangenträger.

Ophiuchus-Nebel (Ophiuchus Nebula). Eine sehr auffällige → Dunkelwolke im Sternbild Schlangenträger (Ophiuchus). Die Absorption innerhalb des Nebels beträgt etwa 2 bis 4 Größenklassen. In diese Wolke eingebettet liegt der Stern ϱ Ophiuchi mit seinen Begleitern, sowie einige andere Sterne. Es ist gleichzeitig auch eine riesige Molekülwolke (→ interstellare Moleküle). Die Entfernung des O. N. ist etwa 800 Lichtjahre.

Oppenheimer-Volkoff-Grenze (Oppenheimer-Volkoff limit). Bezeichnung der oberen Massengrenze für einen → Neutronenstern. Oberhalb von etwa 3 Sonnenmassen reicht der Elektronen- und Neutronendruck nicht mehr aus, einen solchen Stern stabil zu halten. In einem → Gravitationskollaps stürzt das Objekt zu einem → Schwarzen Loch zusammen.

Opposition, Gegenschein (opposition). Eine Winkelstellung zwischen zwei Planeten oder auch zu Sonne und Mond, bei der der Unterschied der ekliptikalen → Länge 180° beträgt. Da sich Sonne, Mond und Planeten in unmittelbarer Nachbarschaft der Ekliptik befinden, stehen sich in der O. die beiden Gestirne so genau am Himmel gegenüber, daß der eine aufgeht, wenn der andere untergeht und umgekehrt. Eine Planeten-O. zur Sonne ist deswegen so bedeutsam, weil in diesen Fällen der betreffende Planet die ganze Nacht über am Himmel steht. Um Mitternacht kulminiert er im Süden. Das astronomische Zeichen für die O. ist ☍.

optische Achse (optical axis). Die senkrecht auf einer Linse oder einem Spiegel stehende und durch deren Mittelpunkt gehende gerade Linie. Die o. A. eines → Fernrohrs ist die Linie, die die Mittelpunkte aller (parallelen) Linsen oder Spiegel untereinander verbindet.

optischer Doppelstern (optical double star). → Doppelstern, optischer.

optisches Fenster (optical window). → atmosphärische Fenster.

optische Temperatur (optical temperature). Die Temperatur eines Himmelskörpers, die aus Messungen im optischen Wellenlängenbereich ermittelt wurde.

optische Tiefe (optical depth). Ein Maß für die Undurchsichtigkeit einer Materieschicht. Sie ist damit gleichzeitig die über einen längeren Weg integrierte → Opazität. Ist die o.T. $\tau = 1$, so bedeutet dies, daß ein senkrecht hindurchgehender Lichtstrahl in der betreffenden Schicht auf etwa ein Drittel des ursprünglichen Wertes abgeschwächt wird. Ein Wert für τ wesentlich über 1 bedeutet, daß die Abschwächung entsprechend stärker ist. In diesem Falle bezeichnet man das Material als »optisch dick«. Ist dagegen die Absorption wesentlich kleiner (τ unter 1), so bezeichnet man die Schicht als »optisch dünn«. Die o.T. ist von der Wellenlänge abhängig. So kann beispielsweise eine Materieschicht für langwellige Radiostrahlung praktisch undurchsichtig, für sichtbares Licht aber nahezu durchlässig sein. Dies trifft z.B. für die → Sonnenkorona zu.

Orbit. Eine aus der englischen Literatur übernommene Bezeichnung für die Flugbahn eines Erdsatelliten oder einer Raumsonde.

Orbiter. Ein Raumflugkörper, der einen anderen Himmelskörper (Planet oder Satellit) umkreist.

Orbiting Astronomical Observatory. Bezeichnung für eine Serie astronomischer Erdsatelliten, die sich vor allem die Registrierung der kosmischen Ultraviolett- und Röntgenstrahlung zur Aufgabe gesetzt hat, die die Erdatmosphäre nicht durchquert (Abk. OAO). OAO 1 wurde am 8. 4. 1966 gestartet und trug ein 41 cm- sowie ein 20 cm-Teleskop. Es stellte allerdings bereits 2 Tage nach dem Start seine Messungen ein, da das Energiesystem versagte. OAO 2 wurde am 7. 12. 1968 gestartet. Ein Fehlstart war dagegen OAO B am 30. 11. 1970. Ein voller Erfolg war wiederum der Start von OAO 3 (→ Copernicus) am 21. 8. 1972.

Orbiting Geophysical Observatory. Bezeichnung für geophysikalische Erdsatelliten, die vor allem das Magnetfeld der Erde und andere geophysikalische Erscheinungen untersuchten (Abk. OGO). OGO 1 wurde am 4. 9. 1964 gestartet. Der letzte Satellit dieser Reihe war OGO 6, der am 5. 6. 1969 in eine polare Bahn zwischen 384 und 1093 km Höhe gebracht wurde. Die Aufgaben der OGO wurden später von zwei europäischen Satelliten GEOS fortgeführt, die am 20. 4. 1977 bzw. 14. 7. 1978 gestartet wurden.

Orbiting Solar Observatory. Bezeichnung für eine Gruppe von Erdsatelliten, die besonders für die Erforschung der Sonne eingesetzt wurden (Abk. OSO). Sie registrierten vor allem die Ultraviolett-, Röntgen- und Gammastrahlung der Sonne. OSO 1 wurde am 7. 3. 1962, der letzte der Reihe, OSO 8, am 21. 6. 1975 gestartet.

Ordnungszahl, Atomnummer, Kernladungszahl (atomic number, nuclear charge number). Die Zahl der Protonen im Kern eines Atoms (Abk. Z). Sie ist gleichbedeutend mit der laufenden Nummer im Periodensystem der → Elemente.

Orgueil-Meteorit (Orgueil meteorite). Ein im Jahre 1864 in Frankreich gefallener, gut untersuchter Meteorit vom Typ der kohlenstoffhaltigen → Chondrite. In ihm wurden mit einiger Sicherheit Aminosäuren gefunden, die extraterrestrischen Ursprungs sein müssen.

Orientierung nach Gestirnen (orientation by the aid of celestial bodies). Die Möglichkeit, mit Hilfe von Gestirnen die Himmelsrichtungen aufzusuchen. Am einfachsten findet man die Nordrichtung mit Hilfe des → Polarsterns. Daneben gibt es aber noch zahlreiche andere Möglichkeiten, sich bereits ohne instrumentelle oder mathematische Hilfsmittel zu orientieren, z.B. nach den Auf- und Untergangsstellen der Sonne usw. Der Gesamtbereich der O.n.G. gehört zur sphärischen Astronomie oder der mathematischen Geographie.

Orion (Orion, Hunter). Ein Sternbild, das sich teils nördlich, teils südlich des Himmelsäquators befindet und von Mitteleuropa aus vor allem im Winter beobachtet werden kann (lateinische Bezeichnung Orion, Abk. Ori). Der O. geht auf die griechische Mythologie zurück und galt als der große Jäger, der von sich behauptete, es mit jedem Tier aufnehmen zu können. Es kam aber zu einem Kampf mit dem Skorpion, der den O. stach. Fortan entwickelte sich ein heftiger Streit zwischen O. und Skorpion, der von den Göttern dadurch geschlichtet wurde, daß diese beide als Sternbilder an den Himmel versetzten, aber gerade so, daß der O. nur über dem Horizont steht, wenn sich der Skorpion darunter befindet und umgekehrt. Am Himmel soll O. aber auch Jagd auf den Stier und die darin befindlichen Plejaden (die »sieben Schwestern«) machen. In anderen Kulturkreisen galt das Sternbild u.a. als Schmetterling. Besonders in äquatornahen Zonen geht es nämlich so auf und unter, daß dieser Eindruck erweckt werden kann.

Hauptstern des O. ist → Beteigeuze. Ein wenig heller ist aber trotzdem der als β Orionis bezeichnete Stern → Rigel. Der O. gilt als das auffälligste Sternbild, das zumindest von unseren geographischen Breiten aus vollständig beobachtet werden kann. Die Schulterlinie wird neben Beteigeuze auch durch → Bellatrix gebildet. Darunter liegen die drei nahezu gleich hellen Gürtelsterne, die auch → Jakobsstab genannt werden. Darunter folgen die beiden Fußsterne, von denen der rechte (westliche) der hellere Rigel ist. Durch den O. verläuft auch die in diesem Bereich verhältnismäßig lichtschwache Milchstraße. Trotzdem können wir innerhalb des O. viele helle Nebel und Dunkelwolken beobachten. Am bekanntesten ist der → Orionnebel und der → Pferdekopfnebel.

Orion A, Orion-Molekülwolken (Orion molecular clouds). Eine mit dem → Orionnebel verbundene Radioquelle, deren Zentrum 1′ nordwestlich und 12′ nordöstlich des dort befindlichen Trapezes liegt. Es handelt sich um eine Wolke aus ionisiertem Wasserstoff. Daneben wurden aber auch zahlreiche → interstellare Moleküle gefunden. Eine andere Bezeichnung für diese Radioquelle ist 3C 145. Es liegt dort aber auch eine Infrarotquelle.

Orionarm (Orion Arm). Ein Spiralarm in unserer Galaxis, auf dessen zum galaktischen Zentrum hin gelegener Seite unsere Sonne liegt (»lokaler Arm«). Sein Abstand vom galaktischen Zentrum beträgt knapp 30000 Lichtjahre, seine Dicke etwa 2000 Lichtjahre. Der O. liegt zwischen dem → Sagittariusarm und dem → Perseus-Arm. Die mittlere Dichte des interstellaren Gases im O. beträgt etwa 1,5 Atome/cm^3. Der neutrale Wasserstoff ist darin mit etwa 0,6 Atomen/cm^3 vertreten.

Orion B. Eine Radioquelle, die mit dem hellen Nebel NGC 2024 zusammenhängt. Er liegt nahe dem Stern ζ Orionis, dem linken (östlichen) Gürtelstern des Orion.

Orioniden (Orionids). Ein Meteorstrom, der auf den Halleyschen Kometen zurückgeht. Er ist vor allem zwischen dem 11. und 30. Oktober tätig. Sein Maximum liegt etwa am 19. Oktober. Die stündliche Anzahl der zu erwartenden Meteore beträgt maximal 50. Der → Radiant des Meteorstroms liegt im Sternbild Orion.

Orion-Molekülwolken (Orion molecular clouds). → Orion A.

FU Orionis. Ein offenbar neu entstandener Stern im Sternbild Orion, dessen Spektraltyp zwischen F5 und G3 schwankt. Der Stern erschien 1936 erstmals in der Mitte einer Dunkelwolke, wobei seine photographische Helligkeit um 6 Größenklassen anstieg. Er zeigt im Spektrum eine besonders große Häufigkeit von Lithium, die etwa 80mal größer sein dürfte als bei unserer Sonne, und zählt augenblicklich noch zu den Überriesen. Er dürfte in einem Entwicklungsstadium stehen, bevor er die Hauptreihe des Hertzsprung-Russell-Diagramms erreicht hat (→ Sternentwicklung). Inzwischen entdeckte man einige weitere ähnliche Sterne, die nach W. A. Ambarzumjan (*1908) als → Fuore (FUORS) bezeichnet werden. Dazu gehören V1057 und V1515 Cygni. Möglicherweise handelt es sich um → T Tauri-Sterne in einem aktiven Eruptionsstadium.

YY Orionis. Ein im → Orionnebel gelegener besonders junger Stern, der eine Ähnlichkeit mit → T Tauri hat. Seine Masse ist verhältnismäßig klein. Vermutlich sammelt er aus der ihn umgebenden interstellaren Materie noch Material auf und ist in einem frühen Kontraktionsstadium begriffen (→ Sternentwicklung). Einige Sterne, die ähnliche Eigenschaften zeigen, faßt man zu den YY Orionis-Sternen zusammen.

Orionnebel (Orion Nebula). Ein heller, → diffuser Nebel und → H II-Nebel mit der Katalogbezeichnung M 42 oder NGC 1976 im Sternbild Orion. Er liegt im sog. Schwertgehänge des Himmelsjägers Orion und kann unter sehr günstigen Bedingungen bereits mit bloßem Auge, zumindest aber mit einem Opernglas oder Feldstecher, beobachtet werden. Die Entfernung beträgt etwa 1600 Lichtjahre, sein Durchmesser etwa 15 Lichtjahre, unter Einbeziehung der äußersten Teile des Nebels sogar 50 bis 100 Lichtjahre. Der Nebel wurde 1610 von N. C. F. de Peiresc (1580–1637) entdeckt. Die Gesamtmasse dürfte etwa 700 Sonnenmassen betragen. Während im Mittel die Dichte bei 100 bis 1000 Atomen/cm^3 liegt, steigt sie in den innersten und hellsten Teilen auf 10000 Atome/cm^3 an. Die Temperatur beträgt gemäß den Bedingungen in einem H II-Nebel etwa 10000 K. Er enthält viele Sterne vom Spektraltyp O sowie zahlreiche → T Tauri-Sterne. Besonders auffällig sind vier Sterne, die im Zentrum des O. die Form eines Trapezes bilden (»Trapez im O.«). Es sind sehr junge Sterne mit dem Spektraltyp O 6 bis B 3. Der O. gilt als ein typisches Beispiel eines Objekts, in dem sich laufend Prozesse der Sternentstehung abspielen. Sein Alter dürfte höchstens einige Mill. Jahre betragen. Entsprechend ist auch das Alter der aus dem O. entstandenen Sterne. Einige im O. aufgefundene Infrarotobjekte sind mit ziemlicher Sicherheit in der Gegenwart entstehende Sterne, die teilweise von absorbierenden Staubhüllen umgeben sind. Beispiele dafür sind der → Kleinmann-Low-Nebel und das → Becklin-Neugebauer-Objekt. 1994 entdeckte das Hubble-Weltraumteleskop bei mehr als der Hälfte der jungen Sterne im O. solche Staubscheiben, die als Vorstufen in der Bildung eines → Planetensystems gelten. Sie wurden protoplanetary disks (→ Proplyds) genannt. Der O. ist gleichzeitig eine Röntgenstrahlenquelle mit der Bezeichnung 3 U 0527–05, das Zentrum einer → Assoziation von Sternen sowie des → Barnard-Rings.

Orion-Veränderliche (Orion variables). Eine Gruppe veränderlicher Sterne, die besonders häufig im Sternbild Orion, aber auch im → Orionnebel gefunden wurden. Sie zerfallen in die Gruppe der

→ T Tauri-Sterne und in die T Orionis-Sterne.

Ort (eines Gestirns) (position (of a celestial body)). Die Position eines Gestirns in irgendeinem → Koordinatensystem (Plural: Örter). Man unterscheidet zunächst absolute Örter, die auf direktem Wege gemessen wurden, von relativen Örtern, die jeweils in bezug auf die Örter eines anderen Gestirns erhalten wurden. Im einzelnen müssen aber noch folgende Definitionen unterschieden werden: Bei näheren Himmelskörpern, wie z.B. Mond, Satelliten, Planeten, kann zunächst der geozentrische O. angegeben werden. Dabei handelt es sich um den O., der auf einen Beobachter im Erdmittelpunkt bezogen ist. Der topozentrische O. ist jedoch derjenige, der sich für den tatsächlichen Standpunkt eines Beobachters auf der Erdoberfläche oder darüber ergibt. Der heliozentrische O. schließlich ist auf einen im Sonnenmittelpunkt angenommenen Beobachter bezogen.

Für die Sterne ergeben sich weitere Unterschiede: Der zunächst direkt beobachtete, aber bereits von Instrumentalfehlern befreite O. eines Gestirns, ist noch mit vielen physikalischen und astronomischen Effekten behaftet. Unter dem scheinbaren O. versteht man einen O., bei dem zunächst die → Refraktion der Erdatmosphäre berücksichtigt ist. Beim wahren O. ist zusätzlich die → Aberration berücksichtigt, beim mittleren O. schließlich auch die → Nutation.

Der mittlere O. kann schließlich auf ein bestimmtes Äquinoktium, also auf die Lage des Koordinatensystems zu einem bestimmten Zeitpunkt (Epoche) bezogen werden. Dabei spricht man vom mittleren O. für eine bestimmte Epoche oder ein bestimmtes → Äquinoktium. In diesem Falle ist auch die → Präzession der Sterne zu eliminieren.

orthochromatische Platten (Filme) (orthochromatic plates, films). Photographische Emulsionen, die das Maximum ihrer Empfindlichkeit im gelben Farbbereich haben. In der Astrophotographie werden sie zusammen mit Gelbfiltern zur Bestimmung der photovisuellen → Helligkeit benutzt.

Orthodrome (great circle). → Großkreis.

Ortho-Wasserstoff (ortho-hydrogen). Molekularer Wasserstoff, in dem die 2 Protonen des Moleküls dieselbe Spinrichtung haben. Dabei handelt es sich um einen höheren Energiezustand als beim → Para-Wasserstoff. Der in der Erde zu findende molekulare Wasserstoff gehört zu 75% dem O.-W. an.

Ortsbestimmung (determination of position). → Geographische Ortsbestimmung.

Ortszeit (local time). Die auf den Meridian eines Beobachters bezogene → Zeit.

OSCAR. Eine Reihe amerikanischer Erdsatelliten, die vor allem für Versuche von Radioamateuren gedacht waren. Die Bezeichnung ist eine Abkürzung für »Orbiting Satellite Carrying Amateur Radio«. O. 1 wurde am 12. 12. 1961 gestartet.

oskulierende Bahnelemente (osculating orbital elements). Die → Bahnelemente eines Planeten oder Kometen, die eine solche Bahn ergeben, daß für einen bestimmten Augenblick, d.h. für einen bestimmten Bahnpunkt, nur die Gravitationswirkung der Sonne berücksichtigt wird. Den Anfangspunkt einer so berechneten Bahn bezeichnet man als Oskulations-Epoche. Für weitere Zeitpunkte werden durch numerische Integration Schritt für Schritt die Störungswirkungen der Planeten berechnet. Diese Methode liefert für Zeitpunkte nahe der Oskulationsepoche ohne großen Aufwand genügend genaue Resultate. Für einzelne fernere Zeitpunkte müssen dagegen die Störungen der Planeten sehr genau für alle Zwischenzeiten berechnet werden. Dies führt zu einem hohen Rechenaufwand.

OSO. Abk. für → Orbiting Solar Observatory.

Osten (east). → Himmelsrichtungen.

Ostern (Easter). Kirchliches Fest, das nach dem Konzil von Nicäa (325 n. Chr.) am ersten Sonntag nach dem ersten Frühlingsvollmond stattfindet. Der frühestmögliche Termin für O. ist der 22. März, der spätestmögliche Termin der 25. April. Im Laufe der Zeit wurden zahlreiche O.tafeln oder O.formeln aufgestellt, um auf einfache Weise den O.termin zu berechnen. Am einfachsten ist die von C. F. Gauß (1777–1855) aufgestellte Regel:
Es soll T die Jahreszahl sein, für die wir das O.datum suchen. M und N seien zwei weitere Zahlen. Sie sind im → Julianischen Kalender stets $M = 15$ bzw. $N = 9$. Im → Gregorianischen Kalender sind sie für die Jahre 1800 bis 1899 $M = 23$ und $N = 4$, für 1900 bis 2099 $M = 24$ und $N = 5$. Nun bezeichnet man als den

Rest der Division $T : 19$ mit a
Rest der Division $T : 4$ mit b
Rest der Division $T : 7$ mit c
Rest der Division $(19a+M) : 30$ mit d
Rest der Division $(2b + 4c + 6d + N) : 7$ mit e.

Geht die Division auf, so wird der Rest = 0 gesetzt. O. ist dann der $(22 + d + e)$te März oder der $(d + e - 9)$te April. Erhalten wir bei der ersten Rechnung eine Tagesziffer über 31, so ist die zweite Formel zu nehmen. Umgekehrt: Ergibt die zweite Formel eine Tagesziffer unter 1, also z. B. 0 oder –1, –2 usw., dann ist die erste Formel gültig.
Folgende Ausnahmen gelten: Ist $d = 29$ und $e = 6$, dann ist O. nicht am 26. April, sondern am 19. April. Ist $d = 28$ und $e = 6$ und a größer als 10, dann ist O. nicht am 25., sondern am 18. April.
Um auch die Werte M und N für Zeiträume vor oder nach 1800 bzw. 2099 im Gregorianischen Kalender zu bestimmen, ist folgende Rechnung erforderlich: k sei die Zahl, die übrig bleibt, wenn die beiden letzten Ziffern der Jahreszahl gestrichen werden, p sei das Ergebnis der Division $(13 + 8k) : 25$. q sei das Ergebnis der Division $k : 4$. In beiden letzteren Fällen bleibt der Rest der Division unberücksichtigt. Dann wird

M der Rest der Division $(15-p+k-q) : 30$
N der Rest der Division $(4 + k-q) : 7$

Da die Berechnung des O.vollmonds traditionsgemäß nach vereinfachten Methoden geschieht (»kirchlicher Vollmond«), können gelegentlich Differenzen zum exakt berechneten astronomischen ersten Frühlingsvollmond eintreten. Ein derartiger Fall trat beispielsweise 1981 ein. Der astronomische erste Frühlingsvollmond fand am Sonntag, 19. April, 7^h59^m WZ statt. Es hätte O. daher erst am 26. April stattfinden dürfen. Trotzdem war O. am 19. April.

Datum des Ostersonntags für den Zeitraum 1986 bis 2015

30. März 1986	15. April 2001
19. April 1987	31. März 2002
3. April 1988	20. April 2003
26. März 1989	11. April 2004
15. April 1990	27. März 2005
31. März 1991	16. April 2006
19. April 1992	8. April 2007
11. April 1993	23. März 2008
3. April 1994	12. April 2009
16. April 1995	4. April 2010
7. April 1996	24. April 2011
30. März 1997	8. April 2012
12. April 1998	31. März 2013
4. April 1999	20. April 2014
23. April 2000	5. April 2015

Osteuropäische Zeit (East European time). Abk. OEZ, die für den Meridian

30° östlich von Greenwich geltende → Zonenzeit.

Ostpunkt (east point). Der Schnittpunkt des ersten Vertikals mit dem Horizont (→ Himmelsrichtungen).

Osumi. Bezeichnung des ersten japanischen Erdsatelliten, der am 11. 2. 1970 mit einer japanischen Trägerrakete gestartet wurde.

oszillierendes Universum (oscillating universe). Eine kosmologische Theorie, nach der das Universum sich periodisch ausdehnt und zusammenzieht.

Ozma, Projekt Ozma (Project Ozma). Ein vor allem auf F. Drake zurückgehendes Projekt des Jahres 1960, bei dem die Sterne ε Eridani und τ Ceti daraufhin untersucht wurden, ob von ihnen künstliche Radiosignale ausgehen. Dadurch sollte möglicherweise der Nachweis einer höheren technischen Zivilisation erbracht werden. Das Projekt wurde mit Hilfe eines 25 m-Radiospiegels des Observatoriums Green Bank (West Virginia, USA) durchgeführt und lief negativ aus. Dieses erste derartige Unternehmen regte jedoch in den folgenden Jahren zu weiteren Projekten an, die zum Teil ebenfalls in Green Bank, zum Teil aber auch an mehreren anderen Radioobservatorien durchgeführt wurden. Dabei wurden auch sehr viel mehr Sterne mit einbezogen. Bisher wurde jedoch in keinem Falle ein künstliches Radiosignal entdeckt.

Ozon (ozone). Ein Sauerstoffmolekül, das im Gegensatz zum normalen Sauerstoffmolekül nicht aus zwei, sondern aus drei Sauerstoffatomen zusammengesetzt ist.

Ozonosphäre, Ozonschicht (ozone layer). Eine in der → Erdatmosphäre befindliche Schicht, in der → Ozon angereichert ist.

P

Pageos. Amerikanische Ballonsatelliten nach Art der → Echo-Satelliten mit einem Durchmesser von 33 m. P. 1 wurde am 24. 6. 1966 gestartet.

Pallas. Der zweite Kleinplanet. Er wurde am 28. 3. 1802 von W. Olbers (1758–1840) entdeckt. Die Umlaufzeit beträgt 4,61 Jahre, die mittlere Entfernung von der Sonne 414,4 Mill. km. Bei einer Bahnexzentrizität von 0,237 kann sich P. der Sonne auf 315,7 Mill. km nähern. Im Aphel ist er 511,6 Mill. km von der Sonne entfernt. Seine Bahnneigung beläuft sich auf 34,8°. Die Albedo dürfte etwa 0,07 betragen. Der Durchmesser wird meist mit etwa 560 km angegeben, die Masse mit $2{,}6 \cdot 10^{23}$ g. Die Rotationszeit ist 7^h48^m. In einer günstigen Opposition kann P. die 6. Größenklasse erreichen und damit fast noch mit bloßem Auge gesehen werden.

Spektroskopische Untersuchungen ergaben, daß P. vermutlich einem → Chondriten ähnelt. Es wurde gelegentlich vermutet, daß P. von einem Satelliten umkreist wird.

Pallasite (pallasites). Eine Untergruppe der → Siderolite.

Palomar Sky Atlas. Ein photographischer Sternatlas der nördlichen Hemisphäre und eines Teils der südlichen Hemisphäre bis –33° Deklination, der mit Hilfe des großen Schmidt-Teleskops des → Mount Palomar-Observatory im blauen und roten Farbbereich erstellt wurde. Der Atlas enthält Sterne bis zur 19. und 20. Größenklasse auf 1872 Platten.

Pan. Der Satellit XVIII des Saturn (ursprüngliche Bezeichnung 1981 S 13). Seine mittlere Entfernung von Saturn beträgt nur 133 570 km. Damit bewegt sich P. innerhalb der Encke-Teilung des Saturnrings. Sein Durchmesser dürfte etwa 20 km betragen.

Pancake-Theorie (pancake theory). Die Vorstellung, daß die Galaxien bevorzugt in zellenartigen Strukturen angeordnet sind. Die neueren Untersuchungen haben dies im wesentlichen bestätigt (→ Blasenstruktur des Universums).

Pandora. Der Satellit XVII des Saturn, der 1980 von den Voyager-Sonden entdeckt wurde. Seine mittlere Entfernung von Saturn beträgt 141 700 km, seine Umlaufzeit 0,629 Tage. Die Bahnexzentrizität ist 0,004, die Bahnneigung 0,0°. Er stellt zusammen mit → Prometheus einen der beiden → Hirtenmonde des F-Ringes des Saturn dar. Seine Abmessungen betragen 110x90x70 km.

Panspermie, Kosmozoentheorie. Eine von S. A. Arrhenius (1859–1927) entwickelte Hypothese über die Verbreitung organischen Lebens im Weltall. Danach soll das Leben auf der Erde durch die Übertragung von Keimen aus anderen Bereichen des Weltalls entstanden sein. Wegen des Strahlungsdrucks der Sonne hätten aber derartige Lebenskeime kaum von Bereichen außerhalb unseres Planetensystems bis zur Erde vordringen können. Außerdem wären sie durch energiereiche Weltraumstrahlungen sehr wahrscheinlich auf ihrem langen Flug durch den Raum abgetötet worden. Eine neue Form des P.-Gedankens stammt von F. Hoyle (*1915) und C. Wickramasinghe. Danach sollen Lebenskeime, darunter auch gefährliche, Krankheiten auslösende Bakterien, durch Kometen bei Kollisionen mit der Erde zu uns auch heute noch gebracht werden. In diesem Falle könnte man die beiden genannten Gegenargumente entkräften. Die Kometen unterliegen als größere Körper nicht so sehr dem Strahlungsdruck der Sonne. Ferner wären die Keime im Innern der Kometenkerne gegen die Weltraumstrahlungen geschützt. Doch auch diese Vermutung wurde kaum akzeptiert.

Parabel (parabola). Ein → Kegelschnitt. Eine P. ist der geometrische Ort für alle Punkte, die den gleichen Abstand von einem Brennpunkt und einer Leitgeraden, die oft als Directrix bezeichnet wird, haben. Die P. ist eine offene Kurve. Ihre Exzentrizität ist stets = 1. Viele Kometen bewegen sich auf elliptischen Bahnen um unsere Sonne, deren Exzentrizität so groß ist, daß diese vor allem in ihrem sonnennächsten Bereich nahezu als eine P. betrachtet werden können.

Parabolantenne (parabolic antenna). Eine in der Funktechnik und Radioastronomie benutzte parabolförmige Richtantenne zum Empfang oder zur Aussendung (Radargeräte) von Dezimeter- und Zentimeterwellen. Im Brennpunkt des Spiegels befindet sich eine → Dipol-Antenne.

parabolische Entweichgeschwindigkeit. → Entweichgeschwindigkeit.

parabolische Geschwindigkeit (parabolic velocity). Die Geschwindigkeit eines kosmischen Flugkörpers, die es ihm erlaubt, den Schwerebereich der Erde zu verlassen (»2. kosmische Geschwindigkeit«). Sie ist um den Faktor $\sqrt{2}$ mal größer als die Kreisbahngeschwindigkeit, die für einen Flugkörper in der Nähe der Erdoberfläche 7,9 km/s beträgt. Die p. G. beläuft sich für die Erde auf 11,1 km/s.

Parabolspiegel (parabolic mirror). Ein Hohlspiegel, der in der Form eines Rotationsparaboloids hergestellt wurde und für die meisten astronomischen → Spiegelteleskope benutzt wird.

Paradiesvogel (Bird of Paradise). Ein Sternbild des südlichen Himmels (lateinische Bezeichnung Apus, Abk. Aps), das von J. Bayer (1572–1625) eingeführt wurde. Der Hauptstern α Apodis hat eine Helligkeit von $3\overset{m}{,}8$ und ist 230 Lichtjahre entfernt. Sein Spektraltyp ist K5, seine Leuchtkraft ist 100 mal größer als die unserer Sonne.

parallaktische Aufstellung (parallactic mounting). → Montierung.

parallaktische Bewegung, motus parallacticus (parallactic motion). Eine scheinbare Verschiebung der Sterne als Folge der Raumbewegung unseres Sonnensystems (→ Apex).

parallaktische Montierung (parallactic mounting). → Montierung.

parallaktischer Winkel (parallactic angle). Der im → nautischen Dreieck beim Stern auftretende Winkel, dessen Schenkel einerseits zum Zenit, andererseits zum Himmelspol weisen.

parallaktisches Lineal (parallactic rule). → Triquetrum.

parallaktische Ungleichheit, Ungleichheit (parallactic inequality) . Eine Unregelmäßigkeit in der Bewegung des Mondes, die auf die störende Wirkung der Sonne zurückzuführen ist. Ihre Periode beträgt einen synodischen → Monat. Der Betrag der Störung macht etwa 2′ aus. Um diesen Betrag bleibt der Mond im ersten Viertel zurück und eilt im letzten Viertel voraus. Der genaue Betrag dieser Störung ist umgekehrt proportional zur Sonnenentfernung.

Parallaxe (parallax). Allgemein die Verschiebung, die der scheinbare Ort eines Objektes bei der Beobachtung von zwei verschiedenen Punkten aus erfährt. Der Betrag der Verschiebung hängt von der Entfernung des Objekts und dem Abstand der beiden Beobachtungspunkte ab. Damit kann die P. zu Entfernungsmessungen irdischer Objekte, aber auch von Gestirnen herangezogen werden. Durch Beobachtung näherer Himmelskörper (Mond, nähere Planeten) von verschiedenen, jedoch weit voneinander entfernten Erdorten aus kann man deren Entfernung und die sog. → Äquatorialhorizontalparallaxe bestimmen. Dies gilt auch für die → Astronomische Einheit.
Besonders wichtig ist die jährliche P. eines Sterns als Spiegelbild der Erdwanderung um die Sonne. Dazu beobachtet man einen Stern von verschiedenen Punkten der Erdbahn aus. Die jährliche P. wird oft mit π bezeichnet:

$$\sin \pi = \frac{a}{r}$$

Dabei bedeutet a die große Halbachse der Erdbahn (Astronomische Einheit) und r die Entfernung des Sterns. Man erhält die Entfernung eines Sterns in Astronomischen Einheiten, wenn man 206265 durch die P. in Bogensekunden dividiert.
Bereits die nächsten Sterne sind schon so weit entfernt, daß die P. extrem klein wird. Deshalb konnte auch erst 1838 F. W. Bessel (1784–1846) eine P. an dem Stern 61 Cygni bestimmen. Die P. beträgt selbst bei dem nächsten Stern, → Proxima Centauri, nur 0,762″. Ein hypothetischer Stern, der eine P. von 1″ besitzt, ist 1 P.sekunde oder 1 parsec entfernt (→ parsec). Zwischen der P. und dem Abstand in parsec besteht die Beziehung $r = 1:\pi$. Daher werden in der wissenschaftlichen Literatur die Sternentfernungen fast ausschließlich in parsec (pc) und nicht in → Lichtjahren (Lj) angegeben. Bei den P.messungen bezieht man die sich mit Jahresperiode ändernden Positionen des zu messenden Sterns auf eine Reihe offenkundiger Hintergrundsterne, von denen man annehmen darf, daß sie so weit entfernt sind, daß sie praktisch keine meßbare P. mehr zeigen. Viele nähere Sterne zeigen aber auch eine → Eigenbewegung. Sie ist oft größer als die zu messende P. Daher werden z. B. bei der Erstellung von P.katalogen meist 30 bis 50 Einzelmessungen in 4 bis 7 Jahren durchgeführt. Die dabei zunächst erhaltenen relativen P. haben mit modernsten Methoden erdgebundener Beobachtung eine Genauigkeit von 0,″002 ± 0,″001 (Standardabweichung), bestenfalls 0,″0006. Da die Hintergrundsterne, auf die sich die relativen Sternp. beziehen, unter Umständen

Parallaxen und Entfernungen

Parallaxe	Entfernung pc	Entfernung Lj
0,800″	1,250	4,07
0,770″	1,299	4,23
0,740″	1,351	4,41
0,710″	1,408	4,59
0,680″	1,471	4,79
0,650″	1,538	5,02
0,620″	1,613	5,26
0,590″	1,695	5,53
0,560″	1,786	5,82
0,530″	1,887	6,15
0,500″	2,000	6,52
0,470″	2,128	6,94
0,440″	2,273	7,41
0,410″	2,439	7,95
0,380″	2,632	8,58
0,350″	2,857	9,31
0,320″	3,125	10,19
0,290″	3,448	11,24
0,260″	3,846	12,54
0,230″	4,438	14,17
0,200″	5,000	16,30
0,170″	5,882	19,18
0,140″	7,143	23,28
0,110″	9,091	29,63
0,080″	12,500	40,75

doch eine kleine P. aufweisen könnten, ist der Fehler der absoluten P., der wahre Fehler, natürlich größer. Schon P., die kleiner als 0,″01 sind, können nicht mehr als verläßlich angesehen werden. Daher versagt die trigonometrische P.methode bei Sternen, die mehr als 100 parsec oder 300 Lichtjahre entfernt sind. Aber schon in dem Bereich zwischen 100 und 300 Lichtjahren werden die Fehler beachtlich. Bisher konnte von nur wenigen tausend Sternen eine einigermaßen zuverlässige trigonometrische P. bestimmt werden. Der Astrometrie-Satellit → Hipparcos dürfte diese Situation vielleicht etwas verbessern. Neben den trigonometrischen P. gibt es noch die säkulare P. (→ Parallaxe, säkulare), die → Sternstromparallaxe, die strahlungsenergetische und dynamische P., die Rotationsparallaxe und die photometrische P. (→ Parallaxe, photometrische). Diese Methoden reichen u. U. Millionen und Milliarden Lichtjahre in den Raum hinaus.

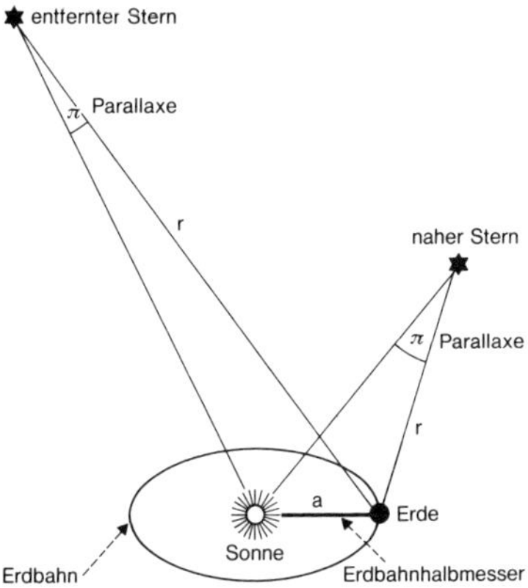

Trigonometrische Parallaxe

Schließlich sei noch auf die Möglichkeit hingewiesen, allein aus dem Grad der interstellaren Verfärbung oder dem Auftreten interstellarer Absorptionslinien im Spektrum, Rückschlüsse auf die Entfernung zu ziehen. Diese Methode nennt man Verfärbungs-P. oder, wenn die Stärke interstellarer Calciumlinien herangezogen wird, auch Calcium-P.

Die zuletzt genannten Methoden haben meist nichts mehr mit einer Winkelverschiebung zu tun, wie es der eigentlichen Bedeutung des Begriffs P. entspricht. Man denkt aber in diesen Fällen daran, daß die so bestimmte Entfernungsangabe immer in eine P., also eine Winkelverschiebung, umgerechnet werden kann, auch wenn sie in den meisten Fällen nicht trigonometrisch nachweisbar ist.

Parallaxe, dynamische (dynamical parallax). Unter einer d. P. versteht man eine Entfernungsangabe, die aus den Bewegungen von Doppelsternen abgeleitet wurde. Die Methode ist dann möglich, wenn mit Hilfe des → Dopplereffekts im Spektrum die Geschwindigkeit des Begleiters um den Hauptstern ermittelt werden kann. Zusammen mit der Umlaufzeit kann in diesem Falle sofort der Bahnumfang und damit auch der mittlere Abstand der beiden Sterne in km oder AE angegeben werden. Mißt man dann noch die gegenseitige Distanz im Winkelmaß, so ergibt sich aus trigonometrischen Formeln auch die Entfernung des Doppelsterns von der Erde. Leider ist es nur in sehr wenigen Fällen möglich, direkt die Umlaufgeschwindigkeiten in einem Doppelsternsystem zu messen. Aber auch bei anderen physischen Doppelsternen kann man eine d. P. ableiten. Dazu dient das 3. Keplersche Gesetz in der Form:

$$a^3 = (M_1 + M_2)\, P^2.$$

Dabei bedeutet a den mittleren Abstand der beiden Komponenten in AE, M_1 und M_2 die Massen der beiden Komponenten und P die Umlaufperiode in Jahren. Während P sehr gut zu bestimmen ist,

müssen für die Massen der beiden Doppelsternkomponenten meist etwas unsichere Zahlenwerte eingefügt werden. So ist es beispielsweise möglich, aus der → Spektralklasse die Masse abzuschätzen. In anderen Fällen kann man auch ganz roh für beide Komponenten einfach je 1 Sonnenmasse ansetzen. Natürlich sind die so bestimmten d. P. nicht mehr allzu genau. Die Reichweite der d. P. liegt bei etwa 200 parsec oder etwas über 600 Lichtjahre. Sind allerdings die → Bahnelemente eines Doppelsterns exakt genug bekannt, so lassen sich hieraus die Massen der beiden Komponenten und damit auch die Entfernung des Doppelsterns genügend genau bestimmen.
Eine weitere Methode, die auf Doppelsterne anwendbar ist, sind die strahlungsenergetischen Parallaxen. Zwischen der Masse der Sterne und ihren Radien besteht eine genügend strenge Beziehung. So können bei Doppelsternen, deren Massen ableitbar sind, auch die Radien angegeben werden. Zusammen mit der effektiven Temperatur, die sich wiederum aus der Spektralklasse ergibt, läßt sich damit die absolute → Helligkeit der Sterne ausrechnen. Zusammen mit der scheinbaren Helligkeit ist damit wieder die Entfernung des Doppelsterns gegeben.

Parallaxe, photometrische (photometric parallax). Eine Entfernungsbestimmung, die darauf ausgeht, auf irgendeinem Wege die absolute → Helligkeit eines Sterns zu ermitteln.
Aus der Formel

$$M - m = 5 - 5 \cdot \log r$$

kann dann leicht die Entfernung bestimmt werden. In der Formel bedeutet M die absolute, m die scheinbare, von der Erde aus meßbare Helligkeit und r die Entfernung. Die absolute Helligkeit eines Sterns kann nun entweder aus dem → Spektrum oder anderen Anhaltspunkten ermittelt werden (auch strahlungsenergetische Parallaxe, → Parallaxe, dynamische). Schwierigkeiten treten allerdings dann auf, wenn die scheinbare Helligkeit eines Sterns durch die interstellare Absorption verfälscht wird. Doch läßt sich diese in vielen Fällen näherungsweise ermitteln.
Zu den p. P. zählen vor allem die sog. spektroskopischen Parallaxen, bei denen die absolute Helligkeit aus dem Sternspektrum ermittelt wurde. Die Genauigkeit dieser Entfernungsangaben erreicht etwa 20 bis 60%. Da nur von Sternen, die heller als etwa 8^m sind, genügend brauchbare Spektren erhalten werden können, ist die Reichweite dieser Methode mit 200 parsec verhältnismäßig begrenzt. Doch genügt es auch oft, nur den Spektraltyp eines Sterns zu bestimmen, um einen Anhaltspunkt für die absolute Helligkeit zu gewinnen. Spektraltypen können aber für Sterne bis etwa zur 15. Größenklasse gewonnen werden. Diese sog. Spektraltypparallaxen haben damit eine wesentlich größere Reichweite mit etwa 2000 parsec oder über 6000 Lichtjahren.
Noch weiter gelangt man mit der Cepheiden-Methode. Ausgangspunkt ist hierbei die Perioden-Helligkeits-Beziehung der → Cepheiden und der → RR Lyrae-Sterne. Die Reichweite kann in diesem Fall auf etwa 15 Mill. parsec oder rund 50 Mill. Lichtjahre erweitert werden. Noch weiter reichen Entfernungsbestimmungen mit Hilfe der mittleren absoluten Helligkeit von Novae, Supernovae, Kugelsternhaufen oder schließlich ganzer Galaxien. Doch ist hier die Genauigkeit oft geringer.

Parallaxe, säkulare (secular parallax). Nutzt man die Bewegung der Sonne mitsamt den Planeten durch den Raum aus (→ parallaktische Bewegung), so ergibt sich eine → Parallaxe der Sterne, die größer ausfällt als die trigonometrische

Parallaxe. Unsere Sonne legt bereits in einem Jahr rund 630 Mill. km im Raum zurück. Die so entstehenden Verschiebungen der Sterne bezeichnet man als s.P. Da jeder Stern aber seine eigene Raumbewegung ausführt, können s.P. nicht zu Entfernungsbestimmungen an Einzelsternen, sondern nur an räumlich zusammengehörigen Gruppen usw. herangezogen werden. Dafür sind die s.P. bis zu einer Entfernung von etwa 5000 parsec oder über 15000 Lichtjahren brauchbar.

Parallaxe, spektroskopische (spectroscopic parallax). → Parallaxe, photometrische.

Parallaxensekunde. → parsec.

Parallelkreis (parallel of latitude). → Breitenkreis.

parametrischer Verstärker (parametric amplifier, paramp). Eine in der → Radioastronomie benutzte Einrichtung zur bis zu 100billionenfachen Verstärkung eines Radiosignals.

Para-Wasserstoff (para-hydrogen). Molekularer Wasserstoff, in dem die beiden Protonen des zweiatomigen Moleküls eine entgegengesetzte Spinrichtung haben. Der P.-W. befindet sich in einem niedrigeren Energieniveau als der → Ortho-Wasserstoff.

Parkbahn (parking orbit). Eine um die Erde führende Bahn eines Raumflugkörpers, von dem aus nach einer bestimmten Zeit der Weiterflug zum Mond oder anderen Himmelskörpern vorgenommen wird.

Parkes-Observatory. Ein nördlich von Parkes (Australien) gelegenes Radioobservatorium mit einem 64 m-Radiospiegel.

parsec. Abk. für Parallaxensekunde (1 pc), eine Längeneinheit in der Astronomie. 1 pc entspricht der Entfernung, in der ein Stern eine → Parallaxe von 1″ aufweist. Oder 1 pc ist die Entfernung, von der aus gesehen der mittlere Abstand Erde-Sonne unter einem Winkel von 1″ erscheint. Es ist 1 pc = 30,857 Bill. km = 206264,8 AE = 3,2633 Lichtjahre (Lj).

Umrechnung parsec - Lichtjahr

Entfernung pc	Entfernung Lj
1,0	3,3
2,0	6,5
3,3	10,8
5,0	16,4
10,0	32,6
20,0	65
50,0	164
100	326
200	652
500	1 640
1 000	3 260
5 000	16 400
10 000	32 600
100 000	326 000
10^6	$3{,}26 \cdot 10^6$
10^9	$3{,}26 \cdot 10^9$

Parthenope. Der Kleinplanet Nr. 11. Er ist im Mittel 366,9 Mill. km von der Sonne entfernt. Die Bahnexzentrizität beträgt 0,100, die Bahnneigung 4,6°. Im Perihel ist er 329,4 km, im Aphel 404,4 Mill. km von der Sonne entfernt. Die Umlaufzeit beträgt 3,84 Jahre. P. hat einen Durchmesser von etwa 150 km.

Partikelstrahlung (particle radiation). → Korpuskularstrahlung.

Pascal. Seit 1978 vorgeschriebene physikalische Einheit für den → Druck oder die mechanische Spannung (Abk. Pa). Es ist 1 Pa = 1 N/m^2 = 10^{-5} bar. N ist dabei das Kurzzeichen für → Newton.

Paschaljahr (paschal year). Ein Kalender, bei dem das Jahr mit → Ostern beginnt (abgeleitet aus dem lateinischen Begriff paschalis = österlich).

Paschen-Serie (Paschen series). Eine Serie von Spektrallinien des Wasserstoffs, die bei Sprüngen von Elektronen von einer äußeren auf die 3. Bahn um den Atomkern entstehen. Die Linien liegen im infraroten Teil des Spektrums. Die Linie P_α hat eine Wellenlänge von 18751 Å (1875,1 nm). Die Paschen-Grenze liegt bei 8204 Å (820,4 nm). Auch → Balmer-Serie.

Pasiphae. Der Satellit VIII des Jupiter. Seine mittlere Entfernung von Jupiter beträgt 23500000 km, seine siderische Umlaufzeit 735 Tage. Seine Bahn ist um 145° gegen die Äquatorebene des Jupiter geneigt. Damit ist P. rückläufig. Die Bahnexzentrizität ist 0,378. Die scheinbare Helligkeit erreicht in einer mittleren Opposition $+18^m$. Der Durchmesser dürfte bei etwa 50 km liegen. P. wurde von P. J. Melotte in Greenwich im Jahre 1908 entdeckt.

Passage (passage, transit). → Durchgang.

Passageinstrument, Durchgangsinstrument (transit instrument, transit circle). Ein astrometrisches Instrument, mit dem der Durchgang eines Gestirns durch den Meridian beobachtet wird. Das Instrument ähnelt damit dem → Meridiankreis. Im Gegensatz zu diesem besitzt aber das P. keine genaueren Teilkreise zum Ablesen der Meridianhöhe und damit zur Bestimmung der → Deklination. Im wesentlichen wird das P. zu Zeitbestimmungen, aber auch zur Bestimmung der → Rektaszension eines Gestirns herangezogen.

Patroclus. Ein Kleinplanet, der zu den hellsten → Trojanern zählt. Er trägt die Nr. 617.

Pauli-Prinzip (Pauli principle). Ein von W. Pauli (1900–1958) entdeckter Grundsatz der Quantentheorie. Danach kann jeder Quantenzustand für ein Elektron bzw. für Teilchen mit halbzahligem Spin (Fermionen) höchstens von einem einzigen entsprechenden Teilchen besetzt werden. Daraus erklärt sich z.B. der Aufbau der Elektronenhülle in einem → Atom, das Periodensystem der Elemente und die Entartung des Elektronengases. Der Quantenzustand wird durch folgende 4 Quantenzahlen bestimmt: 1. die Hauptquantenzahl, die bei den Elektronen die erlaubte Schale bestimmt, in der sich diese aufhalten, 2. die Neben- oder Drehimpulsquantenzahl, 3. die magnetische Quantenzahl und 4. die Spinquantenzahl.

Pavo. Lateinische Bezeichnung für das Sternbild → Pfau.

Pavonis Mons. Ein Schildvulkan auf Mars im Gebiet von → Tharsis. Sein Durchmesser beträgt 400 km, seine Höhe 26 km über dem mittleren Marsniveau bzw. 17 km über seiner Umgebung.

pc. Abk. für → parsec.

Peculiarsterne (peculiar stars). Sterne mit besonderen spektralen Eigenschaften, die durch keine Klassifikation erfaßt werden können. Derartige Sterne erhalten ein p hinter dem Spektraltyp, z.B. B2p.

Pegasus (Pegasus, Winged Horse). **1.** Ein Sternbild des nördlichen Himmels, das vor allem im Herbst beobachtet werden kann (lateinische Bezeichnung Pegasus, Abk. Peg). Der griechischen Sage nach ist P. ein geflügeltes Pferd, das der Sohn der Medusa und des Poseidon sein sollte. Am Himmel muß man sich dieses Pferd umgekehrt vorstellen, also mit den Beinen nach oben. Kernstück des P. ist ein großes Quadrat, das aus vier nahezu gleichhellen Sternen besteht. Der linke obere Stern dieses sog. P.-Quadrats (→ Alpheratz) ist jedoch bereits der Hauptstern der → Andromeda. Der Hauptstern des P. ist → Markab. Er steht an der rechten unteren Ecke des P.-Quadrats. Bemerkenswert ist auch β Pegasi oder Scheat. Hier handelt es sich um einen roten Riesenstern mit dem 112fachen Sonnendurchmesser. Der unregelmäßig zwischen $2^m\!\!.1$ und $3^m\!\!.0$ veränderliche Stern ist 210 Lichtjahre entfernt. Im westlichen Teil des P. befindet sich der → Kugelsternhaufen M 15 in 31000

Lichtjahren Abstand. Bei einer Gesamthelligkeit von 6^m ist er bereits in kleinen Fernrohren zu erkennen.
2. Eine Serie von Erdsatelliten, die vor allem für die Bestimmung der Häufigkeit von → Meteoriten im Raum eingesetzt wurden. P. 1 wurde am 16. 2. 1965 gestartet.
Pekuliarbewegung (peculiar motion). Die wahre Bewegung eines Sterns im Raum unter Abzug der scheinbaren Verschiebung des Sterns, die durch die Bewegung der Sonne bedingt ist. Gelegentlich wird der Ausdruck aber auch für die Relativbewegung eines Sterns gegenüber seinen Umgebungssternen benutzt.
Pendeluhr (pendulum clock, clock). Ein Sternbild am Südhimmel (lateinische Bezeichnung Horologium, Abk. Hor), das von N. L. de Lacaille (1713–1762) eingeführt wurde. Der Hauptstern α Horologii ist $3^m_,8$ hell und 190 Lichtjahre entfernt. Im übrigen besteht das Sternbild nur aus schwächeren Sternen.
Pendelversuch (pendulum experiment). → Foucaultscher Pendelversuch.
Penumbra (penumbra). Der halbdunkle Hof um den Kern (→ Umbra) von → Sonnenflecken.
perfektes kosmologisches Prinzip (perfect cosmological principle). Die vor allem in der → steady state-Theorie gemachte Annahme, daß jeder Beobachter, wo immer er sich in Raum und Zeit befindet, denselben großräumigen Anblick des Universums hätte.
Peri... (peri...). In zusammengesetzten Begriffen: nahe bei, um herum.
Periastron, Sternnähe (periastron). Der Punkt in der Bahn des Begleiters eines → Doppelsterns, in dem dieser der anderen Komponente am nächsten ist.
Periastroneffekt (periastron effect). Ein Helligkeitsanstieg der Komponenten enger → Doppelsterne mit starker Bahnexzentrizität, meist → Bedeckungsveränderlicher, die sich im → Periastron so nahe kommen, daß gegenseitige Lichtreflexion eine Rolle spielt.
Perigalaktikum (perigalacticon). Der dem Zentrum des galaktischen Systems (→ Galaxis) nächste Punkt auf der Umlaufbahn eines Sterns.
Perigäum, Erdnähe (perigee). Der erdnächste Punkt der Bahn des Mondes.
Perihel, Sonnennähe (perihelion). Der sonnennächste Punkt in der Bahn eines Planeten.
Periheldrehung (rotation of the perihelion, precession of the perihelion). Die Bewegung des Perihels einer Planetenbahn oder der → Apsiden um die Sonne. Sie ist eine Folge der Störungen aller anderen Planeten. Bei den sonnennächsten Planeten ergibt sich aber ein überschüssiger Betrag, der durch die Newtonsche Gravitationstheorie allein nicht erklärt werden kann. So beträgt z. B. bei Merkur die P. insgesamt $1°33'20''$ pro Jahrhundert. Davon sind $43''$ überschüssig. Dieser Effekt kann aber heute mit Hilfe der allgemeinen → Relativitätstheorie erklärt werden.
Perihellänge (longitude of perihelion). → Bahnelemente.
Perioden-Helligkeits-Beziehung (period-luminosity relation). Eine Beziehung zwischen der Helligkeit und der Periode bei pulsierenden Sternen, vor allem der → RR Lyrae-Sterne und der → Cepheiden.
Periselen (pericynthion, perilune). Der Punkt, auf dem ein Satellit auf seiner Umlaufbahn um unseren Mond diesem am nächsten kommt.
Perlmutterwolken (nacreous clouds). Eine leicht irisierende, linsenförmige Wolkenstruktur, die in einer Höhe von 21 bis 30 km vor allem in Skandinavien, Schottland, Alaska und anderen in nördlicheren Breiten gelegenen Ländern beobachtet werden kann. P. zeigen sich vor allem nach Sonnenuntergang und stellen

eine Art Hinderniswolke im Lee von Gebirgszügen dar. Sie kommen vor allem auf der Rückseite von Tiefdruckgebieten und bei besonders niedrigen Temperaturen vor. Ihre Geschwindigkeiten betragen etwa 350 km/h.

Perlschnurphänomen (Baily's beads). Eine bei ringförmigen, nahezu totalen Sonnenfinsternissen (→ Finsternisse) auftretende Erscheinung, die darauf zurückzuführen ist, daß der Mondrand uneben ist. Dadurch kann der verbleibende Teil der Sonnenscheibe perlschnurartig zerrissen werden.

h und χ Persei. → Doppelsternhaufen im Perseus.

Perseiden (Perseids). Der in der Gegenwart wohl beständigste und auffälligste → Meteorstrom. Die P. treten etwa zwischen dem 20. Juli und 19. August auf, zeigen aber einen deutlichen Höhepunkt zwischen dem 10. und 13. August. Die tatsächlich beobachtete Anzahl der Meteore beträgt im Maximum etwa 70 Objekte pro Stunde. Als Ursprung gilt der Komet → Swift-Tuttle (1862 III). Die mittlere Geschwindigkeit der P. durch die Erdatmosphäre beträgt 60,4 km/s. In einer durchschnittlichen Höhe von 130 km über der Erdoberfläche leuchten sie auf und verlöschen in 90 km Höhe. Die Weglänge durch die Erdatmosphäre beträgt dabei im Mittel etwa 80 km. Die Umlaufzeit des Kometen wurde zunächst auf 121 Jahre geschätzt. Daher wurde allgemein für 1983 die folgende Erdnähe des Kometen und ein verstärkter Anstieg der P. erwartet. In Wirklichkeit beträgt aber die Umlaufzeit des Kometen nach den letzten Berechnungen 133,6 Jahre, und er konnte erst wieder 1992 aufgefunden werden.

Tatsächlich traten dabei die P. verstärkt auf. Im Gegensatz dazu war die Häufigkeit der P. in den ersten Jahrzehnten dieses Jahrhunderts etwas geringer. Der Ausstrahlungspunkt oder → Radiant der P. liegt im Sternbild Perseus. Infolge der Bewegung der Erde in bezug auf den Meteorstrom verschiebt sich der Radiant im Laufe der Aktivitätszeit der P. deutlich. Am 24. Juli liegt er etwa halbwegs zwischen dem mittleren Teil der Kassiopeia und dem Stern Alamak in der Andromeda. Bis zum 10. August hat sich der Radiant auf einen Punkt nahe dem Stern γ Persei im nördlichen Teil des Perseus hin verschoben. Da der Radiant der P. erst in der zweiten Nachthälfte hoch über dem Horizont heraufsteigt, sind die P. gegen Morgen besser als in den Abendstunden zu beobachten. Die P. wurden früher oft als »Laurentiusschwarm« oder »Laurentiustränen« bezeichnet. Der Märtyrer Laurentius, Erzdiakon des Papstes Sixtus II., wurde nach der Legende im Jahre 258 in Rom auf einem Rost zu Tode gefoltert. Daraus entstand vor allem in Italien ab dem 4. Jahrhundert und in Frankreich ab dem 6. Jahrhundert ein Kultfest, das am 10. August stattfand, also etwa zur Zeit des P.schwarms. Es verbreitete sich später die Meinung, daß diese Sternschnuppen die Schweißperlen des Laurentius sein sollen. Jedenfalls sind die P. schon lange als Sternschnuppenschwarm bekannt. Die frühesten Berichte datieren aus China im Jahre 36 n. Chr. und 714 aus Europa.

Perseus (Perseus). Ein Sternbild des nördlichen Himmels, das für die geographische Breite von Mitteleuropa ein → Zirkumpolarsternbild ist (lateinische Bezeichnung Perseus, Abk. Per). Der alten griechischen Sage nach handelte es sich um den antiken Helden, der sich durch zahlreiche Abenteuer auszeichnete. So besiegte er unter anderem auch die Medusa, die etwa mit einer sagenhaften Qualle oder einem Krake verglichen werden könnte. Sie besaß die Eigenschaft, andere Tiere und Menschen in einen Steinblock zu verwandeln, wenn diese die Medusa erblickten. Mit Hilfe der Medusa konnte P. später auch die → Andromeda retten. Der P. steht an einem Herbstabend verhältnismäßig hoch am Himmel. Die helleren Sterne fügen sich auch zu dem Buchstaben K zusammen. Hauptstern ist → Algenib. In seiner Umgebung befinden sich zahlreiche mittelhelle Sterne, die bereits mit bloßem Auge oder mit einem Feldstecher einen prachtvollen Anblick ergeben. Der P. liegt inmitten der Milchstraße, so daß sich in ihm auch mehrere → offene Sternhaufen befinden. Am bekanntesten ist der → Doppelsternhaufen im P. Ein anderer bekannter Sternhaufen ist M 34 in 1400 Lichtjahren Entfernung. Er enthält etwa 80 Sterne zwischen der Helligkeit 7^m und 10^m. Ein berühmter Stern im P. ist auch β Persei oder → Algol.

Perseus A. Eine starke Radioquelle, die mit der → Seyfert-Galaxis NGC 1275 zusammenfällt. Die radioastronomische Bezeichnung lautet auch 3C 84. P. A. ist auch eine starke Röntgenstrahlenquelle mit der Bezeichnung 3U 0316+41 oder Perseus X-1. Offenbar expandiert vom Kern des Systems ionisiertes Gas in einer Menge von 100 Mill. Sonnenmassen nach außen. Die Fluchtgeschwindigkeit infolge der Expansion des Weltalls beträgt etwa 5000 km/s.

Perseusarm (Perseus Arm). Ein Spiralarm unserer → Galaxis, der vom Zentrum unseres galaktischen Systems weg weiter außerhalb des → Orionarms liegt, dem unsere Sonne zugehört. Der P. zeichnet sich vor allem im Sternbild Perseus ab und ist in diesem Bereich etwa 41 000 Lichtjahre vom Zentrum der Galaxis entfernt.

Perseushaufen (Perseus cluster). Ein → Galaxienhaufen im Perseus, der etwa 500 einzelne Galaxien in etwa 316 Mill. Lichtjahren Entfernung enthält (Katalogbezeichnung auch Abell 426). Die mittlere Fluchtgeschwindigkeit beträgt 5400 km/s. Die Masse des Haufens dürfte bei etwa $2 \cdot 10^{15}$ Sonnenmassen liegen. Ein wichtiges Objekt in dem Haufen ist NGC 1275 (→ Perseus A).

Perseus OB 1. Bezeichnung für den → Doppelsternhaufen im Perseus.

Perseus OB 2. Eine → Assoziation junger Sterne vom Spektraltyp O und B in etwa 1000 Lichtjahren Entfernung (auch als Perseus 2 bezeichnet).

Perseus X-1. Die stärkste bekannte extragalaktische Röntgenstrahlenquelle. Sie liegt in NGC 1275 (→ Perseus A).

persönliche Gleichung (personal equation). Der Zeitunterschied zwischen einem astronomischen Ereignis und dessen Registrierung durch einen Beobachter. Sie ist vor allem bei Meridianbeobachtungen, der zeitlichen Erfassung einer → Bedeckung eines Gestirns usw. zu berücksichtigen. Mit Hilfe moderner Meßmethoden, die ein mehr unpersönliches oder automatisiertes Verfahren erlauben, ist die p. G. entsprechend geringer oder fällt ganz weg. Im Alltagssprachgebrauch fällt die p. G. etwa mit dem Phänomen der »Schrecksekunde« zusammen. Bei astronomischen Beobachtungen, ohne zusätzliche Hilfsmittel, beträgt die p. G. je nach Übung des Beobachters 0,1 bis 0,2 s.

Perturbationen (perturbations). → Störungen.

Pettiszahl (Pettis number). Ein (neben der → Relativzahl) von H. S. Pettis in jüngerer Zeit eingeführtes Maß für die Sonnenfleckenaktivität (Abk. SN). Sie berechnet sich nach der Formel $SN = 10\,p + s$. Dabei bedeutet p die Zahl der sichtbaren Penumbren der → Sonnenflecken (→ Penumbra) und s die Zahl der penumbrenfreien Sonnenflecken.

Pfau (Peacock). Ein Sternbild des südlichen Himmels (lateinische Bezeichnung Pavo, Abk. Pav). Das von J. Bayer (1572–1625) eingeführte Sternbild liegt unweit des südlichen Himmelspols. Der

Hauptstern α Pavonis hat eine Helligkeit von $1{,}^{m}9$ und ist 230 Lichtjahre entfernt. Seine absolute Leuchtkraft ist 630mal größer als die der Sonne. Es handelt sich um einen spektroskopischen → Doppelstern mit einer Umlaufzeit von 11,75 Tagen. Im P. liegt der → Kugelsternhaufen NGC 6752, der bei einer Gesamthelligkeit von 7^{m} schon mit sehr kleinen Instrumenten beobachtet werden kann. Seine Entfernung beträgt nur 14000 Lichtjahre. Damit gehört er zu den nächsten Kugelsternhaufen.

Pfeil (Arrow). Ein Sternbild des nördlichen Himmels, das etwa zwischen dem Schwan und Adler eingebettet liegt (lateinische Bezeichnung Sagitta, Abk. Sge). Der alten griechischen Sage gemäß soll Herkules mit diesem P. den Adler getroffen haben. Der Hauptstern des kleinen Sternbilds trägt die Bezeichnung Sham, die allerdings erst von G. Piazzi um 1800 eingeführt wurde. Die Araber hatten die Bezeichnung »Sahm« für das gesamte Sternbild benutzt. Sham oder α Sagittae ist $4{,}^{m}4$ hell und 350mal leuchtmächtiger als unsere Sonne. Die Entfernung beträgt 450 Lichtjahre. Bemerkenswert in diesem Sternbild ist auch der → Kugelsternhaufen M 71 in 19000 Lichtjahren Abstand. Allerdings beträgt seine Gesamthelligkeit nur $8{,}^{m}3$.

Pfeilstern. → Barnards Pfeilstern.

Pferdekopfnebel (Horsehead Nebula). Eine südlich des linken Gürtelsterns des Orion (ζ Orionis) gelegene → Dunkelwolke, die die Form eines Pferdekopfs zeigt. Die Katalogbezeichnung ist auch NGC 2024 oder Barnard 33 (B 33). Der Durchmesser des P. beträgt $4'$. Die Entfernung liegt bei etwa 1000 Lichtjahren.

Pfund-Serie (Pfund series). Eine Serie von Spektrallinien des Wasserstoffs, die bei Sprüngen von Elektronen aus einer äußeren auf die 5. Bahn um den Atomkern entstehen. Die Linien liegen im fernen infraroten Bereich.

Phachd. → Phecda.

Phaethon. Der Kleinplanet Nr. 3200. Er wurde 1983 mit → IRAS entdeckt. Seine mittlere Entfernung von der Sonne ist 190,2 Mill. km, die Bahnexzentrizität 0,890, die Bahnneigung 22,1°. Sein Perihelabstand beträgt nur 20,9 Mill. km, der Abstand im Aphel 314,2 Mill. km. Im Jahre 2287 kommt P. der Erde auf 1,6 Mill. km nahe und erscheint dann als ein »Stern« 6. Größe, so daß er gerade noch mit bloßem Auge sichtbar ist. Sein Durchmesser erreicht etwa 5 km, die Albedo ist 0,09. Die Bahn von P. hat eine große Ähnlichkeit mit dem Meteorstrom der → Geminiden. Vielleicht handelt es sich daher bei P. um einen alten Kometen, der den Staubstrom der Geminiden verursachte. Allerdings sprechen einige physische Eigenschaften von P., die auf photometrischem und spektroskopischem Wege erhalten wurden, nicht unbedingt dafür.

Phakt. Der Hauptstern im Sternbild → Taube.

Phase (phase). **1.** Die Lichtgestalt eines nicht selbständig leuchtenden Himmelskörpers, wie z.B. des Mondes oder der Planeten. Bei den Planeten können lediglich die → unteren Planeten Merkur und Venus sämtliche P. zeigen. Bei den → oberen Planeten sind die P. umso weniger ausgeprägt, je weiter die Planeten von der Sonne entfernt sind. Praktisch spielen die P. hier nur noch bei Mars eine Rolle, wenn sich dieser weit außerhalb der Opposition und Konjunktion befindet. Mars erscheint dabei im äußersten Fall etwa wie ein »Dreiviertelmond«. Bei Jupiter und den noch weiter außen laufenden Planeten ist unserer Erde im wesentlichen deren Tagseite vollständig zugekehrt. P. können allerdings auch bei den künstlichen Erdsatelliten sowie erdnahen Kleinplaneten eine Rolle spielen. Zwar können hier die P. nicht direkt anschaulich beobachtet werden.

Doch spielen sie bei der Helligkeit dieser Körper eine Rolle.
2. In der Physik, vor allem der Wellenoptik, versteht man unter der P. den Schwingungszustand einer Welle an einer bestimmten Stelle der gesamten Periode.
Phasendefekt (phase defect). Der im Winkelmaß angegebene Betrag, um den die beleuchtete Fläche des Vollmonds wegen der Neigung der Mondbahn gegen die Erdbahnebene (Ekliptik) von einer exakten Kreisscheibe abweicht.
Phasenraum (phase space). Ein sechsdimensionaler mathematischer Raum, der nicht nur die drei Dimensionen Länge, Breite und Höhe des normalen Raums einschließt, sondern auch die drei Dimensionen des Geschwindigkeitsraums, d. h. Bewegungsrichtung und Geschwindigkeit.
Phasenwinkel (phase angle). Der Winkel zwischen den von einem Planeten aus zur Sonne und zur Erde gezogenen Verbindungslinien. Er gibt an, welcher Teil der beleuchteten Planetenscheibe dem Beobachter zugekehrt ist.
Phecda. Der Stern γ Ursae Maioris (→ Bär, Großer).
Pherkad. Der Stern γ Ursae Minoris (→ Bär, Kleiner).
Phobos. 1. Der innerste Satellit des Mars, der 1877 von A. Hall (1829–1907) entdeckt wurde. Seine Umlaufzeit beträgt $7^h\ 39^m\ 14^s$. Die Bahn ist um 1,1° gegen den Marsäquator geneigt, die Bahnexzentrizität beträgt 0,015. Die Albedo beläuft sich auf 0,06. Mit Hilfe von Mariner 9, sowie Viking 1 und 2 war es erstmals 1972 bzw. 1975 möglich, Nahaufnahmen von P. zu erhalten. Weitere Aufnahmen gelangen der russischen Marssonde P. 2 im Jahre 1989. P. zeigt sich in einer »Kartoffelform« und einer Größe von 27x22x19 km. Auf seiner Oberfläche konnten zahlreiche Aufsturzkrater entdeckt werden. Die wichtigsten Oberflächeneinzelheiten erhielten inzwischen auch Bezeichnungen. Die Krater wurden nach Forschern benannt, die sich vor allem um die Marsforschung, besonders aber um die Erforschung der Marssatelliten verdient machten. Der größte Krater ist Stickney mit 10 km Durchmesser (benannt nach dem Mädchennamen der Ehefrau von A. Hall). Es folgen die 5 km großen Krater Hall und Roche. Seltsame Gräben, die in großer Zahl in parallelen Scharen auf der Oberfläche gefunden wurden, verdanken nach neuerer Ansicht ihre Entstehung vermutlich der Gezeitenwirkung in dem System Planet-Satellit. Die Albedo von P. beträgt nur 0,05 und die Dichte etwa 1,9 g/cm^3. Damit dürfte das Material, aus dem P. besteht, dem der kohligen → Chondriten entsprechen. Die Entweichgeschwindigkeit auf P. erreicht nur 15 m/s. In einer mittleren Opposition erreicht P. nur eine Helligkeit von $11\overset{m}{.}5$. Bei seiner Nähe zu Mars liegt er damit außerhalb der Reichweite kleinerer Instrumente. Wegen seiner kurzen Umlaufzeit, die sogar nur etwa einem Drittel der Rotationszeit des Mars entspricht, geht P. für einen Beobachter auf Mars im Westen auf und im Osten unter, entgegengesetzt zu allen anderen Gestirnen, die sich auch für einen Beobachter auf diesem Planeten von Ost nach West bewegen. Seine mittlere Entfernung vom Marszentrum beträgt nur 9378 km. Zieht man den Marsradius ab, so steht P. nur etwa 6000 km über der Marsoberfläche, entsprechend etwa der Distanz Berlin-New York.
2. Zwei russische Marssonden, die am 7. 7. 1988 bzw. 12. 7. 1988 gestartet wurden. Mit P. 1 ging der Kontakt schon während des Hinfluges zu Mars wegen eines fehlerhaften Funkbefehls verloren. P. 2 erreichte am 29. 1. 1989 die Umlaufbahn um Mars, von wo aus einige spektrometrische Untersuchungen und

Aufnahmen gelangen. Vorgesehen war aber auch das Absetzen einer Landestufe auf dem Satelliten P., die über dessen Oberfläche hüpfen sollte. Ferner sollte durch Verdampfen des Gesteins mit Hilfe eines Massenspektrometers dessen chemische Zusammensetzung untersucht werden. Leider gelangen diese Experimente nicht. Am 27. 3. 1989 ging auch mit P. 2 der Kontakt verloren.

Phoebe. Der äußerste Satellit des Saturn, der 1898 von W. H. Pickering (1858–1938) entdeckt wurde. Er bewegt sich rückläufig auf einer Bahn um Saturn, deren mittlerer Abstand von diesem Planeten 12952000 km beträgt. Die Umlaufzeit (siderisch) beläuft sich auf 550,5 Tage, die Bahnneigung auf 177°, die Bahnexzentrizität auf 0,163. Der Durchmesser von P. wird auf etwa 220 km geschätzt. Die Helligkeit (in einer mittleren Opposition) erreicht 15^{m}. Mit einer Albedo von 0,06 ist P. ziemlich dunkel. Die von Voyager 2 aus 2,2 Mill. km Entfernung erhaltenen Aufnahmen zeigen nur wenige Einzelheiten.

SX Phoenicis. Ein Zwergcepheid (→ Cepheiden), der die bisher kürzeste Periode mit nur 1^{h} 19^{m} aufweist. Sein Spektraltyp ist A. Die Helligkeit schwankt zwischen $7\overset{m}{,}1$ und $7\overset{m}{,}5$. Die Entfernung beträgt etwa 140 Lichtjahre.

Phoenix (Phoenix). Ein Sternbild des südlichen Himmels, das von Mitteleuropa aus nicht mehr beobachtet werden kann (lateinische Bezeichnung Phoenix, Abk. Phe). Das Sternbild wurde erst 1603 von J. Bayer (1572–1625) eingeführt. Es liegt etwa zwischen dem Stern → Achernar und dem Sternbild → Kranich. Hauptstern ist α Phoenicis mit einer Helligkeit von $2\overset{m}{,}4$ und einer Entfernung von 76 Lichtjahren. Dieser Stern ist 60mal heller als unsere Sonne und gleichzeitig ein spektroskopischer → Doppelstern mit einer Umlaufzeit von 3849 Tagen. Verhältnismäßig hell sind auch noch β Phoenicis mit $3\overset{m}{,}3$ und γ Phoenicis mit $3\overset{m}{,}4$.

Pholus. Ein ursprünglich als Kleinplanet (Nr. 5145) eingestufter Kometenkern vom Typ → Centaur. Seine mittlere Entfernung von der Sonne beträgt 3052 Mill. km, die Bahnexzentrizität 0,57, die Bahnneigung 24,7° und die Umlaufzeit 92,1 Jahre. Im Perihel ist er etwa 1300 Mill. km, im Aphel 4750 Mill. km von der Sonne entfernt. P. erscheint röter als irgendein anderer Kleinplanet oder Komet. Im nahen Infrarot ist er 3½mal heller als im visuellen Bereich. Es wurde vermutet, daß dies auf organische Verbindungen an seiner Oberfläche zurückgeht.

Phosphoreszenz (phosphorescence). Ein längeres Nachleuchten, ähnlich der → Lumineszenz, das sich aber auch noch nach der Abschaltung der Erregerursache zeigt. Die P. kann bis zu einigen Monaten anhalten.

Phosphorus, Phosphoros. Eine aus dem Altgriechischen stammende Bezeichnung für den → Morgenstern (→ Venus).

Photoanregung (photoexcitation). Die → Anregung eines Atoms durch die Absorption von → Photonen.

Photoeffekt, lichtelektrischer Effekt (photoelectric effect). Das Abtrennen von Elektronen aus Metalloberflächen durch Lichtstrahlen oder andere elektromagnetische Schwingungen (→ Photonen). Wegen der zunehmenden Energie der Photonen bei kürzeren Wellenlängen ist der P. hierbei wirksamer. Neben diesem sog. äußeren P. gibt es den inneren P. Er ist bei Halbleiterkristallen von Bedeutung. Der P. ist die physikalische Grundlage für die lichtelektrische → Photometrie und den Photomultiplier (→ Photometer, → Charge-coupled device).

Photoelement (photovoltaic cell, photo cell). Ein Halbleiterelement, das bei Belichtung einen elektrischen Strom erzeugt (→ Halbleiterphotoeffekt).

Photographie (photography). Die Erzeugung von Bildern mit Hilfe lichtempfindlicher Schichten. Die P. hatte schon Mitte des 19. Jahrhunderts Eingang in die Astronomie gefunden. Bereits 1839 veröffentlichte D. F. Arago (1786–1853) eine P., auf der ein Stern zu erkennen war. 1840 folgte die erste Mond-P. 1851 erhielt J. A. Whipple für eine Mond-P. bei der großen Ausstellung im Londoner Kristallpalast einen Preis.

Die großen Erfolge der modernen Astronomie wären ohne den Einsatz der P. nicht möglich gewesen. Unser Auge vermag nur Momentbilder aufzunehmen. Welche schwachen Sterne von ihm in einer klaren Nacht gerade noch erkannt werden können, hängt allein von der Größe des Instruments ab. Auf die Photoplatte aber kann man schwächste Lichteindrücke über lange Zeit einwirken lassen, so daß mit zunehmender Belichtungszeit deutlich lichtschwächere Sterne abgebildet werden können. Früher war die Beobachtung der Astronomen auf wenige klare Nachtstunden beschränkt. Heute erlaubt die P. in einer einzigen Nacht zahlreiche Aufnahmen, die später am Tage und in Schlechtwetterperioden untersucht werden können. Auch zu Archivierungszwecken spielt die P. eine große Rolle. Selbst in der Amateurastronomie ist die P. den direkten visuellen Beobachtungen oft deutlich an Reichweite überlegen. So können mit Filmen der Empfindlichkeit von über 30 DIN (800 ASA) bereits bei Belichtungszeiten von wenigen Minuten Sterne wiedergegeben werden, die weit unterhalb der Sichtbarkeitsgrenze für das bloße Auge liegen. Allerdings müssen bei entsprechend langen Belichtungszeiten die Instrumente der täglichen Bewegung der Sterne nachgeführt werden. In der Regel wird in der wissenschaftlichen Sternp. mit Schwarzweiß-Filmen bzw. -platten gearbeitet. Doch ist es seit etwa 30 bis 40 Jahren möglich, auch von helleren Himmelsobjekten (Planeten, helle Nebel usw.) Farbaufnahmen zu erhalten. Refraktoren (Linsenfernrohre) werden dabei heute nur noch selten benutzt. Dies trifft vor allem für Weitwinkelkameras, aber auch für den → Astrograph zu. Die Objektive solcher photographischer Instrumente benötigen eine andere Korrektur als zu visuellen Beobachtungen. Daher unterschied man früher vor allem zwischen visuellen und photographischen Refraktoren. Heute werden dagegen mehr Reflektoren (Spiegelteleskope) eingesetzt, da Spiegel die verschiedenen Wellenlängen des Lichtes gleichermaßen reflektieren und im Brennpunkt vereinigen. Oft findet man aber auch Spiegel-Linsen-Kombinationen vor. Dazu gehört z. B. der → Schmidt-Spiegel.

Die Empfindlichkeit der photographischen Schichten nahm seit dem vergangenen Jahrhundert um das 100000fache zu. Die Empfindlichkeit einer Emulsion ist z. B. durch das Tiefkühlverfahren steigerbar. Dazu lagert man nicht nur die Filmmaterialien bei tiefen Temperaturen, was ohnedies notwendig ist, um diese nicht zu verderben, sondern man kühlt die Filme während der Belichtung auf etwa –78°C ab. Man kann aber auch durch das Verfahren der Hypersensibilisierung (Gas-Sensibilisierung) vor Beginn der Belichtung die Empfindlichkeit steigern. Dazu werden die Filme in einem Gasgemisch aus Stickstoff und Wasserstoff oder in Stickstoff allein »gebacken«. Auch die Belichtung selbst erfolgt in einer speziellen Gasatmosphäre. Man benutzt diese Verfahren aber nicht nur, um die Grenzgröße bei Sternaufnahmen nach unten zu drücken, sondern um die Belichtungs- und damit Arbeitszeit zu verkürzen. Oft steht den Beobachtern an einem großen Teleskop nur eine begrenzte Beobachtungszeit zur Verfügung, die ausgenutzt werden muß. Die früher benutzten Platten waren vor allem im kurzwelligen, blauen Farbbereich, weniger dagegen im langwelligen, roten Farbbereich empfindlich. Daher zeigten vor allem ältere Aufnahmen von Himmelsfeldern rote Sterne wesentlich schwächer als sie dem bloßen Auge erscheinen, während weiße bis blauweiße Sterne heller herauskamen. Bei den heutigen Emulsionen sind derartige Diskrepanzen nicht mehr so augenfällig. Außerdem können Emulsionen für ganz bestimmte Wellenlängenbereiche sensibilisiert werden. Zusammen mit Farbfiltern lassen sich auf diesem Wege z.B. auch Helligkeiten im blauen, gelben usw. Farbbereich bestimmen (→ UBV-System). Die Schwärzung einer photographischen Schicht als Funktion der einfallenden Strahlung ist ein besonderes Kennzeichen jeder photographischen Emulsion (→ Schwärzungskurve). In neuerer Zeit wird die P. mehr und mehr durch elektronische Methoden verdrängt, z.B. durch → Charge-coupled devices.

Photoionisation (photoionization). Die → Ionisation eines Atoms oder Moleküls durch die Absorption eines → Photons hoher Energie. Die P. ist eine wichtige Quelle der → Opazität in den Sternen.

Photometer (photometer). Eine Meßeinrichtung zur Bestimmung der scheinbaren → Helligkeit eines Gestirns. Die früher in der Astronomie gebräuchlichen P. benutzten eine künstliche Lichtquelle (»künstlichen Stern«), deren Helligkeit soweit verstärkt oder abgeschwächt werden konnte, daß sie bei einem visuellen Vergleich durch das Fernrohr der scheinbaren Helligkeit des zu messenden Sterns entsprach. Derartige visuelle P. erlaubten nach entsprechender Eichung eine Genauigkeit von $0\overset{\mathrm{m}}{,}1$. Sie war begrenzt durch die Fähigkeit des menschlichen Auges, Helligkeitsunterschiede wahrzunehmen, sowie durch die bei dem künstlichen Stern fehlende → Szintillation.

Fast alle modernen P. benutzen den → Photoeffekt. Diese sog. photoelektrischen (lichtelektrischen) P. besitzen eine lichtempfindliche Schicht auf einer elektrisch negativ geladenen Kathode (Photozelle). Fällt auf diese Licht, so werden aus ihr Elektronen abgelöst, die zu einer elektrisch positiv geladenen Anode fließen. Die gemessene Stromstärke ist ein Maß für die Stärke des einfallenden Lichtstrahls und damit die Helligkeit des gemessenen Objekts.

Man begnügt sich seit längerem aber nicht mehr damit, einfach den von der lichtempfindlichen Substanz der ersten Kathode ausgelösten Elektronenstrom zu messen, sondern man verstärkt ihn zunächst und nennt diese Einrichtungen Photomultiplier (Sekundärelektronen-Vervielfacher). Hierbei beschießt man mit den von der Primärkathode ausgelösten negativ geladenen Elektronen eine weitere positive Anode, an der zusätzliche Elektronen erzeugt werden. Setzt man diesen Prozeß noch mehrmals fort, dann wächst auch die Zahl der Elektronen kaskadenartig immer weiter an. Am Ende der Einrichtung lassen sich weit über eine Million mal so viele Elektronen registrieren, wie es an der ersten Kathode der Fall war. Auf diese Wiese kann man noch wesentlich lichtschwächere Sterne photometrieren. Die Genauigkeit der lichtelektrischen Photometrie liegt etwa zwischen $0\overset{\mathrm{m}}{,}001$ und $0\overset{\mathrm{m}}{,}01$. Theoretisch wäre noch eine wesentlich größere Genauigkeit zu erzielen, die jedoch durch die Luftunruhe (Szintillation) begrenzt wird. Eine weitere Entwicklung ist das → Charge-coupled device.

Auch die Wärmestrahlung, die wir von bestimmten Himmelskörpern, z.B. vom Mond oder von den Planeten, aber auch

von näheren Sternen empfangen, kann gemessen werden. Hierzu dienen thermoelektrische P., die sog. Thermoelemente benutzen. Lötet man zwei Drähte aus verschiedenem Metall (z.B. Eisen-Wismut oder Tellur-Wismut) zusammen und verbindet die freien Enden, so fließt ein Strom durch diese Drahtschleife, wenn die Lötstelle erwärmt oder durch eine Wärmestrahlung getroffen wird. Die Stärke des Stroms hängt dabei von dem Grad der Erwärmung ab und kann über ein Strommeßgerät (Galvanometer) ermittelt werden. Eine weitere Möglichkeit der Messung von Infrarotstrahlung bieten die → Bolometer. Neuere Infrarot-Empfänger bedienen sich gekühlter Halbleiter, z.B. Bleisulfid- und Indium-Antimonid-Zellen.
Zur Messung der Schwärzung auf einer photographischen Platte dienen schließlich die → Mikrophotometer.

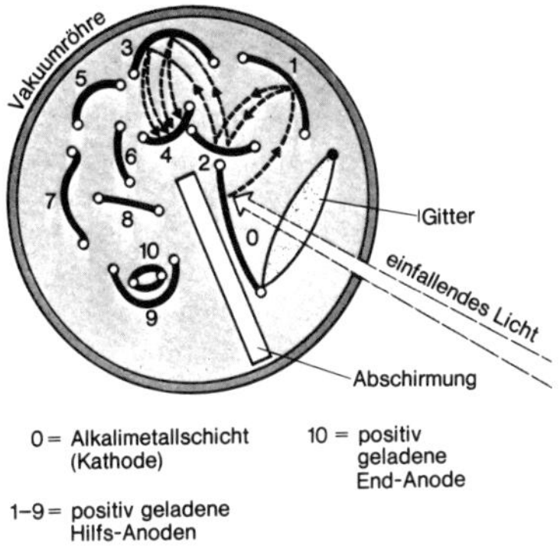

Prinzip eines Photomultipliers

Photometrie, Lichtmessung (photometry). Die Messung der scheinbaren → Helligkeit eines Objekts. Zur Messung selbst dienen → Photometer. Um die Helligkeit der Gestirne in einer Meßskala wiederzugeben, bezieht man sich auf die bereits auf Hipparch (etwa 190–125 v. Chr.) zurückgehende Größenklassenskala (→ Helligkeit). Die in der Praxis gemessenen scheinbaren Helligkeiten der Sterne sind jedoch noch stark verfälscht durch die Wirkung der Erdatmosphäre, insbesondere durch die → Extinktion. Sie muß also bei den Messungen berücksichtigt werden. Letztlich werden die Helligkeiten der Sterne an das System der Internationalen → Polsequenz angeschlossen. Aber es gibt noch andere Helligkeitssysteme. Je nach der angewandten Methode unterscheidet man eine visuelle P., bei der das menschliche Auge zur Messung herangezogen wird, eine photographische P., bei der die Photoemulsion Strahlungsempfänger ist, und schließlich die photoelektrische bzw. thermoelektrische P. Schon allein daraus ergeben sich notwendigerweise verschiedene Resultate. Aber auch beispielsweise innerhalb der photographischen P. ist mit Unterschieden zu rechnen, je nachdem, welche Instrumente und photographischen Emulsionen für einen Helligkeitskatalog herangezogen wurden.
Daneben gibt es noch die Mehrfarben-P., bei der die Helligkeiten eines Sterns in meist drei verschiedenen Farbbereichen ermittelt werden (→ UBV-System). Die Spektral-P. schließlich setzt sich zur Aufgabe, die Intensitätsverteilung im → Spektrum eines Sterns zu ermitteln. Dazu wird die Schwärzung auf einer Photoplatte, die das Spektrum eines Sterns wiedergibt, mit einem → Mikrophotometer abgetastet. Die Spektral-P. kann aus leicht einsehbaren Gründen nur bei verhältnismäßig hellen Sternen angewandt werden, während die Mehrfarben-P. auch bei schwächeren Sternen einsatzfähig ist.

photometrische Doppelsterne (photometric binaries). Doppelsterne, die bei ihrem Umlauf für den Beobachter auf der Erde zu gegenseitigen Bedeckungen oder Verfinsterungen und damit auch zu

Helligkeitsschwankungen führen (→ Bedeckungsveränderliche).

Photomultiplier. → Photometer.

Photon (photon). Ein → Elementarteilchen, das gleichzeitig ein Austauschteilchen für die elektromagnetische Wechselwirkung ist und die kleinste Energiemenge einer elektromagnetischen Strahlung darstellt (Lichtquant). Die Ruhemasse und die elektrische Ladung eines P. ist Null, dagegen beträgt der Spin +1 oder −1. Im Gegensatz zu den anderen Elementarteilchen besitzt das P. kein Antiteilchen. Die Energie eines P. wird durch die Gleichung $E = h{\cdot}\nu$ angegeben. Dabei bedeutet h das → Plancksche Wirkungsquantum, ν die Frequenz der Strahlung (auch → Licht).

Photonenantrieb (photon engine). Ein hypothetischer Raketenantrieb, bei dem der Impuls eines stark gebündelten Lichtstrahls (Photonenstrahls) zur Erzeugung von Schub benutzt werden soll. Ein nennenswerter Effekt könnte nur mit einer Strahlungsquelle erzielt werden, die eine Temperatur von weit über 30 000 K besitzt. Eine solche Quelle würde Röntgenstrahlung aussenden, die nicht mehr einfach zu bündeln ist. Der P. wurde oft zur Erreichung hoher Raketengeschwindigkeiten bis nahe an die Lichtgeschwindigkeit vorgeschlagen. Eine praktische Realisation scheint aber nach dem heutigen Stand der Forschung kaum möglich.

Photonen-Ära. → Strahlungs-Ära.

Photoneutrinos (photoneutrinos). Paare von → Neutrinos und Antineutrinos, die bei der Kollision von Photonen hoher Energie mit Elektronen erzeugt werden.

Photosphäre (photosphere). Die äußere, etwa 300 km dicke Schicht der Sonne, die gleichzeitig die sichtbare Begrenzung der Sonnenkugel darstellt, manchmal etwas ungenau als Sonnenoberfläche bezeichnet. Aus der P. wird also der größte Teil des Sonnenlichtes in den umgebenden Raum abgegeben. Die P. liegt knapp unterhalb der → Chromosphäre und oberhalb einer konvektiven Zone. Die Temperatur, die im Mittel innerhalb der P. 5780 K beträgt, fällt etwa an der Grenze zur Chromosphäre auf 4150 K ab, um weiter oben wieder anzusteigen. Ein schneller Anstieg der Temperatur erfolgt auch zur unteren Grenze der P. hin. In der P. zeigen sich auch für den Beobachter auf der Erde die → Granulation, besonders aber die → Sonnenflecken und → Sonnenfackeln.

photovisuelle Helligkeit (photovisual magnitude). Die photographisch bestimmte Helligkeit für die spektrale Empfindlichkeit des menschlichen Auges (Abk. m_{pv}). Das Maximum der Empfindlichkeit liegt bei 560 nm. Dies wird durch entsprechende Filmemulsionen und/oder Filter erreicht.

Photozelle, lichtelektrische Zelle (photocell). → Photometer.

Pic du Midi. Ein 2862 m hoher Berg in den Pyrenäen, auf dem bereits 1882 das erste Höhenobservatorium errichtet wurde. Es diente damals zunächst vor allem zur Untersuchung der Erdatmosphäre und der in ihr auftretenden Turbulenzen. 1930 wurde von B. F. Lyot (1897–1952) auf ihm auch eine Sternwarte errichtet, die heute über einen 61 cm-Refraktor, einen 100 cm-Refraktor und einen 200 cm-Reflektor verfügt. Auf dem der Universität Toulouse zugehörenden Observatorium werden vor allem Sonnen-, Mond- und Planetenbeobachtungen betrieben.

Pickering-Serie (Pickering series). Eine Serie von Spektrallinien des einfach ionisierten Heliums, die in sehr heißen Sternen vom Spektraltyp O gefunden wurde.

Pico. Vorsatz bei Einheiten; das 10^{-12}fache eines Betrags (Kurzzeichen p).

Pico Veleta. Ein in Südspanien in der Nähe von Granada gelegener 2850 m

hoher Berg, auf dem sich ein Millimeterwellen-Radioteleskop mit 30 m Durchmesser befindet.
Pictor. Lateinische Bezeichnung für das Sternbild → Maler.
Pion, π-Meson (pion). Ein instabiles Kernteilchen mit einer Masse zwischen der eines Protons und eines Elektrons (→ Elementarteilchen).
Pionier (Pioneer). Sammelbezeichnung für amerikanische Raumsonden, die zur Erforschung des interplanetaren Raumes und verschiedener Planeten dienten. P. 1 wurde am 11. 10. 1958 gestartet. Besonders wichtig waren P. 10 und 11, die am 3. 3. 1972 bzw. 5. 4. 1973 zur Erforschung des Jupiter gestartet wurden. P. 10 flog am 3. 12. 1973 in einem Abstand von 130000 km, P. 11 am 3. 12. 1974 in einer Distanz von 43000 km an Jupiter vorüber. P. 11 erreichte am 1. 9. 1979 auch Saturn. Bedeutsam waren auch die »P.-Venus-Sonden«. P.-Venus 1 wurde am 20. 5. 1978, P.-Venus 2 am 8. 8. 1978 gestartet; sie erreichten am 4. 12. 1978 bzw. 9. 12. 1978 Venus. Die erste Sonde erstellte mittels Radar aus einer Umlaufbahn um Venus eine Radarkarte. Die zweite Sonde tauchte in die Atmosphäre ein und setzte 5 Landekapseln ab.
Pisces. Lateinische Bezeichnung für das Sternbild → Fische.
Pisciden (Piscids). Ein → Meteorstrom, der von Mitte August bis Anfang Oktober tätig ist.
Piscis Austrinus. Lateinische Bezeichnung für das Sternbild → Fisch, südlicher.
Piscis Volans. Lateinische Bezeichnung für das Sternbild → Fisch, fliegender.
Plages (plages, bright flocculi). → Sonnenfackeln in der → Chromosphäre der Sonne. Sie werden im monochromatischen Licht mit dem → Lyot-Filter oder → Spektrohelioskop bzw. → Spektroheliograph im Lichte der roten Wasserstofflinie H_α und in der Linie K des ionisierten Calciums beobachtet und photographiert.
Planck-Ära (Planck era). Der früheste Zustand unseres Universums bis 10^{-43} s nach dem Urknall oder Big Bang, gelegentlich auch → Chaos-Ära oder quantengravitative Ära bezeichnet.
Planck-Länge (Planck length). Die kleinste sinnvoll beschreibbare Länge. Unterhalb 10^{-33} cm können wegen der Heisenbergschen Unschärferelation keine Raumstrukturen mehr festgelegt werden. Das Universum befand sich vor der sog. → Planck-Zeit vermutlich in einem solchen Zustand.
Planck-Zeit (Planck time). Der Zeitpunkt 10^{-43} s nach dem Urknall oder Big Bang. Zuvor liegt die → Planck-Ära des Universums.
Plancksches Strahlungsgesetz (Planck's radiation law). Das von M. Planck (1858–1947) gefundene Gesetz, das einen Zusammenhang zwischen der Temperatur und der ausgesandten Strahlungsleistung irgendeiner Strahlungsquelle wiedergibt. Streng genommen gilt das P. S. nur für einen sog. → schwarzen Körper. In der Praxis der Astrophysik, etwa bei der Untersuchung der Sonne oder eines Sterns, ist aber in erster Annäherung diese Voraussetzung erfüllt.

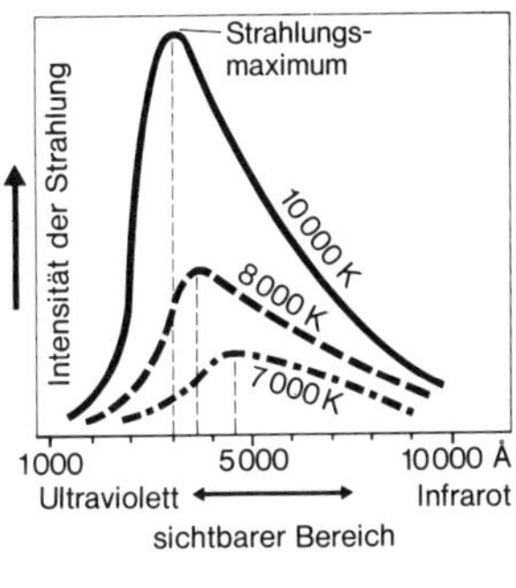

Plancksches Strahlungsgesetz

Die Kurven in dem Temperatur-Strahlungsintensitäten-Diagramm werden auch als Plancksche Strahlungskurven bezeichnet. Ihr Maximum liegt bei tieferen Temperaturen mehr im roten, langwelligen, bei höheren Temperaturen im blauen, kurzwelligen Bereich (→ Wiensches Verschiebungsgesetz). Das P. S. gilt nicht nur für den optischen, sondern für den gesamten elektromagnetischen Bereich.

Plancksches Wirkungsquantum, Plancksche Konstante (Planck constant). Eine universelle Naturkonstante (Abk. *h*). Die Strahlungsenergie, die von einem Atom ausgestrahlt oder absorbiert wird, ist stets ein ganzzahliges Vielfaches von $h \cdot \nu$, wobei ν die Frequenz der Strahlung bedeutet (→ Photon). Es ist $h = 6{,}626 \cdot 10^{-27}$ erg·s $= 6{,}626 \cdot 10^{-34}$ J·s.

Planet, Wandelstern (planet). Ein nur im reflektierten Sonnenlicht beobachtbarer Himmelskörper, der die Sonne umläuft. Neben den 9 großen P. Merkur, Venus, Erde, Mars, Jupiter, Saturn, Uranus, Neptun und Pluto (siehe dort) gibt es aber auch zahlreiche → Kleinplaneten. Im Gegensatz zu den → Sternen (und den meisten Kleinplaneten), erscheinen aber die großen P. im Fernrohr in Scheibenform. Vielfach können bereits von der Erde aus Oberflächeneinzelheiten oder zumindest Details ihrer Atmosphäre beobachtet werden. Mit Hilfe der Raumsonden war es in den vergangenen Jahren auch möglich, Nahaufnahmen von allen großen P. außer Pluto zu erhalten.

Die Bewegung der P. stellte im Altertum und Mittelalter ein großes Problem dar, da vor allem ihre zeitweise Rückläufigkeit nur durch die allmählich immer komplizierter werdende → Epizykeltheorie zu erklären war. Im heutigen heliozentrischen oder copernicanischen System erklären sich diese Bewegungseffekte dadurch, daß entweder unsere Erde einen oberen, langsamer laufenden P. überholt oder von einem unteren, schneller laufenden P. überholt wird.

Man unterscheidet ferner zwischen den inneren P. Merkur bis Mars und den äußeren P. Jupiter bis Neptun (oder Pluto). Sie unterscheiden sich nicht nur in ihren Entfernungsbereichen von der Sonne, sondern auch in ihrem Aufbau. Die inneren P. zeigen eine verhältnismäßig hohe mittlere Dichte, viel Metalle und Silikate sowie meist nur wenig ausgeprägte Atmosphären aus Kohlendioxid, bei der Erde vor allem aus Stickstoff und Sauerstoff. Die Zahl der Satelliten ist gering. Die äußeren P. (mit Ausnahme von Pluto) sind bedeutend größer (Riesen-P.) und zeigen eine verhältnismäßig geringe

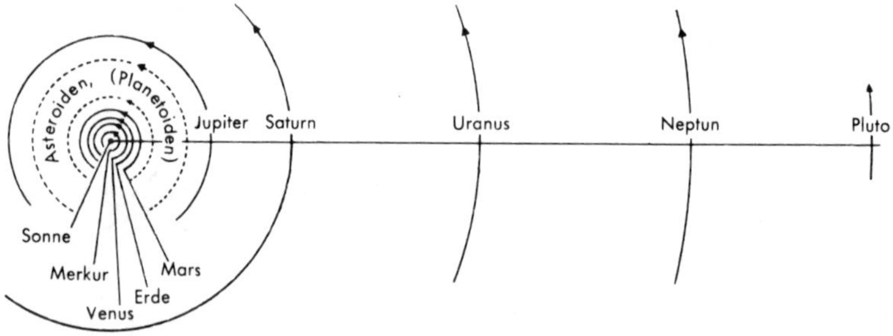

Mittlere Entfernung der großen Planeten von der Sonne

Die wichtigsten Daten der Planeten

Planet	Große Halbachse der Bahn in AE	in Mill km	siderische Umlaufzeit in Jahren	synodische Umlaufzeit in Jahren
Merkur	0,387	57,9	0,241	115,9
Venus	0,723	108,2	0,615	583,9
Erde	1,000	149,6	1,000	–
Mars	1,524	227,9	1,881	779,9
Jupiter	5,203	778,3	11,862	398,9
Saturn	9,539	1427,0	29,458	378,1
Uranus	19,191	2871,0	84,014	369,7
Neptun	30,061	4497,1	164,793	367,5
Pluto	39,529	5913,5	247,68	366,7

Planet	Masse in Erdmassen	Dichte in g/cm^3	Entweich-geschwindigkeit in km/s	Schwere-beschleunigung am Äquator in cm/s^2
Merkur	0,055	5,43	4,3	370
Venus	0,815	5,25	10,4	887
Erde	1,000	5,52	11,2	980
Mars	0,107	3,93	5,0	371
Jupiter	317,894	1,33	59,5	2312
Saturn	95,184	0,71	35,5	896
Uranus	14,537	1,24	21,3	869
Neptun	17,132	1,67	23,7	1100
Pluto	0,003	2 (?)	1,3 (?)	72 (?)

Planet	Bahn-exzentrizität	Bahnneigung gegen die Ekliptik	mittlere Bahn-geschwindigkeit in km/s	Äquator-durchmesser in km
Merkur	0,206	7,00°	47,89	4 878
Venus	0,007	3,39°	35,03	12 102
Erde	0,017	–	29,79	12 756
Mars	0,093	1,85°	24,13	6 794
Jupiter	0,048	1,31°	13,06	142 984
Saturn	0,056	2,49°	9,64	120 536
Uranus	0,046	0,77°	6,81	51 118
Neptun	0,010	1,77°	5,43	49 528
Pluto	0,248	17,15°	4,74	2 302

Planet	siderische Rotationszeit am Äquator	Neigung des Äquators gegen die Bahnebene	Albedo (Rückstrahl-vermögen)
Merkur	58,6462d	7,0°	0,12
Venus	243,01d (R)	177,4°	0,65
Erde	23 h 56 m 04,1 s	23,45°	0,37
Mars	24 h 37 m 22,7 s	25,19°	0,15
Jupiter	9 h 55 m 29,7 s	3,08°	0,52
Saturn	10 h 39 m 22,4 s	26,73°	0,47
Uranus	17 h 14 m (R)	97,92°	0,51
Neptun	16 h 07 m	28,8°	0,41
Pluto	6,3872 d	über 50° (?)	0,30 (?)

R bedeutet rückläufig

mittlere Dichte. Sie verfügen über mehr leichte Elemente, wie Wasserstoff und Helium, kaum Metalle und Silikate. Man spricht auch von erdähnlichen bzw. jupiterähnlichen P.

planetarisch (planetary). Zu den → Planeten gehörend.

planetarische Nebel (planetary nebula). Expandierende Gasschalen um einen heißen Zentralstern, meist einen → weißen Zwergstern oder einen Stern, der entwicklungsmäßig auf dem Wege zu einem weißen Zwerg ist. Nicht selten handelt es sich auch um einen Doppelstern. Die irreführende Bezeichnung »planetarisch« rührt daher, daß diese Nebel ein scheibchenförmiges Aussehen zeigen, wie es sonst meist bei Planeten auftritt. Bekannte Beispiele sind der → Hantel-Nebel und der → Ringnebel im Sternbild Leier. Bisher sind etwa 1500 p.N. entdeckt worden, obwohl ihre Gesamtzahl allein in unserer Galaxis auf mindestens 50000 geschätzt wird. Ihre räumliche Verteilung zeigt eine Konzentration zum Zentrum unserer Galaxis hin. Sie zählen zur Population II. Die Oberflächentemperatur des Zentralsterns beträgt 30000 bis 150000 K. Solche Sterne senden vor allem Ultraviolettstrahlung aus. Diese energiereiche Strahlung regt die in einer Hülle den Stern umgebenden Gase zum Eigenleuchten an (→ Fluoreszenz). Die Gashüllen expandieren mit Geschwindigkeiten zwischen etwa 20 und 50 km/s, teilweise aber auch noch darüber. Bei einem Durchmesser der Nebel von etwa 6 Bill. km führt dies auf ein mittleres Alter der p.N. von rund 10000 Jahren. Insgesamt dürften p.N. nicht älter als etwa 30000 Jahre werden. P. N. senden auch offenbar eine Radiostrahlung aus. Erstmals wurde dies jedenfalls bei NGC 6543 im Sternbild Drache (Ekliptiknordpol-Nebel) entdeckt. Die Gashüllen bestehen im wesentlichen aus Wasserstoff. Die Dichte ist dabei etwa 1000- bis 10000mal größer als im normalen interstellaren Raum. Die Gesamtmasse der Gashülle liegt bei etwa 0,2 Sonnenmassen. Nach neueren Theorien entstehen p.N. im Zuge der Kernkontraktion eines älteren Sterns mit einer Masse zwischen 0,6 und 4 Sonnenmassen. Möglicherweise ereignen sich diese Abstoßungen von Hüllen bei derartigen Sternen mehrmals. Der gesamte Massenverlust ist dann nicht mehr vernachlässigbar klein. So könnten Sterne, die ursprünglich eine Masse knapp oberhalb der → Chandrasekhar-Grenze hatten, sich später doch zu einem weißen Zwergstern entwickeln. P. N. sind so dünn, daß man durch sie hindurch den Kern des alten Sterns sehen kann. Dies ist der künftige weiße Zwerg. Farbaufnahmen p.N., wie z.B. des Ringnebels in der Leier, zeigen gelegentlich eine deutliche Farbabstufung von Violett (innen) über Blau, Grün, Gelb nach Rot (außen). Dieses regenbogenfarbene Muster ist auf die → Anregung durch den heißen Zentralstern zurückzuführen. Die inneren, dem Zentralstern näheren Teile der Gasschale werden stärker angeregt und können dadurch auch wieder eine energiereichere, kurzwelligere Strahlung aussenden als die äußeren Bereiche der Gasschale, die nur noch weniger intensiv von der Strahlung des Zentralsterns erreicht werden.

planetarische Zirkulation (planetary circulation). Die durch die Rotation eines Planeten ausgelösten großräumigen atmosphärischen Strömungen. In der Erdatmosphäre zählen dazu die Passate und die Weströmung in den gemäßigten Breiten. Auch auf anderen Planeten, wie z.B. Venus und Jupiter, wurden solche großräumigen Strömungen beobachtet.

Planetarium (planetarium). Eine Vorrichtung zur Darstellung der Bewegungen der Planeten und anderer Himmelskörper. In früheren Jahrhunderten wurden mechanische P. erstellt, um die Bewegungen der Planeten um die Sonne maßstäblich und im entsprechenden Zeitablauf wiederzugeben. Im modernen Sinne versteht man unter einem P. aber ein Projektions-P., das den Sternhimmel und die Bewegungen der Gestirne an eine Projektionskuppel wirft, in deren Innern sich die Beobachter befinden. Dieses P. wurde von W. Bauersfeld (1879–1959) entwickelt. Heute stellen die P. (neben den → Volkssternwarten) die wichtigsten Bildungseinrichtungen auf astronomischem Gebiet dar. Mittels zahlreicher Zusatzprojektoren sind die Anwendungsgebiete der P. in den letzten Jahren beträchtlich erweitert worden, so daß deren Bezeichnung ihre Wirkungsmöglichkeiten kaum zu fassen in der Lage ist. Die Darstellungsmöglichkeiten reichen z.B. über stellare Vorgänge (Doppelsterne, Sternentwicklung) bis zu atmosphärischen Phänomenen, wie Wolken, Gewitter, Halos (»Atmosphärium«). Heute werden P.-Projektoren von einigen deutschen, japanischen und amerikanischen Firmen hergestellt. In Deutschland ist es die Fa. Carl Zeiss, Jena. Weiterentwicklungen des P. sind das → Digistar und das Omnimax-System, das eher einer Super-Filmprojektion (teilweise mit 70 mm Filmformat) entspricht. Auch die Größenordnungen der P. sind sehr unterschiedlich. In Deutschland befinden sich P. u.a. in Augsburg, Berlin (Wilhelm-Foerster-Sternwarte, Prenzlauer Allee und Archenhold-Sternwarte), Bochum, Bremen, Cottbus, Erkrath, Freiburg i. B., Fulda, Glücksburg, Halle, Hamburg, Jena, Kassel, Kiel, Laupheim, Leipzig, Mannheim, München (Deutsches Museum, Forum der Technik und Bayerische Volkssternwarte), Münster, Nordenham, Nordhausen, Nürnberg, Osnabrück, Potsdam, Recklinghausen, Reutlingen, Stuttgart und Wolfsburg. Daneben existieren noch einige weitere kleinere Einrichtungen, darunter auch an einigen Hochschulen für Nautik und anderen Schulen. In Österreich befinden sich P. in Wien, Kufstein und Klagenfurt, in der Schweiz in Luzern.

Planetenaberration (planetary aberration). → Aberration.

Planetenpräzession (planetary precession). → Präzession.

Planetensystem, Sonnensystem (planetary system, solar system). Ein aus einem Stern bzw. der Sonne und mehreren Planeten sowie Kleinplaneten, Satelliten, Kometen usw. bestehendes System. Bisher kennen wir mit Sicherheit nur unser eigenes P. Die Existenz fremder P. ist aus direkten Beobachtungen nur schwer nachweisbar. Selbst größere Planeten würden von der Erde aus nur eine so geringe scheinbare Helligkeit aufweisen und so dicht an ihren Sternen stehen, daß sie mit bisherigen optischen Hilfsmitteln noch nicht zu entdecken waren. Prinzipiell könnten andere Planeten aber auf indirektem Wege aufgespürt werden. Dazu zählen vor allem periodische Unregelmäßigkeiten in der → Eigenbewegung von Sternen oder in der Umlaufbewegung von Doppelsternen (→ Doppelstern, astrometrischer). In diesem Zusammenhang ist eine präzisere Grenzziehung zwischen Planeten und Sternen erforderlich. Der größte Planet unseres eigenen P., Jupiter, zeigt eine Masse von etwa 0,001 Sonnenmassen. Andererseits dürften die kleinsten Sterne eine Masse von etwa 0,08 Sonnenmassen aufweisen. Himmelskörper, die eine Masse von knapp unterhalb 0,08 Sonnenmassen besitzen, sind → braune Zwerge. Zwar sind wohl derartige Körper nicht mehr in der Lage, durch nukleare Reaktionen Energie zu erzeugen, doch dürften sie noch in geringem Umfang aus einer Kontraktion Energie beziehen. Andererseits könnte man sich durchaus noch Planeten vorstellen, die die Masse des Jupiter ein wenig übertreffen. In den letzten Jahrzehnten wurden einige unsichtbare Begleiter von Einzel- oder Doppelsternen vermutet, die Planeten sein könnten. Dazu zählt z.B. → Barnards Pfeilstern. Leider stellte es sich in den letzten Jahren zusehends heraus, daß fast alle diese Fälle (mit Ausnahme der Planeten bei → Pulsaren) zweifelhaft sind und die sich abzeichnenden Bahnstörungen auf systematische instrumentelle Fehler zurückgeführt werden müssen. Dagegen konnte man vor allem mit Hilfe der → Infrarotastronomie in einigen Fällen in der Nähe junger Sterne Staubscheiben und jetartige Phänomene erkennen, die zumindest mit der Entstehung eines P. zu tun haben dürften. Diese sog. → Proplyds scheinen in Sternentstehungsgebieten sehr häufig zu sein.

Planetensystem, Entstehung (origin of the planetary system). Bereits I. Kant (1724–1804) erklärte 1755 die Entstehung der Planeten aus Verdichtungen in einer aus kleineren einzelnen Teilchen bestehenden Wolke. Im Gegensatz dazu meinte P. S. M. de Laplace (1749–1827), die Sonne sei früher so schnell rotiert, daß durch die Fliehkraft an ihrem Äquator Gasringe abgestoßen wurden, die sich später zu Planeten sammelten. Da sich im Laufe des 19. Jahrhunderts himmelsmechanische Bedenken gegen beide Theorien einstellten, wurden in der ersten Hälfte des 20. Jahrhunderts sog. »Katastrophentheorien« vorgeschlagen, vor allem von Sir J. H. Jeans (1877–1946). Sie versuchten die Entstehung des P. auf einen nahen Vorübergang mit einem anderen Stern zurückzuführen. Die aus der Sonne (und dem begegnenden Stern) herausgerissenen Flutwellen hätten sich später zu einem P. weiterentwickelt. Da Sternbegegnungen aber äußerst selten sind, wäre unser P. zumindest in unserer Galaxis nahezu einmalig. Beginnend mit der Turbulenztheorie von C. F. von Weizsäcker (*1912) versuchte man aber wieder die Entstehung eines P. auf eine normalere Weise, in diesem Falle durch Wirbelbildungen in einem die Sonne umgebenden Nebel, zu erklären. Zu solchen Bemühungen zählte auch z.B. die Auffassung von H. Alfvén (*1908), nach der Magnetfelder bei der Entstehung der Planeten eine Rolle gespielt haben könnten, oder die Meinung von G. P. Kuiper (1905–1973), unser P. sei eine Art mißglückter Doppelstern.

Neuerdings spielten zahlreiche kosmochemische Untersuchungen bei der Frage nach dem Ursprung des P. eine Rolle. Unsere Sonne umgab in ihrem Frühstadium ein solarer Nebel, der zunächst fast ausschließlich aus Gas bestand und eine Temperatur von über 1650°C besaß. Dieser Nebel verdankt seine Existenz der Verdichtung einer interstellaren Molekülwolke (→ Sternentstehung). Dabei hat vielleicht auch die von einer nahen → Supernova ausgehende Schockwelle eine Rolle gespielt. Da die Sonne sicher nach ihrer Entstehung einem Sternhaufen angehörte, ist es ziemlich wahrscheinlich, daß ein verhältnismäßig naher massereicher Stern bereits nach wenigen Millionen Jahren einen Supernova-Ausbruch erfuhr. Allmählich kühlte der solare Urnebel ab. Wurde eine Temperatur von 1300°C unterschritten, so konnten sich mikroskopisch kleine feste Partikel von Aluminium-, Titan- und Calciumoxiden bilden. Kühlte sich der Nebel weiter auf 1120°C ab, so entstanden bereits Nickel-Eisen-Körner. Bei 1040°C konnten Silikate und Eisensilikate gebildet werden, einschließlich Enstatit, Pyroxen und Olivin. Bei einem Absinken auf etwa 300°C bildeten sich Sulfate, ab 0°C Wassereiskörner und bei entsprechend noch tieferen Temperaturen auch Eispartikel aus Kohlendioxid, Ammoniak und Methan. Letzteres dürfte sich vor allem in den kühleren, äußeren Teilen des solaren Urnebels abgespielt haben. Diese kleineren Körner verschmolzen untereinander zu größeren Körpern, die bereits mehrere Meter, später einige hundert Meter Durchmesser gehabt haben könnten (»Planetesimale«). Man könnte annehmen, daß es bei gegenseitigen Zusammenstößen zu einem weiteren Zertrümmern der Teilchen kommen müßte. Andererseits kann man sich aber Fälle vorstellen, wo es doch zu einer Vergrößerung der Körper kommen müßte, z.B. bei einem Zusammenstoß mit verhältnismäßig kleiner Relativgeschwindigkeit. Dabei kommt der Umstand zu Hilfe, daß sich praktisch alle Staubpartikel in derselben Richtung um die Sonne bewegen und bei gleichem Abstand von dieser gemäß den Keplerschen Gesetzen – von kleinen Unterschieden wegen der Exzentrizität der Bahnen abgesehen – dieselbe Bahngeschwindigkeit haben. Es gibt also keine Frontalkollisionen. Haben sich etwas größere Planetesimale dann auch vielleicht mit einer Staubschicht überzogen, so können darin kleinere Staubteilchen, die die Planetesimale treffen, »steckenbleiben«. Schließlich werden die zusammengefügten Körper eine so große Masse erreicht haben, daß allein die Schwerkraft neben weiteren zufälligen Kollisionen zu einem weiteren Aufsammeln von Materie führt. Unser Sonnensystem muß in seiner Frühzeit vor etwa 4,5 bis 4,6 Milliarden Jahren von Kleinkörpern übersät gewesen sein. Vereinfachte Modellrechnungen mit Computern haben in den letzten Jahren gezeigt, daß auf diese Weise durchaus Planeten entstehen können.

Durch den in der Anfangszeit gewaltigen → Sonnenwind verloren die sonnennächsten Planeten die leichtesten Elemente Wasserstoff und Helium, während die sonnenferneren Planeten, z.B. Jupiter, gerade diese leichteren Elemente behalten konnten. Die Wasserstoffhüllen der sonnennahen Planeten wurden einfach weggefegt. Die äußeren Planeten waren zu weit entfernt. Sie verloren nur einen Teil ihrer ursprünglichen Hülle. Aber auch die geringe Schwerebeschleunigung an der Oberfläche der inneren und kleineren Planeten führte zu einem Abdriften der leichten Gase, da die Geschwindigkeit ihrer Atome bzw. Moleküle die Entweichgeschwindigkeit dieser Planeten häufig überschritt. Vor allem den innersten Planeten entging durch diese Vorgänge rund 99% ihrer ursprünglichen Masse. Die Zeitdauer, die zur Bildung der Planeten benötigt wurde, war bei den inneren Planeten kürzer als bei den äußeren Planeten. Die Erde dürfte kaum 10 Millionen Jahre, Neptun dagegen 300 Millionen Jahre zur Kondensation benötigt haben. Bei mehreren Planeten kam es schließlich auch zu einer Differentiation der einzelnen Stoffe: Schwerere Elemente, wie z.B. Eisen und Nickel, sanken in die Tiefe, leichtere Elemente wanderten an die Planetenkruste. Dies war allerdings nur nach einem erneuten Aufschmelzungsprozeß des Planeten möglich, der die Folge einer inneren Aufheizung, z.B. durch radioaktive Prozesse, war. Noch heute sind die hohen Temperaturen im Erdinnern im wesentlichen eine Folge der natürlichen Radioaktivität. In den äußeren Bereichen des solaren Urnebels kam es zur Bildung von Eis. So erklärt sich auch der Umstand, daß die meisten Satelliten der sonnenferneren Planeten bevorzugt aus Eis bestehen, ebenso auch die Partikel, aus denen die meisten Planetenringe bestehen. Auch die → Kometen verdanken diesem Umstand ihre Existenz, wobei allerdings noch offen ist, weshalb die meisten Kometen sich heute in der doch sehr entfernten → Oortschen Wolke befinden. Möglicherweise sind sie erst nachträglich in diese Zone gedrängt worden.

Planetentafel (planetary table). Eine Tafel, in der die Örter von Sonne, Mond und Planeten verzeichnet sind. Die Bezeichnung wurde vor allem in früherer Zeit benutzt (→ Alfonsinische Tafeln, → Rudolfinische Tafeln).

Planetenuhr (planetary clock). Eine Uhr, die über einen Zeiger verfügt, der auf den sog. regierenden Planeten in der → Astrologie zeigt. Derartige Einrichtungen finden sich auch bei verschiedenen astronomischen Kunstuhren.

Planetesimal (planetesimal). Ein Kleinkörper in der Frühzeit unseres Planetensystems. Die P. stellten in der Gesamtheit das Rohmaterial zur Bildung der Planeten dar (→ Planetensystem, Entstehung).

Planetoid (planetoid). → Kleinplaneten.

Planetologie (planetology). Die Erforschung der Oberfläche der Planeten und Satelliten.

Planiglob (planiglobe). Eine Kartendarstellung der Erde oder des Himmels.

Planisphäre (planisphere). Eine Darstellung des Sternhimmels für einen bestimmten Ort und eine bestimmte Zeit. Im deutschen Sprachgebrauch wird in der Regel von einer drehbaren Sternkarte gesprochen.

Plankonkavlinse (planoconcave lens). Eine Linse, die von einer ebenen und einer konkav gekrümmten Fläche begrenzt wird.

Plankonvexlinse (planoconvex lens). Eine Linse, die von einer ebenen und einer konvex gekrümmten Fläche begrenzt wird.

Plasketts Stern (Plaskett's Star). Ein massereicher Stern vom Spektraltyp O mit bisher unbekannten Anomalien in seinem Spektrum. Es handelt sich um einen spektroskopischen → Doppelstern, in dem ein Masseaustausch stattfindet. Die Umlaufzeit beträgt 14 Tage. Vermutlich verfügen beide Komponenten dieses Systems je über etwa 65 Sonnenmassen. Damit gehören diese beiden Sterne zu den massereichsten Sternen, die bisher überhaupt im Weltall gefunden wurden. Die Katalogbezeichnung lautet HD 47129 (im Sternbild Einhorn).

Plasma (plasma). Ein vollständig ionisiertes Gas, das also aus elektrisch geladenen Teilchen (Ionen und Elektronen) zusammengesetzt ist. Gelegentlich wurde der P.zustand als der 4. Aggregatzustand der Materie neben fest, flüssig und gasförmig bezeichnet. Die P.physik spielt in den letzten Jahren eine zunehmende Rolle, besonders auch im astrophysikalischen Anwendungsbereich. Im Weltall kommt der P.zustand häufig vor. P.schwingungen sind auch eine der Ursachen zur Entstehung einer sog. nichtthermischen Radiostrahlung. Strömungen in einem P. werden von der → Magnetohydrodynamik untersucht.

Plasma-Ära. → Strahlungs-Ära.

Plasmapause (plasmapause). Ein Bereich in der äußersten Erdatmosphäre bei etwa 4 bis 7 Erdradien Abstand, in dem die Teilchendichte rasch abfällt. Knapp unterhalb der P. beträgt die Dichte noch 100 Teilchen/cm^3.

Plasmasphäre (plasmasphere). Ein Bereich um die Erde, der von dichtem, kaltem → Plasma aus Protonen und Elektronen erfüllt ist. Er beginnt in etwa 1000 km Höhe und endet mit der → Plasmapause.

Plasmawolken (plasma clouds). Wolken, die aus einem → Plasma bestehen und in den → Sonnenwind eingebettet sind.

Platonisches Jahr (Platonic year). Die Dauer einer infolge der → Präzession bedingten Schwingung der Erdachse um den nördlichen Pol der Ekliptik (auch »Weltjahr«). 1 P. J. beträgt 25850 Jahre.

Plattentektonik (plate tectonics). → Erde.

Pleione. Ein Stern in den → Plejaden.

Plejaden (Pleiades). Einer der bekanntesten → offenen Sternhaufen. Er liegt im Sternbild Stier und kann mit mindestens 6, unter günstigen Bedingungen sogar mit 9 oder 10 Sternen bereits mit bloßem Auge beobachtet werden. Die Bezeichnung stammt aus dem Altgriechischen und bedeutet eigentlich Tauben. Daneben gibt es noch weitere volkstümliche Bezeichnungen, wie z.B. Siebengestirn, Leiterwagen, Gluckhenne, Kuckucksgestirn. Die Katalogbezeichnung der P. ist M 45 oder NGC 1432. Der hellste Stern in den P. ist Alcyone mit einer Helligkeit von $2{,}^{m}9$. Insgesamt besitzen die P. etwa 200 mit Fernrohren sichtbare Sterne, die praktisch ausschließlich einen Spektraltyp von B6 oder später aufweisen. Die Gesamtzahl dürfte aber bei etwa 3000 liegen. Das Alter der P. wird auf 50 Mill. Jahre geschätzt. Auf lang belichteten photographischen Aufnahmen entdeckt man einen im wesentlichen staubförmigen → Reflexionsnebel. Die Entfernung des Haufens beträgt etwa 410 Lichtjahre. Die P. zählen auch zu den → Bewegungssternhaufen. Der Konvergenzpunkt des Haufens liegt etwa an der Grenze der Sternbilder Taube und Maler. Die Geschwindigkeit der Sterne bezüglich der Sonne in Richtung auf diesen Konvergenzpunkt beträgt im Mittel 20 km/s. Ein besonders interessanter Stern ist Pleione. Er ist in seiner Helligkeit schwach veränderlich und zeigte zeitweise, besonders um 1945/46, zahlreiche Metallinien im Spektrum, die inzwischen wieder verschwanden. 1938 und 1970 dürfte er Gasmassen abgestoßen haben, vielleicht als Folge einer zu raschen Rotation. Die hellsten Sterne der P. heißen Alcyone, Pleione, Atlas, Elektra, Merope, Maia, Taygeta und Asterope.

Plesetsk. Russisches Raketenzentrum 170 km südlich Archangelsk.

Pluto (Pluto). Der äußerste Planet unseres Sonnensystems. Seine durchschnittliche Entfernung von der Sonne beträgt 5,91 Mrd. km. Seine Bahnexzentrizität ist mit 0,248 unter allen großen Planeten am stärksten. Dadurch schwankt auch die Entfernung des P. von der Sonne innerhalb eines Umlaufs zwischen 4,425 und 7,375 Mrd. km. Die Bahnneigung beträgt 17°8′. Ein Teil der Bahn liegt noch innerhalb der Neptunbahn. Diesen Bereich durchläuft P. zwischen Januar 1979 und März 1999. In dieser Zeit ist also Neptun der sonnenfernste Planet. Die siderische Umlaufzeit beträgt 247,7 Jahre, die mittlere Geschwindigkeit 4,74 km/s. Wegen seiner Resonanz mit der Neptunbahn im Verhältnis 3 : 2 kann P. dem Neptun übrigens niemals näher als auf 2,7 Mrd. km kommen.

Schon einige Jahrzehnte zuvor vermutet, wurde P. im Rahmen einer 1929 am Lowell-Observatorium in Arizona begonnenen photographischen Suchaktion am 18. 2. 1930 von C. Tombaugh (*1906) auf photographischen Platten vom 21. und 29. 1. 1930 entdeckt. G. Kuiper (1905–1973) schätzte 1950 nach Beobachtungen am 5 m-Spiegel auf dem Mt. Palomar den Winkeldurchmesser des P.-Scheibchens auf 0,25″. Danach hätte P. einen Durchmesser von über 6000 km gehabt. Dieser Wert sollte nochmals bei einer Sternbedeckung durch P. im wesentlichen bestätigt werden. 1978 führte aber eine weitere Entdeckung zu einem vollkommen anderen Bild: J. W. Christy stellte am US Marine-Observatorium in Flagstaff, Arizona, eine »Ausbuchtung« von P. fest, deren Lage sich in systematischer Weise veränderte. Diese Merkwürdigkeit konnte mit Hilfe des 4 m-Teleskops des interamerikanischen Observatoriums in Cerro Tololo, Chile, von J. A. Graham bestätigt werden. Eine

Analyse der Daten führte zu dem Schluß, daß P. in einem mittleren Abstand von 19100 km in einer Zeit von 6,3867 Tagen von einem Satelliten mit der Bezeichnung → Charon umkreist wird. Der Durchmesser von P. selbst darf danach nur noch zu 2302 km, die des Satelliten zu etwa 1190 km angenommen werden. Die P.masse dürfte etwa 1/400 der Erdmasse betragen. Die Albedo von P. könnte, da seine Oberfläche im wesentlichen aus gefrorenen Gasen wie Ammoniak, Methan und Kohlendioxid bestehen dürfte, etwa 0,3 betragen. Die mittlere scheinbare Helligkeit von P. liegt augenblicklich bei etwa 14^m. Der Satellit ist fast 3 Größenklassen schwächer.

Ein Lichtwechsel des P. mit einer Periode von 6,3867 Tagen dürfte auf den Umlauf des Satelliten zurückzuführen sein. P. erscheint nämlich in den meisten Fernrohren dann heller, wenn Planet und Satellit nebeneinanderstehen, aber schwächer, wenn sich die beiden Körper annäherungsweise hintereinander befinden. Wahrscheinlich stimmen aber auch die Umlaufzeit des Satelliten und die Rotationsperiode von P. überein.

Entwicklungsgeschichtlich gesehen wurde P. gelegentlich als ein dem Neptun entlaufener Satellit betrachtet. Oft wurde auch vermutet, daß P. das hellste Objekt eines Kleinplaneten- oder Kometengürtels ist, der sich außerhalb der Neptunbahn befindet. Die Entdeckung des → Kleinplaneten 1992 QB_1 und weiterer »Eisplaneten« in dieser Region des Planetensystems hat dieser Vermutung neuerdings Auftrieb gegeben. P. besitzt vermutlich eine dünne Atmosphäre aus Methan, die bis in eine Höhe von etwa 3200 km reicht. Seine aus gefrorenen Gasen bestehende Oberfläche verfügt über eine Temperatur von etwa –230°C.

Pogsonsche Helligkeitsskala (Pogson's scale). Die von N. R. Pogson (1829–1891) aufgestellte Skala für die → Helligkeit der Sterne.

Polar (polar). → AM Herculis-Sterne.

Polarachse (polar axis). Die Verbindungslinie der beiden Erdpole oder der Pole eines anderen Himmelskörpers sowie irgendeines sphärischen Koordinatensystems.

Polardistanz (polar distance). → Poldistanz.

Polaris. → Polarstern.

Polarisation (polarization). Die bei einer Wellenstrahlung unter bestimmten Bedingungen auftretende Bevorzugung bestimmter Schwingungsrichtungen. Im normalen, natürlichen Sonnenlicht, tritt keine P. auf. Es wird also keine Schwingungsrichtung bevorzugt.

P. tritt vor allem bei der Spiegelung und Brechung, bei der Streuung an sehr kleinen Teilchen oder in doppelbrechenden Kristallen auf und wird besonders im interstellaren Raum beobachtet. Dort kann das Sternlicht beim Durchgang durch den interstellaren Staub, dessen Teilchen durch ein interstellares Magnetfeld parallel ausgerichtet sind, polarisiert werden. Aber auch die → Synchrotronstrahlung, die durch Elektronen in einem Magnetfeld ausgesandt wird, ist polarisiert.

Polarisationsfilter (polarization filter). Mehrschichtiger optischer Filter, der zur Herstellung polarisierten Lichtes oder zur Analyse polarisierten Lichtes dient.

Polarkreise (polar circles). Breitenkreise auf unserer Erde mit etwa 66,5° nördl. oder 66,5° südl. Breite. Die P. begrenzen in Richtung zu den Polen die → Polarzonen, in denen auch die Erscheinung der → Polarnacht und des Polartags mit der → Mitternachtssonne auftreten kann. In Richtung zum Äquator bilden die P. die Grenze zu den gemäßigten Zonen.

Polarlicht (aurora). Leuchterscheinung in der Hochatmosphäre unserer Erde. Die größte Häufigkeit des P. tritt in etwa

80 bis 120 km Höhe auf. Die unterste Begrenzung liegt bei etwa 60 km. Vereinzelte P. können auch noch bis etwa 1000 km Höhe beobachtet werden. Im wesentlichen tauchen die P. in Zonen um den nördl. bzw. südl. magnetischen Pol der Erde auf. Die größte Häufigkeit wird dabei in ringförmigen Zonen um diese magnetischen Pole verzeichnet. Auf der Nordhalbkugel verläuft diese Ringzone etwa an der Südspitze Grönlands, der Südküste Irlands, dem Nordkap, dem nördlichsten Teil von Sibirien und den nördlichsten Gebieten von Alaska und Kanada sowie Labrador. Wird die P.häufigkeit in dieser Ringzone mit 100 festgelegt, so beträgt die Häufigkeit in der Gegend des magnetischen Pols nur noch etwa 40, am geographischen Nordpol sogar nur 20. In Südskandinavien sinkt die Häufigkeit auf 5, in Mitteleuropa sogar nur noch auf 1–2. Trotzdem können also auch in Mitteleuropa gelegentlich P. gesehen werden. In einem Falle wurde sogar auf den Azoren ein P. gesehen. P. treten sowohl in der Nordpol, wie in der Südpolzone auf und werden dann auch oft als Nord- bzw. Südlicht bezeichnet.

Die Ursache der P. ist in → Eruptionen auf der Sonne zu suchen. Elektrisch geladene Teilchen, die von den Eruptionen mit einer Geschwindigkeit von 1500–2000 km/s ausgeschleudert werden, können nach durchschnittlich etwa 26 Stunden die Erde erreichen. Wegen des irdischen Magnetfelds werden die Teilchen zu den Magnetpolen hin abgelenkt und dringen in diesen Gegenden in die Hochatmosphäre der Erde ein. Sie stoßen dort vor allem mit den Sauerstoff- und Stickstoffatomen zusammen und bringen sie zum Leuchten.

Die Formen der P. sind sehr vielgestaltig. Am wichtigsten sind große Bogen, die sich von Horizont zu Horizont über das ganze Himmelsgewölbe erstrecken können, Strahlenbündel (Draperien) sowie konvergierende Strahlenbündel (P.krone). Helligkeit und Farbe können innerhalb weniger Sekunden oder Minuten deutlich wechseln. Bevorzugte Farben sind rot, bläulichweiß und grünlich. Das Spektrum des P. zeigt eine Reihe sog. verbotener Emissionslinien. Am auffallendsten sind die bei einer Wellenlänge von 5577 Å (557,7 nm) gelegenen grünen und bei 6300 Å (630 nm) und 6364 Å (636,4 nm) gelegenen roten verbotenen Sauerstofflinien. Aber auch Linien des Natriums, Wasserstoffs und anderer Elemente werden beobachtet.

Die P.häufigkeit zeigt einen zeitlichen Gang mit der durchschnittlich elfjährigen Periodizität der → Sonnenflecken. Da die elektrisch geladenen Teilchen, die bei den Eruptionen ausgeschleudert wurden, nur dann die Erde erreichen können, wenn sich die Eruption nahe der Sonnenscheibenmitte abspielt, kann auch noch ein jahresperiodischer Effekt beobachtet werden. Die P. sind am häufigsten im Februar/März und von etwa Mitte August bis Anfang Oktober.

Polarnacht (polar night). Die in den → Polarzonen auftretende Erscheinung, daß die Sonne über längere Zeit nicht mehr über den mathematischen Horizont heraufzieht. Für die beiden Pole der Erde dauert die P. gerade ein halbes Jahr, und zwar für den Nordpol vom 23. 9. bis 21. 3., für den Südpol vom 21. 3. bis 23. 9. In den geographischen Breiten, die näher zu den Polarkreisen liegen, ist die Dauer der P. entsprechend kürzer. Jenseits der Polarkreise, in Richtung zum Erdäquator, verschwindet die Erscheinung der P. ganz. Zur Länge der P. wird auch die Dämmerung zugerechnet. Diese ist aber gerade in den Polargebieten besonders lang, so daß die Dauer der echten Dunkelheit deutlich geringer ist.

Polarstern (Pole Star, Polaris). Der Hauptstern im Sternbild Kleiner Bär.

Seine arabische, allerdings kaum benutzte Bezeichnung lautet auch Alrukaba (»Knie«). Die Bezeichnung P. rührt daher, daß dieser Stern verhältnismäßig nahe am nördlichen Himmelspol liegt (deswegen auch »Nordstern«). Allerdings hatte der P. infolge der → Präzession nicht immer ein Anrecht auf diese Bezeichnung und wird dieses auch in der Zukunft nicht mehr haben. In der griechischen Antike war er noch immerhin rund 12° vom Himmelsnordpol entfernt. Vor etwa 5000 Jahren stand noch der Stern α Draconis (der Hauptstern im Sternbild Drache) nahe dem Pol. Augenblicklich steht der P. 0,8° vom exakten nördlichen Himmelspol entfernt. Um das Jahr 2100 wird mit 0,5° der kleinste Winkelabstand zwischen dem P. und dem Himmelspol erreicht. Danach vergrößert sich wieder die Distanz. In etwa 5500 Jahren wird Alderamin im Kepheus nahe dem Pol stehen. In etwa 12000 Jahren folgt dann Wega in der Leier. Der P. ist ein Überriese vom Spektraltyp F8. Seine Entfernung beträgt 360 Lichtjahre. Die Oberflächentemperatur beläuft sich auf 6300 K, seine Masse ist 8 mal größer und seine Leuchtkraft 1600 mal stärker als die der Sonne. Seine Radialgeschwindigkeit beträgt −17 km/s. In einer Distanz von 18,3″ findet man neben dem $2\overset{m}{.}0$ hellen Hauptstern noch einen Begleiter mit dem Spektraltyp F3 und einer scheinbaren Helligkeit von $9\overset{m}{.}0$. Der P. besitzt ferner einen spektroskopischen Begleiter mit einer Umlaufzeit von 30,5 Jahren.

Der P. gehörte früher zu den → Cepheiden mit einer Periode von 3,9698 Tagen. Allerdings war die Helligkeitsschwankung mit etwa $0\overset{m}{.}1$ ziemlich gering. Sie nahm in den letzten Jahrzehnten ab. 1994 stellte der P. seine Helligkeitsvariationen sogar ganz ein. Lediglich leichte Pulsationen seiner äußeren Schichten waren noch festzustellen.

Polarstrahlen (polar rays). Strahlen in der → Sonnenkorona, die vor allem während eines Sonnenfleckenminimums als kurze Strahlenbüschel in der Nähe des Nord- und Südpols der Sonne auftreten.

Polarzonen (polar zones). Die beiden Zonen auf der Erdoberfläche, in deren Mitte sich der Nord- bzw. Südpol befinden und die zum Äquator hin durch die → Polarkreise begrenzt werden.

Poldistanz, Polardistanz (polar distance) . Der Winkelabstand eines Gestirns vom nächstgelegenen Himmelspol.

Pole (poles). Die Schnittpunkte der auf der Äquatorebene senkrecht stehenden Achse irgendeines sphärischen Koordinatensystems mit der Oberfläche der durch dieses System gebildeten Kugel. Vor allem versteht man unter P. die Schnittpunkte der Erdachse mit der Erdoberfläche oder aber auch die Schnittpunkte sämtlicher Längenkreise. Oder allgemein: die Endpunkte von Achsen, um die Drehungen erfolgen. Dabei können die Körper auch von der genauen Kugelform abweichen.

Poleffekt, Breiteneffekt (polar effect). Die Zunahme der Intensität der → kosmischen Strahlung mit zunehmender geomagnetischer Breite. Das Magnetfeld der Erde lenkt die weniger energiereichen Teilchen in Richtung zu den Magnetpolen der Erde ab. Nur die Teilchen höherer Energie können auch die Zonen um den geomagnetischen Äquator erreichen. In Meereshöhe treffen dort etwa 14% weniger Teilchen der kosmischen Strahlung auf als in der Nähe der geomagnetischen Pole.

Polhöhe (altitude of the pole). Die → Höhe des nördl. bzw. südl. Himmelspols über dem Nordpunkt bzw. Südpunkt. Die P. ist überall auf der Erde gleich der geographischen Breite. Sie zeigt mehr oder weniger periodische Schwankungen, die darauf zurückzuführen sind, daß die geographischen Pole der Erde sich gegenüber der Erdoberfläche verlagern. Am auffälligsten ist die sog. → Chandlersche Periode. Ihr ist noch eine ungefähr einjährige Periode überlagert, deren Amplitude aber noch geringer ist. Die Ursache der Chandlerschen Periode ist darin zu suchen, daß die Rotationsachse und die Symmetrieachse der Erde als Kreisel nicht zusammenfallen. Aus der Theorie wäre hierfür allerdings nur eine Periode von 304 Tagen zu erwarten. Die etwas längere Periode ist auf eine unvollkommene Starrheit der Erde zurückzuführen. Massenverlagerungen innerhalb der Erde führen außerdem dazu, daß die Chandlersche Periode in gewissen Grenzen schwankt. Die einjährige Periode ist auf jahreszeitlich bedingte meteorologische Ereignisse zurückzuführen.

Die Polschwankungen werden laufend von mehreren Observatorien kontrolliert, die sich im internationalen Polschwankungsdienst (→ Breitendienst) zusammengeschlossen haben. Ihre Entdeckung erfolgte 1885 durch F. Küstner (1856–1936).

Polkappen (polar caps). Die hellen Eiszonen (vor allem Kohlendioxidschnee und Wasserschnee), die im jahreszeitlichen Wechsel vor allem auf Mars beobachtet werden.

Pollux. Der hellste Stern im Sternbild Zwillinge (β Geminorum). Seine Entfernung beträgt 35 Lichtjahre, seine scheinbare Helligkeit $1\overset{m}{.}1$. Der Spektraltyp ist K0, so daß uns P. orangefarben erscheint. P. zählt zu den normalen Riesen (Leuchtkraftklasse III), seine Oberflächentemperatur beläuft sich auf 3500 K. Die Leuchtkraft ist 60 mal, der Durchmesser 5 mal größer als bei der Sonne. P. ist zusammen mit → Arktur der nächste rote Riesenstern.

Polschwankung, Polhöhenschwankung (polar motion). → Polhöhe.

Polsequenz, Internationale Polsequenz, Nordpolsequenz (polar sequence). Eine Gruppe von 329 Sternen, die sich in der Nachbarschaft des nördlichen Himmelspols befinden und deren scheinbare Helligkeiten mit den besten modernen photometrischen Methoden bestimmt wurden. Die P. gilt damit als eine Art Standardsystem der Sternhelligkeiten, an das auch die Helligkeiten anderer Sterne angeschlossen werden können. Die Helligkeiten werden sowohl photographisch (m_{ph}) als auch photovisuell (m_{pv}) angegeben. Der hellste Stern der P. ist der → Polarstern, der nach Entdeckung seiner Veränderlichkeit allerdings nicht mehr benutzt werden konnte. Die schwächsten Sterne reichen bis etwa zur 20. Größenklasse.

Pons-Brooks. Ein 1812 von J. L. Pons (1761–1831) entdeckter und 1883 von W. R. Brooks (1844–1921) wiederaufgefundener Komet mit einer Umlaufzeit von 70,9 Jahren. Er ist im Perihel 115,8 Mill. km, im Aphel 5011,5 Mill. km von der Sonne entfernt. Die Bahnexzentrizität beträgt 0,955, die Bahnneigung 74,2°. Der letzte Periheldurchgang war am 22. 5. 1954. Damals kam er gerade etwa an die Sichtbarkeitsgrenze für das bloße Auge heran. Die nächste Wiederkehr ist im Jahre 2025.

Pons-Winnecke. Ein 1819 von J. L. Pons (1761–1831) entdeckter und 1858 von A. Winnecke (1835–1897) wiederaufgefundener Komet. Mit einer Umlaufzeit von 6,38 Jahren gehört er zur → Kometenfamilie des Jupiter. Im Perihel ist er 188,6 Mill. km, im Aphel 840,7 Mill. km von der Sonne entfernt. Die Bahnexzentrizität beträgt 0,634, die Bahnneigung 22,3°. Ein Periheldurchgang war am 19. 8. 1989.

Population, Sternpopulation (population, stellar population). Eine Gruppe von Sternen, die ähnliche Eigenschaften besitzen. Der Begriff wurde erstmals

1944 von W. Baade (1893–1960) eingeführt. Ursprünglich unterschied man nur zwischen der P. I und II. Die P. I sollte verhältnismäßig junge Sterne enthalten, die vor allem in der Ebene der → Galaxis auftreten. Das → Hertzsprung-Russell-Diagramm dieser P. zeigt eine Hauptreihe, die bis weit nach links oben zu den blauweißen Übergiganten reicht. Die P. II sollte dagegen ältere Sterne enthalten, die bevorzugt im Kerngebiet des galaktischen Systems anzutreffen sind. Das Hertzsprung-Russell-Diagramm zeigt eine Hauptreihe, deren linker oberer Teil fehlt. Dagegen ist der Riesenast stärker ausgebildet. Auch in anderen Galaxien kann diese Unterscheidung getroffen werden. So finden sich z.B. im → Andromedanebel die P. I in den Spiralarmen, die P. II im Kern des Nebels und in den Kugelsternhaufen. Im Laufe der Zeit hat sich eine feinere Unterteilung der P. als nützlich erwiesen. Heute unterscheidet man im wesentlichen fünf verschiedene P.:

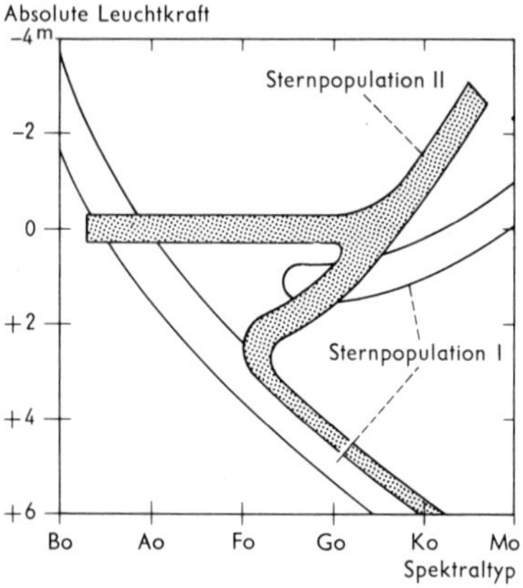

Population I und II im Hertzsprung-Russell-Diagramm

1. Extreme P. I (Spiralarm-P.): Auftreten vor allem in Spiralnebeln und irregulären Galaxien im Bereich interstellaren Gases und Staubes, in diffusen Nebeln und Reflexionsnebeln, offenen Sternhaufen und Spiralarmen. Unter den Sternen ragen vor allem Überriesen mit hohem Metallreichtum hervor. Auch die klassischen Cepheiden, die T Tauri-Sterne, Wolf-Rayet-Sterne sowie die Supernovae vom Typ II zählen dazu. Das durchschnittliche Alter dieser Sterne liegt unter 500 Mill. Jahren. Die hellsten Sterne zeigen eine absolute Leuchtkraft von -8^m bis -10^m. Das Verhältnis schwerer Elemente zu Wasserstoff beträgt etwa 4%.
2. Intermediäre P. (Zwischenp.) I: Auftreten ähnlich der extremen P. I. Zu dieser P. gehören auch unsere Sonne und sonnenähnliche Sterne sowie Riesen mit Spektraltypen zwischen G und M. Desgleichen zählen rote Zwergsterne vom Spektraltyp M mit Emissionslinien und Supernovae vom Typ I und II hierzu. Auch die Sterne dieser P. zeigen einen hohen Metallreichtum. Das Verhältnis schwerer Elemente zu Wasserstoff beträgt 1,2 bis 4%. Die hellsten Sterne zeigen eine absolute Leuchtkraft von -8^m. Das mittlere Alter dieser Sterne liegt zwischen 0,5 und 10 Milliarden Jahren.
3. Scheibenp.: Auftreten im Kern von Spiralnebeln, Galaxien und in planetarischen Nebeln. Es kommen hier rote Riesen vor. Hinzu kommen auch die RR Lyrae-Sterne mit Perioden unter 0,4 Tagen sowie Novae und Supernovae vom Typ I. Die Sterne zeigen schwache Metalllinien. Das Verhältnis schwerer Elemente zu Wasserstoff beträgt 0,12 bis 1,2%. Die hellsten Sterne zeigen eine absolute Helligkeit von etwa -5^m. Das Alter liegt im Durchschnitt zwischen 2 und 10 Milliarden Jahren.
4. Intermediäre P. II: Hierzu zählen vor allem Schnelläufer vom Spektraltyp F bis M mit besonders großen Geschwin-

digkeiten sowie langperiodische Veränderliche mit Perioden unter 250 Tagen. Die P. kommt vor allem näher zum Kern der Galaxis vor. Das Verhältnis schwerer Elemente zu Wasserstoff beträgt 0,04 bis 0,4%, die hellsten Sterne zeigen eine absolute Helligkeit von -4^m. Das Alter liegt im Mittel bei etwa 10 Milliarden Jahren.

5. Extreme P. II (Halo-P.): Auftreten in Kugelsternhaufen und elliptischen Galaxien. Unter den Sternen zählen die Unterzwerge hierzu sowie extrem metallarme Sterne und die RR Lyrae-Sterne mit Perioden über 0,4 Tagen. Die hellsten Sterne haben eine absolute Leuchtkraft von unter -3^m. Das Alter liegt bei rund 10 Milliarden Jahren. Das Verhältnis schwerer Elemente zu Wasserstoff beträgt 0,04 bis 0,4%.

Die verschiedenen P. erklären sich aus der geschichtlichen Entwicklung unserer → Galaxis und anderer → Galaxien. In ihrer frühen Entwicklung waren diese Systeme noch einigermaßen sphärisch aufgebaut. Die ältesten Sterne und Sternhaufen entstanden also im heutigen Halo der Galaxien und enthalten wenig schwere Elemente (»Metalle«). Später flachten die Galaxien zu einer Scheibe ab. Heute entstehen Sterne nur noch in dieser Scheibe innerhalb der Spiralarme. Im Laufe der Zeit wurde die → interstellare Materie durch die Fusion der leichteren Elemente im Rahmen der → Sternentwicklung und → Nukleosynthese mit schwereren Elementen angereichert. Dadurch erhalten die heute entstehenden Sterne von vornherein einen höheren Anteil an »Metallen«.

Pore (pore). Ein kleiner → Sonnenfleck ohne erkennbaren Hof.

Porrima. Der zweithellste Stern im Sternbild → Jungfrau (γ Virginis).

Porro-Prismensystem (Porro prism system). Zwei meist zur Bildaufrichtung, z.B. in einem → Feldstecher, dienende rechtwinklige, um 90° gegeneinander gedrehte Prismen.

Portia. Der mit Voyager 2 im Jahre 1986 entdeckte Satellit XII des Uranus. Seine mittlere Entfernung von Uranus beträgt 66090 km, seine Umlaufzeit 0,513 Tage, die Bahnexzentrizität 0,0 und die Bahnneigung 0,1°. P. hat einen Durchmesser von 108 km. Die Albedo liegt etwa bei 0,07.

Position (position). Der → Ort eines Gestirns. Bei scheibenförmigen Objekten, z.B. Sonne, Mond, Planeten, Satelliten, wird die P. auf den Scheibenmittelpunkt bezogen.

Positionsastronomie (positional astronomy). Der Teil der Astronomie, der sich mit der Positionsbestimmung von Gestirnen befaßt (→ Astrometrie).

Positionsfadenmikrometer (position micrometer, filar micrometer). → Mikrometer.

Positionskatalog (position catalogue). Ein Sternkatalog, der die → Position zahlreicher Sterne mit großer Genauigkeit verzeichnet.

Positionswinkel (position angle). Der Bogen, der am Rand eines scheibenförmigen Himmelskörpers von Norden über Osten, Süden, Westen nach Norden von 0° bis 360° gezählt wird. Mit Hilfe des P. kann also z.B. die Lage des Eintritts und Austritts der → Bedeckung eines Sterns durch den Mond bezeichnet werden. Der P. wird aber auch bei einem → Doppelstern angegeben. Er gibt die Richtung an, in der sich der lichtschwächere Begleiter bezüglich seines Hauptsterns befindet.

Positron (positron). Ein → Elementarteilchen, das dieselbe Masse hat wie ein → Elektron, jedoch entgegengesetzte, also positive elektrische Ladung. Deswegen wird das P. gelegentlich auch als Antielektron bezeichnet.

post meridiem. Lateinische Bezeichnung für nachmittags, genauer für den

Zeitraum zwischen Mittag und Mitternacht (Abk. p. m.).

Postnova (post-nova, ex-nova). Die → Nova nach Beendigung ihres Helligkeitsausbruchs.

potentielle Energie (potential energy). → Energie.

Poynting-Robertson-Effekt (Poynting-Robertson effect). Eine Geschwindigkeitsverminderung in der Bewegung eines kleinen meteoritischen Teilchens, die durch die Wirkung der Sonnenstrahlung hervorgerufen wird. Dadurch müssen sich diese Partikel in spiralartigen Bahnen der Sonne nähern. Ein Teilchen von etwa 1 mm Durchmesser, das sich im Bereich zwischen Mars und Jupiter bewegt, würde nach etwa 60 Mill. Jahren auf die Sonne stürzen. Größere Körper, wie Satelliten und Planeten, werden durch diesen Effekt allerdings nicht beeinflußt. Andererseits werden extrem kleine Teilchen der interplanetaren Materie durch den Strahlungsdruck der Sonne sogar aus dem Sonnensystem herausgetrieben. Der Effekt wurde nach J. H. Poynting (1852–1914) und H. P. Robertson (1903–1961) benannt.

ppm. Abk. für parts per million, d. h. Teile auf 1 Million.

Praenova (pre-nova). Die → Nova im Zustand vor ihrem Ausbruch.

Praesepe, Krippe (Praesepe, Beehive). Ein → offener Sternhaufen im Sternbild Krebs, der mit bloßem Auge unter günstigen Bedingungen als ein kleiner rundlicher verwaschener Nebelfleck beobachtet werden kann. Bereits bei einer Beobachtung mit dem Feldstecher löst er sich in einige Sterne auf. Insgesamt enthält P. etwa 500 Sterne in 515 Lichtjahren Abstand. Ihre Helligkeiten liegen zwischen etwa 6^m und 17^m. Der hellste Stern ist ε Cancri mit $6\overset{m}{.}3$ Helligkeit. Der Durchmesser des Haufens beträgt 13 Lichtjahre. P. ist auch ein → Bewegungssternhaufen. Der Konvergenzpunkt bezüglich zur Sonne liegt etwa an der Grenze der Sternbilder Orion und Einhorn; die mittlere Geschwindigkeit beträgt 41 km/s. Damit zeigt P. eine ganz ähnliche Raumrichtung wie die → Hyaden. Es wurde gelegentlich vermutet, daß beide Sternhaufen einst in derselben interstellaren Wolke entstanden. Auch das Alter beider Sternhaufen ist ähnlich.

Präzession, Vorrücken der Tagundnachtgleiche (precession). Eine langsame Schwingung der Erdachse um die Senkrechte auf der Erdbahnebene. Es handelt sich dabei um denselben Effekt, wie er bei einem Kinderkreisel beobachtet werden kann. Die P. kann direkt am Himmel durch eine Verlagerung des nördlichen bzw. südlichen Himmelspols gegenüber den Sternen festgestellt werden. Sie wurde erstmals von Hipparch (etwa 190–125 v. Chr.) entdeckt. Die physikalische Erklärung der P. wurde dagegen erst von I. Newton (1643–1727) gefunden. Die Ursache liegt darin, daß die Achse der abgeplatteten Erde um etwa 66,5° gegen die Erdbahnebene geneigt ist. Sonne und Mond zerren an dem Äquatorwulst der Erde und möchten die Erdachse aufrichten. Die Achse des Kreisels Erde folgt aber dem nicht unmittelbar, sondern weicht diesem Drehmoment in einer rechtwinkligen Bewegung aus. Ein Umschwung der Erdachse dauert dabei 25 850 Jahre (→ Platonisches Jahr). Als Folge der P. werden in künftiger Zeit immer wieder andere Sterne in der Nähe der Himmelspole stehen (→ Polarstern). Aber auch der → Frühlingspunkt verlagert sich systematisch durch die Tierkreissternbilder. Noch vor etwa 2000 Jahren lag der Frühlingspunkt etwa an der Grenze der Sternbilder Fische und Widder und wurde deswegen auch als Widderpunkt bezeichnet. Gegenwärtig befindet sich der Frühlingspunkt im westlichsten Teil der Fische und wird nach etwa 600 Jahren den Wassermann erreichen. Die P. ist Ursache für den Unterschied zwischen → Tierkreissternbildern und → Tierkreiszeichen.

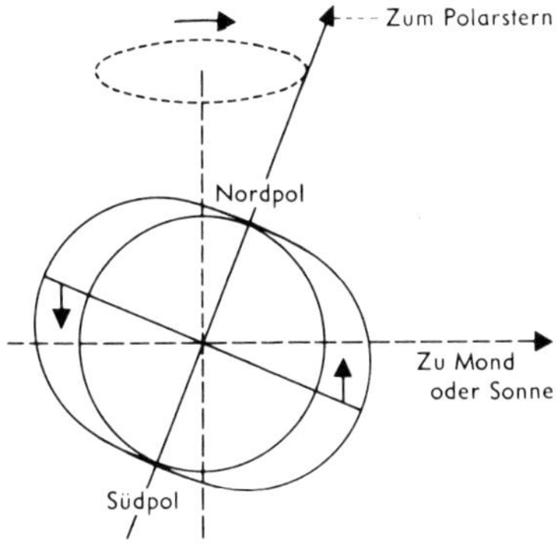

Entstehung der Präzession

Die bisher erwähnten Effekte, die auf Sonne und Mond zurückzuführen sind, werden als Lunisolar-P. bezeichnet. Aber auch die Anziehungswirkung der Planeten spielt eine gewisse Rolle (Planeten-P.). Die Lunisolar-P. beträgt pro Jahr 50,3878″ (für 2000.0). Davon ist eine Verlagerung von 30″ auf den Mond, der Rest auf die Sonne zurückzuführen. Die P. durch die Planeten macht 0,1055″ pro Jahr aus. Hinzu kommt ein relativistischer Effekt (geodätische P.) von 0,02″. Mit der P. ist auch eine nicht unbeträchtliche Veränderung der Schiefe der → Ekliptik verbunden. Im Jahre 1900 betrug sie 23°27′8,3″ und nimmt seither pro Jahr um 0,4685″ ab. Im Jahre 2000 beträgt sie 23°26′21,4″. Die Schwankung der Schiefe der Ekliptik zeigt eine Periode von etwa 40000 Jahren. Die Extremwerte liegen bei etwa 21°5′ und 24°18′. Die Planeten-P. und der relativistische Effekt wirken in der entgegengesetzten Richtung zur Lunisolar-P. Die Summe dieser beiden Beträge, die sog. allgemeine P., beträgt nur 50,26″ pro Jahr. Der P. überlagert ist die → Nutation.

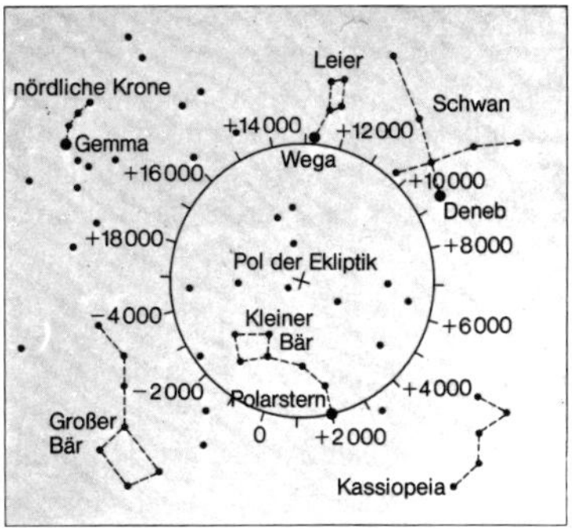

Bewegung des nördlichen Himmelspols durch den Sternhimmel. Die Zahlen bedeuten die Jahre vor und nach Christi Geburt

Präzessionskonstante (constant of precession). Nach der Definition von S. Newcomb (1835–1909) der Quotient aus der Lunisolarpräzession und dem Cosinus der Schiefe der Ekliptik. Sie beträgt augenblicklich 54,81″ pro Jahr, verändert sich aber im Laufe der Zeit.

Primärfokus (prime focus). Der Brennpunkt des Hauptspiegels bei den meisten Spiegelteleskopen. Bei besonderen Spiegelkonstruktionen, vor allem beim → Cassegrain-Spiegel und dem → Coudé-System, wird auch von einem Cassegrain-Fokus bzw. Coudé-Fokus gesprochen.

Primärstrahlung (primary radiation). Die außerhalb der Erdatmosphäre auftretende → kosmische Strahlung.

primum mobile. Die äußerste Sphäre im ptolemäischen System, die nach Aristoteles (384–322 v. Chr.) den anderen Sphären ihre Bewegung aufzwingen würde.

Prisma (prism). Ein aus einem durchsichtigen Stoff, wie Glas, Kunststoff, Quarz, Steinsalz bestehender Körper, der von wenigstens zwei sich schneidenden Ebenen begrenzt ist. Ein P. kann zur Ablenkung von Lichtstrahlen benutzt werden, wie etwa bei einem Zenit-P., das man in den Okularstutzen eines Fernrohrs einfügt, um eine rechtwinklige Ablenkung des Lichtstrahls zu erzielen. Ist das Fernrohr auf zenitnahe Gegenden eingestellt, so kann der Beobachter trotzdem nahezu waagerecht in das Fernrohr blicken. Vor allem dient aber ein P. zur Erzeugung eines → Spektrums.

Prismenastrolab (prismatic astrolabe, mirror transit instrument). Ein Gerät, mit dem Sterndurchgänge durch einen bestimmten Höhenkreis bestimmt werden können. Es ist mit einem künstlichen Horizont versehen und wird vor allem bei Sternen mit maximal 30° Zenitabstand benutzt.

Prismenglas, Prismenfeldstecher (prism binocular). → Feldstecher.

Prismenkreis (prism circle). Ein astronomisches Winkelmeßinstrument, das einen Vollkreis und ein total reflektierendes Prisma benutzt, im Gegensatz zum → Sextanten, der über einen Sechstelkreis und einen Spiegel verfügt.

Prismenokular (prism ocular). Ein → Okular, das mit Hilfe von Prismen die in der Regel umgekehrten Bilder eines astronomischen Fernrohrs aufrichtet.

Prismenspektrograph (prism spectrograph). Ein Spektralapparat zur photographischen Aufnahme von Spektren, zu deren Erzeugung ein → Prisma oder mehrere Prismen dienen.

Prismenspektrometer (prism spectrometer). Ein Gerät zur Bestimmung der Brechzahl (→ Brechung) von bestimmten Glassorten oder anderer optischer Medien.

Problème restreint. Ein aus dem Französischen stammender Fachausdruck für das eingeschränkte → Dreikörperproblem, bei dem die Bewegung einer extrem kleinen Masse unter dem Einfluß zweier größerer Massen untersucht wird.

Procyon, Prokyon. Der Hauptstern im Sternbild Kleiner Hund. Die aus dem Griechischen stammende Bezeichnung heißt »Vorhund«. Gelegentlich ist auch die arabische Bezeichnung Elgomaisa (»Sirius mit vom Weinen verklebten Augen«) zu finden. Die scheinbare Helligkeit beträgt $0\overset{\mathrm{m}}{,}4$, die Entfernung 11,3 Lichtjahre. Die absolute Leuchtkraft ist 7mal größer als die der Sonne. Die Oberflächentemperatur beträgt 7000 K. Die Spektralklasse ist F5. P. hat eine Eigenbewegung von 1,25″ pro Jahr. Seine Radialgeschwindigkeit beträgt –4 km/s. In 2,2″ bis 5,2″ Distanz ist ein $10\overset{\mathrm{m}}{,}8$ heller Begleiter zu finden, der eine Umlaufzeit von 40,65 Jahren besitzt. Es handelt sich um einen → weißen Zwergstern.

Prognos. Sammelbezeichnung russischer Erdsatelliten, die vor allem zur Erforschung der Sonne dienen. P. 1 wurde am 14. 4. 1972 gestartet.

Projektionsphotographie (projection photography). Die Aufnahme des von einem Fernrohrokular direkt auf einen Film projizierten Bildes. Dieses Verfahren wird vor allem bei der Photographie von Mond und Planeten angewandt.

Projekt Ozma. → Ozma.

Prometheus. Der Satellit XVI des Saturn, der 1989 mit Voyager 2 entdeckt wurde. Seine mittlere Entfernung von Saturn beträgt 139 353 km, seine Bahnexzentrizität 0,003, die Bahnneigung 0° und seine Umlaufzeit 0,613 Tage. Seine Größe dürfte etwa 140 x 100 x 80 km betragen. Er ist zusammen mit → Pandora einer der beiden → Hirtenmonde des F-Ringes.

proper motion. In der wissenschaftlichen Literatur oft gebräuchliche, aus dem Lateinischen stammende Bezeichnung für die → Eigenbewegung (Abk. p.m.).

Proplyds (proplyds). Staubscheiben um junge oder gerade in der Entstehung befindliche Sterne, die Vorstufen in der Bildung eines → Planetensystems sein dürften. Der Begriff stellt ein Kürzel für »protoplanetary disks« (protoplanetare Scheiben) dar. Das Hubble-Weltraumteleskop fand im → Orionnebel bei über 50% aller jungen Sterne P.

Proteus. Ein mit Voyager 2 im Jahre 1989 entdeckter Satellit des Neptun. Seine mittlere Entfernung von Neptun beträgt 117650 km, seine Bahnexzentrizität 0, die Bahnneigung 0,6° und die Umlaufzeit 1,122 Tage. Die Größe beträgt 436x416x402 km.

Protogalaxie (protogalaxy). Eine Vorstufe in der Bildung von → Galaxien aus der Urmaterie des Universums. P. müßten etwa 1 bis 2 Milliarden Jahre nach dem Urknall (Big Bang) entstanden sein. Doch konnten sie bisher noch nicht zweifelsfrei nachgewiesen werden.

Proton. 1. (proton). Ein zu den → Baryonen zählendes → Elementarteilchen. Es ist identisch mit dem Kern des Wasserstoffatoms. Das Teilchen trägt eine positive elektrische Ladung. Die Masse ist $1{,}6726 \cdot 10^{-24}$ g oder 1,00728 Masseeinheiten. Außerdem ist das P. 1836,12mal schwerer als das → Elektron. Der Radius beträgt $2 \cdot 10^{-13}$ cm. Zusammen mit den → Neutronen stellen die P. die Kernbausteine der Atome dar. Möglicherweise ist das P. langfristig nicht stabil. Die → Große Vereinheitlichte Theorie fordert eine Halbwertszeit von etwa 10^{33} Jahren.

2. (Proton). Sammelbezeichnung für eine Serie russischer Erdsatelliten sowie für eine Trägerrakete. Die P.-Satelliten dienten vor allem zur Erforschung der → kosmischen Strahlung sowie der Suche nach → Quarks. P. 1 wurde am 16. 7. 1965 gestartet.

Proton-Proton-Zyklus (proton-proton chain). → Energieerzeugung.

Protoplanet (protoplanet). Eine Verdichtung gas- und staubförmiger Materie, die als Vorform in der Bildung eines Planeten angesehen werden kann (→ Planetensystem). Ein P. steht entwicklungsgeschichtlich etwa zwischen den → Planetesimalen und den fertigen Planeten.

Protostern (protostar). Eine Verdichtung in der → interstellaren Materie, die sich in der Folge weiter zu einem Stern entwickelt (→ Sternentstehung, → Proplyds).

Protuberanzen (prominences). Heiße, gasförmige Wolken oberhalb der → Photosphäre der Sonne. Sie wurden erstmals während totaler Sonnenfinsternisse, später mit besonderen technischen Hilfsmitteln auch außerhalb von Finsternissen beobachtet (→ Protuberanzenspektroskop, → Spektroheliograph, → Koronograph, → Lyot-Filter). Aber auch mittels Satelliten im Weltraum können P. außerhalb totaler Finsternisse erforscht werden. Die P. zeigen sich als helle Emporhebungen am Sonnenrand. Auf der Sonnenscheibe selbst können sie mit spektrographischen Mitteln als dunkle → Filamente festgestellt werden. Phänomenologisch unterscheidet man folgende Formen:

1. Stationäre P., die oft über viele Monate hinweg kaum eine Entwicklung zeigen und sich als langgestreckte Bänder oder Fäden bemerkbar machen. Ihre Länge kann mehrere tausend km betragen. Gelegentlich sind sie mit Sonnenfleckengruppen verknüpft. In diesen Fällen strömt die Materie aus den P. in die Flecken zurück. Zeitweise zeigen sie aber auch eine aktive Phase und führen dann zum Typ 2.

2. Aufsteigende oder aktive P. mit Aufstiegsgeschwindigkeiten bis zu mehreren 100 km/s.

3. Flecken-P. in der Nachbarschaft von Sonnenflecken als kleinere Knoten, Bögen usw.
4. Flares (surges), ebenfalls in Verbindung mit sehr großen Sonnenfleckengruppen. Auch hier können die Aufstiegsgeschwindigkeiten weit über 100 km/s steigen. Die Höhen, die über der Sonnenoberfläche erreicht werden, betragen bis zu weit über 1 Mill. km. Gelegentlich wurden ruckartige Beschleunigungen festgestellt. Bei den sog. Loops zeigt sich auch ein Einströmen der Materie in Sonnenflecken oder Flares.
Die Bewegungen der P. werden vor allem durch örtliche Magnetfelder bestimmt.

Protuberanzenspektroskop (prominence spectroscope). Ein Instrument, mit dem es bereits Ende des 19. Jahrhunderts möglich war, → Protuberanzen außerhalb totaler Finsternisse zu beobachten. Das Gerät stellt im wesentlichen einen Spektralapparat dar. Man beobachtet dabei die Sonne im Lichte einer bestimmten Spektrallinie, insbesondere der roten Wasserstofflinie H_α.

Proxima Centauri. → Centaur.

PSR. Abk. für → Pulsar.

Psyche. Der 1851 entdeckte Kleinplanet Nr. 16. Seine mittlere Entfernung von der Sonne beträgt 437,9 Mill. km. Bei einer Bahnexzentrizität von 0,134 kommt er im Perihel der Sonne auf 378,5 Mill. km nahe. Im Aphel ist er 496,7 Mill. km von ihr entfernt. Die Bahnneigung ist 3,1°, die Umlaufzeit 5,0 Jahre. Die Albedo beträgt 0,09, der Durchmesser 250 km.

Ptolemäisches System (Ptolemaic system). Die auf C. Ptolemäus (etwa 75–160 n. Chr.) zurückgehende Theorie des geozentrischen Planetensystems.

Puck. Der im Jahre 1985 mit Voyager 2 entdeckte Satellit XV des Uranus. Er ist im Mittel 86010 km von Uranus entfernt. Die Bahnexzentrizität beträgt 0, die Bahnneigung 0,3°, die Umlaufzeit 0,762 Tage. Der Durchmesser dürfte etwa 154 km betragen. Die Albedo liegt vermutlich bei etwa 0,07.

Pulkowo, Pulkowa. Ein in der Nähe von St. Petersburg, Rußland, gelegenes bekanntes astronomisches Observatorium, das bereits auf das Jahr 1839 zurückgeht. Sein erster Direktor war F. G. W. Struve (1793–1864). Zwischen den Jahren 1885 und 1888 besaß P. mit dem 76 cm-Refraktor des amerikanischen Optikers A. Clark den größten Refraktor der Welt. Während des Zweiten Weltkriegs wurde das Observatorium weitgehend zerstört und 1954 wiedereröffnet. Zur Zeit ist das Hauptinstrument ein 70 cm-Reflektor und ein 65 cm-Refraktor. Ferner besitzt es ein Maksutov-Teleskop mit 50/70 cm Öffnung. In den letzten Jahren wurden auch radioastronomische Einrichtungen installiert, doch wird die Beobachtungstätigkeit wegen der Nähe der Stadt St. Petersburg in letzter Zeit mehr und mehr auf die Krimobservatorien verlegt.

Pulsare (pulsars). Pulsierende Radioquellen, deren Ursache in einem → Neutronenstern liegt. Die ersten P. wurden von A. Hewish und J. Bell 1967 am Mullard Radio Astronomy Observatory in Cambridge/England entdeckt. Inzwischen sind weit über 500 P. bekannt. Insgesamt dürfte es aber in unserer Galaxis rund 1 Million P. geben. Sie zeigen radioastronomisch regelmäßig wiederkehrende Pulse mit einer Periode zwischen etwa 1 ms und 4 s. Die Pulsbreite beträgt etwa 5% der Periode. Während die Periodenlänge sehr streng eingehalten wird, ändert sich die Amplitude der Schwankungen oft beträchtlich. Folgende P.-Typen werden unterschieden: Beim Typ S zeigen sich einfache, beim Typ C komplexe Pulsformen und beim Typ D zusätzliche Pulse, die sich zeitlich verschieben. Es gibt winzige Strukturen

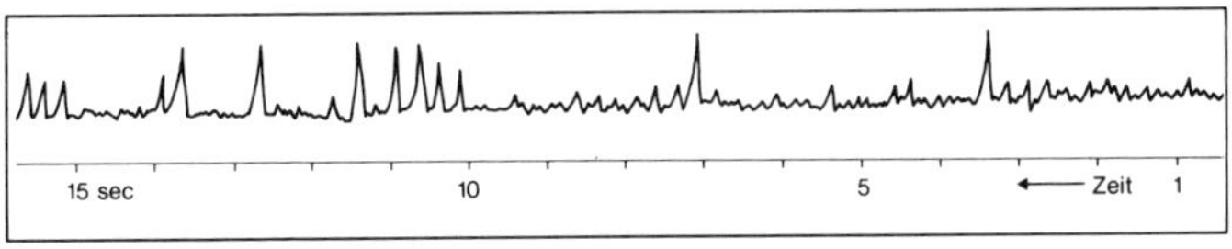

Eine Registrierung der Radiostrahlung des Pulsars CP 0950 zeigt eine Periode von 0,25 Sekunden, aber noch viele zusätzliche Sekundärschwankungen. Die Höhe der Pulse fällt von Periode zu Periode ebenfalls verschieden aus.

in der Radiostrahlung, deren zeitliche Dauer unter einer Millionstel Sekunde liegt. Daraus kann der Schluß gezogen werden, daß diese Feinheiten in einem Raumbereich unter 250 m Durchmesser entstehen müssen.

Die P. fallen mit rasch rotierenden → Neutronensternen zusammen, wobei die Pulsperioden mit deren Rotationszeit übereinstimmen. Einer der bekanntesten P. wurde 1968 inmitten des → Crab-Nebels entdeckt. Ein anderer bekannter P. ist der → Vela-Pulsar. Spätere Beobachtungen zeigten, daß die Periodenlänge der P. nur oberhalb 10^{-8} s völlig konstant ist. In kleineren Zeitbereichen können durchaus Veränderungen auftreten. Bei einigen P. wurden Periodenzunahmen festgestellt. So verlängert der Crab-P. seine Periode um $36{,}5 \cdot 10^{-9}$ s pro Tag. Meist ist die Verlangsamung aber geringer. Teilweise vollzogen sich die Änderungen auch sprunghaft im Sinne einer vorübergehenden Verkürzung der Periode (Glitches). Ursache ist vermutlich das Zerbrechen von »Schollen« an der Oberfläche des Neutronensterns (Sternbeben) bzw. ein Schrumpfungsprozeß. Dadurch dreht sich der Stern wegen der Erhaltung des Drehmoments etwas schneller. Die bei der generellen Verlangsamung der Rotation frei werdende Energie kann die Ausstrahlung des P. und seiner Umgebung erklären.

Eine Untersuchung des Spektrums der P. zeigt, daß die Intensität der Radiostrahlung mit zunehmender Wellenlänge anwächst. Ähnliches ergibt sich im infraroten und sichtbaren Bereich sowie im Röntgen- und Gammastrahlen-Bereich, soweit es bei einigen wenigen P. möglich war, auch diese Wellenlängenbereiche aufzunehmen. Die Energieverteilung der P. deutet darauf hin, daß es sich um eine → Synchrotronstrahlung handelt. Bei ihrer Erzeugung sind starke Magnetfelder wirksam, die an der Oberfläche der P. eine Stärke von 10^{10} bis 10^{14} Gauß (10^{6} bis 10^{10} Tesla) haben dürften. Die Strahlung der P. wird nur in einem engen Kegel abgegeben, ähnlich einem Leuchtturm, so daß wir nur im Rhythmus der Rotationsperiode der Neutronensterne jeweils einen Lichtblitz, einen Radiopuls usw. registrieren. Der Strahlungskegel dürfte in den meisten Fällen die Erde verfehlen. Daraus resultiert der Umstand, daß zwar alle P. Neutronensterne sind, aber keineswegs alle Neutronensterne als P. auftreten müssen.

Die Elektronen im interstellaren Medium beeinflussen die Strahlung der P. in unterschiedlicher Weise, je nach ihrer Wellenlänge. Die kürzeren Wellenlängen kommen etwas früher, die längeren Wellenlängen etwas später an. Aus diesem Effekt läßt sich die Entfernung der P. bestimmen. Die meisten P. befinden sich in der Ebene unserer Galaxis in Entfernungen zwischen 300 und 30000 Lichtjahren. Nur bei einem einzigen P. (PSR 1929 +10) war es bisher möglich, eine trigonometrische → Parallaxe zu bestimmen. Er ist 150 Lichtjahre entfernt. P. gehen aus dem Kollaps eines alternden, massereichen Sterns hervor, der während dieses Vorgangs auch eine Supernovaexplosion durchläuft. Das Alter des Crab-P. mit über 900 Jahren ist verhältnismäßig gering. Deswegen ist auch die Rotationsperiode des im Crab-Nebel befindlichen Neutronensterns kurz. Im Laufe der Zeit wird Energie an den umgebenden Nebel übertragen, und die Rotationsgeschwindigkeit der Neutronensterne nimmt ab, die Pulsperiode zu. Nach etwa 10 Mill. Jahren hat sich der Neutronenstern so beruhigt, daß er nicht mehr in der Lage ist, eine nennenswerte Radiostrahlung abzugeben. Ältere Neutronensterne können daher radioastronomisch nicht mehr entdeckt werden, wohl aber u. U. als Komponenten in einem Doppelsternsystem. Hier kann es zu einem Überfließen heißer Materie von dem normalen Stern zum Neutronenstern kommen, und es wird eine starke Röntgenstrahlung ausgesandt (→ Röntgenpulsar). Bemerkenswert war auch die Entdeckung eines → Binär-P. Eine andere Überraschung war die Entdeckung von Millisekunden-P. Man vermutet, daß diese P. früher Komponenten in einem Doppelsternsystem waren. Von dem normalen Stern floß auf sie so viel Materie über, daß sie wegen der Erhaltung des Drehimpulses immer schneller wurden, also regelrecht »aufgezogen« wurden. Die normale Komponente erfuhr irgendwann einen Supernova-Ausbruch, der zum Wegschleudern des Millisekunden-P. führte. Oder aber die Supernova wurde, wenn sie dem Typ I angehörte, völlig zerrissen, so daß nur der Millisekunden-P. übrigblieb.

Bei dem PSR 1257 +12 im Sternbild Jungfrau mit einer Pulsperiode von 6,2 ms konnte man aus regelmäßigen zeitlichen Verfrühungen oder Verzögerungen auf zwei umlaufende Planeten schließen. Der innere Planet hat eine Umlaufzeit von 66,6 Tagen. Er ist 54 Mill. km von dem P. entfernt und hat 3,4 Erdmassen. Der äußere Planet läuft in 98,2 Tagen in einem Abstand von 70 Mill. km um den Neutronenstern und besitzt 2,8 Erdmassen.

Die Bezeichnung der P. erfolgt oft nach den Radio-Observatorien, an denen sie entdeckt wurden, sowie nach ihrer Rektaszension. NP 0532 für den Crab-Pulsar weist darauf hin, daß dieser am National Radio-Observatory in Greenbank, USA, entdeckt wurde, und daß die Rektaszension des Objektes 05^h32^m beträgt. Oft findet man aber auch Bezeichnungen wie PSR 0833 –45. Hier steht PSR als Abk. für P., die Rektaszension beträgt 8^h33^m, die Deklination –45°.

Pulsation (pulsation). Ein periodisches Aufblähen und Zusammenziehen von Sternen (→ Pulsationsveränderliche).

Pulsationsveränderliche (pulsating variables). Eine Gruppe → Veränderlicher, deren Helligkeitsschwankungen auf Pulsationen zurückzuführen sind. Zu ihnen zählen vor allem die → Cepheiden und → RR Lyrae-Sterne, die → langperiodischen Veränderlichen (vor allem der Stern → Mira) sowie die Gruppe der → halbregelmäßigen Veränderlichen, einschließlich der → RV Tauri-Sterne, sowie die → unregelmäßigen Veränderlichen und in gewissem Umfang auch die → magnetischen Sterne.

pulsierende Radioquelle (pulsating radio source). → Pulsare.

Punktquellenmodell (point-source model). Eine Theorie des Sternaufbaus, nach der die → Energieerzeugung in Sternen nur in deren Zentrum erfolgt.

Puppis. Lateinische Bezeichnung für das Sternbild → Hinterdeck (des Schiffes).

ζ Puppis. Ein extrem heller Stern mit dem Spektraltyp O4, der in den → Gum-Nebel eingebettet liegt. Um den Stern wurde eine Gashülle entdeckt, die sich schnell nach außen bewegt.

Puppis A. Der Überrest einer → Supernova mit einem Alter von 10000 bis 100000 Jahren und einer Entfernung von 4000 bis 7000 Lichtjahren. Es handelt sich um eine ausgedehnte Radioquelle, deren Strahlungsursache eine → Synchrotronstrahlung ist. Puppis A ist auch unter der Bezeichnung 2U 0821 –41 als eine Quelle weicher Röntgenstrahlung bekannt.

Purkinjesches Phänomen (Purkinje effect). Ein nach J. E. Purkinje (1787–1869) bezeichnetes Phänomen, nach dem beim Helligkeitsvergleich verschiedenfarbiger Sterne durch Farbunterschiede Fehler auftreten können. Der Effekt tritt vor allem bei der visuellen Beobachtung → Veränderlicher auf. Ist beispielsweise der veränderliche Stern rötlich, ein Vergleichsstern dagegen weiß, so kann es vorkommen, daß beide Sterne in einem lichtschwächeren Instrument als gleichhell beurteilt werden, während in einem lichtstärkeren Fernrohr der rötliche Stern heller eingestuft wird.

Purpurlicht (purple light). Eine rötliche, nahezu kreisförmige Aufhellung, die sich etwa 20 Minuten nach Sonnenuntergang am Westhimmel zeigt (erstes P.). Steht die Sonne aber 7° unter dem Horizont, so zeigt sich noch ein zweites, etwas lichtschwächeres P.

Pyranometer (pyranometer). Ein Meßgerät zur Bestimmung der Wärmewirkung der sichtbaren Himmelsstrahlung.

Pyrheliometer (pyrheliometer). Ein Instrument zur Bestimmung der Sonnenstrahlung und der → Solarkonstante. Es hat große Ähnlichkeiten mit einem → Aktinometer. Beim Wasserstrom-P. fällt die Sonnenstrahlung in ein zylindrisches Gefäß mit geschwärztem Boden. Dabei wird Wasser, das in dem Raum zwischen einem äußeren Mantel und dem Gefäß fließt, erwärmt. Durch Temperaturvergleich des Wassers beim Ein- und Austritt durch das Gerät kann die Stärke der auftreffenden Sonnenstrahlung ermittelt werden.

Pyxis. Lateinische Bezeichnung für das Sternbild → Kompaß.

Q

QSO. Abk. für Quasi-Stellar Object (→ Quasar).

QSS. Abk. für Quasi-Stellar radio Source (→ Quasar).

Quadrant. 1. (quadrant). Ein astronomisches, vor allem im Altertum und Mittelalter gebräuchliches Meßinstrument, das aus einem Viertelkreis bestand, der mit einer möglichst genauen Gradeinteilung versehen war. Ein schwenkbarer Stab mit einer aufgesetzten Visiereinrichtung konnte auf die Position eines Gestirns eingestellt werden. Auf der Teilung des Q. war dann die → Höhe des Gestirns über dem Horizont ablesbar. Gelegentlich gab es größere Q., die an Mauern befestigt waren (Mauer-Q.). Viele Q. waren in der Ebene des → Meridians aufgestellt und bildeten damit Vorläufer des späteren → Meridiankreises. Den genauesten Mauerquadranten besaß T. Brahe (1546–1601). **2.** (Quadrant). Früheres, heute nicht mehr gebräuchliches Sternbild (→ Quadrantiden).

Quadrantiden (Quadrantids). Ein → Meteorstrom, dessen → Radiant in dem heute nicht mehr bekannten Sternbild Quadrant liegt. Dieses Sternbild fällt mit dem nördlichen Teil des Bärenhüter zusammen. Die Q. sind vom 1. 1. bis 4. 1. mit einem Maximum am 3./4. 1. tätig. Das Maximum dauert nur wenige Stunden. Außerdem fällt die Ergiebigkeit des Stroms von Jahr zu Jahr sehr verschieden aus. Sie reicht von etwa 40 bis über 200 Meteore pro Stunde. Ein Ursprungskomet wurde nicht gefunden. Die Q. sind seit 1835 als wiederkehrender Meteorstrom bekannt. Berechnungen zeigten, daß sich der Perihelabstand des Stroms im Laufe der letzten etwa 1500 Jahre stark von 13 auf 146 Mill. km vergrößerte. Damit dürfte die Erde in den nächsten Jahrhunderten die Q. nicht mehr kreuzen.

Quadratur (quadrature). Eine Winkelstellung (→ Aspekte) zwischen Planeten, Sonne oder Mond, bei der die beiden Gestirne von der Erde aus gesehen einen Winkel von 90° bilden.

Quant. 1. Ein an die russische Raumstation → Mir angekoppeltes Modul. Es enthielt das deutsche Röntgenteleskop HEXE, sowie ein Röntgenlabor und ein UV-Teleskop. Q. wurde am 31. 3. 1987 gestartet und koppelte am 9. 4. 1987 an Mir an.
2. (quantum). → Photon.

Quantenfeldtheorie (quantum field theory). → Große Vereinheitlichte Theorie.

Quantengravitation (quantum gravity). Eine Theorie, die versucht, die Gravitationstheorie (einschließlich der allgemeinen → Relativitätstheorie) mit der Quantentheorie zu vereinen. Nach Auffassung vieler Physiker und Kosmologen ist zur Beschreibung der Anfangsphase unseres → Universums eine derartige Theorie notwendig. Auch → Planck-Ära (quantengravitative Ära) und → Große Vereinheitlichte Theorie.

Quark-Ära (quark era). Eine frühe Entwicklungsphase des Universums, in der die → Quarks gebildet wurden und dabei vielleicht vorübergehend im freien Zustand existierten. Daneben entstanden aber auch → Photonen und → Leptonen. Die Q.-Ä. begann 10^{-43} s nach dem Urknall (Big Bang) und ging bei 10^{-7} s in die → Hadronen-Ära über. Innerhalb der Q.-Ä. vollzog sich auch vermutlich die → Inflation des Universums.

Quarks (quarks). Bausteine, aus denen sich die → Hadronen zusammensetzen. Sie kommen in 6 verschiedenen Arten vor, die auch »flavours« bezeichnet werden: up, charm und top, sowie down, strange und bottom. Die erstgenannten 3 Arten besitzen die elektrische Ladung +2/3, die anderen 3 Arten –1/3. Dazu treten 6 Anti-Q. mit entgegengesetzter Ladung. Ein Proton setzt sich aus zwei up-Q. und einem down-Q. zusammen, so daß sich in der Summe die Ladung +1 ergibt. Ein Neutron enthält ein up-Q. und zwei down-Q. Daraus resultiert die Ladung 0. Eine weitere Eigenschaft der Q. ist die sog. »Farbladung« (colour), die etwa mit der elektrischen Ladung verglichen werden könnte und die bei den Anti-Q. wiederum entgegengesetzt ist. Doch haben Hadronen in der Summe stets die Farbladung 0. Q. unterliegen der starken Kernkraft. Außerhalb der Hadronen kommen sie als eigenständige Teilchen nicht vor. Doch war dies vielleicht in einer frühen Entwicklungsphase des Universums möglich (→ Quark-Ära). Auch → Elementarteilchen.

Quarzuhr (quartz clock). Eine Uhr, bei der die Schwingungen von Quarzkristallen ausgenutzt werden, um die Ganggenauigkeit möglichst konstant zu halten. Beim Zusammenpressen eines Quarzkristalls entsteht eine schwache elektrische Spannung (piezoelektrischer Effekt). Wird nun ein Quarzkristall in seiner mechanischen Eigenschwingung erregt, so kann diese verhältnismäßig konstante Eigenfrequenz als ein »Zeitnormal« benutzt werden. Die Frequenz der Quarzkristalle beträgt etwa 100 000 Schwingungen pro Sekunde. Sog. Frequenzteiler setzen jedoch diese hohe Frequenz herab. Schließlich kann über Synchronmotore das Räderwerk einer Uhr oder die direkte digitale Anzeige der Uhrzeit gesteuert werden. Q. wurden erstmals an der Physikalisch-Technischen Reichsanstalt zu Berlin 1933/34 in Betrieb genommen. Leider sind Quarzkristalle verhältnismäßig empfindlich. Eine hohe Genauigkeit kann eine Q. daher nur erzielen, wenn sie mittels eines Thermostaten auf konstanter Temperatur gehalten wird. In diesem Falle beträgt die Genauigkeit etwa 0,000 001 Sekunden pro Tag. Q., die nicht temperaturkonstant aufgestellt oder getragen werden, haben eine entsprechend geringere Genauigkeit. Auch eine allmähliche Alterserscheinung der Quarzstäbe führt zu langsamen Veränderungen, die jedoch durch eine Neujustierung wieder ausgeglichen werden können. Ähnlich ist es bei den einfacheren Q., die im privaten Bereich auch als billige Stand- oder Armbanduhren benutzt werden. Die Genauigkeit einer Q. kann noch gesteigert werden durch eine → Atomuhr. Auch → Funkuhr.

Quasar (quasar). Ein im optischen Bereich praktisch sternförmig (punktförmig) erscheinendes Objekt, das in manchen Fällen auch eine starke Radiostrahlung aussendet. Daraus leitet sich auch die Bezeichnung ab, die eine Zusammenziehung aus »Quasi-Stellar Object« (Abk. QSO) oder »Quasi-Stellar Radio Source« (Abk. QSS) darstellt. Die Q. wurden 1963 entdeckt, als es möglich war, mit Hilfe von → Radiointerferometern die genaue Position meist schon früher bekannter, bestimmter Radioquellen zu ermitteln. Die Spektren der Q. waren zunächst unverständlich. Doch konnte M. Schmidt (*1929) die Spektren interpretieren: Sie sind durch den → Doppler-Effekt weit in den roten Wellenlängenbereich hin verschoben. Dies bedeutet eine große Radialgeschwindigkeit von uns weg. Die größten gemessenen Werte liegen bei fast z = 5 (→ Rotverschiebung) oder weit über 90% der Lichtgeschwindigkeit. Das sichtbare Licht, das wir von diesen Q. empfangen, war ursprünglich eine Ultraviolettstrahlung. Die bekannte Wasserstofflinie Lyman α liegt dann z. B. weit im sichtbaren Bereich.

Interpretiert man dies als Ausdruck der → Expansion des Weltalls (»kosmologische Deutung«), so müßten die fernsten Q. eine Entfernung von weit über 10 Mrd. Lichtjahren haben. Der Umstand, daß die Q. trotzdem nachweisbar sind, führte zu einer Kontroverse über ihre kosmologische Stellung. Statt der »kosmologischen Deutung« der Rotverschiebung könnte man sich vorstellen, daß es sich bei den Q. um Objekte handelt, die in unserer unmittelbaren Nähe sind (»lokale Deutung«) und aus dem Kern unserer Galaxis ausgeschleudert werden. Dies verträgt sich aber nicht mit dem Umstand, daß wir bei keinem einzigen Q. eine seitliche Eigenbewegung feststellen können.

Heute ist man der Meinung, daß die Q. in großen kosmologischen Entfernungen stehen. Doch auch in diesem Falle treten Schwierigkeiten auf. So zeigen die Q. häufig Intensitätsschwankungen innerhalb weniger Wochen und Monate, gelegentlich sogar innerhalb eines einzigen Tages. Dies bedeutet, daß diese Schwankungen in einem Raum von nur wenig mehr als einem Lichttag (etwa 26 Mrd. km) entstehen. Es kann sich also nur um Objekte handeln, die wenig größer als unser Planetensystem sind. Wie aus einem so engbegrenzten Raum derartig riesige Energiemengen ausgesandt werden können, ist eine der schwierigsten Fragen der theoretischen Astrophysik.

Die Q. sind die hellsten Objekte im Weltall. Der Q. 3C 273 im Sternbild Jungfrau, der mit 2–3 Mrd. Lichtjahren Abstand einer der nächsten Q. ist, hat z. B. eine absolute Helligkeit von $-27\overset{\mathrm{m}}{,}5$. Er wäre in einer Distanz von etwa 30 Lichtjahren noch etwa so hell wie unsere Sonne! Die Q. haben im Mittel eine Leuchtkraft zwischen dem Billionenfachen und dem Tausendbillionenfachen der Sonnenleuchtkraft. Im sichtbaren Bereich erreicht die Ausstrahlung 10^{38} bis 10^{41} Joule/s.

Heute sind bereits einige tausend Q. bekannt. Einige erscheinen nicht rein punktförmig. 3C 273 zeigt z. B. in unmittelbarer Nachbarschaft einen jetähnlichen, etwa 2″ langen »Strahl«. Viele Q. senden auch praktisch keine Radiostrahlung aus, sind aber im optischen Bereich nachweisbar (»blaustrahlende Objekte«, Abk. BSO). Andere führen sogar Doppelstrahlen oder Doppeljets vor, zumindest im Radiobereich. Die Strahlen zeigen manchmal schon nach wenigen Jahren sehr deutliche Veränderungen, die zunächst eigentlich nur durch Überlichtgeschwindigkeiten erklärt werden können, was nach der speziellen → Relativitätstheorie verboten ist. In Wirklichkeit handelt es sich um einen Scheineffekt. Diese Phänomene kommen vor, wenn sich ein Gasstrahl mit nahezu Lichtgeschwindigkeit fast genau in Richtung auf die Erde bewegt.

Bei fast allen näheren Q. konnten in ihrer Umgebung Nebel festgestellt werden. Es sind Galaxien, in denen die Q. stehen. Die Q. sind also aktive Kerne bestimmter Galaxien. Bei den ferneren Q. sind die »Muttergalaxien« so schwach, daß sie nicht mehr zu erkennen sind.

Bei den näheren Q. konnte in einigen Fällen auch eine Gammastrahlung nach-

gewiesen werden. Im Röntgen- und Infrarotbereich sind Q. sogar die stärksten extragalaktischen Quellen. Während die Strahlung im optischen Bereich bis hin zur Radiostrahlung eine → Synchrotronstrahlung ist, entsteht die Röntgen- und Gammastrahlung durch inverse Comptonstreuung energieärmerer Photonen an Elektronen mit Geschwindigkeiten dicht an der Lichtgeschwindigkeit (relativistische Elektronen).
Es wurden auch andere Objekttypen entdeckt, die eine Ähnlichkeit mit den Q. haben, so die → BL Lacertae-Objekte. Sie sind im Mittel etwas lichtschwächer als die Q. Andere Typen zeigen auch eine geringere Aktivität des Kerns. Dies ergibt sich zunächst aus der Stärke, Breite und dem Ionisationsgrad der Spektrallinien. Dazu gehören vor allem die → Seyfert-Galaxien und die → N-Galaxien. Aber auch die → Radiogalaxien sind noch mit den Q. verwandt.
Die physikalischen Hintergründe der Q. sind noch nicht völlig geklärt. Die weithin akzeptierteste Erklärung als Motor für die Q. ist ein supermassives → Schwarzes Loch mit Millionen Sonnenmassen, in das umgebende interstellare und intergalaktische Materie, aber auch ganze Sterne stürzen. Diese Materie sammelt sich zunächst in einer Gasscheibe um das Schwarze Loch (→ Accretion), ehe sie in dieses fällt. Dieser Prozeß liefert rund 1000mal so viel Energie wie bei der Kernfusion von Wasserstoff in Helium. Rotiert ein Schwarzes Loch sehr schnell – was in den meisten Fällen anzunehmen ist –, so wird den einstürzenden Massen vor Überschreiten des Schwarzschild-Radius nahezu die halbe Ruheenergie entzogen!
In der auf viele Millionen Grad aufgeheizten Accretionsscheibe entsteht die Strahlung, die wir von einem Q. empfangen. Man kann auch im Prinzip erklären, wie es bei vielen Q. zu den seitlichen, senkrecht zur Accretionsscheibe austretenden bipolaren → Jets kommt.
Um die Ausstrahlung der Q. zu erklären, müßte der Massenzuwachs des zentralen Schwarzen Lochs 10 bis 100 Sonnenmassen pro Jahr betragen. Die Lebensdauer dieses Vorgangs kann auf 100 Mill. Jahre geschätzt werden. Während dieser Zeit werden also 1 bis 10 Mrd. Sonnenmassen aufgesammelt. Geht man von einer mittleren Masse einer Galaxie von 100 bis 1000 Mrd. Sonnenmassen aus, so wird also von dem Schwarzen Loch lediglich etwa 1% der Gesamtmasse »verbraucht«.
Viele Q. zeigen in ihren Spektren Absorptionslinien, die durch Gaswolken hervorgerufen werden, die zwischen dem Q. und unserer Erde liegen. Gelegentlich können auf diesem Wege mehrere derartige intergalaktische oder interstellare Wolken nachgewiesen werden. Die Dopplerverschiebungen dieser Absorptionslinien sind stets kleiner als die Emissionslinien des Q. selbst. Unter Umständen weisen vielleicht aber auch einige dieser Absorptionslinien auf Wolken hin, die von den Q. ausgeschleudert wurden. 1987 wurde ein Binär-Quasar (QQ 1145–071) aufgefunden. Auch → Gravitationslinsen.

Quasat. Ein europäisch-amerikanisches Projekt für ein → Radioteleskop, das in einer Erdumlaufbahn installiert werden soll.

quasioptisch (quasioptic). Die nahezu geradlinige, den Lichtstrahlen entsprechende Ausbreitung von Ultrakurzwellen und Dezimeterwellen, wie sie im Rundfunk- und Fernsehempfang benutzt werden.

Quasi-Stellar Object. → Quasar.

Quetzalcoatl. Der Kleinplanet Nr. 1915. Er gehört zum Typ → Amor und ist im Mittel 379,5 Mill. km von der Sonne entfernt. Seine Umlaufzeit beträgt ziemlich exakt ⅓ der von Jupiter. Die Bahnexzentrizität ist 0,574, die Bahnneigung 20,5°. Im Perihel beträgt der Sonnenabstand 159,9 Mill. km, im Aphel 596,9 Mill. km. Der Durchmesser dürfte bei etwa 0,5 km liegen.

R

R. Abk. für → Relativzahl.

Rabe (Crow). Ein Sternbild, das sich südlich der Jungfrau befindet und vor allem im Frühling von mittleren geographischen Breiten aus abends beobachtet werden kann. Der R. hat nach einer Erzählung von Ovid Apollo verspätet Wasser gebracht. Seine Entschuldigung war, daß er an der Quelle von einer Wasserschlange aufgehalten worden sei. Die lateinische Bezeichnung ist Corvus (Abk. Crv). Hauptstern ist α Corvi, der auch die arabische Bezeichnung Alchiba (»das Zelt«) erhielt. Er ist $4\overset{m}{,}0$ hell und 68 Lichtjahre entfernt. Er wird aber noch durch die Helligkeit anderer Sterne in diesem Sternbild übertroffen. Nahezu gleich hell sind β Corvi (Kraz) und γ Corvi (Gienah oder »Flügel des Raben«). Diese Sterne sind $2\overset{m}{,}7$ bzw. $2\overset{m}{,}8$ hell und 290 bzw. 185 Lichtjahre entfernt. Ein anderer Stern ist δ Corvi oder aus dem Arabischen Algorab (»rechter Flügel des Raben«). Seine Helligkeit beträgt $3\overset{m}{,}0$, sein Abstand 110 Lichtjahre. Der R. galt in der altbabylonischen Zeit gelegentlich als eine Art 13. Tierkreissternbild, das den durchschnittlich 10- bis 11tägigen Schaltmonat repräsentieren sollte. Der unglückliche Umstand eines Schaltmonats übertrug sich auf den Volksglauben, daß der R. ein Unglücksvogel sei.

Rad. Abk. für Radiation absorbed dosis, amtlich nicht mehr zugelassene Einheit (Abk. rd) der Energiedosis einer ionisierenden Strahlung (→ Gray), die der Masse 1 kg eines bestrahlten Stoffes die Energie 10^{-2} J zuführt: 1 rd = 10^{-2} J/kg.

Radar, Radio-Echo-Methode (radar, radar method). Funkmeßgerät zur Auffindung, Entfernungsbestimmung und gelegentlich auch Geschwindigkeitsbestimmung von Objekten, die Funkwellen entsprechender Wellenlänge reflektieren. R. ist eine Abk. für »Radio detecting and ranging«. In der Technik sind R.geräte im Luft- und Seefahrtswesen seit mehreren Jahrzehnten in Gebrauch. Die ausgesandte Strahlung wird mittels meist parabolförmiger Antennen scharf gebündelt. Die benutzten Wellenlängen liegen zwischen etwa 1 cm und 3 m. Die Leistung der Sender kann heute über 1000 kW betragen. Das von dem Objekt reflektierte Signal wird meist von demselben Parabolspiegel wieder aufgefangen und einem Empfänger zugeleitet. Aus der Laufzeit der Signale Antenne – Objekt – Antenne kann die Entfernung des Objekts bestimmt werden, da sich die Funkwellen mit → Lichtgeschwindigkeit ausbreiten. Auch in der Astronomie ergeben sich zahlreiche Anwendungsmöglichkeiten (→ Radarastronomie).

Radarastronomie (radar astronomy). Im Gegensatz zur → Radioastronomie nicht die passive Erforschung der von kosmischen Objekten ausgesandten Radiostrahlung, sondern das aktive Senden von Funkimpulsen zu nahegelegenen

Himmelskörpern und die Untersuchung der reflektierten Signale (→ Radar). Die R. geht auf das Jahr 1946 zurück. Damals gelang es dem US-Army Signal Corps, am 10. 1. ein Radarecho vom Mond zu erhalten. Die Untersuchungen wurden bei einer Wellenlänge von 2,7 m und mit einem Sender von 50 kW Leistung durchgeführt. Das Radarecho des Mondes traf entsprechend seiner damaligen Entfernung nach etwa 2,4 s wieder ein. Durch die laufende Verbesserung dieser Methode war es möglich, die Entfernung des Mondes genauer zu bestimmen als mit herkömmlichen trigonometrischen Verfahren (→ Parallaxe). Die Methode konnte auch auf einige Planeten übertragen werden. Im Februar 1958 gelang es erstmals, die Venus anzupeilen. So ist es heute möglich, die → Astronomische Einheit mit großer Genauigkeit zu bestimmen. Die R. erlaubt in einigen Fällen auch die Bestimmung der Rotationszeit von Planeten, insbesondere von Merkur und Venus. Dabei wird der → Doppler-Effekt ausgenutzt. Bei einem sich drehenden Planeten wird man erwarten dürfen, daß der eine Rand sich gerade auf die Erde zu bewegt, der andere Rand von uns weg bewegt. Dadurch ergeben sich verschiedene Dopplerverschiebungen, die zur Ermittlung der Rotationsgeschwindigkeit herangezogen werden können. Bei der Venus war es mit Hilfe der R. auch möglich, durch die Wolkendecke dieses Planeten hindurch Radarkarten zu erstellen, die uns heute bereits eine sehr gute Übersicht über die Oberflächenstruktur dieses Planeten verschaffen (→ Magellan). Eine weitere wichtige Anwendungsmöglichkeit ergibt sich bei den → Meteoren, die mittels Radargeräten sowohl am Taghimmel als auch durch Wolken hindurch aufzuspüren sind. Unser Wissen über die Meteore und deren Geschwindigkeiten hat sich deswegen seit 1946 gewaltig erhöht. Weitere Anwendungsmöglichkeiten der R. waren bisher neben einigen anderen Körpern des Planetensystems, wie Kleinplaneten, Saturnring, Kometen, Sonne auch Tests der allgemeinen → Relativitätstheorie unter Ausnutzung der Lichtablenkung im Gravitationsfeld der Sonne.

Radialbewegung (radial motion). Die Bewegung eines Himmelskörpers längs der Sichtlinie Erde – Gestirn, also auf uns zu oder von uns weg.

Radialgeschwindigkeit (radial velocity). Die Geschwindigkeitskomponente eines Himmelskörpers längs der Sehlinie zur Erde. Ein positives Zeichen bedeutet, daß das Gestirn sich von uns wegbewegt (die Entfernung vergrößert sich), ein negatives Zeichen weist auf eine Annäherung an die Erde hin. Die R. von Gestirnen kann mit Hilfe des → Doppler-Effekts gefunden werden. Es ist dabei die R. $v_{rad} = c \cdot \Delta\lambda/\lambda$. Dabei bedeutet c die Lichtgeschwindigkeit, λ die in einem Laboratorium gemessene Wellenlänge einer Spektrallinie und $\Delta\lambda$ die Verschiebung der Spektrallinie.

Bisher sind von über 25000 Sternen R. bekannt. Leider können sie nur für hellere Sterne mit genügender Genauigkeit bestimmt werden, da von schwächeren Sternen keine guten Spektren erhältlich sind. Deswegen betragen die mittleren Ungenauigkeiten der R. oft einige km/s. Nur in seltenen Fällen liegen sie wesentlich darunter. Die meisten R. der Sterne liegen zwischen 0 und etwa 65 km/s. Bei den Messungen der Dopplerverschiebungen müssen übrigens die Umlaufbewegung der Erde um die Sonne und gegebenenfalls die Geschwindigkeit des Meßgeräts auf der Erde durch deren Rotation berücksichtigt werden.

Sterne mit einer R. über 65 km/s bezeichnet man als → Schnelläufer. Die größten R. zeigt die Tabelle:

Die 10 größten Radialgeschwindigkeiten

Stern	scheinb. phot. Helligkeit	RG (km/s)
CoD −29° 2277	$12\overset{m}{.}0$	+543
VX Herculis	$9\overset{m}{.}5$–$11\overset{m}{.}5$	−405
BD +2° 3375	$10\overset{m}{.}4$	−389
HD 232078	$10\overset{m}{.}3$	−387
BD +20° 5071	$8\overset{m}{.}8$	−383
HD 161817	$7\overset{m}{.}1$	−363
TU Persei	$11\overset{m}{.}4$–$12\overset{m}{.}2$	−350
BD +21° 607	$9\overset{m}{.}7$	+339
HD 214 539	$7\overset{m}{.}4$	+333
HD 6755	$8\overset{m}{.}4$	−320

Erst zusammen mit der → Eigenbewegung kann man aus der gemessenen R. die Raumbewegung eines Sterns bestimmen (→ Raumgeschwindigkeit).

Radiant, Radiationspunkt (radiant). Der Ausstrahlungspunkt, von dem aus die einzelnen Meteore eines → Meteorstroms herauszuströmen scheinen. Gelegentlich wird der Ausdruck aber auch für den → Konvergenzpunkt, → Fluchtpunkt oder → Vertex eines → Bewegungssternhaufens benutzt.

Radikal, freies Radikal (radical). Ein Molekül, das nicht alle möglichen Wertigkeiten (Valenzen) seiner Einzelatome ausnutzt, also ungesättigt ist. Beispiele sind das OH-Molekül (Hydroxyl), das aus einem zweiwertigen Sauerstoffatom O und einem einwertigen Wasserstoffatom H besteht, oder die Moleküle CH und CN. R. kommen als → interstellare Moleküle, in → Kometen, aber auch in → Sonnenflecken vor (→ Sonnenspektrum).

radioaktive Zeitmessung (radioactive dating). Methoden zur Altersbestimmung von Gesteinen, → Meteoriten u. a., die die Zerfallsgeschwindigkeit radioaktiver Elemente (→ Radioaktivität) benutzen. Dazu gehören vor allem die → Kalium-Argon-Methode und die → Rubidium-Strontium-Methode.

Radioaktivität (radioactivity). Der spontane Zerfall instabiler Atomkerne. Dabei zerfällt der ursprüngliche Kern in einen oder mehrere leichtere Atomkerne. Ferner können auch oft einzelne Elementarteilchen freigesetzt werden. Die bei der R. außerdem frei werdende Strahlung zerfällt in drei Arten: 1. Aussendung von → Alpha-Teilchen, 2. → Beta-Zerfall und 3. Aussendung von → Gammastrahlen. Die sog. Halbwertszeit gibt dabei den Zeitraum an, nach dem jeweils die Hälfte des Ausgangsmaterials zerfallen ist. Alle in der Natur vorkommenden Elemente, die schwerer als Blei sind, stellen Zerfallsprodukte schwererer radioaktiver Elemente dar, und zwar von Thorium 232 mit einer Halbwertszeit von 13,9 Mrd. Jahren, von Uran 235 mit einer Halbwertszeit von 713 Mill. Jahren sowie von Uran 238 mit einer Halbwertszeit von 4,51 Mrd. Jahren. Während man früher geneigt war zu glauben, daß die natürliche R. sich auf die obersten Schichten der Erdkruste beschränkt, wird neuerdings häufig angenommen, daß sich auch im Erdkern zahlreiche radioaktive Elemente befinden und eine nicht unwesentliche Quelle für die Erwärmung des Erdinnern darstellen. Hierdurch könnten Materieströme erzeugt werden, die die langfristigen Änderungen des Erdmagnetfeldes erklären. Die radioaktive Gesamtausstrahlung unserer Erde beträgt durchschnittlich $1{,}7 \cdot 10^{-7}$ Watt pro Gramm Erdmaterie und pro Jahr.

Neben der natürlichen R. gibt es auch noch die künstliche R., die z. B. bei der Bombardierung von Aluminium mit α-Strahlen (Heliumatomkerne) entsteht. Die künstlich erzeugten Atomkerne, die nicht in der Natur vorkommen, sind durchweg wiederum radioaktiv. Die künstliche R. beschränkt sich auch nicht wie die natürliche R. fast stets auf die schwersten Elemente, sondern kann auch bei Isotopen leichter Elemente vorkommen.

Radioastronomie (radio astronomy). Teilgebiet der Astronomie, das sich mit der Erforschung der kosmischen → Radiostrahlung beschäftigt. Daß zumindest die Sonne und die Sterne eine Radiostrahlung aussenden müssen, geht bereits aus dem → Planckschen Strahlungsgesetz hervor. Da nämlich die Planckschen Strahlungskurven zum langwelligen Bereich hin zwar allmählich abfallen, aber nicht die Nullinie erreichen, müssen alle Körper infolge ihrer Oberflächentemperatur auch Radiostrahlung aussenden. Von der theoretischen Seite her war es deswegen schon zu Beginn des 20. Jahrhunderts naheliegend anzunehmen, daß z.B. die Sonne auch ein Radiostrahler ist. Diese sog. »thermische Radiostrahlung« wäre allerdings verhältnismäßig schwach. Die damaligen funktechnischen Empfangsanlagen ließen es nicht zu, die solare Radiostrahlung zu finden.

Im übrigen war die damalige Astronomie noch zu sehr auf den optischen Bereich fixiert. So gelang es 1931 eigentlich einem »Außenseiter«, erstmals eine Radiostrahlung aus der Galaxis aufzunehmen, nämlich K. G. Jansky (1905–1950). Ein weiterer früher Pionier der R. war G. Reber (*1911). 1942 konnte auch während einer Eruption mit militärisch eingesetzten Radargeräten eine starke Radiostrahlung von der Sonne aufgefangen werden. Bald stellte sich heraus, daß es sich hier nicht um eine thermische Strahlung handeln konnte. Vielmehr zeigte es sich, daß es auch noch andere Möglichkeiten im Kosmos gibt, Radiostrahlung zu erzeugen. Nach dem Zweiten Weltkrieg erfuhr die R. eine schnelle Entwicklung und durchdrang schließlich die gesamte Astronomie. Fast kein Bereich dieser Wissenschaft ist heute von der R. unbeeinflußt. Innerhalb unseres Planetensystems spielt auch die → Radarastronomie eine Rolle, mit der vor allem Entfernungs- und Rotationszeitbestimmungen sowie die Ermittlung von Oberflächenstrukturen möglich war. Einige Planeten sind aber auch selbst Radiostrahler. Die R. der Sonne spielt eine zusätzliche besondere Rolle. Von dem Bereich außerhalb unseres Sonnensystems ragen vor allem die Untersuchungen unserer Galaxis hervor. Zur Enträtselung der Spiralstruktur dienen Untersuchungen der 21 cm-Strahlung des neutralen Wasserstoffs. Daneben gibt es aber auch einige Punktquellen, die auf helle Nebel, Supernova-Überreste, Pulsare usw. zurückgehen. Auch die anderen Galaxien senden eine mehr oder weniger intensive Radiostrahlung aus. Galaxien mit aktiven Kernen (vor allem die Quasare) stellen sogar die intensivsten Radioquellen des Kosmos überhaupt dar. In der Kosmologie spielt die R. durch die Entdeckung der → kosmischen Hintergrundstrahlung eine große Rolle. Vom Jahre 1968 an konnten auch zahlreiche → interstellare Moleküle auf radioastronomischem Wege gefunden werden.

Radioblasen, Radiolobes (radio lobes). Bereiche intensiver Radiostrahlung in der Nachbarschaft von → Radiogalaxien, die oft symmetrisch um die optisch sichtbare Galaxie angeordnet sind. Dadurch entsteht eine Doppel-Radioquelle. Der Abstand der R. von ihren Galaxien kann viele Mill. Lichtjahre erreichen. Nicht selten finden sich mehrere R.paare in unterschiedlichen Entfernungen vom Kern der Muttergalaxie, sind aber in derselben Richtung fast genau auf einer Geraden perlschnurartig angeordnet. Manchmal zeigen sich aber auch bogenförmige Verdrehungen. Sie entstehen wohl dadurch, daß sich die betreffenden Galaxien sehr schnell durch das intergalaktische Medium bewegen. Die R. bleiben dann fahnenartig zurück. Auch Verdrillungen kommen vor, wahrscheinlich die Folge einer → Präzession der Muttergalaxie. Dadurch verändert sich im Laufe der Zeit die Richtung, in der die R. abgestoßen werden. Die Gesamtenergie, die in den R. steckt, erreicht 10^{53} Joule.

Radioburst (radio burst). → Burst.

Radio-Echo-Methode (radar method). → Radar.

Radiofenster (radio window). → atmosphärische Fenster.

Radiofrequenzstrahlung (radio frequency radiation). → Radiostrahlung.

Radiogalaxien (radio galaxies). Galaxien, die eine besonders intensive Radiostrahlung aussenden. In der Regel sind R. riesige elliptische → Galaxien. Die Art der ausgesandten Strahlung ist eine → Synchrotron-Strahlung. Die Stärke der Radiostrahlung ist bis zu millionenmal größer als die unserer eigenen Galaxis oder einer anderen »normalen« Galaxie. Die Zentren, aus denen die Radiostrahlung stammt, fallen jedoch nicht mit der optisch sichtbaren Galaxie zusammen, sondern sind meist in zwei Bereichen symmetrisch hin zum Kern dieser Objekte angeordnet (→ Radioblasen). Ein bekanntes Beispiel ist M 82 im Sternbild Großer Bär. Messungen mit Hilfe des → Doppler-Effekts zeigen, daß vom Kern dieser Galaxie Wasserstoffmassen mit einer Geschwindigkeit von etwa 1000 km/s wegfliegen. Aus der beobachteten Expansionsgeschwindigkeit kann auf ein Alter der Explosion von 11,5 Mill. Jahren geschlossen werden. Oft beobachtet man auch → Jets, entweder beidseitig oder auch nur einseitig, wobei es im letzteren Falle auch vorkommen könnte, daß der zweite Jet von der Erde aus nicht erkennbar ist, weil er z.B. etwa von uns wegweist. Die Jets verbinden die Radioblasen mit der Muttergalaxie.

Die erste R., die identifiziert wurde, ist → Cygnus A. Dieser Doppelnebel ist etwa 750 Mill. Lichtjahre entfernt und enthält in einem Raum von etwa 300000 Lichtjahren Durchmesser rund 10 Billionen Sterne. Der Doppelnebel enthält zwei etwa 2″ voneinander entfernte Kerne und entstand vermutlich durch die Vereinigung zweier Galaxien nach einer Kollision (»galaktischer Kannibalismus«). Zwei andere bekannte R. sind → Virgo A und → Centaurus A. Am ausgedehntesten ist das Objekt 3C 236. In diesem Falle sind die Wolken, die die Radiostrahlung aussenden, insgesamt 20 Mill. Lichtjahre voneinander entfernt.

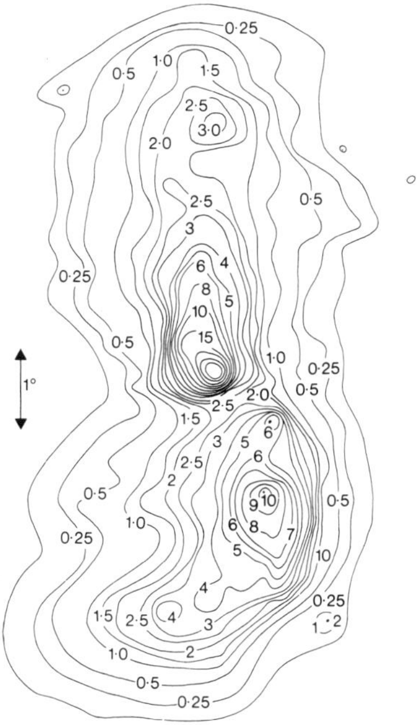

Radiokarte der Radiogalaxie Centaurus A. Deutlich ist die Doppelquelle zu erkennen. Das optische Objekt befindet sich zwischen den beiden Hauptquellen der Radiostrahlung.

Die Ursachen für die Explosionen in den Kernen der R. sind bisher noch umstritten. Jedenfalls dürften die ausgeschleuderten Gasmassen auch Elektronen enthalten, die in Magnetfeldern auf hohe Geschwindigkeiten beschleunigt werden und damit eine Synchrotron-Strahlung aussenden. Es kann sich um ein einmaliges oder mehrmaliges Herausfliegen heißen Plasmas aus fast mit Lichtgeschwindigkeit fliegenden Teilchen handeln. Oder aber es ist ein dauerhafter Fluß von Teilchen. Der eigentliche Motor für diese Vorgänge dürfte aber, ähnlich wie bei den → Quasaren und → Seyfert-Galaxien häufig ein → Schwarzes Loch sein. Doch es gibt auch andere Möglichkeiten: Bei M 82 könnte zum Beispiel ein im Kern der Galaxie liegendes intensives, auf engem Raum liegendes Entstehungsgebiet massereicher Sterne später eine Kettenreaktion von Supernovaexplosionen ausgelöst haben, die wiederum zu den Materieauswürfen führten (→ Starburst Galaxy). Andere Mechanismen wären rotierende magnetische Supersterne (→ Spinare) oder ein dichter Sternhaufen mit zahlreichen Kollisionen. R. erzeugen meist auch eine intensive → Röntgenstrahlung, wenn auch nicht so stark wie bei den Quasaren und Seyfert-Galaxien.
Die genaue Struktur der R. konnte in den letzten Jahren durch den Einsatz der → Radiointerferometer sehr gut enträtselt werden.
Radioheliogramm (radio heliogram). Eine Darstellung der Sonne im Radiowellenbereich. R. werden oft mit → Radiointerferometern im Dezimeterwellengebiet erstellt und zeigen Bilder der unteren → Sonnenkorona.
Radioheliograph (radio heliograph). Ein → Radioteleskop zur Aufzeichnung der Radiostrahlung der verschiedenen Gebiete auf der Sonne. Auch → Radioheliogramm.
Radiohelligkeit (radio brightness). → Helligkeit.
Radiointerferometer (radio interferometer). Die Kombination von zwei oder mehreren → Radioteleskopen. Dabei nutzt man die → Interferenz aus, wie sie auch im optischen Bereich bei → Interferometern zur Steigerung des Auflösungsvermögens bekannt ist. In der Regel sind die zusammengeschalteten Radioteleskope in der Ost-West-Richtung angeordnet und man verfolgt damit den Durchgang einer Radioquelle durch den Meridian. Das Auflösungsvermögen ist durch das Verhältnis der empfangenen Wellenlänge zu dem Abstand der Antennen bestimmt. Deswegen sind bei den meisten R. die zusammengeschalteten Einzelantennen in ihrer Distanz voneinander veränderlich (auch → Apertursynthese).
Während man ursprünglich nur mit den Instrumenten ein- und desselben Instituts arbeitete, schaltete man schließlich auch Radioteleskope verschiedener Observatorien zusammen, die weit voneinander entfernt sind. Schließlich entschloß man sich sogar zum Zusammenwirken von Radioteleskopen in ganz verschiedenen Erdteilen (Very Long Baseline Interferometry, Abk. VLBI). In diesen Fällen zeichnet man die aufgenommenen Signale auf Magnetband auf und koordiniert sie mit einer exakt gehenden Atomuhr. Später werden dann die beiden Bandaufzeichnungen miteinander korreliert. Mit derartigen Verfahren war es möglich, das ursprünglich extrem schlechte Auflösungsvermögen der Radioteleskope so weit zu steigern, daß sogar das Auflösungsvermögen optischer Teleskope erheblich überschritten werden konnte. In den besten Fällen liegt das Winkelauflösungsvermögen bei wenig über 0,0001″.
Eine besondere R.einrichtung ist das »Very Large Array« (Abk. VLA) am

→ National Radio Astronomy Observatory.

Radiolobes. → Radioblasen.

Radionuklidbatterie, Radioisotopenbatterie (radio nuclide battery, radio isotope battery). Eine in der Raumfahrt benutzte Batterie, die zur Bereitstellung von Energie den Zerfall radioaktiver Isotope oder die Spaltung schwerer Atomkerne in einem Reaktor heranzieht.

Radioquelle (radio source). Eine Quelle extraterrestrischer Radiostrahlung, die sich in einem verhältnismäßig eng umschriebenen Bereich am Himmelsgewölbe nachweisen läßt. Zu den kosmischen Radioquellen gehören innerhalb unseres Planetensystems die Sonne, sowie einige Planeten, vor allem Jupiter. Die stärksten R. außerhalb des Sonnensystems sind Cassiopeia A, Cygnus A und der Crab-Nebel (Taurus A). Man teilt die R. in zwei Klassen ein. Zur Klasse I gehören diejenigen, die mit unserer Galaxis räumlich verbunden sind, zur Klasse II die extragalaktischen R. Innerhalb der Klasse I sind die wichtigsten R. Überreste von Supernovae, Pulsare, sowie helle Nebel (H II-Regionen). Zur Klasse II zählen besonders die Galaxien, Radiogalaxien, Quasare und andere aktive Galaxien.
Die Bezeichnungsweise der wichtigsten R. erfolgt nach der lateinischen Bezeichnung des Sternbilds und großen lateinischen Buchstaben. So ist z.B. Cassiopeia A die erstentdeckte und stärkste R. im Sternbild Cassiopeia. Weitere R. tragen Katalogbezeichnungen. So weist z.B. die Bezeichnung 3 C 273 darauf hin, daß es sich um die R. 273 im dritten Cambridge-Katalog handelt.

Radiosonde (radiosonde). Ein meteorologisches Registrierinstrument zur Messung von Luftdruck, Temperatur und Feuchtigkeit, das mit einem Ballon aufsteigt. Die Meßwerte werden dabei mittels eines kleinen Senders laufend an eine Bodenstation übermittelt.

Radiospektroskop (radio spectroscope). Ein → Radioteleskop, das in der Lage ist, die Radiostrahlung eines kosmischen Objekts rasch hintereinander in verschiedenen Wellenlängenbereichen zu untersuchen. Ein derartiges Gerät wird vor allem in der Sonnenforschung eingesetzt.

Radiospektrum (radio spectrum). Das Spektrum einer Radioquelle. Praktisch handelt es sich dabei um eine Kurve, die die Intensität der empfangenen Radiostrahlung in den verschiedenen Wellenlängenbereichen anzeigt.

Radiostern (radio star). Eine früher benutzte etwas irreführende Bezeichnung für eine → Radioquelle. Die normalen Sterne senden jedoch in der Regel eine verhältnismäßig schwache Radiostrahlung aus, wie dies am deutlichsten an unserer Sonne festgestellt werden kann. Für die sog. R. sind somit meist andere Objekte verantwortlich zu machen. Neuerdings kann man unter R. im engeren Sinne solche Sterne einordnen, von denen tatsächlich eine Radiostrahlung aufgefangen werden konnte. Dazu zählen besonders die → Flackersterne, die → Pulsare bzw. Neutronensterne, einige Infrarotsterne (→ Infrarotastronomie) und Röntgenobjekte (→ Röntgenastronomie).

Radiostrahlung, Radiofrequenzstrahlung (radio emission, radio frequency radiation). Die in der → Radioastronomie gebräuchliche Bezeichnung für die mit deren Mitteln aufzufangende Wellenstrahlung, die uns auf der Erdoberfläche aus dem Kosmos erreicht. Die untere Grenze liegt bei etwa 1 mm Wellenlänge (Millimeterwellen). Kürzere Wellenlängen werden in den untersten Schichten der Erdatmosphäre durch Wasserdampf und Sauerstoff absorbiert. In diesem Bereich erfolgt der Übergang zu den sog. Submillimeterwellen und zur Infrarotstrahlung, die aber teilweise von Bergobservatorien aus empfangen werden können. Die obere Grenze der an der Erdoberfläche registrierbaren kosmischen R. liegt bei etwa 20 m Wellenlänge. R. größerer Wellenlänge wird durch die Ionosphäre reflektiert und kann nur außerhalb der Erdatmosphäre mit Satelliten und Raumsonden untersucht werden. Da der Radiowellenbereich durch eine Vielzahl von Rundfunk- und Fernsehsendern, Radarstationen usw. besetzt ist, werden nach internationalen Vereinbarungen für die Radioastronomie wenigstens einige Frequenzbänder freigelassen. Leider sind sie ziemlich schmal. Außerdem halten sich einige Länder bzw. Stationen nicht an die Vereinbarungen. So kommt es in der Radioastronomie zu einer ähnlichen »Verschmutzung« wie im optischen Bereich durch die Lichterfülle der Städte und Verkehrsmittel. Man wird in späterer Zeit nicht umhin können, Radioteleskope auf der der Erde abgewandten Seite des Mondes zu errichten, um diesem Problem zu entgehen.

Folgende Ursachen für die kosmische R. kommen in Betracht:

1. Thermische R. Gemäß dem → Planckschen Strahlungsgesetz sendet jeder Körper entsprechend seiner Oberflächentemperatur eine Strahlung auch im Radiowellengebiet aus. Kennzeichen der thermischen R. ist ein allmähliches Absinken der Intensität zu längeren Wellenlängen hin.

2. Nichtthermische R. Sie unterscheidet sich von der thermischen R. im Intensitätsverlauf in Abhängigkeit von der Wellenlänge. Ihre Intensität nimmt mit abnehmender Wellenlänge zu. Sie entsteht durch die Beschleunigung von Elektronen in Magnetfeldern, die sich schraubenförmig um die magnetischen Feldlinien bewegen. Erreichen die Elektronen nahezu Lichtgeschwindigkeit, so wird eine → Synchrotronstrahlung ausgesandt. Weiterhin besteht die Möglichkeit, daß es in Gasen, die aus elektrisch geladenen Teilchen bestehen (→ Plasma) zu Schwingungen (Plasmaschwingungen) kommt, die gleichfalls zur Aussendung einer R. führen.

3. Linienstrahlung. Einige Gase senden R. nur bei bestimmten Wellenlängen aus, wie dies auch im Spektrum der sichtbaren Wellenstrahlung der Fall ist. Am bekanntesten ist die 21 cm-Strahlung des interstellaren neutralen Wasserstoffs. Aber auch mehrere interstellare Moleküle senden bei bestimmten Wellenlängen, die meist im Radiowellengebiet liegen.

Radiosturm (radio storm, noise storm). Eine meist plötzlich auftretende Verstärkung der Radiostrahlung der Sonne (→ Burst).

Radioszintillation (radio scintillation). Eine der optischen → Szintillation entsprechende Erscheinung im Radiowellengebiet. Sie macht sich in unregelmäßigen Schwankungen der Intensität ferner, höchstens 1″ großer Radioquellen bemerkbar, die jedoch nicht auf echte Intensitätsschwankungen zurückzuführen sind. Ihre Ursache liegt vielmehr in Schwankungen der Elektronendichte in dem Bereich zwischen der Radioquelle und der Erde. Man unterscheidet dabei eine interstellare R., eine interplanetare R. und eine R., die ihre Ursache in der Ionosphäre der Erde hat. Die R. macht sich nur bei kleinen, winkelmäßig wenig ausgedehnten Radioquellen bemerkbar. → Szintar.

Radioteleskop (radio telescope). Ein Instrument zur Aufnahme kosmischer → Radiostrahlung. Die gesamte Einrichtung besteht aus einer Antenne, einem Verstärker und einer Registriereinrichtung. Am einfachsten ist eine → Dipol-Antenne. Sie zeigt allerdings eine verhältnismäßig geringe Richtwirkung, d.h. ein kleines → Auflösungsvermögen. Besser ist ein (meist) parabolförmiger Reflektor, in dessen Brennpunkt sich die aufgefangene Radiostrahlung sammelt und von einem Dipol aufgenommen und dem Verstärker zugeleitet werden kann. Die Oberflächengenauigkeit dieser Spiegel braucht wegen der langen Wellenlänge der Radiostrahlung nicht besonders groß zu sein. Als Faustregel gilt, daß die Ungenauigkeiten nicht $1/10$ der zu empfangenden Wellenlänge übersteigen dürfen. Soll also z. B. mit einem R. eine Wellenlänge von 1 m aufgefangen werden, so dürfte der parabolförmige Metallspiegel noch durchaus »Beulen« von maximal 10 cm aufweisen. Deswegen können R. oft auch nur aus einem Drahtnetz bestehen, was den zusätzlichen Vorteil hat, daß der Winddruck auf die große Fläche eines R. sich nicht so stark bemerkbar machen kann. Die Maschenweite des Netzes darf dann gleichfalls höchstens $1/10$ der Wellenlänge betragen. Daraus geht aber auch hervor, daß R., die zur Untersuchung besonders kurzwelliger Radiostrahlung geeignet sein sollen, nicht mehr aus einem Drahtnetz hergestellt werden können. Dies gilt besonders für den Millimeter- und Submillimeterbereich.

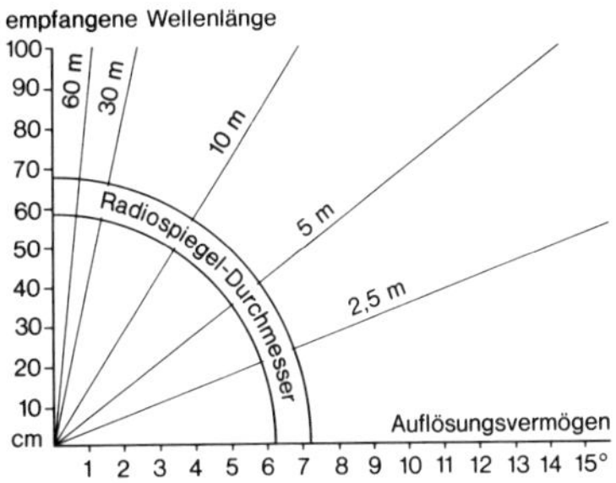

Auflösungsvermögen von Radioteleskopen verschiedenen Durchmessers D

Prinzipiell können auch R. azimutal oder parallaktisch montiert sein (→ Montierung). Die großen R. sind jedoch aus mechanischen Gründen nicht mehr parallaktisch aufzustellen. Die Nachführung dieser azimutal aufgestellten Einrichtungen ist entsprechend schwieriger, da die Antennen um zwei Achsen gedreht werden müssen, um die Erdrotation auszugleichen. Dazu dienen heute elektronische Datenverarbeitungsanlagen, die die äquatorialen Koordinaten Deklination und Stundenwinkel in die horizontalen Koordinaten Höhe und Azimut verwandeln. Einige größere R. lassen sich nur in der Meridianebene bewegen (Transitinstrumente). Sehr große R. sind sogar vollkommen unbeweglich und weisen stets in dieselbe Richtung.

Das Auflösungsvermögen eines einzelnen R. ist wegen der langen Wellenlänge der aufzufangenden Radiostrahlung verhältnismäßig klein. Es beträgt in Winkelgrad $(\lambda/D)\cdot 70°$. Das bedeutet, daß in fast allen Fällen selbst größere einzelne R. dem Auflösungsvermögen des menschlichen Auges unterlegen sind. Selbst das 100 m-R. von Effelsberg/Eifel hat bei einer Wellenlänge von 20 cm erst ein Auflösungsvermögen von 8′ oder rund $1/4$ des Vollmondscheibendurchmessers. Möchte man z. B. bei einer Wellenlänge von 1 m dasselbe Auflösungsvermögen erhalten wie ein optisches Spiegelteleskop mit 50 cm Öffnung, so müßte der Radiospiegel 1000 km groß sein! Nur bei sehr kleinen Wellenlängen werden die Verhältnisse etwas günstiger. In neuerer Zeit wurde diese Schwierigkeit vor allem durch die → Radiointerferometer und die → Apertursynthese überwunden.

Zu den größeren einzelnen R. zählen neben dem 100 m-R. von Effelsberg vor allem auch das 76 m-R. von Jodrell Bank in England, das 65 m-R. des Parkes-Observatoriums in Australien sowie die allerdings mehr für die Überwachung von Raumsonden gedachten R. des Deep Space Networks der NASA mit 64 bis

70 m Durchmesser, die sich in Goldstone/Kalifornien, Robledo/Spanien und Tidbinbilla/Australien befinden. Das größte R. liegt mit 305 m Durchmesser auf Puerto Rico (→ Arecibo-Radioobservatory). Besondere Antennenanordnungen sind auch das → Mills Cross, das → RATAN-600 und ähnliche Einrichtungen. Für die Untersuchung der längerwelligen Radiostrahlung, die den Erdboden nicht mehr erreicht, dienen einige Erdsatelliten und Raumsonden. Erstmals gelang dies 1960 mit dem mehr militärisch genutzten Navigationssatelliten Transit 2A. Wichtig waren auch u. a. der Radio Astronomy Explorer (RAE) oder Explorer 38 im Jahre 1968 sowie ISEE-3, der am 12. 8. 1978 gestartet wurde und zunächst in einem Erdabstand von 1,47 Mill. km eine ständige Position in Richtung Sonne mit Schwankungen um einen der Librationspunkte (→ Dreikörperproblem) einnahm. Er diente zur Untersuchung der kosmischen Radiostrahlung zwischen 0,03 und 2 MHz.

Alle Verstärker zeigen ein bestimmtes Grundrauschen. Die modernen Bestrebungen gehen dahin, dieses störende Rauschen so weit wie möglich zu reduzieren, um auch noch sehr schwache kosmische Radiostrahlung aufzunehmen. Der Weg führte von den ursprünglich benutzten Röhrenverstärkern über transistorisierte Verstärker und sog. parametrische Verstärker zu den → Masern.

Radiowellen (radio waves). → Radiostrahlung.

Radius (radius). Der Halbmesser eines Kreises oder eines kugelförmigen oder nahezu kugelförmigen Objekts. Das Doppelte des R. ist der Durchmesser.

Radiusvektor (radius vector). Die Verbindungslinie zwischen einem Himmelskörper und einem zentralen Objekt, das dieser umläuft. Der Ausdruck wird vor allem in der Mechanik des Planetensystems benutzt, in der man oft die Verbindungslinie Planet – Sonne als R. oder Fahrstrahl bezeichnet.

Radom (radome). Eine aus Kunststoff bestehende Kuppel, die zum Schutz von → Radioteleskopen oder anderen Antennen benutzt wird. Während die Radiostrahlung die Kunststoffschicht zu durchdringen vermag, wird gleichzeitig das Gerät vor Regen und Schmutz geschützt. Der Nachteil eines R. besteht darin, daß die Feuchtigkeit an der Oberfläche des R. sowie dort abgelagerte Staubschichten zu einer erheblichen Absorption der eintretenden Radiostrahlung führen. Aus diesem Grund ist man in den vergangenen Jahren von der Erstellung eines R. meist wieder abgekommen.

Rakete (rocket). Nach dem Rückstoßprinzip arbeitendes Fluggerät. Der flüssige (z. B. Wasserstoff, Kerosin) oder feste (z. B. eine Mischung aus Zellulosenitrat und Glyzerintrinitat) Treibstoff wird durch einen Oxydator (z. B. flüssiger Sauerstoff) verbrannt. Es gibt auch Kombinationen aus flüssigem und festem Treibstoff (Hybrid- und Tribrid-Treibstoffe) sowie elektrische Antriebe (Ionenantriebe), Kernenergietriebwerke (im stationären Versuch) und den hypothetischen → Photonenantrieb. Die Verbrennungsgase (bei den chemischen Triebwerken) oder der Ionenstrahl strömen durch eine Düse aus: Die R. bewegt sich in die genau entgegengesetzte Richtung. Die Grundgleichung der R.theorie lautet

$$v_E = u \cdot \ln M_0/M_1.$$

Dabei bedeutet v_E die erreichbare Geschwindigkeit der R., u die als konstant angenommene Ausströmgeschwindigkeit der Verbrennungsgase (bzw. des Teilchenstroms bei den elektrischen Antrieben), ln den natürlichen Logarithmus, M_0 die Startmasse und M_1 die End- oder Leermasse nach Verbrennen des Treibstoffs usw. Die Nutzmasse der R. ist in der Leermasse enthalten.

Das Stufenprinzip verbessert die erreichbaren Endgeschwindigkeiten. Es wird dann

$$v_E = u \cdot \ln R_{ges}.$$

Dabei wird hier die Ausströmgeschwindigkeit u vereinfachend für alle Einzelstufen als gleich angenommen. R_{ges} ist das Gesamtverhältnis, das aus den einzelnen Stufenmassenverhältnissen R_1, R_2, ... ,R_n berechnet wird nach

$$R_{ges} = R_1 \cdot R_2 \cdot \ldots \cdot R_n.$$

Raketenastronomie (rocket astronomy). Der Bereich der Astronomie, der mit unbemannten Raketen, die in die Hochatmosphäre der Erde aufsteigen, durchgeführt wird. Er dient vor allem zur Untersuchung der Wellenlängenbereiche, die durch die Atmosphäre absorbiert werden (→ Röntgenastronomie, → Gammastrahlenastronomie, → Infrarotastronomie). In der geschichtlichen Entwicklung spielte die R. vor allem in den 40er und 50er Jahren eine größere Rolle, als es noch nicht möglich war, die Erdatmosphäre mit Erdsatelliten über längere Zeit zu überwinden. So wurde z. B. die Röntgenstrahlung der Sonne 1949 und die einer Quelle außerhalb des Sonnensystems, Scorpius X-1, 1962 zunächst bei Raketenaufstiegen entdeckt. Heute spielen einzelne Raketenaufstiege keine sehr große Rolle mehr, da man bei ihnen Messungen nur über wenige Minuten erhält und die Instrumente oft nur beschädigt geborgen werden können.

Raman-Effekt (Raman effect). Ein nach Sir C. V. Raman (1888–1970) benannter Effekt, der im Jahre 1928 gefunden wurde. Danach tritt bei der → Streuung von monochromatischem Licht an Molekülen nicht nur die Wellenlänge des einfallenden Lichts auf. Vielmehr werden auch noch weitere sog. Ramanlinien mit ein wenig verschobenen Wellenlängen beobachtet. Der Verschiebungsbetrag der Frequenz hängt dabei von der Energie der Eigenschwingung oder der Rotation der Moleküle ab.

Ramsauer-Effekt (Ramsauer effect). Ein im Jahre 1920 entdeckter und nach C. W. Ramsauer (1879–1955) benannter Effekt, nach dem der Wirkungsquerschnitt bei der Streuung langsamer Elektronen an Atomen sehr klein ist. Dies war ein erster Hinweis darauf, daß den Elektronen nicht nur Teilchencharakter, sondern auch Wellencharakter zukommt.

Ramsden-Okular (Ramsden eyepiece). → Okular.

Randaufhellung (limb brightening). Die Zunahme der Intensität der Röntgen- und Radiostrahlung der Sonne von der Mitte zum Rand der Sonnenscheibe hin. Diese Erscheinung kann auch für die meisten anderen Sterne angenommen werden.

Randverdunklung, Mitte-Rand-Variation (limb darkening, centre limb variation). Die Helligkeitsabnahme der Sonnenscheibe im optischen Bereich von der Mitte zum Rand hin. Sie hat ihre Ursache darin, daß das Licht, das wir von randnahen Schichten der Sonne erhalten, wegen der Absorption innerhalb der Sonnenatmosphäre aus etwas höheren, kühleren Schichten stammt als bei der Betrachtung der Sonnenscheibenmitte. Bei der visuellen Beobachtung der Sonne macht sich die R. nur in einem sehr kleinen Abstand vom Sonnenrand deutlicher bemerkbar. Ferner ist die R. wellenlängenabhängig. Sie betrifft vor allem die kürzeren Wellenlängenbereiche, so daß man auch von einer Rötung der Sonnenscheibe in der Nähe ihres Randes sprechen kann. Eine R. tritt auch bei den meisten anderen Sternen auf. Wegen des punktförmigen Erscheinens der Sterne kann die optische R. aber nur bei → Bedeckungsveränderlichen gefunden werden.

Ranger. Sammelbezeichnung für unbemannte amerikanische Mondsonden, die hart auf der Oberfläche unseres Trabanten aufschlugen. Die erste gelungene Sonde dieser Art war R. 7, der am 28. 7. 1964 gestartet wurde und 3 Tage später das Mare Nubium erreichte. Während der letzten 17 Minuten vor dem Aufschlag konnten über 4000 Photographien zur Erde übertragen werden. R. 8 startete am 17. 2. 1965 und erreichte den Mond am 20. 2. 1965 im Mare Tranquillitatis. Am 21. 3. 1965 wurde schließlich R. 9 gestartet. Diese Sonde fiel am 24. 3. 1965 in den Krater Alphonsus. Auch die beiden letztgenannten Sonden konnten mehrere Tausend photographische Aufnahmen kurz vor ihrem Zerschellen am Mondboden zur Erde übertragen.

Rapid Burster. → Burster.

Ras Algethi. Der Hauptstern im Sternbild Herkules. Die aus dem Arabischen stammende Bezeichnung bedeutet »Kopf des Knienden«. Der 430 Lichtjahre entfernte Stern ist ein roter Riesenstern mit dem 400fachen Sonnendurchmesser. Sein Spektraltyp ist M5. Die Leuchtkraft ist 830mal größer als die der Sonne. Die Oberflächentemperatur beträgt 3000 K. R. A. ist ein halbregelmäßiger Veränderlicher. Seine Periode beträgt etwa 100 Tage und seine Helligkeit schwankt zwischen $3\overset{m}{.}0$ und $4\overset{m}{.}0$. Gleichzeitig ist er ein Doppelstern, der bereits in kleineren Fernrohren getrennt werden kann. In knapp 5″ Distanz steht ein gelblicher Begleiter 5. Größe. Er hat eine Umlaufzeit von 4000 Jahren und ist ferner ein spektroskopischer Doppelstern mit einer Umlaufperiode von 51,6 Tagen.

Ras Alhague. Der Hauptstern im Sternbild Schlangenträger (Ophiuchus). Die arabische Bezeichnung bedeutet »Kopf des Schlangenträgers«. Der $2\overset{m}{.}1$ helle Stern ist 60 Lichtjahre entfernt und erscheint gelblichweiß. Der Spektraltyp ist A5. Die Leuchtkraft ist 40mal stärker als die der Sonne.

Ra-Shalom. Der Kleinplanet Nr. 2100. Seine mittlere Entfernung von der Sonne beträgt 124,5 Mill. km. Die Bahnexzentrizität ist 0,436, die Bahnneigung 15,8°, die Umlaufzeit 0,76 Jahre, der Sonnenabstand im Perihel 70,2 Mill. km, im Aphel 179,5 Mill. km. Mit 2,4 km Durchmesser ist er das größte Mitglied der Gruppe von → Aten. Seine Albedo beträgt 0,09, die Rotationszeit 19^h47^m.

RATAN-600. Ein Radioteleskop, das sich im nördlichen Kaukasus befindet und aus 900 einzelnen Bauelementen zu je 7,4 m Höhe und 2 m Breite zusammengesetzt ist. Sie sind in einem Kreis von 579 m Durchmesser angeordnet. Die Bezeichnung ist eine Abkürzung für Radio Astronomy Telescope of the Academy of Sciences (Nauk).

Raumfahrt (space travel, space flight). → Astronautik.

Raumgeschwindigkeit (space velocity, spatial velocity). Die Geschwindigkeit eines Sterns in bezug auf die Sonne. Sie kann aus der beobachtbaren → Eigenbewegung und → Radialgeschwindigkeit zusammengesetzt werden. Sie entspricht damit der Hypothenuse des rechtwinkligen Dreiecks, das durch die radialen und tangentialen Geschwindigkeiten gebildet wird. Die Vektoren der galaktischen Raumbewegung eines Sterns werden folgendermaßen festgelegt: U in der Gegenrichtung zum Zentrum des galaktischen Systems, V in der Richtung der galaktischen Rotation und W in der Richtung des galaktischen Nordpols.

Raumkrümmung (curvature of space). Die im Rahmen der allgemeinen → Relativitätstheorie anzunehmende Krümmung des Raums durch die Anwesenheit von Massen, z. B. der Sonne. Aber auch das gesamte Universum besitzt eine R. Folgende Möglichkeiten sind dabei denkbar: 1. ein unendlicher, »ebener«

Euklidischer Raum mit der R. Null, 2. ein sphärisch oder elliptisch gekrümmter, geschlossener Riemannscher Raum mit einer positiven R., und 3. ein hyperbolisch gekrümmter, offener Lobatschewskischer Raum mit einer negativen R. Der Fall 1 ist ein Grenzfall zwischen den Fällen 2 und 3. Wie das Universum wirklich strukturiert ist, kann heute noch nicht mit völliger Sicherheit beantwortet werden. Die bisherigen Erkenntnisse sprechen für den Fall 3, jedoch dicht am Fall 1 liegend, vielleicht sogar mit 1 zusammenfallend.

Raumlabor, Weltraumlabor (space laboratory). Ein bemanntes Laboratorium, das die Erde außerhalb ihrer Atmosphäre umkreist, z. B. → Skylab, → Spacelab, → Mir, → Freedom. Auch → Raumstation.

Raummedizin, Weltraummedizin (space medicine). Das wissenschaftliche Spezialgebiet, das sich mit dem Verhalten des menschlichen Organismus im Weltraum beschäftigt. Dabei spielen insbesondere Probleme des Fehlens einer Atmosphäre und der damit notwendigen künstlichen Atmosphäre der Raumfahrzeuge, Probleme der Gewichtslosigkeit, auftretender Beschleunigungen oder Bremsmanöver (negative Beschleunigungen), der Strahlenbelastung usw. eine große Rolle. Im Gegensatz zu vorsichtigen bis skeptischen Urteilen einiger Fachleute aus der Zeit vor 1960 wissen wir heute, daß der menschliche Organismus die bei der Raumfahrt auftretenden besonderen Verhältnisse durch technische Schutzmaßnahmen oder ein entsprechendes physiologisches Training im allgemeinen gut zu beherrschen in der Lage ist. So war es z. B. früher, mangels ausreichender Experimentiermöglichkeiten auf der Erde, durchaus offen, ob der Mensch den Zustand der Gewichtslosigkeit über längere Zeit hinweg ohne Schaden ertragen kann. Inzwischen haben die bemannten Raumflüge ergeben, daß der Mensch diesen Zustand mindestens mehrere Monate lang, sehr wahrscheinlich auch wesentlich länger, überstehen kann. Dafür wurde ein besonderes sportliches Trainingsprogramm entwickelt. Dadurch vermindern sich auch die Schwierigkeiten bei der Rückkehr der Astronauten bzw. Kosmonauten zur Erde und der damit wieder auf den Menschen einwirkenden Schwerkraft. Extreme Beschleunigungswerte konnten zudem bei den neueren Raumfahrtprogrammen verringert werden, so daß die meisten Personen, sofern sie jung und gesund sind, nunmehr in den Raum fliegen können, um dort wissenschaftliche Arbeiten zu verrichten. Desgleichen kann die Strahlenbelastung, etwa durch die Röntgenstrahlung oder Teilchenstrahlung der Sonne, in Grenzen gehalten werden.

Raumsonde, Sonde (space probe). Ein unbemanntes Raumfahrzeug, das im engeren Sinne des Wortes den Bereich überwiegender Anziehungskraft der Erde verläßt und in den interplanetaren Bereich, zu anderen Planeten oder in den Raum jenseits unseres Sonnensystems fliegt.

Raumstation, Außenstation (space station). Größeres, die Erde umkreisendes, bemanntes Raumfahrzeug, das mehreren Astronauten oder Kosmonauten, sowie Wissenschaftlern, Technikern usw. für einen längeren Aufenthalt dient. R. sind für zahlreiche wissenschaftliche Untersuchungen geeignet, z. B. die globale Untersuchung der Erde (Meteorologie, Geologie, Ozeanographie, Umweltüberwachung u. a.), der Medizin, der Züchtung von Halbleiterkristallen, von Werkstoffuntersuchungen usw. Teilweise wären auch astronomische Arbeiten möglich, obwohl es hier aus den verschiedensten Gründen (Störungen von seiten anderer Teile der R.) zu Einschränkungen kommen kann. Der Wert bemannter R. ist im Verhältnis zu den wesentlich billigeren und einfacher zu unterhaltenden unbemannten Erdsatelliten und Raumsonden neuerdings aber stark umstritten. Vorläufer größerer R. waren → Skylab, → Sojus, → Salut, → Mir und → Space Shuttle. Geplant, aber in der Durchführung nicht ganz gesichert, ist → Freedom.

Weiterreichende, jedoch ziemlich spekulative R., die sogar den Erdbereich und das ganze Sonnensystem verlassen würden, wären z.B. die O'Neill-Kolonien (→ Leben auf Gestirnen).

Raumtransporter, Raumfähre. → Space Shuttle.

Raumzeit (spacetime). Ein mehrdimensionales Koordinatensystem zur Festlegung von Ereignissen in Raum und Zeit. Es resultiert aus der Erkenntnis, daß die → Lichtgeschwindigkeit im Vakuum nach der speziellen → Relativitätstheorie unveränderlich ist. Das System erlaubt eine für alle Beobachter im Universum gültige Beschreibung, unabhängig von der relativen Bewegung. Die Intervalle von Raum und Zeit sind zwar für die einzelnen Beobachter verschieden, aber das Raumzeitintervall *RZI*, definiert durch

$$(RZI)^2 = (ZI)^2 - (RI)^2,$$

wobei *ZI* das Zeitintervall und *RI* das Raumintervall bedeutet, ist unveränderlich. So wird z.B. in der allgemeinen Relativitätstheorie die Gravitation durch die Krümmung der R. beschrieben.

Rauschgenerator (noise generator). Eine elektronische Einrichtung, die eine Radiostrahlung bestimmter Stärke erzeugen kann, um den Empfänger eines → Radioteleskops zu eichen.

Rayleigh-Atmosphäre (Rayleigh atmosphere). Eine reine, ideale Atmosphäre, die nur aus den Molekülen der Lufthülle zusammengesetzt sein soll. Es wird also von weiteren Bestandteilen, wie z.B. Staubteilchen, Eispartikeln usw. abgesehen.

Rayleigh-Jeans-Gesetz (Rayleigh-Jeans law). Eine von J.W.S. Rayleigh (1842–1919) und Sir J. H. Jeans (1877–1946) gefundene Näherungsformel für das → Plancksche Strahlungsgesetz, die nur gültig ist bei sehr langen Wellenlängen. Das Produkt $h \cdot \nu$ ist dann sehr klein gegenüber dem Produkt $k \cdot T$. Diese Formel wird vor allem in der Radioastronomie benutzt.

Rayleigh-Streuung (Rayleigh scattering). → Streuung.

Rayleigh-Taylor-Instabilität (Rayleigh-Taylor instability). Eine in der Hydrodynamik vorkommende Instabilität, die dort auftreten kann, wo zwei Gase oder Flüssigkeiten verschiedener Dichte oder Temperatur aneinandergrenzen. Ein Beispiel ist das Verhalten von Warm- und Kaltluftmassen in der Erdatmosphäre. An den Grenzen entstehen Wellen und Einbuchtungen, die schließlich zu Tiefdruckgebieten führen. Ein anderes Beispiel ist eine Schicht Tinte, die in ein Glas Wasser gegeben wird. Sie sinkt nicht gleichmäßig zum Boden ab, sondern bildet lange Schlieren und Fäden. Auch in der Astronomie spielt die R.-T.-I. eine Rolle. Grenzen z.B. ionisierte Wasserstoffgebiete mit einer Temperatur von etwa 10000 K an neutrale Wasserstoffgebiete mit der wesentlich tieferen Temperatur von etwa 100 K, so expandieren die heißeren Wasserstoffwolken nicht gleichmäßig in das neutrale Wasserstoffgebiet, sondern es bilden sich Unregelmäßigkeiten. Sie können oft auf Photographien heller Nebel beobachtet werden (→ Elefantenrüssel).

Recheninstitut. Ein Institut, an dem bestimmte astronomische Berechnungen durchgeführt werden, insbesondere die Erstellung der astronomischen → Jahrbücher, die → Bahnelemente von Kometen, Kleinplaneten usw. Der Begriff ist fast nur in der deutschen Sprache gebräuchlich. In Deutschland befindet sich in Heidelberg das »Astronomische Recheninstitut«.

rechtläufig (direct). Die Bewegung eines Planeten in westöstlicher Richtung durch den → Tierkreis. Bei den Planeten geht die r. Bewegung gelegentlich in eine rückläufige Bewegung über, wenn die Erde einen sonnenferneren Planeten überholt oder selbst von einem sonnennäheren Planeten überholt wird. Neben dieser mehr auf die Erde bezogenen Definition des Begriffs versteht man allgemein unter der r. Bewegung eines Himmelskörpers in unserem Sonnensystem eine solche, die für einen Beobachter, der vom Nordpol der → Ekliptik herabschaut, entgegengesetzt zum Uhrzeigersinn erfolgt. Andernfalls ist die Bewegung → rückläufig. Sämtliche Planeten, einschließlich der Kleinplaneten, bewegen sich in diesem Sinne r. um die Sonne. Dagegen sind mehrere Kometen und Meteoriten rückläufig. Auch einige Satelliten bewegen sich rückläufig um ihre Planeten.

Reduktion einer Messung (reduction of a measurement). Die Befreiung einer Meßgröße von irgendwelchen Einflüssen.

reelles Bild (real image). Ein von einer Linse oder einem Spiegel tatsächlich entworfenes Bild. Es befindet sich an dem Schnittpunkt der von einer Linse gebrochenen bzw. von einem Spiegel reflektierten Strahlen. Im Falle eines im Unendlichen befindlichen Objektes fällt die Lage des r.B. mit dem Brennpunkt bzw. der Brennebene der Linse oder des Spiegels zusammen. Ein r.B. kann z.B. von einem Schirm oder einer Filmschicht aufgefangen und registriert werden. Gegensatz: → virtuelles Bild.

Reflektor (reflector). → Spiegelteleskop.

Reflexion (reflexion, reflection). Das Zurückwerfen von Strahlung an einer Grenzfläche. Dabei ist der Einfallswinkel stets gleich dem R.winkel. Ferner liegen Einfallslot, Einfallsrichtung und R.richtung in derselben Ebene. Ist die Oberfläche eines Körpers völlig glatt und der Körper selbst undurchsichtig, so tritt spiegelnde R. auf. Bei einer genügend rauhen Oberfläche (gegenüber der Wellenlänge der einfallenden Strahlung) erfolgt die R. mehr oder weniger stark zerstreut. Der erste Fall tritt z.B. bei den Spiegeln eines astronomischen Teleskops, der zweite Fall bei der Oberfläche des Mondes oder der Planeten auf.

Reflexionsnebel (reflection nebula). Ein aus Staubteilchen zusammengesetzter Nebel der → interstellaren Materie, der das Licht nahe gelegener Sterne diffus reflektiert. Das berühmteste Beispiel eines R. sind die in den → Plejaden gelegenen Nebel.

Refraktion (refraction). Die → Brechung von Wellenstrahlung. Im speziellen Sinne versteht man in der Astronomie und Meteorologie unter R. die Brechung der Lichtstrahlen innerhalb der irdischen Lufthülle. Dadurch entsteht scheinbar eine Hebung der Gestirne über dem Horizont in Richtung Zenit. Somit unterscheidet man auch zwischen wahrer und scheinbarer Zenitdistanz oder wahrer und scheinbarer Höhe über dem Horizont. Die R. ist für ein Gestirn, das sich genau im Zenit befindet, Null. Sie nimmt zum Horizont hin zunächst sehr langsam, später sehr schnell zu, um am Horizont den Maximalwert, die sog. Horizont-R., mit 34 Bogenminuten zu erreichen. Der genaue Wert für die R. ist aber von verschiedenen Faktoren abhängig, vor allem der Höhe über der Meeresoberfläche, dem Luftdruck und der Temperatur. Die R. bewirkt, daß die Sonne, die gerade noch tatsächlich unterhalb des mathematischen Horizonts

steht, scheinbar vollständig oberhalb des Horizonts zu sehen ist. Die R. ist daher auch bei Berechnungen der Auf- und Untergänge der Gestirne zu berücksichtigen. Durch sie erfahren aber auch die beiden Polargebiete der Erde, in denen die Erscheinung der → Mitternachtssonne auftritt, eine Erweiterung von etwa 0,6° in Richtung Erdäquator.
Bei besonderen Wetterlagen können auch R.anomalien auftreten. Sie führen dazu, daß in eng umgrenzten Bereichen des Himmelsgewölbes anomale R.werte auftreten. In diesem Falle ist die R. nicht allein von der Höhe über dem Horizont, sondern auch vom → Azimut abhängig (Azimutal-R.). Selbst im Zenit können unter derartigen Umständen geringe Verschiebungen im Ort eines Gestirns auftreten (Zenit-R.). Da auch innerhalb eines Beobachtungsraums, in dem z.B. ein → Meridiankreis aufgestellt ist, Luftschichten eine R. hervorrufen, spricht man von einer zusätzlichen Saal-R.

Refraktor (refractor). → Fernrohr.

Regenbanden (rain bands). Mehrere dunkle Spektrallinien, die sich im → Spektrum der Sonne im gelben Wellenlängenbereich vor dem Aufziehen von Regenfällen beobachten lassen.

Regenbogen (rainbow). Ein durch → Brechung an Wassertröpfchen entstehender Bogen, der alle Spektralfarben zeigt. Der R. bildet sich meist auf einem Vorhang niedergehenden Regens, der von der Sonne beleuchtet wird. Deswegen liegt der R. der Sonnenposition gegenüber. Der sog. Haupt-R. umgibt den Gegenpunkt der Sonne mit einem Halbmesser von 42°, der etwas seltenere Neben-R. mit einem Halbmesser von 51°. Als Halbkreis kann ein R. nur dann beobachtet werden, wenn die Sonne genau im Horizont steht. Bei größerer Sonnenhöhe ist ein entsprechend kleinerer Teil des Farbkreises zu beobachten. Aus den angegebenen Werten für den Halbmesser der R. ergibt sich, daß diese nur bei einer maximalen Höhe der Sonne von 42° bzw. 51° über dem Horizont auftreten können. So ist es in dem Zeitraum zwischen dem 26. März und dem 27. September auf 50° nördl. Breite mittags nicht möglich, einen Haupt-R. und in der Zeit vom 22. April bis 21. August einen Neben-R. zu beobachten.
Die Farbfolge im Haupt-R. ist dergestalt, daß Rot am äußeren, Violett am inneren Rand liegt. Beim Neben-R. sind die Verhältnisse umgekehrt. Dazwischen liegen die Farben so, wie es auch im normalen → Spektrum der Fall ist: Rot, Orange, Gelb, Grün, Blau, Indigo, Violett. Gelegentlich kann beobachtet werden, daß sich an den Haupt- oder Neben-R. schwächere leuchtende Bögen anschließen, die sog. sekundären R. Sie zeigen sich auf den violetten Seiten des Haupt- und Neben-R.

Regengestirn (Hyades). → Hyaden.

Regolith (regolith). Durch den Aufschlag von Meteoriten auf der Oberfläche des Mondes oder eines Planeten entstandene Schutt- und Trümmerschichten.

Regor. Der Stern γ Velorum. Mit $1\overset{\mathrm{m}}{.}8$ ist er der hellste Stern im Sternbild Segel. Die Entfernung beträgt etwa 650 Lichtjahre und die Leuchtkraft ist ungefähr 5800mal größer als die der Sonne. Es ist ein → Wolf-Rayet-Stern mit einem spektroskopisch erfaßbaren Begleiter. In $41''$ Distanz steht ein weiterer optischer Begleiter 4. Größe.

Regulus. Der Hauptstern im Sternbild Löwe. Die lateinische Bezeichnung bedeutet »kleiner König«. Eine seltener gebrauchte arabische Bezeichnung heißt Kabeleced (»Herz des Löwen«). Der Stern ist $1\overset{\mathrm{m}}{.}3$ hell und 73 Lichtjahre entfernt. Er ist 120mal heller und 4mal größer als unsere Sonne. Seine Oberflächentemperatur beträgt 13400 K. Bei einem Spektraltyp von B8 erscheint er uns fast rein weiß. Seine jährliche Eigenbewegung beträgt 0,247″, seine Radialgeschwindigkeit +4 km/s. In einer Distanz von 176″ kann im Fernrohr ein Begleiter von $7\overset{m}{,}6$ und in 2″ Distanz ein Stern 13. Größe beobachtet werden.

Reiterlein (Rider, Cavalier). Volkstümliche Bezeichnung für den Stern → Alkor.

Rekombination (recombination). Der Einfang eines → Elektrons durch ein positives Ion, insbesondere durch einen Atomkern. Die dabei frei werdende Energie wird häufig im Bereich des sichtbaren Lichtes abgestrahlt und als R.leuchten bezeichnet. Der umgekehrte Vorgang ist die → Ionisation.

Rekombinationsepoche (recombination epoch). → Materie-Ära.

Rektaszension (right ascension). Der auf dem Himmelsäquator gemessene Bogen zwischen dem → Frühlingspunkt und dem durch ein Gestirn gehenden Deklinationskreis. In der Regel wird die R. in der Richtung von Westen nach Osten im Zeitmaß von 0^h bis 24^h, seltener von 0° bis 360° gezählt. Die Bezeichnung stammt aus dem Lateinischen (ascensio recta) und bedeutet »gerade Aufsteigung (eines Gestirns)«.

rekurrierende Nova (recurrent nova). → Nova.

relative Öffnung. → Öffnungsverhältnis.

relativistische Bremsstrahlung (relativistic bremsstrahlung). Hypothetische → Gravitationswellen, die bei dem nahen Vorübergang zweier Sterne und ihrer gegenseitigen Bahnablenkung entstehen müßten.

relativistische Geschwindigkeit (relativistic velocity). Eine nahe der Lichtgeschwindigkeit liegende Geschwindigkeit von Teilchen. In diesen Fällen muß mit den Formeln der speziellen → Relativitätstheorie gerechnet werden.

Relativitätsprinzip (relativistic principle). Ein bereits in der klassischen Physik auf G. Galilei (1564–1642) zurückgehendes Prinzip, nach dem es durch irgendwelche Experimente unmöglich ist zu entscheiden, ob sich ein Bezugssystem in absoluter Ruhe oder in einer geradlinig gleichförmigen Bewegung befindet. Damit sind auch z. B. Begriffe wie »oben« oder »unten« im Weltbild des Altertums als nicht absolut, sondern nur relativ zu betrachten. Gleichförmig gegeneinander bewegte Bezugssysteme sind gleichwertig (Inertialsystem). In der speziellen → Relativitätstheorie ist das R. noch verallgemeinert worden, insbesondere auf alle möglichen Bewegungsformen.

Relativitätstheorie, allgemeine (general theory of relativity). Die a. R. dehnte 1916 die Erkenntnisse der speziellen Relativitätstheorie (→ Relativitätstheorie, spezielle) auf beschleunigte Systeme aus. Es ist für einen Beobachter innerhalb eines begrenzten Bereichs der → Raumzeit unmöglich zu entscheiden, ob er eine gleichmäßig beschleunigte Bewegung ausführt oder sich in einem Gravitationsfeld befindet (Prinzip der Äquivalenz von Trägheit und Schwere). Ein abgeschlossener Beobachter kann also durch keinerlei Experimente herausfinden, ob er sich in einem Gravitationsfeld befindet oder außerhalb eines solchen beschleunigt bewegt. Nach A. Einstein (1879–1955) ist die Gravitation nicht allein als eine Kraft anzusehen; sie ist die Folge der Raumkrümmung. Bereits in der speziellen Relativitätstheorie trat die Zeit als 4. Dimension neben den gewöhnlichen 3 Dimensionen des Raumes auf. In der a. R. stellt sich der Raum gekrümmt als Folge der Anwesenheit von Massen dar. In der Nachbarschaft einer besonders großen Masse ist die Raumkrümmung entsprechend größer, nimmt aber mit zunehmendem Abstand

von dieser Masse ab. Die Gesamtheit aller Massen im Weltall bedingt die Gesamtkrümmung des Universums.
Es gibt drei wesentliche Folgerungen aus der a. R., die sich auch durch Experimente und Beobachtungen überprüfen lassen:
1. Die Lichtablenkung im Schwerefeld der Sonne. Nach Einstein müßte ein Lichtstrahl eines Sterns, der am Sonnenrand vorbeiläuft, eine Ablenkung von 1,75″ erfahren. Bei etwas größeren Winkelabständen von der Sonne ist diese Ablenkung entsprechend geringer. Da man normalerweise keine Sterne in der Nachbarschaft der Sonne beobachten kann, ist man auf totale Sonnenfinsternisse angewiesen. Seit Aufstellen der a. R. wurden deswegen praktisch sämtliche totalen Sonnenfinsternisse benutzt, um diese Testmöglichkeit auszunutzen. Bereits bei der ersten Finsternis, die 1919 beobachtet wurde, zeigte sich die aus der Theorie von Einstein sich ergebende Lichtablenkung. Allerdings stellte sich zunächst ein etwas größerer Wert um 2″, teilweise sogar noch darüber, heraus. In den folgenden Jahrzehnten ging die Diskussion darum, ob diese Abweichungen auf systematische Beobachtungsfehler zurückzuführen sind, oder ob eine Modifizierung der a. R. notwendig ist. Doch war es mit Hilfe von → Radiointerferometern möglich, genauere Werte für die Lichtablenkung zu bestimmen. Alljährlich bewegt sich unsere Sonne nahe an dem Quasar 3C 273 im Sternbild Jungfrau vorbei. Dessen Positionsveränderungen wurden bei dem Vorübergang der Sonne exakt gemessen. Es stellte sich der von Einstein berechnete Wert innerhalb der möglichen Meßgenauigkeiten heraus.
2. Die Drehung der Apsidenlinie der sonnennächsten Planeten. Infolge der Raumkrümmung in der Nachbarschaft unserer Sonne müßte die Linie der → Apsiden eine über die klassische Gravitationstheorie hinausgehende Verschiebung zeigen. Tatsächlich stellte sich bereits im 19. Jahrhundert für den Planeten Merkur ein solcher überschüssiger Betrag von etwa 43 Bogensekunden pro Jahrhundert heraus, der damals nicht zu erklären war. Mögliche Deutungsversuche lagen in einer Abplattung der Sonne oder in einem intermerkuriellen Planeten. Die Abplattung der Sonne ist aber, falls überhaupt vorhanden, viel zu gering. Ferner zeigte sich innerhalb der Merkurbahn kein größerer störender Planet. Nach der a. R. kann jedoch die Drehung der Apsidenlinie (oder die Periheldrehung, wie dieser Vorgang oft auch bezeichnet wird) exakt gedeutet werden. Der Effekt zeigt sich auch noch bei den anderen inneren Planeten, beträgt aber bei der Venus nur noch 8,4″ und bei der Erde 5,0″. Die theoretisch geforderten Werte betragen hier 8,6″ bzw. 3,8″.
3. Die relativistische Rotverschiebung. Licht und andere elektromagnetische Strahlungen, die die Oberfläche eines massereichen Körpers verlassen, erfahren eine Verschiebung zu längeren Wellenlängen hin. Das Licht wird also nach Rot hin verschoben. Dieser Umstand hängt damit zusammen, daß eine Uhr in einem stärkeren Gravitationsfeld langsamer läuft. Oder aber: Die Lichtquanten müssen gegen die Gravitationskraft eines Sterns Arbeit leisten und verlieren dadurch an Energie. Die relativistische Rotverschiebung ist bei unserer Sonne zwar nachgewiesen worden, konnte aber dem Betrag nach nicht exakt bestätigt werden, da dieser schwache Effekt noch durch zahlreiche andere Erscheinungen überlagert wird (z. B. Turbulenzen in der Sonnenatmosphäre). Deutlicher zeigt sich die Rotverschiebung bei den weißen Zwergsternen. Neuerdings war es auch möglich, mit

Hilfe des → Mößbauer-Effekts den genaueren Wert für die relativistische Rotverschiebung experimentell zu bestimmen.
So ist die a.R. heute durch Beobachtung und Experiment gesichert. Auch die aus der Theorie zu folgernden → Gravitationswellen scheinen heute nachweisbar zu sein. Die in den vergangenen Jahrzehnten gelegentlich noch vermuteten Abweichungen zwischen Theorie und Beobachtung gaben Anlaß zu anderen Vorschlägen, die aber häufig nicht grundsätzlich von der a.R. abwichen. Dazu gehörte z.B. die → Brans-Dicke-Theorie. Die a.R. hat nicht die klassische Physik, vor allem die Gravitationstheorie von I. Newton widerlegt oder ersetzt. Vielmehr ergibt sich die Newtonsche Gravitationstheorie und die klassische Mechanik als ein Spezialfall für Raumzeit-Bereiche mit kleinen Massen und mit gegenüber der Lichtgeschwindigkeit kleinen Geschwindigkeiten. In der nahen Zukunft wird es vor allem für Fragen der Kosmologie, der zeitlichen und räumlichen Struktur des Universums, sowie der Hochenergiephysik notwendig sein, die Quantentheorie mit der a.R. zu vereinen. An derartigen Versuchen wird derzeit gearbeitet (→ Quantengravitation).

Relativitätstheorie, spezielle (special theory of relativity). Die 1905 von A. Einstein (1879–1955) aufgestellte Theorie, die eine Erweiterung der klassischen Physik bedeutet. Ausgangspunkt war 1881 der Versuch von A. A. Michelson (1852–1931), der zum Ergebnis hatte, daß die Lichtgeschwindigkeit unabhängig von der Erdbewegung ist. Nach verschiedenen zwischenzeitlichen Lösungsversuchen, vor allem von G. Fitzgerald und H. A. Lorentz, konnte erst Einstein eine abschließende Lösung dieses Problems vorlegen. Danach ist die Lichtgeschwindigkeit von der Bewegung eines Systems völlig unabhängig. Eine der wichtigsten Folgerungen der s.R. ist der Umstand, daß die Zeit verschieden schnell für solche Beobachter abläuft, die sich mit unterschiedlichen Geschwindigkeiten gegeneinander bewegen. Ferner können zwei Ereignisse, die sich für einen Beobachter gleichzeitig abspielen, sich für einen zweiten oder weiteren Beobachter nicht gleichzeitig abspielen. Für den astronomischen und kosmologischen Bereich, aber auch für eine Diskussion über die Möglichkeit interstellarer Raumfahrt mit großen Geschwindigkeiten, ist die relativistische Massenzunahme und die Zeitdehnung mit zunehmender Geschwindigkeit wesentlich. Es ist die Masse m jeweils größer als die Ruhemasse m_0 und nach der folgenden Formel abhängig von der Geschwindigkeit v im Verhältnis zur Lichtgeschwindigkeit c.

$$m = m_0 / \sqrt{1 - \mathrm{v}^2} / c^2$$

Entsprechend laufen Uhren, die sich an Bord eines schnellen Raumfahrzeugs befinden, im Verhältnis $\sqrt{1 - \mathrm{v}^2 / c^2}$: 1 mal langsamer als auf der Erde, von der sich das genannte Raumfahrzeug mit der Relativgeschwindigkeit v fortbewegt (Zeitdilatation, Zeitdehnung). Auch die Längenmessung ist relativ. Beobachtet man einen Maßstab in einem Raumfahrzeug, das sich mit der Relativgeschwindigkeit v wegbewegt, so ist dessen Länge im Verhältnis $\sqrt{1 - \mathrm{v}^2 / c^2}$: 1 kürzer. Dies nennt man die relativistische Längenkontraktion.
Diese relativistischen Effekte machen sich allerdings bei sehr kleinen Geschwindigkeiten praktisch nicht bemerkbar. Erst bei sehr großen Geschwindigkeiten, nahe der Lichtgeschwindigkeit, sind sie zu berücksichtigen. So macht die Massenzunahme bei einer Relativgeschwindigkeit von 30000 km/s, also

10% der Lichtgeschwindigkeit, erst 1% der Ruhemasse aus. Der Körper hat also nun eine Masse vom 1,01 fachen der Ruhemasse. Ist wieder c die Lichtgeschwindigkeit und m_0 die Ruhemasse, so ist bei einer Geschwindigkeit von 0,5 c die Masse erst auf 1,16 m_0 angewachsen, bei 0,8 c auf 1,67 m_0, bei 0,9 c auf 2,30 m_0 und bei 0,99 c auf 7,03 m_0. Entsprechend macht sich auch die relativistische Zeitdehnung nur bei sehr hohen Geschwindigkeiten bemerkbar. So würde z.B. bei Erreichen von 90% der Lichtgeschwindigkeit der Faktor, um den der Zeitablauf verlangsamt wird, knapp über 2 betragen. Erst bei einer Relativgeschwindigkeit von 99,9% der Lichtgeschwindigkeit würde der Faktor auf etwa 25 anwachsen. Andererseits ergibt sich aus der s. R., daß kein materieller Körper jemals die Lichtgeschwindigkeit selbst erreichen oder gar überschreiten kann. Die Lichtgeschwindigkeit (im Vakuum) ist damit die obere Grenzgeschwindigkeit.

Eine weitere Folgerung aus der s.R. ist die Äquivalenz von Masse m und Energie E (Äquivalenzprinzip). Es ist

$$E = m \cdot c^2.$$

Diese Formel ist die Grundlage für alle Umwandlungen von Masse in Energie und umgekehrt, wie sie in der modernen Kernphysik und Elementarteilchenphysik auftreten. Damit ist die s.R. bereits seit vielen Jahren experimentell voll gesichert.

Die s.R. beschreibt die physikalischen Vorgänge zwischen unbeschleunigten, also geradlinig gleichförmigen Inertialsystemen, die sich in relativer Bewegung zueinander befinden. Kein physikalisches Experiment kann die gleichförmige, geradlinige Bewegung eines Systems gegenüber einem anderen gleichförmig geradlinig bewegten System oder umgekehrt nachweisen. Es gibt kein absolutes Raumzeit-System, an dem man eine geradlinig gleichförmige Bewegung festnageln könnte.

Relativzahl, Sonnenfleckenrelativzahl, Wolfsche Zahl (relative sunspot number, Wolf number). Ein von R. Wolf (1816–1893) eingeführtes Maß für die Sonnenfleckentätigkeit. Es gilt:

$$R = k \cdot (10 \cdot G + F).$$

Dabei bedeutet G die Zahl der zu beobachtenden Sonnenfleckengruppen und F die Gesamtzahl aller Flecken. Dabei zählt ein auftretender Einzelfleck als eine eigene Gruppe. Die niedrigstmögliche R. nach 0 ist damit also bereits 11. k ist ein Reduktionsfaktor, der von der Größe des Instruments, den atmosphärischen Sichtbedingungen und der Auffassungsgabe des Beobachters abhängt. Eine Alternative zur R. ist die → Pettiszahl.

Relict II. Ein geplanter russischer Raumflugkörper, der die Mission des → Cosmic Background Explorer (COBE) fortsetzen und dessen Empfänger eine dreimal höhere Empfindlichkeit haben soll.

Remnant. Ein aus dem Englischen stammender Begriff für den Überrest einer → Supernova.

remote control. Fernbedienung eines → Fernrohrs.

Rendezvous-Technik (rendezvous manoeuvre). Das Zusammenführen von zwei Raumflugkörpern.

Repetitionskreis (repetition circle). → Multiplikationskreis.

Repulsivkraft (repulsive force). Die Kraft, die auf die Gase in der Koma eines → Kometen wirkt und diese von der Sonne wegreißt und den Schweif des Kometen bildet. Ursache ist der → Sonnenwind und → Strahlungsdruck der Sonne.

Resonanz (resonance). Die Verstärkung einer Schwingung durch einen äußeren Reiz, der mit der Eigenfrequenz des schwingenden Systems einwirkt. R. tritt vor allem dann ein, wenn die Dämpfung des schwingenden Systems besonders klein ist.

Reticulum. Lateinische Bezeichnung für das Sternbild → Netz.

retrograd (retrograde). → rückläufig.

Revolution (revolution). Vor allem in früheren Zeiten benutzte Bezeichnung für die Umlaufbewegung eines Planeten um die Sonne.

Revolutionskalender (revolution calendar). Der in der französischen Revolution aufgestellte → Kalender.

R-Gebiete (R zones). Bereiche innerhalb der → Sonnenkorona, die für meist nur wenige Minuten eine starke, veränderliche Radiostrahlung aussenden. Bisher war es noch nicht möglich, diese Gebiete mit optischen Phänomenen eindeutig zu identifizieren.

RGU-System (RGU system). Ein photometrisches System, das auf den folgenden drei Wellenlängen basiert: 638 nm (Rot), 481 nm (Grün) und 370 nm (Ultraviolett). → Dreifarbenphotometrie.

Rhea. Ein Satellit des Saturn. Er wurde 1672 von G. D. Cassini (1625–1712) entdeckt. Seine mittlere Entfernung von Saturn beträgt 527040 km, die Umlaufzeit 4,518 Tage. Die Bahnexzentrizität ist 0,001, die Bahnneigung 0,35°. Der Durchmesser dieses zweitgrößten Satelliten des Saturn beträgt 1530 km, die Masse 0,0000044 der Saturnmasse, die Dichte 1,33 g/cm^3. Die Albedo liegt bei 0,7. In einer mittleren Opposition erreicht R. eine Helligkeit von $9\overset{m}{,}9$. Das Innere von R. enthält, bis auf einen Gesteinskern, Eis. Auch die Oberfläche besteht aus Wassereis und Reif. Die Aufnahmen der Voyager-Sonden enthüllten zahlreiche Aufsturzkrater. Der größte Krater heißt Izanagi und hat einen Durchmesser von 300 km. Doch steht einer kraterübersäten Hälfte von R. eine kraterärmere, verhältnismäßig dunkle Halbkugel gegenüber.

Rich Field Telescope. Ein lichtstarkes Fernrohr kurzer Brennweite, das mit Weitwinkelokularen ein extrem großes Gesichtsfeld bietet. Auch → Kometensucher.

Ries. Ein um Nördlingen in Süddeutschland gelegener Krater, der auf den Einsturz eines Kleinplaneten zurückzuführen ist. Die Indizien dafür sind das Auftreten von Strahlenkalk, → Coesit, → Stishowit, Glas und → Suevit. Möglicherweise entstanden bei dem Aufprall auch die → Moldavite. Der Durchmesser des 1904 entdeckten Kraters beträgt knapp 25 km. Seine Tiefe beläuft sich auf 200 m. Sein Alter wird auf 14,8 Mill. Jahre beziffert. Vermutlich zusammen mit dem R. entstand etwa 40 km südwestlich das → Steinheimer Becken.

Riesenast (giant branch). Der im oberen Teil des → Hertzsprung-Russell-Diagramms gelegene Ast, auf dem sich vor allem die → roten Riesensterne befinden.

Riesensterne (giant stars). Sterne, die über einen großen Durchmesser und eine große Leuchtkraft verfügen. Noch größer bzw. heller sind die → Überriesen. Am bekanntesten sind die → roten Riesensterne. Unter den blauen Riesen bzw. Überriesen versteht man die extrem leuchtmächtigen Sterne am linken oberen Ende der → Hauptreihe des → Hertzsprung-Russell-Diagramms.
Während die blauen Riesen extrem junge Sterne mit kurzer Lebenserwartung sind, stellen die roten Riesen ältere Sterne dar.

Rigel. Der hellste Stern im Sternbild Orion (obwohl seine Bezeichnung β Orionis lautet). Der arabische Name bedeutet »Fuß«. Der blauweiße Überriese hat eine Helligkeit von $0\overset{m}{,}1$ und zählt zur Spektralklasse B 8. Seine Oberflächentemperatur beträgt 12300 K. R. ist im

Durchmesser 19mal größer und 57000mal heller als unsere Sonne. Seine Entfernung beträgt 900 Lichtjahre. In 9,4″ Distanz kann ein Begleiter der Helligkeit $6\overset{m}{,}7$ beobachtet werden. Diese beiden Sterne sind ihrerseits wiederum spektroskopisch doppelt. Die beiden Komponenten des Hauptsterns zeigen eine Umlaufzeit von 21,9 Tagen, die Komponenten des Begleiters bewegen sich in 9,9 Tagen umeinander.

Rigil Kent. Arabische Bezeichnung für den Stern → Toliman oder α Centauri, die zu deutsch »Fuß des Centauren« bedeutet.

Rille (groove, cleft). Schlucht auf dem Mond, die gelegentlich über 100 km lang ist. Die Breite der R. beträgt maximal einige km, ihre Tiefe etwa 100 m.

Rima. Lateinische Bezeichnung für eine → Rille auf dem Mond.

Ringgalaxis (ring galaxy). Ringförmiges Spiralsystem unter den Galaxien. Einige Autoren sind der Auffassung, daß diese Form bei dem Zusammenstoß eines normalen Spiralnebels mit intergalaktischen Gaswolken oder beim Durchdringen einer kleineren Galaxie durch eine größere entsteht. Auch → Kannibalismus.

Ringgebirge (walled plain, crater). Größerer Krater auf dem Mond.

Ringmikrometer (ring micrometer). → Kreismikrometer.

Ringnebel (ring nebula). Ein ringförmig aussehender → planetarischer Nebel. Am bekanntesten ist der R. im Sternbild Leier mit der Katalogbezeichnung M 57 bzw. NGC 6720. Er ist 2000 Lichtjahre entfernt. Bei einer Gesamthelligkeit von etwa 9^m kann er bereits mit kleinen Fernrohren beobachtet werden. Der Zentralstern ist allerdings nur $14\overset{m}{,}7$ hell, obwohl seine Oberflächentemperatur 75000 K beträgt. Das bedeutet, daß der Stern im wesentlichen Ultraviolettstrahlung aussendet. Der scheinbare Durchmesser des Nebels beträgt 1′, der wahre Durchmesser knapp 1/2 Lichtjahr. In den letzten etwa 40 Jahren stellte man eine Vergrößerung des Nebels um eine halbe Bogensekunde fest. Tatsächlich expandiert der R. mit etwa 19 km/s, was auch aus Beobachtungen des Dopplereffekts im Spektrum hervorgeht. Das Alter wird auf etwa 5500 Jahre geschätzt.

Ringstromsystem (ring current system). Ein Stromsystem in der Ionosphäre der Erde. Es entsteht nach dem Prinzip der → Dynamotheorie.

Ritchey-Chrétien-Teleskop (Ritchey-Chrétien telescope). Ein von den Optikern H. Chrétien 1922 und später von G. W. Ritchey entwickeltes und ausgeführtes Spiegelsystem. Die zwei dabei benutzten Spiegel sind asphärisch und liefern im Sekundärfokus (ähnlich dem → Cassegrain-Spiegel) ein Bild, das frei von sphärischer → Aberration und von → Koma ist. Das nutzbare Bildfeld beträgt etwa 2° und ist verhältnismäßig stark gekrümmt.

Rochesche Grenze (Roche limit). Ein 1848 von E. Roche (1820–1883) berechneter Bereich um einen Himmelskörper (vor allem eines Planeten), in dem ein zweiter Körper (Satellit) durch die Gezeitenkräfte zerrissen werden würde. Dieser Umstand beruht darauf, daß die dem Zentralkörper näher gelegenen Teile des umlaufenden Körpers einer größeren Gravitation als die dem Zentralkörper ferneren Teile unterliegen. Lediglich sehr kleine Objekte, z. B. die künstlichen Erdsatelliten, können noch innerhalb der R. G. unzerstört ihren Umlauf ausführen. Ist die Dichte des umlaufenden Körpers gleich der des Zentralkörpers, so liegt die kritische Entfernung bei dem 2,456fachen des Radius des Zentralkörpers. Für den Fall unseres eigenen Mondes, dessen Dichte kleiner ist als die mittlere Dichte der Erde, liegt die R. G. bei 2,9 Erdradien. Sämtliche bekannten, nicht zu kleinen Satelliten unseres Sonnensystems bewegen sich außerhalb der R. G. um ihre Planeten. Nur die Ringe von Saturn, Uranus, Neptun und Jupiter sowie einige sehr kleine Satelliten befinden sich innerhalb der R.G.

Roche-Volumen, kritisches Volumen (Roche lobes, critical volume). Das Volumen, das ein Stern als Komponente eines → Doppelsterns maximal ausfüllen darf, ohne Materie an den Nachbarstern oder die Umgebung zu verlieren. Innerhalb des R.-V. ist also die Gravitation des Sterns vorherrschend.

Rockoon. Eine Kombination von Ballon und Rakete. Ein Stratosphärenballon bringt eine kleinere Rakete in eine entsprechende Höhe über der Erdoberfläche. Erst dort wird die Rakete gezündet. Diese Methode wird manchmal zur Erforschung der äußeren Schichten der Erdatmosphäre angewandt. Der Begriff ist aus den englischen Wörtern rocket und balloon zusammengesetzt.

Ronchi-Test (Ronchi test). Ein Test zur Prüfung der optischen Qualität eines Konkavspiegels. Dabei beobachtet man den Spiegel durch ein Beugungsgitter, während der Spiegel von einer punktförmigen Lichtquelle, die sich nahe dem Krümmungsmittelpunkt des Spiegels befindet, beleuchtet wird. Erkennt man auf einem sphärischen Spiegel gerade, auf einem Parabolspiegel regelmäßig gekrümmte Bänder, so ist der Spiegel in Ordnung.

Röntgenastronomie (X-ray astronomy). Ein Bereich der Astronomie, der erst durch die Entwicklung von Raketen und Satelliten möglich wurde. Die aus dem Weltall kommenden → Röntgenstrahlen werden nämlich in den höheren Schichten der Erdatmosphäre absorbiert. Nachdem es bereits 1949 bei Raketenaufstiegen möglich war, Röntgenstrahlung von der Sonne zu registrieren, konnte am 18. 6. 1962 mit einer Aerobee-Forschungsrakete unter der Leitung von R. Giacconi erstmals eine Röntgenquelle (Scorpius X-1) außerhalb des Sonnensystems entdeckt werden. Weitere Raketenexperimente förderten bis 1970 etwa 40 Röntgenquellen zutage. Einige militärisch genutzte Vela-Satelliten, mit denen auch die kosmische Gammastrahlung entdeckt wurde, trugen Röntgenstrahlenempfänger, ebenso der 1962 gestartete Ariel I und seine Folgesatelliten, besonders Ariel V. Diese Satelliten erforschten vor allem die Röntgenstrahlung der Sonne. Ebenso der Sonnenforschung widmeten sich u.a. das Orbiting Solar Observatory (ab 1962) und die Solar Maximum Mission (1980). Auch während des bemannten Fluges von Skylab 1973/74 wurden hervorragende Röntgenaufnahmen der Sonne gewonnen. Die von anderen Bereichen des Weltalls stammende Röntgenstrahlung wurde erstmals in großem Umfang von Uhuru ab 1970 untersucht. Weitere wichtige Röntgensatelliten waren HEAO 2 oder Einstein (1978), Copernicus (1971), EXOSAT (1983), Ginga (1987) und ROSAT (1990). Die ersten Röntgendetektoren erlaubten nur eine sehr geringe Auflösung, so daß es in sehr vielen Fällen nicht möglich war, neu entdeckte Röntgenquellen mit optischen Objekten oder auch Radioquellen zu identifizieren. Die heute in der R. verwendeten Empfänger sind dagegen echte Teleskope, die eine gute Abbildung bzw. Auflösung gewährleisten (→ Röntgenteleskop). Röntgenstrahlung erhalten wir vor allem von viele Millionen K heißen Gebieten im Weltall (→ Röntgenquellen).

Dem kurzwelligen Teil der Röntgenstrahlen schließt sich die → Gammastrahlenastronomie an.

Röntgenburster (X-ray burster). → Burster.

Röntgen-Doppelsterne (X-ray binaries). Doppelsterne, bei denen eine Komponente ein normaler Stern, die andere Komponente ein kompaktes Objekt ist. Dies kann ein weißer Zwergstern (Beispiele: AM Herculis und U Geminorum), ein Neutronenstern (Hercules X-1) oder ein Schwarzes Loch (Cygnus X-1) sein. Vom normalen Stern fließt Materie auf den kompakten Stern über und bildet um diesen zunächst eine Accretionsscheibe, die sich vor dem Sturz in das kompakte Objekt auf Hunderte Millionen K aufheizt. Dabei wird eine intensive Röntgenstrahlung ausgesandt. Viele in der Galaxis liegende Röntgenquellen sind R.-D.

Röntgen-Galaxie (X-ray galaxy). Eine Galaxie, die starke Röntgenstrahlung aussendet. Es sind meist Galaxien mit einem aktiven Kern (vor allem → Radiogalaxien, → Seyfert-Galaxien und → Quasare).

Röntgennova (X-ray nova). Ein → Röntgen-Doppelstern, in dem es zu plötzlichen novaähnlichen Helligkeitsausbrüchen auf das bis zu Millionenfache kommt.

Röntgenpulsar (X-ray pulsar). Ein → Pulsar, der vor allem Röntgenstrahlung aussendet. Die in einem → Röntgendoppelstern auf das kompakte Objekt einströmende Materie sammelt sich an dessen magnetischen Polen. Dort entstehen »heiße Flecken«, die eine intensive Röntgenstrahlung erzeugen (Beispiele: Centaurus X-3 und Hercules X-1).

Röntgenquelle (X-ray source). Eine Quelle extraterrestrischer Röntgenstrahlen, die sich in einem kleinen Bereich des Himmelsgewölbes zeigt. Wichtige R. sind zunächst bestimmte Erscheinungen auf unserer Sonne, wie z. B. die → Eruptionen und die → Sonnenkorona. Die Himmelsdurchmusterung des Röntgensatelliten ROSAT 1990/91 registrierte am ganzen Himmel fast 60000 R. Davon sind rund 20000 bis 30000 R. → Quasare, aber auch → Seyfert-Galaxien und → Radiogalaxien. Etwa 15000 bis 20000 R. sind ganz normale Sterne mit einer heißen Korona, deren Temperaturen noch deutlich über der unserer Sonnenkorona liegen. Etwa 5000 bis 8000 R. fallen mit → Galaxienhaufen zusammen. Der Rest wird gebildet durch → Röntgen-Doppelsterne und Gasschalen um alte → Supernovae. Zu den näher liegenden R. zählt aber auch z. B. der Kern unserer Galaxis.
Neben den diskreten R. empfangen wir auch eine diffuse Hintergrundstrahlung (»Röntgen-Hintergrund«), deren Natur lange Zeit unklar war. Nach den Ergebnissen von ROSAT darf man aber annehmen, daß es sich fast durchweg um unaufgelöste Mengen von Quasaren handelt. Extrapoliert man die von ROSAT festgestellte Quasardichte auf fernere bzw. schwächere Quasare, so stammt vielleicht 85% des »Röntgen-Hintergrunds« von Quasaren. Der Rest kann schließlich fernen und schwachen Galaxienhaufen sowie der intergalaktischen Materie zugeschrieben werden.

Röntgenspektrum (X-ray spectrum). Die Verteilung der Intensität von Röntgenstrahlen in Abhängigkeit von der Wellenlänge.

Röntgenstern (X-ray star). Ein Stern, der starke Röntgenstrahlung aussendet. Ursache ist meist die viele Millionen Grad heiße Korona, vergleichbar der → Sonnenkorona. Unsere Sonne ist allerdings kein extrem starker R. Starke Röntgenstrahler sind Sterne mit Oberflächentemperaturen von 20000 bis 40000 K, also die blauweißen → Überriesen. Sie zeigen, ausgelöst durch einen starken Strahlungsdruck, einen extremen Sternwind, der wiederum die Korona und andere umgebende Gaswolken aufheizt.

Dazu gehören z.B. die drei Gürtelsterne des Orion. → Rote Riesensterne und Überriesen sind dagegen keine R. Selbst bei dem nächsten roten Riesen (z.B. Arktur), konnte keine Röntgenstrahlung nachgewiesen werden. Modellrechnungen zeigen, daß er pro Fläche 10000mal weniger Röntgenstrahlung ausstrahlen dürfte als unsere Sonne. Besser sieht es bei den roten Zwergsternen aus. Hier kommen nahe der Oberfläche starke Konvektionszonen vor, die zu einer Aufheizung der Korona führen. Unter R. versteht man aber auch häufig die → Röntgen-Doppelsterne.

Röntgenstrahlen (X-rays). Elektromagnetische Strahlung mit einer Wellenlänge zwischen 0,01 und 10 nm. Man unterscheidet harte (kurwellige) und weiche (langwellige) R. Sie entsteht als Röntgenbremsstrahlung mit kontinuierlichem Spektrum durch plötzliches Abbremsen schneller Elektronen in dem Feld positiv geladener Atomkerne im Material einer Antikathode. Die Energie dieser Strahlung ist proportional der kinetischen Energie, die das aufprallende Elektron bei seiner Abbremsung abgegeben hat. Die kürzeste Wellenlänge (Grenzwellenlänge) ergibt sich, wenn die gesamte kinetische Energie in Strahlung umgewandelt wird. Wird durch einen Ionisierungsprozeß, z.B. den Stoß mit einem energiereichen Elektron, aus einer inneren Schale eines Atoms ein Elektron entfernt, so wird die entstandene Besetzungslücke (Loch) durch den Übergang eines Elektrons aus einer höheren Schale unter Emission von R. aufgefüllt (charakteristische R. mit Linienspektrum).

Eine weitere Möglichkeit für die Entstehung von R. ist die Beschleunigung von Elektronen in Magnetfeldern (→ Synchrotronstrahlung). Schließlich kommt noch der → inverse Compton-Effekt in Betracht.

Röntgenteleskop (X-ray telescope). Ein Teleskop, das kosmische Objekte im Bereich der → Röntgenstrahlen abbildet. Da der Brechungsindex für Röntgenstrahlen fast 1 ist, sind keine normalen Brechungslinsen möglich. Außerdem ist der Reflexionsgrad bei senkrechtem Einfall der Röntgenstrahlen praktisch Null, so daß keine normalen Spiegeloptiken eingesetzt werden können. Bei einem streifenden Einfall der Strahlen mit einem Winkel unter 2° erfolgt jedoch Totalreflexion. So besteht das vor allem bei neueren Röntgensatelliten eingesetzte und nach H. Wolter (1911–1978) benannte Wolter-Teleskop aus einem langgestreckten parabolischen Spiegel. An ihm werden streifend unter einem Winkel von maximal 1,5° einfallende Strahlen reflektiert und gelangen auf ein Hyperboloid. An ihm werden die Strahlen ein zweites Mal reflektiert und in einem gemeinsamen Punkt fokussiert. Man unterscheidet nach der Entwicklungsstufe Wolter-Teleskope vom Typ 0, 1 und 2.

Roque de los Muchachos Observatory. Auf der Kanareninsel La Palma in 2400 m Höhe gelegenes Observatorium, an dem neben Spanien vor allem Großbritannien (→ Royal Greenwich Observatory), aber auch Finnland, Norwegen, Dänemark und Schweden beteiligt sind. Am größten ist das 1987 fertiggestellte William-Herschel-Teleskop mit 4,2 m Durchmesser, das von Großbritannien aus ferngesteuert werden kann. Dasselbe gilt für das Isaac Newton-Teleskop mit 2,5 m und das Jacobus Kapteyn-Teleskop mit 1 m Öffnung. Hinzu tritt das Nordic-Telescope der skandinavischen Länder mit 2,5 m Durchmesser sowie ein schwedisches Sonnenteleskop.

Rosalind. Der 1986 von Voyager 2 entdeckte Satellit XIII des Uranus. Seine mittlere Entfernung von Uranus beträgt 69940 km, seine Umlaufzeit 0,558 Tage, die Bahnexzentrizität 0 und die Bahnneigung 0,3°. Der Durchmesser beläuft sich auf 54 km. Die Albedo dürfte etwa 0,07 sein.

ROSAT. Ein deutsch-britisch-amerikanischer Röntgensatellit, der unter der Leitung von J. Trümper (*1933) entstand. Er wurde am 1. 6. 1990 mit einer Delta II-Rakete in eine fast genau kreisförmige Erdumlaufbahn in 577 bzw. 583 km Höhe gestartet. Die Bahnneigung beträgt 53°. Das → Röntgenteleskop vom Typ Wolter hat eine Öffnung von 83 cm, eine Brennweite von 2,4 m und ein Auflösungsvermögen von 2″. Mit an Bord ist eine britische Weitwinkelkamera für die Registrierung der extremen Ultraviolettstrahlung (EUV).

Das erste Röntgenbild wurde am 16. 6. 1990 übertragen und stellte den → Röntgendoppelstern LMC X-1 in der Großen Magellanschen Wolke dar. Zwischem dem 30. 7. 1990 und 1. 2. 1991 lief eine Himmelsdurchmusterung, die fast 60 000 → Röntgenquellen umfaßte. Trotz einiger aufgetretener Probleme mit der Lageregelung war R. äußerst erfolgreich. R. war der bis zu diesem Zeitpunkt größte in Deutschland gebaute Satellit. Ein zweiter Röntgensatellit R. 2 oder SPECTROSAT ist geplant.

ROSETTA. Eine von der ESA geplante Kometensonde (Comet Nucleus Sample Return Mission, CNSR), die eine Landung auf einem Kometenkern und die Rückholung von Kometenmaterial vorsieht. Die Verwirklichung ist nicht vor dem 21. Jahrhundert zu erwarten.

Rosettennebel (Rosette Nebula). Ein im Sternbild Einhorn gelegener heller, diffuser Nebel. Seine Katalogbezeichnung lautet M 16 oder NGC 2237, 2238, 2239 und 2246. Seine Entfernung beträgt etwa 4500 Lichtjahre. Er liegt um den Sternhaufen NGC 2244, der sehr junge, meist heiße Sterne vom Spektraltyp O enthält. Das Alter des Haufens und des Nebels wird auf nur etwa 500 000 Jahre geschätzt. Der Strahlungsdruck der Sterne schuf auch den Hohlraum des Nebels, der in der Zukunft noch weiter auseinandergetrieben werden wird.

Rossby-Wellen (Rossby waves). In einem Gas oder in einer Flüssigkeit auftretende nach C.-G. A. Rossby (1898–1957) benannte Strömungen, die auf → Konvektion zurückzuführen sind. Sie entstehen vor allem in der Atmosphäre, in dem flüssigen Erdkern und in den Ozeanen.

Rotation, Umdrehung (rotation). Die Bewegung eines Himmelskörpers um seine Achse. Bei den Planeten kann die R. häufig auf der Grundlage von Beobachtungen irgendwelcher Oberflächeneinzelheiten oder Wolkengebilde bestimmt werden, wie z. B. bei Mars oder Jupiter. Auch bei der Sonne ist die R. aus Beobachtungen von Sonnenflecken oder anderer Erscheinungen abzuleiten. In anderen Fällen konnte die R. nur mit Hilfe des → Doppler-Effekts, teilweise nur unter Heranziehung von radartechnischen Methoden, bestimmt werden.

Bei den Sternen ist die R. nicht direkt beobachtbar. Wegen des punktförmigen Bildes der Sterne verbietet sich auch eine direkte Anwendung des Doppler-Effekts. Vielmehr zeigt sich die R. eines Sterns in seinem Spektrum dadurch, daß die Spektrallinien sowohl nach der kurzwelligen (violetten) als auch der langwelligen (roten) Seite hin verbreitert sind. Der Betrag dieser Linienverbreiterung erlaubt aber nur dann eine genaue Bestimmung der R.geschwindigkeit, wenn die R.achse dieses Sterns zufälligerweise senkrecht zur Blickrichtung stehen sollte. Tatsächlich wird aber die Achse mehr oder weniger stark geneigt sein. Für den Fall, daß sie genau in die Richtung zur Erde weist, würde auch eine noch so schnelle R. des Sterns mit Hilfe des Doppler-Effekts nicht festzu-

stellen sein. Die tatsächlich gemessenen Werte stellen also nur untere Grenzwerte dar. Die Neigung der R.achse gegen die Sehlinie geht als Unbekannte ein. Wir erhalten also nur den Wert v·sin *i*. Dabei bedeutet v die tatsächliche R.geschwindigkeit, *i* die Neigung der R.achse.
Bei einigen → Bedeckungsveränderlichen gibt es noch eine andere Möglichkeit, die R. zu messen: Durch den gegenseitigen Umlauf entsteht nämlich gelegentlich die Situation, daß unserer Erde nur die eine der beiden Seiten eines Sterns unverdeckt zugekehrt ist, deren R. damit getrennt von der anderen Seite untersucht werden können.
Bisher wurde bei dem Stern φ Persei mit 560 km/s die höchste R.geschwindigkeit eines normalen Sterns gemessen. Die R.perioden sind nur bei den Sternen berechenbar, deren Durchmesser bekannt sind. Die kürzesten R.zeiten liegen bei etwa 0,6 Tagen.
Auffällig ist ein Zusammenhang der R.geschwindigkeiten mit dem Spektraltyp. Die höchsten Werte zeigen Sterne vom Typ Oe und Be mit bis zu 350 km/s und in Einzelfällen darüber. Aber auch die Sterne vom Typ O und B, die keine Emissionslinien im Spektrum zeigen, sind noch verhältnismäßig schnell. Dasselbe gilt auch für die Sterne vom Spektrum A (bis 185 km/s). Die sog. mittleren und späten Spektraltypen, also F, G usw., drehen sich dagegen im Durchschnitt wesentlich langsamer. Bei diesen Sternen ist die R.geschwindigkeit mit 130 bis 10 km/s oder weniger manchmal so gering, daß sie mit unseren gegenwärtigen Methoden nicht mehr nachweisbar ist. Die untere Grenze für die Entdeckung einer Doppler-Verbreiterung liegt bei 10 bis 20 km/s.
Neben dem Zusammenhang zwischen R.geschwindigkeit und Spektraltyp gibt es auch einen Zusammenhang mit der → Leuchtkraftklasse. Am schnellsten drehen sich im allgemeinen die Sterne der Leuchtkraftklasse V, also die Hauptreihensterne, am langsamsten die Sterne der Leuchtkraftklasse I (Überriesen).
Während unsere Sonne mit einer R.geschwindigkeit von etwa 2 km/s praktisch keine Abplattung zeigt, ist für rascher rotierende Sterne eine zum Teil erhebliche Abplattung anzunehmen. Sie dürfte auch bei den am raschesten rotierenden Sternen dazu führen, daß Gasmassen in der Äquatorebene nach außen abfließen. Die bei einigen O- und B-Sternen auftretenden Emissionslinien weisen darauf hin (→ Hüllenstern).

Rotationshypothese (rotation hypothesis). Eine von P. S. Laplace (1749–1827) aufgestellte Theorie von der Entstehung des → Planetensystems, nach der die Planeten von der Sonne aus Gründen einer zu raschen Rotationsgeschwindigkeit und dementsprechend großer Zentrifugalkraft abgestoßen worden seien.

Rotationsparallaxe. → Parallaxe.

Rotationsveränderliche (rotational variables). Sterne, die im Rhythmus ihrer Rotation Helligkeitsveränderungen zeigen. Dazu gehören → ellipsoidische Veränderliche. In anderen Fällen wird die Helligkeitsschwankung durch asymmetrisch um einen Stern verteilte → Sternflecken verursacht (→ BY Draconis-Sterne).

Rotationsverbreiterung (rotational broadening). Die durch die → Rotation eines Sterns entstehende → Doppler-Verbreiterung der Spektrallinien.

Roter Fleck (Red Spot). → Großer Roter Fleck.

rote Riesen-Spitze (red giant tip). Oberste Spitze des Astes der → roten Riesensterne im → Hertzsprung-Russell-Diagramm.

roter Riesenstern (red giant star). Ein Stern der Spektralklasse K oder M mit einer größeren absoluten Leuchtkraft als etwa $+0{,}^{\mathrm{m}}7$. Seine Oberflächentemperatur beträgt nur etwa 2000 bis 4000 K. Die Durchmesser der r. R. liegen zwischen dem 10- und dem mehr als 1000fachen des Sonnendurchmessers. Der größte Stern ist VV Cephei mit dem fast 2000fachen Sonnendurchmesser. Dafür ist die mittlere Dichte der r. R. meist bedeutend geringer als bei unserer Sonne. So wird für einen normalen K0-Riesen im Mittel eine Dichte von 0,0003 und für einen M0-Riesen von 0,00003 der mittleren Sonnendichte angenommen. Die Überriesen haben noch eine 100mal geringere Dichte. Dabei ergeben sich innerhalb dieser Sterne erhebliche Dichteunterschiede. Während die Zentralpartien der r. R. sogar wesentlich dichter sind als die der Sonne, gehen ihre äußersten Atmosphärenschichten so allmählich in den umgebenden Raum über, daß man von unmittelbarer Nähe aus betrachtet keinen so scharfen Rand beobachten könnte wie bei unserer Sonne. Die r. R. befinden sich im rechten oberen Teil des → Hertzsprung-Russell-Diagramms. Es handelt sich um Sterne fortgeschrittenen Alters, in deren Kern der Wasserstoff sich bereits zum größten Teil in Helium verwandelt hat. Statt dessen verwandelt sich in diesen Bereichen das Helium in Kohlenstoff und noch schwerere Elemente. Die meisten r. R. sind nicht mehr so stabil wie die Sterne der → Hauptreihe. Fast alle r. R. zeigen Helligkeitsschwankungen oder spektrale Veränderungen. Da das Entwicklungsstadium der r. R. verhältnismäßig schnell durchlaufen wird, gibt es nur wenige von ihnen.

Da die Schwerebeschleunigung in den äußeren Schichten der r. R. sehr viel geringer ist als bei unserer Sonne, fließen von dort aus ständig Materieströme in die Umgebung. So wird für einen normalen K0-Riesen nur eine Schwerebeschleunigung vom 0,005fachen und für einen M0-Riesen vom 0,001fachen des entsprechenden Sonnenwertes angenommen. Wiederum ist der Wert bei den Überriesen noch geringer. → Protuberanzen und ein → Sternwind nach Art des → Sonnenwinds werden hier eine besonders große Rolle spielen.

Bekannte r. R., die mit bloßem Auge beobachtet werden können, sind z. B. Aldebaran, Antares, Arktur und Beteigeuze.

roter Schein (red glow). Besonders auffällige Dämmerungserscheinung, die in der Zeit nach dem Ausbruch des Vulkans Krakatau 1883 beobachtet werden konnte. Vermutlich sind diese Vorgänge auf Ascheteilchen zurückzuführen, die während des Ausbruchs bis in die Stratosphäre der Erde geschleudert und rings um die Erde getragen wurden. Ähnliche Vorgänge konnten gelegentlich auch nach anderen besonders starken Vulkanausbrüchen beobachtet werden.

roter Zwergstern (red dwarf star). Ein Stern der Spektralklasse K und M mit einer verhältnismäßig geringen absoluten Leuchtkraft. Die r. Z. stehen im → Hertzsprung-Russell-Diagramm in der rechten unteren Ecke, also rechts unterhalb der Sonnenposition in diesem Diagramm. Masse und Durchmesser der r. Z. sind kleiner als bei der Sonne. Ein r. Z. vom Spektraltyp K0 hat im Mittel eine 0,70fache, ein M0-Zwerg eine 0,51fache und ein M5-Zwerg eine 0,21fache Sonnenmasse. Die untere Grenze liegt etwa bei 0,08 Sonnenmassen. Masseärmere Sterne haben Zentraltemperaturen unter 10 Mill. K. Sie können nicht mehr durch Kernfusionsprozesse Energie erzeugen (→ Energieerzeugung in Sternen). Nur ihre Kontraktion liefert ihnen noch geringe Energie (→ braune Zwerge).

Der Durchmesser der r. Z. beträgt für die Spektraltypen K0, M0 und M5 das

0,85fache, 0,60fache bzw. 0,27fache des Sonnendurchmessers. Dagegen sind die mittlere Dichte und die Schwerebeschleunigung an der Oberfläche etwas größer. Ein K0-Zwerg hat eine 1,26fache Dichte und die 1,12fache Schwerebeschleunigung im Verhältnis zur Sonne. Bei einem M0-Zwerg ist es das 2,24- bzw. 1,41fache und bei einem M5-Zwerg das 10,0- bzw. 3,16fache. Die r. Z. zählen zu dem häufigsten Sterntyp. Etwa 80% aller Sterne in der Nachbarschaft unserer Sonne zählen zu r. Z.
Die Leuchtkraft der r. Z. ist deutlich kleiner als die der Sonne. Ein K0-Zwerg bietet im Mittel eine 0,42fache Sonnenleuchtkraft, ein M0-Zwerg eine 0,077- und ein M5-Zwerg eine 0,011fache Sonnenleuchtkraft. R. Z. sind häufig so lichtschwach, daß sie selbst in der Nachbarschaft unserer Sonne nur schwer aufgefunden werden können. So ist → Proxima Centauri, unser nächster Stern, ein r. Z., dessen Leuchtkraft nur das 1/25000 der Sonne beträgt. Jedoch gibt es noch schwächere r. Z. Dazu zählt vor allem Wolf 359 in 7,7 Lichtjahren Entfernung. Trotz dieses kleinen Abstands erscheint er nur als ein Stern der Helligkeit $13^{m}_{\cdot}7$. Seine Leuchtkraft ist nur 0,000014mal so groß wie die der Sonne.
R. Z. gehen so sparsam mit ihrem Energievorrat um, daß ihre Lebenserwartung deutlich größer ist als die anderer Sterne. Sie kann bei den schwächsten r. Z. bis zu über 100 Mrd. Jahre betragen.

Rötung (reddening). → Extinktion.

Rotverschiebung (redshift). Die Verschiebung von Spektrallinien zu längeren (roten) Wellenlängen hin infolge des → Doppler-Effekts oder infolge der relativistischen R. (→ Relativitätstheorie). Am häufigsten wird aber die Bezeichnung auf die in den Spektren der Galaxien festzustellende R. angewandt, die eine Folge der Expansion des Weltalls ist. Sie wurde 1926 in entfernten Galaxien erstmals von V. M. Slipher (1875–1969) entdeckt. Die R. wird oft nicht als Fluchtgeschwindigkeit (in km/s) angegeben, sondern durch den Ausdruck $z = \Delta\lambda/\lambda$. Dabei bedeutet λ die im Laboratorium gemessene Wellenlänge einer Spektrallinie und $\Delta\lambda$ den Unterschied zwischen der Laboratoriumswellenlänge und der beobachteten Wellenlänge. Ein Wert von $z = 0{,}1$ bedeutet z. B., daß die Spektrallinie des Wasserstoffs bei 4861 Å (486,1 nm) eine Wellenlängenvergrößerung von 486 Å (48,6 nm) auf 5347 Å (435,7 nm) zeigt, während die rote Wasserstofflinie Hα von 6543 Å (654,3 nm) auf 7219 Å (721,9 nm) anwächst. Ferner ist $z = v/c$, wobei v die Radialgeschwindigkeit und c die Lichtgeschwindigkeit ist. Bei sehr großen z-Werten, also Geschwindigkeiten nahe der Lichtgeschwindigkeit, muß allerdings relativistisch gerechnet werden (→ Hubble-Effekt).
Die entferntesten optisch nachweisbaren normalen Galaxien haben einen Wert von $z = 0{,}7$. Die entferntesten → Quasare zeigen noch größere z-Werte. Die größten R. erreichen fast den Wert $z = 5$. In diesem Falle ist die kurzwellige Ultraviolettstrahlung bereits in den sichtbaren Bereich des Spektrums verschoben.

Royal Greenwich Observatory. Das »Königliche Observatorium« in England, das 1675 von König Karl II. in Greenwich bei London gegründet wurde. Es diente zunächst zur genauen Beobachtung des Mondes und der Sterne, um Fragen der Navigation auf hoher See besser angehen zu können. Die Direktoren trugen bis 1972 den Titel »Astronomer Royal«. Ihr erster war J. Flamsteed (1646–1719). 1884 wurde der durch das Observatorium gehende Meridian als Nullmeridian für die gesamte Erde festgelegt. Wegen der Nähe der Weltstadt London verschlechterte sich aber im Laufe des 20. Jahrhunderts die Beobachtungssituation so sehr, daß das Observatorium nach dem 2. Weltkrieg nach Herstmonceux verlegt wurde. Diese Verlegung wurde 1958 abgeschlossen. Die Zentrale des Observatoriums wurde 1990 nochmals nach Cambridge verlegt, während die großen Teleskope an das → Roque de los Muchachos Observatory verbracht wurden. Auch die neueren Teleskope, insbesondere das 4,2 m-William-Herschel-Teleskop, wurden von vornherein dort aufgestellt. Das alte Observatorium in Greenwich dient heute als historisch-astronomisches Museum und enthält auch ein Planetarium.

Rubidium-Strontium-Methode (rubidium-strontium method). Eine Methode der Altersbestimmung von Gesteinen, bei der der radioaktive Zerfall von Rubidium 87 in Strontium 87 herangezogen wird. Die Halbwertszeit dieses Zerfallsprozesses beträgt 47 Mrd. Jahre.

Rukbat. Der Stern α Sagittarii im Sternbild Schütze. Die altarabische Bezeichnung bedeutet »Knie des Schützen«. Der Stern ist mit $4\overset{m}{.}0$ trotz des griechischen Anfangsbuchstabens längst nicht der hellste des Sternbilds. Seine Entfernung beträgt 115 Lichtjahre. Seine Leuchtkraft ist 23 mal heller als die der Sonne.

Ruchbar. Der Stern δ Cassiopeiae im Sternbild Cassiopeia, dessen altarabische Bezeichnung »Knie der Frau auf dem Thron« bedeutet. Der 62 Lichtjahre entfernte Stern ist ein Veränderlicher vom Typ → Algol mit einer Periode von 759 Tagen. Die Helligkeit schwankt allerdings nur zwischen $2\overset{m}{.}7$ und $2\overset{m}{.}8$.

rückläufig, retrograd (retrograde). Eine scheinbare Bewegung von Himmelskörpern an der Sphäre des Sternhimmels in der Richtung von Ost nach West, genauer mit abnehmender ekliptikaler → Länge. Die Planeten sind zeitweise r., wenn ein oberer Planet von der Erde überholt wird oder die Erde von einem unteren Planeten in deren Bewegung um die Sonne zurückgelassen wird. Man spricht auch von einer r. Bewegung eines Kometen oder Satelliten, wenn diese Bewegung für einen Beobachter am Nordpol der Ekliptik im Uhrzeigersinne um sein Zentralgestirn erfolgt.

Rudolfinische Tafeln, Tabulae Rudolfinae (Rudolphine Tables). Die von J. Kepler (1571–1630) nach den Beobachtungen von T. Brahe (1546–1601) aufgestellten Planetentafeln, die nach Kaiser Rudolf II. benannt wurden und 1627 erschienen. Sie waren lange Zeit Grundlage für die Berechnung der → Ephemeriden der Planeten.

ruhende Calciumlinien (stationary calcium lines). Die von dem interstellaren Calcium hervorgerufenen Absorptionslinien im Spektrum von Sternen, deren Licht → interstellare Materie durchläuft. Im Gegensatz zu den Spektrallinien des Sterns zeigen diese Linien keine Dopplerverschiebungen.

Ruhmasse (rest mass). Die Masse eines → Elementarteilchens im Zustand der Ruhe. Wegen der relativistischen Massenzunahme (→ Relativitätstheorie) ist die Masse eines bewegten Körpers größer als die eines ruhenden Körpers.

Runaway-Sterne (runaway stars). Sterne mit besonders großer Raumgeschwindigkeit. Sie gehören dem Spektraltyp O oder B an und stellen teilweise Ausreißer von → Assoziationen dar. Gelegentlich dürfte es sich aber auch um Sterne handeln, die ursprünglich eine Komponente eines Doppelsterns waren, dessen andere Komponente einen Supernova-Ausbruch durchlief. Die bekanntesten R.-S., die sich in ihren Ursachen von den → Schnelläufern unterscheiden, sind AE Aurigae, 53 Arietis und μ Columbae. Diese drei Sterne dürften der Orion-Assoziation entstammen. AE Aurigae und μ Columbae bewegen sich mit 128 km/s und sind 2,6 Mill. Jahre alt. 53

Arietis hat eine Geschwindigkeit von 80 km/s. Sein Alter beträgt 4,6 Mill. Jahre.

Russell-Diagramm (Russell diagram). → Hertzsprung-Russell-Diagramm.

Rydberg. Eine nach J. R. Rydberg (1854–1919) benannte Energieeinheit, die 13,5978 Elektronenvolt und damit dem Ionisationspotential des Wasserstoffatoms im Grundzustand entspricht.

S

Saalrefraktion (local refraction). Die in einem Beobachtungsraum auftretende → Refraktion.

Sabik. Der Stern η Ophiuchi (im Sternbild Schlangenträger). Die altarabische Bezeichnung bedeutet »der Vorangehende«. Die Helligkeit ist $2\overset{m}{,}4$, die Entfernung 59 Lichtjahre.

Sacramento Peak Observatory. Ein im Süden von New Mexico, USA, in 2800 m Höhe gelegenes, 1951 gegründetes Sonnenobservatorium. Das Hauptinstrument ist ein 41 m hohes → Turmteleskop, das einschließlich seiner unterirdischen Fortsetzung 110 m lang ist.

Sadalmelik. Der Stern α Aquarii (im Sternbild Wassermann). Die altarabische Bezeichnung bedeutet »König«. Der $3\overset{m}{,}0$ helle Stern ist 1100 Lichtjahre entfernt und 5000mal heller als unsere Sonne.

Sadalsuud. Der Stern β Aquarii (im Sternbild Wassermann). Die altarabische Bezeichnung bedeutet »Allerwelts-Glücksstern«. Der Stern ist $2\overset{m}{,}9$ hell und 1000 Lichtjahre entfernt. Damit ist er rund 5000mal heller als die Sonne.

Sagitta. Lateinische Bezeichnung für das Sternbild → Pfeil.

FG Sagittae. Ein etwa 8000 Lichtjahre entfernter Überriese im Sternbild Pfeil, der sehr starke spektrale Veränderungen zeigt. Im Jahre 1955 wurde der Spektraltyp zu B4 bestimmt, im Jahre 1967 zu A5, im Jahre 1972 zu F6. Ab etwa 1977 ist der Spektraltyp G. Der Stern dürfte vor etwa 6000 Jahren eine Gashülle nach Art der → planetarischen Nebel mit einen heutigen Durchmesser von 1,4 Lichtjahren abgestoßen haben. Inzwischen ist der Zentralstern aber zu kalt, um den Nebel zum Leuchten anregen zu können. 1972 zeigte der Stern in seinem Spektrum Elemente an, die nach dem → s-Prozeß gebildet worden sein dürften. Da diese Elemente nicht in den äußeren Sternschichten, sondern in seinem Innern entstanden sein müssen, ist dies ein Hinweis auf eine starke innere Durchmischung der Materie (→ Konvektion) in diesem Stern. Im August 1992 fiel seine Helligkeit von 9^m auf unter 12^m ab. Vermutlich geht diese Abnahme auf die Bildung von absorbierenden Staubwolken in den ausgeworfenen Materiewolken zurück. Ab Oktober 1992 erfolgte wieder ein Anstieg der Helligkeit von $0\overset{m}{,}015$ pro Tag. Die Wolke löste sich wieder auf. 1994 erfolgte durch vermutlich erneute Staubbildung wieder ein Abfall.

WZ Sagittae. Eine wiederkehrende → Nova im Sternbild Pfeil, die in den Jahren 1913, 1946 und 1978 Ausbrüche zeigte. Ihre Maximalhelligkeit erreichte $7\overset{m}{,}2$, entsprechend einer absoluten Leuchtkraft von $-7\overset{m}{,}3$. Im Minimum erscheint das Objekt nur in einer Helligkeit von $15\overset{m}{,}5$, entsprechend einer absoluten Leuchtkraft von $+1\overset{m}{,}0$. Es handelt sich um einen engen Doppelstern mit einer Umlaufperiode von 81,6 Minuten. Der eine Partner des Systems dürfte ein → weißer Zwergstern sein.

Sagittarius. Lateinische Bezeichnung für das Sternbild → Schütze.

Sagittarius A. Eine starke Radioquelle im Sternbild Schütze, die mit dem Zentrum unserer Galaxis identisch ist. Ihr Durchmesser beträgt etwa 40 Lichtjahre. Am Himmelsgewölbe hat sie eine Ausdehnung von etwa 2°. Neuere Untersuchungen zeigen, daß die Quelle außerordentlich kompliziert aufgebaut ist. Vor allem unterscheidet man neuerdings zwischen der Radioquelle S. A West, die eine thermische → Radiostrahlung aussendet, und der Quelle S. A Ost, die eine nichtthermische Radiostrahlung erzeugt und vielleicht der Überrest einer alten → Supernova sein könnte. Innerhalb der Radioquelle S. A West liegt ein kompakter Kern, die Radioquelle S. A*. Sie ist vermutlich das eigentliche Zentrum unserer Galaxis. Dort könnte auch ein → Schwarzes Loch von vielleicht Millionen, vielleicht aber auch nur einigen hundert Sonnenmassen liegen. Die Radioquelle wird noch von einem Halo mit thermischer und nichtthermischer Radiostrahlung umgeben. Weitere äußere Teilbereiche sind die Radioquellen → Sagittarius B2, B und C.

Sagittariusarm (Sagittarius arm). Ein Spiralarm unserer Galaxis, der zwischen uns und dem galaktischen Zentrum in Richtung zum Sternbild Sagittarius (Schütze) liegt. Die Entfernung von unserer Erde ist etwa 5000 Lichtjahre. Die Dichte des neutralen und ionisierten Wasserstoffs in ihm beträgt etwa 1,2 Atome/cm^3.

Sagittarius B2. Eine Radioquelle im Sternbild Schütze, die mit einem → H II-Gebiet und mit der ergiebigsten Molekülwolke in unserer Galaxis zusammenfällt. Die Wolke befindet sich in der Nähe des galaktischen Zentrums und weist eine Gesamtmasse von 3 Mill. Sonnenmassen auf. Die Dichte beträgt 10^8 Teilchen pro cm^3.

Saha-Gleichung (Saha equation). Eine nach M. N. Saha (1893–1956) benannte Gleichung, die die Zahl der Atome bestimmter chemischer Elemente in ihrem verschiedenen → Ionisationsgrad im Verhältnis zur Gesamtzahl aller vorhandenen Atome und Elektronen, die in einem thermischen Gleichgewicht stehen, wiedergibt.

Saint Michel-Observatorium. (Saint Michel Observatory). Ein bei St. Michel in der Haute Provence, Frankreich, gelegenes Observatorium. Hauptinstrumente sind ein 1,93 m-, 1,52 m- und ein 1,20 m-Spiegel.

Sakigake. Eine japanische Raumsonde, die den → Halleyschen Kometen erforschte. Am 11. 3. 1986 flog sie in einem Abstand von 6,9 Mill. km an diesem Kometen vorüber. Auch → Suisei.

säkular (secular). Alle hundert Jahre wiederkehrend. Im übertragenen Sinne bedeutet der Ausdruck in der Astronomie einen Vorgang, der sich über lange Zeiträume hinweg meist im gleichen Sinne vollzieht.

Säkular-Variation (secular variation). Störungen in der Bewegung von Himmelskörpern, insbesondere der Planeten und des Mondes, die sich im Laufe längerer Zeiträume bemerkbar machen (→ Störungen).

säkulare Akzeleration (secular acceleration). Eine Beschleunigung des Mondes auf seiner Bahn um die Erde. Die Gezeitenreibung, vor allem in flachen Randmeeren der Erde, führt zu einer allmählichen Abbremsung der Erdrotation. So maß man – zunächst unerkannt – die Bewegung des Mondes mit einem sich immer mehr verlängernden Zeitmaß: Der Mond schien sich immer schneller zu bewegen. Die Abbremsung der Erdrotation beträgt 0,000016 s pro Jahr oder 1 s in 60000 Jahren. So eilt der

Mond scheinbar pro Jahr um 0,02″ voraus. Die Änderung der Exzentrizität der Erdbahn bedingt eine weitere Beschleunigung um zur Zeit 0,06″ pro Jahr.
Wenn auch der Effekt klein ist, so macht er sich nach längeren Zeiträumen durch Aufsummierung doch stark bemerkbar. So können antike Finsternisberichte mit den überlieferten Zeiten und Sichtbarkeitszonen auf der Erde nur unter Berücksichtigung der s. A. in Einklang gebracht werden. Die s. A. wurde auf diesem Wege 1693 von E. Halley (1656–1742) entdeckt.

säkulare Instabilität (secular instability). Eine Instabilität, die auf einen allmählichen Energieverlust zurückzuführen ist.

säkulare Parallaxe (secular parallax). → Parallaxe, säkulare.

säkulare Stabilität (secular stability). Ein Zustand, in dem das Gleichgewicht eines Systems über längere Zeiträume hinweg aufrecht erhalten ist.

säkulare Störungen (secular perturbations). → Störungen.

Saljut, Salut. Sammelbezeichnung für 15 m lange unbemannte sowjetische Raumfahrzeuge, an die bemannte Raumfahrzeuge vom Typ → Sojus angekoppelt wurden. Das Gewicht betrug 19 t. Davon entfielen auf die Instrumentierung 1,5 t. Das bewohnbare Innenvolumen betrug etwa 100 m^3. S. 1 wurde am 19. 4. 1971 gestartet und dockte am 24. 4. 1971 an Sojus 10 an. S. 7 wurde am 19. 4. 1982 gestartet. Zusammen beträgt die Masse 25 t. An dem einen Ende von S. befindet sich ein kegelförmiger Kopplungsadapter für die Sojus-Raumfahrzeuge.

Salpeter-Prozeß (Salpeter process). Ein nach E. E. Salpeter (*1924) benannter Kernprozeß, der im Innern älterer Sterne abläuft. Dabei handelt es sich um den Aufbau von Helium zu schwereren Elementen (→ Heliumbrennen).

Sammellinse (converging lens, positive lens). Eine Konvex-Linse (→ Linse).

Sanduleak -69°202. Ein dreifacher Stern in der Großen → Magellanschen Wolke mit einem blauen Überriesen vom Spektraltyp B3, der absoluten Helligkeit $-5\overset{m}{.}8$ bzw. der 80000fachen Sonnenleuchtkraft, dem 30fachen Sonnendurchmesser und einer Oberflächentemperatur von 14500 K, einem Hauptreihenstern vom Typ B0 in 2,6″ Abstand und einem Stern mit dem Spektraltyp K in 1″ Abstand. Der Überriese ist vermutlich Vorläufer der → Supernova 1987 A.

Sänger. Deutsches Projekt einer Weltraumfähre, das auf E. Sänger (1905–1964) zurückgeht. Es wurde ursprünglich als Nachfolgeprojekt für → Hermes vorgeschlagen. Seine Verwirklichung ist umstritten.

SAO. Abk. für das → Smithsonian Astrophysical Observatory.

SAO Star Catalogue. Ein Sternkatalog, der 259000 Sterne bis zur 9. Größenklasse herab enthält.

Saroszyklus, Sarosperiode, chaldäische Periode (saros). Eine bereits den Babyloniern bekannte periodische Aufeinanderfolge gleichartiger → Finsternisse in Abständen von 18 Jahren 11 Tagen (bei 4 Schaltjahren) bzw. 18 Jahren 10 Tagen (bei 5 Schaltjahren). Da 223 synodische Monate nicht ganz exakt 242 drakonitischen Monaten entsprechen, reißt die Kette der S. nach etwa 1200 bis 1400 Jahren wieder ab.

Satellit (satellite). **1.** Ein natürlicher Begleiter eines Planeten, oft auch als Trabant bezeichnet. Die Bezeichnung »Mond« ist dagegen nicht ganz korrekt, da diese in der Regel speziell für den S. unserer Erde vorbehalten ist.
2. In der Astronautik auch ein künstlicher Begleiter eines Himmelskörpers (→ Erdsatellit).

Satellitengalaxis (satellite galaxy). Eine kleinere Galaxis, die physisch zu einer größeren Galaxis gehört. Unser eigenes Milchstraßensystem besitzt z. B. die beiden → Magellanschen Wolken. Aber auch der → Andromedanebel verfügt über einige S. Es sind in der Regel elliptische oder unregelmäßige Galaxien.

Saturn. 1. Der zweitgrößte Planet unseres Sonnensystems. Seine mittlere Entfernung von der Sonne beträgt 1427,0 Mill. km oder 9,539 AE, die siderische Umlaufzeit 29,458 Jahre, die synodische Umlaufzeit 378,1 Tage, die Bahnexzentrizität 0,056, die Bahnneigung 2° 29,4′, die mittlere Bahngeschwindigkeit 9,6 km/s. Der Äquatordurchmesser ist mit 120536 km etwa 9,5 mal größer als der Erddurchmesser. Die Abplattung ist mit 1 : 10 die größte unter allen Planeten. Die Rotationszeit am Äquator beträgt 10^h14^m, nimmt aber zu den mittleren und höheren Breiten stark zu. In der Nachbarschaft der Pole erreicht sie einen Wert von 10^h38^m. Im Innern beträgt die Rotationsdauer etwa 10^h39^m. Die Äquatorebene ist um 26° 45′ gegen die Bahnebene geneigt. Die Masse des S. beträgt $5{,}7 \cdot 10^{29}$ g und ist 95,2 mal größer als die Erdmasse. Die mittlere Dichte ist mit 0,71 g/cm^3 die kleinste unter allen Planeten. Die Entweichgeschwindigkeit beträgt etwa 35,5 km/s, die Albedo 0,47. Der innere Aufbau des S. dürfte dem des → Jupiter ähneln.

Auf S. zeigen sich Wolkenbänder, die parallel zum Äquator verlaufen. Auch hier besteht eine Ähnlichkeit zu Jupiter. Durch hohen Dunst sind die Strukturen aber blasser. Dagegen sind die Windgeschwindigkeiten mit bis zu 500 m/s am Äquator größer. Gelegentlich tauchen weißliche Flecke auf. Einige haben eine gewisse Ähnlichkeit mit dem → Großen Roten Fleck auf → Jupiter, sind aber nicht so ausgeprägt. Eine Besonderheit sind weiße Flecke, die in der Äquatorzone oder in mittleren nördlichen Breiten offenbar regelmäßig etwa in Abständen von knapp 30 Jahren, entsprechend der Umlaufzeit des S. um die Sonne, auftreten. Sie wurden in den Jahren 1876, 1903, 1933, 1960 und dann wieder 1990 gesehen. Bei seinem letzten Auftauchen breitete sich der Fleck über einen riesigen Teil der nördlichen Äquatorzone aus. Die Flecke treten auf, wenn die Nordhalbkugel des S. der Sonne zugeneigt ist und dort »Sommer« herrscht. Vielleicht ähneln sie unseren Cumuluswolken, die durch vertikale atmosphärische Strömungen entstehen. Sie könnten Eiskristalle aus Ammoniak und Ammoniumsulfid enthalten. In der oberen Atmosphäre verteilen sich dann die Wolken durch heftige Winde über Zehntausende km. Die effektive Temperatur des S. beträgt etwa –179°C. In einem Niveau in der oberen Atmosphäre, in dem ein Druck von 1 Hektopascal herrscht, beläuft sie sich auf –139°C. Das ist mehr, als man bei der Entfernung zur Sonne erwarten darf. S. gibt 1,8 mal mehr Energie ab als er von der Sonne empfängt. Die Atmosphäre enthält 96,3 Volumenprozent Wasserstoff und 3,3 Volumenprozent Helium. Letzteres ist weniger stark vertreten als in Jupiter. Weitere Bestandteile sind Ammoniak, Methan, Acetylen, Phosphorverbindungen und Wasserdampf. Der Kern von S. enthält vielleicht neben Silikaten auch Eisen, sowie Ammoniak, Methan und Wasser. Die Temperatur erreicht im Zentrum 30000°C, und der Druck steigt auf 100 Millionen Hektopascal. Über dem Kern schließt sich, ähnlich wie bei Jupiter, ein Mantel aus metallischem Wasserstoff an. Darüber folgt flüssiger Wasserstoff und schließlich die Atmosphäre.

Das Magnetfeld des S. ist insgesamt 1000 mal stärker als das der Erde. Die Magnetosphäre reicht 500000 km in die Umgebung hinaus. An der Wolkenobergrenze beträgt die magnetische Feldstärke $4 \cdot 10^{-5}$ Tesla. Die Magnetachse ist um weniger als 1° gegen die Rotationsachse geneigt.

2. Sammelbezeichnung für amerikanische Trägerraketen, die vor allem für das amerikanische Mondflugprogramm → Apollo entwickelt wurden. Von mehreren zunächst vorgesehenen Typen wurden die S. 1, S. 1B und S. 5 gebaut. Die S. 1B diente in der Praxis zum Abschuß von Satelliten in eine Erdumlaufbahn, aber auch für den Transport der Astronauten zu dem Weltraumlabor → Skylab. Ihre Gesamthöhe betrug 44 m, ihr größter Durchmesser 6,55 m. Die S. 5 hatte zusammen mit dem Apollo-Raumfahrzeug und der Rettungsrakete (Fluchtrakete) eine Höhe von 112 m. Sie wurde neben dem bemannten Mondflugprogramm aber auch für den Transport des zunächst unbemannten Weltraumlabors Skylab herangezogen. Die S. 5 war eine dreistufige Rakete. Die 1. Stufe besaß eine Länge von 42 m und einen Durchmesser von 10 m, die 2. Stufe war 25 m lang und ebenfalls 10 m breit. Die 3. Stufe verjüngte sich nach oben auf 6,60 m Durchmesser. Ihre Länge betrug 17,7 m.

Saturnnebel (Saturn Nebula). Ein Doppelring-Nebel, der gleichzeitig zu den → planetarischen Nebeln zählt. Seine Katalogbezeichnung lautet NGC 7009. Er liegt im Sternbild Wassermann. Bei einer Gesamthelligkeit von 8^m kann er bereits in kleineren Fernrohren beobachtet werden. Sein Zentralstern ist $11\overset{m}{,}7$ hell. Die Entfernung beträgt etwa 2850 Lichtjahre. Der tatsächliche Durchmesser des Nebels beläuft sich auf etwa 16800 AE oder etwa ¼ Lichtjahr.

Saturnring (Saturn's ring). Die auffälligste Erscheinung von Saturn. Zunächst unerklärbare »Anhängsel« an Saturn wurden bald nach Erfindung des Fernrohrs von verschiedenen Astronomen entdeckt. Erst C. Huygens (1629–1695) stellte 1656 fest, daß es sich um einen freischwebenden Ring in der Äquatorebene des Saturn handelt. Damit ist der S. um etwa 27° gegen die Bahnebene geneigt. Dies führt im Laufe des knapp 30jährigen Umlaufs des Saturn um die Sonne dazu, daß wir von der Erde aus je zweimal die sog. größte Ringöffnung haben, bei der die Ringebene am stärksten gegen die Sichtlinie Erde-Saturn geneigt ist, und je zweimal eine »Kantenstellung«, bei der der S. entweder schwer oder überhaupt nicht zu beobachten ist. So wurde z.B. im Jahre 1988 die größte Ringöffnung erreicht. Wir blickten von der Erde aus auf die Nordseite des S. In den folgenden Jahren nahm die Neigung des S. gegen die Sehlinie ab. Im Jahre 1995 kam es zu einer Kantenstellung. In den folgenden Jahren blickt man auf die Südseite des S. Im Jahre 2003 kommt es wieder zur größten Ringöffnung. Der von der Erde aus sichtbare S. hat einen Gesamtdurchmesser von 273560 km, jedoch vermutlich nur eine Dicke von wenigen hundert Metern. Vermutlich ist die Ringdicke nicht an allen Stellen gleich.

Bereits G. D. Cassini (1625–1712) entdeckte 1675 eine feine Teilungslinie auf dem S., die »Cassinische Teilungslinie«. Sie hat eine Breite von etwa 4450 km und trennt den äußeren Ring A vom mittleren Ring B, an dem sich nach innen der sehr schwache Ring C oder Florring (Kreppring) anschließt, der 1838 von J. G. Galle (1812–1910) aufgefunden wurde. Noch weiter nach innen schließt sich Ring D an, der praktisch erst von den Voyager-Sonden entdeckt wurde. Er reicht bis fast an die Saturnatmosphäre. Die Masse des S. dürfte etwa 10^{22} bis 10^{23} g betragen. Neben der Cassinischen Teilungslinie wurden bereits von der Erde aus einige weitere Teilungen aufgefunden, insbesondere auf Ring A und B. Am bekanntesten ist

die »Encke'sche Linie« (»Bleistiftlinie«), die 1837 von F. Encke (1791–1865) auf Ring A gefunden wurde. Pionier 11 fand außerhalb Ring A den Ring F. Noch weiter außen wiesen Voyager 1 und 2 die schwachen Ringe G und E nach.
Die beobachtungsmäßige Bestätigung für die Teilchennatur des S. lieferte 1895 J. E. Keeler (1857–1900) am Lick-Observatorium. Für einen »Teilchenschwarm« gilt aber das 3. Keplersche Gesetz: Die äußeren Teilchen hätten kleinere Umlaufgeschwindigkeiten als die inneren. Die Entscheidung lieferte der → Doppler-Effekt.

Der Aufbau des Saturnrings

	Breite in km	Abstand vom Saturnzentrum in km
Saturnradius (am Äquator)		60 330
Ring D, innerer Rand		66 970
äußerer Rand		73 310
Guerin-Lücke	1 200	73 910
Ring C, innerer Rand		74 510
Maxwell-Lücke	153	87 480
Ring B, innerer Rand		91 900
äußerer Rand		117 520
Huygens-Lücke	430	117 700
Cassini-Teilung	4 450	119 760
Ring A, innerer Rand		122 170
Encke-Teilung	328	133 570
Keeler-Teilung	31	136 530
Ring A, äußerer Rand		136 780
Ring F	50	140 180
Ring G, innerer Rand		165 800
äußerer Rand		173 800
Ring E, innerer Rand		181 000
äußerer Rand		483 000

Der innerste Ring D ist nur ungefähr 1/100 so hell wie der Ring C. Es gibt darin fast nur verhältnismäßig kleine Teilchen aus Staub und Eis. Größere Brocken haben höchstens einen Durchmesser von etwa 8 m. Im C-Ring sind die größten Brocken sogar noch kleiner, maximal 2 m. Der B-Ring ist am breitesten und hellsten. Er enthält ¾ der Gesamtmasse. Seine Dicke beträgt höchstens 100 m. Doch zeigt der S. wie eine verbogene Schallplatte Verwellungen. Durch Resonanzen mit den Umlaufzeiten einiger Saturnsatelliten entstehen auch Dichtewellen. Die Albedo erreicht immerhin 0,55. Die Teilchen, aus denen der B-Ring besteht, sind bevorzugt Eispartikel. Sie können bis 10 m groß sein. Vereinzelte noch größere Brocken (Moonlets) sind nicht ausgeschlossen. Die Cassini-Teilung ist nicht leer. Das Material ist in ihr immer noch so dicht wie im C-Ring verteilt. Außerdem zeigen sich dort zahlreiche ganz schmale Ringe (Ringlets). Im ganzen entsteht die Cassini-Teilung durch eine 2 : 1-Resonanz mit Mimas (→ Kommensurabilität). Ring A besitzt eine Dicke von höchstens 200 m. Ring A und B weisen ein Defizit an Teilchen von 1/1000 mm und darunter aus. Eine Ausnahme bilden die sog. Speichen, die vor allem im äußeren B-Ring auftreten. Sie sind meist etwa 8000 km lang und 2000 km breit und entwickeln sich innerhalb weniger Minuten. Sodann verbreitern sie sich zu Dreiecken, deren Basis an der Saturn zugewandten Seite liegt. Nach einigen Stunden sind sie wieder verschwunden, können aber im Maximum auch einige Umläufe um Saturn überdauern. Die Speichen erscheinen dunkel, wenn die Sonne hinter dem Beobachter (oder der Kamera auf einer Raumsonde) steht, jedoch hell, wenn Saturn und Sonne etwa in gleicher Richtung stehen. Sie enthalten Partikel, die unter 1/1000 mm groß sind. Die Speichen entstehen vermutlich durch eine elektromagnetische Kopplung zwischen den Ringen und einem den Planeten umgebenden ionosphärischen → Plasma. Aber auch Einstürze von Meteoroiden könnten dieses Plasma erzeugen. Die kleinsten Ringteilchen werden dadurch aufgeladen und bewegen sich von der Ringebene weg nach oben oder unten. Einige Messungen weisen auch auf Entladungen oder Blitze im B-Ring hin. Die Voyager-Sonden haben vor allem in den Ringen A und B, aber auch im Ring C zahlreiche weitere Teilungen entdeckt. Auch diese gehen zum Teil auf Resonanzen mit den Umlaufzeiten einiger Saturnsatelliten zurück, teilweise aber vielleicht auch auf Moonlets, die längs ihrer Bahn einen »Kanal« freifegen.

An Ring A schließt sich nach außen der sehr schmale F-Ring an. Er zeigt oft Verdrillungen und Verklumpungen und wird durch die → Hirtenmonde → Atlas und → Prometheus zusammengehalten. Der G-Ring ist am dünnsten. Aber auch der E-Ring zeigt sich nur durch eine diffuse Aufhellung und enthält sehr wenig Material. Die Ringe G und E sind wesentlich dicker als die inneren S. und kommen vielleicht auf bis zu 1000 km.

Saturnsatelliten (satellites of Saturn). Die den Planeten Saturn umkreisenden Satelliten. Bereits im Jahre 1655 wurde von C. Huygens (1629–1695) der größte Satellit Titan entdeckt. Er kann bereits mit lichtstarken Feldstechern oder kleinen Fernrohren beobachtet werden. Die klassischen S., die mit Fernrohren gesehen werden können, sind Mimas, Enceladus, Tethys, Dione, Rhea, Hyperion, Iapetus und Phoebe. Hinzu kommen mehrere S., die durch Pionier 11, sowie Voyager 1 und 2 gefunden oder indirekt erschlossen wurden. Einige S. haben nur vorläufige Bezeichnungen, da sie noch endgültig bestätigt werden müssen. Die gesicherten, mit Namen versehenen S. sind unter den einzelnen Stichwörtern

Saturnsatelliten

Name	Durchmesser in km	mittlerer Abstand in km	Umlaufzeit in Tagen
1980 S 35	22 ?	118 213	0,46
1980 S 36	26 ?	118 269	0,46
XVIII Pan	20	133 570	0,576
XV Atlas	20 × 40	137 670	0,602
XVI Prometheus	80 × 100 × 140	139 353	0,613
XVII Pandora	70 × 90 × 110	141 700	0,629
XI Epimetheus	100 × 120 × 140	151 422	0,694
X Janus	160 × 200 × 220	151 472	0,695
I Mimas	392	185 520	0,942
1981 S 12	10	185 520	0,942
II Enceladus	500	238 020	1,370
III Tethys	1030	294 660	1,888
XIII Telesto	26 × 28 × 34	294 660	1,888
XIV Calypso	22 × 22 × 34	294 660	1,888
1981 S 6	20	294 660	1,888
1981 S 10	15	350 000	2,44
IV Dione	1120	377 400	2,737
XII Helene	30 × 32 × 36	377 400	2,737
1981 S 7	20	377 400	2,737
1981 S 9	20	470 000	3,8
V Rhea	1530	527 040	4,518
VI Titan	5150	1 221 830	15,945
VII Hyperion	220 × 260 × 410	1 481 100	21,277
VIII Iapetus	1460	3 561 300	79,330
IX Phoebe	220	12 952 000	550,48 R

R bedeutet rückläufig

genauer beschrieben. Die S. 1980 S 35 und 1980 S 36 laufen innerhalb der Cassinischen Teilung und wurden vorläufig nur aus ihren Wirkungen auf die benachbarten Ringe indirekt abgeleitet. Sie wurden also nicht z. B. auf Aufnahmen von Voyager 1 oder 2 gesehen. Sie könnten → Hirtenmonde eines schmalen, innerhalb der Cassini-Teilung liegenden Ringlets sein. Pan bewegt sich in der Encke-Teilung des A-Ringes. Prometheus und Pandora sind Hirtenmonde des F-Ringes. Epimetheus und Janus vertauschen in Abständen von vier Jahren ihre Bahn, ohne zusammenzustoßen. Sie sind vielleicht Bruchstücke eines zerbrochenen S. Einige S. bewegen sich auf derselben Bahn von Mimas, Tethys und Dione (koorbitale Satelliten), vergleichbar den → Trojanern auf der Jupiterbahn. Die Tabelle enthält alle definitiven und noch nicht voll gesicherten S.

Schäferhundmonde (shepherd satellites).→ Hirtenmonde.

Schalenquellenmodell (shell-source model). Ein Modell des Sternaufbaus, bei dem die → Energieerzeugung der Sterne in einer Kugelschale vonstatten geht, die um einen inzwischen ausgebrannten Kern eines älteren Sterns angeordnet ist.

Schaltjahr (leap year). Ein Jahr, das im Gegensatz zu einem Normaljahr über einen oder mehrere Schalttage oder einen Schaltmonat verfügt (→ Kalender).

Schaltregeln (leap year rules). Die bei einem bestimmten → Kalender festgelegten Regeln zur Einführung von Schalttagen oder Schaltmonaten. Die gegenwärtigen S. liegen dem → Gregorianischen Kalender zugrunde. Zu Schaltsekunde → Weltzeit.

Schatten (shadow). Ein von Licht nicht beschienener Raum. Jeder undurchsichtige und von einem anderen Körper beleuchtete Gegenstand wirft hinter sich einen S. Ist die Lichtquelle sehr klein bzw. sind die Lichtstrahlen sehr stark gebündelt, so ist die S.grenze sehr scharf (Schlags.). Für den Fall, daß die Lichtquelle ausgedehnt ist oder die Bündelung der Lichtstrahlen weniger genau erfolgt, ist der S. unscharf begrenzt bzw. geht von einem dunklen Kerns. über einen bereits aufgehellten Halbs. in den unbeschatteten Teil über. Der S. unserer Erde und des Mondes spielt bei der Entstehung der → Finsternisse eine Rolle.

Schattenanzeiger (rod, wedge). → Gnomon.

Scheat. Der Stern β Pegasi (im Sternbild Pegasus). Seine altarabische Bezeichnung bedeutet eigentlich »Schulter«, obwohl sich im Bild des Pegasus an dieser Stelle die Vorderhufe des geflügelten Pferdes befinden. S. ist ein roter Riese mit dem 113fachen Sonnendurchmesser. Seine Leuchtkraft ist 170mal größer als die der Sonne. Die Oberflächentemperatur beträgt 3500 K, der Spektraltyp ist M 2. Seine Entfernung beträgt 163 Lichtjahre. Mit 0,235″ pro Jahr zeigt S. eine verhältnismäßig starke Eigenbewegung. S. ist ein unregelmäßiger Veränderlicher. Seine Helligkeit schwankt zwischen $2^{\mathrm{m}}_{,}1$ und $3^{\mathrm{m}}_{,}0$.

Schedir. Der Hauptstern im Sternbild Cassiopeia. Die altarabische Bezeichnung bedeutet »Brust«. S. ist $2^{\mathrm{m}}_{,}2$ hell und wegen seines Spektraltyps K0 orangefarben. Die Entfernung beträgt 120 Lichtjahre, die absolute Leuchtkraft ist 150mal größer als die der Sonne.

Scheibenpopulation (disc population). → Population.

scheinbare Größe (apparent magnitude). → Helligkeit.

scheinbarer Ort (apparent position). → Ort (eines Gestirns).

Scheitelabstand (zenith distance). → Zenitdistanz.

Scheitelkreis (vertical circle, altitude circle). → Höhenkreis.

Scheitellinie (vertical line). Eine vertikale Linie, die → Zenit, Beobachter und

→ Nadir untereinander verbindet. Sie steht damit senkrecht auf der Horizontebene.

Scheitelpunkt (zenith). → Zenit.

Schereffekt, Scherwirkung (shear effect). Das Auseinanderziehen einer Ansammlung einzelner Teilchen, die eine unterschiedliche Rotationsgeschwindigkeit um ein Zentralgestirn zeigen. Ein solcher S. entsteht beispielsweise durch die galaktische differentielle Rotation. Sie führt dazu, daß eine um die Sonne herum angeordnete Ansammlung von Sternen im Laufe der Zeit auseinandergezogen wird, da die dem galaktischen Zentrum näher gelegenen Sterne eine größere, die dem Zentrum entfernter gelegenen Sterne eine kleinere Umlaufgeschwindigkeit haben als die Sonne.

schiefe Aufsteigung (inclined ascension). Der Bogen auf dem Himmelsäquator, der zwischen dem → Frühlingspunkt und dem Punkt des Äquators liegt, der mit einem bestimmten Gestirn gleichzeitig aufgeht. Die s. A. eines Gestirns ist damit nicht wie die gerade Aufsteigung (→ Rektaszension) für alle Erdorte gleich, sondern von der geographischen Breite abhängig. Den Unterschied zwischen der Rektaszension und der s. A. nennt man auch Aszensionaldifferenz. Auf der Nordhalbkugel der Erde ist die s. A. für alle nördlichen Sterne stets kleiner als die Rektaszension.

Schiefe der Ekliptik (obliquity of the ecliptic). → Ekliptik.

Schiefspiegler, Brachyt (brachyt). Eine Abwandlung des → Spiegelteleskops Newtonscher Bauart. Der Hauptspiegel ist schief gestellt, so daß der Fangspiegel (Sekundärspiegel) neben den Tubus des Instrumentes zu liegen kommt und das Licht nochmals auf das Hinterende des Fernrohrs neben den Hauptspiegel zurückwirft. Insgesamt entsteht dadurch ein Z-förmiger Strahlengang. Die dabei noch auftretenden Bildfehler werden durch eine genau berechnete Schrägstellung des konvexen Fangspiegels, aber auch durch eine zusätzliche Korrektionslinse ausgeglichen. Es gibt S. nach Forster und Fritsch sowie nach Kutter. Ihr Vorteil besteht darin, daß schädliche Beugungserscheinungen, z. B. durch die Halterung des Fangspiegels im Fernrohrtubus (nicht allerdings die Beugung an der Hauptspiegelfassung), ausbleiben. Die Bilddefinition eines S. ist damit meist der eines normalen Spiegelteleskops überlegen. Dadurch ist auch die Herstellung von S. längerer Brennweite bei vertretbarer kurzer Baulänge möglich. S. haben gelegentlich bei Amateurastronomen Eingang gefunden und werden zur Mond- und Planetenbeobachtung bevorzugt.

Schiff, Schiff Argo (Ship). Ein ausgedehntes Sternbild am Südhimmel, das mythologisch mit dem Schiff der Argonauten zusammenhängt. Offiziell besteht das S. heute aus drei voneinander getrennten Sternbildern, nämlich dem → Schiffskiel, → Hinterdeck und → Segel.

Schiffskiel (Keel). Ein Sternbild am südlichen Himmel (lateinische Bezeichnung Carina, Abk. Car). Das von Mitteleuropa aus unsichtbare Sternbild enthält als Hauptstern → Canopus. Es zeigt aber noch zahlreiche weitere hellere Sterne, darunter → Tureis. Innerhalb der Milchstaße gelegen, befinden sich in diesem Sternbild zahlreiche offene Sternhaufen. Am bemerkenswertesten ist IC 2602, ein sehr zerstreuter Sternhaufen mit einem Durchmesser von über 1° oder 2 Vollmondscheiben. Der darin hellste Stern heißt ϑ Carinae mit einer Helligkeit von $3\overset{m}{,}0$. Der 650 Lichtjahre entfernte Sternhaufen hat eine große Ähnlichkeit mit den → Plejaden am Nordhimmel. Sie wurden deswegen gelegentlich auch als die »südlichen Plejaden« bezeichnet. Ein bemerkenswerter Stern ist auch → η Carinae. Die

Sterne ι und ε Carinae, sowie δ und κ Velorum (im Segel) bilden auch das sog. Falsche Kreuz.

Schiffskompaß (Compass Box). Ein Sternbild am südlichen Himmel (→ Kompaß).

Schild (Shield). Ein Sternbild knapp südlich des Himmelsäquators, das von Mitteleuropa aus vor allem in Sommernächten über dem Südhorizont bobachtet werden kann. Der (sobieskische) S. wurde von J. Hevel (1611–1687) zur Erinnerung an die Befreiung der Stadt Wien von der Belagerung der Türken an den Himmel versetzt. Das kleine Sternbild liegt etwa zwischen Adler, Schlange und Schütze. Seine lateinische Bezeichnung heißt Scutum (Abk. Sct). Hauptstern ist α Scuti mit einer Helligkeit von $3\overset{m}{,}8$ und einer Entfernung von 180 Lichtjahren. Das Sternbild liegt inmitten der Milchstraße und enthält eine sehr helle Milchstraßenwolke, die sog. S.wolke oder Scutum-Wolke.

Schildwolke (Shield Cloud). → Schild.

Schlange (Serpent). Ein Sternbild in der Nähe des Himmelsäquators, das von Mitteleuropa aus vor allem am Sommerhimmel beobachtet werden kann (lateinische Bezeichnung Serpens, Abk. Ser oder Serp). In der griechischen Mythologie handelte es sich hier um die S. des Äskulap (der wiederum mit dem → Schlangenträger identisch ist, der die S. trägt). Die S. soll Äskulap ein heilendes Kraut gebracht haben. Das Sternbild zerfällt eigentlich in einen westlichen Teil (S.kopf, Serpens Caput) und einen östlichen Teil (S.schwanz, Serpens Cauda). Hauptstern ist der $2\overset{m}{,}7$ helle Stern Unuk (»Hals der S.«). Es ist ein roter Riesenstern mit dem Spektraltyp K2 in 70 Lichtjahren Entfernung. Er ist 35mal heller als die Sonne.

Schlangenträger (Serpent Bearer). Ein Sternbild in der Nähe des Himmelsäquators, das am Sommerhimmel beobachtet werden kann. Die lateinische Bezeichnung lautet Ophiuchus (Abk. Oph). Der S. ist mit Äskulap sinnverwandt. Hauptstern ist → Ras Alhague. Das Sternbild enthält zahlreiche offene Sternhaufen, aber auch einige Kugelsternhaufen.

Schmetterlings-Diagramm (butterfly diagram). → Sonnenflecken.

Schmidt-Cassegrain-Teleskop (Schmidt-Cassegrain telescope). → Katadioptrisches Fernrohr, → Schmidt-Spiegel.

Schmidt-Spiegel (Schmidt mirror, Schmidt telescope). Ein auf B. Schmidt (1879–1935) zurückgehendes Spiegelteleskop, das den optischen Fehler der → Koma vermeidet. Es verfügt über einen sphärisch geschliffenen Hauptspiegel. Die Lichtstrahlen müssen jedoch zur Behebung der sphärischen → Aberration erst eine Korrektionsplatte durchlaufen, ehe sie diesen erreichen. 1931 gelang es Schmidt, diese Platte herzustellen. Er legte eine planparallele Glasplatte auf einen Eimer, aus dem er langsam die Luft pumpte. Da nun der Luftdruck im Innern abnahm, drückte die Außenluft die Glasplatte etwas ein. In diesem eingedrückten Zustand wurde die Oberseite der Platte an ihren randnahen Partien vorsichtig etwas angeschliffen. Strömte nun die Luft wieder in den Eimer zurück, so erhielt man eine Platte, die in der Mitte und am Rande etwas dicker war als in der Zwischenzone.

Das Öffnungsverhältnis eines S. liegt meist erheblich über dem eines normalen Spiegelteleskops. In der Regel liegt es über 1 : 5, gelegentlich sogar im Bereich 1 : 1 (Super-S.-S., → Baker-Schmidt-Kamera). Damit ist es möglich, »Weitwinkelaufnahmen« von Sternfeldern zu erhalten, ohne daß am Rande des Bildfeldes sich die Koma bemerkbar macht. Ein Nachteil ist allerdings der Umstand, daß das Bild nicht auf einer ebenen, sondern auf einer gewölbten

Fläche entsteht. So muß der Film über eine Kalotte hinweg gebogen und dafür ein besonderer Platten- bzw. Filmhalter konstruiert oder es muß eine Ebnungslinse eingesetzt werden. S.-S. oder Abwandlungen davon befinden sich heute auf zahlreichen Sternwarten. Das erste komafreie Spiegelteleskop, das von B. Schmidt in Hamburg erstellt wurde, hatte einen Hauptspiegel von 44 cm und eine Korrektionsplatte von 36 cm Durchmesser. Es überdeckte ein Feld von 16°. Zu den größten S. der Gegenwart zählen das 134/200 cm-Teleskop am Karl-Schwarzschild-Observatorium in Tautenburg bei Jena, der »Big Schmidt« auf dem Mount Palomar Observatory mit 122/183 cm und ein Teleskop am Siding Spring Observatory in Australien mit 120/180 cm Korrektionsplatten- bzw. Spiegeldurchmesser. Die ESO verfügt auf La Silla/Chile über ein 100/160 cm-S.

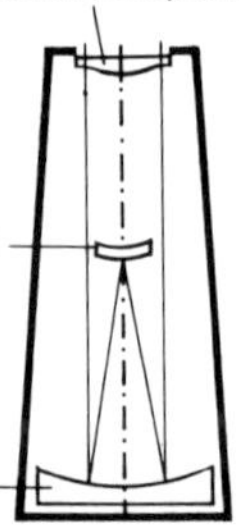

Strahlengang in einem klassischen Schmidt-Spiegel

Vor allem bei Amateurastronomen sind in den letzten Jahren → katadioptrische Fernrohre auch zur visuellen Beobachtung beliebt geworden. Der Schmidt-Cassegrain besteht z.B. wie beim normalen S.-S. aus einem sphärischen Hauptspiegel und einer Korrektionsplatte zur Beseitigung der sphärischen Aberration. Der ursprünglich in der Bildebene liegende Plattenhalter wird aber durch einen konvexen Fangspiegel hinter oder auf der Korrektionsplatte ersetzt. Er wirft das Licht wie bei einem → Cassegrain-Spiegel (auch → Spiegelteleskop) durch eine Durchbohrung im Hauptspiegel zurück. Dort kann das Okular oder eine Kamera angebracht werden.

Schmuckkästchen (Jewel Box). Der Sternhaufen NGC 4755 im Sternbild Südliches → Kreuz.

Schnelläufer (high-velocity stars). Sterne, die eine größere Geschwindigkeit als 65 km/s bezüglich zur Sonne haben. Es handelt sich dabei um Sterne, die nicht ungefähr parallel zur Sonne um das Zentrum der Galaxis laufen, sondern auf stark exzentrischen Bahnen. Befinden sie sich dabei nahe ihres → Apogalaktikums, so haben sie verhältnismäßig geringe Raumgeschwindigkeiten und bleiben deshalb gegenüber der Sonnenbewegung zurück. Daher müßten sie eigentlich als »Langsamläufer« bezeichnet werden. Sie gehören zur Halo-Population II (→ Population). Bisher wurden über 600 S. aufgefunden.

Schnittweite (width of intersection). Der Abstand eines Objekts bzw. Bildpunktes von dem zugehörenden mechanischen Scheitelpunkt der jeweiligen Linsenfläche.

Schockwelle, Stoßwelle (shock wave). Eine ausgeprägte Änderung des Drucks, der Temperatur und der Dichte einer Flüssigkeit oder Gasmasse, die auftritt, wenn die Strömungsgeschwindigkeit die Schallgeschwindigkeit übersteigt. S. kommen im Weltall in verschiedener Weise vor, z.B. beim → Sonnenwind, bei → Flares auf der Sonne, im interstellaren Gas bei der Ausbreitung ionisierten Wasserstoffs (H II-Gebiete) in ein nichtionisiertes Gebiet (H I-Gebiet), beim Ausbruch einer → Supernova, bei der

Bildung von Spiralarmen in → Galaxien (→ Dichtewellen-Theorie).

Schönberg-Chandrasekhar-Grenze (Schönberg-Chandrasekhar limit). → Chandrasekhar-Schönberg-Grenze.

Schraffierkassetten-Methode (schraffierkassette method). Eine Methode, die es erlaubt, von einem Stern oder einer anderen punktförmigen Lichtquelle ein quadratisches Bild zu erhalten. Dazu wird ein Fernrohr während der Belichtungszeit nicht der täglichen Bewegung eines Sterns nachgeführt, sondern vielmehr genau rechtwinklig zu dieser weiterbewegt, so daß von dem Stern ein quadratisches Bild entsteht, dessen Helligkeit von der scheinbaren → Helligkeit des Sterns abhängt. Dieses 1906 von K. Schwarzschild (1873–1916) und B. Meyermann, sowie 1933 von W. H. Christie eingeführte Verfahren erlaubt daher die Bestimmung scheinbarer Helligkeiten von Sternen.

Schröter-Effekt (Schröter's effect). Die 1793 von J. H. Schröter (1745–1816) entdeckte Diskrepanz zwischen beobachteter und vorherberechneter Phase des Planeten Venus um die Zeit der → Dichotomie. Die Dichotomie bei der östlichen Elongation wird gewöhnlich einige Tage früher, bei der westlichen Elongation einige Tage später eingeschätzt. Die Ursache ist nicht völlig geklärt, dürfte aber auf die Venusatmosphäre zurückzuführen sein. Sie könnte aber auch ganz einfach dadurch erklärt werden, daß der Bereich in der Nähe der Tag-Nacht-Grenze (des Terminators) der Venus weniger hell ist als die übrige Venusscheibe, so daß die Abnahme der Phase bei der östlichen Elongation scheinbar etwas schneller erfolgt, als es rein geometrisch zu erwarten ist.

Schröters Regel (Schröter's rule). Eine auf J. H. Schröter (1745–1816) zurückgehende Faustregel, nach der das Innenvolumen eines Mondkraters fast gleich dem Volumen des ihn umgebenden Walls ist.

Schütze (Archer). Ein Sternbild des südlichen Himmels (lateinische Bezeichnung Sagittarius, Abk. Sgr), das von mittleren und nördlichen geographischen Breiten aus vor allem in Sommernächten tief über dem Südhorizont beobachtet werden kann. Der S. ist gleichzeitig ein Tierkreissternbild. Der alten Mythologie gemäß soll er der Erfinder von Pfeil und Bogen gewesen sein. Die Sterne ε, ζ, τ, σ, φ, λ, δ, γ Sagittarii werden vor allem in Nordamerika als »teapot« (Teekanne) ausgedeutet. Der Hauptstern α Sagittarii trägt auch die arabische Bezeichnung Rukbat (»Knie des S.«). Er ist nur $4^{m}_{,}0$ hell und 115 Lichtjahre von uns entfernt. Rukbat befindet sich fast am Südrande des Sternbilds, das von Deutschland aus nicht mehr beobachtbar ist. Außerdem ist er keineswegs der hellste Stern des Sternbilds. Am hellsten ist ε Sagittarii mit $1^{m}_{,}8$. Er ist 125 Lichtjahre entfernt, seine Spektralklasse ist B9. Seine Leuchtkraft ist 200 mal größer als die der Sonne.

Im S. können besonders helle Teile der Milchstraße beobachtet werden. Außerdem liegt am westlichsten Rand des Sternbilds auch die Stelle, in deren Richtung man das Zentrum der → Galaxis annimmt. Dort befindet sich auch die Radioquelle → Sagittarius A. Im S. kann man bereits mit kleinen Fernrohren eine sehr große Zahl von offenen Sternhaufen, aber auch einige Kugelsternhaufen sehen. Dasselbe gilt auch für einige helle Nebel. Dazu gehört der → Trifid- und der → Omega-Nebel.

schwache Wechselwirkung (weak interaction). → Große Vereinheitlichte Theorie.

Schwan (Swan). Ein Sternbild des nördlichen Himmels (lateinische Bezeichnung Cygnus, Abk. Cyg), das von Mitteleuropa aus vor allem im Sommer und

Herbst beobachtet werden kann. Der nördlichste Teil des Sternbilds ist sogar → zirkumpolar. Gemäß der griechischen Mythologie soll der S. früher ein Freund des Phaeton, Sohn des Sonnengottes Helios, gewesen sein. Der Hauptstern ist → Deneb. Er befindet sich am Schwanzende des S. Am Kopf des S. steht der Stern → Albireo. Insgesamt bildet das Sternbild auch ein großes Kreuz. Deswegen bezeichnet man es gelegentlich auch als »Kreuz des Nordens«.
Quer über den S. verläuft die Milchstraße. Wir können in diesem Sternbild daher sehr viele offene Sternhaufen beobachten. Auch einige helle Gasnebel gehören dazu, insbesondere der → Nordamerikanebel und der → Cirrus-Nebel. Weitere wichtige Objekte → Cygnus.
Schwanzstern. Volkstümliche Bezeichnung für einen → Kometen.
schwarzer Körper, Hohlraumstrahler (black body). Ein Körper, dessen Absorptionsvermögen auf allen Wellenlängen gleich 1 ist, der also die auftreffende Strahlung vollkommen absorbiert. Die Energieverteilung eines strahlenden s. K. wird durch das → Plancksche Strahlungsgesetz bestimmt. Eine derartige Strahlung nennt man auch → Hohlraumstrahlung.
schwarzer Tropfen, Bailyscher Tropfen (black drop, Baily's drop). Eine Beugungserscheinung des Lichts, die vor allem bei den Vorübergängen von Merkur und Venus vor der Sonnenscheibe eine Rolle spielt. Die beiden als schwarze Scheiben erscheinenden Planeten lösen sich durch dieses Phänomen bei dem Eintritt in die Sonnenscheibe zunächst nicht vollständig vom Sonnenrand ab, sondern es bildet sich zwischen der Planetenscheibe und dem Sonnenrand eine schwarze tropfenförmige Brücke. Dasselbe entsteht bei dem Austritt des Planeten aus der Sonnenscheibe. Historisch spielt das »schwarze Tropfenphänomen« bei den Venusdurchgängen vor der Sonne deswegen eine große Rolle, weil die mit ihrer Hilfe versuchten Bestimmungen der → Parallaxe der Sonne nicht so exakt durchgeführt werden konnten, wie man es sich erhoffte.
Schwarzes Loch (black hole). Ein aus einem durch → Gravitationskollaps am Ende der Entwicklung eines Sterns oder durch den gravitativen Zusammensturz anderer Materie hervorgehendes Objekt. An seiner Oberfläche herrscht eine so starke Schwerebeschleunigung, daß nicht nur materielle Teilchen, sondern auch sämtliche elektromagnetische Strahlen, wie Licht, Radiowellen usw., das Gebilde nach außen nicht verlassen können. Es kann also auf direktem Wege von außen nicht nachgewiesen werden.
Ein S. L. kann gemäß der Theorie u. a. aus einem Stern hervorgehen, der am Ende seiner Entwicklung mindestens eine Masse von etwa 3,2 Sonnenmassen (Oppenheimer-Volkoff-Grenze) zurückbehält. Masseärmere Sterne entwickeln sich nur bis zu einem → weißen Zwerg oder einem → Neutronenstern. Der Radius eines S. L. entspricht dem → Schwarzschild-Radius. Die kollabierende Masse fällt aber darin unweigerlich noch weiter in sich zusammen. Der Kollaps endet mit einer Singularität, in einem Punkt mit unendlicher Dichte. Für ein derartiges Gebilde versagt jegliche Physik. Doch wurden die früheren Betrachtungen über S. L. ohne Berücksichtigung quantenmechanischer Effekte durchgeführt. Mit ihnen könnte der Kollaps zu einer echten Singularität wahrscheinlich vermieden werden. Im übrigen galten die früheren Überlegungen einem S. L. ohne Rotation (S. L. nach Schwarzschild). In Wirklichkeit dürfte dieses aber eine Rotation oder ein Drehmoment aufweisen (S. L. nach Kerr und Penrose). Weiter kann man sich auch vorstellen, daß ein S. L. über eine

elektrische Ladung verfügt (S. L. nach Reissner und Newman). Ein S. L., das alle diese Eigenschaften besitzt, beschreiben Modelle von Kerr und Newman. Insgesamt besitzen damit S. L. (höchstens) drei Eigenschaften: Masse, Drehimpuls und elektrische Ladung. Im Falle der Masse müßte man genauer von »materiefreier« Masse sprechen. Denn sie besitzt keinerlei Eigenschaften, die an irgendwelche manifeste Materie, selbst Elementarteilchen, erinnern.
Der Kollaps zu einem S. L. ist mit einer → Supernova verbunden. Doch führen nicht alle Supernovae zu S. L., sondern auch zu Neutronensternen. Obwohl S. L. auf direktem Wege nicht nachgewiesen werden können, sind sie prinzipiell nachweisbar, wenn sie Komponenten eines Doppelsterns sind. In solchen Fällen fließt Materie von dem sichtbaren Stern auf das S. L., sammelt sich in einer Accretions-Scheibe um dieses und stürzt schließlich in das S. L. In der Accretions-Scheibe wird eine Röntgenstrahlung erzeugt. Einige Röntgenstrahlenquellen, die in den letzten Jahren aufgefunden wurden, stehen im Verdacht, mit S. L. in Zusammenhang zu stehen. Dies gilt insbesondere für die Röntgenquelle → Cygnus X-1. Weitere neu gefundene Kandidaten für S. L. als Endprodukte massereicher Sterne sind V404 Cygni mit einer Umlaufzeit von 6,47 Tagen und einer Masse von 8 bis 12 Sonnenmassen (je nach Neigung der Bahn), sowie A 0620 -00 (im Sternbild Einhorn) mit einer Umlaufzeit von 0,32 Tagen und 8 Sonnenmassen. Auch für die oft superdichten Kerne von Galaxien, besonders aber der → Quasare und aller sog. aktiven Galaxien werden S. L. von vielen Millionen Sonnenmassen vermutet. Derartige S. L. hätten – gerechnet bis zum Schwarzschild-Radius – nahezu die Ausdehnung unseres Planetensystems und eine Dichte, die in der Nähe von 1 g/cm^3 liegt.
Neuere Untersuchungen zeigen, daß S. L. noch eine weitere Entwicklung aufweisen müßten. So könnten sich S. L. später auch wieder auflösen. Dieser von S. W. Hawking (*1942) gefundene Effekt wird → Hawking-Strahlung genannt. Möglicherweise gibt es nach Hawking auch restliche S. L. aus den Anfängen unseres Universums, die im Laufe der Zeit wieder zerfallen. In der Theorie könnten S. L. über eine sog. Einstein-Rosen-Brücke (→ Wurmlöcher) mit anderen S. L. (oder Weißen Löchern) zwei verschiedene, weit entfernte Teile unseres Universums oder zwei ganz verschiedene Universen verbinden. Ob es aber diese Brücken in der Realität gibt, entzieht sich unserer Kenntnis. Es ist auch schwer vorstellbar, daß diese Brücken für Zeit- und Raumreisen im großen Stil nutzbar gemacht werden könnten.

schwarze Strahlung (black body radiation). Die gesamte Strahlung, die ein → schwarzer Körper aussenden würde.

schwarze Zwerge (black dwarfs). Das Endstadium in der Entwicklung eines Sterns von etwa einer Sonnenmasse. Nach Durchlaufen des Stadiums eines → weißen Zwergsterns entsteht ein Körper aus kaltem, entartetem Gas. Bisher wurden noch keine s. Z. gefunden. Da das Stadium eines weißen Zwergs viele Milliarden Jahre anhalten kann, ist es sogar fraglich, ob seit der Entstehung des Universums überhaupt schon s. Z. entstanden sind. Von den s. Z. sind die → braunen Zwerge zu unterscheiden.

Schwarzschild-Effekt (Schwarzschild effect). Ein nach K. Schwarzschild (1873–1916) benannter Effekt, nach dem die → Schwärzungskurve einer photographischen Schicht bei sehr kurzen und sehr langen Belichtungszeiten nicht mehr der Funktion $J \cdot t$, sondern $J \cdot t^p$ folgt.

Schwarzschild-Grenze (Schwarzschild limit). Die nach K. Schwarzschild (1873–1916) benannte maximale Dichte eines Körpers, jenseits der dieser zu einem → Schwarzen Loch zusammenfällt. Bei größerer Masse eines Körpers ist die S.-G. kleiner, und der → Schwarzschild-Radius wird größer. So liegt die für die Sonne bei 10^{16} g/cm^3, für eine Masse von 100 Millionen Sonnenmassen bei nur noch 1 g/cm^3.

Schwarzschild-Metrik (Schwarzschild metric). Die Metrik der Raumzeit einer sphärischen Masse, die von K. Schwarzschild 1915 entwickelt wurde. Sie führte später zur Beschreibung eines → Schwarzen Lochs.

Schwarzschild-Radius (Schwarzschild radius). Der Radius eines extrem dichten Körpers, an dessen Oberfläche die Fluchtgeschwindigkeit gleich der Lichtgeschwindigkeit ist. Derartige extreme Zustände können bei einem → Schwarzen Loch auftreten. Die Oberfläche eines solchen Körpers wird als »Ereignis-Horizont« bezeichnet. Der S.-R. beträgt $2\,G\,M/c^2$. Dabei ist G die Gravitationskonstante, M die Masse und c die Lichtgeschwindigkeit. Für unsere Sonne würde der S.-R. 2,9 km, für die Erde 0,9 cm betragen, falls diese Körper zu einem Schwarzen Loch degenerieren könnten. Allerdings verwandeln sich nach dem gegenwärtigen Stand der Theorie so massearme Körper nicht in ein Schwarzes Loch.

Schwärzungskurve (characteristic curve). Der Zusammenhang zwischen der Schwärzung einer photographischen Schicht in Abhängigkeit von der Intensität und der Zeitdauer der Strahlungseinwirkung. Dabei wird graphisch meist der Logarithmus $J \cdot t$ auf der Waagrechten, die Schwärzung S auf der Senkrechten aufgetragen. J bedeutet dabei die Intensität des Lichts (in der Astronomie) eines Sterns, t die Belichtungszeit. Die S. hat einen verhältnismäßig komplizierten Verlauf, der von der Art der photographischen Schicht abhängig ist. Streng genommen ist die Schwärzung aber nicht direkt vom Produkt $J \cdot t$ abhängig, sondern von $J \cdot t^p$, wenn man kurze und lange Belichtungszeiten mit berücksichtigen will. Dabei nennt man p den sog. Schwarzschild-Exponenten, der bei langen Belichtungszeiten in der Astronomie etwa 0,8 beträgt.

Eine typische S. zeigt zunächst bei extrem kurzen Belichtungszeiten einen nahezu horizontalen Verlauf. Mit anderen Worten: Es ist eine bestimmte Mindestbelichtung, ein »Schwellenwert« erforderlich, um überhaupt eine erkennbare Schwärzung auf der Photoschicht zu erzeugen. Danach steigt die S. stärker, auf einen nahezu geradlinigen Teil an. Die Neigung dieses Teils der S. bezeichnet man auch als Gradation. Bei längeren Belichtungszeiten flacht die S. wieder ab und erreicht einen maximalen Wert. Bei noch längeren Belichtungszeiten fällt die S. wieder ab (Solarisation).

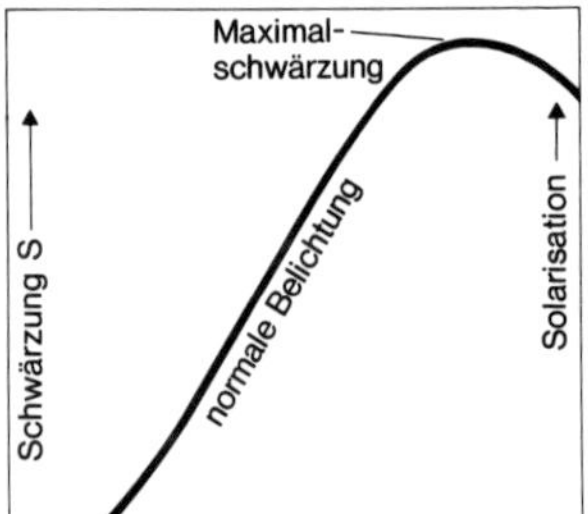

Typischer Verlauf einer photographischen Schwärzungskurve

Schwassmann-Wachmann. Bezeichnung für einige Kometen. S.-W. 1 hat eine Umlaufzeit von 15,0 Jahren um die

Sonne. Seine Bahn ist mit einer Exzentrizität von nur 0,105 für einen Kometen extrem kreisähnlich. Die Bahnneigung beträgt 9,7°. Im Perihel ist er 815,0 Mill. km, im Aphel 1006,8 Mill. km von der Sonne entfernt. Der Komet bewegt sich damit zwischen der Jupiter- und Saturnbahn um die Sonne und kann in jeder Opposition beobachtet werden. Seine Helligkeit erreicht dabei allerdings nur etwa die 18. Größe. Doch wurden gelegentlich Helligkeitsausbrüche von 4 bis 8 Größenklassen beobachtet. S.-W. 2 und 3 gehören zur → Kometenfamilie des Jupiter und haben eine Umlaufzeit von 6,5 bzw. 5,4 Jahren. Im Perihel sind sie 319,4 bzw. 140,8 Mill. km, im Aphel 722,6 bzw. 776,4 Mill. km von der Sonne entfernt. Die Bahnexzentrizität beträgt 0,387 bzw. 0,693, die Bahnneigung 3,7° bzw. 11,4°.

Schwebung (beat). Eine durch → Interferenz entstehende Erscheinung, die bei der Überlagerung zweier Schwingungen mit wenig unterschiedlicher Wellenlänge auftritt. S. macht sich durch ein periodisches oder nahezu periodisches Ansteigen und Absinken der Amplitude bemerkbar.

Schweifstern. Volkstümliche Bezeichnung für einen → Kometen.

Schwerebeschleunigung (gravity acceleration). Die → Beschleunigung, die ein frei fallender Körper im Schwerefeld eines größeren Körpers (Himmelskörpers) erfährt. Sie ist $g = G{\cdot}M/R^2$. Dabei bedeutet G die Gravitationskonstante, M die Masse und R den Radius des Himmelskörpers. Auch → Planeten, → Sonne und → Zustandsgrößen.

Schwerelosigkeit (zero-gravity). Ein Zustand, in dem die Schwerkraft eines Himmelskörpers durch Trägheitskräfte ausgeglichen wird und besser Gewichtslosigkeit genannt werden sollte. Praktisch kommt S. vor allem beim freien Fall, z.B. in Falltürmen, beim freien Flug eines Satelliten um die Erde oder bei dem antriebslosen Flug eines Raumfahrzeuges vor. Streng genommen ergibt sich aber, daß die S. auch in diesen Fällen nicht exakt erreicht werden kann. So spricht man auch von Mikrogravitation. Die Raumflugexperimente der vergangenen Jahre haben gezeigt, daß die S. oder Mikrogravitation vom menschlichen Organismus zumindest über einige Monate hinweg ertragen werden kann.

Schwerkraft (gravitation). → Gravitation.

Schwermetallgruppe (heavy-metal group). Eine Gruppe von Sternen, die vor allem der Spektralklasse S angehören und in deren Spektren mehrere Linien schwerer chemischer Elemente auftreten, vor allem Zirkonium, Yttrium, Niob, Molybdän, Barium und die sog. seltenen Erden.

Schwertfisch (Goldfish, Swordfish). Ein Sternbild am südlichen Himmel, das von Mitteleuropa aus unsichtbar ist (lateinische Bezeichnung Dorado, Abk. Dor). Das 1603 erstmals von J. Bayer (1572–1625) eingeführte Sternbild enthält nur wenige Sterne. Hauptstern ist α Doradus mit einer Helligkeit von $3\overset{m}{,}3$ und einer Entfernung von 200 Lichtjahren. Am Südrande dieses Sternbilds liegt auch die Große → Magellansche Wolke. Darin befindet sich wiederum der berühmte → Tarantel-Nebel (30 Doradus).

Scorpius. Lateinische Bezeichnung für das Sternbild → Skorpion.

Scorpius-Centaurus-Assoziation (Scorpius-Centaurus association). Eine → Assoziation sehr junger Sterne in etwa 600 Lichtjahren Entfernung in der Richtung zu den Sternbildern Skorpion und Centaur. Der hellste Stern hat eine absolute Leuchtkraft von $-4\overset{m}{,}9$ und den Spektraltyp B.

Scorpius OB 1. Eine sehr junge → Assoziation von Sternen des Spektraltyps O und B im Sternbild → Skorpion in einer Entfernung von etwa 6500 Lichtjahren.

Scorpius X-1. Die nach der Sonne stärkste Röntgenquelle am gesamten Himmel. Sie wurde bereits 1962 bei Raketenaufstiegen entdeckt. Es handelt sich um einen engen → Röntgen-Doppelstern in etwa 800 bis 1600 Lichtjahren Entfernung. Das Objekt kann sowohl optisch als auch radioastronomisch festgestellt werden. Die Quelle zeigt kurzperiodische Schwankungen mit einer Periode von etwa 19 Stunden und einer Amplitude von etwa 1 Größenklasse und mehr. In den drei verschiedenen Wellenlängenbereichen (Röntgenstrahlung, optische Strahlung, Radiostrahlung) fallen jedoch diese Intensitätsschwankungen zeitlich nicht zusammen.

Scott-Effekt (Scott effect). Ein Auswahleffekt in der Beziehung zwischen der kosmologischen → Rotverschiebung und der scheinbaren Helligkeit weit entfernter Galaxien. Wie E. Scott 1957 bemerkte, werden in größeren Entfernungen nur noch die leuchtmächtigsten Galaxienhaufen aufgefunden. Dieser Umstand beeinflußt das erwähnte Diagramm.

Sculptor. Lateinische Bezeichnung für das Sternbild → Bildhauer.

Sculptor-Gruppe (Sculptor group). Eine Gruppe von 6 Galaxien im Sternbild Bildhauer. Dazu gehört auch der große Spiralnebel NGC 253. Die Entfernung beträgt 8 Mill. Lichtjahre.

Sculptor-System (Sculptor system). Eine elliptische → Zwerggalaxie, die zur → lokalen Gruppe zählt und im Sternbild Bildhauer liegt. Das nur schwer auf photographischem Wege nachzuweisende Objekt wurde 1938 entdeckt.

δ Scuti-Sterne, ultrakurzperiodische Cepheiden (*δ* Scuti stars, ultrashort-period Cepheids). Eine Gruppe Veränderlicher, die zu den Pulsationsveränderlichen zählt. Die Spektralklasse ist zumeist A oder F. Die Periodenlänge beträgt nur etwa 1 bis 5 Stunden. Die Amplitude der (meist geringen) Helligkeitsschwankungen ist nicht streng konstant, sondern zeigt kleine Veränderungen. Hauptvertreter dieser verhältnismäßig kleinen Gruppe ist *δ* Scuti. Seine Helligkeit schwankt zwischen etwa $4{,}^{m}9$ und $5{,}^{m}2$ mit einer Periode von 0,194 Tagen. Die Gruppe ähnelt den → Zwergcepheiden.

Scutum, Scutum Sobiesci. Lateinische Bezeichnung für das Sternbild → Schild bzw. Sobieskischer Schild.

Sechsfarbenphotometrie (six colour photometry). Eine → Photometrie von Sternen, die in sechs verschiedenen Farb- oder Spektralbereichen durchgeführt wird.

Seeing. Eine aus dem englisch-amerikanischen Sprachbereich stammende, auch in der deutschen Fachliteratur benutzte Bezeichnung für die → Szintillation und alle turbulenten Bewegungen in der Atmosphäre, die die Bildqualität eines astronomischen Objekts beeinflussen können. Auch die Transparenz der Atmosphäre zählt dazu. Unter sehr guten S.-Bedingungen erscheint ein Sternscheibchen kleiner als 1 Bogensekunde. Man spricht heute oft von S.-Untersuchungen oder -Messungen zur Auswahl der bestmöglichen Plätze neuer Sternwarten.

Segel (Sails). Ein Sternbild am südlichen Himmel (lateinische Bezeichnung Vela, Abk. Vel). Das Sternbild bildet zusammen mit den Sternbildern → Hinterdeck und → Schiffskiel das Schiff der Argonauten aus der griechischen Sage. Es steht so weit südlich, daß es von Mitteleuropa aus nicht beobachtet werden kann. Der hellste Stern ist *γ* Velorum mit einer Helligkeit von $1{,}^{m}8$. Daneben gibt es noch eine Reihe anderer Sterne, die fast auf dieselbe Helligkeit kommen. Die Sterne *δ* und κ Velorum, sowie *ι* und ε Carinae (im → Schiffskiel) bilden zusammen das sog. »falsche Kreuz«, da es oft mit dem echten Kreuz des Südens verwechselt wird. Das S. enthält eine Reihe offener Sternhaufen, die verhältnismäßig hell sind. Dazu gehört NGC 2547 in 1300 Lichtjahren Entfernung mit 80 Sternen sowie IC 2391 mit 20 Sternen in 600 Lichtjahren Abstand. Der letztere ist um den Stern o Velorum angeordnet. Vermutlich der Überrest einer → Supernova ist der planetarische Nebel NGC 3132 in 2600 Lichtjahren Abstand. Innerhalb des Sternbilds S. und teilweise noch in das Sternbild Hinterdeck herüberragend befindet sich der → Gum-Nebel.

Sehungsbogen eines Gestirns. Die geringste Tiefe der Sonne unter dem Horizont, bei der trotz noch oder schon vorhandener Dämmerung ein Gestirn bei günstiger Wetterlage eben sichtbar wird oder wieder verschwindet. In der Praxis ist der S. aber natürlich auch von der Sehkraft des Auges abhängig. Der S. für die Sterne 6. Größenklasse bezeichnet die Grenze der astronomischen → Dämmerung.

Sehwinkel, Gesichtswinkel (visual angle). Der Winkel, der die beiden von den Endpunkten eines Gegenstandes zum Auge des Beobachters gezogenen Linien einschließt.

Sekundärelektronenvervielfacher (electron multiplier). → Photometer.

Sekundärkrater (secondary crater). Kleinerer Krater in der Nachbarschaft eines großen Kraters oder auf dessen Wall. Die S. können ursächlich mit der Entstehung des Hauptkraters in Verbindung gebracht werden oder aber sind zeitlich nach dem Hauptkrater entstanden.

Sekundärspektrum (secondary spectrum). Ein bei einem achromatischen Objektiv (also einem Objektiv, das aus zwei Einzellinsen zusammengesetzt ist und die chromatische → Aberration fast gänzlich beseitigt) auftretender Restfehler. Ein aus zwei Linsen bestehendes achromatisches Objektiv kann nämlich nur für zwei Wellenlängen die chromatische Aberration vollständig beseitigen. Um das S. noch weiter zu vermindern, kombiniert man drei und mehr Einzellinsen zu einem Objektiv (Apochromat).

Sekunde (second). Eine Zeiteinheit, die der 60ste Teil einer → Minute ist. Auf der 13. Konferenz für Maße und Gewichte (1967) wurde die S. als die Zeitdauer von 9 192 631 770 Schwingungen des Caesiumisotops ^{133}Cs, die dem Übergang zwischen den beiden Hyperfeinstrukturniveaus des Grundzustandes entspricht, definiert. → Atomuhr, → Atomzeit. Als S. bezeichnet man auch oft abgekürzt eine Bogensekunde ($1''$, engl. arc second).

Selbstabsorption (self-absorption). Die → Absorption einer Strahlung, die von dem absorbierenden Körper zunächst selbst ausgesandt wurde.

selected areas. → Eichfelder.

selektiv (selective). Auswählend, in einer bestimmten Richtung wirkend.

selektive Absorption, Extinktion (selective absorption, extinction). Eine von der Wellenlänge abhängige → Absorption bzw. → Extinktion des Lichtes ferner Sterne durch → interstellare Staubteilchen.

Seleniten (selenites). In der älteren Literatur übliche Bezeichnung für angebliche Mondbewohner.

Selenographie (selenography). Eine aus dem Griechischen stammende Bezeichnung für »Mondkunde«. Im wesentlichen wird die Bezeichnung heute nur noch auf die kartographische Erfassung der Mondoberfläche bezogen.

Selenologie (selenology). Die Erforschung der Gesteine und des inneren Aufbaus des Mondes.

selenozentrisch (selenocentric). Auf die Mitte des Mondes bezogen.

Selintschukskaja. Ein im Kaukasus in einer Höhe von 1830 m gelegenes russisches Observatorium. Es enthält den 1976 in Betrieb genommenen 6,10 m-Spiegel. Das azimutal montierte Teleskop besitzt eine Computersteuerung.

Sensibilisierung (sensitization). → Photographie.

Septentrio, Septemtrio. Lateinische Bezeichnung für die nördliche Himmelsrichtung, abgeleitet aus der Bezeichnung »septem triones« (»die sieben Dreschochsen«) für das Sternbild des Großen → Bären, mit dessen Hilfe die Nordrichtung aufgefunden werden kann.

Serie von Spektrallinien (spectral series). → Spektrum.

Serpens. Lateinische Bezeichnung für das Sternbild → Schlange.

CV Serpentis. Ein → Bedeckungsveränderlicher mit einer Periode von 29,6 Tagen im Sternbild Schlange. Er ist zusammengesetzt aus einem → Wolf-Rayet-Stern und einem Stern mit dem Spektraltyp B0 und hängt mit dem Wasserstoff-Nebel E 41 zusammen. Die Helligkeit schwankt zwischen $9^{m}_{,}9$ und $10^{m}_{,}8$.

λ Serpentis. Ein Stern im Sternbild Schlange, der in physikalischer und chemischer Hinsicht mit unserer Sonne fast identisch ist. Der Stern steht nur wenig nordöstlich des Hauptsterns Unuk und hat eine scheinbare Helligkeit von $4^{m}_{,}4$. Seine absolute Leuchtkraft beträgt $4^{m}_{,}3$, seine Entfernung 35 Lichtjahre. Der Spektraltyp ist G0, seine Radialgeschwindigkeit –66 km/s.

SETI. Abk. für Search for Extra-Terrestrial Intelligence (Suche nach extraterrestrischer Intelligenz). Die den verschiedensten wissenschaftlichen Bereichen entstammenden Bemühungen, intelligente Organismen oder wenigstens überhaupt Leben auf anderen Himmelskörpern nachzuweisen. → Leben auf Gestirnen.

Sextans. Lateinische Bezeichnung für das Sternbild → Sextant.

Sextant (Sextant). **1.** Ein vor allem in der Schiffahrt benutztes Winkelmeßinstrument, das aus einem Teilkreis von 60° besteht. Am wichtigsten ist der von I. Newton (1643–1727) erfundene Spiegels., der allerdings erstmals von J. Hadley (1682–1744) beschrieben wurde. Mit Hilfe dieses Gerätes können Winkeldistanzen am Himmelsgewölbe bestimmt werden. Dabei wird ein beweglicher Spiegel so lange gedreht, bis die Lichtstrahlen zweier Gestirne gleichzeitig in dem Fernrohr erscheinen. An dem Teilkreis wird sodann der Winkelabstand abgelesen. Bei einigen Geräten findet sich auch ein geteilter Vollkreis in Verbindung mit Prismen statt Spiegeln (Prismens.). Mit einem derartigen Gerät kann an den beiden gegenüberliegenden Stellen des Vollkreises abgelesen werden. Dadurch sind bestimmte Instrumentalfehler auszugleichen.

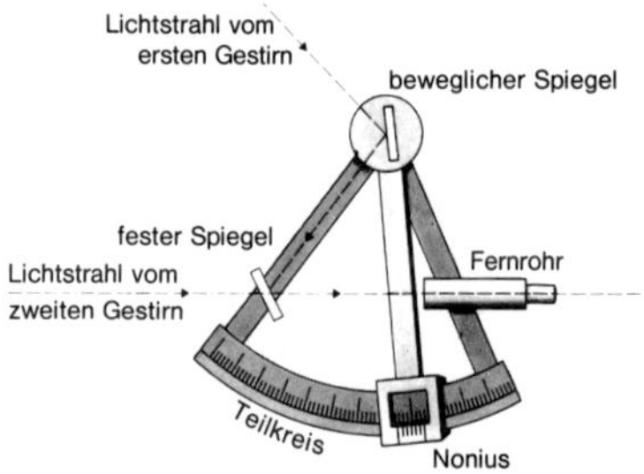

Strahlengang in einem Sextanten

2. Ein Sternbild, das sich etwa am Himmelsäquator befindet und von Mitteleuropa aus vor allem im Frühjahr abends im Süden beobachtet werden kann (lateinische Bezeichnung Sextans, Abk. Sex). Das Sternbild wurde erst von J. Hevel (1611–1687) eingeführt. Es besteht nur aus sehr schwachen Sternen. Der hellste Stern erreicht nur $4\overset{m}{,}4$.

Sextil (sextil). Ein → Aspekt, bei dem zwei Planeten oder auch Sonne und Mond untereinander auf der Ekliptik einen Längenunterschied von 60° haben.

Seyfert-Galaxien (Seyfert galaxies). Eine Gruppe von Galaxien, die erstmals von C. K. Seyfert (1911–1960) im Jahre 1943 erforscht wurde. Bis heute sind über hundert Objekte bekannt. Vermutlich sind etwa 1% aller Spiralnebel S.-G. Allerdings gibt es auch einige ohne erkennbare Spiralstruktur.

Die S.-G. zeigen einen sehr kleinen und hellen Kern, dessen Durchmesser nur etwa 1 Lichtjahr oder weniger beträgt. Um diesen Kern befindet sich eine Wolke heißen ionisierten Gases, die mit einer Geschwindigkeit von mehreren 100 km/s sich nach außen bewegt. Offenbar handelt es sich bei dem Kern einer solchen Galaxis um eine Art »Mini-Quasar«, dessen Aktivität etwa 100 mal schwächer ist als die eines normalen → Quasars. Daher zeigen die S.-G. sehr viele physikalische Eigentümlichkeiten der Quasare, z.B. einen Überschuß der Energieabstrahlung im blauen und ultravioletten Wellenlängenbereich, eine starke Infrarotstrahlung und häufig auch die Aussendung einer allerdings meist schwachen Radiostrahlung. Auch einige Röntgenquellen sind darunter. Die vom Kern stammende Licht- und Infrarotstrahlung zeigt Schwankungen innerhalb einiger Monate. Hierbei handelt es sich offensichtlich um → Synchrotronstrahlung. Teilweise stammt die Infrarotstrahlung aber auch von Staubschichten, die im Kern durch dessen intensive Strahlung aufgeheizt werden. Die hellste S.-G. ist NGC 1068 (M 77) im Sternbild Walfisch. Bei einer Helligkeit von $8\overset{m}{,}9$ kann sie mit kleineren Fernrohren beobachtet werden. Sie ist etwa 55 Mill. Lichtjahre entfernt. Eine der hellsten S.-G. ist auch NGC 4151 im Sternbild Jagdhunde (Helligkeit $11\overset{m}{,}6$). Hier werden drei gewaltige Gasmassen aus dem Kern mit Geschwindigkeiten von 280, 550 und 840 km/s ausgeschleudert. Der weniger als 0,1″ große Kern zeigt innerhalb von 2 Monaten Helligkeitsschwankungen um den Faktor 2. NGC 1275 im Perseus ist die stärkste extragalaktische Röntgenquelle (Bezeichnung → Perseus X-1), eine starke Radioquelle (→ Perseus A) und gehört dem Perseus-Galaxienhaufen an. Ursache für die Expansionserscheinungen der S.-G. ist wie bei den Quasaren vermutlich ein → Schwarzes Loch.

Seyfert-Sextett (Seyfert's Sextet). Eine Gruppe von Galaxien, die in der Umgebung von NGC 6027 im Sternbild Herkules liegt. Sie enthält Spiralnebel und unregelmäßige Nebel. Eigentlich sind es nur 5 Galaxien, so daß besser von einem Quintett gesprochen werden müßte. Das sechste Objekt ist keine Galaxie, sondern eine massive Gaswolke, die von der größten Galaxie der Gruppe ausgeworfen wurde. Die Galaxien zeigen aber auch in anderen Bereichen wechselseitige Gezeiteneinwirkungen. Die Entfernung beträgt etwa 260 Mill. Lichtjahre. Eine der Galaxien, ein Spiralnebel, liegt allerdings räumlich im Hintergrund.

Shapley-Linse (Shapley lens). Eine Linse zur Verkürzung der Brennweite eines Fernrohrs. Gegensatz: → Barlow-Linse.

Shaula. Der Stern λ Scorpii, der zweithellste Stern im Skorpion.

Shell-Galaxien (shell galaxies). Vereinzelt stehende elliptische Galaxien mit schwachen, aus Sternen bestehenden Lichtringen. Sie entstehen bei der Verschmelzung eines Spiralnebels mit einer elliptischen Galaxie.

shell star. Aus dem Englischen stammende Bezeichnung für einen → Hüllenstern.

Shoemaker-Levy 9. Ein am 24. 3. 1993 entdeckter Komet, der von Jupiter bereits spätestens 1970 eingefangen und in eine Umlaufbahn um ihn gezwungen wurde. Er wurde offenbar im Juli 1992 bei einem nahen Vorüberflug im Abstand von 43000 km über der Wolkenobergrenze von Jupiter durch Gezeitenwirkung in über 20 Teile zerrissen, die sodann perlschnurartig angeordnet waren. Zwischen dem 16. und 22. 7. 1994 stürzten diese Teilkometen, die maximal einen Durchmesser von etwa 1 km gehabt haben dürften, nacheinander auf Jupiter. Der Einsturz erfolgte von der Erde aus gesehen ganz knapp hinter dem Jupiterrand, der sich infolge der Planetenrotation auf die Erde zubewegte. Trotzdem konnten die hellen Explosionswolken in der Jupiteratmosphäre mit erdgebundenen Teleskopen sowie dem Hubble-Space-Telescope beobachtet werden, zumindest wenige Minuten später, als diese auf die erdzugewandte Seite des Planeten rotierten. Der Jupitersonde → Galileo, die sich auf dem Anflug an den Planeten befand, war das Auftreffgebiet direkt zugewandt, so daß von ihr die Einsturzblitze besonders gut erfaßt wurden. Die Explosionswolken breiteten sich in der folgenden Zeit als dunkle Flecken aus und waren noch viele Monate danach vorhanden.

Sichtlinie (line of sight). → Gesichtslinie.

siderisch (sidereal). Auf die Sterne (Fixsterne) bezogen. Man spricht z.B. von einem siderischen → Jahr oder der siderischen Umlaufzeit der Planeten.

Siderit (siderite). Ein Eisenmeteorit (→ Meteorit).

Siderolit (siderolite). Übergangstyp zwischen den Steinmeteoriten und Eisenmeteoriten, bei denen die Silikate jedoch noch überwiegen (→ Meteorit).

Siderostat (siderostat). Ein Planspiegel, der automatisch einem Himmelskörper so nachgeführt wird, daß er dessen Licht stets in ein feststehendes astronomisches Fernrohr wirft. Ähnlich dem → Coelostat.

Siding Spring-Observatory. Ein astronomisches Observatorium, das in der Nähe von Coonabarabran in New South Wales, Australien, in 1150 m Höhe liegt. Es wurde als Außenstation des Observatoriums auf dem Mount Stromlo im Jahre 1965 gegründet und besitzt als Hauptinstrument einen Schmidt-Spiegel von 183/122 cm Öffnung, einen 1 m-Spiegel, einen 230 cm-Spiegel sowie einen 390 cm-Spiegel als englisch-australisches Gemeinschaftsprojekt (Anglo-australisches Teleskop).

Siebengestirn. Bezeichnung für die → Plejaden.

Signalband (signal band). Der Wellenlängenbereich, in dem eine bestimmte funktechnische bzw. radioastronomische Untersuchung durchgeführt wird.

Signallaufzeit (time of propagation of signals). Der Zeitraum, den ein Funksignal zum Durchlaufen der Strecke zwischen Sender und Empfänger benötigt. Die S. ist im elektromagnetischen Bereich von der → Lichtgeschwindigkeit abhängig.

SIMBAD. Abk. für Set of Identifications, Measurements and Bibliographic References of Astronomical Data. Dieses Datenzentrum für Sterne, Galaxien, Sternhaufen, Nebel und andere Objekte befindet sich im »Centre de Données Stellaires« an der Universität Straßburg.

Singularität (singularity). **1.** In der Kosmologie ein Bereich im Raum-Zeit-Kontinuum, in dem die bekannten physikalischen Gesetze keine Geltung mehr besitzen. Eine S. besteht z.B. vielleicht im Zentrum eines → Schwarzen Lochs.
2. In der Meteorologie und Klimatologie das mehr oder weniger regelmäßige Auftreten bestimmter Wetterlagen zu bestimmten Kalenderterminen. Berühm-

te S. sind z.B. die Eisheiligen, die Schafskälte, der Altweibersommer und das Weihnachtstauwetter.

Sinope. Der Satellit IX des Jupiter. Er wurde 1914 von S. B. Nicholson (1891–1963) entdeckt. Er ist im Mittel 23,7 Mill. km von Jupiter entfernt. Seine siderische Umlaufzeit beträgt 758 Tage bei retrogradem Umlauf. Die Bahnneigung beläuft sich auf 153°, die Bahnexzentrizität auf 0,275. In einer mittleren Opposition erreicht der Satellit nur eine Helligkeit von $+18{,}^{m}6$. Sein Durchmesser dürfte etwa 36 km betragen.

Siriometer. Eine veraltete und nur selten in der astronomischen Literatur benutzte Längeneinheit. 1 S. entspricht 1 Mill. AE = $1{,}4950 \cdot 10^{14}$ km.

Sirius. Der Hauptstern im Großen Hund, gleichzeitig der hellste Stern, der von der Erde aus beobachtet werden kann. Gelegentlich wird er auch als »Hundsstern« bezeichnet. S. ist 8,7 Lichtjahre entfernt und zeigt eine scheinbare Helligkeit von $-1{,}^{m}6$. Seine absolute Leuchtkraft ist 21mal größer als die der Sonne. Die Spektralklasse ist A1, die Oberflächentemperatur beträgt 10000 K. Damit erscheint S. als weißer Stern. Sein Durchmesser übertrifft den der Sonne um das 1,76fache, seine Masse um das 2,35fache. Seine Eigenbewegung beträgt 1,324″ pro Jahr. Das macht in 2000 Jahren 44 Bogenminuten oder 1½ Mondbreiten aus. Die Radialgeschwindigkeit ist –7 km/s. S. gehört auch zum → Bärenstrom.

Die Bezeichnung S. stammt vermutlich aus der altbabylonischen Astronomie und bedeutet »Bogenstern«. Die Araber nannten diesen Stern auch »Alhabor«, was »der die Milchstraße überschritten hat« bedeutet. In der ägyptischen Geschichte spielte der heliakische Aufgang des S. eine besondere Rolle, da dieser zeitweise mit der Nilüberflutung zusammenfiel. Mehrere ägyptische Tempel waren auf S. ausgerichtet.

S. verfügt über einen Begleiter, der ihn in 50 Jahren umläuft. Die halbe große Bahnachse beträgt 7,6″ oder 3,6 Mrd. km, die Bahnexzentrizität 0,58. Auf dieser elliptischen Bahn stand der Begleiter von der Erde aus gesehen 1975 mit 11,5″ am weitesten von seinem Hauptstern entfernt. Dies wird wieder 2025 eintreten. 1993 erfolgte der kleinste Abstand mit 3″. Um diese Zeit ist der Begleiter auch mit größeren Fernrohren wegen des großen Helligkeitsunterschieds zu seinem Hauptstern nur schwer sichtbar. Der Begleiter, oft auch einfach als S. B bezeichnet, hat eine scheinbare Helligkeit von $8{,}^{m}7$ und kann deswegen nur mit verhältnismäßig leistungsfähigen Fernrohren beobachtet werden. Seine tatsächliche Leuchtkraft ist nur 0,002mal, der Durchmesser kaum 0,01mal so groß wie der der Sonne. Die Masse entspricht aber fast genau der der Sonne. Die Oberflächentemperatur ist 27000 K. S. B ist damit der bekannteste und zuerst entdeckte → weiße Zwergstern. Von F. W. Bessel (1784–1846) auf Grund der periodisch schwankenden Eigenbewegung des Hauptsterns 1844 vorausgesagt, wurde er aber erst 1862 von A. Clark (1832–1897) beim Testen eines Fernrohrobjektivs zufällig aufgefunden.

Es wurde oft herausgestellt, daß S. von mehreren antiken Dichtern und Naturforschern wie Aratus, Horaz, Cicero, Seneca, Ptolemäus, aber auch von den Babyloniern als rot beschrieben wurde, während S. heute fast weiß erscheint. Daraus wurde der Schluß gezogen, daß der S. B vor etwa 2000 Jahren noch ein roter Riesenstern war und die Gesamtfarbe des Systems dominierte. Inzwischen habe er sich zum weißen Zwerg entwickelt. Doch erscheint eine so rasche Entwicklung seltsam. Auch müßte man heute wohl noch Reste eines umgebenden → planetarischen Nebels finden. Ein anderes Rätsel ist der Umstand, daß der afrikanische Stamm der Dogon schon länger von der Existenz des S.begleiters weiß. Der amerikanische Orientalist R. K. G. Temple meinte 1976, daß extraterrestrische Raumfahrer dieses Wissen den Dogon überbracht haben. Doch sind die Dogon-Angaben über das S.-System in vieler Hinsicht unrichtig. Ihre allgemeine Kenntnis könnten sie z.B. durch europäische Reisende oder Missionare im 20. Jahrhundert erhalten und in einen schon bestehenden S.kult eingebaut haben.

Siriusweite. Veraltete astronomische Längeneinheit. Eine S. entspricht 5 parsec.

Sirrah. Der Hauptstern des Sternbilds Andromeda (→ Alpheratz).

Skalar-Tensor-Theorie (scalar tensor theory). → Brans-Dicke-Theorie.

Skjellerup-Maristany. Der Komet 1927 IX. Er wurde am 27. 11. 1927 entdeckt und konnte noch bis zum April des folgenden Jahres beobachtet werden. Er war einer der hellsten Kometen des 20. Jahrhunderts, erreichte eine Helligkeit von -6^{m} und war am 18. 12. 1927 nur 5° von der Sonne entfernt am hellen Tage sichtbar. Ende Dezember hatte sein Schweif eine Länge von fast 40°. Das Perihel durchlief der Komet am 18. 12. 1927 in einem Sonnenabstand von 26,4 Mill. km. Die Bahnexzentrizität beträgt 0,999 840, die Umlaufzeit rund 36 500 Jahre (ziemlich unsicher). Die Bahnneigung beläuft sich auf 85,1°.

Skorpion (Scorpion). Ein Sternbild am südlichen Himmel (lateinische Bezeichnung Scorpio, Abk. Sco), das gleichzeitig ein Tierkreissternbild ist. Die Sonne bewegt sich durch dieses Sternbild Ende November. Von mittleren geographischen Breiten aus kann der S. am besten im Sommer über dem Südhorizont beobachtet werden. Ein Teil des Sternbilds verbleibt jedoch dabei meist knapp unterhalb des Horizonts. Gemäß einer altgriechischen Sage soll der S. den Himmelsjäger Orion mit seinem Giftstachel bedroht haben. Die Götter setzten Orion und S. an zwei entgegengesetzte Stellen des Himmels, so daß sie sich nicht mehr begegnen konnten. Der Hauptstern des S. ist → Antares. β Scorpii heißt auch Akrab (aus dem Arabischen »S.«). Dieser Stern ist $2\overset{m}{,}6$ hell und 540 Lichtjahre entfernt. Seine Spektralklasse ist B1. Er ist 2500mal heller als die Sonne. In 13,7″ Distanz steht ein $4\overset{m}{,}9$ heller Begleitstern. Ein dritter Stern 9. Größe ist nur 0,5″ entfernt. λ Scorpii ist der zweithellste Stern nach Antares. Seine scheinbare Helligkeit beträgt $1\overset{m}{,}7$, seine absolute Leuchtkraft ist 1700mal größer als die der Sonne. Der Spektraltyp ist B2. Die Entfernung beträgt 310 Lichtjahre. λ Scorpii heißt gelegentlich auch Shaula.
Im S. gibt es eine Reihe von Kugelsternhaufen, insbesondere M 4, der 6000 Lichtjahre entfernt ist. Außerdem stehen im S. einige offene Sternhaufen. M 6 ist 2000 und M 7 8 000 Lichtjahre entfernt. Quer durch den S. verläuft auch die Milchstraße.

Skykompaß (sky compass). Ein Kompaß, der zur Ermittlung der Himmelsrichtungen die → Polarisation des Lichtes der Sonne heranzieht.

Skylab. Ein amerikanisches Weltraumlabor, das am 14. 5. 1973 mit einer Saturn 5-Rakete in eine Umlaufbahn um die Erde in eine Höhe von 435 km gebracht wurde. Die erste aus 3 Astronauten bestehende Mannschaft wurde mit einer Saturn 1B-Rakete am 25. 5. 1973 zu S. gebracht. Ihr Aufenthalt dauerte 28 Tage. Am 28. 7. 1973 startete die zweite Mannschaft und verblieb $59\frac{1}{2}$ Tage an Bord. Am 16. 11. 1973 begann der Aufenthalt der 3. Mannschaft mit insgesamt 84 Tagen Dauer. Das Weltraumlabor bestand im wesentlichen aus einer umgebauten 3. Stufe der Saturn 5-Rakete. Die Hauptaufgabenbereiche der Astronauten betrafen die Erforschung der Sonne, die Erderkundung, medizinische und biologische Untersuchungen, sowie technologische (insbesondere metallurgische) Experimente. Die Gesamtbilanz des Unternehmens bestand u. a. aus 2500 Erdaufnahmen, über 200000 Aufnahmen der Sonne und Meßdaten, die auf Magnetbändern mit einer Länge von 72 km gespeichert waren. S. stürzte 1979 ab.

SMC X-1. Eine Röntgenstrahlenquelle in der Kleinen → Magellanschen Wolke. Das enge Doppelsternsystem hat eine Umlaufzeit von $3{,}89^{d}$. Der Hauptstern ist ein Überriese mit dem Spektraltyp B0 und der scheinbaren Helligkeit $+13\overset{m}{,}6$. Die Masse dürfte bei etwa 20 Sonnenmassen liegen, während der Begleiter nur etwa 2 Sonnenmassen aufweist. Die Röntgenquelle trägt auch die Bezeichnung 2U 0015–72.

Smithsonian Astrophysical Observatory. Ein astronomisches Observatorium (Abk. SAO), das von der Smithsonian Institution im Jahre 1890 gegründet wurde. Es verfügte anfangs über Einrichtungen in Washington, DC. Das Zentrum wurde 1955 zum Harvard College Observatory verlegt. 1973 wurden beide Institutionen zu einem »Center for Astrophysics« vereinigt. Es verfügt über ein weltweites Netz zur Verfolgung von Erdsatelliten mittels photographischer Kameras. Größere Teleskope befinden sich am Mount Hopkins-Observatory südlich Tucson, Arizona. → Multi Mirror Telescope, → SAO Star Catalogue.

SNC-Meteorite (SNC meteorites). Eine kleine Anzahl von basaltischen Meteoriten, die vermutlich vom Mars stammen. Die Abkürzung verweist auf die ersten Fundorte: Shergotty in Indien, Nakhla in Ägypten und Chassigny in Frankreich. Die Untersuchung eines in der Antarktis niedergegangenen 8 kg schweren Meteoriten zeigte, daß dieser vor etwa 180 Mill. Jahren vom Mars weggeschleudert worden sein dürfte.

Snelliussches Gesetz (Snell's law). Das Gesetz der → Brechung.

Sobieskischer Schild. Das Sternbild → Schild.

SOHO. Abk. für »Solar Heliospheric Observatory«. Ein von der → ESA geplanter Raumflugkörper zur Erforschung der äußeren Atmosphäre der Sonne, des Sonnenwinds und der solaren Oszillationen. Der Start ist für 1995 vorgesehen.

Sojus, Soyuz. Sammelbezeichnung für bemannte sowjetische Raumfahrzeuge, an die im späteren Verlauf der technischen Entwicklung auch die Raumstationsmoduln → Saljut angekoppelt wurden. S. 1 startete am 23. 4. 1967 mit dem Kosmonauten W. Komarow an Bord. Nach 18 Erdumläufen erfolgte beim Landeanflug des Raumfahrzeuges ein Absturz, bei dem der Kosmonaut tödlich verunglückte. S. 19 führte im Sommer 1975 auch ein Kopplungsmanöver mit dem amerikanischen Raumfahrzeug → Apollo durch. S. 19 startete am 15. 7. 1975. Seine gesamte Flugzeit betrug $142^{h}\ 30^{m}$. 1979 führten W. Ljachow und V. Rjumin mit S. 32/Saljut 6 einen Flug von 175 Tagen durch. In den 80er Jahren wurden verbesserte Versionen unter der Bezeichnung S. T und TM eingesetzt. Sie wurden an die Raumstation → Mir angekoppelt. Mit S. TM-6 landeten die Kosmonauten Titow und Manarow am 21. 12. 1988 nach einem Aufenthalt von 364 Tagen in der Raumstation Mir. Mit S. bezeichnet man auch die für das S.-Raumfahrzeug entwickelte und eingesetzte dreistufige Trägerrakete.

solar (solar). Auf die Sonne bezogen.

solare Oszillationen (solar oscillations). Schwingungen der Sonne. Auf der Grundlage theoretischer Überlegungen wurden diese bereits 1948 vorausgesagt. R. B. Leighton, R. W. Noyer und G. W. Simon entdeckten schließlich am Mt.

Wilson-Observatorium 1960/61 erstmals aus Linienverschiebungen im Spektrum (→ Doppler-Effekt) s. O. mit einer Periode von 296 s oder rund 5 Minuten, mit Geschwindigkeiten von 100 bis 500 m/s und einer Wellenlänge von 2000 bis 50 000 km. An der Sonnenoberfläche bilden sich dabei stehende Wellen mit einem geometrischen Muster von Knoten und Dellen aus. Während man zunächst davon ausging, daß es sich hier nur um eine Antwort der Sonnenatmosphäre auf die vertikalen Bewegungen in der darunter liegenden Konvektionsschicht handelt, zeigte sich ab 1970, daß die Ursachen weiter im Innern der Sonne zu suchen sind. Im Verlauf der folgenden Jahre konnten noch zahlreiche andere regelmäßige s. O. mit den verschiedensten Perioden festgestellt werden.

Dieses Forschungsgebiet, das man auch Helio-Seismologie nennt, wird in der Zukunft noch eine größere Rolle spielen, da man hofft, mit ihm Aufschluß über das Innere der Sonne zu erhalten. Erste Ergebnisse sind z. B.: Die Wasserstoff-Konvektionszone reicht etwas tiefer als ursprünglich angenommen. Die Rotationsgeschwindigkeit der Sonne ist in 15 000 km Tiefe etwa 80 m/s größer als an der Oberfläche. Im Ganzen nehmen aber nach innen hin die Unterschiede der Rotationsgeschwindigkeit in den verschiedenen Breiten der Sonne ab. Ein bis zum halben Sonnenradius reichender Kern der Sonne rotiert wie ein starrer Körper mit einer Winkelgeschwindigkeit, die der an der Sonnenoberfläche in 30° Breite entspricht. Die Ergebnisse der s. O. sind nicht voll mit den früheren Standardmodellen für das Sonneninnere vereinbar. Verbesserungen an diesen Modellen sind erforderlich.

Die Helio-Seismologie verfügt heute über mehrere instrumentelle Einrichtungen. So überwacht z. B. die Global Oscillation Network Group (GONG) mit 6 Beobachtungsstationen, die in einem Abstand von etwa 60° Länge auf der Erde auseinanderliegen, systematisch die s. O. Andere Untersuchungen werden von einer Station am Südpol der Erde aus vorgenommen, von wo aus man ebenfalls über längere Zeiten hinweg ununterbrochene Untersuchungen mit ein- und demselben Instrument durchführen kann.

Solarkonstante (solar constant). Die Menge der Sonnenenergie, die auf der Erdoberfläche pro Flächeneinheit und pro Zeiteinheit von der Sonne in der mittleren Entfernung Erde-Sonne empfangen wird. Die absorbierende Wirkung der Erdatmosphäre ist dabei bereits abgezogen. Ferner wird angenommen, daß die Sonnenstrahlung senkrecht auf die Flächeneinheit fällt. Die S. ist dann $1{,}37 \cdot 10^6$ erg/cm^2·s oder 1,37 kW/m^2. Die S. wurde erstmals von C. G. Abbot (1872–1973) bestimmt. Zur Messung selbst dienen → Aktinometer oder → Pyrheliometer. Die S. schwankt innerhalb eines Jahres wegen des wechselnden Erdabstands zur Sonne in geringem Umfang. Schwankungen in Zusammenhang mit der Aktivität der Sonne sind nur äußerst gering. Beim Auftreten großer Sonnenflecken nimmt die S. um höchstens einige Zehntel Prozent ab. Ferner stellte die → Solar Maximum Mission in den 80er Jahren eine jährliche Abnahme um etwa 0,02% fest. Dies deutet vermutlich auf längerfristige Schwankungen hin. Die S. ist eine wichtige Grundlage zur Bestimmung der Leuchtkraft und effektiven Oberflächentemperatur der Sonne.

Solar Maximum Mission. Ein am 14. 2. 1980 gestarteter amerikanischer Satellit zur Erforschung der Sonne während des damaligen Sonnenmaximums. Aus einer 580 km hohen Kreisbahn wurde die Sonne mit einem → Koronographen, einem Röntgen-Polychromator, einem Instrument zur Messung der → Solarkonstante und einigen Spektrometern für den Gammastrahlen-, Röntgen- und Ultraviolett-Bereich systematisch untersucht. Ende 1980 versagte das Lageregelungssystem. Doch konnte der Satellit im April 1984 vom Space Shuttle Challenger aus repariert werden. Am 2. 12. 1989 verglühte er in der Erdatmosphäre.

solar-terrestrische Beziehungen (solar-terrestrial relations). Zusammenhänge zwischen der Sonne und der Erde. Allein schon die Licht- und Wärmeeinstrahlung der Sonne, die auf der Erde im Rhythmus der Jahreszeiten schwankt, führt zu Beziehungen, die sich in der Meteorologie, aber auch der Vegetation bemerkbar machten. Daneben existieren Zusammenhänge zwischen dem Jahreslauf und der Kurve körperlicher bzw. geistiger Leistungsfähigkeit des Menschen. Die geistige erreicht (auf der Nordhalbkugel) im Juli einen Tiefpunkt, im Spätherbst und Winter einen Höhepunkt. Die körperliche Leistungsfähigkeit hat ihr Maximum im Juni und ihr Minimum im August, während die anderen Monate auf mittlerer Höhe liegen. Daneben gibt es den Einfluß auf die → Gezeiten.

Im engeren Sinne versteht man aber unter s.-t. B. den Einfluß besonderer solarer Erscheinungen wie etwa der → Sonnenflecken auf die Erde. Schon seit langem ist bekannt, daß die Sonnenaktivität mit der erdmagnetischen Unruhe zusammenhängt. Neben den langfristigen Änderungen des Erdmagnetismus im Rhythmus der Sonnenfleckenperiode gibt es auch kurzfristige Schwankungen. Sie machen sich z. B. durch Änderungen der magnetischen → Deklination bemerkbar. Insgesamt ergeben sich folgende Beziehungen:

1. Die Ionosphäre (→ Erdatmosphäre) wird durch die Ultraviolett- und Röntgenstrahlung der Sonne erzeugt. Die Elektronenkonzentration in ihr hängt von der Sonnenstrahlung im Rhythmus von Jahr und Tag ab, zeigt aber auch Zusammenhänge zur Sonnenaktivität.

Allgemein gilt die Regel, daß die höheren Frequenzen (kürzeren Wellenlängen) zu Zeiten erhöhter Sonnenaktivität eher für den Funkempfang benutzt werden können als zu Zeiten geringerer Sonnenaktivität. Besondere Störungen der Ionosphäre treten bei solaren → Eruptionen auf. Die dabei ausgestrahlten Röntgenwellen dringen durch die Ionosphäre und verstärken die sog. D-Schicht in etwa 80 km Höhe so intensiv, daß die von der Erdoberfläche ankommenden Kurzwellen in ihr fast vollständig absorbiert werden. Die Folge ist ein Totalausfall der Kurzwellenverbindungen auf der sonnenbeschienenen Seite der Erde (Mögel-Dellinger-Effekt, S. I. D., »tote Viertelstunde«). Dagegen zeigen die sog. Längstwellen mit einer Wellenlänge um 10000 m zur gleichen Zeit eine Empfangsverbesserung.

2. Die Eruptionen senden gleichzeitig auch eine aus elektrisch geladenen Teilchen bestehende Korpuskularstrahlung aus. Bei einer Geschwindigkeit von etwa 1500 km/s benötigen sie etwas mehr als 24 Stunden, bis sie die Erde erreichen. Durch das irdische Magnetfeld werden diese Teilchen vor allem in die Polargebiete unserer Erde abgedrängt, da ihre Energie nicht ausreicht, um die magnetischen Feldlinien der Erde senkrecht zu durchstoßen und damit auch den Erdäquator zu erreichen. Diese Teilchen verursachen die oben erwähnten erdmagnetischen Störungen (erdmagnetische Stürme), aber auch zusätzliche ionosphärische Störungen, die sich vor allem in den Polargebieten bemerkbar machen (Polar Cap Absorption). Hauptsächlich entsteht aber durch diese Korpuskularstrahlung das → Polarlicht.

Neben diesen gesicherten Zusammenhängen zwischen Sonne und Erde gibt es eine Reihe weniger gesicherter oder

umstrittener Beziehungen. Sehr wahrscheinlich gibt es noch Zusammenhänge zwischen der Sonnenaktivität und der Stratosphäre innerhalb der → Erdatmosphäre. So tritt im Anschluß an eine starke Sonneneruption in der Stratosphäre eine Erwärmung auf (Berliner Phänomen). Umstritten ist die Auswirkung solcher oder auch anderer Phänomene auf die Troposphäre und damit auf das Wettergeschehen auf der Erde.
Nicht ganz auszuschließen sind gewisse Zusammenhänge der mittleren Verhältnisse ganzer Jahreszeiten und dem Sonnenfleckenzyklus. Immer wieder werden neue Untersuchungen bekannt, die sich auf verschiedene Gebiete beziehen, sich aber auch oft widersprechen. Nicht auszuschließen sind auch langfristige Einflüsse auf das Klima, wie sie z. B. im Zusammenhang mit dem → Maunder-Minimum diskutiert werden (→ Eiszeiten).
Besonders umstritten sind s.-t. B., die sich auf das organische Leben auswirken. Am bekanntesten wurde eine vermutete Beziehung zwischen der Sonnenaktivität und der Breite von Jahresringen bestimmter Bäume, z. B. der kalifornischen Sequoien. Sorgfältige Arbeiten zeigten indessen, daß selbst dieses früher immer wieder zitierte »Paradepferd« für den Einfluß der Sonnenfleckentätigkeit nicht überzeugend ist. Eine große Zahl von Untersuchungen bezog sich auch auf die Häufigkeit bestimmter Krankheiten im Zusammenhang mit der Sonnenaktivität. So glaubten in den vierziger Jahren mehrere Forscher feststellen zu können, daß Eklampsien bei erdmagnetischen Störungen gehäuft auftreten. L. Breuer konnte diesen Zusammenhang indessen 1955 anhand eines wesentlich umfangreicheren Vergleichsmaterials wiederum nicht bestätigen. Nach B. und T. Düll sollen sich Todesfälle durch Selbstmord sowie Krankheiten des Nervensystems, des Kreislaufs und Gehirns ebenfalls an Tagen mit erdmagnetischen Störungen statistisch häufiger bemerkbar machen. Auch über die Unfallhäufigkeit liegen mehrere Untersuchungen vor, ohne einwandfreies Ergebnis. Dasselbe gilt allgemein für Geburten- und Sterbestatistiken.

Solarzellen, Sonnenbatterien (solar cells, solar batteries). Für die Raumfahrt eingesetzte photovoltaische Zellen, die die Sonnenstrahlung in elektrischen Strom verwandeln, der zur Energieversorgung eines bemannten oder unbemannten Raumfahrzeuges dient. Dazu werden vor allem Halbleitermaterialien, wie z. B. Silicium und Galliumarsenid verwendet. Der Wirkungsgrad beträgt dabei 30 bis 37%. Silicium-S. ergeben bei einer Einzelgröße von 2x2 cm eine Leistung von etwa 75 mW. Durch Zusammenfügen mehrerer S. zu größeren Flächen können Gesamtleistungen von vielen kW erzielt werden.

Solstitium, Sonnenwende (solstice). Die aus dem Lateinischen stammende Bezeichnung bedeutet wörtlich Sonnenstillstand (Mehrzahl: Solstitien). Man meint damit die beiden Termine des Jahres, an denen sich die Auf- und Untergangsstellen der Sonne nicht weiter in der vorherigen Richtung verschieben, sondern wieder umkehren. Außerdem erreicht die Sonne zu diesen Zeitpunkten ihren höchsten nördlichen oder südlichen Winkelabstand vom Himmelsäquator, also ihre größte nördliche oder südliche → Deklination. Für die Nordhalbkugel der Erde ist das Sommer-S. am 21. oder 22. Juni, das Winter-S. am 21. oder 22. Dezember. Kleine Verschiebungen treten wegen des Schaltzyklus auf. Während des Sommer-S. sind die Tage am längsten, die Nächte am kürzesten. Im Winter-S. ist es umgekehrt. Die Punkte auf der Ekliptik, an denen sich die Sonne im S. befindet, bezeichnet man auch als Solstitialpunkte. Der senkrecht auf der

Ekliptik stehende, durch die beiden Solstitialpunkte gehende größte Kreis wird auch als Kolur der S. bezeichnet.

Sombrero-Nebel (Sombrero Galaxy). Eine im Sternbild Jungfrau gelegene Galaxie, die auf photographischen Aufnahmen die Gestalt eines Sombrero-Hutes zeigt. Ihre Katalogbezeichnung ist M 104 bzw. NGC 4594. Es ist ein Spiralnebel vom Typ Sa oder Sb. Der Beobachter sieht den S.-N. fast genau von der Seite her.

Sommer (summer). Eine → Jahreszeit, die für die Nordhalbkugel der Erde beginnt, wenn die Sonne den → S.punkt am 21. oder 22. Juni erreicht. Sie endet mit dem Überqueren des Himmelsäquators durch die Sonne von Norden nach Süden am 23. September.

Sommerdreieck (Summer Triangle). Ein aus den Sternen → Wega, → Atair und → Deneb gebildetes großes Sterndreieck, das besonders gut am Sommerhimmel zu beobachten ist.

Sommerhalbjahr (summer half-year). Die Zeitspanne zwischen dem Frühlingsanfang und Herbstanfang (→ Jahreszeiten).

Sommerpunkt (summer point). Die Stelle auf der → Ekliptik, an der sich die Sonne etwa am 21. Juni befindet und ihren nördlichsten Stand auf der Ekliptik erreicht (→ Solstitium). Für die Südhalbkugel unserer Erde beginnt der astronomische → Winter, wenn die Sonne den S. überschreitet.

Sommerzeit (daylight saving time). Die während der Sommermonate, gelegentlich aber auch während des ganzen Jahres, meist um eine Stunde gegenüber der → Zonenzeit vorverlegte Uhrzeit. Gelegentlich wird auch eine doppelte S. eingeführt, die gegenüber der eigentlichen Zonenzeit um 2 Stunden vorauseilt. Der Nutzen der S. besteht darin, den Zeitraum des hellen Tages mehr in die Abendstunden zu verlegen, die von der Bevölkerung in der Regel häufiger ausgenutzt werden als die frühen Morgenstunden. Damit soll auch eine Energieersparnis erreicht werden. Dies wird aber nur dort ausschlaggebend sein, wo aus traditionellen Gründen die Bevölkerung die Abendstunden stärker ausnützt. In den südlicheren Ländern ist dies eher als in Mitteleuropa der Fall.

In Deutschland wurde die S. erst wieder 1980 eingeführt. Dagegen ist z.B. in England seit 1925 die S. üblich. Die Einführung der S. ist keine astronomisch notwendige Angelegenheit. Sie wird daher von den Regierungen, nicht von astronomischer Seite, festgelegt. Aus diesem Grund kann auch nicht langfristig der Zeitpunkt mitgeteilt werden, zu dem die Umstellungen definitiv erfolgen. Änderungen sind möglich. Die Tabelle gibt die früheren Zeiträume an, zu denen die S. in Deutschland eingeführt wurde (für 1945 bis 1949 nur für Westdeutschland bzw. die Bundesrepublik Deutschland):

Sommerzeit
30. 04. 1916, 23 Uhr – 01. 10. 1916, 01 Uhr
16. 04. 1917, 02 Uhr – 17. 09. 1917, 03 Uhr
15. 04. 1918, 02 Uhr – 16. 09. 1918, 03 Uhr
01. 04. 1940, 01 Uhr – 02. 11. 1942, 03 Uhr
29. 03. 1943, 02 Uhr – 04. 10. 1943, 03 Uhr
03. 04. 1944, 02 Uhr – 02. 10. 1944, 03 Uhr
02. 04. 1945, 02 Uhr – 16. 09. 1945, 02 Uhr
14. 04. 1946, 02 Uhr – 07. 10. 1946, 03 Uhr
06. 04. 1947, 02 Uhr – 05. 10. 1947, 03 Uhr
18. 04. 1948, 03 Uhr – 03. 10. 1948, 03 Uhr
10. 04. 1949, 02 Uhr – 02. 10. 1949, 02 Uhr

Im Zeitraum zwischen dem 11. 5. 1947, 2 Uhr und 29. 6. 1947, 3 Uhr wurde in Westdeutschland die doppelte S. eingeführt.

Sonde (space probe, probe). → Raumsonde.

Sonne (Sun). Das Zentralgestirn unseres Planetensystems. Unsere S. ist ein durchschnittlicher Stern, der aber infolge seiner Nähe astronomisch sehr gut er-

forscht werden kann. Sie kann daher auch als der nächste Stern bezeichnet werden. Somit spielt die S.forschung eine zentrale Rolle innerhalb der Astronomie. Die Tabelle stellt die wichtigsten Daten der S. zusammen.
Bereits mit kleinen Fernrohren (→ Sonnenbeobachtung) können auf der S. dunkle Gebilde, die → Sonnenflecken, beobachtet werden. Daneben lassen sich die → Sonnenfackeln sowie die → Granulation mit einfachen Mitteln feststellen. Diese Erscheinungen treten auf der → Photosphäre auf, die oft auch etwas ungenau als S.oberfläche bezeichnet wird. Darüber befindet sich die → Chromosphäre (gelegentlich auch als S.atmosphäre bezeichnet) und über dieser wiederum die → Sonnenkorona. Die Photosphäre zeigt bei normaler Beobachtung eine → Randverdunklung. Die Chromosphäre kann nur mit speziellen

Die wichtigsten Daten der Sonne

Masse	$1{,}99 \cdot 10^{33}$ g
(in Einheiten der Erdmasse)	333 000
mittlerer scheinbarer Durchmesser	31′ 59″
wahrer Durchmesser	1,392 Mill. km
(in Einheiten des Erddurchmessers)	109
Oberfläche	$6{,}09 \cdot 10^{22}$ cm^2
Volumen	$1{,}41 \cdot 10^{33}$ cm^3
(in Einheiten des Erdvolumens)	$1{,}31 \cdot 10^{6}$
mittlere Dichte	1,41 g/cm^3
(in Einheiten der Erddichte)	0,26
Schwerebeschleunigung an der Sonnenoberfläche	$2{,}74 \cdot 10^{4}$ cm/s^2
(in Einheiten der Schwerebeschleunigung an der Erdoberfläche)	27,9
Gesamtausstrahlung der Sonne	$3{,}85 \cdot 10^{33}$ erg/s oder $3{,}85 \cdot 10^{23}$ kW
Strahlungsleistung der Sonne je cm^2 der Sonnenoberfläche	$6{,}33 \cdot 10^{10}$ erg/cm^2 s
Rotationsgeschwindigkeit in 17° Breite	1,99 km/s
Rotationsenergie der Sonne (auf der Grundlage der Verhältnisse an der Oberfläche)	$2{,}4 \cdot 10^{42}$ erg
Rotationsperiode in 17° Breite (siderisch)	$25{,}38^{d}$
Rotationszeit in der Nähe der Pole (siderisch)	etwa 35^{d}
Rotationsperiode in 17° Breite (synodisch)	$27{,}275^{d}$
Fluchtgeschwindigkeit an der Sonnenoberfläche	618 km/s
Äquatorneigung der Sonne gegen die Ekliptik	7° 15′
Spektraltyp der Sonne	G2
Leuchtkraftklasse	V
effektive Oberflächentemperatur	5785 K
scheinbare visuelle Helligkeit	$-26\overset{m}{,}70$
scheinbare bolometrische Helligkeit	$-26\overset{m}{,}83$
absolute visuelle Helligkeit	$+4\overset{m}{,}87$
absolute bolometrische Helligkeit	$+4\overset{m}{,}74$
Alter der Sonne	$4{,}6 \cdot 10^{9}$ Jahre
Entfernung der Sonne im Perihel	147,1 Mill. km
Entfernung der Sonne im Aphel	152,1 Mill. km
Abplattung der Sonne (Unterschied zwischen Äquator- und Poldurchmesser)	höchstens 0,005%
1° eines größten Kugelkreises auf der Sonnenoberfläche entsprechen	12 147 km
in der mittleren Entfernung Erde – Sonne entspricht von der Erde aus gesehen	1′ = 43 520 km 1″ = 725,3 km

Hilfsmitteln erforscht werden (→ Spektrohelioskop, → Lyot-Filter). Die Korona war ursprünglich nur während einer totalen → Sonnenfinsternis beobachtbar. Später konnte sie mit dem → Koronograph und außerhalb der Erdatmosphäre von Satelliten und Raumlaboratorien aus erforscht werden.

Der innere Aufbau der Sonne

Abstand vom Zentrum in 1000 km	Temperatur in 10^6 K	Dichte g/cm^3	Druck 10^{12} Pascal
0	14,6	134	22 100
28	14,2	121	20 000
70	12,6	85,5	13 500
139	9,35	36,4	4 590
209	6,65	12,9	1 160
279	4,74	4,13	267
348	3,42	1,30	60,5
418	2,49	0,405	13,7
488	1,80	0,124	3,0
556	1,28	0,035	0,611
585	1,04	0,02	0,301
627	0,605	0,009	0,078
696	0,0058	$2 \cdot 10^{-7}$	0,08

Der letzte Wert bezieht sich auf die mittlere Schicht der Photosphäre. Druck hier in 10^3 Pascal.

Die chemische Zusammensetzung der S. ergibt sich aus Beobachtungen des → Sonnenspektrums. Der Massenanteil des Wasserstoffs beträgt in der Atmosphäre und an der Oberfläche 70,1%. Helium trägt 27,9% bei. Auf die Elemente schwerer als Helium, die sog. Metalle, entfallen nur 2%. Wegen der Verwandlung von Wasserstoff in Helium im Kern der S. durch Kernfusionsprozesse (→ Energieerzeugung in Sternen) ist aber der Anteil des Wasserstoffs zugunsten von Helium dort etwas geringer. Zum S.innern hin steigen auch Temperatur, Dichte und Druck stark an. Im innersten Kern der S., soweit die Temperaturen über etwa 10 Mill. K liegen, werden in jeder Sekunde etwa 655 Mill. t Wasserstoff in 650 Mill. t Helium verwandelt. Der Massendefekt von 5 Mill. t pro Sekunde wird jeweils in Energie verwandelt.

Das allgemeine Magnetfeld der S. hat vermutlich nur eine Stärke von etwa 10^{-4} Tesla. In den → Sonnenflecken kommen allerdings bedeutend höhere Feldstärken vor. Möglicherweise zeigt das allgemeine Magnetfeld der S. langfristige Schwankungen, evtl. im Zusammenhang mit der elfjährigen S.aktivitätsperiode.

Neben der sichtbaren Strahlung, die wir auch mit unserem menschlichen Auge wahrnehmen können, sendet die S. praktisch alle anderen elektromagnetischen Wellenlängen aus. Dazu gehört die Röntgenstrahlung, die besonders in den Flares, aber auch in der S.korona erzeugt wird, die Ultraviolettstrahlung, die in den oberen Schichten der Chromosphäre und in den Flares ihre Ursache hat, die Infrarotstrahlung und die Radiostrahlung. Letztere kann in eine ungestörte Strahlung und in die verschiedenen veränderlichen Störstrahlungen aufgegliedert werden. Die ungestörte Strahlung ist im wesentlichen eine Folge der Temperatur der S. (thermische Radiostrahlung). Sie ändert sich im Laufe der Zeit nur wenig. Die kürzeren Wellenlängen stammen von den unteren Schichten der S.atmosphäre, vor allem der Photosphäre und der unteren Chromosphäre, die längeren Wellenlängen von den höheren Bereichen der S.atmosphäre, also der oberen Chromosphäre und der S.korona. Entsprechend der unterschiedlichen Temperatur in diesen Schichten steigt auch die Intensität der Radiostrahlung der S. von kurzen zu langen Wellenlängen an. Auf langen Wellenlängen (1 bis 20 m) können wir nicht in die tieferen Schichten der S.atmosphäre »hineinsehen«. Die Strahlung, die wir in diesem Wellenlängenbereich erhalten, stammt ausschließlich aus der Korona mit ihrer Temperatur

bis zu über 1 Mill. K. Die S. erscheint also in diesem Wellenlängenbereich wesentlich größer als die optisch erkennbare S.scheibe.
Die gestörte Radiostrahlung der S. hängt mit der S.aktivität zusammen. Zu Zeiten, in denen sehr viele S.flecken beobachtet werden können, ist die Strahlungsintensität im cm- und dm-Wellenbereich erhöht. Ursachen sind hierfür Kondensationen in der oberen Chromosphäre und der unteren Korona, etwa 10000 km über den S.flecken. Diese Störstrahlungen können über einige Monate hinweg anhalten. Im m-Wellenbereich sind gleichfalls Störungen zu erkennen, die über einige Stunden bis Tage anhalten. Auch ihre Quellen liegen über den S.flecken, jedoch in einer wesentlich größeren Höhe, d.h. in der mittleren Korona in einigen 100000 km Höhe. Einen einzelnen Strahlungsausbruch im Radiowellengebiet bezeichnet man auch als → Burst. Die S. sendet auch eine Teilchenstrahlung (Korpuskularstrahlung) aus, die man häufig als → Sonnenwind bezeichnet. Die Flares (Eruptionen) senden eine verstärkte Teilchenstrahlung aus, die auch bestimmte Zusammenhänge mit irdischen Vorgängen aufweist (→ solar-terrestrische Beziehungen). Aus dem Innern der S. stammt als Nebenprodukt der Energieerzeugung eine Neutrino-Strahlung (→ Neutrino-Astronomie), die neben den → solaren Oszillationen Hinweise auf den inneren Aufbau der S. gibt.

Sonnenapex (solar apex). → Apex.

Sonnenbahn (path of the Sun). Die jährliche Bewegung der Sonne durch den → Tierkreis bzw. die → Ekliptik als Spiegelbild der Erdwanderung um die Sonne, oder auch die tägliche scheinbare Bewegung der Sonne in der Richtung von Osten nach Westen über das Himmelsgewölbe als Spiegelbild der Erdrotation.

Sonnenbatterien (solar batteries). → Solarzellen.

Sonnenbeobachtung (observation of the Sun). Die Beobachtung der Sonne mit den verschiedensten technischen Methoden. Mit einem einfachen Fernrohr darf die Sonne nicht direkt beobachtet werden, da die starke Intensität der Sonnenstrahlung zur Erblindung führen würde. Man benutzt daher häufig dunkle Dämpfgläser, die man auf das Okular des Fernrohrs schraubt und die die Sonnenhelligkeit so weit reduzieren, daß die S. einigermaßen ungefährlich ist. Allerdings kann bei längerer Beobachtung ein Dämpfglas platzen. Eine weitere Möglichkeit besteht darin, bestimmte aluminiumbeschichtete Kunststoffolien, die weniger als etwa 1 Promille des auftreffenden Sonnenlichtes hindurchlassen, über das Objektiv eines Fernrohrs zu spannen. Besser sind aber optische Objektiv-Sonnenfilter, die nur 0,01% des Sonnenlichtes durchlassen. Daneben gibt es Sonnenokulare, die gleichfalls nur einen Bruchteil des Sonnenlichts in das Auge des Beobachters gelangen lassen. So läßt man z.B. das Sonnenlicht an zwei rechtwinkligen Prismen oder zwei um 45° gegen den Strahlengang geneigten planparallelen Glasplatten reflektieren. Falls dies nicht genügt, kann noch ein neutrales Dämpfglas vorgeschaltet werden. Ein fünfseitiges Prisma (Pentagonprisma) verringert gleichfalls die Intensität der auftreffenden Sonnenstrahlung auf etwa 1/1000000. Auch die → Polarisation des Lichtes kann ausgenutzt werden, wenn Licht unter einem Winkel von 57° auf eine Glasscheibe fällt. Allerdings muß im letzteren Falle zusätzlich noch ein Dämpfglas benutzt werden.
Ferner hat sich bis zum heutigen Tage eine sehr einfache und völlig ungefährliche Art der S. erhalten: Man projiziert das Sonnenbild mittels des Okulars auf

einen weißen Projektionsschirm, der in geeignetem Abstand hinter dem Okular angebracht wird. Dieses Verfahren hat überdies noch den Vorzug, daß mehrere Personen gleichzeitig das Sonnenbild beobachten können. Für eine S., die auch die → Chromosphäre, die → Korona, die → Flares usw. umfaßt, sind noch speziellere Instrumente erforderlich, wie der → Spektroheliograph, der → Koronograph, das → Lyot-Filter usw. In der letzten Zeit sind verhältnismäßig schmalbandige Interferenzfilter entwickelt worden, die es auch Amateurastronomen erlauben, die Protuberanzen und die Erscheinungen der Chromosphäre der Sonne zu verfolgen.
Wegen der Veränderlichkeit der Erscheinungen auf der Sonne haben → Sonnenobservatorien sich darauf spezialisiert, die Sonne regelmäßig zu überwachen.
Sonnenenergie (solar energy). → Solarkonstante.
Sonnenentwicklung (solar evolution). Die Sonne verbleibt auf der Hauptreihe des → Hertzsprung-Russell-Diagramms 10 Mrd. Jahre. Davon sind inzwischen 4,6 Mrd. Jahre verflossen. Die Leuchtkraft der Sonne nimmt bereits heute langsam zu. Nach 500 Mill. Jahren dürfte sie um immerhin 10% angestiegen sein. Möglicherweise geht schon zu dieser Zeit das höhere Leben auf der Erde allmählich zu Ende. Nach 3 Mrd. Jahren ist die Helligkeit um 50% gestiegen. Ab einem Sonnenalter von 10 Mrd. Jahren geht alles viel schneller. Als roter Riese erreicht die Sonne eine 1000fache Leuchtkraft im Vergleich zur Gegenwart. Der Sonnendurchmesser steigt auf 60 Mill. km, die Leuchtkraft auf das 300fache. Auf der Erde herrschen Temperaturen von nahezu 800°C. Kurzzeitig kommt es jetzt zum Heliumblitz. Die Sonnenleuchtkraft fällt dabei vorübergehend wieder auf das 50fache im Verhältnis zum heutigen Wert ab. Dann aber bläht sich die Sonne zu einem roten Überriesen auf. Die Sonne strahlt dann 10000mal heller als heute. Die Sonne schwillt auch gewaltig an. Merkur und Venus werden vereinnahmt. Schließlich reicht die Sonnenoberfläche bis zur heutigen Erdbahn. Da die Sonne im Riesenstadium aber durch einen ausgeprägten → Sonnenwind etwa 10% ihrer Masse verliert, erweitert sich wegen der nachlassenden Sonnengravitation die Erdbahn. Unser Planet ist dann vielleicht fast doppelt so weit von der Sonne entfernt wie heute und könnte gerade noch einer Zerstörung in der Sonne entgehen. Vielleicht bildet sich um die Sonne dann auch ein → planetarischer Nebel. Im Zentrum bleibt ein → weißer Zwergstern übrig, der im Laufe der Zeit allmählich auskühlt.
Sonneneruption (solar flare). → Eruption, → Burst.
Sonnenfackeln (solar faculae). Hellere Bereiche auf der Sonnenoberfläche, die teilweise bereits mit einfachen Fernrohren vor allem in der Nähe des Sonnenrandes und häufig in der Umgebung von → Sonnenflecken beobachtet werden können. Meistens bestehen die S. aus einem Netzwerk einzelner heller Knoten und Lichtadern. Mit stärkeren Vergrößerungen läßt sich erkennen, daß diese Adern wiederum aus helleren rundlichen Stellen, den Fackelgranula, zusammengesetzt sind. Die Fackelgranula haben nur einen Durchmesser von etwa 1 bis 2 Bogensekunden und eine Lebensdauer von einigen Minuten bis Stunden. Die gesamten S. haben dagegen in der Regel eine höhere Lebensdauer als die Flecken, so daß Fackelherde noch an den Stellen beobachtet werden können, an denen bereits mehrere Tage oder Wochen zuvor eine meist größere Fleckengruppe sichtbar war. Das Intensitätsverhältnis der Fackelgranula zur → Photosphäre liegt

zwischen etwa 1,4 und 1,6. Insgesamt sind die S. aber nur einige Prozent heller als die ungestörte Photosphäre. Die Temperatur innerhalb der S. ist um fast 1000 K höher als auf der normalen Photosphäre.
Die Bereiche, in denen S. auftreten, fallen mit denen der Flecken zusammen. S. können also im wesentlichen in den äquatornäheren Gebieten der Sonne beobachtet werden, seltener in mittleren Breiten oder in den Polgebieten. Allerdings gibt es eine Reihe polarer S., die oberhalb etwa 55° nördl. und südl. Breite verstreut als helle Punkte oder Fackelgranula auftreten. Ihr Durchmesser liegt zwischen etwa 1800 und 3000 km. Auch ihre Lebensdauer beträgt maximal nur einige Stunden. Die polaren S. treten vorwiegend in der Zeitspanne vor und während des Sonnenfleckenminimums auf.
Während mit normalen Fernrohren die S. nur in der Nähe des Sonnenrandes beobachtet werden können, ist es mit Hilfe von Beobachtungsmethoden, die auch die → Chromosphäre zeigen, möglich, auch zur Sonnenscheibenmitte hin Fackeln zu erforschen. Diese chromosphärischen Fackeln können vor allem auf Hα- und K-Aufnahmen des Wasserstoffs bzw. ionisierten Calciums als verstärkte Emissionen aufgefunden werden.

Sonnenferne (aphelion). → Aphel.

Sonnenfilter (solar filter). → Sonnenbeobachtung.

Sonnenfinsternis (solar eclipse). Eine Bedeckung der Sonne durch den Neumond (auch → Finsternisse). Dabei fällt der Kern- und/oder Halbschatten des Mondes auf die Erde. Vom Kernschatten aus ergibt sich eine totale, vom Halbschatten aus eine partielle S. Ein Spezialfall ist eine ringförmige S., die entsteht, wenn die Finsternisbedingungen zwar erfüllt, der Mond sich aber nahe seinem erdfernsten Bahnpunkt (Apogäum) befindet. Dadurch erreicht die Spitze seines Kernschattens nicht mehr die Erdoberfläche. Von der Erde aus beobachtet ist der scheinbare Durchmesser der Mondscheibe etwas kleiner als der der Sonne, so daß für einen Beobachter, der etwa in der Verlängerung der Achse des Mondkernschattens auf der Erde steht, ein unverfinsterter Ring der Sonne übrig bleibt.
Der Mondschatten bewegt sich mit einer mittleren Geschwindigkeit von 580 m/s etwa von West nach Ost über die Erdoberfläche. So entsteht bei einer totalen oder ringförmigen S. eine etwa von West nach Ost verlaufende Zentralzone, längs der die Finsternis nach und nach sichtbar ist. Die Breite des die Erdoberfläche berührenden Teils des Mondkernschattens und damit die Breite der Zentralzone der S. beträgt maximal etwa 300 km, ist aber meist wesentlich geringer. Damit ergibt sich eine maximale Dauer für eine totale S. von 7,6 Min. Eine totale und ringförmige S. kann nur von einem sehr begrenzten Gebiet der Erde aus beobachtet werden. Größer ist die Zone des Halbschattens, so daß eine partielle S. von einem wesentlich größeren Teil der Erde aus gesehen werden kann.
Eine S. darf man mit bloßem Auge oder optischen Instrumenten nur mit Hilfe eines entsprechenden Filters beobachten, um das Auge nicht zu gefährden. Mit dem Fernrohr kann man häufig Aus- und Einbuchtungen am Mondrand feststellen, die auf Erhebungen und Vertiefungen der Mondoberfläche zurückzuführen sind (Mondrandprofil). Bei einer ringförmigen S. führt dies gelegentlich zum sog. Perlschnurphänomen. Nur bei einer totalen S. wird der Himmel so dunkel, daß Sterne und Planeten erscheinen. Schlieren in der Erdatmosphäre verursachen kurz vor und nach der Totalität gelegentlich eigentümliche Schatten- und Lichteffekte, die sog. fliegenden Schatten. Bei einer totalen S. sieht man rings

um die verfinsterte Sonne die Sonnenkorona und die Protuberanzen. Eine totale S. kann auch zu Messungen der Lichtablenkung im Schwerefeld der Sonne herangezogen werden, wie sie nach der allgemeinen Relativitätstheorie zu erwarten ist. Am 11. 8. 1999 findet die einzige totale S. für Mitteleuropa im 20. Jahrhundert statt. Die Totalitätszone verläuft von Nord-Frankreich her kommend, u. a. über folgende Städte hinweg: Saarbrücken, Karlsruhe, Straßburg, Stuttgart, Ulm, Augsburg, München, Salzburg, Graz. Diese Strecke durchläuft der Kernschatten des Mondes von etwa 11.29 bis 11.46 Uhr MEZ.

Finsternisse in den Jahren 1994 bis 2007

Sonnenfinsternisse		
10. 05. 1994	ringförmig	+
03. 11. 1994	total	–
29. 04. 1995	ringförmig	–
24. 10. 1995	total	–
17. 04. 1996	partiell	–
12. 10. 1996	partiell	+
09. 03. 1997	total	–
02. 09. 1997	partiell	–
26. 02. 1998	total	–
22. 08. 1998	ringförmig	–
16. 02. 1999	ringförmig	–
11. 08. 1999	total	++
05. 02. 2000	partiell	–
01. 07. 2000	partiell	–
31. 07. 2000	partiell	–
25. 12. 2000	partiell	–
21. 06. 2001	total	–
14. 12. 2001	ringförmig	–
10. 06. 2002	ringförmig	–
04. 12. 2002	total	–
31. 05. 2003	ringförmig	+
23. 11. 2003	total	–
19. 04. 2004	partiell	–
14. 10. 2004	partiell	–
08. 04. 2005	ringförmig-total	–
03. 10. 2005	ringförmig	+
29. 03. 2006	total	+
22. 09. 2006	ringförmig	–
19. 03. 2007	partiell	–
11. 09. 2007	partiell	–

Es bedeuten:
– in Mitteleuropa überhaupt nicht sichtbar
+ in Mitteleuropa als partielle Finsternis sichtbar
++ in Mitteleuropa als totale oder ringförmige Finsternis sichtbar

Sonnenflecken (sunspots). Dunkle Stellen auf der Sonnenoberfläche, die bereits mit einfachen optischen Hilfsmitteln beobachtet werden können. Die S. wurden 1610 von G. Galilei (1564–1642) entdeckt. Unabhängig von ihm fanden sie etwa gleichzeitig auch J. Fabricius (1564–1617), T. Harriot (1560–1621) und C. Scheiner (1575–1650).

Ihre Wanderung vom Ost- zum Westrand der Sonnenscheibe führte Scheiner auf die Sonnenrotation zurück. Meist erscheinen die S. in mehr oder weniger großen Gruppen, die oft viele Dutzende Einzelflecken enthalten und eine Länge bis zu etwa 300 000 km aufweisen. Die größeren S. zerfallen in zwei Zonen, den dunklen Kern (Umbra, lat. »Schatten«) und den etwas weniger dunklen Hof (Penumbra, lat. »Halbschatten«).

Die S. verändern ihre Gestalt und Form, verschwinden wieder, neue entstehen. Man kann einen regelrechten Entwicklungsgang der S. erkennen. Stets treten die S. zunächst als winzig kleine Pünktchen auf, die vergleichsweise aber bereits so groß wie Europa sein können und als »Poren« bezeichnet werden. Schon nach wenigen Stunden werden mehrere Poren sichtbar, die gleichzeitig etwas größer werden. Darauf bildet der westlichste Fleck, der sich also an dem Ende der Gruppe befindet, das in der Rotationsrichtung der Sonne voranschreitet, einen Hof aus. Kurz darauf erhält auch der östlichste Fleck einen Hof. Weitere Flecken entwickeln eine Penumbra. Immer länger wird die S.gruppe, und die Anzahl der Flecke wächst an. Schließlich ist der ganze Komplex von einem riesigen Hof umzogen: Der Gipfelpunkt in der Entwicklung ist erreicht. Darauf klingt die Aktivität wieder ab. Die kleineren Einzelflecke verschwinden. Es bleiben zwei, später noch ein einzelner großer Hoffleck zurück. Ihre Kerne spalten sich auf. Helle »Lichtbrücken« ziehen sich über sie hinweg, ein Anzeichen für ihre nun einsetzende Auflösung. Auch die dabei entstandenen kleineren Fleckchen verschwinden, und die S.gruppe hat ihr Dasein beendet (→ Sonnenflecken, Klassifikation). In der Nähe des Sonnenrandes zeigen die S. häufig das → Wilsonsche Phänomen.

1843 entdeckte S. H. Schwabe (1789–1875) anhand seiner zwanzigjährigen Sonnenbeobachtungen, daß die Häufigkeit der S. periodisch schwankt. Um ein genaues Maß für die S.tätigkeit zu erhalten, führte R. Wolf (1816–1893) die sog. → Relativzahl ein. Neben diesen Zählungen hat man auch die von den S. eingenommene Fläche als Maß der S.tätigkeit herangezogen. Eine andere Zählweise ist die sog. → Pettiszahl. Aufgrund früherer Sonnenbeobachtungen können wir die S.tätigkeit sehr genau bis etwa 1760 zurückverfolgen. Für die Zeit von 1610 bis 1760 liegen zu wenig Beobachtungen vor, um genauere Relativzahlen zu bestimmen (→ Maunder-Minimum). Von 1760 an werden die Zyklen und Maxima durchnumeriert. 1989/90 erfolgte z. B. das Maximum des 22. Zyklus.

Die mittlere Periode beträgt etwa 11,1 Jahre. Der zeitliche Abstand zwischen den Maxima kann aber zwischen 7,3 und 17,1 Jahren schwanken. Auch die Höhe der Maxima ist verschieden. Besonders kräftige Maxima ereigneten sich 1778, 1788, 1837, 1870, 1947, 1957, 1979 und 1989. Die Maxima 1804 und 1816 waren dagegen sehr wenig ausgeprägt. Die stärksten Maxima können ungefähr viermal so intensiv sein wie die schwächsten Maxima. Prognosen über die Stärke bevorstehender Maxima sind verhältnismäßig schwierig. Es hat sich aber gezeigt, daß ein Maximum umso höher ausfällt, je schneller und steiler die S.tätigkeit nach dem Minimum ansteigt und umgekehrt. Wahrscheinlich ist die 11jährige Periode durch eine längere von etwa 80 Jahren überlagert, wodurch es zu der unterschiedlichen Höhe der einzelnen Maxima kommt. Mitunter wurden aber auch andere Perioden diskutiert, die der Grundperiode überlagert sein könnten. Aus den Korallenriff-Ablagerungen ergeben sich z. B. Perioden von 145 und 290 Jahren.

Die S. erscheinen keineswegs auf der ganzen Sonnenkugel, sondern sind auf zwei Zonen beschränkt, die parallel zum

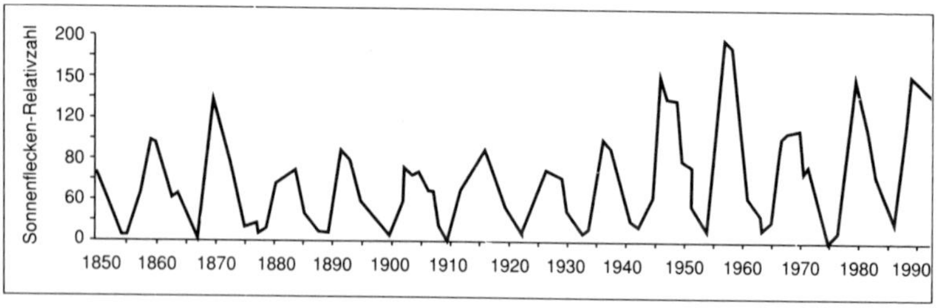

Kurve der Sonnenaktivität von 1850 bis 1990. Deutlich erkennt man die im Mittel 11jährige Periode und die unterschiedliche Höhe der einzelnen Maxima.

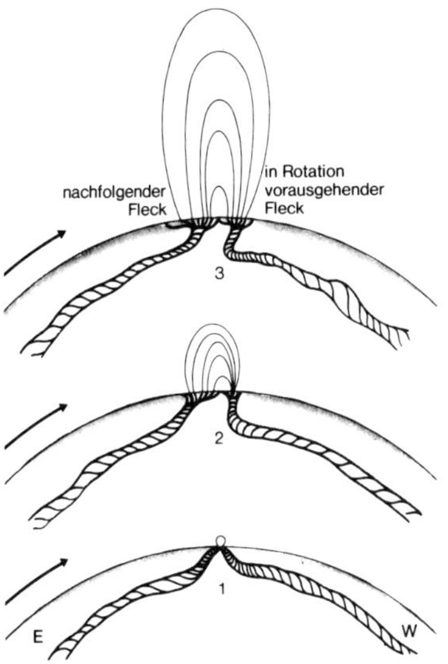

Die Entstehung des magnetischen Feldes einer Sonnenfleckengruppe

Sonnenäquator verlaufen. (→ Spörersches Gesetz).

Die Temperatur in den S. ist erwartungsgemäß etwas geringer als in der Photosphäre. Sie beträgt etwa 4000 K. Wegen der niedrigen Temperaturen kommen in den S. auch beständig einfache molekulare Verbindungen vor (→ Sonnenspektrum). Das Intensitätsverhältnis der Gesamtstrahlung zwischen der Umbra, also dem Kern eines S., und der ungestörten Photosphäre beträgt im langwelligen Bereich 0,32, zwischen der Penumbra, dem Hof eines S., und der Photosphäre 0,80. Die Dunkelheit eines S. ist damit also nur scheinbar und auf einen Kontrast gegenüber der ungestörten Sonnenoberfläche zurückzuführen.

Die S. sind von Magnetfeldern begleitet. Diese Entdeckung gelang 1908 G. E. Hale (1868–1938) mit Hilfe des → Zeeman-Effekts. Dabei zeigen die beiden großen Flecken im Osten und Westen einer Gruppe jeweils entgegengesetzte magnetische Polarität. Außerdem sind die Verhältnisse auf der Südhalbkugel der Sonne denen auf der Nordhalbkugel gerade entgegensetzt. In der darauffolgenden Periode kehren sich die Verhältnisse auf den beiden Halbkugeln um. Erst in der nächsten S.periode ist die ursprüngliche Situation wieder hergestellt. Streng genommen handelt es sich also nicht um eine 11jährige, sondern – zumindest magnetisch gesehen – um eine 22jährige Periode. Die Stärke der Magnetfelder in den S. hängt vor allem von deren Fläche ab. Die größten Feldstärken bei den ausgedehntesten S. liegen bei 5000 Gauß oder 0,5 Tesla. Eine befriedigende Theorie über die Entstehung der S. gibt es heute noch nicht. Es erscheint jedoch als gesichert, daß die Entstehung der örtlichen Magnetfelder den primären Vorgang darstellt. Die Abkühlung – sichtbar in Gestalt der S. – ist dagegen ein sekundärer Vorgang. Die vom magnetischen Nordpol zum Südpol der Sonne verlaufenden Feldlinien des allgemeinen, aber mit nur 10^{-4} Tesla ziemlich schwachen solaren Magnetfelds

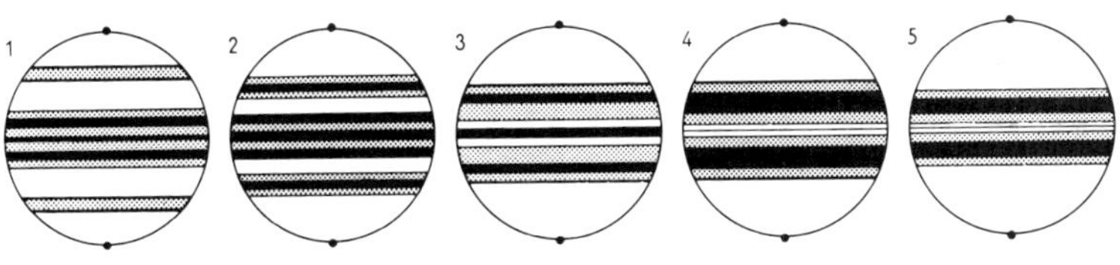

Spörersches Gesetz (1 kurz vor dem Minimum, 4 im Maximum)

sind in der Sonnenmaterie »eingefroren«. Wegen der am Äquator schnelleren Sonnenrotation buchten die Feldlinien dort in Rotationsrichtung aus und spulen im Laufe einiger Rotationsperioden mehr und mehr auf. Die Feldstärken wachsen. Die Flecken entstehen, wenn magnetische Flußröhren durch die Photosphäre von unten nach oben durchbrechen. Dabei wird der konvektive, also vertikale Energietransport in dem starken Magnetfeld unterdrückt. Eine Abkühlung ist die Folge. Dies könnte der Grundvorgang der Bildung von S. sein. Auch der 11- bzw. 22jährige Zyklus wäre auf diese Weise erklärbar.

Moderne photographische Aufnahmen der Sonne zeigen Feinstrukturen innerhalb der S. So lassen sich beispielsweise innerhalb der Penumbra einzelne Fäden erkennen, die meist radial von der Umbra nach außen hin weisen. Längs dieser Fäden befinden sich helle und dunkle Knoten, die von außen nach innen oder von innen nach außen wandern.

Sonnenflecken, Klassifikation (classification of the sunspots). Der Entwicklungsweg der S. wurde von M. Waldmeier (*1912) durch eine Buchstaben-Klassifikation gekennzeichnet, die international angewandt wird:

A: Einzelner Fleck oder eine kleine Gruppe von Flecken, die keine Penumbra oder eine bipolare Struktur zeigen.

B: Kleine Gruppe von Flecken ohne Penumbra in bipolarer Anordnung.

C: Bipolare Fleckengruppe, deren westlicher Hauptfleck von einer Penumbra umgeben ist.

D: Bipolare Gruppe, deren westlichste und östlichste Hauptflecke von einer Penumbra umgeben sind. Die Länge der Gruppe beträgt meist noch unter 10°.

E: Große bipolare Gruppe. Mehrere Flecke besitzen Penumbren und komplizierte Strukturen. Zwischen den mit Penumbren umzogenen Hauptflecken finden sich zahlreiche kleinere ohne Penumbra. Die Länge der Gruppe erreicht nun mindestens 10°.

F: Größtes Entwicklungsstadium. Zahlreiche Flecken mit Penumbren. Oft hängen die Penumbren benachbarter Fleckenkerne zusammen, so daß der Eindruck entsteht, als ob mehrere dunkle Kerne (Umbren von Flecken) von einem Saum umzogen sind. Die Länge beträgt mindestens 15°.

G: Große bipolare Gruppe mit nur noch wenigen kleineren Flecken zwischen den beiden Hauptflecken. Länge mindestens 10°.

H: Einzelner, unipolarer Fleck mit stark ausgeprägter Penumbra.

J: Unipolarer Fleck mit kleiner Penumbra.

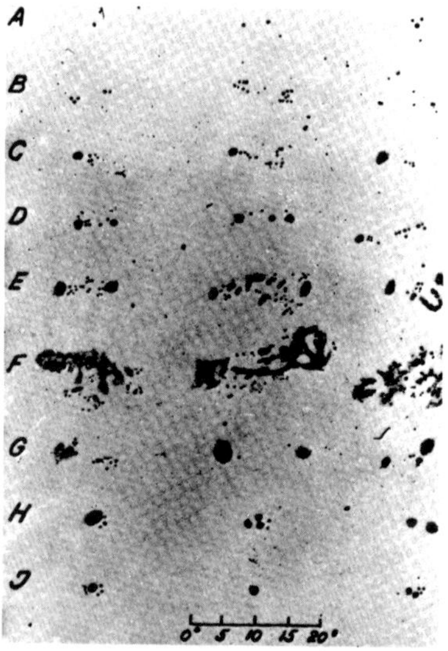

Entwicklungsweg der Sonnenflecken und ihre Klassifikation nach M. Waldmeier

»Bipolar« bedeutet, daß diese S.gruppen am westlichsten und östlichsten Rand zwei Schwerpunkte ausbilden. Dabei sind die Gruppen mit ihrer Längsachse meist ungefähr parallel zum Sonnenäquator ausgerichtet oder zeigen nur geringe Abweichungen dazu. Nur etwa 2% aller neu entstehenden S. durchlaufen die ganze Entwicklungssequenz von A bis J und haben eine Lebensdauer von mehreren Wochen oder auch Monaten. In diesen Fällen kann eine Gruppe wegen der Sonnenrotation mehrmals auf deren Vorderseite wandern und immer wieder beobachtet werden. Sie ist dann für etwa 13 oder 14 Tage auf der Vorderseite der Sonne sichtbar und bleibt für einen ebenso langen Zeitraum auf der Rückseite für uns verborgen. Die meisten S. gelangen aber nicht zu ihrer größten Entfaltung, sondern bilden sich rasch wieder zurück. So durchläuft eine neu entstehende S.gruppe vielleicht nur die Klassen A-B-C-D-B-A oder A-B-C-D-H-J-A. Manche gelangen überhaupt nur zur Klasse A und verschwinden wieder nach wenigen Stunden oder Tagen. Den in Rotationsrichtung vorausgehenden S. bezeichnet man als P-Fleck (von engl. »proceeding«, vorangehend), den in Rotationsrichtung nachfolgenden S. als F-Fleck (von engl. »following«, folgend). Etwa 50% aller S. haben eine Lebensdauer unter 2 Tagen, 90% unter 11 Tagen.

Sonnenfleckenrelativzahl (sunspot number, Wolf sunspot number). → Relativzahl.

Sonnengeschwindigkeit (solar velocity). Die Geschwindigkeit der Sonne auf ihrer Bewegung durch den Raum in bezug auf die Nachbarsterne. Sie beträgt 19,4 km/s in Richtung auf den → Apex.

Sonnengleichung (reduction of the epact). Die durch den → Gregorianischen Kalender bedingte Verminderung der → Epakte um 1 für den in den Säkularjahren 1700, 1800, 1900, 2100, 2200 usw. ausgefallenen Schalttag.

Sonnengranulation (solar granulation). → Granulation.

Sonnenjahr (solar year). Einteilung des → Kalenders, wobei nur die Bewegung der Sonne am Himmel als Grundlage dient (→ Jahr).

Sonnenkalender (solar calendar). Ein → Kalender, der auf der Grundlage des → Sonnenjahrs aufgestellt wurde.

Sonnenkorona (solar corona). Die äußersten Bereiche der Sonnenatmosphäre oberhalb der → Chromosphäre. Die S. wurde erstmals bei totalen → Sonnenfinsternissen entdeckt. Sie erscheint in diesen Fällen als ein strahlenartiger Kranz um die durch den Neumond völlig verfinsterte Sonne. Daneben gibt es seit 1930 die Möglichkeit zur Erforschung der S. mit Hilfe des → Koronographen. Allerdings sind damit nur die inneren, helleren Teile der S. zu erfassen. Mit Satelliten und Raumstationen ist die Beobachtung der S. außerhalb der Erdatmosphäre zu jeder beliebigen Zeit möglich.

Die S. ist außerhalb totaler Sonnenfinsternisse vom Erdboden aus unsichtbar, da ihre Helligkeit bedeutend geringer ist als die des Himmelsuntergrunds. In einem Abstand von 1,03 Sonnenradien vom Sonnenscheibenmittelpunkt hat die S. nämlich im Sonnenfleckenminimum nur noch eine Helligkeit von 0,8 Millionstel der Sonnenhelligkeit oder 0,35 der Helligkeit des Vollmonds. Im Sonnenfleckenmaximum beträgt die Helligkeit im gleichen Bereich 1,3 Millionstel der Sonnenhelligkeit oder 0,57 der Helligkeit des Vollmonds. Die Helligkeit des Himmels nahe der Sonne während einer totalen Finsternis beträgt dagegen 1,6 Milliardstel der Sonnenhelligkeit. Damit übertrifft die Helligkeit der S. bei einer totalen Finsternis die Helligkeit des Himmelsuntergrunds um immerhin rund das 1000fache.

Auch die Dichte der S. ist extrem gering. Während an der Sonnenoberfläche noch

eine Dichte von $2 \cdot 10^{-7}$ g/cm^3 vorliegt (das ist 1/10000 der Luftdichte an der Erdoberfläche in Meereshöhe), sind es in 1,4 Mill. km Höhe $5 \cdot 10^{-19}$ g/cm^3 und in 6,3 Mill. km $2 \cdot 10^{-20}$ g/cm^3.
Im Sonnenfleckenmaximum erscheint die S. ungefähr kreissymmetrisch. Im Sonnenfleckenminimum ist sie an den Polen stark abgeplattet und zeigt in den Äquatorbereichen weit in den Raum ausgreifende Bänder. In den Polargebieten sind dagegen meist nur kurze, fast genau radial verlaufende Strahlenbüschel zu erkennen.
Die äußerste Grenze der S. bei Finsternis-Aufnahmen beträgt rund 20 Mill. km. Mit moderneren Verfahren ist allerdings ein stetiger Übergang der S. in den Bereich des → Zodiakallichts fast lückenlos zu verfolgen. Damit ist der Zusammenhang der S. und der → interplanetaren Materie bzw. der → Heliosphäre verdeutlicht. Das Spektrum der S. kann folgendermaßen aufgegliedert werden:
1. Kontinuierliches Spektrum (K-Komponente). Es kann auf die Streuung des Sonnenlichts an freien Elektronen mit Geschwindigkeiten von 8000 km/s zurückgeführt werden. Wegen des Doppler-Effekts an den ganz unterschiedlich bewegten Elektronen kommt es zu Verschiebungen der Wellenlänge des auf die Elektronen auftreffenden Lichts zur langwelligen oder kurzwelligen Seite hin. Es sind also keine Linien zu erwarten. Vielmehr ist jede Linie nach beiden Seiten hin so stark verbreitert, daß sich diese vollkommen »verschmiert«. Die Kontinuumstrahlung ist polarisiert.
2. Fraunhofer-Spektrum (F-Komponente). Es wird durch die Streuung des Sonnenlichts an Staubteilchen der → interplanetaren Materie hervorgerufen. Da diese Teilchen wegen der hohen Temperatur in der Nachbarschaft der Sonnenoberfläche längst verdampft wären, kommen sie nur in einer Distanz von über 20 Sonnenradien vor, gehören also räumlich eigentlich gar nicht mehr zur S.
3. Linien-Spektrum (L-Komponente). Es besteht aus einzelnen Emissionslinien und ist das eigentliche Licht der S. Diese sog. Koronalinien stellten früher ein besonderes Rätsel dar. Man führte sie u. a. auf ein noch unbekanntes Element Koronium zurück. Schließlich gelang es, diese Linien auf hochionisierte Atome zurückzuführen. Dazu gehört vor allem die sog. rote Koronalinie bei einer Wellenlänge von 6347 Å oder 637,4 nm, die dem 9fach ionisierten Eisen (Fe X) zugehört, die sog. grüne Koronalinie bei 5303 Å oder 530,3 nm des 13fach ionisierten Eisens (Fe XIV) sowie die gelbe Koronalinie bei 5694 Å oder 569,4 nm des 14fach ionisierten Calciums. Von einigen weiteren Linien im nahen Ultraviolett und im Infrarot abgesehen, handelt es sich dabei um die stärksten Koronalinien. Weitere Koronalinien gehen z. B. auf 14fach ionisiertes Nickel, 13fach ionisiertes Argon, 11fach ionisiertes Kobalt oder 10fach ionisiertes Chrom zurück. Im Spektrum finden sich auch Linien von 5fach ionisiertem Kohlenstoff, 6fach ionisiertem Stickstoff, 7fach ionisiertem Sauerstoff und 15fach ionisiertem Eisen.
Aus allen vorliegenden Beobachtungen läßt sich eine Temperatur der S. von 1 bis 2 Mill. K errechnen. In einzelnen koronalen Kondensationen kommen sogar noch höhere Temperaturen vor. Es gibt koronale Loops, brückenförmige Erscheinungen und Magnetfeldbögen über einen Bereich von 10° bis über 90° hinweg, die oft nach außen hin abheben. Sie werden durch elektrische Ströme auf sogar 100 Mill. K aufgeheizt. Als koronale Transients bezeichnet man Gebiete mit sehr schnellen Helligkeits- und Strukturveränderungen. Sie stehen oft im Zusammenhang mit → Flares und erupti-

ven → Protuberanzen. Die Geschwindigkeiten betragen 50 bis 2000 km/s. Hier wird Materie nach außen transportiert. Die S. ist bei ihrer hohen Temperatur ein starker Röntgenstrahler. Röntgenaufnahmen der Sonne zeigen daher vor allem die überhitzten Gebiete der S. Darin eingebettet liegen etwas »kühlere« Gebiete, die auf den Röntgenaufnahmen dunkler erscheinen (»Koronalöcher«). Sie erstrecken sich oft in meridionaler N-S-Richtung und halten diese Orientierung selbst nach mehreren Sonnenrotationen nahezu unverändert bei. Tatsächlich rotiert zumindest die äußere S. fast wie ein starrer Körper. Im Bereich der Koronalöcher erstrecken sich die magnetischen Feldlinien offen in den interplanetaren Raum und sind nicht bogenförmig geschlossen wie in den heißeren Bereichen der S. Hier gelangen ebenfalls Ströme elektrisch geladener Teilchen in den interplanetaren Raum (→ Sonnenwind).

Noch nicht ganz verstanden ist die Ursache für die starke Aufheizung der S. Es könnten dafür vielleicht Schall- oder Schockwellen verantwortlich sein, die die mit einer Geschwindigkeit von rund 1 km/s aufsteigenden Gaszellen der → Granulation nach oben in die Chromosphäre und weiter in die S. auslösen. Möglicherweise kann damit aber nur die Aufheizung der Chromosphäre erklärt werden. Eine zweite Möglichkeit ist die Aufheizung durch magnetische Prozesse, vor allem in den erwähnten koronalen Loops.

Die S. erzeugt auch eine Radiostrahlung. Ihre Beobachtung bei verschiedenen Wellenlängen erlaubt eine Art Tiefensondierung der S.

Sonnennähe (perihelion). → Perihel.

Sonnenobservatorium (solar observatory). Ein Institut zur systematischen Beobachtung und Erforschung der Sonne. In Deutschland ist ein wichtiges S. das → Kiepenheuer-Institut (früher Fraunhofer-Institut) sowie das S. auf dem Wendelstein in den Bayerischen Alpen. In der Schweiz beschäftigt sich seit über 100 Jahren vor allem die Eidgenössische Sternwarte in Zürich (mit Außenstelle in Arosa) mit Fragen der Sonnenforschung. In Österreich liegt auf der Kanzelhöhe in Kärnten ein S. Auch auf dem Pic du Midi in den Pyrenäen befindet sich seit 1930 ein S. Von den außereuropäischen S. sei vor allem eine Abteilung des → Kitt Peak National Observatory erwähnt, das 90 km südwestlich von Tucson, Arizona, USA, in 2064 m Höhe liegt. Es verfügt über das »McMath-Sonnenteleskop« mit einem 150 cm großen Hauptspiegel und einer Brennweite von 91,4 m. Es ist das größte Sonnenteleskop, das bisher errichtet wurde. Eine andere wichtige Zentrale der internationalen Sonnenforschung stellt eine Abteilung der Universität Tokio dar. Dort werden seit wenigen Jahren auch die vierteljährlichen Berichte der Sonnenaktivität herausgegeben, deren Publikation früher in den Händen der Eidgenössischen Sternwarte Zürich lag (Quarterly Bulletin on solar activity). Ein 90 cm-Sonnen-Turmteleskop ist auf der Krim, ein 76 cm-Teleskop auf dem Sacramento Peak, New Mexico, USA, um einige weitere größere Sonnenteleskope zu erwähnen. Wegen der sich laufend verändernden Erscheinungen auf der Sonne und der zum Teil für andere Wissenschaftsbereiche wichtigen → solar-terrestrischen Beziehungen sind die S. in den letzten Jahrzehnten besonders wichtig geworden.

Sonnenokular (solar eyepiece, helioscope). → Sonnenbeobachtung.

Sonnenparallaxe (solar parallax). → Äquatorialhorizontalparallaxe.

Sonnenphysik (solar physics) . Die physikalische Erforschung der → Sonne als Teilgebiet der → Astrophysik.

Sonnenring (solar halo). → Halo.
Sonnensäule (solar pillar). Eine durch Brechung und Spiegelung der Sonnenstrahlen an hochschwebenden Eiskristallwolken (Cirrus- und Cirrostratuswolken) entstehende, über die Sonnenscheibe hinweglaufende senkrechte, weißliche Lichtsäule, die zu der meteorologischen Erscheinung der → Halos gerechnet werden kann.
Sonnenscheindauer (duration of sunshine). **1.** Die absolute S. ist die durch die astronomischen Gegebenheiten maximale Dauer des Sonnenscheins während eines Tages, berechnet von Sonnenaufgang bis Sonnenuntergang bei völlig klarem Himmel.
2. die relative S. ist wegen des Bewölkungsgrades kürzer als die absolute S. Sie gibt die tatsächliche S. für einen bestimmten Beobachtungsort und einen bestimmten Tag an. In der Meteorologie und Klimatologie wird die relative S. auch als Mittelwert für die einzelnen Monate oder das ganze Kalenderjahr aus einem größeren Zeitraum berechnet.
Sonnenscheinschreiber, Sonnenscheinautograph (heliograph, sunshine recorder). → Heliograph.
Sonnenschrammer. → Sungrazer.
Sonnensonde (solar probe). Eine → Raumsonde oder ein → Erdsatellit zur Erforschung der Sonne, z.B. → Helios, → Solar Maximum Mission, → Ulysses.
Sonnenspektrum (solar spectrum). Das → Spektrum der Sonne. Es besteht zunächst aus einem kontinuierlichen Spektrum. Die Intensitätsverteilung in diesem Spektrum stimmt gemäß dem → Planckschen Strahlungsgesetz mit dem eines Körpers von etwa 5785 K überein. Lediglich im kurzwelligen Teil zeigen sich gewisse Abweichungen. Dem Kontinuum sind zahlreiche Absorptionslinien (Fraunhofer-Linien) überlagert. Sie konnten im Laufe der Zeit fast vollständig den einzelnen chemischen Elementen zugeordnet werden. Einige wenige Linien sind terrestrischen Ursprungs. Sie entstehen beim Durchtritt des Sonnenlichts durch die Erdatmosphäre. Inzwischen sind über 20000 Fraunhofer-Linien entdeckt worden, von denen die meisten in mehreren Tabellenwerken oder Atlanten zusammengefaßt sind. Am bekanntesten sind der »Utrechter Atlas« von M. Minnaert, G. F. W. Mulders und J. Houtgast (1940), der »Rowlandsche Atlas«, der von der Carnegie-Institution in Washington 1928 aufgestellt wurde, sowie ein 1973 erschienener Atlas von L. Delbouille und ein Tabellenwerk von Ch. Moore aus dem Jahre 1966. Die stärksten Fraunhofer-Linien stammen von dem ionisierten Calcium und liegen im violetten Bereich bei 3934 bzw. 3968 Å (entspricht 393,4 bzw. 396,8 nm). Mehrere stärkere Fraunhofer-Linien erhielten auch lateinische Buchstaben, die fast alle auf J. v. Fraunhofer (1787–1826) zurückgehen. Die Tabelle stellt die stärksten Fraunhofer-Linien im sichtbaren Bereich des Spektrums zusammen.

Fraunhofer-Linien

Wellenlänge Å	Wellenlänge nm	Bezeichnung der Linie	Atom
3581	358,1	N	Fe I
3735	373,5	M	Fe I
3820	382,0	L	Fe I
3934	393,4	K	Ca II
3968	396,8	H	Ca II
4046	404,6		Fe I
4102	410,2	h, H_δ	H I
4227	422,7	g	Ca I
4340	434,0	G′, H_γ	H I
4384	438,4	d	Fe I
4861	486,1	F, H_β	H I
5167	516,7	b_3	Mg I
5173	517,3	b_2	Mg I
5184	518,4	b_1	Mg I
5890	589,0	D_2	Na I
5896	589,6	D_1	Na I
6563	656,3	C, H_α	H I

Neben Linien, die einzelnen Elementen zugerechnet werden können, gibt es aber auch einige Spektralbanden, die auf einfache molekulare Verbindungen zurückzuführen sind, z. B. Cyan (eine Verbindung von je einem Kohlenstoff- und Stickstoffatom, CN) sowie Verbindungen von Wasserstoff und Kohlenstoff (CH), Stickstoff (NH), Sauerstoff (OH), Calcium (CaH), Magnesium (MgH), Aluminium (AlH), Silicium (SiH) und Verbindungen von Sauerstoff mit Eisen (FeO), Titan (TiO) und einige andere Verbindungen. Solche Molekularbanden treten vor allem im Spektrum der → Sonnenflecken auf, da diese Moleküle bei den dort vorherrschenden tieferen Temperaturen beständiger sind. Darüber hinaus zeigen die Linien im Spektrum der Sonnenflecken auch den → Zeeman-Effekt, der auf Magnetfelder hinweist.

In neuerer Zeit war es mit Hilfe raketentechnischer und raumfahrttechnischer Mittel möglich, auch das Ultraviolett-Spektrum und Röntgen-Spektrum der Sonne zu untersuchen (→ Chromosphäre, → Sonnenkorona). Etwas einfacher war die Erforschung des Infrarot-Spektrums, teilweise schon von der Erdoberfläche, zumindest aber von Bergobservatorien oder Ballons aus. Im weiteren Sinne spricht man auch von einem Radio-Spektrum, das die Intensität der solaren → Radiostrahlung in Abhängigkeit von der Wellenlänge darstellt.

Sonnenstreifer. → Sungrazer.

Sonnensystem (solar system). → Planetensystem.

Sonnentafeln (tables of the sun). Tabellen, die die Berechnung der scheinbaren Sonnenbahn als Spiegelbild der Erdbewegung um die Sonne, einschließlich der → Störungen erlauben.

Sonnentag (solar day). Die Zeitspanne zwischen zwei Meridiandurchgängen der Sonne (→ Tag).

Sonnenturm (solar tower). → Turmteleskop.

Sonnenüberwachung (solar patrol, solar survey). Die tägliche, gelegentlich sogar in kleineren zeitlichen Abständen sich wiederholende Beobachtung bestimmter Phänomene auf der Sonne, die vor allem an den → Sonnenobservatorien betrieben wird.

Sonnenuhr (sundial). Eine Vorrichtung, in der der Schatten eines Stabes auf einer Fläche den → Stundenwinkel der Sonne und damit die wahre → Sonnenzeit anzeigt. Einfache S. wurden bereits von früheren Kulturvölkern, wie z. B. in Ägypten oder Mesopotamien, hergestellt. Während sie damals und auch noch im Mittelalter und in der beginnenden Neuzeit eine der wenigen Möglichkeiten darstellten, die Zeit abzulesen, spielen die S. heute mehr oder weniger nur noch eine künstlerische Rolle. Die Herstellung einer S. ist vor allem dann mathematisch etwas komplizierter, wenn diese an einer Hauswand angebracht werden soll, die nicht genau nach Süden zeigt. Am einfachsten sind Äquatorial-S., die im Freien aufgestellt werden und die nur noch gemäß der geographischen Breite (Polhöhe) und der Nord-Süd-Richtung einzujustieren sind.

Bei der Benutzung einer S. muß beachtet werden, daß man in der Regel nur die wahre Sonnenzeit, und auch diese wieder nur als Ortszeit abliest. Es gibt allerdings auch besondere Konstruktionen der Zifferblätter oder der gesamten S., die es erlauben, unter Berücksichtigung des Kalendertages die mittlere Sonnenzeit, und zwar entweder als Ortszeit oder umgerechnet auf Zonenzeit, abzulesen.

Sonnenweite. In der älteren Literatur benutzte Bezeichnung für die mittlere Entfernung der Erde von der Sonne (→ Astronomische Einheit).

Sonnenwende (solstice). → Solstitium.

Sonnenwind (solar wind). Eine von der Sonne ausgehende Korpuskularstrahlung (Partikelstrahlung, Teilchenstrahlung). Sein Ausgangsbereich liegt in der → Sonnenkorona. Die Sonne erleidet dadurch einen Massenverlust von etwa 10^{-13} Sonnenmassen pro Jahr. Unter der Annahme, daß der S. seit Bestehen der Sonne vor 4,5 Mrd. Jahren gleich stark war, hätte die Sonne also auf diesem Wege nur einen Massenverlust von weniger als 1/1000 ihrer Gesamtmasse zu verzeichnen gehabt. Allerdings ist anzunehmen, daß in der Frühentwicklung der Sonne die Stärke des S. größer war. Die schnelle Komponente des S. – mit einer Geschwindigkeit von etwa 400 km/s und oft darüber – entweicht aus den Koronalöchern, in denen die magnetischen Feldlinien offen nach außen weisen. In etwa 30 bis 40 Sonnenradien Abstand erreichen sie Überschallgeschwindigkeit. Die langsame Komponente hat ihren Ursprung in anderen Gebieten der Korona und übersteigt bereits in 10 bis 20 Sonnenradien die Schallgeschwindigkeit. In Sonnennähe bewegen sich die Teilchen des S. gleich schnell um die Sonne, wie es deren Rotationsgeschwindigkeit entspricht. In größerer Entfernung bewirkt die Rotation der Sonne, daß sich der S. spiralig nach außen bewegt (Rasensprenger-Effekt). Der S. trägt ein schwaches Magnetfeld mit sich, dessen Stärke im Mittel $5 \cdot 10^{-5}$ Gauß oder $5 \cdot 10^{-9}$ Tesla beträgt. Die mittlere Elektronentemperatur im S. beläuft sich auf etwa 20000 K, die mittlere Ionentemperatur auf 10000 K. Der S. besteht im wesentlichen aus Wasserstoffatomkernen und Elektronen mit einer kleinen Beimengung von Heliumkernen. In der Nachbarschaft der Erde besteht er im Durchschnitt aus 5 Wasserstoffkernen und 5 Elektronen pro cm^3. Aber auch → Neutrinos sendet die Sonne aus. Der S. konnte durch Raumsonden in den vergangenen Jahren auch in größeren Distanzen von der Erde und in unterschiedlichen Entfernungen von der Sonne gemessen werden. So kam die Raumsonde Helios der Sonne auf etwa 0,3 AE ($0{,}488 \cdot 10^8$ km) nahe, während mit Hilfe der Pionier- und Voyager-Sonden Untersuchungen bis zu über 40 AE ($5{,}984 \cdot 10^9$ km, etwa Plutobahn) möglich waren. Vermutlich breitet sich der S. bis zu einer Distanz von 6 bis 15 Mrd. km von der Sonne aus, reicht also damit noch über die Bahn des äußersten Planeten Pluto hinaus (→ Heliosphäre, → Heliopause). Der S. steht in enger Wechselwirkung mit mehreren Erscheinungen auf der Erde (→ solar-terrestrische Beziehungen). Auch → Ulysses.

Sonnenzeit (solar time). Die durch die scheinbare tägliche Umlaufbewegung der Sonne um die Erde gemessene Zeit. Da die scheinbare Bewegung der Sonne durch die → Ekliptik als Spiegelbild der Erdwanderung um die Sonne ungleichförmig ist (im Perihel bewegt sich die Erde am schnellsten, im Aphel am langsamsten), wird für die praktische Zeitrechnung eine »mittlere Sonne« eingeführt, die sich völlig gleichförmig bewegt, und zwar nicht auf der Ekliptik, sondern auf dem Himmelsäquator. So unterscheidet man zwischen mittlerer S. und wahrer S., wie sie vor allem von einer → Sonnenuhr angezeigt wird. Die wahre S. hat also damit Tage von ungleicher Länge. Der Unterschied zwischen der wahren und mittleren S. ist die → Zeitgleichung.

Sonnenzellen (solar cells). → Solarzellen.

Sonnenzirkel, Sonnenzyklus (solar cycle). Der Zeitraum von 28 Jahren, nach dem im → Julianischen Kalender auf denselben Monatstag wieder derselbe Wochentag fällt. Auch → Sonntagsbuchstabe.

Sonne schießen. Ein in der Navigation üblicher Ausdruck für das Anpeilen der

Sonne mit einem → Sextant, um so den Standort eines Schiffes zu ermitteln.

Sonntagsbuchstabe (dominical letter, sunday letter). Ein Buchstabe, der den Termin des 1. Sonntags eines Jahres kennzeichnet. Dazu benennt man die Tage vom 1. bis 7. Januar mit dem Buchstaben A bis G. Fällt nun z.B. der 1. Sonntag eines Jahres auf den 4. Januar, so ist der S. D, der 4. Buchstabe des Alphabets. Die S. wiederholen sich in genau der gleichen Reihenfolge nach jeweils 28 Jahren (Ausnahme: über volle Jahrhundertjahre ohne Schalttag hinweg, → Gregorianischer Kalender). Diese 28jährige Periode ist auch die Grundlage zur Berechnung des → Sonnenzirkels. Das Jahr 9 v. Chr. erhielt den Sonnenzirkel 1. Dieses Jahr war ein Schaltjahr. Durch das Fehlen des Jahres 0 im historischen Kalender verschiebt sich die übliche Schaltregel für die Jahre v. Chr. um 1 Jahr rückwärts, so daß also die Jahre 5, 9, 13, 17 usw. vor Chr. Schaltjahre waren. Für ein beliebiges Jahr nach Chr. errechnet sich der Sonnenzirkel dann so: Man addiert zur Jahreszahl die Zahl 9 und dividiert durch 28. Der Rest ist der Sonnenzirkel (wobei der Rest 0 = Rest 28 gesetzt wird). Die Zuordnung zwischen Sonnenzirkel und S. hat durch die Einführung des → Gregorianischen Kalenders eine Veränderung erfahren. Im heute gültigen Gregorianischen Kalender müssen daher einige Verbesserungen angebracht werden. In der Tabelle sind die S. für das 18. bis 20. Jahrhundert angegeben.

Zwei S. bedeuten, daß es sich um Schaltjahre handelt. Man kann nämlich über die ersten Tage in einem Jahr hinaus die Buchstabenfolge A bis G wiederholen. Der 29. Februar soll als Schalttag denselben »Tagesbuchstaben« wie der 1. März erhalten. Somit erhält das Schaltjahr für den Zeitraum ab 1. März einen anderen S., der in der Tabelle an 2. Stelle angegeben ist.

Sonntagsbuchstaben des Gregorianischen Kalenders von 1700 bis 1999

Jahre im Jahrhundert				1700	1800	1900
			00	C	E	G
01	29	57	85	B	D	F
02	30	58	86	A	C	E
03	31	59	87	G	B	D
04	32	60	88	FE	AG	CB
05	33	61	89	D	F	A
06	34	62	90	C	E	G
07	35	63	91	B	D	F
08	36	64	92	AG	CB	ED
09	37	65	93	F	A	C
10	38	66	94	E	G	B
11	39	67	95	D	F	A
12	40	68	96	CB	ED	GF
13	41	69	97	A	C	E
14	42	70	98	G	B	D
15	43	71	99	F	A	C
16	44	72		ED	GF	BA
17	45	73		C	E	G
18	46	74		B	D	F
19	47	75		A	C	E
20	48	76		GF	BA	DC
21	49	77		E	G	B
22	50	78		D	F	A
23	51	79		C	E	G
24	52	80		BA	DC	FE
25	53	81		G	B	D
26	54	82		F	A	C
27	55	83		E	G	B
28	56	84		DC	FE	AG

Sothisperiode, Hundssternperiode (Sothis period, Dog Star period). Eine Zeitspanne, die in der alten ägyptischen Astronomie eine Rolle spielte. Sie betrug $4 \cdot 365 = 1460$ Jahre. Nach Ablauf einer S. fiel der heliakische Frühaufgang (→ Aufgang) des → Sirius erneut auf den ersten Tag des ägyptischen Monats Toth. Erst mit dem Jahre 238 v. Chr. wurde im ägyptischen Kalender alle 4 Jahre ein Schalttag eingefügt, so daß die S. keine Rolle mehr spielte.

Spacelab. → Space Shuttle.

Space Shuttle, Raumtransporter, Raumfähre. Die von der NASA in den USA entwickelte erste, mehrfach wiederverwendbare Raumfähre, die nach einigen Probeflügen erstmals bemannt am 12. 4. 1981 gestartet wurde (Raumfähre Discovery). Die ersten Vorarbeiten zum S. S. begannen bereits 1968. Den die Erde als Satellit umkreisenden Teil bezeichnet man Orbiter. Er hat eine Länge von 37,2 m und eine Höhe von 17,4 m. Die Spannweite seiner Flügel beträgt 23,8 m. Die drei Raketenmotoren werden beim Aufstieg durch einen äußeren Tank von 46,9 m Länge und 8,4 m Durchmesser mit Treibstoff versorgt. Dieser Tank wird kurz vor Erreichen der Erdumlaufbahn abgeworfen und tritt wieder in die Atmosphäre ein. Er ist der einzige Teil des S. S., der nicht geborgen wird. Dagegen können zwei mit festen Treibstoffen arbeitende Zusatzraketen, die ebenfalls beim Start gezündet werden und je eine Länge von 45,4 m und einen Durchmesser von 3,7 m haben, mit Bergungsschiffen nach dem Aufschlag auf dem Ozean geborgen und anschließend wiederverwendet werden. Die Zusatzraketen werden bereits in einer Höhe von etwa 43 km abgetrennt und fallen an Fallschirmen zurück. Die Masse des S. S. beträgt beim Start etwa 2000 t. Nach einigen Tagen bis Wochen dringt der Orbiter wieder in die Atmosphäre der Erde ein und setzt ähnlich wie ein Flugzeug auf einer mehrere Kilometer langen Landebahn auf. Nach Überholung des Orbiters und dem erneuten Zusammensetzen mit dem Treibstofftank und den beiden Feststoffraketen kann dieser wiederverwendet werden.

Der Orbiter enthält bei einigen Missionen vor allem das von der europäischen Raumfahrtindustrie entwickelte Spacelab, das die verschiedensten wissenschaftlichen Aufgaben bewältigen kann. Das von ERNO in Bremen gebaute Spacelab wird in der sog. Nutzlastbucht des S. S. untergebracht. Insgesamt umfaßt die wissenschaftliche Zielsetzung u. a. die Astronomie, die Sonnenphysik, die Materialwissenschaften, die Geophysik (Atmosphäre, Magnetosphäre), die Plasmaforschung und die Biomedizin. Der erste Einsatz des Spacelab war am 28. 11. 1983. Am 30. 10. 1985 erfolgte die erste rein deutsche D1-Mission beim 4. Einsatz des Spacelab. Die D2-Mission folgte dann vom 26. 4. bis 6. 5. 1993.

Am 28. 1. 1986 explodierte 73 Sekunden nach dem Start die Raumfähre Challenger. Dabei kamen 7 Astronauten ums Leben. Diese Katastrophe warf das Raumtransporter-Programm der NASA erheblich zurück. Erst am 29. 9. 1988 konnte die Raumfähre Discovery wieder starten und das Programm fortsetzen. Mit dem S. S. wurden in den letzten Jahren auch verschiedene Erdsatelliten und Raumsonden ausgesetzt. Dazu gehört u. a. → Magellan, aber auch das → Hubble-Space-Telescope. Spektakulär war auch die erstmalige Reparatur eines Satelliten (→ Solar Maximum Mission) und des Hubble-Space-Telescopes.

Insgesamt kann das S. S. Nutzlasten bis zu 30 t in eine Umlaufbahn bis zu 185 km Höhe bringen. Entsprechend geringere Nutzlasten lassen sich theoretisch bis zu einer Maximalhöhe von 600 km tragen. Die Mannschaft besteht aus einem Piloten und Kopiloten sowie aus einer sich aus Wissenschaftlern zusammensetzenden Besatzung von bis zu fünf Personen. Die fünf bisherigen Raumtransporter trugen die Namen Columbia, Challenger, Discovery, Atlantis und Endeavour.

Das russische Gegenstück zum amerikanischen S. S. ist die Raumfähre → Buran.

Space Telescope. → Hubble-Space-Telescope.

Spaltspektrograph (slit spectrograph). Ein → Spektrograph, der über einen Eintrittsspalt verfügt. Er steht damit im Gegensatz zu einem spaltlosen Spektrographen, wie es bei einem → Objektivprisma der Fall ist.

späte Spektralklassen (late spectral classes). Die → Spektralklassen K, M, N, R und S.

Spatiographie (spatiography). Die Darstellung des Raumes außerhalb der Erde (abgeleitet von dem lateinischen Wort »spatium« für »Raum«). Es handelt sich hier um eine heute nicht mehr gebräuchliche Bezeichnung.

Speckle-Interferometrie (speckle interferometry). Eine 1970 von A. Labeyrie entwickelte Technik zur Verbesserung des Auflösungsvermögens optischer Teleskope. Dieses wird nicht allein durch die optischen Grenzen eines Instrumentes bestimmt, sondern auch durch die schlechte Bildqualität infolge der → Szintillation innerhalb der Erdatmosphäre (→ Seeing). Rund 10 bis 20 cm große Turbulenzelemente in der Atmosphäre mit Fluktuationszeiten von über 1/50 s begrenzen das Auflösungsvermögen auf etwa 1 Bogensekunde. Belichtet man unter Einsatz von Bildverstärkern nur mit etwa 1/50 s, so erhält man von einem Stern ein Muster kleiner Flecken, »Speckles«. Jedes Speckle ist ein vom momentan »eingefrorenen« Zustand der Turbulenzelemente der Atmosphäre erzeugtes Sternbild. So wird das tatsächliche Auflösungsvermögen des Teleskops ausgenutzt. Die Speckles enthalten Informationen über feine Einzelheiten, die bei längeren Belichtungszeiten durch die Turbulenz in der Atmosphäre verwischt werden. Da ein Einzelbild aber wegen der kurzen Belichtungszeit stark »verrauscht« ist, müssen mehrere hundert Bilder auf mathematischem Wege überlagert werden. Dies geschieht mittels Fouriertransformationen mit Hilfe eines → Lasers. Das Auflösungsvermögen kann auf diese Weise unter 0,01″ gedrückt werden. Damit war z.B. die Auflösung sehr enger Doppelsterne möglich. Daneben gelang es aber auch erstmals, gewisse Oberflächeneinzelheiten solcher Sterne zu erkennen, die von der Erde aus gesehen wegen ihres großen wahren Durchmessers oder ihrer geringen Entfernung eine Scheibe ergeben, deren Durchmesser in der Größenordnung von 0,01″ liegt. Das gilt besonders für die nächsten roten Riesensterne wie → Beteigeuze mit einem Winkeldurchmesser von 0,047″.

Spectrostratoscope. → Ballonastronomie.

Spektralanalyse (spectral analysis, spectrum analysis). Die Untersuchung des → Spektrums eines Körpers, der eine Strahlung, vor allem Licht, aussendet oder die Strahlung eines anderen selbständig leuchtenden Körpers reflektiert (→ Spektroskopie).

Spektralapparat (spectroscope). Eine optische Vorrichtung, die die Strahlung, vor allem Licht, eines Körpers nach ihren Wellenlängen bzw. Frequenzen trennt und in einem → Spektrum sichtbar macht. Dazu kann man die → Brechung eines → Prismas benutzen (Prismen-Spektroskop oder Prismen-Spektrograph). Dabei nutzt man die Eigenschaft des Prismas aus, die längeren Wellenlängen (rot) weniger stark als die kürzeren Wellenlängen (violett) abzulenken. Man kann aber auch ein Spektrum mit Hilfe der → Beugung und eines → Beugungsgitters erzeugen (Gitter-Spektroskop, Gitter-Spektrograph).

Spektralkatalog (spectral catalogue, spectral catalog). Ein Katalog, in dem die → Spektralklassen möglichst zahlreicher Sterne verzeichnet sind. Historisch am bekanntesten ist der → »Henry Draper-Katalog«. Neuere S. sind die »Potsdamer Spektraldurchmusterung«, die »Bergedorfer Spektraldurchmusterung« und Spezialkataloge, die z. B. auf bestimmte Sterntypen beschränkt sind.

Spektralklassen, Spektraltypen (spectral classes, spectral types). Eine Klassifikation der → Sterne nach ihrem → Spektrum. Die heute übliche Klassifikation ist die → Harvard-Klassifikation. Die Reihenfolge der S. erfolgt so, daß an der Spitze blauweiße und weiße Sterne hoher Oberflächentemperatur, an ihrem Ende rote Sterne niedriger Oberflächentemperatur stehen. Gelegentlich bezeichnet man auch die ersten S. als »frühe«, die mittleren als »mittlere« und die letzten als »späte« S. Dies hat jedoch nichts mit der tatsächlichen Entwicklungsfolge der Sterne zu tun.

Die mit Buchstaben ausgedrückten S. können durch angehängte Ziffern von 0 bis 9 noch feiner unterteilt werden. Die S. A1 steht also der Klasse A näher als A9, was schon fast der S. F entspricht.

In der Tabelle sind für die einzelnen S.

Spektralklassen

Spektralklasse	spektrale Merkmale
W	Auf einem sehr hellen Kontinuum liegen breite Emissionsbanden von Wasserstoff sowie neutralem und ionisiertem Helium (→ Wolf-Rayet-Sterne; sie sind von expandierenden Gashüllen umgeben, meist sind sie Komponenten enger spektroskopischer Doppelsterne. Beispiel: γ^2 Velorum).
O	Auf hellem Kontinuum liegen Absorptionslinien von neutralem Helium, Wasserstoff und einfach ionisiertem Sauerstoff (Beispiel: ζ Puppis mit O5).
B	Auf dem Kontinuum sind vor allem Absorptionslinien des neutralen Heliums sichtbar. Gegen B9 hin werden diese schwächer, während die Wasserstofflinien verstärkt auftreten (Beispiel: τ Scorpii mit B0, → Algol mit B8).
A	Die Wasserstofflinien beherrschen das Spektrum. Gegen A9 hin werden sie etwas schwächer. Einige Metallinien treten auf, ebenso gegen A9 hin die Linien H und K des einfach ionisierten Calciums (Beispiel: → Sirius mit A0).
F	Die Wasserstofflinien sind weiter abgeschwächt, die Linien H und K verstärkt. Das sogenannte G-Band entsteht durch dicht beieinanderliegende Linien von Eisen, Titan und Calcium (Beispiel: → Canopus mit F0, → Prokyon mit F5).
G	Die Linien H und K sind am stärksten, die Wasserstofflinien dagegen noch schwächer. Zahlreiche Metallinien treten auf. Gegen G9 sind die Eisenlinien sogar stärker als die Wasserstofflinien. Die Sonne hat den Spektraltyp G2.
K	Das Kontinuum wird auf der kurzwelligen, blauen Seite merklich schwächer. Am stärksten ist das G-Band. Die Wasserstofflinien sind kaum mehr sichtbar. Banden von Titanoxid treten auf. Die Linien H und K sind sehr stark (Beispiel: → Arktur mit K0, → Aldebaran mit K5).
M	Die Titanoxid-Banden sind am stärksten. Das G-Band ist in einzelne Linien aufgelöst. Das kurzwellige Ende des Kontinuums ist fast ganz verschwunden (Beispiel: → Beteigeuze mit M2).
R	Cyan- und Kohlenstoffmonoxid-Banden herrschen vor.
N	Ähnlich R. Jenseits 4500 Å bzw. 450 nm ist kein Kontinuum mehr feststellbar. Wegen der bei den Klassen N und R auftretenden Kohlenstoff-Banden werden diese Sterne als Kohlenstoffsterne bezeichnet.
S	Ähnlich M und N, mit Zirkonoxid-Banden.

die spektralen Merkmale verzeichnet, und es werden für die einzelnen S. Beispiele von Sternen genannt. R, N, S gehören zu den »Sonderklassen«, die nur selten auftreten. Es handelt sich aber auch hier um rote Sterne. Nachgestellte kleine lateinische Buchstaben kennzeichnen einige Besonderheiten eines Spektrums: n: diffuse Linien; nn: sehr diffuse Linien; s: scharfe Linien; ss: sehr scharfe Linien (tritt nur bei S. früher als F0 auf); e: Emissionslinien; p: (engl. peculiar) Spektren mit irgendwelchen Besonderheiten, die durch die anderen Buchstaben nicht erfaßt werden können; m: Sterne mit besonders starken Metallinien; con: rein kontinuierliches Spektrum (tritt vor allem bei der S. O auf); comp: kombiniertes, zusammengesetztes Spektrum (z.B. bei spektroskopischen Doppelsternen); v: veränderliches Spektrum; k: Auftreten der interstellaren ruhenden Calcium-Linie Ca II.

Mitunter werden lateinische Buchstaben der S. auch vorangesetzt. Solche Buchstaben bedeuten: c: sehr scharfe Linien in Verbindung mit Anzeichen großer absoluter Helligkeit, wie es bei Überriesen vorkommt (Beispiel: → Deneb mit cA2); g: (für giant, engl. Riese) Merkma-

Der Zusammenhang zwischen Spektraltyp, Temperatur und Farbe

Spektraltyp	Effekt. Temperatur in K Zwerge	Riesen	Farbe	Farbindex Zwerge	Riesen	Ungefähre Beispiele
O5	35 000		weiß	–		ι Orionis, ζ Puppis
B0	22 000		weißgelb	$-0\overset{m}{,}21$		Spika, ε Orionis
A0	10 700		hellgelb	$0\overset{m}{,}00$		Sirius, Wega, γ Ursae Maioris
F0	7 400		reingelb	$+0\overset{m}{,}38$		Canopus, ι Aquilae
G0	5 900	5 200	tiefgelb	$+0\overset{m}{,}59$	$+0\overset{m}{,}77$	Capella, Sonne
K0	4 900	4 100	rötlichgelb	$+0\overset{m}{,}93$	$+1\overset{m}{,}23$	Arktur, γ Leonis, ε Cygni
M0	3 600	3 400	orange	$+1\overset{m}{,}52$	$+1\overset{m}{,}86$	Beteigeuze, Antares, β Andromedae

Spektralklassen, Leuchtkraftklassen und absolute visuelle Helligkeiten

Spektraltyp	Leuchtkraftklassen Ia	Ib	II	III	IV	V	Unterzwerge	Weiße Zwerge	Population II Blauer Ast	Roter Ast
O5				-6^{m}		$-5\overset{m}{,}1$				
B0	$-6\overset{m}{,}4$	$-5\overset{m}{,}9$	$-4\overset{m}{,}8$	$-4\overset{m}{,}0$		$-3\overset{m}{,}2$				
B5		$-5\overset{m}{,}5$	$-4\overset{m}{,}8$	$-3\overset{m}{,}0$		$-0\overset{m}{,}9$				
A0	$-6\overset{m}{,}4$	$-5\overset{m}{,}3$		$-1\overset{m}{,}5$		$+0\overset{m}{,}6$		$+13^{m}$	$0\overset{m}{,}0$	
A5		$-5\overset{m}{,}0$		$0\overset{m}{,}0$		$+2\overset{m}{,}0$	$+4\overset{m}{,}0$		$-0\overset{m}{,}3$	
F0	$-6\overset{m}{,}4$	$-4\overset{m}{,}7$	$-0\overset{m}{,}7$		$+3\overset{m}{,}0$	$+3\overset{m}{,}0$	$+4\overset{m}{,}8$		$-0\overset{m}{,}8$	
F5		$-4\overset{m}{,}5$	$-1\overset{m}{,}3$		$+3\overset{m}{,}2$	$+3\overset{m}{,}9$	$+5\overset{m}{,}7$		$-1\overset{m}{,}8$	$+2^{m}$
G0		$-4\overset{m}{,}2$	$-1\overset{m}{,}6$	$+0\overset{m}{,}8$	$+3\overset{m}{,}2$	$+4\overset{m}{,}6$	$+6\overset{m}{,}4$	$+14^{m}$	$-3\overset{m}{,}1$	
G5		$-4\overset{m}{,}2$	$-1\overset{m}{,}8$	$+0\overset{m}{,}5$	$+3\overset{m}{,}1$	$+5\overset{m}{,}3$	$+7\overset{m}{,}1$			
K0		$-4\overset{m}{,}2$	$-2\overset{m}{,}0$	$+0\overset{m}{,}4$	$+2\overset{m}{,}9$	$+6\overset{m}{,}2$	$+8\overset{m}{,}0$	$+14^{m}$		
K5	$-6\overset{m}{,}0$	$-4\overset{m}{,}2$	$-2\overset{m}{,}2$	$-0\overset{m}{,}1$		$+7\overset{m}{,}6$	$+9\overset{m}{,}6$			
M0	$-6\overset{m}{,}0$	$-4\overset{m}{,}2$	$-2\overset{m}{,}3$	$-0\overset{m}{,}3$		$+8\overset{m}{,}8$	$+10\overset{m}{,}8$			
M2		$-4\overset{m}{,}2$	$-2\overset{m}{,}3$	$-0\overset{m}{,}4$		$+9\overset{m}{,}8$	$+11\overset{m}{,}7$			
M5				$-0\overset{m}{,}4$		$+12\overset{m}{,}0$	$+13\overset{m}{,}9$			
M8						$+16^{m}$				

Anmerkung: Die Leuchtkraftklasse I wird unterteilt in I a (helle Überriesen) und I b (schwächere Überriesen = c-Sterne)

le eines normalen Riesensterns (Beispiel: → Capella mit gG0); d: (dwarf, engl. Zwerg) Merkmale für einen Stern auf der Hauptreihe des → Hertzsprung-Russell-Diagramms (Beispiel: → Sirius mit dA0); sd oder SD: (subdwarf, engl. Unterzwerg) Merkmale eines Sterns vom Typ der → Unterzwerge; w oder D: (white dwarf, engl. weißer Zwerg) Merkmale für einen weißen Zwergstern.
Die Beziehung der S. zu Farbe und Oberflächentemperatur der Sterne ergibt sich aus der Darstellung des → Hertzsprung-Russell-Diagramms. Sie kann aber auch der zweiten Tabelle (S. 479) entnommen werden. Unter Farbindex wird hier der von K. Schwarzschild eingeführte »Internationale Farbindex« verstanden.
Die S. können noch ergänzt werden durch die → Leuchtkraftklassen. Die dritte Tabelle (S. 497 u.) gibt den mittleren Zusammenhang zwischen den Spektralklassen, Leuchtkraftklassen und den absoluten visuellen Helligkeiten.

Spektrallinien (spectral lines). Im → Spektrum bei bestimmten Wellenlängen oder Frequenzen auftretende Linien, die auf bestimmte Elemente zurückgeführt werden können. Man unterscheidet die Emissionslinien, die von leuchtenden Gasen herrühren, von den dunklen Absorptionslinien oder Fraunhoferschen Linien, die bei dem Durchtritt der Strahlung eines heißeren Körpers durch ein kühleres Gas auftreten.

Spektralphotometrie (spectrophotometry). Die Messung der Intensitätsverteilung in einem → Spektrum.

Spektraltypen (spectral types). → Spektralklassen.

Spektraltypparallaxe (spectral type parallax). Die aus dem Spektraltyp (→ Spektralklassen) eines Sterns abgeleitete → Parallaxe.

Spektrograph (spectrograph). Ein → Spektralapparat, der das → Spektrum photographisch aufnimmt.

Spektroheliogramm (spectroheliogram). Eine monochromatische Photographie der Sonne, die bei einer bestimmten Wellenlänge erhalten wurde. Derartige Aufnahmen bekommt man durch schmalbandige Filter (z.B. → Lyot-Filter) oder mit einem → Spektroheliograph. In der Regel werden Aufnahmen im Lichte der im roten Wellenlängenbereich liegenden Spektrallinie des Wasserstoffs (Hα) oder der Linie K des ionisierten Calciums aufgenommen. In diesem Zusammenhang spricht man von Hα- oder K-S. Sie zeigen nicht die eigentliche Oberfläche (→ Photosphäre) der Sonne, sondern die über dieser gelegene → Chromosphäre. Es treten dabei weniger die → Sonnenflecken, sondern die → Sonnenfackeln, die → Eruptionen und andere Erscheinungen der Chromosphäre hervor.
Man kann die verschiedenen Schichten der Chromosphäre mit S. abtasten. Bei einer scharfen Ausfilterung der Mitte einer Spektrallinie erhält man die obersten Schichten, bei einem Bereich in den Flügeln einer Spektrallinie die tieferen Schichten der Chromosphäre.
Eine Darstellung der Sonne im Radiowellengebiet (besonders Dezimeterwellen) bezeichnet man auch als Radioheliogramm der Sonne. Es stellt die unteren Schichten der Sonnenkorona, knapp oberhalb der Chromosphäre dar.

Spektroheliograph (spectroheliograph). Ein Gerät zur Aufnahme der Sonne in einem schmalen Wellenlängenbereich, also meist innerhalb einer bestimmten Spektrallinie (→ Spektroheliogramm). Ein Fernrohr erzeugt zunächst ein Sonnenbild. Hinter diesem befindet sich der Spalt eines Spektrographen, der so lang ist, daß er über das ganze Sonnenbild reicht, aber nur so schmal, daß er lediglich einen schmalen Streifen der Sonnenscheibe erfaßt. Das durch den Spalt gehende Licht wird mit Hilfe von mehreren Prismen oder einem Beugungsgitter in ein Spektrum zerlegt. In der Regel wird dabei der Strahlengang um 180° abgelenkt. In der Ebene, in der nun das Spektrum entsteht, befindet sich ein weiterer Spalt, der auf eine bestimmte Spektrallinie eingestellt werden kann. Auf die dahinter befindliche photographische Platte fällt nun also monochromatisches Licht, also Licht eines sehr schmalen Wellenlängenbereichs des durch den ersten Spalt hindurchgegangenen schmalen Streifens der Sonne. Während der Aufnahme wandert nun der gesamte Spektralapparat allmählich über das ganze Sonnenbild weiter, so daß nach und nach die gesamte Sonne im Lichte der gewählten Spektrallinie dargestellt werden kann. Der zweite Spalt ist meist so eng, daß das Gerät nicht die gesamte Breite der Spektrallinie erfaßt, sondern nur einzelne Bereiche in ihr. Man kann auf die Linienmitte oder die Linienflügel einstellen. Rückt man den Spalt ganz aus einer Spektrallinie heraus, erhält man ein Bild der → Photosphäre der Sonne, innerhalb der Spektrallinie ein Bild der Chromosphäre.

Spektrohelioskop (spectrohelioscope). Ein Gerät, das dem Aufbau des → Spektroheliographen entspricht, aber nur für visuelle Beobachtungen eingerichtet ist.

Spektrometer (spectrometer). Ein → Spektralapparat, der es erlaubt, aus der Ablenkung der Lichtstrahlen durch ein Prisma oder ein Beugungsgitter an einer Skala die Wellenlänge von Spektrallinien zu bestimmen.

Spektroskop (spectroscope). Ein → Spektralapparat zur visuellen Beobachtung eines → Spektrums.

Spektroskopie, Spektrometrie (spectroscopy). Der Wissenschaftsbereich, der sich mit dem → Spektrum beschäftigt, das mit Hilfe eines → Spektralapparats erhalten werden kann. Die S. beschäftigt sich dabei mit der Identifizierung der einzelnen Spektrallinien und deren Zuordnung zu den Atomen und Molekülen sowie mit der theoretischen Deutung der Entstehung der Spektren. Sie umfaßt weiterhin die Erforschung besonderer spektroskopischer Effekte, wie z. B. des → Doppler-Effekts, → Zeeman-Effekts usw. Im weiteren Sinne spricht man auch außerhalb des optischen Bereichs von S., z. B. von Röntgen- oder Radio-S. Insgesamt ist die S. eines der wichtigsten Hilfsmittel der modernen Astrophysik zur Erforschung der physikalischen und chemischen Zustände auf den Sternen und anderer Himmelskörper. Sie dient teilweise auch zur Erforschung von Bewegungseffekten (→ Radialgeschwindigkeit, → Rotation).

spektroskopische Doppelsterne (spectroscopic binary). Eng beieinanderstehende → Doppelsterne.

spektroskopische Parallaxe (spectroscopic parallax). Die mit Hilfe eines → Spektrums eines Sterns abgeleitete → Parallaxe.

Spektrum (spectrum). Die Aufspaltung des mehrfarbigen (weißen) Lichts in seine verschiedenen Farben oder Wellenlängen, wie sie bei dem Durchgang des Lichtes durch ein → Prisma oder ein → Beugungsgitter entsteht. Im weiteren Sinne spricht man heute auch von einem S. anderer elektromagnetischer Strahlungen (z. B. Röntgen- oder Radio-S.). Außerhalb der Astrophysik kann man auch den Begriff auf andere Schwingungen anwenden; so spricht man etwa in der Akustik vom Klangs.

Das optische S. entsteht bei der Zerlegung des sichtbaren Lichtes und in Ergänzung dazu der benachbarten Wellenlängenbereiche im Infrarot und Ultraviolett. Die Wellenlänge einer Stelle im S. wird mit λ, die Frequenz mit ν bezeichnet. Wellenlänge und Frequenz hängen mit der → Lichtgeschwindigkeit c zusammen; es ist: $\lambda = c/\nu$. Im optischen

Bereich wird die Wellenlänge in Nanometer (1 nm = 10^{-9} m), häufig auch noch in Angström (1 Å = 10^{-8} cm) angegeben: 1 nm = 10 Å. Die Frequenz wird in → Hertz angegeben (Abk. Hz), in Kilohertz (kHz) oder Megahertz (MHz). Das S. ist in der Natur besonders in Gestalt des → Regenbogens zu beobachten. Das sichtbare S. reicht von etwa 4/10000 mm = 4000 Å = 400 nm bis etwa 8/10000 mm = 8000 Å = 800 nm von Violett, Indigo, Blau, Grün, Gelb, Orange bis Rot.

Mit dem S. befaßte sich bereits I. Newton (1643–1727), der auch die Bezeichnung S. (aus dem Lateinischen: »Gespenst«) einführte. Im Jahre 1802 fand W. H. Wollaston (1766–1828) im → Sonnenspektrum erstmals dunkle Linien. Der Optiker J. von Fraunhofer (1787–1826) zählte 1814 Hunderte solcher Linien und bezeichnete neun besonders deutlich sichtbare mit lateinischen Buchstaben. Seither nennt man sie Fraunhofersche Linien. 1859 fanden R. W. Bunsen (1811–1899) und G. R. Kirchhoff (1824–1887) eine Erklärung: Ein zum Glühen gebrachter fester oder flüssiger Körper erzeugt ein zusammenhängendes, kontinuierliches S., leuchtende Gase dagegen nur einzelne helle Linien, die sich bei den verschiedenen chemischen Elementen ganz bestimmten Wellenlängen zuordnen lassen. Jedes chemische Element sendet Strahlung ganz bestimmter Wellenlängen aus. Nach dem lateinischen Wort emittere (aussenden) bezeichnet man ein solches S. auch Emissions-S. Auch die Strahlung eines Sterns, der ein relativ dichtes Inneres besitzt, erzeugt ein kontinuierliches Spektrum. Durchquert nun das Licht dieses Sterns die kühleren äußeren Atmosphärenschichten, so tritt ein Umkehreffekt dergestalt auf, daß die hellen Emissionslinien nunmehr als dunkle Absorptionslinien (Fraunhofersche Linien) erscheinen. Es tauchen gerade diejenigen Elemente im Muster des Absorptions-S. als dunkle Linien auf, die in diesem kühleren Gas vorhanden sind. Dabei zeigen die einzelnen chemischen Elemente oft ganze Linienserien. Um diesen Umstand zu verstehen, muß man

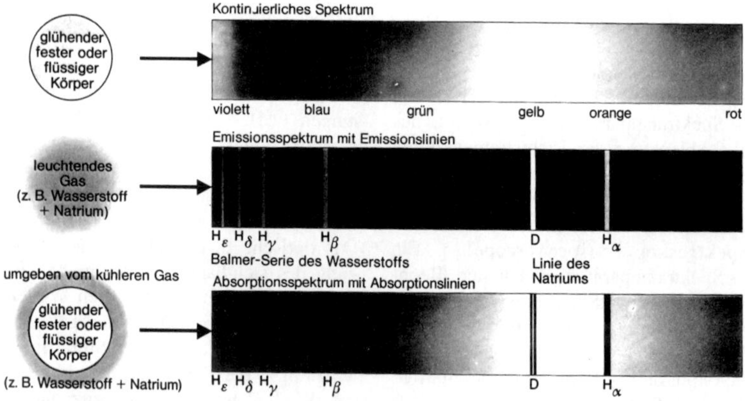

Entstehung des kontinuierlichen Spektrums, des Emissionsspektrums und des Absorptionsspektrums

den Aufbau eines → Atoms berücksichtigen. Im einfachsten Falle des Wasserstoffs bewegt sich ein Elektron um den Atomkern. Das Elektron kann verschiedene Bahnen um den Kern beschreiben. Diese entsprechen unterschiedlichen Energiestufen des Elektrons. Auf der innersten Bahn ist die Energie des Elektrons am geringsten, auf der äußersten Bahn am größten. Es kann sich nun ereignen, daß ein Elektron plötzlich von der einen zur anderen Bahn springt. Dabei nimmt das Elektron einen ganz bestimmten Energiebetrag auf, um von einer inneren auf eine äußere Bahn zu springen, oder gibt diesen frei, wenn der Sprung von außen nach innen erfolgt. Wird dem Elektron Energie zugeführt, so kann es aus einer inneren auf eine äußere Bahn gehoben werden. Dort verbleibt es nur kurze Zeit. Fällt es in die ursprüngliche Bahn zurück, so gibt es den aufgenommenen Energiebetrag in Form von Strahlung wieder ab. Springt das Elektron von der 3. auf die 2. Bahn, so wird eine Strahlung abgegeben, die im orangeroten Bereich des S. liegt. Es ist die berühmte rote Wasserstofflinie Hα. Erfolgt der Sprung von der 4. auf die 2. Bahn, so entsteht die blaue Wasserstofflinie Hβ, bei einem Sprung von der 5. auf die 2. Bahn die violette Linie Hγ usw. Da die genannten Sprünge immer größeren Energiedifferenzen entsprechen, wird eine immer energiereichere und damit kurzwelligere Strahlung abgegeben. Die kurzwelligste Strahlung bei einem Sprung auf die 2. Bahn entsteht dann, wenn das Elektron von außen eingefangen wird und sein Sprung auf der 2. Bahn endet. Dies ist die Grenze der eben beschriebenen Linienserie, der sog. Balmer-Serie. Die Sprünge, die auf der innersten Bahn enden, gehören zur Lyman-Serie. Sie liegt im ultravioletten Bereich. Im Infraroten liegt dagegen die Paschen-Serie. In diesem Fall enden die Sprünge auf der 3. Bahn, auf der 4. Bahn die der Pfund-Serie. Auch diese Serien von Spektrallinien liegen im infraroten Bereich. Bei den Atomen, die über mehrere Elektronen in ihrer Hülle verfügen, ist die Entstehung des S. komplexer.

Die Spektren der Sonne oder der Sterne erlauben es, eine qualitative Analyse der Atmosphären durchzuführen. Schwieriger ist eine quantitative Analyse, also zu ermitteln, mit welchen Prozentzahlen die einzelnen Elemente vertreten sind. Die Stärke einer Linie wird nämlich nicht allein dadurch bestimmt, in welcher Menge das betreffende chemische Element vorhanden ist, sondern auch durch Temperatur, Druck und Dichte. Die Oberflächentemperatur eines Sterns oder der Sonne kann aus der Intensitätsverteilung des kontinuierlichen S. mit Hilfe des → Planckschen Strahlungsgesetzes ermittelt werden. Schwieriger ist die Bestimmung von Druck und Dichte. Im wesentlichen bewirken diese physikalischen Parameter eine Verbreiterung der Linien (Druckverbreiterung, aber auch thermische und Turbulenzverbreiterung). Dadurch sind auch die Linien nicht vollkommen scharf begrenzt bzw. stellen nicht nur die Strahlung eines extrem schmalen Wellenlängenbereichs dar, sondern haben eine gewisse Breite.

Einzelne chemische Elemente, also Atome, erzeugen Linien. Moleküle ergeben dagegen »Banden«. Heißere Sterne zeigen keine Banden, da bei höheren Temperaturen Moleküle in einzelne Atome zerfallen. Häufig können dagegen Molekülbanden in kühleren Sternen oder anderen nahezu kalten Himmelskörpern, wie z. B. Kometen und Planeten aufgefunden werden.

Im S. drücken sich noch andere physikalische und kinematische Bedingungen aus. Bewegt sich ein Himmelskörper längs der Sehlinie auf uns zu oder von uns weg, so entsteht der → Doppler-

Effekt. Magnetfelder führen zum → Zeeman-Effekt, elektrische Felder zum → Stark-Effekt.
Wegen der Atmosphäre unserer Erde gelangen nicht alle elektromagnetischen Strahlungen des Weltalls zum Erdboden (→ atmosphärische Fenster). Um das gesamte S. von der Gammastrahlung und Röntgenstrahlung bis zu den längstwelligen Radiostrahlen untersuchen zu können, bedarf es Ballons, Raketen oder Satelliten, die oberhalb der dichtesten Schichten oder gänzlich außerhalb der Erdatmosphäre arbeiten.

Spektrum-Veränderliche (spectrum variables). Sterne, die Veränderungen in ihrem → Spektrum, aber fast keine Helligkeitsveränderungen, zeigen. Es handelt sich dabei meist um die → α^2Canum Venaticorum-Sterne.

Sphäre (sphere). Aus dem Griechischen stammende Bezeichnung für Kugel, Himmelskugel, Sternengewölbe usw.

Sphärenharmonie (harmony of the spheres). Eine in der späten Antike entstandene Lehre, daß die Bewegung der Planeten um die Erde Zahlenverhältnissen folgen, wie sie auch in der musikalischen Harmonielehre als Konsonanzen auftreten. Die S. spielte später vor allem bei J. Kepler (1571–1630) eine Rolle.

sphärische Aberration (spherical aberration). → Aberration.

sphärische Astronomie (spherical astronomy). Ein Teilgebiet der Astronomie, das die sphärische Trigonometrie auf das Himmelsgewölbe überträgt (→ Astrometrie).

sphärische Koordinaten (spherical coordinates). Koordinaten an der Sphäre (Kugel) zur Kennzeichnung der Position eines Punktes auf ihr (→ Koordinatensystem).

sphärischer Exzeß (spherical excess). → Sphärisches Dreieck.

sphärischer Spiegel. → Kugelspiegel.

sphärisches Dreieck, Kugeldreieck (spherical triangle). Ein Dreieck am Himmelsgewölbe, dessen Seiten Abschnitte größter Kugelkreise sind. Seine Winkelsumme ist größer als 180°. Den 180° übersteigenden Betrag nennt man auch sphärischen Exzeß ε.

Sphäroid (spheroid). Eine infolge der → Zentrifugalkraft an den Polen abgeplattete Kugel.

Spiculen (spicules). Büschel- oder strahlenförmige vertikale Erscheinungen der → Chromosphäre der Sonne. Es handelt sich dabei um sehr heiße Gase mit einer Temperatur von 10000 K, die etwa 3000 bis 20000 km in die → Sonnenkorona ragen und meist nur wenige Minuten sichtbar sind. Auf der gesamten Sonnenoberfläche gibt es ungefähr 500000 S. mit einer Dicke von etwa 1000 km. Sie sind Ausdruck einer konvektiven Bewegung innerhalb der Chromosphäre, ähnlich der Granulation in der → Photosphäre der Sonne. Die S. geben der Sonnenoberfläche das Aussehen einer Art »brennender Prärie«. In der Nähe der Pole sind die S. etwas länger. Das allgemeine Magnetfeld führt dort zu einer leichten Neigung der S. Moderne Untersuchungen mit Hilfe von Raumstationen zeigten neben den normalen S. auch noch sog. Makro-S., die größer sind und bis zu etwa 40 Minuten sichtbar sein können.

Spiegelsextant (mirror sextant). → Sextant.

Spiegelteleskop, Reflektor (mirror telescope, reflecting telescope, reflector). Ein → Fernrohr, dessen hauptsächlichster optischer Teil nicht eine Linse (Objektiv) ist, sondern ein (meist parabolförmig geschliffener) Hohlspiegel aus Glas, Quarz, Duran, Pyrex oder auch Glaskeramik (z.B. Zerodur, Cerrit) mit einer Aluminium-, Rhodium- oder ähnlichen Auflage hohen Reflexionsgrads, die oft noch von einer Quarzschutzschicht überzogen ist. Ein derartiger Spiegel erzeugt in der Brennebene genau wie ein Objektiv ein umgekehrtes, reelles Bild, das durch ein → Okular betrachtet werden kann. Allerdings liegt das von dem Hauptspiegel erzeugte Brennpunktsbild inmitten des Fernrohrtubus. 1671 gelang es I. Newton (1643–1727) durch Anbringen eines kleinen, ebenen Fangspiegels mit einer Neigung von 45° gegen die optische Achse des Teleskops, daß die vom Hohlspiegel kommenden Strahlen, bevor sie sich im Brennpunkt vereinigen, rechtwinklig zur Seite gespiegelt werden. Bei diesem Newtonschen S. ist also das Okular vorne seitlich angebracht.

Im Laufe der Zeit wurden noch andere konstruktive Möglichkeiten verwirklicht. Von den heute gebräuchlichen Bauarten sind unter den betreffenden Stichwörtern vor allem noch die folgenden Systeme abgehandelt: Cassegrain-Spiegel, Cassegrain-Coudé-Teleskop, Gregory-Spiegel, Schmidt-Spiegel und Maksutow-Spiegel. Für Amateurastronomen sind auch die katadioptrischen Systeme Schmidt-Cassegrain oder Maksutow-Cassegrain interessant (→ katadioptrisches Fernrohr). Die größten Fernrohre der Erde sind heute ausschließlich S., da Objektive über etwa 1 m Durchmesser nicht mehr verbiegungsfrei im Fernrohrtubus angebracht werden können. Die Hauptspiegel der S. können dagegen von hinten her gleichmäßig gelagert werden, so daß Durchbiegungen vermieden werden. Auch für Amateurastronomen haben S. gegenüber den Linsenfernrohren einige Vorzüge. Bei gleichem Durchmesser des Hauptspiegels sind sie kompakter und billiger herzustellen als Linsenfernrohre. Dagegen sind sie gegenüber der Justierung der Spiegel und Luftturbulenzen (oft vorne offener Fernrohrtubus!) etwas empfindlicher. Im ganzen ist zwar die optische Leistung eines S. gleichen Durchmessers dieselbe wie bei einem Linsenfernrohr; in der Praxis müssen jedoch z.B. wegen der Abschattung und Beugungserscheinungen durch den Fangspiegel, leichte Abstriche gemacht werden. So entspricht ein 20 cm-S. vielleicht etwa der optischen Leistung eines 15 cm-Linsenfernrohrs. Ein weiterer Vorzug der S. ist, daß sie keine chromatische → Aberration zeigen (mit Ausnahme einfacher Okulare). Dagegen zeigen S. mit kurzer Brennweite den optischen Fehler der → Koma, nicht jedoch der → Schmidt-Spiegel und ähnliche Bauarten. Die größten S. der Erde sind heute die 10 m- → Keck-Teleskope auf Hawaii, das 6 m-S. im Kaukasus und das 5 m-S. auf dem Mount Palomar. Man versucht auch Teleskope aus mehreren kleinen Einzelspiegeln zusammenzusetzen (→ Multi-Mirror-Telescope). Andere Weiterentwicklungen sind das → New Technology Telescope, das → Very Large Telescope sowie die künftig bei allen modernen Großteleskopen angewandte Technik der adaptiven und → aktiven Optik.

Spika. Der hellste Stern im Sternbild Jungfrau. Die lateinische Bezeichnung Spica bedeutet »Kornähre«. Eine seltener gebrauchte arabische Bezeichnung ist Azimech oder Alaazel (»Hinterbein des Löwen«). Die scheinbare Helligkeit beträgt etwa $1\overset{m}{,}0$, ist aber leicht veränderlich. Der Abstand ist 275 Lichtjahre, die Leuchtkraft 2300mal größer als die der Sonne. S. erscheint in einer bläulichweißen Farbe. Der Spektraltyp ist B2, die Oberflächentemperatur 20000 K. S. ist ein spektroskopischer Doppelstern mit einer Umlaufperiode von 4,01 Tagen. Die Massen der beiden Sterne betragen das 10,9- bzw. 6,8fache der Sonnenmasse. Die jährliche Eigenbewegung von S. beträgt 0,055″, die Radialgeschwindigkeit +2 km/s.

Spin (spin). Der Drehimpuls eines → Elementarteilchens, mit dem auch ein magnetisches Moment verbunden ist. Der S. wird als Vielfaches des → Planckschen Wirkungsquantums *h* dividiert durch 2 π angegeben.

Spinar (spinar). Hypothetischer, sehr schnell rotierender Superstern mit millionen-, vielleicht sogar milliardenfacher Sonnenmasse und mit einem starken Magnetfeld von mehreren Tesla. S. werden von einigen Autoren als Erklärung für die Vorgänge in und um die Kerne → aktiver Galaxien, z.B. eines → Quasars, vorgeschlagen. Sie könnten aus dem Kollaps einer magnetisierten interstellaren Wolke hervorgehen. Die Rotation des S. würde Gravitationsenergie in Strahlung umwandeln. Auch → Jets könnten so erklärt werden. Die gängigere Erklärung für die Kerne aktiver Galaxien ist aber heute ein → Schwarzes Loch.

Spiralnebel (spiral nebula, spiral galaxy). Eine bestimmte Klasse von → Galaxien.

Spitzer-Oort-Hypothese (Spitzer-Oort hypothesis). Eine von L. Spitzer (*1914) und J. H. Oort (1900–1992) entwickelte Hypothese, die die Bewegungen im interstellaren Gas durch den Gasdruckgradienten zwischen den → HI- und HII-Gebieten erklärt.

Spörersches Gesetz (Spörer's law). Die Breitenwanderung der Zonen, in denen die → Sonnenflecken auftreten.

Jenseits etwa 40° nördl. oder südl. Breite sowie in den Polargebieten selbst sind sie außerordentlich selten oder kommen überhaupt nicht vor. Die beiden Fleckenzonen zeigen eine Wanderung, die im Rhythmus der 11jährigen Periode erfolgt, eine Erscheinung, die bereits von C. Scheiner bemerkt, aber erst sehr viel später von R. Carrington, E. W. Maunder und vor allem von G. Spörer (1822–1895) untersucht wurde. Betrachtet man die Verhältnisse zur Zeit des Sonnenfleckenmaximums, dann befinden sich die beiden Zonen, in denen die Flecken auftreten, in etwa 15° bis 20° nördl. oder südl. Breite. In den folgenden Jahren verschieben sich diese Zonen immer näher an den Sonnenäquator. Gleichzeitig nimmt auch die Fleckentätigkeit in ihnen ab. Kurz vor dem Minimum tauchen in hohen südl. und nördl. Breiten (bei etwa 40°) neue Zonen auf, die sich ebenfalls langsam zum Äquator hin verschieben. Während des Minimums sind damit eigentlich vier Zonen gleichzeitig vorhanden: zwei alte absterbende Zonen in der Nähe des Äquators und zwei junge Zonen in mittleren Breiten. Einige Monate später verschwinden die beiden Äquatorzonen ganz, während die anderen, immer kräftiger werdend, sich weiter äquatorwärts verschieben. Trägt man in einem Diagramm von rechts nach links die Jahre, von oben nach unten die heliographische Breite der in den einzelnen Jahren erschienenen Sonnenflecken (mit dem Sonnenäquator in der Mittellinie) auf, so ergibt sich ein Bild, das einem Schmetterling ähnelt und daher Schmetterlings-Diagramm genannt wird.

s-Prozeß (s-process). Ein Kernprozeß, bei dem mittelschwere Atomkerne durch den Einfang von freien Neutronen zu noch schwereren chemischen Elementen aufgebaut werden können. Möglicherweise tritt dieser Prozeß in den späten Entwicklungsphasen der Sterne bei einer Dichte von 10^5 g/cm^3 und Temperaturen von etwa 300 Mill. K auf.

Sputnik. Sammelbezeichnung für die ersten sowjetischen Erdsatelliten. S. 1 wurde am 4. 10. 1957, S. 2 am 3. 11. 1957 und S. 3 am 15. 5. 1958 gestartet. S. 10 am 25. 5. 1961 war der letzte Flugkörper dieser Reihe. S. 1 hatte einen Durchmesser von 58 cm und ein Gewicht von 83,6 kg. Seine anfängliche

Flugbahn verlief zwischen 228 und 947 km Höhe. S. 2 hatte bereits ein Gewicht von 508 kg und trug das erste Lebewesen, die Polarhündin Laika, in den Weltraum. Laika lebte nur 10 Tage. S. 3 hatte ein Gewicht von 1327 kg. Bei S. 4 (Start 15. 5. 1960) handelte es sich um den ersten unbemannten Test der Raumschiffe vom Typ → Wostok. Insgesamt wurden 10 S., teilweise aber ohne den gewünschten Erfolg gestartet.

SS 433. Ein 1978 entdecktes Objekt im Sternbild Adler (aus dem Stephanson-Sanduleak-Katalog), das besondere spektrale Eigentümlichkeiten aufweist. Die Emissionslinien sind doppelt und zeigen mit einer Periode von 164 Tagen Dopplerverschiebungen in entgegengesetzter Richtung, entsprechend einer Radialgeschwindigkeit von +50 000 bzw. –31 000 km/s. Daneben gibt es (fast) stationäre Spektrallinien, die sich nur geringfügig mit einer Periode von 13,1 Tagen um eine Ruhelage verschieben. Das Objekt ist auch eine schon 1976 aufgefundene Röntgenquelle (A 1909+04) und scheint mit einem etwa 40 000 Jahre alten → Supernova-Überrest (W 50) zusammenzuhängen, der auch eine veränderliche Radioquelle ist. Die Entfernung dürfte etwa 10 000 bis 18 000 Lichtjahre betragen. Nach anfänglichen oft widersprüchlichen Deutungen schälte sich als Erklärung etwa folgendes Bild heraus: Ein kompakter Stern, sehr wahrscheinlich ein → Neutronenstern als Überrest der früheren Supernova, wird in 13,1 Tagen von einem heißen Stern vom Spektraltyp O oder B mit 10 bis 20 Sonnenmassen umkreist. Von letzterem Stern fließt heißes Gas in eine Accretionsscheibe um den Neutronenstern über. Aus dieser Scheibe strömt gleichzeitig in Form zweier → Jets mit hoher Geschwindigkeit Gas von dem Neutronenstern weg in zwei entgegengesetzte Richtungen. Die Achse der Accretionsscheibe führt ferner mit einer Periode von 164 Tagen eine → Präzession aus. Da die Jets senkrecht auf der Gasscheibe stehen, müssen auch sie wie die Achse eines Kreisels eine Präzessionsbewegung ausführen. So zeigen die Jets einmal eher auf die Erde zu, dann wieder von ihr weg, und es erklärt sich die 164 Tage-Periode der Dopplerverschiebungen.

Standardmeridian (standard meridian). Der → Meridian, der für die Festlegung einer → Zonenzeit herangezogen wird. Für die → Mitteleuropäische Zeit ist es der Meridian in 15° östl. Länge.

Standardsequenz (standard sequence). Eine Anzahl ausgewählter Sterne in einer Himmelsregion, für die die → Helligkeit und Farbe mit der größtmöglichen Genauigkeit bestimmt werden. Sodann können die Farben und Helligkeiten anderer Sterne an die S. angeschlossen werden. Am bekanntesten ist die → Polsequenz.

Standardzeit (standard time). Die bürgerliche Ortszeit des → Standardmeridians (→ Normalzeit, → Zonenzeit).

Starburst-Galaxie (starburst galaxy). Eine Galaxie mit einer extrem hohen Rate der Sternentstehung. Sie zeichnet sich durch eine starke Infrarotstrahlung aus und wurde daher erstmals 1983 von dem Infrarotsatelliten IRAS entdeckt. Über 90% ihrer Gesamtenergie wird im Infraroten ausgestrahlt. Die Ursache der erhöhten Sternentstehung ist nicht bekannt. Auch → Radiogalaxien.

Stark-Effekt (Stark effect). Eine 1913 entdeckte und nach J. Stark (1874–1957) benannte Verbreiterung oder Aufspaltung der → Spektrallinien, die durch ein elektrisches Feld hervorgerufen wird. Mit ihm hat der → Zeeman-Effekt eine Ähnlichkeit.

starke Kernkraft (Wechselwirkung) (strong interaction). → Große Vereinheitlichte Theorie.

stationär (stationary). Der Stillstand eines Planeten bei seiner Umkehr von der rechtläufigen in die rückläufige Bewegung oder umgekehrt. Zu diesem Zeitpunkt verändert der Planet seine geozentrische ekliptikale → Länge nicht.

stationärer Satellit (stationary satellite, fixed satellite). Ein Erdsatellit, der sich in 24 Stunden um die Erde bewegt, so daß er stets über demselben Punkt der Erdoberfläche zu stehen scheint (→ Synchronbahn). S. S. eignen sich zu Fernseh- und Nachrichtenverbindungen, sowie zur Erdüberwachung.

statisches Universum (static universe). Ein → Weltmodell, dessen Krümmungsradius über alle Zeiten hinweg konstant ist. Es handelt sich hierbei nur um eine ideale theoretische Annahme, die offenbar nicht verwirklicht ist (→ Expansion des Weltalls).

statistische Parallaxe (statistical parallax). Die mittlere → Parallaxe einer Gruppe von Sternen, die alle etwa in derselben Entfernung stehen; sie wird von deren → Radialgeschwindigkeiten und → Eigenbewegungen abgeleitet.

statistischer Fehler (statistical error). Unsicherheit von Messungen, die durch zufällige Ereignisse verursacht wird (→ Fehler).

Staub (dust). Kleine, feste Teilchen, die im interstellaren und interplanetaren Raum auftreten.

steady-state-Theorie, infinite Kosmologie (steady-state theory, infinite cosmology). Eine kosmologische Theorie, die 1948 von H. Bondi und T. Gold vorgeschlagen, später jedoch vor allem von F. Hoyle (*1915) weiterentwickelt und in zahlreichen, auch zum Teil populären Büchern vertreten wurde. Im Gegensatz zur Urknall-Theorie wird hier angenommen, daß die mittlere Materiedichte im Universum zu jeder Zeit gleich ist. In früheren Entwicklungsepochen war wegen der → Expansion des Weltalls das Volumen, das diesem zur Verfügung stand, kleiner als heute. Entsprechend sollen nach der s.-s.-T. damals weniger Materieteilchen im Weltall vorhanden gewesen sein. Mit der Expansion des Universums soll gerade so viel neue Materie in dieses »einfließen«, daß die mittlere Materiedichte stets erhalten bleibt (»perfektes kosmologisches Prinzip«). Nimmt man an, die Materie würde nur in Form einzelner Atome im Weltall neu geschaffen werden, so wäre die Entstehungsrate mit nur etwa einem Kernteilchen pro Kubikkilometer und Jahr so klein, daß die Neuentstehung einzelner Atome experimentell nicht nachweisbar sein könnte. Möglicherweise entstünde aber auch die Materie nicht in Form einzelner Atome, sondern größerer Atomkomplexe oder Sterne.
Die Theorie stand vor allem in der Zeit zwischen 1948 und 1965 als nahezu gleichwertige konkurrierende Theorie zur Theorie vom Urknall. Die Entdeckung der → kosmischen Hintergrundstrahlung 1965 führte sie jedoch in beträchtliche Schwierigkeiten, nachdem bereits einige Jahre zuvor durch andere radioastronomische Messungen deutlich wurde, daß in sehr großen Entfernungen von mehreren Milliarden Lichtjahren, und damit in der Vergangenheit, die Zahl der Radioquellen größer war als heute bzw. in unserer kosmischen Nachbarschaft. Obwohl neuerdings F. Hoyle sowie J. V. Narlikar versuchen, die kosmische Hintergrundstrahlung auf andere Effekte zurückzuführen (z. B. durch eine langwellige Infrarotstrahlung von Galaxien, durch das »Einsickern« von Strahlung anderer Universen oder durch von → Supernovae ausgeschleuderten Eisennadeln), ist die überwiegende Mehrheit der heutigen Astrophysiker der Überzeugung, daß sich die s.-s.-T. überlebt hat.

Stebbins-Whitford-Sechsfarbensystem. → UBV-System.

Stefan-Boltzmannsches Gesetz (Stefan-Boltzmann law). Ein nach J. Stefan (1835–1893) und L. Boltzmann (1844–1906) benanntes → Strahlungsgesetz.

Steinbock (Sea Goat). Ein Tierkreissternbild (lateinische Bezeichnung Capricornus, Abk. Cap), das vor allem im Spätsommer und Frühherbst in den Abendstunden etwa im Süden beobachtet werden kann. Die Sonne bewegt sich von Ende Januar bis Ende Februar durch den S. In einen S. soll sich der griechischen Mythologie gemäß der Waldgott Pan verwandelt haben, um sich vor dem Riesen Typhon zu verbergen. In der älteren babylonischen Sternbilderkunde wurde das Sternbild auch als Ziegenfisch dargestellt. Der Hauptstern α Capricorni heißt auch in einer arabischen Bezeichnung Algedi oder Dabih (»Glücksgestirn des Schlachtenden«). Er besteht eigentlich aus zwei Sternen, die eine Distanz von 376″ und eine Helligkeit von $3\overset{\mathrm{m}}{,}6$ und $4\overset{\mathrm{m}}{,}2$ haben. Mit scharfen Augen können die beiden Sterne bereits gut getrennt werden. Der hellste Stern im S. ist aber β Capricorni oder Sadalzabih. Er ist $3\overset{\mathrm{m}}{,}1$ hell und 150 Lichtjahre entfernt.

Steinheimer Becken. Ein um die ostwürttembergische Kleinstadt Steinheim gelegener → Meteoritenkrater. Er liegt etwa 40 km südwestlich des → Rieses und dürfte gleichzeitig mit diesem entstanden sein.

Steinmeteorit (stony meteorites). → Meteorit.

Stella polaris. Lateinische Bezeichnung für den → Polarstern.

stellar (stellar). Die Sterne betreffend, auf die Sterne bezogen.

Stellarastronomie (stellar astronomy). Ein Teilgebiet der Astronomie, das sich mit den Sternen, der Galaxis und anderen Galaxien beschäftigt.

Stellardynamik (stellar dynamics). Ein Teilbereich der → Stellarastronomie, der sich mit der Bewegung der Sterne, insbesondere innerhalb unserer Galaxis befaßt.

Stellarstatistik (stellar statistics). Ein Teilbereich der → Stellarastronomie, der die Sterne nicht als Individuen, sondern als Mitglieder größerer Systeme, besonders unserer Galaxis betrachtet. Dazu gehören bereits Zählungen von Sternen in ausgewählten Bereichen des Himmelsgewölbes (→ Sternzahl, → Eichfelder). Aus diesen und ähnlichen Beobachtungs- und Meßdaten wird ein Bild von der räumlichen Dichte der Sterne innerhalb des Sternsystems entworfen.

Stephans Quintett (Stephan's Quintet). Eine im nördlichen Teil des Sternbilds Pegasus gelegene Gruppe von fünf Galaxien, die nahe beieinander stehen und erstmals von M. E. Stephan 1877 bemerkt wurden. Es handelt sich um NGC 7317, 7318a, 7318b, 7319 und 7320. NGC 7320 liegt allerdings im Vordergrund. Der Rest bildet eine physische Gruppe mit einer Fluchtgeschwindigkeit von 6000 km/s. Zwischen diesen Galaxien, sinngemäß oft als Stephans Quartett bezeichnet, gibt es Materieströmungen als Folge gegenseitiger Gezeitenwirkungen.

Steradiant. Die Einheit des räumlichen Winkels (Abk. sr). 1 sr entspricht dem räumlichen Winkel, der als gerader Kreiskegel mit der Spitze im Mittelpunkt einer Kugel vom Halbmesser 1 m aus der Kugeloberfläche eine Kalotte mit der Fläche 1 m^2 herausschneidet.

Stereokomparator (stereocomparator). → Komparator.

Stern (star). Im Alltagssprachgebrauch jeder punktförmige Himmelskörper. In der strengeren astronomischen Definition ist aber ein S. eine selbstleuchtende Gaskugel, ähnlich unserer Sonne. Die Planeten (»Wandelsterne«) sind also keine S. Andererseits ist unsere Sonne der nächste S.

Wegen ihrer großen Entfernung können die S. auch in sehr großen Fernrohren nur noch als Punkte beobachtet werden. Lediglich mit besonderen Verfahren (→ Interferometer, → Speckle-Interferometrie) ist es in einigen Spezialfällen möglich, auf indirektem Wege wenigstens den Winkeldurchmesser und auch gewisse Oberflächeneinzelheiten zu erkennen.
Der nächste S. ist Proxima Centauri in 4,3 Lichtjahren Abstand (→ Centaurus). Die S. können nach verschiedenen physikalischen, kinematischen oder anderen Gesichtspunkten klassifiziert werden. Die physikalischen Eigenschaften der normalen S. geben die sog. → Zustandsgrößen an. Daneben gibt es aber auch noch Besonderheiten, die z.B. am Ende der → Sternentwicklung auftreten können, wie die → weißen Zwergsterne, → Neutronensterne oder → Schwarzen Löcher. In ihnen zeigt die Materie eine → Entartung, während bei den normalen S. die → Gasgesetze für ideale Gase gelten.
Sternassoziation (star association). → Assoziation.
Sternatlas (star atlas). Eine Sammlung photographischer oder kartographisch hergestellter → Sternkarten.
Sternatmosphäre (stellar atmosphere). Die äußeren gasförmigen Schichten eines Sterns, entsprechend etwa der → Chromosphäre bei unserer Sonne. Die S. sind nur einige 1000 bis Mill. km hoch und stellen damit nur einen kleinen Teil des gesamten Sterns dar. Trotzdem ist die S. für die Forschung besonders wichtig, da im wesentlichen nur diese der direkten Beobachtung zugänglich ist. Die physikalischen Eigenschaften der S. (vor allem Temperatur, Druck, Dichte sowie chemische Zusammensetzung) drückt sich im → Spektrum eines Sterns aus. Das Erstellen von Modellen, die den Aufbau einer S. beschreiben, gehört zu den wichtigsten, aber auch schwierigsten Problemstellungen der theoretischen Astrophysik.
Bei den Riesensternen hat die Atmosphäre eine viel geringere Dichte als bei den Zwergsternen. In der Tabelle sind die Höhen auf eine Schicht bezogen, in der das Sterngas undurchsichtig wird.

Sternatmosphäre für verschiedene Sternmodelle

Höhe über der Photosphäre in km	Temperatur in K	Dichte in kg/m³
1. Sternmodell: Zwergstern mit 5 000 K Oberflächentemperatur		
120	7 900	$3{,}4 \cdot 10^{-10}$
710	4 460	$1{,}1 \cdot 10^{-10}$
1 400	4 070	$8{,}7 \cdot 10^{-12}$
2. Sternmodell: Riesenstern mit 5 000 K Oberflächentemperatur		
5 100	370	$1{,}7 \cdot 10^{-11}$
53 700	4 500	$7{,}9 \cdot 10^{-12}$
131 000	4 070	$5{,}0 \cdot 10^{-14}$
3. Sternmodell: Zwergstern mit 10 000 K Oberflächentemperatur		
2 900	15 670	$2{,}8 \cdot 10^{-12}$
5 800	8 850	$1{,}0 \cdot 10^{-12}$
7 700	7 800	$4{,}8 \cdot 10^{-13}$
4. Sternmodell: Riesenstern mit 10 000 K Oberflächentemperatur		
433 000	15 960	$1{,}2 \cdot 10^{-14}$
1 110 000	8 700	$1{,}7 \cdot 10^{-13}$
1 500 000	7 770	$3{,}9 \cdot 10^{-16}$

Sternaufbau (stellar structure). Der innere physikalische Zustand eines Sterns. Dieser wird im wesentlichen bestimmt durch ein hydrostatisches (mechanisches) Gleichgewicht: Die Gravitation hat das Bestreben, die Gasmassen eines Sterns zum Mittelpunkt hin fallen zu lassen, während der Gasdruck (bei massereichen Sternen spielt auch der Strahlungsdruck eine Rolle) das Gegenteil erreichen will. Stehen alle Kräfte im gesamten inneren Raum eines Sterns im

Durchschnitt im Gleichgewicht, so fällt der Stern weder in sich zusammen, noch bläht er sich auf. In einzelnen Bereichen des Sterns kann das Gleichgewicht gestört sein, wie z. B. in den Konvektionszonen knapp unter und bis an die Oberfläche der Sonne oder ähnlicher Sterne, was auch die Ursache für die → Granulation darstellt. In bestimmten Phasen der → Sternentwicklung kann auch das Gleichgewicht insgesamt gestört sein, so daß sich der S. verändert. Die Temperatur, der Druck und die Dichte eines Sterns nehmen zum Zentrum hin zu. Bei der Sonne sind es 15 Mill. K, bei einem Stern von 2,5 Sonnenmassen 22 Mill. K und bei einem Stern von 10 Sonnenmassen sogar 31 Mill. K. Sterne mit nur 0,8 Sonnenmassen haben eine Zentraltemperatur von 13 Mill. K, noch masseärmere Sterne um 10 Mill. K und darunter. Die zentrale Dichte beträgt bei den Sternen mit etwa einer Sonnenmasse rund 100 g/cm^3. Dagegen hat ein Stern mit 2,5 Sonnenmassen nur eine zentrale Dichte von 40 und ein Stern von 10 Sonnenmassen von 7,2 g/cm^3. Bei den älteren roten Riesensternen kommen dagegen Zentraltemperaturen von etwa 50 bis 1000 Mill. K und darüber vor. Im inneren Kern eines Sterns erlauben die hohen Temperaturen Kernfusionsprozesse, bei denen Energie freigesetzt wird (→ Energieerzeugung in Sternen). Die freigesetzte Energie kann nach außen hin entweder durch Strahlung, Wärmeleitung oder Konvektion abgegeben werden. Die Wärmeleitung ist bei den physikalischen Zuständen im Innern eines Sterns praktisch bedeutungslos. Konvektion bedeutet, daß die Energie durch aufsteigende Gasmassen mittransportiert wird. Konvektion finden wir nahe der Oberfläche sowie im Kern der Sterne. Im übrigen wird der Energietransport nach außen hin durch Strahlung aufrechterhalten.

Für den S. hat man verschiedene Modellrechnungen (Sternmodelle) durchgerechnet. Sie gehen alle von mehr oder weniger idealisierten oder vereinfachten Vorstellungen aus. Dazu gehört z. B. das sog. Punktquellenmodell. In ihm steckt die Annahme, daß die gesamte Energieerzeugung genau im Mittelpunkt des Sterns stattfindet. A. S. Eddington (1882–1944) stellte fest, daß die Verteilung der Energiequellen im Innern eines chemisch einigermaßen homogen aufgebauten Sterns keinen großen Einfluß auf seinen Aufbau hat (Standardmodell):

Die Dichte- und Temperaturveränderungen im Inneren eines Sterns nach dem Eddingtonschen Standardmodell

Abstand vom Sternzentrum in Einheiten des Sternradius	Dichte in Einheiten der zentralen Dichte	Temperatur in Einheiten der Zentraltemperatur
0,0	1,000	1,000
0,036	0,970	0,990
0,109	0,762	0,914
0,181	0,491	0,789
0,254	0,275	0,650
0,362	$9{,}80 \cdot 10^{-2}$	0,461
0,507	$2{,}11 \cdot 10^{-2}$	0,276
0,652	$3{,}75 \cdot 10^{-3}$	0,155
0,869	$8{,}58 \cdot 10^{-5}$	0,0441
0,985	$1{,}05 \cdot 10^{-6}$	0,00471
1,000	~0,0	~0,0

Dabei ist die zentrale Dichte des Sterns

$$\rho_0 = 76{,}4\ (M/M_\odot)\ (R/R_\odot)^{-3}\ \mathrm{g/cm^{-3}}.$$

Dabei bedeutet M die Masse des betreffenden Sterns, $M_\odot$ die Masse unserer Sonne, R den Radius des Sterns, $R_\odot$ den Sonnenradius.

Ferner gilt als Zentraltemperatur

$$T_0 = 19{,}7–10^6\ \mu\ (M/M_\odot)\ (R/R_\odot)^{-1}\ \mathrm{K}.$$

In dieser Gleichung bedeutet μ das mittlere Molekulargewicht des Sterns.

Sternbedeckung (stellar occultation). → Bedeckung.

Sternbewegung (stellar motion). → Eigenbewegung.

Sternbild (constellation). Eine Gruppe von Sternen, die bereits in der früheren Geschichte der Astronomie teils aus mythologischen, teils auch aus jahreszeitlichen Gründen zu einer Figur oder einem Bild zusammengefügt wurden. Nicht alle S., die es früher gab, werden heute noch benutzt. Unsere S. gehen im wesentlichen auf den griechischen und weiter auf den ägyptischen und babylonischen Kulturkreis der Antike und Vorantike zurück. Die anderen Kulturkreise, wie z.B. im alten China, hatten andere S. Die Grenzen der S. wurden allmählich genauer festgelegt. Die heutigen Grenzen gehen auf einen Beschluß der Internationalen Astronomischen Union aus dem Jahre 1925 zurück. Heute gibt es 88 S. am gesamten Himmel.

Die Tabellen (S. 493 f.) geben alle S. des nördlichen und südlichen Himmels an, wobei die Zahl der Sterne innerhalb der S. auf der Nordhalbkugel nach Heis bis zur Helligkeit $6^{\mathrm{m}}{,}7$, auf der Südhalbkugel nach Gould bis zur Helligkeit $7^{\mathrm{m}}{,}0$ angegeben ist. Diese Zahlen sollen nur einen groben Überblick geben. 32 S. entfallen auf die Nord-, 47 auf die Südhalbkugel. 9 S. liegen teils auf der Nord-, teils auf der Südhalbkugel. Kleinere Überlappungen blieben dabei unberücksichtigt.

Sterndeutung (astrology). → Astrologie.

Sterndienst (astral cult). → Astralkult.

Sternentstehung (star formation). Sterne entstehen durch gravitationsbedingte Kontraktion in der sehr stark verdünnten → interstellaren Materie. In der Regel ist die mittlere Dichte des interstellaren Gases mit etwa 1 Atom pro cm^3 so gering, daß selbst bei den dort extrem niedrigen Temperaturen von 10 bis 100 K die Gravitation nicht ausreicht, um die Verdichtung einzelner Sterne anzuregen. Das nach J. H. Jeans (1877–1946) benannte Jeans'sche Kriterium gibt die kleinste instabile Masse, die unter der Eigengravitation zusammenfällt, an. Sie hängt von der Dichte und der Temperatur der Wolke ab.

Temperatur in K	Dichte (Atome/cm^3) 1	100	10 000
	kritsche Masse in Sonnenmassen		
10	880	88	8,8
100	28 000	2 800	280

Man könnte sich vorstellen, daß durch Dichtewellen im Innern unserer Galaxis, die auch für die Spiralarme verantwortlich gemacht werden (→ Dichtewellentheorie), örtliche Kondensationen entstehen. Andere Autoren nehmen an, daß durch Schockwellen, die durch die Explosion einer Supernova im interstellaren Gas ausgelöst werden, Kompressionen entstehen, die sich zu Sternen weiter entwickeln. Neuere Beobachtungen zeigen, daß die S. vor allem in interstellaren Molekülwolken einsetzt. Dort kommt der Wasserstoff zu rund 50% in Form von Molekülen vor. Daneben gibt es noch andere Moleküle. Riesenmolekülwolken enthalten einige 100 000 Sonnenmassen und eine Dichte von 1000 Teilchen pro cm^3 und haben einen Durchmesser von 50 bis 100 Lichtjahren. Sie sind in den Spiralarmen der Galaxis in ein Zwischenwolkengas aus viel dünnerem neutralem Wasserstoff eingebettet. Hier kommt es zu einer Komprimierung durch Eigengravitation. Im Laufe der Zeit zerfallen die Wolken in einzelne Fragmente, die sich dann durch einen protostellaren Kollaps zu Einzelsternen weiterverdichten. Dieser Prozeß ist jedoch wegen der geringen Temperaturen, der kurzen Zeitskalen, aber auch der kleinen räumlichen Bereiche, in denen er sich abspielt, nur sehr schwer zu beobachten. So fand man in der Orion-

Südliche Sternbilder

Lateinischer Name	Genitiv	Deutscher Name	Internat. Abkürzung	Stern-zahl
Antlia	Antliae	Luftpumpe	Ant	85
Apus	Apudis	Paradiesvogel	Aps	67
Aquarius	Aquarii	Wassermann	Aqr	276
* Aquila	Aquilae	Adler	Aql	146
Ara	Arae	Altar	Ara	86
Caelum	Caeli	Grabstichel	Cae	28
Canis Maior	Canis Maioris	Großer Hund	CMa	178
Capricornus	Capricorni	Steinbock	Cap	134
Carina	Carinae	Schiffskiel	Car	268
Centaurus	Centauri	Centaur	Cen	389
* Cetus	Ceti	Walfisch	Cet	321
Chamaeleon	Chamaeleontis	Chamäleon	Cha	50
Circinus	Circini	Zirkel	Cir	48
Columba	Columbae	Taube	Col	112
Corona Australis	Coronae Australis	Südliche Krone	CrA	49
Corvus	Corvi	Rabe	Crv	53
Crater	Crateris	Becher	Crt	53
Crux	Crucis	Kreuz	Cru	54
Dorado	Doradus	Schwertfisch	Dor	43
Eridanus	Eridani	Eridanus	Eri	293
Fornax	Fornacis	Chemischer Ofen	For	110
Grus	Gruis	Kranich	Gru	106
Horologium	Horologii	Pendeluhr	Hor	68
* Hydra	Hydrae	weibliche Wasserschlange	Hya	393
Hydrus	Hydri	männliche Wasserschlange	Hyi	64
Indus	Indi	Indianer	Ind	84
Lepus	Leporis	Hase	Lep	103
Libra	Librae	Waage	Lib	122
Lupus	Lupi	Wolf	Lup	159
Mensa	Mensae	Tafelberg	Men	44
Microscopium	Microscopii	Mikroskop	Mic	69
* Monoceros	Monocerotis	Einhorn	Mon	165
Musca	Muscae	Fliege	Mus	75
Norma	Normae	Winkelmaß	Nor	64
Octans	Octantis	Oktant	Oct	88
* Ophiuchus	Ophiuchi	Schlangenträger	Oph	209
* Orion	Orionis	Orion	Ori	186
Pavo	Pavonis	Pfau	Pav	129
Phoenix	Phoenicis	Phoenix	Phe	139
Pictor	Pictoris	Maler	Pic	67
Piscis Austrinus	Piscis Austrini	Südlicher Fisch	PsA	75
Puppis	Puppis	Hinterdeck	Pup	313
Pyxis	Pyxidis	Kompaß	Pyx	65
Reticulum	Reticuli	Netz	Ret	34
Sagittarius	Sagittarii	Schütze	Sgr	298
Scorpius	Scorpii	Skorpion	Sco	185
Sculptor	Sculptoris	Bildhauer	Scl	131
Scutum	Scuti	Schild	Sct	33
* Serpens	Serpentis	Schlange	Ser	123
* Sextans	Sextantis	Sextant	Sex	75
Telescopium	Telescopii	Fernrohr	Tel	87
Triangulum Australe	Trianguli Australis	Südliches Dreieck	TrA	46

Südliche Sternbilder

Lateinischer Name	Genitiv	Deutscher Name	Internat. Abkürzung	Sternzahl
Tucana	Tucanae	Tukan	Tuc	81
Vela	Velorum	Segel	Vel	248
* Virgo	Virginis	Jungfrau	Vir	271
Volans	Volantis	Fliegender Fisch	Vol	46

Nördliche Sternbilder

Lateinischer Name	Genitiv	Deutscher Name	Internat. Abkürzung	Sternzahl
Andromeda	Andromedae	Andromeda	And	139
Aries	Arietis	Widder	Ari	80
Auriga	Aurigae	Fuhrmann	Aur	144
Bootes	Bootis	Bootes, Ochsentreiber	Boo	140
Camelopardalis	Camelopardalis	Giraffe	Cam	138
Canes Venatici	Canum Venaticorum	Jagdhunde	CVn	88
Cancer	Cancri	Krebs	Cnc	92
Canis Minor	Canis Minoris	Kleiner Hund	CMi	37
Cassiopeia	Cassiopeiae	Cassiopeia	Cas	126
Cepheus	Cephei	Cepheus	Cep	159
Coma (Berenices)	Comae	Haar der Berenike	Com	70
Corona Borealis	Coronae Borealis	Nördliche Krone	CrB	31
Cygnus	Cygni	Schwan	Cyg	197
Delphinus	Delphini	Delphin	Del	31
Draco	Draconis	Drache	Dra	220
Equuleus	Equulei	Füllen	Equ	16
Gemini	Geminorum	Zwillinge	Gem	106
Hercules	Herculis	Herkules	Her	227
Lacerta	Lacertae	Eidechse	Lac	48
Leo	Leonis	Löwe	Leo	161
Leo Minor	Leonis Minoris	Kleiner Löwe	LMi	40
Lynx	Lyncis	Luchs	Lyn	87
Lyra	Lyrae	Leier	Lyr	69
Pegasus	Pegasi	Pegasus	Peg	178
Perseus	Persei	Perseus	Per	136
Pisces	Piscium	Fische	Psc	128
Sagitta	Sagittae	Pfeil	Sge	18
Taurus	Tauri	Stier	Tau	188
Triangulum	Trianguli	Dreieck	Tri	30
Ursa Maior	Ursae Maioris	Großer Bär	UMa	227
Ursa Minor	Ursae Minoris	Kleiner Bär	UMi	54
Vulpecula	Vulpeculae	Füchschen	Vul	62

Ein * bedeutet, daß das Sternbild zu einem großen Teil auch auf der nördlichen Hemisphäre liegt. Die einzelnen Sternbilder sind unter den deutschen Bezeichnungen zu finden.

Molekülwolke radioastronomisch bei einer Kartierung der Strahlung von Ammoniak 27 Einzelfragmente. Eigentlich müßten, wie die Rechnungen zeigen, nach diesem Prozeß viel mehr Sterne entstehen und nicht nur im Mittel 3 bis 4 Sonnenmassen pro Jahr. Das durch die kosmische Strahlung und nahe Supernovae teilweise ionisierte Gas »friert« aber Magnetfelder in die interstellare Materie ein. Sie stellen eine Art Korsett für die Wolken dar und hindern sie an einer beliebigen Weiterverdichtung. Auch die Rotation und innere Turbulenz der Wolken stehen dem entgegen. Der Drehimpuls kann aber durch zunehmende Fragmentierung abgebaut werden: Auf das einzelne Fragment entfällt ein immer kleinerer Drehimpuls. Hält die Verdichtung der Wolke weiter an, wird die Eigengravitation schließlich so groß, daß die beschriebene magnetische Bremse immer mehr an Wirkung verliert. Ab einer Dichte von einer Milliarde Moleküle pro cm^3 beginnt ein immer schneller werdender Kollaps. Gleichzeitig nimmt die Rotation zu. Es bildet sich eine abgeflachte Scheibe um den Protostern. In ihr kommen, wie Infrarot- und Submillimeterwellenuntersuchungen zeigen, neben dem Gas auch schon Staubkörner und Teilchen bis zu Sandkorn- oder Kieselsteingröße vor. Aus ihnen kann ein → Planetensystem entstehen. In mehreren Fällen beobachtet man in diesem Stadium auch bipolare Nebel, die senkrecht auf der Materiescheibe stehen. Ionisiertes Gas wird mit Geschwindigkeiten von 200 bis 1000 km/s abgestoßen. Der Massenverlust beträgt dabei 10^{-7} bis 10^{-10} Sonnenmassen pro Jahr.

Rund 100000 Jahre dauert es, bis im Innern der kollabierenden Wolke eine Dichte von 10 bis 100 Mrd. Moleküle pro cm^3 entsteht. Die Wärme wird dabei auf den umgebenden Staub abgeführt. Der Protostern hat damit zunächst eine fast konstante niedrige Temperatur (»isothermer Protostern«). In dem im Orion gelegenen Nebel NGC 2024 (Orion B) knapp östlich von ζ Orionis fand man 1986 Objekte, die vielleicht Protosterne sein könnten. Sie haben einen Durchmesser von rund 150 Mrd. km, eine Masse von etwa 10 Sonnenmassen, eine Dichte von 100 Mill. Wasserstoffmolekülen pro cm^3 und eine Temperatur von 16 K.

Bei Dichten über 100 Mrd. Molekülen pro cm^3 versagt aber der Kühlungsprozeß. Im Kern des Protosterns steigen jetzt Temperatur und Dichte an. Die Wasserstoffmoleküle werden dort bei 2000 K in atomaren Wasserstoff aufgespalten. In dieser Phase ist die Gesamtwolke noch mehrere Mill. km groß. Sodann leuchtet der Stern bei Oberflächentemperaturen von etwa 700 K im Infraroten (»Infrarot-Stern«).

Schließlich werden die Wasserstoffatome ionisiert. Bei Temperaturen über etwa 10 Mill. K setzt im Innern des Sterns Kernfusion ein (→ Energieerzeugung in Sternen). Der Stern ist geboren.

Die S. erfolgt nicht in einzelnen Schüben, sondern in Gruppen (→ Assoziation, → offener Sternhaufen). Sind erst einmal mehrere massereiche, heiße Sterne vom Spektraltyp O oder B entstanden, so ionisieren sie das umgebende Wasserstoffgas (→ H II-Gebiet) mit einer Temperatur von 10000 K. Wir sehen eine hell leuchtende Wolke wie z. B. den → Orionnebel. Dieses Gas breitet sich expansiv in das weiter außen liegende neutrale und kühlere Wasserstoffgas (→ H I-Gebiet) aus. An der Grenzzone bilden sich durch → Rayleigh-Taylor-Instabilität wellenförmige Einbuchtungen, sog. »Elefantenrüssel«. Diese reißen von dem kühleren H I-Gebiet ab und bilden oft einzelne schwarze rundliche Gebilde, die → Globulen. Auch sie sind Vorstufen in der Sternbildung.

Die Gesamtdauer der Kontraktion eines Sterns aus der interstellaren Materie hängt von der Masse der schließlich entstehenden Sterne ab. Während bei den massereichen Sternen die Kontraktionsdauer vermutlich nur etwa 10000 Jahre betragen dürfte, sind es bei Sternen mit einer Sonnenmasse vielleicht etwa 30 Mill. Jahre, bei masseärmeren Sternen sogar über 100 Mill. Jahre.

Im → Hertzsprung-Russell-Diagramm (HRD) laufen die Protosterne von einem nicht ganz klar definierbaren Ort im rechten Teil des Diagramms nach links zur Hauptreihe. Große Massen führen zu den blauweißen Übergiganten am linken oberen Ende der Hauptreihe, kleine Massen zu den roten Zwergsternen am rechten unteren Ende dieses Astes. Die → T Tauri-Sterne dürften Objekte sein, die kurz vor Erreichen der Hauptreihe des HRD stehen und noch eine gewisse Veränderlichkeit zeigen. Die Maximalmasse eines blauen Sterns ist 100, die Minimalmasse eines roten Zwergs 0,08 Sonnenmassen.

Sternentwicklung (stellar evolution). Im Innern gerade entstandener Sterne (→ Sternentstehung) kommen Kernfusionsprozesse in Gang. Vor allem die Verwandlung von Wasserstoff in Helium, dient zur → Energieerzeugung in Sternen. Da hierzu Temperaturen von mehreren Mill. K erforderlich sind, können zu dieser Kernfusion nur die innersten Teile eines Sterns herangezogen werden. Insgesamt dürften zunächst nur etwa 10% der Gesamtmasse des Sterns in diesen Energieerzeugungsprozeß verwickelt sein. Aus der Geschwindigkeit der Verwandlung von Wasserstoff in Helium bei den einzelnen Sterntypen läßt sich ausrechnen, wann der Wasserstoffvorrat in seinem Kern praktisch zu Ende geht. Dieser Umstand stört das mechanische Gleichgewicht im Innern des Sterns (→ Sternaufbau). Der Gasdruck und evtl. auch Strahlungsdruck läßt im Innern nach. Durch die daraus folgende Kontraktion des Sternkerns steigt die Temperatur an. Schließlich werden etwa 100 Mill. K erreicht. Das im Kern angereicherte Helium kann sich nun zu noch schwereren chemischen Elementen, vor allem Kohlenstoff, aufbauen (→ Heliumbrennen). Die Wasserstoffbrennzone schiebt sich vom Kern weiter nach außen, so daß nunmehr zwei nukleare Reaktionszonen vorliegen. Die gesamte Energieerzeugung des Sterns und der innere Gasdruck wachsen wieder an: Die äußeren Sternschichten blähen sich auf. Aus dem ursprünglichen Hauptreihenstern des → Hertzsprung-Russell-Diagramms (HRD) wird ein → roter Riesenstern.

Die Aufenthaltsdauer eines Sterns auf der Hauptreihe hängt von seiner Masse ab. Je massereicher ein Stern, desto höher die Zentraltemperatur und desto

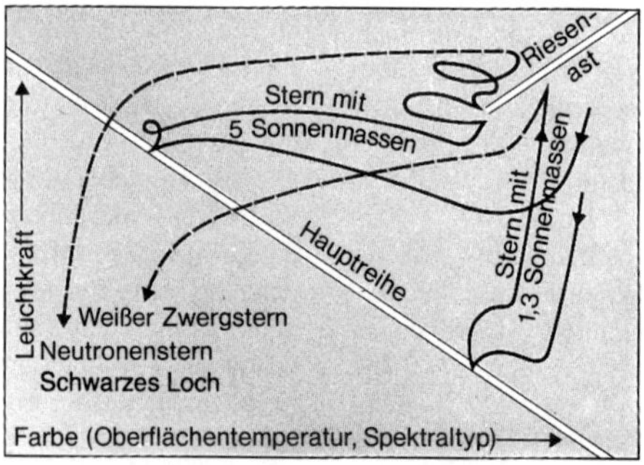

Der Entwicklungsweg von Sternen verschiedener Masse im Hertzsprung-Russell-Diagramm. Die längste Zeitspanne verbleiben die Sterne auf der Hauptreihe und in den eingetragenen Endstadien der Entwicklung.

schneller die Verwandlung von Wasserstoff in Helium. Wesentlich sparsamer sind die massearmen roten Zwergsterne. Ihre geringen Zentraltemperaturen verursachen eine langsamere Verwandlungsgeschwindigkeit von Wasserstoff in Helium. Diese Sterne werden also wesentlich älter. Der verschwenderische Umgang massereicher Sterne mit ihrem Energievorrat erklärt auch die → Masse-Leuchtkraft-Beziehung, nach der die Leuchtkraft eines Sterns nicht einfach direkt proportional zu seiner Masse, sondern proportional zu ungefähr der 3,5ten Potenz der Masse ist.
Die Abbildung gibt die Verweilzeit der einzelnen Sterntypen auf der Hauptreihe des HRD an.
Der Entwicklungsweg von der Hauptreihe zum Riesenast ist bei den Sternen verschiedener Masse unterschiedlich. Bereits vor dem Einsetzen des Heliumbrennens zieht sich der Sternkern zusammen, und die Energieerzeugungsrate wird erhöht. Der Stern läuft also auf dem Hertzsprung-Russell-Diagramm von der Hauptreihe zunächst sehr langsam nach rechts oben, später schneller zum roten Riesenast ab. Dabei erfolgt das Heliumbrennen bei den Sternen großer Masse im Zustand normaler, bei den Sternen mittlerer und kleiner Masse in entarteter

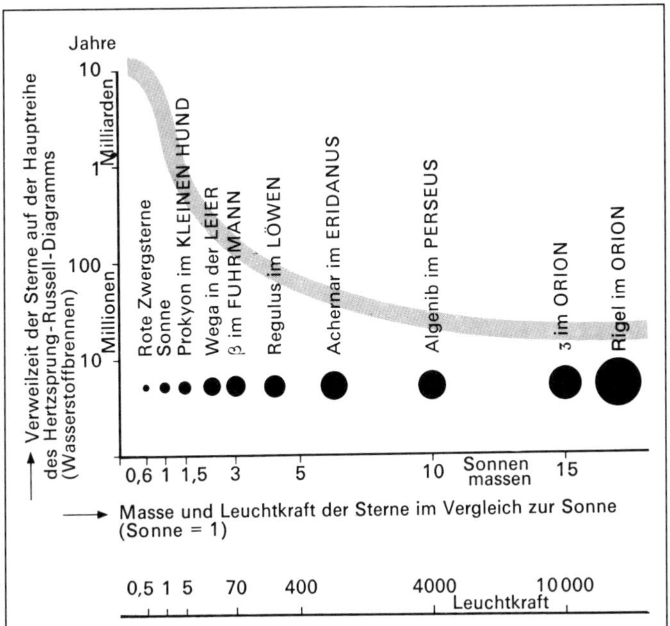

Je größer die Masse eines Sterns, desto höher seine Leuchtkraft. Bei deutlich höheren Zentraltemperaturen verwandelt sich der Wasserstoff schneller in Helium. Die Lebenserwartung des Sterns (hier die Verweilzeit auf der Hauptreihe des Hertzsprung-Russell-Diagramms) sinkt.

Materie. Dies bedeutet, daß ein sog. Helium-Flash (→ Heliumblitz) entsteht. Während einiger Minuten oder Stunden wird im Innern des Sterns eine enorme Energieproduktion in Gang gesetzt. Die Energie gelangt jedoch nicht bis zur Sternoberfläche. Die absolute Leuchtkraft des Sterns nimmt dabei sogar vorübergehend ein wenig ab. Während des Stadiums eines roten Riesens werden bei sehr massereichen Sternen allmählich im Sterninnern so hohe Temperaturen bis zu einigen Mrd. K erreicht, daß auch über Kohlenstoff hinaus noch schwerere Elemente erzeugt werden können (→ Nukleosynthese). Dabei können die Sterne auch mehrfach zu Pulsationen angeregt werden (→ Cepheiden, → RR Lyrae-Sterne).

Ein Stern kann Energie nur bei einem Elementenaufbau bis zum Eisen hin freisetzen. Der Aufbau noch schwererer Elemente würde nicht Energie freisetzen (die in Form von Gas- und Strahlungsdruck zur Stabilisierung des Sterns vonnöten ist), sondern verbrauchen. Hat sich im Sternkern genügend Eisen angesammelt, kollabiert er, und es entsteht ein → weißer Zwergstern (auch → Sonnenentwicklung), bei Sternen über 1,4 Sonnenmassen ein → Neutronenstern und bei Sternen über etwa 3 Sonnenmassen ein → Schwarzes Loch. Bei diesem gravitativen Kollaps werden nochmals kurzzeitig so hohe Energiebeträge frei, daß die äußersten Sternschichten abgestoßen werden (→ Supernova). Dabei ist es möglich, die Entstehung der schwersten chemischen Elemente zu deuten.

Bei den angegebenen Massengrenzen für weiße Zwerge und Neutronensterne muß bedacht werden, daß vor allem massereiche Sterne im Stadium eines roten Riesen durch ihren → Sternwind und die Ausbildung von → planetarischen Nebeln, aber auch von Supernova-Explosionen, sehr viel Masse verlieren. Ein Stern, der also ursprünglich 5 oder 10 Sonnenmassen hatte, kann durch diese Prozesse unter die Grenze für ein Schwarzes Loch herabgedrückt werden.

Bei den im Weltall sehr häufigen Doppelsternen dürften noch besondere Komplikationen in dem Entwicklungsweg der beiden Komponenten eintreten. So besteht z. B. → Sirius aus einem massereichen und leuchtmächtigen Hauptstern und einem weißen Zwergstern mit nur etwa halber Masse. Nach der zuvor beschriebenen S. müßte sich aber gerade der massereichere Hauptstern schneller entwickelt haben und heute ein weißer Zwerg sein. Nun war aber offenbar der heutige Begleiter des Sirius ursprünglich der Stern größerer Masse. Er entwickelte sich rasch zu einem roten Riesenstern. Ein beträchtlicher Teil seiner Materie strömte zu seinem ehemals masseärmeren Begleiter über. Er selbst wurde zu einem weißen Zwerg, während der ehemals masseärmere Stern einen so großen Massenzuwachs bekommen hat, daß er nun an Masse überwiegt.

Sternfarbe (star colour, star color). Die von der Oberflächentemperatur eines Sterns abhängige Farbe. Sie steht auch in einem engen Zusammenhang mit den → Spektralklassen. Bereits mit bloßem Auge können die Farben einiger heller Sterne beobachtet werden. So sind z. B. Wega und Spika weiß, Capella gelb, Aldebaran, Beteigeuze und Antares rot.

Sternferne (apastron). → Apastron.

Sternflecken (starspots). Erscheinungen an der Oberfläche eines Sterns, die den → Sonnenflecken entsprechen. Sie kommen anscheinend vor allem bei Sternen am rechten unteren Rand der Hauptreihe des → Hertzsprung-Russell-Diagramms, also bei → roten Zwergsternen in stärkerem Umfang vor. In einigen Fällen konnten aus Helligkeitsschwankungen und spektralen Veränderungen auch die Perioden der

Fleckentätigkeit bzw. die Rotationsdauer dieser Sterne abgeleitet werden. Auch → Flackersterne, → BY Draconis-Sterne, → Spektrum-Veränderliche.

Sternglobus (star globe). → Himmelsglobus.

Sterngröße (stellar magnitude). → Helligkeit.

Sternhaufen (star cluster). Eine Ansammlung von Sternen. Man unterscheidet → offene S. und → Kugelsternhaufen. Auch eine → Assoziation ist eine besondere Form eines S.

Sternkarte (star map). Eine kartenmäßige Darstellung bestimmter Teile des Himmels. Für den Anfänger sind vor allem die drehbaren S. empfehlenswert. Sie können für beliebige Zeiten des ganzen Jahres eingestellt werden und zeigen den über dem Horizont befindlichen Sternhimmel. Zum genaueren Kennenlernen, vor allem der schwächeren Ster-

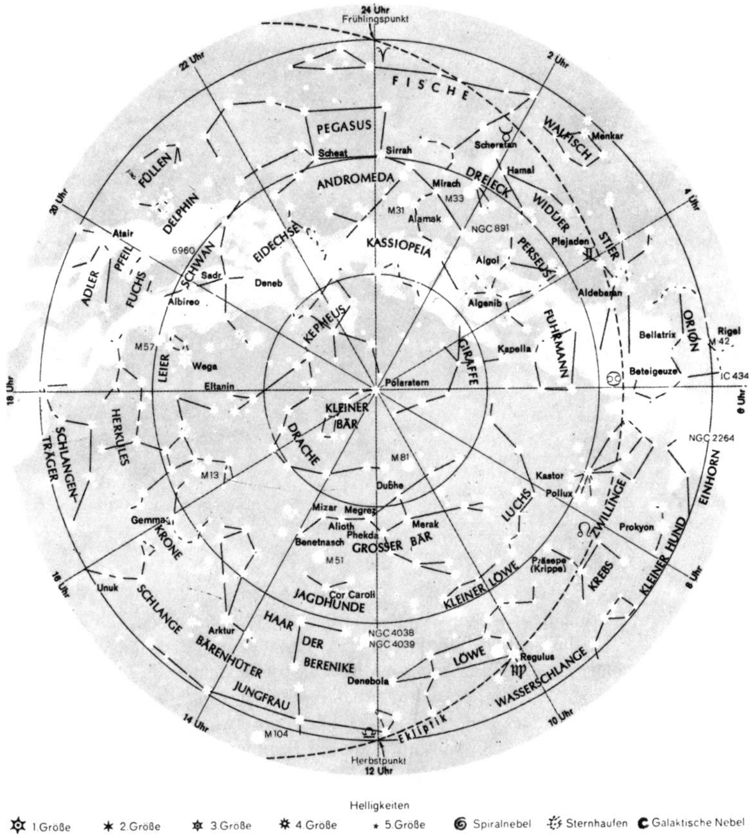

Nördlicher Sternhimmel

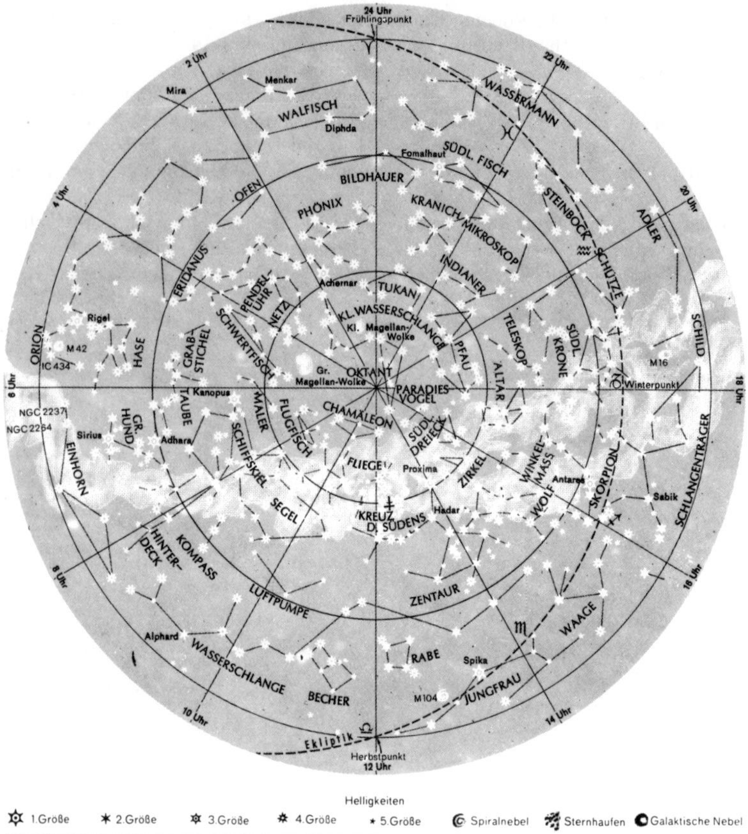

Südlicher Sternhimmel

ne sowie der Sternhaufen, Nebel usw., dienen größere S., die auch in Sternatlanten zusammengefaßt sind. Für einfache Zwecke genügt der Himmelsatlas von Schurig-Götz-Schaifers. Ferner ist zu empfehlen der Sky Atlas 2000.0 von Tirion, die Uranometria 2000.0 von Tirion-Rappaport-Lovi (bis $9^{\mathrm{m}}5$) sowie der photographische Falkauer Atlas von Vehrenberg. Sehr übersichtlich ist auch der Kosmos-Sternatlas von Dunlop-Tirion. Bis zu einer Grenzhelligkeit von $7^{\mathrm{m}}8$ reicht der Atlas Coeli von A. Bečvár. Ein bekannter Sternatlas ist auch die → Bonner Durchmusterung. Zu den photographischen Sternatlanten gehört der → Palomar Sky-Atlas. Es gibt auch Computerprogramme zur Darstellung und zum Ausdruck von S.

Sternkatalog (star catalogue). Ein meist systematisch gegliedertes Verzeichnis von Sternen. Es kann sich hierbei um zu-

sammenfassende Listen handeln, wie etwa der zu dem Sternatlas von Bečvár gehörende S., der für alle helleren Sterne neben ihrer Position auch Helligkeit, Parallaxe, Eigenbewegung, Radialgeschwindigkeit usw. angibt, sowie zusammenfassende Listen von Doppelsternen, veränderlichen Sternen, Nebeln usw. enthält. Neueren Datums ist der Sky Catalogue 2000.0 von Hirschfeld-Sinnott. Bis etwa 10. Größe reicht der Smithsonian Star Catalogue in 4 Bänden (für 1950.0). Er enthält 258 997 Sterne. Wie bei den → Sternkarten gibt es auch für S. reichliche Software für den Computer. Der umfangreichste S. mit 18 819 291 Sternen und Nebeln etc. wurde für das Hubble Space Telescope am Space Telescope Science Institute in Baltimore, Maryland, USA, erstellt.
Die wissenschaftlich bedeutsamen S. haben oft verschiedene Funktionen. Grobe Angaben, vor allem über Positionen, gibt eine → Durchmusterung. Am bekanntesten ist die → Bonner Durchmusterung. Ferner gibt es Kataloge von → Fundamentalsternen, spezielle Helligkeits- oder Spektralkataloge, Kataloge der Eigenbewegungen, Radialgeschwindigkeiten, Parallaxen von Sternen, Doppelsternkataloge, Veränderlichenkataloge, Nebelkataloge usw. Zu den letzteren gehört etwa der → Messier-Katalog und der → New General Catalogue of Nebulae and Clusters of Stars.

Sternkette (star-chain). Eine gelegentlich auftretende, fast geradlinige Anordnung einiger Sterne. Verschiedene Autoren sind wegen der Häufigkeit von S. der Ansicht, daß es sich hier nicht um Zufälligkeiten handelt, sondern daß diese Sterne aus einem länglichen Gasstreifen gemeinsam entstanden sind.

Sternkorona (stellar corona). Eine der → Sonnenkorona vergleichbare gasförmige Sternhülle.

Sternkult (astral cult). → Astralkult.

Sternkunde (astronomy). → Astronomie.

Sternleere, Sternlücke (voidness of stars). Ein Gebiet am Himmelsgewölbe, besonders im Verlauf der Galaxis, in dem fast keine Sterne erscheinen. Die Ursache ist keine echte S., sondern eine Auswirkung der → interstellaren Materie, die das Licht der dahinter stehenden Sterne soweit abschwächt, daß diese praktisch nicht mehr oder nur sehr schwach beobachtbar sind.

Sternmodell (stellar model). Ein System von theoretisch ermittelten Daten über den inneren → Sternaufbau. S. sind auch erforderlich, um die → Sternentwicklung zu berechnen.

Sternmythologie (astral mythology). Sagen- und mythenhafte Vorstellungen über die Sterne und → Sternbilder. Die wichtigsten Sternsagen sind kurz unter den einzelnen Sternbildern abgehandelt.

Sternnähe (periastron). → Periastron.

Sternnamen (star names). Die meist auf die alte griechische, römische und arabische Zeit zurückgehenden Einzelnamen von Sternen. Die Herkunft der Namen ist unter den einzelnen Sternen behandelt. J. Bayer (1572–1625) schlug vor, die Sterne innerhalb der einzelnen Sternbilder mit griechischen Buchstaben und dem Genitiv des lateinischen Sternbildnamens zu benennen. Beispiel: Sirius trägt die Bezeichnung α Canis Maioris. Häufig stimmt die Buchstabenfolge mit der Helligkeitsfolge innerhalb der Sternbilder überein. Dies ist jedoch nicht überall der Fall. Reichen die Buchstaben des griechischen Alphabets nicht aus, so werden auch lateinische Buchstaben sowie Zahlen angegeben. Bei sehr schwachen Sternen findet man häufig nur eine Katalogbezeichnung oder sogar nur die Koordinaten des Sterns mitgeteilt. Besondere Objekte haben eine eigene Nomenklatur erhalten. Dies gilt z. B. für die → Veränderlichen.

Sternparallaxe (stellar parallax). → Parallaxe.
Sternphotographie (stellar photography). → Photographie.
Sternpopulation (stellar population). → Population.
Sternschnuppe (shooting star). → Meteor.
Sternschnuppenschwarm (meteor swarm). → Meteorstrom.
Sternstrom (star stream). → Bewegungssternhaufen.
Sternstromparallaxe (moving-cluster parallax). Eine → Parallaxe, bei deren Bestimmung die Sternbewegungen in einem → Bewegungssternhaufen ausgenutzt werden. Aus der Lage des Vertex oder Konvergenzpunkts des Haufens, sowie der → Eigenbewegung und der → Radialgeschwindigkeit der Mitglieder des Haufens läßt sich die Entfernung bzw. Parallaxe des Haufens ermitteln. Auf diesem Wege wurden z.B. die Entfernungen der → Plejaden und → Präsepe bestimmt, die schon zu groß sind, um noch mit der trigonometrischen Methode erfaßt werden zu können. Allerdings beträgt der mittlere Fehler bei den S. etwa 20 bis 50%. Er ist vor allem darauf zurückzuführen, daß gelegentlich Vordergrund- oder Hintergrundsterne versehentlich zu dem Sternstrom gerechnet werden. Die Reichweite der S. liegt bei mehreren tausend Lichtjahren.
Sternsystem (stellar system). → Galaxis.
Sterntag (sidereal day). Der Zeitraum zwischen zwei oberen Kulminationen des → Frühlingspunkts. 1 S. ist um $3^m56{,}56^s$ kürzer als ein mittlerer → Sonnentag. Damit enthält ein Sonnenjahr 366,2422 S. Wegen der → Nutation zeigt die Position des Frühlingspunkts periodische Schwankungen. Die → Sternzeit, die diesen Effekt noch enthält, bezeichnet man als wahre Sternzeit. Wird die Nutation berücksichtigt, so erhalten wir die mittlere Sternzeit. Im Maximum beträgt der Unterschied zwischen mittlerer und wahrer Sternzeit aber nur $0{,}4^s$. Der Frühlingspunkt rückt wegen der → Präzession jährlich um 50,3″ weiter. Benutzt man wie üblich zur Feststellung der Sternzeit den Meridiandurchgang von Sternen, so erhalten wir einen um etwa $0{,}008^s$ längeren Tag, den sog. siderischen Tag.
Sternverzeichnis (star list). → Sternkatalog.
Stern von Bethlehem (star of Bethlehem). → Weihnachtsstern.
Sternwarte (astronomical observatory). Eine Beobachtungseinrichtung (Observatorium) zur Beobachtung der Sterne und anderer astronomischer Objekte. Die ältesten bekannten S. wurden bereits im 3. Jahrtausend v. Chr. in Ägypten errichtet. Aber auch in Babylonien, in China und anderen Kulturkreisen gab es schon sehr frühzeitig astronomische Beobachtungsstätten. Im weiteren Sinne könnte man aber auch die noch älteren Steinsetzungen, wie z.B. in → Stonehenge, als S. bezeichnen, da hier zweifelsohne Beobachtungen unternommen wurden und astronomische Daten festgelegt waren. Im Mittelalter ragen vor allem die Observatorien des Islam hervor (Samarkand im 15. Jahrhundert), während in Europa als die älteste S. die von J. Regiomontanus (1436–1476) in Nürnberg errichtete Beobachtungsstätte gilt. Das letzte große Observatorium, das noch über keine optischen Instrumente verfügte, war das von T. Brahe (1546–1601) in Dänemark. Mit der Erfindung des Fernrohrs begann eine neue Geschichte der astronomischen Observatorien. Die erste S. im modernen Sinne war die von Greenwich 1675. In der 2. Hälfte des 19. Jahrhundert ging man allmählich dazu über, die astronomischen Fernrohre unter drehbaren und mit einem zu öffnenden Spalt versehenen Kuppeln aufzustellen. Die meisten S. wurden in Verbindung mit

Die wichtigsten Sternwarten der Erde (R = Reflektor, S = Spiegel)

Deutschland	
Bamberg	60 cm – S
Bonn	36 cm – R und 110 cm – S auf dem Hohen List/Eifel
Freiburg im Breisgau	Sonnenobservatorium (Schauinsland)
Göttingen	38/50 cm – S, Sonnenobservatorium
Hamburg	100 cm – S
Heidelberg/Königstuhl	72 cm – S und 40 cm – R
Jena	50 cm – S und 60/90 cm – S
München	28 cm – R und 34/39 cm – S, auch Sonnenobservatorium (Wendelstein)
Potsdam	80 cm – R und 50/70 cm – S, 65 cm – R und 70 cm – S (Babelsberg)
Sonneberg/Thüringen	50/72 cm – S
Tautenburg/Thüringen	134/200 cm – S
Tübingen	30 cm – R
Weitere kleine Sternwarten bestehen in Bochum, Frankfurt a. M., Kiel, Münster und Würzburg.	
Europa	
Arcetri/Florenz	Sonnenobservatorium
Arosa/Schweiz	Sonnenobservatorium
Asiago/Padua	182 cm – S
Bjurakan/Armenien	260 cm – S und 100/150 cm – S
Calar Alt/S-Spanien	350 cm – S (Max-Planck-Institut für Astronomie, Heidelberg)
Krim	264 cm – S und 122 cm – S
La Palma/Kanarische Inseln	420 cm – S (des Royal Greenwich Observatory, England)
Merate/Mailand	102 cm – S
Meudon/Paris	100 cm – S und 83 cm – R
Ondrejov/CR	200 cm – S
Pic du Midi/Pyrenäen	200 cm – S und 105 cm – S, Sonnenobservatorium
Pulkowo/St. Petersburg	65 cm – R
Rom	Sonnenobservatorium
Saint Michel/Ht. Provence	193 cm – S und 120 cm – S
Schemacha/Aserbeidschan	200 cm – S
Schöpfl/Wien	150 cm – S
Selintschukskaja/Kaukasus	610 cm – S
Stockholm	102 cm – S
Uccle/Belgien	84/120 cm – S
Uppsala/Schweden	100/135 cm – S
Außerhalb Europas	
Bloemfontein/S-Afrika	152 cm – S
Bosque Alegre/Cordoba	154 cm – S
Cambridge/Massachusetts	154 cm – S
Caracas	100/152 cm – S
Cerro Tololo/Chile	400 cm – S und 150 cm – S (Inter-American Observatory)
Climax/Colorado	Sonnenobservatorium
Coonabarabran/New South Wales	390 cm – S (anglo-australisches Teleskop)
Flagstaff/Arizona	60 cm – R (Flagstaff) und 180 cm – S (Anderson Mesa), 155 cm – S (US Naval Observatory)
Fort Davis/Texas	272 cm – S, 208 cm – S
Helwan/Kairo	188 cm – S
Hyderabad/Indien	122 cm – S

Außerhalb Europas	
Kitt Peak/Arizona	400 cm – S, 210 cm – S, Sonnenobservatorium
La Silla/Chile	365 cm – S, 358 cm – New Technology Telescope (Europäisches Süd-Observatorium – ESO)
Leoncito/Argentinien	216 cm – S
Mauna Kea/Hawaii	10 m – S, 380 cm – S, 360 cm – S und 300 cm – S (Observatorium unter Beteiligung mehrerer Länder, darunter Großbritannien, Kanada und Frankreich)
Mount Chikurin/Japan	188 cm – S
Mount Hamilton/Kalifornien	305 cm – S und 91 cm – R
Mount Hopkins/Arizona	446 cm – Multimirror – S
Mount Jelm/Wyoming	230 cm – S
Mount Lemmon/Minnesota	152 cm – S
Mount Palomar/Kalifornien	508 cm – S und 122/183 cm – S
Mount Rattlesnake /Pennsylvania	152 cm – S
Mount Stromlo/Canberra	190 cm – S und 130 cm – S
Mount Wilson	254 cm – S und 152 cm – S, Sonnenobservatorium
Richmond Hill/Toronto	188 cm – S
Sutherland/S-Afrika	188 cm – S
Tokio	Sonnenobservatorium
Victoria/Kanada	185 cm – S und 122 cm – S
Williams Bay/Chicago	102 cm – R und 104 cm – S

Universitäten und anderen akademischen Einrichtungen errichtet. Sie lagen damit stets in oder in der unmittelbaren Nähe von allmählich immer größer werdenden Städten. Erst um etwa 1900 herum erkannte man die Bedeutung des Ortes, an dem eine S. errichtet werden soll. Vor allem in den USA wurden sorgfältige Untersuchungen angestellt, um die atmosphärisch bestmöglichen Plätze für große Fernrohre ausfindig zu machen. So entstanden z. B. die S. auf dem Mount Wilson und dem Mount Palomar in Kalifornien. Man erkannte den Vorzug von Bergen und Hochebenen für die Aufstellung von Fernrohren. Auch in Deutschland gab es auf Bergen eine Reihe von S., wie z. B. in Sonneberg/Thüringen und auf dem Königstuhl bei Heidelberg.

In den letzten Jahrzehnten zeigte sich, daß sich Ballungsgebiete mit der starken Lichtfülle und der ein starkes Streulicht verursachenden Staub- oder Dunstglocke für astronomische Beobachtungen immer weniger eignen. In einem so dicht besiedelten Gebiet wie z. B. Mitteleuropa erscheint es kaum mehr sinnvoll, größere optische Instrumente aufzustellen. Auch die Zahl der klaren Nächte ist in diesem Bereich mit etwa 60 pro Jahr verhältnismäßig gering. Auf der Suche nach besseren Beobachtungsplätzen stieß man auch auf die Südhalbkugel vor. Selbst die großen S. Kaliforniens sind heute nicht mehr von zivilisatorischen Einflüssen verschont geblieben. Auch dort besteht die Neigung, in abgelegeneren Wüstengebieten, wie z. B. in Arizona oder gleichfalls auf der Südhalbkugel, große Instrumente aufzustellen.

Der Begriff S. ist im wesentlichen auf optische Observatorien beschränkt. Observatorien, die sich z. B. der → Radioastronomie widmen, werden nicht als S. bezeichnet. Dasselbe gilt für Instrumente, die sich an Bord von Erdsatelliten oder Raumsonden befinden. Neben den S., die einzelnen Institutionen und Universitäten angehören, stehen heute oft internationale Einrichtungen, die von mehreren Ländern gleichzeitig betrieben werden. Bekannte Beispiele dafür sind das → ESO und das Inter-American Ob-

servatory (→ Cerro-Tololo-Observatorium) in Chile.
Neben den Forschungseinrichtungen gibt es für die Öffentlichkeit → Volkssternwarten. Auch → Planetarium.

Sternweite (stellar width). Früher gelegentlich benutzte Bezeichnung für → parsec.

Sternwind (stellar wind). Ein dem → Sonnenwind vergleichbarer Strom elektrisch geladener Teilchen, der von den Sternen ausgeht. Besonders starke und ergiebige S. mit Geschwindigkeiten über 1000 km/s treten bei sehr jungen Sternen (Protosternen) sowie im Altersstadium der Sterne auf (→ roter Riesenstern). Auch → Sternentstehung, → Sternentwicklung.

Sternwolke (star cloud). Ein Bereich innerhalb der Galaxis mit erhöhter Sterndichte.

Sternzahl (star number). Die Zahl der Sterne pro Flächeneinheit (meist Quadratgrad) bis zu einer bestimmten Grenzhelligkeit. Gelegentlich versteht man darunter aber auch die Zahl aller Sterne am gesamten Himmelsgewölbe bis zu einer bestimmten Grenzhelligkeit. Mit bloßem Auge sieht man bis zur 6. Größenklasse etwa 6000 Sterne am nördlichen und südlichen Himmelsgewölbe. Es können also in einer klaren Nacht bestenfalls 3000 Sterne über dem Horizont beobachtet werden. Bis zur 20. Größenklasse kommen bereits 1 Mill. Sterne vor.

Sternzeit (sidereal time). Die in → Sterntagen als Einheit ausgedrückte Zeit. Die S. ist jeweils gleich dem augenblicklichen → Stundenwinkel des → Frühlingspunkts. Zur Verwandlung von MEZ oder mittlerer Ortszeit in S. verwandeln wir zuerst die MEZ in die mittlere → Ortszeit des Beobachtungsortes. Dann ist die gesuchte S. = S. für 0^h WZ Greenwich + Korrektion der S. + mittlere Ortszeit + in Stunden ausgedrückte mittlere Ortszeit · $(10–1/7)^s$. Zur Verwandlung von S. in mittlere Ortszeit gilt folgende Regel: Gesuchte mittlere Ortszeit = (gegebene S. – S. für 0^h WZ Greenwich) + Korrektion der S. – vorige in Klammern gesetzte Differenz in Stunden · $(10–1/6)^s$. Die S. für 0^h WZ Greenwich kann den astronomischen Jahrbüchern entnommen werden. Die Korrektion der S. 0^h WZ Greenwich auf den jeweiligen Beobachtungsort berechnet sich folgendermaßen: Korrektion der S. = ± $9{,}8565^s$ · Längenunterschied gegen Greenwich in Stunden. Das positive Vorzeichen gilt für westliche Länge, das negative Vorzeichen für östliche Länge von Greenwich. Für Orte in Deutschland beträgt die Korrektion also nur wenige Sekunden. Erst auf 15° östl. Länge wächst dieser Betrag auf knapp 10^s an. Für eine Überschlagsrechnung kann also auf die Korrektion der S. verzichtet werden. Auf Sternwarten, aber auch bei Amateurastronomen, gibt es S.uhren.

Stier (Bull). Ein Tierkreissternbild, das vor allem im Winter abends gut beobachtet werden kann (lateinische Bezeichnung Taurus, Abk. Tau). Die Sonne bewegt sich durch dieses Sternbild von Ende Mai bis kurz vor der Sommersonnenwende. Nach der griechischen Mythologie soll sich Zeus in diesen blendend weißen und zahmen S. verwandelt haben, um die Königstochter Europa zu entführen. Hauptstern ist → Aldebaran. Im S. liegen auch die bekannten offenen Sternhaufen → Hyaden und → Plejaden sowie der → Crab-Nebel.

Stilb. Früher übliche Einheit für die Leuchtdichte. 1 sb = 1 candela/cm^2.

Stillstand (stationary point). Scheinbares Innehalten in der Bewegung eines Planeten bei Beginn und bei Beendigung seiner → Rückläufigkeit. Befindet sich ein Planet im S., so ist er → stationär.

Stishowit. Eine Modifikation des Quarzes, die dem → Coesit entspricht und nur bei hohen Temperaturen und Drükken entsteht, wie sie bei dem Niedergang eines → Meteoriten auftreten können.

Stonehenge. Eine prähistorische Steinsetzung in Südengland nahe Salisbury, die zu astronomischen Zwecken diente. Vermutlich bezeichnen die Positionen der Steine die Auf- und Untergangsstellen der Sonne zu den einzelnen Jahreszeiten und vielleicht auch andere Kalenderdaten. Die Steinsetzung wurde in 4 bis 5 verschiedenen Perioden zwischen etwa 3100 v. Chr. und 1100 v. Chr. errichtet. Die Sandsteinblöcke stammen aus dem nördlichen Teil von Wiltshire in etwa 30 km Entfernung und wurden über Land gezogen. Die gleichfalls vorhandenen Blausteine stammen von den etwa 225 km entfernten Prescelly-Bergen und wurden über einen weiten Teil der Strecke mit Flößen transportiert.

Störungen, Perturbationen (perturbations). Die Abweichungen in der Bewegung der Himmelskörper, vor allem der Planeten, von einer rein elliptischen Bahn, die als Folge der gegenseitigen Anziehung aller Himmelskörper auftreten. Elektronische Rechenanlagen erlauben heute eine bei weitem weniger zeitraubende Berücksichtigung der S. mit nahezu beliebig hoher Genauigkeit. Der Betrag der S. hängt von der Masse und der Entfernung der sich beeinflussenden Himmelskörper ab. So wird z.B. die Bewegung des Mondes außer von der Erde vor allem durch die Sonne sowie die Nachbarplaneten Venus und Mars, in gewissem Umfang aber auch von dem großen Planeten Jupiter bestimmt. Die S. der Venus auf die Erdbewegung macht z.B. höchstens 1/37000 der Sonnengravitation aus, Jupiter wirkt auf die Erde zur Zeit der kleinsten Entfernung um 1/53000 schwächer. Dagegen beträgt die Wirkung des massereichen Jupiter auf den sonnenfernen Saturn immerhin 1/360 der Sonnenkraft. Besonders starke S. erfahren die Bahnen der Kleinplaneten und Kometen.

Bei den periodischen S. handelt es sich um Änderungen der → Bahnelemente, die nicht gleichsinnig verlaufen, sondern sich nach einiger Zeit wieder umkehren, so daß die Zahlenwerte für das betreffende Bahnelement lediglich um einen Mittelwert schwanken. Die säkularen S. wirken dagegen auch über längere Zeit hinweg in gleicher Richtung. Man kann jedoch mathematisch zeigen, daß die Bahnelemente große Halbachse, Exzentrizität und Bahnneigung nur periodischen S. unterworfen sind, es sei denn, ein Körper würde z.B. bei einem nahen Vorübergang an einem der großen Planeten erheblichere Bahnveränderungen erleiden. Daher ist auch langfristig die mechanische Stabilität des Planetensystems im wesentlichen gewährleistet (aber auch → Chaos-Theorie). Die Perihellängen und die Längen der aufsteigenden Knoten zeigen dagegen säkulare S. Jedoch wirken sich diese nicht auf die Stabilität des Systems aus. Bei den wechselseitigen S. gibt es im Planetensystem einige bemerkenswerte Fälle. So stehen die Umlaufzeiten der Planeten Jupiter und Saturn fast im Verhältnis 2 : 5 (→ Kommensurabilität). Dies bewirkt, daß die Konjunktionen Jupiter/Saturn durchweg an drei fast gleichen Stellen der Bahnen, die um 120° voneinander entfernt sind, stattfinden. Da das Verhältnis 2 : 5 aber nicht genau besteht, verschiebt sich jede Konjunktion um 2,7° weiter. Damit zeigen die S. letztlich eine Periode von 883 Jahren.

Bei der speziellen S.rechnung geht man von einem beliebigen Zeitpunkt (Oskulationsepoche) aus. Dann werden die Gravitationseinwirkungen aller in Frage kommenden Körper berechnet und ein Bahnstück des Himmelskörpers, etwa für den nächsten Tag, bestimmt. Nach 24 Stunden hat sich die Situation geändert. Die Störkörper stehen nun in anderen Positionen zueinander, und die Gravitationswirkungen haben sich ein wenig verändert. Wieder werden die Bahnstücke des Himmelskörpers für die nächsten 24 Stunden berechnet. Und so geht es Schritt für Schritt weiter. Der speziellen S.rechnung steht die allgemeine S.rechnung gegenüber. Hier gibt es mathematische Näherungsformeln, aus denen man sofort die Position eines Himmelskörpers für einen bestimmten Zeitpunkt in Vergangenheit oder Zukunft berechnen kann. Dieses Verfahren ist aber vor allem bei langfristigen Rechnungen weniger genau. Die spezielle Methode kommt auch dem Prinzip elektronischer Rechenanlagen eher entgegen.

Stoßanregung (collisional excitation, collision excitation). → Anregung.

Stoßionisation (collisional ionization, collision ionization). → Ionisation.

Stoßwelle. → Schockwelle.

Strahlenbrechung (refraction). → Brechung.

Strahlenkalk (shatter cone in limestone rock). Ein durch hohen Druck verändertes Kalkgestein, das vor allem bei dem Aufsturz von großen Meteoriten und Kleinplaneten auf der Erde auftritt.

Strahlensystem (system of rays). Helle, meist radial von einem Krater (vor allem auf dem Mond oder Merkur) ausgehende Strahlen. Die Strahlenkrater gelten als verhältnismäßig junge Objekte.

Strahlung (radiation). Die sich in Form von Strahlen ausbreitende Energie. In der Physik wird zwischen einer Wellenstrahlung (elektromagnetischen Schwingung) und einer Teilchenstrahlung (Korpuskularstrahlung) unterschieden. In der modernen Physik zeigt sich allerdings, daß Wellenstrahlungen bei bestimmten Experimenten auch Teilchencharakter und umgekehrt zeigen können (Dualismus Welle – Korpuskel).

Strahlungs-Ära, Photonen-Ära, Plasma-Ära (radiation era). Eine Entwicklungsphase des Weltalls, die in dem Zeitraum zwischen etwa 20 s und 1 Mill. Jahre nach dem Urknall stattgefunden haben dürfte und sich an die → Lepton-Ära anschließt. In dieser Zeitspanne fiel die Temperatur auf etwa 3000 K. Die Vernichtung von Elektron-Positron-Paaren war zu dieser Zeit größer als ihre Entstehungsrate. Es blieben schließlich nur noch Elektronen übrig, und zwar gerade so viel, wie es der Protonenzahl entsprach. Beherrschend war aber die Strahlung. Etwa 3 bis 4 Minuten nach dem Urknall begann die Bildung von Deuterium aus Wasserstoff, dann von Tritium, schließlich von Helium. Innerhalb weniger Minuten wurden fast 25% der Materie in Helium umgewandelt. Am Ende der S. erfolgte eine Entkoppelung von Strahlung und Materie. Die Elektronen wurden an die Protonen und Heliumkerne gebunden. Es entstanden neutrale Atome. Das Weltall wurde durchsichtig. Die → kosmische Hintergrundstrahlung wurde frei. Es folgte darauf die → Materie-Ära. Auch → Universum.

Strahlungsdruck, Lichtdruck (radiation pressure, light pressure). Der Druck, den eine Wellenstrahlung auf die Oberfläche eines Körpers ausübt. Er spielt vor allem im Innern massereicher Sterne und bei der Bildung des Staubschweifes von → Kometen eine Rolle. Auf der Erde beträgt der S. der Sonne auf eine vollständig absorbierende Fläche etwa $5 \cdot 10^{-6}$ Pascal.

Strahlungsgesetze (radiation laws). Die Gesetze, nach denen ein Körper Wellenstrahlung in Abhängigkeit von der Wellenlänge aussendet. In der Regel beziehen sich die S. auf einen → schwarzen Körper. Das wichtigste S. ist das → Plancksche S. Nach dem Stefan-Boltzmannschen Gesetz ist die Lei-

Temperaturabhängigkeit der Strahlungskenngrößen eines schwarzen Körpers

Temperatur in K	Wellenlänge des Strahlungsmaximus in nm		Strahlungsleistung in W/cm²
1 000	2 900	(infrarot)	5,8
4 000	720	(rot)	$1{,}5 \cdot 10^3$
7 000	412	(violett)	$1{,}4 \cdot 10^4$
10 000	290	(ultraviolett)	$5{,}8 \cdot 10^4$
1 000 000	2,9	(Röntgenbereich)	$5{,}8 \cdot 10^{12}$

stung einer schwarzen Strahlenquelle der 4. Potenz der absoluten Temperatur proportional. Steigt also die Temperatur von 100 K auf 1000 K, so ist die Strahlungsleistung nicht 10mal, sondern 10000mal größer. Das Gesetz lautet $G = \sigma \cdot T^4$. Dabei ist G die Gesamtausstrahlung des Körpers pro Flächeneinheit, T die Temperatur und σ die Stefan-Boltzmann-Konstante (→ Boltzmann). Es ist $\sigma = 5{,}67 \cdot 10^{-8} \mathrm{Wm}^{-2}\mathrm{K}^{-4}$.
Die Tabelle gibt hierzu einige Beispiele. Die Verschiebung des Strahlungsmaximums zu kürzeren Wellenlängen hin bei zunehmender Temperatur schildert auch das → Wiensche Verschiebungsgesetz.

Strahlungsgleichgewicht (radiative equilibrium). Ein physikalischer Zustand, in dem dieselbe Energiemenge ausgesandt und absorbiert wird. Ein Körper, der im Strahlungsgleichgewicht steht, besitzt eine konstante Temperatur.

Strahlungsgürtel, van Allen-Gürtel (radiation belts). Zwei um die Erde angeordnete Zonen, in denen elektrisch geladene Teilchen durch das Magnetfeld der Erde eingefangen worden sind. Ihre Höhe über dem Erdäquator beträgt 1000 bis 6000 km bzw. 15000 bis 25000 km über dem Äquator, erleidet jedoch im Laufe der Zeit leichte Schwankungen. Der innere S. besteht hauptsächlich aus Protonen und Elektronen, der äußere S. fast ausschließlich aus Elektronen. Die Teilchen stammen im wesentlichen aus dem → Sonnenwind. Sie bewegen sich auf spiralartigen Bahnen um die Feldlinien des irdischen Magnetfelds zwischen dem magnetischen Nord- und Südpol hin und her und werden dabei immer mehr beschleunigt. Im Maximum wird eine Fläche von 1 cm² von ungefähr 50000 Teilchen pro Sekunde durchstoßen. Ein schwacher dritter Strahlungsgürtel liegt zwischen den Hauptgürteln. Er wird von Teilchen der → kosmischen Strahlung aus dem interstellaren Raum gefüllt. Während nach den neueren Raumsondenmessungen Merkur und Venus über keine (zumindest nennenswerte) S. verfügen, konnte bei Mars ein schwacher S. festgestellt werden. Starke S. besitzen aber die großen äußeren Planeten Jupiter, Saturn, Uranus und Neptun.

Strahlungstemperatur (brightness temperature). Die mittels der → Strahlungsgesetze abgeleitete Oberflächentemperatur eines schwarzen Körpers (»schwarze Temperatur«).

Stratoskop (Stratoscope). Ein 1958 und in den folgenden Jahren von M. Schwarzschild (*1912) eingesetztes → Ballonteleskop zur Erforschung der Sonne.

Stratosphäre (stratosphere). → Erdatmosphäre.

Streuung (scattering). Eine nach allen Richtungen erfolgende Ablenkung einer Wellenstrahlung (vor allem des Lichtes) an Teilchen, die kleiner sind als die Wellenlänge der auftreffenden Strahlung (Rayleigh-S.). Dabei ist der Streukoeffizient der 4. Potenz der Wellenlänge umgekehrt proportional. Das bedeutet, daß die S. zu kürzeren Wellenlängen hin enorm zunimmt. Daher wird das blaue, kurzwellige Sonnenlicht in unserer Erdatmosphäre bedeutend stärker gestreut als das rote, langwellige Licht. So erklärt sich auch die Blaufärbung des Himmels. Umgekehrt erscheint die Sonne oder ein anderes Gestirn nahe dem Horizont rot verfärbt, da auf dem in diesem Falle besonders langen Weg der Strahlen durch die Erdatmosphäre die kurzwelligen Farbanteile stärker herausgestreut werden.

Strings, kosmische Strings (cosmic strings). Von einigen Versionen der → Großen Vereinheitlichten Theorie vorhergesagte »kosmische Schnüre«, die als zufällige Störungsmuster im Raum während eines Phasenübergangs im frühen Universum entstanden sein sollen. Es sind extrem dünne Gebilde als geschlossene Schleifen oder ins Unendliche reichende gekrümmte Strukturen. Ihre Dicke soll etwa 10^{-29} cm betragen und ihre Masse etwa 10^{22} g pro cm bzw. 10 Millionen Sonnenmassen pro Lichtjahr. Dabei handelt es sich aber nicht um Materie, sondern um mit Energie aufgeladenen leeren Raum. Während der → Inflation des Universums dürften zwar die kosmischen S. wohl wieder verschwunden sein. Unter bestimmten Voraussetzungen wäre aber auch ein Überleben der S. denkbar. Einige Autoren nehmen an, daß kosmische S. als eine Art Samen für die Entstehung der Galaxien wirkten und die eigentümliche räumliche Verteilung der Sternsysteme (→ Superhaufen, → Blasenstruktur des Universums, → Hubble-Bubbles) erklären könnten. Ein Nachweis der kosmischen S. war bisher nicht möglich. Praktisch würden sie sich durch ihre Gravitationswirkung bemerkbar machen, z.B. in Gestalt von → Gravitationslinsen.

Strömgren-Sphäre (Strömgren sphere). Ein nahezu kugelförmiges → H II-Gebiet, das einen heißen Stern umgibt.

Strommeteor (shower meteor). Ein → Meteor eines → Meteorstroms.

Strontium-Methode (Strontium method). Eine Methode der Altersbestimmung von Gesteinen unserer Erde, bei der der Zerfall von Rubidium 87 in Strontium 87 herangezogen wird.

Stufenschätzung (step method, Argelander method). Eine einfache von F. W. Argelander (1799–1875) eingeführte Methode zur visuellen Helligkeitsschätzung von Sternen. In einer Gedächtnisskala werden die Helligkeiten zweier Sterne verglichen. Sind beide Sterne gleich hell, so ist der Unterschied 0 Stufen. Erkennt man gerade noch bei längerem Vergleich einen geringfügigen Helligkeitsunterschied, so beträgt dieser 1 Stufe. Ist dieser Unterschied schneller erkennbar, so ist der Unterschiedsbetrag 2 Stufen, bei sofortigem Erkennen 3 Stufen. Nach entsprechender Einübung des Beobachters können noch Helligkeitsunterschiede von etwa $0\overset{m}{,}07$ bis $0\overset{m}{,}10$ (→ Größenklasse) erkannt werden. S. werden heute fast nur noch von Amateurastronomen bei der Beobachtung von → Veränderlichen durchgeführt.

Stunde (hour). Der 24. Teil eines Tages, Abk. h.

Stundenachse (polar axis). Die der → Himmelsachse parallele Achse eines parallaktisch aufgestellten Fernrohrs. Wird das Instrument um diese Achse von Hand oder von einem Motor mit entsprechender Geschwindigkeit nachgeführt, so bleibt ein einmal eingestelltes Objekt auch bei seiner durch die Erdrotation bedingten Weiterbewegung am Himmelsgewölbe im Gesichtsfeld des Fernrohrs.

Stundenkreis (hour circle). → Deklinationskreis.

Stundenwinkel (hour angle). Der Winkel zwischen dem → Deklinationskreis eines Gestirns und dem → Meridian eines Beobachtungsortes. In der Regel wird der S. von 0^h bis 24^h von S über W, N nach O und wieder S gezählt.

(Gelegentlich wird er aber auch vom Meridian aus nach Osten oder Westen angegeben.) Der S. eines Gestirns entspricht der augenblicklichen Sternzeit minus der Rektaszension des Gestirns. Andererseits gibt die Sternzeit die Rektaszension der gerade im Meridian kulminierenden Gestirne an.

Sturmvogel-Nebel (Network Nebula). → Cirrus-Nebel.

Submillimeter-Astronomie (submillimetre-wave astronomy). Ein Gebiet der modernen Astronomie, das mit Mitteln der → Radioastronomie und → Infrarotastronomie arbeitet. Submillimeter-Teleskope müssen wegen der Absorption durch den atmosphärischen Wasserdampf an einem hoch gelegenen, trockenen Ort aufgestellt werden und befinden sich z. B. am → Mauna Kea-Observatory (James Clerk Maxwell Telescope mit 15 m Durchmesser), am → ESO, auf dem → Mount Graham und dem → Pico Veleta.

Submillimeter-Wellen (submillimetre-waves). Ein Wellenbereich der → elektromagnetischen Strahlung mit einer Wellenlänge zwischen 0,3 und 1 mm.

Subsatellitenpunkt (subsatellite point). Der Punkt auf der Erdoberfläche, für den ein künstlicher Erdsatellit im → Zenit steht.

subsolar (sub-solar). Der Punkt auf der Oberfläche der Erde oder eines Planeten, für den die Sonne im → Zenit steht.

Sucher (finder). Ein kleines Fernrohr, das auf einem größeren Instrument zum Aufsuchen von Himmelsobjekten angebracht ist. Es verfügt über ein großes Gesichtsfeld und meist auch ein Fadenkreuz.

Süden (south). → Himmelsrichtungen.

Südlicher Krebsnebel. → Krebsnebel, Südlicher.

Südliche Wasserschlange. → Wasserschlange, Südliche.

Südlicht (southern light, aurora australis). → Polarlicht.

Südpol (south pole). **1.** In der Astronomie der südliche der beiden → Himmelspole.

2. In der Geographie der südliche Schnittpunkt der Rotationsachse unserer Erde mit der Erdoberfläche.

3. Der südliche magnetische Pol eines mit einem Magnetfeld versehenen Himmelskörpers.

Südpunkt (south point). Der Schnittpunkt des → Meridians mit der Horizontebene im Süden.

Suevit (suevite). Ein durch den Aufschlag eines → Meteoriten umgeschmolzenes Kristallgestein mit fladen- und glasartiger Gestalt. Es wurde vor allem im → Ries festgestellt.

Suhel. Arabische Bezeichnung für den Stern → Canopus (»Hengst«).

Suisei. Neben → Sakigake eine japanische Raumsonde zur Erforschung des → Halleyschen Kometen. Der kleinste Abstand zu dem Kometen wurde am 8. 3. 1986 mit 151 000 km erreicht.

Sungrazer. → Kometen, die in ihrem Perihel extrem nahe an die Sonne (unter 1,5 Mill. km) herankommen bzw. durch die → Sonnenkorona fliegen (auch Sonnenstreifer, Sonnenschrammer). Dabei werden sie oft in mehrere Teile aufgespalten. So entstehen als → Kometengruppe mehrere S. mit fast derselben Bahn. Teilweise zerfallen die S. bei ihrem nahen Vorüberflug an der Sonne sogar vollständig. Der extremste bisher bekannt gewordene Fall ist der Komet 1887 I (Great Southern Comet, Thome) mit einem kleinsten Abstand von 27 000 km von der Sonnenoberfläche. Weitere Beispiele sind: Komet Pereyra 1963 V mit 62 000 km, Komet 1880 I (Great Southern Comet, Gould) mit 126 000 km, Komet 1843 I (Großer März-Komet) mit 131 000 km, Komet du Toit 1945 VIII mit 428 000 km, Komet 1882 II (Großer September-Komet, Cruls) mit 464 000 km und der Komet

Ikeya-Seki 1965 VIII mit 469000 km. Mehrere S. faßt man zur sog. Kreutzgruppe zusammen, die nach ihrem Berechner Heinrich Kreutz (1854–1907) benannt wurden. Dazu gehören der Komet 1668 sowie die genannten Kometen von 1843, 1880, 1887 und 1965.

Supergranulation (supergranulation). Konvektive Zellen in der → Photosphäre der Sonne mit einem Durchmesser von etwa 30000 km, die im Gegensatz zur normalen → Granulation eine Lebensdauer von teilweise über einem Tag zeigen. Im Innern der Zellen wurden radiale Auswärtsströmungen mit einer Geschwindigkeit von 0,3 bis 0,4 km/s, an den Rändern absteigende Bewegungen mit 0,1 bis 0,2 km/s festgestellt.

Die S. ist vor allem auf → Spektroheliogrammen, die im Lichte der Linie des ionisierten Calciums aufgenommen sind, zu erkennen.

Superhaufen (supercluster). Eine Zusammenfügung mehrerer → Galaxienhaufen zu einer höheren Einheit. Bisher wurden über 50 S. entdeckt. Am bekanntesten ist der lokale S. oder Virgo-S. Sein Zentrum liegt im Virgo-Galaxienhaufen in etwa 50 Mill. Lichtjahren Entfernung. Unsere → lokale Gruppe gehört zusammen mit einigen anderen kleinen Nebelgruppen und Galaxienhaufen zu diesem S. und liegt an dessen Rand. Das Zentrum der lokalen Gruppe stürzt wegen der starken Massenkonzentration im Virgo-Galaxienhaufen mit einer Geschwindigkeit von etwa 220 km/s in Richtung Virgo-Haufen.

Im Mittel enthalten S. etwa ein Dutzend Galaxienhaufen. Die größten S. kommen auf noch mehr Mitglieder. Ihr Durchmesser beträgt 50 bis über 100 Mill. Lichtjahre. Eine besonders große Struktur ist die → Große Galaxienmauer. Weitergehende Strukturen sind die → Hubble-Bubbles (auch → Blasenstruktur des Universums).

Supernova (supernova). Das plötzliche Aufleuchten eines Sterns auf das ungefähr Milliardenfache seiner ursprünglichen Leuchtkraft. Eine S. unterscheidet sich nicht nur im Ausmaß der Helligkeitssteigerung, sondern auch in ihren physikalischen Ursachen grundsätzlich von einer normalen → Nova. Der Energieausstoß einer normalen Nova beträgt nur 10^{37} Joule, der einer S. etwa 10^{42} bis 10^{44} Joule. Eine S. strahlt damit innerhalb weniger Wochen oder Monate so viel Energie aus wie unsere Sonne in 10 bis 100 Mill. Jahren. Bis vor nicht allzu langer Zeit waren innerhalb unserer eigenen Galaxis nur 3 S. bekannt: die sog. chinesische S. vom 4. 7. 1054, die eine scheinbare Helligkeit von etwa -5^m erreichte und damit leicht mit bloßem Auge am Taghimmel beobachtet werden konnte. Sie war Ursache für den heutigen → Crab-Nebel. Sodann folgte 1572 die sog. Tychonische Nova im Sternbild Cassiopeia, so benannt, da sie vor allem von Tycho Brahe beobachtet wurde. Ihr Überrest ist → Cassiopeia B. 1604 leuchtete die Keplersche S. im Sternbild Ophiuchus auf. Diese Zahl muß jedoch stark nach oben hin korrigiert werden. Das geht einmal aus den Beobachtungen von S. in anderen Galaxien hervor, in denen allein in den letzten Jahrzehnten weit über 300 S. entdeckt wurden, in einigen sogar mehrmals. Ferner weisen einige historische Untersuchungen alter Chroniken darauf hin, daß in früherer Zeit weitere S. beobachtet wurden, z. B. 185 im Centaur, 393 im Skorpion, 1006 im Wolf, 1181 und 1667 in der Cassiopeia. Möglicherweise treten auch in unserer Galaxis pro Jahrtausend etwa 25 bis 40 S. auf. Viele dürften aber wegen der absorbierenden Wirkung der → interstellaren Materie nicht zu beobachten sein.

Aufgrund ihrer Erscheinungsform teilt man die S. in zwei Typen. Typ I erreicht eine absolute Maximalhelligkeit von -14^m bis -17^m. Er kommt vor allem in elliptischen Galaxien und Spiralnebeln vom Typ Sc vor. Er benötigt etwa 30 Tage, um 3 Größenklassen Helligkeit nach dem Maximum zu verlieren. Ab etwa 40 Tage nach dem Maximum fällt die Helligkeit um jeweils eine Größenklasse pro 80 Tage ab. Die Geschwindigkeit, mit der sich die äußeren Schichten des Sterns aufblähen, betragen etwa 10000 km/s. S. vom Typ I zeigen keine Wasserstofflinien. Sie sind Mitglieder der → Population II. Die S. von 1572 und 1604 gehörten dem Typ I an. Als Vorgänger wird ein weißer Zwergstern angenommen, der von einem Doppelsternbegleiter Materie aufnimmt. Schließlich zündet der Kohlenstoff unter extrem entarteten Bedingungen. Dabei werden so riesige Energien frei, daß der Stern explodiert (thermonukleare Zerstörung). Dabei entsteht eine größere Menge des instabilen Nickelisotops 56, das innerhalb einiger Monate über Kobalt 56 zu Eisen 56 zerfällt. Dieser radioaktive Zerfall stimmt mit der Geschwindigkeit in der Abnahme der Helligkeit der S. überein. Der Begleitstern wird bei einer S. Typ I weggeschleudert und macht sich selbständig.

Die S. Typ II zeigen Wasserstofflinien, haben eine absolute Maximalhelligkeit von -12^m bis $-13\overset{m}{.}5$ und eine Expansionsgeschwindigkeit der umgebenden Hülle von etwa 5000 km/s. Sie haben eine höhere Masse als S. vom Typ I und kommen vor allem in den Spiralarmen der Spiralnebel vom Typ Sb und Sc vor. Ihre Helligkeit sinkt um 3 Größenklassen erst in etwa 70 Tagen nach dem Maximum ab. Typ II kommt in der → Population I vor. Die physikalische Ursache für eine S. Typ II ist ein alter massereicher Stern. Schalenartig sind in seinem Innern von außen nach innen vom Wasserstoff über Helium, Kohlenstoff, Silicium usw. immer schwerere Elemente bis hin zum Eisen, der den einige Milliarden K heißen Kern bildet, versammelt. Diese Elemente wurden im Laufe der Entwicklung des Sterns aufgebaut. Dabei wurde Energie freigesetzt, die über lange Zeit über den Gas- und Strahlungsdruck die mechanische Stabilisierung des Sterns ermöglichte (→ Energieerzeugung in Sternen, → Sternentwicklung). Der Aufbau schwererer Elemente als Eisen liefert aber nicht Energie, sondern verbraucht im Gegenteil Energie. Der Stern ist also in diesem Stadium nicht mehr in der Lage, durch thermonukleare Reaktionen genügend Gasdruck zu erzeugen. Die Schwerkraft hat die Oberhand. Außerdem verliert der Stern zunehmend gewaltige Energiemengen durch die Aussendung von → Neutrinos, die den Stern verlassen. Sie entstehen bei der Vernichtung von Positronen und Elektronen, die zuvor durch Gammaquanten gebildet wurden (Paarbildung). Mit steigender Zentraltemperatur wird dieser Prozeß immer ergiebiger. Schließlich fällt der Stern kollapsartig in sich zusammen. Nochmals werden kurzzeitig durch diese Kontraktion so große Energiemengen produziert, daß die äußeren Sternschichten abgestoßen werden, während sich der Sternkern zu einem → Neutronenstern oder einem → Schwarzen Loch weiterentwickelt. Bei einer S. können über Eisen hinaus noch schwerere chemische Elemente aufgebaut werden. Diese gelangen mit den abgestoßenen Sternschichten in die umgebende interstellare Materie. S. erklären, warum die heute im Weltall entstehenden Sterne mehr schwerere chemische Elemente enthalten als die früher entstandenen Sterne. Sie bilden sich ja aus interstellarem Material, das mit schwereren Elementen, die bei S. entstanden, angereichert wurde. Massearme Sterne, zu denen auch unsere

Sonne zählt, werden keine S. Die abgestoßenen Hüllen können als S.-Überreste (S. remnants, SNR) noch über Jahrtausende hinweg nachgewiesen werden, z. B. der → Crab-Nebel oder der → Gum-Nebel.

Supernova 1987 A. Die hellste Supernova der letzten Zeit. Sie wurde am 24. 2. 1987 von I. Shelton am Las Campanas-Observatorium in Chile mit einer Helligkeit von $4\overset{m}{.}6$ in der Großen → Magellanschen Wolke unweit des Tarantelnebels entdeckt. Etwa einen Tag zuvor dürfte die Explosion ihren Anfang genommen haben. Doch erst am 88. Tag wurde mit $2\overset{m}{.}8$ das Helligkeitsmaximum erreicht, für eine Supernova selten. Die Explosion spielte sich in dem Dreifachsystem Sanduleak –69°202 ab. Als Vorläufer wurde entgegen den ursprünglichen Theorien kein roter Riesenstern, sondern ein blauweißer Überriese vom Spektraltyp B3 ausfindig gemacht. Doch ist es nach neueren theoretischen Untersuchungen wahrscheinlich, daß sich Sterne innerhalb kosmisch relativ kurzer Zeitspannen vom roten Riesen zum blauweißen Überriesen und zurück verwandeln können. Für die Vorzeit der S. 1987 A ergibt sich folgender wahrscheinlicher Ablauf: Der Stern dürfte vor 11 Mill. Jahren im Gebiet des Tarantelnebels entstanden sein. Er hatte sodann 18 Sonnenmassen und eine Oberflächentemperatur von 35000 K. Vor 1 Mill. Jahren verwandelte er sich innerhalb von 50000 Jahren in einen roten Überriesen, in seinem Kern setzte das Heliumbrennen ein. Kohlenstoff entstand. Dabei wuchs der Durchmesser des Sterns von 10 auf 600 Mill. km an. Die Dichte stieg im Kern von 6 g/cm^3 auf 1100 g/cm^3. Die Zentraltemperatur wuchs von 40 auf 190 Mill. K. Nach weiteren 600000 Jahren war der Heliumvorrat im Kern erschöpft. Durch → Sternwind verlor der Stern die Hälfte seiner Ausgangsmasse. Der Stern kontrahierte, wurde heißer und verwandelte sich in einen blauen Überriesen. Vor 12000 Jahren setzte das Kohlenstoffbrennen ein. Der Kern des Sterns war 740 Mill. K heiß, die Dichte erreichte 240000 g/cm^3. Darauf folgte das Neonbrennen bei einer Zentraltemperatur von 1,6 Mill. K und einer Dichte von 7,4 Mill. g/cm^3. Diese Phase dauerte nur 12 Jahre. Immer kürzer wurden nun die Entwicklungsphasen. Das folgende Sauerstoffbrennen dauerte nur 4 Jahre. Eine Woche vor dem Ausbruch setzte das Schwefel- und Siliciumbrennen ein. Die Zentraltemperatur war 3,4 Mill. K, die Dichte 50 Mill. g/cm^3. Dann bildete sich Eisen. Der Eisenkerndurchmesser betrug 5000 km. Die S. 1987 A war das erste Objekt außerhalb des Sonnensystems, von dem man Neutrinos registrieren konnte. Die ersten Neutrinos trafen am 23. 2. 1987 um 7.36 Uhr WZ ein und wurden von drei Neutrinodetektoren in Japan, den USA und in Rußland verzeichnet. Insgesamt waren es allerdings nur 8 bis 12 Ereignisse. 1988 zeigte sich um die schwächer werdende S. 1987 A auch ein Lichtecho. Doch wurde bis Anfang 1995 noch kein Pulsar bzw. Neutronenstern festgestellt.

Superschmidt-Spiegel (Super-Schmidt camera). → Schmidt-Spiegel.

Superstrings (superstrings). Die in der modernen Theorie der → Elementarteilchen unternommenen Versuche, Teilchen als eindimensionale Strukturen aufzufassen und nicht wie in der herkömmlichen Teilchenphysik als nulldimensionale, punktförmige Gebilde (S.theorie). Die Länge dieser Strukturen beträgt nur etwa 10^{-33} cm. Gemäß dieser Theorie hat das → Universum 9 räumliche Dimensionen. Als im frühen Universum die Temperaturen unter 10^{32} K sanken, setzten nur die drei heute noch bekannten räumlichen Dimensionen die Expansion fort. Die restlichen 6 Raumdimensionen verharrten in ihrem winzigen Bereich und waren fortan praktisch nicht zu erkennen. Die S. sind nicht zu verwechseln mit den kosmischen → Strings.

Surges. → Protuberanzen, die wie Spritzer mit Geschwindigkeiten von 50 bis 200 km/s aufsteigen und vor allem in aktiven Gruppen von → Sonnenflecken vorkommen.

Surveyor. Sammelbezeichnung für unbemannte amerikanische Mondsonden, die eine weiche Landung auf der Mondoberfläche durchführten. S. 1 wurde am 30. 5. 1966 gestartet und ging auf dem Mond am 2. 6. 1966 nahe dem Krater Flamsteed nieder. Die letzte Sonde dieser Reihe war S. 7 (Start 7. 1. 1968, Landung 10. 1. 1968). Das S.-Programm diente zur Vorbereitung des Projekts → Apollo. Die Sonden hatten die Aufgabe, die Festigkeit des Mondbodens, seine chemische Zusammensetzung und die Struktur der Mondoberfläche zu untersuchen. Kameras photographierten die Umgebung. Alle Meßergebnisse und Bilder wurden zu unserer Erde übertragen.

Swan-Banden (Swan bands). Erstmals von W. Swan 1856 entdeckte Spektralbanden des Kohlenstoffradikals C_2. Sie treten vor allem im Spektrum der → Kohlenstoffsterne auf.

Swift-Tuttle. Name eines Kometen, der als »Großer Komet von 1862« in die Kometengeschichte einging. Seine Maximalhelligkeit betrug damals 2^m und seine Schweiflänge 30°. Er ist Verursacher des Meteorstroms der → Perseiden. Letztmals durchlief er sein Perihel am 12. 12. 1992 in einem Sonnenabstand von 143,3 Mill. km. Er erreichte aber wenige Tage zuvor nur eine Maximalhelligkeit von etwa 5^m. Seine große Bahnhalbachse beträgt 3937 Mill. km, die Bahnexzentrizität 0,964, seine Bahnneigung 113,4°. Er ist also rückläufig. Die Umlaufzeit macht 133,6 Jahre aus. Der nächste Periheldurchgang wird am 11. 7. 2126 folgen. Offenbar wurde der Komet auch schon sehr viel früher beobachtet. Dies gilt für eine Erscheinung von 1737, aber sogar auch für eine Wiederkehr im Jahre 69 v. Chr. Das letzte Auftauchen des Kometen 1992 löste eine öffentliche Diskussion aus, ob das Objekt bei seiner nächsten Wiederkehr mit der Erde kollidieren könnte. Genauere Überlegungen zeigten aber, daß zumindest für die nächsten tausend Jahre eine nur geringe Wahrscheinlichkeit für einen Zusammenstoß besteht.

Swingby-Technik, Flyby-Technik, Gravity-Assist-Technik (flyby, gravity-assist). Ein vor allem bei Raumsonden häufig ausgenutztes Verfahren, um bei dem Vorüberflug an anderen Planeten mit Hilfe von deren Gravitation die ursprüngliche Flugrichtung und Bahngeschwindigkeit so zu verändern, daß die Sonde nach diesem Manöver eine stark veränderte Bahn beschreibt, auf der sie z. B. auch andere Planeten erreicht. So konnte beispielsweise durch ein Swingby von → Voyager 1 und 2 an Jupiter erzielt werden, daß diese den Saturn anflogen. Bei einem Vorüberflug von → Mariner 10 an Venus konnte die Bahn so umgestaltet werden, daß auch Merkur erreicht wurde usw.

symbiotischer Stern (symbiotic star). Ein Stern mit einem zusammengesetzten Spektrum, dessen Merkmale sich teilweise widersprechen. Die Bezeichnung geht auf P. Merrill 1928 zurück. Einerseits zeigen sich Absorptionsbanden, wie sie bei einem kühlen Riesenstern vom Spektraltyp M, seltener G oder K, auftreten. Andererseits treten Emissionslinien auf, charakteristisch für ein stark aufgeheiztes Gas. Dies wird dadurch interpretiert, daß ein kühler Riese einen Gasstrom an einen weißen, nicht direkt sichtbaren Zwergstern abgibt. Dieser heizt das Gas stark auf. Das Überfließen vollzieht sich unregelmäßig. So kommt es im Zeitraum von Monaten zu Helligkeitsschwankungen, sowie in Monaten bis Jahren mit Amplituden von mehreren Größenklassen zu flareartigen Ausbrüchen. Oft zeigt aber auch der Riese selbst regelmäßige oder unregelmäßige Helligkeitsschwankungen. Ein Teil der s. S. wird auch als Vorstufe in der Entwicklung von → planetarischen Nebeln angesehen. Nach ihrem Hauptvertreter heißen die s. S. auch Z Andromedae-Sterne.

Symmetriebruch (symmetry breaking). Die Aufspaltung ursprünglicher, einheitlicher Naturkräfte oder Wechselwirkungen in einzelne Kräfte oder Wechselwirkungen, wie es die → Große Vereinheitlichte Theorie beim Unterschreiten bestimmter kritischer Energien oder Temperaturwerte fordert.

Synchronbahn (synchronous orbit). Eine Umlaufbahn eines künstlichen Erdsatelliten, auf der die Umlaufzeit des Satelliten der Rotationszeit der Erde entspricht. Der → Subsatellitenpunkt verbleibt damit etwa an derselben Stelle der Erdoberfläche. Die große Halbachse der S. beträgt 42 168 km.

Synchrotronstrahlung (synchrotron radiation). Die bei einer bis nahe an die Lichtgeschwindigkeit erfolgten Beschleunigung eines Elektrons (oder eines anderen geladenen Teilchens) im Magnetfeld abgegebene Strahlung. Das Spektrum der S. weicht völlig von einer thermischen Strahlung ab, die z. B. ein heißes Gas aussendet. Die Frequenz des Intensitätsmaximums liegt bei $5{,}36 \cdot 10^{-6} B \cdot E^2$. Dabei ist B die Stärke des Magnetfeldes in Gauß und E die Energie der Elektronen in eV. Zunehmende Energie bedeutet also: Das Maximum verschiebt sich quadratisch zu höheren Frequenzen bzw. kürzeren Wellenlängen. Bei z. B. 10^{14} eV liegt das Maximum bei 0,56 nm, d. h. im Röntgenbereich. Die S. ist ferner senkrecht zur Richtung der magnetischen Feldlinien polarisiert. Die Bezeichnung geht auf den Umstand zurück, daß diese Strahlung erstmals in einem Synchrotron, einem Teilchenbeschleuniger, nachgewiesen wurde.

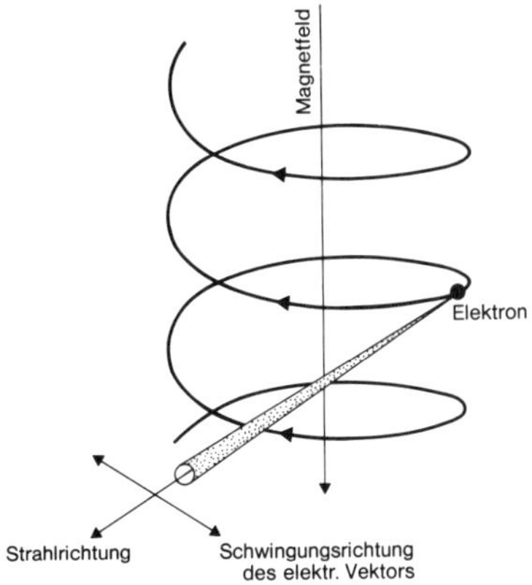

Entstehung einer Synchrotronstrahlung bei der Bewegung von Elektronen in Magnetfeldern

Syncom. Die ersten amerikanischen geostationären Erdsatelliten, die sich auf einer → Synchronbahn befanden (→ Erderkundungssatelliten, → Nachrichtensatellit). S. 1 wurde am 14. 2. 1963 gestartet. Doch erst S. 2 (Start am 26. 7. 1963) war teilweise erfolgreich.

synodische Umlaufzeit (synodic period). Die Umlaufperiode des Mondes oder eines Planeten, nach deren Ablauf dieser Himmelskörper wieder dieselbe Stellung bezüglich der Sonne einnimmt. Bei einem Planeten ist das die Zeitspanne zwischen zwei aufeinanderfolgenden Oppositionen oder Konjunktionen, bei dem Mond zwischen zwei Neumondstellungen (synodischer → Monat).

Syrtis Major. Das auffälligste Oberflächendetail auf dem → Mars, das bereits mit kleinen Fernrohren als dreieckiges Gebilde knapp nördlich des Marsäquators in 283° bis 298° Länge beobachtet werden kann. Heutige Bezeichnung Syrtis Major Planitia. Es ist nicht, wie früher vermutet, eine Tiefebene, sondern ein Plateau. An seinem Nordrand liegt der Krater Antoniadi.

Syzygien (syzygies). Sammelbezeichnung für die → Konjunktion und die → Opposition zweier Gestirne.

Szintar (scintar). Eine punktförmige → Radioquelle (z.B. → Quasar), die eine → Radioszintillation zeigt. Sie geht aber nicht wie bei der »klassischen« → Szintillation auf die Turbulenz in der Erdatmosphäre, sondern z.B. auf interplanetare Plasmawolken zurück.

Szintillation (scintillation, twinkling). Das »Funkeln« der Sterne, das auf die atmosphärische Unruhe (Luftunruhe) zurückzuführen ist. Im wesentlichen handelt es sich dabei um nur etwa 5 bis 10 cm große turbulente Luftbereiche, die vor allem in den bodennahen Schichten der Erdatmosphäre, höchstens aber bis zur Obergrenze der Troposphäre auftreten. Die S. führt zu kurzzeitigen Helligkeitsschwankungen, aber auch zu Farbveränderungen. Sie ist wesentliche Ursache dafür, daß die volle optische Leistungsfähigkeit eines astronomischen optischen Fernrohrs nicht ausgenutzt werden kann. Vor allem das → Auflösungsvermögen eines Fernrohrs wird dadurch erheblich herabgesetzt. Oberflächeneinzelheiten auf den Planeten erscheinen verwaschen. In der Zukunft wird man diese Schwierigkeiten, die mit jeder Beobachtung von der Erdoberfläche aus einhergehen, durch Beobachtungen mit Teleskopen außerhalb der Erdatmosphäre vermeiden können. Auch → aktive Optik. In der Radioastronomie tritt auch eine → Radioszintillation auf. Auch → Szintar.

Szintillationszähler (scintillation counter). Eine mit einem → Photometer verbundene Einrichtung, die es erlaubt, elektrisch geladene Teilchen und Gammastrahlen zu entdecken oder zu zählen.

T

Tabulae Rudolfinae. → Rudolfinische Tafeln.

Tachyonen (tachyons). Hypothetische → Elementarteilchen, die sich mit Überlichtgeschwindigkeit bewegen sollen, diese jedoch niemals unterschreiten können. Sie haben eine imaginäre Masse. Ihre Energie wächst mit abnehmender Geschwindigkeit an und wird bei Erreichen der Lichtgeschwindigkeit unendlich groß. Bisher gibt es jedoch keine experimentellen Möglichkeiten, diese Teilchen nachzuweisen.

Tafelberg (Table Mountain, Table). Ein Sternbild am südlichen Himmel (lateinische Bezeichnung Mensa, Abk. Men), das 1752 von N. L. de Lacaille (1713–1762) eingeführt wurde. Es enthält nur sehr schwache Sterne. An seinem nördlichen Rand befindet sich die Große → Magellansche Wolke.

Tag (day). Der Zeitraum zwischen zwei aufeinanderfolgenden Durchgängen der Sonne bzw. des → Frühlingspunktes durch den Meridian. Der mittlere bzw. wahre Sonnentag ist der Zeitraum zwischen zwei aufeinanderfolgenden Durchgängen der mittleren bzw. wahren Sonne durch den Meridian im Norden (auf der Nordhalbkugel, meist unterhalb des Horizonts). Der → Sterntag ist der Zeitraum zwischen zwei Durchgängen des Frühlingspunkts durch den Meridian im Süden (in der oberen Kulmination). In der Astronomie wurde der T. bis 1925 in der Regel mit dem Mittag begonnen, um während der nächtlichen Beobachtungen keinen Wechsel in der Zählweise der T. zu haben. Dieser Umstand muß bei einer Bearbeitung älterer astronomischer Beobachtungen beachtet werden. Seither beginnt man jedoch, wie auch im bürgerlichen Leben, den T. mit der Mitternacht, bezieht aber in der Regel die astronomischen Beobachtungen auf die → Weltzeit. Im Alltagssprachgebrauch versteht man auch unter T. lediglich den Zeitraum zwischen dem Sonnenauf- und -untergang.

Tagbogen (diurnal arc). Der oberhalb der Horizontebene liegende Teil des Kreisbogens, der von einem Himmelskörper infolge der Erdrotation scheinbar beschrieben wird. Ein Punkt auf dem Himmelsäquator hat stets einen T. von 180° oder 12^h (ohne Berücksichtigung der → Refraktion).

Tagdämmerung (twilight in the daytime). Eine schwache gelbliche und rötliche Verfärbung in der Nähe des Horizonts bei einer Sonnenhöhe von 0° bis 10° über dem Horizont.

Tageslichtstrom (daylight stream). Ein mit radartechnischen Mitteln erfaßbarer → Meteorstrom, der bei Tage auftritt.

Tagundnachtgleiche (equinox). → Äquinoktium.

TAI. Abk. für International Atomic Time (→ Atomzeit, Internationale).

Tarantel-Nebel, Loop-Nebel (Tarantula Nebula, Loop Nebula)). Ein heller Nebel, der auch 30 Doradus-Nebel oder

NGC 2070 bezeichnet wird und in der Großen → Magellanschen Wolke liegt. Sein Durchmesser beträgt rund 1000 Lichtjahre. Der Nebel ist größer und leuchtmächtiger als irgendein anderer heller Nebel in unserer eigenen Galaxis. Die absolute visuelle Leuchtkraft beträgt -15^m, die Masse etwa 500000 Sonnenmassen. In den Nebel eingebettet liegen einige → Wolf-Rayet-Sterne. Der hellste Stern dieser Art hat eine absolute Helligkeit von -10^m.

T-Assoziation (T association). → Assoziation.

Taube (Dove). Ein Sternbild am südlichen Himmel (lateinische Bezeichnung Columba, Abk. Col), das 1603 von J. Bayer (1572–1625) eingeführt wurde. Es kann von Mitteleuropa aus an Winterabenden noch teilweise knapp über dem S-Horizont beobachtet werden. Der Hauptstern α Columbae hat eine Helligkeit von $2\overset{m}{.}7$ und ist 145 Lichtjahre entfernt.

Taukappe (dew cap). Ein über das Objektiv eines Fernrohrs gestülptes Rohrstück, das ein Beschlagen des Objektivs während der Beobachtungen verhindern soll.

NML Tauri, IK Tauri. Eine Infrarotquelle im Sternbild Stier, die 1965 von Neugebauer, Martz und Leighton entdeckt wurde. Es handelt sich um einen → langperiodischen Veränderlichen vom Typ → Mira mit einer Periode von 465 Tagen.

Tauriden (Taurids). Ein → Meteorstrom.

RV Tauri-Sterne (RV Tauri stars). Eine Gruppe halbregelmäßiger → Veränderlicher, die eine Ähnlichkeit mit den → Cepheiden hat. Sie wurden teilweise in → Kugelsternhaufen gefunden. Ihr Durchmesser übersteigt den der Sonne um das 50- bis 100fache, ihre Masse liegt zwischen 1 und 3 Sonnenmassen, ihre absolute Leuchtkraft liegt bei -3^m. Es handelt sich um gelbe Überriesen der Spektralklassen F, G und K. In der Lichtkurve wechseln einander tiefere und flachere Minima ab. Ferner zeigen sie im infraroten Strahlungsbereich einen Helligkeitsüberschuß (IR-Exzeß), gemessen an ihrem Spektraltyp. Die Periodenlänge liegt zwischen 30 und 150 Tagen. Ihre Helligkeitsschwankungen gehen auf Pulsationen zurück. Möglicherweise sind der genannten Grundperiode weitere Perioden mit bis zu über 2300 Tagen Länge überlagert. Die Helligkeitsamplitude liegt bei etwa 3^m. Wahrscheinlich verlieren die RV T.-S. über einen → Sternwind beträchtlich an Masse. Es wird auch angenommen, daß es sich um eine Vorstufe in der Entstehung eines → planetarischen Nebels handelt.

T Tauri-Sterne, Nebelveränderliche (T Tauri stars, nebular variables). Eine Gruppe von Unterriesen, die stets in Verbindung mit → interstellarer Materie auftreten. Vermutlich handelt es sich um junge, noch kontrahierende Sterne (Alter 100000 bis 10 Mill. Jahre), die noch nicht ihren endgültigen Platz auf der Hauptreihe des → Hertzsprung-Russell-Diagramms erreicht haben (→ Sternentstehung). Sie zeigen plötzliche und unregelmäßige Helligkeitsschwankungen, die vermutlich durch einen Absorptionseffekt der sie umgebenden einfallenden und ausströmenden Wolken bedingt sind. Diese Wolken könnten auch das Rohmaterial für die Entstehung neuer Planetensysteme darstellen. In einigen Fällen konnten → bipolare Ströme festgestellt werden (auch → Herbig-Haro-Objekte). Die Spektralklassen der T T.-S. sind G, K und M. In den Spektren zeigen sich starke Emissions- und breite Absorptionslinien. Das Element Lithium kommt in ihnen etwas häufiger als bei Sternen entsprechender Spektralklassen vor. T T.-S. bilden oft → Assoziationen.

T Tauri selbst ist ein Stern vom Spektraltyp G5e. Die Klasse dieser veränderlichen Sterne wurde erstmals 1945 von A. H. Joy (1882–1973) entdeckt.

Taurus. Lateinische Bezeichnung für das Sternbild → Stier.

Taurus A. Radioastronomische Bezeichnung für den → Crab-Nebel.

Taurus-Dunkelwolken. (Taurus dark clouds). Im Sternbild Stier gelegene, 500 Lichtjahre entfernte Dunkelwolke. In ihr liegen zahlreiche → T Tauri-Sterne.

Taurus X-1. Röntgenastronomische Bezeichnung für den → Crab-Nebel.

Taygeta. Einer der hellsten Sterne in den → Plejaden.

Taylor-Instabilität (Taylor instability). → Rayleigh-Taylor-Instabilität.

Taylor-Säule (Taylor column). Eine stehende Gas- oder Flüssigkeitssäule, die entsteht, wenn eine atmosphärische Strömung ein Hindernis (wie z. B. ein Gebirge) nicht überwinden kann. Eine ähnliche Erscheinung diente gelegentlich zur Erklärung des → Großen Roten Flecks auf Jupiter.

Tebbutt. Name des von J. Tebbutt entdeckten Kometen 1861 II, der heller als die Venus wurde und einen Schweif von 30° Länge entwickelte. Am 30. 6. 1861 bewegte sich die Erde durch diesen Schweif.

Technetium (technetium). Ein instabiles Element, das auf der Erde offenbar nicht vorkommt. Das langlebigste Isotop ^{97}Tc hat eine Halbwertszeit von 2,7 Mill. Jahren. Dagegen wurde T. neuerdings in den Spektren einiger Sterne der Spektralklassen M, S und N gefunden.

Teide-Observatorium. → Observatorio del Teide.

Teilchenstrahlung (corpuscular radiation). → Korpuskularstrahlung.

Teilkreise (divided circles, graduated circles). An den Achsen eines kleineren parallaktisch montierten Fernrohrs (→ Montierung) angebrachte Kreisscheiben mit einer Einteilung in Grad (an der Deklinationsachse) bzw. Stunden und Minuten (an der Stundenachse) zur Einstellung eines Fernrohrs auf ein Objekt nach → Deklination und → Stundenwinkel.

Tektite (tektites). Früher oft als »Glasmeteorite« bezeichnete, kleine glasige Körper mit tropfen- oder knopfförmiger Gestalt und einem Gewicht bis zu 15 kg. Nach ihrer Herkunft bezeichnet man die T. z. B. als Australite oder → Moldavite (im Gebiet der Moldau gefunden), die mit der Entstehung des → Ries im Zusammenhang stehen. Tatsächlich dürfte es sich aber nicht um → Meteorite handeln, sondern um irdisches Gestein, das bei Meteoritenfällen in eine glasartige Form umgeschmolzen wurde. Daher können T. fast nur in Bereichen gefunden werden, die auch geographisch mit Meteoritenkratern oder Meteoritenaufschlagstellen zusammenfallen. Einige Autoren nahmen an, daß auf der Erde gefundene T. vielleicht auch vom Mond stammen. Bei dem Auftreffen größerer Planetesimale und Meteorite auf dem Mond könnten dort entstandene T. den Anziehungsbereich des Mondes verlassen und zur Erde gelangen. Ein genauerer Vergleich mit Mondgesteinen hat dies aber nicht bestätigt.

Teleextender (tele-extender). Ein Linsensystem, das in Verbindung mit einem Okular die Brennweite des Objektivs verlängert. → Barlow-Linse.

Telekompressor (tele-compressor). Eine Linse zur Verkürzung der Brennweite eines Objektivs und damit zur Erhöhung des Öffnungsverhältnisses. → Shapley-Linse.

Telescopium. Lateinische Bezeichnung für das Sternbild → Fernrohr.

Teleskop. 1. (telescope). Das astronomische → Fernrohr. Meist wird der Begriff aber nur auf das → Spiegelteleskop angewandt.

2. (Telescope). Das Sternbild → Fernrohr.

Telesto. Der Satellit XIII des Saturn. Seine mittlere Entfernung von Saturn beträgt 294 660 km und seine Umlaufzeit 1,888 Tage. Der Durchmesser beläuft sich auf 26x28x34 km. Er ist koorbital mit → Tethys, → Calypso und 1981 S6.

tellurisch (telluric). Die Erde betreffend.

Telstar. Bezeichnung für die beiden ersten amerikanischen aktiven Nachrichtensatelliten, die am 10. 7. 1962 und 7. 5. 1963 gestartet wurden und eine Nachrichten- und Fernsehbrücke zwischen Europa und Amerika herstellten.

Tempel 1. Name des von E. W. L. Tempel (1821–1889) entdeckten Kometen 1867 II. Seine Umlaufzeit um die Sonne beträgt 5,50 Jahre. Im Perihel ist er 224,0 Mill. km, im Aphel 709,1 Mill. km von der Sonne entfernt. Die Bahnexzentrizität ist 0,520, die Bahnneigung 10,5°.

Tempel 2. Name des von E. W. L. Tempel entdeckten Kometen 1873 II. Seine Umlaufzeit um die Sonne beträgt 5,29 Jahre. Im Perihel ist er 207,0 Mill. km, im Aphel 701,6 Mill. km von der Sonne entfernt. Die Bahnexzentrizität ist 0,544, die Bahnneigung 12,4°.

Tempel-Swift. Name des Kometen 1869 III. Seine Umlaufzeit um die Sonne beträgt 5,68 Jahre. Im Perihel ist er 172,5 Mill. km, im Aphel 780,9 Mill. km von der Sonne entfernt. Die Bahnexzentrizität ist 0,638, die Bahnneigung 5,4°. Seit 1908 wurde er nicht wieder beobachtet.

Tempel-Tuttle. Name des von E.W.L. Tempel entdeckten Kometen 1866 I, der eine Umlaufzeit von zur Zeit 32,9 Jahren um die Sonne hat und den Meteorstrom der → Leoniden verursacht. Die Bahnexzentrizität beträgt 0,904, die Bahnneigung 162,7°. Im Perihel ist der Komet 146,9 Mill. km, im Aphel 2932 Mill. km von der Sonne entfernt.

Temperatur (temperature). Ein Maß für die durchschnittliche kinetische Energie der Teilchen in einem System. In der Physik und Astronomie versteht man unter der effektiven T. diejenige T., die ein → schwarzer Körper hat, der pro Flächeneinheit und Zeiteinheit dieselbe Energie ausstrahlt. Dazu dient vor allem das Stefan-Boltzmannsche → Strahlungsgesetz. Bei der effektiven T. wird der gesamte Spektralbereich berücksichtigt, also auch z.B. der ultraviolette und infrarote Anteil, der von der Erdoberfläche aus meist nicht direkt gemessen werden kann. Bei der Strahlungs-T. zieht man dagegen nur einen bestimmten Spektralbereich heran. Weitere Definitionen der T. sind die → Farbtemperatur und die → Gradationstemperatur.

Die T. wird in der populären Literatur meist in Grad Celsius angegeben. Dabei gilt der Eispunkt von Wasser als 0°C, der Dampfpunkt als +100°C. In der wissenschaftlichen Literatur rechnet man nach → Kelvin.

Temperaturschichtung (thermal stratification). Die vertikale Änderung der Temperatur in der Atmosphäre eines Planeten oder Sterns.

Temperaturstrahlung (thermal radiation). Eine → Strahlung, die auf die Temperatur eines Körpers zurückgeht (thermische Strahlung) und den → Strahlungsgesetzen genügt.

Tempon (tempon). Die Zeitspanne, die ein Lichtstrahl benötigt, um den Radius eines → Elektrons zu durchlaufen (auch »Elementarzeit«). Es sind etwa 10^{-23} s.

Temporalstunden (temporary hours). Die ungleich langen Stunden, wie sie zeitweise in der Vorantike benutzt wurden, um den lichten Tag vom Sonnenaufgang bis -untergang und umgekehrt einzuteilen. Während des Winters sind dann die Stunden während des lichten Tages kürzer als die in der Nacht und umgekehrt.

Tera-. Abk. T, Vorsatz: 10^{12}.
Terminator (terminator). Die Grenzlinie zwischen der Tag- und Nachtseite eines beleuchteten Himmelskörpers, z. B. des Mondes und der Planeten.
Terra. Ein helles Gebiet auf der Oberfläche des Mondes oder eines erdähnlichen Planeten, meist mit zahlreichen Kratern und Bergen übersät, im Gegensatz zu einem dunklen → Mare, das über weniger derartige Einzelheiten verfügt.
terrestrisch (terrestrial). Auf die Erde bezogen.
Tesla. Einheit der magnetischen Flußdichte (Abk. T). Es ist 1 T = 1 Wb (Weber)/m^2 = 10^4 Gauß.
Tethys. Der Satellit III des Saturn, der 1684 von J. D. Cassini (1625–1712) entdeckt wurde. Die mittlere Entfernung von Saturn beträgt 294 660 km, die Umlaufzeit 1,888 Tage, die Bahnexzentrizität 0,000 und die Bahnneigung 1,86°. Der Durchmesser beläuft sich auf 1060 km. Die Masse beträgt $1{,}3 \cdot 10^{-6}$ der Saturnmasse. Bei einer mittleren Opposition erreicht T. eine scheinbare Helligkeit von $10^m_{,}5$. Bei einer mittleren Dichte von nur 1,26 g/cm^3 besteht T. zu einem erheblichen Teil aus Eis. Voyager 1 und 2 entdeckten auf T. zahlreiche Aufschlagkrater, obwohl auch einige Gebiete kraterarm sind, vermutlich die Folge einer späteren Umwälzung der Oberfläche durch geologische Prozesse. Der größte Krater ist Odysseus mit 400 km Durchmesser. Bemerkenswert ist auch Ithaca Chasma, ein über 2000 km langes, 100 km breites und einige Kilometer tiefes Tal. Es umfaßt fast ¾ des ganzen Satellitenumfangs. Auf der Bahn von T. bewegen sich als koorbitale Satelliten auch → Telesto und → Calypso, sowie 1981 S 6.
Teufelsstern (Demon Star). → Algol.
Thalassa. Ein mit Voyager 2 im Jahre 1989 entdeckter Satellit des Neptun. Seine mittlere Entfernung von Neptun beträgt 50 000 km, die Umlaufzeit 0,313 Tage. Die Bahnexzentrizität ist praktisch 0, die Bahnneigung 0,2°. Sein Durchmesser dürfte etwa 80 km erreichen.
Tharsis. Das umfangreichste vulkanische Gebiet auf Mars mit den Schildvulkanen → Arsia Mons, → Pavonis Mons und → Ascraeus Mons. T. ist eine Aufwölbung von etwa 9 km Höhe über dem mittleren Marsniveau. Er hat die doppelte Fläche von Australien. Nördlich davon setzt sich die vulkanisch geprägte Landschaft mit Alba Patera fort. Doch liegen dort keine hohen Schildvulkane vor. Etwa 5000 km westlich gibt es in Elysium Planitia einige weitere kleinere Vulkane.
Thebe. Der Satellit XV des Jupiter. Er wurde von S. P. Synott 1980 entdeckt. Seine mittlere Entfernung von Jupiter beträgt 222 000 km, seine Umlaufzeit 0,6745 Tage. Die Bahnexzentrizität ist 0,015, die Bahnneigung 0,8°. Die Abmessungen erreichen 110 × 90 km.
Themis. 1. Der Kleinplanet mit der Nr. 24. Er wurde 1853 von A. de Gasparis entdeckt. Seine mittlere Entfernung von der Sonne beträgt 469,4 Mill. km. Im Perihel ist er 412,7 Mill. km, im Aphel 526,2 Mill. km von der Sonne entfernt. Die Bahnexzentrizität ist 0,121, die Bahnneigung 0,8°. Die Umlaufzeit um die Sonne beträgt 5,56 Jahre. Der Durchmesser kommt auf 228 km, die Albedo auf 0,03. Er ist damit ein kohlenstoffhaltiger Chondrit. T. gehört zu den → Hirayama-Familien und bildet mit einigen anderen Kleinplaneten auch die → Themis-Familie.
2. Bezeichnung eines von W. H. Pickering 1904 entdeckten Saturnsatelliten, der aber nicht bestätigt werden konnte. Er gilt heute als nicht existent.
Themis-Familie (Themis family). Eine Gruppe von Kleinplaneten, die eine mittlere Entfernung von etwa 468 Mill. km von der Sonne hat. Ihr Hauptvertre-

ter ist → Themis (1). Alle zeigen den Typ eines kohlenstoffhaltigen Chondriten und dürften aus dem Zerfall eines größeren Mutterplaneten entstanden sein (auch → Hirayama-Familien).

Theodolit (theodolite). Ein Winkelmeßinstrument, das vor allem in der Geodäsie benutzt wird. Mittels eines horizontalen und vertikalen Kreises können horizontale und vertikale Winkel gemessen werden. An der Achse des Vertikalkreises befindet sich ein Fernrohr, mit dem man das zu messende Objekt einstellt.

Thermion (thermion). Ein positiv oder negativ elektrisch geladenes → Ion, das von einem heißen Körper ausgesandt wird. Die negativen T. sind die → Elektronen.

thermische Bremsstrahlung (thermal bremsstrahlung). Eine → Röntgenstrahlung, die entsteht, wenn sehr energiereiche Elektronen in dem Feld eines positiven Ions beschleunigt werden.

Thermoelement (thermo-couple, thermoelement). Ein aus zwei verschiedenen Metallen (z.B. Wismut-Tellur) bestehender Spannungserzeuger. Die Spannung entsteht, wenn die Lötstelle zwischen den beiden Metallen von einer Wärmestrahlung getroffen oder einer Temperaturerhöhung ausgesetzt wird. Das T. dient in Strahlungsdetektoren zu Temperaturmessungen in der Astronomie, z.B. zur Bestimmung der Oberflächentemperaturen der Planeten von der Erde aus.

thermonukleare Reaktionen (thermonuclear reactions). Atomare Kernprozesse, bei denen unter hohen Temperaturen leichte zu schwereren Kernen verschmelzen. → Kernverschmelzung, → Energieerzeugung in Sternen, → Sternentwicklung, → Universum.

Thermosäule (thermopile). Mehrere zusammengeschaltete → Thermoelemente.

Thermosphäre (thermosphere). → Erdatmosphäre.

THISBE. → Ballonteleskop.

Thuban. Der Hauptstern im Sternbild Drache (α Draconis). Seine Helligkeit beträgt $3\overset{m}{,}6$. Er ist 220 Lichtjahre entfernt und 135 mal heller als unsere Sonne.

Tiden (tides). Die → Gezeiten.

Tierkreis, Zodiakus (zodiac). Eine Zone am Himmel, durch die sich Sonne, Mond und Planeten bewegen. Die Mittellinie durch den T. bildet die → Ekliptik. In der Regel wird der T. mit dem → Frühlingspunkt begonnen und enthält 12 → T.sternbilder, deren Länge unterschiedlich ist. Davon zu unterscheiden sind jedoch die T.zeichen, die heute fast ausschließlich nur noch in der → Astrologie benutzt werden. Wegen der → Präzession verlagert sich nämlich der Frühlingspunkt durch die T.sternbilder. Die T.zeichen nehmen jedoch an der Verschiebung des Frühlingspunktes teil, so daß das Zeichen Widder heute mit dem Sternbild Fische, das Zeichen Stier mit dem Sternbild Widder, das Zeichen Zwillinge mit dem Sternbild Stier usw. zusammenfällt. Eigentlich gibt es noch ein 13. T.sternbild, denn der T. verläuft nahe seines südlichsten Teils ein großes Stück durch das Sternbild → Schlangenträger (Ophiuchus). Die Eintrittszeiten in die Sternbilder und Zeichen gibt die Tabelle an (S. 523). Ekl. L bedeutet die ekliptikale Länge.

Tierkreislicht (zodiacal light). → Zodiakallicht.

Tierkreissternbilder (zodiac constellations). Die 12 bzw. 13 Sternbilder entlang dem Tierkreis. Unsere heute benutzten T. gehen im wesentlichen auf die griechische Sternbilderkunde zurück. Einige haben jedoch eine ältere Herkunft. In anderen Kulturkreisen wurden meist völlig andere Sternbilder in dieser Zone angenommen. Die Tabelle (S. 524) gibt eine Zusammenstellung der wichtigsten Tierkreise (auch → Zeichen).

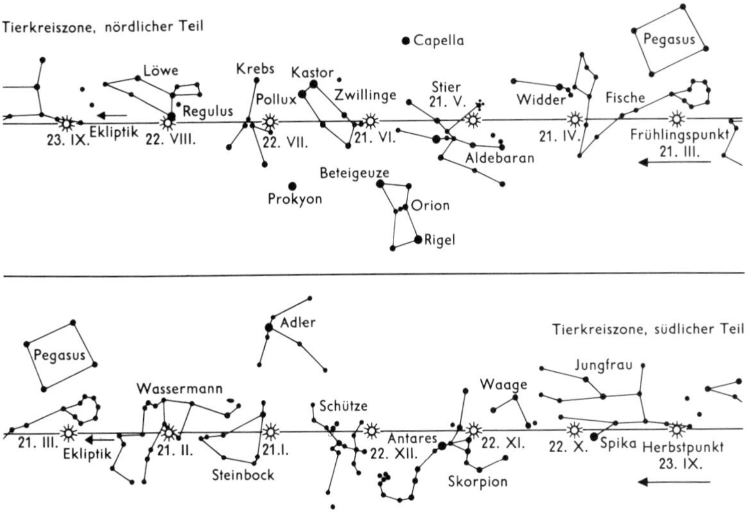

Bewegung der Sonne durch die Ekliptik (Tierkreis)

Eintrittszeiten der Sonne in die Tierkreissternbilder und -zeichen

Name			Eintritt in das			
			Sternbild		Zeichen	
Deutsch	*Lateinisch*	*Abk.*	*Ekl. L*	*Datum*	*Ekl. L*	*Datum*
Widder	Aries	Ari	28,7°	18. April	0°	21. März
Stier	Taurus	Tau	53,4°	13. Mai	30°	20. April
Zwillinge	Gemini	Gem	90,1°	21. Juni	60°	21. Mai
Krebs	Cancer	Cnc	118,0°	20. Juli	90°	21. Juni
Löwe	Leo	Leo	138,1°	10. August	120°	23. Juli
Jungfrau	Virgo	Vir	173,8°	16. September	150°	23. August
Waage	Libra	Lib	217,9°	30. Oktober	180°	23. September
Skorpion	Scorpius	Sco	240,9°	22. November	210°	23. Oktober
Schlangenträger	Ophiuchus	Oph	247,6°	29. November	–	–
Schütze	Sagittarius	Sgr	266,2°	18. Dezember	240°	22. November
Steinbock	Capricornus	Cap	299,6°	19. Januar	270°	21. Dezember
Wassermann	Aquarius	Aqr	327,5°	16. Februar	300°	20. Januar
Fische	Pisces	Psc	351,5°	11. März	330°	19. Februar

Tierkreiszeichen (zodiac signs). → Tierkreis.

Tiros. Abk. für Television and Infrared Observation Satellite, d.h. Fernseh- und Infrarot-Beobachtungssatellit. Sammelbezeichnung für einige amerikanische Wettersatelliten. T. 1 wurde am 1. 4. 1960, der letzte T.-Satellit, T. 10, am 2. 7. 1965 gestartet.

Titan. Der Satellit VI des Saturn. Bereits im Jahre 1655 von Ch. Huygens (1629–1695) entdeckt, ist er der größte und

Die wichtigsten Tierkreise

babylonisch	Übersetzung	heutiger Name	altägyptisch	altchinesisch
agru	Taglöhner	Widder	Kater	Hund
gu. an. na	Himmelsstier	Stier	Hund	Hahn
tu' amu tu' amu sihruti	Große Zwillinge Kleine Zwillinge	Zwillinge	Schlange	Affe
Sittu	?	Krebs	Käfer	Schaf
urgulu	Löwe	Löwe	Esel	Pferd
ab. sin	Ähre	Jungfrau	Löwe	Schlange
zibanitu	Waage	Waage	Bock	Drache
zuqaqipu	Skorpion	Skorpion	Stier	Hase
pa. bil. sag	?	Schütze	Sperber	Tiger
alluttu	Ziegenfisch	Steinbock	Affe	Stier
gu. la	Wassermann	Wassermann	Ibis	Ratte
anunitu/num	Fische	Fische	Krokodil	Schwein

hellste Saturnsatellit. Er kann bereits mit kleinen Fernrohren beobachtet werden. Seine scheinbare Helligkeit beträgt in einer mittleren Opposition $8{,}^{m}3$, seine mittlere Entfernung von Saturn 1 221 830 km, seine siderische Umlaufzeit 15,945 Tage. Die Bahnexzentrizität ist 0,029, die Bahnneigung 0,3°. Die Masse kommt auf $2{,}38 \cdot 10^{-4}$ Saturnmassen. Die Albedo beläuft sich auf 0,21. Der Durchmesser beträgt 5150 km. Sieht man von einer extrem dünnen Atmosphäre bei → Triton ab, so besitzt T. als einziger Satellit unseres Planetensystems eine Atmosphäre. In ihr wurden vor allem Stickstoff mit 82 bis 94% und Methan mit 6% sowie mehrere andere Spurengase wie Äthan, Acetylen, Propan, Diacetylen, Methylacetylen, Cyanid, Cyanoacetylen, Kohlendioxid, Kohlenmonoxid und auch Wasserstoff nachgewiesen. Die Kohlenwasserstoffe entstehen durch vorherige Aufspaltung der Methan- und Kohlenmonoxid- bzw. Kohlendioxidmoleküle unter der Wirkung des Sonnenlichts. Bei diesen photochemischen Prozessen wird auch Wasserstoff frei. Er entweicht in den umgebenden Raum und bildet längs der T.bahn einen breiten Wasserstofftorus, der sich zwischen etwa 480 000 und 1,5 Mill. km von Saturn erstreckt. Die Kohlenwasserstoffe bilden dagegen in der kalten Atmosphäre in Höhen bis zu etwa 200 oder 300 km einen undurchsichtigen orangefarbenen Schleier. Er ließ bei früheren Messungen auch den Durchmesser von T. deutlich größer erscheinen. Der Druck an der T.oberfläche beträgt das 1,6fache des atmosphärischen Drucks am Erdboden. Die Temperatur ist dort –178°C. Vielleicht gibt es auf T. auch Methanregen und an der Oberfläche Methanseen. Radarabtastungen haben aber gezeigt, daß ein Teil der Oberfläche auch aus Gesteinen, sowie Kohlendioxid- und Wassereis bestehen dürfte. Daß Eis auch im inneren Aufbau eine große Rolle spielt, zeigt die geringe mittlere Dichte von 1,88 g/cm^3.

Titania. Der Satellit III des Uranus. Er wurde 1787 von W. Herschel (1738–1822) entdeckt. Sein Durchmesser beträgt etwa 1580 km, seine Umlaufzeit (siderisch) 8,706 Tage, die mittlere Entfernung von Uranus 435 910 km. Die Bahn liegt mit einer Bahnneigung von 0,1° fast genau in der Äquatorebene des Uranus und hat nur eine Exzentrizität von 0,002. Die Masse ist $6{,}8 \cdot 10^{-5}$ der Uranusmasse. Die Helligkeit in einer mittleren Opposition erreicht $13{,}^{m}9$. Die Albedo kommt auf 0,28. Auf der Oberfläche dieses größten Uranussatelliten entdeckte Voyager 2 im Jahre 1986 zahlreiche Aufschlagkrater. Jedoch gibt es auch ein Gebiet mit geringerer Kraterdichte. Möglicherweise wurde dort die alte Oberfläche durch innere Kräfte nachträglich verändert. Ferner wurden viele Verwerfungen und Bruchzonen gefunden. Einige zerschneiden die alten Krater.

Titius-Bodesche Reihe (Titius-Bode law). Eine nach J. D. Titius (1729–1796) und J. E. Bode (1747–1826) benannte Reihe in der Abstandsfolge der Planeten von der Sonne, die heute keine Bedeutung mehr hat, da sich bei Neptun und Pluto beträchtliche Unterschiede ergeben. Die Reihe hatte allerdings in der Geschichte der Astronomie eine große Bedeutung, z. B. bei der Auffindung der ersten Kleinplaneten (da nach der Reihe zwischen Mars und Jupiter zumindest ein weiterer Planet erforderlich erschien), sowie bei der ersten Bahnbestimmung von Neptun aus den Störungen in der Uranusbewegung. Die Reihe kann auch in der Form geschrieben werden:

$$D = 0{,}4 + (N \cdot 0{,}3).$$

D ist hier die Entfernung von der Sonne in Astronomischen Einheiten, *N* sind die Zahlen 0, 1, 2, 4, 8, 16, 32, 64, 128. Die häufig benutzte Bezeichnung »Titius-Bode'sches Gesetz« sollte vermieden werden, da es sich natürlich um keine Gesetzmäßigkeit handelt.

TLP. Abk. für Transient Lunar Phenomena (→ Mond).

Tochtermolekül (daughter-molecule). → Muttermolekül.

Toliman. Bezeichnung für den Hauptstern im Sternbild → Centaurus.

topozentrisch (topocentric). Auf den Beobachtungsort bezogen.

Toro. Der Kleinplanet Nr. 1685, der 1948 von C. Wirtanen aufgefunden wurde. T. bewegt sich tief in den inneren Bereich unseres Planetensystems hinein. Die mittlere Entfernung von der Sonne beträgt 204,6 Mill. km. Sein Perihel liegt bei 115,4 Mill. km, sein Aphel bei 293,8 Mill. km Abstand von der Sonne. Die Bahnexzentrizität beträgt 0,436, die Umlaufzeit 1,599 Jahre. Die Bahnneigung ist 9,4°. Da diese Umlaufzeit ziemlich genau 8/5 der Umlaufzeit der Erde beträgt, besteht eine Störungsbeziehung zu unserem Planeten, so daß T. gelegentlich, aber irreführend, als weiterer Mond unserer Erde bezeichnet wurde. Unserer Erde kann sich T. auf minimal 19,5 Mill. km nähern. T. hat eine Größe von etwa 7–8 km, seine Rotationsperiode dürfte etwa $10^h 11^m$ betragen, die Albedo liegt bei etwa 0,15. Radarbeobachtungen haben neuerdings wahrscheinlich gemacht, daß die steinige Oberfläche des T. von Staub überzogen ist. Ein Zusammenhang mit dem schwachen → Meteorstrom der Januar-Aquariden wurde vermutet, ist aber unsicher.

Titius-Bodesche Reihe

Planet	Entfernung nach Titus-Bode	wahre Entfernung	Unterschied
Merkur	0,4 + 0 · 0,3 = 0,4	0,39	0,01
Venus	0,4 + 1 · 0,3 = 0,7	0,72	0,02
Erde	0,4 + 2 · 0,3 = 1,0	1,00	0,00
Mars	0,4 + 4 · 0,3 = 1,6	1,52	0,08
Kleinplaneten	0,4 + 8 · 0,3 = 2,8	2,90	0,10
Jupiter	0,4 + 16 · 0,3 = 5,2	5,20	0,00
Saturn	0,4 + 32 · 0,3 = 10,0	9,55	0,45
Uranus	0,4 + 64 · 0,3 = 19,6	19,20	0,40
Neptun		30,10	
Pluto	0,4 + 128 · 0,3 = 38,8	39,50	0,70

Torquetum. Ein vor allem von Regiomontanus (1436–1476) nach älteren Vorlagen weiterentwickeltes Gerät zur Darstellung der Himmelskreise wie Äquator und Ekliptik (auch »Turketum«). Es wurde früher auch zur Erstellung von Horoskopen herangezogen.

Torr. Eine veraltete, amtlich nicht mehr zulässige Einheit des → Drucks, die 1/760 einer Atmosphäre entspricht. Es ist 1 Torr = 1 mm Hg (Millimeter-Quecksilbersäule) = 133 Pascal.

Totalität (totality). Eine vollständige → Finsternis.

Totalitätszone (track of totality, path of totality). Die schmale Zone auf der Erdoberfläche, längs der der Kernschatten des Mondes bei einer → Sonnenfinsternis über die Erdoberfläche zieht.

tote Viertelstunde (sudden short wave fade-out). → Solar-terrestrische Beziehungen.

Toutatis. Der Kleinplanet Nr. 4179. Er hat eine mittlere Sonnenentfernung von 375,6 Mill. km, eine Bahnexzentrizität von 0,6405 und eine Bahnneigung von 0,5°. Er kommt alle 4 Jahre nahe an der Erde vorbei. Am 8. 12. 1992 betrug der Minimalabstand 3,6 Mill. km. Bei dieser Gelegenheit wurde er mit Radar abgetastet. Er zeigte sich als der irregulärste bisher im Planetensystem entdeckte Himmelskörper. Er besteht sogar eigentlich aus zwei Teilen mit 4 bzw. 2,5 km Durchmesser, die sich entweder eng berühren oder doch gerade noch fest miteinander verbunden sind. Im Jahre 1996 wird der kleinste Abstand 5,3, im Jahre 2000 4,0 und im Jahre 2004 1,6 Mill. km betragen. T. kann aber der Erde nie näher als 900 000 km kommen.

Trabant (satellite). → Satellit.

Transient Lunar Phenomena. → Mondbeben.

Transients. 1. Erscheinungen in der → Sonnenkorona. **2.** Zeitweise aktive → Röntgenquellen, die mit → kataklysmischen Veränderlichen in Zusammenhang stehen (»transitorische Röntgenquellen«).

Transpluto (transplutonian planet). Ein hinter dem Planeten Pluto gelegentlich vermuteter weiterer größerer Planet. Er wurde meist aus restlichen Bahnstörungen in der Bewegung von Uranus und Neptun postuliert, gelegentlich auch aus einer vermuteten → Kometenfamilie, die diesem Planeten zugehören sollte. Alle Nachforschungen der letzten Jahrzehnte blieben aber ergebnislos. Möglicherweise gehen die sehr geringfügigen Reststörungen in der Uranus- und Neptunbewegung auf systematische Fehler in den Sternkatalogen zurück, auf die die Positionen dieser Planeten bezogen wurden. Auch gingen in die Rechnungen noch fehlerhafte Werte für die Massen von Uranus und Neptun ein. Die Auffassung, daß es im Bereich Neptun/Pluto dagegen einen weiteren Gürtel von Kleinplaneten bzw. Kometen gibt, wurde durch die Entdeckung von 1992 QB_1 und mehrerer Folgeobjekte bestärkt (→ Kleinplaneten, → Kuiper-Ring).

Transversalwelle (transverse wave). Eine Welle, die senkrecht zu ihrer Ausbreitungsrichtung schwingt.

Trapez (Trapezium). Vier ungefähr trapezförmig angeordnete Sterne im → Orionnebel. Es handelt sich um verhältnismäßig junge Sterne mit dem Spektraltyp O6 bis B3. Ihre Helligkeiten sind $5\overset{m}{,}1$, $6\overset{m}{,}7$, $6\overset{m}{,}7$ und $8\overset{m}{,}0$.

Treibhauseffekt (greenhouse effect). → Glashauswirkung.

Triangulum. Lateinische Bezeichnung für das Sternbild → Dreieck, nördliches.

Triangulum Australe. Lateinische Bezeichnung für das Sternbild → Dreieck, südliches.

Trifid-Nebel (Trifid Nebula). Ein im Sternbild Schütze gelegener heller Nebel (M 20 bzw. NGC 6514). Seine

Entfernung beträgt etwa 5200 Lichtjahre.

Trigon (trigon). Ein → Aspekt, bei dem zwei Planeten oder auch Sonne und Mond untereinander auf der Ekliptik einen Längenunterschied von 120° haben.

trigonometrische Parallaxe (trigonometric parallax). → Parallaxe.

Triquetrum, parallaktisches Lineal, (parallactic rule). Ein Winkelmeßinstrument, das vor allem in der antiken Astronomie benutzt wurde. Es bestand aus drei Linealen, von denen zwei gleich lang waren und das dritte senkrecht zu den beiden ersten stand. Mit dem Gerät wurde vor allem die → Zenitdistanz von Gestirnen gemessen.

Tritium (tritium). Der Kern dieses überschweren Wasserstoffatoms besitzt 1 Proton und 2 Neutronen. T. kommt auf der Erde im natürlichen Zustand nicht vor. Die Halbwertszeit von Tritium beträgt 12,347 Jahre, seine Masse 3,016. Einen T.-Atomkern bezeichnet man auch als Triton.

Triton. Der erste Satellit des Neptun, der 1846 von W. Lassell (1799–1880) entdeckt wurde. Seine mittlere Entfernung von Neptun beträgt 354 800 km, die Bahnexzentrizität ist nahezu Null. Mit einer Bahnneigung von 157,3° ist T. rückläufig. Die Umlaufzeit kommt auf 5,877 Tage. Die Masse macht $2{,}09 \cdot 10^{-4}$ der Neptunmasse aus. Der Durchmesser ist kleiner als früher angenommen wurde. Damals setzte man für den im Fernrohr punktförmig erscheinenden T. aus den Erfahrungen mit anderen Satelliten eine sehr viel geringere Albedo ein. Die große Helligkeit des T. von $13\overset{m}{,}6$ bei einer mittleren Opposition hätte dann nur durch eine riesige Fläche des Satelliten erreicht werden können. Gelegentlich wurde sogar vermutet, T. sei der größte Satellit des ganzen Planetensystems. Die Untersuchungen mit Voyager 2 ergaben aber eine Albedo von 0,70 und einen Durchmesser von nur 2704 km. Die mittlere Dichte beträgt 2 g/cm^3. Die Oberfläche und Kruste besteht im wesentlichen aus Eis (Wasser, Ammoniak, Methan), der Kern aus Gesteinen und vielleicht sogar Metallen. An der Oberfläche herrscht eine Temperatur von –235°C. Damit ist T. der bisher kälteste bekannte Körper des ganzen Planetensystems. Er besitzt eine sehr dünne Atmosphäre aus Stickstoff und 0,01% Methan mit einem Bodendruck von 1/100 000 des irdischen Luftdrucks. In einigen Kilometern Höhe gibt es dünne Wolken und einen feinen Dunst. In 600 km Höhe beträgt die Temperatur –173°C. Dort dürfte eine → Ionosphäre bestehen, in der sogar → Polarlichter nachgewiesen wurden. Die Südhalbkugel erschien bei dem Vorüberflug von Voyager 2 rosa und heller als andere Gebiete. Da diese Halbkugel gerade Sommer hatte, zeigte sich die südliche Polkappe in Auflösung. Flache Gebirgskämme mit blatternarbigen Strukturen dazwischen erschienen. Rötliche bis schwarze »Fahnen« erstreckten sich bis 150 km Länge und 20 bis 50 km Breite in nordöstlicher Richtung. Sie gehen vermutlich auf geysirartige Eruptionen zurück, in denen flüssiger Stickstoff mit Geschwindigkeiten bis zu 250 m/s durch Oberflächenspalten hochgepreßt wird und im Fastvakuum explosionsartig verdampft. Dabei wird dunkleres Material von der Oberfläche mitgerissen. Vielleicht verwandelt sich darin enthaltenes Methan unter der Sonnenstrahlung aber auch in dunkle Kohlenwasserstoffe. Auch an Staubtornados wurde gedacht, was aber weniger wahrscheinlich ist. Aufschlagkrater kommen nur selten vor, was auf eine relativ junge Oberfläche von höchstens 100 Mill. Jahren hinweist. In einigen Fällen wurden aber diese Krater durch vom Innern aufsteigendes flüssiges Material aufgefüllt (»gefrorene

Seen«). Eislava findet sich vermutlich in dem Cantaloupe Terrain, das wie die Schale einer kalifornischen Honigmelone aussieht.

Trojaner (Trojans). Eine besondere Gruppe der Kleinplaneten, die sich in den Librationspunkten (→ Dreikörperproblem) befinden, die zusammen mit Jupiter und der Sonne ein gleichseitiges Dreieck bilden. Der erste T. (588 Achilles) wurde 1906 von M. Wolf (1863–1932) aufgefunden. Bisher sind bereits weit über 100 T. gesichert. Neben diesen numerierten Kleinplaneten ist aber noch mindestens dieselbe Zahl als unnumerierte Körper bekannt. Die Körper erhielten Namen aus dem trojanischen Krieg. Die griechischen Helden bewegen sich dabei etwa 60° vor dem Jupiter, die trojanischen Helden 60° hinter dem Jupiter einher. Tatsächlich führen die T. jedoch noch zusätzliche Schwingungen in Gestalt nierenförmiger Bahnen um die jeweiligen Librationspunkte aus. Die Perioden dieser Schwingungen betragen mindestens 148 Jahre, bei sehr großen Schwingungen sogar wesentlich länger. Vermutlich sind die T. verhältnismäßig dunkel und rötlich. Ihre Albedo ist dementsprechend niedrig. Der größte T. ist → Hektor. 1990 wurde auch ein Mars-T. (Eureka) entdeckt.

Tropen (Tropics). Das Gebiet zwischen dem nördlichen und südlichen → Wendekreis auf der Erde. Im allgemeinen Sinne spricht man aber auch von T. auf der Oberfläche von Planeten und meint dort die äquatornahe Zone, auf Mars wegen seiner ähnlichen Achsenneigung den Bereich zwischen dem nördl. und südl. Wendekreis dieses Planeten bei ±25,5° Breite.

tropisch (tropical). Auf den → Frühlingspunkt bezogen.

Erstentdeckte und hellere Griechen und Trojaner

Nr.	Name	Entdeckungsdatum	Entdecker
Griechen			
588	Achilles	22. 02. 1906	M. Wolf
624	Hektor	10. 02. 1907	A. Kopff
659	Nestor	23. 03. 1908	M. Wolf
911	Agamemnon	19. 03. 1919	K. Reinmuth
1143	Odysseus	28. 01. 1930	K. Reinmuth
1404	Ajax	17. 08. 1936	K. Reinmuth
1437	Diomedes	03. 08. 1937	K. Reinmuth
1583	Antilochus	20. 09. 1950	S. Arend
1647	Menelaus	23. 06. 1957	S. Nicholson
1749	Telamon	23. 09. 1950	K. Reinmuth
1868	Thersites	24. 09. 1960	C. van Houten und
1869	Philoctetes	24. 09. 1960	I. van Houten-Groeneveld
Trojaner			
617	Patroclus	17. 10. 1906	A. Kopff
884	Priamus	22. 09. 1917	M. Wolf
1172	Aeneas	17. 10. 1930	K. Reinmuth
1173	Anchises	17. 10. 1930	K. Reinmuth
1208	Troilus	31. 12. 1931	K. Reinmuth
1867	Deiphobus	03. 03. 1971	C. Cesco
1870	Glaukos	24. 03. 1971	
1871	Astyanax	24. 03. 1971	C. van Houten und
1872	Helenos	24. 03. 1971	I. van Houten-Groeneveld
1873	Agenor	25. 03. 1971	

Tropopause (tropopause). Die Grenze zwischen der → Troposphäre und der Stratosphäre in der → Erdatmosphäre.

Troposphäre (troposphere). Die unterste Schicht in unserer → Erdatmosphäre, in der sich das Wettergeschehen im wesentlichen abspielt. Im Gegensatz zur Stratosphäre, in der fast keine vertikale Durchmischung stattfindet, werden in der T. die Luftschichten meist stark durchmischt.

Trümplersche Sterne (Trumpler's stars). Eine hypothetische Gruppe extrem leuchtmächtiger Sterne, deren Masse mit über 100 Sonnenmassen angenommen wurde. Da Sterne so großer Masse nicht mehr stabil sein können, ist es fraglich, ob es diesen Sterntyp tatsächlich gibt.

Tscherenkow-Strahlung (Cerenkov radiation). → Cerenkov-Strahlung.

Tubus (tube). Die das Objektiv und das Okular eines Fernrohrs verbindende Röhre.

Tucana. Lateinische Bezeichnung für das Sternbild → Tukan.

Tukan (Toucan). Ein Sternbild am südlichen Himmel (lateinische Bezeichnung Tucana, Abk. Tuc), das 1603 von J. Bayer (1572–1625) eingeführt wurde. Hauptstern ist α Tucanae mit $2\overset{m}{.}9$ Helligkeit und 62 Lichtjahren Entfernung. Sein Spektrum ist K3, die absolute Leuchtkraft ist 20 mal größer als die der Sonne. Im T. befindet sich auch die Kleine → Magellansche Wolke. Bekannt ist auch der Kugelsternhaufen ζ oder 47 Tucanae (auch als NGC 104 bezeichnet). Mit einer Gesamthelligkeit von $4\overset{m}{.}0$ gehört er zu den hellsten Kugelsternhaufen. Seine Entfernung ist 16 000 Lichtjahre. Im Verhältnis zu den meisten anderen Kugelsternhaufen besitzen seine Sterne verhältnismäßig viel Metalle.

Tully-Fisher-Beziehung (Tully-Fisher relation). Eine auf R. B. Tully und J. R. Fisher zurückgehende neuere Methode zur Entfernungsmessung von Galaxien. Sie benutzt hierzu eine Beziehung zwischen der Rotationsbewegung des neutralen Wasserstoffgases innerhalb einer Galaxie und deren absoluter Leuchtkraft. Die internen Geschwindigkeiten sind um so größer, je höher die Masse und damit auch deren absolute Leuchtkraft ist. Aus der letzteren kann dann in Verbindung mit der scheinbaren Helligkeit einer Galaxie die Entfernung bestimmt werden.

Tunguska-Ereignis (Tunguska event). Ein am 30. 6. 1908 im Gebiet der Steinigen Tunguska in der sibirischen Taiga stattgefundener Niedergang eines kosmischen Körpers. L. A. Kulik fand 1927 bei einer Expedition in diesem Bereich zwar keinen Krater, aber ein auf einer Fläche von 1200 km^2 zerstörtes Waldgebiet. In den Randzonen waren die Bäume radial nach außen geworfen, im Zentrum fehlten die Baumkronen (»Telegraphenstangenwald«). Auch gab es Hinweise auf einen Waldbrand. Ferner wurden später in der Umgebung etwa 0,1 mm große Magnetit- und Silikatkügelchen gefunden, die wohl ein Kondensat der bei dem Ereignis zunächst verdampften Materie darstellten. Eine seismische Welle konnte nachträglich noch bis Mitteleuropa, eine Luftdruckwelle fast rings um die Erde festgestellt werden. Mehrere weitere Expeditionen folgten bis in die Gegenwart. Extrem spekulative Auffassungen erklärten das Phänomen durch die Kollision eines fremden Raumschiffes mit Antimaterie oder mit einem kleinen Schwarzen Loch. Alle Erscheinungen lassen sich aber zwanglos erklären, wenn man den Zusammenstoß der Erde mit dem Kern eines kleinen Kometen oder wahrscheinlicher eines Kleinplaneten vom Apollotyp annimmt. Dieser etwa 100 m große Körper, der mit einer Geschwindigkeit von etwa 26 km/s unter einem ziemlich flachen Winkel in die Erdatmosphäre eintrat, müßte in 5 bis 10 km Höhe explodiert sein. Ein Kometenkern wäre nach neueren Berechnungen bereits in größerer Höhe geborsten.

Turbulenz (turbulence). Eine wirbelartige Durchmischung von Flüssigkeiten oder Gasen.

Turbulenztheorie (turbulence theory). Eine 1944 von C. F. von Weizsäcker (*1912) aufgestellte Theorie, nach der sich das → Planetensystem aus einzelnen Wirbeln (Turbulenzelementen) verdichtet haben soll. Die T. ist allerdings mit der heutigen Vorstellung über die Entstehung des Planetensystems nicht voll verträglich.

Tureis. Der Stern ι Carinae (im → Schiffskiel). Bei einer Helligkeit von $2\overset{m}{,}2$ ist er 750 Lichtjahre entfernt und 5000mal heller als die Sonne. Der Spektraltyp ist F0. Gleichzeitig Name für den Stern ϱ Puppis.

Turketum. → Torquetum.

Turmteleskop, Sonnenturm (tower telescope, solar tower). Eine vor allem zur Erforschung der Sonne benutzte turmförmige Anordnung. Auf dem Turm selbst befindet sich ein → Coelostat, der das Sonnenlicht senkrecht in ein unter der Erdoberfläche befindliches Laboratorium spiegelt.

Tuttle. Name eines 1790 von P. F. A. Méchain (1744–1804) entdeckten und 1858 von Tuttle wiederentdeckten Kometen. Er ist im Perihel 151,8 Mill. km, im Aphel 1555,8 Mill. km von der Sonne entfernt. Die Bahnexzentrizität ist 0,823, die Bahnneigung 54,5°. Die Umlaufzeit beträgt 13,7 Jahre. Auf ihn geht der Meteorstrom der → Ursiden zurück.

Tychonischer Stern (Tycho's Star). Eine 1572 von Tycho Brahe (1546–1601) im Sternbild Kassiopeia entdeckte → Supernova.

Tychonisches System (Tychonic system). Ein von Tycho Brahe (1546–1601) aufgestelltes Weltsystem. Nach ihm bewegt sich die Sonne um die Erde. Die Planeten bewegen sich dagegen um die Sonne.

Tyuratam. Nahe dem Aralsee gelegenes Raketenversuchsgelände der früheren Sowjetunion. Häufig wird es auch mit »Baikonur« bezeichnet, das aber etwa 280 km nordöstlich von T. liegt. Etwa 24 km nördlich T. befindet sich die neue Stadt Leninsk, die vor allem das technische Personal von T. beherbergt. Sowohl der erste künstliche russische Satellit → Sputnik 1 als auch alle sowjetischen bemannten Versuche wurden von T. (Kasachstan) aus gestartet.

Tzolkin. Ein im Kalender der Majas benutzter Zeitraum von 260 Tagen. Er ist zusammengesetzt aus einer Kombination der 20 Tageszeichen mit den Zahlen 1 bis 13.

U

Überriesen (supergiants). Eine Gruppe von Sternen, die im → Hertzsprung-Russell-Diagramm hinsichtlich der Leuchtkraft über den → Riesensternen liegen. Sie sind verhältnismäßig selten. Trotzdem gehören zahlreiche helle Sterne, die wir am Himmel beobachten können, zu den Ü. (z. B. Rigel und Beteigeuze). Kein Ü. steht uns so nahe, daß an ihm bisher eine trigonometrische → Parallaxe bestimmt werden konnte (auch → Leuchtkraftklassen).

UBV-System, Johnson-Morgan-System (UBV system). Ein System der → Helligkeiten der Sterne, das von H. L. Johnson und W. W. Morgan am Yerkes-Observatorium entwickelt wurde. Es stellt die mit 3 verschiedenen Farbfiltern gemessenen Helligkeiten der Sterne zusammen: die Ultravioletthelligkeit bei 3600 Å bzw. 360 nm (U), die Blauhelligkeit bei 4200 Å bzw. 420 nm (B) und die visuelle Helligkeit in dem grüngelben Spektralbereich bei 5400 Å bzw. 540 nm (V). Das System wurde so festgelegt, daß für einen Stern des Spektraltyps A0 folgende Gleichung gilt: $B–V = U–B = 0$. Aus der Gleichung erhält man einen negativen Wert für heißere Sterne, die mehr im kurzwelligen Bereich strahlen, und einen positiven Wert für kühlere Sterne, die ihr Strahlungsmaximum im längeren Wellenlängenbereich haben.

Noch etwas differenzierter ist das Stebbins-Whitford-Sechsfarbensystem, das die Helligkeiten zusammenstellt, die mit 6 verschiedenen Farbfiltern erhalten wurden (U, V, B, G, R, I). Diese Wellenlängenbereiche liegen im ultravioletten, violetten, blauen, grünen, roten und infraroten Bereich.

UFO. Abk. für Unidentifiziertes Flug-Objekt (engl. Unidentified Flying Object). Umgangssprachlich werden UFOs auch als »fliegende Untertassen« bezeichnet. Man spricht erst seit etwa 1945 von diesen Objekten. Einige Menschen sind der Meinung, es handele sich hier um den Einflug außerirdischer Flugobjekte. Da die Verbreitung von → Leben auf Gestirnen heute wesentlich vorsichtiger beurteilt wird als in der Vergangenheit und vor allem höhere Intelligenzien allenfalls nur in sehr großen Entfernungen von mindestens Hunderten oder Tausenden von Lichtjahren anzunehmen sind, ist die Wahrscheinlichkeit einer direkten Konfrontation unserer Erde mit fremden Planetariern ohnedies äußerst gering. Die vorliegenden Beobachtungsberichte können fast alle auf andere Phänomene zurückgeführt werden (hier nur einige Beispiele: hochfliegende Flugzeuge, Erdsatelliten, Ballons, atmosphärische Leuchterscheinungen wie Polarlichter, Halos usw., Spiegelungen, Meteore, helle Planeten). Ein geringer Bruchteil ungeklärter Fälle ist im wesentlichen auf den Umstand zurückzuführen, daß die Berichte zu ungenau waren oder aber, daß es sich um absichtliche Irreführung handelte. Vielleicht stecken hinter einigen UFO-Sichtungen auch seltene und noch unbekannte atmosphärische Erscheinungen. Auf keinem einzigen Observatorium der Erde wurde bisher ein Objekt beobachtet, das zwingend auf den Einflug fremder Planetarier hinweist. Berichte von sog. Kontaktpersonen, die bereits fremde Planetarier gesehen haben und mit ihren Fluggeräten sogar in den Raum geflogen sein wollen, sind eher auf psychologische Weise zu erklären.

Uhr (clock). Ein Zeitmeßinstrument, das in der Astronomie eine große Rolle spielt. Letztlich gehen U. auf irgendeinen periodischen Vorgang zurück; bei einer Pendeluhr z.B. auf das Schwingen eines Sekunden- oder Halbsekundenpendels. Bei den besten astronomischen Pendeluhren, deren Pendel aus Invar oder Konstantan (einer Metallegierung mit geringem Wärmeausdehnungskoeffizienten) bestehen, werden Ganggenauigkeiten von etwa $0{,}01^{s}$ pro Tag erzielt. In diesen Fällen werden U. meist in verhältnismäßig temperaturkonstanten Räumen (Keller usw.) untergebracht. Häufig enthalten sie auch zusätzliche Kompensationsinstrumente für Luftdruckschwankungen. In der neueren Zeit spielen jedoch → Quarzuhren und → Atomuhren eine größere Rolle.

Uhrenparadoxon (clock paradox). Das aus der speziellen → Relativitätstheorie sich ergebende Paradoxon, daß ein Raumfahrer, der mit nahezu Lichtgeschwindigkeit durch den Raum fliegen würde, nach seiner Rückkehr auf die Erde nicht so stark gealtert ist wie die zurückgebliebenen Erdenbewohner. (→ Zwillings-Paradoxon)

Uhrgang (rate of clock). Der tägliche Gang einer Uhr oder die Änderung des → Uhrstands innerhalb von einem Tag. Ist der tägliche Gang einer Uhr bekannt und einigermaßen konstant, so kann er beim Ablesen einer Uhr berücksichtigt werden. Ungünstiger ist eine unregelmäßige Änderung des U., die nicht berücksichtigt werden kann. Je größer die Änderung des U., desto schlechter die Uhr.

Uhrstand (clock state, clock indication). Der Unterschied zwischen der von einer Uhr angegebenen Zeit und der tatsächlichen Zeit. Ein positives Vorzeichen des U. bedeutet, daß die Uhr nachgeht, ein negatives Vorzeichen weist auf ein Vorgehen der Uhr hin.

Uhuru. Ein amerikanischer Erdsatellit für die → Röntgenastronomie. Die Bezeichnung bedeutet in der Kisuaheli-Sprache »Freiheit«, da der Satellit, der auch die Bezeichnung Explorer 42 erhielt, am 12. 12. 1970 von Kenia aus gestartet wurde. Seine Bahn hatte eine Höhe zwischen 522 und 573 km.

ultrakurzperiodische Cepheiden (ultrashort-period Cepheids). → δ Scuti-Sterne.

ultrarelativistische Geschwindigkeit (ultrarelativistic velocity). Eine Geschwindigkeit von Elementarteilchen, die dicht unterhalb der Lichtgeschwindigkeit liegt.

ultrarot (ultrared). → Infrarot.

Ultrastrahlung (cosmic rays, cosmic radiation). Gelegentlich benutzte Bezeichnung für die → kosmische Strahlung.

ultraviolett (ultraviolet). Eine → elektromagnetische Strahlung mit einer Wellenlänge, die kleiner als die des sichtbaren Lichts ist und zwischen etwa 4000 Å bzw. 400 nm und 100 Å bzw. 10 nm liegt. Zu noch kürzeren Wellenlängen hin schließt sich das Gebiet der → Röntgenstrahlung an.

Ultraviolettastronomie (ultraviolet astronomy). Ein moderner Teilbereich der Astronomie, der sich die Erforschung der aus dem Weltall eintreffenden Strahlung im → Ultraviolett zur Aufgabe gemacht hat. Die Erdatmosphäre ist in diesem Wellenlängenbereich vollständig undurchlässig. Die Ultraviolettstrahlung wird, abgesehen von den längerwelligen Bereichen, bereits in der Ionosphäre und in der Ozonschicht absorbiert. U. kann daher nur mit Hilfe von Raketen, Erdsatelliten und Raumsonden ausgeführt werden. Viele Röntgensatelliten werden auch für die U. eingesetzt (→ Röntgenastronomie, → Röntgenteleskop). Daneben gibt es reine Ultraviolettsatelliten, z. B. → IUE. Auch das → Hubble-Space-Telescope ist dazu geeignet. Die U. ist zunächst für die Erforschung der Sonne bedeutsam. Daneben gibt es aber eine Gruppe sehr heißer, meist auch massereicher Sterne, die ihr Strahlungsmaximum im ultravioletten Bereich hat. Da es sich hier gleichzeitig um extrem junge Sterne handelt, ist die Erforschung derartiger Objekte z. B. für Probleme der → Sternentstehung und Sternentwicklung bedeutsam.

Ulysses. Eine am 6. 10. 1990 gestartete Raumsonde der ESA und NASA zur Erforschung des → Sonnenwinds, der → interplanetaren Materie und der → Heliosphäre außerhalb der Ebene der Planetenbahnen. Am 8. 2. 1992 flog U. zunächst im Abstand von 450 500 km an Jupiter vorbei, bog dann in eine um 80° gegen die Ekliptik geneigte Bahn nach Süden ab und lief am 13. 9. 1994 in einer Entfernung von rund 300 Mill. km fast genau über den Südpol der Sonne hinweg. Am 12. 3. 1995 überquerte U. die Äquatorebene der Sonne von Süd nach Nord und befand sich mit rund 200 Mill. km Abstand fast gleichzeitig im Perihel seiner Bahn. Mitte 1995 lief U. in einer Entfernung von etwas über 200 Mill. km über den Nordpol der Sonne. In den Jahren 2000 und 2001 fliegt U. nochmals über beide Sonnenpole. Ob U. dann noch intakt ist und das Projekt weiter finanziert wird, ist allerdings ungewiß.

UM-Gebiet (UM region). Ein Bereich auf der Sonne mit einem Magnetfeld, das scheinbar nur über einen Pol verfügt (unipolares Magnetfeld).

Umbra (umbra). Der Kern eines → Sonnenflecks.

Umbriel. Der Satellit II des Uranus, der 1851 von W. Lassell (1799–1880) entdeckt wurde. Seine mittlere Entfernung von Uranus beträgt 266 300 km, die Bahnexzentrizität 0,005, die Bahnneigung 0,4° gegen den Uranusäquator. Die Umlaufzeit beläuft sich auf 4,144 Tage. Der Durchmesser beträgt 1172 km. In einer mittleren Opposition erscheint U. mit einer Helligkeit von $15{,}^{m}1$. Die Albedo liegt bei 0,19. Die verhältnismäßig dunkle Oberfläche zeigt nur einige wenige hellere Stellen. Daneben gibt es viele Krater. Der größte hat einen Durchmesser von 110 km.

Umdrehung (rotation). → Rotation.

umkehrende Schicht (reversing layer). Die knapp oberhalb der → Photosphäre der Sonne gelegene Schicht, in der die Absorptionslinien im → Sonnenspektrum entstehen bzw. die Emissionslinien in Absorptionslinien umkehren.

Umlaufzeit (orbital period). Die Zeitspanne, in der ein Himmelskörper einen anderen Himmelskörper oder den Schwerpunkt in einem Zwei- oder Mehrkörpersystem umläuft.

Undina. Der Kleinplanet mit der Nr. 92. Seine mittlere Entfernung von der Sonne beträgt 478,7 Mill. km. Im Perihel ist er 324,7 Mill. km, im Aphel 513,1 Mill. km von ihr entfernt. Die Bahnexzentrizität ist 0,072, die Bahnneigung 9,9°. Der Durchmesser kommt auf 132 km. Mit 0,03 ist die Albedo sehr gering.

Ungleichheit (inequality). → Parallaktische Ungleichheit.

Universalinstrument (universal instrument). Ein Winkelmeßinstrument, das dem → Altazimut ähnelt. Im Gegensatz zu diesem ist es jedoch transportierfähig und kann auf Expeditionen mitgeführt werden.

Universal Time. Abk. U. T., → Weltzeit.

Universum (universe). Die Gesamtheit des Kosmos (auch »Weltall«). Nach der antiken und mittelalterlichen Vorstellung war das U. endlich und begrenzt. Die Fixsternsphäre sollte das U. nach außen hin abschließen. Im christlichen Mittelalter stellte man sich hinter ihr das Empyreum vor, das Reich Gottes. Zum Ende des Mittelalters kam der Gedanke an ein unendliches U. auf. Erst im Laufe des 18. und 19. Jahrhunderts gab es Hinweise auf dessen Unmöglichkeit (→ Olberssches Paradoxon), die zunächst noch durch die Annahme einer absorbierenden Materie im U. übergangen werden konnten. Die nichteuklidischen Geometrien und die allgemeine → Relativitätstheorie von A. → Einstein bildeten weitere Grundlagen.

Der Radius des U. dürfte etwa 18 Mrd. Lichtjahre betragen. A. Friedmann wies kurz nach Aufstellung der allgemeinen Relativitätstheorie darauf hin, daß das U. notwendigerweise großräumige Expansions- oder Kontraktionsbewegungen ausführen müsse, da es sonst instabil sei. Tatsächlich wurde wenige Jahre später mit Hilfe des → Doppler-Effekts bei fernen Galaxien die → Expansion des U. gefunden (→ Hubble-Effekt). Bei gleichbleibender Expansionsgeschwindigkeit kann daraus auf ein Alter des U. von etwa 18 Mrd. Jahren geschlossen werden. Mit ziemlicher Sicherheit erfolgte aber früher die Expansion schneller, so daß das tatsächliche Weltalter etwas kürzer sein könnte. Da die Hubble-Konstante, die Entfernungen der Galaxien und andere Werte wie die → kosmologische Konstante nicht genau bekannt sind, ist das Weltalter (und auch der Radius des U.) vorläufig mit einer Unsicherheit bis zu 50% behaftet. Altersbestimmungen an besonders alten Objekten des Kosmos, z. B. Galaxien und Kugelsternhaufen, zeigen aber, daß es mindestens 13 Mrd. Jahre alt sein muß.

Vorausgesetzt, die gesamte heute im U. vorhandene Materie sei damals bereits vorhanden gewesen, so müßte die Materiedichte im U. anfangs ungeheuer groß gewesen sein. Erst im Laufe der Zeit hätte sich die Materiedichte verringert (evolutionäres U.). Man könnte aber auch annehmen, daß mit der Expansion des U. gerade so viel Materie neu erzeugt wird, daß die mittlere Materiedichte konstant bleibt. Vor langer Zeit wäre also wesentlich weniger Materie im U. vorhanden gewesen (stationäres U., → steady state-Theorie). Eine Entscheidung zwischen diesen beiden Theorien brachte u. a. die Entdeckung der → kosmischen Hintergrundstrahlung. Heute muß das evolutionäre Modell bevorzugt werden.

Universum, Entstehung (origin of the universe). In den ersten Sekunden und Minuten entwickelte sich das U. sehr schnell. Man unterscheidet einige Entwicklungsphasen oder Ären. Der Begriff Urknall oder → Big Bang ist etwas unglücklich gewählt. Abgesehen davon, daß dem »Zeitpunkt Null« eine andere Entwicklungsphase des U. vorgelagert sein könnte, begann vielleicht das Universum mit der

1. Planck-Ära (Quantengravitative Ära, Chaos-Ära) aus einer Quantenfluktuation im Vakuum. Wahrscheinlich kann damit eine → Singularität mit einer unendlich hohen Dichte im Anfangszustand vermieden werden. Das U. war noch kleiner als die → Planck-Länge. Wegen der Heisenbergschen Unschärferelation können in dieser Zeit keine Raumstrukturen festgelegt werden. Alle späteren vier Naturkräfte (Wechsel-

wirkungen) waren vermutlich noch in einer einzigen Kraft vereint. Zur Zeit fehlt aber noch eine physikalische Theorie. Sie müßte die Gravitationstheorie (unter Einschluß der Relativitätstheorie) und die Quantentheorie vereinen. Die Temperatur des U. betrug am Ende bei 10^{-43} s etwa 10^{32} K. Darauf folgte die

2. Quark-Ära bis 10^{-7} s. Es bildeten sich Quarks, Leptonen und Photonen. Bis 10^{-35} s galt auch die → Große Vereinheitlichte Theorie: Von der für die Planck-Ära vermuteten einzigen Wechselwirkung spaltete sich die Gravitation als Einzelkraft ab. Bei 10^{-35} s sank die Temperatur unter 10^{27} K. Es war wahrscheinlich die Zeit der vermuteten → Inflation des U., einer vorübergehenden explosiven Ausdehnung des Weltalls auf das 10^{50}fache und mehr. Jetzt trennten sich auch die starke und die elektroschwache Wechselwirkung von der vereinheitlichten Kraft. Bei 10^{-12} s und einer Temperatur von 10^{15} K spaltete sich die elektroschwache nochmals in die elektromagnetische und schwache Wechselwirkung. Danach waren alle heutigen vier Naturkräfte getrennt. Zum Ende waren Quarks und Leptonen unterscheidbare Teilchen. Dann folgte die

3. Hadronen-Ära. Es bildeten sich strukturierte Teilchen, also vor allem Protonen und Neutronen, sowie deren Antiteilchen. Diese vernichteten sich ständig, wobei die freigesetzte Energie zur sofortigen Neubildung herangezogen wurde. Zum Ende bei 10^{-4} s sank die Temperatur auf etwa 10^{12} K. Es konnten keine neuen Teilchen mehr gebildet werden. Eine vollständige Vernichtung der Teilchen und Antiteilchen und damit der gesamten Materie im U. wäre erfolgt, wenn nicht die Teilchen gegenüber den Antiteilchen einen kleinen Überschuß von 1 : 1 Mrd. gehabt hätten. Dieser Überschuß fand zur Zerstrahlung keinen Partner unter den Antiteilchen und blieb übrig: unsere heutige Materie. Die wichtigsten Teilchen waren Neutronen, Protonen, Myonen, Elektronen, Positronen, Neutrinos und Photonen. Darauf folgte die

4. Leptonen-Ära. Bei einer Temperatur von unter 10^{12} K und 10^{-4} s zerfielen die Myonen. Zwischen 0,1 und 1 s bei 10 Mrd. K entkoppelten die Neutrinos. Die Elektronen und Positronen zerstrahlten. Übrig blieben nur so viele Elektronen, daß die positiven Ladungen der Protonen ausgeglichen wurden. Dieser Prozeß war bei 1 s und einer Temperatur von 5 Mrd. K zu Ende. Bei 10 s erfolgte der Übergang in die

5. Strahlungs-Ära (Plasma-Ära). Bei einem Abfall der Temperatur von 1 Mrd. K auf 3000 K beherrschte die Strahlung das U. Die ersten Kernfusionsprozesse setzten ein: Protonen (Wasserstoffkerne) lagerten ein Neutron an. Es entstand Deuterium (schwerer Wasserstoff). Durch weitere Aufnahme von einem Neutron bildete sich Tritium (überschwerer Wasserstoff). Schließlich nahm ein Tritium-Kern ein Proton auf: Helium entstand. Es dauerte nur rund 3 Minuten, bis rund 25% der Materie in Helium umgewandelt wurde. Auch Helium 3-Kerne und Lithium entstanden. Fast alles heute feststellbare Helium wurde in dieser Zeit gebildet. Schwerere Elemente (mit Ausnahme von Lithium) entstanden erst später in den Sternen (→ Sternentwicklung) sowie bei Explosionen von → Supernovae. Das Ende lag zwischen 100000 und 1 Mill. Jahre. Die positiv geladenen Wasserstoffkerne banden jetzt je ein negativ geladenes Elektron an sich: Neutrale Wasserstoffatome (und Heliumatome) entstanden. Materie und Strahlung entkoppelten sich. Während das U. zuvor undurchsichtig war, konnte sich die Strahlung jetzt frei bewegen. Das U. wurde durchsichtig: Freiwerden

der → kosmischen Hintergrundstrahlung. Die folgende

6. Materie-Ära oder Stern-Ära ist die Epoche, in der wir noch heute leben. Durch Dichteschwankungen in der Materie oder andere Ursachen (z. B. kosmische → Strings?) entstanden Galaxien bzw. Galaxienhaufen.

Universum, Zukunft (future of the universe). Für die künftige Entwicklung des expandierenden U. ergeben sich folgende Möglichkeiten:

1. Geschlossener, elliptischer Raum. Die Expansion führt zu einer bestimmten Zeit zu einem maximalen Weltradius. Darauf geht die Expansion in Kontraktion über. Sie endet u. U. in einem → Big Crunch.

2. Offener, hyperbolischer Raum. Die zunächst sehr rasche Expansion wird zwar in ferner Zukunft etwas langsamer, hört aber niemals auf. Der Weltradius geht gegen unendlich. Dazwischen liegt als »Übergangsfall« der

3. Euklidische, parabolische Raum. Die Expansionsgeschwindigkeit nimmt ab und strebt in unendlich ferner Zeit dem Wert Null zu. Der Weltradius erreicht dann einen endlichen Wert.

Welcher Fall vorliegt, geht aus der mittleren Materiedichte im U. hervor. Der 3. Fall wäre gegeben, wenn die mittlere Dichte gleich der sog. kritischen Dichte von etwa 10^{-29} g/cm^3 (unter der Annahme einer Hubble-Konstante von 75) ist. Bei einem geringeren Dichtewert wäre Fall 2, bei einer höheren Dichte Fall 1 erfüllt. Der beobachtbare Wert liegt bei 10^{-30} g/cm^3. Das ist rund 1/10 der kritischen Dichte. Danach leben wir also in einem offenen U. Doch dürfte es eine größere Menge unsichtbarer Massen geben (→ Missing mass-Problem). Dann liegt unser U. sehr dicht am Fall 3 oder ist vielleicht sogar mit ihm identisch. Vermutlich hat die Inflation des U. 10^{-35} s nach dem Urknall diese »Glättung« in einen euklidischen Raum bewerkstelligt. Im Augenblick kann noch keine endgültige Antwort gegeben werden. Erstaunlich ist aber, daß die mittlere Dichte des U. zumindest sehr nahe an der kritischen Dichte liegt. Es könnte ja eine sehr viel stärkere Abweichung vorliegen. In diesem Fall käme es aber nicht zur Entstehung von Sternen und Planeten. Wäre die Dichte nämlich deutlich größer, so würde die Expansion des U. so schnell in eine Kontraktion übergehen, daß die Zeit zur Entstehung von Sternen nicht ausreicht. Wäre die Dichte deutlich kleiner, so würde die Expansion fast ungebremst vor sich gehen. Die ohnedies dünnen Materiewolken würden sich so schnell zerstreuen, daß es ebenfalls nicht zur Bildung von Sternen kommt. Denkbar wäre, daß Quantenfluktuationen im Vakuum bei der Bildung eines U. ganz unterschiedliche Ergebnisse liefern, und daß es 1. unzählige U. mit unterschiedlichen Materiedichten und anderen physikalischen Daten gibt, und 2. wir deswegen in diesem U. leben, weil es physikalisch günstige Ausgangsbedingungen zur Bildung von Sternen lieferte.

unregelmäßige Veränderliche (irregular variables). Eine Gruppe → Veränderlicher, die völlig unvorhersehbare Helligkeitsschwankungen zeigen. Die Helligkeitsschwankung kann dabei in der Regel etwa 0,1 bis 2 Größenklassen betragen. Praktisch alle u. V. gehören zu den → Riesensternen oder den → Überriesen später Spektralklassen. Es sind pulsierende Sterne.

untere Planeten (inferior planets). Die Planeten, die sich innerhalb der Erdbahn um die Sonne bewegen.

Untergang (setting). Das Heruntertauchen eines Gestirns unter den Westhorizont (→ Aufgang).

Unterriesen (subgiants). Eine Gruppe von Sternen, die im → Hertzsprung-Russell-Diagramm zwischen der Hauptreihe und den normalen Riesen liegen und dieselbe Spektralklasse haben.

Untersonne (lower parhelion). Eine besondere Form eines → Halos.

Unterzwerge (subdwarfs). Eine Gruppe von Sternen, deren absolute Helligkeit etwa 1,5 bis 2 Größenklassen unter der von Sternen desselben Spektraltyps auf der Hauptreihe des → Hertzsprung-Russell-Diagramms liegt. Sie gehören der → Population II an.

Unuk. Der Hauptstern im Sternbild → Schlange.

Uran-Blei-Methode (uranium-lead method). Eine Methode der Altersbestimmung von Gesteinen, bei der der radioaktive Zerfall von Uran 238 in Blei 206 herangezogen wird. Die Halbwertszeit beträgt dabei 4,5 Milliarden Jahre.

Urania. Die in der griechischen Mythologie auftretende Muse der Astronomie.

Uranographie (uranography). Eine ältere Bezeichnung für eine Beschreibung des Himmels und der Himmelserscheinungen.

Uranometrie (uranometry). Ältere Bezeichnung für → Sternkarten.

Uranus (Uranus). Der 7. Planet im Sonnensystem. Er ist der erste Planet, der nach Erfindung des Fernrohrs mit optischen Mitteln am 13. 3. 1781 von W. Herschel (1738–1822) aufgefunden wurde. Seine Helligkeit steigt in einer günstigen Opposition über 6^m, so daß er bei genauer Kenntnis seiner Position sogar mit bloßem Auge unter optimalen atmosphärischen Bedingungen gesehen werden kann. Der drittgrößte Planet erscheint in einem Fernrohr in einer grünlich-bläulichen Farbe. Sein Scheibendurchmesser beträgt maximal knapp 4″. Seine mittlere Entfernung von der Sonne beläuft sich auf 2871000000 km. Die Bahn ist um 46′ gegen die Ekliptik geneigt. Die Bahnexzentrizität beträgt 0,046. Die Umlaufzeit um die Sonne beläuft sich auf 84,01 Jahre. Der Äquatordurchmesser beträgt 51118 km, die Abplattung 1:50, die Masse etwa das 14,54fache der Erdmasse oder $8{,}74 \cdot 10^{28}$ g, die mittlere Dichte 1,2 g/cm^3, die Entweichgeschwindigkeit 21,3 km/s, die Schwerebeschleunigung an der Oberfläche 869 cm/s^2. Die Albedo ist mit 0,51 verhältnismäßig groß. Sie wird vermutlich nur noch von der Venus und knapp von Jupiter übertroffen. Die Rotationszeit des U. beträgt im Innern 17^h14^m. Die Rotationsachse ist um 98° gegen die Bahnebene geneigt, so daß U. eigentlich rückläufig rotiert.

U. ist ähnlich wie die anderen großen Planeten von einer mächtigen Atmosphäre umgeben. Sie besteht, wie spektroskopische Beobachtungen gezeigt haben, im wesentlichen aus Wasserstoff (über 80%), Helium, Ammoniak und Methan. Der Methananteil ist bei U. allerdings größer als z. B. bei Jupiter. Die Atmosphäre ist verhältnismäßig strukturlos und zeigt nicht so viele Einzelheiten wie Jupiter, Neptun und selbst Saturn. Gemäß der raschen Rotation herrschen vor allem zonale Winde in Richtung Ost-West vor. Ausgeprägter Dunst läßt vermutlich viele deutlichere Wolkenerscheinungen verschwinden. Voyager 2 entdeckte nur wenige Wolken, darunter auch einige, die auf vertikale, konvektive Bewegungen in der Atmosphäre zurückgehen. In der Höhe bestehen die Wolken vorwiegend aus Methan, in tieferen Schichten aus Wassereis, Ammoniak und Ammoniakverbindungen. An der Wolkenobergrenze beträgt die Temperatur –210°C.

Der Kern des U. besteht vermutlich aus Gesteinen. Der Mantel enthält gefrorenes Wasser, Methan und Ammoniak. U. besitzt ein ziemlich starkes Magnetfeld. Dabei ist die magnetische Achse um 60° gegen die Rotationsachse geneigt. An der Wolkenobergrenze beträgt die Feld-

stärke $2{,}3 \cdot 10^{-5}$ Tesla. Die Gesamtstärke des Feldes ist 50mal größer als die des Erdfeldes. Die Magnetosphäre reicht bis zu einem Abstand von 450 000 km.
Am 10. 3. 1977 wurde aus Helligkeitsabschwächungen, die ein Stern zeigte, der durch U. bedeckt wurde, ein Ringsystem entdeckt. Es konnte mit Voyager 2, der am 24. 1. 1986 an U. vorüberflog, genauer erforscht werden. Die Tabelle gibt die Aufteilung des Rings wieder.

Der Aufbau des Uranusrings

	Breite in km	Abstand vom Uranuszentrum in km
Uranusradius (am Äquator)		25 559
Ring 1986 U2R,		
innerer Rand		37 000
äußerer Rand		39 500
Ring 6	0,4	41 850
Ring 5	0,4	42 240
Ring 4	0,4	42 580
Ring α	5–12	44 730
Ring β	5–12	45 670
Ring η	3,5–60	47 180
Ring γ	0,4	47 630
Ring δ	0,4	48 310
Ring λ (1986 U1R)	0,4	50 040
Ring ε	20–98	51 160

Neu entdeckt wurden dabei die Ringe UR1 und UR2. Zwischen den Hauptringen lagern noch einige sehr diffuse Ringe. Teilweise sind die Ringe etwas exzentrisch und auch gegen die übrige Ringebene geneigt. Die Dicke der Ringe beträgt meist nur einige hundert Meter. Im Gegensatz zu den Saturnringen bestehen die U.ringe vor allem aus gröberen, ziemlich dunklen Teilchen von einigen Zentimetern Durchmesser und darüber. Es sind von dunklem kohlenstoffhaltigen Material überzogene Eisbrokken. Die Albedo dieser Bestandteile beträgt nur wenige Prozent. Doch kommen in geringerem Maße auch kleine Partikel mit nur einigen Mikrometern Durchmesser vor.

Uranussatelliten (satellites of Uranus). Die den Planeten Uranus umkreisenden Satelliten. Ariel, Umbriel, Titania, Oberon und Miranda wurden von der Erde aus entdeckt. Hinzu kamen 10 weitere von Voyager 2 entdeckte kleine U. Zwei Satelliten sind vermutlich → Hirtenmonde, und zwar Cordelia und Ophelia, die den Hauptring ε des Uranus einschließen.

Uranussatelliten

Name	∅ in km	mittlerer Abstand in km	Uml.-zeit in d
VI Cordelia	26	49 770	0,335
VII Ophelia	30	53 790	0,376
VIII Bianca	42	59 170	0,435
IX Cressida	62	61 780	0,464
X Desdemona	54	62 680	0,474
XI Juliet	84	64 350	0,493
XII Portia	108	66 090	0,513
XIII Rosalind	54	69 940	0,558
XIV Belinda	66	75 260	0,624
XV Puck	154	86 010	0,762
V Miranda	480	129 390	1,413
I Ariel	1158	191 020	2,520
II Umbriel	1172	266 300	4,144
III Titania	1580	435 910	8,706
IV Oberon	1524	583 520	13,463

Uratom (primeval atom). Eine von Abbé G. E. Lemaître (1894–1966) eingeführte Bezeichnung für den superdichten Zustand der Materie während des Urknalls, der nach ihm noch anders als heute vorgestellt wurde.

Urca-Prozeß (Urca process). Eine Serie hypothetischer → Kernprozesse, bei denen vor allem in der Eisengruppe der chemischen Elemente im Innern alternder Sterne eine sehr große Zahl von → Neutrinos gebildet wird. Diese sollen einen enormen Energiebetrag in kürzester Zeit völlig unsichtbar wegführen, so daß dieser Energieverlust zu einem Kollaps des Sterns führen müßte. Die etwas spaßig gemeinte Bezeichnung geht auf das Urca-Casino in Rio de Janeiro zurück, in dem das Geld auf eine ähnliche Weise verschwinden soll.

Urknall. → Big Bang.

Urmeter (prime meter). → Meter.

Urnebel (primitive nebula). Eine etwas ungenaue Bezeichnung für einen Nebel, aus dem Sterne oder Planeten hervorgehen sollen.

UX Ursae Maioris-Sterne (UX Ursae Maioris stars). → Bedeckungsveränderliche, die mit → Algol verwandt sind, aber nur extrem kurze Perioden von 0,07 bis 0,5 Tagen haben. Zwischen den Minima treten unregelmäßige Helligkeitsschwankungen bis zu 2,5 Größenklassen auf, für die ein Massenaustausch von der größeren auf die kleinere Komponente verantwortlich ist. Vermutlich sind diese Sterne alte → Novae und → kataklysmische Veränderliche.

W Ursae Maioris-Sterne (W Ursae Maioris stars). Eine Klasse von → Bedeckungsveränderlichen.

Ursa Maior (Minor). Lateinische Bezeichnung für die beiden Sternbilder → Bär, Großer und Kleiner.

Ursa Maior-Haufen (Ursa Maior cluster). → Bärenstrom.

Ursa Minor-System (Ursa Minor system). Eine sehr schwache elliptische Galaxie, die zu unserer → lokalen Gruppe gehört.

Ursiden (Ursids). Ein im Dezember auftretender → Meteorstrom, der auf den Kometen → Tuttle zurückgeht.

US Naval Observatory. Das amerikanische Marine-Observatorium, das 1830 in Washington gegründet wurde. Es gibt seit mehreren Jahren den »Astronomical Almanac« heraus. Zweigstellen befinden sich in Black Birch, Neuseeland, sowie bei Flagstaff, Arizona, mit Instrumenten bis zu 1,5 m Öffnung. In Washington selbst befindet sich der 66 cm-Refraktor, an dem 1877 A. Hall (1829–1907) die beiden Marssatelliten Phobos und Deimos entdeckte.

Ussuri-Meteorit (Ussuri meteorite). Ein in der Nähe des Flusses Ussuri im Osten Sibiriens im Sichote-Alin-Gebirge am 12. 2. 1947 niedergegangener Eisenmeteorit. Der ursprünglich etwa 70 t schwere Meteorit muß vor dem Aufprall in zahlreiche Einzelsplitter explodiert sein. Auf einer ovalen Fläche von ½ km^2 wurden insgesamt 122 über ½ m große und bis zu 6 m tiefe Krater gefunden. Der größte hatte einen Durchmesser von 26,5 m. Im Laufe der Untersuchungen wurde meteoritisches Material von 23 t Gewicht eingesammelt. Das größte Stück wog 1745 kg. Der Körper muß dem System der Kleinplaneten angehört haben. Das Perihel seiner um 9,4° gegen die Ekliptik geneigten Bahn um die Sonne befand sich etwa auf der Erdbahn, das Aphel zwischen den Bahnen von Mars und Jupiter. Die Geschwindigkeit, mit der sich der Meteorit in die Erdatmosphäre bewegte, betrug anfangs 14,5 km/s.

uvby-System (uvby system). Ein Vierfarben-System zur Angabe der → Helligkeit der Sterne, das erstmals von E. Strömgren (1870–1947) aufgestellt wurde. Es enthält Messungen im ultravioletten, violetten, blauen und gelben (engl. yellow) Bereich.

V

Valles Marineris. Ein riesiges Canyon-System auf Mars, das 1972 auf den Aufnahmen von Mariner 9 entdeckt wurde und daher seinen Namen erhielt. Es hat eine Länge von 4800 km, eine maximale Breite von 350 km, eine Tiefe bis 7 km und liegt knapp südlich des Marsäquators. Der Form nach kann es mit dem Grand Canyon in Arizona verglichen werden. Dieser ist aber nur 350 km lang und 1,5 km tief. Seine Entstehung hängt offenbar mit → Tharsis zusammen, einem Rücken, von dem auch V.M. ausgeht. Als sich die Tharsis-Vulkane bildeten, wurde hier vielleicht im Untergrund Magma abgezogen, so daß dieses Gebiet einbrach.

van Allen-Gürtel (van Allen belts). → Strahlungsgürtel.

van Biesbroeck's Stern (Van Biesbroeck's star). Ein im Sternbild Adler gelegener Stern extrem geringer absoluter Leuchtkraft. Er ist Begleiter eines anderen etwa $9\overset{m}{,}1$ hellen Sterns (BD +4°4048) in 74″ Distanz und hat selbst nur eine Helligkeit von $17\overset{m}{,}4$. Die absolute Leuchtkraft beläuft sich auf $18\overset{m}{,}6$, sein Spektraltyp ist M5. Seine Entfernung beträgt 20 Lichtjahre, die Oberflächentemperatur etwa 2250 K. Seine Masse ist mit knapp 0,1 Sonnenmassen ebenfalls extrem gering.

Vandenberg Air Force Base. Ein bei Lompoc, Kalifornien, gelegenes Raketenversuchsgelände. Neben militärischen Experimenten wurden hier auch einige Forschungssatelliten gestartet, die in eine Polarbahn einmündeten. Der erste Start auf dem auch »Western Test Range« benannten Gelände fand am 28. 2. 1959 mit Discoverer 1 statt.

Vanguard. Sammelbezeichnung für amerikanische Erdsatelliten. Nach den ursprünglichen Plänen sollte Ende 1957 ein V. als erster amerikanischer Satellit in eine Umlaufbahn abgeschossen werden. Infolge technischer und anderer Schwierigkeiten gelang der erste erfolgreiche Start allerdings erst am 17. 3. 1958; der erste amerikanische Satellit war dagegen Explorer 1. V. 1 hatte ein Gewicht von 1,5 kg. Der letzte V.-Start erfolgte am 18. 9. 1959.

van Maanen's Stern (Van Maanen's star). Ein → weißer Zwergstern im Sternbild Fische. Seine scheinbare Helligkeit beträgt $12\overset{m}{,}4$, die absolute Helligkeit $14\overset{m}{,}3$, die Entfernung 14 Lichtjahre, seine mittlere Dichte $4 \cdot 10^5$ g/cm^3.

Variable (variables). → Veränderliche (Sterne).

Variation (variation). Eine 1590 von T. Brahe (1546–1601) entdeckte Störung in der Mondbewegung. Sie macht sich in der → Länge bis zu maximal 39′ bemerkbar und hat eine Periode von einem halben synodischen Monat. Bewegt sich der Mond von Neumond an zum ersten Viertel, so verringert sich wegen der Sonnenanziehung seine Winkelbewegung. Vom ersten Viertel bis zum Vollmond nimmt sie zu. Zwischen Vollmond und letztem Viertel nimmt die Mondbewegung wieder ab und wächst darauf abermals bis zum Neumond. Deswegen ist der tatsächliche Ort des Mondes am 1. und 3. Quadranten seiner Bahn dem mittleren Ort voraus, im 2. und 4. Quadranten bleibt er hinter ihm zurück.

Vega. 1. Der Stern → Wega.

2. Bezeichnung für zwei sowjetische Raumsonden zur Erforschung der Venus und vor allem des → Halleyschen Kometen. Der Start erfolgte am 15. bzw. 21. 12. 1984. V. 1 flog am 6. 3. 1986 in einem Abstand von 8890 km, V. 2 am 9. 3. 1986 in 8030 km Entfernung an dem Kometenkern vorüber.

Vela. 1. Lateinische Bezeichnung für das Sternbild → Segel.

2. Sammelbezeichnung für amerikanische Erdsatelliten zwischen 1963 und 1970, die eigentlich Aufklärungs-Satelliten waren und mit denen die kosmische → Gammastrahlung entdeckt wurde.

Vela-Pulsar (Vela pulsar). Ein → Pulsar in etwa 1500 Lichtjahren Entfernung mit einer Periode von 0,0892 s. Er steht mit der Radioquelle → Vela X in Zusammenhang und ist Mitglied des Bedekkungsveränderlichen → Vela X-1. Die vorausgehende → Supernova dürfte vor etwa 10000 Jahren explodiert sein. Einige Autoren vermuten jedoch, daß sie von den Sumerern vor etwa 6000 Jahren beobachtet worden sei. Die Periodenlänge des Pulsars nimmt um 10,7 Nanosekunden pro Tag zu. Außerdem zeigt die Periode gelegentliche Sprünge (→ Glitches), bei denen sie um 200 Nanosekunden abnimmt. Der Überrest der Supernova kann in Form eines Nebels, sowie der Radio- und Röntgenquelle → Vela X beobachtet werden.

Vela X. Eine kompakte Radio- und Röntgenquelle in etwa 1500 Lichtjahren Entfernung, die mit dem Überrest einer → Supernova zusammenhängt. In ihr liegt der → Vela-Pulsar.

Vela X-1. Ein Bedeckungsveränderlicher, der gleichzeitig eine Röntgen- und Gammastrahlenquelle ist. Die Umlaufperiode beträgt $9{,}86^d$. Die Masse des unsichtbaren Begleiters erreicht etwa 1,5 Sonnenmassen und ist mit dem → Vela-Pulsar identisch. Der zweite Stern zeigt den Spektraltyp B und besitzt etwa 30 Sonnenmassen. Die Gammastrahlung hat eine Periode von 282,8 s.

γ2 Velorum (γ^2 Velorum). Ein im → Gum-Nebel liegendes dreifaches System. Es enthält einen der hellsten → Wolf-Rayet-Sterne am ganzen Himmel mit einer absoluten Helligkeit von $-5{,}^m6$.

AI Velorum-Sterne (AI Velorum stars). Eine Klasse von → Zwergcepheiden. Zu ihr zählen alle → RR Lyrae-Sterne mit einer Periode, die unter 0,25 Tagen liegt.

Venera. → Venus-Sonden.

Venus (Venus). Der zweite Planet unseres Planetensystems. Die mittlere Entfernung von der Sonne beträgt 108,2 Mill. km, die siderische Umlaufzeit $224{,}7^d$. Mit 0,0068 ist die Bahnexzentrizität unter allen Planeten am geringsten. Die Bahnneigung gegen die Ekliptik beträgt 3° 23,7′, der Äquatordurchmesser 12102 km für die feste Oberfläche. Die Abplattung ist so gering, daß sie bisher nicht nachzuweisen war. Die Masse beläuft sich auf $4{,}872 \cdot 10^{27}$ g oder 0,815 Erdmassen, die mittlere Dichte 5,25 g/cm^3. Mit radartechnischen Mitteln war es möglich, die siderische Rotationsperiode zu 243 Tagen abzuleiten. Dabei ist die Rotationsrichtung retrograd. Ein Sonnentag dauert dagegen nur 166,7 Tage. Die Hochatmosphäre rotiert durch Strömungen bedingt mit 4 Tagen Dauer. V. ist nach Sonne und Mond das hellste Gestirn. In der Zeitspanne um eine östliche → Elongation kann sie als Abendstern (bei den Griechen »Hesperos« genannt), bei einer westlichen Elongation als Morgenstern

(»Phosphoros«) beobachtet werden. Ihre maximale Helligkeit (»größter Glanz«) erreicht sie etwa zwischen einer Elongationsstellung und der unteren Konjunktion zur Sonne mit $-4\overset{m}{,}6$. Sie ist dann so hell, daß sie bei klarem Himmel mit bloßem Auge sogar am Taghimmel gesehen werden kann.

Mit Fernrohren kann von der Erde aus die V.oberfläche nicht beobachtet werden, da sie von einer dichten Wolkenhülle umzogen ist. Dies führt zu der hohen Albedo von 0,65. Das sehr schwache Magnetfeld der V. entsteht durch Wechselwirkung mit dem → Sonnenwind. Das interplanetare Magnetfeld bildet um V. herum einen kometenartigen Schweif. Strahlungsgürtel fehlen völlig. An der Oberfläche dürfte die Feldstärke nur $3 \cdot 10^{-8}$ Tesla betragen.

Venusatmosphäre (atmosphere of Venus). Die Existenz einer dichten V. geht daraus hervor, daß die Helligkeit eines Sterns bei einer Bedeckung durch die Planetenscheibe nicht plötzlich abfällt, wie es bei einer Sternbedeckung durch den Mond der Fall ist, sondern allmählich. Auch das Übergreifen der Sichelspitzen der Venus ist ein Hinweis auf eine Brechungs- und Streuungswirkung innerhalb der V. Die Oberflächentemperatur beträgt als Folge eines extrem starken Treibhauseffekts etwa +465°C, und zwar ziemlich unabhängig davon, ob man sich auf der Tag- oder Nachtseite, an den Pol- oder Äquatorgebieten befindet. Der atmosphärische Bodendruck beläuft sich auf 90 bar. Die V. enthält in den Schichten unter 65 km Höhe 95% Kohlendioxid und knapp 5% Stickstoff. Der Rest entfällt u.a. auf folgende Spuren: Wasserdampf, Schwefeldioxid, Schwefelwasserstoff, Salzsäure, Kohlenmonoxid, Sauerstoff, Phosphor, Argon, Krypton und Neon.

Die dichten Wolken, die uns die Sicht von außen auf die Oberfläche versperren, lagern in Höhen zwischen 47 und 70 km. Dort gibt es sogar Schwefelsäure-Tröpfchen und einen feinen Schwefelsäure-Regen, der weiter unten jedoch wieder verdunstet. In einer Höhe von 65 km beträgt der Druck nur noch 1/10 bar und die Temperatur –33°C. Zwischen 30 und 47 km und auch oberhalb 70 km Höhe befinden sich Dunstschichten. Um eine Höhe von etwa 500 km schwankend bildet sich eine → Ionosphäre aus. Ultraviolett-Aufnahmen zeigen in der V. bandartige Wolkenformationen, darunter auch eine auffällige Y-Struktur.

Venusdurchgang (Venus transit). → Durchgang.

Venusoberfläche (surface of Venus). Nach Vorüberflügen von Mariner 2 und 10, sowie einigen anfänglich erfolglosen Versuchen der sowjetischen Venus-Sonden, gelangen die ersten erfolgreichen unbemannten Landungen ab Venus 9 und 10 im Oktober 1975. Dabei zeigte sich eine rauhe Oberfläche mit Steinen und dazwischenliegendem feinkörnigeren Material. Bei chemischen Analysen konnte Basalt mit einem teilweise höheren Kaliumanteil als auf der Erde nachgewiesen werden. Doch ließ sich auf diese Weise keine Kartierung der V. erzielen. Dazu dienten schließlich Radarabtastungen durch Venus 15 und 16 im Jahre 1983, die amerikanische Raumsonde Pionier-Venus 1 im Jahre 1978 und von der Erde aus, z.B. von dem 305 m-Radioteleskop in Arecibo/Puerto Rico. Die auf diese Weise um 1980 erstellte, heute schon wieder fast als »klassisch« zu bezeichnende Venus-Radarkarte zeigte, daß die V. deutlich ebener ist als die der Erde. Nur zwei größere Hochländer fielen auf: Aphrodite Terra, vergleichbar mit der Fläche Nordafrikas, und Ischtar Terra, vergleichbar mit Australien. Auf Ischtar Terra liegt auch das höchste Gebirge, die Maxwell Montes mit 10800 m Höhe über dem mittleren Venusniveau, festgelegt durch den mittleren Venusradius. Im Bereich Aphrodite Terra gibt es ein 2000 m tiefes Tal, Diana Chasma. Es hat mit einer Breite von bis zu 280 km eine gewisse Ähnlichkeit mit Valles Marineris auf Mars. Die Ergebnisse der amerikanischen Raumsonde Magellan ab 1990 übertrafen aber alle vorausgehenden Kartierungen. Die V. besitzt hochgerechnet etwa 1000 Aufsturzkrater. Das ist viel weniger als auf Mars oder Merkur, aber mehr als auf der Erde. Alle Krater besitzen einen Durchmesser von über 3 km. Schon unter 25 km Durchmesser zeigt sich eine zahlenmäßige Verringerung. Dies liegt vermutlich daran, daß kleinere, in die dichte Atmosphäre eindringende Körper verglühen oder sich in Staub auflösen. Diese Kollisionen erzeugten aber Stoßwellen, die auf der V. das Gestein zertrümmerten, was sich als dunkle Flecke bemerkbar macht. Auch ganze Kraterhaufen sind beobachtet worden, wahrscheinlich die Folge eines Zerfalls der Meteoriten oder Kleinplaneten in mehrere Bruchstücke vor ihrem Aufsturz auf die V. Das Alter der Krater wird maximal auf 500 bis 800 Mill. Jahre geschätzt. Etwa so alt ist auch die V., wie sie sich heute grundsätzlich darbietet. In der Umgebung der jüngsten Krater zeigen sich Fahnen von Material, das durch Winde in eine bestimmte Richtung befördert wurde. Die größten Krater haben Zentralberge. Bei den heftigeren Einschlägen kam es im Innern der größeren Krater auch häufig zu einem Lavaausfluß. Der größte Krater ist Mead (benannt nach einer amerikanischen Anthropologin) mit 275 km Durchmesser. Hier gibt es zwar keinen Zentralberg, aber eine Andeutung konzentrischer Bruchzonen im Innern. Weitere bemerkenswerte, gut erhaltene Krater sind Cleopatra (100 km Durchmesser) auf dem Abhang der Maxwell Montes, Maria Stuart (67 km) und Golubkina (34 km), benannt nach einer russischen Bildhauerin. Die Krater, wie auch andere Formationen, erhielten Namen bekannter Frauen aus der Antike, der Kunst und der Wissenschaft.

Die wichtigste prägende Kraft bei der Bildung der V. war aber der Vulkanismus. Er war für 90% der Oberfläche der letzte, entscheidende Prozeß. Fast alle Gesteine auf Venus sind im Gegensatz zu den irdischen Verhältnissen vulkanisch. Da gibt es hochgerechnet rund 100000 kleine Schilde und Dome mit 2 bis 20 km Durchmesser. An ihrer Spitze zeigen sie kleine grubenartige Öffnungen. Auffallender sind aber große Vulkane und Vulkankrater mit bis 10 km langen Lavakanälen. Die größten Vulkane haben einige hundert km Durchmesser. Davon wurden viele mit Lavaflüssen von Hunderten Kilometern Länge gefunden. Der längste Strom ist Mylitta Fluctus, der sich über 800 km Länge erstreckt. Diese langen Ströme setzen eine sehr dünnflüssige Lava und erhebliche Produktionsraten voraus. Die Lavaebenen füllen 80% der Oberfläche. Darin zeigen sich oft parallele Linien, die bei der Ausdehnung der Venuskruste entstanden sein dürften. Eine besondere vulkanische Form sind die Coronae, blasenartige Anhebungen, die später oft aufbrachen und dann wieder zusammensanken. Es gibt sie in den verschiedensten Entwicklungsstufen. Eine der größten ist Eithinoha mit 500 km Durchmesser. Die Magellan-Abtastungen ergaben, daß es auf Venus keine Platten-Tektonik wie auf der Erde gibt. Der Vulkanismus spielt sich hier vornehmlich über sog. Hot spots unter der V. ab. Es ist auch noch nicht ganz klar, ob der Vulkanismus auf Venus heute noch aktiv ist. Messungen des Schwefeldioxid-Gehalts der Venusatmosphäre in der Zeit zwischen 1978 und 1990 zeigten nach einem starken Anstieg eine allmähliche Abnahme, was häufig als ein kurz zuvor stattgefundener Vulkanausbruch gedeutet wurde. Sicher ist dies aber nicht. Die hohen Berge, wie die Maxwell Montes, gehen vermutlich auf Krustenaufwölbungen zurück. Es finden sich auf Venus keinerlei Spuren von Flußläufen, alten Meeresbecken oder dgl. Es gab daher auf der V. zumindest in ihrer überschaubaren Vergangenheit kein flüssiges Wasser. Dagegen gibt es Dünenfelder. Die Winde haben höchstens eine Geschwindigkeit von 10 km/h. Da es sich aber um dichteres Gas handelt, entspricht das Vermögen dieser Winde, Material zu verfrachten, etwa einer Windstärke 4 bis 5 auf der Erde.

Venus-Sonden (Venus space probes). Sammelbezeichnung für russische Raumsonden zur Erforschung der Venus (russische Bezeichnung Venera). Venus 1 wurde am 12. 2. 1961 gestartet. Der Funkkontakt ging allerdings in 7,5 Mill. km Entfernung verloren. Erst Venus 3 fiel, wenn auch ohne Meßergebnisse, am 1. 3. 1966 auf Venus. Venus 4 drang am 18. 10. 1967 in die Venusatmosphäre ein und lieferte die ersten Meßergebnisse. Die folgenden V.-S. wurden laufend verbessert. Vor allem unterschätzte man anfangs Druck und Temperatur in den tieferen Schichten der Venusatmosphäre, so daß es erst mit den späteren V.-S. möglich war, auch vom Venusboden selbst Messungen und Aufnahmen zu erhalten. Die ersten Aufnahmen machten Venus 9 und 10 am 22. bzw. 25. 10. 1975. Venus 15 und 16 führten eine Radarabtastung der Oberfläche durch.

Veränderliche (Sterne), Variable (variables, variable stars). Eine Gruppe von Sternen, die Helligkeitsschwankungen zeigen. Der erste V. in der Geschichte der Astronomie war → Mira.

Die wichtigsten Klassen der Veränderlichen

1. Bedeckungsveränderliche

(optische Veränderliche, photometrische Doppelsterne)

- a) Algolsterne
- b) β Lyrae-Sterne
- c) W Ursae Maioris-Sterne

2. Physische Veränderliche

A. *Pulsierende Veränderliche*

- a) langperiodische Cepheiden
- b) RR Lyrae-Sterne
- c) Zwerg-Cepheiden
- d) δ Scuti-Sterne
- e) β Canis Maioris-Sterne oder β Cephei-Sterne
- f) Mirasterne
- g) RV Tauri-Sterne
- h) α^2 Canum Venaticorum-Sterne
- i) unregelmäßige Veränderliche
- j) halbregelmäßige Veränderliche
- k) ZZ Ceti-Sterne
- l) BY Draconis-Sterne

B. *Eruptive Veränderliche*

- a) Novae
- b) novaähnliche Veränderliche
- c) Zwergnovae (z. B. U Geminorum-Sterne)
- d) Supernovae
- e) R Coronae Borealis-Sterne
- f) RW Aurigae-Sterne
- g) γ Cassiopeiae-Sterne
- h) UV Ceti-Sterne, Flackersterne
- i) Z Andromedae-Sterne
- j) S Doradus-Sterne
- k) T Tauri-Sterne und andere Nebelveränderliche

Die helleren V. tragen die üblichen Bezeichnungen, die sie ohnedies besitzen. Etwas schwächere V. erhielten nach F. W. Argelander (1799–1875) eine Bezeichnungsweise, die mit dem lateinischen Buchstaben R und dem Genitiv des lateinischen Sternbildnamens beginnt. R Tauri wäre also ein V. im Sternbild Stier (Taurus). Die Folge geht weiter über S, T bis Z. Danach werden die V. weiter benannt mit RR, RS, ... RZ, sodann SS bis SZ und weiter bis ZZ. Reicht diese Folge nicht aus, geht es

weiter mit AA bis AZ, BB bis BZ und weiter bis QQ bis QZ. Reichen auch diese 334 Möglichkeiten nicht aus, werden die darauffolgenden V. mit V 335, V 336 usw. und dem Sternbildnamen benannt.
Die einzelnen Klassen der V. werden unter den einzelnen Stichwörtern abgehandelt. Die Tabelle gibt eine Zusammenstellung der wichtigsten Klassen.
Der in Moskau erscheinende »General Catalogue of Variable Stars«, der in Abständen von etwa 10 Jahren als Gesamtausgabe (4. Ausgabe 1985) und dazwischen mit Ergänzungsbänden erscheint, faßte um 1990 rund 30000 gesicherte V. zusammen. V. in Kugelsternhaufen und Galaxien sind hier noch nicht einmal inbegriffen. Jährlich werden rund 1000 neue V. entdeckt. Am häufigsten sind neben den Bedeckungsveränderlichen die RR Lyrae-Sterne und Mirasterne.

verbotene Linien (forbidden lines). → Spektrallinien, die nicht unter normalen Umständen, wie sie etwa in einem Laboratorium hergestellt werden können, vorkommen, sondern meist bei Bedingungen auftreten, wie sie im Weltraum vorhanden sind, z. B. extrem geringe Teilchendichte (unter 10^8 pro cm^3). V. L. sind z. B. in den Spektren der → planetarischen Nebel entdeckt worden.

Verfärbung (reddening). Eine Farbänderung eines Sterns, meist eine Rotverfärbung durch die Wirkung des interstellaren Staubs.

Verfinsterung (eclipse). → Finsternisse.

Vergrößerung (magnification). → Fernrohr.

Vergütung (coating). Ein dünner Belag (meist »Blau-Belag«), der im Hochvakuum auf eine optische Fläche, z. B. die Oberfläche eines Objektivs, aufgedampft wird. Er soll störende Reflexionen vermindern oder gänzlich unmöglich machen, so daß das gesamte auftreffende Licht durch die Optik hindurchtritt und ausgenutzt werden kann.

Vertex (vertex). Der Punkt, auf den ein → Bewegungssternhaufen zuzuströmen scheint.

Vertikalkreis (vertical circle). **1.** Unter dem »Ersten Vertikal« versteht man den V. oder → Höhenkreis, der durch den Ost- und Westpunkt am Horizont verläuft.
2. Ein astronomisches Winkelmeßinstrument, das einem → Meridiankreis ähnelt. Der V. ist jedoch sowohl in Azimut wie auch in Höhe drehbar, so daß er nach allen Himmelsrichtungen eingestellt werden kann. Er dient vor allem zur Bestimmung der → Höhe eines Sterns.

Very Large Array. → National Radio Astronomy Observatory.

Very Large Telescope. Ein Projekt der ESO, das aus vier 8,2 m-Spiegelteleskopen besteht (Abk. VLT). Jeder Spiegel, jeweils von 300 Stützen getragen, ist nur 17,5 cm dick und 15 t schwer. Mittels mehrerer Umlenkspiegel wird das von den vier Spiegeln gesammelte Licht einem gemeinsamen Brennpunkt zugeleitet. So wird die Leistung eines 16 m-Einzelspiegels erreicht. Dabei nutzt man die → aktive Optik aus. Die Technik entspricht der des → New Technology Telescope. Mit einer Fertigstellung, voraussichtlich auf dem Cerro Paranal in Chile, ist bis frühestens zum Jahr 2000 zu rechnen.

Very Long Baseline Array. Ein Verbund von Radioteleskopen in Nordamerika (Abk. VLBA) für die → Very Long Baseline-Interferometrie. Er besteht aus 10 Antennen von Hawaii bis St. Croix im Nordosten von Kanada. Der effektive Durchmesser beträgt 5000 km. Damit wird ein Auflösungsvermögen von 0,0002 Bogensekunden erreicht.

Very Long Baseline-Interferometrie (very long baseline interferometry).

Messungen mit einem → Radiointerferometer, dessen einzelne Radioteleskope eine sehr große Distanz voneinander haben.

Vesta. Ein Kleinplanet, der bereits am 29. 3. 1807 von W. Olbers (1758–1840) als 4. Kleinplanet entdeckt wurde. Der Durchmesser beträgt 500 km, die Masse $2 \cdot 10^{23}$ g. V. ist im Mittel 353,2 Mill. km von der Sonne entfernt, die Bahnexzentrizität beträgt 0,09, die Bahnneigung 7,1°, die Umlaufzeit 1325^d. Im Perihel ist V. 322,1 Mill. km, im Aphel 384,6 Mill. km von der Sonne entfernt. Unserer Erde kann V. günstigstenfalls auf etwa 172 Mill. km nahekommen. Obwohl V. nicht der größte Kleinplanet ist, erreicht sie unter allen Kleinplaneten in einer Opposition mit etwa $5^m_,5$ die größte Helligkeit, so daß V. unter guter Kenntnis ihrer Position sogar mit bloßem Auge beobachtet werden kann. V. selbst ist vermutlich ein → Eukrit. Die Albedo beträgt 0,25, die Rotationszeit $5^h20{,}5^m$.

Viking. Zwei amerikanische Marssonden. Beide bestanden je aus einer Orbiterstufe, die Mars umkreiste, und einer Landestufe, die auf der Marsoberfläche niederging. Die Landestufe hatte ein Gewicht von 599 kg. Der Aufgabenbereich beider Sonden bestand in der Photographie der Marsoberfläche, der Untersuchung der Marsatmosphäre, des Marsbodens und seiner chemischen Zusammensetzung sowie der möglichen Existenz von Kleinstlebewesen mittels dreier unterschiedlicher Experimente in einem Biolabor. Mittels einer Wetterstation wurden die meteorologischen Bedingungen an den Landestellen über längere Zeit hinweg untersucht. V. 1 startete auf der Erde am 20. 8. 1975, die Landung auf der Marsoberfläche erfolgte am 20. 7. 1976 in der Landschaft Chryse. V. 2 startete am 9. 9. 1975 und landete am 4. 9. 1976 im Gebiet Utopia Planitia, nachdem jeweils einige Tage zuvor die Sonde in eine Umlaufbahn um den Mars einschwenkte und danach die Landestufe von der Orbiterstufe abgetrennt wurde.

Violettverschiebung (violetshift). → Doppler-Effekt.

W Virginis-Sterne (W Virginis stars). → Cepheiden.

Virgo. Lateinische Bezeichnung für das Sternbild → Jungfrau.

Virgo A. Eine starke Radioquelle, die optisch mit der elliptischen Galaxie M 87 im Sternbild Jungfrau zusammenfällt und im Virgo-Galaxienhaufen liegt. Das Objekt zeigt vor allem auf Blauaufnahmen einen hellen »jet« mit einer Länge von fast 5000 Lichtjahren. Die radioastronomische Bezeichnung lautet auch 3C 274. Es ist auch eine Röntgenquelle mit der Bezeichnung Virgo X-1 oder 2 U 1228 +12. Man vermutet im Kern von M 87 ein supermassives → Schwarzes Loch.

Virgo-Haufen (Virgo Cluster). Ein → Galaxienhaufen im Sternbild Jungfrau.

Virgo-Superhaufen (Virgo Supercluster). Ein → Superhaufen mit einem Durchmesser von über 50 Mill. Lichtjahren, zu dem auch unsere → lokale Gruppe zählt.

Virgo X-1. → Virgo A.

Virial-Theorem (virial theorem). Ein Satz aus der Mechanik, nach dem bei einem geschlossenen mechanischen System, in dem Körper gravitativ aneinander gebunden sind, auf lange Zeit hinweg die durchschnittliche kinetische Energie die Hälfte der potentiellen Energie beträgt.

virtuelles Bild (virtual image). Ein scheinbares Bild, das z. B. nicht auf einer Filmschicht oder einem Projektionsschirm eingefangen werden kann. Gegensatz: reelles Bild.

virtuelles Teilchen (virtual particle). Ein → Elementarteilchen, das nur für eine extrem kurze Zeitspanne entsteht und wieder zerfällt.

Visionsradius (line of sight). → Gesichtslinie.

visuell (visual). Mit dem Auge direkt oder mit instrumentellen Mitteln beobachtet.

Vogtscher Eindeutigkeitssatz (Vogt-Russell theorem). Der von H. Vogt (1890–1986) aufgestellte Satz, daß es für den Sternaufbau bei gegebener Masse und chemischer Zusammensetzung eine eindeutige Lösung gebe (auch Vogt-Russell-Theorem genannt). In der Wirklichkeit bietet dieser Satz aber nur eine grobe Näherung. Es spielt auch die Vorentwicklung des Sterns eine Rolle.

Voids. Aus dem Englischen stammende Bezeichnung für große Leerräume in der Verteilung der Galaxien. Ihr Durchmesser beträgt bis zu 1 Mrd. Lichtjahre. → Blasenstruktur des Universums.

Volans. Lateinische Bezeichnung für das Sternbild → Fisch, Fliegender.

Volkssternwarte (popular observatory): Eine Sternwarte, die im wesentlichen für die Volksbildungsarbeit und damit auch für öffentliche Veranstaltungen eingerichtet ist. Die erste deutsche V. war die »Berliner Urania«, die 1889 von M. W. Meyer (1853–1910) gegründet wurde. Heute gibt es im deutschen Sprachbereich eine sehr große Zahl von V., die von kleineren privat geführten Einrichtungen oder Vereinssternwarten bis zu großen V. reichen, die von der öffentlichen Hand finanziert werden. Größere V., die ein regelmäßiges Programm haben, liegen in Deutschland u.a. in Berlin, Bochum, Bonn, Bremen, Dortmund, Erkrath, Essen, Frankfurt a.M., Fulda, Herne, Jena, Köln, Laupheim, Lübeck, Mainz, München, Nordenham, Nürnberg, Paderborn, Recklinghausen, Remscheid, Reutlingen, Schkeuditz, Schneeberg, Soest, Solingen, Stuttgart und Wetzlar, in Österreich vor allem in Wien und Klagenfurt, in der Schweiz in Schaffhausen und Zürich. Einige V. sind mit einem → Planetarium verbunden.

vollkommenes kosmologisches Prinzip (perfect cosmological principle). → Perfektes kosmologisches Prinzip.

Vollmond (full moon). Eine → Mondphase, bei der der Mond in Opposition zur Sonne steht bzw. eine ekliptikale Länge hat, die um 180° gegen die der Sonne versetzt ist.

von Zeipel's Theorem (von Zeipel's theorem). Ein Satz, nach dem die Oberflächenhelligkeit eines rotierenden Sterns oder der Komponente eines Doppelsterns an jeder Stelle seiner Oberfläche proportional ist zu dem örtlichen Wert der Schwerkraft.

Vorrücken der Tagundnachtgleichen (precession). → Präzession.

Voyager. Zwei amerikanische Raumsonden zur Erforschung der äußeren großen Planeten. Die Masse beträgt 800 kg. Der Start auf der Erde erfolgte am 20. 8. bzw. 5. 9. 1977. Die später gestartete Sonde V. 1 erreichte Jupiter bereits am 5. 3. 1979, die früher gestartete Sonde V. 2 am 9. 7. 1979. Der kleinste Abstand von dem Planeten betrug dabei 350 000 bzw. 714 000 km. Saturn wurde am 12. 11. 1980 bzw. 25. 8. 1981 mit 124 000 bzw. 101 000 km kleinster Distanz erreicht. V. 1 verließ nach seiner Saturnbegegnung die Ebene der Planetenbahnen und flog fast senkrecht dazu in nördlicher Richtung aus dem Sonnensystem heraus. V. 2 flog am 24. 1. 1986 auch an Uranus vorüber. Der kleinste Abstand betrug 107 000 km. Es folgte Neptun am 24. 8. 1989 mit 48 000 km Entfernung. Danach flog V. 2 in die äußere → Heliosphäre und wird das Sonnensystem verlassen.

Vulkan. → Intramerkurieller Planet.

Vulkan-Theorie (volcano theory). Eine Theorie, nach der die Mondkrater allein durch vulkanische Prozesse entstanden sein sollen. Sie ist heute nicht mehr haltbar. Praktisch alle Krater auf der Mondoberfläche sind durch den Einsturz von Meteoriten und Planetesimalen entstanden. Doch hat auch anschließender Vulkanismus (Hochsteigen von Magma) die Mondoberfläche geprägt.

Vulpecula. Lateinische Bezeichnung für das Sternbild → Füchschen.

W

W 3, Westerhout 3. Eine dichte Gaswolke und Infrarotquelle, die im Sternbild Orion in etwa 10000 Lichtjahren Entfernung liegt und in der Sterne entstehen. Es konnten dort auch verschiedene Moleküle entdeckt werden (OH-Maser).

W 49, Westerhout 49. Ein → H II-Gebiet in etwa 45000 Lichtjahren Abstand. Es handelt sich um die stärkste thermische Radioquelle in unserer Galaxis.

Waage (Scales, Balance). Ein → Tierkreissternbild, das auf der südlichen Himmelssphäre liegt und von der Sonne von Ende Oktober bis Ende November durchlaufen wird (lateinische Bezeichnung Libra, Abk. Lib). Das Sternbild ist am besten im Spätfrühling und Frühsommer abends zu beobachten. In der griechischen Mythologie stellte die W. das Sinnbild der Gerechtigkeit dar. In der älteren Sternbilderkunde wurde das Sternbild oft mit dem Skorpion verschmolzen. Die W. enthält nur wenige Sterne. Hauptstern ist α Librae oder in der arabischen Bezeichnung Zuben Elgenubi (»südliche Schere« des Skorpions). α Librae ist ein physischer Doppelstern, dessen beide Komponenten der Helligkeit $2\overset{m}{,}8$ und $5\overset{m}{,}2$ 231″ voneinander entfernt sind. Die Trennung gelingt bereits mit einem Opernglas. Die beiden Sterne sind 72 Lichtjahre von uns entfernt. β Librae heißt auch Zuben Elschemali (»nördliche Schere«). Die Helligkeit ist $2\overset{m}{,}7$, die Entfernung 120 Lichtjahre.

Waagepunkt (first point of Libra). Der → Herbstpunkt. Die Bezeichnung rührt daher, daß vor etwa 2000 Jahren die Sonne nach der Herbst-Tagundnachtgleiche in das Sternbild Waage lief. Wegen der → Präzession befindet sich statt dessen heute an dieser Stelle das Sternbild Jungfrau.

Waalssche Zustandsgleichung (van der Waals equation). → Gasgesetze.

Wächtermonde (shepherd satellites). → Hirtenmonde.

Wagen, Großer und Kleiner (Great and Small Wagon, Great and Small Chariot). Teilbereiche der Sternbilder Kleiner und Großer → Bär.

wahre Sonne (apparent sun). Der tatsächliche Ort der beobachtbaren Sonne, im Gegensatz zur → mittleren Sonne.

wahre Zeit (apparent time). Die mit Hilfe der → wahren Sonne ermittelte wahre → Sonnenzeit.

Walfisch (Whale). Ein Sternbild am südlichen Himmel (lateinische Bezeichnung Cetus, Abk. Cet), das vor allem an Herbstabenden im Süden beobachtet werden kann. In der griechischen Mythologie spielte der W. vor allem in der Sage um die → Andromeda eine Rolle. Das sehr ausgedehnte Sternbild enthält einige mittelhelle Sterne. Hauptstern ist α Ceti oder arabisch Menkar (»Nase«) mit einer Helligkeit von $2\overset{m}{,}5$ in 130 Lichtjahren Entfernung. Sein Spektraltyp

M2 weist auf eine stark rote Farbe hin. Er ist 120mal heller als unsere Sonne. Noch etwas heller ist β Ceti oder Deneb Kaitos (»Schwanz des W.«) mit $2{,}^{m}1$ und einer Entfernung von 68 Lichtjahren. Sein Spektraltyp ist K0, seine Leuchtkraft 60mal größer als die der Sonne. Das Sternbild enthält den berühmten veränderlichen Stern → Mira.

Walhalla (Valhalla). Ein riesiges Ringbecken auf → Kallisto.

Wallebene (walled plains). Gelegentlich benutzte Bezeichnung für größere Krater auf dem Mond.

Wandelstern (wandering star). Gegensatz zu einem Fixstern (→ Planet).

Wärmeübertragung (heat transfer). Der Übergang von Wärme zwischen zwei Körpern unterschiedlicher Temperatur. Er kann stattfinden 1. durch Wärmeleitung von Molekül zu Molekül oder Atom zu Atom, ohne daß sich diese selbst in der betreffenden Richtung weiterbewegen. 2. durch → Konvektion und 3. durch Wärmestrahlung.

Warps. Verbiegungen der äußeren Bereiche einiger Spiralnebel (→ Galaxien).

Wassermann (Water Bearer). Ein → Tierkreissternbild, das von der Sonne von etwa Mitte Februar bis Mitte März durchlaufen wird (lateinische Bezeichnung Aquarius, Abk. Aqr.). Der W. stellt in der griechischen Mythologie Deukalion, den Sohn des Prometheus dar und ist vor allem an Herbstabenden im Süden zu beobachten. Das Sternbild enthält nur schwächere Sterne. Der Hauptstern α Aquarii heißt auch arabisch Dadalmelik (»König«) und ist $3{,}^{m}0$ hell und 1100 Lichtjahre entfernt. Sein Spektraltyp ist G1, seine absolute Helligkeit ist 5000mal größer als die der Sonne. Ungefähr gleichhell ist β Aquarii oder Sadalsuud (»Allerwelts-Glücksstern«) mit $2{,}^{m}9$ und 1000 Lichtjahren Entfernung. Der Spektraltyp ist mit G0 und die Leuchtkraft mit der 5000fachen Sonnenleuchtkraft ähnlich wie bei α Aquarii. In diesem Sternbild liegen einige → planetarische Nebel, darunter vor allem der → Saturnnebel.

Wasserschlange (Sea Monster resp. Water Snake). Zwei Sternbilder am Südhimmel. Es gibt die weibliche und männliche (auch große und kleine) W. (lateinische Bezeichnung Hydra bzw. Hydrus, Abk. Hya bzw. Hyi). Hauptstern der Hydra ist → Alphard.

Wasserschlange, Südliche (Water Snake). Ein kleines Sternbild am südlichen Himmel, auch männliche → Wasserschlange genannt.

Wasserstoffbrennen (hydrogen burning). Atomare Verwandlung von Wasserstoff in Helium (→ Energieerzeugung in Sternen).

Wasserstoff-Emissionsgebiete (hydrogen emission regions). Bereiche, in denen ionisierter Wasserstoff leuchtet (→ HII-Gebiete).

Wasserstoff-Konvektionszone (hydrogen convection zone). Eine unter der Oberfläche eines Sterns und der Sonne gelegene Zone, die eine starke → Konvektion zeigt.

Watt. Einheit für die → Leistung.

Weber. Die Einheit für den magnetischen Fluß. 1 Weber (Wb) = 1 Volt·Sekunde = 1 V·s.

Wega, Vega (Vega). Der Hauptstern des Sternbilds Leier. Die arabische Bezeichnung bedeutet »der herabstürzende Adler«. W. gehört mit $0{,}^{m}0$ zu den hellsten Sternen des nördlichen Himmels und ist 26 Lichtjahre entfernt, 48mal leuchtmächtiger und 4mal größer im Durchmesser als die Sonne. Die Oberflächentemperatur beträgt 11900 K. Der Spektraltyp A1 weist auf eine gelblichweiße Farbe hin. W. hat mit 0,346″ eine verhältnismäßig starke Eigenbewegung. Die Radialgeschwindigkeit beträgt –14 km/s.

Weihnachtsstern, Stern von Bethlehem, Messiasstern (Christmas Star, Star of Bethlehem). Der im Matthäus-Evangelium erwähnte Stern, der die Weisen oder Magier aus dem Osten nach Bethlehem zur Geburtsstätte Christi geführt haben soll. Wenn es sich tatsächlich um eine astronomische Erscheinung gehandelt hat, was heute noch umstritten ist, so dürfte es sich am ehesten um eine dreifache Jupiter-Saturn-Konjunktion im Jahre 7 vor der Zeitwende gehandelt haben. Im Rahmen der damaligen Astrologie spielten derartige Planetenkonjunktionen eine besonders große Rolle. Die drei Magier könnten aus dem Zweistromland zwischen Euphrat und Tigris stammen und Astrologen gewesen sein. Jupiter galt damals als Königsgestirn, Saturn als Schutzplanet Israels. Das Sternbild Fische, in dem die Konjunktion stattfand, wurde dem »Westland« zugeordnet. Dies könnte die Astrologen veranlaßt haben, nach Westen zu reisen, um nach einem neugeborenen König zu suchen. Die Annahme, der W. könne ein Komet oder eine Nova gewesen sein, stößt auf Schwierigkeiten. Kometen galten damals stets als Unheilbringer, während eine Novaerscheinung nach den astronomischen Berichten aus der damaligen Zeit nicht eindeutig der in Frage kommenden Geburtszeit Christi zugeordnet werden kann. Einige Autoren nehmen an, es könne sich auch um eine enge Venus/Jupiter-Konjunktion im Sternbild Löwe am 17. 6. 2 vor der Zeitwende gehandelt haben. Tatsächlich standen diese beiden Planeten damals so eng beieinander, daß sie mit bloßem Auge nicht mehr getrennt werden konnten. Doch wäre hier die astrologische Bedeutung ganz anders. Außerdem nimmt man für den Tod des König Herodes, der in der Weihnachtsgeschichte eine Rolle spielt, im Zusammenhang mit einer überlieferten und datierbaren Mondfinsternis einen Termin im April des Jahres 4 vor der Zeitwende an. Christus dürfte also wohl nicht später geboren sein.

weißer Zwergstern (white dwarf). Ein kleiner Stern von etwa Erdgröße, in dem ungefähr eine Sonnenmasse enthalten ist. Es handelt sich um ein Endstadium in der → Sternentwicklung. Sterne mit einer Masse unter etwa 1,4 Sonnenmassen verwandeln sich am Ende ihrer Entwicklung zu einem solchen Objekt. Die Dichte der Materie in diesem Stern beträgt etwa 10^5 bis 10^6 g/cm^3 (→ Entartung). Die Oberflächentemperaturen liegen um 10000 K und darüber, so daß diese Sterne weiß erscheinen. Der bekannteste w. Z., der auch als erster entdeckt wurde, ist der Begleiter des → Sirius. Bis heute sind etwa 600 w.Z. bekannt geworden. Ihr Nachweis ist wegen ihrer geringen absoluten und damit auch scheinbaren Helligkeit sehr schwierig. Sie können nur in der unmittelbaren Umgebung unserer Sonne aufgefunden werden. Im → Hertzsprung-Russell-Diagramm stehen die w.Z. im linken unteren Feld.

Im wesentlichen enthalten die w.Z. keinen Wasserstoff mehr. Ein Teil von ihnen kann aber zumindest an den oberflächennahen Schichten noch Wasserstoff enthalten. Demgemäß unterscheidet man folgende Untergruppen: DA: w.Z. mit viel Wasserstoff, DB: w.Z. mit viel Helium, DC: w.Z. mit einem reinen Kontinuum im Spektrum, DF: w.Z. mit viel Calcium, und DP: w.Z. mit starkem Magnetfeld. Im allgemeinen zeigen die w.Z. nur geringe Rotationsgeschwindigkeiten. Die Entweichgeschwindigkeiten betragen um 3000 km/s. Dank ihrer thermischen Energie können w.Z. noch mindestens 10 Mrd. Jahre weiter leuchten. Ihre absolute Helligkeit beträgt allerdings nur 8^m bis 16^m. Ausgekühlte w.Z. werden zu → schwarzen Zwergen.

Wellenlänge (wavelength). Der Abstand zwischen zwei aufeinanderfolgenden

Wellenbergen oder Wellentälern bei einem Wellenvorgang oder einer Wellenstrahlung (Symbol λ). Bei den elektromagnetischen Schwingungen im Lichtwellengebiet wird die W. häufig in Nanometer (1 nm = 10^{-9} m) oder → Ångström angegeben, obwohl letztere Einheit heute offiziell nicht mehr zugelassen ist. Auch → Frequenz.

Wellenlängennormal (wavelength normal). Eine exakt bestimmte Wellenlänge einer Spektrallinie, z.B. zur Definition einer Längeneinheit (→ Meter).

Wellenstrahlung (wave radiation). → elektromagnetische Strahlung.

Wellenzahl (wavenumber). Die Anzahl von Wellenlängen pro Längeneinheit.

Weltachse (axis of the celestial sphere). → Himmelsachse.

Weltall (universe). → Universum.

Weltalter (age of the universe). → Universum.

Weltbild (concept of the universe). Eine wissenschaftliche Vorstellung von der Gesamtstruktur des → Universums und der in ihm befindlichen Körper und deren Bewegungen.

Welteislehre, Glazialkosmogonie (glacial cosmogony). Eine von H. Hörbiger aufgestellte Theorie, daß Eis ein wesentlicher Bestandteil des Weltalls sei. So würde beispielsweise seiner Meinung nach auch die Mondlandschaft aus Eis bestehen und die Milchstraße nicht aus einzelnen Sternen, sondern aus Eiskörnern zusammengesetzt sein. Die W. spielte etwa in der Zeit zwischen 1920 und 1945 in Kreisen außerhalb der Wissenschaft eine gewisse Rolle. Tatsächlich sprachen aber schon damals eindeutige wissenschaftliche Befunde gegen sie.

Welteninsel. Gelegentlich benutzte Bezeichnung für eine Galaxie.

Weltjahr (universal year). Meist andere Bezeichnung für das → Platonische Jahr. Seltener wird der Begriff aber auch für eine Umlaufperiode der Sonne um das Zentrum der Galaxis benutzt, allerdings nicht in der wissenschaftlichen Literatur.

Weltmodell (world model). Eine modellhafte, mathematisch untermauerte Theorie von der Struktur und zeitlichen Entwicklung des → Universums.

Weltpostulat (postulate of the universe). Grundlage der modernen Kosmologie. Dazu zählt vor allem das → Homogenitätspostulat.

Weltraum (space). Der Bereich außerhalb der Erdatmosphäre.

Weltraumfahrt (space flight, space travel). → Astronautik.

Weltraumlabor (space laboratory). → Raumlabor.

Weltraummedizin. → Raummedizin.

Weltraummüll (space garbage). Die nach Raumfahrtunternehmungen auf dem Mond, einigen Planeten, vor allem aber in der Erdumlaufbahn verbleibenden inaktiven Erdsatelliten, Bauteile, Trümmer und Schrottgegenstände, die der Raumfahrt gefährlich werden können. Die Zahl der Objekte ist nicht genau bekannt, dürfte aber bei Teilchen über 1 cm Durchmesser fast 100000 erreichen. Doch nur etwa 7000 größere Objekte werden mit Radar oder optischen Methoden überwacht. Diese Objekte können also bei Raumflügen berücksichtigt werden.

Im Jahre 1993 fand in Darmstadt die 1. Europäische Weltraummüll-Konferenz mit 251 Experten aus 17 Ländern statt. Weitere Konferenzen sollen folgen. Eine besonders große Überfüllung mit W. liegt im Höhenbereich zwischen 900 und 1500 km sowie in 36000 km Abstand, also im Bereich der geostationären Satelliten, vor. Eine aktive Säuberung ist aber aus technischen und finanziellen Gründen kaum möglich. Besser ist eine vorsorgende Müllvermeidung. Erdnahe Satelliten sollen gezielt in der Erdatmosphäre zum Verglühen gebracht werden.

Bei früheren ungezielten Abstürzen fielen allerdings Teilkörper noch auf die Erdoberfläche. Geostationäre Satelliten sollen zukünftig so viel Treibstoff zurückbehalten, daß sie nach Beendigung ihrer Tätigkeit in eine höhere Bahn gebracht werden können.

Weltraumteleskop (Space Telescope). → Hubble-Space-Telescope.

Weltzeit (Universal Time). Die Zonenzeit des Meridians von Greenwich (mittlere Greenwichzeit). Die Abk. ist WZ oder UT. Die UT 0 ist die aus astronomischen Zeitbestimmungen gewonnene W. UT 1 ist die W. UT 0, die aber wegen der Polbewegung korrigiert ist. UT 2 ist UT 1, zusätzlich korrigiert wegen der jahresperiodischen Schwankung der Erdrotation. Ist ET die → Ephemeridenzeit, so ist die Differenz ET–UT definitionsgemäß für 1900.0 gleich Null gesetzt. In der Folge liefen die beiden Skalen auseinander. 1984 löste außerdem die → Dynamical Time TD die ET ab. Unter TAI versteht man die Internationale → Atomzeit. Die koordinierte W. (Universalzeit), Abk. UTC, ist Grundlage für die Zeitzeichen des Rundfunks und der Zeitzeichensender. Sie wird dem Lauf der Sonne angepaßt und darf von UT1 um nicht mehr als 0,7 s abweichen. Erreicht die Differenz UTC–UT 1 einen größeren Wert, so muß eine Schaltsekunde eingelegt oder abgezogen werden. Auch → Zeit.

Wendekreise (Tropics). Die geographischen Breitenkreise, über denen die Sonne während eines → Solstitiums mittags im Zenit steht. Man unterscheidet den nördlichen W. in 23,5° nördl. Breite (W. des Krebses) von dem südlichen W. in 23,5° südl. Breite (W. des Steinbocks). Den Bereich zwischen den beiden W. bezeichnet man als die Tropen.

Wernersche Linien (Werner lines). Spektrallinien des Wasserstoffmoleküls im ultravioletten Bereich.

West. Ein von R. West 1975 entdeckter Komet, der im März 1976 ein beachtliches Objekt am Morgenhimmel war. Er erreichte eine Maximalhelligkeit von fast -2^{m}. Ein ausgeprägter dreieckig erscheinender Staubschweif war bis zu 24° lang. Der Periheldurchgang erfolgte am 25. 5. 1975 mit 29,5 Mill. km Sonnenabstand. Die Bahnneigung ist 43,1°, für die Bahnexzentrizität wurde 0,999971 bestimmt (unsicher), was einer großen Halbachse von 1 Bill. km oder 0,1 Lichtjahr entsprechen würde. Die Umlaufzeit dürfte damit rund 10000 bis 100000 Jahre betragen. Nach dem Periheldurchgang zerfiel der Kometenkern in vier Teile.

Westen (west). → Himmelsrichtungen.

Westerbork. Ein in Nord-Holland bei Dwingeloo gelegenes Radio-Observatorium, das neben einem 25 m-Spiegel über 14 teils feste, teils bewegliche Spiegel verfügt, die in einer Linie von etwa 3 km Länge angeordnet sind.

Westeuropäische Zeit (West European Time). Die für Westeuropa geltende → Zonenzeit (Abk. WEZ, auch → Weltzeit).

Westphal. Name des Kometen 1852 IV = 1913 VI. Bei seiner letzten Wiederkehr war er im Perihel 187,6 Mill. km von der Sonne entfernt. Die Apheldistanz beträgt 4492,5 Mill. km, die Bahnexzentrizität 0,9198, die Bahnneigung 40,9°, die Umlaufzeit 61,9 Jahre. Seit 1913 wurde der Komet nicht wieder beobachtet. Er scheint sich aufgelöst zu haben.

Westpunkt (west point). Der Schnittpunkt des ersten Vertikals mit dem Horizont (→ Himmelsrichtungen).

Wettersatelliten (weather satellites). Eine weitgefaßte Gruppe von Erdsatelliten, die sich die Erforschung des Wetters, der Verteilung von Wolkenfeldern und anderer meteorologischer Elemente zum Ziel gesetzt hat. Die wichtigsten

Gruppen von W. heißen → Tiros, → Nimbus, ESSA (Start 1966–69), → NOAA und → Meteosat.

WEZ. Abk. für → Westeuropäische Zeit.

Whirlpool-Nebel (Whirlpool Nebula). Der Spiralnebel M 51 (NGC 5194) im Sternbild Jagdhunde.

Whistler. Englische Bezeichnung, die auch in der deutschen Literatur oft benutzt wird, für eine Radiostrahlung, die von elektrischen Entladungen und Blitzen in der Erdatmosphäre ausgeht. Sie bewegt sich längs des irdischen Magnetfeldes.

White Sands. Amerikanisches Raketenversuchsgelände in New Mexico. Hier wurden nach 1945 die V2-Raketen zur Erforschung der Hochatmosphäre gestartet.

Widder (Ram). Ein → Tierkreissternbild, das die Sonne von etwa Ende April bis Ende Mai durchläuft (lateinische Bezeichnung Aries, Abk. Ari). Das Sternbild geht auf die griechische Sage zurück, nach der die beiden Kinder der Nephele und des Orchomenos, Phrixos und Helle, geopfert werden sollten. Ein goldfarbener W. soll jedoch die Kinder entführt haben. Über dem Hellespont soll Helle in das Meer abgestürzt sein, während Phrixos gerettet werden konnte. Hauptstern des W. ist → Hamal.

Widderpunkt (first point of Aries). → Frühlingspunkt.

Widmannstättensche Figuren (Widmannstätten figures). Auf Eisenmeteoriten unter bestimmten Umständen zu beobachtende Figuren (→ Meteorit), benannt nach ihrem Entdecker A. B. Widmannstätten (1753–1849).

Wiensches Verschiebungsgesetz (Wien's law, Wien displacement law). Ein → Strahlungsgesetz, nach dem die Wellenlänge des Strahlungsmaximums eines schwarzen Körpers umgekehrt proportional zur absoluten Temperatur ist. Praktisch bedeutet dies, daß das Strahlungsmaximum mit zunehmender Temperatur nach kürzeren Wellenlängen hin wandert.

William-Herschel-Telescope. → Roque de los Muchachos Observatory.

Wilson-Harrington. Der Komet 1949 III. Er hat nach dem → Enckeschen Kometen mit 4,29 Jahren die kürzeste Umlaufzeit. Seine große Bahnhalbachse beträgt 2,64 AE (395 Mill. km), die Bahnexzentrizität 0,62, die Bahnneigung 2,8°. Im Perihel ist der Komet fast genau 1,00 AE (149,6 Mill. km) von der Sonne entfernt. 1979 wurde der Komet wiederentdeckt und fälschlicherweise als Kleinplanet 4015 (1979 VA) vom Typ → Apollo eingestuft. 1992 fiel nach einer neuerlichen Wiederentdeckung seine Identität mit dem schon früher bekannten Kometen auf. Es muß sich um einen sehr alten, fast entgasten Kometenkern handeln.

Wilsonsches Phänomen (Wilson's phenomenon). Die Verschiebung des Kerns (Umbra) eines → Sonnenflecks in Richtung zum Sonnenscheibenmittelpunkt, wenn ein Fleck nahe dem Sonnenrand steht. Die Erscheinung kann nicht bei allen Sonnenflecken beobachtet werden. Sie wurde oft damit gedeutet, daß es sich bei einem Fleck um eine Vertiefung innerhalb der → Photosphäre handelt.

WIMP's. Abk. für Weakly Interacting Massive Particles. Hypothetische schwach wechselwirkende massive Teilchen, die vielleicht kurz nach dem Urknall entstanden sein und das → Missing mass-Problem erklären könnten.

Wind. Eine am 1. 11. 1994 gestartete Raumsonde der NASA zur Erforschung der äußeren Magnetosphäre der Erde und des Sonnenwinds. W. hatte ursprünglich eine stark exzentrische Bahn zwischen 200 und 495 000 km Erdabstand. Durch einen nahen Vorüberflug am Mond Ende 1995 wurde die Bahn so verändert, daß W. die Sonne im Lagrange-Punkt L1, etwa 1,5 Mill. km in Richtung Sonne, umkreist (→ Dreikörperproblem).

Winkelgeschwindigkeit, Kreisfrequenz (angular velocity). Der bei der Rotation eines Körpers pro Zeiteinheit zurückgelegte Winkel. Die W. ω ist $2\,\pi/T$. Dabei bedeutet T die Umlaufzeit, Periodendauer oder Rotationszeit.

Winkelmaß (Rule, Level). Ein Sternbild am südlichen Himmel (lateinische Bezeichnung Norma, Abk. Nor). Es enthält nur sehr schwache Sterne.

Winter (winter). Eine → Jahreszeit, die für die Nordhalbkugel der Erde beginnt, wenn die Sonne den → W.punkt am 21. oder 22. Dezember erreicht. Sie endet mit dem Überqueren des Himmelsäquators durch die Sonne von Süden nach Norden am 21. März.

Winterpunkt (winter point). Die Stelle auf der → Ekliptik, an der sich die Sonne etwa am 21. oder 22. Dezember befindet und ihren südlichsten Stand auf der Ekliptik erreicht (→ Solstitium). Für die Nordhalbkugel der Erde beginnt der astronomische Winter, wenn die Sonne diesen Punkt überschreitet, für die Südhalbkugel der Sommer.

Wirkung (action). Das Produkt aus Energie mal Zeit oder Impuls mal Wegstrecke.

Wirkungsquantum (Planck's constant). → Plancksches Wirkungsquantum.

Woche (week). Eine Einteilung der Zeit, bei der 7 Tage zu einer Einheit zusammengefaßt werden. Allerdings gab es auch verschiedene Kulturbereiche, die mit W. zwischen 5 und 10 Tagen rechneten. Die 7tägige W. hängt damit zusammen, daß im Altertum und Mittelalter 7 Planeten bekannt waren und daß 7 Tage ungefähr ¼ eines Mondumlaufs sind. Der historische Ursprung der 7tägigen W. ist etwas unklar. Jedenfalls ist bekannt, daß diese Einteilung des Kalenders mindestens 2000 Jahre alt ist. Die Planeten werden sprachlich und auch in der Astrologie auf die einzelnen Planeten folgendermaßen aufgeteilt: Sonntag = Sonne, Montag = Mond, Dienstag = Mars, Mittwoch = Merkur, Donnerstag = Jupiter, Freitag = Venus und Samstag = Saturn.

Ein Kuriosum stellt eine 60-Tage-W. dar, die im alten chinesischen Kalender vorherrschte. Alle Kalendertage hatten Namen, z.B. »der Blitz mit dem Tiger«, »die Erde mit dem Drachen«.

Während unsere W. nach den gesetzlichen Vorschriften früher mit dem Sonntag begann und mit dem Samstag endete, gilt heute die Vorschrift, daß die W. mit dem Montag beginnt und dem Sonntag endet.

Wolf (Wolf). Ein Sternbild am südlichen Himmel (lateinische Bezeichnung Lupus, Abk. Lup). Der griechischen Sage nach handelte es sich um den arkadischen König Lykaon. Er wurde wegen seiner Grausamkeit in einen W. verwandelt. Der Hauptstern α Lupi ist $2\overset{m}{,}3$ hell und 430 Lichtjahre entfernt.

Wolf Creek. Ein in West-Australien liegender → Meteoritenkrater mit einem Durchmesser von 850 m.

Wolf-Diagramm (Wolf diagram). Eine Darstellung der Sternzahl im Verhältnis zur abnehmenden scheinbaren Helligkeit der Sterne im Bereich von → Dunkelwolken. Während die Sternzahl in einem normalen Sternfeld mit

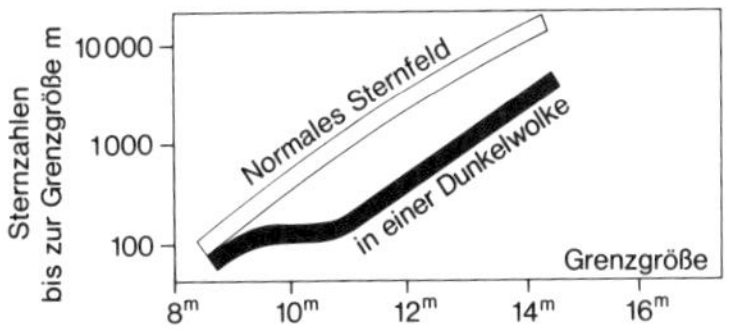

Sternzählungen im Gebiet einer Dunkelwolke (Wolfsches Diagramm)

abnehmender Helligkeit gleichmäßig zunimmt, liegt innerhalb einer Dunkelwolke ein gestörter Kurvenverlauf vor. Die Kurve zeigt bei derjenigen Helligkeit einen Knick, die für die durchschnittliche Entfernung der Sterne dieser Helligkeit anzunehmen ist. Deswegen kann man mit Hilfe des W.-D. die Entfernung und Ausdehnung einer interstellaren Wolke bestimmen.

Wolf-Lundmark-System (Wolf-Lundmark system). Eine Zwerggalaxie, die zur → lokalen Gruppe zählt.

Wolf-Palisa-Karten (Wolf-Palisa charts). Photographische Sternkarten, die um 1900 von M. Wolf (1863–1932) und J. Palisa (1848–1925) zusammengestellt wurden. Sie bezogen sich vor allem auf die Zone des → Tierkreises.

Wolf-Rayet-Sterne (Wolf-Rayet stars). Eine Klasse sehr leuchtmächtiger und heißer Sterne, deren Oberflächentemperatur bei 20000 bis 50000 K liegt. Die Spektren zeigen breite Emissionslinien, die vor allem dem neutralen und ionisierten Helium zugehören. Sie sind vermutlich auf Gashüllen zurückzuführen, die von den Sternen mit Geschwindigkeiten von etwa 1000 bis 2000 km/s ausgeschleudert werden. Sie erhielten eine besondere Spektralklasse mit dem Buchstaben W. Bisher wurden etwa 200 Sterne dieser Art bekannt. Gelegentlich bezeichnet man sie auch als W-R-Sterne und unterteilt sie noch in WC-Sterne (mit Kohlenstoff-Emissionslinien) und WN-Sterne (mit Stickstoff-Linien). Die Leuchtkraft der W-R-Sterne beträgt das 100000- bis 1000000fache der Sonnenleuchtkraft, die Masse liegt zwischen etwa 10 und 20 Sonnenmassen, der Durchmesser beim 3- bis 25fachen Sonnendurchmesser. Es sind in der Entwicklung ältere Sterne, deren Produkte von fortgeschrittenen Kernfusionsprozessen vom Sternkern in die äußeren Schichten des Sterns gelangen, während die letzteren durch sehr starken Strahlungsdruck abgeblasen wurden. Man findet W-R-Sterne häufig als Zentralsterne von → planetarischen Nebeln. W-R-Sterne verlieren in etwa 300000 Jahren 1 Sonnenmasse. Die ersten drei Sterne dieser Art wurden 1867 von C. J. E. Wolf (1827–1918) und G. A. P. Rayet (1839–1906) entdeckt.

Wolfsche Zahl (Wolf number). → Relativzahl.

Wolter-Teleskop (Wolter-type telescope). → Röntgenteleskop.

Woschod. Sammelbezeichnung für bemannte russische Raumflugkörper, die mehreren Kosmonauten Platz boten. W. 1 hatte eine Masse von 5320 kg und wurde am 12. 10. 1964 mit W. Komarow, K. Feoktistow und B. Jegorow gestartet.

Wostok. Eine Serie bemannter russischer Raumflugkörper. W. 1 wurde am 12. 4. 1961 mit J. Gagarin gestartet und war der erste bemannte Raumflugkörper überhaupt. Am 16. 6. 1964 wurde W. 6 als letztes Raumfahrzeug dieser Serie mit der ersten Kosmonautin W. Tereschkowa gestartet. Die Masse von W. betrug ohne die Endstufe 4730 kg. Davon entfielen auf die Raumkapsel selbst 2400 kg.

Wurmloch (wormhole). Eine hypothetische tunnelähnliche Raum-Zeit-Struktur. Einige Theoretiker vermuten, daß im Bereich der → Planck-Länge die Raumzeit eine schaumartige Struktur annimmt, die von W. durchsiebt ist. Möglicherweise können sich die W. ablösen und ein neues → Universum bilden.

WZ. Abk. für → Weltzeit.

X

X-Bosonen, X-Teilchen (X bosons). Supermassive → Elementarteilchen, die 10^{-33} s nach dem Urknall, also in der → Quark-Ära entstanden sein sollen. Sie zerfielen in → Quarks und Antiquarks, seltener auch in Quark-Elektron-Kombinationen bzw. deren Antiteilchen und damit auch in Leptonen. Die X-B. sind vermutlich für den Überschuß der Materie über die Antimaterie verantwortlich.

XMM. Abk. für X-ray Multimirror Satellit. Ein von der ESA projektierter Röntgensatellit. Er soll drei → Röntgenteleskope enthalten, die gleichzeitig Aufnahmen in verschiedenen Wellenlängenbereichen gewinnen sollen. Für Parallelbeobachtungen ist ein optisches Teleskop vorgesehen. Der Start ist für Ende des 20. Jahrhunderts geplant. Die Lebensdauer des dann bisher größten wissenschaftlichen Satelliten der ESA wird auf mindestens 10 Jahre geschätzt.

X-Strahlen (X-rays). Die Bezeichnung rührt daher, daß man X für unbekannt eingesetzt hatte, wie dies in anderem Zusammenhang ebenfalls oft geschieht (→ Röntgenstrahlen).

X-Teilchen (X particles). → X-Bosonen.

XUV-Strahlung (XUV-rays). Ein Wellenlängenbereich im Übergang zwischen der → Röntgenstrahlung (X-Strahlung) und der → Ultraviolettstrahlung (UV-Strahlung). Er liegt zwischen 10 und 100 nm. Die vom Weltall stammende XUV-S. wurde erstmals von → ROSAT erforscht.

Y

Yagi-Antenne (yagi antenna). Eine von dem japanischen Funktechniker Yagi vorgeschlagene Kombination von → Dipol-Antennen. Sie wurde in der frühen Entwicklung der → Radioastronomie häufig benutzt.

Yerkes-Observatory. Ein an der Williams Bay, Wisconsin, gelegenes Observatorium der Universität Chicago, das über den größten → Refraktor mit einer Öffnung von 102 cm verfügt. Das Institut wurde von G. E. Hale (1868–1938) unter Unterstützung des Geschäftsmanns C. T. Yerkes (1837–1905) im Jahre 1897 gegründet.

Ylem. Eine von G. Gamow (1904–1968) vorgeschlagene, aber selten benutzte Bezeichnung für den Urzustand der Materie in der frühesten Entwicklungsphase des Universums. Das veraltete Wort bedeutet eigentlich »die erste Substanz, aus der mutmaßlich die Elemente entstanden«.

Z

z. Abk. für den Betrag der relativen Rotverschiebung im Spektrum, wie sie vor allem durch den → Doppler-Effekt hervorgerufen wird. Es ist $z = (\lambda - \lambda_0)/\lambda_0$. Dabei bedeutet λ_0 die Wellenlänge im Ruhezustand, λ die tatsächlich beobachtete Wellenlänge.

Zeeman-Effekt (Zeeman effect). Aufspaltungen oder Verbreiterungen von → Spektrallinien durch die Einwirkung eines Magnetfelds im Bereich der Lichtquelle. Der Effekt wurde von P. Zeeman (1865–1943) entdeckt. Der Betrag der Aufspaltung hängt von der Stärke des Magnetfeldes ab, so daß auch diese gemessen werden kann. Normalerweise wird eine Spektrallinie in 3 Einzellinien aufgespalten. Die beiden äußeren Linien zeigen eine → Polarisation, die von der der inneren Linie verschieden ist.

Zeichen (signs). Die in der Astronomie üblichen Z., vor allem für die Planeten und die Tierkreissternbilder bzw. Tierkreiszeichen. Besondere Z. erhielten auch die → Aspekte.

Die wichtigsten Zeichen in der Astronomie

☉	Sonne	♃	Jupiter
☾	Mond	♄	Saturn
☿	Merkur	♅	Uranus
♀	Venus	♆	Neptun
♁	Erde	♇	Pluto
♂	Mars	☄	Komet
♈	Widder	♎	Waage
♉	Stier	♏	Skorpion
♊	Zwillinge	♐	Schütze
♋	Krebs	♑	Steinbock
♌	Löwe	♒	Wassermann
♍	Jungfrau	♓	Fische
☌	Konjunktion	☋	Absteigender Knoten
☊	Aufsteigender Knoten	☍	Opposition
□	Quadratur	♈	Frühlingspunkt

Zeit (time). In der Physik und Kosmologie die 4. Koordinate, die zu den 3 Raumkoordinaten hinzukommt. In der allgemeinen → Relativitätstheorie spricht man auch von einem Raum-Zeit-Kontinuum. Danach sind auch Aussagen über die Z. relativ.

In der Astronomie ist vor allem die Einteilung der Z. in kleinere Abschnitte wichtig. Dabei spielt insbesondere die Rotationsperiode der Erde eine Rolle, die den → Tag definiert. Da die Rotationsgeschwindigkeit der Erde veränderlich ist, führte man ein gleichförmiges Z.maß, zunächst die sog. → Ephemeridenzeit, heute die → Dynamical Time, ein. Drei verschiedene Faktoren beeinflussen die Erdrotation:

1. Säkulare Veränderungen, wie sie vor allem durch die Gezeitenreibung im System Erde-Mond auftreten. Sie bewirken eine Verlängerung des Tages von 0,0016 s pro Jahrhundert.
2. Fluktuationen als Folge von Massenverlagerungen im Erdkörper, vielleicht unregelmäßig, vielleicht aber auch mit langfristiger Periode von mehreren Jahrzehnten. Durch Aufsummieren dieser Effekte kann es zu Unterschieden zwi-

schen einem gleichförmigen Z.maß und der mit Hilfe der Erdrotation bestimmten Z. bis zu vielen Sekunden kommen.
3. Jahresperiodische Schwankungen als Folge von Abschmelzvorgängen an den Polarkappen oder anderer meteorologischer Effekte. Dabei geht die Erde im Juli um 0,06 s nach, im November um 0,05 s vor. Auch → Weltzeit.

Für die bürgerliche Z.rechnung ist der wahre Sonnenlauf ungeeignet. Wegen der unterschiedlichen Geschwindigkeit bei der Bewegung der Erde um die Sonne scheint nämlich auch die Sonne ungleichförmig durch die Ekliptik zu laufen. Man führte deswegen eine → mittlere Sonne ein. Der Unterschied zwischen der wahren und der mittleren Sonnenzeit ist die → Z.gleichung. Die unterschiedlichen geographischen Längenkreise (Meridiane) haben eine verschiedene Ortszeit. Einem Unterschied von 1° Länge entspricht ein Z.unterschied von 4^m, einem Unterschied von 15° Länge ein Unterschied von 1^h. Deswegen wurden im vergangenen Jahrhundert 24 verschiedene Z.zonen eingeführt, in denen jeweils dieselbe → Zonenzeit vorherrscht. Für Mitteleuropa gilt die → Mitteleuropäische Z. Für astronomische Beobachtungen wird dagegen fast ausschließlich die → Weltzeit herangezogen.

Für Z.bestimmungen werden die Durchgänge der Sterne durch den Meridian mit Hilfe eines → Meridiankreises oder → Passageinstruments beobachtet. Dabei wird zunächst die Sternzeit abgeleitet: Die Rektaszension eines den Meridian überquerenden Sterns ist gerade gleich der Sternzeit. Die Sternzeit wiederum kann in Weltzeit oder Zonenzeit umgerechnet werden. Deswegen müssen für Z.bestimmungen die Rektaszensionen einer Auswahl von Sternen sehr genau bekannt sein (Z.sterne). Wegen der Unregelmäßigkeit in der Erdrotation sind aber derartige Messungen heute für die Festlegung der bürgerlichen Z. nicht mehr wesentlich. Vielmehr spielt das durch die → Atomuhren gewährleistete Z.maß eine grundlegende Rolle.

Zeitdilatation (time dilation, time retardation). Die in der allgemeinen → Relativitätstheorie auftretende Zeitdehnung. Auch → Zwillings-Paradoxon.

Zeitgleichung (equation of time). Der Unterschied zwischen wahrer und mittlerer Sonnenzeit. Oder anders ausgedrückt: Die Z. ist der Zeitbetrag, der der mittleren Sonnenzeit hinzugefügt werden muß, um die wahre Sonnenzeit zu erhalten. Die Maxima der Z. werden etwa Mitte Februar mit fast -15^m und Anfang November mit über $+16^m$ erreicht. Ein positives Zeichen der Z. bedeutet, daß z. B. eine Sonnenuhr vorgeht. Die wahre Sonne kulminiert früher im Meridian als die mittlere Sonne. Ein negatives Zeichen bedeutet, daß eine Sonnenuhr nachgeht und die wahre Sonne später als die mittlere Sonne kulminiert.

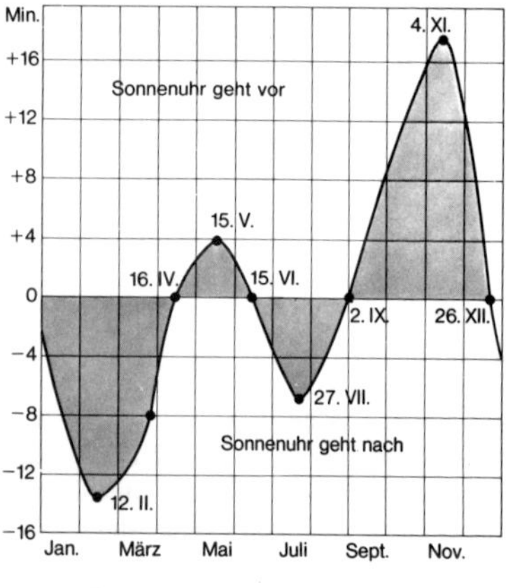

Die Zeitgleichung (Schema)

Zeitstern (clock star). → Zeit.

Zeitzeichen (time signals). Durch verschiedene Rundfunkstationen oder spezielle Z.sender ausgesandte Sekundenimpulse, die heute von → Atomuhren gesteuert werden. Neben Z.sendern, die auf den Standardfrequenzen 2,5 MHz, 5,0 MHz, 10,0 MHz, 15,0 MHz, 20,0 MHz und 25,0 MHz arbeiten, gibt es noch eine Reihe anderer wichtiger Sender. Dazu gehört der Sender Mainflingen auf 77,5 KHz, der von der Physikalisch-Technischen Bundesanstalt Braunschweig betrieben wird und noch zusätzliche Kennungen für Kalenderdaten überträgt. Er steuert auch die → Funkuhren.

Zenit, Scheitelpunkt (zenith). Der Punkt am Himmelsgewölbe, der genau über dem Beobachter steht, also um 90° von der Horizontebene entfernt ist. Der Z. bildet gleichzeitig den Schnittpunkt des über die Erdoberfläche verlängerten Lotes eines Beobachtungsortes mit der Himmelssphäre und liegt dem → Nadir gegenüber.

Zenitdistanz, Scheitelabstand (zenith distance). Die Winkeldistanz eines Gestirns vom Zenit. Es ist der einen rechten Winkel oder 90° zur → Höhe eines Gestirns ergänzende Winkel.

Zenithal hourly rate. Die stündliche Zahl von Meteoren eines → Meteorstroms unter der Annahme, daß der → Radiant im Zenit steht (Abk. ZHR). Die tatsächliche Zahl hängt vor allem von der Höhe des Radianten über dem Horizont bzw. dessen Zenitabstand ab. Sie ist das 0,3fache der ZHR, multipliziert mit dem Cosinus des Zenitabstandes des Radianten.

Zenitrefraktion (zenith refraction). Die infolge »schiefer Luftschichten« oder anderer anormaler Wetterbedingungen auch im → Zenit auftretende → Refraktion. Normalerweise ist die Z. allerdings Null.

Zenitsektor (zenith sector). Ein astronomisches Winkelmeßinstrument, das nur sehr kleine Winkel von wenigen Grad zu messen erlaubt. Es wurde früher vor allem zur Bestimmung der → Zenitdistanz von Sternen herangezogen. Das Gerät wurde von J. Picard (1620–1682) erfunden. J. Bradley (1692–1762) entdeckte mit einem weiterentwickelten Z. die → Aberration und → Nutation.

Zenitteleskop (zenith telescope, zenith tube). Ein besonderes Fernrohr, das praktisch senkrecht aufgestellt ist und mit dem der Meridiandurchgang zenitnaher Sterne beobachtet werden kann. Durch Messung der relativen Höhe von Sternen in der Nachbarschaft des Zenits wird die → Polhöhe ermittelt.

Zentaur (Centaur). → Centaur.

Zentralberg (central peak). Der häufig in der Mitte eines Aufsturzkraters auf dem Mond und einigen anderen Körpern unseres Planetensystems beobachtbare Berg. Gelegentlich treten sogar mehrere Z. auf.

zentraler Blitz (central flash). Bei der Bedeckung eines Sterns durch einen Planeten oder Satelliten mit Atmosphäre auftretende kurzzeitige Aufhellung, wenn das Licht des Sterns die Atmosphäre dieses Körpers durchquert.

Zentralmeridian (central meridian). Der durch die Scheibenmitte von Sonne, Mond oder Planeten verlaufende Meridian.

Zentralstern (central star). Der in der Mitte eines → planetarischen Nebels stehende Stern. Gelegentlich wird die Bezeichnung aber auch auf den Hauptstern eines → Doppelsterns angewandt.

Zentrifugalkraft, Fliehkraft (centrifugal force). Das bei einer Zentralbewegung auftretende Bestreben eines rotierenden oder umlaufenden Körpers, sich nach der Tangente seiner Bewegungsrichtung vom Bewegungsmittelpunkt weg zu entfernen. Je schneller die Bewegung eines Körpers auf einer gekrümmten Bahn erfolgt, desto größer ist die Z. Die Z. ist eine Trägheitskraft und entsteht nur dann, wenn ein Körper durch eine andere Kraft aus einer geradlinigen Bewegung herausgezwungen wird. Ist m die Masse des Körpers, r seine Entfernung vom Zentrum und ω die Winkelgeschwindigkeit, so ist die Z. $Z = m \cdot r \cdot \omega^2$.

Zirkel (Compasses, Compass Dividers). Ein Sternbild am südlichen Himmel (lateinische Bezeichnung Circinus, Abk. Cir). Das 1752 von N. L. de Lacaille (1713–1762) eingeführte kleine Sternbild enthält nur schwächere Sterne. Der Hauptstern α Circini ist $3\overset{m}{,}2$ hell und 57 Lichtjahre entfernt. Es ist ein Doppelstern mit einem Begleiter der Helligkeit $8\overset{m}{,}6$.

Zirkulargeschwindigkeit (circular velocity). → Erdsatellit.

Zirkummeridianhöhe (circum meridian altitude). Der in der Nachbarschaft des Meridians bestimmte Höhenwinkel eines Gestirns, der meist zur Bestimmung der geographischen Breite benutzt wird.

zirkumpolar (circumpolar). Um den Pol (Himmelspol) herum.

Zirkumpolarsterne (circumpolar stars). Sterne, die in der Nachbarschaft des Himmelspols stehen und für eine bestimmte geographische Breite nie unter den Horizont tauchen und damit dauernd beobachtbar sind. Für einen Beobachter am Erdäquator gibt es keine Z., da der nördl. und südl. Himmelspol direkt im Horizont liegen. Für einen Beobachter am Nordpol sind dagegen alle Sterne zirkumpolar. In der geograph. Breite von Mitteleuropa (+50° nördl. Breite) sind vor allem folgende Sternbilder zirkumpolar: Großer und Kleiner Bär, Cassiopeia, Cepheus, Drache, Giraffe und teilweise auch Perseus, Fuhrmann, Luchs und Jagdhunde (S. 563).

zirkumsolare Materie (circumsolar matter). Der Teil der → interstellaren Materie, der sich in der unmittelbaren Nachbarschaft eines sich neu bildenden Sterns befindet und möglicherweise das Rohmaterial für die Entstehung eines Planetensystems darstellt (→ Proplyds).

zirkumstellar (circumstellar). Um einen Stern herum.

Zirkumzenitalbogen (circumzenithal arc). Eine seltenere Erscheinung eines → Halos, die in einem Bogen besteht, der um den → Zenit läuft.

Zirrus-Nebel. → Cirrus-Nebel.

Zodiakallicht, Tierkreislicht (zodiacal light). Eine Lichterscheinung, die durch die Reflexion und Streuung von Sonnenlicht an Staubteilchen und zum geringeren Teil auch an Elektronen der → interplanetaren Materie hervorgerufen wird. Das Z. zeigt sich am besten in der späten Dämmerung bzw. bei gerade einsetzender Nacht als pyramidenförmiger Schein über der Untergangsstelle der Sonne und verläuft etwa symmetrisch zur → Ekliptik. Entsprechend kann die Leuchterscheinung vor Sonnenaufgang beobachtet werden. Wegen der schrägen Lage der Ekliptik zum Horizont in mittleren und höheren geographischen Breiten kann das Z. am besten von den Tropen aus beobachtet werden, da es hier ungefähr senkrecht zum Horizont steht. In unseren Breiten ist es wegen der dann günstigeren Lage der Ekliptik zum Horizont am ehesten noch im Februar und März abends bzw. im September und Oktober morgens zu beobachten. Trotzdem bestehen für den Unkundigen Verwechslungsmöglichkeiten mit späten bzw. frühen Dämmerungserscheinungen. Das Z. wurde von J. D. Cassini (1625–1712) und N. Fatio (1664–1753) entdeckt. Während das eigentliche Z. bis in etwa 30 bis 40° Winkelabstand von der Sonne erscheint, setzt es sich doch noch als eine schwache »Lichtbrücke« (Zodiakalband) längs der Ekliptik fort, um in der Nähe des der Sonne entgegengesetzten Punktes nochmals eine schwache Aufhellung (Gegenschein) zu zei-

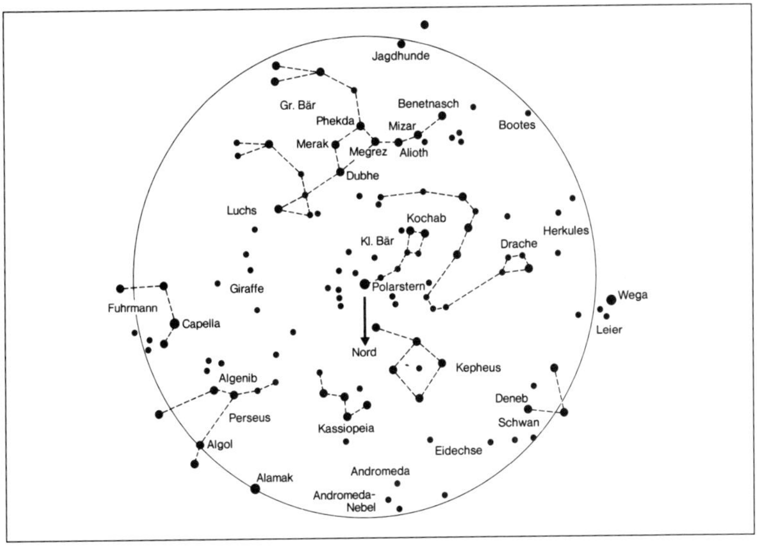

Zirkumpolarsterne für 50° nördl. Breite (für z. B. Mitte April 22.30 Uhr MEZ)

gen. Das Z. trägt etwa ein Drittel zur nächtlichen Gesamthelligkeit des Himmels in einer mondscheinfreien Nacht bei. Die Teilchen, an denen das Sonnenlicht gestreut wird, haben im Mittel einen Durchmesser von 1 μm.

Zodiakus (zodiac). → Tierkreis.

Zoelostat. → Coelostat.

Zöllnersches Photometer (Zollner's photometer). Ein visuelles → Photometer, das früher häufig zu Helligkeitsbestimmungen von Sternen herangezogen wurde. Dabei wurde die Helligkeit des natürlichen Sterns mit der eines künstlichen Sterns verglichen. Natürlicher und künstlicher Stern erschienen dabei gleichzeitig im Gesichtsfeld eines Fernrohrs. Die Helligkeit des künstlichen Sterns wurde dann mit einem Nicolschen Prisma so lange verändert, bis er genau so hell erschien wie der natürliche Stern.

Zond. Sammelbezeichnung für russische unbemannte Mond- und Planetensonden. Z. 1 wurde am 2. 4. 1964 gestartet und sollte Venus erreichen. Z. 2 (Start 30. 11. 1964) war für Mars bestimmt, Z. 3 (Start 18. 7. 1965) machte Aufnahmen der Rückseite des Mondes, Z. 4 bis 8 (1968 bis 1970) setzten die Mondflüge fort.

Zonenbeobachtung, Zonenunternehmen (zone observation). Ortsbestimmungen an Sternen innerhalb bestimmter Deklinationszonen. Am bekanntesten ist der → Zonenkatalog der Astronomischen Gesellschaft.

Zonenkatalog der Astronomischen Gesellschaft. Das von der → Astronomischen Gesellschaft im Rahmen des »Zonenunternehmens der AG« durchgeführte Vorhaben, einen Sternkatalog mit genauen Positionsangaben zahlreicher Sterne zusammenzustellen. Der erste Katalog (AGK 1) erschien ab 1863. Eine erste Wiederholung (AGK 2) kam 1928/32 und eine weitere Wiederholung (AGK 3) 1956/63 heraus. Aus einem

Vergleich dieser Kataloge kann man auch → Eigenbewegungen der Sterne ableiten. Die Kataloge enthalten die Positionen von etwa 190000 Sternen.

Zonenunternehmen → Zonenbeobachtung.

Zonenzeit, bürgerliche Zeit (zone time). Die in den Zeitzonen geltende, auf einen bestimmten → Standardmeridian bezogene mittlere Sonnenzeit (→ Zeit).

Zone of avoidance. Ein Bereich am Himmel (»Zone der Vermeidung«) nahe der galaktischen Ebene bzw. dem galaktischen Äquator (→ Galaxis), wo praktisch keine Galaxien zu beobachten sind. Die Ursache ist in der dort extrem großen → interstellaren Absorption zu suchen. Es gibt aber auch → galaktische Fenster.

Zuben Elgenubi. Der Hauptstern im Sternbild → Waage.

Zuben Elschemali. Der zweithellste Stern im Sternbild → Waage.

Zustandsgleichung (equation of state). → Gasgesetze.

Zustandsgrößen (parameters of a star). Geometrische oder physikalische Zahlenangaben, die die Grundlage für den Zustand eines → Sterns darstellen und meist durch direkte oder zumindest indirekte Messungen festgestellt werden können. Die üblichen Z. sind:

1. Die Masse eines Sterns (die Grenzwerte liegen bei etwa 0,08 und 100 Sonnenmassen).

2. Die Leuchtkraft eines Sterns oder die pro Sekunde von einem Stern ausgestrahlte Gesamtenergie (angegeben in J/s oder Watt) oder die absolute Helligkeit oder die Leuchtkraft im Vergleich zur Sonne (die Grenzwerte liegen etwa bei 1/100000 und dem 1000000fachen der Sonnenleuchtkraft).

3. Der Radius eines Sterns (sieht man von den speziellen Fällen der → Neutronensterne ab, so liegt die Spannweite zwischen etwa 1/100 und dem 3000fachen des Sonnenradius).

4. Die effektive Temperatur (Spannweite zwischen etwa 2500 K und 100000 K).

5. Die Spektralklasse.

6. Die mittlere Dichte (von Neutronensternen abgesehen liegt sie zwischen etwa dem 10^{-7}fachen und dem 10^{6}fachen der mittleren Sonnendichte).

7. Die mittlere Energieerzeugung des Sterns pro g Sternmaterie und pro Sekunde (die Grenzwerte liegen zwischen etwa dem 10^{-2}fachen und dem 10^{4}fachen der mittleren Energieerzeugung der Sonne).

8. Die Schwerebeschleunigung an der Oberfläche (die Grenzwerte liegen, von Ausnahmefällen abgesehen, zwischen dem etwa 10^{-5}fachen und dem Mehrtausendfachen der Schwerebeschleunigung auf der Sonne, ohne Neutronensterne).

9. Die Rotationszeit bzw. Rotationsgeschwindigkeit am Äquator (die Grenzwerte liegen zwischen etwa 1 und 500 km/s am Äquator).

10. Die Stärke des allgemeinen Magnetfeldes (die Grenzwerte liegen zwischen einem extrem schwachen, kaum nachweisbaren Magnetfeld und weit über 1000 Gauß [0,1 Tesla]).

11. Die chemische Zusammensetzung.

Zweikörperproblem, Keplerproblem (two-body problem). Die Aufgabe der → Himmelsmechanik, die Bewegung von nur zwei Körpern unter ihrem gegenseitigen Gravitationseinfluß zu bestimmen. Dabei wird vorausgesetzt, daß die Körper kugelsymmetrisch angeordnet sind und ihre Massen angesehen werden können, als wären sie in ihren Mittelpunkten konzentriert.

Zwergast (dwarf sequence). Die Hauptreihe im → Hertzsprung-Russell-Diagramm.

Zwergcepheiden (dwarf Cepheids). Eine Gruppe → Veränderlicher, die zu den Pulsationsveränderlichen zählt. Die

Spektralklassen liegen meist zwischen A und F. Die Perioden betragen nur 1 bis 5 Stunden. Die Z. sind mit den → δ Scuti-Sternen verwandt, haben aber mit $0\overset{m}{,}3$ bis $0\overset{m}{,}8$ etwas größere Lichtwechselamplituden. Die δ Scuti-Sterne erreichen höchstens $0\overset{m}{,}3$. Auch die Lage im → Hertzsprung-Russell-Diagramm ist etwas unterschiedlich: Die Z. liegen etwas unter, die δ Scuti-Sterne etwas über der Hauptreihe.

Zwerggalaxien (dwarf galaxies). Kleine Galaxien, die nur wenige tausend Lichtjahre Durchmesser haben und selbst in der Nachbarschaft unserer eigenen Galaxis nur schwer nachweisbar sind. In der → lokalen Gruppe sind die meisten Objekte Z.

Zwergnovae (dwarf novae). → U Geminorum-Sterne.

Zwergstern (dwarf star). → Roter Zwergstern, → weißer Zwergstern.

Zwielicht (dusk). Der Zeitraum zwischen dem Ende der bürgerlichen → Dämmerung und dem Ende der astronomischen Dämmerung.

Zwillinge (Twins). Ein → Tierkreissternbild (lateinische Bezeichnung Gemini, Abk. Gem). Das Sternbild geht auf die griechische Mythologie zurück, nach der die Z.brüder Castor und Pollux sehr verschieden waren. Pollux war unsterblich, Castor sterblich. Pollux wollte vom Reich der Götter aus seinen Z.bruder in der Unterwelt besuchen. Die Götter setzten aber beide als Sterne an den Himmel. Die Sonne durchwandert das Sternbild von Ende Juni bis Ende Juli. Die Z. können abends am besten in den Wintermonaten beobachtet werden. Die Hauptsterne sind entsprechend der Sage → Castor und → Pollux. Das Sternbild enthält im westlichen Teil den schönen offenen Sternhaufen M 35 in 2600 Lichtjahren Entfernung. Er kann bereits mit Feldstechern beobachtet werden und enthält 120 Sterne.

Zwillings-Paradoxon (twins paradoxon). Die nach der speziellen → Relativitätstheorie zu erwartende Erscheinung, daß ein mit sehr großer, evtl. sogar mit Fast-Lichtgeschwindigkeit fliegender hypothetischer Raumfahrer nach seiner Rückkehr zur Erde seinen Zwillingsbruder stark gealtert vorfindet oder dieser sogar längst gestorben ist, während der Astronaut selbst nur wenig älter wurde. Ein Beispiel: Beschleunigt man ein Raumschiff nach dem Start auf der Erde konstant mit 1 g, also einfacher Erdbeschleunigung, Richtung Arktur im Sternbild Bootes in 36 Lichtjahren Entfernung und kehrt nach Erreichen von Arktur um, indem man wieder mit 1 g bremst, so würden bei der Rückkunft im Raumschiff knapp 15 Jahre, auf der Erde aber fast 80 Jahre verflossen sein. Es ist aber vorläufig nicht erkennbar, daß man in der Raumfahrt entsprechend hohe Geschwindigkeiten erzielen kann.

Zwischenpopulation (intermediate population). → Population.

Zykloide (cycloid). Die Kurve, die ein Punkt auf einem Kreisumfang beschreibt, wenn der Mittelpunkt dieses Kreises sich auf einer Geraden oder auf einem Kreis weiterbewegt (→ Epizykeltheorie).

Zyklus (cycle). Ein Zeitraum, nach dem sich gleichartige Erscheinungen wiederholen. Ein sprachlich entsprechender Begriff ist die Periode.

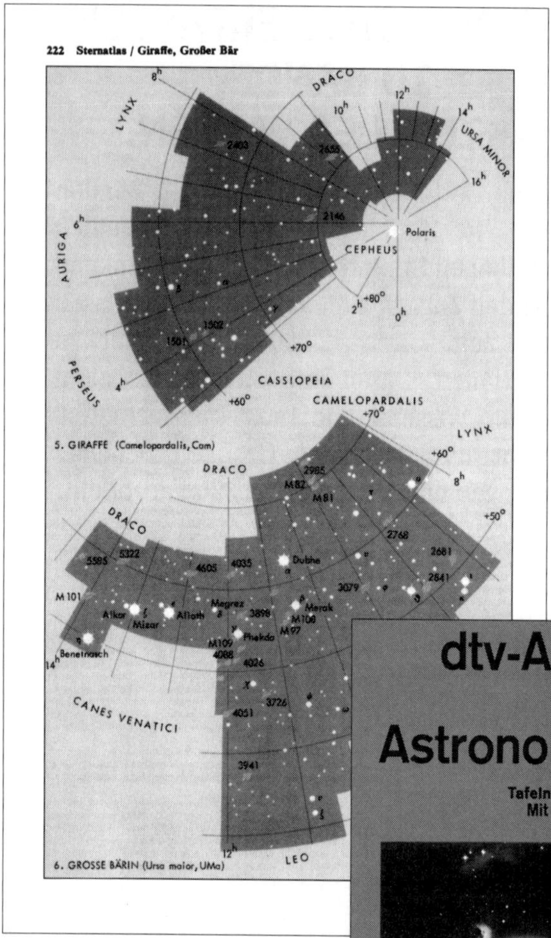
222 Sternatlas / Giraffe, Großer Bär
DRACO
LYNX
URSA MINOR
AURIGA
CEPHEUS
Polaris
PERSEUS
CASSIOPEIA
CAMELOPARDALIS
5. GIRAFFE (Camelopardalis, Cam)
DRACO
LYNX
Dubhe
Merak
Megrez
Phekda
Alioth
Mizar
Alkor
Benetnasch
CANES VENATICI
LEO
6. GROSSE BÄRIN (Ursa maior, UMa)

dtv-Atlas zur Astronomie
Tafeln und Texte
Mit Sternatlas

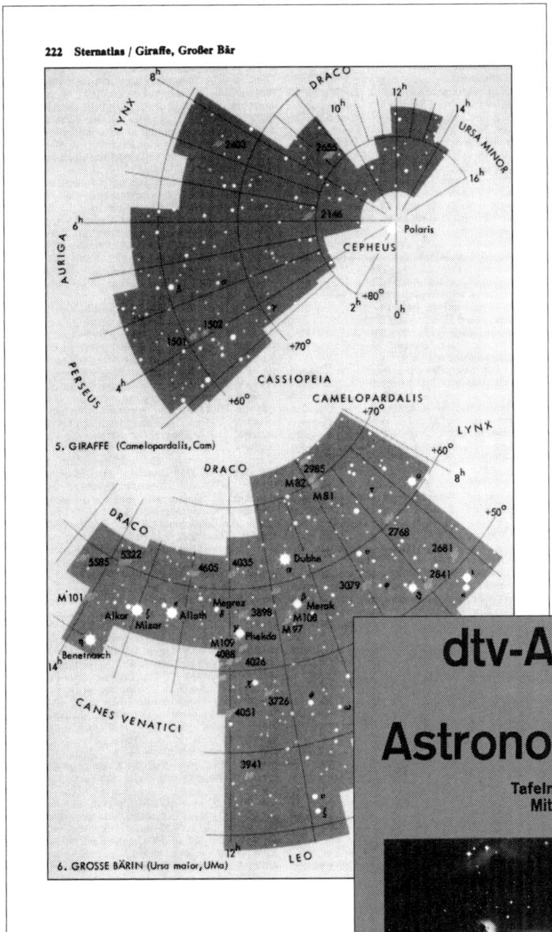
222 Sternatlas / Giraffe, Großer Bär
DRACO
LYNX
URSA MINOR
AURIGA
Polaris
CEPHEUS
PERSEUS
CASSIOPEIA
CAMELOPARDALIS
5. GIRAFFE (Camelopardalis, Cam)
DRACO
Dubhe
Megrez
Merak
Alioth
Alkor
Mizar
Phekda
Benetnasch
CANES VENATICI
LEO
6. GROSSE BÄRIN (Ursa maior, UMa)

dtv-Atlas zur Astronomie
Tafeln und Texte
Mit Sternatlas

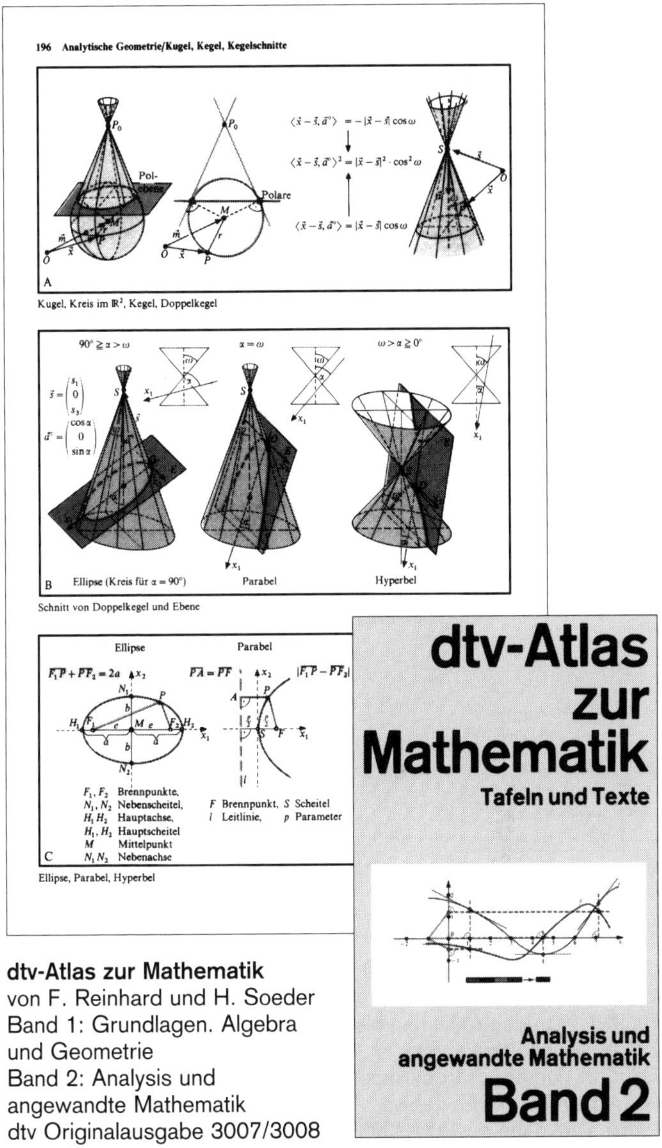
196 Analytische Geometrie/Kugel, Kegel, Kegelschnitte
Kugel, Kreis im $\mathbb{R}^2$, Kegel, Doppelkegel
Ellipse (Kreis für $\alpha = 90°$)
Parabel
Hyperbel
Schnitt von Doppelkegel und Ebene
Ellipse
Parabel
F_1, F_2 Brennpunkte, N_1, N_2 Nebenscheitel, H_1H_2 Hauptachse, H_1, H_2 Hauptscheitel, M Mittelpunkt, N_1N_2 Nebenachse
F Brennpunkt, S Scheitel, l Leitlinie, p Parameter
Ellipse, Parabel, Hyperbel
dtv-Atlas zur Mathematik
Tafeln und Texte
Analysis und angewandte Mathematik
Band 2

Die politische Neuordnung des Balkans durch den Berliner K

Konrad Lorenz im dtv

Er redete mit dem Vieh, den Vögeln und den Fischen

Unaufdringlich und humorvoll schildert Lorenz die differenzierten Verhaltensweisen der Tiere, die sein Haus in Altenberg bei Wien bevölkert haben, und stellt fest: »... nicht, daß der Mensch ein Viech ist. Aber gewisse Grundgesetzlichkeiten instinktiven Verhaltens gelten für Tiere wie für Menschen.«
dtv 30053 / dtv großdruck 25067

So kam der Mensch auf den Hund

Konrad Lorenz erzählt von der Lebens- und Interessengemeinschaft von Mensch und Hund sowie der Entwicklungsgeschichte dieser Tierart. »Ein Buch, das hohen wissenschaftlichen Informationswert mit dem Reiz einer jeden Tierfreund bewegenden Darstellungsweise verbindet.« (SDR)
dtv 30055

Das sogenannte Böse
Zur Naturgeschichte der Aggression

Ein unverzichtbarer Beitrag zu der so notwendigen menschlichen Selbsterkenntnis, der eine fruchtbare und nützliche Diskussion über die natürlichen Grundlagen des menschlichen Daseins in Gang gesetzt hat. Ein Schlüsseltext von epochalem Rang.
dtv 30025

Die Rückseite des Spiegels
Versuch einer Naturgeschichte menschlichen Erkennens

»Der fortschreitende Verfall unserer Kultur ist so offensichtlich pathologischer Natur, trägt so offensichtlich die Merkmale einer Erkrankung des menschlichen Geistes, daß sich daraus die kategorische Forderung ergibt, Kultur und Geist mit der Fragestellung der medizinischen Wissenschaft zu untersuchen.«
dtv 30063